문제 해결력을 키우는

유체역학

노형운 지음

한빛아카데미
Hanbit Academy, Inc.

지은이 **노형운** rohlee1@gmail.com

숭실대학교 기계공학과에서 학사 및 석 · 박사 학위를 취득했으며, 조선대학교에서 BK21 계약교수, 시립인천전문대학에서 겸임교수를 역임했다. 2003년부터 (주)아이베이에서 대표이사로 재직 중이고, 2010년부터 숭실대학교 기계공학부에서 시간강사 및 겸임교수로 재직 중이다. 20여 년 동안 한국수자원공사, 한국수력원자력, 농어촌공사와 같은 공사부터 소기업까지 유체공학 및 유체기계 관련 개념 설계, 기본 설계, 실험, 제작 및 생산 등 수많은 자문을 진행 및 해결했다. 또한 생체유체역학 전공을 기초로 세브란스병원, 삼성서울병원 등 여러 병원의 임상의와 함께 의료 관련 연구 및 의료기기를 생산했다. 수년간 (사)한국유체기계학회 펌프 및 수차 분과의 총무직을 역임했고, 현재 (사)순환기의공학회에서 사업이사를 맡고 있다. 저서(공저)로는 『실무 유압공학』(삼성북스, 2023), 『공학도를 위한 유체공학실험(2판)』(지오북스, 2022), 『수차의 이론과 실제』(동명사, 2014)가 있고, 『일본 사례로 보는 소수력 개발 이해하기』(씨아이알, 2014) 감수에 참여했다.

© 노형운

표지 설명

비가 내릴 때 연꽃을 장노출로 찍은 사진으로, 비를 유적선 개념으로 표현한 것이다. 유체흐름은 연속적이기 때문에 이를 시간 간격(Δt)의 차이로 가시화하게 되면 연속 또는 불연속으로 해석될 수 있다. 공학해석 즉 유체역학 해석에 있어 시간 간격 개념은 매우 중요하고 이를 어떻게 설정하느냐에 따라 해석 결과가 달라질 수 있음을 단편적으로 보여주는 사진이다.

문제 해결력을 키우는 **유체역학**

초판발행 2023년 7월 10일

지은이 노형운 / **펴낸이** 전태호
펴낸곳 한빛아카데미(주) / **주소** 서울시 서대문구 연희로2길 62 한빛아카데미(주) 2층
전화 02-336-7112 / **팩스** 02-336-7199
등록 2013년 1월 14일 제2017-000063호 / **ISBN** 979-11-5664-659-4 93550

총괄 박현진 / **책임편집** 김평화 / **기획** 박현진 / **편집** 심진성 / **교정** 이정현
디자인 박정우 / **전산편집** 임희남, 디자인앤 / **제작** 박성우, 김정우
영업 김태진, 김성삼, 이정훈, 임현기, 이성훈, 김주성 / **마케팅** 길진철, 김호철, 심지연

이 책에 대한 의견이나 오탈자 및 잘못된 내용에 대한 수정 정보는 아래 이메일로 알려주십시오.
잘못된 책은 구입하신 서점에서 교환해 드립니다. 책값은 뒤표지에 표시되어 있습니다.
홈페이지 www.hanbit.co.kr / 이메일 question@hanbit.co.kr

문제 해결력을 키우는

Fluid Mechanics

유체역학

노형운 지음

한빛아카데미
Hanbit Academy, Inc.

물 흐르듯 배우는 유체역학의 원리!

유체역학流體力學을 가르치다 보면 역학, 수학 및 물리학의 기초 내용을 어려워하는 학생들을 많이 만날 수 있다. 기계공학의 다른 역학수업과 달리 유체역학은 적은 힘을 줘도 벡터로 움직이는 연속적인 성질 때문에 그 개념을 이해하는 단계부터 어려움을 겪게 된다.

필자는 학생들이 번역서로 학습하며 맞닥뜨리는 모호한 표현과 책과 원활히 소통이 되지 않는 불편함으로부터 조금이나마 자유롭길 바라는 마음으로 이 책을 집필했다. 이 책을 통해 물 흐르듯 쉽게 유체역학을 이해할 수 있기를 바라며, 다음과 같은 내용을 담았다.

- 유체역학 학습에 필요한 기초 수학 및 물리학, 기초 역학 개념
- 유체역학 관련 용어 및 개념의 상세한 설명
- 문제 해결력을 키워주는 [분석-풀이-고찰]의 3단계 예제 풀이
- 관련 분야의 이해도를 높일 수 있는 [Think] 문제 제시

이 책의 주요 특징 및 활용법

유체역학의 영어 알파벳 Fluid Mechanics 중 FLUID를 기반으로 이 책의 주요 특징과 활용법을 소개한다.

Fundament 유체역학을 학습하는 학생들의 입장을 고려해 좀 더 쉽고 친절하게 설명하고자 했다. 먼저 유체역학 이론을 쉽고 명확하게 설명하고, 그 다음에는 친근한 실생활 예를 소개해 유체역학의 개념을 확실하게 이해할 수 있도록 했다. 예제와 연습문제는 너무 어렵지 않은 적당한 난이도로 구성했다.

Link 이 책에 수록된 모든 예제는 [**분석-풀이-고찰**]의 3단계로 연결된다. 이는 학생들이 스스로 학습하는 능력, 특히 4차 산업혁명 시대에 필요한 주요 능력 중 하나인 '문제 해결력'을 기를 수 있도록 하기 위함이다. [**분석**] 단계에서는 유체역학적 문제를 해석하고 문제 해결에 필요한 접근법을 정립한다. [**풀이**] 단계에서는 이러한 접근법을 바탕으로 유체역학적 해석기법을 사용해 문제를 풀이하는 과정을 정리했다. [**고찰**] 단계에서는 예제 하나를 풀고 끝나는 것이 아니라 추가로 고려해볼 만한 사항들을 제시함으로써 문제 해결력을 최고 수준으로 배양하도록 했다.

Useful 유체역학을 다루는 현장에서 발생하는 실제 문제와 연계해 유체역학의 내용을 충실히 다뤘다. 이 책에서는 기존 유체역학 교재에서 주로 다루는 경직된 수학적 설명 혹은 개념 설명과 달리, 자주 접할 수 있는 시스템들을 사용해 개념과 예제 및 연습문제들을 쉽고 친절하게 설명한다. 또한 일상생활 및 산업체에서 마주칠 만한 실질적인 문제들을 체계적으로 다룸으로써 유체역학 개념을 흥미롭게 익히고 문제 해결력을 함양할 수 있도록 했다. 일상적인 시스템에 관심이 생기면 새로운 분석을 할 수도 있고, 이 분석에 유체역학적 성질을 추가해 새로운 제품을 만들 수도 있다.

Ideal 이 책은 수업 현장의 요구를 반영하여 현실적인 분량의 두 학기용 교재로 집필했다. 또한 번역서에서 자주 등장하는 모호한 표현을 배제하고 명확하게 기술해 학생들의 학습 이해도를 높이려 했다.

Definition, Design 이 책은 다양한 유체역학적 개념과 원리 및 공식들을 정의하고, 이를 토대로 유체 정역학 및 유체 운동학을 이해하도록 구성했다. 또한 실질적인 유체역학적 예제들과 풀이 및 해석을 통해 추후에 유체역학적 특성을 고려한 시스템 및 유체기계 설계(노즐, 펌프, 수차 등)에까지 이 책을 활용할 수 있도록 했다.

감사의 글

많은 학문적 가르침을 주신 숭실대학교 기계공학과의 서상호 명예교수님과 한국항공대학교의 유상신 교수님께 머리 숙여 감사의 말씀을 먼저 올립니다. 또한 이 책을 저술하는 데 있어 많은 도움을 준 경상국립대학교 융합기술공학대학 기계공학부의 김형호 교수와 연구실 후배인 김경욱 박사에게 감사를 표합니다.

오랜 시간 겸임교수라는 직분으로 후학을 양성할 수 있는 기회를 주신 숭실대학교 기계공학부, 그리고 경력이 미천한 저와 함께 작업하며 책의 기획부터 출판까지 세심하게 이끌어주신 박현진, 심진성님과 여러 지원을 아끼지 않은 한빛아카데미(주)에 진심으로 감사의 말씀을 드립니다.

이 책의 미진한 부분과 오류를 지적해주실 미래의 독자분들께도 미리 감사의 말씀을 드립니다. 부디 이 책이 유체역학을 공부하는 여러분들의 문제 해결력을 키워주는 데 작은 도움이라도 되었으면 하는 마음입니다.

지은이 **노형운**

이 책의 구성

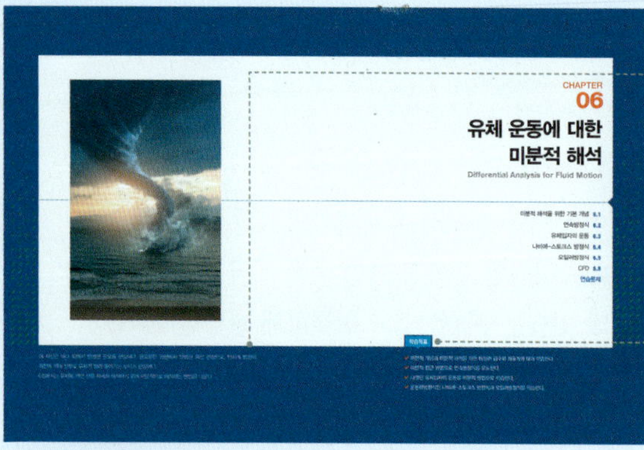
CHAPTER 06

유체 운동에 대한 미분적 해석

Differential Analysis for Fluid Motion

미분적 해석을 위한 기본 개념 6.1
연속방정식 6.2
유체입자의 운동 6.3
나비에-스토크스 방정식 6.4
오일러방정식 6.5
CFD 6.6
연습문제

학습목표

도입글

해당 장의 내용이 실생활이나 공학에 어떻게 적용되는지 소개합니다.

학습목표

각 장에서 학습할 주제와 목표를 제시합니다.

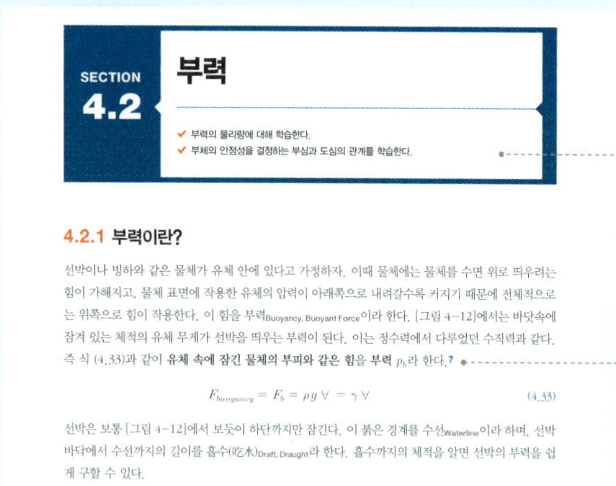
SECTION 4.2 부력

✔ 부력의 물리량에 대해 학습한다.
✔ 부체의 안정성을 결정하는 부심과 도심의 관계를 학습한다.

4.2.1 부력이란?

선박이나 빙하와 같은 물체가 유체 안에 있다고 가정하자. 이때 물체에는 물체를 수면 위로 띄우려는 힘이 가해지고, 물체 표면에 작용한 유체의 압력이 아래쪽으로 내려갈수록 커지기 때문에 전체적으로는 위쪽으로 힘이 작용한다. 이 힘을 부력$_{\text{Buoyancy, Buoyant Force}}$이라 한다. [그림 4-12]에서는 바닷속에 잠겨 있는 체적의 유체 무게가 선박을 띄우는 부력이 된다. 이는 정수력에서 다루었던 수직력과 같다. 즉 식 (4.33)과 같이 **유체 속에 잠긴 물체의 부피와 같은 힘을 부력** p_b라 한다.[7]

$$F_{buoyancy} = F_b = \rho g \forall = \gamma \forall \quad (4.33)$$

선박은 보통 [그림 4-12]에서 보듯이 하단까지만 잠긴다. 이 붉은 경계를 수선$_{\text{Waterline}}$이라 하며, 선박 바닥에서 수선까지의 길이를 흘수(吃水)$_{\text{Draft, Draught}}$라 한다. 흘수까지의 체적을 알면 선박의 부력을 쉽게 구할 수 있다.

학습포인트

목표지향 학습을 위해 해당 절에서 학습할 주요 내용을 소개합니다.

주요 용어 및 문장

핵심이 되는 용어 및 문장을 한눈에 볼 수 있도록 강조하여 나타냅니다.

예제

본문에서 다룬 개념을 적용한 문제와 그에 대한 상세한 풀이를 제시합니다. 3단계 풀이를 통해 문제를 구체화하고 해결하는 과정을 연습합니다.

1 분석 문제 해결을 위한 전략 세우기

2 풀이 구체화된 전략을 토대로 정확히 계산하기

3 고찰 생각에 생각을 더해 응용력 키우기

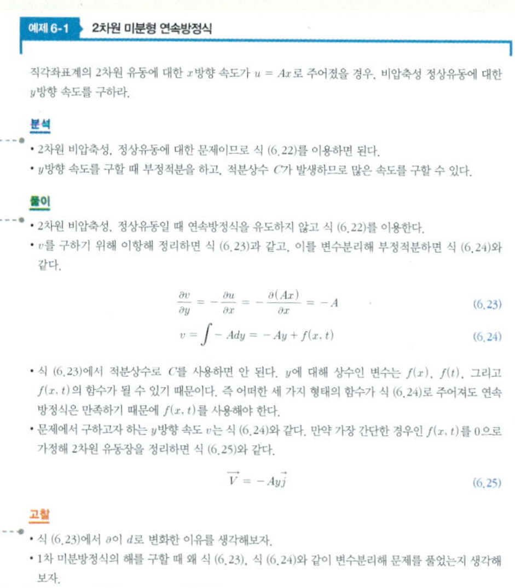
예제 6-1 2차원 미분형 연속방정식

직각좌표계의 2차원 유동에 대한 x방향 속도가 $u = Ax$로 주어졌을 경우, 비압축성 정상유동에 대한 y방향 속도를 구하라.

분석

- 2차원 비압축성, 정상유동에 대한 문제이므로 식 (6.22)를 이용하면 된다.
- y방향 속도를 구할 때 부정적분을 하고, 적분상수 C가 발생하므로 많은 속도를 구할 수 있다.

풀이

- 2차원 비압축성, 정상유동일 때 연속방정식을 유도하지 않고 식 (6.22)를 이용한다.
- v를 구하기 위해 이항해 정리하면 식 (6.23)과 같고, 이를 변수분리해 부정적분하면 식 (6.24)와 같다.

$$\frac{\partial v}{\partial y} = -\frac{\partial u}{\partial x} = -\frac{\partial (Ax)}{\partial x} = -A \quad (6.23)$$

$$v = \int -A dy = -Ay + f(x,t) \quad (6.24)$$

- 식 (6.23)에서 적분상수로 C를 사용하면 안 된다. y에 대해 상수인 변수는 $f(x)$, $f(t)$, 그리고 $f(x,t)$의 함수가 될 수 있기 때문이다. 즉 어떠한 세 가지 형태의 함수가 식 (6.24)로 주어져도 연속방정식은 만족하기 때문에 $f(x,t)$를 사용해야 한다.
- 문제에서 구하고자 하는 y방향 속도 v는 식 (6.24)와 같다. 만약 가장 간단한 경우인 $f(x,t)$를 0으로 가정해 2차원 유동장을 정리하면 식 (6.25)와 같다.

$$\vec{V} = -Ay\vec{j} \quad (6.25)$$

고찰

- 식 (6.23)에서 ∂이 d로 변화한 이유를 생각해보자.
- 1차 미분방정식의 해를 구할 때 왜 식 (6.23), 식 (6.24)와 같이 변수분리해 문제를 풀었는지 생각해보자.

Think 05

4.3.1절에서 탱크가 등가속도로 움직이므로 탱크 내 유체도 등가속도로 움직인다고 설명했다. 그러나 식 (4.47)에서는 가속도가 0이 아닌 a_y를 고려한 동역학 문제로 계산했다. 유체 정역학에서 동역학 문제를 설명한 이유가 무엇일지 생각해보자.

식 (4.47)을 정리하면 식 (4.48)과 같다. [그림 4-25(b)]에서 가속도가 음(−)의 값을 나타낸 것은 신행 방향에 따라 감속이 된다는 것을 의미한다. 다만 식 (4.48)에서 표시된 음(−)의 값은 식 (4.47)의 좌변에 의해 결정된 값임을 알아야 한다.

$$\frac{\partial p}{\partial y} = -\rho a_y \tag{4.48}$$

식 (4.48)을 적분하기 위해 [그림 4-25(b)]와 같은 자유물체도에 적용하면 식 (4.49)와 같이 정리할 수 있다. p_1과 p_2의 압력에 수압(γh)을 적용하고, 같은 유체이므로 식 (4.47)에서 비중량(γ)을 나누면 식 (4.51)과 같이 정리된다.

$$p_1 - p_2 = -\rho a_y \ell \tag{4.49}$$

$$\gamma h_1 - \gamma h_2 = -\frac{\gamma}{g} a_y \ell \tag{4.50}$$

$$\frac{h_1 - h_2}{\ell} = -\frac{a_y}{g} \tag{4.51}$$

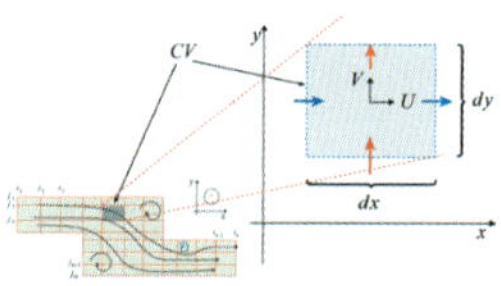

그림 6-6 미분적 접근을 해석하기 위하여 확대된 검사체적 설정 (3단계)

6 [그림 6-6]에서 확대된 미소 검사체적은 계산 편의를 위해 3차원이 아닌 2차원 좌표계만 고려했다. 3차원의 개념은 2차원으로 정리된 이론을 확대 해석하면 되기 때문에 설명할 때는 2차원으로 하는 것이 이해하기 쉽다.

Think

본문에서 설명한 개념과 확장되는 개념을 질문을 통해 스스로 생각해봅니다.

각주

참고 내용이나 관련 정보를 제시해 내용의 이해도를 높입니다.

CHAPTER 03 | 연습문제

■ **정지유체 이해하기**

3.1 다음 중 대기압에 관한 설명으로 옳은 것은?

㉮ 국소 대기압은 항상 표준 대기압 아래에 있다.
㉯ 국소 대기압은 오직 그 지방의 고도에 의해서 좌우된다.
㉰ 표준 대기압은 해면에서의 국소 대기압의 평균값이다.
㉱ 기압계의 국소 대기압과 표준 대기압의 차를 표시한다.

3.2 정지하고 있는 유체 내의 어떤 한 점에 대한 압력 상태로 옳은 것은?

㉮ 수직 하방향에서 제일 큰 값을 갖는다.
㉯ 수직 상방향에서 제일 큰 값을 갖는다.
㉰ 수평 방향에서 제일 큰 값을 갖는다.
㉱ 모든 방향에서 동일하다.

3.3 펌프에 의해 흡입되는 물의 압력을 진공계로 측정하니 60 [mmHg]이었다. 이때 절대압은 얼마인가? 단, 국소 대기압은 750 [mmHg], 수은의 비중은 13.6이다.

3.4 [그림 3-25]와 같이 바깥지름이 20 [mm]인 유리관 속 물에 납을 넣었더니 90 [mm]까지 내려갔다. 그 후 유리관에 기름을 넣었더니 납은 110 [mm]까지 내려갔다. 이때 기름의 비중은 얼마인가?

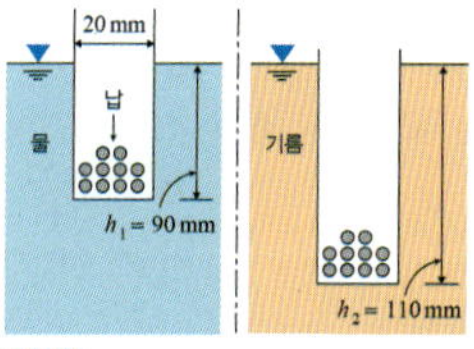

그림 3-25

연습문제

해당 장에서 학습한 내용을 얼마나 이해했는지 연습문제를 통해 확인합니다. 다양한 문제를 풀어보며 응용력을 기를 수 있습니다.

■ 강의 보조 자료

한빛아카데미 홈페이지에서 '교수회원'으로 가입하신 분은 인증 후 교수용 강의 보조 자료를 제공받을 수 있습니다. 한빛아카데미 홈페이지 상단의 〈교수전용공간〉 메뉴를 클릭하세요.

http://www.hanbit.co.kr/academy

■ 연습문제 해답

이 책은 대학 강의용 교재로 개발되었으므로 연습문제 풀이는 제공하지 않습니다. 단, 연습문제 정답과 [Think] 문제 풀이는 아래의 경로에서 내려받을 수 있습니다.

한빛아카데미 홈페이지 접속 → [도서명] 검색 → 도서 상세 페이지의 [부록/예제소스]

■ 권장 스케줄표

이 책을 두 학기(3학점, 15주 기준)에 모두 소화하기에는 다소 버거울 수 있습니다. 기계공학, 자동차공학, 항공우주공학, 토목공학, 조선공학 분야에 대해 권장 스케줄을 제안하니, 수업 환경에 적절하게 활용하시기 바랍니다.

학기	1학기								2학기				
파트	PART 1 유체역학 기본 지식		PART 2 유체 정역학		PART 3 유체 운동학		PART 4 차원해석과 모형해석		PART 5 점성 유동		PART 6 실제 유동		
장	1장	2장	3장	4장	5장	6장	7장	8장	9장	10장	11장	12장	13장
주제	유체의 정의	유체의 성질	유체 정역학	정수력과 부력	유체 운동에 대한 적분적 해석	유체 운동에 대한 미분적 해석	차원 해석과 무차원수	모형 해석과 상사성	내부 유동	외부 유동	압축성 유동	개수로 유동	유체 기계
기계	1, 2	3	4~6	7	9, 10	11, 12	13	14	1~4	5~7	9, 10	11, 12	13, 14
자동차/항공우주	1, 2	3	4~6	7	9, 10	11, 12	13	14	1~4	4~7	9, 10	11, 12	13, 14
토목/조선	1, 2	3	4~6	7	9, 10	11, 12	13	14	1~4	5, 6*	7*	9~12	13, 14

숫자 : 수업 주차
(8주차 : 중간고사 | 15주차 : 기말고사)
*표시 : 해당 장의 일부 내용에 대한 간략 소개 중심으로 진행 권장

목차

지은이 소개 2
지은이 머리말 4
이 책의 구성 6
이 책의 사용 설명서 8

PART 1 유체역학 기본 지식

Chapter 01 유체의 정의

1.1 유체역학을 시작하면서 22
- 1.1.1 Welcome to Fluid Mechanics's World 22
- 1.1.2 연속체인 유체 23
- 1.1.3 유체의 정의 24
- 1.1.4 왜 유체역학을 배워야 하는가? 25
- 1.1.5 유체역학의 역사 27

1.2 단위와 차원 36
- 1.2.1 SI 단위계 36
- 1.2.2 기본 단위와 유도 단위 36
- 1.2.3 차원 38

연습문제 39

Chapter 02 유체의 성질

2.1 해석 방법 44
- 2.1.1 검사체적 44
- 2.1.2 라그랑주 기술법과 오일러 기술법 47
- 2.1.3 미분적 접근법과 적분적 접근법 49

2.2 유체 관련 물리량 50
- 2.2.1 밀도 관련 물리량 50
- 2.2.2 유동의 종류 53
- 2.2.3 유동가시화 57
- 2.2.4 유체역학에서 관심 있는 힘 62
- 2.2.5 전단력과 점성 62

2.2.6 표면장력 72
2.2.7 증기압 74
2.2.8 체적탄성계수 76

연습문제 77

PART 2 유체 정역학

Chapter 03 유체 정역학

3.1 정지유체 이해하기 88
3.1.1 유체 정역학이란? 88
3.1.2 파스칼 원리와 압력 88
3.1.3 계기압, 절대압, 진공압 90
3.1.4 수압과 대기압 91

3.2 유체 정역학의 기본방정식 93
3.2.1 정지유체의 기본방정식 93
3.2.2 압축성유체의 기본방정식 99

3.3 액주계 103
3.3.1 압력계 103
3.3.2 액주계 104

연습문제 113

Chapter 04 정수력과 부력

4.1 정수력 120
4.1.1 정수력이란? 120
4.1.2 평판이 수평으로 잠긴 경우 121
4.1.3 평판이 수직으로 잠긴 경우 121
4.1.4 곡면판이 잠긴 경우 122
4.1.5 물체가 경사지게 잠긴 경우 123

4.2 부력 130

4.2.1 부력이란? **130**

4.2.2 부심과 도심 **134**

4.2.3 부체의 안정성 **135**

4.3 강체 운동을 하는 용기 내 유체 139

4.3.1 수평 등가속도 운동을 받는 유체 **139**

4.3.2 수직 등가속도 운동을 받는 유체 **141**

4.3.3 등속 회전 운동을 받는 유체 **142**

연습문제 **144**

PART 3 유체 운동학

Chapter 05 유체 운동에 대한 적분적 해석

5.1 레이놀즈 전달 정리 152

5.1.1 유체역학에서 사용하는 방정식 **152**

5.1.2 종속적 성질과 강성적 성질의 물리량 **154**

5.1.3 레이놀즈 전달 이론식 **155**

5.2 질량보존법칙 159

5.2.1 연속방정식의 유도 **159**

5.2.2 유동조건에 따른 연속방정식 **159**

5.3 운동량방정식 165

5.3.1 운동량방정식의 유도 **165**

5.3.2 유동이 경사진 깃에 분사되는 경우 **171**

5.4 선형가속도 운동량방정식 177

5.5 각운동량방정식 187

5.6 에너지방정식 191

5.6.1 에너지의 종류 **191**

5.6.2 에너지방정식 **192**

5.6.3 유동조건에 따른 에너지방정식 **195**

5.7 베르누이방정식 200
5.7.1 베르누이방정식의 유도 200
5.7.2 에너지구배선과 수력구배선 201
5.7.3 위치에너지가 동일한 경우 204

연습문제 207

Chapter 06 유체 운동에 대한 미분적 해석

6.1 미분적 해석을 위한 기본 개념 218
6.1.1 적분적 접근 218
6.1.2 미분적 접근 220

6.2 연속방정식 225
6.2.1 직각좌표계에서의 연속방정식 225
6.2.2 원통좌표계에서의 연속방정식 231

6.3 유체입자의 운동 233
6.3.1 입자의 가속도 233
6.3.2 입자의 운동 237
6.3.3 유선 248
6.3.4 유동함수 251

6.4 나비에-스토크스 방정식 253
6.4.1 운동량방정식 253
6.4.2 나비에-스토크스 방정식 254

6.5 오일러방정식 260
6.5.1 유선좌표계에서 오일러방정식 260
6.5.2 방정식 사이의 관계 263

6.6 CFD 271

연습문제 273

PART 4 차원해석과 모형해석

Chapter 07 차원해석과 무차원수

7.1 차원해석 280

7.1.1 차원해석이란? 280

7.1.2 단위와 차원 283

7.2 차원해석 방법 284

7.2.1 Power Product Method 284

7.2.2 버킹엄의 파이 정리 286

7.3 무차원수 295

7.3.1 무차원수란? 295

7.3.2 무차원수의 종류 295

연습문제 303

Chapter 08 모형해석과 상사성

8.1 모형해석과 유동상사성 306

8.1.1 모형해석과 유동상사성의 필요성 306

8.1.2 기하학적 상사 307

8.1.3 운동학적 상사 308

8.1.4 역학적 상사 309

8.2 불완전한 상사성 320

8.2.1 Re수의 불완전한 상사 320

8.2.2 Fr수의 불완전한 상사 324

연습문제 326

PART 5 점성유동

Chapter 09 내부유동

9.1 내부유동의 특징 332

9.1.1 내부유동이란? 332

9.1.2 내부유동장 332

9.1.3 난류유동의 특징 336

9.1.4 발달중인 유동과 완전히 발달된 유동 338

9.2 평판내 유동 342

9.2.1 고정된 두 평판 사이의 유동 342

9.2.2 일정한 속도로 상판이 움직이는 경우 351

9.2.3 수직 벽 위의 막유동 357

9.3 관내 유동 359

9.3.1 관내 완전히 발달된 층류유동 359

9.3.2 전단응력분포 365

9.3.3 난류유동의 반지름 방향 속도분포 372

9.4 비원형 관내 유동 377

9.4.1 덕트 377

9.4.2 수력지름 378

9.5 관내 유동내 에너지 변화 380

9.5.1 에너지 관점에서의 손실 380

9.5.2 운동에너지 계수 382

9.6 마찰손실 386

9.6.1 주손실이란? 386

9.6.2 층류에서의 주손실 386

9.6.3 난류에서의 주손실 388

9.7 부손실 396

9.7.1 부손실이란? 396

9.7.2 입구와 출구 398

9.7.3 급확대관과 급축소관 401

9.7.4 점진 축소와 점진 확대 **402**
9.7.5 곡관 **404**
9.7.6 밸브 **408**

9.8 단일 배관내 유동 문제 412

9.9 차압식 유량계 426
9.9.1 종합적 측정 방법 **426**
9.9.2 차압식 유량계 **427**

연습문제 434

Chapter 10 외부유동

10.1 외부유동의 특징 444
10.1.1 대표적인 외부유동 **444**
10.1.2 물체 형상에 따른 구분 **445**

10.2 평판 경계층유동 448
10.2.1 경계층이란? **448**
10.2.2 경계층두께 **449**
10.2.3 배제두께와 운동량두께 **452**

10.3 경계층유동 지배방정식 456
10.3.1 연속방정식 **456**
10.3.2 운동량방정식 **457**

10.4 영압력구배의 평판유동 460
10.4.1 무차원 속도분포 **460**
10.4.2 층류유동 **461**
10.4.3 층류경계층 내 브라시우스 엄밀해 **465**
10.4.4 난류유동 **471**

10.5 경계층유동 내의 압력구배 478
10.5.1 역압력구배와 유동 박리 **478**
10.5.2 형상인자 **481**
10.5.3 유동 박리 **482**

10.6 잠겨 있는 물체 주위의 유체유동 483
10.6.1 항력과 양력 483
10.6.2 다양한 유동의 항력 488
10.6.3 항공기와 양력 513
10.6.4 자동차와 양력 531
10.6.5 회전 효과 532

연습문제 537

PART 6 실제 유동

Chapter 11 압축성유동

11.1 기초 열역학 546
11.1.1 비압축성유동과 압축성유동 546
11.1.2 열역학 복습하기 546

11.2 음속의 역할 552
11.2.1 음속(음파) 552
11.2.2 도플러 효과 556
11.2.3 압축성유동의 해석 방법 559

11.3 압축성유동의 지배방정식 564
11.3.1 면적 변화 시 압축성유동의 지배방정식 564
11.3.2 면적 변화 시 이상기체의 등엔트로피 유동 567
11.3.3 축소 노즐(면적 변화)내에서 등엔트로피 유동 573
11.3.4 축소-확대 노즐(면적 변화)내에서 등엔트로피 유동 575

11.4 수직 충격파 579
11.4.1 수직 충격파란? 579
11.4.2 수직 충격파의 기본방정식 580
11.4.3 1차원 이상기체 유동에 관한 수직 충격파 582
11.4.4 축소-확대 노즐 586

연습문제 590

Chapter 12 개수로유동

12.1 개수로유동의 특징 596
12.1.1 개수로유동이란? 596
12.1.2 개수로유동의 단순화 가정 597
12.1.3 수로형상 598
12.1.4 개수로유동의 운동량방정식 600

12.2 개수로유동에 대한 에너지방정식 605
12.2.1 에너지방정식 605
12.2.2 비에너지 606
12.2.3 임계수심 : 최소 비에너지 608

12.3 면적 변화의 영향 614
12.3.1 돌출부를 지나는 유동 614
12.3.2 수력도약 616

12.4 개수로 정상 균일유동 624
12.4.1 균일유동 624
12.4.2 위어를 사용한 유량 측정 632
12.4.3 비만관용 유량 측정 636

연습문제 637

Chapter 13 유체기계

13.1 유체기계의 특징 644
13.1.1 유체기계란? 644
13.1.2 유체기계의 종류 645

13.2 터보기계 해석 648
13.2.1 터보기계 해석을 위한 각운동량방정식 648
13.2.2 깃수가 무한한 경우 648
13.2.3 속도삼각형 650
13.2.4 깃수가 유한한 경우 651

13.3 유체기계 성능특성 657
13.3.1 일반적인 펌프의 원리 657

13.3.2 펌프성능곡선과 특성곡선 **658**
13.3.3 차원해석 **662**
13.3.4 단위유량과 단위양정의 에너지 변환 **663**
13.3.5 손실과 효율 **666**
13.3.6 손실해석 **668**
13.3.7 임펠러 커팅 또는 회전수 제어 **670**

13.4 유효흡입헤드와 캐비테이션 678
13.4.1 유효흡입헤드란? **678**
13.4.2 캐비테이션 **684**

13.5 관로저항곡선과 연합운전 686
13.5.1 펌프성능곡선 **686**
13.5.2 관로저항곡선 **687**
13.5.3 연합운전 **689**

연습문제 **696**

부록 유체성질에 대한 자료

부록 1. 비중 **700**
부록 2. 표면장력 **703**
부록 3. 점성계수 **705**
부록 4. 윤활유 **711**

참고문헌 **713**
찾아보기 **721**

PART 1

유체역학 기본 지식

Chapter 01_유체의 정의

Chapter 02_유체의 성질

유체역학은 우리가 주변에서 만지고 보고 느끼는 물질 중 연속적으로 움직이는 액체와 기체 등에 작용하는 힘의 관계를 공부하는 과목이다. 인류가 자연을 이용하기 전부터 자연의 물과 공기의 움직임은 인류에게 안식처 및 생활의 터전을 제공했다. 수백 년 동안 인류가 어떤 과정을 통해 자연의 힘에 순응하면서 자연이 준 에너지를 이용하고 이해했는지 유체역학의 관점에서 학습해보자.

PART 1에서는 이 책에서 배울 전체적인 내용을 다루고 있으므로, 이 부분만 잘 학습해도 유체역학의 전반을 이해할 수 있을 것이다. 입산 전 등정코스에 대한 설명을 듣는 과정이라 생각하면 되겠다.

PART 1에서 다루는 내용은 다른 책에서도 많이 다루기 때문에, 여기서는 수십 년간의 강의를 통해 터득한 노하우로 꼭 필요한 내용만을 쉽게 설명하고자 한다.

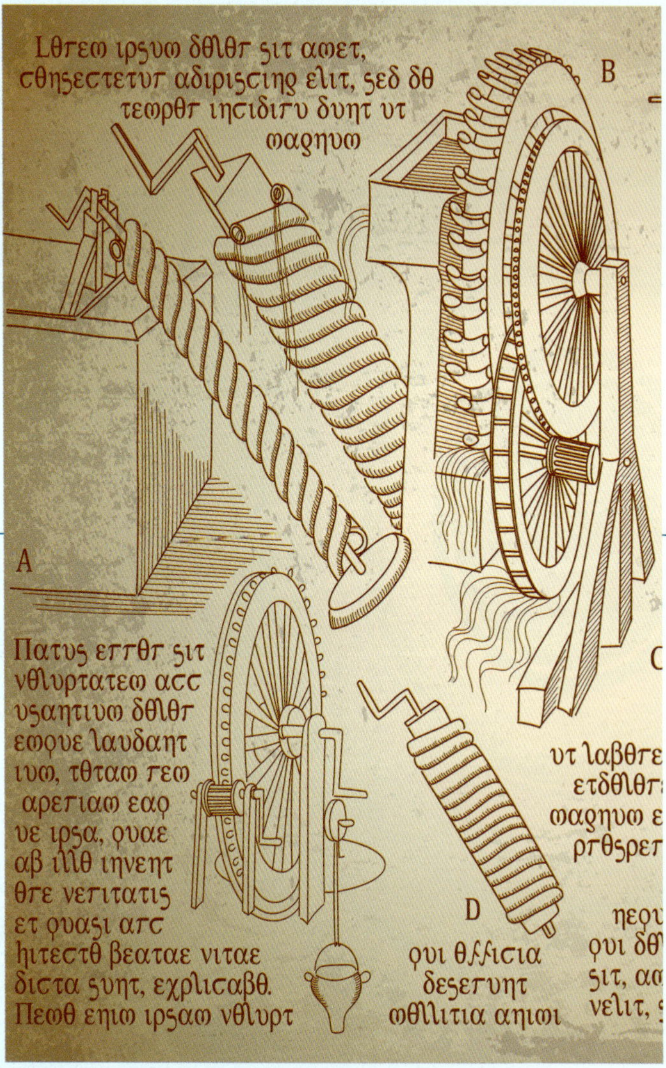

이 사진은 15C 레오나르도 다빈치의 노트에서 발췌한 것이다. 이를 통해 선조들이 유체를 이동시키거나 유체에 의한 힘을 얻기 위해 부단한 노력을 했다는 것을 알 수 있다. 1장에서는 유체역학을 시작하며 필요한 개념들을 다룬다.

CHAPTER
01

유체의 정의

What is Fluid?

유체역학을 시작하면서 1.1
단위와 차원 1.2
연습문제

학습목표

- 유체역학의 기본 지식을 학습한다.
- 유체의 연속체 움직임을 이해한다.
- 유체역학의 역사와 연구결과를 알아본다.
- 물리량의 양적 표현인 단위와 의미적 표현인 차원을 이해한다.

SECTION 1.1

유체역학을 시작하면서

- 우리 주변의 유체에 대해 알아본다.
- 연속체인 유체 특성을 이해한다.
- 유체역학의 역사에 대해 학습한다.

1.1.1 Welcome to Fluid Mechanics's World

유체역학 세계에 입문한 여러분을 진심으로 환영한다. 지금부터 유체역학을 함께 공부해보자. 임의의 작은 힘이 주어질 때 고체와는 달리 자유롭게 변화하는 물질인 액체Liquid와 기체Gas 등을 통틀어 유체流體, Fluid라 한다. [그림 1-1]에 우리 주변에서 흔히 볼 수 있는 대표적인 유체를 정리했고, 그림 캡션에 설명을 달았다.

(a) 물 : 대표적인 액체 물질 (b) 가스 : 연료로 사용되는 기체 (c) 증기 : 액체가 증발해서 생긴 기체 (d) 슬러지 : 하수처리 시 생기는 침전물 (e) 슬러리 : 농도 조절용 식재료 (f) 치약 : 점성과 탄성을 동시에 가진 유체 (g) 물감 : 고체와 액체를 섞은 혼합물 (h) 꿀 : 꽃에서 추출한 감미료 (i) 혈액 : 혈관 내에 흐르는 적혈구

그림 1-1 다양한 형태의 유체

[그림 1-1]에서 보이는 것뿐만 아니라, 유체는 우리가 상상하지 못한 다양한 형태로 다양한 곳에 존재하기 때문에, 유체역학의 정확한 이해는 기계설계 등에 있어 매우 중요하다.

Think_01

그렇다면 고체는 움직이지 않는 것인지 생각해보자.

1.1.2 연속체인 유체

유체가 흘러간다(변형Deformation)는 것은 무엇을 의미할까? 예를 들어 식당에서 물을 달라고 했을 때 '**어떤 형태**'로 물을 가져다주는가? 또한 물을 컵에 따를 때 어떤 현상이 발생하는가? 바로 여기서부터 유체역학의 공부가 시작된다. 컵에 담긴 물은 계속해서 움직이고 있다. 그렇다면 컵을 사용한 목적은 무엇일까? 컵이라는 것은 [그림 1-2]에서 보듯 움직이는 물을 고정하고 담는 용도로 사용될 뿐, 컵의 형태나 디자인은 상관이 없을 것이다. 여기서 컵이 유체에 작용하는 힘Force을 반발력Resistance Force이라 하고, 이것이 바로 컵의 역할이다.[1]

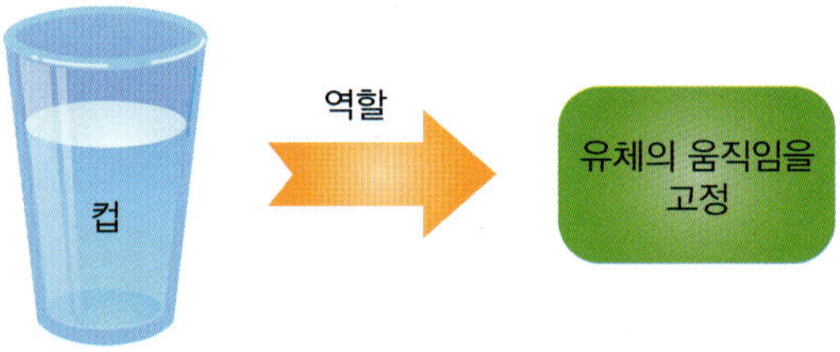

그림 1-2 물(유체)을 담은 컵의 목적

왜 유체는 컵과 같은 용기로 담아야만 하는가? **유체는 계속 움직이기 때문이다.** 즉 자연계에서는 정지 상태에서도 항상 중력Gravity이 존재하고 가만히 있는 물에 힘의 평형을 유지하려 해서 계속 움직이는 것이다.

유체가 힘을 받으면 끈적함 정도에 따라 유체의 변화속도가 다르게 나타나지만, 끊임없고 부드럽게 움직이며 변화한다. [그림 1-1(a)]의 물과 [그림 1-1(h)]의 꿀의 차이를 보면 명확하다. 이 부드러운 움직임을 유체역학에서는 연속Continuous이라 하고, 그러한 물질을 연속체Continuum라 한다.

연속체는 부드럽게 변하는 물질이라는 'Continuous Medium'의 약자이다. 여기서 연속적이라는 개념은 [그림 1-3(a)]와 같이 주어진 시간에 따라 변화하는 함수를 의미한다. 반면에 불연속적(이산적Discrete)이라는 개념은 [그림 1-3(b)]와 같이 변화가 이어져 있지 않고 중간중간 끊어져 있는 것을 의미한다. 즉 유체는 [그림 1-3(a)]와 같이 끊임없이 움직이고 변화하는 물질이다.[2]

1 유체에 작용하는 힘을 계산해 기계가 파괴되지 않게 설계하는 과정을 기계설계라 하며, 압력에 관한 자세한 내용은 3장에서 다룬다. 유체에 의한 인자는 설계에 있어 기초자료가 된다.

2 유동은 시간의 함수이다. 예를 들어 해석시간을 0.01[s]의 짧은 시간에서 좀 더 길고 큰 시간인 10[s]로 설정한다면 짧은 시간(0.01[s]) 속에 발생된 불연속 현상은 연속으로 가정할 수 있다. 이것이 공학해석의 시작이다.

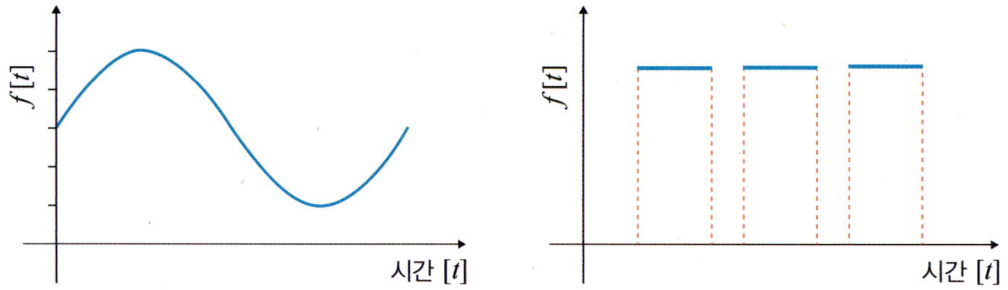

(a) 연속적　　　(b) 불연속적(이산적)

그림 1-3 연속과 불연속의 수학적 개념

여기에 유체역학을 시작하면서 가장 큰 **가정**Assumption이 있으므로 주목하자. 유체라는 물질은 양자역학Quantum Mechanics이 아니라 분자 역학Molecular Mechanics의 개념에서 **하나의 연속 물질로 취급한다는 것**이다. 연속 물질은 양자역학과는 달리 전자의 상태를 계산하지 않고, 분자 단위에서 고분자의 거동과 고분자 내의 유체 확산도를 계산한다. 단, 식 (1.1), 식 (1.2)와 같이 분자 사이 거리가 매우 조밀한 상태의 물질이고, 분자의 평균자유행로(λ)가 대표길이(ℓ)에 비해 매우 작으며 충돌과 충돌 사이에 걸리는 시간이 충분히 짧다는 가정이 전제되어야 한다.

$$\lambda = \frac{\sum_{i=1}^{n} \lambda_i}{n}, \quad \lambda = 10^{-9} \tag{1.1}$$

$$\lambda \ll \ell \tag{1.2}$$

Think_02

양자역학을 다룬 영화 〈앤트맨(Ant-Man)〉 시리즈에서 보듯이 영화 속 내용은 현실과 다르고, 현실 속 자연현상과 동떨어진 장면들이 존재하는데, 그 이유는 무엇인지 생각해보자.

1.1.3 유체의 정의

유체를 정의하기 위해 힘에 따른 물질의 변화 형태를 [그림 1-4]에 나타냈다. 먼저 힘은 물질에 체적력Body Force과 표면력Surface Force이 작용하는 것을 말한다. 여기서 표면력은 표면에 수직으로 작용하는 수직력 Normal Force과 표면을 측면으로 잡아당기는 전단력Shear Force으로 존재한다.

[그림 1-4(a)]는 정지상태에서는 고체든 유체든 상관없이 중력만 작용한다는 것을 의미한다. 고체인 경우 변화를 잘 못 느끼지만, 유체의 경우 물이 흐르는 것과 같이 중력만 작용해도 쉽게 변화함을 알 수 있다.[3] 따라서 이를 해석하기 위해서는 유체의 크기를 매우 작게 가정해야 한다.

3 [그림 1-2]에서 설명한 바와 같다.

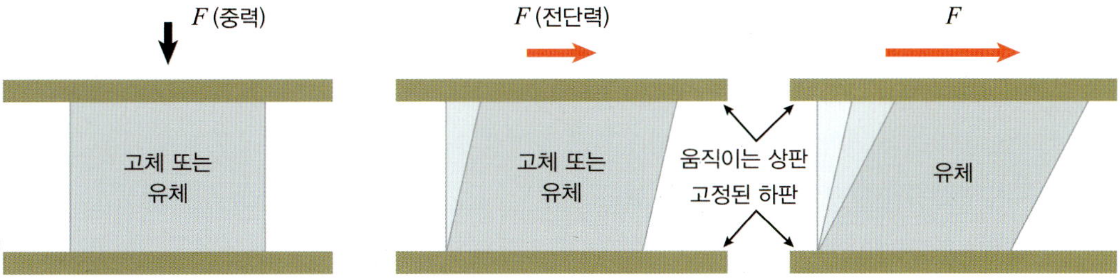

(a) 정지상태의 고체 또는 유체 (b) 옆으로 힘을 받는 고체 또는 유체 (c) 옆으로 더 큰 힘을 받는 유체

그림 1-4 힘을 받을 때 유체의 변화

[그림 1-4(b), (c)]는 하판은 고정되고 상판이 움직인다고 가정한 후, 상부에 있는 고정판(책받침)을 뺀 경우를 나타낸 것이다. 이 경우 상판과 하판 사이에 있는 유체는 변화할 것이고, 변화폭은 유체의 성질에 따라 달라진다.

이런 현상을 보며 유체란 과연 무엇이라 답해야 하는가? 이제는 더 이상 고체의 반대 물질이라고 대답하면 안 된다. 유체는 **임의의 힘**Given Force**이 작용할 때 연속적으로 움직이려는 물질**이다.

Think_03

[그림 1-4]에서 설명하고 있는 회색 물질의 크기가 얼마일지 생각해보자.

1.1.4 왜 유체역학을 배워야 하는가?

대기는 우리를 감싸고 있으며, 우리 주위에는 강과 바다가 있다. 대기 및 강과 바다의 물은 항상 움직이고 있다. 이와 같은 유체의 움직임을 유동(또는 흐름)이라 하고, 이 유동에서 발생하는 힘의 관계를 연구하는 것을 **유체역학**流體力學, Fluid Mechanics 또는 **유동학**流動學이라 한다.

우리 주변엔 '대기, 강 및 바다의 유동'뿐만 아니라 '상하수도관이나 가스관, 용수로用水路 등에서의 유동', '비행하는 로켓이나 비행기, 달리는 열차나 자동차, 선박 주위의 유동' 등 다양한 유동현상이 있다. 이렇듯 유동현상은 우리의 실생활과 굉장히 밀접한 연관이 있기에 꼭 알아두어야 한다. [그림 1-5]에 유체역학의 원리를 이용한 생활 속 유체현상을 나타냈다.

[그림 1-5(a)]와 같이 딤플Dimple이 있는 골프공의 비거리가 커지는 이유는 무엇일까? [그림 1-5(b)]에서 첨단 수영복의 핵심을 물과의 마찰을 줄이는 것이라 하는 이유는 또 무엇일까?

[그림 1-5(c)]와 같이 1903년 최초로 실용적인 비행을 실현한 라이트 형제의 비행기가 나온 이후 현재까지 120여 년 정도밖에 흐르지 않았다. 레오나르도 다빈치 이후 라이트 형제까지 수백 년이 지났지만, 그동안 인간은 어째서 하늘을 나는 꿈을 더 일찍 실현하지 못했을까? 즉 비행기를 왜 더욱 빨리 실용적으로 만들지 못했을까?

[그림 1-5(d)]와 같이 자동차가 빨리 주행할 방법은 무엇이며, [그림 1-5(e)]와 같이 인체 내 혈류에 문제가 되는 동맥경화는 왜 발생할까?

이 모든 현상은 유동의 변화, 즉 유체역학의 원리로 설명할 수 있으며, 이외에도 [표 1-1]과 같은 실생활 분야까지 유체역학의 적용 범위는 무척 넓다.

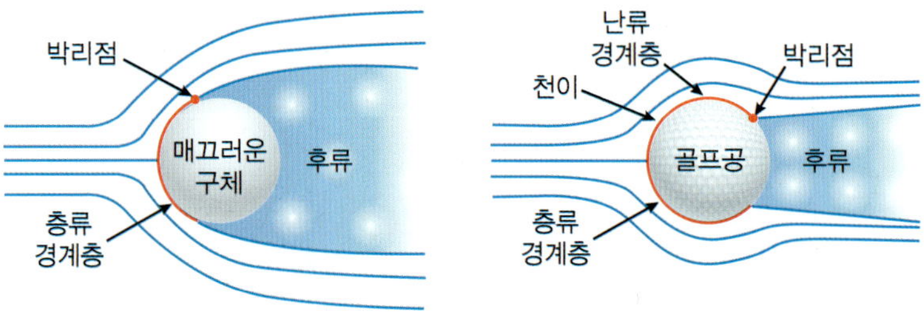

(a) 골프공에 적용된 유체역학 원리 : 층류와 난류

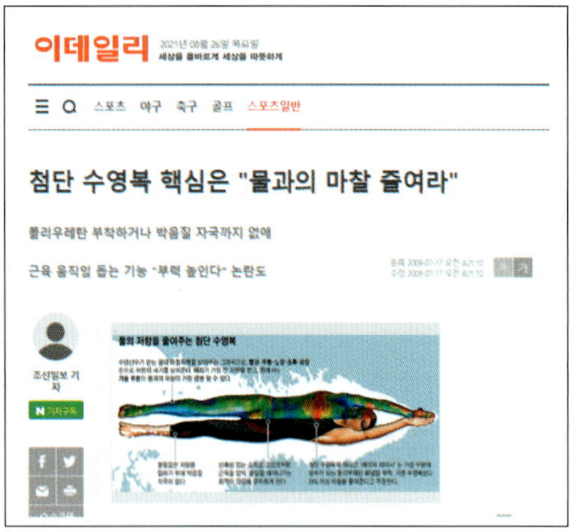
이데일리

스포츠 야구 축구 골프 스포츠일반

첨단 수영복 핵심은 "물과의 마찰 줄여라"

폴리우레탄 부착하거나 박음질 자국까지 없애

근육 움직임 돕는 기능 "부력 높인다" 논란도

물의 저항을 줄여주는 첨단 수영복

(b) 물과의 마찰을 줄인 첨단 수영복에 대한 기사

(c) 비행에 성공한 라이트 형제의 비행기

(d) 자동차의 속도를 높이기 위해 후단에 발생하는 후류 제어 모습

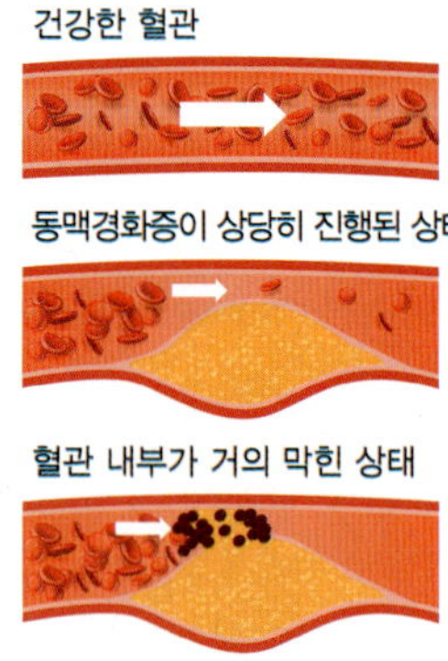

(e) 배관의 현상과 동일한 동맥경화

그림 1-5 유체역학의 원리를 이용한 생활 속 유체현상

표 1-1 유체역학이 적용되는 각종 분야

분야	세부 분야
스포츠	골프공의 딤플, 테니스, 야구(너클 볼), 수영(Riblet), 사이클(모자와 운전모드에 따른 항력계수) 등
가전, 생활	헤어드라이어, 진공청소기, 오븐, 냉장고, 세탁기, 샤워, 다리미 등
유체이송	배관시스템, 공조시스템(HVAC) 등
에너지 생성	유체기계, 수차, 풍차, 신재생에너지 관련 사업 등
환경	대기오염, 쓰레기 소각, 해양오염, 4대강 보(토목) 사업 등
수송	자동차, 잠수함, 배, 항공기, 조선, 우주 관련 산업 등
풍공학	태풍, 기상재해, 건축물 외장재 설계, 필로티 등
생체유체역학	혈액유동, 의료기기 등
기타	섬유, 화공, 의료기기, 토목 및 건설, 전자 및 컴퓨터 공업 등

'에어컨은 어디에 설치해야 더 시원할까?', '밥을 좀 더 빠르고 맛있게 지을 방법은 없을까?' 등도 유체역학의 문제로 생각해볼 수 있다. 사람들이 플랫폼이나 교차로에서 움직이는 것도 하나의 유동이라고 볼 수 있으며, 더욱 확대해서 말하면 사회 현상이나 정보의 흐름, 역사 등도 하나의 유동이라고 볼 수 있을 것이다.[4]

1.1.5 유체역학의 역사

역사를 논할 때는 반드시 기록된 역사적 사실에 근거해 나타내야 한다. 그러나 이런 기록들이 없는 반만 년 전부터 지구에는 유체의 기본이 되는 물과 공기가 존재했고, 적당량의 물을 사용하는 일과 필요한 식량과 물자를 운반하는 일을 삶에 있어서 가장 중요한 문제로 여겼을 것이다. 이러한 의미에서 '**유체역학은 수로**Lane**와 배**Ship**로부터 시작됐다**'고 말할 수 있다. 역사적 기록으로 남은 것은 거의 없지만 선진연구자의 연구결과로부터 그 시절의 상황을 정확히 이해한다면 유체역학을 공부하는 데 있어 큰 도움이 될 것이다. 유체역학 역사상 매우 중요한 인물과 그 업적을 시대순으로 살펴보자.[5]

■ 아르키메데스 4장

아르키메데스Archimedes, B.C. 287~212는 고대의 대표적인 과학자이자 수학자로 손꼽히고 있다. [그림 1-6(a)]와 같이 '매질 속의 물체는 자신이 밀어낸 매질의 무게만큼 부력을 받는다'라는 것을 "**유레카**"라는 용어와 함께 최초로 공식화하고, 떠 있거나 잠겨 있는 물체에 적용한 것이, **유체역학 역사의 공식적인 시작**이다. 또한 아르키메데스는 자신의 땅을 관개하기 위해 [그림 1-6(b)]와 같이 나사펌프를 개발했으며, 그는 정역학과 함께 유체 정역학도 연구했다.

4 시간과 공간의 범위를 어떻게 생각하느냐에 따라 달라질 것이다. 이는 유체역학을 떠나, 사회생활을 하며 시간 및 공간을 어떻게 설정하는지에 따라 해석 및 결과가 달라질 수 있다는 것을 의미하다.

5 인물 이름 옆에는 해당 인물에 대해 자세하게 다루는 장을 적었다.

(a) 유레카와 부력

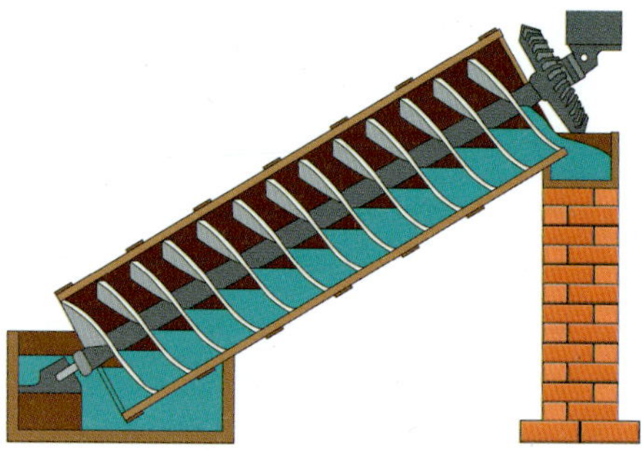

(b) 나사펌프의 도식도

그림 1-6 아르키메데스의 업적

■ 레오나르도 다빈치 1, 2장

유체역학의 발전을 이야기할 때 **레오나르도 다빈치**Leonardo Da Vinci, 1452~1519를 언급하지 않을 수 없다. 그는 유체역학의 여명기를 연 위대한 개척자였다. 레오나르도 다빈치 이후부터 우수한 연구자가 배출됐고, 유체역학은 17세기부터 20세기까지 화려한 르네상스기를 맞이하게 된다.

유체역학의 관점에서 봤을 때 그의 업적 중 특히 흥미로운 것은, 물의 운동으로부터 [그림 1-7]과 같이 보텍스, 파도, 유출, 관과 수로 내의 유동, 물레방아와 같은 유체기계에 미치는 광범위한 기술을 자기 경험을 기초로 하여 그의 노트에 기록했다는 것이다. 현재 자동차나 항공기에서 사용되는 유선 형태의 날개 및 형상도 레오나르도 다빈치가 처음 다룬 것이다.

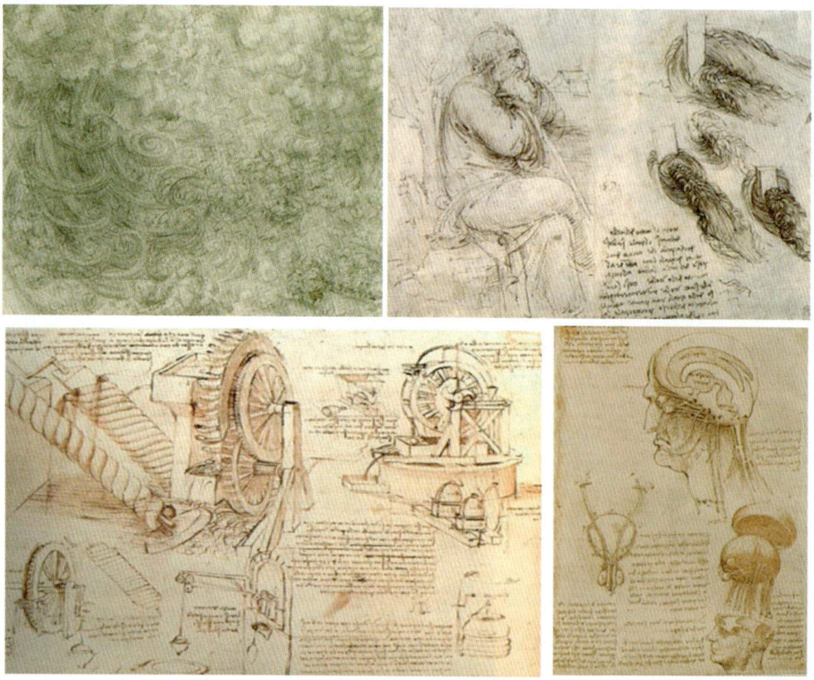

그림 1-7 레오나르도 다빈치의 노트 중 일부 내용

이외에도 그는 유체역학 분야에 있어서 많은 발견과 관찰을 했고, 후세 사람들이 발견하게 된 물체의 저항, 유체 운동 등 여러 가지 법칙을 예측했다. 이를 '**가시화**Visualization **기법**'이라 하며, 역사상 레오나르도 다빈치가 처음이라 할 수 있다.

■ 아이작 뉴턴 전체 장

뉴턴Issac Newton, 1642~1727은 영국의 수학자로 미적분법을 창시했으며, '뉴턴의 제2법칙'으로 운동량 법칙을 처음으로 수학적으로 확립하며 사후 250년이 지나 아인슈타인의 상대성 이론이 발표될 때까지 후대 과학을 파격적으로 발전시키면서 역학 체계를 확립한 연구자이다.

유체역학뿐만 아니라 대부분의 기계공학 관련 역학에서도 뉴턴이 세운 업적 중 가장 중요한 운동량방정식을 기초로 모든 방정식을 사용한다. 이러한 이유로 현재 과학자들은 수백 년 동안 발표된 **모든 방정식이 뉴턴 법칙에 근거**한다고 판단한다.

유체역학에서 뉴턴이 정립한 이론을 무시할 수 없고, 오랜 기간 그 내용을 공부해오고 있으므로 고전역학이라 부른다.

고전역학에는 **중요한 아이러니**가 있다. 바로 아인슈타인의 상대성 이론이나 양자역학이 제시된 현재에도, 미시세계인 **분자 계산에서 거대분자를 다룰 때는 양자역학보다 뉴턴역학(고전역학)을 사용**한다는 것이다. 양자역학은 계산 및 이해하기 어려울 뿐만 아니라, 거대분자에서는 뉴턴역학과 별 차이 없는 것이 사실이기 때문이다.[6] 따라서 우리의 생활에 가장 많은 영향을 끼친 물리학자를 이야기한다면 아인슈타인보다는 뉴턴이 더 적합하다.

유체역학을 공부하는 자로서 뉴턴과 동시에 활동한 과학자들 중 알아야 할 인물은 파스칼Pascal, 1623~1662, 피토Pitot, 1695~1771, 토리첼리Torricelli, 1608~1647이다. 이 인물들은 17세기에 뉴턴과 함께 유체유동의 윤곽 대부분을 정립했기 때문이다. 이 세 명의 연구자들은 주로 압력과 관련된 이론을 정리했다.

■ 다니엘 베르누이 전체 장

베르누이Daniel Bernoulli, 1700~1782는 스위스의 수학자로 항공기 날개 설계와 같은 공학적 분야의 바탕을 이루는 정리를 만든 사람이다. 그는 하이델베르크, 바젤 대학교에서 의학과 논리학을 전공했다. 또한 [그림 1-8]과 같이 1738년 『Hydrodynamica』라는 저널에 유체 흐름에 대한 기본 관계식을 발표했으며, 기체와 열의 운동학적 이론의 기초를 마련했다. 이는 **수력학**Hydraulics**의 시초**가 된다.

6 이는 매우 중요한 개념이다. 이 논리가 깨진다면 역학을 다시 정리해야만 한다.

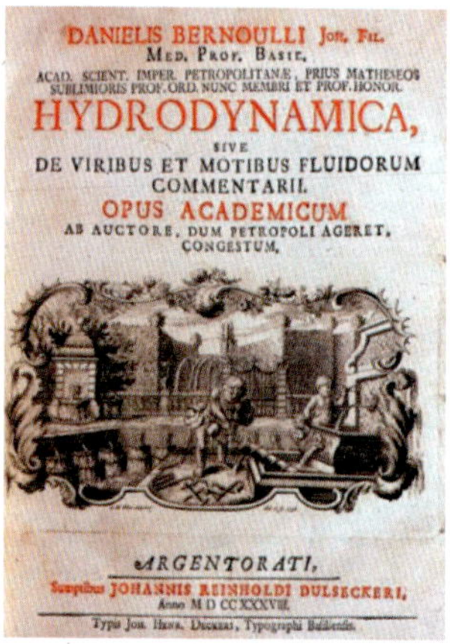

(a) 『Hydrodynamica』 표지

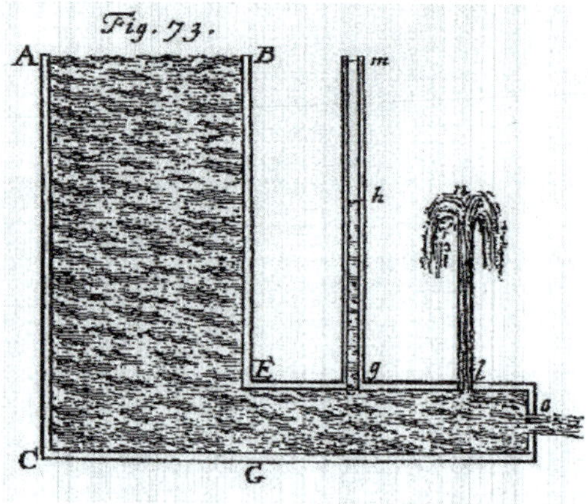

(b) 논문 중 Fig. 73

그림 1-8 베르누이 정리를 발표한 저널 『Hydrodynamica』와 그 이론을 나타내는 그림

그는 유체 흐름이 빠른 곳의 압력은 유체 흐름이 느린 곳의 압력보다 작아진다는 이론을 설명하고, 유체의 위치에너지와 운동에너지의 합은 항상 일정하다고 밝혔다. 간단한 예로 수도 배관 끝 부분의 면적이 좁아진다면, 수돗물이 빨리 분출되는 것을 관찰할 수 있다. 즉 물은 좁은 곳으로 들어갈수록 속도가 증가한다. 이는 유체의 압력이 감소하면 유체의 속도가 증가한다는 사실을 말해준다.

영화 〈트위스터〉[7]에 나오는 무시무시한 토네이도 역시 베르누이 정리로 설명할 수 있다. 토네이도에 의한 강한 바람, 즉 빠른 바람이 지나는 지점에서의 압력을 대기압으로 감소시키므로 집 위를 지나가는 토네이도는 지붕 위에 부분적인 진공을 형성할 수 있게 된다. 따라서 집 위의 부분적인 진공과 집 내부의 큰 압력 차에 의해 집은 하늘로 날아가게 되는 것이다. 그러나 모든 경우에 베르누이 정리를 적용할 수는 없고, 다음 몇 가지 가정이 선행되어야 한다.[8]

[가정 1] 점성(마찰)이 없다.
[가정 2] 유체가 동일한 유선Streamline상에서만 움직인다.
[가정 3] 정상상태Steady State의 유동이다.

베르누이방정식의 유도된 형태를 수학적으로 본다면 에너지 보존법칙의 형태를 갖는데, 이는 비압축성유동의 경우 에너지방정식이 운동량방정식과 분리되면서 운동량방정식의 해는 에너지방정식의 해를 자연히 만족한다는 사실에 기인하기 때문이다. 따라서 베르누이방정식을 에너지 보존이라고 생각해도 무방하나, 엄밀히는 뉴턴의 운동법칙 $F = ma$의 변형이라 보는 것이 정확하다.

Think_04

1903년 라이트 형제의 최초의 비행에서 약 200년 전에 발표된 베르누이방정식을 고려했었다면 인류의 비행 역사가 더 당겨졌을지 생각해보자.

7 토네이도를 연구하는 기상학자들의 이야기를 다룬 재난영화로 1996년 개봉했다.
8 이 가정에 대한 내용은 공무원, 기사, 입사 시험에 종종 나오기 때문에 반드시 기억하는 것이 좋다.

■ 레온하르트 오일러 2, 6, 7, 13장

오일러Leonhard Euler, 1707~1783는 베르누이와 같이 스위스의 수학자이자 물리학자로, 역사상 가장 위대한 수학자 중 한 명이며 반드시 기억해야 할 연구자이다. 그는 변분학을 창시하고 미적분학을 발전시켰으며 해석학의 화신, 최대의 알고리스트로 알려져 있다. 천문학, 의학, 식물학, 화학 등 많은 분야에 공헌했으며, 그가 연구한 분야는 매우 광범위해서 고등학교 수학(지수와 로그의 관계 및 삼각함수)만 배워도 그의 업적을 미리 접할 수 있다. 유체역학에서 관심을 가져야 할 오일러의 업적은 크게 두 가지이다. 첫 번째는 **유체가 어떻게 움직이는지 기술하는 방법**에 대한 제안이고, 두 번째는 **운동량방정식의 정립**이다.

오일러 운동 기술법은 라그랑주Lagrange의 기술법과 비교하면서 설명되며 이 둘을 묶어서 'Lagrangian and Eulerian specification of the flow field'라 한다. 라그랑주의 방식이 유체 입자 하나하나의 움직임을 시간에 따라 기술한다면, 오일러의 방식은 특정한 구역 하나를 지정해놓고 그곳에서의 시간과 공간에 따른 유체의 출입에 주목한다. 일정 공간 내 유체의 입자들은 셀 수 없을 정도로 많기에 라그랑주 방식은 좌표축을 잡고 물체의 움직임(추적)을 기술하는 데 어울리며, 따라서 복잡한 유체역학의 계산에는 오일러의 방식을 자주 택하게 된다. 그러나 그가 제안한 운동량방정식은 점성이 없는 이상 유체일 때를 가정한 것이기 때문에 실제 유체에 대해서 개념은 잡지 못했다. 18세기에는 이러한 사항을 인지했어도 현실적으로 개념 정립이 불가능했을지도 모르지만, 이 운동량방정식 때문에 오일러가 **현대 유체역학의 시초**로 여겨지고 있다.

유도된 '오일러운동방정식'을 수학적으로 살펴보면 동시대에 공존했던 베르누이방정식과 같아진다. 짧은 시간인 dt 동안 움직인 입자를 정적분하게 되면 베르누이방정식을 유도할 수 있기 때문이다. 더 나아가 100년 뒤에 정립된 나비에-스토크스 방정식인 운동량방정식에서 점성항을 제거하면 오일러방정식과 같아지는 관계성이 있음을 알 수 있다.

■ 장 르 롱 달랑베르 1, 6, 9장

달랑베르Jean Le Rond d'Alembert, 1717~1783는 프랑스의 물리학자이자 수학자이다. 그는 오일러가 정의한 것처럼 유체를 정지한 비압축성Incompressible 및 비점성Inviscid 유동이라고 가정한 뒤, 유체 내부에 물체가 일정한 속도로 이동하는 상황을 수식으로 전개한 결과 유체 내의 물체가 받는 힘의 합력이 0이라는 것을 알아냈다. 이는 물체가 유체 속을 가로지를 때 받는 저항이 없다는 것을 의미한다. 예를 들어 열기구가 공기를 가로지를 때는 열기구에 아무런 힘이 작용하지 않기 때문에 바람에 휼날리지 않게 된다는 것이다. 달랑베르는 모든 수식 및 정의가 틀렸다는 것을 공표했다.

이 발표는 그 당시 정론으로 생각했던 오일러의 이론을 거스르는 매우 중요한 사건이었다. 따라서 이를 **달랑베르의 역설**d'Alembert's Paradox이라고 한다. 이 사건 이후의 공학자들은 오일러의 비현실적인 이론을 거부하는 실험 위주의 수력학과 이론 중심의 연구인 이론 유체역학 분야로 나뉘어 지금까지 연구를 진행하고 있다.

■ 오스본 레이놀즈 전체 장

레이놀즈Osborne Reynolds, 1842~1912는 영국의 수학자이자 물리학자이다. 유동장을 해석하는 데 있어 실험적 및 이론적으로 층류Laminar Flow와 난류Turbulent Flow로 구별하는 레이놀즈수Reynolds Number, 즉 Re 수(식 (1.3))를 제안했다. 고대 이래 많은 연구자의 노력에도 해결하지 못한 복잡한 유동장 해석이 이 식으로 명확히 가능해졌다는 것에 큰 이견이 없다.

$$Re = \frac{\rho D V}{\mu} \tag{1.3}$$

ρ : 밀도 $[\mathrm{kg/m^3}]$, D : 관 지름 $[\mathrm{m}]$, V : 관내 속도 $[\mathrm{m/s}]$, μ : 유체의 점성계수 $[\mathrm{Pa \cdot s}]$

이 Re수는 유체의 거동을 결정하는 무차원수Non-Dimension Variable이며 항공역학, 마찰문제, 자동차 역학 등과 같은 유체역학의 대다수 문제에 적용 가능하다.

레이놀즈는 유리관 입구에 착색액을 유도하고 서서히 밸브를 개폐하는 실험을 하면서 층류와 난류에 대한 개념을 정리했다. 레오나르도 다빈치의 노트 기록이 정성적인 결과라고 한다면, 레이놀즈수의 결과는 가시화 실험과 함께 기록된 정량적인 결과이며, **'만약 이 Re 값이 같다면 관 지름에 관계없이 유동 상태는 같다'**는 놀라운 사실을 발견했다. 이것을 레이놀즈의 상사법칙이라고 한다. 8장에서 공부할 모형실험 및 상사실험의 결과로부터 실물의 성능을 추정할 수 있게 됐고, 이후 유체역학의 발전에 커다란 공헌을 했기 때문에 레이놀즈를 **현대 유체역학의 아버지**라고 부른다.

■ 클로드 루이 나비에와 조지 가브리엘 스토크스 1, 2, 6장

프랑스의 물리학자 **나비에**Claude-Louis Navier, 1785~1836와 영국의 수학자 **스토크스**George Gabriel Stokes, 1819~1903는 $F = ma$를 유체역학에서 사용하기 위해 나비에-스토크스 방정식으로 바꾼 연구자들이다. 이 방정식은 18세기에 정리된 오일러방정식과 달리 **점성이 있는 실제 유체에 사용되는 운동량방정식**이다. 이 방정식은 고체역학과 관련된 학문에서는 코시Cauchy방정식, 전자공학에서는 맥스웰Maxwell방정식의 형태로 널리 사용되고 있다.[9]

나비에-스토크스 방정식의 물리적 의미는 점성이 있는 유체에 작용하는 압력, 응력, 체적력에 따라 유체의 가속도가 결정된다는 것이다. 즉 이 방정식은 유체의 운동을 정확히 알아내는 방법을 제공한다. 최근에는 [표 1-1]에서 분류된 각종 분야에서 CFD를 이용해 나비에-스토크스 방정식을 풀고 있다.

---

9 수학적인 관점에서 보자면 이 방정식은 3차원(또는 시간을 포함한 4차원 시공간)상에 해가 항상 존재하는지, 존재한다면 해를 어떻게 구하는지 또는 특이점은 없는지, 어떤 문제가 있는지 등이 아직 증명되지 않았다. 이 문제를 수학적인 관점에서 해결하려는 것이 밀레니엄 문제 중 하나이다. 이렇기 때문에 공학 최전선에서조차 직접 이론 해를 구하지 못해 전산유체역학(Computational Fluid Dynamics, CFD)에 의존하고 있다.

■ 루트비히 프란틀 1, 2, 9, 10장

독일의 물리학자 **프란틀**Ludwig Plandtl, 1875~1953은 금속 찌꺼기를 빨아들이는 진공기를 개량하는 작업을 의뢰받고 파이프 내 공기 흐름에서 유체가 어떤 물체 위로 움직일 때 얇은 부동의 유체층, 즉 경계층Boundary Layer이 나머지 유체 흐름을 늦춘다는 사실을 처음 알아냈다(1904년). [그림 1-9(b)]에서 보듯이 물체나 유로에 작용하는 마찰 항력Friction Drag 등이 미치는 층과 미치지 않는 층(경계층)이 있는데, 이러한 프란틀의 발견은 유체역학의 발달에 커다란 공헌을 했다.

그로부터 50년 이상 흘러서야 이 평판의 경계층으로부터 난류의 구조에 관한 미스터리를 풀 단서가 미국의 클라인Stephen Jay Kline, 1922~1997과 그의 협력자에 의해 발견됐다. 클라인은 평판상의 물의 유동을 물의 전기 분해 때문에 발생하는 수소 기포를 사용해서 가시화해, 평판의 벽면 근처에서 감속된 유동이 간헐적으로 외층을 향해 방출되면, 이어서 고속의 유동이 벽면을 향해 유입되는 것을 발견했다. 이와 같은 특징적인 유체의 운동을 '버스팅Bursting현상'이라고 부르며, 난류가 발생하는 메커니즘의 한 가지 요소로 작용한다는 사실이 알려져 있다.

또한 제1차 세계 대전과 제2차 세계 대전에서 사용했던 전투기를 비교하면 확연히 다르다는 것을 알 수 있는데, 경계층 이론과 그의 제자인 카르만 등과 함께 [그림 1-10]과 같이 **3차원 날개 이론을 제안한 프란틀의 영향**이 가장 컸다고 해도 과언이 아니다.

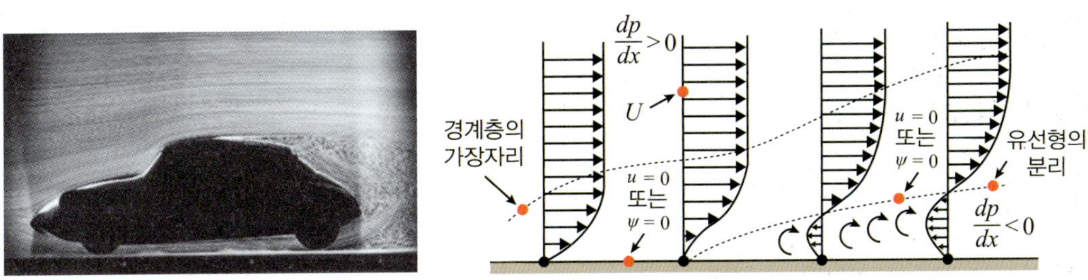

(a) 자동차 주변의 경계층 박리현상

(b) 평판 위 경계층 내 속도구배분포

그림 1-9 프란틀 경계층을 나타내기 위한 가시화 실험과 이에 대한 이론적 설명

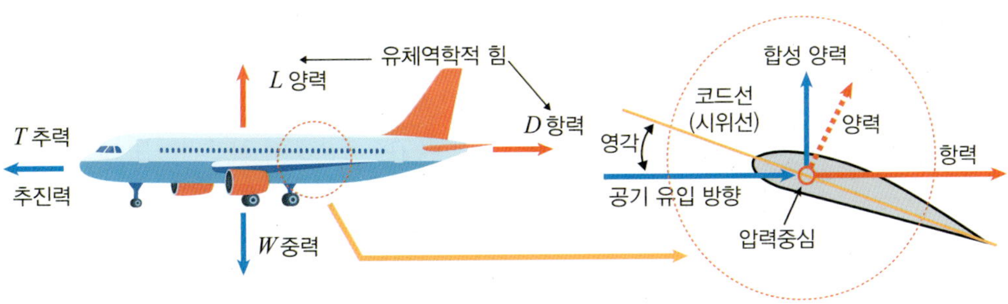

그림 1-10 비행기의 3차원 날개 이론

■ 테오도르 카르만 1, 2, 7, 8, 9장

헝가리계 미국인 물리학자이자 항공엔지니어인 **카르만**Theodor von Karman, 1881~1963은 원주 후류에서의 보텍스Vortex 연구를 비롯해 **물체의 항력, 난류 등 유체역학에 관한 많은 업적**을 남겼다.

보텍스 현상은 [그림 1-11]과 같이 축구공과 같은 둥근 물체가 날아갈 때 마주 오던 공기가 뒤로 흐르면서 공기의 소용돌이로 인해 공의 뒷면에 위상이 번갈아가며 규칙적으로 생겨서 이것에 의해 공에 미치는 양력이 양(+)/음(-)으로 변해 움직임이 불규칙해지는 현상이다. 축구에서의 무회전 슛, 야구에서의 너클 볼 등이 날아갈 때 공의 진행 방향이 불규칙적인 이유도 바로 이 카르만 효과 때문이다.

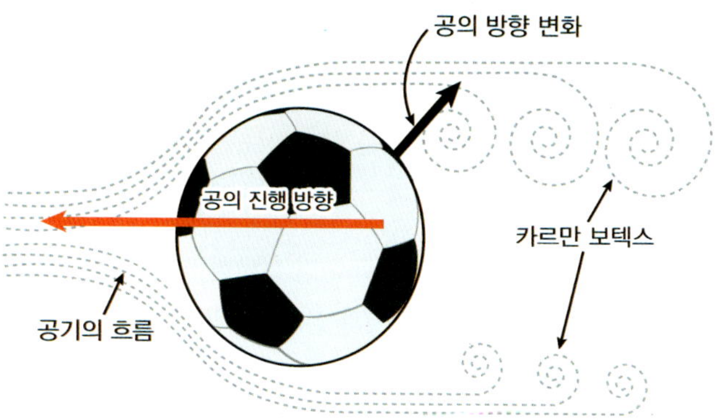

그림 1-11 카르만 보텍스로 인해 불규칙하게 변하는 공의 진행 방향

카르만 보텍스가 발생하면 물체는 주기적인 힘을 받고 그 결과 진동해 소음Noise이 발생하는 경우가 있다. 전선이 바람에 흔들리며 소리를 내는 것을 들을 수 있는 것은 이 때문이다. 또한 건물의 배후에서 바람 때문에 이상한 소리가 발생하는 경우가 있는데 이 또한 카르만 보텍스에 의한 현상이다.

■ 20세기 후반 ~ 21세기 연구

아인슈타인의 상대성 이론 이후 유체역학은 [그림 1-12]와 같이 이론 유체역학Analytical Fluid Mechanics, AFD과 실험 유체역학Experimental Fluid Mechanics, EFD으로 나누어져 연구가 진행됐고, 컴퓨터의 발명으로 20세기 중반에는 전산유체역학 연구가 시작됐다.

이 세 분야의 연구가 각각 독립적으로 결과를 냈고, 20세기 후반까지는 이론의 정립보다는 그 이론으로 제품을 제작하는 실용 연구를 통해 성능 및 효율을 향상하는 데 집중했다. 21세기에 들어서는 컴퓨터의 비약적인 발전으로 AFD 연구는 대폭 줄어들었으며, CFD 연구를 통해 최적화를 진행하고, 이를 실험으로 증명하는 EFD가 병행적으로 연구되고 있다.

[그림 1-12]에 지금까지 설명한 유체역학의 역사에서 주목해야 할 연구자와 그들의 대표 업적을 정리했다.

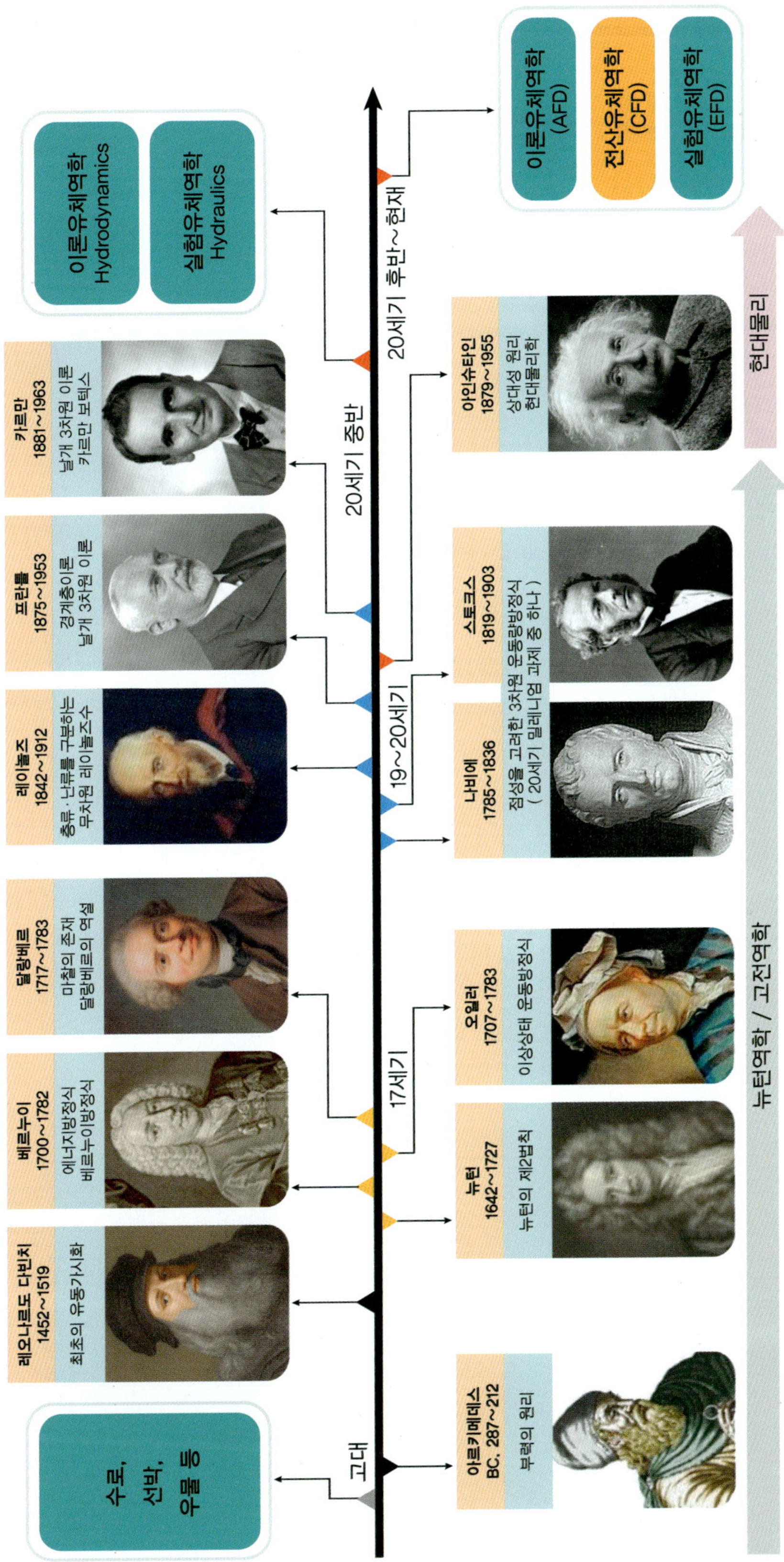

그림 1-12 유체역학 연대기

SECTION 1.2

단위와 차원

- SI 단위계에 대해 알아본다.
- 기본 단위와 유도 단위의 종류를 익힌다.
- 단위의 의미적 표현인 차원에 대해 알아본다.

1.2.1 SI 단위계

단위를 배우기 전, 앞에서 물리량, 즉 밀도, 점도, 힘 등에 관한 내용이 등장했다. 기초역학 기반을 탄탄히 다지지 못했다면 어려울 수 있으므로 먼저 물리량을 이해하기 위한 단위Unit에 대해 알아보자.

단위란 물리량을 양적으로 표현한 것이다. 예를 들어 "내 키는 170이야"라는 말을 들었을 때 상대방이 언급한 170이 무엇인지 알아야 한다. 이 대화에서 우리는 170이 170 [cm]를 의미한다는 것을 알지만 제품을 설계하고 제작할 때 정확한 단위를 가르쳐주지 않으면 잘못된 규격으로 제작될 수 있다. 길이 단위로 미터[m], 센티미터[cm], 밀리미터[mm]를 주로 사용하지만, 우리나라에서는 과거에 자(척), 보, 장이라는 단위를 사용했고, 미국이나 영국에서는 야드Yard, 피트Feet, 마일Mile 단위를 사용한다.

이렇게 각각 다른 단위를 사용해서 발생하는 혼동을 줄이고자, 1960년 제11차 국제도량형총회CGPM에서 **국제 단위계**International System of Units, SI를 사용하도록 결정했다. 현재 세계 대부분의 국가에서 SI **단위**를 채택해 사용하고 있으므로, 특별한 언급이 없다면 SI 단위 규격을 사용해야 한다. 그러나 실상은 이와 다르다. 미국 메이저리그에서 투구 속도는 마일로, 야구장 길이는 피트로 표현하고, 골프의 비거리는 야드로 나타내며, 자동차의 계기판Dashboard은 마일로 표기한다. 따라서 유체역학만이 아닌 '공학'을 공부하는 우리들은 이런 단위와 단위 변환에 대한 개념을 정확히 파악해야 한다.[10]

Think_05

우리나라 돈 1만 원은 미국의 달러 또는 일본의 엔으로 얼마가 되는지 계산해보자. 오늘날 우리나라는 1인당 GDP를 기준으로 봤을 때 선진국에 해당한다. 대한민국이 사용하는 고유 단위를 영어 단위계와 같이 세계 공통 단위로 사용할 수 있을지 생각해보자.

1.2.2 기본 단위와 유도 단위

SI 단위는 7개의 기본 단위(미터[m], 킬로그램[kg], 초[s], 암페어[A], 켈빈[K], 몰[mol], 칸델라[cd]), 2개의 보조 단위(라디안[rad], 스테라디안[sr])와 이들로부터 조합한 19개의 유도 단위를 요소로 하는 일관성 있는 단위 집단이다.

10 단위에 대한 자세한 내용은 기초 공학 도서를 참고하라.

여기서 기본 단위란 기초가 되는 물리량의 크기를 의미하는데 이 중 유체역학에서 많이 사용하는 기본 단위를 [표 1-2]에 정리했다. [표 1-2]의 MKS 단위가 주로 사용되는 단위계이고, 물리량 표현이 매우 크거나 작을 때 또는 표현이 어색할 때 CGS 단위를 사용하기도 한다.[11] [표 1-3]에는 SI 단위계에 상응하는 영국 단위계British Gravitational, BG[12]를 나타냈다. 영국 단위계는 질량보다는 힘을 기본 단위계로 사용하므로 기본 단위가 아닌 힘을 표기했다.

표 1-2 유체역학에서 자주 사용하는 기본 단위[13]

구분	단위		차원
	MKS	CGS	
길이	m	cm	L
질량	kg	g	M
시간	s	s	T[14]

표 1-3 SI 단위계에 상응하는 영국 단위계

구분	SI 단위	영국 단위계	비고
길이	m	ft	자
질량	kg	slug	근
힘	N	lbf	
시간	s	s	시

유도 단위는 속도, 가속도 등과 같은 물리량을 표현할 때 사용하는 단위로 기본 단위로부터 유도해 사용한다. 즉 속도는 단위시간당 길이라고 정의되므로, 단위는 식 (1.4)와 같이 [m/s]로 정의할 수 있다.

$$속도 = \frac{길이[\mathrm{m}]}{시간[\mathrm{s}]} = 속도[\mathrm{m/s}] \tag{1.4}$$

[표 1-4]에 자주 사용하는 유도 단위를 정리했다.

우리는 **단위를 관찰하며 물리량을 유추하고 그 크기를 파악**해야 한다. 예를 들어 밀도는 단위체적당 질량(무게)이다. 그렇다면 인구 밀도는 '단위면적당 인구 수'가 된다. 이것을 수학으로 생각하거나 암기해서는 안 된다. 반드시 물리적으로 이해하고 알고 있는 물리량과 비교해야 한다. 만약 물의 밀도가 1,000 $[\mathrm{kg/m^3}]$라면, $1[\mathrm{m}]\times 1[\mathrm{m}]\times 1[\mathrm{m}]$인 통에 가득 담은 물의 질량은 1,000 [kg]이 된다고 이해해야 한다. 자세한 내용은 해당 장에서 다시 다룰 것이다.

---

11 MKS로 나타낸 물의 밀도가 1,000 $[\mathrm{kg/m^3}]$일 때, 이를 CGS 단위계로 표현하면 1 $[\mathrm{g/cm^3}]$가 된다. 또한 MKS로 나타낸 물의 점성계수가 0.001 $[\mathrm{Pa \cdot s}]$일 때, 이를 CGS 단위계로 표현하면 1 [cP]가 된다. 어느 것이 보기 편한가? 이것이 바로 CGS를 사용하는 이유이다.

12 영국 단위계는 영어로 English Engineering(EE)이라고 표현하기도 한다.

13 기본 단위에서 질량 대신 힘을 선택할 수도 있다. 만약 기사 시험 문제에서 답이 F로 표시됐다면 환산해주면 된다.

14 온도와 혼용해서는 안 된다. 온도와 같이 다룰 때 시간은 보통 t로 사용한다.

표 1-4 유체역학에서 자주 사용되는 유도 단위

변수	SI 단위	영국 단위계	차원	비고	해당 장
속도	m/s	ft/s	LT^{-1}	–	모든 장
가속도	m/s^2	ft/s^2	LT^{-2}	가속도	8장, 9장
유량	m^3/s	ft^3/s	L^3T^{-1}	체적유량	8장, 9장
밀도	kg/m^3	$slug/ft^3$	MT^{-3}	–	모든 장
무게	kg_f	lbf(파운드)	MLT^{-2}	$F=ma$	모든 장
힘	$1\,N(kg_f)=1\,kg\cdot m/s^2$				
압력	$1\,Pa=1\,N/m^2$	psi (lbf/in^2)	$ML^{-1}T^{-2}$	$1\,kg_f/cm^2$(중력단위계)	모든 장
에너지	$1J=1N\cdot m$	lbf·ft	ML^2T^{-2}	일(Work)	모든 장
동력	$1W=1J/s$	Watt	ML^2T^{-3}	단위시간당 일(효율)	

Think_06

500[ml]짜리 물 2병을 사서 배낭에 넣고 등산을 한다면, 물의 무게로 인해 배낭 무게가 얼마나 늘어날지 생각해보자.

1.2.3 차원

지금까지는 단위와 차원을 같은 개념으로 사용해왔으므로 약간 혼동이 있을 수 있다.[15] 단위가 **변수의 양적인 표현(물리량)**이라면, 차원은 **물리현상의 특징을 규정**하는 기본적인 표현을 의미한다. 즉 단위를 일반화한 것을 뜻한다.

식 (1.5)의 뉴턴의 제2법칙을 살펴보자. 식 (1.5)의 좌변은 힘이고, 우변은 질량에 가속도를 곱한 것이다. 여기서 보면 힘, 질량, 가속도의 단위가 각각 다르다. 물론 이를 곱해서 정리하면 같아지지만, 만약 변수의 단위를 차원(L, M, t)으로 정리하면 변수(물리량)의 관계를 파악할 수 있게 된다.[16]

$$F = ma \text{ : 뉴턴의 제2법칙} \tag{1.5}$$

Think_07

갑작스러운 체중 증가로 자신감이 없어졌다는 친구가 소개팅을 앞두고 걱정하고 있다. 이 친구가 소개팅에서 성공하려면 어떻게 해야 할까? 아무래도 체중을 줄이면 자신감을 되찾는 데 도움이 될 것이다. 멋진 옷을 입고 언젠가 사고 싶다던 좋은 차를 가지게 되면 자신감은 한층 높아질 것이다.

이렇게 언급된 세 가지 변수를 차원으로 생각하면 돈과 시간의 함수로 정리해보자. 즉 얻어진 함수로부터 친구에게 맞는 소개팅 성공 함수식을 유추(차원해석)할 수 있다.[17]

15 [표 1-2]와 [표 1-4]에 각 변수에 따른 단위뿐만 아니라 차원(Dimension)도 정리했다.
16 이에 대한 자세한 내용은 7장에서 다룬다.
17 이에 대한 자세한 내용은 7장에서 다룬다.

CHAPTER 01 | 연습문제

■ 유체역학의 개요

1.1 다음 중 유체의 정의로 옳은 것은?

㉮ 용기 안에 가득 찰 때까지 항상 팽창하는 물질
㉯ 흐르는 모든 물질
㉰ 흐르는 물질 중 전단응력이 생기지 않는 물질
㉱ 작은 전단력이라도 물질 내부에 전단응력이 생기면 정지상태로 있을 수 없는 물질

1.2 다음 중 유체를 연속체라고 가정할 수 있는 조건으로 옳은 것은? 단, ℓ은 문제의 특성길이이며, λ는 분자의 평균운동거리이다.

㉮ $\ell \gg \lambda$
㉯ $\ell \cong \lambda$
㉰ $\ell \leq \lambda$
㉱ 위의 조건과 관계없이, 언제나 연속체로 가정할 수 있다.

1.3 다음 중 실제 유체에 관한 설명으로 옳은 것은?

㉮ 점성을 무시할 수 없다.
㉯ 점성을 무시할 수 있다.
㉰ 점성과는 관계가 없다.
㉱ 이상 유체라고도 한다.

1.4. 다음 중 유체에 관한 설명으로 옳은 것은?

㉮ 비압축성 물질이다.
㉯ 압축성 물질이다.
㉰ 유체는 전단응력이 작용하지 않는다.
㉱ 유체는 작은 접선력에도 연속적으로 저항할 수 없는 물질이다.

1.5 다음 중 유체역학을 적용할 수 있는 분야를 설명한 것으로 옳은 것은?

㉮ 스포츠 분야
㉯ 가전, 생활 분야
㉰ 환경 분야
㉱ 전부 옳다.

■ 유체역학의 역사

1.6 다음 중 비점성 이상유체와 실제 유동의 차이를 언급한 과학자는 누구인가?

㉮ 파스칼 ㉯ 베르누이 ㉰ 오일러 ㉱ 달랑베르

1.7 다음 중 현대 유체역학의 시초를 세운 과학자는 누구인가?

㉮ 뉴턴 ㉯ 베르누이 ㉰ 오일러 ㉱ 달랑베르

1.8 축구공과 같은 둥근 물체가 회전 없이 날아갈 때 마주 오던 공기가 뒤로 흐르면서 공기의 소용돌이로 인해 공의 뒷면에 위상이 번갈아가며 규칙적으로 생겨서 이것에 의해 공에 미치는 양력이 양(+)/음(−)으로 변해 움직임이 불규칙해지는 현상을 무엇이라 하는가?

㉮ 보텍스 현상 ㉯ 유레카 ㉰ 경계층 ㉱ 베르누이 원리

1.9 다음 중 19세기에 정립된 나비에-스토크스 방정식의 근간은 무엇인가?

㉮ 오일러방정식 ㉯ 베르누이방정식 ㉰ 뉴턴의 제2법칙 ㉱ 부력

1.10 다음 중 모형실험 및 상사실험의 결과를 도출해 실물의 성능을 추정할 수 있게 했고, 이후 유체역학의 발전에 커다란 공헌을 함으로써 현대 유체역학의 아버지라고 불리는 사람은 누구인가?

㉮ 뉴턴 ㉯ 레이놀즈 ㉰ 오일러 ㉱ 달랑베르

■ 단위와 차원

1.11 다음 중 단위가 무차원인 것은?

㉮ 동점성계수 ㉯ 체적탄성계수 ㉰ 비중량 ㉱ 비중

1.12 단위에는 기본 단위와 유도 단위가 있다. 다음 중 유체역학에서 많이 사용되는 기본 단위가 아닌 것은?

㉮ 질량 ㉯ 온도 ㉰ 시간 ㉱ 길이

1.13 500 [ml]짜리 물 2병을 사서 배낭에 넣고 등산을 한다면, 물의 무게로 인해 증가된 배낭 무게는 얼마인가? 단, 물의 밀도를 1,000 [kg/m^3], 중력가속도를 10 [m/s^2]로 가정한다.

㉮ 10.0 [N] ㉯ 5.0 [N] ㉰ 1.0 [kg] ㉱ 0.5 [kg]

1.14 다음 중 동력의 차원은 무엇인가?

㉮ MT^2L^2 ㉯ MTL^2 ㉰ $MT^{-3}L^2$ ㉱ $MT^{-1}L^{-1}$

1.15 다음 중 점성계수의 차원을 MLT로 나타낸 것으로 옳은 것은?

㉮ MT^2L^2 ㉯ MTL^2 ㉰ $MT^{-1}L^{-2}$ ㉱ $MT^{-1}L^{-1}$

1.16 1 [kW]는 몇 마력인가?

㉮ 0.735 [hp]　㉯ 1.36 [hp]　㉰ 0.68 [hp]　㉱ 1.47 [hp]

1.17 SI 단위에서 압력 단위는 [Pa]이다. 다음 중 1[Pa]을 중력단위계인 $[kg_f/cm^2]$로 올바르게 표현한 것은?

㉮ $1\,[Pa] = 0.102 \times 10^{-4}\,[kg_f/cm^2]$

㉯ $1\,[Pa] = 1.0\,[kg_f/cm^2]$

㉰ $1\,[Pa] = 0.1 \times 10^{-6}\,[kg_f/cm^2]$

㉱ $1\,[Pa] = 0.102 \times 10^{-1}\,[kg_f/cm^2]$

1.18 다음 중 물리량을 차원으로 표시한 것으로 틀린 것은?

㉮ 밀도 $= MLT^{-2}$　㉯ 표면장력 $= MT^{-2}$

㉰ 동점성계수 $= L^2T^{-1}$　㉱ 비중량 $= ML^{-2}T^{-2}$

1.19 다음 중 속도, 가속도, 힘의 차원을 표시한 것으로 옳은 것은? 단, L은 길이, T는 시간, M은 질량이다.

㉮ LT^{-1}, LT^{-2}, MLT^{-1}　㉯ LT^{-1}, LT^{-1}, MLT^{-1}

㉰ LT^{-1}, LT^{-2}, MLT^{-2}　㉱ LT^{-1}, LT^{-2}, MLT^{-3}

1.20 다음 중 10의 배수를 표현하는 접두어 중 연결이 틀린 것은?

㉮ Mega $= 10^6$　㉯ Giga $= 10^9$

㉰ nano $= 10^{-6}$　㉱ milli $= 10^{-2}$

1.21 질량을 기본 차원으로 사용해 다음의 차원과 단위를 SI 단위로 표시하라.

(a) 동력　(b) 압력　(c) 각속도

(d) 에너지　(e) 힘의 모멘트　(f) 운동량

(g) 전단응력　(h) 변형률　(i) 각운동량

이 사진은 자동차가 터널을 지나갈 때의 Δt 시간 동안 찍은 것이다. 이때의 빛은 궤적으로 표현되며, 이 빛의 궤적을 유맥선이라 한다. 이런 가시화 방법은 유체유동을 해석하는 방법 중의 하나이다. 2장에서는 유체의 해석 방법을 다룬다.

CHAPTER
02
유체의 성질
Fluid Properties

해석 방법 2.1
유체 관련 물리량 2.2
연습문제

학습목표

- ✔ 유체를 해석하는 방법에 대해 학습한다.
- ✔ 검사체적과 시스템의 관계를 이해한다.
- ✔ 유체 관련 물리량을 학습한다.

SECTION 2.1

해석 방법

✔ 검사체적(해석영역) 설정에 대해 알아본다.
✔ 라그랑주 기술법과 오일러 기술법의 개념과 그 차이를 알아본다.
✔ 미분적 접근법과 적분적 접근법의 개념과 그 차이를 알아본다.

2.1.1 검사체적

유체역학의 문제를 해결하는 데 있어 가장 먼저 해야 할 단계는 **해석영역을 설정하는 것**이다. 해석영역의 설정은 문제해석에 있어 1단계 절차이다. **정역학 및 고체역학에서 자유물체도**Free Diagram**를 그리는 것과 같이 유체역학에서는 검사체적**Control Volume**이란 개념을 사용**한다.

검사체적은 [그림 2-1(a), (b)]와 같이 **유체가 흐르는 공간에 있는 임의의 공간을 의미**한다. 이는 유동이 있는 공간에 플럭스Flux의 유입과 유출을 포함하는 가상의 면이 있다는 뜻으로, 관심 있는 공간에서 단면을 수직으로 생성하면 된다.[1] **흐르는 유체에 대한 해석을 위해서는 흐르는 공간 내에 있는 하나의 임의 체적에 대해 집중**해야 한다.

검사표면Control Surface은 검사체적의 유출입 면을 말한다. [그림 2-1(a)]와 같은 분지관Bifurcation Pipe에는 경계표면 6개 중, 유입, 유출 1, 유출 2인 3개의 가상표면과 유출입이 없는 실제 면 3개가 있다. 같은 개념으로 [그림 2-1(b)]와 같이 노즐에 설정된 검사체적은 4개의 검사표면을 가지고 있으며, 2개의 가상면과 유출입이 없는 2개의 실제 면이 있다. 이는 **간단하지만 아주 중요한 개념**이다.

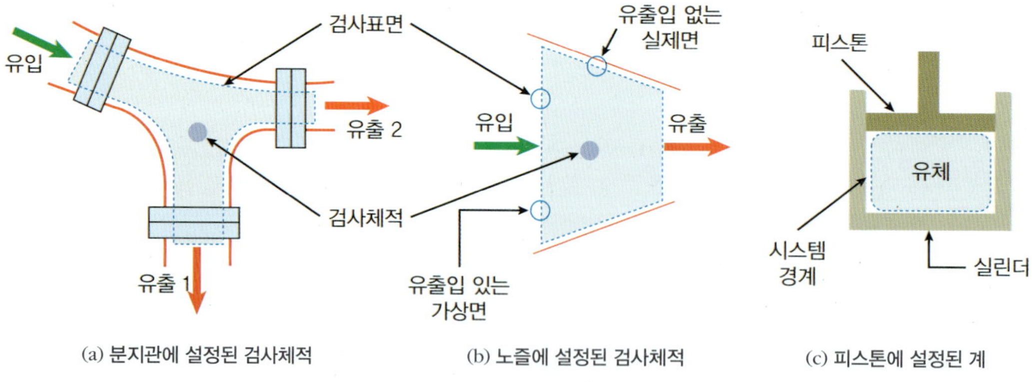

그림 2-1 검사체적과 시스템

---

1 단, 위치를 어떻게 설정하는가에 따라 문제의 난이도가 결정된다. 이에 대한 자세한 내용은 5장에서 다룬다.

■ 시스템(계)

시스템(계) System은 [그림 2-1(c)]와 같이 **경계면에서 질량의 유입이나 유출이 없지만 일이나 열의 전달이 있는 공간을 의미**한다. [그림 2-1(c)]와 같이 4사이클 내연기관에서 과정이 변화할 때 피스톤은 움직이나 계의 경계를 횡단하는 질량전달이 없다. 이것이 **검사체적과 시스템의 가장 큰 차이점**이다.[2]

유체역학에서는 플럭스가 유출입되는 검사체적만 신경 쓰도록 하자. 검사체적은 **가상의 공간**이기 때문에 문제해석에 있어 시스템보다는 적은 영역을 설정하게 되기 때문이다. 은행에 비유하자면 은행은 전체적인 시스템이 될 것이고, 입출금 할 수 있는 인터넷 뱅킹이나 창구를 검사체적으로 생각하면 될 것이다.

예제 2-1 검사체적의 개념

[그림 2-2]는 물 대포차에 적용된 노즐 시스템을 나타낸 것이다. 입구와 출구 지름이 각각 $D_1 = 0.1\,[\mathrm{m}]$와 $D_2 = 0.05\,[\mathrm{m}]$인 노즐에서 입구속도가 $3.0\,[\mathrm{m/s}]$일 때 출구속도를 구하라. 단, 노즐 시스템은 정상상태, 비압축성유체라고 가정한다.

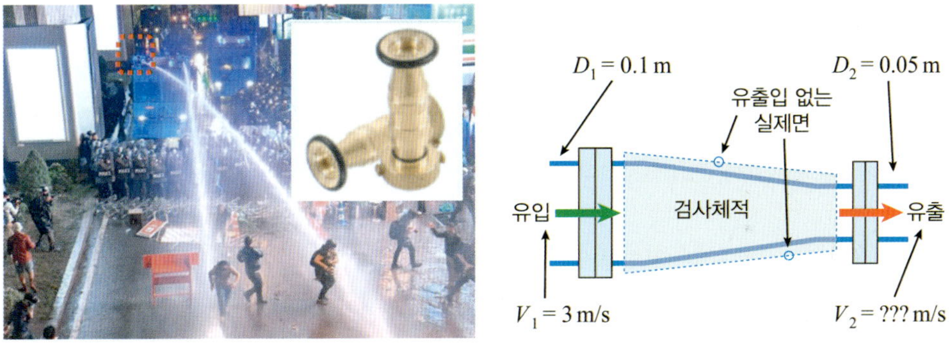

(a) 노즐 시스템이 적용된 물 대포 시스템 (b) 해석을 위해 설정된 검사체적

그림 2-2 노즐 시스템과 검사체적

분석

- 이런 시스템에서 검사체적을 어떻게 설정하는지, 가상면을 어떻게 설정하며 유출입이 없는 실제 면이 어디인지 파악하는 것이 이 예제의 목적이다.
- 입구에서 유입된 질량유량이 출구에서도 같은 유량으로 나간다는 질량보존법칙 $\dot{m} = \rho VA$를 이용하자.

---

2 시스템은 유체역학보다는 열역학에서 많이 사용되는 영역 및 개념이다.

3 이에 대한 자세한 내용은 5장에서 다룬다.

풀이

- 식 (2.1)과 같이 정의되는 질량보존법칙을 이용하자. 입구와 출구의 표현은 각각 하첨자 i와 e로 표현했다.

$$\dot{m} = \rho_i V_i A_i = \rho_e V_e A_e \tag{2.1}$$

- 비압축성유체로 가정했기 때문에 식 (2.1)의 밀도 ρ는 입구와 출구에서 같아진다.

$$\rho = \rho_i = \rho_e$$

- 식 (2.1)을 출구속도 V_e로 정리하고, 같은 물리량인 ρ, π와 4를 삭제할 수 있으므로 식 (2.2)와 같이 정리할 수 있다. 여기에 입구속도와 지름의 값을 대입하면 출구속도를 구할 수 있다.

$$V_e = \frac{\rho_i V_i A_i}{\rho_e A_e} = \frac{V_i A_i}{A_e} = \frac{3.0 \times \pi D_i^2/4}{\pi D_e^2/4} = \frac{3.0 \times D_i^2}{D_e^2} = \frac{3.0 \times 0.1^2}{0.05^2} = 12.0\ [\mathrm{m/s}] \tag{2.2}$$

고찰

- 식 (2.1)은 유체역학에서 매우 중요한 연속방정식으로 반드시 기억해야 한다.[3]
- 식 (2.2)와 같이 계산된 출구속도를 보면 입구속도보다 4 배가 빨라졌다. 이것은 입출구 지름의 4 배, 면적비의 2배이다. 이는 면적이 작아진다면, 작아진 비율의 제곱으로 속도가 커진다는 것을 의미한다.
- 비압축성유체라고 하는 것은 밀도가 검사체적 내에서 변하지 않는 유체를 의미한다. 보통 물이나 기름 같은 유체는 압력이 가해져도 체적이 잘 변하지 않는 비압축성유체라고 한다. 공기와 같은 유체는 기체상태방정식에 의거해 압력이 가해지면 체적이 변하고 온도가 변화하게 되는데, 이를 압축성유체라고 한다.
- 모든 공기유동을 압축성유체라 가정할 수는 없다. 다만 무차원수인 마크수Mach Number에 가깝거나 마크수보다 큰 경우의 속도일 때만 압축성유체라 가정하고 해석한다. 보통 실생활에서 사용되는 것처럼 속도가 비교적 작은 공기유동의 경우는 아음속유동Subsonic Flow이라 하고, 이는 비압축성유체로 가정해 해석한다.
- 노즐 시스템의 검사체적에서 입구와 출구 영역을 2개의 가상면으로 설정했고, 노즐 내벽 2면은 유출입 없는 실제 면이 된 것을 이해했는지 확인하고 넘어가야 한다.

2.1.2 라그랑주 기술법과 오일러 기술법

우리는 그동안 가속도를 나타낼 때 기초수학이나 물리시간에 암기했던 식을 사용해 식 (2.3)과 같이 표현했다. 이는 [그림 2-3(a)]에서 보듯 북한에서 발사한 로켓이 날아가거나, 골프공이 날아간 것을 표현할 때 그 대상을 시간에 대해 표현하는 방법이다. 그러나 이러한 표현을 정확히 하기 위해서 또는 [그림 2-3(b)]와 같이 CCTV를 통해 통제실에서 범인을 추적할 때와 같이 시공간에 대해 움직이는 대상을 파악하기 위해서는 식 (2.4)와 같이 시간과 공간의 정보로 파악해야 한다. 식 (2.3)과 같은 접근법을 라그랑주 기술법Lagrangian Description, 식 (2.4)와 같은 해석 방법을 오일러 기술법Euler Description이라 하고 이에 대한 표현방식을 [표 2-1]에 비교해 나타냈다.

$$\vec{a} = \frac{\partial \vec{V}}{\partial t} \quad \text{또는} \quad \vec{a} = \vec{a}(t) \tag{2.3}$$

$$\vec{a} = \frac{\partial \vec{V}}{\partial t} + u\frac{\partial \vec{V}}{\partial x} + v\frac{\partial \vec{V}}{\partial y} + w\frac{\partial \vec{V}}{\partial z} \quad \text{또는} \quad \vec{a} = \vec{a}(u,\ v,\ w,\ t) \tag{2.4}$$

(a) 북한 로켓의 비행 거리

(b) 범인을 추적하는 CCTV

그림 2-3 움직이는 물체를 기술하는 방법

표 2-1 라그랑주 기술법과 오일러 기술법 비교

유체의 기술법	설명	관할 방법	해당 식, 그림
라그랑주 기술법	• 움직이는 유체 내의 입자 1개를 추적하는 방법 • 동일한 입자를 시간에 따라 해석하는 방법	한 명의 마라톤 선수(장애인 육상경기의 가이드 러너)를 정해서 함께 계속 뛰면서 관찰하는 방법	식 (2.3), [그림 2-4(a)]
오일러 기술법	• 공간과 시간의 정보로 움직이는 유체를 표현하는 방법 • 시간과 위치에 어떤 입자가 지나가는지 해석하는 방법	한 명의 마라톤 선수를 주 경기장에서 관찰하는 방법	식 (2.4), [그림 2-4(b)]

유체를 해석하는 데 있어 중요한 관점은 유체는 아주 작은 힘이 주어졌을 때 연속적으로 움직이려고 하는 물질이기 때문에 이를 정확히 해석하고 설계하는 데는 시간에 대한 정보만으로는 부족하고 **공간 좌표와 시간의 함수로 기술을 해야 한다는 것**이다.

라그랑주 기술법은 입자를 추적하는 방법이기 때문에 [그림 2-4(a)]의 선과 같이 유적선Pathline으로 표현된다. 이런 유적선은 [그림 2-5]에서 보듯이 염료나 빛을 장노출로 촬영하면 궤적을 측정할 수 있다. 이 방법을 유동가시화Flow Visualization라 한다.[4]

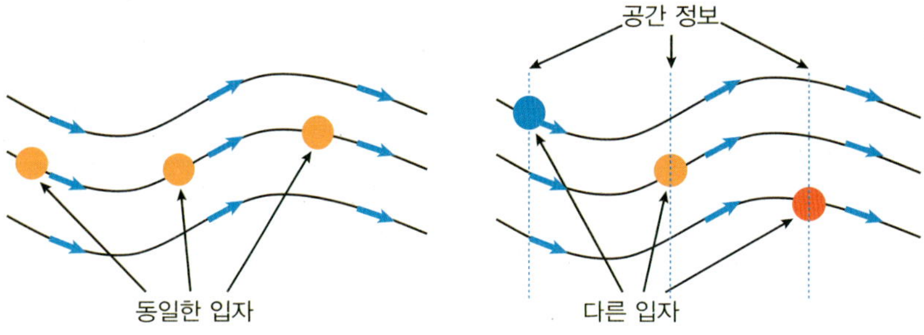

(a) 라그랑주 기술법 (b) 오일러 기술법

그림 2-4 라그랑주 기술법과 오일러 기술법의 차이

(a) 자동차 궤적과 불꽃 궤적 (b) 자동차 궤적과 별 궤적

그림 2-5 유적선을 나타내기 위해 장노출로 촬영한 궤적

오일러 기술법은 [그림 2-4(b)]와 같이 입자가 지나가는 공간 정보를 알아야 한다. 이때 [그림 2-6]과 같이 공간 정보를 표현하는 좌표를 격자Grid라 한다. 오일러 기술법에서는 **이러한 격자 사각형 하나하나가 검사체적**이 되고, **이 검사체적 또는 격자에 맞게 유동 정보를 해석하는 미분방정식(식 (2.4))을 푸는 방법**을 언급한다.

4 15세기 레오나르도 다빈치의 노트에서 제시된 개념이다.

이 두 가지 기술법으로 구한 정보는 표현의 방법만 다르지 같은 개념이다. 어떤 방법을 선택할지는 해석 여부에 따라 달라질 것이다. 다만 **유체역학을 공부할 때는 라그랑주 기술법보다는 오일러 기술법에 익숙**해져야 한다.

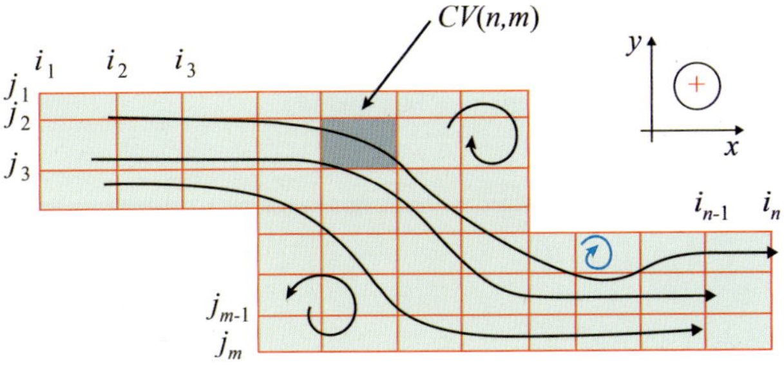

그림 2-6 오일러 기술법으로 유동을 기술할 때 사용하는 격자

2.1.3 미분적 접근법과 적분적 접근법

식 (2.4)와 같이 방정식에 미분항이 있어서 미분적 접근법이라고 할 수도 있지만 이는 정확한 표현이 아니다. **미분적 접근법**이라는 것은 [그림 2-7(b)]와 같이 **검사체적을 작게 나누어 격자에 따른 유동 정보 변화를 해석한다는 의미**가 더 크다. 이는 유동의 상세한 정보를 얻을 수 있다는 장점이 있지만, 격자가 많아지면 계산시간이 너무 많이 소요된다는 단점이 있다.

미분적 접근법의 반대 개념으로 적분적 접근법이 있다. 적분적 접근법은 [그림 2-7(a)]와 [예제 2-1]에서와 같이 관심 있는 **유동장에 검사체적을 1개로 해석하는 것을 의미**한다. 즉 유동의 미세한 거동보다는 장치의 전체적인 거동에 관심을 가질 때 많이 사용한다. [예제 2-1]의 노즐을 보면 노즐의 형상에 따라 노즐 출구속도가 달라지는데, 노즐 형상에는 관심이 없고 들어오고 나가는 플럭스에만 관심이 있다.[5]

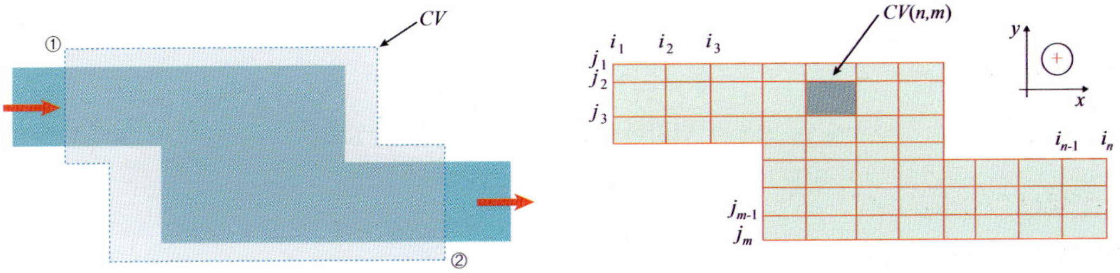

(a) 적분적 접근의 경우 (b) 미분적 접근의 경우

그림 2-7 접근법에 따른 검사체적 차이

5 미분적 접근법과 적분적 접근법에 대한 자세한 내용은 5장과 6장에서 다룬다.

SECTION 2.2

유체 관련 물리량

- 밀도 관련 물리량을 학습한다.
- 유동의 종류를 알아보고 유동가시화에 대해 학습한다.
- 표면력과 체적력, 전단력과 점성, 표면장력과 증기압에 대해 학습한다.
- 체적탄성계수에 대해 학습한다.

2.2.1 밀도 관련 물리량

유체는 임의의 전단력이 작용할 때 연속적으로 움직이려는 물체로, 임의체적에 따라 유체의 질량이 달라진다. 유체는 체적에 따른 질량의 개념인 밀도를 많이 사용하므로 이에 대해 먼저 알아보자. 밀도는 단위체적당 질량이며, SI 단위인 MKS로 표현하면 $[\mathrm{kg/m^3}]$이다.

물의 밀도는 4 [℃]에서 1,000 $[\mathrm{kg/m^3}]$가 되며, 500 [ml]인 물병은 0.5 [kg]이 된다.[6] 예를 들어 0 [℃]인 얼음은 물 위에 뜨게 되는데 이는 얼음의 밀도(916.8 $[\mathrm{kg/m^3}]$)가 물의 밀도보나 낮다는 것을 의미한다. 얼음이 녹으면 물과 밀도가 같아져 수위를 유지하게 된다.[7]

대기압하에서 상온일 때 공기의 밀도는 1.25 $[\mathrm{kg/m^3}]$이지만[8] 우리는 상온의 대기에서 공기의 무게를 느끼지 못한다.

이렇듯 밀도는 공간상의 위치와 온도에 따라 변화한다. 유체유동을 항상 대기압과 상온에서만 해석하라는 법은 없으므로 반드시 이 밀도의 변화 값을 고려해야 한다.

■ 비압축성유체와 압축성유체

물과 같은 액체는 대부분 큰 온도나 압력차 외에는 밀도값이 변화하지 않는 특성을 가진다. 즉 체적탄성계수가 크기($K = 2.1 \times 10^3$ [MPa]) 때문이다.

식 (2.5)처럼 물, 기름과 같이 **밀도가 변화하지 않는 유체를 비압축성유체**Incompressible Fluid라고 하며, 식 (2.6)처럼 공기와 같이 **밀도가 쉽게 변하는 유체를 압축성유체**Compressible Fluid라고 한다. 만약 압축성유체라면 밀도는 이상기체상태방정식으로부터 주어진 압력과 온도에 따라 계산해야 한다.[9]

$$\rho = const. \tag{2.5}$$

$$\rho \neq const. \tag{2.6}$$

6 우리가 실생활에서 느끼는 0.5 [kg]이 '단순질량'인지 '무게'인지 파악해야 한다.
7 이 개념은 기사 시험이나 공무원 시험 문제에 많이 출제되므로 반드시 알고 있어야 한다.
8 대기압하에서 상온일 때 물과 공기의 밀도값과 점성계수값은 반드시 알고 있어야 한다.
9 이에 대한 자세한 내용은 11장에서 다룬다.

■ 비체적

밀도가 변하는 것은 주어진 환경에서 질량이 변하는 것이 아니다. 분자 세계에서 봤을 때 입자가 골고루 분포된 양이 변하는 것이 아니라, 그 양을 담고 있는 체적이 주어진 압력에 따라 변하는 것이다. 즉 비체적Specific Volume이 변한다는 것을 의미한다. 비체적은 밀도의 역수이고 단위질량당 체적을 의미한다.

Think_01

비체적의 비(比)라는 단어에 주목하자. 비중, 비중량에서도 계속 사용되는 '비'의 의미는 무엇인지 생각해보자.

■ 비중과 비중량

[그림 1-1]에서 설명했듯이 우리 주변에서 볼 수 있는 유체는 다양하다. 이러한 유체들의 무게를 비교하기 위해 사용하는 것이 비중Specific Gravity이다. 비중은 물을 기준으로 무게를 비교할 때 사용한다. 4 [℃]에서 물의 밀도는 CGS 단위계로 1 [g/cm^3]가 되고, 물의 비중은 보통 단위를 생략하여 1의 값만 사용한다. 이 값은 단위가 없으므로 보통 유체의 상대적인 크기를 나타낸다. 즉 비중은 물과 비교하기 때문에 배Times의 단위를 갖는다.[10]

[그림 2-8]의 향유고래는 머릿속 '뇌유'라는 기름으로 수심 변화에 따른 기름의 비중 변화를 통해 수심을 파악할 수 있다.[11] 바닷물과 기름의 비중은 각각 1.02와 0.8 정도 된다.

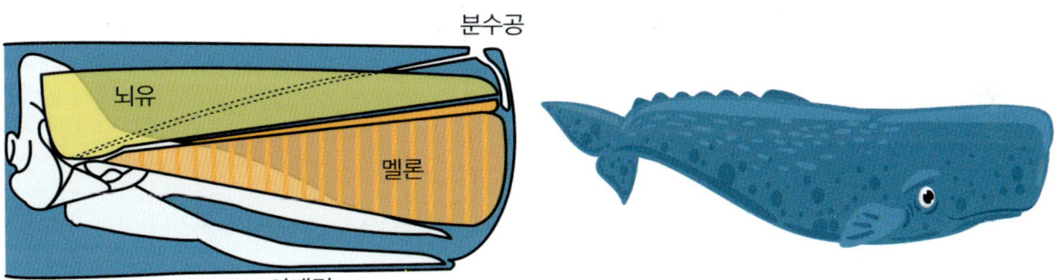

그림 2-8 머릿속 뇌유를 이용해 수심 변화를 예측하는 향유고래

또한 유체역학의 방정식을 정리하다 보면 비중량Specific Weight을 많이 사용하는데, 이는 식 (2.7)과 같이 유체의 밀도에 중력가속도를 곱한 개념이다. 비중량의 개념은 수식을 간략하게 쓰기 위한 것이며 그리스문자 γ를 사용하고, '감마'라고 읽는다.

$$\gamma = \rho g \tag{2.7}$$

10 '물보다 몇 배 무겁다' 또는 '물보다 몇 배 가볍다'라고 사용된다.

11 이러한 개념은 수위계를 개발할 때 사용해도 되는 아이디어 중 하나이다.

물의 비중량은 SI 단위로 표현 시 9,800 [N/m^3], 중력단위계12로 표현 시 1,000 [kg$_f$/m^3], 영국 단위계로 표현 시 62.4 [lb/ft^3]가 된다.

예제 2-2 밀도

체적 14 [m^3]에 1,200 [kg$_f$]인 디젤유가 담겨 있을 때 (a) 디젤유의 밀도, (b) 비체적, (c) 비중을 구하라.

분석

- 밀도의 개념을 물어보는 문제로, 현장에서 유체의 비중을 정확히 알고자 할 때 적용해도 좋다.
- 현장에서 사용되는 단위는 중력단위계이므로 9.8 [m/s^2]를 나눠야 하는지 먼저 파악해야 한다.

풀이

(a) 밀도는 단위체적당이므로 식 (2.8)과 같다.

$$\rho_x = \frac{M}{\forall} = \frac{1{,}200}{14}\left[\frac{\text{kg}_\text{f}}{\text{m}^3}\right] = 85.71\left[\frac{\text{kg}_\text{f}}{\text{m}^3}\right] = 85.71 \times 9.8 = 840\left[\frac{\text{kg}}{\text{m}^3}\right] \tag{2.8}$$

(b) 비체적은 밀도의 역수이므로 식 (2.9)와 같다.

$$\nu = \frac{1}{\rho} = \frac{1}{840} = 0.001\left[\frac{\text{m}^3}{\text{kg}}\right] \tag{2.9}$$

(c) 비중은 물과 상대적인 밀도비이므로 다음과 같이 구할 수 있다.

$$S = \frac{\rho_x}{\rho_w} = \frac{840}{1{,}000} = 0.84$$

고찰

- 현장에서 무게를 측정할 때 질량인지 중량인지를 정확히 파악해야 하므로 85.71 [kg$_f$/m^3]가 어떤 양인지 알아야 한다.
- 만약 계산 시 중력가속도를 나누지 않았다면, 식 (2.8)의 답은 기름의 밀도가 된다. 이 해가 옳은지 확인하기 위해서는 물리량을 정확히 알아야 한다. 기름의 비중은 0.8 정도이므로 85.71 [kg/m^3]라면 계산된 해는 오답이라는 것을 알 수 있기 때문이다.

12 여기서 중력단위계는 중력가속도를 포함하고 있고 중력을 포함하는 무게 개념으로 많이 사용하는 단위계이다. 이 단위계는 현장에서 많이 사용하며, 기사 시험 문제에 많이 출제되므로 혼동해서는 안 된다. 보통 하첨자로 f를 안 쓰는 중력단위계가 있기 때문에 단위나 문제에서 'Force'라는 개념인 f가 있는지 확인해야 한다.

2.2.2 유동의 종류

유체역학의 유동에 쓰이는 물리량으로는 압력장, 속도장 및 가속도장이 있다. 유동에 대한 해석은 이 책 전반에서 다룰 예정이므로, 이 절에서는 유동의 종류만 살펴보자.

먼저 식 (2.3)과 식 (2.4)에서 나타냈던 라그랑주 기술법과 오일러 기술법으로 속도를 다시 표현해보자. 라그랑주 기술법은 로켓이나 입자의 추적을 목적으로 할 때 사용되는 기법으로 식 (2.10)처럼 시간의 함수로 나타낸다. 반면에 오일러 기술법은 식 (2.11)처럼 공간과 좌표로 입자의 정보를 나타내는 방법으로 격자와 같이 미분적 접근을 사용한다. 이에 식 (2.11)은 식 (2.12)와 같이 직각좌표계를 이용해 스칼라 형태로 풀어서 나타낼 수 있다. 식에서 x, y, z방향의 속도를 각각 u, v, w라 한다.

$$\vec{V} = \vec{V}(t) \tag{2.10}$$

$$\vec{V} = \vec{V}(x,\ y,\ z,\ t) \tag{2.11}$$

$$\vec{V} = u(x,\ y,\ z,\ t)\vec{i} + v(x,\ y,\ z,\ t)\vec{j} + w(x,\ y,\ z,\ t)\vec{k} = \vec{V}(u,\ v,\ w) \tag{2.12}$$

■ 정상상태 유동과 비정상상태 유동

식 (2.10)과 식 (2.11)의 두 가지 기술법으로 정리한 식만 보더라도 유동은 시간의 함수임을 알 수 있다. 만약 시간에 따라 유체성질들이 변하지 않는다면 그것은 어떤 상황을 의미할까?

예를 들어보자. [그림 2-9]와 같이 자동차를 타고 목적지까지 가기 위해 시동을 걸고 달리다가 고속도로에 접어들면 일정한 속도로 운전하고 목적지에 도착하면 속도를 줄일 것이다. 고속도로 진입 전이나 도착 부근에서 속도는 가속 및 감속을 반복하게 되나, 고속도로에서는 일정 속도로 달릴 수 있다. 즉 고속도로에서 속도의 변화가 없다는 것은 **시간에 따른 변화가 없다는 것을 의미**한다. 이에 고속도로에서의 운전은 정상상태 유동이라 할 수 있고, 나머지 부분은 비정상상태 유동이라 할 수 있다.

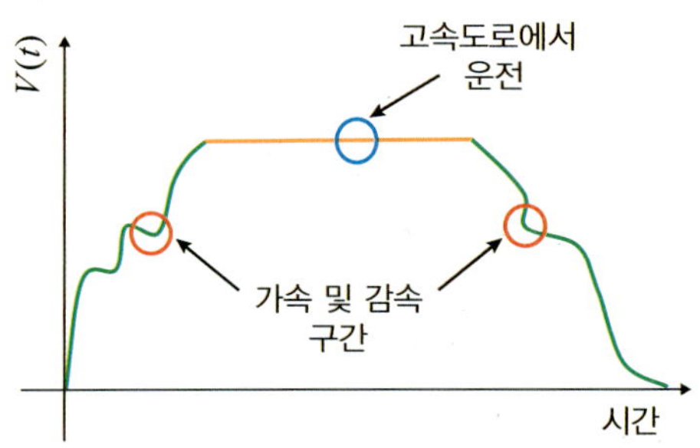

그림 2-9 목적지까지 가는 동안 시간에 따라 나타낸 차량의 속도 변화 그래프

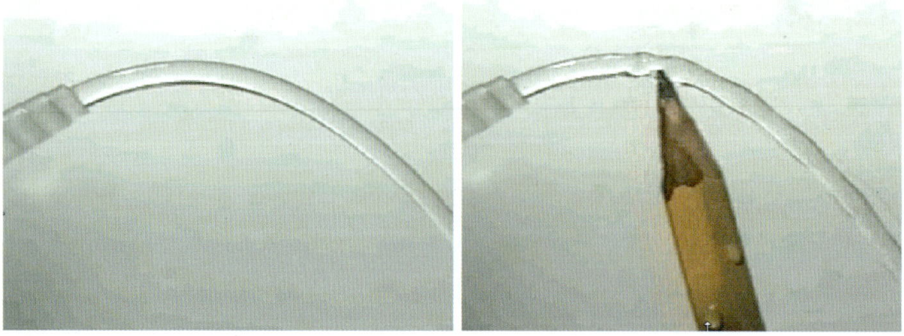

(a) 정상상태　　(b) 비정상상태

그림 2-10 호스에서 물이 분출되는 경우

한 가지 예를 더 들어보자. [그림 2-10]은 시간에 대한 함수를 설명하기 위한 예이다. [그림 2-10(a)]에서 물은 호스에서 일정하게 분출되지만 마치 정지된 것처럼 보인다. 이에 물이 나오지 않는 것처럼 보이기도 하지만, [그림 2-10(b)]와 같이 그 유동장에 연필을 댔을 때 물의 분사가 흐트러지는 것을 볼 수 있다. 즉 [그림 2-10(b)]는 **연필의 삽입**이라는 변수 때문에 시간에 따라 유동이 일정하지 않지만, [그림 2-10(a)]는 **어떤 변수의 개입이 없다면 항상 일정하게 물이 나오며 시간에 따른 유동의 변화 또한 없을 것**이다.

시간에 따라 유동장이 변하지 않는 것을 정상상태 유동 Steady State Flow 또는 **정상유동**이라고 한다. 이는 식 (2.13)과 같이 표현할 수 있다.[13] 이와 반대의 개념은 시간에 따라 유동장이 변화하는 경우이며 식 (2.14)와 같이 정리할 수 있고, 이를 인체 심장의 맥동유동Pulsatile Flow처럼 비정상상태 유동Unsteady State Flow 또는 비정상유동Transient Flow이라 한다.

$$\frac{\partial \phi}{\partial t} = 0 \text{ 또는 } \frac{\partial \overrightarrow{V}}{\partial t} = 0,\ \frac{\partial u}{\partial t} = 0,\ \frac{\partial v}{\partial t} = 0,\ \frac{\partial w}{\partial t} = 0 \tag{2.13}$$

$$\frac{\partial \phi}{\partial t} \neq 0 \text{ 또는 } \frac{\partial \overrightarrow{V}}{\partial t} \neq 0,\ \frac{\partial u}{\partial t} \neq 0,\ \frac{\partial v}{\partial t} \neq 0,\ \frac{\partial w}{\partial t} \neq 0 \tag{2.14}$$

Think_02

유체역학을 공부하다 보면 정상상태와 비정상상태를 명확히 구분할 수 있다. 하지만 우리가 접하는 자연현상은 모두 비정상유동이다. 그럼에도 불구하고 왜 정상상태로 가정하고 해석하는지 생각해보자.

13 식 (2.13)에서 분자의 ϕ는 임의변수를 의미한다.

■ 3차원 유동

[그림 2-11]은 매우 복잡한 유동장의 예이다. 이러한 유동장은 **모두 비정상상태이면서 3차원 유동**을 갖는다. 즉 직각좌표계를 가정할 때 3축에서 정보를 가지고 있기 때문에 식 (2.15)와 같이 나타낼 수 있다. 만약 이론적으로 평면상의 유동만 고려한다면 z축을 무시할 수 있으며 이는 식 (2.16)과 같이 정리할 수 있다. 더 나아가 1차원 유동은 식 (2.17)과 같이 y방향의 유동 정보도 무시한 것을 의미한다. 식 (2.15) ~ 식 (2.17)은 시간항을 무시한 형태이다.

$$\frac{\partial \phi}{\partial x} \neq 0, \quad \frac{\partial \phi}{\partial y} \neq 0, \quad \frac{\partial \phi}{\partial z} \neq 0 \tag{2.15}$$

$$\frac{\partial \phi}{\partial x} \neq 0, \quad \frac{\partial \phi}{\partial y} \neq 0, \quad \frac{\partial \phi}{\partial z} = 0 \tag{2.16}$$

$$\frac{\partial \phi}{\partial x} \neq 0, \quad \frac{\partial \phi}{\partial y} = 0, \quad \frac{\partial \phi}{\partial z} = 0 \tag{2.17}$$

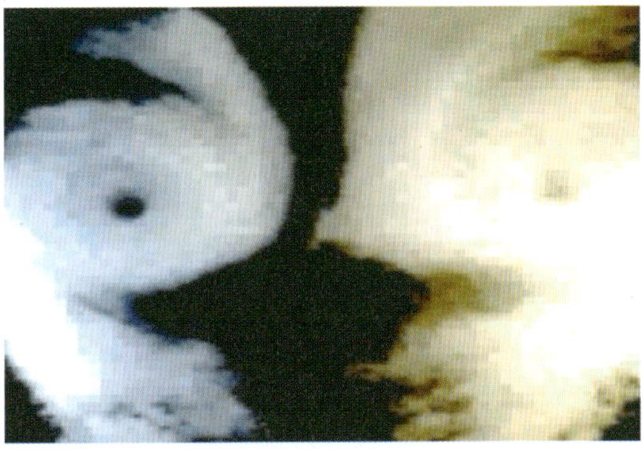

(a) 비행기가 연기를 통과할 때 발생하는 3차원 유동

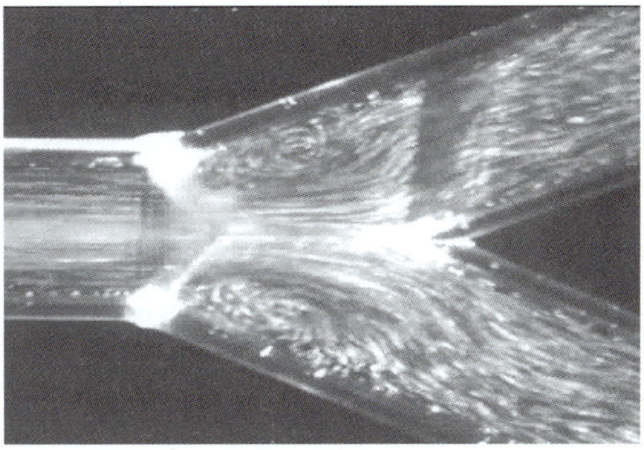

(b) PIV를 이용하여 나타낸 분지관내 맥동유동[14]

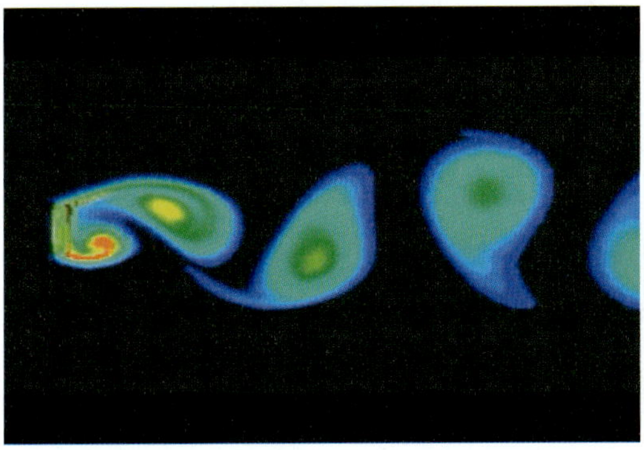

(c) 진동하는 표지판 뒤에 발생하는 카르만 보텍스

(d) 스모크 제너레이션으로 모사한 트럭 주위의 유동

그림 2-11 복잡한 유동장의 예

14 PIV 방법은 입자영상유속, 조사된 레이저평면광 내에 나타난 입자 변화를 CCD 카메라로 측정해 속도를 예측하는 가시화 기법이다.

그렇다면 2차원 유동장에는 어떤 예가 있는지 알아보자. z축 또는 1개의 축 정보를 무시하면 3차원 유동에서 2차원 유동장을 쉽게 찾아볼 수 있지만, 1개의 축 정보를 일방적으로 무시하지 않고 [그림 2-12]와 같이 원통좌표계로 좌표변환[15]을 적용한 관내 유동장을 살펴보자. 식 (2.18)과 같이 1개의 축 정보를 강제로 무시하지 않아도 2차원 유동장이 될 수 있으며, 더 나아가 [그림 2-13]과 같이 완전히 발달된 유동이 된다면 식 (2.19)와 같이 1차원 유동으로 해석할 수 있다.

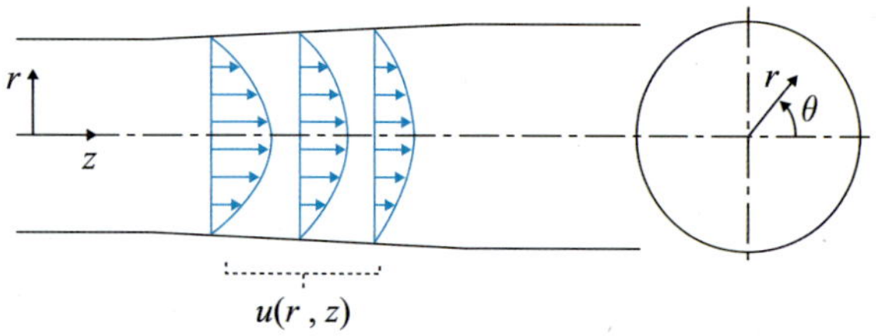

그림 2-12 원통좌표계로 좌표변환 후 확대되는 관에서의 속도분포 (2차원 유동)

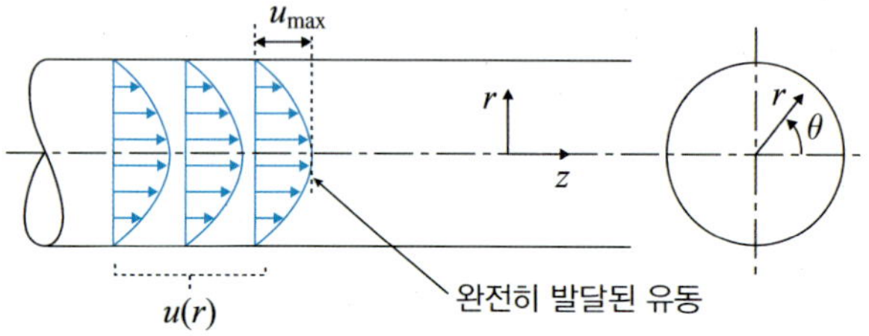

그림 2-13 원통좌표계에서 완전히 발달된 유동의 속도분포 (1차원 유동)

원래의 $u(x, y, z)$의 함수는 좌표변환으로 인해 진행 방향 z와 반지름 방향 r로만 변화하지만, θ방향, 즉 회전 방향으로의 $u(r, z)$ 속도는 식 (2.20)과 같이 일정하게 된다.

$$\frac{\partial \vec{V}}{\partial r} \neq 0, \quad \frac{\partial \vec{V}}{\partial \theta} \neq 0, \quad \frac{\partial \vec{V}}{\partial z} = 0 \tag{2.18}$$

$$\frac{\partial \vec{V}}{\partial r} \neq 0, \quad \frac{\partial \vec{V}}{\partial \theta} = 0, \quad \frac{\partial \vec{V}}{\partial z} = 0 \tag{2.19}$$

$$u = u_{\max}\left[1 - \left(\frac{r}{R}\right)^2\right] \tag{2.20}$$

15 이에 대한 자세한 내용은 6장에서 다룬다.

이해를 돕기 위해 [그림 2-14]와 같이 직교좌표계의 배관유동을 가정했다. 완전히 발달된 유동이라고 해도 직교좌표계에서 지배방정식은 x와 y의 함수인 2차원 유동이 될 수밖에 없다. 그러나 **원통좌표계에서는 1차원 유동이 된다는 것이 ₩직교좌표계와 다른 중요한 차이점**이다. 원통좌표계에서는 완전히 발달된 경우 균일유동의 진행 방향이 y방향으로 유동이 일정하기 때문이다.

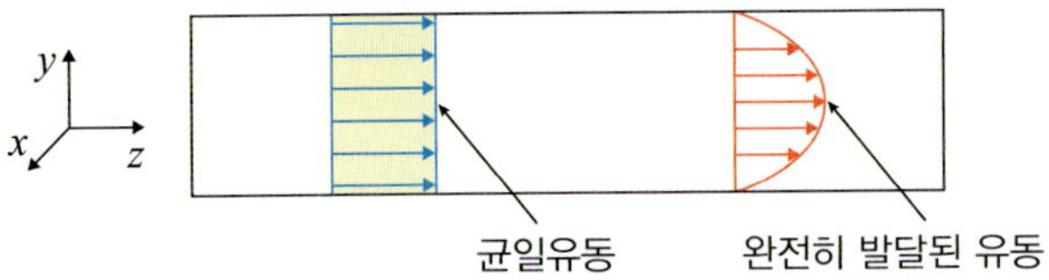

그림 2-14 직교좌표계에서 균일유동과 완전히 발달된 유동의 속도분포

원통좌표계의 완전히 발달된 유동이라도 점성의 영향으로 실제 유동장에서 1차원 유동장을 찾기는 어렵다. 그러나 대부분 공학적인 문제는 **1차원해석으로도 정확도가 있는 근사해**[16]**를 얻을 수 있으므로 1차원 유동장을 사용**한다.

Think_03

좌표변환을 통해 3차원을 2차원으로 줄이고, 완전히 발달된 유동이라는 가정을 통해 방정식의 항을 하나씩 줄여나가는 이유를 생각해보자.

2.2.3 유동가시화

14세기의 레오나르도 다빈치가 [그림 1-7]과 같이 유동장의 현상을 가시적으로 나타내었던 것과 같이 연구자들은 수백 년 동안 유동장을 해석하기 위해 부단히 노력했다. 많은 연구자는 [그림 2-15]와 같이 여러 가지 기술을 이용해 유동을 이해하기 쉽게 표현했다. 이는 **유동의 모양을 관측하는 것으로 유동가시화**라고 하며, [표 2-2]와 같이 정성적인 기법과 정량적인 기법으로 나뉜다.

표 2-2 유동가시화 기법의 예시

	그림	설명
정성적인 기법	[그림 2-15(a), (b)]	백금 선을 물에 담근 후 물을 전기 분해해 발생시킨 수소기포를 가시화하는 방법
	[그림 2-15(c), (d)]	염료에 비해 상당히 작은 입자로 응집된 연기를 이용해 기체에서의 흐름을 묘사하는 방법
	[그림 2-15(e)]	염료를 이용해 층류와 난류를 구분한 레이놀즈수 실험
	[그림 2-15(f)]	헝겊과 같은 터프Tufts를 이용해 속도 방향을 예측하는 유동가시화 방법
	[그림 2-15(g)]	밀도차를 이용한 쉴리렌Schlieren을 통해 초음속에서 발생한 충격파를 가시화하는 방법
	[그림 2-15(h)]	흡수정 표면의 거동을 살펴보기 위해 입자(튀밥)를 이용해 표현한 방법
정량적인 기법	[그림 2-15(i)]	가시화된 유동 영상을 컴퓨터나 비디오카메라를 이용해 정량적으로 표시하는 방법. 즉 PIV와 같이 유체역학적 정보(속도, 압력, 밀도, 온도)를 디지털화해 수치적으로 변환 표시하는 방법

16 공업수학에 나오는 개념으로, 해에는 엄밀해와 근사해가 있다. 유체의 운동량방정식인 나비에-스토크스 방정식의 해는 CFD로 구한 근사해이다.

(a) 백금을 이용해 수소 기포를 분리하는 방법

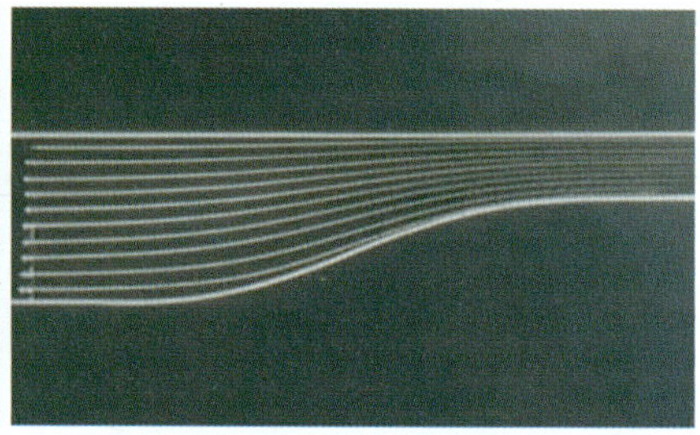

(b) 수소 기포 장치를 이용한 유동가시화

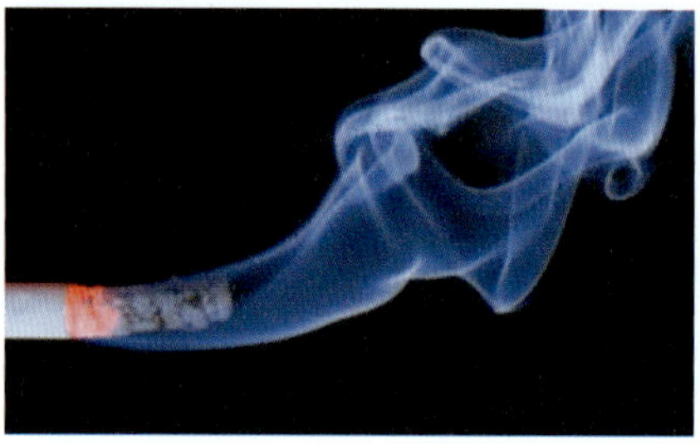

(c) 담배연기의 유동가시화

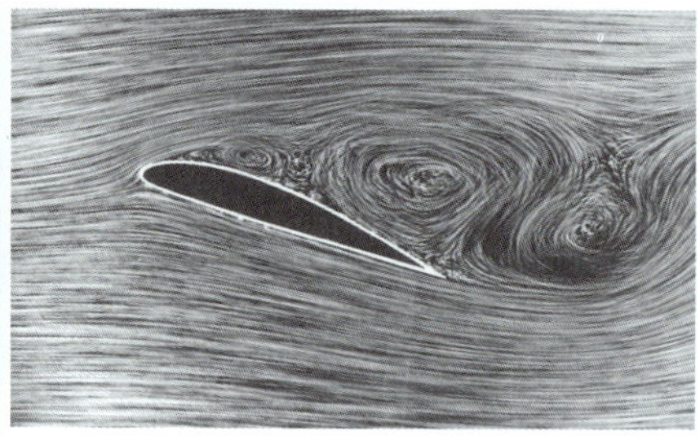

(d) 연기를 이용한 깃형 주위의 유동가시화

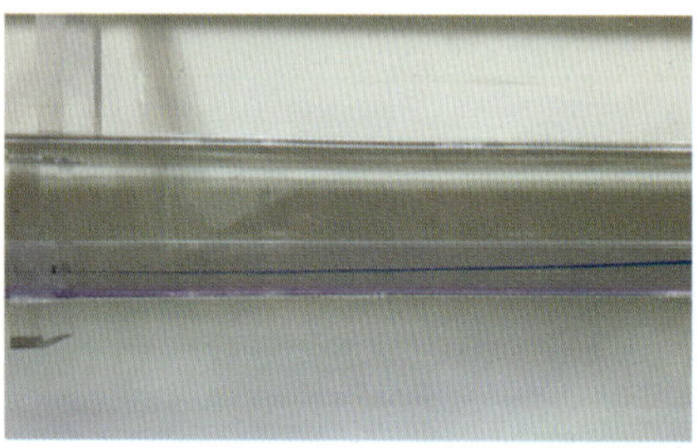

(e) 염료를 이용한 레이놀즈수 측정 실험

(f) 터프(헝겊)를 이용한 유동가시화

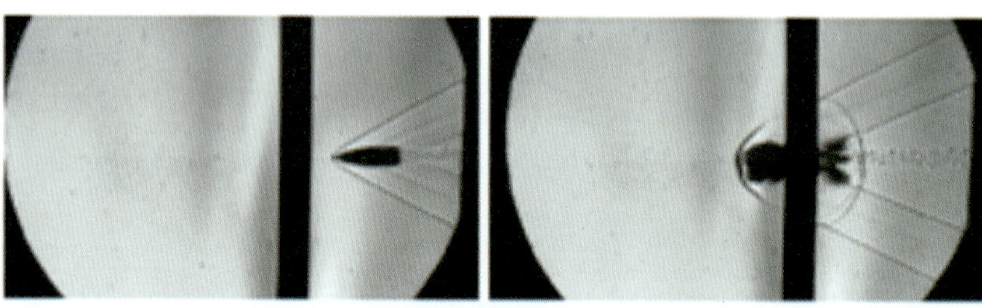

(g) 쉴리렌을 이용한 유동가시화

(h) 흡수정에서 표면 보텍스를 가시화하기 위한 실험

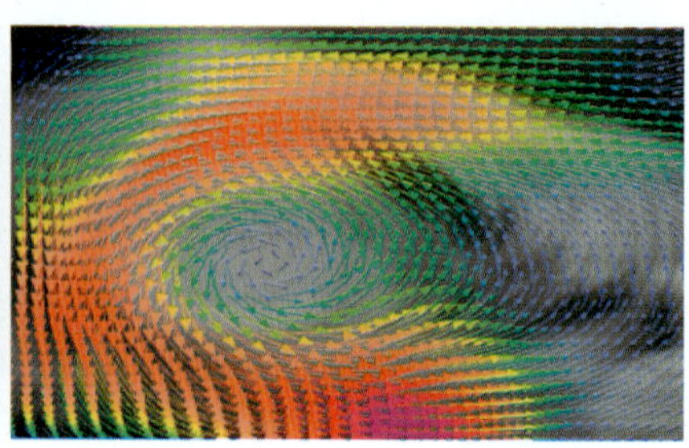

(i) PIV 실험으로 계산된 속도분포

그림 2-15 다양한 유동가시화 기법

[그림 2-15]에 나타내지는 않았지만, 병원에서 사용하는 X-ray, CT, MRI 또한 가시화 기법 중 한 분야이다. 다양한 유동가시화 기법으로 얻은 결과들은 시간선, 유적선, 유맥선, 유선 등으로 구분된다. 이에 대한 정의 및 차이점을 살펴보자.

■ 시간선

시간선Time line은 [그림 2-16]과 같이 수소기포 가시화 장치에서 어떤 특정 시간 동안 유체입자들이 만들어내는 선을 말한다. 유동장에 인접한 수많은 유체입자를 임의 순간으로 표시하면, 이 입자들은 [그림 2-16(b)]와 같이 그 순간에 유체 내에 세로선을 형성하고 Δt 이후에는 또 다른 선을 나타낸다.

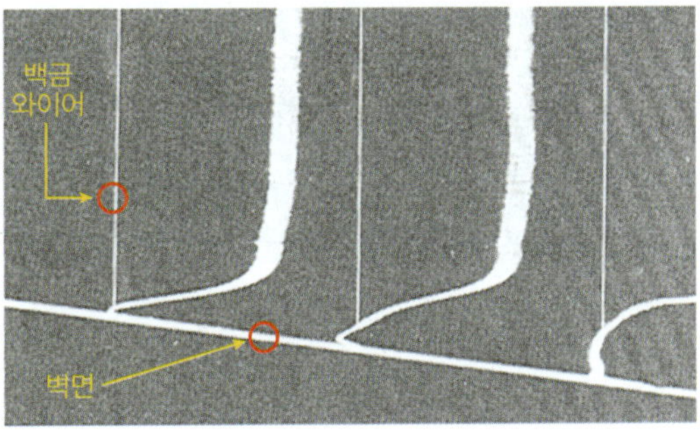

(a) 단면적이 확대되는 디퓨저내의 유동가시화

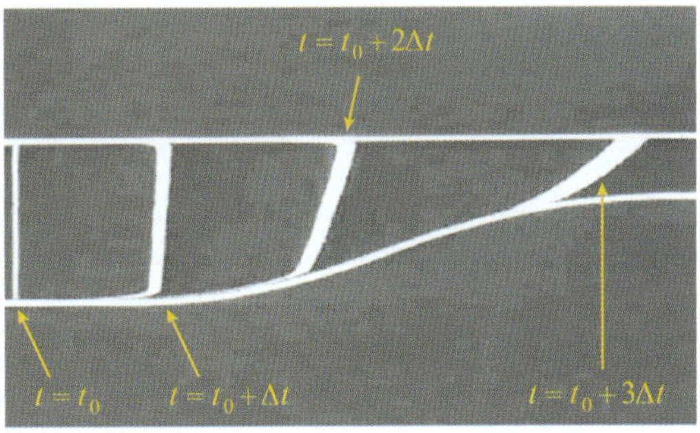

(b) 단면적이 감소되는 관내에서 표현된 시간선

그림 2-16 시간선

■ 유적선

유적선Pathline은 [그림 2-17(a)]와 같이 어떤 특정한 **동일 유체입자**가 유동장을 통해 움직이면서 만들어진 궤적을 [그림 2-17(b)]와 같이 연결한 선을 말한다.[17] [그림 2-5]와 같이 운동하는 유체입자에 의해 그려지는 경로 및 궤적을 유적선이라 하며, 카메라로 동일한 입자(자동차, 별빛, 불꽃놀이 등)의 연속 운동을 계속해서 촬영하면 볼 수 있다.

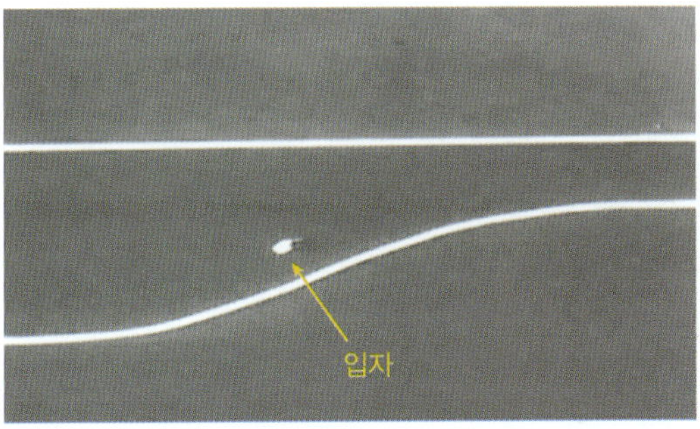

(a) 단면적이 감소되는 관내에서 지나가는 입자

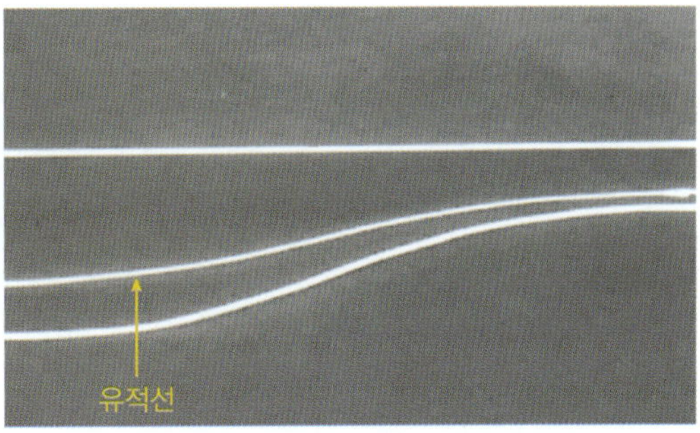

(b) 동일한 입자가 지나가는 궤적을 연결한 선

그림 2-17 유적선

17 이는 라그랑주 기술법과 같고, 평상시 우리가 많이 관찰해온 선의 종류이다.

■ 유맥선

유맥선Streakline은 [그림 2-18(a)]와 같이 공간상에 위치(구멍)를 선정하고 염료를 사용해 이 구멍을 통과하는 모든 유체입자가 만들어내는 [그림 2-18(b)]와 같은 선을 말한다. 즉 동일한 시간(Δt)이 흐른 뒤에 공간상의 고정된 한 지점을 통과한 수많은 식별 입자들을 연결한 선이다. 유적선은 1개의 입자궤적이지만, 유맥선은 한 점을 통과한 여러 개의 입자라는 것이 가장 큰 차이이다.[18]

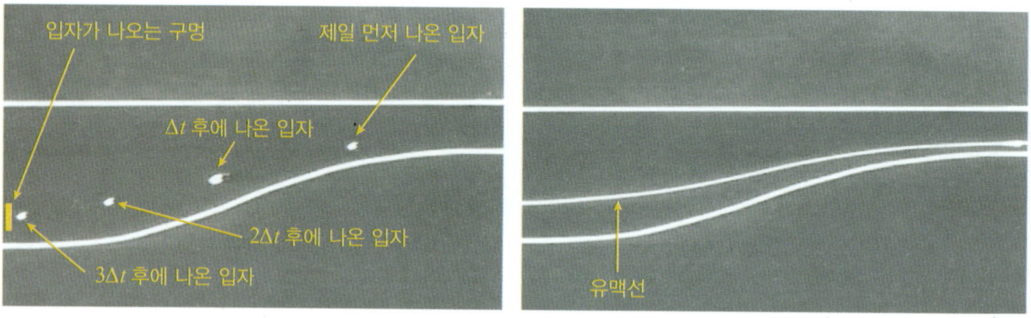

(a) 단면적이 감소되는 관내를 지나가는 입자　　(b) 동일한 구멍에서 나온 입자들이 지나가는 궤적을 연결한 선

그림 2-18 유맥선

■ 유선

유선Streamline은 [그림 2-19]와 같이 유체 속도벡터에 대해 어디서나 접선이 되는 가상선을 말한다. 유선은 한 축(z축)을 고정한 평면(xy평면)에서 평가된 선으로 2차원 속도장이며, 화살표를 부드럽게 이은 선을 의미한다. 유선은 [그림 2-19(a)]의 격자(공간적인 정보)와 같은 오일러 기술법으로 표현한다.[19]

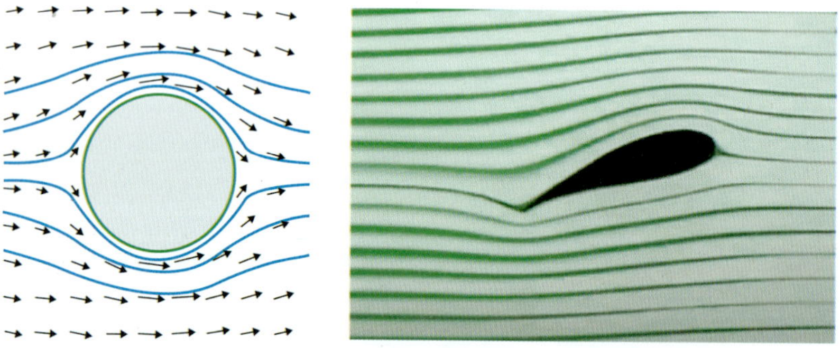

(a) 속도 벡터 접선이 되는 가상적인 선　　(b) 익형 주위에 표현된 유선

그림 2-19 유선

---

18 정상유동에서는 [그림 2-17(b)]의 유적선과 [그림 2-18(b)]의 유맥선이 같지만, 비정상유동에서는 다르게 나타난다. 이는 입자가 나오는 구멍의 개수가 똑같이 하나이기 때문이다. 정상상태이더라도 나오는 구멍이 다르면 유적선과 유맥선은 다르게 나타난다.

19 유선의 방정식에 대한 자세한 내용은 6.3.3절에서 다룬다.

■ 정상유동에서 각 선들의 비교

정상상태일 때 유동장 내 각 점의 속도는 시간에 대해 일정하며, 유선은 순간순간 변하지 않는다. 이는 어떤 주어진 유동장에 놓여 있는 입자는 계속 동일한 유선상에 있다는 것을 의미한다.

공간 내의 고정된 지점을 잇달아 통과하는 입자들도 동일한 유선상에 존재하므로 정상유동에서는 시간선, 유적선, 유맥선, 유선이 [그림 2-20]과 같이 동일한 선이 된다.

그림 2-20 정상유동에서 시간선, 유적선, 유맥선, 유선을 중복해 나타낸 사진

■ 비정상유동에서 각 선들의 비교

정상상태 유동에서는 [그림 2-20]과 같이 유적선, 유맥선, 유선이 동일하지만, 시간에 따라 속도가 바뀌는 비정상유동의 경우 세 가지 선이 각기 다르다. [그림 2-21]과 같이 피봇점을 기준으로 진동하는 판재 변화에 따른 유동을 검토해보면 [그림 2-22]처럼 세 가지 선이 다르게 나타남을 알 수 있다.

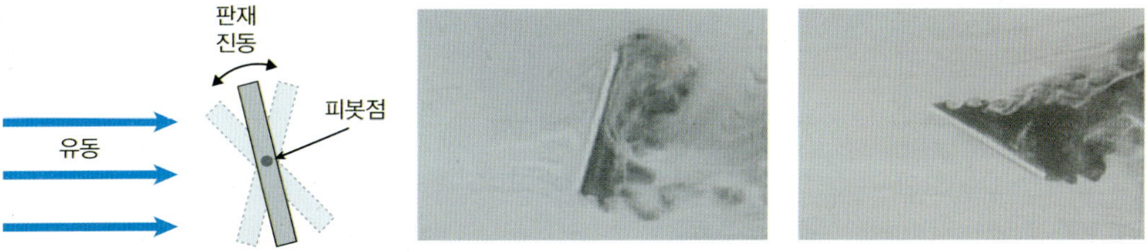

(a) 피봇점을 중심으로 진동하는 판재　(b) 진동하는 판재에 따른 유동 1　(c) 진동하는 판재에 따른 유동 2

그림 2-21 피봇점을 중심으로 진동하는 판재와 이에 따른 유동

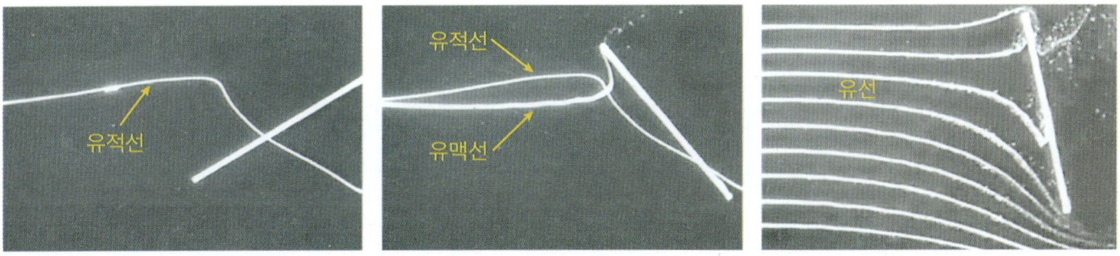

(a) 유적선　(b) 유적선과 유맥선　(c) 유선

그림 2-22 비정상유동에서 그려지는 유적선, 유맥선, 유선의 비교

2.2.4 유체역학에서 관심 있는 힘

유체역학에서 관심 있는 힘은 연속체에 작용하는 힘인 표면력과 체적력이며, 이를 응력장Stress field이라 한다. 임의의 물질 표면에는 체적력와 표면력이 작용하고, 표면력은 표면에 수직으로 작용하는 수직력과 표면을 측면에서 잡아당기는 전단력으로 존재한다. 이를 각각 수직응력과 전단응력이라 하며 [그림 2-23(a)]와 같이 나타낸다. [그림 2-23(b)]는 응력장을 쉽게 이해하기 위해 2차원 단면에 작용하는 수직응력과 전단응력만 나타낸 것이다. 이를 수식으로 나타내면 식 (2.21)과 같다. 식 (2.21)의 수직응력은 [그림 2-23(c)]와 같이 검사체적을 누르는 열역학적 압력Thermodynamic Pressure[20]으로 변경된다.

$$\sigma = \begin{bmatrix} \sigma_{xx} & \sigma_{xy} & \sigma_{xz} \\ \sigma_{yx} & \sigma_{yy} & \sigma_{yz} \\ \sigma_{zx} & \sigma_{zy} & \sigma_{zz} \end{bmatrix} = \begin{bmatrix} \sigma_{xx} & \tau_{xy} & \tau_{xz} \\ \tau_{yx} & \sigma_{yy} & \tau_{yz} \\ \tau_{zx} & \tau_{zy} & \sigma_{zz} \end{bmatrix} = \begin{bmatrix} -p_x & \tau_{xy} & \tau_{xz} \\ \tau_{yx} & -p_y & \tau_{yz} \\ \tau_{zx} & \tau_{zy} & -p_z \end{bmatrix} \tag{2.21}$$

식 (2.21)의 응력장의 첨자는 2중 하첨자 표시법을 사용했는데 앞에 있는 첨자는 응력이 작용하는 방향을 뜻하고, 뒤에 있는 하첨자는 작용하는 면을 나타낸다. 예를 들어 [그림 2-23(b)]의 τ_{yx}에서 **앞에 있는 첨자 y는 y축에 작용하는 면이라는 뜻이고, 두 번째 첨자 x는 x축으로 응력이 작용하는 방향이라는 뜻**이다. 이런 2중 하첨자를 **텐서**라 한다.[21]

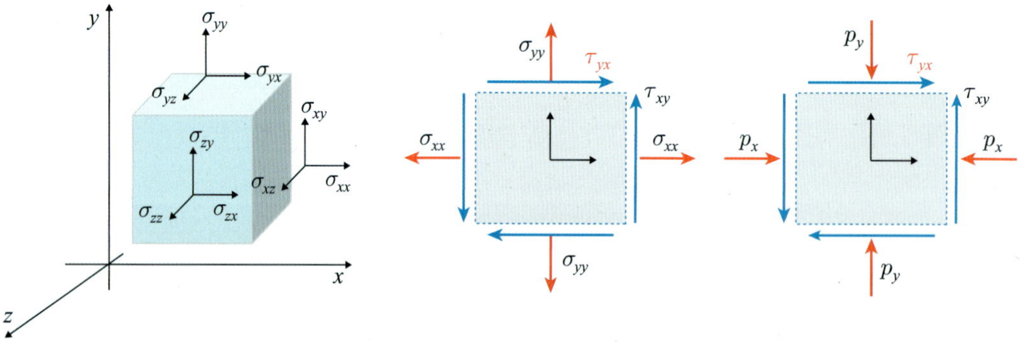

(a) 6개 면에 작용하는 응력장 (b) 2차원 단면에 작용하는 응력장 (c) 2차원 단면에 작용하는 압력과 전단응력

그림 2-23 연속체에 작용하는 힘

2.2.5 전단력과 점성

■ 전단력

전단력은 [그림 2-24]와 같이 상부면에 작용하여 내부 변형을 발생시키는 힘(τ_{yx})을 의미한다. [그림 2-24]는 고체 면을 적용했는데, [그림 2-25]와 같이 유체에 적용한 상태를 생각해보자.

20 압력에 대한 내용은 3장에서 자세히 다룬다. 압력 = 단위면적[m^2]당 작용하는 힘[N], 단위 : 파스칼[Pa] (SI 단위)

21 대학원 과정에서 학습하는 텐서 개념은 학부 과정에서도 많이 언급되는 개념이므로 기본적인 내용을 이해하고 있으면 좋다. 이 개념에 대한 자세한 내용은 6장에서 다룬다.

수면 위에 있는 판재를 밀면, 밑판이 고정되어 있어서 식 (2.22)와 같은 속도구배(기울기)가 발생하게 된다. 이때 $u(y)$는 주어진 전단력에 의해 발생한 유체의 속도형상이다. 만약 dy가 매우 작다면 속도형상은 [그림 2-25(a)]에서 보듯이 **속도구배가 직선 형태**로 나타나며, 이를 '**꾸트**Couette**유동**'이라 한다. 이런 꾸트 유동은 베어링과 같은 간극이 작은 윤활 문제에 많이 적용된다. 만약 dy가 작지 않다면 [그림 2-25(b)]와 같이 점성의 영향으로 층과 층 사이에 다른 유속이 형성되므로 속도구배가 직선이 아니라 포물선 형태로 주어진다.

속도구배는 직선이든 포물선이든 상관없이 상부의 전단력에 의해 발생하므로, 속도구배는 식 (2.23)과 같이 전단력에 비례하게 되고, 이 비례상수를 식 (2.24)와 같이 절대점성계수Absolute Viscosity라고 한다. 절대점성계수는 그리스문자 μ를 사용하고, '뮤'라고 읽는다.

$$\text{속도구배} = \frac{du}{dy} \quad \text{: 변형율 Deformation Rate 또는 전단율 Shear Rate} \tag{2.22}$$

$$\tau \propto \frac{du}{dy} \tag{2.23}$$

$$\tau = \mu \frac{du}{dy} \quad \text{: 뉴턴의 점성법칙}^{22} \tag{2.24}$$

그림 2-24 전단력의 정의

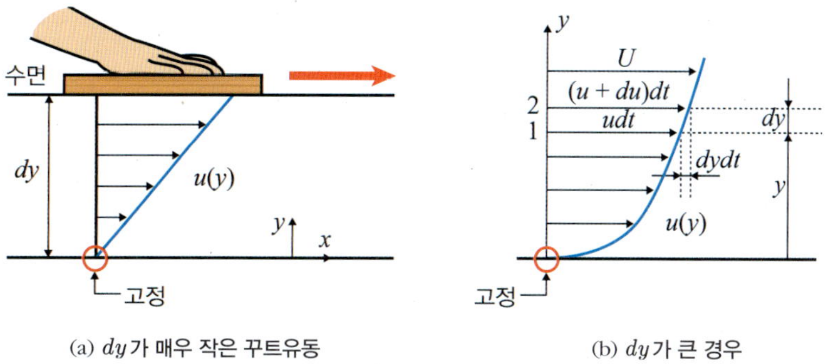

그림 2-25 수면 위를 이동하는 판과 수면 아래의 유속분포

지금은 1차원만 고려했지만, 식 (2.24)의 τ를 [그림 2-23]과 같이 xy단면에 작용한다고 했을 때 τ_{yx}가 되고, 이는 6장에서 배울 식 (6.68)과 같이 '각변형률'로 유도된다.

---

22 매우 중요한 방정식으로, 6장에서 나비에-스토크스 방정식을 유도할 때 사용되는 보조 방정식이다.

$$\tau_{xy} = \mu \dot{\gamma}_{xy} = \mu \left(\frac{\partial v}{\partial x} + \frac{\partial u}{\partial y} \right) \qquad (6.68)$$

결론적으로 전단력과 전단율의 관계는 **1차원이든 2차원이든 상관없이 일정함**을 알 수 있다. [그림 2-26(a)]에서 보듯이 전단력이 증가하면 전단율도 비례해 커지고, 전단력이 감소하면 전단율도 비례해 감소한다. 이런 경향을 보이는 유체를 선형유체Linear Fluid 또는 **뉴턴유체**Newtonian Fluid라 한다. [그림 2-26(b)]를 보면 점성계수의 값은 전단율에 따라 일정함을 알 수 있고 μ를 비례상수라 한다. 이러한 유체에는 물, 공기, 오일 등이 있다.

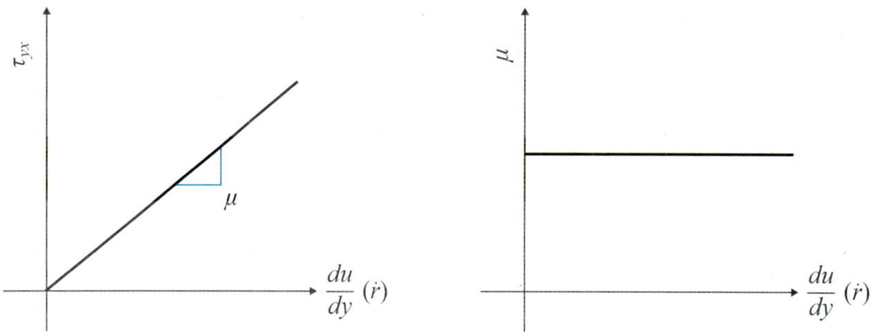

(a) 전단력과 전단율의 관계 (b) 점성계수와 전단율의 관계

그림 2-26 뉴턴의 점성법칙

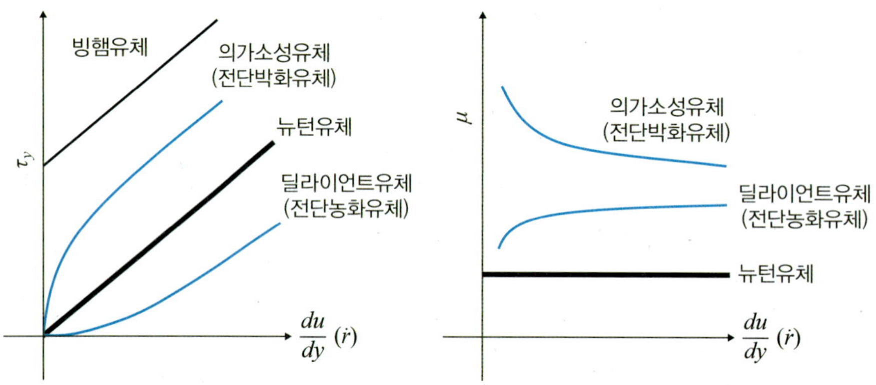

(a) 전단력과 전단율의 관계 (b) 점성계수와 전단율의 관계

그림 2-27 비뉴턴유체의 점성법칙

반면에 **점성계수가 선형적이지 않은 유체**를 비정상유체, 즉 **비뉴턴유체**Non-Newtonian Fluid라고 한다. 치약과 같은 빙햄 플라스틱Bingham Plastic유체[23], 녹말 물과 같은 딜라이언트Dilatant 유체, 혈액과 같은 의가소성Pseudoplastic 유체가 대표적이다. 대부분의 유체는 혼합액으로 존재하기 때문에 비뉴턴유체라 봐도 무방하다.

23 빙햄 플라스틱유체는 전단력이 작용해도 움직이지 않으며 임의의 힘(항복응력)이 가해지면 뉴턴유체처럼 작용한다. 이러한 유체는 튜브에 넣고 쓰는 화장품이나 음식물에서 볼 수 있다.

의가소성유체의 점성계수는 [그림 2-27(b)]에서 보듯이 전단율이 증가함에 따라 혼합물의 화학적 구조가 깨지면서 점성계수가 떨어지는 특성을 보인다. 이런 유체를 '전단박하유체'라 한다. 반면에 딜라이언트유체는 전단율이 증가함에 따라 내부 구성물이 강하게 응집하는 경향이 있어 점성계수가 증가한다. 이런 유체를 '전단농화유체'라고 한다.

비뉴턴유체의 점성계수를 나타내는 수식은 많이 있으나, 대표적으로 식 (2.25)와 같은 멱법칙Power-Law을 이용해 표현한다. 식 (2.26)은 대표적 의가소성유체인 혈액의 구성방정식이다.[24]

$$\tau = k\left(\frac{du}{dy}\right)^n \text{ : 멱법칙} \tag{2.25}$$

$$\mu_{blood} = \mu_\infty + (\mu_o - \mu_\infty)\left[1 + (\lambda\dot{\gamma})^2\right]^{\left(\frac{q-1}{2}\right)} \tag{2.26}$$

$$\mu_0 = 0.056\,[\mathrm{Pa \cdot s}],\ \mu_\infty = 0.00345\,[\mathrm{Pa \cdot s}],\ \lambda = 3.31s,\ q = 0.357$$

■ 점성

[그림 2-25], 식 (2.24)와 같은 뉴턴의 점성법칙에서 전단력 τ는 유체가 운동하고 있을 때 표면의 측면에 작용한다. 유체에 전단력이 가해지거나 유체가 운동하면, 유체의 점성Viscosity으로 인해 전단력이 발생되고 그 크기가 결정된다. 즉 **점성**은 유체입자 사이에 전단력에 의한 상대 운동이 일어날 때 이 **상대 운동을 방해하려는 성질**이라고 정의할 수 있다. 이런 **점성에 의한 힘을 점성력**Viscous Force이라 하고 계속 움직이려고 하는 힘은 관성력Inertial Force이라 한다.[25]

[그림 2-28]은 관내 유동에서 속도를 증가시키면서 층류와 난류를 가시화한 그림이다.[26] 층류는 비교적 점성력이 지배적으로 작용하므로 관내 염료의 상태는 안정화되는 것을 볼 수 있지만, 난류의 경우 관내 염료는 점성력보다 관성력이 지배적으로 작용하므로 입자 간의 운동량 교환이 많아져 매우 복잡해 보인다. 동일한 개념으로 층류와 난류일 때 반지름 방향 속도분포를 [그림 2-29]와 같이 나타냈는데 점성력이 지배적인 기름의 경우($Re = 1$) 포물선의 경향을 나타내지만, 관성력이 큰 물의 경우($Re = 10{,}000$)는 평탄한 분포를 나타낸다.

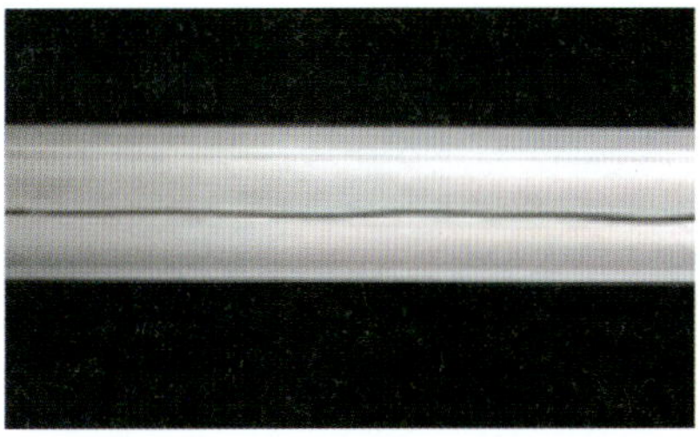

(a) 층류

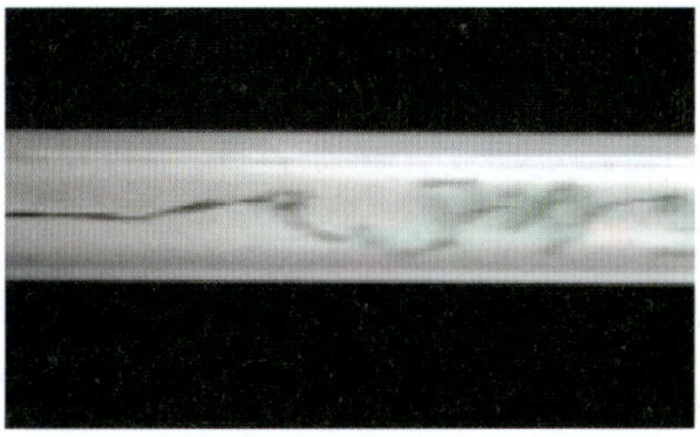

(b) 난류

그림 2-28 레이놀즈수에 따른 관내 유동분포 (염료분사방법)

---

24 이 방정식은 Carreau 모델을 이용해 나타낸 것으로, 좀 더 자세한 내용은 대학원 과정에서 다룬다.

25 점성력과 관성력의 비를 레이놀즈수라 한다. 식 (1.3)을 참고하라.

26 [그림 2-28], [그림 2-29]와 같이 유동장에서 Re수는 층류와 난류를 구분하는 중요한 무차원수이다.

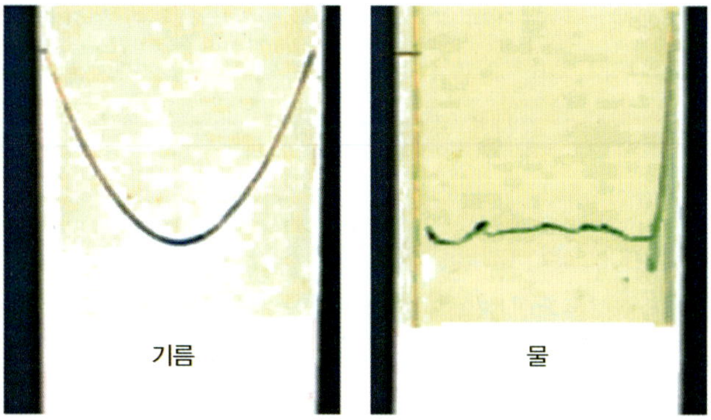

(a) $Re = 1$인 층류유동 (b) $Re = 10,000$인 난류유동

그림 2-29 레이놀즈수에 따른 반지름 방향 속도분포 (수소기포 가시화 장치)

■ 단위

절대점성계수의 단위는 식 (2.27)과 같이 [Pa·s]로 유도된다. 이는 SI 단위의 MKS로 나타낸 것으로 상온에서 물과 공기의 점성계수는 각각 0.001 [Pa·s]와 1.81×10^{-5} [Pa·s]이다.[27]

$$\mu = \frac{\tau}{du/dy} \quad \rightarrow \quad \frac{[\mathrm{Pa}]}{\left[\frac{\mathrm{m}}{\mathrm{s}}\right]/[\mathrm{m}]} = [\mathrm{Pa \cdot s}] \tag{2.27}$$

절대점성계수 단위를 CGS로 나타내면 0.01 [P] = 1 [cP]이다. 이때 1 [P]는 0.01 [g/cm·s][28]이며, '포아즈'라는 단위는 사람 이름이기 때문에 대문자 P를 사용해야 한다.

절대점성계수와 같이 많이 사용되는 단위로 식 (2.28)의 동점성계수Kinematic Viscosity가 있다. 동점성계수의 물리적 의미는 밀도를 포함하고 있어 동적인 개념을 사용하게 된다. 동점성계수는 그리스문자 ν를 사용하고, '누'라고 읽는다.[29]

$$\nu = \frac{\mu}{\rho} \tag{2.28}$$

$$\nu = \frac{\mu}{\rho} \quad \rightarrow \quad \frac{[\mathrm{Pa \cdot s}]}{[\mathrm{kg}]/[\mathrm{m}^3]} = [\mathrm{m}^2/\mathrm{s}] \tag{2.29}$$

동점성계수의 단위는 식 (2.29)와 같이 [m^2/s]이다. 이는 SI 단위의 MKS이며, CGS로 나타내면 0.01 [Stoke](1 [cm^2/s]) 단위를 사용할 수 있다. 마찬가지로 c (0.01 [m])를 붙여 1 [cS]로 간단히 나타낼 수 있다.

[표 2-3]과 [그림 2-30]에 대기압을 기준으로 온도 변화에 따른 대표적인 유체의 점성계수를 나타냈다.

---

27 이 값들은 시험에 자주 출제되는 물성값이므로 반드시 암기하자.

28 1로 표현하기 위해 1센티미터(0.01[m])를 적용한 결과이다.

29 비체적의 단위와 같이 사용하는 기호이므로 혼동하지 말자.

표 2-3 대표적인 유체의 점성계수

유체	온도 [℃]	절대점성계수 [Pa·s]
글리세린	-20	134.0
	0	10.5
	20	1.52
	40	0.31
엔진오일	SAE 10W	0.10
	SAE 10W30	0.17
	SAE 30	0.29
	SAE 50	0.86
수은		0.0015
에틸알코올		0.0012
물	0	0.0018
	20	0.0010
	100(액체)	0.00028
	100(증기)	0.000012
혈액	37	0.00040
가솔린		0.00029
암모니아		0.00015
공기		0.000018
수소	0	0.0000088

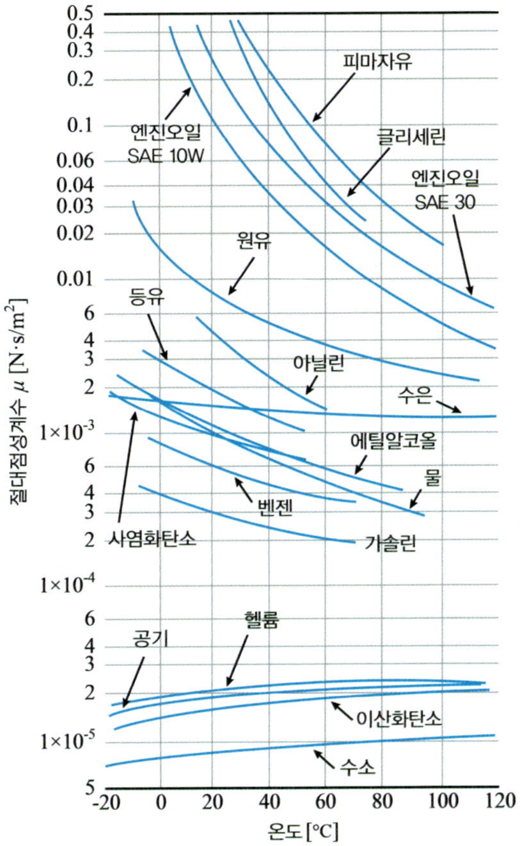

그림 2-30 온도 변화에 따른 대표적인 유체의 절대점성계수 변화

[그림 2-30]을 보면 액체와 기체의 점성계수가 온도가 증가함에 따라 다르게 변화하는 것을 알 수 있다. 물과 글리세린 같은 유체는 온도가 올라가면서 서로의 분자 간의 힘Intermolecular Forces, 즉 응집력Cohesive Force이 점점 약해지기 때문에 점성계수가 감소한다. 반면에 기체는 온도가 증가하면서 응집력이 떨어지기는 하지만 그 영향보다는 운동량 교환Momentum Exchange이 증가하기 때문에 점성계수가 증가하는 경향을 보이고, 액체에 비해 변화폭이 그리 크지 않다.

[그림 2-31(a)]에서 보듯이 산업현장, 특히 유압유에서 [Pa·s]의 SI 단위보다 SUSSaybolt Universal Seconds 또는 SSUSecond Saybolt Universal 점성계수 단위를 많이 사용한다.[30] 자동차 엔진오일은 [그림 2-31(b)]와 같이 SAE 30 등급의 오일을 사용한다. 이외에 많이 사용되는 단위로 점성지수Viscosity Index가 있는데 윤활유의 온도 변화에 대한 효과를 반영한 것이다.

30 SUS, SSU는 Saybolt 점도계에서 Universal Orifice를 통해 60 [cm^3]의 오일이 흘러내리는 데 걸리는 시간을 계산해 환산한 것이다.

(a) 유압유에서 사용되는 점성계수 단위 (b) 윤활유에서 사용되는 점성계수 단위

그림 2-31 오일의 점성계수 단위로 표현된 유압유와 윤활유

Think_04

온도에 따라 유체의 점성계수가 변화한다는 것을 알았다. 압력의 증가에 따라 유체의 점성계수가 증가하는 이유를 생각해보자.

Think_05

산업현장에서는 국제단위계인 SI 단위보다는 SSU나 SAE 30를 사용하는데, 그 이유를 생각해보자. 또한 이 오일들의 점성계수가 SI 단위로는 얼마가 되는지 생각해보자. ([표 2–1] 참조)

예제 2-3 점성계수의 개념

점성유체인 SAE 30 기름의 유동에서 내부전단응력이 발생했다면, 20[℃]에서 $V = 3\,[\text{m/s}]$로 유동할 때 고체 면으로부터 2[cm] 떨어진 곳에서의 전단응력을 구하라. 단, 20[℃]에서 SAE 기름의 절대점성계수는 $\mu = 0.29\,[\text{Pa}\cdot\text{s}]$이다.

분석

- 풀이 전에 속도구배가 직선인지 포물선인지 결정해야 한다. 간극이 2[cm] 정도 떨어졌기 때문에 [그림 2–25(a)]와 같이 이 유동은 꾸트유동으로 가정할 수 있고 속도구배는 직선이 된다.
- 뉴턴의 점성법칙을 제대로 이해하고 있는지를 묻는 기초적인 문제로, 식 (2.24)를 이용해서 풀면 된다.
- 이 유체의 점성계수가 SI 단위로 주어지지 않고 SAE 30로 정의됐음을 인지해야 한다.

풀이

- 주어진 값을 식 (2.24)에 대입한다. 작은 값의 간극 1개만 주어졌으므로 식 (2.24)의 d(미소 간극)는 무시할 수 있다.

$$\tau = \mu \frac{du}{dy} \tag{2.24}$$

$$\tau = \mu \frac{du}{dy} = \mu \frac{V}{h} = 0.29 \frac{3}{0.02} = 43.5\,[\text{Pa}]$$

고찰

- 간극이 작다는 것은 속도분포를 직선으로 가정할 수 있다는 뜻이다.
- 설계자는 엔진이나 엔진 관련 부분을 설계할 때 오일의 점성을 제시해야 한다. 최근에는 합성유나 여러 가지 오일들이 많이 출시되므로 이에 대한 정보를 파악해야 한다.

예제 2-4 속도구배가 함수로 주어졌을 때

37 [℃]에서 두 벽 사이에 유동하는 등유의 속도구배는 $u = 100y \times (0.1 - y)$ [m/s]이다. 벽 사이의 간격은 0.1 [m]이고, 등유의 점성계수는 $\mu = 0.150$ [Pa·s]이다. 이때 (a) 전단응력, (b) 속도분포값을 구하라. 단, y는 벽면으로부터의 거리이다.

분석

- 2차 함수식의 포물선 속도구배가 주어졌기 때문에 [그림 2-25(b)]와 같이 계산해야 한다.
- 뉴턴의 점성법칙인 식 (2.24)를 이용해서 풀면 된다.
- 속도구배가 주어졌기 때문에 식 (2.24) 내 속도구배는 주어진 속도를 미분해 계산하면 된다.

풀이

(a) 두 벽면 사이의 속도분포는 문제에서 주어졌으므로 이를 식 (2.30)과 같이 정리하고 [표 2-4]와 같이 간극 dy를 변화시켜 구한다.

$$\tau = \mu \frac{du}{dy} \tag{2.24}$$

$$u = 100y \times (0.1 - y) = 10y - 100y^2 \,[\mathrm{m/s}] \tag{2.30}$$

(b) 두 벽면 사이의 전단응력을 구하기 위해 du/dy의 속도구배가 필요하므로 식 (2.30)을 dy로 미분한다. 이 값을 식 (2.24)에 대입하고, 간극 변화 dy를 대입하면 높이별 전단응력을 [표 2-4]와 같이 구할 수 있다.

표 2-4 [예제 2-4]의 간극 높이별 속도와 전단응력을 계산한 값

변수	간극 위치						
	하판			중앙			상판
dy(간극)	0	0.02	0.04	0.05	0.06	0.08	0.10
u(속도)	0	0.16	0.24	0.25	0.24	0.16	0
τ(전단응력)	1.5	0.9	0.3	0	−0.3	−0.9	−1.5

고찰

- [그림 2-32(a)]와 [표 2-4]에서 보면 상판과 하판에서의 벽면에서 속도가 0이므로, 속도분포는 0이며 움직이지 않는다는 것을 알 수 있다. 또한 중심에서의 속도가 0.25 [m/s]로 가장 큰 경향을 보인다.
- [그림 2-32(a)]와 [표 2-4]의 전단응력 결괏값을 보면 하판의 전단응력이 1.5 [Pa], 상판의 전단응력이 −1.5 [Pa], 중심에서의 전단응력이 0임을 알 수 있다. 여기서 전단응력이 벽면에서 가장 크다는 것

과 속도분포는 가장 큰 가운데에서 0이라는 것을 알 수 있다.

- 결론적으로 [그림 2-32(b)]와 같이 상판과 하판의 전단응력은 동일하다. 이는 벽면에 가장 큰 저항이 있고 속도분포는 가장 큰 가운데에서 0이라는 의미이다.
- 속도구배가 가장 큰 중심에서는 전단응력의 값이 0이다.
- 두 평판을 고정한 경우, 두 벽면 중심에서의 전단응력분포값이 어떤 값을 갖는지 이해하는 것이 중요하다.

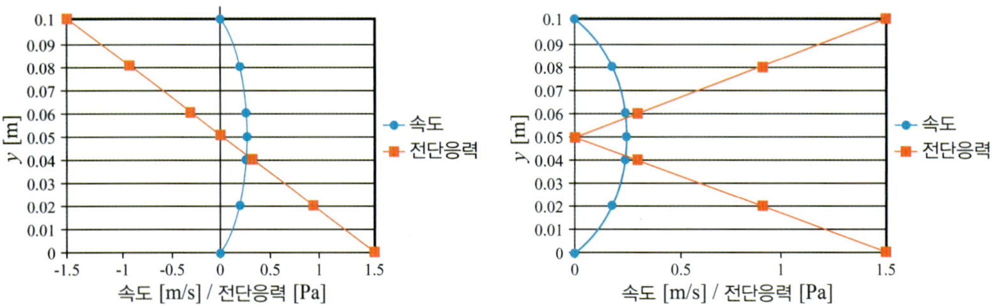

(a) 상판과 하판의 전단응력이 반대일 때　　(b) 상판과 하판의 전단응력이 동일할 때

그림 2-32 속도분포가 주어진 두 평판 사이에서 계산된 속도분포와 전단응력분포

예제 2-5 축의 동력 계산

[그림 2-33]과 같이 지름이 15 [cm]인 축이 1,800 [rpm]으로 회전하고 있다. 이 축 주위에는 지름이 15.05 [cm], 길이가 10 [cm]인 베어링이 설치되어 있고 이 사이에 점성계수가 $\mu = 0.018$ [Pa·s]인 기름이 가득 채워져 있다. 이때 베어링에서 점성에 의한 저항력을 이기기 위한 동력을 구하라.

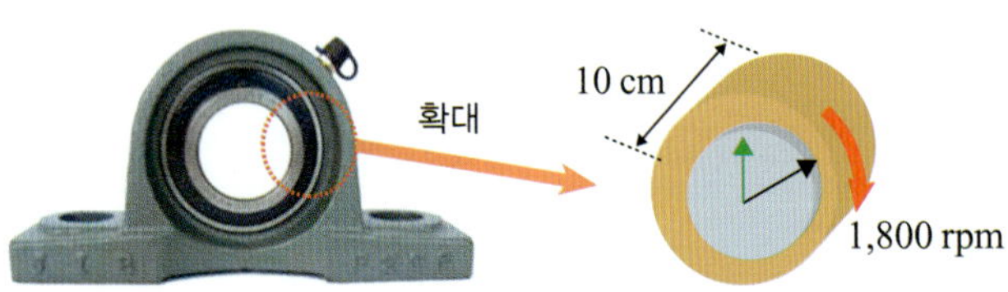

(a) 시중에서 구매할 수 있는 볼 베어링　　(b) 축과 베어링의 관계

그림 2-33 1,800 [rpm]으로 회전하는 지름 15 [cm]의 베어링

분석

- 축 시스템을 설계하고, 점성계수와 축동력을 구하기 위한 문제이다.
- 뉴턴의 점성법칙인 식 (2.24)뿐만 아니라, 식 (2.31) ~ 식 (2.33)과 같은 기계설계식[31]을 알아야 한다.

$$P = Torque \times \omega(\text{회전수}) \tag{2.31}$$

31 정역학 및 동역학에서 배우는 수식이지만 유체역학 문제를 풀 때 필요하므로 알아두자.

$$T = stress \times area \times radius \tag{2.32}$$

$$V = R\omega \tag{2.33}$$

- 식 (2.32)의 stress가 전단응력이므로, 이를 예제에서 구한 후 계산하면 된다.

풀이

- 뉴턴의 점성법칙인 식 (2.24)에서 간극이 1개인 h로 주어졌기 때문에, 미분의 형태는 식 (2.34)와 같이 변경할 수 있다. 여기에 주어진 값을 대입하면 쉽게 전단응력값을 구할 수 있다.

$$\tau = \mu \frac{du}{dy} = \mu \frac{V}{h} \tag{2.34}$$

- 식 (2.33)을 이용해 베어링의 끝, 즉 축의 원주속도를 구하면 식 (2.35)와 같다.

$$V = R\omega = R\frac{2\pi N}{60} = 0.075\frac{2\pi \times 1{,}800}{60} = 14.13\,[\mathrm{m/s}] \tag{2.35}$$

- 동력을 계산하기 위해 먼저 이 시스템에서 발생하는 토크를 구해야 한다. 식 (2.32)에 각각의 값을 대입하면 식 (2.36)과 같다.

$$T = stress \times area \times radius \tag{2.32}$$

$$T = \mu\frac{V}{h} \times \ell \times 2\pi R \times R = \frac{\mu V \ell}{h} 2\pi R^2 \tag{2.36}$$

- 식 (2.32)에서 면적은 길이 방향으로 구해야 하므로, 길이 ℓ과 원주 $2\pi R$을 곱해서 계산해야 한다.[32]
- 동력은 식 (2.36)인 토크에 회전수를 곱하면 되므로, 식 (2.37)과 같다.

$$P = T \times \omega = \frac{\mu V \ell}{h} 2\pi R^2 \times \omega = \frac{\mu V \ell}{h} 2\pi R^2 \times \frac{V}{R} = 2\pi R \frac{\mu \ell V^2}{h} \tag{2.37}$$

$$P = 677\,[\mathrm{W}] = 0.677\,[\mathrm{kW}]$$

고찰

- 이 예제에서 다룬 수식들은 기계설계 관련 수식이기 때문에 어렵게 보이는 것일 뿐, 문제는 그리 어렵지 않다.
- 설계된 동력은 0.677 [kW]이다. 이 설계는 Raw data로 안전계수를 고려하지 않은 것이다. 시중에는 0.677 [kW] 급 모터가 없으므로 실제 결괏값은 1 [kW] 급으로 여윳값을 고려해서 설정해야 한다.
- 시스템에서 오일의 점성계수가 베어링의 수명을 좌우하고, 베어링에 오일이나 윤활유가 공급되지 않으면 고장이 나므로 주의하자.
- 회전 시스템에서 베어링의 고장은 시스템에 진동이 있다는 뜻이고, 이 진동의 원인, 즉 불평형을 일으키는 원인을 반드시 찾아서 바로잡아야 한다.
- 축 크기를 정하고 베어링을 선정했다면, 최종적으로 점성에 맞는 윤활유를 구매해야 할 것이다. 만약 점성에 맞는 윤활유를 시중에서 구매할 수 없다면 축과 베어링을 변경해야 한다.

32 원의 면적을 구하는 수식(πR^2)을 이용하는 것이 아니므로 주의하자.

2.2.6 표면장력

액체 표면에는 그 면적을 가능한 한 작게 만들려는 힘이 작용하는데, 이 힘을 표면장력Surface Tension이라 한다. **표면장력은 분자 사이의 인력(친화력) 차이로 발생**하는 것으로 알려져 있으며 체적이 일정하다면 구 형상일 때 표면적이 최소가 될 것이다.

만약 [그림 2-34]와 같이 유체 분자가 표면 또는 유체 내부에 있을 때 어떤 일이 일어날지 생각해보자.33 액체 내부에서는 같은 분자끼리 사방에서 같은 힘으로 당기고 있으므로 큰 차이가 없지만, 기체와 접하고 있는 표면에서는 액체끼리만 뭉치려는 현상을 보인다. 비눗방울이 둥글게 만들어지는 것도 표면장력의 작용 때문이다. 이러한 표면장력은 그리스문자 σ를 사용하고, '시그마'라고 읽는다. 보통 응력의 단위는 '단위면적당 힘'인데 표면장력의 단위는 '단위경계면 길이당 힘'으로 정의한다.

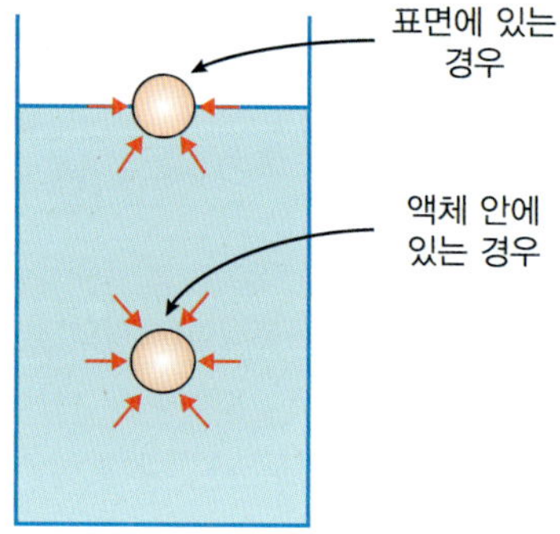

그림 2-34 유체 분자 위치에 따른 현상

기체에 노출된 액적Droplet에는 같은 종류의 분자끼리 끌어당기는 힘, 즉 응집력이 발생하는데 [그림 2-35]에서 보이는 것과 같이 액체마다 응집력이 다름을 알 수 있다. 이런 현상을 [그림 2-35], [표 2-5]에서와 같이 'Wetted'란 용어로 설명한다. 'Wetted'는 액체와 표면의 접촉 상태, 즉 액체와 표면 사이가 접촉됨을 의미한다.34 응집력Cohesion은 같은 종류의 분자끼리 끌어당기는 힘이며 부착력Adhesion은 다른 종류의 분자끼리 끌어당기는 힘이다. [그림 2-35]에 대한 설명을 [표 2-5]와 같이 정리했다.

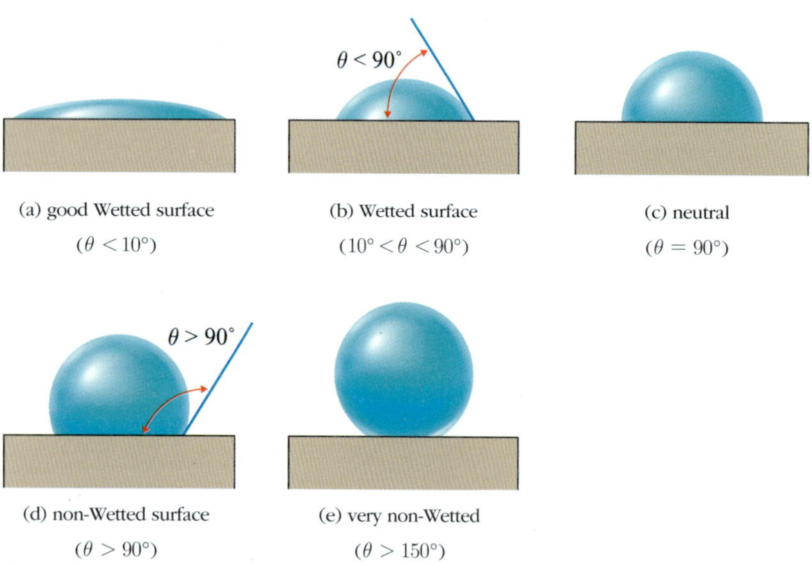

그림 2-35 주어진 액체와 표면 사이의 접촉 각도

33 이 질문은 같은 유체에 있을 때와 다른 유체와 있을 때의 표면장력이 서로 다르다는 것을 언급하기 위함이다.
34 한국말로 정확히 표현할 수 있는 용어가 없어 영문을 그대로 사용했다.

표 2-5 액적 형태에 따른 명칭과 의미 및 설명

명칭	접촉각	의미	해당 그림	상태 설명과 예시
Wetted surface	$\theta < 90°$	표면에 액체가 잘 접촉됐음	[그림 2-35(b)]	• 액체-기체 사이의 친화도인 부착력이 응집력보다 커서 발생하는 현상 • 물과 같이 낮은 표면장력을 가진 액체(73 [mN/m])는 표면과의 접촉각도가 90°보다 크게 형성되어 보다 넓은 면적에 퍼지게 됨(예시: [그림 2-36(a)])
non-Wetted surface	$\theta > 90°$	표면과 액체가 잘 접촉되지 않음	[그림 2-35(d)]	• 액체-기체 사이의 친화도, 즉 응집력이 부착력보다 커서 발생하는 현상 • 높은 표면장력(강한 내부 결합)을 가진 수은(500 [mN/m])은 표면과의 각도가 90°보다 크게(약 140°) 형성된 원의 형태를 유지함(예시: [그림 2-36(b)])

[그림 2-36]을 보면 액체와 기체 또는 액체와 액체가 맞닿은 경계면에서 작용하는 표면장력이 달라서 서로 맞닿은 곳의 혼합이 잘 안 되는 것을 알 수 있다. 이러한 계면을 완화하고 경계를 이어주기 위해 계면활성제$_{\text{Surfactants}}$가 사용되는데, 물과 기름의 경계를 완화하는 세정제(비누, 삼푸) 또는 유화제 등이 있다.

(a) 물 (부착력 > 응집력) (b) 수은 (부착력 < 응집력)

그림 2-36 액적 형태의 물과 수은

■ 모세관 현상

[그림 2-37]과 같이 작은 지름의 관을 액체의 표면에 수직으로 삽입한 것을 액주계라고 한다. 액주관 밖 수위에 압력이 작용하면 액주계의 수위가 높아지면서 눈금으로 압력을 표시하게 된다. 액주계는 관의 지름이 작을수록 액체의 자유표면의 응집력과 고체 면에 대한 부착력의 차이, 즉 표면장력의 영향으로 액체표면과 자유표면 사이에 높이 차이가 발생하게 된다. 이런 현상을 '모세관 현상' 또는 '미니스커스$_{\text{Miniscus}}$ 현상'이라 한다.

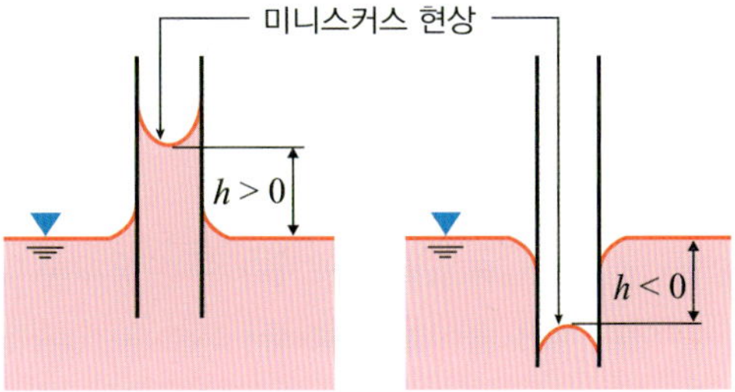

(a) 물 (b) 수은

그림 2-37 유리관내에서 액체가 형성하는 자유표면

부착력이 큰 경우 물의 수위는 [그림 2-37(a)]와 같이 아래로 볼록해지지만, 응집력이 부착력보다 더 큰 수은의 경우 [그림 2-37(b)]와 같이 수은의 헤드가 위로 볼록해진다.

[그림 2-38]에서 보듯이 모세관 현상에 의해 상승된 높이 h는 식 (2.38)과 같다. [그림 2-38]에 단위경계면 길이에서 잡아당기는 표면장력이 작용해 모세관내에 액체에 상관없이 구면의 형태가 이루어진다고 가정했고, 표면장력의 힘은 검사체적의 체적력 $W(\rho g d V)$와 같다고 가정해 구한 것이다. 이때 물과 수은의 경우 표면장력이 당겨지는 각도는 각각 0°와 140°이다. 보통 접촉각이 90°보다 크면 $\cos\phi$값은 음의 값을 가지게 된다.

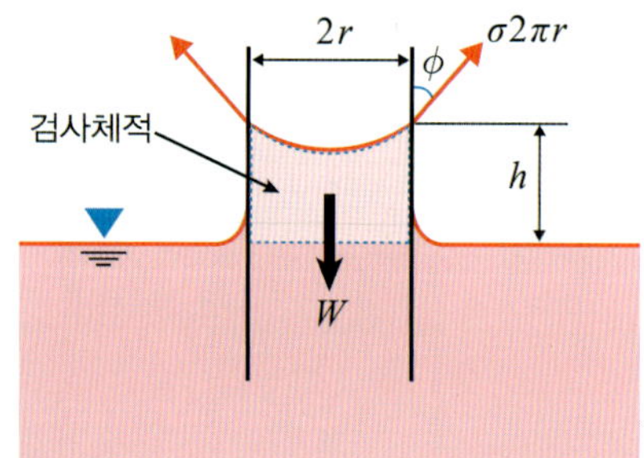

그림 2-38 모세관에 의해 상승한 높이를 구하기 위한 해석영역

$$\Delta h = \frac{4\sigma\cos\phi}{\rho g d} \tag{2.38}$$

이런 모세관 현상은 액주계에서 나타나는 **불필요한 물리현상**이다. 표면장력 때문에 실제로 측정하고자 하는 길이가 과대 또는 과소 측정될 수 있기 때문이다. 이런 모세관 현상을 없애는 방안은 식 (2.38)을 자세히 보면 알 수 있다.

수은과 같은 표면장력이 큰 액체를 사용하면 모세관 현상에 의한 길이 Δh는 증가할 것이고, 밀도가 큰 유체나 지름이 큰 모세관을 사용하면 모세관 현상이 줄어들 것이다. 이렇듯 실험에 앞서 유체와 적합한 모세관 지름을 찾는 것도 중요한 과제이다.

Think_06

강가 표면에서 자주 볼 수 있는 소금쟁이는 어떻게 물 위에 떠 있을 수 있을까?

그림 2-39 표면장력을 이용하는 소금쟁이

2.2.7 증기압

증기압Evaporation Pressure은 액체가 끓는 상태의 압력을 말한다. 상온인 대기압 상태에서 압력을 변화시키지 않고 물을 끓이기 위해서는 온도를 100[℃]까지 올리면 된다.

캐비테이션Cavitation 현상이란 **유동장 내 압력이 증기압보다 떨어지면서 발생하는 일련**Series**의 현상**이다. 캐비테이션 현상은 [그림 2-40]과 같이 유체기계와 같은 회전기계인 임펠러에서 많이 발생한다. 임펠러 앞면에는 압력이 증가해 유체를 앞으로 미는 현상이 발생하지만, 임펠러 뒷면이나 깃면에는 압력이 떨어져서 증기압보다 낮아지게 된다. 상온의 증기압보다 낮아지면 기포Vapor가 발생하고 발생한 기포는 배관을 따라 흘러가는데, 후에 압력이 회복되면서 발생한 기포는 붕괴하기 시작하고 기포가 폭발하는 일련의 현상이 발생하게 되어 효율이 3 [%] 이상 뚝 떨어지게 된다. 이런 현상이 발생되면 임펠러의 깃면이 부식되고 최종적으로 천공되는 부작용이 발생한다.

그림 2-40 캐비테이션 현상이 발생하는 일련의 과정

캐비테이션 현상은 임펠러의 설계 및 밸브의 형태에 따라 발생하는 동압Dynamic Pressure에 영향을 받는다. 설계에 사용하기 위해 식 (2.39)와 같은 캐비테이션 지수를 계산한다. 식 (2.39)에서 p_a는 주위 압력이고, p_v는 증기압, 분모의 속도에 의한 압력은 동압이 된다. 식 (2.39)의 분자를 보면 증기압은 온도의 함수이고 p_a인 주위 압력이 감소하면 분자의 양이 분모인 동압보다 적어지므로 캐비테이션 지수는 1보다 감소하게 된다. 캐비테이션 지수가 1보다 작은 경우는 펌프 내 임펠러 유동장이나 선박 프로펠러에 캐비테이션이 쉽게 발생된다는 것을 의미한다.

$$C_a = \frac{p_a - p_v}{\frac{1}{2}\rho V^2} \tag{2.39}$$

화력 발전소나 원자력 발전소 같은 곳에는 고압, 고온의 가스나 스팀 등이 자주 사용되는데 이때 밸브에 캐비테이션이 많이 발생한다. 따라서 이런 컨트롤 밸브에는 캐비테이션을 방지하기 위해 [그림 2-41]과 같이 축에 디스크 스택Disk Stack을 설치해 [그림 2-42]와 같이 계단식 압력 강하를 만들어주어 p_v의 증기압보다 떨어지지 않게 만든다.

그림 2-41 컨트롤 밸브 내 캐비테이션 현상을 방지하기 위해 설치된 디스크 스택

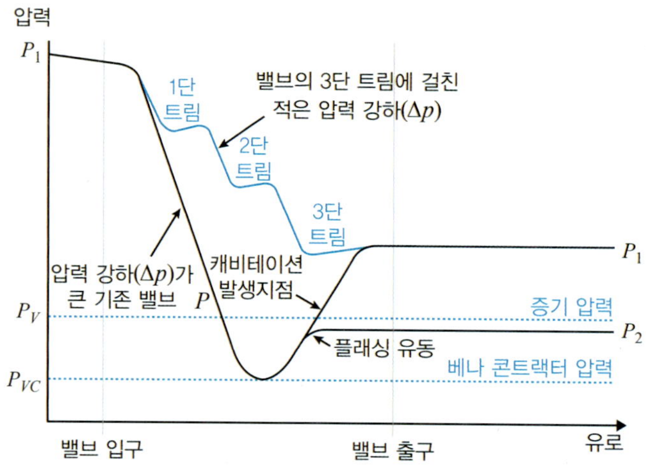

그림 2-42 디스크 스택을 설치해 압력 강하를 감소시켜 캐비테이션을 방지하는 장치

Think_07

온도를 올리지 않고 대기상태에서 가열하지 않고 물을 끓이고 싶다면 어떻게 해야 할지 생각해보자.

Think_08

캐비테이션이 발생한 펌프나 수차 케이싱에 귀를 대고 유심히 들어보자. '착착착' 하고 기포 터지는 소리가 주기적으로 들릴 것이다. 어떻게 하면 이런 기포 소리를 이용해 캐비테이션 발생을 관찰할 수 있을지 생각해보자.

2.2.8 체적탄성계수

체적탄성계수란 유체가 균일하게 압력을 받을 때 부피가 얼마나 변하는지 나타내는 것이고, 식 (2.40)과 같다. 체적탄성계수의 역수를 압축률(β)이라고 하며, 단위는 $[\mathrm{N/m^2}]$이다.

$$K = -\frac{\Delta p}{\Delta V/V} \tag{2.40}$$

유체는 유동장에서 영향을 받으면 그 밀도가 변화하는데, 이때 밀도의 변화는 질량이 변하는 것이 아니라 그 양을 담고 있는 체적이 주어진 압력에 따라 변하는 것이다. 물과 같은 액체는 대부분 큰 온도나 압력차 외에는 밀도값이 변화하지 않는 비압축성유체로 취급한다.[35] 기름은 고압으로 작동시킬 때 압력이나 온도에 따라 그 밀도가 변화하지만, 밀도 변화를 가져온 힘을 제거하면 다시 원래의 체적으로 돌아오기 때문에 압축성유체로 취급하지 않는다. 반면에 공기와 같이 기체는 팽창이나 수축이 발생하기 쉬운 정도를 의미하는 압축성이 있다.[36]

35 물의 체적(1 $[\mathrm{m^3}]$)에서 1 [%] 정도를 압축시키려면 약 21 [MPa]의 압력이 작용해야 하는데 일반적으로 대기압의 210배의 압력이 발생하는 곳은 없기 때문이다.(물의 체적탄성계수 $K = 2.1 \times 10^3$ [MPa])

36 공기의 체적탄성계수는 0.143 [MPa]이고 물보다 훨씬 작다.

CHAPTER 02 | 연습문제

■ 밀도, 비중량, 비체적

2.1 유체의 비중량은 γ, 밀도는 ρ, 중력가속도는 g, 점성계수는 μ, 동점성계수는 ν일 때 옳은 식은?

㉮ $\gamma = \rho / g$ ㉯ $\nu = \rho\mu$ ㉰ $\gamma = \rho g$ ㉱ $\nu = \rho / \mu$

2.2 다음 중 비중에 관한 설명으로 옳은 것은? 단, 물은 4[℃]라 가정한다.

㉮ 비중 $= \dfrac{\text{어떤 유체의 비중량}}{\text{물의 비중량}}$

㉯ 비중 $= \dfrac{\text{물의 비중량}}{\text{어떤 유체의 비중량}}$

㉰ 비중 $= \dfrac{\text{어떤 유체의 비질량}}{\text{물의 비중량}}$

㉱ 비중 $= \dfrac{\text{물의 비질량}}{\text{어떤 유체의 비질량}}$

2.3 다음 중 비압축성유체에 관한 설명으로 옳은 것은?

㉮ 유체 내의 모든 곳에서 압력이 일정하다.
㉯ 유체의 속도나 압력의 변화에 관계없이 밀도가 일정하다.
㉰ 모든 실제 유체를 말한다.
㉱ 액체만을 말한다.

2.4 절대압력이 607.6[kPa]이고 온도가 27[℃]인 산소의 밀도 [kg/m^3]는 얼마인가? 단, 산소의 분자량은 32이고, 일반 기체상수는 8314[N·m/kg·K]이다.

2.5 중력가속도가 3.5[m/s^2]인 유성에서 질량 1.4[kg]은 중량으로 몇 [N]인가?

2.6 어떤 액체의 무게가 10[N]이고 체적이 2[m^3]일 때 이 액체의 밀도는 얼마인가?

2.7 액체의 비중이 3.2일 때 이 액체의 비체적은 얼마인가?

2.8 바람이 부는 날, 굴뚝에서 나오는 연기를 셔터속도 1/125[s]로 촬영했다. 이 사진에서 보이는 연기 모양은 유동가시화에서 설명한 선 중 어느 것인가?

CHAPTER 02 | 연습문제

■ 유동과 유선

2.9 다음 중 정상유동에 관한 설명으로 옳은 것은?

㉮ $\partial p/\partial t = const.$한 유동
㉯ $\partial V/\partial t = const.$한 유동
㉰ 유동장 내의 임의의 점에서 흐름의 특성이 시간에 따라 변하지 않는 유동
㉱ 유동장 내에서 속도가 균일한 유동

2.10 유속 u가 시간 t와 임의의 방향의 좌표 s의 함수일 때 다음 중 비정상 균일유동을 나타낸 것은?

㉮ $\partial u/\partial t = 0$, $\partial u/\partial s = 0$
㉯ $\partial u/\partial t \neq 0$, $\partial u/\partial s = 0$
㉰ $\partial u/\partial t = 0$, $\partial u/\partial s \neq 0$
㉱ $\partial u/\partial t \neq 0$, $\partial u/\partial s \neq 0$

2.11 다음 중 유선에 관한 설명으로 옳은 것은?

㉮ 유체입장의 운동 경로를 유선이라 한다.
㉯ 유동장에서 속도벡터의 방향과 일치하도록 그려진 연속적인 선이다.
㉰ $\dfrac{d\rho}{\rho} + \dfrac{dA}{A} + \dfrac{dv}{v} = 0$을 유선의 방정식이라 한다.
㉱ 항상 '유선 = 유적선 = 유맥선'인 관계가 성립한다.

■ 점성계수

2.12 다음 중 뉴턴유체로 취급할 수 <u>없는</u> 것은?

㉮ 공기　　㉯ 물　　㉰ 플라스틱　　㉱ 4염화탄소

2.13 동점성계수의 단위로는 [stokes]를 사용한다. 다음 중 [stokes]는?

㉮ [ft^2/sec]　　㉯ [m^2/sec]　　㉰ [cm^2/sec]　　㉱ [m^2/hr]

2.14 다음 중 뉴턴유체에서 온도 상승에 따른 액체의 점성계수 변화에 관한 설명으로 옳은 것은?

㉮ 분자의 무질서한 운동이 커지므로 점성계수가 증가한다.
㉯ 분자의 무질서한 운동이 커지므로 점성계수가 감소한다.
㉰ 분자 간의 응집력이 약해지므로 점성계수가 증가한다.
㉱ 분자 간의 응집력이 약해지므로 점성계수가 감소한다.

2.15 동점성계수와 비중이 각각 0.0018 [m^2/sec]와 1.264인 액체의 절대점성계수는 몇 [Pa·s]인가?

2.16 표준 대기압하에서 온도가 20[℃]인 건조 공기의 점성계수는 18×10^{-6} [N·s/m^2]이다. 동점성계수는 얼마인가? 단, 공기의 기체상수 $R = 287$ [N·m/kg·K]이다.

2.17 점성계수가 $\mu = 0.3$ [Poise], 동점성계수가 $\nu = 2$ [stokes]인 유체의 비중은 얼마인가?

2.18 넓은 평판과 나란한 방향으로 흐르는 유체의 속도 u [m/s]는 평판 벽으로부터 떨어진 거리인 y [m]만의 함수의 식 $u(y) = 4 + 200y$로 주어진다. 유체의 점성계수가 1.8×10^{-5} [kg/(m·s)]이라면 벽면에서의 전단응력은 얼마인가?

2.19 점성계수가 $\mu = 0.098$ [N·s/m^2]인 유체가 평판 위를 $u = 750y - 2.5 \times 10^{-6}y^3$ [m/s]의 속도분포로 흐를 때 벽면에서의 전단응력은 얼마인가? 단, y는 벽면으로부터 [m] 단위로 잰 수직거리이다.

2.20 점성계수가 0.05 [N·s/m^2]인 원유가 평행 평판 사이에 들어 있다. 바닥 평판은 고정되어 있고, 위 평판에는 힘 P가 가해져 운동하고 있다. 두 평판 사이의 간격이 2 [mm]일 때, 위 평판이 2 [m/s]의 속도로 운동하려면 힘 P는 몇 [N]인가? 단, 위 평판의 유효면적은 300 [cm] × 300 [cm]이다.

2.21 지름이 30 [mm]이고, 틈새가 0.2 [mm]인 슬라이딩 베어링이 1,800 [rpm]으로 회전할 때 윤활유에 작용하는 전단응력은 얼마인가? 단, 윤활유의 점성계수 $\mu = 0.38$ [Pa·s]이다. ([그림 2.33]을 참조하라.)

2.22 뉴턴유체유동의 한 점에서 전단응력이 300 [N/m^2]이고, 속도구배가 6,000 [(m/s)/m]이다. 만일 액체의 비중이 0.95라면 동점성계수는 얼마인가?

2.23 [그림 2-43]과 같이 2개의 고정된 평판 사이에 얇은 판이 있다. 얇은 판 상부에는 점성계수가 0.05 [N·s/m^2]인 유체가 있고, 하부에는 점성계수가 0.1 [N·s/m^2]인 유체가 있다. 이 판을 일정 속도 0.5 [m/s]로 끌 때, 끄는 힘이 최소가 되는 y는 얼마인가? 단, 고정 평판 사이의 폭은 h [m], 평판들 사이의 속도분포는 선형이라 가정한다.

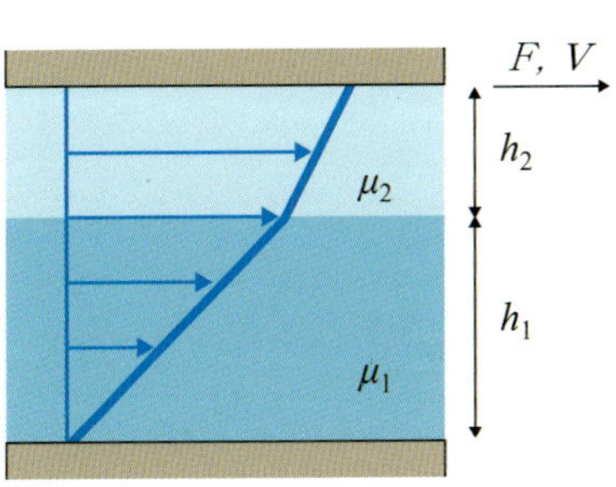

그림 2-43

2.24 안지름이 D인 베어링에 지름이 d인 축을 끼우고 그 틈을 점도가 μ인 기름으로 윤활하고 있다. 이 축을 각속도 ω로 회전시킬 때 축의 단위길이에 대한 소비 동력은 얼마인가?

2.25 폭 0.06 [m]의 틈 가운데 매우 넓고 얇은 판이 있다. 이 얇은 판 위에는 점성계수가 μ인 유체가 있고 아랫면에는 점성계수가 2μ인 유체가 있다. 이 얇은 판이 0.3 [m/s]의 속도로 움직일 때 1 [m^2] 당 필요한 힘이 30 [N]이다. 이때 점성계수 μ는 얼마인가?

2.26 속도분포의 방정식이 $u = ay^2$일 때, 내벽 면으로부터 수직거리 20 [cm], 40 [cm]에서의 속도구배는 얼마인가? 단, u, y는 각각 [m/s]와 [m]의 단위를 갖는다.

2.27 물체 표면에 가까운 곳에서 속도분포가 $u = u_0 \sin ky$로 표시될 수 있다고 할 때 물체 표면에 작용하는 전단응력은 얼마인가? 단, u_0는 주류부의 유속, k는 상수, y는 물체 표면에 수직 방향의 좌표, μ는 점성계수이다.

2.28 수평으로 놓인 두 고정된 평판 사이에 뉴턴유체가 흐를 때 속도분포는 $\dfrac{dv}{dy} = -\dfrac{1}{2\mu} \cdot \dfrac{dp}{dx}(\partial - 2y)$ 이다. 아래에 있는 고정 평판에 작용하는 전단응력은 얼마인가?

2.29 $2h$만큼 떨어진 2개의 평판 사이에 뉴턴유체의 속도분포가 $u = u_0[1-(y/h)^2]$과 같을 때 하판에 작용하는 전단응력은 얼마인가? 단, μ는 점성계수이고, $y = 0$은 두 평판의 중앙이다.

2.30 평행 평판 사이의 층류유동에 대한 속도분포가 다음 식과 같이 주어졌다.

$$\frac{u}{u_{\max}} = 1 - \left(\frac{2y}{h}\right)^2$$

여기서 h는 평판들이 떨어진 거리이고 원점은 평판들 사이의 중간에 있다. $u_{\max} = 0.2$ [m/s]이고 $h = 0.2$ [mm]인 경우에 20 [℃]인 물의 유동을 고려해, 위쪽 판에 작용하는 전단응력을 계산하고 그 방향을 제시하라. 단, 20 [℃]인 물의 절대점성계수는 0.001 [Pa·s]이다.

2.31 무게가 $W = 45$ [N]이고 각 변의 치수가 $w = 250$ [mm]인 블록을 37 [℃]인 SAE 10W 오일막이 있는 경사면을 따라 [그림 2-44]와 같이 당겨 올린다고 하자. 블록의 속도가 $U = 0.6$ [m/s]이고 오일막의 두께가 $d = 0.025$ [mm]일 때, 블록을 당기는 데 필요한 힘을 구하라. 단, 표면은 수평으로부터 $\theta = 25°$의 각도로 경사져 있고, 오일막 내의 속도분포는 선형이라고 가정한다. 오일의 점성계수는 3.7×10^{-2} [Pa·s]이다.

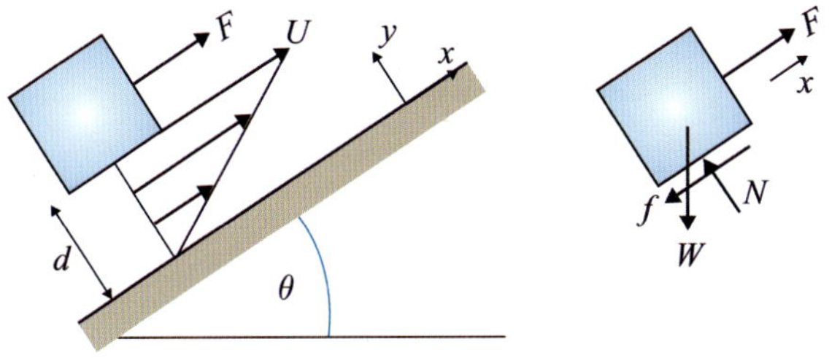

그림 2-44

2.32 [그림 2-45]와 같이 테이프를 좁은 틈새 사이로 잡아당기면서 양면에 접착제를 피복하려고 한다. 테이프의 두께는 0.38 [mm]이고, 폭은 $w = 25$ [mm]이다. 테이프는 양면에 $c = 0.3$[mm]의 간극이 유지되도록 틈새의 중앙에 위치한다. 점성계수가 $\mu = 1$ [N·s/m^2]인 접착제는 테이프와 틈새 사이의 공간을 완전히 채운다. 테이프가 $F = 110$ [N]의 최대 인장력에 견딜 수 있다고 할 때, 틈새를 통해 테이프를 $V = 1$ [m/s]의 속도로 당길 수 있는 최대 틈새 영역을 계산하라.

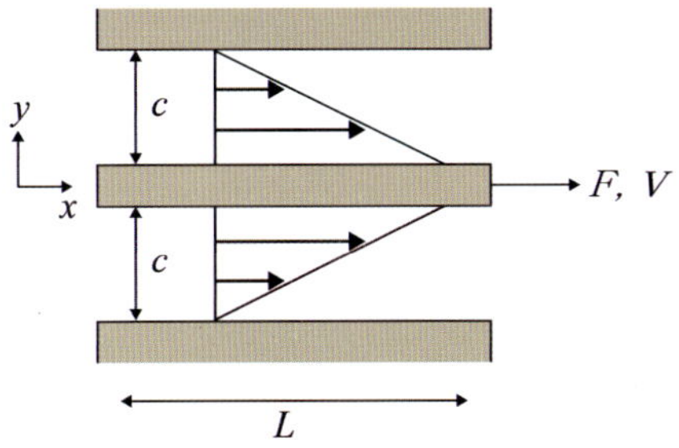

그림 2-45

2.33 [그림 2-46]과 같이 매우 근접하게 맞추어진 한 쌍의 원통에서 안쪽 것을 회전시킴으로써 동심원통 점도계를 만들 수 있다. 간극이 작은 경우, 환상 간극에 채워진 액체 내 속도분포를 선형이라 가정할 수 있다. 점도계 안쪽 원통의 지름은 $2R_i = 75$ [mm], 높이는 $h = 150$ [mm], 간극의 폭은 $d = 0.02$ [mm]이다. 안쪽 원통을 $N = 100$ [rpm]으로 회전시키는 데 $T = 0.021$ [N·m]의 토크가 필요하다. 점도계의 간극 속에 들어 있는 액체의 점성계수를 구하라.

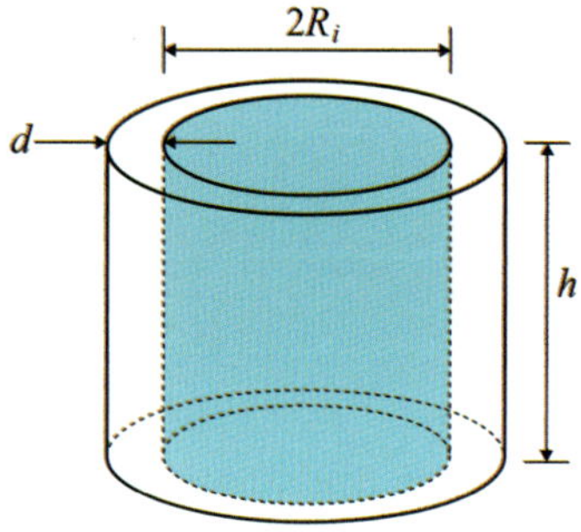

그림 2-46

2.34 지름이 $d_2 = 100$ [mm]인 원통형 축이, 길이가 $h = 55$ [cm], 내경이 $d_1 = 110$ [mm]인 원통형 튜브 속에 고정된다. 축은 원통 내부에서 수직축 주위로 회전하고 있다. 튜브와 축 사이의 공간은 절대점성계수가 3.0 [Poise]인 오일로 채워졌다. 축이 $N = 290$ [rpm]의 속도로 회전하고 있을 때, 점성저항을 극복하기 위해 필요한 동력을 계산하라.

■ 표면장력과 모세관 현상

2.35 지름이 작은 유리관을 액체 속에 세웠을 때 액면의 높이에 영향을 주는 것은?

㉮ 관의 길이　　㉯ 관의 지름
㉰ 대기의 압력　　㉱ 액체의 분자량

2.36 양쪽 끝이 뚫려 있는 가는 유리관을 수은이 들어 있는 그릇에 수직으로 세울 때 생기는 현상에 관한 설명으로 틀린 것은?

㉮ 표면장력 때문에 생기는 현상으로 모세관 현상이라 부른다.
㉯ 접촉각이 둔각이기 때문에 유리관내 수은 면이 내려간다.
㉰ 수은의 응집력이 수은과 유리 사이의 부착력보다 크기 때문에 유리관내 수은 면이 내려간다.
㉱ 유리관의 단면이 타원형으로 바뀌어도 수은 면의 높이 변화는 똑같다.

2.37 비눗방울 안과 밖의 압력차 Δp를 표면장력 σ와 비눗방울의 지름 d로 표시하라.

2.38 반지름이 R인 비눗방울의 내부 압력과 외부 압력의 차이는 얼마인가? 단, 표면장력은 σ라 한다.

2.39 가운데가 찬 물방울 내부의 압력이 대기압보다 0.686 [kPa]만큼 높다. 물방울의 표면장력이 $\sigma = 85.75 \times 10^{-3}$ [N/m]라면 이때 물방울의 지름은 얼마인가?

2.40 지름이 8 [mm]인 중공 물방울의 내부 압력(게이지 압력)은 얼마인가? 단, 물의 표면장력은 $\sigma = 0.075$ [N/m]이다.

2.41 20[℃]인 대기 속에서 지름이 1 [mm]인 수은 구의 내부 압력과 주위의 대기압의 차이는 얼마인가? 단, 20[℃]일 때의 수은의 표면장력은 $\sigma = 47.138 \times 10^{-2}$ [N/m]이다.

2.42 탄산음료 병이나 캔을 열 때 탄산음료 속에서는 작은 기포들이 형성되는데, 기포의 평균 직경은 약 $d = 0.2$[mm]이다. 이때 기포의 내부와 외부 사이의 압력차를 계산하라. 단, 20[℃]일 때의 공기와 물의 표면장력은 $\sigma = 0.0728$ [N/m]이다.

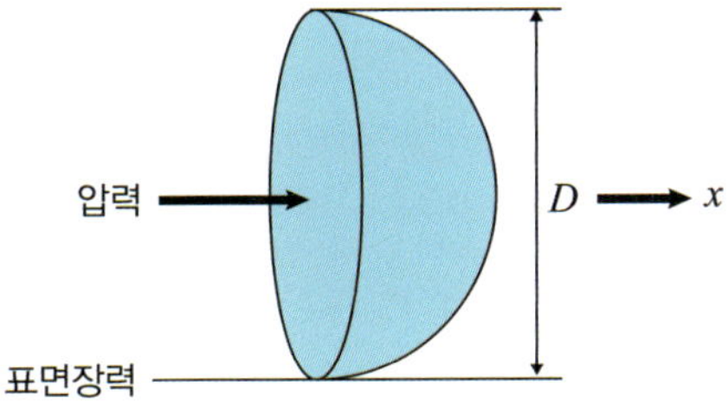

그림 2-47

2.43 간격이 t인 2개의 평판을 액체 속에 넣었다. 이때 액체의 비중량을 γ, 접촉각을 θ라 할 때 모세관 현상으로 상승한 높이 h를 구하라.

2.44 지름의 비가 1 : 2 : 3이 되는 3개의 모세관을 물속에서 수직으로 세웠을 때 모세관 현상으로 물이 관속을 올라가는 높이의 비는?

■ 체적탄성계수

2.45 다음 중 체적탄성계수에 관한 설명으로 틀린 것은?

㉮ 체적탄성계수가 크다는 것은 어떤 체적을 압축하는 데 큰 압력이 필요하다는 뜻이다.
㉯ 체적탄성계수의 차원은 [Pa]이다.
㉰ 체적탄성계수가 동일할 때, 밀도가 큰 액체 속에서의 음속이 더 크다.
㉱ 밀도가 동일할 때, 체적탄성계수가 큰 액체 속에서의 음속이 더 크다.

2.46 다음 중 체적탄성계수가 무한대에 가까운 값을 갖는 유체는?

㉮ 비압축성유체 ㉯ 압축성유체 ㉰ 공기 ㉱ 탄성유체

2.47 다음 중 유체의 체적탄성계수에 관한 설명으로 옳은 것은?

㉮ 속도의 차원을 갖는다.
㉯ 유체의 점성과 직접적인 관계가 있다.
㉰ 온도의 차원을 갖는다.
㉱ 압력의 차원을 갖는다.

2.48 4[℃]인 물의 체적탄성계수는 1.96×10^9 [Pa]이다. 이 물에서의 음속은 몇 [m/s]인가?

2.49 10 [ℓ]의 액체에 10 [MPa]의 압력을 가했더니 체적이 9.99[ℓ]로 감소했다. 이 액체의 체적탄성계수 K는 얼마인가?

2.50 체적탄성계수 $E = 2.086$ [GPa]인 기름을 상온에서 1[%] 압축하는 데 필요한 압력은 얼마인가?

2.51 체적탄성계수 $K = 20.4 \times 10^{10}$ [Pa]인 기름을 상온에서 1[%] 압축하는 데 필요한 압력은 얼마인가?

2.52 0.7 [m^3]의 물이 16.7 [MPa]의 압력을 받으면 체적이 얼마로 변하는가? 단, 물의 체적탄성계수 $K = 1960$ [MPa]이다.

2.53 표준상태에서 물의 체적을 1[%] 감축시키려면 얼마의 압력을 가해야 하는가? 단, 물의 체적탄성계수는 2×10^9 [$N \cdot m^2$]이다.

2.54 압력이 1[bar]인 상온의 공기가 단열 가역 변화를 할 때 체적탄성계수는 몇 [Pa]인가?

PART 2

유체 정역학

Chapter 03_유체 정역학
Chapter 04_정수력과 부력

해녀들은 얼마나 깊게 잠수할 수 있을까? 잠수함은 얼마나 깊은 심해까지 들어갈 수 있을까? 에베레스트산을 등정할 때 왜 그렇게 힘들어할까? 대형 수족관의 유리는 왜 두꺼운 것일까?

누구나 어렸을 때 이런 의문을 품은 적이 있을 것이다. 그리고 이런 의문에 대한 해답은 이미 아르키메데스를 시작으로 수백 년 동안 뉴턴, 파스칼, 피토, 토리첼리 등과 같은 연구자들에 의해 아주 잘 정리되어 왔다.

PART 2에서는 정지하고 있는 유체인 유체 정역학에 대해서 다룬다. 유체의 움직임이 적은(이웃하고 있는 유체 층 사이에 상대적인 운동이 없는) 상태에서 작용하는 힘, 즉 압력들의 상관관계를 주로 다룬다.

이 사진은 스쿠버다이버가 바닷속에서 물고기와 유영하는 모습이다. 이 스쿠버다이버들에게 적용되는 수압은 얼마이고, 이런 잠수복을 입고 잠수할 수 있는 수심은 얼마나 될까? 3장에서는 이러한 궁금증을 해결할 수 있는 유체 정역학을 다룬다.

CHAPTER
03
유체 정역학
Fluid Statics

정지유체 이해하기 3.1
유체 정역학의 기본방정식 3.2
액주계 3.3
연습문제

학습목표

- 유체 정역학의 개념을 이해한다.
- 유체 정역학의 기본방정식을 익힌다.
- 액주계로 압력을 측정하는 법을 익힌다.

SECTION 3.1

정지유체 이해하기

- ✔ 유체의 움직임이 없는 유동장에서 힘의 관계를 학습한다.
- ✔ 파스칼 원리와 압력을 이해한다.
- ✔ 압력에 대한 기초 이론을 학습한다.
- ✔ 수압과 대기압에서 작용하는 압력을 계산한다.

3.1.1 유체 정역학이란?

댐이나 물속에 잠긴 물체에는 과연 어떠한 힘이 작용할까? [그림 3-1(a)]와 같이 댐에 작용하는 수압을 견디기 위한 두께를 설계할 때 1과 2 중 어느 것이 좋을까? [그림 3-1(b)]와 같이 물속에 잠긴 물체에는 어떤 힘들(p_1과 p_2)이 작용하고, 얼마만큼 부유Buoy할까?

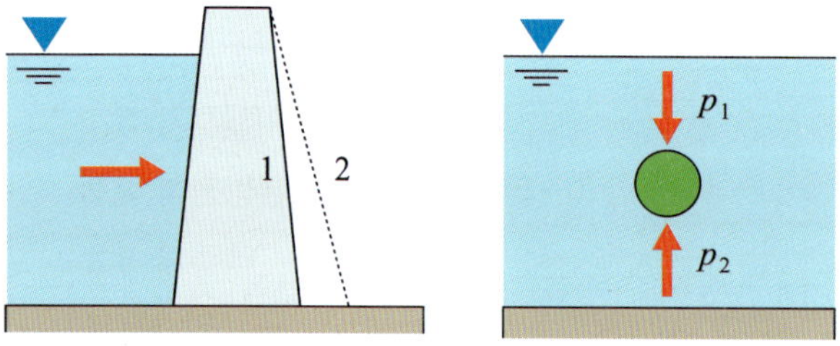

(a) 댐 설계 (b) 부력의 개념

그림 3-1 유체 정역학에서 다룰 대표적인 유동장

[그림 3-1]은 유체의 움직임이 없다No Motion고 가정한 것이다. 사실 유체유동이 전혀 없는 것은 아니지만, 이웃하고 있는 유체 층Layer 사이에 상대적인 운동이 없다고 가정했기 때문에 [그림 3-1]과 같은 자유물체도에서 식 (3.1)과 같이 해석할 수 있다. 이러한 해석을 **유체 정역학**Fluid Statics이라고 한다.

$$\sum F = 0 \tag{3.1}$$

3.1.2 파스칼 원리와 압력

파스칼Pascal, 1623~1662은 [그림 3-1]과 같이 유동장 내에 있는 물체에 작용하는 물리량을 식 (3.2)와 같이 **단위면적당 작용하는 힘**인 **압력**Pressure이라 정의했다.

$$p = \frac{F}{A}\,[\mathrm{Pa}] \text{ : 단위면적당 작용하는 힘, 압력} \tag{3.2}$$

이 압력은 방향과 관계없이 일정하게 면에 수직으로 작용한다. 이 식에 따르면 가해지는 힘이 일정할 때 면적이 1/2배로 줄면 압력은 2배로 증가한다. 이를 **파스칼 법칙** 또는 **파스칼 원리**라 하며 유압잭 Hydraulic Jack에서 많이 사용한다.

압력 단위는 SI를 기준으로 [Pa]을 사용하고, '파스칼'이라고 읽는다. 그러나 대기압을 SI 단위인 [Pa]로 사용하면 숫자가 상당히 커져서 불편하므로, 현장에서는 [그림 3-2]와 [표 3-1]에서와 같이 압력 단위를 1로 사용할 수 있는 [bar]와 [kg_f/cm^2]를 많이 사용한다. 수입 제품에는 영국 단위계인 [psi]도 많이 사용하므로 이에 대한 단위환산을 알아두어야 한다.

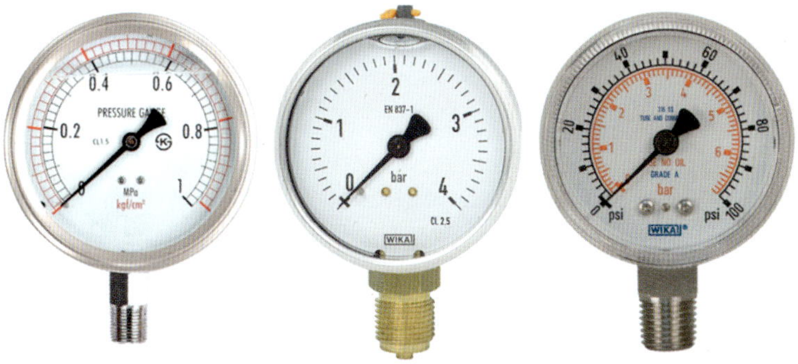

(a) **[bar]** 단위용 (b) **[kg_f/cm^2]** 단위용 (c) **[psi]** 단위용

그림 3-2 현장에서 많이 사용하는 부르동Bourdon 압력계[1]

[표 3-1]은 표준 대기압Atmospheric Pressure을 1 [atm]이라 할 때 각종 단위계에 따른 대표적인 압력을 환산한 표이다. 표준 대기압은 해수면Sea Level을 기준으로 측정된 압력을 의미하지만 실제 압력 측정 지역의 고도는 해수면의 높이보다 높으므로, 국소 대기압Local Pressure을 사용해야 한다.[2]

표 3-1 각종 단위계의 압력 단위환산

기준	SI 단위			영국 단위계	중력단위계
표준 대기압 1 [atm]	101,300 [Pa]	수은 액주계 760 [mmHg]	액주계 10.33 [mAq]	14.7 [psi]	1.0332 [kg_f/cm^2]
국소 대기압	100,000 [Pa]	–	–	1 [bar]	1.0 [kg_f/cm^2]

Think_01

해발 0 [m]인 미국 마이애미 지역에서 사용된 펌프와 해발 2 [km]인 멕시코시티 지역에서 사용한 펌프가 동일한 장치일 때 각각의 사용압력은 동일하지 않다. 그 이유를 생각해보자.

1 프랑스의 과학자 부르동(1808 ~ 1884)이 개발한 것으로 배관에 설치해 압력을 측정하는 장치이다. 직관적이며 가격이 저렴해서 많이 사용되지만, 눈금으로 보기 때문에 계측 오차가 있을 수 있다.

2 우리가 사는 지역 및 기계가 설치된 높이는 각각 다르기 때문이다.

Think_02

현장에서 $1.0\,[kg_f/cm^2]$의 압력을 [Pa]로 환산할 때 101,300 [Pa]을 사용하지 않고 100,000 [Pa]을 사용하는 이유가 무엇인지 생각해보자.

3.1.3 계기압, 절대압, 진공압

배관, 탱크, 다양한 기계 등의 압력은 다양한 계측기를 통해 측정할 수 있고, 계측기로 측정된 압력을 계기압Gage Pressure, p_{gage}이라고 한다. 계기압은 [그림 3-2]와 [그림 3-3]에서 보듯이 유동이 없을 때 값이 0으로 세팅되어 있다.

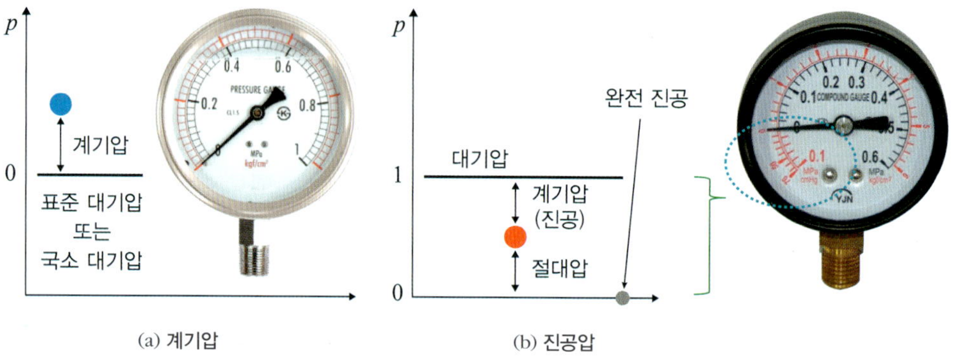

그림 3-3 계기압, 절대압, 진공압의 관계

[그림 3-3(a)]와 같이 계기압은 현장 고도Height와 상관없이 측정된 계측값이란 뜻이며, 파란색 점이 가리키는 값이 계기압이 된다는 의미이다. 이렇듯 대기압 또한 고도에 따라 다른 값을 갖게 된다.

식 (3.3)과 같이 기준이 되는 표준 대기압 1 [atm]을 계기압에 더하면 절대압 p_{abs}가 된다. 즉 계기압의 대기압은 0이다. 정확한 의미는 0이 아니라, 0으로 가정한다는 것이다. 같은 장소에서는 모두 동일한 압력을 받고 있으므로 자유물체도 또는 검사체적 내에서는 상호 간 압력이 없다고 가정하는 것이 계산하는 데 편리하기 때문이다. 다만 계기압을 절대압으로 표시할 때는 표준 대기압의 값을 더해주면 된다.[3]

$$p_{abs} = p_{gage} + 1\,[\text{atm}] \tag{3.3}$$

$$p_{abs} = 1\,[\text{atm}] - p_{vac} \tag{3.4}$$

입으로 플라스틱 용기 입구를 빨면 용기가 찌그러지는데, [그림 3-3(b)]와 같이 대기압보다 적은 압력이 작용했기 때문이다. 이때 주어진 압력을 진공압Vacuum Pressure, p_{vac}이라 하며, 그 크기는 최대 1 [atm]임을 알 수 있다. [그림 3-3(b)]에서 보듯이 빨간색 점의 진공압은 연성계Compound Gauge로 측

3 1 [atm]에 맞는 압력 환산값들을 대입하면 된다.

정되며, 식 (3.4)와 같이 표준 대기압에서 감소된 압력을 의미한다. 진공압은 대기압보다 작기 때문에 대기압을 기준으로 할 때는 부(−)압으로 사용되지만, 식 (3.4)와 같이 절대압을 기준으로 사용하면 양(+)의 값을 갖는다. 만약 줄어든 진공압의 크기가 1 [atm]이라면 그 압력은 절대압으로 0 [Pa]을 의미하며, 이를 완전 진공이라고 한다. 단위는 [mmHg]를 사용하고, 수은으로 진공압을 측정하는 방법을 고안한 토리첼리Torricelli, 1608~1647의 업적을 기리기 위해 단위를 [Torr]로 사용하기도 한다.[4]

3.1.4 수압과 대기압

수압이란 물속에 있는 물체에 작용하는 압력을 말한다. [그림 3-4(a)]와 같이 물이 담긴 통에 3개의 구멍을 뚫었다. 수위가 일정할 때 구멍과 수위 사이의 높이차를 각각 h_1, h_2, h_3라 하면 분사 거리 s는 구멍과 수심, 그리고 길이에 따라 증가하게 된다.[5] 이때 수심 h_3의 분사 거리인 s_3가 제일 크다. 즉 [그림 3-4(a)]와 같이 수심이 깊어지면 압력은 깊어진 만큼 비례해 증가한다.

이와 달리 유체의 압력은 물통(용기)의 형태에는 상관없이 임의의 깊이에서 동일하게 작용하는데, 약 10 [m] 깊이로 잠수 시 수압은 대기압보다 약 1배 증가한다. 즉 압력은 깊이에 의해 결정되고 체적에는 영향을 받지 않는다. 예를 들어 작은 풀장에서 10 [m] 깊이까지 잠수할 때와 동해에서 10 [m] 깊이까지 잠수할 때의 수압은 동일하다.[6]

반면에 [그림 3-4(b)]와 같이 산 위에 있는 사람에게 작용하는 대기압은 높은 곳으로 올라갈수록 감소한다. 산에서 냄비에 밥을 할 때 냄비 뚜껑이 들썩거려 밥이 설익는 경우를 생각하면 된다. 이때 냄비 뚜껑 위에 돌을 올리면 낮아진 압력을 보상할 수 있다.

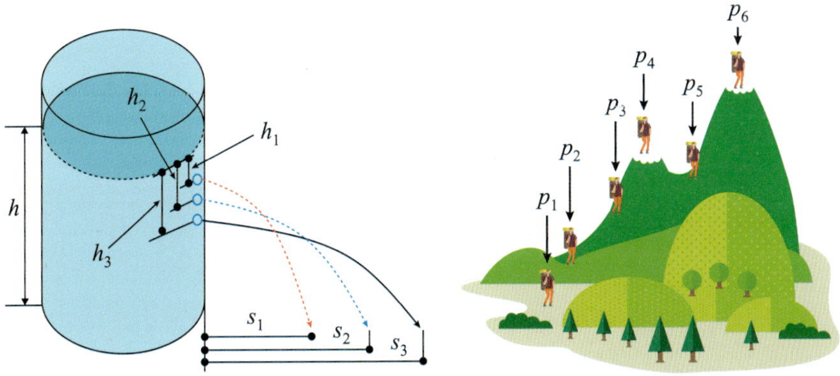

(a) 수압　　(b) 대기압

그림 3-4 수심과 고도에 따른 압력 변화

---

4 완전 진공인 0 [Pa]은 760 [mmHg] 또는 760 [Torr]로 환산된다.

5 물이 빠져나가면서 수위가 낮아진다. 수위를 일정하게 해주기 위해 오버플로 장치가 있어야 한다.

6 물과 바닷물의 밀도가 다르므로 같은 깊이라도 수압은 약간 차이가 있다.

다만 대기는 고도가 높아질수록 밀도가 낮아지는 압축성유체Compressible Fluid이기 때문에 기체상태방정식에 의하면 온도와 압력은 같이 감소하므로 [그림 3-5]에서 보듯이 지상보다 낮은 압력을 받게 된다.[7]

[그림 3-5]와 같이 1,000 [m] 고도에서의 압력은 얼마나 될까? 상온에서 공기의 밀도는 물의 밀도보다 낮으므로 압력의 변화는 수심보다 적을 것이다. ([그림 3-13] 참조)

그림 3-5 산과 바다에서 압력 1기압이 변할 때의 높이

Think_03

완전 진공이란 공기가 없는 상태이고, 이를 구현하려면 진공펌프로 공기를 빼야 한다. 또한 공기가 빠질 때 찌그러지지 않는 통도 제작해야 한다. 이렇듯 지구상에서는 완전 진공 상태를 만들기 어려우므로 우주에서 실험한다고 가정해보자. 그 실험은 완전 진공 상태와 같을지 생각해보자.

Think_04

우리는 대기 압력 내의 공기 속에 살고 있다. 대기압을 수압으로 생각하면 머리 위에 물이 10 [m] 높이로 얹혀 있는 것과 동일하다. 우리는 왜 그 무게를 느끼지 못하고 있는지 생각해보자.

7 물은 밀도가 변하지 않는 비압축성유체이기 때문에 수심에 따라 수압이 비례하지만, 공기는 압축성유체이므로 등온 변화, 단열 변화, 폴리트로픽 변화에 따라 압력이 다르게 변화한다.

SECTION 3.2

유체 정역학의 기본방정식

- ✔ 유체 정역학의 기본방정식을 학습한다.
- ✔ 압축성유체의 기본방정식을 학습한다.

3.2.1 정지유체의 기본방정식

3.1.4절에서 **깊이의 방향에 따라 압력이 달라짐**을 알았다. 이를 좀 더 자세히 살펴보자. 유체에 작용하는 힘은 표면력Surface Force, 체적력Body Force, 전기장, 자기장과 같은 힘들이며 이를 정리하면 식 (3.5)와 같다. 여기서 전기장Electric Field이나 자기장Magnetic Field은 특별한 유동장[8]에서만 고려하고 보통은 무시한다. 정지유체 해석 시 고려해야 할 힘은 체적력과 표면력 중 수직력뿐이다.[9] 표면력 중 전단력은 마찰을 무시하므로 정지유체에서는 무시된다.

$$d\vec{F} = d\vec{F}_S + d\vec{F}_B + d\vec{F}_E + d\vec{F}_M \tag{3.5}$$

식 (3.5)에서 d는 미소체적에 작용한다는 것을 의미한다. 식 (3.5)의 체적력은 중력가속도에 의한 힘이므로 식 (3.6)과 같이 정리할 수 있다.

$$d\vec{F}_B = \vec{g}dm = \vec{g}\rho d\forall = \vec{g}\rho dxdydz \tag{3.6}$$

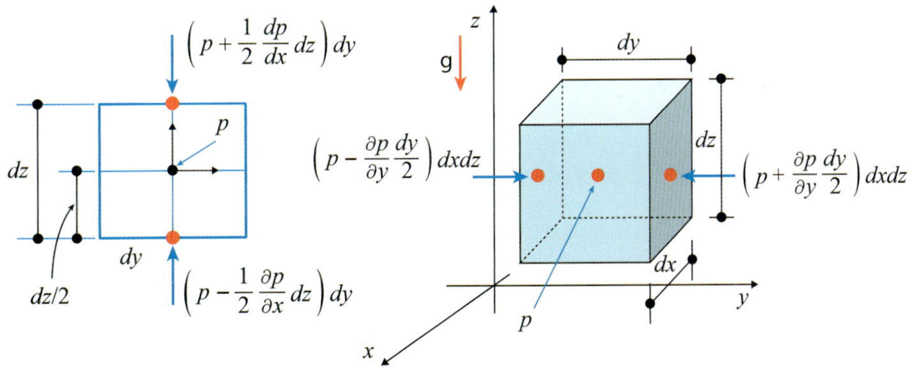

그림 3-6 정지유체 내 미소체적에 작용하는 수직력

8 기계공학에서 관심 있는 유동장은 관성력과 점성력이 주가 되는 유동장이다. 전기장이나 자기장은 전자공학 관련 유동장을 해석할 때 적용하면 된다.

9 2.2.4절 [그림 2-23(c)]를 참조하라.

연속적으로 흐르는 유체는 반드시 임의의 체적(컵, 통 등)에 담아야 하므로 식 (3.6)과 같이 질량(dm)을 무척 작은(극한) 체적($d\forall$)내 밀도의 곱으로 표현했다.

식 (3.5)의 정지유체 내 미소체적에 작용하는 표면력(수직력)은 [그림 3-6]과 같이 정리할 수 있다. 이해를 돕기 위해 [그림 3-6(a)]와 같이 2차원(yz단면)에서 먼저 작용하는 압력을 계산하면 식 (3.7)과 같이 정리할 수 있다.[10] 이를 [그림 3-6(b)]와 같이 3차원으로 확대하고, 식 (3.7)의 유도 방법대로 x, y축에 대해 정리하면 식 (3.8)과 같아진다. 식 (3.8)에서 나타난 각 방향의 압력 미분은 미소체적에 작용하는 압력구배의 항으로 표현되므로, 식 (3.9)와 같이 '$grad$, ∇'라는 벡터 연산자를 사용해 간단히 정리할 수 있다.

$$d\vec{F}_S = \left(p - \frac{\partial p}{\partial z}\frac{dz}{2}\right)dy - \left(p + \frac{\partial p}{\partial z}\frac{dz}{2}\right)dy = -\frac{\partial p}{\partial z}dydz \tag{3.7}$$

$$d\vec{F}_S = -\left(\frac{\partial p}{\partial x} + \frac{\partial p}{\partial y} + \frac{\partial p}{\partial z}\right)dxdydz \tag{3.8}$$

$$d\vec{F}_S = -grad\,p\,(dxdydz) = -\nabla p\,(dxdydz) \tag{3.9}$$

식 (3.9)의 물리적 의미는 **미소체적에 작용하는 압력**_{Net Pressure}**보다는 압력구배**_{Pressure Gradient}**가 중요**하다는 것이다. 또한 압력구배는 압력으로 인한 단위체적당 표면력의 음(-)의 값임을 알 수 있다.

Think_05

식 (3.9)에서 수직력인 압력은 왜 음(-)의 값을 갖는지 생각해보자. (식 (2.21)과 [그림 2-23] 참조)

식 (3.6)과 식 (3.9)를 식 (3.5)에 대입하고 미소체적($d\forall$)으로 묶으면 식 (3.10)과 같이 정리된다. 식 (3.10)의 미소체적을 이항해 나누면 식 (3.11)과 같이 간단히 정리된다.

$$d\vec{F} = (-\nabla p + \rho\vec{g})dxdydz = (-\nabla p + \rho\vec{g})d\forall \tag{3.10}$$

$$\frac{d\vec{F}}{d\forall} = -\nabla p + \rho\vec{g} \tag{3.11}$$

식 (3.11)을 식 (3.12)와 같이 변형된 뉴턴의 제2법칙인 운동량방정식에 대입하면 식 (3.13)과 같다. 단, 정지유체의 미소체적에 대한 방정식이므로 물체의 가속 $\vec{a}$가 작용하지 않기 때문에 식 (3.11)은 식 (3.13)과 같이 0이 된다.

$$\vec{F} = m\vec{a} = \rho d\forall\vec{a} \quad \rightarrow \quad \frac{d\vec{F}}{d\forall} = \rho\vec{a} \tag{3.12}$$

$$\rho\vec{a} = -\nabla p + \rho\vec{g} = 0 \tag{3.13}$$

10 식 (3.7)은 테일러 급수를 이용해 표현한 것이며, 이에 대한 자세한 내용은 6장에서 다룬다.

식 (3.13)의 물리적 의미는 **수심이나 대기 중에 있는 임의의 한 점에서 작용하는 압력구배와 중력(체적력)의 합은 0이라는 뜻**이다. 이를 스칼라[11]로 표현하면 식 (3.14) ~ 식 (3.16)과 같다. 중력은 [그림 3-6]에서 보듯이 z축 1방향에만 작용하므로 x, y축에 작용하는 압력구배는 0이 되고 최종적으로 식 (3.16)만 남게 된다. 여기서 중력은 (+) z방향과 반대 방향으로 작용하기 때문에 식 (3.16)의 값이 음(−)이 된 것이다.

$$-\frac{dp}{dx}+\rho g_x=0 \;\rightarrow\; \frac{dp}{dx}=0 \tag{3.14}$$

$$-\frac{dp}{dy}+\rho g_y=0 \;\rightarrow\; \frac{dp}{dy}=0 \tag{3.15}$$

$$-\frac{dp}{dz}+\rho g_z=0 \;\rightarrow\; \frac{dp}{dz}=-\rho g_z=-\gamma \tag{3.16}$$

식 (3.16)의 기본적 유도가정은 유체가 정지하고 있다는 것과 z방향의 수직 상향이 기준이라는 것이다. 이 식을 통해 **정지유체 내에서 한 점에 작용하는 압력은 오직 중력의 방향에 대해서 변화한다**는 기본방정식의 물리적 의미를 이해하는 것이 중요하다.

해수면(z_1)과 잠수함이 있는 위치(z_2)의 차이를 수심이라 할 때 [그림 3-5]와 같은 잠수함에 작용하는 압력은 얼마일지 식 (3.16)을 이용해 계산해보자. 식 (3.16)에 적용한다는 것은 수식적으로 수심 변위에 따라 정적분하는 것이다. 이를 위해 변수분리하면 식 (3.17)과 같이 정리된다. 이를 수심 높이에 대입해 적분하고 정리하면 식 (3.18), 식 (3.19)와 같이 나타낼 수 있다.[12] 식 (3.19)에서 음(−)의 기호를 삭제하고, 높이 변수를 z보다는 자주 사용하는 h(height)로 정리하면 식 (3.20)과 같다. 또한 해수면의 압력은 대기압이기 때문에 0으로 가정한다면 식 (3.21)과 같이 정리할 수 있다. 이렇게 정리된 식 (3.21)을 **유체 정역학의 기본방정식**이라 한다.

$$dp=-\gamma dz \tag{3.17}$$

$$\int_1^2 dp=-\int_{z_1}^{z_2}\gamma dz \tag{3.18}$$

$$p_2-p_1=-\gamma(z_2-z_1) \tag{3.19}$$

$$\therefore h=z_1-z_2,\quad p_1=0$$

$$p_2=p_1+\gamma h \tag{3.20}$$

$$p=\gamma h=\rho g h \;:\; \text{유체 정역학의 기본방정식} \tag{3.21}$$

식 (3.21)을 보면 수압은 오로지 수심에만 영향을 받는다. 따라서 [그림 3-7]에서 보듯이 수심이 같을 때는 그 형태와 상관없이 밑변에 작용하는 압력이 모두 같다.

---

11 크기만 가지고 있는 물리량이다.

12 수심은 아래로 내려가므로 z방향의 반대 방향이다.

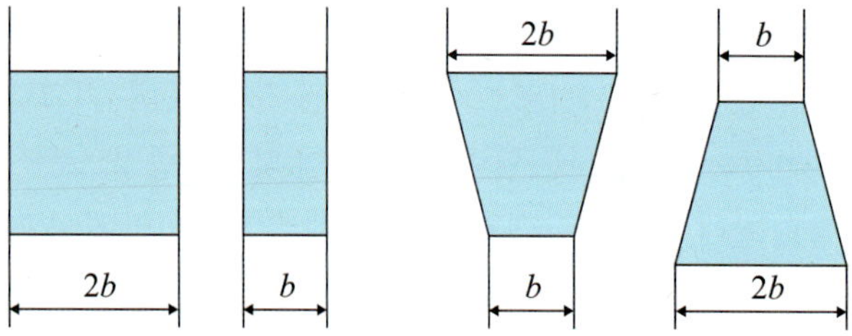

그림 3-7 밑변에 작용하는 동일한 압력

예제 3-1 해녀가 받는 수압

해녀가 잠수할 수 있는 깊이를 50 [m]라고 하자. (a) 바다에서 잠수할 때 해녀가 받는 수압과 (b) 강에서 잠수할 때 해녀가 받는 수압을 구하라. 단, 해수는 강물보다 약 1.025배 무겁다.

분석

- 물속에 있을 때 물체가 받는 압력은 오직 중력의 방향에 의해서만 변화한다는 것을 알아야 한다.
- 정지유체의 기본방정식인 식 (3.21)을 이용해서 풀 수 있다.
- 해수는 강물보다 1.025배 무거우므로 이를 식 (3.21) 내 밀도에 대입해야 한다.

풀이

(a) 식 (3.21)에 수심 50 [m]와 해수 비중을 대입해 계산하면 다음과 같다.

$$p = \rho_{해수} g h = S_{해수} \rho_w g h = 1.025 \times 1{,}000 \times 9.81 \times 50 = 502{,}762.5\ [\mathrm{Pa}] \tag{3.22}$$

(b) 강물의 비중은 상온일 때 물의 비중과 같기 때문에 다음과 같이 구할 수 있다.

$$p = \rho_{강물} g h = \rho_w g h = 1{,}000 \times 9.81 \times 50 = 490{,}500\ [\mathrm{Pa}] \tag{3.23}$$

고찰

- 이 예제를 통해 해수와 강물은 비중 차이만 있을 뿐 압력은 수심에 비례한다는 것을 알 수 있다.
- 식 (3.22)와 같이 50 [m] 잠수 시에는 502 [kPa]의 수압을 받으며, 이는 대기압의 5배 정도이다.
- 실제로 해녀가 50 [m]까지 잠수할 수 있는 것은 아니다. 심해에서는 [그림 3-8(a)]와 같이 일반적인 잠수복을 입고 무호흡으로 잠수하기 때문이다. 심해까지 잠수하는 남성 잠수부들은 [그림 3-8(b)]와 같이 공기호스를 갖춘 '머구리'를 장착하고 잠수해 해녀가 접근하지 못하는 지역의 해산물을 채취하거나 배의 밑부분을 수리하는 등의 일을 한다.

(a) 해녀의 무호흡 잠수

(b) 심해 잠수 시 사용하는 머구리

그림 3-8 해녀의 잠수 장면과 머구리

Think_06

[예제 3-1]에서 보았듯이 수압은 깊이에 비례한다. 유체 정역학의 기본방정식을 고려했을 때, 최고 5,000[m] 심해에 사는 생물은 대기압의 500배가 되는 압력을 어떻게 이겨내는 것인지 생각해보자.

예제 3-2 빨대와 수압

[그림 3-9(a)]와 같이 빨대로 물을 마시는 경우와 [그림 3-9(b)]와 같이 펌프로 물을 길어 올리는 경우에 물을 몇 [m]까지 빨아올릴 수 있는지 높이 h를 각각 구하라. 이해를 돕기 위해 [그림 3-9(c)]에는 물과 수은의 상대적인 높이차를 사람의 높이로 비교해 나타냈다.

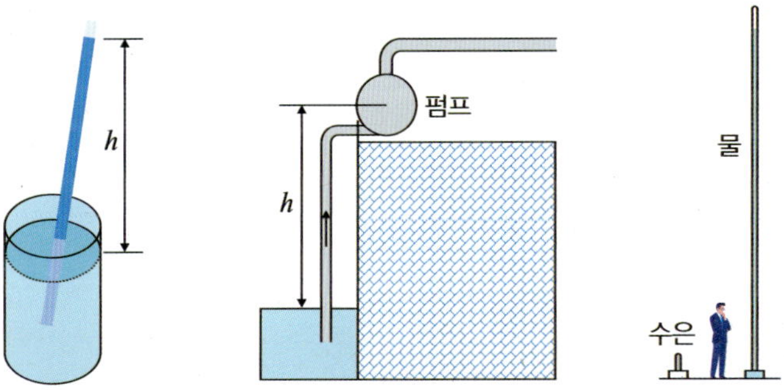

(a) 빨대를 이용하는 경우 (b) 펌프를 이용하는 경우 (c) 물과 수은의 상관관계

그림 3-9 흡입압력에 대한 그림

분석

- 진공에 관한 개념과 유체기계 관련 산업현장에 적용된 흡입압력을 이해하는 것이 이 예제의 목적이다.
- [그림 3-9(a)]와 같이 통에 빨대를 꽂으면 빨대에 유체가 h만큼 올라가고, 이때 [그림 3-9(c)]와 같이 물일 경우 높이가 10.33[m]가 된다. 이런 대기압 측정 방법을 토리첼리가 개발한 액주계, 즉 마노미터Manometer라 한다.[13]

13 이에 대한 자세한 내용은 3.3절에서 다룬다.

• [표 3-1]을 참조해 완전 진공일 때 물의 경우 10.33 [mAq] 단위를 이용하자.

풀이

• 문제에서 빨아올린다는 말의 의미는 빨대나 펌프 흡입구에서 진공을 형성시켜야 한다는 것이다.
• 만약 흡입구에서 완전 진공이 형성됐을 경우 [표 3-1]에서 보듯이 빨대든 펌프든 이론상 10.33 [m]까지 물을 흡입할 수 있다.

고찰

• 인간이나 펌프가 가지고 있는 고유의 흡입능력$_{NPSH}$[14]이 아무리 뛰어나더라도 10.33 [m]까지 유체를 빨아올릴 수 없다는 것을 이해하자. 이는 이론상 완전 진공이어야만 가능하다.
• 즉 이 예제에서 묻는 이론적인 흡입압력(최대 흡입압력)은 완전 진공일 때를 의미하고, 이때 [그림 3-9(c)]에서 보듯이 이론상 손실이 없고 상온의 물을 사용하면 10.33 [m], 수은을 사용하면 760 [mm]까지 흡입할 수 있다는 논리이다. [그림 3-9(c)]와 같이 물과 수은의 상대적인 높이차를 이해하고, 왜 굳이 위험한 수은을 사용하는지 생각해야 한다.
• [그림 3-9(c)]에서 보듯이 대기압일 때 작용하는 물 높이인 10.33 [m]는 액주계로 구현하기에는 매우 높다. 즉 대기압과 같이 낮은 보통의 압력에서 10.33 [m]의 물 높이를 구현하려면 사람의 5배 정도 되는 높이의 실험장치를 구성해야 한다. 이를 통해 액주계를 사용하는 현장에서 왜 물 대신 수은을 사용하는지 이해할 수 있다.
• 만약 액주계를 이용해 대기압을 측정했을 때 액주계 수은의 높이가 760 [mm]보다 낮다면 대기압이 감소한 것이고, 이는 해발 높이보다 높아졌다는 것을 의미한다. 즉 대기압은 고도에 따라 변화한다는 것을 이해해야 한다.

예제 3-3 비중이 다른 유체가 담긴 탱크

[그림 3-10]과 같이 비중이 0.8인 기름과 물이 층을 이루며 뚜껑이 열린 탱크에 채워져 있다. 탱크 바닥에 작용하는 계기압을 구하라.

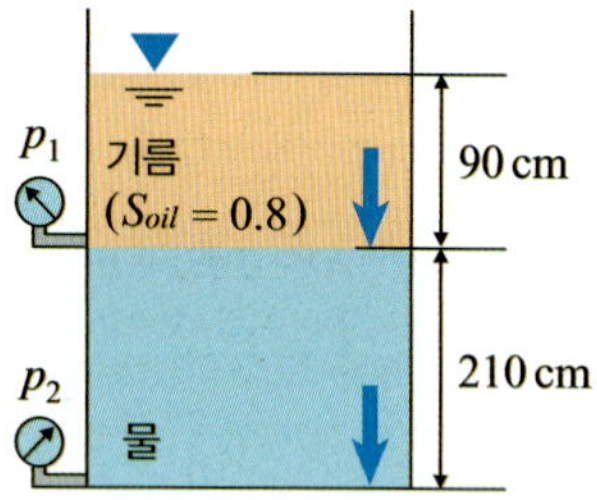

그림 3-10 비중이 다른 유체가 담긴 탱크

분석

• 이 예제는 비중이 다른 유체가 탱크에 담겨 있을 때 수심에 따른 압력을 구하는 문제로, 유체별 압력차를 구하면 된다.

14 이에 대한 자세한 내용은 13장에서 다룬다.

- 기름의 하단 압력이 물의 상단 압력이 되고, 식 (3.20)에서 첫 번째 유체의 $p_1 = 0$, 두 번째 유체의 p_1은 기름 유체압력이 된다.
- 먼저 기본방정식인 식 (3.20)을 이용해 기름의 압력과 물의 압력을 따로 구한다.

풀이

- 식 (3.20)에서 90 [cm]의 기름이 물 위에 공기, 즉 대기와 접촉하고 있으므로 $h = 0.9$ [m]와 $p_1 = 0$을 대입하면 식 (3.24)와 같이 된다. 여기에 기름의 비중 0.8을 대입했다.

$$p_{oil} = 0 + 0.8 \times 1000 \times 9.8 \times 0.9 = 7.06\,[\mathrm{kPa}] \tag{3.24}$$

- [그림 3-10]에서 보듯이 기름의 비중(0.8)이 물보다 가볍기 때문에, 식 (3.24)에서 계산된 압력은 물 위에서 압력으로 작용한다. 물로 이루어진 수심에 따른 압력 계산을 위해서 식 (3.20)을 식 (3.25)와 같이 정리해야 한다. 식 (3.24)에서 계산된 값과 물의 수심을 각각 대입하면 식 (3.26)과 같다.

$$p_{water} = p_{oil} + \gamma h \tag{3.25}$$

$$p_{water} = 7{,}060 + 9.8 \times 1{,}000 \times 2.1 = 27.64\,[\mathrm{kPa}] \tag{3.26}$$

고찰

- 2개의 비중이 다른 유체일 때는 [그림 3-11]과 같이 나누어 식 (3.24), 식 (3.26)과 같이 계산하면 된다. 유체가 3개일 때에도 이러한 순서로 구하면 된다.

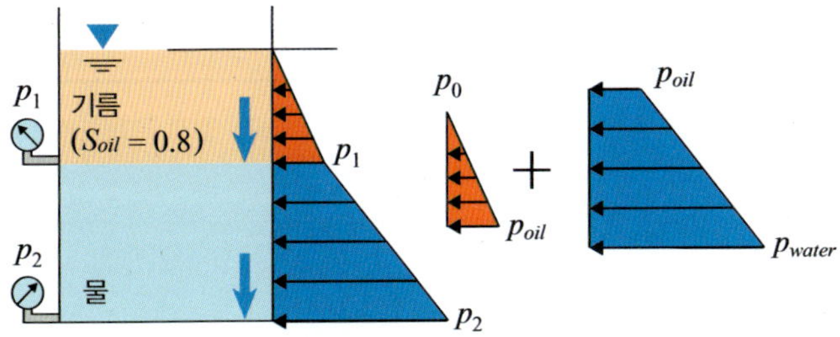

그림 3-11 비중이 다른 유체의 수압분포

3.2.2 압축성유체의 기본방정식

[그림 3-5]를 보면 바닷물 속에 있는 잠수함은 **비압축성유체이므로 수심에 비례해 수압이 증가**하고, 식 (3.18)처럼 **수학적으로 적분 시 밀도가 적분기호 밖으로 빠져나와 작용 압력 계산이 매우 쉬워진다.** 그러나 해수면 근처의 공기가 아닌 **높은 산악지대나 항공기가 지나는 고도에서의 공기 밀도는 낮아지고, 온도도 낮아진다.** 또한 [그림 3-12]와 같이 **등온 변화, 단열 변화, 폴리트로픽 과정**Polytropic Process**에 따라 변화하기 때문에 적분 또한 어려워진다.** [그림 3-13]에서와 같이 직접 측정된 압력과

온도를 보면 고도가 올라가면서 온도와 압력이 떨어지는 것을 알 수 있다.[15] [그림 3-12]를 보면 대류권 계면 높이인 11,422 [m]에서 온도와 압력은 각각 − 49.98 [℃]와 214.5 [hPa]이고, 이는 대기압보다 적은 값임을 알 수 있다. 또한 대류권의 온도 변화는 높이 변화에 따라 선형적으로 변함을 알 수 있다. 여기서 h라는 단위는 '헥토$_{\text{Hecto}}$'라고 읽으며, 10^2 (= 100)을 표시하는 단위이다.

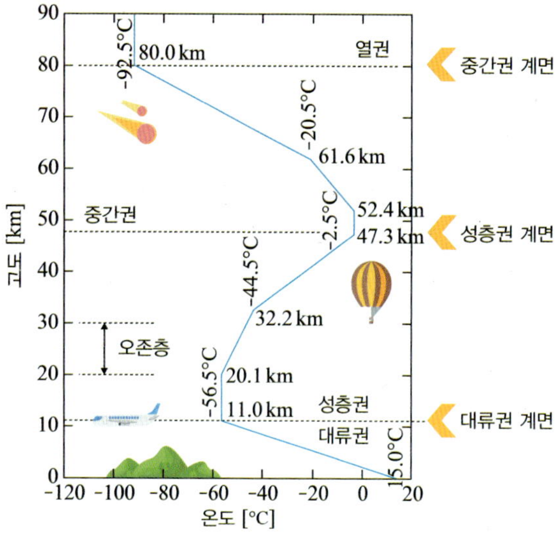

그림 3-12 고도에 따른 온도 변화율

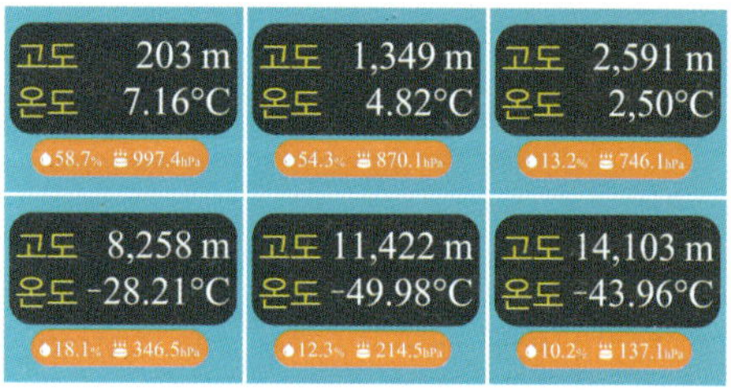

그림 3-13 성층권까지 측정된 고도별 압력과 온도 변화

Think_07

[그림 3-5]에 있는 1,000 [m] 높이의 산을 올랐을 때 등산객에게 작용하는 압력은 얼마가 될지 [그림 3-13]을 기준으로 생각해보자.

■ 등온 과정

등온 과정$_{\text{Isothermal Change}}$은 시스템 내 **변화 과정에서 온도가 일정한 경우**이다. [그림 3-12]를 보면 성층권에서 11.0 ~ 20.1 [km]의 구역은 등온 과정 영역이다. 이 영역에서의 밀도 변화는 보일-샤를$_{\text{Boyle-Charles}}$ 법칙인 식 (3.27)을 식 (3.18)에 대입하고 정리하면 식 (3.28)과 식 (3.29)와 같이 정리된다.

$$\frac{\rho_1}{p_1} = \frac{\rho_2}{p_2} \tag{3.27}$$

$$\int_1^2 \frac{dp}{p} = -\frac{\rho_1}{p_1} g \Delta z \tag{3.28}$$

$$p_2 = p_1 \exp\left(-\frac{\rho_1}{p_1} g \Delta z\right) = p_1 \exp\left(-\frac{g \Delta z}{R T_1}\right) \tag{3.29}$$

15 과학공학 콘텐츠 채널인 '긱블(Geekble)'의 유튜브 영상으로, 간이적으로 측정된 것이기 때문에 측정값에는 오차가 포함되어 있다.

고도에 따라 밀도뿐만 아니라 온도도 감소하므로 식 (3.30)과 같이 높이에 따른 온도 감소율 α를 식 (3.29)에 대입해 정리하면 식 (3.32)와 같다.

$$\frac{\Delta T}{\Delta z} = \alpha \quad \rightarrow \quad T_2 = T_1 - \alpha(z_2 - z_1) \tag{3.30}$$

$$\alpha = 0.0065\,[℃/\mathrm{m}] \tag{3.31}$$

$$p_2 = p_1\left[\frac{T_1 - \alpha(z_2 - z_1)}{T_1}\right]^{1/\alpha R} \tag{3.32}$$

■ 단열 변화 또는 폴리트로픽 변화

[그림 3-12]를 보면 대류권에서 대류권 계면까지는 온도가 선형적으로 감소한다. 이렇게 온도가 선형적으로 변화하는 것은 식 (3.33)과 같은 단열 변화 또는 폴리트로픽 변화 과정이라 할 수 있다.[16] [그림 3-12]와 같이 고도에 따라 달리 측정된 압력 변화를 구해보자. 이를 위해 식 (3.33)을 식 (3.18)에 대입하고 정리하면 식 (3.34)와 같이 유도할 수 있다. 다시 식 (3.35)와 같이 고도에 따른 변화를 식 (3.34)에 대입하고 정리하면 식 (3.36)과 같다.

$$\frac{p}{\rho^k} = C \quad \rightarrow \quad \frac{p_2}{\rho_2^k} = \frac{p_1}{\rho_1^k} \quad \rightarrow \quad \frac{\rho_1}{\rho_2} = \left(\frac{p_1}{p_2}\right)^{\frac{1}{k}} \tag{3.33}$$

$$dz = -\frac{dp}{\rho g} \quad \rightarrow \quad \int_1^2 dz = -\int_{p_1}^{p_2}\frac{dp}{\rho g} \tag{3.34}$$

$$z = \frac{k}{k-1}\frac{p_1}{\rho_1 g}\left\{1-\left(\frac{p_2}{p_1}\right)^{\frac{k-1}{k}}\right\} = \frac{k}{k-1}RT_1\left\{1-\left(\frac{p_2}{p_1}\right)^{\frac{k-1}{k}}\right\} = \frac{k}{k-1}R(T_0 - T_1) \tag{3.35}$$

$$p_2 = p_1\left(1-\frac{k-1}{k}\frac{\rho_1}{p_1}\right)^{\frac{k}{k-1}} = p_1\left(1-\frac{k-1}{k}\frac{z}{RT_1}\right)^{\frac{k}{k-1}} \tag{3.36}$$

예제 3-4 수직 방향에 따른 압력 변화

해수면 기준으로 압력이 101.3 [kPa](절대압)이고 온도가 15.5[℃]인 공기와 동일한 조건인 담수에 대해서 (a) 수직 방향으로 일어나는 압력 변화율을 계산하고, (b) 표고(높이)가 4 [m] 감소했을 때 공기와 물에서 발생하는 총 압력 변화를 구하라.

분석

- 이 예제는 공기의 밀도를 구하는 문제로, 공기는 압축성유체이지만 해수면 근처에서의 약간의 변화는 의미가 없다는 것을 알아야 한다.
- 공기의 밀도는 주어진 조건에서 기체의 이상상태방정식으로 구하면 된다.

16 여기서는 폴리트로픽 변화보다는 단열 변화만 살펴본다.

풀이

(a) 공기의 밀도는 식 (3.37)과 같이 기체상태방정식으로부터 구할 수 있다.

$$\rho_{air} = \frac{p}{RT} = \frac{101{,}300}{297 \times (15.5 + 273)} = 1.18\,[\mathrm{kg/m^3}] \tag{3.37}$$

공기의 비중량은 식 (3.37)에서 구한 밀도에 중력가속도를 곱해 구하므로 식 (3.38)이 된다.

$$\gamma_{air} = \rho_{air}\, g = 1.18 \times 9.81 = 11.59\,[\mathrm{N/m^3}] \tag{3.38}$$

수직 방향으로의 대기 압력 감소율은 식 (3.39)와 같다.[17]

$$\left(\frac{dp}{dz}\right)_{air} = -11.59\,[\mathrm{N/m^3}] \tag{3.39}$$

같은 개념으로 물의 수직 방향 압력 감소율은 물의 비중량과 같다. 이때 물의 비중량은 상온에서 9,800 [N/m^3]이다.

(b) 표고가 4 [m] 감소했을 때 공기와 물의 수직 방향 압력 변화는 각각 식 (3.40), 식 (3.41)과 같이 구할 수 있다.

$$p_{air} = -11.59 \times 4 = 46.36\,[\mathrm{Pa}] \tag{3.40}$$

$$p_{water} = -9800 \times 4 = 39{,}200\,[\mathrm{Pa}] \tag{3.41}$$

고찰

- 유체 정역학의 기본방정식인 유체의 수직 방향 압력 변화는 유체의 비중량과 비례함을 알아야 한다.
- 표고가 4 [m] 감소했을 때 공기와 물의 수직 방향 압력 변화를 보면, 물이 공기보다 약 845배 더 큼을 알 수 있는데, 이는 유체의 밀도 때문이다. 우리가 공기압을 버티고 있는 것은 대기에서 공기의 밀도가 물보다 845배 가볍기 때문이다.

Think_08

우주 관련 영화를 보면 [그림 3-14]와 같이 우주선 안에서 몸이 둥둥 떠다니는 모습을 볼 수 있다. 이런 현상은 왜 일어나는지 생각해보자.

그림 3-14 우주선 내에서 몸이 뜨는 현상

17 이는 식 (3.17)에서 보면 유체비중량은 수직 방향의 압력 감소율이 되기 때문이다.

SECTION
3.3

액주계

✔ 압력을 측정할 수 있는 다양한 계측기를 살펴본다.
✔ 여러 개의 유체가 있는 액주계 내에 작용하는 압력을 계산하는 방법을 학습한다.

3.3.1 압력계

현장에서 압력을 측정하는 데 사용하는 다양한 계기들을 [표 3-2]에 정리했다.

표 3-2 압력을 측정하는 다양한 계기

계기	종류	예시
액주계	한쪽 끝이 개방된 수직관을 이용해 압력을 측정하는 피에조미터Piezometer	[그림 3-15(a)]
	양쪽의 압력차에 의해 밀려 올라간 액체기둥의 높이차(h)를 측정해 이에 상응하는 압력을 측정하는 U자 형태의 액주계	[그림 3-15(b)]
	액주계를 기울여 조금 더 높은 압력을 구하는 경사 형태의 액주계	[그림 3-15(c)]
압력계	공기와 같이 밀도가 낮은 유체에 사용하는 미압계(마이크로 마노미터)	[그림 3-15(d)]
	사용이 편리해서 현장에서 자주 쓰이는 부르동 압력계	[그림 3-15(e)]
	압력값을 조금 더 정밀하게 측정할 때 사용하는 압력변환기	[그림 3-15(f)]

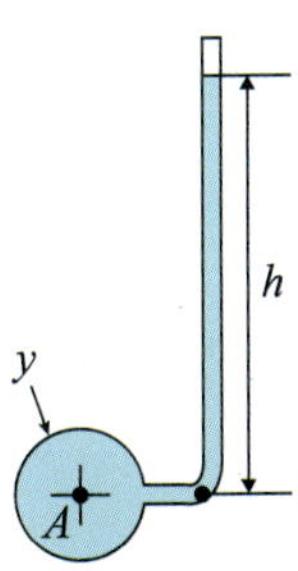

(a) 피에조미터

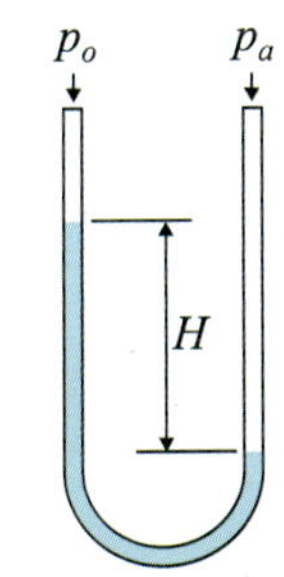

(b) U자관 액주계

(c) 경사 액주계

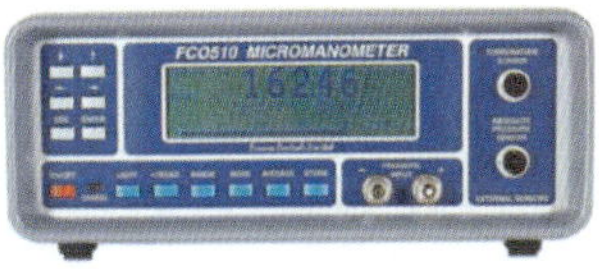

(d) 미압계

(e) 부르동 압력계

(f) 압력변환기

그림 3-15 압력을 측정하는 다양한 계기의 예시

3.3.2 액주계

■ 액주 압력계

액주 압력계는 액주계 중 가장 간단히 압력을 측정할 수 있는 계기이다. [그림 3-16]과 같이 투명관을 관로나 압력탱크에 수직으로 설치하게 되면 배관내 유체(γ)압력에 해당하는 높이(h)만큼 액주가 상승하게 된다. 이를 수식으로 환산하면 식 (3.42)와 같고, 투명관 위에 작용하는 압력은 대기압과 같으므로 계기압으로 압력 계산 시 $p_{atm} = 0$이 되어 식 (3.43)과 같이 된다. 즉 배관 및 관로의 압력은 액주 높이에 유체의 비중량을 곱한 값이 된다. 이 경우 유체의 압력이 높으면 h가 매우 길어져야 한다는 단점이 있다. ([그림 3-9(c)] 참조)

$$p_A = p_{atm} + \gamma h \tag{3.42}$$

$$p_A = \gamma h \tag{3.43}$$

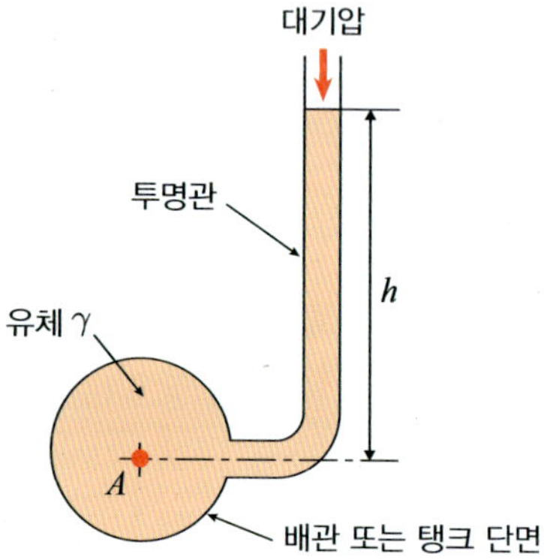

그림 3-16 피에조미터

■ U자관 액주계

U자관 액주계는 [그림 3-17]과 같이 배관 및 관로내 유체(γ_A)의 압력 계측에 많이 사용한다. [그림 3-17(a)]와 같이 투명관 한쪽 끝이 대기압으로 열려 있는 경우와 [그림 3-17(b)]와 같이 투명관 끝이 모두 배관에 연결된 경우가 있다. 두 종류 모두 관로내 유체보다 비중이 큰 액체를 사용하는데 두 유체는 상호 혼합이 되도록 제작한다.[18]

18 보통 비중이 13.6인 수은을 사용하며, 실제 색상은 은색을 띈다.

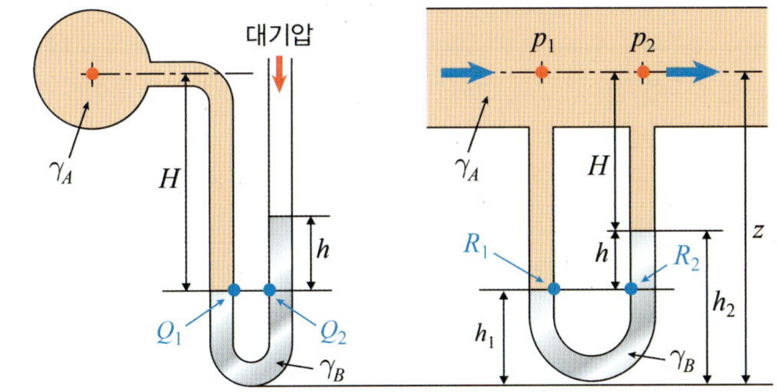

(a) 투명관 한쪽 끝이 대기로 개방된 경우　(b) 투명관 양쪽 끝이 배관에 연결된 경우

그림 3-17 U자관 액주계

[그림 3-17(a)]의 경우 관로내 압력 p는 식 (3.44)와 같이 계산할 수 있다. 식 (3.44)를 보면 좌변과 우변이 같다고 정리했는데, 이는 [그림 3-17(a)]에서 보듯 Q_1과 Q_2의 **압력이 같기 때문**이다. 이것이 액주계에서 가장 중요한 개념이며, **액주계의 압력 계산은 여기서부터 시작한다.** 식 (3.44)의 우변의 p_{atm}은 계기압이므로 0이 되고, 좌측의 액주 높이값을 이항하면 식 (3.45)와 같다. 이때 유체(수은)의 비중량(γ_B)이 관로 유체(γ_A)보다 크다면 식 (3.45)의 $\gamma_A H$의 값이 수은보다 작기 때문에 무시할 수 있으므로, 식 (3.46)과 같이 정리된다. 여기서 중요한 물리적 사항은 **[그림 3-17(a)]와 같은 U자관 액주계의 기본방정식인 식 (3.46)의 수식과 피에조미터의 압력 계산식인 식 (3.45)가 같다**는 것이다.

$$p_A + \gamma_A H = \gamma_B h + p_{atm} \tag{3.44}$$

$$p_A = \gamma_B h - \gamma_A H \tag{3.45}$$

$$p_A = \gamma_B h \tag{3.46}$$

[그림 3-17(b)]의 경우 식 (3.47)과 같이 배관내 두 지점 사이의 압력을 측정할 수 있으며, 액주계 내 두 지점(파란색)인 R_1과 R_2의 높이 위치가 같다는 전제하에 유도한다. 식 (3.47)의 좌변을 보면 점 R_1에서 $(H+h)$의 높이만큼 배관내 액체의 압력이 작용한다. 반면 우변의 압력은 ① H 높이의 배관 내 압력과 ② h 높이의 수은 압력 그리고 ③ 두 점 압력의 합이 작용하고, 이 합은 좌변과 같다는 것을 의미한다.

$$p_1 + \gamma_A (H + h) = \gamma_B h + \gamma_A H + p_2 \tag{3.47}$$

이를 정리하면 식 (3.48)과 같이 배관내 두 지점의 압력차를 계산할 수 있다. 만약 식 (3.45)와 같이 $\gamma_B \gg \gamma_A$라면 식 (3.48)은 식 (3.46)과 같아진다.

$$p_1 - p_2 = (\gamma_B - \gamma_A) h \tag{3.48}$$

Think_09

식 (3.43)과 식 (3.46)에서 $\gamma_B \gg \gamma_A$라고 가정하는 이유를 생각해보자. 그리고 식 (3.46)에 관로의 유체를 물이라 하고 액주계 내 B의 유체를 수은이라고 가정할 때, 이 2개의 값을 비교해 압력 차이를 알아보자.

■ 경사 액주계

경사 액주계는 [그림 3-18(a)]와 같이 액주계를 임의의 각도 θ로 경사지게 설치한 경우이다. 이때 기존 액주계의 압력차인 h는 h'으로 변화하고, 파스칼 법칙에 따라 h와 h'은 같아진다. 경사 액주계에는 s의 길이가 상대적으로 파생되는데, 이로부터 미소압력을 측정한 후 식 (3.49)와 같이 압력을 환산하면 된다. 경사 액주계에서 중요한 차이점은 **높이를 수직 형태인 h와 경사 형태인 s로 가정한다는 것**이다. 경사 각도에 의한 압력 변화는 그렇게 크지 않으므로 [그림 3-15(c)]와 같이 물의 경우보다는 [그림 3-18(b)]와 같이 공기의 미압Small Pressure을 측정할 때 많이 사용한다.

$$h' = s\sin\theta \tag{3.49}$$

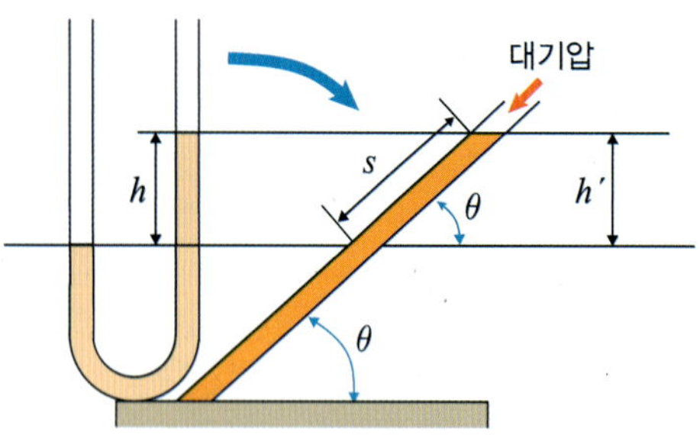

(a) 경사 액주계의 원리

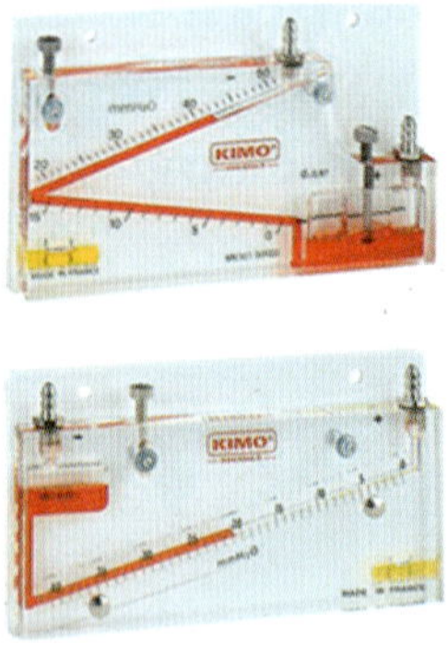

(b) 공기의 미압 측정

그림 3-18 경사 액주계

경사 액주계의 함수는 경사 각도와 액주계의 지름에 따라 그 민감도Sensitivity가 달라진다. 즉 s를 길게 하려고 무턱대고 각도를 크게 하거나 관 지름을 작게 한다면 액주계에서 측정된 압력값이 달라질 것이다. 이를 검토하기 위해 [그림 3-19]와 같은 액주계를 제작했다.

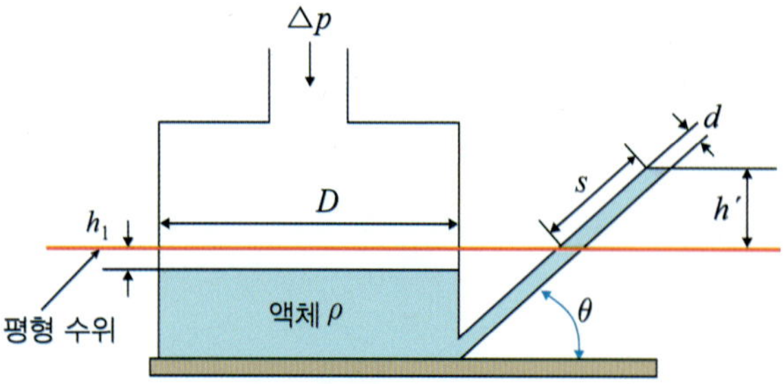

그림 3-19 민감도를 살펴보기 위한 경사 액주계

[그림 3-19]의 큰 통에 Δp의 압력이 작용하면 식 (3.21)과 같은 기본방정식의 압력이 작용한다. 이 압력은 빨간 실선의 평형 수위에서 밑으로 변형된 수위 h_1과 액주계에서 상승된 h'의 수위의 합으로 식 (3.50)과 같이 정리할 수 있다. h_1으로 수위가 감소한 만큼 큰 통에서 줄어든 체적과 경사 액주계에 h'으로 액주가 상승된 체적은 식 (3.51)과 같이 동일해야 하며, 간단히 정리하면 식 (3.52)와 같아진다. 식 (3.52)와 식 (3.49)를 식 (3.50)에 대입하면 주어진 압력에 따른 액주계의 변화는 식 (3.53)과 같다.

$$\Delta p = \rho g h \tag{3.21}$$

$$\Delta p = \rho g (h_1 + h') \tag{3.50}$$

$$\frac{\pi D^2}{4} h_1 = \frac{\pi d^2}{4} s \tag{3.51}$$

$$h_1 = s\left(\frac{d}{D}\right)^2 \tag{3.52}$$

$$\Delta p = \rho g\left[s\left(\frac{d}{D}\right)^2 + s\sin\theta\right] = \rho g s\left[\left(\frac{d}{D}\right)^2 + \sin\theta\right] \tag{3.53}$$

결론적으로 경사 액주계의 경사 길이인 s는 식 (3.54)와 같고, 이를 식 (3.55)인 수직일 때의 액주계 높이 h와 비교해보면 차이를 알 수 있다. 만약 식 (3.54)에서 θ가 0°이고 d와 D가 같다면 식 (3.54)는 식 (3.55)와 같아진다. 즉 식 (3.54)와 식 (3.55)의 비를 식 (3.56)과 같이 '민감도'라 정의한다.

$$s = \frac{\Delta p}{\rho g\left[\left(\frac{d}{D}\right)^2 + \sin\theta\right]} \tag{3.54}$$

$$h = \frac{\Delta p}{\rho g} \tag{3.55}$$

$$\frac{s}{h} = \frac{1}{\left(\frac{d}{D}\right)^2 + \sin\theta} \tag{3.56}$$

s를 길게 측정하려면 각도와 액주계 지름을 얼마로 해야 하는지 [그림 3-20]에 나타냈다. [그림 3-20]에서 보듯이 각도를 최대한 작게 할 때와 액주계의 지름비가 작을 때 민감도가 급격히 증가한다.

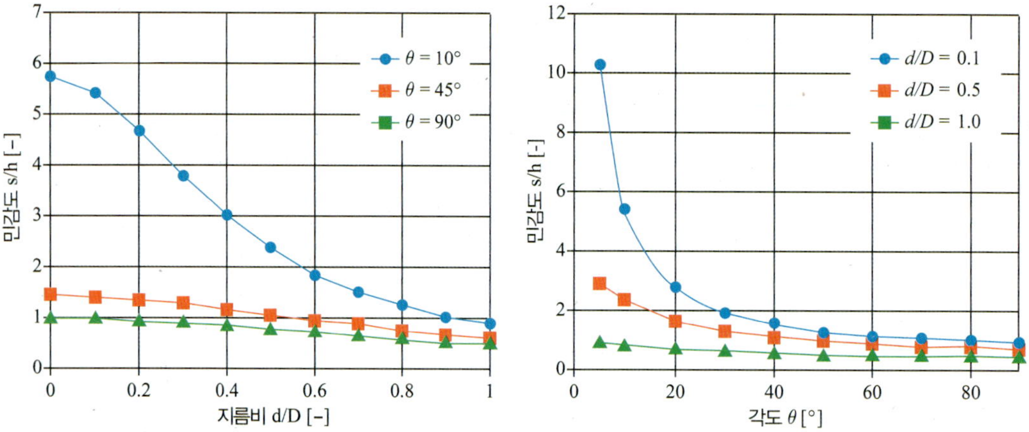

(a) 지름비 변화 (b) 각도 변화

그림 3-20 지름비와 각도의 변화에 따른 경사 액주계의 민감도 반응

■ 미압계

경사 압력계로 미압을 측정하기 어려운 경우 압력차의 눈금을 아주 정밀하게 읽을 수 있도록 고안한 것이 미압계이다. [그림 3-21]과 같이 미압계는 세 가지 유체를 사용하도록 되어 있으며, 중간에 면적 변화를 줌으로써($A_1 \gg A_2$) 미세한 압력 변화에도 액주 높이는 크게, 체적은 동일하게 변화하도록($A_2 \times \Delta z = A_1 \times y/2$) 만들어진 것이다.[19]

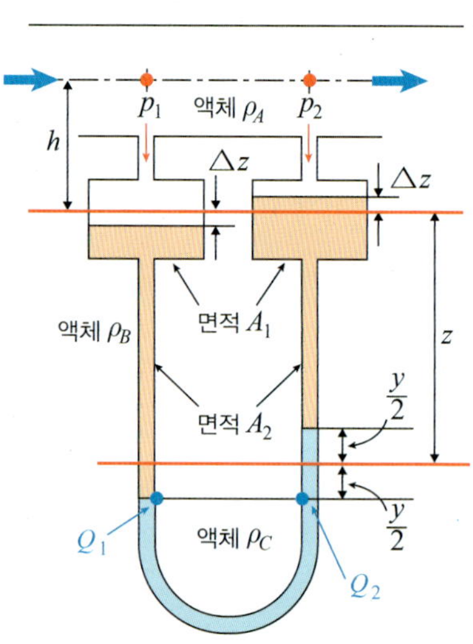

그림 3-21 미압계

[그림 3-21]과 같이 배관내 측정하고자 하는 p_1과 p_2의 압력차가 주어지면 좌측에 있는 액주는 Δz만큼 밑으로 내려가고, 액체 B는 액체 C를 점 Q_1까지 $y/2$만큼 내려가게 한다. 이때 좌측 액주계의 압력 변화는 식 (3.57)과 같이 정의할 수 있다.

$$p_1 + \rho_A g(h + \Delta z) + \rho_B g(z - \Delta z + y/2) \quad (3.57)$$

점 Q_2를 기준으로 [그림 3-21]의 우측 액주계의 액체 C는 y만큼 상승, 액체 B는 기준 높이에서 Δz만큼 상승, 유체 A는 Δz만큼 감소하므로 식 (3.58)과 같이 유도할 수 있다.

$$\rho_C g y + \rho_B g(z + \Delta z - y/2) + \rho_A g(h - \Delta z) + p_2 \quad (3.58)$$

두 지점 Q_1과 Q_2에서 좌측과 우측의 압력이 동일하다는 액주계의 기본 원칙으로부터 식 (3.59)와 같이 정리할 수 있고, 이를 이항 정리하면 식 (3.60)과 같다. 식 (3.60)에서 Δz와 y의 관계는 체적관계가 동일하다는 조건으로 면적비 A_2/A_1으로 나타낸다.

---

19 최근 이런 액주계를 제품으로는 볼 수 없지만 대부분 [그림 3-15(d)]와 같이 디지털 장치로 변환해 사용한다.

$$p_1 + \gamma_A(h + \Delta z) + \gamma_B(z - \Delta z + y/2)$$
$$= \gamma_C y + \gamma_B(z + \Delta z - y/2) + \gamma_A(h - \Delta z) + p_2 \quad (3.59)$$
$$p_1 - p_2 = y\left[\gamma_C - \gamma_B\left(1 - \frac{A_2}{A_1}\right) - \gamma_A\frac{A_2}{A_1}\right]$$
$$A_1 \Delta z = A_2 \frac{y}{2} \quad (3.60)$$

만약 변화시킨 면적 A_1이 면적 A_2보다 크다면 식 (3.60)은 식 (3.61)과 같이 간단히 정리할 수 있다. 이렇듯 미압계는 [그림 3-21]과 같이 y값을 측정한 후, 사용한 유체의 비중값만 알면 쉽게 측정할 수 있도록 고안된 계기이다.

$$p_1 - p_2 = y[\gamma_C - \gamma_B] \quad (3.61)$$

■ 액주계 계산법칙

지금까지 여러 종류의 액주계 압력 변화를 검토했다. 식 (3.44)와 식 (3.59)를 보면 두 지점에서 압력이 같다는 전제로 계산했지만, 이보다 쉽게 압력을 계산하는 방법이 있다.

기준점보다 내려갈 때는 압력을 더하고, 올라갈 때는 압력을 빼는 방식을 적용하면 매우 쉽게 액주 압력을 계산할 수 있다. 즉 구하고자 하는 곳의 압력 p_1에서 다른 위치의 압력 p_2까지 변화된 압력을 대수적으로 더해주면 된다. 이때 만약 액주계 중간에 있는 유체가 달라지면 해당된 유체 비중을 곱해주면 된다.

예를 들어 [그림 3-17(a)]의 액주계에서 액주 압력을 계산하기 위해 계산법칙을 적용한다면 식 (3.62), 식 (3.63)과 같이 쉽게 구할 수 있다. 식 (3.62)에서 대기압은 0이고 유체 A의 비중이 유체 B보다 작기 때문에 무시한다면 이 결과는 식 (3.46)과 같다.

$$p_A + \rho_A gH - \rho_B gh = p_{atm} \quad (3.62)$$
$$p_A = \rho_B gh \quad (3.63)$$

좀 더 자세한 설명을 위해 [그림 3-22]와 같이 복잡한 액주계의 압력을 계산해보자. 액주계 법칙에 따라 점 A → ① → ①′ → ② → ②′ → ③ → ③′ → ④ → 점 B를 따라가며 계산하면 된다. 점 A의 높이보다 아래로 내려가면 압력을 더하고, 위로 올라가면 압력을 빼는 등의 계산을 하면 식 (3.64)와 같아진다. 만약 A, B, C의 유체를 각각 물과 수은($S = 13.6$) 그리고 기름($S = 0.8$)으로 적용했다면, 식 (3.64)는 식 (3.65)와 같고 두 지점의 압력차는 1,274 [Pa]이 됨을 알 수 있다. 이때 물의 밀도는 1,000 [kg/m^3]으로 가정했다.

$$p_A + \rho_A g \times 0.01 - \rho_B g \times 0.003 + \rho_C g \times 0.005 - \rho_B g \times 0.007 - \rho_A g \times 0.008 = p_B \quad (3.64)$$
$$p_A + 9.8(10 - 13.6 \times 3 + 0.8 \times 5 - 13.6 \times 7 - 8) = p_B \quad (3.65)$$
$$p_A - p_B = 1{,}274\,[\mathrm{Pa}] \quad (3.66)$$

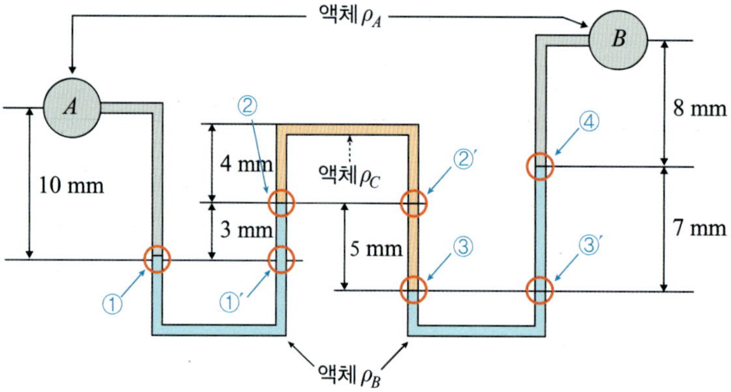

그림 3-22 복잡한 형태의 액주계

예제 3-5 다양한 유체가 있는 탱크 내 공기압 (1)

[그림 3-23]과 같이 탱크에 수은, 물, 기름, 공기의 네 가지 유체가 채워져 있다. (a) 액주계의 수위를 보고 탱크 내 공기압을 계산하라. (b) 탱크 상부에 구멍이 난다면, 액주계의 높이가 얼마나 변화할지 그 평형 높이를 구하라. 이때 기름의 비중과 수은의 비중은 각각 $S_{oil} = 0.8$, $S_{Hg} = 13.6$이다.

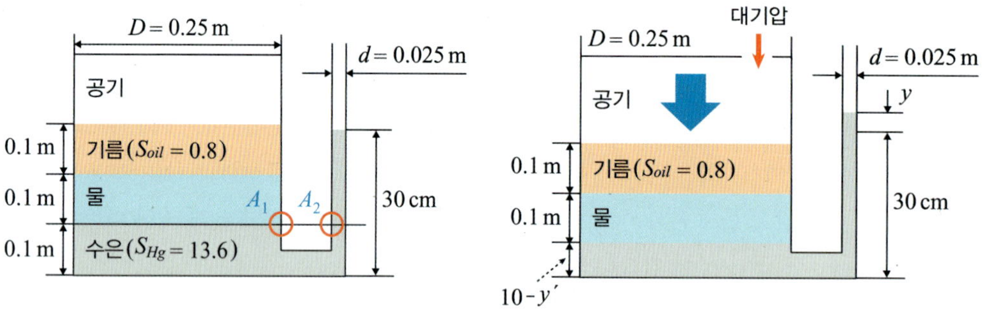

(a) 네 가지 유체가 있는 탱크

(b) 탱크 상부에 구멍이 난 경우

그림 3-23 다양한 유체가 있는 탱크 내 압력 계산 (1)

분석

- 실제 현장에서 다양한 유체가 있을 때 탱크 내에 존재하는 공기압을 측정하는 문제이다.
- 유체 정역학의 기본방정식을 이용해 계산하되 액주계 법칙을 이용하면 되는데, 공기압부터 시작해 대기압까지 압력을 계산하면 된다.

풀이

(a) 공기압부터 액주계 법칙을 적용하면 다음과 같다. 공기가 있는 곳부터 A_1까지 내려가면 더해주고, 다시 A_2부터 올라가면서 빼주면 된다.

$$p_{air} + \rho_{oil} g \times 0.1 + \rho_{water} g \times 0.1 - \rho_{Hg} g \times 0.2 = p_{atm}$$

p_{atm}을 0으로 놓고 정리하면 다음과 같다.

$$\begin{aligned} p_{air} &= \rho_{Hg} g \times 0.2 - \rho_{oil} g \times 0.1 - \rho_{water} g \times 0.1 \\ &= 1000 \times 9.8(13.6 \times 0.2 - 0.8 \times 0.1 - 0.1) = 24{,}892\,[\mathrm{Pa}] \end{aligned}$$

(b) 탱크 상부에 구멍이 나면 현재 탱크 내 공기압보다 큰 대기압이 작용해 수은 액주계가 y만큼 상승하게 되고 탱크 내에서 기름과 물도 압력만큼(y') 내려가므로, 이때 상승 높이는 변화하는 체적의 비인 식 (3.67), 식 (3.68)과 같이 계산하면 된다.

$$\frac{\pi 0.25^2}{4} y' = \frac{\pi 0.025^2}{4} y \tag{3.67}$$

$$y' = \left(\frac{0.025}{0.25}\right)^2 y = 0.01y \tag{3.68}$$

탱크 하부를 기준으로 탱크와 액주계의 압력이 같다고 하면 식 (3.69) ~ 식 (3.72)와 같이 계산할 수 있다.

$$p_{atm} + \rho_{oil} g \times 0.1 + \rho_{water} g \times 0.1 + \rho_{Hg} g \times [0.1 - y'] = \rho_{Hg} g(0.3 + y) + p_{atm} \tag{3.69}$$

$$1000 \times 9.8(0.8 \times 0.1 + 0.1 + 13.6 \times [0.1 - 0.01y] = 13.6 \times 1000 \times 9.8(0.3 + y) \tag{3.70}$$

$$0.8 \times 0.1 + 0.1 + 13.6 \times 0.1 - 13.6 \times 0.01y = 13.6 \times 0.3 + 13.6 \times y \tag{3.71}$$

$$y = \frac{0.8 \times 0.1 + 0.1 + 13.6 \times (0.1 - 0.3)}{13.6(1 + 0.01)} = -0.185\,[\mathrm{m}] \tag{3.72}$$

식 (3.72)에서 계산된 수위 변화를 고려하면 액주계의 수위는 0.115 [m]가 된다.

고찰

- 식 (3.72)에서 계산된 수위 변화가 음(−)의 값이 나왔다는 것이 무엇을 의미하는지 생각해보자. [그림 3-23(b)]의 왼쪽에서 수위가 내려가면 오른쪽에 있는 액주계의 초기 위치인 0.3 [m]에서 수위가 조금이라도 증가해야 하는데, 감소했으므로 무엇인가 잘못됐다는 뜻이다. 이때는 풀이가 잘못됐거나 초기 설정이 잘못됐는지 확인해야 한다.
- 점검해본 결과 계산 과정에는 이상이 없다. 결국 탱크 내 압력조건으로 처음 설정한 액주계 높이인 0.3 [m]가 너무 높았다는 것을 의미한다. 실제로는 0.3 [m]보다 낮아야 옳다.

예제 3-6 다양한 유체가 있는 탱크 내 공기압 (2)

[그림 3-24]와 같은 탱크 내 각 지점의 압력을 순서대로 구하라.

지점 ①의 압력 → 지점 ④의 압력 → 지점 ②의 압력 → 지점 ③의 압력 → 지점 ⑤의 압력

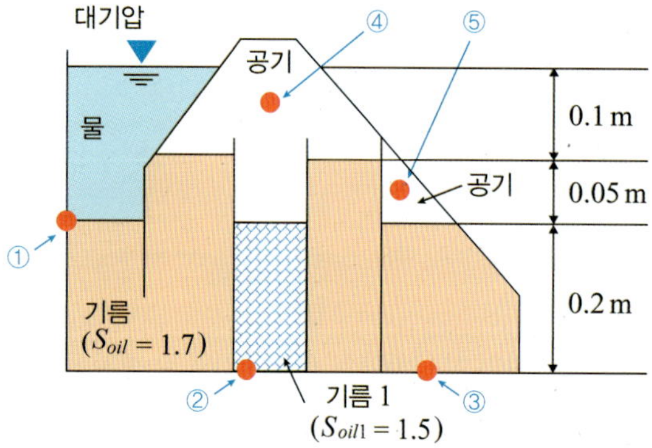

그림 3-24 다양한 유체가 있는 탱크 내 압력 계산 (2)

분석

- 실제 현장에서 다양한 유체가 있는 경우에 탱크가 열려 있지 않을 때의 공기압을 측정하는 문제이고 [예제 3-5]와 같은 방법으로 해석할 수 있다.
- 계산 시 중력가속도 g는 9.8로 가정한다.

풀이

- 지점 ①의 압력은 식 (3.73)과 같이 구할 수 있다. 여기서 대기압은 0이고, 물의 밀도는 1,000 [kg/m^3]이다. 지점 ①의 압력은 물의 수위만 고려하면 된다.

$$p_1 = p_{atm} + \rho_{water} g \times 0.15 = 1{,}470\ [\text{Pa}] \tag{3.73}$$

- 지점 ④의 압력은 지점 ①의 압력에 의해 기름의 수위가 결정되므로 식 (3.74)와 같이 구할 수 있다. 식 (3.74)에서 지점 ①의 압력을 빼준 이유는 지점 ①보다 위로 상승했기 때문이다.

$$p_{④} = p_{①} - \rho_{oil} g \times 0.05 = 637\ [\text{Pa}] \tag{3.74}$$

- 지점 ②의 압력은 공기실인 지점 ④의 공기압으로부터 주어지므로 식 (3.75)와 같이 구하면 된다.

$$p_{②} = p_{④} + \rho_{oil1} g \times 0.2 = 3{,}577\ [\text{Pa}] \tag{3.75}$$

- 지점 ③의 압력 또한 지점 ④의 공기압으로부터 주어지므로 식 (3.76)과 같이 구할 수 있다.

$$p_{③} = p_{④} + \rho_{oil} g \times 0.25 = 4{,}802\ [\text{Pa}] \tag{3.76}$$

- 지점 ⑤의 압력은 지점 ③의 압력의 압력으로부터 식 (3.77)과 같이 구하면 된다.

$$p_{⑤} = p_{③} - \rho_{oil1} g \times 0.2 = 1{,}470\ [\text{Pa}] \tag{3.77}$$

고찰

- 주어진 조건에 따라 각 지점의 압력이 다름을 알 수 있다.

■ 정지유체 이해하기

3.1 다음 중 대기압에 관한 설명으로 옳은 것은?

㉮ 국소 대기압은 항상 표준 대기압 아래에 있다.
㉯ 국소 대기압은 오직 그 지방의 고도에 의해서 좌우된다.
㉰ 표준 대기압은 해면에서의 국소 대기압의 평균값이다.
㉱ 기압계의 국소 대기압과 표준 대기압의 차를 표시한다.

3.2 정지하고 있는 유체 내의 어떤 한 점에 대한 압력 상태로 옳은 것은?

㉮ 수직 하방향에서 제일 큰 값을 갖는다.
㉯ 수직 상방향에서 제일 큰 값을 갖는다.
㉰ 수평 방향에서 제일 큰 값을 갖는다.
㉱ 모든 방향에서 동일하다.

3.3 펌프에 의해 흡입되는 물의 압력을 진공계로 측정하니 60 [mmHg]이었다. 이때 절대압은 얼마인가? 단, 국소 대기압은 750 [mmHg], 수은의 비중은 13.6이다.

3.4 [그림 3-25]와 같이 바깥지름이 20 [mm]인 유리관 속 물에 납을 넣었더니 90 [mm]까지 내려갔다. 그 후 유리관에 기름을 넣었더니 납은 110 [mm]까지 내려갔다. 이때 기름의 비중은 얼마인가?

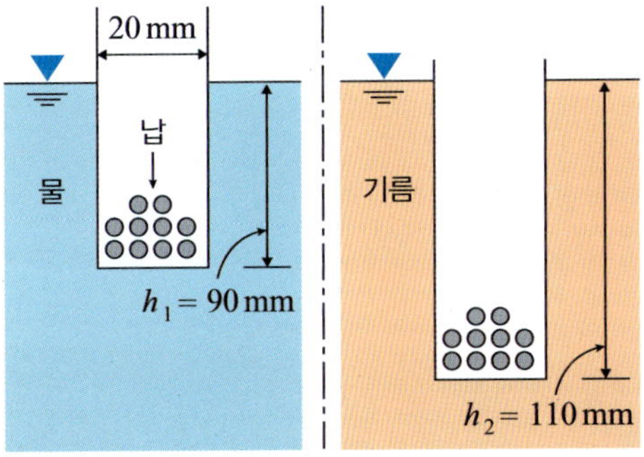

그림 3-25

CHAPTER 03 | 연습문제

■ 유체 정역학의 기본방정식

3.5 바닷속 100 [m]까지 잠수한 잠수함이 받는 압력은 얼마인가? 단, 바닷물의 비중은 1.03이다.

3.6 개방된 탱크 내에 비중이 0.8인 기름이 가득 차 있다. 기름의 윗면에 101 [kPa]의 대기압이 미치고 있다면, 3 [m] 깊이에서 절대압은 얼마인가? 단, 물의 비중량은 9,800 [N/m^3]이다.

3.7 [그림 3-26]과 같이 용기 안에 물(비중량 $\gamma_{water} = 9{,}800$ [N/m^3]), 기름(비중량 $\gamma_{oil} = 7{,}840$ [N/m^3]), 공기(압력 $p_a = 196$ [kPa])가 들어 있다. 점 A에서의 압력은 얼마인가?

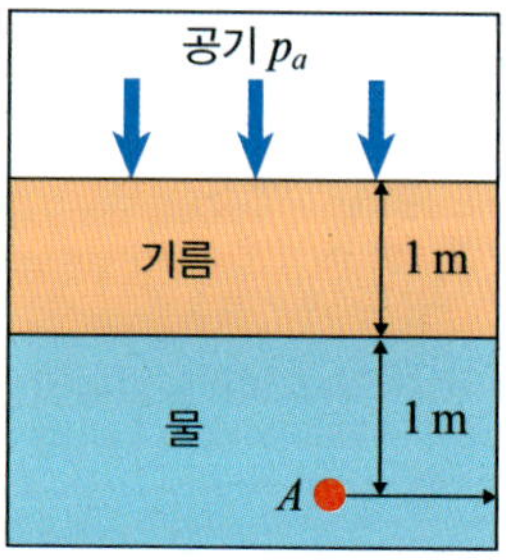

그림 3-26

3.8 [그림 3-27]과 같이 밑면이 2 [m] × 2 [m]인 탱크에 비중이 0.8인 기름과 물이 들어 있다. AB면에 작용하는 압력은 얼마인가?

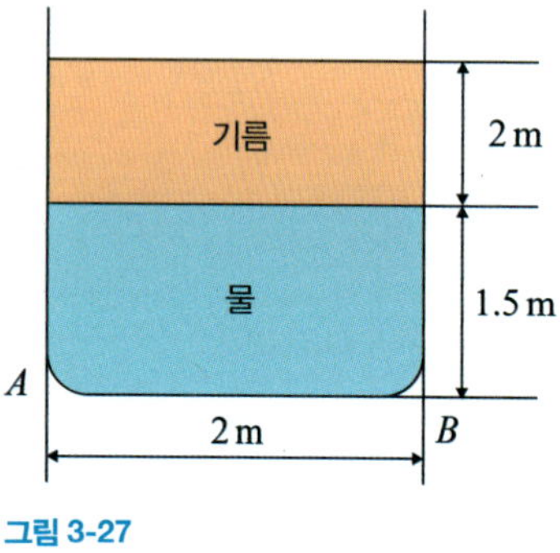

그림 3-27

3.9 [그림 3-28]과 같이 밑면의 지름이 2 [m], 높이가 1 [m]인 직원뿔형 용기에 깊이 0.5 [m]까지 물을 넣었다. 이때 바닥에 작용하는 힘은 약 얼마인가? 단, 물의 비중량은 9,800 [N/m^3]이다.

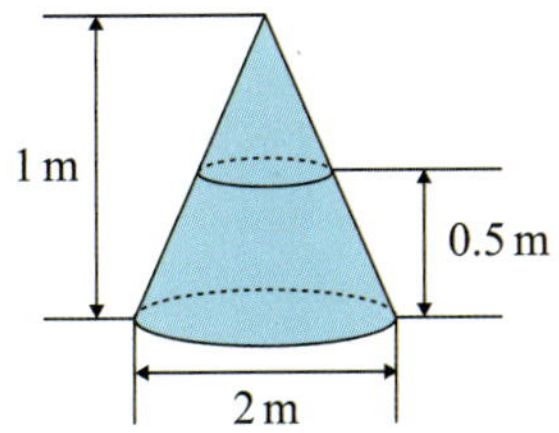

그림 3-28

■ 액주계

3.10 [그림 3-29]에서 p_x는 얼마인가? 단, 수은의 비중은 13.6이다.

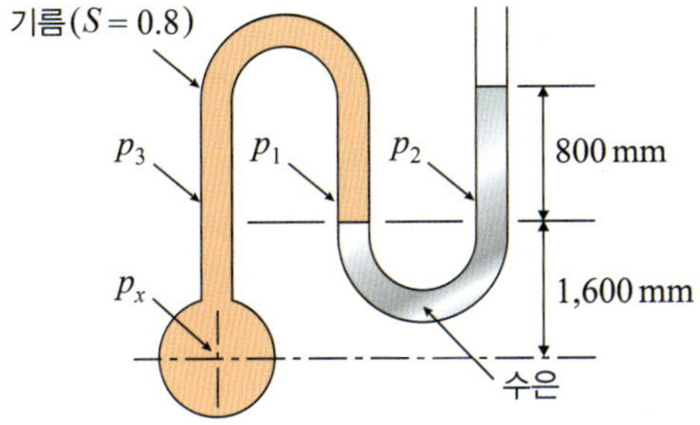

그림 3-29

3.11 U자관 액주계에 유체 A와 유체 B가 [그림 3-30]과 같이 채워져 있다. 이때 유체 B의 밀도비를 유체 A의 밀도비로 나눈 ρ_A/ρ_B의 값은 얼마인가?

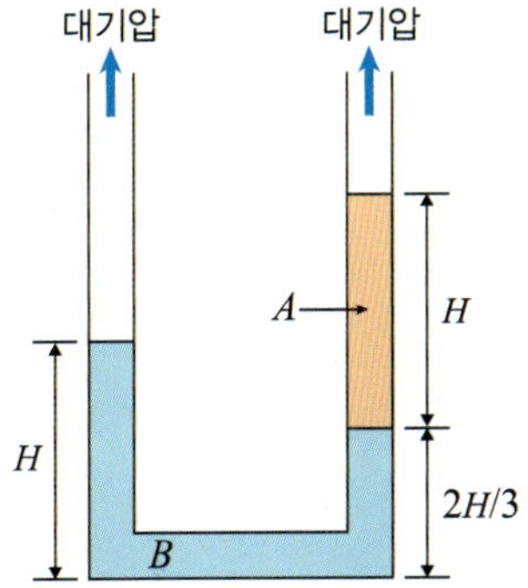

그림 3-30

3.12 [그림 3-31]과 같은 시차 압력계에서 두 점의 압력차($p_x - p_y$)는 얼마인가? 단, γ_1, γ_2, γ_3는 액체의 비중량이다.

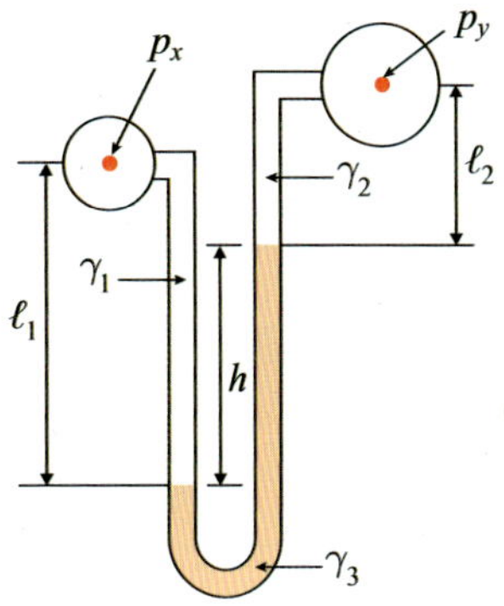

그림 3-31

3.13 [그림 3-32]와 같이 기름이 흐르는 수평 관로의 두 지점의 압력차를 측정하기 위해 오리피스와 수은을 넣은 U자관 액주계를 설치했다. 두 점의 압력차($p_1 - p_2$)는 얼마인가? 단, 기름의 비중량은 γ_{oil}이며, 수은의 비중량은 γ_{Hg}이다.

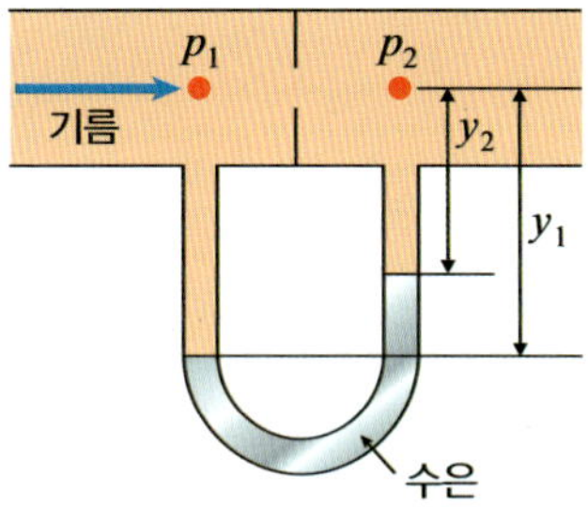

그림 3-32

3.14 밀폐된 탱크 속에 [그림 3-33]과 같이 압축공기와 기름($SG_{oil} = 0.90$)이 들어 있다. 이 탱크에 수은($SG_{Hg} = 13.6$)을 사용하는 U자관 액주계가 연결되어 있다. 높이가 각각 $h_1 = 90$ [mm], $h_2 = 20$ [mm], $h_3 = 30$ [mm] 라면 탱크 위의 압력계가 지시하는 압력은 얼마인가? 단, 물의 비중량은 9,800 [N/m^3]이다.

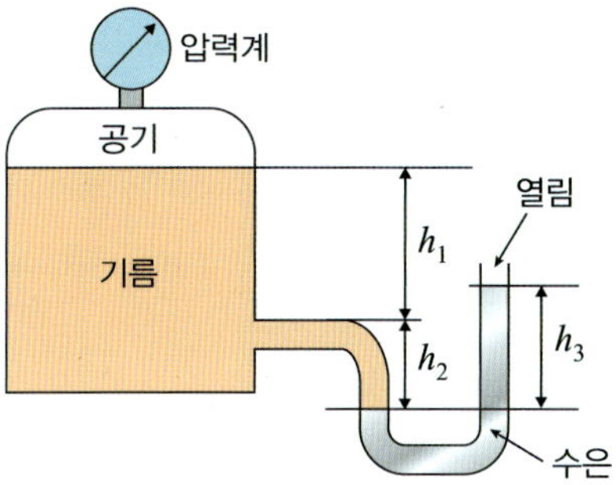

그림 3-33

3.15 [그림 3-34]와 같이 수은을 이용한 U자관 액주계를 이용해 배관내 물의 압력을 측정하려고 한다. A에서 물의 압력은 얼마인가? 단, 물의 비중량은 9,800 [N/m^3]이다.

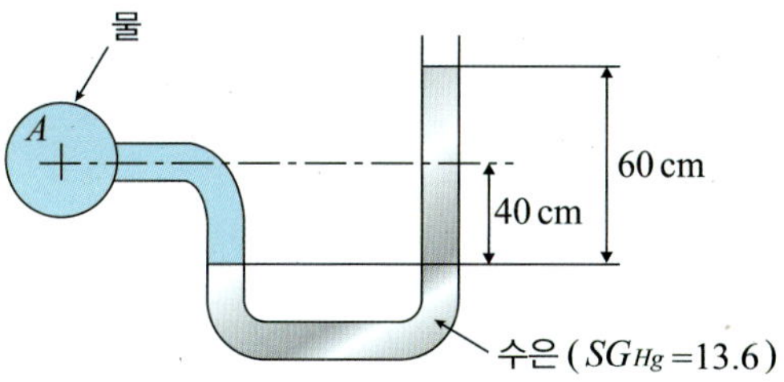

그림 3-34

3.16 [그림 3-35]와 같은 U자관 액주계가 있다. 비중 $S_1 = 0.9$, $S_2 = 13.6$, $S_3 = 1.2$이고 $h_1 = 10$ [cm], $h_2 = 30$ [cm], $h_3 = 20$ [cm]일 때 두 점의 압력차($p_A - p_B$)는 얼마인가?

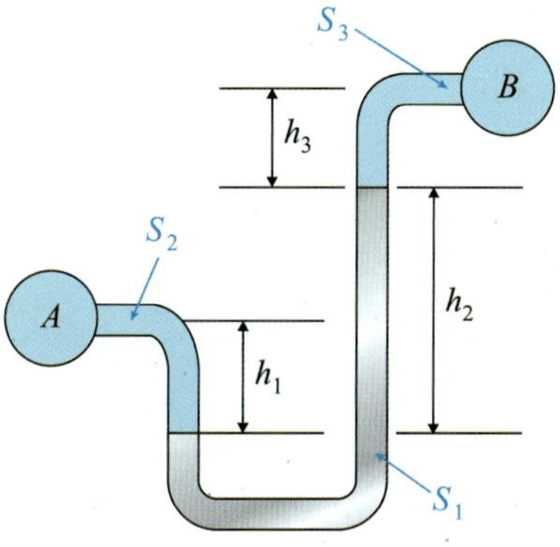

그림 3-35

이 사진은 운항 중인 컨테이너 선박의 모습이다. 무거운 선박이 바닷물에 떠 있을 수 있는 것은 '부력' 때문이다.
4장에서는 유체 정역학에서 중요한 개념인 정수력과 부력을 다룬다.

CHAPTER

04

정수력과 부력

Hydrostatic Force and Buoyancy

정수력 4.1
부력 4.2
강체 운동을 하는 용기 내 유체 4.3
연습문제

학습목표

- ✔ 정수력과 그 힘이 작용하는 점을 계산한다.
- ✔ 부력의 개념과 부체의 안정성을 학습한다.
- ✔ 유체가 가득 차 있는 용기가 강체 운동을 할 때의 변화를 학습한다.

SECTION 4.1

정수력

- ✔ 유체에 잠긴 물체에 작용하는 평균 압력인 정수력을 학습한다.
- ✔ 정수력 작용점은 작용물체의 도심보다 항상 낮게 작용함을 이해한다.
- ✔ 판이나 물체가 잠긴 경우에 따른 힘의 상관관계를 학습한다.

4.1.1 정수력이란?

[그림 4-1]은 일본 오키나와 츄라우미 수족관 내부에 설치된 유리벽이다. 바다생물을 생생하게 볼 수 있는 이 유리벽은 수압을 버티기 위해 0.6 [m] 두께로 설치됐다. [그림 4-2]는 낙동강 하굿둑에서 해수와 담수의 높이가 다를 때 수문의 안정성 평가를 한 결과이다. 두 그림에서와 같이 **물속에 잠긴 물체에는 수심에 따른 압력이 작용하고 그 압력은 물의 양에 따라 크기가 달라지기 때문에 적절한 평가가 필요**하다.

유리나 수문에 작용하는 압력분포는 수심에 따라 달라지고 이에 작용하는 힘은 식 (4.1)과 같이 수심에 따라 작용하는 압력에 면적을 곱한 값으로 표현할 수 있다. **깊이에 따라 압력이 달라지므로 미소면적에 작용하는 미소압력**을 적분으로 구하게 된다. 이를 **정수력**Hydrostatic Force 또는 전압력Total Pressure이라 한다. 여기서 '전압력'이 힘임에도 불구하고 '압력'이란 용어를 사용하는 것은, 작용하는 평균적인 압력을 지칭하기 때문이다. 따라서 이 용어를 압력으로 혼동해서는 안 된다.[1]

$$F_h = pA = \gamma h A \ : \text{압력분포에 작용하는 힘} = \text{정수력} \qquad (4.1)$$

그림 4-1 일본 오키나와 츄라우미 수족관[2]

1 정수력과 전압력은 같은 개념이다. 이 책에서는 정수력으로 통일했다.

2 유리 벽의 높이, 폭, 두께는 각각 8.2 [m], 22.5 [m], 60 [cm]이다.

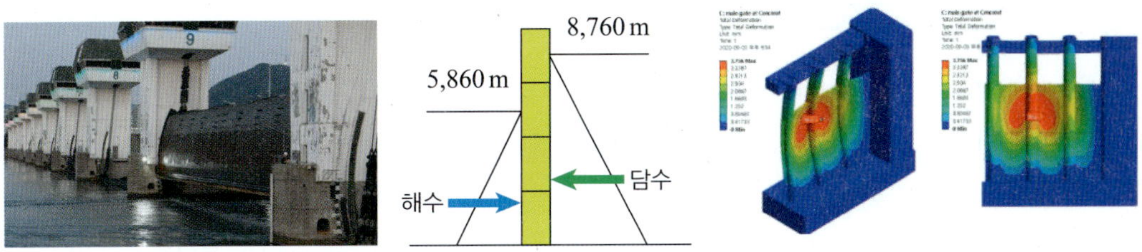

그림 4-2 낙동강 하굿둑 수문의 안정성 해석

4.1.2 평판이 수평으로 잠긴 경우

[그림 4-3]과 같이 얇은 평판이 수평으로 잠겨 있을 때를 생각해보자. 이때 평판 위로 압력 p가 단면적 A에 걸쳐 균일하게 작용하는데, 이것이 수평으로 잠긴 경우가 일반적인 정수력 개념이다. 이 면적에 작용하는 평균적인 압력은 식 (4.1)과 같고, **그 표면에 작용하는 힘을 정수력**이라고 한다. 이때 얇은 평판 중심(도심)과 압력 중심Center of Pressure, C.P은 같아지며 이 점이 정수력의 작용점이 된다.

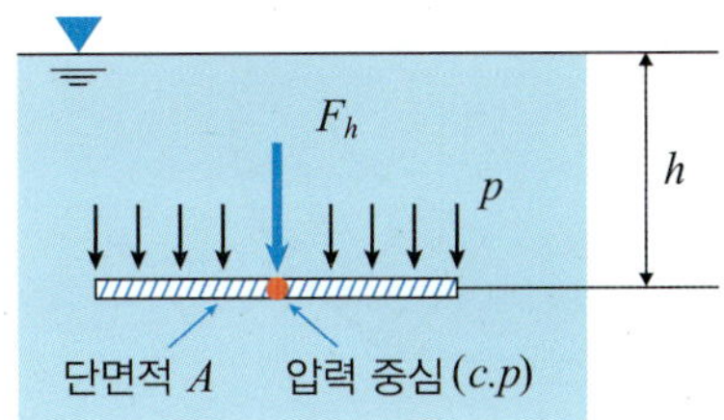

그림 4-3 평판이 수평으로 잠긴 경우 힘의 상관관계

4.1.3 평판이 수직으로 잠긴 경우

[그림 4-4]와 같이 얇은 평판이 수직으로 잠겨 있을 때를 생각해보자. 수직으로 작용할 때는 평판에 노란색 사다리꼴의 압력이 작용하는데, 평면 상단압력 p_1과 평면 하단압력 p_2는 식 (4.2), 식 (4.3)과 같이 각각의 수위 h_1과 h_2에 따라 달라진다. 평판 높이 $h_2 - h_1$에 작용하는 정수력은 식 (4.4)와 같이 사다리꼴 평면의 면적과 같아진다. **수직 평판에 작용하는 압력분포**는 [그림 4-4]에서 보듯이 **완전히 선형적**이라는 것을 알 수 있다. 이때 [그림 4-4]의 빨간색 점, 즉 정수력 작용점이 도심(평판의 중심인 파란색 점)보다 아래에 작용하게 된다.

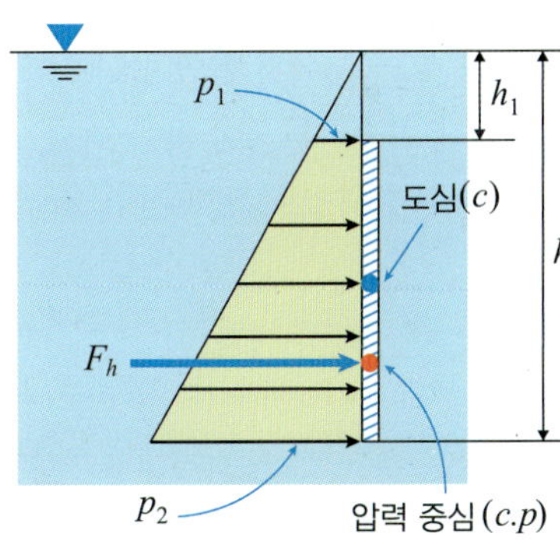

그림 4-4 평판이 수직으로 잠긴 경우 힘의 상관관계

$$p_1 = \gamma h_1 \tag{4.2}$$

$$p_2 = \gamma h_2 \tag{4.3}$$

$$F_h = \frac{\gamma_1 h_1 + \gamma_2 h_2}{2}(h_2 - h_1) \tag{4.4}$$

4.1.4 곡면판이 잠긴 경우

[그림 4-5]와 같이 곡면판이 잠긴 경우는 수평분력Horizontal Force과 수직분력Vertical Force이 작용하게 된다. x방향에 작용하는 힘은 [그림 4-5(b)]와 같이 노란색 도형의 좌측에 작용하는 정수력인 F_{DF}와 우측에 작용하는 수평분력 F_H의 합인 식 (4.5)와 같다. y방향에 작용하는 힘의 합은 평평한 평면에 작용하는 F_{DE}와 하부 측에 작용하는 수직분력 F_V 그리고 중력의 합인 식 (4.6)과 같다.

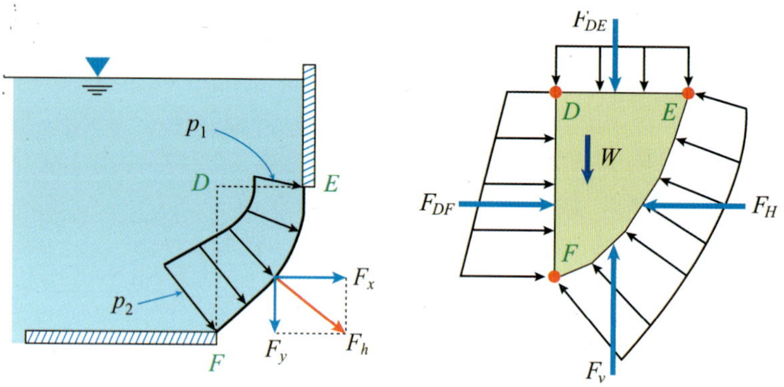

(a) 힘의 상관관계

(b) 자유물체도와 분력

그림 4-5 곡면판이 잠긴 경우

$$\sum F_x = F_{DF} - F_H = 0 \tag{4.5}$$

$$\sum F_y = F_V - F_{DE} - W = 0 \tag{4.6}$$

식 (4.5)와 식 (4.6)에서 힘의 합이 0이므로 식 (4.7), 식 (4.8)과 같이 유도된다. **수평분력은 수직으로 잠긴 평판에 작용하는 정수력**이 되고, **수직분력은 부력**으로 정리된다. 즉 두 힘의 크기는 식 (4.9)가 되며 두 분력이 이루는 각은 식 (4.10)과 같이 구할 수 있다.

$$F_H = F_{DF} = \gamma h A \tag{4.7}$$

$$F_V = F_{DE} + W = F_{Bouyance} \tag{4.8}$$

$$\overrightarrow{F} = \sqrt{F_H^2 + F_V^2} \tag{4.9}$$

$$\theta = \tan^{-1}\frac{F_V}{F_H} \tag{4.10}$$

4.1.5 물체가 경사지게 잠긴 경우

물체가 [그림 4-6(a)]와 같이 경사지게 잠긴 경우에는 곡면판이 잠긴 경우와 같이 수평분력과 수직분력이 작용한다. 그렇다면 두 가지 힘을 4.1.4절과 같이 계산해주면 되는데 [그림 4-6(b)]와 같이 점 O에 힌지를 두고 카운트밸런스(상응질량)를 설치하게 되면 수직분력이 상쇄된다. 이 경우는 **경사진 물체에 순수 정수력만을 고려하기 위함**이고, [그림 4-7]과 같은 정수력 실험에서 많이 사용된다. 이 장치는 물이 없을 때 평판 무게에 의한 수직분력을 상응질량을 통해 0으로 세팅하고 시작한다. 따라서 힌지를 설치하면 경사지게 잠긴 물체의 순수 정수력을 고려하기 위한 자유물체도는 [그림 4-6(b)]에서 [그림 4-8]과 같이 변경되어야 한다.

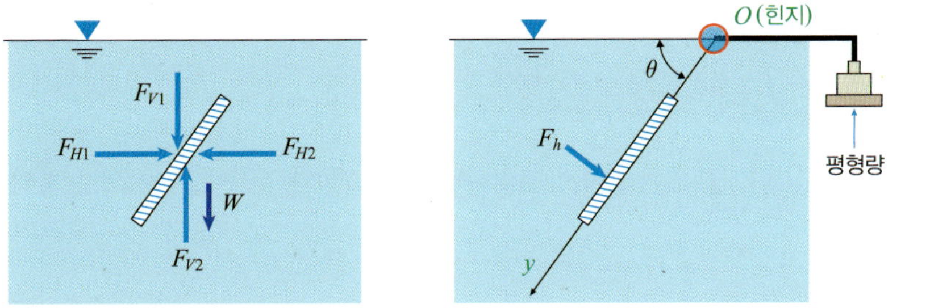

(a) 힌지가 없는 경우 (b) 힌지와 평형력에 의해 수직분력을 제거한 경우

그림 4-6 물체가 경사지게 잠긴 경우

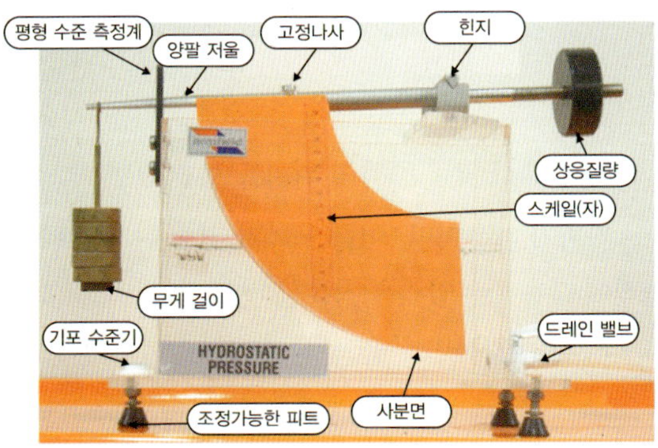

그림 4-7 정수력을 구하기 위한 실험장치

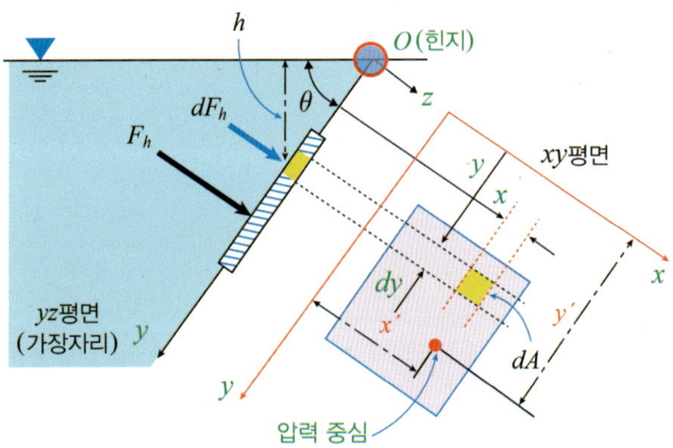

그림 4-8 수직분력을 제거한 정수력을 구하기 위한 자유물체도

[그림 4-8]의 자유물체도를 보면 평면이 점 O를 기준으로 θ만큼 기울어져 있다. 정수력을 구하기 위한 dy만큼의 미소면적 dA를 설정하고 이 면적에 작용하는 미소 정수력을 dF_h라 하면 수심방향에 따른 정수력을 식 (4.11)과 같이 구할 수 있다. 여기서 경사진 면을 y축으로 설정했기 때문에 수심 h는 각도 θ를 고려해 $y\sin\theta$가 된다. 식 (4.11)을 y변화에 따라 적분해주면 경사판에 작용하는 정수력은 식 (4.12)와 같이 정의된다. 식 (4.11)과 식 (4.12)의 A는 투영면적을 의미한다.[3]

$$dF_h = pdA = \gamma h dA = \gamma \times y \sin\theta \, dA \tag{4.11}$$

$$F_h = \int_A \gamma \, y \sin\theta \, dA = \gamma \, y \sin\theta \int_A y \, dA \tag{4.12}$$

식 (4.12)에서 적분항은 식 (4.13)과 같이 x축에 따른 1차 면적모멘트[4]를 의미한다.

$$\int_A y \, dA = A\bar{y} = Ay_c{}^{5} \tag{4.13}$$

식 (4.13)의 1차 면적모멘트를 식 (4.12)에 대입하고 정리하면 식 (4.14)와 같으며, $\bar{y}\sin\theta$는 $\bar{h}$와 같다.

$$F_h = \gamma \, \bar{y} \sin\theta \, A = \gamma \, \bar{h} A \tag{4.14}$$

경사진 물체에 작용하는 정수력을 식 (4.2)와 비교하면 **기본적인 정수력에 경사진 각도 θ만큼 차이가 있음**을 알 수 있다. 이는 매우 중요한 내용이니 반드시 기억하자.

■ 정수력이 작용하는 압력 중심

[그림 4-8]의 xy평면에서 F_h를 적용한 화살표와 xy평면에서 압력 중심의 위치를 보면 단면보다 아래에 두었는데, 그 이유는 수심이 내려갈수록 수압이 커지기 때문이다. 이를 구하기 위해 힌지점 O를 기준으로 계산한 모멘트는 식 (4.15)와 같이 미소면적에 작용하는 압력을 적분한 것과 같다. 식 (4.15)의 적분항을 식 (4.16)과 같이 정리하고, 식 (4.12)인 F_h를 대입하면 y'을 식 (4.17)과 같이 계산할 수 있다.

$$M_o = F_R \times y' = \int_A ypdA \tag{4.15}$$

$$F_R \times y' = \int_A y(\gamma h)dA = \int_A y(\gamma y \sin\theta)dA = \int_A \gamma y^2 \sin\theta dA \tag{4.16}$$

$$y' = \frac{\int_A \gamma y^2 \sin\theta dA}{\int_A \gamma y \sin\theta \, dA} = \frac{\int_A y^2 dA}{\int_A y \, dA} = \frac{I_{XX}}{A\bar{y}} = \frac{I_{xx} + A\bar{y}^2}{A\bar{y}} = \bar{y} + \frac{I_{xx}}{A\bar{y}} \tag{4.17}$$

---

3 [그림 4-8]에서 이해를 돕기 위해 사각형으로 나타냈지만, 만약 그 형태가 임의의 형상이더라도 투영면적은 사각형이 된다.

4 1차 면적모멘트는 물리 및 고체역학 시간에 공부한 물체의 도심을 구할 때 사용되는 수식이다.

5 여기서 $\bar{y}$ 나 y_c는 같은 도심 거리이며 책마다 혼용하는데, 이 책에서는 $\bar{y}$만 사용하기로 한다.

식 (4.17)의 분자에 있는 $\int_A y^2 dA$의 개념은 2차 면적모멘트 I_{XX}임을 알 수 있다. 또한 작용된 축이 압력 중심축으로 이동됐기 때문에 평행축 이론을 적용한 것임을 알 수 있다.[6] 결론적으로 식 (4.17)과 같이 경사진 물체의 작용점은 항상 도심 $\bar{y}$보다 아래에 작용한다는 것을 알 수 있다. 그 크기는 식 (4.17)에 표시한 빨간색 원만큼 커지게 된다. 동일한 방법으로 x'도 식 (4.18)과 같이 구할 수 있다.

$$x' = \bar{x} + \frac{I_{yy}}{A\bar{x}} \tag{4.18}$$

예제 4-1 평판이 수직으로 잠긴 경우의 정수력과 작용점

[그림 4-9]와 같이 4 [m] × 4 [m]인 정사각형 수문이 수직으로 설치되어 있다. 이때 (a) 정수력 F_h가 작용하는 작용점을 구하고, (b) 이 수문을 열기 위한 힘(F)은 얼마인지 구하라.

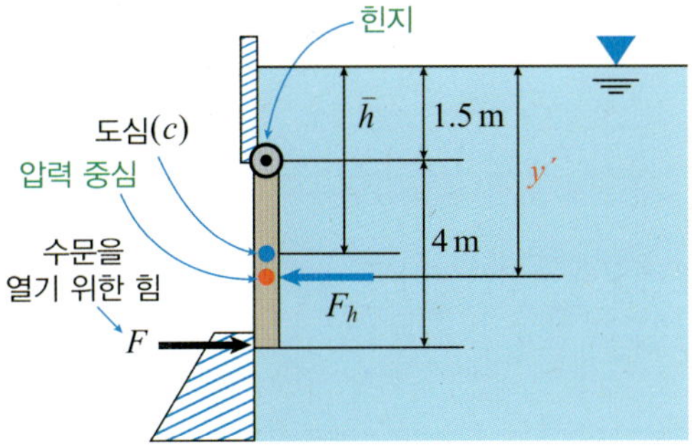

그림 4-9 평판이 수직으로 잠긴 경우

분석

- 평판이 수직으로 잠긴 경우 정수력은 식 (4.14), 작용점은 식 (4.17)을 이용하면 된다.
- 정수력 계산에 있어 수직 평판에 작용하는 힘과 작용점을 구하는 것은 비교적 간단하지만, 압력 중심이 수문 중심보다 항상 아래에 있다는 것을 알아야 한다.
- 수문을 열기 위한 힘을 구하기 위해서 힌지를 기준으로 모멘트 관계를 이용하면 된다.
- 정사각형 수문의 도심과 2차 관성모멘트를 계산할 수 있어야 한다.

풀이

(a) 수문을 열기 위한 힘을 구하기 위해 먼저 식 (4.14)를 이용해 식 (4.19)와 같이 정수력을 구해야 한다.

$$F_h = \gamma\bar{h}A \tag{4.14}$$

$$= 9{,}800 \times (1.5 + 4/2) \times (4 \times 4) = 548{,}800\,[\mathrm{N}] \tag{4.19}$$

압력 중심을 구하기 위해 먼저 정사각형 수문의 2차 관성모멘트를 식 (4.20)과 같이 구해야 한다. 그다음 식 (4.17)에 대입하면 식 (4.21)과 같이 작용점을 구할 수 있다.

6 2차 관성모멘트와 평행축 이론에 대한 정리는 고체역학에서 학습하기 바란다.

$$I_{xx} = \frac{bh^3}{12} = \frac{4 \times 4^3}{12} = 21.33\,[\mathrm{m}^4] \tag{4.20}$$

$$y' = \bar{y} + \frac{I_{xx}}{A\bar{y}} = 3.5 + \frac{21.33}{16 \times 3.5} = 3.88\,[\mathrm{m}] \tag{4.21}$$

(b) [그림 4-9]에서 보듯이 수문을 열기 위한 힘이라는 것은 수문에 작용하는 F_h를 이기는 힘이다. 식 (4.22)와 같이 힌지로부터 모멘트 평형식으로 구하고 정리하면 수문을 열기 위한 힘인 식 (4.23)이 된다.

$$M_o = F_h \times (y' - 1.5) - F \times 4 = 0 \tag{4.22}$$

$$M_o = 548{,}800 \times (3.88 - 1.5) - F \times 4 = 0$$

$$F = \frac{548{,}800 \times (3.88 - 1.5)}{4} = 326{,}536\,[\mathrm{N}] \tag{4.23}$$

고찰

- 수문의 도심 길이인 3.5 [m]는 수문까지의 거리 1.5 [m]와 수문 중심 2 [m]를 합한 길이임을 알아야 한다.
- 압력 중심은 도심보다 밑에 있음을 확인했다. 그러나 도심보다 많이 떨어진 것은 아니라는 점을 알아야 한다.
- 수문을 열기 위한 힘을 구하려면 수문 구조상 힌지부터 구해야 한다. 수문은 오른쪽으로, 정수력은 왼쪽으로 작용하기 때문에 서로 상쇄되고, 그 차이가 수문을 열 수 있는 최소의 힘이 된다.

Think_01

압력 중심을 구하기 위해 1차 관성모멘트, 2차 관성모멘트 그리고 평행축의 원리가 적용됐다. 여기서 이 물리량이 정확히 어떤 값인지 알아야 한다. 유체역학과 상관없는 이 물리량 개념이 여기서 어떻게 사용됐는지 생각해보자.

예제 4-2 경사로 잠긴 평판에 작용하는 정수력과 작용점

[그림 4-10]과 같이 길이 2 [m], 폭 1.5 [m]인 직사각형 수문이 45° 경사로 장착되어 있다. 이때 (a) 정수력 F_h가 작용하는 작용점을 구하고, (b) 이 수문을 열기 위한 힘(F)은 얼마인지 구하라.

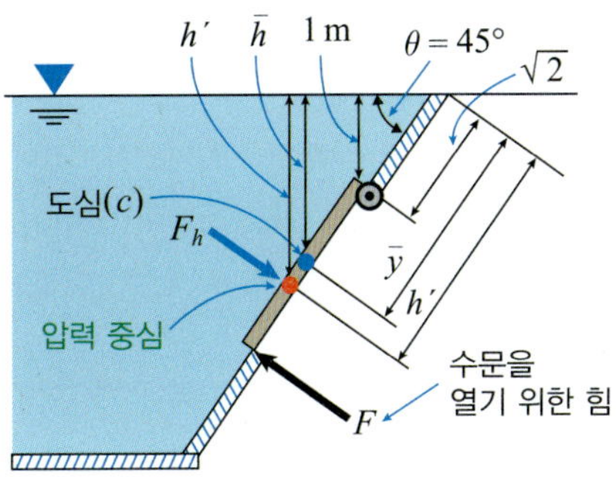

그림 4-10 평판이 경사로 잠긴 경우

분석

- 평판이 경사로 잠긴 경우 정수력과 작용점은 수직으로 잠긴 경우와 같은 개념으로 식 (4.11)과 같이 구할 수 있다. 이때 경사진 방향을 고려해서 구하면 된다.
- 수문에 연결된 힌지를 기준으로 모멘트 관계를 이용해 수문을 여는 힘을 계산하면 된다.
- 직사각형 수문의 도심과 2차 관성모멘트를 계산할 수 있어야 한다.

풀이

(a) 수문을 열기 위한 힘을 구하기 위해 먼저 식 (4.11)을 이용해 식 (4.24)와 같이 정수력을 구해야 한다.

$$F_h = \gamma \bar{h} A = \gamma \bar{y} \sin\theta A \qquad (4.11)$$

$$= 9{,}800 \times (\sqrt{2}+1)\sin 45 \times (1.5 \times 2) = 50{,}189 \text{ [N]} \qquad (4.24)$$

압력 중심을 구하기 위해 먼저 직사각형 수문의 2차 관성모멘트를 식 (4.25)와 같이 구해야 한다. 그 다음 식 (4.17)에 대입하면 식 (4.26)과 같이 작용점을 구할 수 있다.

$$I_{xx} = \frac{bh^3}{12} = \frac{1.5 \times 2^3}{12} = 1.0 \text{ [m}^4\text{]} \qquad (4.25)$$

$$y' = \bar{y} + \frac{I_{xx}}{A\bar{y}} = (\sqrt{2}+1) + \frac{1}{(2 \times 1.5) \times 2.414} = 2.55 \text{ [m]} \qquad (4.26)$$

(b) [그림 4-10]에서 보듯이 수문을 열기 위한 힘은 수문에 작용하는 F_h를 이기는 힘이기 때문에 식 (4.27)과 같이 힌지로부터 모멘트 평형식으로 구하고 정리하면 식 (4.28)이 된다.

$$M_o = F_h \times (y' - 1.414) - F \times 2 = 0 \qquad (4.27)$$

$$M_o = 50{,}189 \times (2.55 - 1.414) - F \times 2 = 0$$

$$F = \frac{50{,}186 \times (2.55 - 1.414)}{2} = 28{,}507\,[\mathrm{N}] \tag{4.28}$$

고찰

- 경사진 y축에서 수문의 도심 길이가 2.414 [m]임을 알아야 한다. 즉 수문까지의 거리 $\sqrt{2}$ [m]와 수문 중심 1 [m]를 합한 길이임을 알아야 한다.
- 압력 중심은 도심보다 밑에 있음을 확인했다. 그러나 도심보다 많이 떨어진 것은 아니라는 점을 알아야 한다.
- 수문을 열기 위한 힘을 구하려면 수문 구조상 힌지부터 구해야 한다. 수문은 오른쪽으로, 정수력은 왼쪽으로 작용하기 때문에 서로 상쇄되고, 그 차이가 수문을 열 수 있는 최소의 힘이 된다. 여기서 수직력을 계산하지 않은 이유를 생각해봐야 한다.

예제 4-3 곡면의 물체가 잠긴 경우의 정수력

[그림 4-11]과 같이 원의 1/4(90°)인 곡면이 잠겨 있다. 이때 (a) 곡면에 작용하는 수평력, (b) 수직력, (c) 정수력, (d) 힘이 작용하는 각도를 구하라. 단, 곡면의 폭은 3 [m]이다.

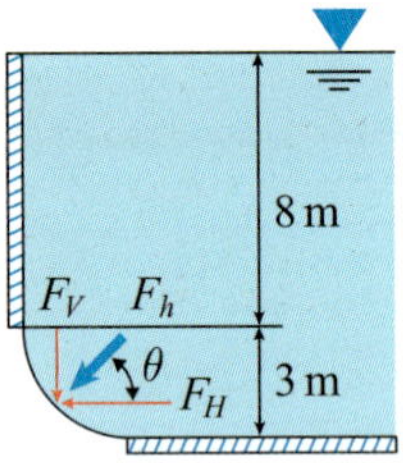

그림 4-11 곡면의 물체가 잠긴 경우

분석

- 곡면에 작용하는 힘은 식 (4.5)와 식 (4.6)을 통해 구하면 된다.
- 수직력은 곡면에 작용하는 부력이다. 부력은 유체의 비중량에 체적을 곱하면 된다.
- 수평력과 수직력을 구한 후 작용하는 힘의 크기와 작용하는 각도는 각각 식 (4.9)와 식 (4.10)으로부터 구하면 된다.

풀이

(a) 수평력은 식 (4.7)을 이용해 식 (4.29)와 같이 구하면 된다.

식 (4.14)의 면적 A는 투영면적을 통해 구해야 한다. 직사각형의 형태로 투영됐으므로 수문의 치수 (3 [m]×3[m])를 이용하면 된다.

$$F_h = \gamma \bar{h} A = F_H \tag{4.7}$$

$$F_H = 9{,}800 \times (8 + 3/2) \times (3 \times 3) = 837{,}900\,[\mathrm{N}] \tag{4.29}$$

(b) 수직력은 식 (4.8)을 이용한 부력을 통해 식 (4.30)과 같이 구한다. 여기서 부력은 유체의 비중량에 체적(∀)을 곱해주면 된다.

$$F_V = \gamma \forall \tag{4.8}$$

$$F_V = 9800 \times \left(3 \times 3 \times 8 + 3 \times \frac{\pi 3^2}{4}\right) = 913{,}416\,[\mathrm{N}] \tag{4.30}$$

(c) 두 힘의 평균이 곡면에 작용하는 정수력이고, 이는 식 (4.9)를 통해 식 (4.31)과 같이 구하면 된다.

$$\overrightarrow{F} = \sqrt{F_H^2 + F_V^2} \tag{4.9}$$

$$\overrightarrow{F} = \sqrt{837{,}900^2 + 913{,}416^2} = 1{,}239{,}518\,[\mathrm{N}] \tag{4.31}$$

(d) 힘이 작용하는 각도는 식 (4.10)을 통해 식 (4.32)와 같이 구하면 된다.

$$\theta = \tan^{-1}\frac{F_V}{F_H} \tag{4.10}$$

$$\theta = \tan^{-1}\frac{913{,}416}{837{,}900} = 47.47° \tag{4.32}$$

고찰

- 곡면의 물체가 잠겨 있을 때 왜 수직력을 고려해 계산해야 하는지 생각해보자.
- 이 예제에서 정수력이 작용하는 위치를 구하지 않는 이유에 대해서도 생각해보자.
- 힘의 크기와 작용하는 각도는 식 (4.9)와 식 (4.10)으로 구할 수 있다. 이 개념은 힘이 곧 벡터량이라는 것을 의미한다.

SECTION
4.2

부력

✔ 부력의 물리량에 대해 학습한다.
✔ 부체의 안정성을 결정하는 부심과 도심의 관계를 학습한다.

4.2.1 부력이란?

선박이나 빙하와 같은 물체가 유체 안에 있다고 가정하자. 이때 물체에는 물체를 수면 위로 띄우려는 힘이 가해지고, 물체 표면에 작용한 유체의 압력이 아래쪽으로 내려갈수록 커지기 때문에 전체적으로는 위쪽으로 힘이 작용한다. 이 힘을 부력Buoyancy, Buoyant Force이라 한다. [그림 4-12]에서는 바닷속에 잠겨 있는 체적의 유체 무게가 선박을 띄우는 부력이 된다. 이는 정수력에서 다루었던 수직력과 같다. 즉 식 (4.33)과 같이 **유체 속에 잠긴 물체의 부피와 같은 힘을 부력** p_b라 한다.[7]

$$F_{buoyancy} = F_b = \rho g \forall = \gamma \forall \tag{4.33}$$

선박은 보통 [그림 4-12]에서 보듯이 하단까지만 잠긴다. 이 붉은 경계를 수선Waterline이라 하며, 선박 바닥에서 수선까지의 길이를 흘수(吃水)Draft, Draught라 한다. 흘수까지의 체적을 알면 선박의 부력을 쉽게 구할 수 있다.

(a) 부유식 가스 저장, 재기화 설비

(b) 컨테이너 선박

그림 4-12 바다를 운항하는 여러 가지 선박

Think_02

선박이 흘수 위, 즉 갑판까지 잠기게 되면 어떻게 될지 생각해보자.

7 아르키메데스가 발견한 물리량으로, 어렸을 적 물놀이를 하면서 가장 쉽게 접했던 물리 개념이다.

부력이라는 물리량을 이용하는 장치 및 기구는 [그림 4-13]과 같이 우리 주변에서 흔히 볼 수 있다. [그림 4-13(a) ~ (c)]는 물속에서 작용하는 부력을 이용한 장치들이고, [그림 4-13(d), (e)]는 대기 중에 공기 밀도차로 생기는 부력을 이용한 비행선과 공기 풍선이다.[8]

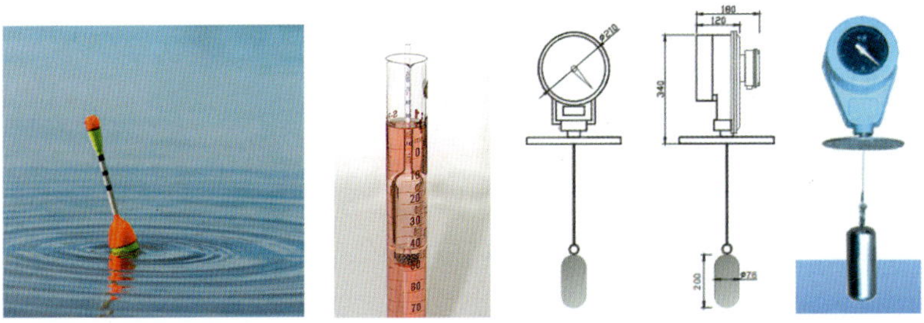

(a) 낚시찌　　(b) 비중계　　(c) 부자식 수위 검출계

(d) 비행선 (USS 메이콘)　　(e) 공기 풍선

그림 4-13 부력을 이용하는 장치나 기구

예제 4-4 바다의 부력

[그림 4-14]와 같이 바다 위에 얼음이 떠 있다. 수면 위로 나와 있는 체적은 45 [m^3], 얼음의 비중은 0.88이다. 해수의 비중을 1.025라 할 때 얼음의 질량을 구하라.

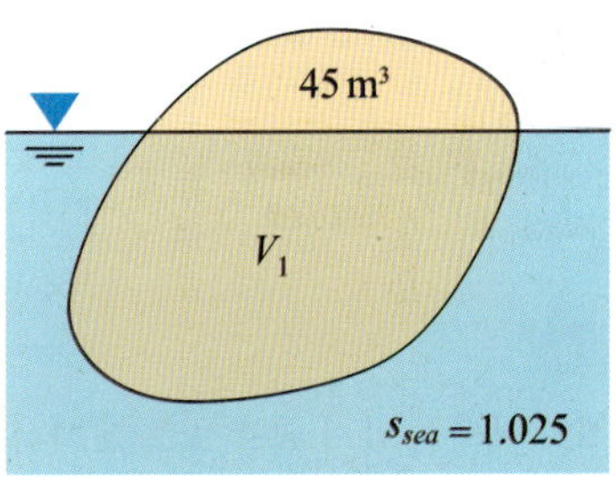

그림 4-14 바다 위에 떠 있는 얼음

분석

- 이 예제는 부력의 기본적인 개념을 묻는 문제이며 식 (4.33)을 이용하면 된다.
- 바닷속에 잠긴 물체의 체적을 구하는 것이 이 예제의 핵심이다.

8 이외에도 부력을 이용하는 다양한 장치가 있으므로 직접 만들어보기 바란다.

풀이

- 식 (4.34)와 같은 개념, 즉 주어진 얼음 체적이 가하는 하중은 바다에 잠긴 체적만큼의 부력과 같다는 개념으로 풀어야 한다.
- 식 (4.34)에 [그림 4-12]에서 주어진 값을 대입하면 식 (4.35)와 같다.

$$\gamma_{ice} V_{ice} = \gamma_{sea} V_{sea} \tag{4.34}$$

$$9800 \times 0.88 \times (45 + V_1) = 9800 \times 1.025 \times V_1 \tag{4.35}$$

- 식 (4.35)를 풀면 $V_1 = 273.1\,[\mathrm{m}^3]$가 되고, 얼음의 질량은 식 (4.36)과 같이 구할 수 있다.

$$\begin{aligned} m_{ice} &= \rho_{ice} V = 0.88 \times 1{,}000(V_1 + 45) \\ &= 0.88 \times 1{,}000(273.1 + 45) = 280 \times 10^3\,[\mathrm{kg}] \end{aligned} \tag{4.36}$$

고찰

- [그림 4-14]는 빙하에서 볼 수 있는 빙산이다. 바다 위에 떠 있는 부분이 45 $[\mathrm{m}^3]$라면, 바다의 비중이 1.025일 때 바다 아래로는 $V_1 = 273.1\,[\mathrm{m}^3]$ 정도, 즉 약 6배 더 큰 빙하가 있다는 뜻이다.
- 부력을 구하는 데 있어 빙하의 형태는 상관없다.

예제 4-5 공기의 부력

[그림 4-15]와 같이 지름이 약 14 [m]이며, 바스켓의 하중은 3,000 [N]인 공기 풍선이 있다. 이 공기 풍선을 띄우기 위한 공기 온도를 구하라. 단, 대기의 온도는 20[℃]이고 이때 공기의 밀도는 1.25 $[\mathrm{kg/m^3}]$이다.

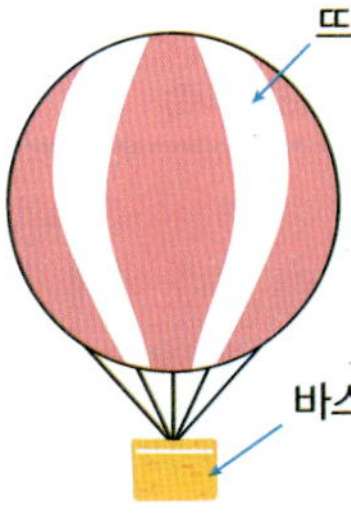

그림 4-15 공기 풍선을 뜨게 하는 부력

분석

- 이 예제는 공기 중에 있는 물체의 부력을 구하는 문제이다.[9]
- 공기 풍선을 띄울 때(+)의 힘을 구하는 문제이므로, 자유물체도를 그릴 때 공기 풍선이 정지했다고 가정하고 문제를 풀어야 한다($\sum F_y = 0$).
- 공기 풍선 내 공기는 히터로 가열하기 때문에 밖에 있는 대기보다 온도가 높고 밀도가 낮다. 그 온도와 밀도는 기체상태방정식으로 구하면 된다. 이때 아직 공기 풍선이 움직이기 전이라는 것을 상기해야 한다.
- 풍선의 체적은 $\pi D^3/6$으로 구하면 된다.

9 물속에서의 부력을 구하는 문제와 다르다.

풀이

- 자유물체도에 의한 수직력의 합은 식 (4.37)과 같이 정리할 수 있다. 바스켓에 의한 하중은 아래로 작용하므로 음(−)의 값이고, 이를 띄우려는 힘인 부력 F_B의 방향은 양(+)의 값을 갖고 반면에 뜨거운 공기가 가지고 있는 힘의 방향은 음(−)의 값을 갖는다. 이를 정리해 계산하면 공기의 밀도는 식 (4.38)과 같이 구할 수 있다.[10]

$$\sum F_y = F_B - W_{hot\ air} - W_{basket} = \rho_{atm} g \forall - \rho_{hot\ air} g \forall - W_{basket} = 0 \tag{4.37}$$

$$\rho_{hot\ air} = \rho_{atm} - \frac{W_{basket}}{g \forall} = 1.25 - \frac{3{,}000 \times 6}{9.8\,\pi\,14^3} = 1.04\,[\mathrm{kg/m^3}] \tag{4.38}$$

- 정지 시 풍선 내와 대기의 압력이 같으므로, 식 (4.39)와 같은 기체상태방정식의 상관관계로부터 식 (4.40)과 같이 풍선 내 온도를 구할 수 있다.

$$\frac{p_{hot}}{\rho_{hot} R T_{hot}} = \frac{p_{atm}}{\rho_{atm} R T_{atm}} \tag{4.39}$$

[11]

$$T_{hot} = T_{atm}\frac{\rho_{atm}}{\rho_{hot}} = (273 + 20) \times \frac{1.25}{1.04} = 352.16\,[\mathrm{K}] = 79.16\,[℃] \tag{4.40}$$

고찰

- 뜨거운 공기가 작용하는 힘이 음(−)이 되는 것은 순수 공기의 무게이므로 방향이 아래로 작용하기 때문이다. 식 (4.38)에서 공기의 밀도가 낮아진 것으로 보아 식 (4.37)의 자유물체도 내 힘의 방향 설정이 옳다는 것을 알 수 있다.
- 대기와 풍선 내 공기의 밀도가 다르다는 개념을 깨달아야 한다.
- 공기 풍선을 띄우는 초기 시점에서 풍선 내 밀도와 온도를 구하는 것이기 때문에 그 순간에는 풍선 내와 대기의 압력이 같다고 가정했다. 그러나 풍선이 상승하고 열이 계속 가해진다면 두 압력은 달라질 수밖에 없다.

---

10 온도가 상승했으므로 밀도가 낮아지게 된다.

11 hot air를 줄여 hot으로 간략히 나타냈다.

4.2.2 부심과 도심

[그림 4-16(a)]와 같이 물체가 잠수함처럼 완전히 잠겼을 때, 부력이 작용하는 점이 물체의 도심(무게 중심, G)이 되고 이를 부력 중심 또는 부심(B)이라고 한다. 만약 [그림 4-16(b)]와 같이 부체의 일부만 잠겨 있다면 잠겨 있는 체적과 전체 체적이 달라짐에 따라 부심과 도심은 달라진다.

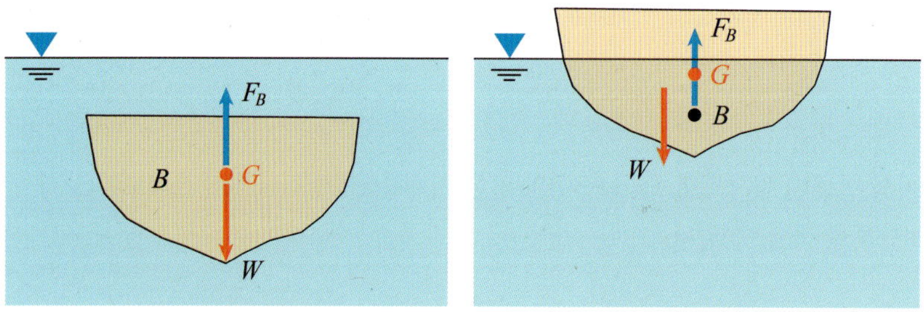

(a) 완전히 잠긴 경우 (b) 일부만 잠긴 경우

그림 4-16 물체가 잠긴 정도에 따른 부심과 도심의 관계

물체가 완전히 잠겨 있는 잠수함은 부체의 전복 여부, 즉 안정성에 대해 생각할 필요가 없다. 선박과 같이 부분적으로 잠긴 경우에는 그 안정성을 따져야 한다. [그림 4-17]은 떠 있는 물체의 부심과 도심이 달라짐에 따라 부체가 전복될 수 있는 확률이 높다는 것을 나타낸다. 즉 **부체의 안정성을 결정하는 중요한 요소는 부심과 도심(무게 중심)의 관계**이다.[12]

(a) 추가 아래에 있는 경우 (b) 추를 조금 위로 올린 경우

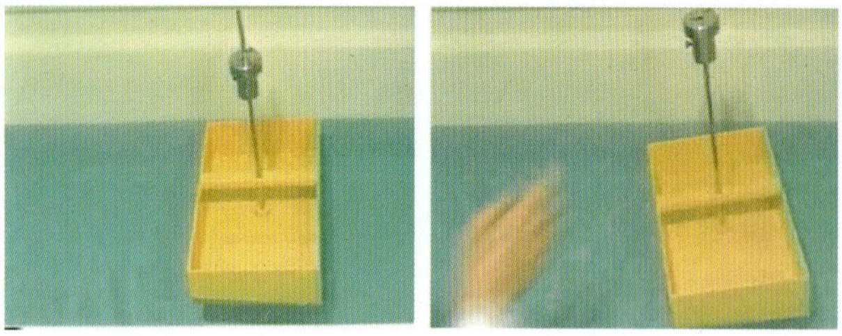

(c) 추를 3/4 높이까지 올린 경우 (d) 추를 꼭대기까지 올린 경우

그림 4-17 부체의 안정성을 설명하기 위한 도심 변경 실험

12 [그림 4-12]와 같이 쇠로 제작된 배가 물에 뜰 수 있는 이유는 흘수까지 물에 잠긴 체적과 그 체적의 도심 균형 때문이다. 일반적으로 도심과 무게 중심이라는 표현을 모두 사용하는데, 이 책에서는 도심으로 통일했다.

이를 설명하기 위해 [그림 4-18(b)]와 같이 부체가 흔들리는 경우를 살펴보자. 부체가 흔들리면 물체의 도심은 변화하지 않지만, 오른쪽 부피는 증가하고 왼쪽 부피는 감소하므로 부심은 B 에서 B' 으로 변경된다. 또한 도심에서 아래로 작용하는 중력과 변경된 부심에서 위로 작용되는 부력이 서로 우력 Couple Force을 발생시켜 다시 [그림 4-18(a)]와 같이 복원되면서 안정하게 된다. 만약 각변위인 θ가 크다면 [그림 4-17(c), (d)]처럼 불안정해져서 결국 전복하게 된다.

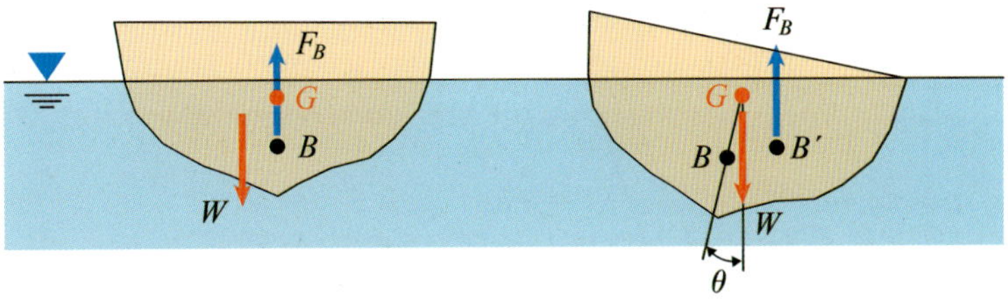

(a) 부체가 흔들리지 않는 경우　　(b) 부체가 흔들리는 경우

그림 4-18 도심은 바뀌지 않고 부심만 변경되는 경우

4.2.3 부체의 안정성

[그림 4-19]와 같이 원래의 부심(B)과 도심(G)을 연결하는 선과 변경된 부심(B')을 지나는 수직선이 만나는 점(M)을 경심Metacenter이라고 하고, 원래의 부심과 경심을 이은 선인 $\overline{MB}$ 를 경심 높이라 한다. 원래 경심 높이는 [그림 4-19]와 같은 사선이 아니라 [그림 4-18(a)]와 같이 수직선이어야 한다. 만약 경심 높이가 0이라고 한다면 부심, 중심 그리고 경심이 모두 동일점이어야만 한다. [그림 4-19]와 같이 경사각이 커지면 부체가 불안정해지고 경심의 위치도 변화한다. 이 경심이 어디에 생기는지는 식 (4.41)과 같이 부체의 안정성을 판단하는 매우 중요한 인자가 된다.

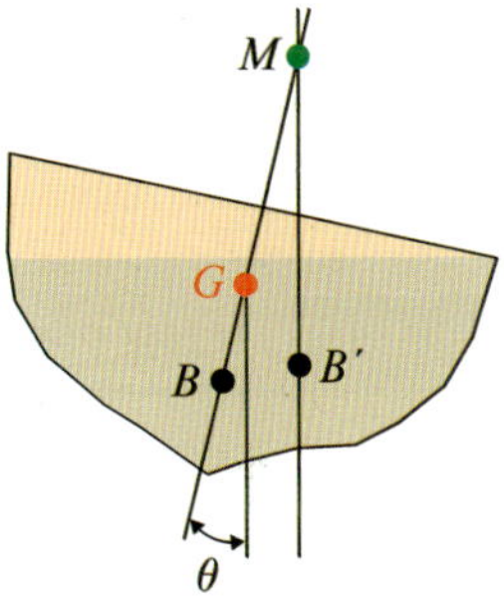

그림 4-19 부심, 도심, 경심의 관계

식 (4.41)과 같이 경심에서 도심과 원래 부심의 거리인 $\overline{GB}$ 를 뺐을 때 양(+)의 값을 가지면 부체는 안정하지만, 이 값이 음(−)의 값을 가지면 경심 M이 중심 G보다 밑에 생기게 되어 불안정하다.

$$\overline{MG} = \overline{MB} - \overline{GB} > 0 \tag{4.41}$$

만약 [그림 4-19]와 같이 기하학적으로 경심 높이 $\overline{MB}$ 를 구하기 어렵다면 식 (4.42)와 같이 구할 수 있다. 식 (4.42)에서 I와 $\forall$ 는 각각 부체의 2차 관성모멘트와 체적이다.[13]

$$\overline{MB} = \frac{I}{\forall} \tag{4.42}$$

13 최근에는 3D 설계프로그램으로 무게 중심을 어렵지 않게 구할 수 있으니 적극적으로 활용해보자.

[그림 4-20]은 공기 중 장치의 안정성을 다룬 것이다.[14] 공기 풍선의 안정성도 물속에 잠긴 부체처럼 계산할 수 있지만 방식은 조금 다르다. 즉 공기에 잠긴 경우는 안정성을 따지는 식 (4.41)을 그대로 적용하면 안 된다. [그림 4-20]에서 보듯이 $\overline{MB}$ 가 물에 잠긴 경우보다 짧기 때문에, 경심의 높이를 $\overline{MB}$ 가 아닌 $\overline{MG}$ 로 변경해야 한다.

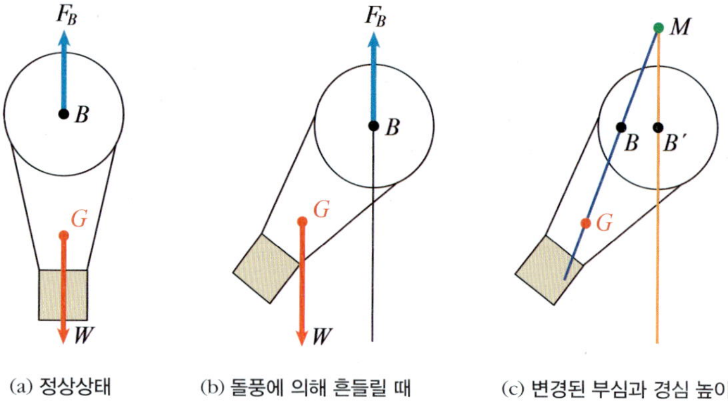

그림 4-20 공기 풍선의 안정성 계산

Think_03

공기에 잠긴 경우의 안정성 판단기준은 물속에 잠긴 경우와 무엇이 어떻게 다른지 생각해보자.

예제 4-6 부체의 안정성

[그림 4-21]과 같이 폭 7 [m], 길이 15 [mm], 높이 2.6 [m]인 화물선이 민물에 떠 있으며 80,000 [kg_f]의 총 중량을 받고 있다. 이때 물체의 중심, 잠긴 부분의 중심, 즉 부심과 경심의 높이를 구하라.

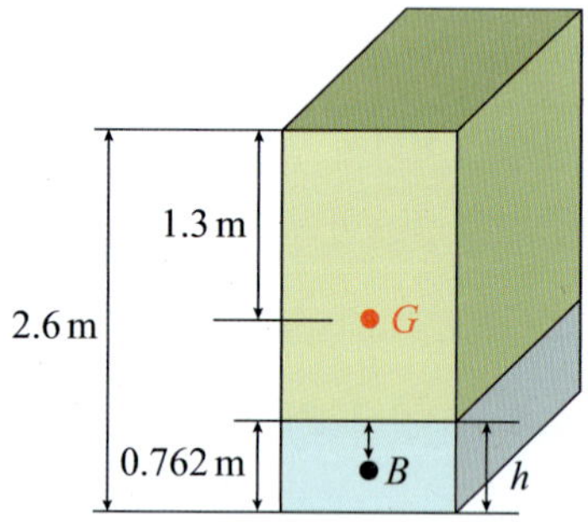

그림 4-21 부체의 안정성을 평가하기 위한 시스템

14 최근 선박 운행 중 도심의 변화로 인한 전복사고가 빈번히 일어나고 있다. 공기 풍선에서도 이런 문제가 발생할 수 있으므로 부체의 안정성을 충분히 이해하고 있어야 한다.

분석

- 이 예제는 부체의 안정성을 계산하기 위한 문제로, 부체의 안정성을 따지기 위해서는 부체의 체적을 알아야 한다.[15]
- 총 중량의 단위 $[kg_f]$과 [N]은 같은 개념이다.
- 부체의 안정성을 논하기 위해 식 (4.41)과 식 (4.42)를 이용하면 된다.

풀이

- 화물선의 체적은 $7 \times 15 \times 2.6 = 273[m^3]$이다.
- 80,000 $[kg_f]$의 총 중량이 민물에 떠 있다는 것은 곧 부력을 의미하므로 식 (4.43)과 같이 정리할 수 있다. 바닷물에 잠긴 체적은 식 (4.44)와 같이 80 $[m^3]$가 된다.

$$F_B = \gamma \forall = 80{,}000\,[kg_f] \tag{4.43}$$

$$\forall = F_B/\gamma = 80{,}000/1{,}000 = 80\,[m^3] \tag{4.44}$$

$$h = 80/(7 \times 15) = 0.762\,[m] \tag{4.45}$$

- 바닷물에 잠긴 체적이 80 $[m^3]$이고 단면적으로 나눠진다면 선박이 잠긴 부분은 식 (4.45), [그림 4-21]과 같이 0.762 [m] 정도가 되고, 잠긴 부분의 중심, 즉 부심(B)은 이 값의 절반인 0.381 [m]가 된다.
- 선박의 안정성은 식 (4.41)과 식 (4.42)를 이용해 계산해야 하므로 두 식을 이용하면 식 (4.46)과 같이 $\overline{MG}$를 구할 수 있다.

$$\overline{MG} = \overline{MB} - \overline{GB} > 0 \tag{4.41}$$

$$\overline{MB} = \frac{I}{\forall} \tag{4.42}$$

$$\overline{MG} = \frac{I}{\forall} - \overline{GB} = \frac{15 \times 7^3/12}{0.762 \times 15 \times 7} - (1.3 - 0.381) = 4.44\,[m] \tag{4.46}$$

고찰

- 식 (4.46)에서 $\overline{GB}$를 구할 때 도심이 1.3 [m]가 됨을 알아야 하고 $\overline{MG}$가 양(+)의 값을 가지므로 화물선은 안정한지 판단해야 한다.
- 선박이 안정하지 않다는 판단이 나왔을 때는 어떤 값들을 어떻게 조정하면 될지 생각해보자.

15 실제 부체는 직사각형이 아니라서 부체의 체적 및 도심을 구하기 매우 어렵다. 이에 예제에서는 부체에 직사각형을 적용했다.

■ 평형수와 환경오염

[그림 4-22(a)]와 같이 선박에는 도심을 유지해 안전한 운항을 할 수 있도록 평형수Ballast Water를 담는 물탱크Ballast Tank가 있으며, 출발지의 바닷물로 물탱크를 채운다. 배에 화물을 실으면 배의 무게가 증가해 가라앉고 배에서 화물을 빼내면 배의 무게가 가벼워져서 물 위로 뜨게 된다. 평형수는 이때 선박의 좌우 균형을 맞춰주는 역할을 한다. 안정성을 지키는 평형수 덕에 선박은 충돌사고가 나더라도 쉽게 전복되지 않는다.

국제해사기구International Maritime Organization, IMO에서는 평형수를 화물 적재량의 30 [%] 이상 채우는 것을 권고하고 있다. 그러나 이러한 평형수는 바다 생태계 교란을 일으키는 원인으로 꼽힌다. 평형수를 싣고 배출하는 행위가 한 장소에서 이루어지는 것이 아니라 세계의 각 항만에서 벌어지는 일이기 때문이다. 우리나라 항만에 도착한 외국 선박이 평형수로 싣고 온 지중해 바닷물을 우리 항만에 배출하면 기존에 없던 해양 생물, 즉 외래종이 퍼지게 되고 이로 인해 생태계 교란이 일어나게 된다. 실제로 [그림 4-22(b)]와 같이 유럽에 살던 얼룩무늬담치가 미국에 출현하기 시작해 토종 홍합을 밀어낸 것은 물론 수도관에 들러붙어 상수도 시설 등에 손해를 끼쳤다. 이에 세계 각국에서는 2004년 '선박평형수관리협약'을 체결했고, 2017년 9월 협약이 발효되어 지키고 있다.

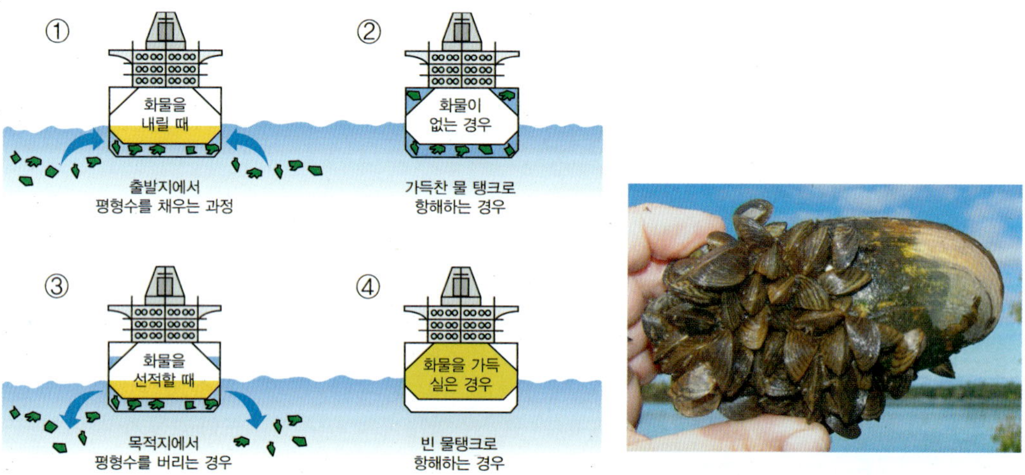

(a) 평형수를 채우고 배출하는 과정

(b) 얼룩무늬 담치로 인한 토종 홍합의 피해

그림 4-22 평형수의 개념과 평형수에 의해 발생하는 생태계 오염

Think_04

컨테이너 선박이 화물 없이 운항한다면 선박의 안정성이 깨지게 된다. 이에 선박에는 밸러스트 펌프(Ballast Pump) 및 밸러스트 룸(Ballast Room)을 운영하고 있다. 만약 밸러스트 룸이 없다면 어떤 현상이 발생할지 생각해보자.

SECTION 4.3

강체 운동을 하는 용기 내 유체

✔ 수평 및 수직 등가속도 운동을 받는 물체 내 유체에 작용하는 힘의 변화를 학습한다.
✔ 등속 회전 운동을 받는 유체의 지배방정식을 구한다.

4.3.1 수평 등가속도 운동을 받는 유체

[그림 4-23]과 같이 물을 싣고 이동하는 트럭이 등가속도로 운동할 때 탱크 안에 있는 유체는 용기와 함께 고체가 운동하듯이 움직이는데, 유체 입자 사이의 상대 운동이 없는 상대평형을 이룬다. 즉 유체가 용기와 하나의 덩어리로 움직인다면 고체처럼 변형이 없으므로 정수력만이 유체요소에 작용하는 유일한 힘이 된다.

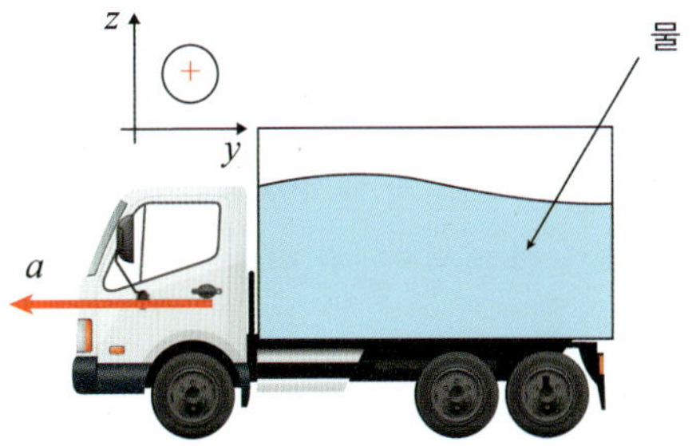

그림 4-23 트럭 내에서 등가속도 운동을 하는 유체

운전 시에는 트럭 내에 있는 물의 수위가 변화할 것이므로, 수위 변화를 설명하기 위해 [그림 4-24]와 같이 트럭이 가속·감속된다고 가정하자. 감속 시에는 [그림 4-24(a)]와 같이 유체가 앞으로 쏠릴 것이고, 가속 시에는 [그림 4-24(b)]와 같이 유체가 뒤로 쏠릴 것이다.

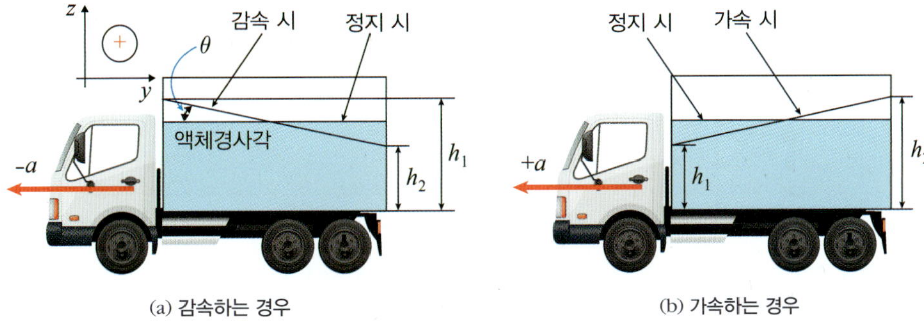

그림 4-24 트럭이 감속 또는 가속할 때 탱크 내 수위의 변화

[그림 4-24(a)]와 같이 감속을 할 때 유체입자에 작용하는 힘의 변화는 식 (4.47)과 같이 계산할 수 있다. 이때 유체뿐만 아니라 탱크가 움직였기 때문에 식 (4.47)의 우변은 0이 아니고, y방향으로의 가속도도 고려해야 한다. [그림 4-24(b)]와 같이 가속을 할 때는 반대로 h_1이 h_2보다 작게 설정될 것이다.

$$\left(p - \frac{\partial p}{\partial y}\frac{dy}{2}\right)dz - \left(p + \frac{\partial p}{\partial y}\frac{dy}{2}\right)dz = dma_y = \rho\, dy\, dz\, a_y \qquad (4.47)$$

Think_05

4.3.1절에서 탱크가 등가속도로 움직이므로 탱크 내 유체도 등가속도로 움직인다고 설명했다. 그러나 식 (4.47)에서는 가속도가 0이 아닌 a_y를 고려한 동역학 문제로 계산했다. 유체 정역학에서 동역학 문제를 설명한 이유가 무엇일지 생각해보자.

식 (4.47)을 정리하면 식 (4.48)과 같다. [그림 4-25(b)]에서 가속도가 음(−)의 값을 나타낸 것은 진행 방향에 따라 감속이 된다는 것을 의미한다. 다만 식 (4.48)에서 표시된 음(−)의 값은 식 (4.47)의 좌변에 의해 결정된 값임을 알아야 한다.

$$\frac{\partial p}{\partial y} = -\rho a_y \qquad (4.48)$$

식 (4.48)을 적분하기 위해 [그림 4-25(b)]와 같은 자유물체도에 적용하면 식 (4.49)와 같이 정리할 수 있다. p_1과 p_2의 압력에 수압(γh)을 적용하고, 같은 유체이므로 식 (4.47)에서 비중량(γ)을 나누면 식 (4.51)과 같이 정리된다.

$$p_1 - p_2 = -\rho a_y \ell \qquad (4.49)$$

$$\gamma h_1 - \gamma h_2 = -\frac{\gamma}{g} a_y \ell \qquad (4.50)$$

$$\frac{h_1 - h_2}{\ell} = -\frac{a_y}{g} \qquad (4.51)$$

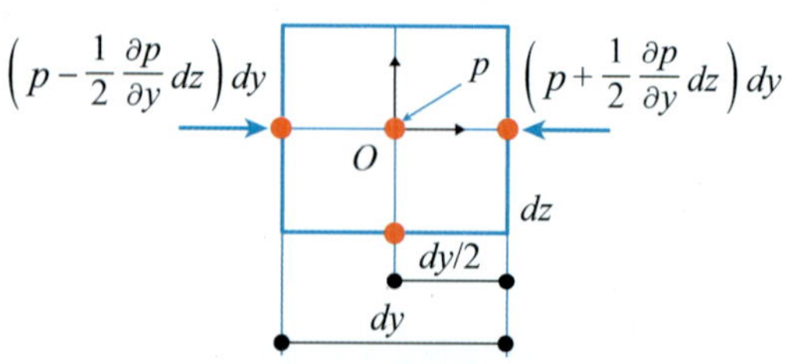

(a) 입자에 작용하는 힘의 변화

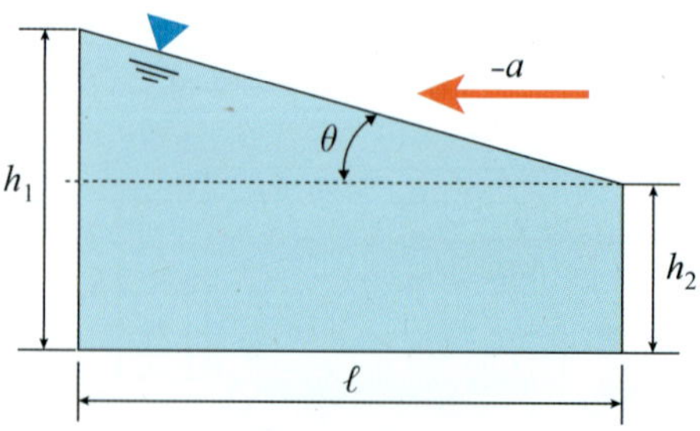

(b) 트럭에 적용했을 때의 자유물체도

그림 4-25 트럭이 감속할 때 유체입자에 작용하는 힘의 변화

식 (4.51)은 식 (4.52)와 같이 [그림 4-25(b)]의 경사각(탱크 내의 물이 넘치는 각도)으로 표현 가능한데, 이 값이 음(−)의 값이면 감속된 경우이고, 양(+)의 값이면 가속된 경우이다. 식 (4.52)의 가속도는 등가속도라는 가정으로 유도된 식이고, 이때 θ가 45°라면 식 (4.52)의 값은 1이 되고 y방향 가속도 a_y와 중력가속도 값이 동일하게 작용한다는 것을 의미한다.

$$\tan\theta = -\frac{a_y}{g} \tag{4.52}$$

Think_06

만약 θ가 45°라면 탱크의 길이 ℓ만큼 h_1도 길어져야 하므로 정사각형의 탱크를 가져야 한다. 물이 넘치지 않도록 각도를 한정시킨다면 상대적으로 탱크의 높이는 얼마큼 감소해야 하고, 운전자는 얼마큼 가속 또는 감속을 해야 하는지 생각해보자.

4.3.2 수직 등가속도 운동을 받는 유체

[그림 4-26]과 같이 엘리베이터가 상부로 수직 등가속도 운동을 할 때 엘리베이터 안에 있는 유체입자에 작용하는 힘의 변화를 식 (4.53)과 같이 계산할 수 있다. 식 (4.53)을 정리하면 식 (4.54), 식 (4.55)와 같고, 식 (4.55)를 [그림 4-26]에 적용해 적분하면 식 (4.56)과 같이 정리할 수 있다.

$$\left(p - \frac{\partial p}{\partial z}\frac{dz}{2}\right)dy - \left(p + \frac{\partial p}{\partial z}\frac{dz}{2}\right)dy - \gamma dzdy = dma_z = \rho dydzga_z \tag{4.53}$$

$$-\frac{\partial p}{\partial z} - \gamma = \frac{\gamma}{g}a_z \tag{4.54}$$

$$\frac{\partial p}{\partial z} = -\gamma\left(1 + \frac{a_z}{g}\right) \tag{4.55}$$

$$p_2 - p_1 = \gamma h\left(1 + \frac{a_z}{g}\right) \tag{4.56}$$

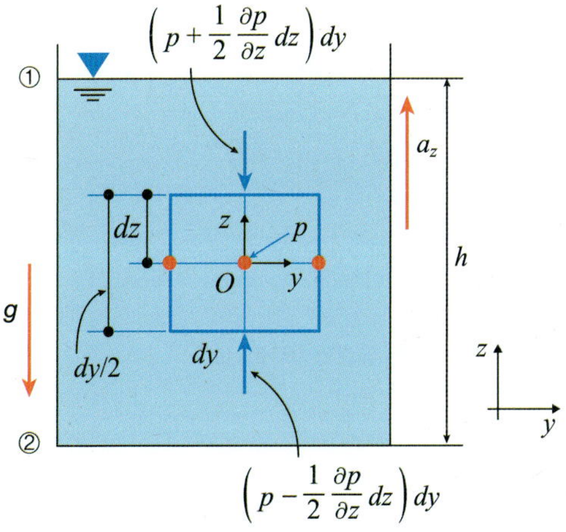

그림 4-26 수직 등가속도 운동을 받는 유체의 자유물체도

식 (4.55)에서 h값 방향을 [그림 4-26]의 ② → ① 로 계산하면 음(−)의 값이 양(+)의 값으로 변경되는데, 이는 수심이 밑으로 갈수록 양(+)의 값을 갖도록 설정했기 때문이다. [그림 4-26]과 같이 탱크가 수직으로 움직일 때 작용하는 수압의 차이는 식 (4.56)과 같고 등가속도로 움직이지 않을 때는 식 (4.57)과 같다.

$$p_2 - p_1 = \gamma h\left(1 + \frac{0}{g}\right) = \gamma h \tag{4.57}$$

만약 탱크가 아래로 움직인다면 a_z는 음(−)의 값을 가지므로 식 (4.56)은 식 (4.58)과 같이 변경되고, 아래 방향으로 작용하는 중력가속도는 9.8 [m/s^2]가 되며, 상부와 하부에 미치는 압력차는 0이 되고, 유체 내부에서는 압력의 변화가 없어진다.

$$p_2 - p_1 = \gamma h\left(1 - \frac{a_z}{g}\right) \tag{4.58}$$

Think_07

최신식 엘리베이터를 탈 때 우리는 보통 가속도를 느끼지 못한다. 엘리베이터를 탔을 때 가속도가 느껴진다면, 설계 시 어떤 값이 고려되지 않은 것인지 식 (4.56)과 식 (4.58)을 통해 생각해보자.

4.3.3 등속 회전 운동을 받는 유체

[그림 4-27]과 같이 등속 회전(ω)을 하는 탱크 내 지배방정식을 구하기 위하여 식 (4.59), 식 (4.60)과 같이 반지름 방향의 운동방정식을 적용했다.

$$\sum F_r = m a_r \tag{4.59}$$

$$p dA - \left(p + \frac{\partial p}{\partial r} dr\right) dA = \rho g dA dr \times r\omega^2 \tag{4.60}$$

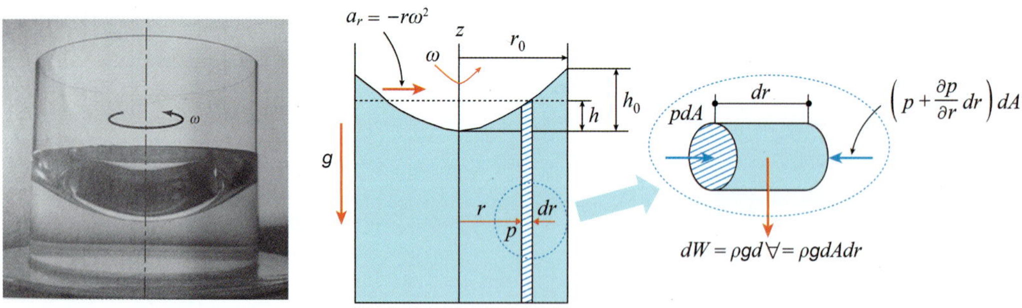

(a) 등속 회전 운동을 받는 유체 (b) 등속 회전 운동을 받는 유체의 자유물체도

그림 4-27 등속 회전 운동을 하는 시스템

자유물체도에서의 구심가속도(ω)는 원래 원 중심을 향하는 각속도이다. 임의의 반지름에서 힘은 중심(회전축)에서부터 밖으로 작용하기에 식 (4.62)의 음(−)의 값이 양(+)의 값으로 변경된다. 식 (4.63)과

같이 정적분하면 두 점의 압력차를 식 (4.64)와 같이 구할 수 있다. 따라서 식 (4.64)는 [그림 4-28]과 같은 압력장을 갖게 된다.

$$-\frac{\partial p}{\partial r} = \rho g \times r\omega^2 \tag{4.61}$$

$$dp = -\rho g r\omega^2 dr \tag{4.62}$$

$$\int_{p_o}^{p} dp = \rho g\,\omega^2 \int_{o}^{r_o} r dr \tag{4.63}$$

$$p - p_o = \rho g\,\omega^2 \frac{r^2}{2} \tag{4.64}$$

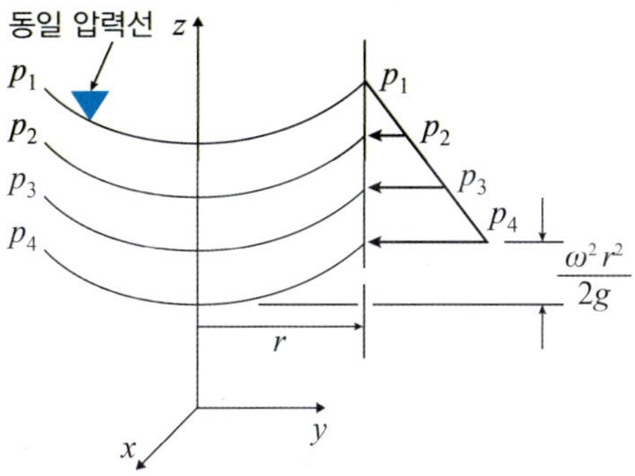

그림 4-28 등속 회전 운동을 받는 유체의 압력장

임의의 반지름 r에서 작용하는 압력과 회전하지 않는 임의의 반지름 r에서 작용하는 압력은 각각 식 (4.65)와 식 (4.66)으로 정리할 수 있다. 식 (4.65)의 우변 마지막 항을 식 (4.66)과 비교하면 [그림 4-28]과 식 (4.67)에서 보듯이 회전에 따라 상승한 수위임을 의미한다.

$$p = p_o + \frac{\gamma r^2\omega^2}{2g} \tag{4.65}$$

$$p = p_o + \gamma h \tag{4.66}$$

$$h = \frac{r^2\omega^2}{2g} \tag{4.67}$$ [16]

만약 r이 원통의 반지름(r_o)이라면, h가 h_o가 되므로 식 (4.67)은 식 (4.68)과 같아진다.

$$h_o = \frac{r_o^2\omega^2}{2g} \tag{4.68}$$

Think_08

반지름이 10 [cm]인 원통 용기 안에 물을 넣어 일정한 속도로 돌렸더니 원통 중심과 벽면에서의 액면차가 4 [cm]로 나타났다. 원통의 회전수는 얼마일지 생각해보자. (식 (4.68) 이용)

16 h를 측정하면 각속도 ω를 구할 수 있는데 이 원리를 이용해 속도를 측정하는 회전계를 만들었다.

CHAPTER 04 | 연습문제

■ 정수력

4.1 다음 중 정지유체 속에 잠겨 있는 평면이 받는 힘에 관한 설명으로 틀린 것은?

㉮ 깊게 잠길수록 받는 힘이 세진다.
㉯ 크기는 도심에서의 압력에 면적을 곱한 것과 같다.
㉰ 수평으로 잠긴 경우, 압력 중심은 도심과 일치한다.
㉱ 수직으로 잠긴 경우, 압력 중심은 도심보다 약간 위쪽에 있다.

4.2 다음 중 유체 속에 잠긴 곡면에 작용하는 수평분력에 관한 설명으로 옳은 것은?

㉮ 곡면의 수직 상방의 액체의 무게와 같다.
㉯ 곡면에 의해서 지지된 액체의 무게와 같다.
㉰ 그 면심에서 압력에 면적을 곱한 것과 같다.
㉱ 곡면의 수직 투영면에 작용하는 힘과 같다.

4.3 다음 중 액체 속에 잠긴 곡면에 작용하는 수직분력에 관한 설명으로 옳은 것은?

㉮ 수평분력과 같다.
㉯ 중심에서의 압력과 곡면의 면적의 곱과 같다.
㉰ 곡면의 수직 투영면에 작용하는 힘과 같다.
㉱ 곡면 수직 상방의 액체의 무게와 같다.

4.4 [그림 4-29]와 같은 삼각형이 수직으로 유체 내에 놓여 있을 때 정수압이 작용하는 중심은 자유표면에서 얼마큼 떨어져 있는지 구하라.

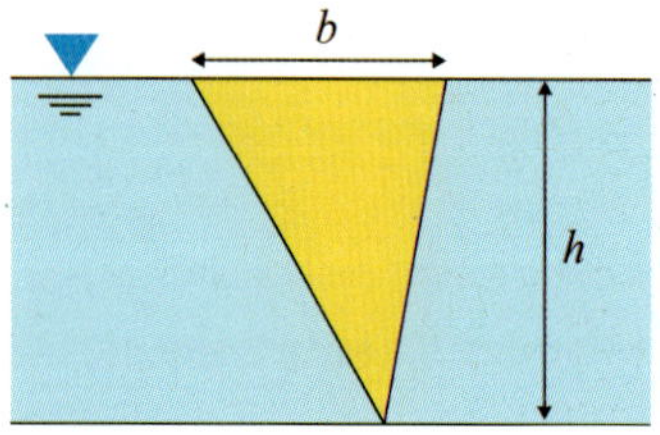

그림 4-29

4.5 [그림 4-30]에서 정수력이 작용할 때 작용점의 위치를 구하라.

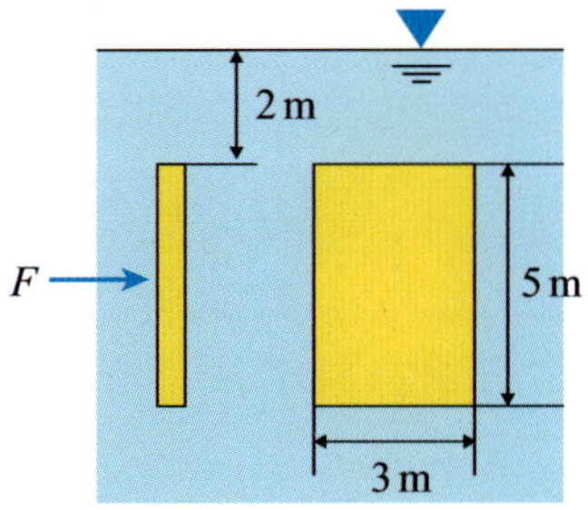

그림 4-30

4.6 [그림 4-31]과 같이 길이 3 [m], 폭 1 [m]인 평판이 수면과 수직을 이루고 있다. 평판의 윗변이 수면으로부터 40 [cm]만큼 잠겨 있을 때 이 평판에 작용하는 힘은 얼마인가? 단, 물의 비중량은 $\gamma = 9{,}800$ [N/m^3]이다.

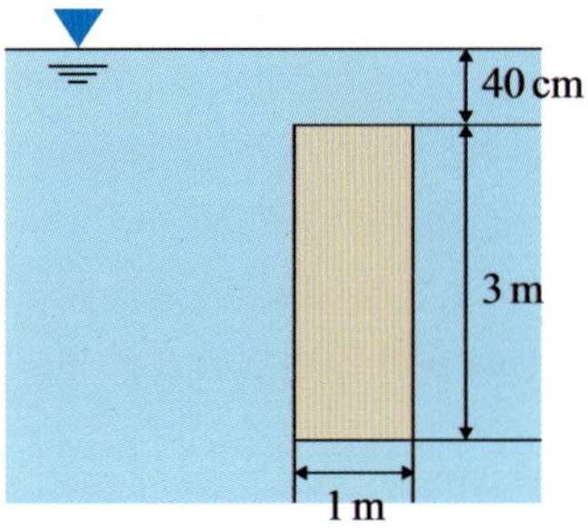

그림 4-31

4.7 [그림 4-32]와 같이 원판 수문이 물속에 설치되어 있다. 그림에서 C는 압력의 중심이고 G는 원판의 도심이다. 원판의 지름을 d라 할 때 y'의 식을 정의하라.

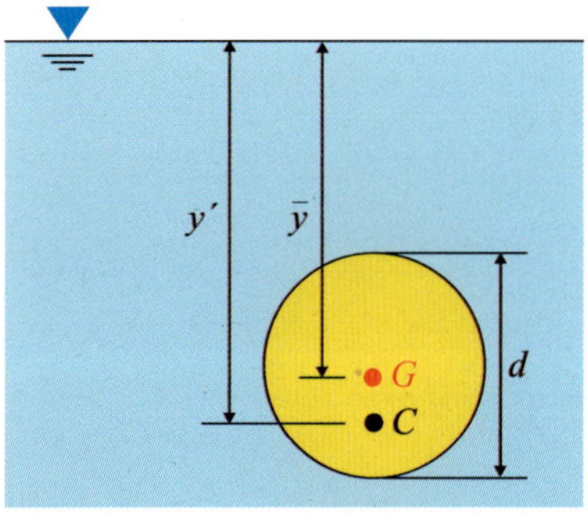

그림 4-32

4.8 사분원으로 된 곡면 길이가 2 [m]인 분통이 [그림 4-33]과 같이 유체 속에 잠겨 있다. AB면에 작용하는 힘의 수직 성분은 얼마인가? 단, 액체의 비중량은 γ [N/m^3]이고, 폭은 b [m]이다.

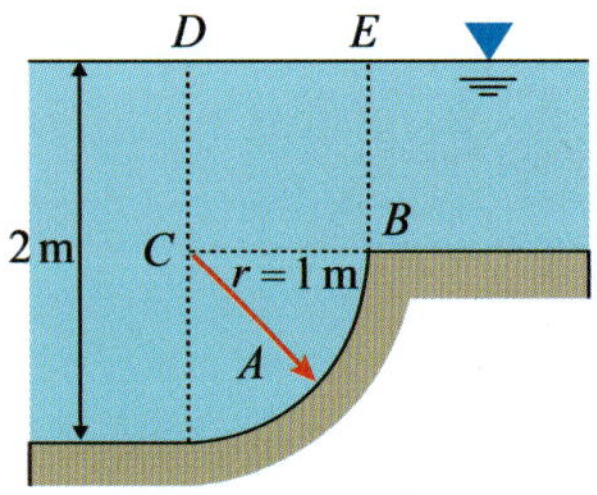

그림 4-33

■ 부력

4.9 다음 중 부력의 정의로 옳은 것은?

㉮ 물체 자중 때문에 유체가 가하는 힘
㉯ 떠 있는 물체에 작용하는 모든 압력
㉰ 물체가 유체 속에 있을 때 물체 중량
㉱ 물체가 밀어낸 부피만큼의 액체의 무게

4.10 다음 중 유체에 일부만 잠긴 물체에 작용하는 부력의 작용선에 관한 설명으로 옳은 것은?

㉮ 물체의 잠긴 부분의 무게 중심을 통과한다.
㉯ 물체의 떠 있는 부분의 무게 중심을 통과한다.
㉰ 물체 전체의 무게 중심을 통과한다.
㉱ 물체의 잠긴 부분에 해당하는 유체의 무게 중심을 통과한다.

4.11 다음 중 부체가 안정한 경우로 옳은 것은?

㉮ 경심의 높이가 0일 때
㉯ $\overline{GB} - \dfrac{I}{\forall}$가 0이고 도심 G가 부심 B 위에 있을 때
㉰ $\dfrac{I}{V}$가 0일 때
㉱ 경심이 중심보다 위에 있을 때

4.12 다음 중 물체의 중심과 경심의 관계에 관한 설명으로 틀린 것은?

㉮ 경심이 중심보다 위에 있으면 안정하다.
㉯ 경심과 중심이 일치할 때는 중립평형 상태이다.
㉰ 경심이 중심보다 아래에 있으면 불안정하다.
㉱ 경심과 중심 간의 거리가 멀수록 안정하다.

4.13 [그림 4-34]와 같이 밀도가 800 [kg/m^3]인 원통형 물체의 1/3이 수면 위로 떠 있는 것이 관측됐다. 이 액체의 비중은 얼마인가? 단, 이때 물의 밀도는 $\rho = 1{,}000$ [kg/m^3]이고 물체의 바닥 면적을 A라 한다.

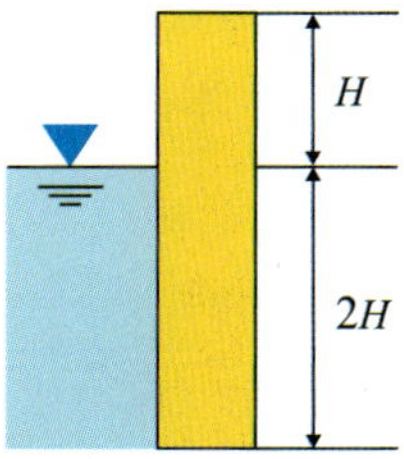

그림 4-34

4.14 해면에 떠 있는 얼음의 체적은 전체 체적의 몇 퍼센트에 해당하는가? 단, 얼음의 비중은 0.92, 바닷물의 비중량은 10,000 [N/m^3]이다.

■ 강체 운동을 하는 용기 내 유체

4.15 어떤 탱크에 유체를 가득 채우고, 수직축을 중심으로 일정한 각속도로 회전시킨다. 다음 중 탱크 밑면에서의 압력 변화로 옳은 것은?

㉮ 회전축으로부터의 거리의 제곱에 따라 감소한다.
㉯ 회전축으로부터의 거리에 따라 직선적으로 증가한다.
㉰ 회전축으로부터의 거리에 따라 직선적으로 감소한다.
㉱ 회전축으로부터의 거리의 제곱에 따라 증가한다.

4.16 [그림 4-35]와 같이 용기가 가속도 a_x로 직선 운동을 할 때 액체 표면의 경사각도 θ를 구하라.

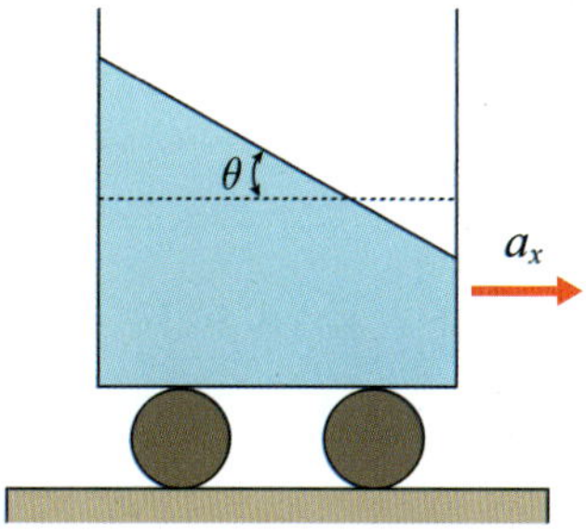

그림 4-35

4.17 일정한 수평가속도를 받는 용기에 담긴 액체의 수면의 기울기가 0.255일 때의 수평가속도를 구하라.

4.18 [그림 4-36]과 같은 통에 물이 가득 차 있고 이것이 공중에서 자유 낙하할 때 $p_A - p_B$의 값을 구하라.

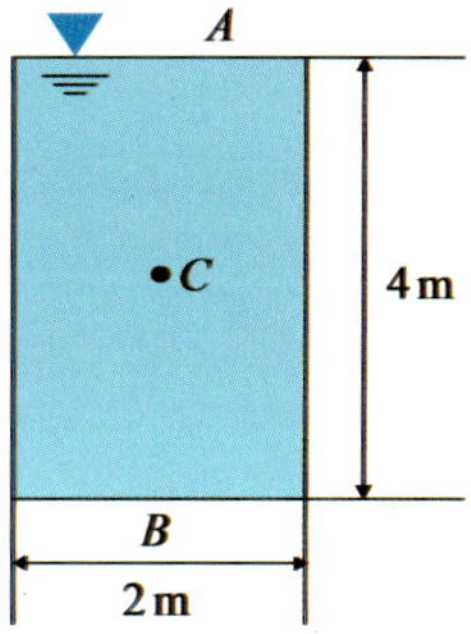

그림 4-36

4.19 30[℃]인 물이 100[mm] 들어 있는 유리컵이 있다. 이 유리컵이 1[m/s^2]의 속도로 가속 상승 중인 엘리베이터에 놓여 있을 때 컵 바닥에 가해지는 압력은 얼마인가? 단, 30[℃]인 물의 밀도는 $\rho = 995.7$ [kg/m^3]이다.

PART 3

유체 운동학

Chapter 05_유체 운동에 대한 적분적 해석
Chapter 06_유체 운동에 대한 미분적 해석

PART 3에서는 유체 운동학에 대해서 다룬다. 미분이나 적분으로 표현된 수식 등을 이용한 정리가 많이 나오고, 정역학 · 동역학 · 재료역학 · 열역학 등 어려운 선수과목들을 완전히 이해하고 접근해야 하기 때문에 대부분의 학습자들이 가장 힘들어하는 내용이다. 또한 유체 운동은 고체보다 그 변형이 크고 어디로 튈지 모르는 벡터의 성질을 가지고 있기 때문에 가르치기도 쉽지 않은 이론이다.

그러나 우리는 미적분과 유체역학 이론 등을 모르던 어린 시절에 종이비행기를 날리고 물총 놀이를 하며 즐거운 시간을 보낸 적이 있다. 유체역학은 이처럼 어린 시절에 즐기던 놀이들을 생각하면 쉽게 이해할 수 있는 학문이다.

PART 3에서는 유체 운동학의 연속방정식, 운동량방정식과 에너지방정식을 설명하는데 5장에서는 유체 운동을 적분적으로 해석하는 방법을, 6장에서는 유체 운동을 미분적으로 해석하는 방법을 다룬다.

이 사진은 소방관들이 화재를 진압하는 모습이다. 분출되는 유체에 의한 힘을 고정시키기 위해 두 명의 소방관이 하나의 노즐을 잡고 분사하고 있다. 5장에서는 유체에 의한 힘을 적분적으로 해석하는 방법을 다룬다.

CHAPTER

05

유체 운동에 대한 적분적 해석

Integral Analysis for Fluid Motion

레이놀즈 전달 정리 **5.1**

질량보존법칙 **5.2**

운동량방정식 **5.3**

선형가속도 운동량방정식 **5.4**

각운동량방정식 **5.5**

에너지방정식 **5.6**

베르누이방정식 **5.7**

연습문제

학습목표

- 유체의 운동을 이해하는 데 필요한 방정식을 학습한다.
- 적분형 방정식의 기본이 되는 레이놀즈 전달 이론식을 학습한다.
- 레이놀즈 전달 이론식을 이용해 연속방정식, 운동량방정식, 에너지방정식을 유도한다.
- 에너지 법칙으로부터 유도되는 베르누이방정식을 학습한다.

SECTION 5.1

레이놀즈 전달 정리

✔ 물리량에서의 종속적 성질과 강성적 성질을 이해한다.
✔ 적분형 접근방식인 레이놀즈 전달 이론식을 학습한다.
✔ 레이놀즈 전달 정리 시 가정 사항을 익힌다.

5.1.1 유체역학에서 사용하는 방정식

■ 질량보존법칙

재료역학과 유체역학 등에서 다루는 질량은 같은 개념이지만 똑같이 해석할 수는 없다. 재료역학에서 다루는 철재나 H빔Beam 등의 질량은 M 또는 m이라 표현한다. 이는 식 (5.1)과 같이 공간이나 시간에 의해 변하지 않는 물리량이며, 형태에 의해 무겁거나 가볍다고 논하며 저울로 측정한 값을 표현한다.

고체와 달리 연속적으로 흐르는 유체의 질량을 측정할 때는 반드시 임의의 체적(컵, 통 등)에 담아야 한다. 식 (5.2)와 같이 무척 작은(극한) 체적($d\forall$)내 질량(dm)으로 표현해야 하고 이를 밀도의 곱으로 표현한 후 다시 적분(合)해서 표현해야만 해석이 가능하다. 즉 유체의 질량은 플럭스Flux가 자유롭게 유출입할 수 있는 공간영역(검사체적)의 미소체적 내 밀도의 합으로 식 (5.2)[1]와 같이 표시한다.

$$\left(\frac{dM}{dt}\right)_{계} = \left(\frac{dM}{dt}\right)_{검사체적} = 0 \tag{5.1}$$

$$M_{CV} = \int_{CV} dm = \int_{CV} \rho d\forall \quad : \text{유체의 질량} \tag{5.2}$$

Think_01

유체역학에서 시스템보다 검사체적을 선호하는 이유는 무엇일지 생각해보자.

■ 운동량 보존법칙

운동량방정식은 식 (5.3)과 같이 **뉴턴의 제2법칙**으로 알려져 있으며 이는 아주 짧은 시간에 발생한 운동량($m\vec{v} = \vec{P}$)의 차이가 힘이라는 것을 의미한다.

1 식 (5.2)의 적분 아래에 표시된 CV는 검사체적(Control Volume)이라는 뜻이며, 유체역학에서는 시스템보다 적은 임의의 가상공간이다. 이는 2장에서 다뤘다.

$$\vec{F} = m\vec{a} = m\frac{d\vec{v}}{dt} = \frac{d(m\vec{v})}{dt} = \left(\frac{d\vec{P}}{dt}\right)_{CV}$$: 뉴턴의 제2법칙 = 운동량방정식 (5.3)

식 (5.3)을 [그림 5-1]과 같이 소방관이 잡은 호스 및 노즐에서 분출되는 유체에 적용해보자. 아주 짧은 시간에 분사되는 유체에 의해 생기는 반발력은 식 (5.4)와 같이 정의될 수 있다. 이 수식을 보면 분사 노즐의 성능은 많은 체적(∀)의 물이 부딪쳐야만 큰 힘이 생기고, 여기서 큰 힘이 생긴다는 것은 속도가 빨라진다는 의미이며, 이는 곧 빠르게 진화할 수 있음을 의미한다.[2] 여기서 발생하는 힘 중 유체역학에서 관심 있는 힘은 표면력(압력과 전단력)과 체적력이다.

$$\vec{P}_{CV} = \int_{CV} (dm\vec{V}) = \int_{CV} (\vec{V}\rho d\forall) \tag{5.4}$$

각운동량Angular Momentum의 시간 변화율은 식 (5.5)와 같이 검사체적에 작용하는 토크의 합과 같다. 식 (5.5)에 [그림 5-2]와 같은 스프링클러에서의 검사체적 각운동량을 적용하면 식 (5.6)과 같다.

$$\vec{T} = \frac{d\vec{H}}{dt} = \left(\frac{d(\vec{r} \times \vec{P})}{dt}\right)_{CV} \tag{5.5}$$

$$(\vec{H})_{CV} = \int_{CV} (\vec{r} \times \vec{V} dm) = \int_{CV} (\vec{r} \times \vec{V}\rho d\forall) \tag{5.6}$$

그림 5-1 호스에서 분출되는 유동

그림 5-2 스프링클러의 유동

Think_02

야구 선수가 빠르게 던진 야구공에 맞았을 때 그 아픔을 힘으로 환산할 수 있을까? 맞지 않았다면 아프지 않을까? 날아오는 야구공에 맞지 않았다는 것은 공이 나를 지나쳤다는 것을 의미한다. 즉 맞지 않았기 때문에 아프지 않았다는 당연한 답보다는 다른 이유를 생각해보자.

2 이러한 성능은 노즐의 형상에 의해 좌우되므로, 이런 형상 설계 또한 유체역학자가 해야 할 몫이다.

■ 에너지 보존법칙

21세기에 각광받는 신재생에너지[3]들은 유체를 이용한 에너지를 다루기 때문에 에너지들의 관계식인 열역학 제 1, 2법칙인 에너지 보존법칙과 엔탈피 증가의 법칙을 알아야 한다. 운동량 보존법칙의 형태로 에너지의 검사체적 내 시간 변화율을 식 (5.7) ~ 식 (5.10)으로 표현했다. 식 (5.8)에는 여러 가지 형태로 존재하는 에너지 중 유체역학에서 관심 있는 대상인 내부에너지(u), 운동에너지($V^2/2$)와 위치에너지(gz)만 다루었다.[4] 식 (5.9)와 식 (5.10)의 s는 엔탈피 증가법칙의 엔트로피Entropy를 의미한다.

$$\frac{dQ}{dt} - \frac{dW}{dt} = \left(\frac{dE}{dt}\right)_{CV} \quad \text{: 에너지 보존법칙} \tag{5.7}$$

$$E_{CV} = \int_{CV} edm = \int_{CV} e\rho d\forall = \int_{CV} \left(u + \frac{V^2}{2} + gz\right)\rho d\forall \tag{5.8}$$

$$\frac{dS}{dt} \geq \frac{1}{T}\left(\frac{dQ}{dt}\right)_{CV} \tag{5.9}$$

$$S_{CV} = \int_{CV} sdm = \int_{CV} s\rho d\forall \tag{5.10}$$

5.1.2 종속적 성질과 강성적 성질의 물리량

5.1.1절에서 유체역학에서 관심이 있는 물리량의 변화량은 식 (5.2), 식 (5.4), 식 (5.6), 식 (5.8), 식 (5.10)과 같이 임의의 검사체적 내에서 플럭스의 합인 적분형으로 유도할 수 있었다. 레이놀즈는 식 (5.11)과 같이 이를 통합해 나타냈다. 식 (5.11)에서 우변은 검사체적 내 물리량을 적분한 것이며, 좌변은 η에 의해 결정된 임의의 검사체적 내 물리량인 N이다.[5] 여기서 **η와 N을 각각 강성적 성질**Intensive Property **과 종속적 성질**Extensive Property**의 물리량**이라 한다.[6]

$$N_{CV} = \int_{CV} \eta\rho d\forall \tag{5.11}$$

종속적 성질의 물리량 N은 **계 또는 검사체적 내 물질이 갖는 임의의 물리량의 총량**, 즉 질량, 운동량, 에너지 같은 물리량을 의미한다. 반면에 강성적 성질의 물리량 η는 속도와 온도 같은 계 또는 검사체적이 바뀌어도 변화하지 않는 변수를 의미한다. 레이놀즈는 이를 식 (5.12) ~ 식 (5.16)과 같이 정의했고, 이 식을 보면 η의 변화에 따라 N이 결정되도록 식 (5.11)을 정리했다.

---

3 신재생에너지에는 풍력, 수력, 조력, 지열, 바이오 등이 있다.

4 필요하다면 식 (5.8)에 원하는 관심 에너지를 추가하여 해석하면 된다.

5 운동량을 표현하는 데 있어 적분항이 있기 때문에 직관적으로 적분형 접근 방법이라 한다.

6 강성적 성질이나 종속적 성질의 물리적 의미는 열역학에서 다루는 내용이다. 그러나 이 개념을 정확히 모른다고 해도 유체역학을 통해 어원적 · 수학적 관점으로 먼저 이해하고 추후 물리적으로 이해하면 된다.

$$\eta = 1, \qquad N = M \tag{5.12}$$

$$\eta = \overrightarrow{V}, \qquad N = \overrightarrow{P} \tag{5.13}$$

$$\eta = \overrightarrow{r} \times \overrightarrow{V}, \qquad N = \overrightarrow{H} \tag{5.14}$$

$$\eta = e, \qquad N = E \tag{5.15}$$

$$\eta = s, \qquad N = S \tag{5.16}$$

5.1.3 레이놀즈 전달 이론식

유체 운동량을 정리하는 데 있어 우선적으로 다음 세 가지를 가정해야 한다.

[가정 1] 유체의 운동을 정리하려면 **먼저 dt, 즉 짧은 시간 또는 극한에서 해석**해야 한다.
: [그림 5-3]과 같이 유선을 따라 종속적 물리량(N)이 검사체적 내를 임의의 짧은 시간(dt) 동안 지나갔다는 의미이다.

[가정 2] 유체가 **유선을 따라 움직였다고 가정**한다.
: 이는 매우 중요한 가정이다. 유선은 유체의 흐름 방향을 연결하는 선이기 때문에 위와 같이 가정한다.

[가정 3] **검사체적은 직관적으로 설정**한다.
: 검사체적을 어렵게 설정하면 이해 및 문제 풀이가 어려워지기 때문에 [그림 5-3]과 같이 간단히 설정한다.

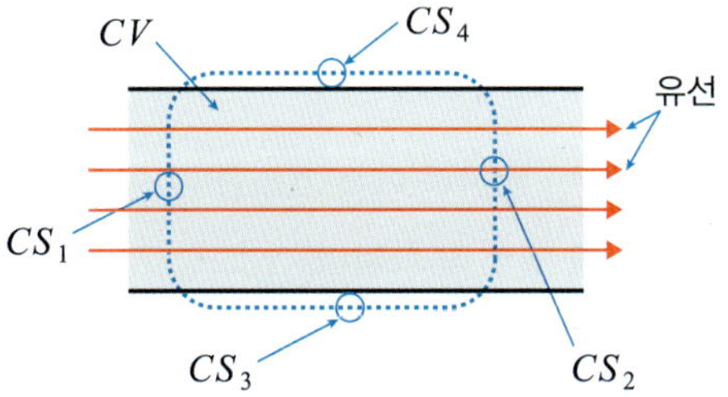

그림 5-3 유선을 따라 움직이는 유동을 설명하기 위해 설정된 검사체적

Think_03

유체 운동량을 정리할 때 짧은 시간 또는 극한으로 가정하고 해석하는 이유를 생각해보자.[7]

[그림 5-3]에서 설정된 검사체적을 보면 검사표면Control Surface, cs이 4개 존재한다. **검사표면은 경계면을 의미하고 그 경계면을 통해서 플럭스가 유출입**될 수 있다. 이것은 2장에서 학습한 '시스템(계)'의 개념과는 다른 개념이다. 4개의 검사표면 중 CS_3와 CS_4는 벽면이므로 플럭스의 유출입이 없다.

7 만약 시간을 제어할 수 있다면 새로운 관점에서 많은 문제를 해석할 수 있을 것이다.

따라서 유출입은 입구와 출구 면에서만 발생하고, 계산해야 할 단면이 2개로 줄어들어 복잡한 현상을 쉽게 이해할 수 있다.

[그림 5-4]와 같이 임의의 짧은 시간(dt) 동안 지나갔을 때 종속적 성질 N의 변화는 식 (5.17)과 같이 미분, 즉 도함수의 형태로 정의할 수 있다. 즉 **유체 운동이라는 것은 검사체적 내 유체의 변화율을 의미**한다.[8]

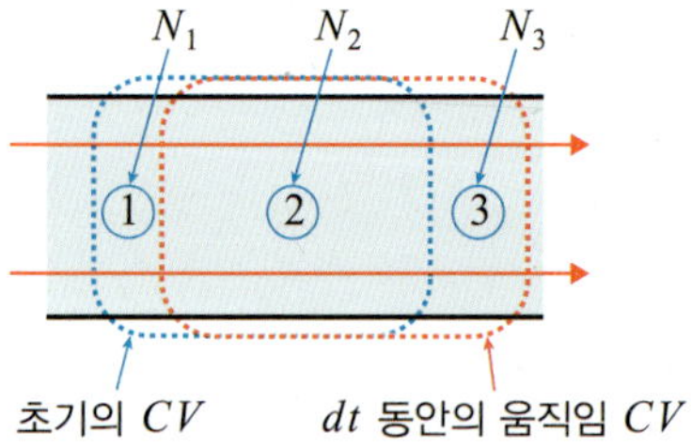

그림 5-4 dt 동안 움직인 검사체적

식 (5.17)에서 사용된 극한은 매우 짧은 시간으로 가정한다는 것을 의미하는데, **[가정 1]**을 통해 다른 변수들을 쉽게 제거할 수 있다.[9]

[그림 5-4]에서 1개의 검사체적 $(N_{CV})_{t_0}$는 짧은 시간(dt)에 선형적으로 움직였기 때문에 검사체적 $(N_{CV})_{t_0+\Delta t}$로 변화됐으며, 이를 3개의 영역(N_1, N_2, N_3)으로 나누어 생각해볼 수 있다. 이 3개의 영역을 식 (5.17)에 대입하면 식 (5.18)과 같고 3개의 영역에 따라 식 (5.19)와 같아진다. 식 (5.19)는 식 (5.18)의 극한을 해석하기 쉽게 세 가지로 분리해 나타낸 것이다.

$$\left(\frac{dN}{dt}\right)_{CV} = \lim_{\Delta t \to 0} \frac{N_{t_0+\Delta t} - N_{t_0}}{\Delta t} \tag{5.17}$$

$$\left(\frac{dN}{dt}\right)_{CV} = \lim_{\Delta t \to 0} \frac{(N_{CV} - N_1 + N_3)_{t_0+\Delta t} - (N_{CV})_{t_0}}{\Delta t} \tag{5.18}$$

$$\left(\frac{dN}{dt}\right)_{CV} = \underbrace{\lim_{\Delta t \to 0} \frac{(N_{CV})_{t_0+\Delta t} - (N_{CV})_{t_0}}{\Delta t}}_{①} + \underbrace{\lim_{\Delta t \to 0} \frac{(N_3)_{t_0+\Delta t}}{\Delta t}}_{②} - \underbrace{\lim_{\Delta t \to 0} \frac{(N_1)_{t_0+\Delta t}}{\Delta t}}_{③} \tag{5.19}$$

식 (5.19)의 ①항은 물리량 N이 검사체적 내에서 짧은 시간(dt) 동안 변화한 양을 표현할 수 있고, 이는 도함수의 정의와 같기 때문에 식 (5.11)에 대입하면 식 (5.20)과 같이 변화된다.

$$① \lim_{\Delta t \to 0} \frac{(N_{CV})_{t_0+\Delta t} - (N_{CV})_{t_0}}{\Delta t} = \frac{\partial N_{CV}}{\partial t} = \frac{\partial}{\partial t}\int_{CV} \eta \rho \, d\forall \tag{5.20}$$

Think_04

식 (5.20)에서 왜 갑자기 편미분(PDE)의 형태가 나왔을까? 미분을 다루다가 왜 갑자기 적분의 형태가 나왔는지 생각해보자. 수학적으로 적분한 것을 다시 미분하면 어떻게 될지도 생각해보자.

8 이것이 미분의 물리적 의미이다. 유체역학이 어려운 것은 변화량을 이해해야 하기 때문이다. 현상을 수식으로만 이해하는 것이 아니라 물리적으로 이해하는 것이 반드시 필요하다.

9 예를 들어 곡선의 변화를 직선의 변화로 이상화시킬 수 있다는 의미이다.

식 (5.19)의 ②항은 N_3 영역에 대한 변화량이므로 미소 면적 변화를 적분하면 식 (5.21)과 같다. 그리고 식 (5.19)의 ③항은 N_1 영역에 대한 변화량이므로 ②항과 같이 정리하면 식 (5.22)와 같다. 식 (5.21)을 자세히 보면 식 (5.20)에서 보이지 않았던 면적벡터 $d\overrightarrow{A}$가 보인다. 이는 유체역학의 선수과목인 선형해석Vector Analysis에서 배우는 개념으로, 유체역학에서는 [그림 5-5]와 같이 유출입을 구분하기 위한 변수라 이해하면 된다.

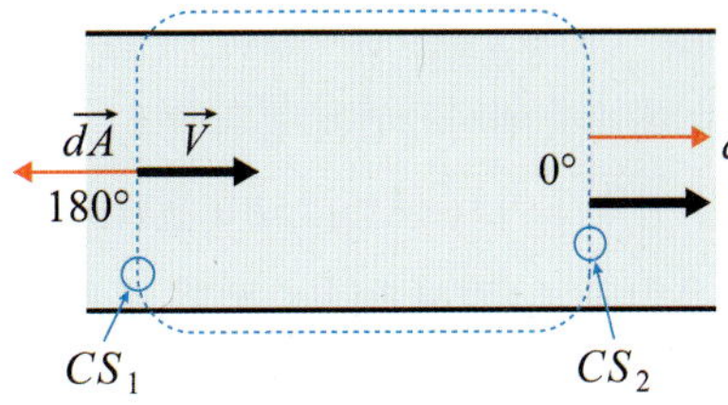

그림 5-5 면적벡터의 개념

면적벡터를 수학적으로 이해하기 위해 [그림 5-5]에서 보듯이 플럭스의 유출입이 있는 2개의 검사표면을 설정했으며, 이 표면에서 유입 또는 유출된다고 정의했다. 즉 면적벡터의 개념으로 봤을 때 유입에서는 속도와 180°의 각도를 이루고, 출구에서는 0°의 각도를 형성하도록 설정했다.

$$② \lim_{\Delta t \to 0} \frac{(N_3)_{t_0+\Delta t}}{\Delta t} = \lim_{\Delta t \to 0} \frac{\int_{CS_3} (dN_3)_{t_0+\Delta t}}{\Delta t} \equiv \lim_{\Delta t \to 0} \frac{\int_{CS_3} \eta\rho \overrightarrow{V} \cdot d\overrightarrow{A} \Delta t}{\Delta t} = \int_{CS_3} \eta\rho \overrightarrow{V} \cdot d\overrightarrow{A} \tag{5.21}$$

$$③ \lim_{\Delta t \to 0} \frac{(N_1)_{t_0+\Delta t}}{\Delta t} = \lim_{\Delta t \to 0} \frac{\int_{CS_1} (dN_1)_{t_0+\Delta t}}{\Delta t} \equiv \lim_{\Delta t \to 0} \frac{\int_{CS_1} \eta\rho \overrightarrow{V} \cdot d\overrightarrow{A} \Delta t}{\Delta t} = \int_{CS_1} \eta\rho \overrightarrow{V} \cdot d\overrightarrow{A} \tag{5.22}$$

즉 벡터 내적을 이용한다면 입구에서 $\overrightarrow{V} \cdot \overrightarrow{dA}_{입구} = VdA\cos\alpha = VdA\cos 180 = -VdA$, 출구에서는 $\overrightarrow{V} \cdot \overrightarrow{dA}_{출구} = VdA\cos\alpha = VdA\cos 0 = VdA$가 된다. 보통 유입은 음(−), 유출은 양(+)의 값을 갖도록 설정한다. 또한 검사체적은 유출입 단면에 수직으로 설정하기 때문에 0°와 180°만 생각하면 될 것이다. 이를 정리하면 식 (5.19)의 세 가지 항은 최종적으로 식 (5.23)과 같이 변화한다.

$$\left(\frac{dN}{dt}\right)_{CV} = \frac{\partial}{\partial t}\int_{CV} \eta\rho\, d\forall + \int_{CS1} \eta\rho \overrightarrow{V} \cdot d\overrightarrow{A} + \int_{CS2} \eta\rho \overrightarrow{V} \cdot d\overrightarrow{A} \tag{5.23}$$

Think_05

각도가 0°나 180°가 아닌 경우는 어느 때일까? 내적은 $VdA\cos\alpha$이므로 임의의 각도 α를 고려해야 한다. 그렇다면 필자는 왜 그렇게 설명하지 않았을까? 수학적으로는 존재하지만, 물리적으로는 의미가 없기 때문 아닐까? 그렇다면 물리적으로 의미가 없다는 것은 무엇을 뜻하는 것일지 생각해보자.

식 (5.20), 식 (5.21), 식 (5.22)를 자세히 보면 식 (5.20)은 체적 변화가 1개이고, 식 (5.21)과 식 (5.22)는 2개의 면적 변화가 있음을 알 수 있다. 체적의 변화와 면적 변화의 합, 즉 단위시간당 체적의 변화($d\forall$)를 물리량 변화($\overrightarrow{V} \cdot d\overrightarrow{A}\Delta t$)로 나타낼 수 있기 때문이다.[10]

[그림 5-4]를 보면 검사체적 내 물리량 N의 유출입이 짧은 시간 내 2개 검사표면을 통과했고, 검사체적 내 유출입된 물리량 변화가 바로 식 (5.23)이 된다. 즉 CS_1의 검사표면을 통해 유입되고, 검사표면 CS_2를 통해 유출됐다면 식 (5.23)의 우변 첫 번째 항은 짧은 시간 내에 검사체적의 변화량을 의미한다. 이 값이 0이든 0이 아니든 중요하지 않다.

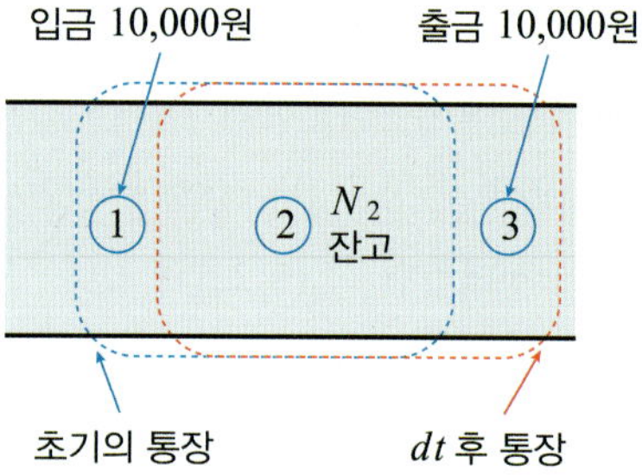

그림 5-6 현금 유동으로 보는 N의 개념

좀 더 쉽게 이해하기 위해 [그림 5-6]과 같이 은행 통장의 개념을 가지고 설명해보자. 어제 오후 1시에 1만 원을 입금했는데, 급한 일이 있어 1시간 뒤에 1만 원을 출금했다고 하자. 여기에서 검사표면은 무엇이며 어떤 것인가? 또한 입금과 출금 중 어느 것을 플러스(+) 또는 마이너스(−)로 했는가? 은행 통장에는 잔액이 남았는가?

1시간 차이로 1만 원을 입금하고 출금했다면 입출금의 합은 0일 것이다. 또한 입출금의 합이 0이기 때문에 1시간 동안의 유출입에 의한 통장의 잔액 변화는 없다. 즉 입출금에 의한 검사체적의 변화는 없다는 것을 의미한다.[11] 원금이 보장되는 저축과 달리 주식의 경우에는 손해를 볼 수 있다. 이런 문제는 유체역학에서도 발생하는데 이때 이익을 소스Source라 하고, 손해를 싱크Sink라 한다.

앞선 예시와 같이 검사체적 내의 플럭스 변화인 식 (5.23)을 식 (5.24)와 같이 정리했다. 검사표면과 관련된 항은 2개에서 1개로 합쳐서 나타냈는데, 이는 같은 물리량이기 때문에 간략화한 것이다. 만약 검사표면이 2개 이상이라면 합산해주면 된다. 이를 **레이놀즈 전달 이론식**이라 한다.

$$\left(\frac{dN}{dt}\right)_{CV} = \frac{\partial}{\partial t}\int_{CV} \eta\rho\, d\forall + \int_{CS} \eta\rho \vec{V}\cdot d\vec{A} \quad : \text{레이놀즈 전달 이론식} \tag{5.24}$$

식 (5.24)의 레이놀즈 전달 이론식은 적분 형태로 표현됐다. 유체 운동을 해석할 때 이 식을 이용하는 것을 적분적 접근이라 한다. 그러나 단순히 적분 수식이 있어서 적분적 해석인 것은 아니다. [그림 5-6]에서 보듯이 대부분은 영역 ①, ③의 입출금의 변동 합과 이자에만 관심을 가지고, 입금과 출금이 영역 ②에서 어떻게 변했는지에 대한 자세한 정보에는 관심이 없다. 즉 적분형으로 해석한다는 것은 유출입에 따른 거시적 유동의 변화에만 관심이 있다는 것이다. 이 장에서는 **유동변화의 합에만 관심을 가지고 해석하는 방법을 알아본다.** 그럼 이에 대한 내부유동의 변화를 무시해도 되는가? 아니다. 이에 대한 내용은 6장에서 알아보도록 하자.

Think_06

식 (5.24)의 레이놀즈 전달 이론식을 적분형 접근방식이라 부르는 이유를 생각해보자.

10 체적벡터를 면적벡터로 변환하는 방법은 재료역학에서 배운 그린(Green)의 법칙을 참조하라.

11 은행의 저축 상품 가입 시 최소 1년 이율을 기준으로 해 이자를 지급하기 때문이다.

SECTION 5.2

질량보존법칙

✔ 질량보존법칙으로부터 유도되는 연속방정식[12]을 학습한다.
✔ 다양한 유동조건에 따른 연속방정식의 형태를 학습한다.

5.2.1 연속방정식의 유도

식 (5.24)의 레이놀즈 전달 이론식에 **가장 간단한 $\eta = 1$을 대입하면 식 (5.25)와 같이 $N = M$인 질량보존법칙**Conservation of Mass**을 유도**할 수 있다. 질량보존법칙으로 인해 식 (5.25)의 결과는 항상 0이다. 즉 검사체적 내 질량의 시간에 대한 변화율Rate of Increase of Mass과 검사표면을 통해 단위시간당 **유입되고 유출되는 질량의 차**Net Influx of Mass**는 0이라는 의미**이다. 따라서 식 (5.26)과 같이 정리할 수 있다. 만약 식 (5.25)의 합이 0이 아니라면 시간에 대한 질량 변화율과 검사표면을 통해 단위시간당 유출입되는 질량의 차가 다르다는 것을 싱크(+) 또는 소스(−)의 개념으로 생각할 수 있다.

$$\left(\frac{dM}{dt}\right)_{CV} = \frac{\partial}{\partial t}\int_{CV} \rho\, d\forall + \int_{CS} \rho \vec{V} \cdot d\vec{A} = 0 \tag{5.25}$$

$$\frac{\partial}{\partial t}\int_{CV} \rho\, d\forall = -\int_{CS} \rho \vec{V} \cdot d\vec{A} \tag{5.26}$$

Think_07

은하계의 블랙홀(Black Hole)에서는 질량보존법칙이 성립하지 않는다고 알려져 있다. 그 이유를 생각해보자.

5.2.2 유동조건에 따른 연속방정식

■ 비압축성유체인 경우

유체가 물과 같은 비압축성유체Incompressible Fluids이고 [그림 5-3]에서 보듯이 유선을 따라 흐른다고 가정하자. 비압축성유체는 2장에서 공부했듯이 체적 변화율이 거의 없는, 즉 $\rho = const.$인 경우이므로 식 (5.25)에서 밀도(ρ)는 상수가 되어 식 (5.27)과 같이 정리되고 이를 상쇄시키면 식 (5.28)과 같아진다.

12 유체역학에서는 질량보존법칙을 연속방정식이라 한다.

$$\rho \frac{\partial}{\partial t} \int_{CV} d\forall + \rho \int_{CS} \vec{V} \cdot d\vec{A} = 0 \tag{5.27}$$

$$\frac{\partial}{\partial t} \int_{CV} d\forall + \int_{CS} \vec{V} \cdot d\vec{A} = 0 \tag{5.28}$$

■ 변화하지 않는 검사체적 또는 정상상태 유동인 경우

정상상태 유동의 경우는 시간 변화에 대해 물리량의 변화가 없는 경우이므로 식 (5.28)의 경우는 식 (5.29)와 같이 사용할 수 있다. 결론적으로 시간에 대한 변화가 없다고 하면 식 (5.29)와 같이 검사표면에 대한 유출입의 변화량으로 정의할 수 있다.

$$\int_{CS} \vec{V} \cdot d\vec{A} = 0 \tag{5.29}$$

변화하지 않는 검사체적이란 어떤 경우일까? 식 (5.29)는 식 (5.28)의 첫 번째 항이 0이라는 뜻인데 이는 '검사체적의 변화가 없다' 또는 '시간에 대한 체적의 변화가 없다'는 것을 의미한다. 즉 정상상태의 유동이라는 것을 의미한다. 다만 검사체적은 일정하지만 시간 변화에 따라 탱크 안의 물이 빠지거나 채워진다면 식 (5.28)의 첫 번째 항인 시간항을 제거할 수 없다.[13]

식 (5.29)는 [그림 5-3]의 검사표면이 2개일 때 유도된 것이고, [그림 5-7(a)]의 경우는 검사표면이 4개이므로, 식 (5.30)과 같이 4개의 적분항을 계산해주면 된다.

$$\int_{CS_1} \vec{V} \cdot d\vec{A} + \int_{CS_2} \vec{V} \cdot d\vec{A} + \int_{CS_3} \vec{V} \cdot d\vec{A} + \int_{CS_4} \vec{V} \cdot d\vec{A} = 0 \tag{5.30}$$

$$V_1 A_1 + V_2 A_2 + V_3 A_3 + V_4 A_4 = \sum VA = 0 \tag{5.31}$$

산업현장에서 사용되는 속도분포는 보통 [그림 5-7(a)]와 같이 균일유동분포로 유입되고, 그때의 속도는 평균속도로 가정하고 문제를 푼다. 적분형 방정식에서는 **평균적인 개념**을 사용한다는 뜻이다. 즉 [그림 5-7(a)]의 경우는 단면적(A)에 따라 속도가 일정하므로 식 (5.30)은 식 (5.31)과 같이 이산적 Discrete 항의 합 형태로 변화된다. 식 (5.30)의 적분표현은 [그림 5-7(b)]와 같이 속도분포가 변하는

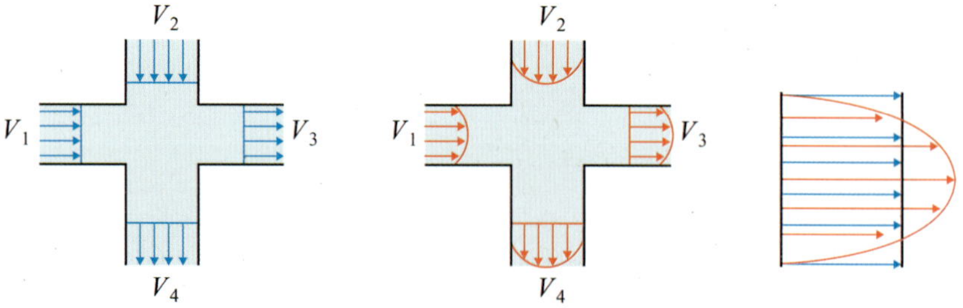

(a) 평균속도인 균일유동 분포 (b) 순시속도인 포물선 속도분포 (c) 평균속도(파란색)와 순시속도(빨간색)의 분포

그림 5-7 다양한 속도분포의 비교

13 [예제 5-2]에서 관련 문제를 검토해보자.

경우나 면적이 일정하지 않을 때 사용된다. [그림 5-7(b)]의 속도분포[14]를 순시속도Instantaneous Velocity라 하고 이는 [그림 5-7(c)]에서 보는 바와 같이 평균속도와 분포형태가 다르다.

Think_ 08

[그림 5-7(a)]와 같은 유동장에서 4개의 검사표면에서 유체가 균일속도로 유출입된다면 식 (5.29)는 어떻게 변경될지 생각해보자. 또한 [그림 5-7(b)]와 같은 순시속도 및 포물선 속도분포로 유출입되면 식 (5.29)는 어떻게 될지 생각해보자.

순시속도는 관내 유동에서 마찰의 영향으로 인해 관 중심에서 가장 큰 속도를 나타내고 벽면에서의 속도는 0이므로 포물선 형상의 유동을 나타낸다. 단, 적분형 방정식의 변형량을 계산할 때는 복잡하므로 잘 사용하지 않는다.

식 (5.31)의 단위를 살펴보자. 속도(m/s)에 면적(m^2)을 곱한 형태이므로 단위는 $[m^3/s]$가 된다. $[m^3/s]$의 개념은 단위시간당 체적인데, 이를 유동의 체적 변화율Volume Rate of Flow 또는 체적유량Volumetric Flow이라 한다. 보통 유체역학에서는 체적유량을 양적인 개념의 물리량으로 사용하고 기호로는 식 (5.32)와 같이 Q를 사용한다.[15]

$$Q = A_1 V_1 = A_2 V_2 \quad \rightarrow \quad Q = \sum VA = 0 \tag{5.32}$$

Think_ 09

현장에서는 평균속도를 많이 사용하는데, 포물선 형태의 최대속도와 차이는 얼마일지 생각해보자.

■ 정상상태 유동이면서 압축성유체인 경우

정상상태 유동이면서 압축성유체일 경우($\rho \neq const.$), 식 (5.26)은 식 (5.33)과 같아진다. 밀도가 상수가 아니게 되어 적분기호 밖으로 뺄 수 없기 때문이다. [그림 5-7(a)]와 같이 이산적으로 유출입될 때 밀도가 변하는 유체의 변화량은 식 (5.34)와 같다. 이를 유동의 질량 변화율, 즉 질량유량Mass Flow Rate이라 한다. 질량유량은 $\dot{m}$ 으로 표현하고, '엠돗'이라 읽는다. '돗($\dot{}$)'의 개념은 단위시간당이라는 뜻이다.

$$\int_{CS} \rho \vec{V} \cdot d\vec{A} = 0 \tag{5.33}$$

$$\dot{m} = \int_{CS} (\rho \vec{V} \cdot d\vec{A}) = \sum (\rho \vec{V} \cdot d\vec{A}) = 0 \ : \text{질량유량} \tag{5.34}$$

14 평균속도와 순시속도에 대한 자세한 내용은 6장, 9장에서 다룬다.

15 사용하는 기호는 이용자마다 다르다.

식 (5.32)와 식 (5.34)를 유체역학에서는 **연속방정식**Continuity Equation**이라 하는데, 이에 대한 물리적 의미는 시간당 질량보존법칙이다.** 이 수식은 변화율의 합이 0이라는 것을 의미한다. [그림 5-8]과 같이 면적이 다른 유출입을 갖는 노즐유동장에서 식 (5.35)와 같이 출구면적이 입구면적보다 0.5배 감소했다면 출구 속도는 식 (5.36)에서 보듯이 입구 속도의 2배로 증가한다. 즉 **중간에 빠지거나(싱크) 유입되는(소스) 양이 없다면 짧은 시간 내에 들어오는 양은 반드시 동일한 양이 나가야 한다**는 것이 연속방정식의 물리적 의미이다. 속도는 관 지름의 제곱 또는 면적의 비에 따라 증가하거나 감소하게 된다는 것을 반드시 기억하자.

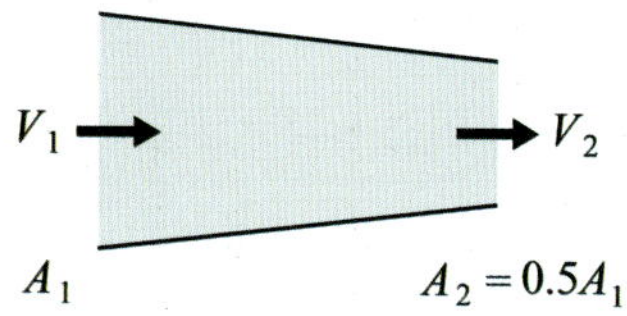

그림 5-8 면적이 다른 유출입을 갖는 노즐유동장

$$Q = A_1 V_1 = A_2 V_2 \quad \rightarrow \quad A_1 V_1 = 0.5 A_1 V_2 \tag{5.35}$$

$$V_2 = \frac{A_1}{0.5 A_1} V_1 \quad \rightarrow \quad 2 V_1 \tag{5.36}$$

Think_ 10

강이나 시냇물을 건널 때 폭이 좁은 상류 쪽을 선택하는 것이 안전할지, 폭이 넓은 하류 쪽을 선택하는 것이 안전할지 생각해보자. 이때 강이나 시냇물은 중간에 지류에 의한 유입이 있는데 이는 무시하자.

[그림 5-9]는 2017년 상수도통계에서 언급된 유수율을 설명한 자료이다. 유수율이란 총급수량 대비 유수수량의 비율로 고려되지 않는 손실량을 계산한 것이다. 유수율이 1이라면 식 (5.34)의 연속방정식을 만족하는 것이다. 만약 1이 아니라면 공급량과 수요량이 같지 않다는 것을 의미하며, 그 부족한 양만큼 어디선가 배관의 파괴, 누수 및 불법 오용으로 인한 손실이 있다는 뜻이다. 물론 배관이나 가스관 등과 같은 복잡한 관망Pipe Network 문제에서 유수율을 판단하기는 매우 어렵겠지만, 어디서 이런 문제가 발생하는지 빠르게 파악해야 하며 그 시작은 연속방정식임을 잊지 말자.

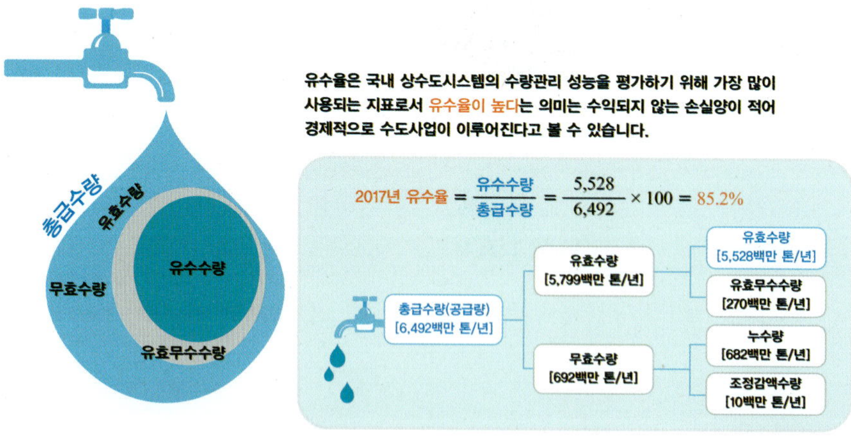

그림 5-9 유수율과 연속방정식의 개념

Think_ 11

[그림 5-9]와 같이 유수율을 고려하는 업종에는 어떤 것이 있을지 생각해보자.

예제 5-1 연속방정식

[그림 5-7(a)]에서 입출구 4개의 면적은 각각 다음과 같다.

- 입구 : $A_1 = 1\,[\mathrm{m}^2]$, $A_2 = 0.75\,[\mathrm{m}^2]$
- 출구 : $A_3 = 1.2\,[\mathrm{m}^2]$, $A_4 = 1.1\,[\mathrm{m}^2]$

1, 2, 3점의 유속이 각각 $V_1 = 1\,[\mathrm{m/s}]$, $V_2 = 2\,[\mathrm{m/s}]$, $V_3 = 0.8\,[\mathrm{m/s}]$일 때, V_4의 속도를 구하라.

분석

- 특별한 언급이 없다면, 정상상태이고 비압축성유체로 가정하므로 식 (5.31)을 이용하면 된다.
- 체적유량은 면적과 속도의 곱으로 계산한다.

풀이

- 총 유량의 합 : $\Sigma Q = Q_1 + Q_2 + Q_3 + Q_4 = 0 \quad \rightarrow \quad A_1 V_1 + A_2 V_2 + A_3 V_3 + A_4 V_4 = 0$

$$-1 \times 1 - 0.75 \times 2 + 1.2 \times 0.8 + 1.1\,V_4 = 0$$
$$-1 - 1.5 + 0.96 + 1.1\,V_4 = 0$$
$$1.1\,V_4 = 1.54$$
$$\therefore V_4 = 1.4\,[\mathrm{m/s}]$$

고찰

- 네 영역에서 유입되는 것은 음(−)으로 하고 유출되는 것을 양(+)으로 해서 계산해 나온 값이 1.4 [m/s], 즉 양(+)의 값이 나왔으므로 유출되고 있다는 것을 알 수 있다.
- 1.4 [m/s]의 계산된 속도가 면적에 비례해서 변했는지 확인해보자.

예제 5-2 비정상상태의 연속방정식

갑작스러운 폭우heavy rain가 20 [ℓ/min]으로 내려, 면적이 7 [m] × 5 [m]인 지하실에 [그림 5-10]과 같이 물이 차올랐다. 이에 500 [mm/min]으로 물을 빼려고 할 때 필요한 펌프 용량을 구하라.

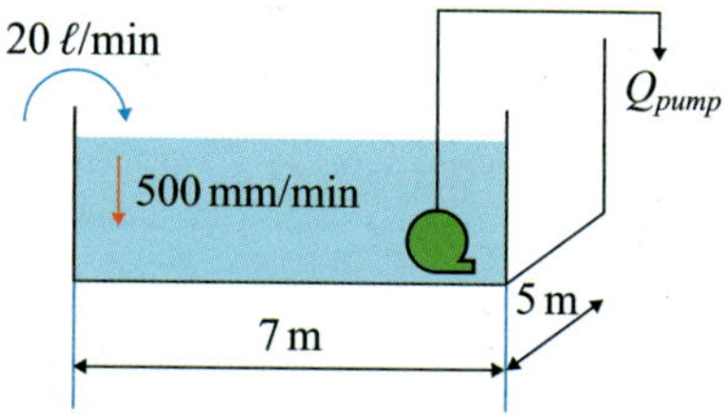

그림 5-10 물이 차오른 지하실 단면

분석

- 시간이 지나면서 검사체적이 변화하는지 파악해야 한다. 여기서 검사체적은 변화하지 않지만 시간에 따라 수위가 변화하므로 비정상상태로 문제를 해석해야 한다.
- 유출입의 검사표면은 폭우로 인한 유입과 펌프송출의 임의의 단면을 포함해 2개이다.
- 식 (5.27)을 사용해 변환한다.

풀이

- 레이놀즈 전달 이론식은 비압축성유체이고 검사표면이 유입과 유출로, 2개이므로 다음과 같이 정리할 수 있다.

$$\frac{\partial}{\partial t}\int_{CV}\rho d\forall + \int_{CS}\rho \vec{V}\cdot d\vec{A} = 0 \quad \rightarrow \quad \frac{dQ_{CV}}{dt} + Q_{heavy\ rain} + Q_{pump} = 0$$

- 중요한 것은 일정한 검사체적이 시간에 따라 변화하므로 $\rho d\forall = Q_{CV}$가 되고, 편미분이 상미분으로 변경된다는 것이다. 또한 지하실 바닥 면적이 주어졌으므로 수위 h를 체적의 변수로 정리할 수 있다. 즉 수위 변화에 대한 1차 상미분방정식 문제이다.

$$A\frac{dh}{dt} + Q_{heavy\ rain} + Q_{pump} = 0$$

- 여기서 구하고자 하는 답은 펌프 토출량이므로 다음과 같이 우변으로 이항하고 값을 대입해 정리할 수 있다.

$$Q_{pump} = -A\frac{dh}{dt} - Q_{heavy\ rain} = -7\,[\text{m}] \times 5\,[\text{m}] \times 500\,[\text{mm/min}] + 0.02\,[\text{m}^3/\text{min}] + 1.2$$

$$\equiv -35\,[\text{m}^2] \times \frac{0.5\,[\text{m}]}{60\,[\text{s}]} + \frac{0.02\,[\text{m}^3]}{60\,[\text{s}]} + 1.2 = -0.29 + 1.2 = 0.908\,[\text{m}^3/\text{s}] \fallingdotseq 1\,[\text{m}^3/\text{s}]$$

고찰

- 지하실(검사체적) 내 수위의 변화가 $Q_{CV} = Adh/dt$로 변환되는 것을 이해하는 것이 중요하다.
- 폭우 유량은 이항 시 음(−)의 값인데 왜 양(+)으로 계산했는지 생각해보자.
- 이 문제의 답은 펌프의 최소 유량을 언급하는 것이다. 즉 손실과 효율을 고려해야 하므로 실제로는 구한 답보다 커야 한다.

SECTION 5.3

운동량방정식

- ✔ 운동량 법칙으로부터 유도되는 운동량방정식을 학습한다.
- ✔ 유동이 경사진 것에 분사되는 경우의 운동량방정식을 학습한다.

5.3.1 운동량방정식의 유도

[그림 5-1]과 같이 소방 호스의 노즐에서 분출된 물을 맞으면 몸은 자연스레 뒤로 밀린다. 또한 [그림 5-11(a)]처럼 태풍이 불면 자동차와 같은 물건들이 날아가게 되고, [그림 5-11(b)]처럼 달리는 자동차의 창 밖으로 팔을 내밀었을 때 팔은 뒤로 밀리게 된다. 이 예시에서 물건을 날아가게 하거나 사람의 몸에 작용하는 물리량은 과연 무엇일까?

(a) 태풍에 의해 날아가서 부서진 자동차　　(b) 달리는 자동차의 창 밖으로 내민 팔

그림 5-11 운동량방정식을 설명하기 위한 예시

어렸을 때 배웠던 뉴턴Newton의 일화를 생각해보자. 뉴턴은 누워 있다가 중력가속도(g)로 떨어진 임의의 질량(m)의 사과가 땅에 떨어진 것을 보고, 사과에 의한 힘이 작용한다는 것을 공식화했다. 여기서 힘이라는 것은 사과라는 임의의 매질Material이 지표면에 부딪쳐 종말속도가 0이 됐고, 속도가 0이라는 것은 속도의 변화가 일어났다는 것을 의미한다. 이는 식 (5.3)과 같은 운동량($m\vec{v} = \vec{P}$)이 단위시간당 변화한 것($\vec{F} = m\vec{v}/dt$)으로 표현할 수 있다. 즉 태풍에 의해 물건이 날아가는 것이나 노즐을 통해 분출된 유체에 맞아 몸이 뒤로 밀리게 되는 것이 바로 유체에 의한 물리량인 힘Force이다.

유체역학에서는 **뉴턴의 제2법칙**을 **운동량방정식**Momentum Equation이라 한다. 그렇다면 식 (5.3)은 유체의 흐름 변화에 따른 힘을 계산할 수 있는 표현일까?

그렇지 않다. 식 (5.3)의 내용은 사과와 같은 체적이 일정한 질량으로 표현되고 있으며, 시간도 유한하지만 짧지 않고, 임의의 검사체적도 설정해주어야 하기에 유체역학에서 움직이는 유체에 의한 힘을 논하기에는 아직 무리가 있다. 좀 더 유체역학과 관련해 생각하고 설명하기 위해 식 (5.24)의 레이놀즈 전달 이론식에 $\eta = \overrightarrow{V}$와 $N = \overrightarrow{P}$를 대입해 식 (5.37)과 같이 유도했다. 식 (5.37)은 세 가지 항으로 이루어고, ①항은 식 (5.3)과 같은 힘을 의미한다.

$$\left(\frac{dN}{dt}\right)_{CV} = \frac{\partial}{\partial t}\int_{CV} \eta\rho d\forall + \int_{CS} \eta\rho \overrightarrow{V}\cdot d\overrightarrow{A} \tag{5.24}$$

$$\underbrace{\left(\frac{d\overrightarrow{P}}{dt}\right)_{CV}}_{①} = \underbrace{\frac{\partial}{\partial t}\int_{CV} \overrightarrow{V}\rho d\forall}_{②} + \underbrace{\int_{CS} \overrightarrow{V}\rho \overrightarrow{V}\cdot d\overrightarrow{A}}_{③} \tag{5.37}$$

Think_12

식 (5.37)의 ①항에서 정의된 힘은 어떤 것일까? [그림 5-11]에서 언급했던 물건을 움직이는 힘 또는 팔을 뒤로 미는 힘을 의미하는 것인지 생각해보자.

여기서 작용하는 힘은 식 (5.38)과 같이 표면력과 체적력의 합이다. 이 힘은 원래 자동차나 팔[16]에 힘이 작용할 때, 작용하는 유체에 의한 힘을 버틸 수 있는지를 좌우하는 값이다. 식 (5.38)의 체적력은 식 (5.39)와 같이 표현할 수 있으며, 식 (5.38)의 표면력은 검사표면에 작용하는 수직력(압력)만 고려해 식 (5.40)과 같이 나타냈다. 표면력에는 수직력과 전단력이 있는데 여기서는 전단력을 무시하고 수직력인 압력만 고려했다.

$$\overrightarrow{F} = \overrightarrow{F_S} + \overrightarrow{F_B} \tag{5.38}$$

$$\overrightarrow{F_B} = \int_{CV} \rho\overrightarrow{g}d\forall = \overrightarrow{W}_{CV} = M\overrightarrow{g} \tag{5.39}$$

$$\overrightarrow{F_S} = \int_{A} -pd\overrightarrow{A} \tag{5.40}$$

식 (5.37)의 우변의 ②항과 ③항은 검사체적 내 유체에 의해 발생하는 힘이다. ②항은 검사체적 내 시간에 대한 운동량 변화율Rate of Increase of Flux을 나타내며 ③항은 검사표면을 통해 단위시간당 유입되고 유출되는 운동량 플럭스의 합을 의미한다. 즉 뉴턴이 발견했던 당시 사과 m_{apple}을 임의의 체적이 담긴 연속성 유체($\rho_{apple} \times d\forall$)라 가정하고 식 (5.37)을 식 (5.41)과 같이 이해하면 쉽게 접근할 수 있다. 임의의 검사체적 내에서 짧은 시간(dt) 동안 정적분해주면 검사체적 내 시속Start Velocity, 유입속도과 종속Terminal Velocity을 적용해[17] 유체에 의해 작용된 힘을 구할 수 있다.

16 여기서 팔은 재료역학에서 배운 외팔보(Cantilever)로 생각하면 편하다. 막대기가 어떤 방식으로 붙어 있는지에 따라 강도가 달라진다.

17 종속은 $V_2 = 0$이다.

$$\left(\frac{d\overrightarrow{P}}{dt}\right)_{CV} = \frac{\partial}{\partial t}\int_{CV}\overrightarrow{V}\rho_{apple}\,d\forall + \int_{CS}\overrightarrow{V}\rho_{apple}\overrightarrow{V}\cdot d\overrightarrow{A} \tag{5.41}$$

Think_ 13

식 (5.41)에서 사과를 왜 연속성 유체라고 가정했는지 생각해보자.

식 (5.37)은 식 (5.42)와 같이 정리할 수 있으며, 우변 항들의 합, 즉 검사체적 내부의 운동량 변화율과 검사면적을 통과하는 운동량 플럭스의 합은 좌변의 힘과 동일하게 된다. 여기서 운동량 플럭스라고 하는 것은 단위시간당 임의의 검사표면을 통과하는 운동량으로 정의할 수 있다.

$$\overrightarrow{F_S} + \overrightarrow{F_B} = \frac{\partial}{\partial t}\int_{CV}\overrightarrow{V}\rho_{apple}\,d\forall + \int_{CS}\overrightarrow{V}\rho_{apple}\overrightarrow{V}\cdot d\overrightarrow{A} \tag{5.42}$$

Think_ 14

식 (5.42)의 좌변과 우변의 값(힘)이 같지 않은 경우가 있다면 계산이 잘못된 것일까? 또한 그 값이 음(−)의 값을 가졌다면 물리적으로 어떤 의미가 있는 것인지 생각해보자.

Think 14에서 제시된 의문과 같이 식 (5.42)의 양측 힘들은 동일할 수 없다. 좌변은 시스템적인 문제, 즉 얼마나 단단하게 고정됐는지에 대한 것이고, 우변은 얼마나 빠르게 유동되고 있는지에 대한 것이기 때문에, 만약 운동량 플럭스의 힘이 더 크다면 Think 14에서 제시된 의문과 같이 차이가 나야만 한다. **그 차이를 유체역학에서는 반력**Reacting Force**이라고 하고** 기호로는 $\overrightarrow{R}$로 표시한다. 즉 반력만큼 시스템을 보강해주어야 한다. [그림 5-12]는 운동량 플럭스에 의해 발생되는 힘이 좌변의 힘보다 크고, 그 힘만큼 고정시키지 않았기 때문에 여러 명의 소방관도 그 힘을 제어할 수 없음을 보여주고 있다.[18]

그림 5-12 운동량 플럭스에 의해 자유자재로 움직이는 소방 노즐

$$\overrightarrow{F_S} + \overrightarrow{F_B} + \overrightarrow{R} = \frac{\partial}{\partial t}\int_{CV}\overrightarrow{V}\rho\,d\forall + \int_{CS}\overrightarrow{V}\rho\overrightarrow{V}\cdot d\overrightarrow{A} \tag{5.43}$$

식 (5.43)은 식 (5.37)을 벡터 형식으로 정리한 것이다. 힘과 속도는 벡터이므로 직각좌표계Rectangular Coordinate 또는 카테시안 좌표계Cartesian Coordinate에서 세 가지의 힘(F_x, F_y, F_z)과 속도(u, v, w)로

18 이러한 문제는 단순한 것 같지만, 유동이 있는 모든 산업현장에서 발생하므로 배관 설계나 안정성 설계에 있어 매우 중요하다.

나누어 식 (5.44) ~ 식 (5.46)과 같이 스칼라 형태로 정리할 수 있다. 스칼라의 형태로 기억하면 쉽지만, 이는 같은 형식의 수식을 여러 번 써야 하는 불편함이 있다. 이에 식 (5.43)과 같이 한 번의 수식만 사용하면 되는 벡터 표현을 사용한다.

$$F_x : F_{S_x} + F_{B_x} + R_x = \frac{\partial}{\partial t}\int_{CV} u\rho\, d\forall + \int_{CS} u\rho\, \vec{V}\cdot d\vec{A} \tag{5.44}$$

$$F_y : F_{S_y} + F_{B_y} + R_y = \frac{\partial}{\partial t}\int_{CV} v\rho\, d\forall + \int_{CS} v\rho\, \vec{V}\cdot d\vec{A} \tag{5.45}$$

$$F_z : F_{S_z} + F_{B_z} + R_z = \frac{\partial}{\partial t}\int_{CV} w\rho\, d\forall + \int_{CS} w\rho\, \vec{V}\cdot d\vec{A} \tag{5.46}$$

Think_ 15

식 (5.44) ~ 식 (5.46)에서 우변 마지막 항의 $\vec{V}$는 왜 스칼라로 변경되지 않았는지 생각해보자.

예제 5-3 노즐유동에 의한 힘 구하기

[그림 5-1], [그림 5-12]와 같이 소방관이 잡고 있는 노즐에서 분출되는 물의 속도가 $V_1 = 20\,[\text{m/s}]$일 때 제트의 힘을 구하라. 노즐의 출구면적은 0.1 $[\text{m}^2]$로 가정하자. 이를 위해 [그림 5-13]과 같이 노즐에 의한 유동을 사람이 판재를 대고 막았다고 생각하고 이에 대한 노즐유동에 의한 힘(제트 힘)을 구하라.

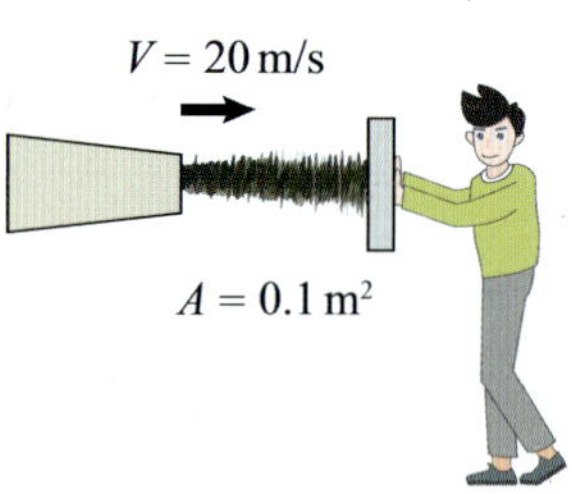

그림 5-13 노즐유동에 의해 발생되는 힘

분석

- 유체의 물성값들이 주어지지 않을 때는 상온이라 가정하고 물의 밀도는 1,000 $[\text{kg/m}^3]$, 공기의 밀도는 1.25 $[\text{kg/m}^3]$로 두고 푼 후에 이를 명시해주면 된다.
- 검사체적을 어디로 할지 결정해야 한다. 이 예제에서는 검사체적을 노즐 출구부터 판재까지로 설정했기 때문에 압력항은 대기압으로 설정되어 전부 0으로 계산한다. 이 가정은 매우 단순한 것 같지만 매우 중요하다. 검사체적을 모호하게 설정하면 압력이나 속도를 알 수 있는 방법이 없어 풀지 못할 수 있기 때문이다.
- 판재에 부딪히는 속도는 정체 속도Stagnation Velocity로 0이다. 즉 $u_2 = 0$이고 x방향의 힘만 고려하면 되므로 식 (5.44)를 이용한다.

풀이

- 문제를 쉽게 풀기 위해 검사체적을 [그림 5-14]와 같이 자유물체도를 설정했다.

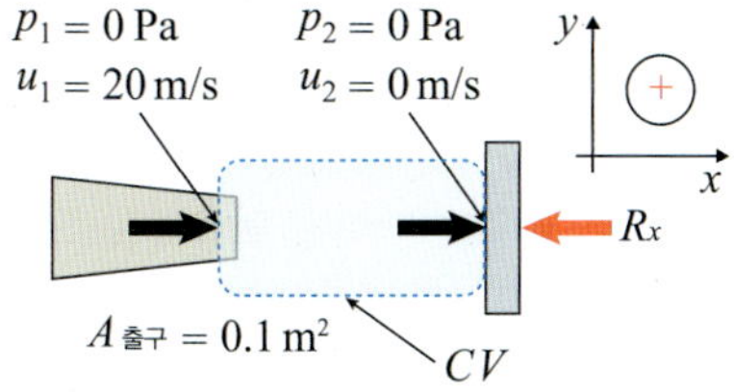

그림 5-14 [예제 5-3]의 검사체적 설정

- 식 (5.44)에서 시간항은 노즐이 계속 분출되면서 변화하지 않으므로 정상상태로 가정할 수 있어 무시하고, 체적력은 관성력에 비해 아주 작으므로 이를 무시하면 식 (5.47)과 같이 정리할 수 있다.

$$F_{S_x} + R_x = \int_{CS} u\rho \vec{V} \cdot d\vec{A} \tag{5.47}$$

- 반력 R_x는 노즐 분사방향의 반대이고, 유출입 검사표면은 2개이며, 속도는 x방향으로만 진행하므로 $\vec{V} = V_1 = V_2$가 되고, 식 (5.48)과 같이 정리할 수 있다.

$$F_S - R_x = u_2\rho VA_2 - u_1\rho VA_1 = \rho(u_2 VA_2 - u_1 VA_1) \tag{5.48}$$

- [그림 5-14]와 같은 검사체적에서 수직력을 고려하면 식 (5.48)은 식 (5.49)와 같이 정리된다.

$$p_1A_1 - p_2A_2 - R_x = \rho(u_2 VA_2 - u_1 VA_1) \tag{5.49}$$

- [그림 5-14]와 같은 검사체적을 설정하면 p_1, p_2의 압력은 대기압으로 0이 된다.[19] 또한 판재에 부딪히는 속도는 $u_2 = 0$이고, 식 (5.49)에서 정리하면 반력 R_x는 식 (5.50)과 같다.[20]

$$\cancel{p_1A_1} - \cancel{p_2A_2} - R_x = \rho(\cancel{u_2VA_2} - u_1 VA_1) \tag{5.49}$$

$$R_x = \rho V^2 A_1 \quad (\therefore u_1 = V) \tag{5.50}$$

$$R_x = 1{,}000 \times 20^2 \times 0.1 = 40{,}000\,[\text{N}] = 40\,[\text{kN}]$$

- 0.1 [m²]의 노즐에서 20 [m/s]로 분출된 제트는 40,000 [N]의 힘(반력)이 발생된다.

고찰

- 검사표면이 4개인데 왜 2개만 고려했는지 생각해보자.
- 문제를 절대압으로 풀어야 할 때는 압력을 0으로 계산하면 안 된다.
- 40,000 [N]의 힘이 물리적으로 얼마나 큰 힘인지를 알아야 한다. 이는 체중이 100 [kg]인 사람 400명이 순간적으로 동시에 부딪힌 힘과 같다. 정량적인 값을 알면 문제가 제대로 풀렸는지 확인해볼 수 있다.
- 계산된 반력이 양(+)의 값이라는 것은 [그림 5-14]에서 R_x의 방향을 음(−)으로 제대로 설정했다는 것을 의미한다. 만약 반력이 음(−)의 값으로 계산됐다면 설정된 R_x의 방향이 잘못됐다는 것을 의미하므로 [그림 5-14]에서 반력의 방향을 반대로 수정하면 된다.

---

19 3장에서 학습한 바와 같이 계기압으로 계산하기 때문이다.

20 u_2가 0인 경우는 x방향 속도가 0이라는 것이지 V가 0이라는 것은 아니다. 식 (5.49)에서 속도 u_1과 V가 왜 동일한지를 알아야 한다.

예제 5-4 고정 장치의 힘

[그림 5-12]의 소방 노즐은 운동량 플럭스에 의한 힘 때문에 마구잡이로 움직인다. 이는 초기에 노즐을 [그림 5-15]와 같이 고정하지 않았기 때문에 발생하는 현상이다. 이를 예방하기 위해 [그림 5-15]와 같이 노즐을 고정하는 장치를 설계하고자 한다. 이때의 고정력을 구하라. 단, 호스에 작용하는 압력은 15 [bar]이다.

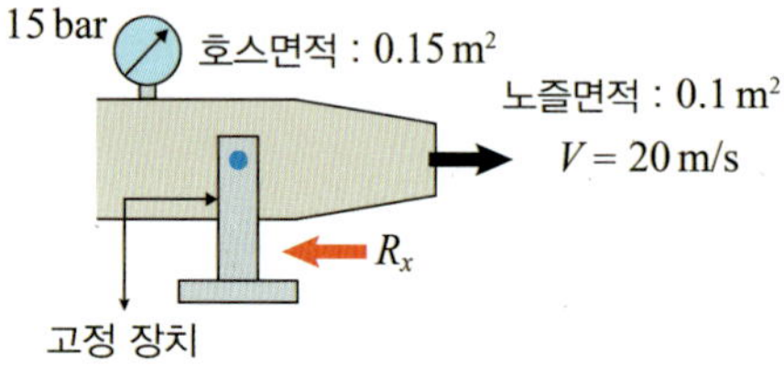

그림 5-15 예상되는 노즐 고정 장치 모습

분석

- 노즐은 실제로는 사선으로 분사되지만, 계산의 편의성을 위해 수평인 x방향만 고려했고 식 (5.44)를 이용하면 된다.
- 유입속도를 모르기 때문에 식 (5.32)의 적분형 연속방정식으로부터 V_1을 구해야 한다.
- 호스 내부에서는 압력이 계기압이더라도 0이 아니므로 내부의 수직력인 압력을 고려해야 한다.
- [그림 5-15]에서 15 [bar]의 압력은 계기로 표시됐기 때문에 특별한 언급이 없으면 계기압으로 본다.
- 고정 장치의 자세한 설계는 기계설계 과목에서 배워야 하므로 이 문제에서는 노즐에 의한 운동량 플럭스에 따른 반력만 고려해 계산한다.

풀이

- 문제를 쉽게 풀기 위해 검사체적을 [그림 5-16]과 같이 설정했다.

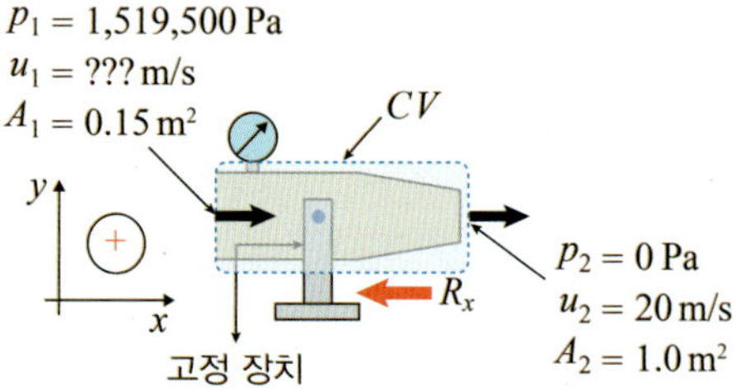

그림 5-16 [예제 5-4]의 검사체적 설정

- 먼저 식 (5.32)를 이용해 u_1을 계산해보자.

$$Q = A_1 u_1 = A_2 u_2 \quad \rightarrow \quad 0.15 \times u_1 = 0.1 \times 20$$

$$u_1 = 0.1 \times 20 / 0.15 = 13.33\ [\mathrm{m/s}]$$

- 이 예제는 [예제 5-3]과 같은 유형이므로, 운동량방정식은 식 (5.44)와 같고, 여기서 체적력과 시간항(정상유동)을 삭제하고 수직력인 압력을 고려하면 식 (5.49)와 같이 정리할 수 있다. 식 (5.49)에서 R_x

의 방향은 반대 방향으로 설정했기 때문에 음(−)의 값으로 변경됐다.

- [그림 5−16]과 같이 출구의 압력이 대기압($p_2 = 0$)이 되도록 검사체적을 설정했으므로 식 (5.49)는 식 (5.51)과 같이 정리되고 u_1, u_2와 V의 관계를 정리하면 식 (5.52)와 같다.

$$p_1A_1 - R_x = \rho(u_2VA_2 - u_1VA_1) \tag{5.51}$$

$$p_1A_1 - R_x = \rho(u_2^2A_2 - u_1^2A_1) \tag{5.52}$$

- 식 (5.52)를 계산하면 반력, 즉 고정력을 계산할 수 있다.

$$1{,}519{,}500 \times 0.15 - R_x = 1{,}000(13.33^2 \times 0.15 - 20.0^2 \times 0.1)$$

$$-R_x = 1{,}000(13.33^2 \times 0.15 - 20.0^2 \times 0.1) - 1{,}519{,}500 \times 0.15$$

$$\therefore R_x = 241{,}272\,[\mathrm{N}]$$

고찰

- [예제 5−3]과 유사한 문제이지만 문제의 형태에 따라 검사체적을 설정하는 방법이 달라짐을 확인해야 한다.
- 계산된 반력이 양(+)의 값이 나왔다는 것은 [그림 5−16]에서 R_x의 방향을 음(−)으로 제대로 설정했다는 것을 의미한다.[21]
- 더 나아가 사선으로 노즐이 분사될 때의 반력을 구할 수 있는데, 이때는 F_x뿐만 아니라 F_y도 계산해 힘의 합력을 고려해야 한다.

5.3.2 유동이 경사진 깃에 분사되는 경우

만약 노즐 분사가 [그림 5−13]과 같이 수평이나 수직, 즉 한 방향으로 분사되는 경우는 x방향이나 y방향 중 한 방향만 고려해 계산하면 된다. 그러나 [그림 5−1]과 같이 경사로 분사되거나 [그림 5−17]과 같이 타깃Target 형상이 변경된다면 V_2의 속도는 각도만큼 변화한 x방향 속도, y방향 속도를 [표 5−1]과 같이 고려해야 한다.

(a) 평판 (b) 120° (c) 반구 형태

그림 5-17 다양한 형상의 타깃

21 고정 장치의 설계는 여기서부터 시작된다. 유체역학에 의한 힘의 반력을 구했으니 기계설계 파트에서 볼트나 지지대의 전단응력 및 항복응력으로부터 재질에 따른 두께 및 크기를 선정할 수 있고, 모멘트를 구한 후 회전력에 의한 토크를 계산해 고정 방법도 계산할 수 있다. 이렇듯 유체역학은 기계설계에 있어 변수를 결정하는 데 매우 중요한 기초 학문이다.

표 5-1 타깃이 다른 경우 검사표면의 두 지점에서 변화되는 속도의 크기

내용	평판인 경우	둔각인 경우	예각인 경우
각도	$\theta_2 = 90°$인 경우	$\theta_2 > 90°$인 경우	$\theta_2 < 90°$인 경우
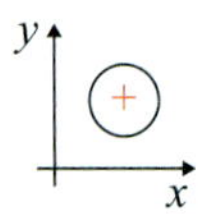	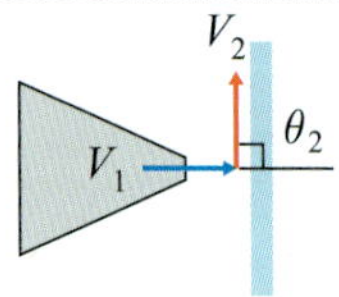	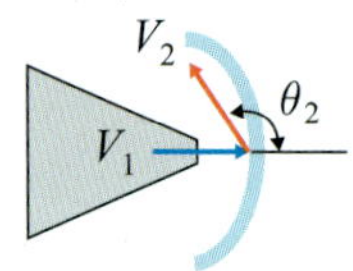	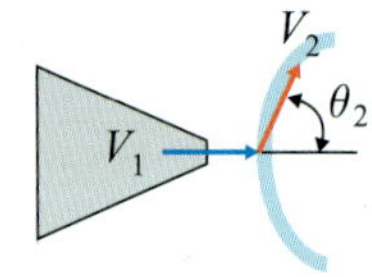
속도의 크기	$V = V_1 = V_2$		
두 지점에서 x방향 속도 u_2	$u_2 = 0$	$u_2 = -V\cos\theta_2$	$u_2 = V\cos\theta_2$
두 지점에서 y방향 속도 v_2	$v_2 = V_2 = V_1 = V$	$v_2 = -V\sin\theta_2$	$v_2 = V\sin\theta_2$

타깃 형상이 [표 5-1]의 둔각 또는 예각일 경우 x방향의 운동량방정식인 식 (5.49)는 식 (5.53)과 같이 변화한다. 동일한 논리로 y방향의 힘은 (5.54)와 같다. 식 (5.53)과 식 (5.54)에서 아래 첨자 1, 2는 [그림 5-14]에서 보듯이 검사체적의 입구와 출구인 검사표면을 의미한다.

$$p_1A_1 - p_2A_2 - R_x = \rho(u_2VA_2 - u_1VA_1) \tag{5.49}$$

$$-R_x = \rho(V_2\cos\theta_2 VA_2 - V_1\cos\theta_1 VA_1) \tag{5.53}$$

$$R_y = \rho(V_2\sin\theta_2 VA_2 - V_1\sin\theta_1 VA_1) \tag{5.54}$$

식 (5.53)과 식 (5.54)에서 V_1 또는 V_2의 크기는 [표 5-1]에서 정리한 바와 같이 동일하고, 두 지점의 면적도 같다($A_1 = A_2$)고 가정하면 식 (5.55), 식 (5.56)과 같이 간단하게 정리할 수 있다.

$$-R_x = \rho V^2 A(\cos\theta_2 - \cos\theta_1) \tag{5.55}$$

$$R_y = \rho V^2 A(\sin\theta_2 - \sin\theta_1) \tag{5.56}$$

Think_16

식 (5.54)에서 식 (5.55)와 식 (5.56)으로 정리할 때 두 지점의 면적을 왜 같다고 가정했는지 생각해보자. 또한 왜 R_x는 음(−)으로, R_y는 양 (+)으로 설정했는지 생각해보자.

만약 입구에서 수평으로 유입되고 출구에 수직 평판이 있는 경우[22], 입구(θ_1)와 출구(θ_2)의 각도는 각각 $\theta_1 = 0°$와 $\theta_2 = 90°$이므로 식 (5.55)와 식 (5.56)은 식 (5.57)과 식 (5.58)로 정리할 수 있다. 식 (5.57)과 식 (5.58)의 우변은 같고, 좌변인 반력을 F라 한다면 식 (5.59)와 같은 수식으로 정리할 수 있고, 체적유량인 Q를 대입해 정리할 수도 있다.

22 [표 5-1] 중 '평판인 경우'에 해당된다.

$$-R_x = \rho V^2 A \tag{5.57}$$

$$R_y = \rho V^2 A \tag{5.58}$$

$$F = \rho V^2 A = \rho Q V \tag{5.59}$$

[그림 5-17]은 외부로 유체가 분사되는 경우 타깃에 작용한 힘에 대한 설명이었지만, 운동량 플럭스의 변화는 [그림 5-18]과 같은 배관에서도 적용할 수 있다. 모든 배관을 직관으로만 작업할 수는 없고, 직관으로 작업한다고 해도 직관들을 상호 연결해야 하므로 곡관이나 이형관, 밸브 등과 같은 밸브 피팅류$_{\text{Valve Fitting}}$ 작업을 해줘야 한다.[23] 만약 [그림 5-18]과 같이 배관작업이 됐다면 유체의 운동량 플럭스 변화에 의해 배관에 힘이 작용할 것이고 이때 배관을 고정해야 한다.

(a) 플랜지를 이용하는 경우 (b) 클램프를 이용하는 경우

그림 5-18 배관 고정 방법

두 가지 고정 방법은 배관에 작용하는 압력에 따라 변경된다. 플랜지$_{\text{Flange}}$는 배관에 힘이 크게 작용할 때 안정하게 고정하기 위해 사용하는 보통의 방법이고, 클램프$_{\text{Clamp}}$는 배관에 작용하는 힘이 크지 않을 때 벽체에 배관을 고정하기 위해 사용하는 간이적인 방법이다. 배관을 연결하는 플랜지 선정은 운동량 플럭스의 변화에 의한 계산된 힘과 압력에 따라 KS B 1503에 의거 5K, 10K, 20K 등으로 설계해 플랜지의 길이, 두께, 타입 그리고 볼트의 구멍 크기, 개수, 길이 등을 선정해야 한다.

예제 5-5 배관설계

[그림 5-19]와 같이 유동할 때 배관을 고정하는 플랜지를 포함한 배관이 받는 힘을 구하라.

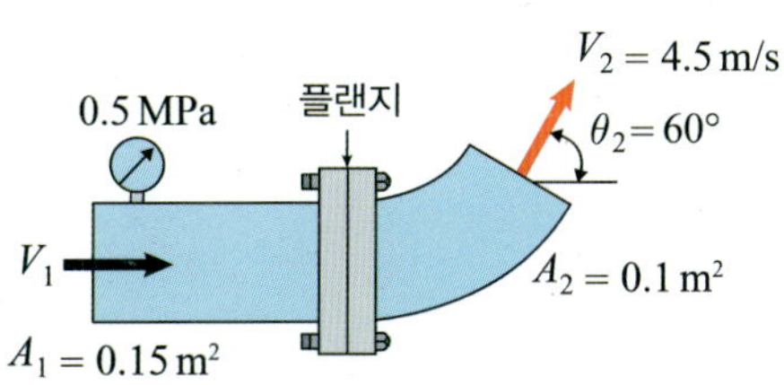

그림 5-19 60° 경사로 분출되는 배관

23 9장에서 다루는 내용으로, 이러한 피팅류에서는 부차적으로 압력 손실이 발생하게 된다.

분석

- 우선 검사체적을 어디로 할지부터 정해야 한다. 이 예제에서는 검사체적을 압력계부터 노즐 출구까지로 설정했고 출구의 압력은 대기압이므로 0으로 계산한다.
- [예제 5-4]와 유사한 문제이나 출구에서 60°로 분출되므로 식 (5.55)와 식 (5.56)을 이용해 x방향과 y방향의 힘을 구하고, 반력의 합력 $\overrightarrow{R}$을 구해야 한다.

풀이

- 문제를 쉽게 풀기 위해 검사체적을 [그림 5-20]과 같이 설정했다.

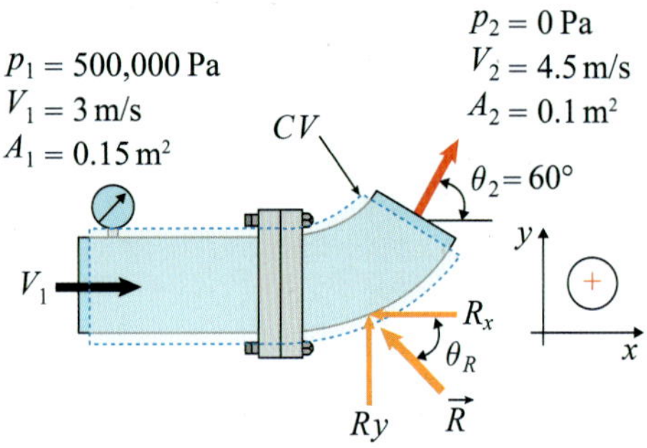

그림 5-20 [예제 5-5]의 검사체적 설정

- 입구에서 수평으로 유입되고 출구에서 60°로 분출되므로, $\theta_1 = 0°$와 $\theta_2 = 60°$를 각각 식 (5.53)과 식 (5.54)에 대입해 구할 수 있다.

$$p_1 A_{1x} - R_x = \rho(\,V_2 \cos\theta_2\, VA_2 - \,V_1 \cos\theta_1\, VA_1) \tag{5.53}$$

$$p_1 A_{1y} + R_y = \rho(\,V_2 \sin\theta_2\, VA_2 - \,V_1 \sin\theta_1\, VA_1) \tag{5.54}$$

$$500{,}000 \times 0.15 - R_x = 1{,}000(4.5\cos 60° \times 4.5 \times 0.1 - 3 \times \cos 0° \times 3 \times 0.15)$$

$$\therefore R_x = 75{,}337.5\,[\mathrm{N}]$$

$$500{,}000 \times 0 + R_y = 1{,}000(4.5\sin 60° \times 4.5 \times 0.1 - 3 \times \sin 0° \times 3 \times 0.15)$$

$$\therefore R_y = 1{,}753.7\,[\mathrm{N}]$$

- x방향의 반력 R_x와 y방향의 반력 R_y값이 각각 50,336.6 [N]과 1,753.2 [N]으로 양(+)의 값이므로, 검사체적에 적용한 방향은 옳게 설정됐고, 이 두 값의 합력인 $\overrightarrow{R}$과 각도 θ_R은 각각 식 (5.60)과 식 (5.61)로 구할 수 있다.

$$\overrightarrow{R} = \sqrt{R_x^2 + R_y^2} = \sqrt{75.337.5^2 + 1{,}753.7^2} = 75{,}357.9\,[\mathrm{N}] \tag{5.60}$$

$$\theta_R = \tan^{-1}\left(\frac{1{,}753.7}{75{,}337.5}\right) = 1.33° \tag{5.61}$$

고찰

- [예제 5-4]와 유사한 문제이지만 경사로 분출될 때는 어떠한 차이가 있는지 확인해야 한다.
- 경사로 분사될 때의 노즐유동에 의한 반력은 F_x와 F_y를 구한 후 그 합력과 각도를 계산해 설계에 반영해야 한다.

- 플랜지의 규격은 배관내 압력과 유동에 의한 힘으로 구한 압력(힘을 A_1으로 나눈 값)을 비교해 큰 값을 기준으로 선정해야 한다. 이 예제에서는 유동에 의한 힘으로 구한 압력이 0.3 [MPa]로 계산되어 0.5 [MPa]보다 작게 계산됐다. 이는 배관내 속도의 변화가 그리 크지 않기 때문인 것으로 보인다. 따라서 플랜지 규격은 관내 압력이 더 크게 작용하므로 여윳값을 고려해 KS B 1503에 따라 10K의 규격으로 플랜지를 선정하고 이에 따른 배관을 설계하면 된다.
- θ_R은 배관이 고정되지 않았을 때 어느 쪽으로 힘이 많이 작용하는지 계산한 각도이므로, 클램프를 사용해 배관을 고정할 때 참조하면 유용하게 사용할 수 있는 변수이다.

예제 5-6 컨베이어 시스템의 초기장력

[그림 5-21]과 같이 1.0 [m/s]로 운전되는 수평 컨베이어 벨트$_{belt}$가 호퍼로부터 1,440 [kg/m^3]의 밀도를 갖는 시멘트$_{cement}$를 공급받는다.[24] 호퍼에서 벨트에 수직으로 떨어지는 시멘트의 속도는 2.0 [m/s], 호퍼의 출구 지름은 0.5 [m]이다. 컨베이어 벨트는 초기에는 비어 있으나 점점 시멘트를 채워서 1.0 [m/s]로 움직인다. 운전 장치와 롤러들의 마찰을 무시하고, 초기에 컨베이어 벨트 위에 시멘트가 채워지고 있는 동안 벨트를 당기기 위한 초기장력 T를 구하라.

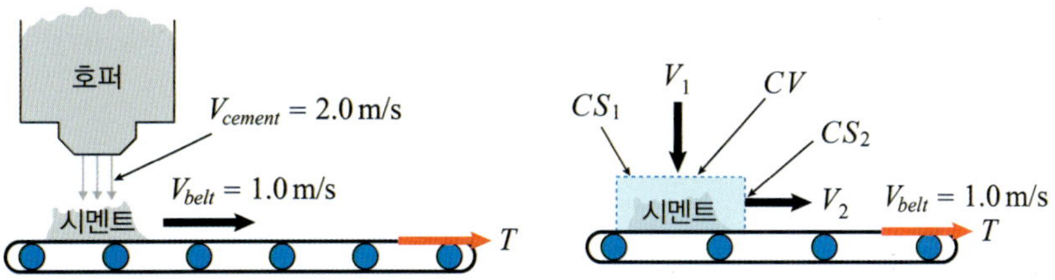

(a) 시멘트를 운송하는 컨베이어 벨트 시스템 (b) [예제 5-6]의 검사체적 설정

그림 5-21 시멘트 운송 컨베이어 시스템의 개략도

분석

- 시멘트가 호퍼에서 벨트 위로 떨어지면서 증가하는 시멘트의 양을 당기는 벨트 장력을 구해야 한다. 이를 위해서는 생성된 검사체적 내 운동량을 증가시키는 힘을 구해야 한다. 이 예제는 비정상상태로 가정하여, 식 (5.27)과 식 (5.44)를 이용하면 된다.
- 초기장력을 구해야 하므로 검사체적을 벨트 끝까지 설정할 필요는 없고 시멘트가 쌓이는 영역으로 설정해야 한다. 검사체적을 [그림 5-21(b)]와 같이 설정하면 많은 미지의 변수를 계산하지 않아도 된다.
- 벨트 장력을 구하는 문제이므로 x방향의 힘만 구하면 된다. 검사표면도 시멘트가 유입되는 곳을 지점 ①, 벨트가 당겨져서 시멘트가 나가는 영역을 지점 ②로 가정하고 식 (5.44)를 이용해 계산하면 된다.
- 검사체적을 호퍼 외부와 벨트 위로 설정했기 때문에 두 지점의 압력은 대기압, 즉 0으로 계산한다.

풀이

- 비정상상태의 연속방정식인 식 (5.27)을 검사체적에 맞게 정리하면 식 (5.62)가 된다. 이 과정에서 유

24 이러한 시스템은 곡물, 모래, 시멘트 등의 공장에서 많이 볼 수 있다.

입되는 것은 시멘트이므로 유입되는 질량은 $\rho\forall$ 보다는 M_{cement}로 변경하는 것이 더 이해하기 쉬울 것이다.

$$\frac{\partial}{\partial t}\int_{CV}\rho d\forall + \int_{CS}\rho\vec{V}\cdot d\vec{A} = 0 \tag{5.27}$$

$$\frac{\partial}{\partial t}\int_{CV}\rho d\forall = \frac{\partial}{\partial t}M_{cement} = -\rho VA \tag{5.62}$$

$$\frac{\partial}{\partial t}\int_{CV}\rho d\forall = -\rho VA = 1{,}440\times 2.0\times\frac{\pi\times 0.5^2}{4} = 565.5\,[\mathrm{kg/s}] \tag{5.63}$$

- 비정상상태의 운동량방정식인 식 (5.44)에서 압력과 체적력이 모두 0으로, x방향의 힘은 T로 변경하고 검사표면을 호퍼 밑(CS_1)과 벨트에서 나가는 면(CS_2)으로 검사체적에 맞게 설정하면 식 (5.6 4)가 된다.

$$F_x:\; F_{S_x} + F_{B_x} + R_x = \frac{\partial}{\partial t}\int_{CV}u\rho d\forall + \int_{CS}u\rho\vec{V}\cdot d\vec{A} \tag{5.44}$$

$$T_x = \frac{\partial}{\partial t}\int_{CV}u\rho d\forall + u_2\rho VA_2 - u_1\rho VA_1 \tag{5.64}$$

- 식 (5.64)에서 중요한 것은 x방향의 힘과 초기장력 $F_x = T$를 구하는 것이며, 지점 ①인 호퍼에서 벨트로 떨어지는 속도는 y방향 속도인 $v_1 = 2.0\,[\mathrm{m/s}]$만 존재하므로 x방향 속도인 $u_1 = 0$이 된다.
- 지점 ②에서는 아직 시멘트가 쌓여서 움직이기 전이기 때문에 $u_2 = 0$이 된다.
- 따라서 식 (5.64)의 우변의 첫 번째 항에서 적분 내에 있는 u는 실질적으로 벨트의 속도(V_b)이므로 적분기호 밖으로 꺼낼 수 있고, 이를 식 (5.65)와 같이 정리할 수 있다.

$$T_x = \frac{\partial}{\partial t}\int_{CV}u\rho d\forall + u_2\rho VA_2 - u_1\rho VA_1 = \frac{\partial}{\partial t}\int_{CV}u\rho d\forall = V_b\frac{\partial}{\partial t}\int_{CV}\rho d\forall \tag{5.65}$$

- 식 (5.65)는 연속방정식에서 구한 식 (5.63)과 같아진다. 따라서 초기에 컨베이어 벨트 위에 시멘트가 채워지고 있을 때 벨트를 당기기 위한 초기장력 T는 다음과 같이 계산할 수 있다.

$$T_x = V_b\frac{\partial}{\partial t}\int_{CV}\rho d\forall = V_b\times\dot{M}_c = 1.0\times 562.5 = 562.5\,[\frac{\mathrm{kg}}{\mathrm{s}}\frac{\mathrm{m}}{\mathrm{s}}] = 562.5\,[\mathrm{N}]$$

고찰

- 1.0[m/s]의 속도로 벨트 끝까지 가려면 컨베이어 벨트의 길이나 컨베이어 끝에서 시멘트가 떨어질 때까지의 시간이 주어져야 한다. 그러나 이는 설계 시 큰 의미가 없을 것이다. 초기의 장력이 가장 큰 값을 가질 것이며, 운전하면서 당기는 힘은 초기장력보다 그리 크지 않아도 되기 때문이다.
- 실제 문제에서는 롤러의 마찰 등이 있으므로 계산된 초기장력보다 여윳값을 넉넉히 계산하고, 이 값으로 모터를 설계하면 된다.

Think_ 17

[예제 5-6]은 운동량이 변하는 검사체적에 운동량방정식을 적용하는 예이다. 검사체적 내 질량을 $\rho\forall$가 아닌 M_{cement}로 변경했는데, 유체가 시멘트 대신 물로 변경됐다면 어떻게 변할지 생각해보자.

SECTION
5.4

선형가속도 운동량방정식

✔ 운동량 법칙으로부터 유도되는 선형가속도 운동량방정식을 학습한다.
✔ 추진체에서 추진력이 발생하는 원리를 학습한다.

지난 2021년 3단 발사체로 구성된 누리호가 [그림 5-22]와 같이 힘차게 날아올랐다. 나로호[25]와 달리 누리호는 엔진 설계, 제작, 시험, 발사 운용까지 모두 국내 기술로 완성한 최초의 국산 우주발사체이다. 누리호의 발사 기술은 정지하고 있을 때 4개의 엔진이 동시에 일정하게 분사되어 추진력을 얻어야 하는 매우 어려운 기술이다. 이 책에서 자세한 발사체의 설계 및 제어 관련 분야 내용을 다룰 순 없지만, 지금까지 학습한 운동량 플럭스의 변화로 인해 추진력을 얻을 수 있다는 것은 [그림 5-23]을 보면 알 수 있다. [그림 5-23]의 검사체적으로 비추어 봤을 때 추진력은 식 (5.66)과 같이 계산할 수 있다.

그림 5-22 누리호의 발사 장면

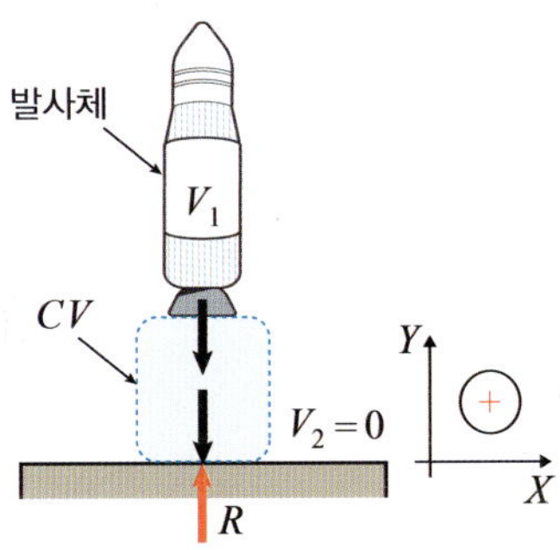

그림 5-23 고정 검사체적 내 발사체에 의한 추진력

$$F_y = R = \rho_{gas} A\,V^2 \text{ : 발사체에 의한 추진력} \qquad (5.66)$$

[그림 5-23]과 식 (5.66)은 짧은 시간 동안 검사체적 내 유체에 의한 운동량 플럭스의 차이로 인한 추진력을 의미한다. 그러나 [그림 5-23]의 발사체는 [그림 5-24]와 같이 속도(V_{rf}) 또는 가속도(a_{rf})로 움직이기 때문에 식 (5.43)의 적용은 한계가 있다.

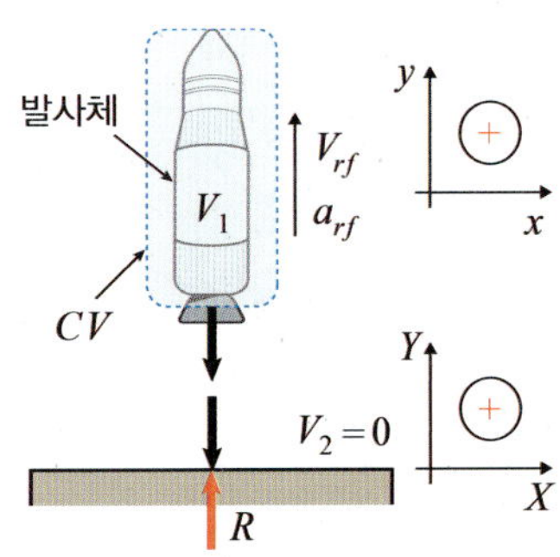

그림 5-24 상대 검사체적 내 발사체에 의한 추진력

25 러시아와 공동 개발한 우주발사체로 2012년 두 차례 발사했으나 실패했고, 2013년에 3차로 쏘아 올려 정상궤도에 안착시켰다.

[그림 5-23]은 정지하에 있는 절대고정좌표계(XYZ)에 대해 속도 및 가속도가 없는 검사체적이며, 이를 고정 검사체적이라 하고, [그림 5-24]와 같이 상대 기준좌표축(xyz)에서 식 (5.67), 식 (5.68)과 같이 계산해야 한다. 모든 속도와 시간 도함수는 검사체적에 상대적으로 측정되기 때문이다.

$$\overrightarrow{F_S} + \overrightarrow{F_B} + \overrightarrow{R} = \frac{\partial}{\partial t}\int_{CV} \overrightarrow{V} \rho d\forall + \int_{CS} \overrightarrow{V} \rho \overrightarrow{V} \cdot d\overrightarrow{A} \tag{5.43}$$

$$\overrightarrow{F_S} + \overrightarrow{F_B} + \overrightarrow{R} = \frac{\partial}{\partial t}\int_{CV} \overrightarrow{V}_{xyz} \rho d\forall + \int_{CS} \overrightarrow{V}_{xyz} \rho \overrightarrow{V}_{xyz} \cdot d\overrightarrow{A} \tag{5.67}$$

$$\overrightarrow{F_S} + \overrightarrow{F_B} + \overrightarrow{R} = \frac{\partial}{\partial t}\int_{CV} \overrightarrow{V}_{xyz} \rho d\forall + \int_{CS} \overrightarrow{V}_{xyz} \rho \overrightarrow{V}_{xyz} \cdot d\overrightarrow{A} + \int_{CV} \overrightarrow{a_{rf}} \rho d\forall \tag{5.68}$$

식 (5.43)에서 종속적 성질 η는 $\overrightarrow{V} = \overrightarrow{V}_{XYZ}$이고, 식 (5.67)과 식 (5.68)의 상대좌표계에서 η는 식 (5.69)와 같이 정의되어야 한다.

$$\eta = \overrightarrow{V}_{xyz} + \overrightarrow{V}_{rf} \tag{5.69}$$

실제로 이러한 시스템은 로켓과 같은 추진체에만 해당하는 것이 아니다. [그림 5-25]의 수차와 같은 시스템에서도 적용된다.[26]

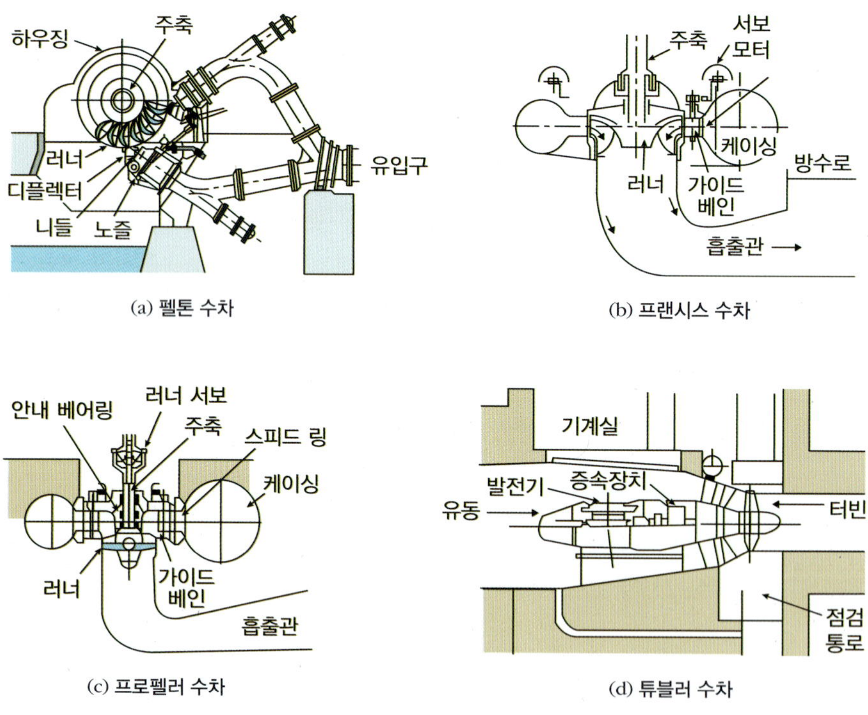

그림 5-25 다양한 수차의 형태 (계속)

26 이는 매우 중요한 내용임에도 다른 유체역학 책에서는 거의 다루지 않는다. 유체기계의 기초가 되는 선형가속도 운동량 방정식을 좀 더 자세히 이해하기 위해 [예제 5-7]을 풀어보자.

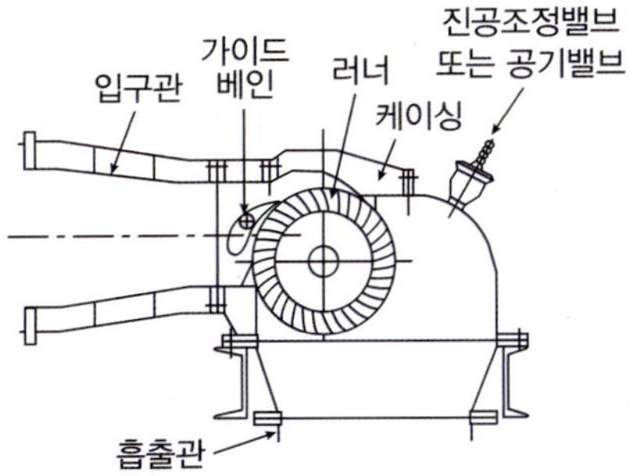

(e) 횡류 수차

그림 5-25 다양한 수차의 형태

예제 5-7 일정 속도로 움직이는 경우

[그림 5-26(a)]는 펠톤 수차Pelton Turbine 시스템을 해석하기 위해 간략화한 것이고, 깃이 60°로 휘어졌다고 가정했다. 노즐의 출구면적이 0.002 [m^2]이고, $V = 30$ [m/s]의 속도로 고정노즐에서 물이 제트로 분출되므로 수차가 일정 속도 10 [m/s]로 이동하는데, 이때 깃에 작용하는 힘의 성분들을 구하라.

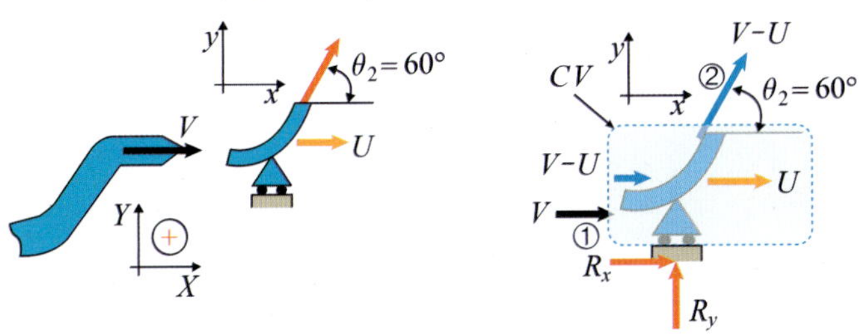

(a) 펠톤 수차 유동장 모식도

(b) [예제 5-7]의 검사체적 설정

그림 5-26 검사체적이 일정 속도로 움직이는 경우 작용하는 운동량

분석

- 검사표면 입구를 ①, 출구를 ②라고 할 때 유동 성질($A_1 = A_2$, $\rho_1 = \rho_2$)은 균일하다.
- 모든 입출구의 압력은 대기압이므로 0으로 계산하고 체적력은 무시한다.
- 검사체적은 고정좌표계에서 설정하는 것이 아니라 [그림 5-26(b)]에서 보듯이 상대좌표계에서 설정해야 한다. 이에 모든 속도는 검사체적에 상대적으로 표현되어야 하고, 가속되지 않으므로 식 (5.67)에서 x방향과 y방향의 운동량방정식을 이용하면 된다.
- 깃에 따른 상대속도의 크기는 $\overrightarrow{V}_{xyz} = \left|\overrightarrow{V_1}\right| = \left|\overrightarrow{V_2}\right| = V - U$로 일정함을 이해해야 한다.

풀이

- 이 예제의 지배방정식에서 가정된 내용을 적용해 x방향과 y방향의 운동량방정식을 유도하면 식 (5.67)은 식 (5.70)과 식 (5.71)이 된다.

$$\vec{F_S} + \vec{F_B} + \vec{R} = \frac{\partial}{\partial t}\int_{CV} \vec{V}_{xyz}\rho d\forall + \int_{CS} \vec{V}_{xyz}\rho \vec{V}_{xyz} \cdot d\vec{A} \quad (5.67)$$

$$x\text{방향} : \vec{R_x} = \int_{CS} u_{xyz}\rho \vec{V}_{xyz} \cdot d\vec{A} = (u\rho VA)_2 - (u\rho VA)_1 \quad (5.70)$$

$$y\text{방향} : \vec{R_y} = \int_{CS} v_{xyz}\rho \vec{V}_{xyz} \cdot d\vec{A} = (v\rho VA)_2 - (v\rho VA)_1 \quad (5.71)$$

- 속도가 많아 혼동될 수 있으므로 다음과 같이 정리했다.

$$V_1 = V_2 = V - U = 30 - 10 = 20\,[\text{m/s}]$$
$$u_1 = (V - U)\cos\theta_1 = (30 - 10)\cos 0 = 20\,[\text{m/s}]$$
$$u_2 = (V - U)\cos\theta_2 = (30 - 10)\cos 60 = 10\,[\text{m/s}]$$
$$v_1 = (V - U)\sin\theta_1 = (30 - 10)\sin 0 = 0\,[\text{m/s}]$$
$$v_2 = (V - U)\sin\theta_2 = (30 - 10)\sin 60 = 17.32\,[\text{m/s}]$$
$$x\text{방향} : \vec{R_x} = 1{,}000 \times \left[(10 \times 20)_2 - (20 \times 20)_1\right] \times 0.002 = -400\,[\text{N}]\ \text{(왼쪽방향)}$$
$$y\text{방향} : \vec{R_y} = 1{,}000 \times \left[(17.32 \times 20)_2 - (0 \times 20)_1\right] \times 0.002 = 692.8\,[\text{N}]$$
$$\vec{R} = -400\vec{i} + 692.8\vec{j}\ [\text{N}]$$

고찰

- 고정 검사체적좌표(XY)와 상대 검사체적(xy)을 혼동하면 안 된다. 검사체적을 단순히 상대 검사체적으로 설정했다면, 풀이에서는 좌표에 대한 것은 신경 쓰지 않아도 된다.
- x방향의 반력이 음(−)의 값으로 계산됐다. 그것은 [그림 5−26(c)]에서 설정된 방향이 잘못됐기 때문이다. 따라서 설정된 방향을 바꿔주면 되므로, −400 [N]은 400 [N]이 된다.
- 수차가 10 [m/s]로 움직인다는 것은 원주속도를 의미하고 이 원주속도는 $\pi DN/60$으로 계산할 수 있다. 수차의 지름과 회전속도를 알면 원주속도를 구할 수 있다.[27]

예제 5-8 선형가속도로 움직이는 경우

[그림 5−27]과 같이 $\theta = 60°$인 깃이 장착된 카트$_{\text{cart}}$($M = 80$ [kg])가 수평 트랙 위를 굴러가는데, 이때 마찰과 공기저항은 무시하자. 깃은 $V = 30$ [m/s]의 속도로 정지노즐에서 분출되는 제트를 받고, 노즐의 출구면적은 0.002 [m^2]이다. 카트의 속도를 시간의 함수로 구하고 그 결과를 그래프로 나타내라.

27 이 값은 매우 중요한 설계인자가 될 수 있으므로 기억해두자. 수차 기초 설계 시 많은 도움이 될 것이다.

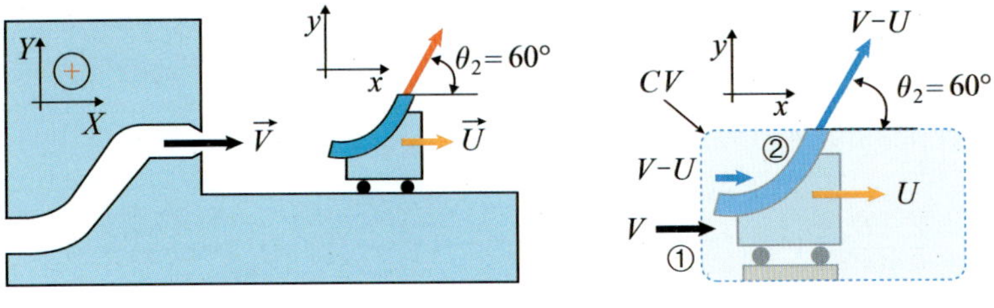

(a) 수평 트랙을 움직이는 카트　　(b) [예제 5-8]의 검사체적 설정

그림 5-27 선형가속도로 움직일 때 작용하는 힘

분석

- 검사표면 입구를 ①, 출구를 ②라고 할 때 유동 성질($A_1 = A_2$, $\rho_1 = \rho_2$)은 균일하다.
- [그림 5-26(c)]와 [그림 5-27(b)]에서 설정된 검사체적에서 이에 대한 차이점을 파악해야 한다. 일정 속도로 카트가 움직이기 때문에 반력이 없다는 것을 알아야 한다.
- 정지하고 있던 카트의 움직임으로 가속도(a_{rf})가 생성되고 이를 고려해야 하므로 식 (5.68)을 이용해 계산해야 한다. 카트가 x방향으로 움직이기 때문에 x방향 운동량방정식만 이용하면 된다.
- 가속도항은 노즐에 의해 분출된 양이 아니라 카트의 가속도가 될 것이다.
- 이 예제에서 사용된 가정은 [예제 5-7]에서 설정된 것과 같으므로 동일하게 사용하면 된다.
- 이 예제는 상대좌표계가 적용된 문제이다. 검사체적을 움직이는 카트로 한정했기에 고정좌표계든 상대좌표계든 문제는 동일하게 풀면 되지만, 결과 식을 해석할 때 그 차이는 반드시 알아야 한다.

풀이

- 가정된 내용을 적용해 식 (5.68)의 지배방정식을 유도하면, 선형가속도가 고려된 x방향 운동량방정식은 식 (5.72)가 된다.

$$\vec{F}_S + \vec{F}_B + \vec{R} = \frac{\partial}{\partial t}\int_{CV} \vec{V}_{xyz}\rho d\forall + \int_{CS} \vec{V}_{xyz}\rho \vec{V}_{xyz}\cdot d\vec{A} + \int_{CV} \vec{a}_{rf}\rho d\forall \tag{5.68}$$

$$-\int_{CV} \vec{a}_{rf}\rho d\forall = (u\rho VA)_2 - (u\rho VA)_1 \tag{5.72}$$

- 검사체적이 움식이기 때문에 식 (5.70)의 반력이 식 (5.72)에서 가속도로 대치됐다.
- 이제 속도를 정리하자. [예제 5-7]의 속도와 같은 개념이지만, 이 예제에서는 초기에 속도가 0이었다가 분출된 제트에 의해 속도가 증가하기 때문에, 식 (5.73)에서 식 (5.75)와 같이 변수로 정의될 수밖에 없다. 이는 최종식에서 정적분해 계산하면 된다.

$$V_1 = V_2 = V - U \tag{5.73}$$

$$u_1 = (V-U)\cos\theta_1 = (V-U)\cos 0° = V-U \tag{5.74}$$

$$u_2 = (V-U)\cos\theta_2 = (V-U)\cos 60° = \frac{V-U}{2} \tag{5.75}$$

- 식 (5.72)의 좌변인 가속도는 카트가 움직이는 것이기 때문에 식 (5.76)과 같이 재정의할 수 있다. 식 (5.76)에서 $\rho d\forall$ 는 카트의 질량으로 대치되고, 정지한 카트가 임의의 시간(t) 안에 x방향으로 움직였다면 계산할 수 있는 가속도는 식 (5.76)의 마지막 항과 같이 미분으로 표현할 수 있다.

$$\int_{CV} \overrightarrow{a_{rf}} \rho d\forall = a_x M_{cart} = \frac{dU}{dt} M_{cart} \tag{5.76}$$

- 식 (5.73) ~ 식 (5.76)을 식 (5.72)에 대입하면 식 (5.77)과 같이 정리할 수 있다.

$$-\frac{dU}{dt} M_{cart} = \left(\frac{V-U}{2}\rho(V-U)A\right)_2 - ((V-U) \times \rho(V-U) \times A)_1$$

$$-\frac{dU}{dt} M_{cart} = \rho A\left(\frac{(V-U)^2}{2} - (V-U)^2\right) = \rho A\left(\frac{1}{2} - 1\right)(V-U)^2$$

$$M_{cart}\frac{dU}{dt} = \frac{\rho A(V-U)^2}{2} \tag{5.77}$$

- 카트 속도를 시간의 함수로 계산해야 하므로 식 (5.77)을 식 (5.78)과 같이 변수분리해 정리하고 주어진 값을 대입해 정리하면 수식이 간단해진다.

$$\frac{dU}{(V-U)^2} = \frac{\rho A}{2M} dt = \frac{1000 \times 0.002}{2 \times 80} dt = 0.0125\, dt \tag{5.78}$$

- 카트 속도를 시간의 함수로 계산해야 하므로 식 (5.78)을 정적분해보자. 주어진 경계조건에 의해 $t_o = 0$일 때 $U = 0$, 그리고 $t_1 = t$일 때 일정 속도가 된다고 가정하자.
- 식 (5.78)의 좌변은 적분하기 어려우므로 쉽게 적분하기 위해 분모에 있는 $V-U$와 같게 분자를 설정하는 수학적 트릭을 사용했다. 제트 속도 V가 일정하게 분출되므로 $dU = -d(V-U)$로 가정해도 같은 개념이 되기 때문이다. 이에 식 (5.78)의 좌변은 식 (5.79)와 같이 쉽게 적분할 수 있다.[28]
- 식 (5.78)의 우변은 식 (5.80)과 같이 쉽게 적분할 수 있고, 식 (5.79)와 식 (5.80)은 동일한 값이기 때문에 식 (5.81)과 같이 정리할 수 있다. 식 (5.81)과 같이 무차원으로 표현해주는 것은 제트속도에 따라 변화량을 쉽게 예측할 수 있기 때문이다.

$$\int_0^U \frac{dU}{(V-U)^2} = \int_0^U \frac{-d(V-U)}{(V-U)^2} = \left[\frac{1}{V-U}\right]_0^U = \frac{1}{V-U} - \frac{1}{V} = \frac{U}{V(V-U)} \tag{5.79}$$

$$\int_0^t 0.0125dt = 0.0125t \tag{5.80}$$

$$\frac{U}{V(V-U)} = 0.0125t \;\rightarrow\; \frac{U}{30(30-U)} = \frac{U}{90-30U} = 0.0125t$$

$$\rightarrow\; U = 0.0125t(90-30U) = 1.125t - 0.375tU$$

$$\rightarrow\; U + 0.375tU = 1.125t$$

$$\rightarrow\; (1+0.375t)U = 1.125t$$

$$U = \frac{1.125t}{(1+0.375t)} \quad \text{또는} \quad \frac{U}{V} = \frac{0.375t}{(1+0.375t)} \tag{5.81}$$

- 식 (5.81)의 결과를 그래프로 나타내면 [그림 5-28]과 같다.

28 만약 계산 후 이해가 되지 않으면 역으로 계산해 확인해보자.

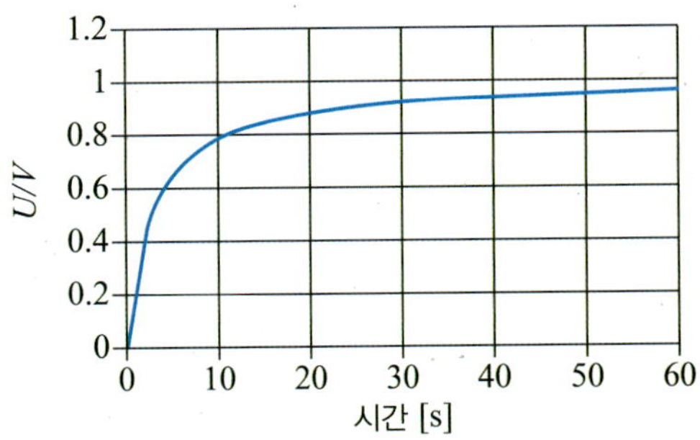

그림 5-28 시간에 따라 변화하는 카트의 무차원 속도 변화를 나타낸 그래프

고찰

- 검사체적이 고정되지 않고 움직이기 때문에 가속도가 생성되고, 그 가속도는 반력의 항과 교체됨을 이해해야 한다.
- 적분하기 어려울 때는 식 (5.79)와 같이 수학적으로 어떤 변형이 가능한지 생각해봐야 한다.
- 결과 식인 식 (5.81)에서 좌측과 같이 정리해도 무관하지만 왜 우측과 같이 무차원으로 표시했는지 이해해야 한다.
- 이 결과는 마찰을 무시해 계산된 결과이므로, 실제는 [그림 5-28]에서 보듯이 이보다 적고 최종적으로 $U/V=1$이 되도록 변할 것이다. 그렇다면 U/V의 값이 몇 초 만에 1이 될지도 파악해야 한다.

예제 5-9 선형가속도로 움직이는 로켓의 경우

[그림 5-29]와 같이 발사되는 로켓rocket은 초기($t=0$)에는 속도가 $V=0$이다. 로켓은 고체연료(3단 체계는 무시)를 이용해 발사되기 때문에 연료는 시간에 따라 감소될 것이다. 이때 로켓의 초기 질량을 $M_o = 500$ [kg]이라 하고, $\dot{m}_e = 6$ [kg/s]이며 $V_e = 3{,}000$ [m/s]로 발사되므로 로켓의 질량은 감소될 것이다. 로켓에 작용하는 항력을 무시한 경우 로켓의 초기 가속도 a_{rf}를 구하고, 20초 후 로켓의 속도를 구하라.

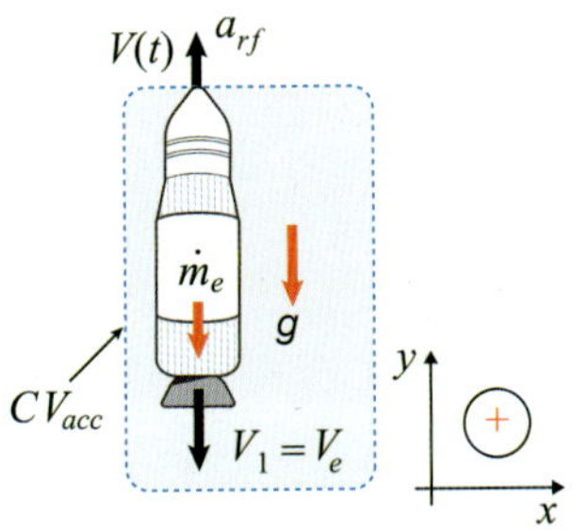

그림 5-29 선형가속도로 움직이는 로켓

분석

- 시간에 따라 연료가 감소하기 때문에 비정상유동으로 풀어야 한다.
- 물이 분사되는 것이 아니라 연료가 연소해 빠져나가는 것이기 때문에 압축성유체를 떠나 연소 문제로

접근해야 하며, 주어진 질량유량 $\dot{m}_e$인 연소 가스의 분출로 해석했음을 이해해야 한다.

- [그림 5-29]의 가속 상대 검사체적과 [그림 5-23]의 고정 검사체적의 차이점을 파악해야 한다.
- [예제 5-8]과 어떤 차이가 있는지 이해하면 좀 더 쉽게 풀 수 있다. 로켓의 무게가 상대적으로 무겁고 x방향이 아닌 y방향으로 운동량방정식을 정리해야 한다.
- 로켓의 가속도(a_{rf})는 지상에서 관측되는 값이며, 식 (5.68)을 이용해서 계산하면 된다.

풀이

- 가정된 내용을 적용해 식 (5.68)의 지배방정식을 유도하면, 선형가속도가 고려된 y방향 운동량방정식은 식 (5.82)가 된다.

$$\cancel{\overrightarrow{F_S}} + \overrightarrow{F_B} + \cancel{\overrightarrow{R}} = \frac{\partial}{\partial t}\int_{CV} \overrightarrow{V}_{xyz}\rho d\forall + \int_{CS} \overrightarrow{V}_{xyz}\rho \overrightarrow{V}_{xyz}\cdot d\overrightarrow{A} + \int_{CV} \overrightarrow{a_{rf}}\rho d\forall \tag{5.68}$$

$$\underbrace{F_B}_{①} - \underbrace{\int_{CV} \overrightarrow{a_{rf}}\rho d\forall}_{②} = \underbrace{\frac{\partial}{\partial t}\int_{CV} v_{xyz}\rho d\forall}_{③} + \underbrace{\int_{CS} \left(v_{xyz}\rho \overrightarrow{V}_{xyz} d\overrightarrow{A}\right)}_{④} \tag{5.82}$$

- 쉬운 설명을 위해 식 (5.82)를 4개 항으로 구분했다. ①항은 로켓의 무게에 의한 중력 항이고, ②항은 속도가 빨라지면서 발생하는 가속도항이다. ③항은 연료가 소모되면서 검사체적 내 체적 변화를 의미하는 비정상 항이며 ④항은 실제로 검사표면을 통해 얻어지는 추진력이다.
- ①항인 중력은 검사체적의 무게이며, 이는 로켓의 무게가 될 것이므로 식 (5.83)과 같이 정리할 수 있다.

$$F_B = -\int_{CV} g\rho d\forall = -g\int_{CV} \rho d\forall = -gM_{CV} = -gM_{rocket} \tag{5.83}$$

- 시간에 따라 연료가 줄기 때문에 로켓의 무게도 점차 감소한다. 즉 $\dot{m}_e$로 검사체적을 떠나기 때문에 검사체적 질량은 시간의 함수이다. 이 M_{CV}를 계산하기 위해 식 (5.26)의 연속방정식을 이용해 식 (5.84)와 같이 계산한다.

$$\frac{\partial}{\partial t}\int_{CV} \rho d\forall = -\int_{CS} \rho \overrightarrow{V}\cdot d\overrightarrow{A} \tag{5.26}$$

$$\frac{\partial}{\partial t}\int_{CV} \rho d\forall = -\int_{CS} \rho V_{xyz} dA = -\dot{m}_e \tag{5.84}$$

- 식 (5.84)에서 검사체적의 질량이 음(−)의 값으로 계산됐다는 것은 시간에 따라 질량이 감소된다는 것을 의미한다. 식 (5.84)에 식 (5.83)의 M_{CV}를 대입하면 식 (5.85)와 같이 정리된다.

$$\frac{\partial}{\partial t}\int_{CV} \rho d\forall = \frac{\partial M_{CV}}{\partial t} = -\dot{m}_e \tag{5.85}$$

- 임의의 시간 t에서 검사체적의 질량을 구하기 위해 식 (5.85)를 변수분리해 적분하면 식 (5.86)과 같다.[29]

---

29 식 (5.86)에서 편미분이 상미분으로 변경된 것은 검사체적의 질량이 시간만의 함수이기 때문이다.

$$\int_{M_o}^{M} dM_{CV} = -\int_0^t \dot{m}_e dt \tag{5.86}$$

• 여기서 $t=0 \;\to\; M_{CV}=M_o$, $\;t=t \;\to\; M_{CV}=M$의 경계조건을 대입하면 식 (5.88)이 된다.

$$M - M_o = -\dot{m}_e t \tag{5.87}$$

$$M = M_o - \dot{m}_e t \tag{5.88}$$

• 식 (5.88)을 식 (5.83)에 대입하면 ①항은 식 (5.89)와 같이 정리할 수 있다.

$$F_B = -\int_{CV} g\rho d\forall = -gM_{CV} = -g\left(M_o - \dot{m}_e t\right) \tag{5.89}$$

• ②항인 가속도 a_{rf}는 지상에 있는 관측자에게 관측되는 값이다. 따라서 상대 검사체적을 기준으로 상수가 되므로 적분기호 밖으로 빼고, 식 (5.90)과 같이 정리할 수 있다.

$$-\int_{CV} \overrightarrow{a_{rf}}\rho d\forall = -a_{rf}\int_{CV}\rho d\forall = -a_{rf}M_{CV} = -a_{rf}\left(M_o - \dot{m}_e t\right) \tag{5.90}$$

• ③항인 시간항은 검사체적에 대한 상대 검사체적 내 유체의 y방향 운동량 시간 변화율이며, 시간 변화는 크지 않으므로 0으로 가정한다.[30]

• ④항인 검사체적으로 통해 얻어지는 추진력을 정리하면 식 (5.91)과 같다. 식 (5.91)은 비교적 쉽게 계산할 수 있다. 이는 초기에 가정했던 연소 문제를 $\dot{m}_e$ 인 연소 가스의 분출로 접근했기 때문이다.

$$v_{xyz}\rho V_{xyz}A = -V_e\dot{m}_e \tag{5.91}$$

• ① ~ ④항을 $\dot{m}_e$ 의 항으로 정리했고 이를 정리하면 식 (5.92)와 같다.

$$-g\left(M_o - \dot{m}_e t\right) - a_{rf}\left(M_o - \dot{m}_e t\right) = -V_e\dot{m}_e \tag{5.92}$$

• 식 (5.92)를 가속도로 정리하면 식 (5.93)과 같이 정리된다.

$$a_{rf} = \frac{V_e\dot{m}_e}{\left(M_o - \dot{m}_e t\right)} - g \tag{5.93}$$

• $V_e = 3{,}000\,[\mathrm{m/s}]$, $M_o = 500\,[\mathrm{kg}]$, $\dot{m}_e = 6\,[\mathrm{kg/s}]$로 주어졌으므로, $t=0$일 때 식 (5.93)에 대입하면 초기 가속도를 식 (5.94)와 같이 계산할 수 있다.

$$a_{rf_{t=0}} = \frac{3{,}000\times 6}{(500 - 6\times 0)} - 9.8 = 26.2\,[\mathrm{m/s^2}] \tag{5.94}$$

• 식 (5.93)의 가속도는 식 (5.95)와 같이 속도를 미분한 것이고, 이를 변수분리해 $t = 20\,[\mathrm{s}]$가 될 때까지 정적분하면 식 (5.96), 식 (5.97)과 같이 검사체적의 20 [s] 후 속도를 계산할 수 있다.

---

30 이 항을 정리하기 위해서는 로켓역학을 학습해야 한다. 필자 또한 이 부분은 로켓역학의 이론을 참조했다. 로켓역학에 의거하면 검사체적 내부에서 유체의 y방향 운동량이 큰 값이라 할지라도 시간에 따른 변화는 그리 크지 않다고 한다.

$$a_{rf} = \frac{dV_{CV}}{dt} = \frac{V_e \dot{m}_e}{\left(M_o - \dot{m}_e t\right)} - g \tag{5.95}$$

$$\int_0^{V_{CV}} dV_{CV} = \int_0^{20} \frac{V_e \dot{m}_e}{\left(M_o - \dot{m}_e t\right)} dt - \int_0^{20} g dt \tag{5.96}$$

$$V_{CV} = -V_e \ln\left[\frac{M_o - \dot{m}_e t}{M_o}\right] - gt \tag{5.97}$$

$$V_{CV} = -3{,}000 \times \ln\left[\frac{500 - 6 \times 20}{500}\right] - 9.8 \times 20 = 627.3\,[\mathrm{m/s}]$$

$$\text{마크수} = \frac{627.3}{340} = 1.85 \tag{5.98}$$

- $t = 20$[s]일 때 로켓 속도는 627.3 [m/s]로 식 (5.98)과 같이 마크수 1.85의 속도로 비행함을 예측할 수 있다.
- [그림 5-30]은 식 (5.97)로부터 로켓의 질량 변화에 따른 속도를 예측한 그래프이다.

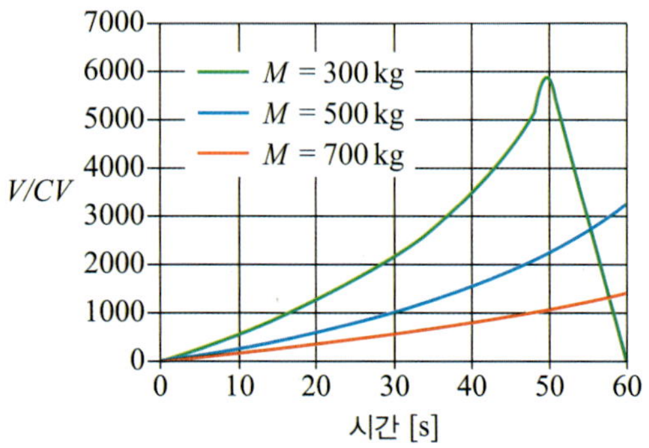

그림 5-30 로켓 질량 변화에 따른 속도 예측

고찰

- 마크수는 7장과 8장에서 다루는 무차원수 중 하나인데, 식 (5.98)과 같이 음속인 $c = 340$ [m/s]와의 비를 나타낸다.
- [그림 5-30]을 보면 질량이 300 [kg]일 경우, 50 [s]가 넘어가면 속도가 떨어짐을 알 수 있다. 식 (5.97)을 제대로 해석했다면 로켓의 무게가 300 [kg]인 경우 비행에 적합하지 않다는 것을 알 수 있다.[31]

Think_ 18

[예제 5-9]에서 다룬 선형가속도로 움직이는 로켓 문제와 [그림 5-23]에서 설명한 고정 검사체적 내 발사체에 의한 추진력을 비교해보고 어떤 차이가 있는지 생각해보자.

31 문제를 푸는 것도 중요하지만 정답이 실제로 타당한지를 이해하고, 다른 파라미터의 값을 대입해 비교해보는 것 또한 중요하다.

SECTION 5.5

각운동량방정식

✔ 운동량 법칙으로부터 유도되는 각운동량방정식을 학습한다.
✔ 회전하는 시스템에서 발생하는 힘의 관계식을 이해한다.

이 절에서는 [그림 5-2]의 스프링클러와 같이 **회전하는 시스템에서 발생하는 각운동량**에 의한 힘에 대해서 학습한다. [그림 5-2]와 같은 스프링클러를 설계할 때는 같은 압력으로 가능한 한 멀리, 원하는 양을 보내야 한다. 이에 식 (5.6)을 이용하여 식 (5.99)와 같이 계산한다.

$$\underbrace{\overrightarrow{T} = \vec{r} \times \overrightarrow{F_S}}_{①} + \underbrace{\int_{CV} \vec{r} \times \rho \vec{g} d\forall}_{②} + \underbrace{\overrightarrow{T}_{shaft}}_{③} = \underbrace{\frac{\partial}{\partial t} \int_{CV} \vec{r} \times \overrightarrow{V} \rho d\forall}_{④} + \underbrace{\int_{CS} \vec{r} \times \overrightarrow{V} \rho \overrightarrow{V} \cdot d\overrightarrow{A}}_{⑤} \tag{5.99}$$

각운동량방정식에 의해 발생한 토크는 ①, ②, ③항의 합과 ④, ⑤항의 합이 같다. 앞서 학습한 바에 따라 ④항과 ⑤항은 검사체적 내 각운동량 변화율과 노즐 끝에서 토출할 때 발생하는 속도의 운동량에 대한 유동 힘이라 예측할 수 있다. 식 (5.99)에서 ①, ②, ③항은 각각 수직력, 체적력, 그리고 시스템 경계를 가로지르는 축에 의해 생성된 토크이다. 보통 수직력은 대기압이므로 스프링클러의 경우 ①항은 삭제되고 매우 적은 양의 체적력도 무시할 수 있다. 식 (5.99)의 좌변에서 ③항만 남고, 이 항은 ④항과 ⑤항의 성능을 좌우한다.

만약 [그림 5-31(a)]와 같이 점 O에 지지가 되도록 배관을 설치했을 때, [그림 5-31(b)]와 같이 배관은 점 O를 기준으로 시계 반대 방향으로 회전, 즉 모멘트가 발생하게 된다. 제대로 고정이 되지 않았다면 배관 시스템은 회전하게 되며, 결과적으로는 파손될 것이다. 이 배관을 안정적으로 설치하기 위해 엔지니어는 직관적으로 [그림 5-18]과 같은 플랜지나 용접을 통한 작업을 한다.[32]

식 (5.99)를 [그림 5-18]과 같은 시스템에 적용하면 식 (5.100)과 같이 정리할 수 있다. 식 (5.99)에서 체적력은 유동에 비해 적게 작용하며, 강제적 토크가 없는 정상상태이므로 ②, ③, ④항은 0으로 계산되고, 각각 단면에서 작용하는 수직력과 유동에 의한 토크에 따른 차이, 즉 ①항과 ⑤항의 차이로 인해 파손을 일으키는 모멘트(토크)가 발생한다.

$$M_o + r_1 p_1 A_1 - r_2 p_2 A_2 = r_2 (V\rho VA)_2 - r_1 (V\rho VA)_1 \tag{5.100}$$

32 이처럼 어느 위치에 어느 정도의 힘으로 배관을 고정해줘야 하는지가 바로 배관 시스템의 관심 설계인자이다.

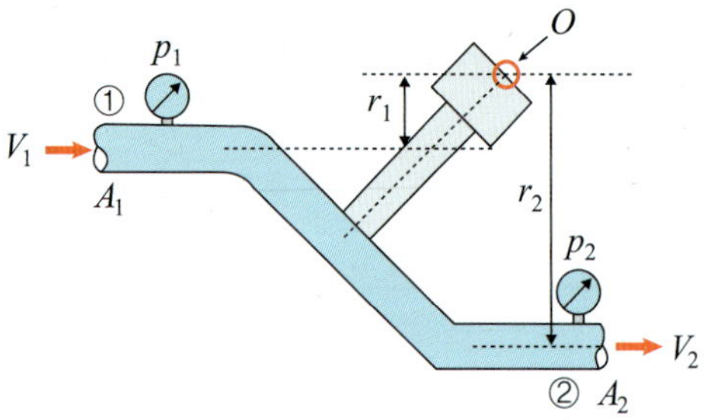

(a) 점 O에 지지된 배관

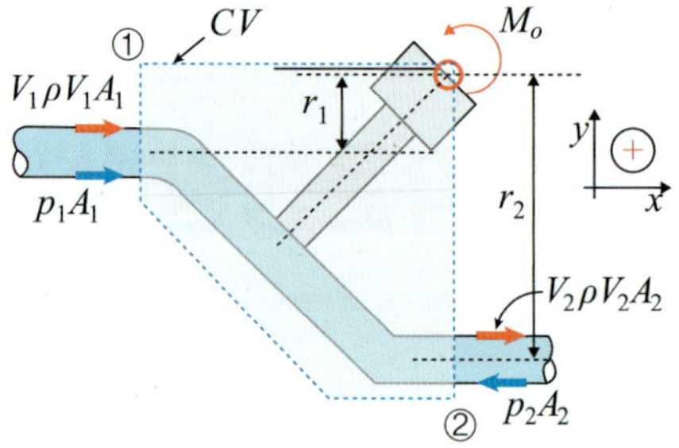

(b) 모멘트가 발생된 배관

그림 5-31 유동에 의해 배관이 회전되는 경우

예제 5-10 원심펌프의 각운동량방정식

[그림 5-32]와 같은 원심펌프가 $N = 1{,}800\,[\text{rpm}]$으로 회전하면 물이 유입되어 임펠러에 의해 가압되면서 토출($Q = 6.0\,[\text{m}^3/\text{min}]$)된다. (a) 점 O를 중심으로 정상적으로 선회하면서 유출되며, 반지름이 $r_1(0.1\,[\text{m}])$, $r_2(0.25\,[\text{m}])$인 두 원 사이에 있는 유체에 대해 외부에서 미치는 점 O를 중심으로 한 힘의 모멘트 T를 구하라. 그 후 (b) 펌프의 이론적인 양정($H_{th\,\infty}$)을 구하라. 단, 깃폭은 $b = 0.10\,[\text{m}]$이며, 펌프 임펠러내 깃이 무한히 많다고 가정한다면 [그림 5-32(b)]에서는 마찰을 무시할 수 있다.

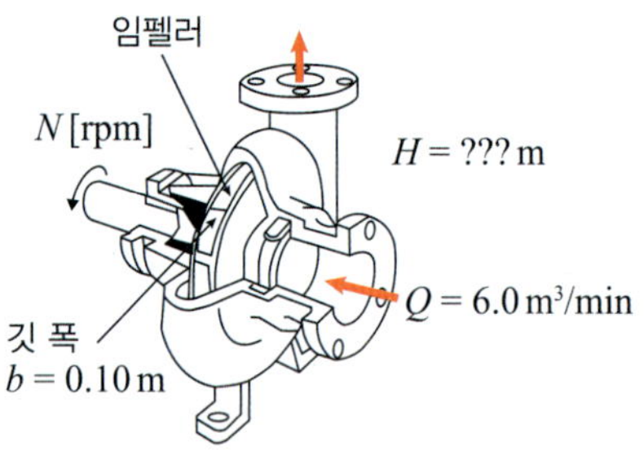

(a) 원심펌프

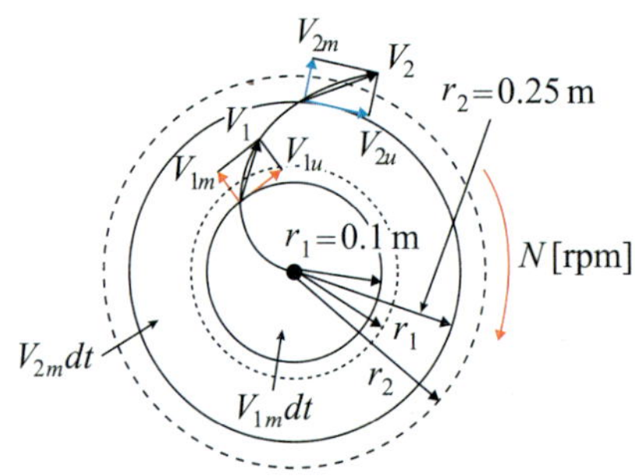

(b) 점 O를 중심으로 반지름이 r인 곡선상을 운동할 경우

그림 5-32 원심펌프에 각운동량방정식 적용

분석

- 이 예제는 펌프 내에 깃이 무한한 경우 유체기계 내에서 이론방정식을 푸는 기초적인 설계 과정 중 하나인데 특별한 언급이 없으므로 상온에서 정상상태 비압축성유체인 물로 가정하며, 식 (5.99)를 이용해서 풀 수 있다.
- 각 지점에서의 압력 p_1과 p_2는 의미 있는 값이지만, 두 점의 차이는 무의미하므로 이때의 수직력은 무시된다.
- 회전수 N에 의한 원주속도 때문에 물은 절대속도인 V_1과 V_2로 토출된다. 이 원주속도는 $V_{1u} = r_1\omega$, $V_{2u} = r_2\omega = 2r_2\pi N/60$으로 계산할 수 있다. 여기서 주어진 속도로 [그림 5-32(b)]와 같이 속도 삼각형을 구성할 수 있다.

풀이

(a) 가정된 내용을 적용하면 식 (5.99)와 식 (5.100)의 각운동량방정식은 식 (5.101)이 되어 회전 토크 ($T_{shaft} = T_o$)를 구할 수 있다.

$$\vec{r} \times \vec{F_S} + \int_{CV} \vec{r} \times \rho g d\forall + \vec{T}_{shaft} = \frac{\partial}{\partial t}\int_{CV} \vec{r} \times \vec{V} \rho d\forall + \int_{CS} \vec{r} \times \vec{V} \rho \vec{V} \cdot d\vec{A} \tag{5.99}$$

$$T_o = r_2(V\rho VA)_2 - r_1(V\rho VA)_1 \tag{5.101}$$

식 (5.101)에서 앞에 있는 속도 V는 두 지점에서의 원주속도(V_u)이기 때문에 회전수를 이용해 $r\omega$로 치환이 가능하고, 뒤에 있는 속도 V는 면적 A와 같이 체적유량 Q로 변경가능하며, ρ, ω, Q는 두 지점에서 동일하므로 식 (5.102)와 같이 간단히 정리할 수 있다.

$$T_o = r_2(r\omega\rho Q)_2 - r_1(r\omega\rho Q)_1 = \rho\omega Q\left(r_2^2 - r_1^2\right) \tag{5.102}$$

여기서 반지름방향 속도 V_{1m}과 V_{2m}은 유입되는 Q로부터 깃의 폭 면적($2\pi rb$)으로 구할 수 있으며, 이는 각각 식 (5.103), (5.104)와 같다.

$$V_{1m} = \frac{Q}{2\pi r_1 b_1} = \frac{6.0/60\,[\mathrm{s}]}{2 \times 3.14 \times 0.1 \times 0.1} = 1.59\,[\mathrm{m/s}] \tag{5.103}$$

$$V_{2m} = \frac{Q}{2\pi r_1 b_1} = \frac{6.0/60\,[\mathrm{s}]}{2 \times 3.14 \times 0.25 \times 0.1} = 0.637\,[\mathrm{m/s}] \tag{5.104}$$

반면에 원주속도는 회전속도를 이용해 식 (5.105), 식 (5.106)과 같이 구할 수 있다.

$$V_{1u} = \omega r_1 = \frac{\pi D_1 N}{60} = \frac{3.14 \times 2 \times 0.1 \times 1{,}800}{60} = 18.84\,[\mathrm{m/s}] \tag{5.105}$$

$$V_{2u} = \omega r_2 = \frac{\pi D_2 N}{60} = \frac{3.14 \times 2 \times 0.25 \times 1{,}800}{60} = 47.1\,[\mathrm{m/s}] \tag{5.106}$$

깃을 통과하는 절대속도는 반지름방향과 원주속도의 합으로 구할 수 있다. 이 값들을 식 (5.102)에 대입하면, 토크를 식 (5.107)과 같이 구할 수 있다.

$$T_o = \rho\omega Q\left(r_2^2 - r_1^2\right) = \rho Q(\omega_2 r_2 - \omega_1 r_1)$$
$$T_o = 1{,}000 \times 6.0/60 \times (47.1 \times 0.25 - 18.84 \times 0.1) = 989.1\,[\mathrm{N \cdot m}] \tag{5.107}$$

식 (5.107)의 토크에 각속도를 곱하면 식 (5.108)과 같이 동력Power을 계산할 수 있다.

$$P = T_o\omega = T_o\frac{\pi N}{60} = 989.1 \times 94.2 = 93{,}173.2\,[\mathrm{N \cdot m/s}] \cong 93.2\,[\mathrm{kW}] \tag{5.108}$$

(b) 이때 펌프의 수동력Water Power은 식 (5.109)와 같이 표현된다.

$$P_w = \gamma Q H_{th\infty} \tag{5.109}$$

이 수동력과 식 (5.102), 식 (5.109)를 비교하면 펌프의 이론적인 양정Head을 식 (5.110)과 같이 구할 수 있다.

$$P = T_o\omega = \rho\omega^2 Q(r_2^2 - r_1^2) = \gamma Q H_{th\,\infty}$$

$$H_{th\,\infty} = \frac{\rho\omega^2(r_2^2 - r_1^2)}{\gamma} = \frac{(V_{2u}^2 - V_{1u}^2)}{g} \tag{5.110}$$

식 (5.110)에 해당 값들을 대입하면 아래와 같이 전양정Total Head을 계산할 수 있다.

$$H_{th\,\infty} = \frac{V_2^2 - V_1^2}{g} = \frac{47.1^2 - 18.84^2}{9.8} = 190.15\,[\mathrm{m}]$$

고찰

- 식 (5.103)과 (5.104)로 구한 반지름방향 속도는 깃이 무한한 경우에 해당된다. 실제 펌프에서 임펠러의 베인이 4 ~ 6개로 유한하다면 이 속도는 이론적인 것보다 적을 것이다.
- 깃을 통과하는 절대속도는 반지름방향과 원주속도의 합으로 구해진다. 이 2개 속도로 이루어지는 각도를 각각 입구 각도 α_1, α_2라 하고, 깃이 유한한 것이 설계인자가 된다.
- 식 (5.110)의 전양정은 이론적인 값이다. 이는 임펠러 내 충돌손실과 마찰손실에 의해 양정이 감소하게 된다는 것을 의미한다. 이에 대한 자세한 내용은 13장에서 다룬다.

SECTION 5.6

에너지방정식

✔ 에너지 법칙으로부터 유도되는 에너지방정식을 학습한다.
✔ 회전하는 시스템에서 발생하는 힘의 관계식을 이해한다.
✔ 다양한 유동조건에 따른 에너지방정식의 형태를 학습한다.

5.6.1 에너지의 종류

에너지방정식을 학습하기 전에 에너지를 기계적 에너지Mechanical Energy와 열적 에너지Thermal Energy로 구분해보자. 에너지Energy는 [그림 5-33]에서 보듯이 우리 주변에 다양한 모습으로 존재한다. 에너지의 형태만 변화하고, 그 양은 변하지 않는다는 것을 에너지 보존법칙이라 하며 앞서 식 (5.7)에 정리했다. 이는 질량보존법칙과도 같은 개념이다.[33] 유체역학에서 주로 다루고 관심 있는 에너지를 [표 5-2]와 같이 정리했다.

그림 5-33 다양하게 존재하는 에너지와 에너지 변환에 사용되는 기계들

33 에너지 변환 기계로는 수력에너지를 전기에너지로 변환하는 기계인 수차가 있는데, 평균변환효율은 약 80 ~ 90 [%]이다. 풍력에너지를 전기에너지로 변환하는 기계인 풍차의 평균효율은 30 [%] 이하이다. 따라서 기계공학도의 측면에서는 어떻게 하면 고효율의 에너지 변환 기계를 생산 및 제작할 수 있는지 관심을 가져야 한다. 더욱 저렴한 비용으로 신뢰할 수 있는 에너지 생산을 가능케 하는 것이 바로 유체역학을 공부하는 이유이기 때문이다.

표 5-2 유체역학에서 관심 있는 고유에너지Intrinsic Energy

에너지의 형태	발생기전	분류
운동에너지Kinetic Energy	움직이는 힘에 의해 생기는 에너지	기계적 에너지
위치에너지Potential Energy	높은 곳에서 떨어지는 힘에 의해 생기는 에너지	
내부에너지Internal Energy	분자 간의 상호 운동에 의해 생기는 에너지	열적 에너지
화학에너지Chemical Energy	산소와 수소의 화학적 결합 및 반응에 의해 생기는 에너지	
핵에너지Nuclear Energy[34]	원자 분열이나 융합으로 인한 연쇄반응에 의해 생기는 에너지	

주어진 시스템이나 검사체적에 열이 부가된 상태라면 그 시스템이나 검사체적 내에 있는 물리량의 분자구조가 변하거나 열적 변화, 즉 열전달Heat Transfer이 발생하고 해석 시 내부에너지 및 화학적 에너지를 반드시 고려해야 한다. 이러한 에너지를 **열적 에너지**라 총칭할 수 있지만, **단순 유체이동이나 운동에 따라 에너지가 변화**했다면 식 (5.7)과 같이 **기계적 에너지**(운동에너지, 위치에너지, 기계가 축에 한 일Work)만 고려하면 된다. 물론 펌프나 수차와 설치된 축Shaft이 회전하면서 발생되는 열은 보통 손실Loss이라 하며 무시할 수 있을 만큼 적은 양이다.

$$\underbrace{\frac{dQ}{dt}}_{①} - \underbrace{\frac{dW}{dt}}_{②} = \underbrace{\left(\frac{dE}{dt}\right)_{CV}}_{③} \tag{5.7}$$

식 (5.7)의 ①항은 계나 검사체적에서(from) 받은 일의 변화율을 의미한다. ②항은 계나 주위 쪽으로(to) 일한 변화율을 의미한다. 이는 식 (5.7)의 부호를 보면 알 수 있다. 즉 계나 검사체적에 관련된 열량의 변화율인 $\dot{Q}$과 해준 일의 변화량인 $\dot{W}$의 합은 ③항인 에너지의 시간 변화율이다.

5.6.2 에너지방정식

펌프나 수차와 같은 회전을 하면서 **기계적 에너지**를 변화시키는 기계를 유체기계라고 하는데 이에 대한 방정식의 유도는 식 (5.7)로부터 시작해야 한다. 식 (5.7)은 식 (5.24)의 에너지 전달에 관련된 레이놀즈 전달 이론식으로 표현된 것이고, 식 (5.8)과 같이 강성적 성질 N과 종속적 성질 η는 각각 E와 e로 정리된 것이 식 (5.24)이다.

$$\left(\frac{dN}{dt}\right)_{CV} = \frac{\partial}{\partial t}\int_{CV} \eta\rho\, d\forall + \int_{CS} \eta\rho\, \vec{V}\cdot d\vec{A} \tag{5.24}$$

식 (5.7)과 식 (5.24)를 정리하면 에너지방정식은 식 (5.111)과 같다.[35]

34 핵에너지 변환에 대한 내용은 순수 유체역학의 이론에서 벗어나므로 별도로 학습하자.

35 식 (5.111)에 적용된 에너지(e)는 기계공학에서 관심 있는 식 (5.8)을 참조해 내부에너지, 운동에너지, 위치에너지만을 고려했다.

$$\dot{Q} - \dot{W} = \frac{\partial}{\partial t}\int_{CV}\left(u + \frac{\overrightarrow{V^2}}{2} + gz\right)\rho\, d\forall + \int_{CS}\left(u + \frac{\overrightarrow{V^2}}{2} + gz\right)\rho\, \overrightarrow{V}\cdot d\overrightarrow{A} \tag{5.111}$$

Think_ 19

식 (5.111)의 좌변의 에너지는 주어진 값이고, 우변은 수행된 에너지를 의미한다. 좌변과 우변의 값이 다른 경우는 어떤 상황인지 생각해보자.

[그림 5-32]에서와 같은 원심펌프(유체기계)에 식 (5.111)인 에너지 법칙을 적용해보면 [그림 5-34]와 같이 정리할 수 있다. [그림 5-34]와 식 (5.111)을 정확히 이해하기 위해서는 식 (5.111)의 좌변에서 일률 $\dot{W}$의 개념을 먼저 이해해야 한다. 일이 바로 에너지와 연결되기 때문이다. 식 (5.111)의 좌변($\dot{W}$ 또는 $\dot{Q}$)은 주어진 시스템이나 검사체적이 능동적 또는 수동적으로 해주거나 한 일들을 의미하고, 우변은 유체에 의해 해준 일들을 의미한다.

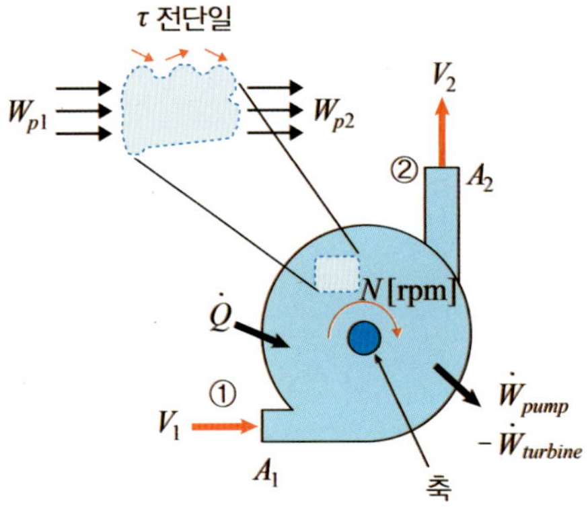

그림 5-34 유체기계에 에너지방정식을 적용하기 위한 도식도

Think_ 20

식 (5.111)의 좌변 중 $\dot{W}$가 적용된 문제를 생각해보자. 만약 주어진 검사체적이 축에 의해 회전하지 않는다면 일이 없는 것이므로 이를 무시해도 되는지 생각해보자.

일률 $\dot{W}$는 단위시간당 일(W)이므로 식 (5.112)와 같이 일을 발생시킬 수 있는 세 가지 함수로 정리할 수 있다. 이를 식 (5.111)에 대입하면 식 (5.113)과 같다.

$$W = \underset{①}{\underline{W_{shaft}}} + \underset{②}{\underline{W_{shear}}} + \underset{③}{\underline{W_{pressure}}} \tag{5.112}$$

여기서 수식을 간략하게 만들기 위해 식 (5.8)의 e를 식 (5.111)에 적용하면 식 (5.113)이 된다.

$$\therefore e = u + \frac{\overrightarrow{V}^2}{2} + gz \tag{5.8}$$

$$\dot{Q} - \dot{W}_{shear} - \dot{W}_{shaft} - \dot{W}_{pressure} = \frac{\partial}{\partial t}\int_{CV} \rho(e)\, d\forall + \int_{CS} \rho(e)\, \overrightarrow{V} \cdot d\overrightarrow{A} \tag{5.113}$$

식 (5.112)의 ①항은 [그림 5-34]에서 표시된 축에 의한 회전에 관한 일이다. 만약 외부에서 전기에너지를 받아 회전하는 펌프 시스템이라면 음(−)의 값을, 시스템에 의한 운동으로 축이 회전하는 터빈 시스템이라면 양(+)의 값을 갖는다.[36] 따라서 ①항은 토크$_{\text{Torque}}$와 회전$_{\text{Rotation}}$, 즉 T와 ω에 의해 식 (5.114)의 값으로 계산된다.[37]

$$W_{shaft} = T\omega \tag{5.114}$$

식 (5.112)의 ②, ③항은 [그림 5-34]에서 보듯이 미소체적 표면 내 회전에 따라 전단력 변화(식 (5.115))와 수직력(식 (5.116))이 작용해 이를 일로 표현한 것이다. 이 2개의 일 중 전단력에 의한 일은 수직력에 의한 일보다 작고, 값이 있더라도 직접 계산할 수 없어 식 (5.115)와 같이 보통 무시(≅0)한다. 다른 관점으로는 전단력에 의한 일은 식 (5.114)에 의한 일에 포함시켜 계산해도 무관하다.

$$W_{shear} = \overrightarrow{V} \cdot d\overrightarrow{F}_{shear} = \int_{CS} \vec{\tau}\, \overrightarrow{V} \cdot dA \cong 0 \quad \left(\therefore d\overrightarrow{F}_{shear} = \vec{\tau} dA\right) \tag{5.115}$$

$$W_{pressure} = \overrightarrow{V} \cdot d\overrightarrow{F}_{normal} = \int_{CS} p\, \overrightarrow{V} \cdot dA \quad \left(\therefore d\overrightarrow{F}_{normal} = \vec{p} dA\right) \tag{5.116}$$

먼저 식 (5.113)에 수직력인 압력의 식 (5.116)을 대입해 정리하면 식 (5.117)과 같아진다. 식 (5.117)의 적분 아래 첨자를 보면 검사표면(CS)이다. 검사표면에 수직력이 작용한다고 가정했기 때문이다. 이해가 됐다면 이를 우변으로 이항시켜 밀도로 묶어서 식 (5.118)과 같이 정리할 수 있다.

$$\dot{Q} - \dot{W}_{shaft} - \int_{CS} p\, \overrightarrow{V} \cdot d\overrightarrow{A} = \frac{\partial}{\partial t}\int_{CV} \rho(e)\, d\forall + \int_{CS} \rho(e)\, \overrightarrow{V} \cdot d\overrightarrow{A} \tag{5.117}$$

$$\dot{Q} - \dot{W}_{shaft} = \frac{\partial}{\partial t}\int_{CV} \rho(e)\, d\forall + \int_{CS} \rho\left(u + \frac{p}{\rho} + \frac{\overrightarrow{V}^2}{2} + gz\right) \overrightarrow{V} \cdot d\overrightarrow{A} \tag{5.118}$$

계나 검사체적에 주어진 열량 변화율 $\dot{Q}$를 생각해보자. 동절기에 수도배관의 히터를 사용해 수도관의 온도를 올려 동파를 방지하는 경우가 대표적인 예이다. 앞에서 배운 체적유량 Q와 혼동하면 안 된다. 식 (5.119)와 같은 열량 변화율을 식 (5.118)에 대입 후 이항하면 식 (5.120)과 같아진다. **식 (5.120)** 은 [그림 5-34]와 같은 **유체기계에서 사용할 수 있는 에너지방정식이다.**

$$\dot{Q} = \frac{dQ}{dt} = \frac{dQ}{dm}\frac{dm}{dt} = \frac{dQ}{dm}\dot{m} \tag{5.119}$$

---

36 면적벡터를 생각하면 그 값이 왜 양(+) 또는 음(−)인지는 쉽게 이해할 수 있다.

37 식 (5.114)는 기계설계에서 매우 자주 인용되는 수식이다. [예제 2-5]에서 점성계수를 계산할 때 학습한 바 있다.

$$-\dot{W}_{shaft} = \frac{\partial}{\partial t}\int_{CV}\rho(e)\,d\forall + \int_{CS}\rho\left(u + \frac{p}{\rho} + \frac{\overrightarrow{V}^2}{2} + gz\right)\overrightarrow{V}\cdot d\overrightarrow{A} - \frac{dQ}{dm}\dot{m} \tag{5.120}$$

5.6.3 유동조건에 따른 에너지방정식

■ 정상유동인 경우

정상상태로 가정하면서 [그림 5-34]의 검사표면 입구를 지점 ①, 출구를 지점 ②라고 하면, 시간항이 0이 되면서 제거되고, 식 (5.120)의 적분항이 보이지 않으면서 이해하기 쉬운 4개 항으로 구성된 식 (5.121)로 나타낼 수 있다.

$$\underbrace{-\dot{W}_{shaft}}_{①} = \left[\underbrace{\left(\frac{p}{\rho} + \frac{V^2}{2} + gz\right)_2}_{②} - \underbrace{\left(\frac{p}{\rho} + \frac{V^2}{2} + gz\right)_1}_{③}\right]\dot{m} + \underbrace{\left(u_2 - u_1 - \frac{dQ}{dm}\right)\dot{m}}_{④} \tag{5.121}$$

식 (5.121)의 에너지방정식은 축에 의한 에너지(①항)가 지점 ①(③항)과 지점 ②(②항)에서의 에너지 차와 내부에너지 차의 합으로 계산된다. 여기서 ④항은 일반적으로 손실개념으로 생각하며 보통 이 값은 매우 적으므로 이를 무시하면 식 (5.122)와 같이 나타낼 수 있다.[38]

$$-\dot{W}_{shaft} = \left[\left(\frac{p}{\rho} + \frac{V^2}{2} + gz\right)_2 - \left(\frac{p}{\rho} + \frac{V^2}{2} + gz\right)_1\right]\dot{m} \tag{5.122}$$

식 (5.122)를 보면 지점 ①과 지점 ②의 에너지 차이는 축동력Shaft Power인 W_{shaft}로 표현됨을 알 수 있다. 만약, W_{shaft}가 0이라면 식 (5.123)과 같이 변화할 수 있는데 이는 지점 ①과 지점 ②의 에너지 차이가 0이라는 의미이다.

$$\left(\frac{p}{\rho} + \frac{V^2}{2} + gz\right)_2 - \left(\frac{p}{\rho} + \frac{V^2}{2} + gz\right)_1 = 0 \text{ : 베르누이방정식} \tag{5.123}$$

[그림 5-34]의 펌프는 축동력 W_{shaft}에 의해 하부에서 상부로 물을 송수하는 시스템이다. 이를 식 (5.122)와 식 (5.123)에 대입해 생각해보자. 축동력이 0이라는 것은 지점 ①과 지점 ②의 에너지의 합이 같으므로 축동력이 필요 없다는 의미이고, 축동력이 0이 아니라는 것은 **지점 ①에서 지점 ②로 이동하려면 임의의 축동력이 필요하다는 의미이다.** 이는 아주 중요한 개념이다. 지점 ①과 지점 ②의 에너지 차이만큼, 임의의 양을 임의의 높이만큼 송수하기 위해 축동력을 공급해야 한다는 것을 의미하기도 한다.

38 토출된 물을 만져보면, 따뜻함이나 뜨거움을 느낄 수 있다. 이것이 바로 ④항이다. 그 값이 크다면 여러 문제가 있다는 의미이다.

■ 손실률을 고려한 경우

식 (5.122)에서는 식 (5.121)의 내부에너지의 차인 ④항을 무시했으나 ④항을 이용하는 시스템도 있다. 최근에는 펌프의 효율을 측정하는 데 수력학적 방법 외에도 열역학적 방법Thermodynamic Method 또한 보편화되고 있다. 이 열역학적 방법은 식 (5.121)의 ④항을 재평가하고, 이를 이용해 효율을 평가하는 것이다.

보통의 액체는 열용량이 커서 유동손실에 대한 유체온도의 상승은 매우 작으므로 이에 따른 온도의 증가량을 무시해왔으나, 1963년 1/1000[K]까지 온도를 측정할 수 있는 고정밀도의 센서 구성이 개발되어 손실률을 고려한 열역학적 방법도 쓰이고 있다.

예제 5-11 펌프 에너지방정식

[그림 5-35]와 같은 펌프에서 지름이 60[mm]인 흡입관을 통해 수조로부터 물을 흡입하고, 지름이 50[mm]인 관으로 토출한다. 흡입관의 끝은 수조의 자유표면 아래 1[m] 깊이에 있다. 토출관(수조 표면 위 2[m])의 토출압은 2[kg_f/cm^2]이다. 토출관 내 평균속도는 3[m/s]이다. 펌프의 효율이 75[%]일 때 펌프를 가동시키는 데 필요한 동력을 구하라.

(a) 실제로 운전되고 있는 펌프의 형태

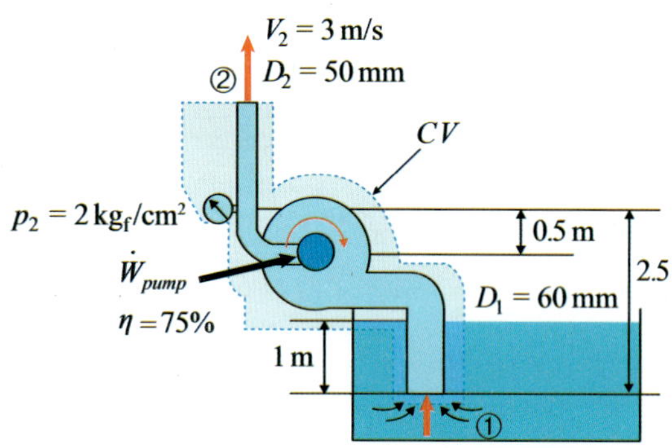

(b) [예제 5-11]의 유동장과 검사체적 설정

그림 5-35 펌프와 펌프 유동장 설정

분석

- 이 예제를 풀기 위해서 정상, 비압축성, 마찰이 없는 유동이며, 유선을 따라 유동하고, 단면 ①과 단면 ②에서 균일유동이라는 가정이 필요하다.
- 현장에서는 SI 단위를 잘 사용하지 않으며, 압력의 경우 중력단위계를 많이 사용한다. 2장에서 배운 바와 같이 1[kg_f/cm^2]의 단위를 101.3[kPa]로 먼저 환산해야 한다. 현장에서는 국소 대기압을 사용하므로 100[kPa]로 간단히 사용한다.
- $Q = AV$인 연속방정식 식 (5.35)와 식 (5.122)를 이용해서 풀 수 있다.

풀이

- 식 (5.122)는 정상상태, 열유동과 같은 내부에너지 및 손실 무시, 단면 ①과 단면 ②에서 균일유동이라는 가정이 필요하다.
- 식 (5.122)를 에너지별로 다시 정리하면 식 (5.124)와 같다.

$$-\dot{W}_{shaft}=\left[\left(\frac{p}{\rho}+\frac{V^2}{2}+gz\right)_2-\left(\frac{p}{\rho}+\frac{V^2}{2}+gz\right)_1\right]\dot{m} \tag{5.122}$$

$$-\dot{W}_{shaft}=\left[\left(\frac{p_2-p_1}{\rho}\right)+\left(\frac{V_2{}^2-V_1{}^2}{2}\right)+g(z_2-z_1)\right]\dot{m} \tag{5.124}$$

- 단면 ②에서의 압력과 속도는 문제에서 주어졌기 때문에 단위환산해서 대입하면 된다. 단면 ①의 압력과 속도는 주어지지 않았다. 그러나 [그림 5-35(b)]와 같이 검사체적을 생성하면 단면 ①의 속도변수를 제거할 수 있다. 단면 ①의 속도는 물속에서 흡입되기 때문에 측정할 수 없어 이런 경우 0으로 두고 계산한다. 실제 값을 측정할 수 있으면 그 값을 대입하지만, 0으로 계산해도 문제는 없다.
- 현재 검사체적은 물속 1 [m] 지점에 단면 ①을 생성했기 때문에 단면 ①의 압력을 1 [m]로 계산하자.
- 위치에너지의 차이는 총 2.5 [m]인 것을 고려해 식 (5.124)에 대입하면 식 (5.125)와 같다.
- 식 (5.125)는 이론적인 동력값이기 때문에 식 (5.126)에 'ideal'을 하첨자로 붙였다. 또한 펌프의 일은 검사체적에 주어지는 일이기 때문에 음(−)의 값도 제거했다.

$$\begin{aligned}-W_p&=\left[\left(\frac{2\times101{,}300-1\times101{,}300/10.33}{1{,}000}\right)+\left(\frac{3^2}{2}\right)+9.8(2.5)\right]\times\left(1{,}000\times3\times\frac{\pi\times0.05^2}{4}\right)\\&=1.3\,[\mathrm{kW}]\end{aligned} \tag{5.125}$$

$$W_{P,ideal}=1.3\,[\mathrm{kW}] \tag{5.126}$$

- 펌프의 효율 $\eta=75\,[\%]$를 고려하면, 실제 소요 동력값은 식 (5.127)과 같다.

$$W_{P,actual}=\frac{W_{P,ideal}}{0.75}=1.73\,[\mathrm{kW}] \tag{5.127}$$

고찰

- 이 예제에서 어렵고 이해가 힘든 부분은 단면 ①의 압력과 속도 값일 것이다. 만약 단면 ①을 수면 위로 선정하면 어떻게 될지 생각해보자. 단면 ①의 값을 모두 0으로 놓으면 어떤 차이가 발생할지도 생각해보자.
- 실제 설계 시 펌프는 토출관보다 흡입관을 좀 더 크게 설계하고, 배관 손실을 줄이기 위해 배관내 속도를 2 ~ 4 [m/s]로 설계한다.
- 여기서는 배관의 손실문제를 무시했다. 따라서 실제로는 식 (5.127)에서 구해진 값보다 좀 더 큰 값으로 선정해야 한다. [그림 5-35]에서는 토출압력계에서부터 배수지(목적지)까지 배관의 형태들이 언급되지 않았기 때문이다.

예제 5-12 수차 관련 에너지방정식

[그림 5-36(a)]는 25.4 [MW] 급의 대형 벌브 카플란 수차이다. 이 수차에 에너지방정식을 적용해 기초 설계를 해보자. 농사를 짓는다고 가정해보자. 농사를 짓는 데 필요한 전력을 계산해보니 50 [kW]가 나왔고, 지역 하천의 방류량은 1 [m^3/s] 정도로 측정됐다. 이때 50 [kW]의 수차를 설계하기 위해 필요한 낙차를 구하라. 단, 가지고 있는 유입 및 토출 배관은 300 [mm]인 PVC관을 이용해야 한다.

(a) 시화호 조력발전소 공사 장면

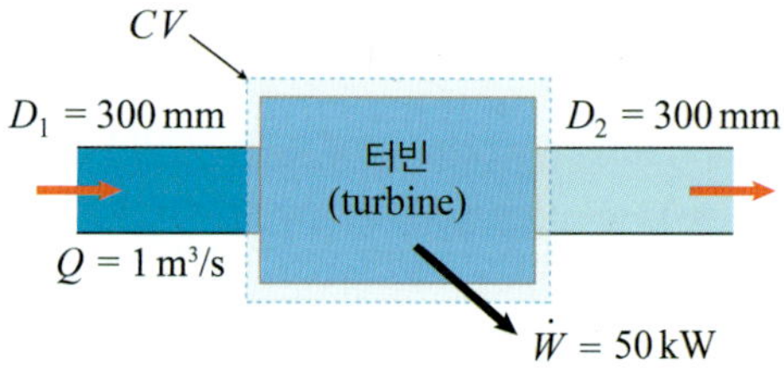

(b) [예제 5-12]의 유동장과 검사체적 설정

그림 5-36 시화호 조력발전소

분석

- 이 예제는 주변의 운휴에너지(낙차와 유량)를 재생에너지로 얼마나 환산할 수 있는지 알아보는 문제이다.
- 지금의 설계는 [그림 5-36(b)]와 같이 유량, 낙차만 가지고 출력을 선정하는 기초 설계이고 세부적인 설계는 타당성 파악 후 진행하면 된다.
- 이 예제를 풀기 위해서 정상, 비압축성, 마찰이 없는 유동이며, 유선을 따라 유동하고, 입구와 출구에서 균일유동이라는 가정이 필요하다.
- [예제 5-11]과 같은 개념으로 풀면 된다.

풀이

- [그림 5-37(b)]와 같이 검사체적을 수차로만 한정했기 때문에 식 (5.122)에서 위치에너지의 값은 동일해서 삭제된다. 또한 터빈에 의한 일은 음(−)의 값을 가지므로 식 (5.128)과 같이 정리할 수 있다.

$$\dot{W}_{turbine} = \left[\left(\frac{p_2 - p_1}{\rho}\right) + \left(\frac{V_2{}^2 - V_1{}^2}{2}\right)\right]\dot{m} \tag{5.128}$$

- 유입 및 토출배관이 300 [mm]로 동일하게 주어져 속도가 같아지므로 속도에너지항을 계산할 필요가 없다. 따라서 식 (5.128)은 식 (5.129)와 같이 간단히 정리된다.

$$\dot{W}_{turbine} = \left[\left(\frac{p_2 - p_1}{\rho}\right)\right]\dot{m} = \left(\frac{p_2 - p_1}{\rho}\right)\rho Q = Q\Delta p \tag{5.129}$$

- 식 (5.129)를 보면 수차의 출력을 계산하기 위해서 유량과 압력차를 곱해주었다.
- 식 (5.129)에 주어진 50 [kW]의 동력과 1 [m^3/s]의 유량을 대입해 계산하면 식 (5.130)과 같다. 이 식에서 압력을 구할 수 있고, 이를 길이 단위로 환산하면 낙차가 된다.

$$\Delta p = \frac{50\,[\mathrm{kW}]}{1\,[\mathrm{m^3/s}]} = 50\,[\mathrm{kPa}] \tag{5.130}$$

- 식 (5.130)을 길이 단위, 즉 높이 단위로 환산을 해주면 식 (5.129)는 식 (5.131)과 같이 변화된다.

$$W_{turbine} = Q\gamma H = \gamma QH\,[\mathrm{W}] \tag{5.131}$$

- 식 (5.131)의 단위는 [W]이다. 이에 현장에서는 [kW] 단위를 많이 사용하므로 식 (5.132)의 수식을 주로 사용한다.

$$W_{turbine} \equiv 9.8QH\,[\mathrm{kW}] \tag{5.132}$$

고찰

- 만약 0.1 [m^3/s]의 유량이 흐르고 낙차가 10 [m]라고 한다면 얼마의 출력을 낼 수 있는지 식 (5.132)를 이용해 계산해보자. 수차 효율와 발전기 효율을 고려하면 실제로 얻을 수 있는 효율은 얼마가 될지 생각해보자.
- 만약 주어진 환경에서 계산된 낙차를 구현하지 못한다면 어떻게 될지 생각해보자.

SECTION 5.7

베르누이방정식

✔ 베르누이방정식의 유도 시 필요한 가정을 학습한다.
✔ 에너지구배선과 수력구배선의 개념을 학습한다.

5.7.1 베르누이방정식의 유도

식 (5.123)의 베르누이방정식에서 보듯이 두 지점의 에너지 차이가 없다는 것은 두 점의 에너지가 같다는 것을 의미한다. 이 방정식을 식 (5.133), 식 (5.134)와 같이 표현할 수 있고, 이는 **기계적 에너지만 고려했으므로 기계적 에너지 평형식**이라고도 한다.

$$\left(\frac{p}{\rho}+\frac{V^2}{2}+gz\right)_2=\left(\frac{p}{\rho}+\frac{V^2}{2}+gz\right)_1=const. \tag{5.133}$$

$$\frac{p}{\rho}+\frac{V^2}{2}+gz=const. \tag{5.134}$$

식 (5.111)과 같은 에너지방정식에서 식 (5.134)와 같은 베르누이방정식을 유도할 때 필요한 가정[39]을 정리하면 다음과 같다.

*** 베르누이방정식 유도 시 가정**

[가정 1] 축일이 없는 경우, $\dot{W}_{shaft}=0$

[가정 2] 정상유동

[가정 3] 비압축성유동

[가정 4] $u_2-u_1-dQ/dm=0$ (손실 무시) $\rightarrow$ 무마찰유동

[가정 5] 각 단면에서 균일유동 및 균일상태 유입

[가정 6] 하나의 유선을 따라 지나간다.

$$\underset{①}{\underline{\frac{p}{\gamma}}}+\underset{②}{\underline{\frac{V^2}{2g}}}+\underset{③}{\underline{z}}=const. \tag{5.135}$$

39 자격시험에서 많이 출제되는 중요한 가정이므로 반드시 기억해야 한다.

식 (5.134)의 각 항을 g로 나누면 식 (5.135)와 같이 변경할 수 있다. 식 (5.134)와 식 (5.135)의 차이는 단위Unit이다. 식 (5.135)의 **길이 단위인 헤드Head로 에너지를 이해**하는 것이 더욱 편리하므로 현장에서는 식 (5.134)보다 식 (5.135)를 더 많이 사용한다.

식 (5.135)는 ①항인 압력에너지와 ②항인 운동에너지, 그리고 ③항인 위치에너지의 합이 같다는 것을 의미한다. ①항인 압력에너지를 보면 압력에너지를 길이 단위로 정의했다. 이는 **펌프에서 가지고 있는 에너지를 몇 [m]의 높이까지 올릴 수 있는지를 나타내며, 수차에서는 임의의 높이에서 떨어뜨릴 수 있는 낙차에너지를 가지고 있다는 논리**와도 같다.[40]

5.7.2 에너지구배선과 수력구배선

[그림 5-37]에서 보듯이 4개의 지점에서의 에너지는 같고 **그 선을 연결한 에너지구배선**은 동일한 수평선을 갖는다. 선을 이루는 압력에너지, 속도에너지, 위치에너지의 값은 위치마다 각각 다르지만, 그 합은 동일하다는 의미이다. 즉 **기하학적 형상이나 유동, 높이에 의해 각각의 에너지는 변화하지만 에너지 합은 같다.**

[그림 5-37]의 벤투리 지점인 ②에서 ③까지를 보면 위치에너지가 감소하고 속도에너지가 증가하고 있음을 알 수 있다. **임의의 한 지점에서 속도에너지($V^2/2g$)를 고려하지 않은 에너지 합을 이은 선을 수력구배선**Hydraulic Gradient Line, HGL이라 한다.

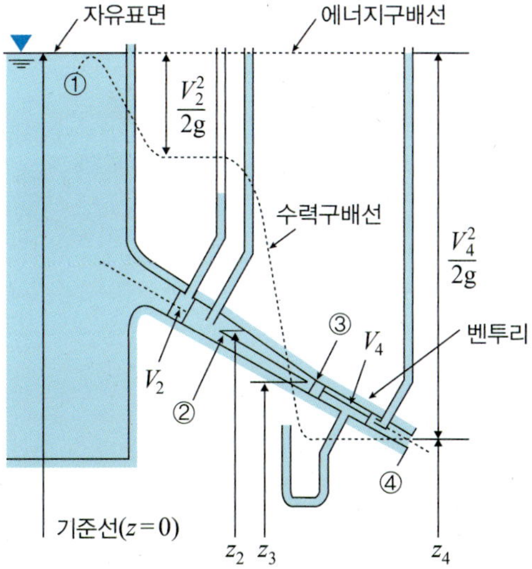

그림 5-37 탱크에 연결된 벤투리관 내 지점별 에너지 구분

40 보통 길이 단위로 나타내는 위치에너지를 펌프 시스템에서는 양정, 수차발전 시스템에서는 낙차라고 한다.

수력구배선은 [그림 5-38(a)]와 같은 펌프장에서 최종 배수장까지 물을 공급하기 위한 펌프 배관망을 설계하는 데 매우 중요한 인자이다. 최종 배수지까지 물을 송수하려면 취수장에서 펌프를 통해 가압시켜 정수장으로 보내고, 그 물을 정수하고 다시 가압해 수십 [km] 떨어져 있는 배수지로 보내는 가압 시스템이 필요하다. 수력구배선은 원활한 물 공급에도 필수적이지만, 배관내 수격현상Water Hammer을 방지하는 데도 매우 중요한 인자이다.

예를 들어 펌프장 시스템을 살펴보자. 펌프 2대($Q = 0.2\,[\mathrm{m^3/min}]$, $H = 34\,[\mathrm{m}]$)로 송수하는 시스템($L = 1{,}243\,[\mathrm{m}]$, $D = 100\,[\mathrm{mm}]$)의 수력구배선을 [그림 5-38(b)]와 같이 나타냈다. 여기서 관로 종단선은 유체를 이송하는 관을 길이 및 높이로 표현한 선이 되고, 결론적으로 펌프장에서 송수할 유량이 최종적인 배수지에 도달하도록 수력구배선을 설계해야 한다. 펌프장에서 관로를 지나며 마찰손실에 의해 에너지가 점점 작아지기 때문에 관로 종단선보다 적으면 안 된다.41

만약 펌프 운전 중 정전이나 고장에 의해 갑자기 멈추게 되는 경우 [그림 5-38(c)]와 같이 맥동현상을 나타내는 수격현상이 발생하게 된다. [그림 5-38(c)]는 수격발생 시 펌프장에서의 시간 경과에 따른 압력변동을 나타낸 그래프이다. 이러한 수격발생을 대비해 수력구배선을 기준으로 최대 압력선42과 최소 압력선43을 설정한 후 [그림 5-38(d)]와 같이 서지탱크Surge Tank를 설치해야 한다.

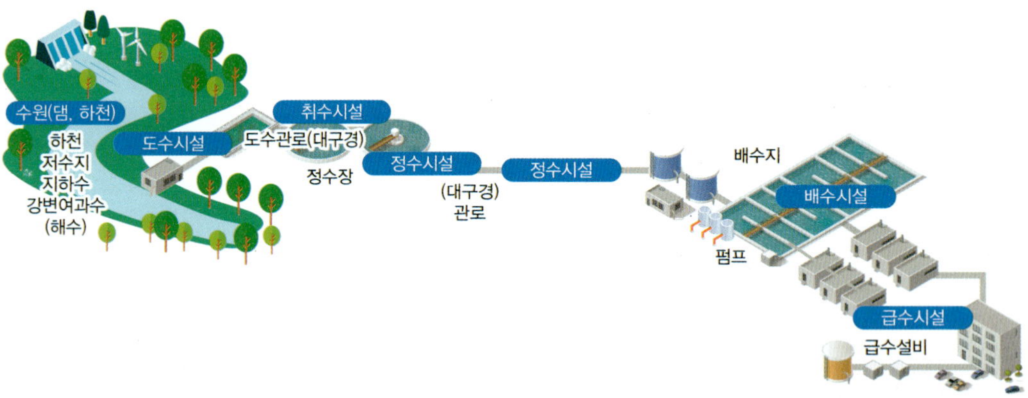

(a) 광역상수도 시스템

그림 5-38 광역상수도 시스템 및 관련 펌프장 내 수력구배선과 수격현상을 방지하기 위한 대책 (계속)

41 [그림 5-38(b)]에 나타낸 시설기준 압력선은 상하수도 시설기준에 의해 관로에서의 부압을 -5 ~ 7 [m] 이하로 제한하는 기준 압력선이다.

42 수격발생 시 각 지점에서의 최고압력을 연결한 선으로, 높은 압력이 발생하므로 수력구배선보다 높게 표시한다.

43 수격발생 시 각 지점에서의 최저압력을 연결한 선으로, 정수압보다 낮은 압력이 발생하므로 시설기준보다 높은 압력이 되어야 한다.

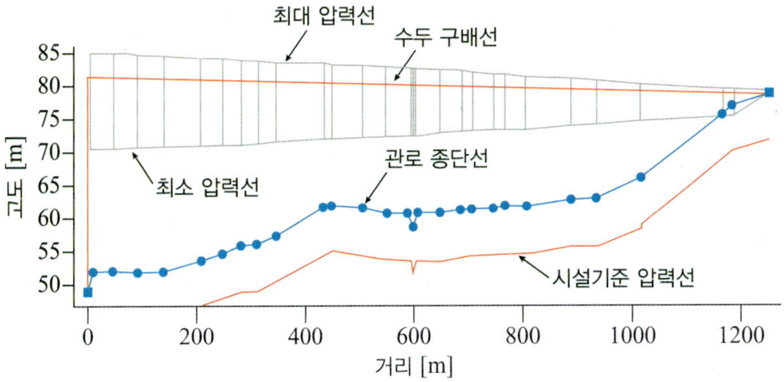

(b) 펌프장 내 수력구배선의 예

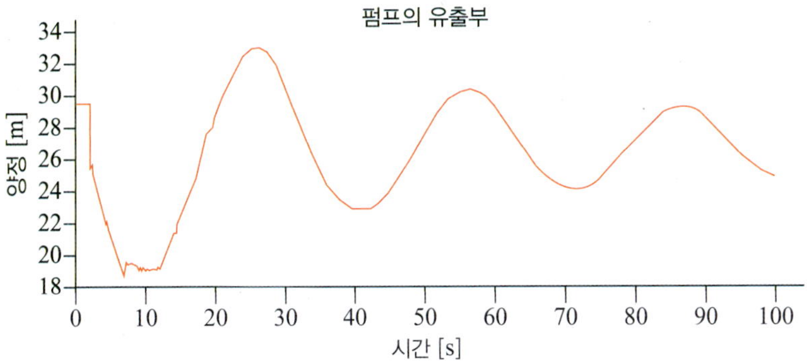

(c) 펌프 유출부에서의 압력변동

(d) 펌프장 내외에 설치된 서지탱크

그림 5-38 광역상수도 시스템 및 관련 펌프장 내 수력구배선과 수격현상을 방지하기 위한 대책

5.7.3 위치에너지가 동일한 경우

[그림 5-39]와 같이 노즐의 검사체적 내 높이가 같을 때 식 (5.135)는 식 (5.136)과 같이 위치에너지항이 삭제된다. 식 (5.136)을 보면 지점 ①과 지점 ②의 에너지가 같다. [그림 5-39]에서 보듯이 연속방정식에 의거, 지점 ②에서 면적이 줄었기 때문에 지점 ②의 속도가 증가한다. 속도가 증가한다는 것은 속도에너지가 증가한다는 것을 의미하며, 증가한 속도에너지는 에너지 보존법칙에 따라 증가한 에너지만큼 압력에너지가 줄어야 한다는 것을 의미한다. 즉 [그림 5-39]에서 지점 ①이 지점 ②보다 압력에너지가 높아진다.

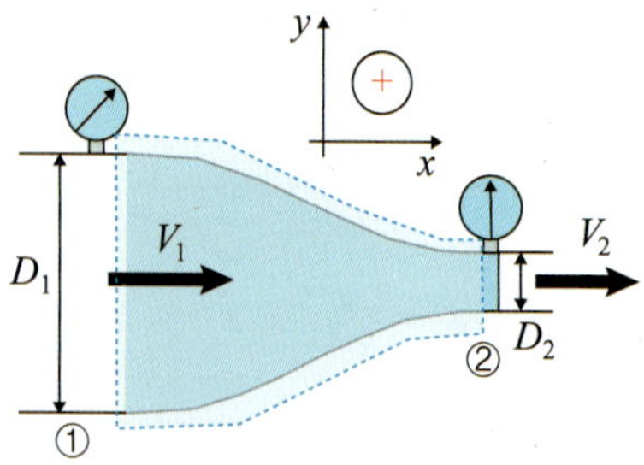

그림 5-39 에너지 변화를 설명하기 위한 노즐 시스템

$$\frac{p_1}{\gamma} + \frac{{V_1}^2}{2g} = \frac{p_2}{\gamma} + \frac{V_2^2}{2g} \tag{5.136}$$

Think_21

자동차가 [그림 5-39]와 같은 병목 지점을 지나간다면 지점 ①과 지점 ② 중 어느 지점의 압력이 높을까? 자동차가 병목 지점을 지나간다면 차가 막혀 스트레스가 올라갈 것이며 이로 인해 뒤쪽의 정체가 심해지는 것을 압력 증가로 생각할 수 있을 것이다. 자동차가 지나가는 경우와 유체가 지나가는 경우가 반대 현상을 나타내는데 왜 그런지 생각해보자.

인체 혈관 내 혈액유동은 [그림 5-40]과 같이 많은 곡관과 분지관들을 지나게 된다. 혈액이 지름이 작은 말초혈관을 지나갈 때 적혈구가 변형하지 않으면 압력이 증가하고 혈압도 많이 상승한다. 식 (5.136)은 동맥경화의 원인을 파악하는 기초가 되는 생리학 수식으로, 이런 문제도 베르누이방정식으로 예측이 가능하다.

다행히 인체에는 연전현상Rouleaux Formation이 있어 적혈구가 모세혈관을 지날 때 압력이 증가하지 않는다. 동맥경화증이나 당뇨병을 앓는 사람들은 적혈구의 변형성이 떨어지므로 모세혈관에서 통증을 느끼거나 상처가 있을 때 잘 낫지 않는다.

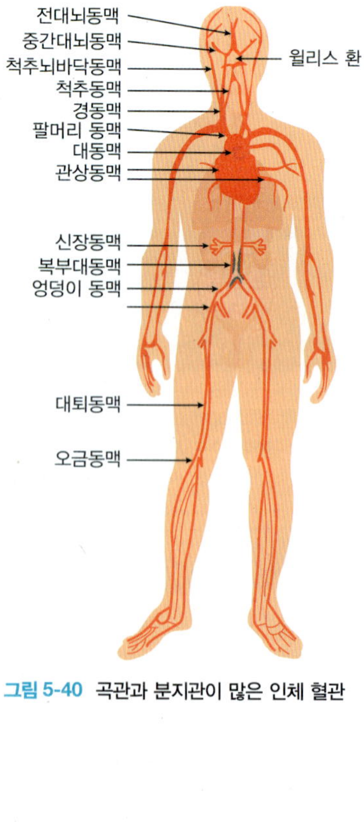

그림 5-40 곡관과 분지관이 많은 인체 혈관

예제 5-13 수평노즐에서 에너지방정식 적용

정상유동에서 [그림 5-39]와 같은 수평노즐을 통해 물이 대기 중으로 분출된다. 노즐 입구 지름이 $D_1 = 50\,[\mathrm{mm}]$이고, 노즐 출구 지름은 $D_2 = 25\,[\mathrm{mm}]$이다. $Q = 1{,}200\,[\mathrm{lpm}]$의 유량을 얻기 위해 노즐 입구에서 요구되는 최소 압력을 구하라.

분석

- 이 예제를 풀기 위해 정상, 비압축성, 마찰이 없는 유동이며, 유선을 따라 유동하고, 단면 ①과 단면 ②에서 균일유동이라는 가정이 필요하다.
- 현장에서는 SI 단위를 사용하지 않고, 유량의 경우 [lpm]이나 루베立方米[44]라는 용어를 많이 사용한다.
- 특별히 언급하지 않으면 노즐 입구에서 요구되는 최소 압력은 계기압으로 구하면 된다.
- 이는 $Q = AV$인 연속방정식 식 (5.35)와 베르누이방정식인 식 (5.136)을 이용하면 된다.

풀이

- 체적유량이 $Q = 1{,}200\,[\mathrm{lpm}]$으로 주어졌기 때문에 이에 대한 단위환산을 해야 한다.

$$Q = 1{,}200\,[\mathrm{lpm}] = 1{,}200 \times \frac{0.001\,[\mathrm{m}^3]}{1\,[\ell]} \times \frac{1\,[\mathrm{min}]}{60\,[\mathrm{s}]} = 0.02\,[\mathrm{m}^3/\mathrm{s}]$$

- 단면 ①과 단면 ②의 면적이 주어졌으므로 속도를 $Q = AV$를 통해 구할 수 있다.

$$Q = 0.02\,[\mathrm{m}^3/\mathrm{s}] = A_1 V_1 = A_2 V_2 = \frac{\pi(0.05)^2}{4} V_1 = \frac{\pi(0.025)^2}{4} V_2$$

$$V_1 = \frac{0.02 \times 4}{\pi(0.05)^2} = 10.1859 \cong 10.19\,[\mathrm{m/s}]$$

$$V_2 = \frac{0.02 \times 4}{\pi(0.025)^2} = 40.7436 \cong 40.74\,[\mathrm{m/s}]$$

- 단면 ①과 단면 ②의 속도를 계산했기 때문에 각 단면의 에너지의 합을 구할 수 있다. 최종적으로 원하는 답은 단면 ①의 압력이므로, 식 (5.137)과 같이 변경해 식 (5.138)과 같이 구하면 된다.

$$\frac{p_1}{\gamma} + \frac{V_1^{\,2}}{2g} = \frac{p_2}{\gamma} + \frac{V_2^2}{2g} \quad \rightarrow \quad \frac{p_1}{\gamma} = \frac{p_2}{\gamma} + \frac{V_2^2}{2g} - \frac{V_1^{\,2}}{2g} \tag{5.137}$$

$$\begin{aligned} p_1 &= \gamma\left(\frac{p_2}{\gamma} + \frac{V_2^2}{2g} - \frac{V_1^{\,2}}{2g}\right) = \gamma\left(\frac{V_2^2}{2g} - \frac{V_1^{\,2}}{2g}\right) = 9{,}800\left(\frac{40.74^2}{19.6} - \frac{10.19^2}{19.6}\right) \\ &= 777{,}955.75\,[\mathrm{Pa}] = 778.0\,[\mathrm{kPa}] \end{aligned} \tag{5.138}$$

---

44 루베는 일본말로, $1\,[\mathrm{m}^3]$를 의미한다.

고찰

- 식 (5.138)에서 구한 778.0 [kPa], 즉 약 8 [bar]의 최소 압력은 [그림 5-41]과 같은 물대포 시스템에 적용될 때 필요한 펌프 토출압력이다.

그림 5-41 시위 진압에 사용되는 물대포 시스템

- 노즐 형태를 [그림 5-13]에서와 같이 직선이 아닌 곡선으로 가정하면 어떤 차이가 생기는지 생각해보자. 문제에서 주어진 노즐 성능은 펌프 용량과 관련이 있으므로 적분적 접근으로 파악할 수밖에 없다. 노즐 형태가 직선인지 곡선인지에 따라 성능이 달라져 최종적으로 펌프 설계에도 영향을 미치기 때문이다.[45]
- [그림 5-42]의 이젝터Ejector[46]와 같이 단면 ②의 압력이 대기가 아닐 때도 있다.

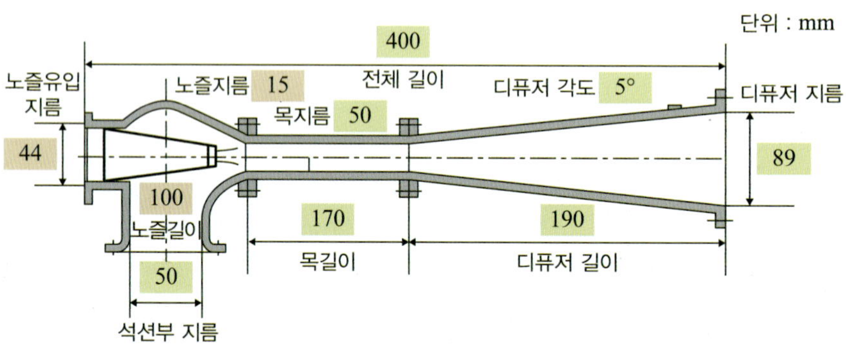

그림 5-42 선박에서 사용되는 이젝터 설계 프로그램

45 따라서 미분적인 개념으로 설계해야 하며, 이에 대한 자세한 내용은 6장에서 다룬다.

46 주어진 유량에 따라 감소한 압력 때문에 물이 빨려 나가는 장치이다.

■ 질량보존법칙

5.1 정상상태에서 지름이 0.2 [m]인 수평 원형관 내부를 통해 상류에서 하류로 유량 1 [m^3/s]로 유체를 이동시키고 있다. 이때 하류속도를 상류속도의 50 [%]로 조절해야 한다면, 하류 영역에서 사용해야 할 관 지름은 얼마인가?

5.2 절대압력이 700 [kPa]인 공기를 담고 있는, 체적 0.1 [m^3], 온도 20 [℃]인 탱크가 있다. 이 탱크에서는 75 [mm^2]의 밸브 단면적을 통해 공기를 방출한다. 이 공기의 유속은 310 [m/s]이고 밀도는 6 [kg/m^3]이며 탱크 내의 모든 물성값은 균일한 분포를 갖는다고 가정한다. 방출하기 시작하는 시각에 탱크 내 밀도의 시간에 따른 변화율은 얼마인가?

5.3 [그림 5-43]과 같이 지면에 지름이 6 [cm]인 구멍이 있는 탱크에 매분 0.72 [m^3]의 물이 공급되고 있다. 수위 상승이 끝났을 때 탱크 내 물의 깊이는 얼마인가?

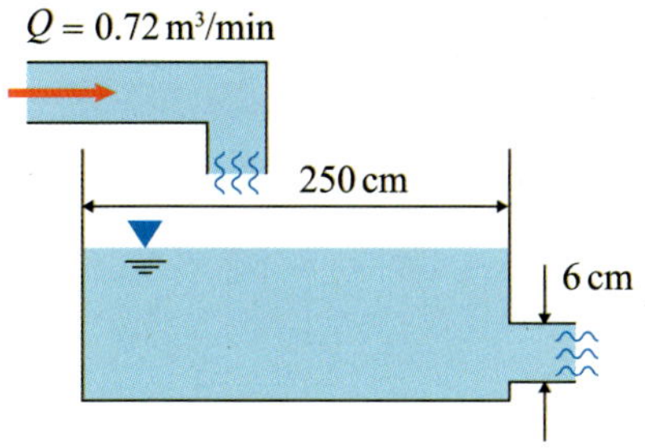

그림 5-43

5.4 [그림 5-44]와 같이 유체가 흐를 때 출구 ③을 통해 흘러들어오는 유량은 얼마인가?

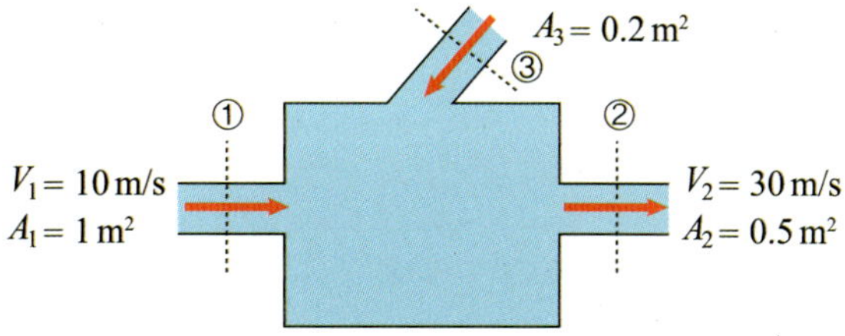

그림 5-44

5.5 공기가 평균속도 3 [m/s], 압력 276 [kN/m^{2}abs], 온도 10 [℃]에서 지름이 75 [mm]인 관로를 통해 등온적으로 흐르고 있다. 압력이 마찰에 의해서 손실될 때 압력이 207 [kN/m^{2}abs]인 곳에서의 평균속도는 얼마인가?

5.6 [그림 5-45]에서 배관은 노즐 단면적(A_j)이 0.01 [m^2]이고 속도가 30 [m/s]인 워터 제트Water Jet에 의해 작동된다. 큰 배관의 단면적(A_p)이 0.075 [m^2]이고 하류에서 두 유체가 잘 섞인 후 6 [m/s]의 속도로 펌프를 빠져나갈 때 큰 배관에서 유입되는 체적유량은 얼마인가?

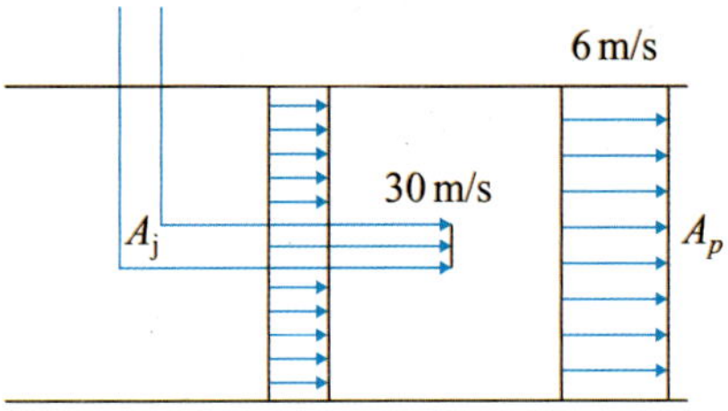

그림 5-45

5.7 [그림 5-46]과 같이 입구속도 U_o의 비압축성유체 유동이 평판 위를 지나 출구에서의 속도분포가 $U_o\frac{y}{\delta}$가 된다. 검사체적을 $ABCD$로 취한다면 단면 CD를 통과하는 유량은 얼마인가? 단, 그림에서 검사체적의 두께는 δ, 평판의 폭은 b이다.

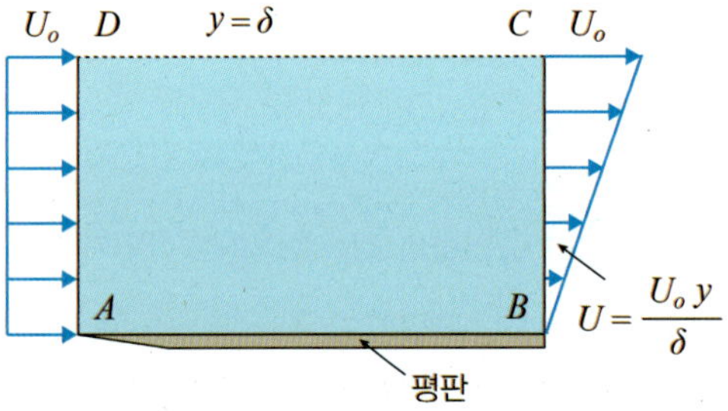

그림 5-46

■ 운동량방정식

5.8 [그림 5-47]과 같이 워터 제트 펌프의 제트면적은 0.009 [m^2]이고, 제트 속도는 30.5 [m/s]인 배관이 있다. 제트는 속도가 $V_s = 3$ [m/s]인 단면 ②에 토출되고, 배관의 출구면적은 0.07 [m^2]이다. 물은 완전히 혼합되어 균일유동으로 제트 펌프를 떠나고, 펌프 입구에서는 제트와 제2흐름의 압력이 동일하다. 이때 펌프 출구에서의 속도와 압력 상승인 $p_2 - p_1$을 구하라.

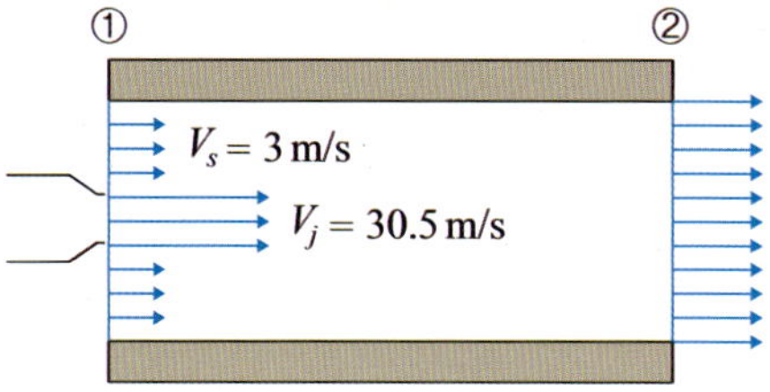

그림 5-47

5.9 [그림 5-48]과 같이 유동장의 높이가 $2h = 100$ [mm]이고, 폭이 $w = 25$ [mm]인 2차원 채널의 입구 영역에서 비압축성유체가 정상적으로 유동하며, 유량은 $Q = 0.025$ [m^3/s]이다. 이때 (a) 채널 입구에서의 균일속도 U_1을 구하라. 또한 (b) 하류 단면에서의 속도분포가 $\frac{u}{u_{\max}} = 1 - \left(\frac{y}{h}\right)^2$일 때 하류 단면에서 최대속도를 구하고, (c) 벽에서의 점성 저항을 무시할 수 있을 때 채널 내 압력 강하를 구하라.

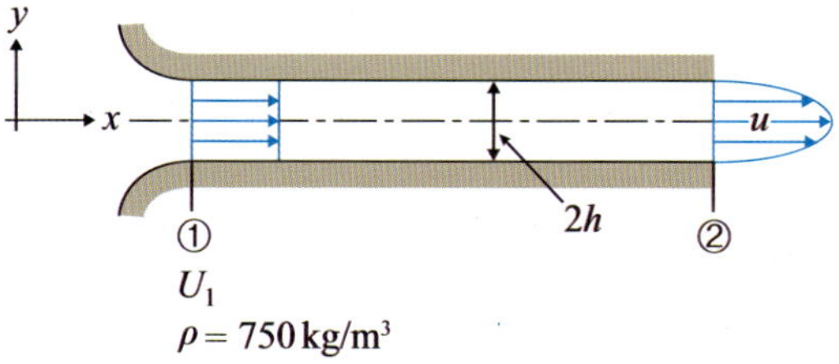

그림 5-48

5.10 [그림 5-49]와 같이 단면적 A_1은 0.4 [m^2], 단면적 A_2는 0.1 [m^2]인 동일 평면상의 관로에서 물의 유량이 1,000 [ℓ/s]일 때 관을 고정시키는 데 필요한 힘 F_x와 F_y의 크기는 얼마인가? 단, 단면 ①과 단면 ②의 높이차는 1.5 [m]이고, 단면 ②에서 물은 대기로 방출되며, 곡관의 자체 중량, 곡관 내부 물의 중량 및 곡관에서의 마찰손실은 무시한다.

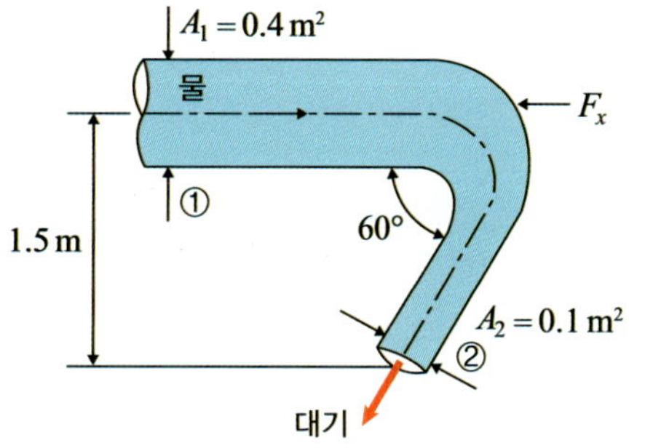

그림 5-49

5.11 [그림 5-50]과 같은 원관 밴드에 물이 흐르고 있다. 밴드의 출구에서는 물의 분류가 10 [m/s]의 속도로 대기로 분출된다. 입구의 계기압이 100 [kPa]일 때 원관 밴드를 지탱하는 수평 방향의 힘 F는 얼마인가? 단, 물과 원관 밴드의 무게는 무시한다.

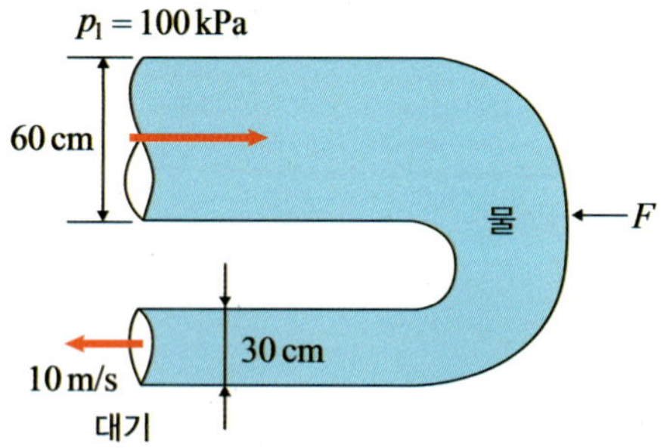

그림 5-50

5.12 비중이 0.83인 기름이 12 [m/s]의 속도로 [그림 5-51]과 같은 수직 고정 평판에 직각으로 부딪치고 있다. 이때 판에 작용되는 힘 F는 얼마인가?

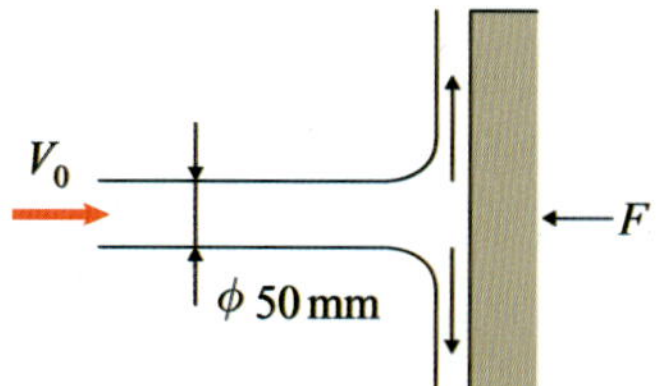

그림 5-51

5.13 [그림 5-52]와 같이 단면적이 A인 관으로 밀도가 ρ인 비압축성유체가 V의 유속으로 들어와 지름이 절반인 노즐로 분출되고 있다. 이때 제트에 의해서 평판에 적용되는 힘 F는 얼마인가?

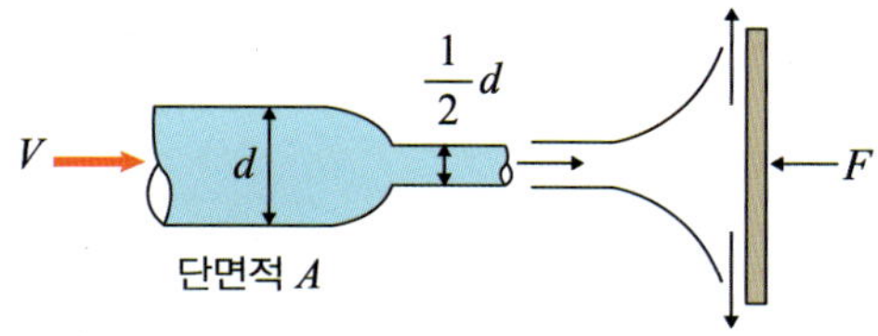

그림 5-52

5.14 [그림 5-53]에서 탱크차가 받는 추력 N은 얼마인가? 단, 노즐의 단면적은 0.03 [m^2]이며 마찰은 무시한다.

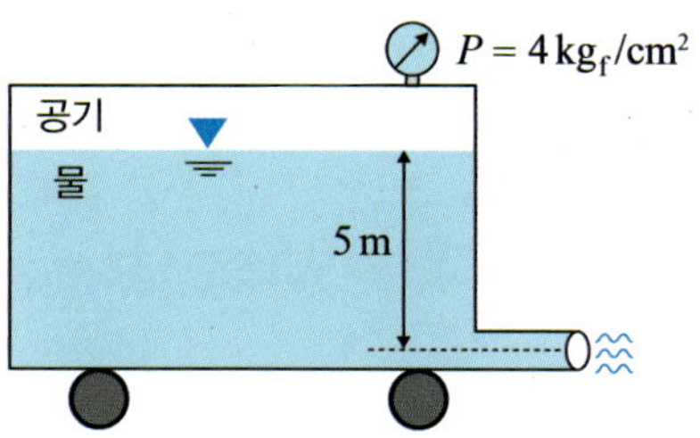

그림 5-53

■ 선형가속도 운동량방정식

5.15 [그림 5-54]와 같은 워터 제트가 어떤 깃에 분사된다. 터빈의 깃이 될 수도 있고, 어떤 수력기계의 부품이 될 수도 있다. 물은 25 [m/s]의 속도로 지름이 40 [mm]인 정지 노즐을 떠나서 점 A의 표면에 접선 방향으로 깃에 들어간다. 점 B에서 깃의 내부 표면은 x방향과 $\theta = 150°$의 각을 이룬다. $U = 5$ [m/s]의 일정 깃 속도를 유지하기 위해 작용되어야 하는 R_x와 R_y의 힘은 각각 얼마인가?

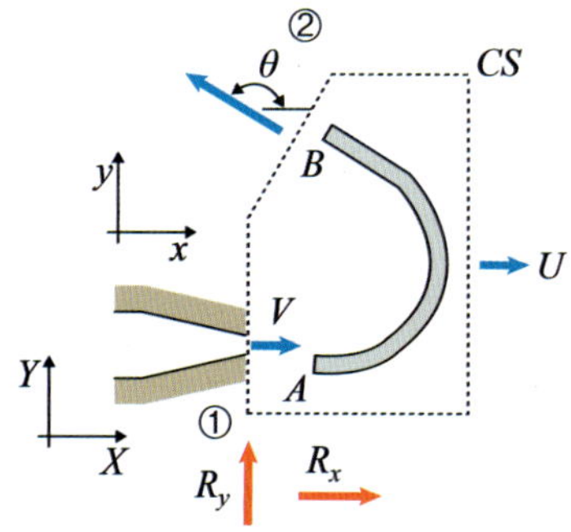

그림 5-54

5.16 [그림 5-55]와 같이 베인의 각도가 180°일 때 지름이 5 [cm], 속도는 $V = 30$ [m/s]인 물 분류를 받으며 $u = 15$ [m/s]의 속도로 분류 방향으로 운동하는 경우, 이 베인이 받는 동력은 얼마인가?

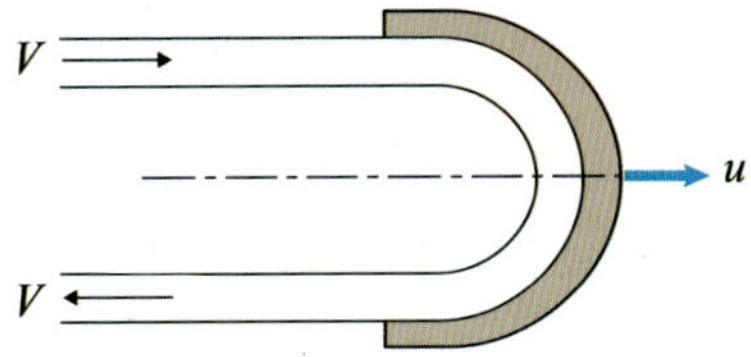

그림 5-55

5.17 [그림 5-56]과 같이 지름이 3.8 [cm]이고 온도가 20[℃]인 글리세린($\rho = 1{,}261$ [kg/m^3])의 제트가 단일 깃에 의해 80°만큼 휘어 있다. 제트의 속도는 $V = 10.7$ [m/s]이고, 깃은 입사되는 제트 방향으로 $u = 3$ [m/s]의 속도로 분출된다. 마찰이 없는 유동이라 가정했을 때 깃에 작용하는 전체 힘을 구하라.

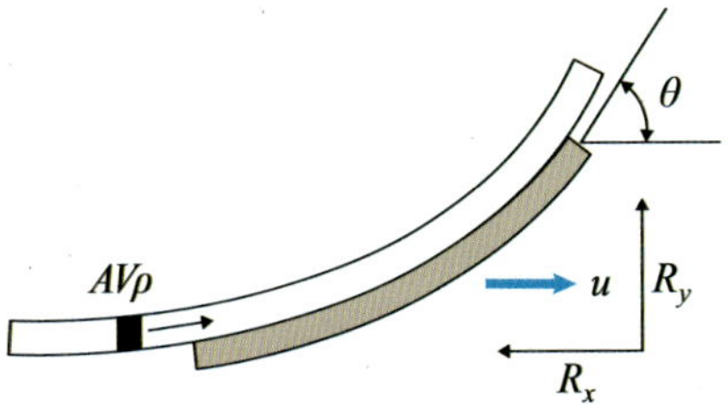

그림 5-56

5.18 [그림 5-57]과 같이 단일 편향 깃이 달린 작은 카트가 수평 트랙 위를 굴러가고 있다. 카트의 질량은 $M = 5$ [kg]이며, 초기속도는 $U_o = 5$ [m/s]이다. $t = 0$일 때 깃은 그림과 같이 반대 반향의 워터 제트에 부딪친다. 이때 (a) 1초 안에 카트를 정지시키기 위한 워터 제트 속도 V와, 2초 안에 카트를 정지시키기 위한 워터 제트 속도 V를 각각 구하라. 또한 (b) 각각의 경우에 대한 이동 거리를 구하라. 단, 공기저항이나 주행저항으로 인한 어떤 외부의 힘도 무시한다.

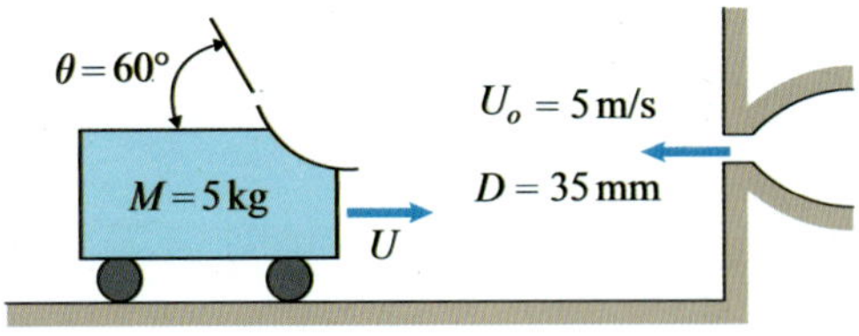

그림 5-57

■ 각운동량방정식과 에너지방정식

5.19 유효낙차가 100 [m]인 댐의 유량이 10 [m^3/s]일 때 효율이 90 [%]인 수력 터빈의 출력은 얼마인가?

5.20 출력이 450 [kW]인 터빈을 통과하는 방류량은 초당 0.6 [m^3]이다. 이때 터빈의 수두는 약 몇 [m]인가? 단, 터빈의 효율은 87 [%]이다.

5.21 [그림 5-58]의 양수 펌프에서 입구관 내의 유속은 3 [m/s], 출구관 내의 유속은 5 [m/s], 압력계 1의 압력은 300 [mmHg](진공), 압력계 2의 압력은 3[bar](게이지), 송출 유량은 0.5 [m^3/s]이다. 이때 펌프의 출력은 얼마인가? 단, 모든 손실은 무시한다.

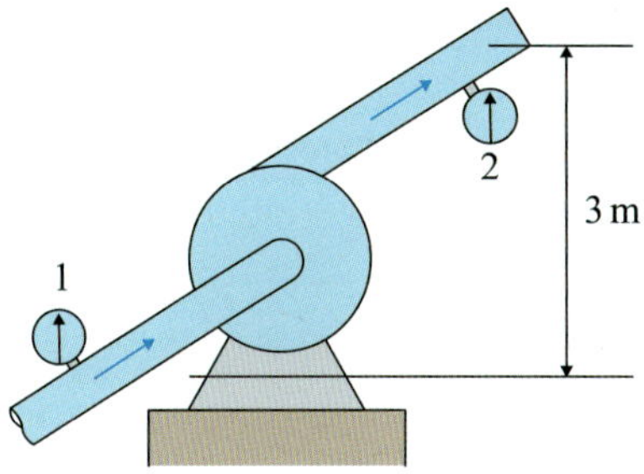

그림 5-58

5.22 펌프의 입구 및 출구의 조건이 다음과 같고 펌프의 송출 유량이 0.2 [m^3/s]일 때 펌프의 동력은 얼마인가? 단, 손실은 무시한다.

- 흡입압력 −3 [kPa], 직경 0.2 [m], 기준면으로부터 높이 2 [m]
- 토출압력 250[kPa], 직경 0.15 [m], 기준면으로부터 높이 5 [m]

■ 베르누이방정식

5.23 [그림 5-59]와 같이 가벼운 공 2개가 천장에 매달려 있다. 다음 중 2개의 공 사이로 공기를 불어 넣을 때 일어나는 공의 변화로 옳은 것은?

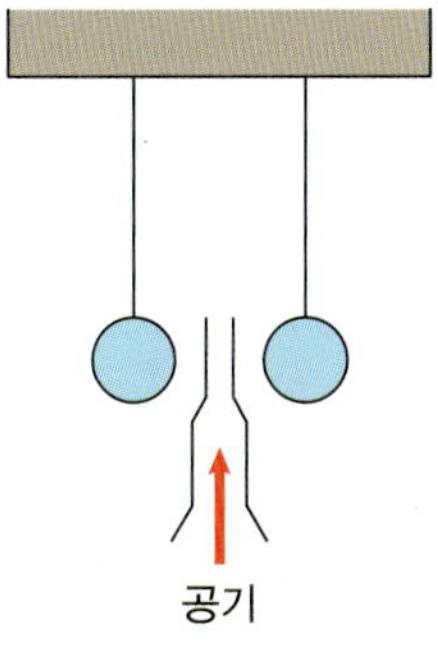

㉮ 뉴턴의 법칙에 따라 벌어진다.
㉯ 뉴턴의 법칙에 따라 붙는다.
㉰ 베르누이 법칙에 따라 벌어진다.
㉱ 베르누이 법칙에 따라 붙는다.

그림 5-59

5.24 다음 중 [그림 5-60]과 같은 상태에서 유량을 2배로 늘리면 일어나는 액주계 h값의 변화로 옳은 것은?

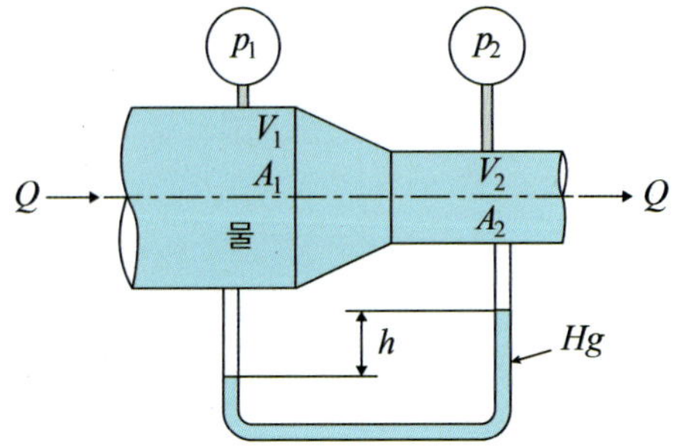

㉮ 변하지 않는다.
㉯ 반으로 줄어든다.
㉰ 2배로 늘어난다.
㉱ 4배로 늘어난다.

그림 5-60

5.25 [그림 5-61]처럼 물이 들어 있는 탱크에 수면으로부터 $h = 5\,[\mathrm{m}]$ 깊이에 노즐이 달려 있다. 이 노즐의 속도 계수가 $C_v = 0.95$일 때 노즐로부터 나오는 실제 유속은 얼마인가?

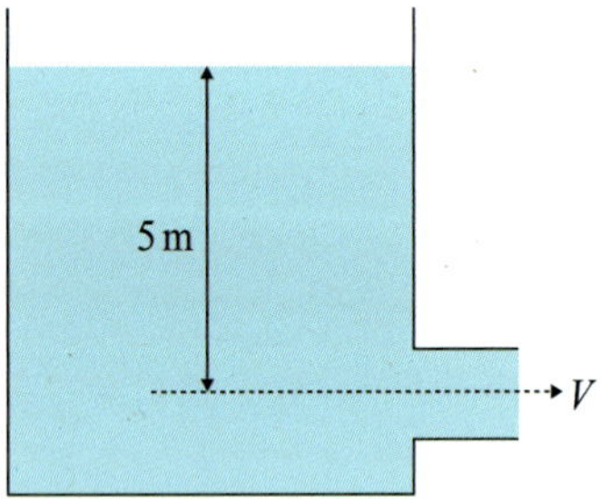

그림 5-61

5.26 [그림 5-62]에서 워터 제트가 지점 A에서 수평을 유지하면서 통과하려고 한다. 공기의 마찰을 무시할 때 유량은 얼마인가?

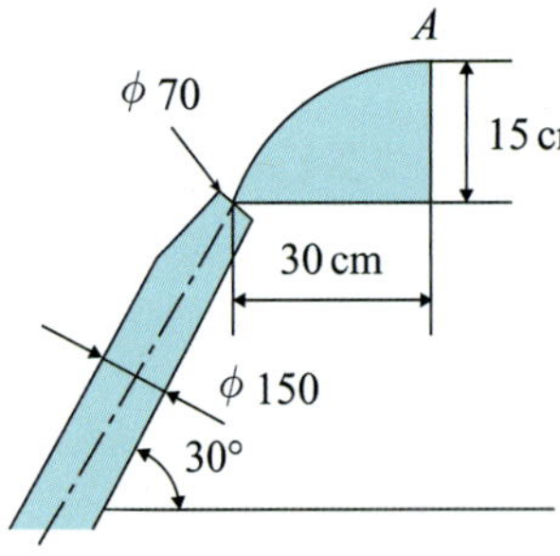

그림 5-62

5.27 [그림 5-63]과 같은 물총의 피스톤을 미는 힘의 세기가 p_1일 때 물이 분출되는 속도는 얼마인가? 단, 피스톤의 속도는 무시한다.

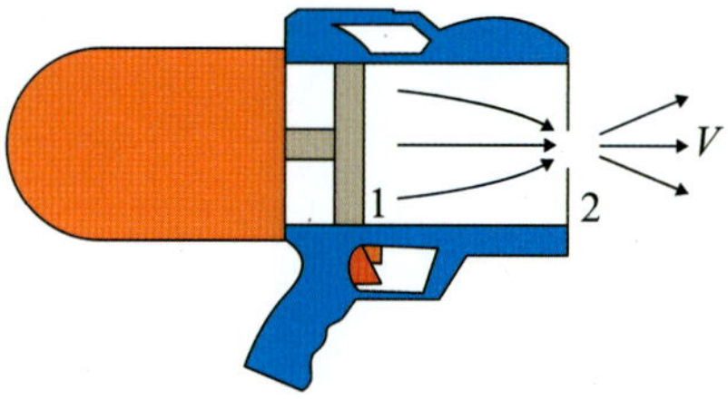

그림 5-63

5.28 [그림 5-64]와 같이 벽 양쪽에 수위가 다르게 물이 차 있고, 벽면에 있는 오리피스를 통해 수위가 높은 쪽에서 낮은 쪽으로 물이 유출되고 있다. 이때 속도 V_2는 얼마인가?

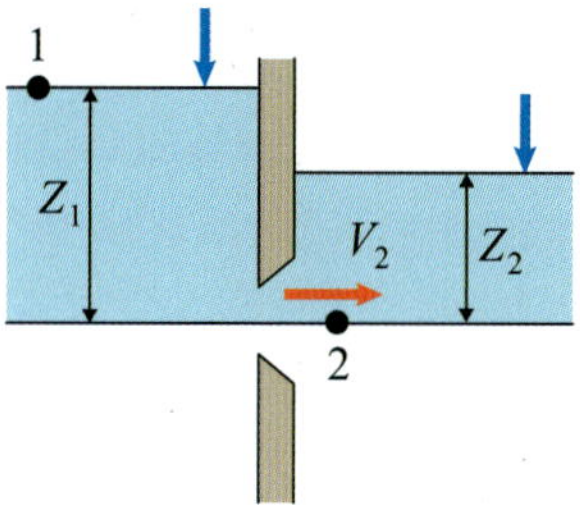

그림 5-64

5.29 [그림 5-65]와 같은 관로에 물이 흐르고 있다. 큰 관과 작은 관의 압력이 같을 때 작은 관의 유속은 얼마인가?

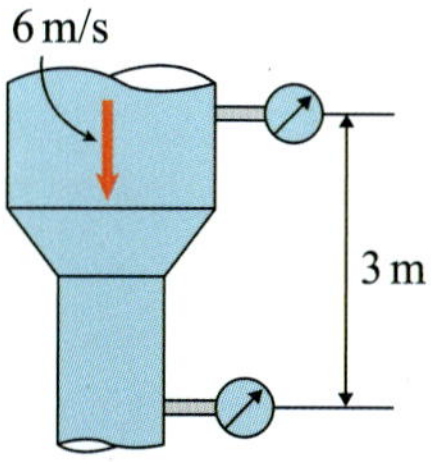

그림 5-65

이 사진은 바다 위에서 발생한 용오름 현상이다. 용오름은 평판에서 발생한 회전 현상으로, 반시계 방향의 회전에 의해 상부로 유체가 빨려 들어가는 보텍스 현상이다. 6장에서는 유체에 의한 힘을 자세히 해석하기 위해 미분적으로 해석하는 방법을 다룬다.

CHAPTER
06

유체 운동에 대한 미분적 해석

Differential Analysis for Fluid Motion

미분적 해석을 위한 기본 개념 6.1
연속방정식 6.2
유체입자의 운동 6.3
나비에-스토크스 방정식 6.4
오일러방정식 6.5
CFD 6.6
연습문제

학습목표

- 미분적 개념과 미분적 해석을 위한 테일러 급수와 좌표계에 대해 학습한다.
- 미분적 접근 방법으로 연속방정식을 유도한다.
- 다양한 유체입자의 운동을 미분적 방법으로 학습한다.
- 운동량방정식인 나비에-스토크스 방정식과 오일러방정식을 학습한다.

SECTION 6.1

미분적 해석을 위한 기본 개념

✔ 적분적 접근과 미분적 접근의 차이를 명확히 이해한다.
✔ 미분적 해석에 필요한 테일러 급수를 학습한다.
✔ 좌표계의 종류와 시스템에 따른 관계를 알아본다.

6.1.1 적분적 접근

우리는 5장에서 유체 운동을 적분적으로 접근하는 방법을 학습했고, 이 과정에서 다음 세 가지 가정을 했다.

[가정 1] 유체는 아주 짧은 시간 동안 움직인다.
[가정 2] 유체는 유선을 따라 운동한다.
[가정 3] 검사체적은 직관적으로 설정한다.

$$\left(\frac{dN}{dt}\right)_{CV} = \frac{\partial}{\partial t}\int_{CV} \eta\rho d\forall + \int_{CS} \eta\rho \vec{V}\cdot d\vec{A} \text{ : 레이놀즈 전달 이론식} \quad (5.24)$$

식 내의 적분기호 때문에 적분적 접근이라 부르는 경향도 있지만, 이보다 더 중요한 이유는 **적분이라는 것이 변화의 합을 의미**하기 때문이다. 즉 유체 운동의 변화를 적분적으로 접근한다는 것은 **검사체적 내 변화의 합**을 구해야 한다는 뜻이다.

그러므로 보편타당한 유동, 즉 정상상태이고 비압축성유동인 경우 유체 운동의 적분적 해석을 위한 방정식을 정리하면 다음과 같다.[1]

$$Q = A_1V_1 = A_2V_2 \;\rightarrow\; Q = \sum VA = 0 \text{ : 연속방정식} \quad (5.32)$$

$$F = \rho V^2 A = \rho QV \text{ : 운동량방정식} \quad (5.59)$$

$$T_o = r_2(V\rho VA)_2 - r_1(V\rho VA)_1 \text{ : 각운동량방정식} \quad (5.101)$$

$$-\dot{W}_{shaft} = \left[\left(\frac{p}{\rho}+\frac{V^2}{2}+gz\right)_2 - \left(\frac{p}{\rho}+\frac{V^2}{2}+gz\right)_1\right]\dot{m} \text{ : 에너지방정식} \quad (5.122)$$

$$\frac{p}{\gamma}+\frac{V^2}{2g}+z = const. \text{ : 베르누이방정식} \quad (5.135)$$

1 위의 수식에서 벡터 표시를 하지 않았지만 속도는 벡터임을 알고 있어야 한다.

Think_01

본문 설명 중에 '보편타당한 유동'인 경우란 무엇일지 생각해보자. 공학에서 N번의 행위를 하면 그 분포는 통계적으로 가우시안 분포를 나타내고 보통 $\pm 3\sigma$의 오차가 거의 99.7 [%]에 해당된다. 보편타당한 유동이란 대부분의 유동을 정상유동으로 해석해도 된다는 의미일지 생각해보자. 그리고 비정상유동 문제는 어떻게 풀어야 하는지도 생각해보자.

앞의 수식들은 적분기호 없이, 두 지점의 차이로 나타내고 있다. 예를 들어 [그림 6-1]과 같이 지점 ①을 입구, 지점 ②를 출구라고 생각하면 된다. 즉 입구와 출구의 물리량 차이가 적분형 관련 방정식의 물리적 의미이다.

극단적으로 표현하면 [그림 6-1(a)]와 같이 입구와 출구의 물리량에는 관심이 있지만, [그림 6-1(b)]와 같이 검사체적 내에서 발생한 재순환Recirculation 영역이나 베나 콘트랙터Vena Contracta 현상에는 관심이 없다는 뜻이다.[2]

적분적 접근의 예를 들어보면, **어떤 고객이 은행에 돈을 맡긴 후 이자와 함께 원금을 찾으면 된다**고 생각하는 것과 같다. 은행은 고객이 맡긴 돈으로 주식 및 부동산 등에 투자해 수익을 발생시키는 등의 사업을 한다. 그러나 이 고객은 이러한 수익 사업에는 관심이 없고 단순히 이자가 높은 곳에 저축해 원금과 이자를 받기 원하는 것과 같은 논리이다.

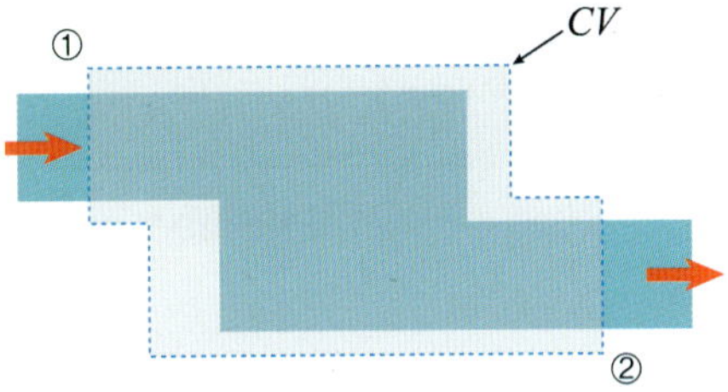

(a) 검사체적의 입구와 출구의 유동만 고려한 경우

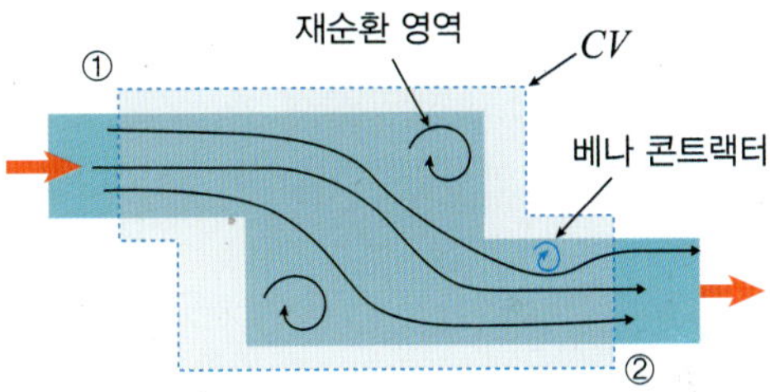

(b) 내부에서 재순환 영역 및 변화가 발생하는 계단 유동

그림 6-1 적분형방정식을 설명하기 위한 유동장 개념

Think_02

[그림 6-1(b)]의 현상을 적분적 개념으로 해결할 수 있을지 생각해보자.

2 이 두 현상들은 9장의 내부 비압축성 점성유동에서 자세히 다룰 것이다.

6.1.2 미분적 접근

Think 02에 대한 대답을 생각해보았는가? [그림 6-1(b)]를 적분적 개념으로 해결할 수 있을까, 없을까? 흑백논리로 물어보기 미안하지만 대단히 중요한 개념이기 때문에 다시 언급한 것이다.

물리적 및 공학적 기초가 없는 독자들은 대부분 해결할 수 없다고 대답할 것인데, 적분 형태로 재순환영역이 발생하는 문제를 해석할 수 없으므로 이는 틀린 답이 아니다. 즉 [그림 5-39]와 같은 노즐 설계에서 입구와 출구 정보만 다룰 수 있지, 노즐 내부 형태를 설계할 수는 없다. 그러나 노즐 내부의 유동변화는 노즐 출구의 압력 또는 속도를 변화시킬 수 있어서 반드시 다뤄야 할 문제이다.

[그림 6-2]는 한강에 설치된 월드컵 분수대이다. 이 분수대는 2002년 월드컵 개최를 기념하기 위해 제작된 것으로, 물줄기의 최대 높이가 세계 최고 높이인 202 [m]에 이르는 분수대를 만드는 것이 목표였다. 우리가 주목하는 부분은 '과연 분수대에 들어가는 노즐 설계를 어떻게 했을까?'이다. 펌프에서 토출되는 압력으로 202 [m]의 물줄기를 만들 수 있을까? 이 설계에서는 적분적 접근보다는 미분적 접근을 통해 유체 운동을 해석하고 설계해야 한다.

그림 6-2 물줄기를 뿜는 월드컵 분수대

즉 [그림 6-1(a)]처럼 직선 관이 아닐 때, 내부에는 재순환영역 또는 손실영역이 발생한다. 이를 **미분적 접근으로 풀기 위해서는 검사체적의 크기를 먼저 설정**해야 한다. [그림 6-3(b)]를 보면 검사체적의 크기 차이를 확연히 알 수 있다.

[그림 6-3(b)]는 2차원으로 x방향(가로 방향)을 n개, y방향(세로 방향)을 m개의 격자로 나누고, 이를 미소 검사체적으로 설정한 경우이다. 적분형 접근일 때에는 검사체적이 [그림 6-3(a)]와 같이 1개지만, 미분적 접근일 때에는 검사체적이 $n \times m$개이다. 예를 들어 $n = 10$, $m = 5$라면 미분적 접근 시의 검사체적은 50개가 되고 이 50개의 검사체적 내 방정식을 풀어야 한다는 뜻이다. 격자의 수가 많아지면 검사체적의 개수가 많아지고, 검사표면으로 유출입되는 값을 직관적으로 알 수 없다. 즉, [그림 6-3(b)]와 같은 검사체적에 5장에서 배운 수식을 적용하면 해석할 수 있다. 따라서 수기로 풀기보다는 컴퓨터를 이용해 근사적으로 풀어야 한다.[3] [그림 6-4]와 같이 격자를 조금 더 많이 나누어준다면 재순환영역 등 특이현상들을 해석할 수 있을 것이다.

3 컴퓨터를 이용하여 문제를 푸는 방법을 전산유체역학(CFD)이라 하고 자세한 내용은 6.6절에서 다룬다.

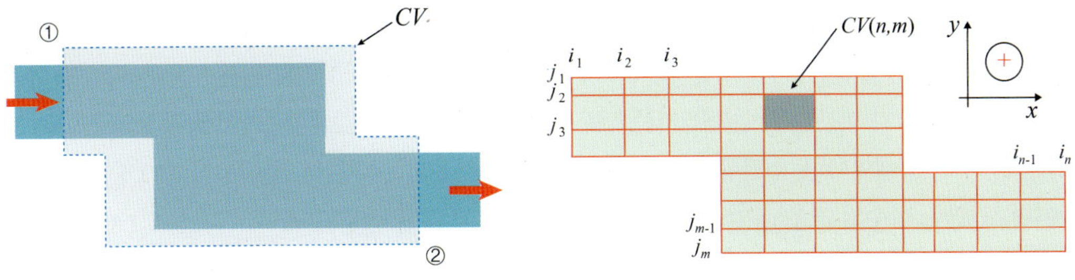

(a) 적분형 접근 (b) 미분적 접근

그림 6-3 미분적 접근을 해석하기 위한 검사체적 설정 (1단계)

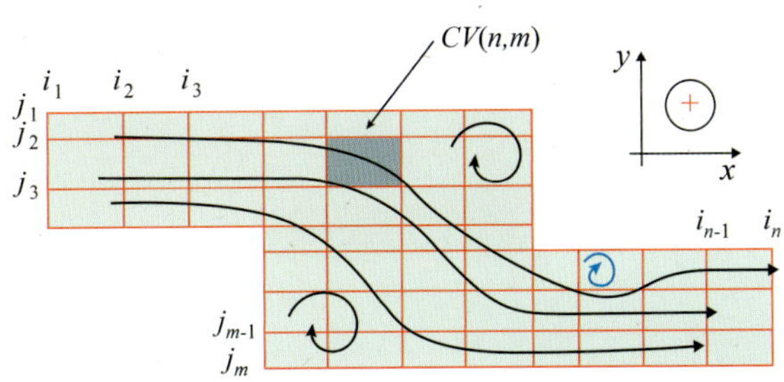

그림 6-4 미분적 접근을 해석하기 위한 검사체적 설정 (2단계)

이때 미분적 접근으로 [그림 6–4]와 같은 유동장을 해석하기 위해 **테일러 급수와 좌표계 이론을 반드시 이해**해야 한다.

Think_03

미분적 접근은 왜 수기로 풀 수 없으며 근사적으로 풀 수밖에 없는지 생각해보자.

■ 테일러 급수

테일러 급수 Taylor Series[4]**는 기계공학에서 가장 많이 사용되는 급수 중 하나**이다. 급수는 임의의 함수를 다항식 형태로 더한 함수를 의미한다. 수학적으로 테일러 급수는 멱급수 Power Series의 일종이다. 테일러 급수는 일반적으로 식 (6.1)과 같이 정의되며, 여기서 a가 0인 경우를 매클로린 급수 Maclaurin Series라고 한다.

$$f(x) = f(a) + \frac{f'(a)}{1!}(x-a) + \frac{f''(a)}{2!}(x-a)^2 + \text{HOT}^{5}$$
$$= \sum_{n=0}^{\infty} \frac{f^{(n)}(a)}{n!}(x-a)^n \ : \text{테일러 급수} \qquad (6.1)$$

4 이 책은 수학 교재가 아니므로 유체역학을 학습하는 데 필요한 핵심적인 내용만 정의하고자 한다.
5 HOT는 High Order Term의 약자로 고차항을 의미한다.

유체역학에서는 테일러 급수를 [그림 6-5]에서 정의된 것과 같이 근접한 이웃 값 $f(x)$를 표현하는 데 많이 사용한다. [그림 6-5]에서 보듯이 $f(a)$의 이웃 값인 $f(x)$를 예측하기 위해 a점에서 $x-a$만큼 떨어진 지점, 즉 1차 미분한 함숫값을 기준으로 표현하면 식 (6.2)와 같다. 여기서 참값과의 차이는 오차Error가 된다. 유체역학 및 전산유체역학에서 가장 많이 사용되는 테일러 급수는 식 (6.1)의 2차 근사식이며, 간단한 함수일 경우 식 (6.2)와 같이 1차 근사식을 많이 이용한다.

$$f(x) = f(a) + f'(a)(x-a) + Error \tag{6.2}$$

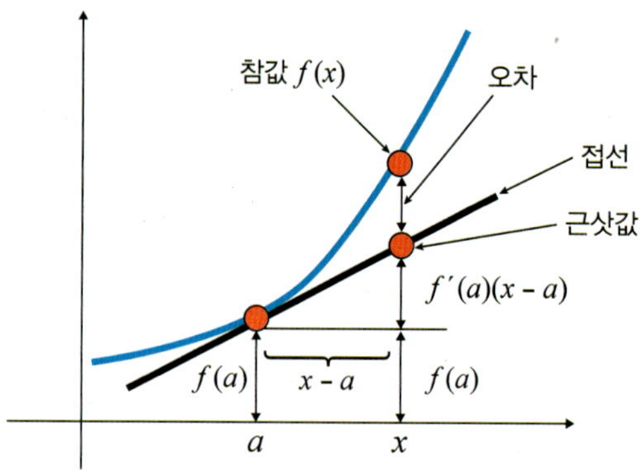

그림 6-5 테일러 급수의 개념

■ 미소 검사체적에 테일러 급수의 적용

[그림 6-4]에서 1개의 미소 검사체적을 선택해 [그림 6-6]과 같이 확대해 나타내보자.[6] 미소 검사체적의 크기는 dx와 dy이며, 파란색 화살표는 x방향의 속도 유출입을, 빨간색 화살표는 y방향의 속도 유출입을 나타낸 것이다.

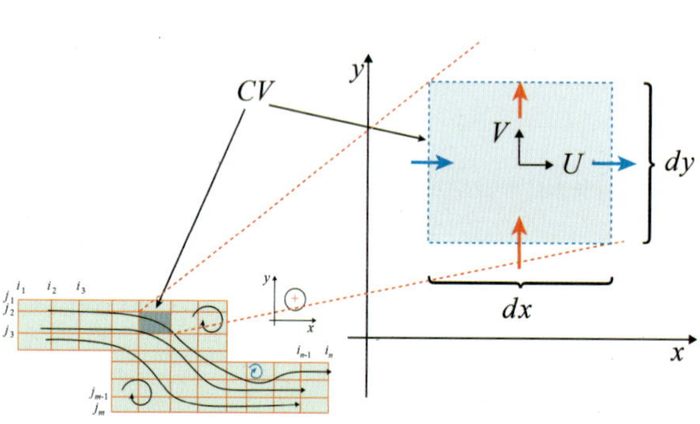

그림 6-6 미분적 접근을 해석하기 위하여 확대된 검사체적 설정 (3단계)

6 [그림 6-6]에서 확대된 미소 검사체적은 계산 편의를 위해 3차원이 아닌 2차원 좌표계만 고려했다. 3차원의 개념은 2차원으로 정리된 이론을 확대 해석하면 되기 때문에 설명할 때는 2차원으로 하는 것이 이해하기 쉽다.

[그림 6-6]과 같은 미소 검사체적에 임의의 물리량인 ϕ가 유출입된다고 할 때 테일러 급수로 정리하면 식 (6.3), 식 (6.4)와 같다. 식 (6.3)과 식 (6.4)에서 제시된 ϕ는 해당하는 함수, 즉 속도, 밀도, 온도 등을 의미하는 종속변수이다. 이 책에서는 식 (6.3)과 2차 근사식인 식 (6.1)의 각 항을 비교하기 위해, 해당 항 밑에 화살표로 이해를 극대화시켰다.

$$f(x_{i+1}) = f(x_i) + f'(x_i)dx + \frac{f''(x_i)}{2!}dx^2 \tag{6.1}$$

$$\phi)_{x+dx/2} = \phi + \left(\frac{\partial \phi}{\partial x}\right)\frac{dx}{2} + \left(\frac{\partial^2 \phi}{\partial x^2}\right)\frac{1}{2!}\left(\frac{dx}{2}\right)^2 \tag{6.3}$$

$$\phi)_{x+dx} = \phi + \left(\frac{\partial \phi}{\partial x}\right)dx + \left(\frac{\partial^2 \phi}{\partial x^2}\right)\frac{1}{2!}(dx)^2 \tag{6.4}$$

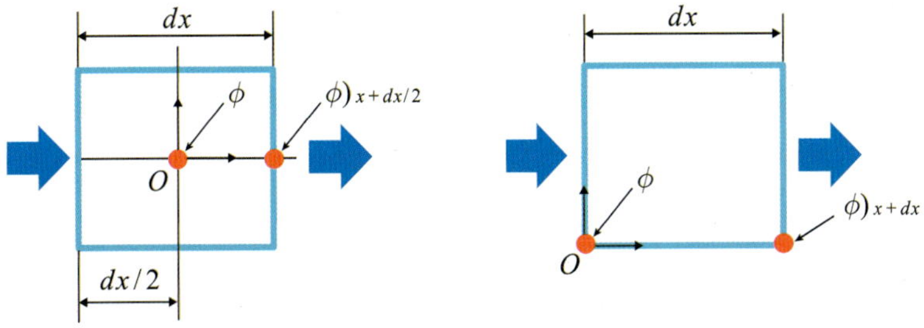

(a) 좌표를 검사체적 중앙으로 설정한 경우 (b) 좌표를 왼쪽 모서리로 설정한 경우

그림 6-7 미분적 접근을 해석하기 위하여 확대된 검사체적 설정 (4단계)

식 (6.3)과 식 (6.4)는 [그림 6-7]에서 보듯이 좌표점을 다르게 설정하여 유도됐지만 동일한 수식이다. $\phi)_{x+dx/2}$는 [그림 6-7(a)]에서 점 O를 x점이라고 가정하고 $dx/2$만큼 떨어진 지점의 함숫값은 테일러 급수를 이용해 표현하면 식 (6.3)과 같이 계산된다. 이는 좌표를 검사체적의 가운데로 설정했기 때문에 움직인 변위는 $dx/2$가 된다는 것이다. 식 (6.3)은 [그림 6-7(a)]와 같이 좌표를 검사체적의 가운데로 설정했고, 식 (6.4)는 좌표를 [그림 6-7(b)]와 같이 왼쪽 하단 모서리로 설정한 경우이다.[7]

Think_04

식 (6.3)과 같이 $\phi)_{x-dx/2}$도 계산해보자. 미리 계산해 놓으면 뒤에서 사용할 수 있다.

7 [그림 6-7(b)]와 같이 설정해 문제를 해설하는 경우도 있어 식 (6.4)를 소개했다.

■ 좌표계

지금까지 우리는 직각좌표계를 기준으로 이론을 설명했다. 직각좌표계란 우리에게 익숙한 x, y, z로 이루어진 좌표계이다. 좌표계는 이외에도 [그림 6-8]과 같이 원통(원주)좌표계, 극(구면)좌표계가 있으며, **표현방법만 바뀌는 것이지 물리량이 변화되는 것은 아니다.**[8] 그렇다면 테일러 급수로 표현된 물리량은 좌표계가 변화한다면 어떻게 변화할까?

2장에서 학습한 바와 같이 **유동장에 따라 좌표계를 변경해주면 변수를 줄여서 문제를 풀 수 있다.**[9] [표 6-1]에 좌표에 따른 함수관계와 종속관계를 나타냈으니 좌표 변환 시 이용하자.

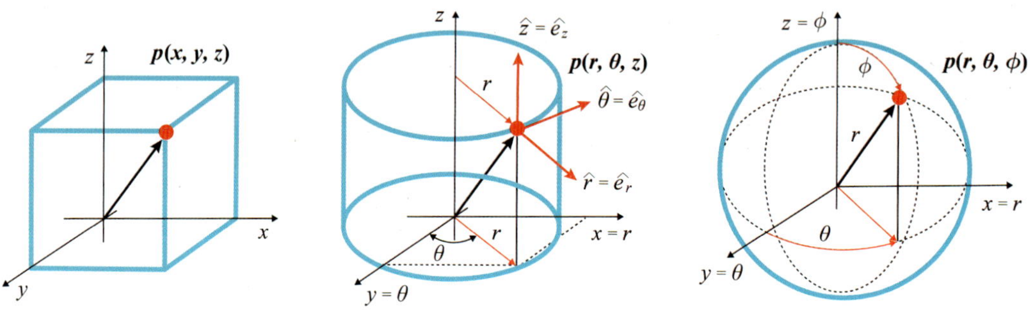

(a) 직각좌표계　(b) 원통좌표계　(c) 극좌표계

그림 6-8 공학에서 사용되는 좌표계

Think_05

원통좌표계와 극좌표계 변환이 왜 필요한지 생각해보자.

표 6-1 좌표계 시스템에 따른 함수관계와 종속관계

	직각좌표계	원통좌표계		극좌표계
변수	$p(x, y, z)$	$p(r, \theta, z)$		$p(r, \theta, \phi)$
함수관계	-	$x = r\cos\theta$ $y = r\sin\theta$ $z = z$	$r = x^2 + y^2$ $\theta = \tan^{-1}(y/x)$ $z = z$	$r = x^2 + y^2 + z^2$ $\theta = \tan^{-1}(z/r)$ $\phi = \tan^{-1}(y/x)$
종속관계	-	r, θ : 종속관계, z : 독립		r, θ, ϕ : 종속관계

8 이는 텐서(Tensor)에서 나오는 개념으로 불변량(Invariant)이라 한다.

9 예를 들어 관내 유동은 원통좌표계로 푸는 것이 3차원을 2차원으로, 더 나아가 2차원을 1차원으로 풀 수 있는 방법이다.

SECTION 6.2

연속방정식

- 직각좌표계에서의 연속방정식을 학습한다.
- 원통좌표계에서의 연속방정식을 학습한다.

6.2.1 직각좌표계에서의 연속방정식

■ 정상유동인 경우

5장에서는 질량보존법칙을 식 (5.32)와 같이 연속방정식이라 배웠고, 이는 단위시간당 유입되는 체적이나 질량은 반드시 빠져나간다는 개념이다.

$$Q = A_1 V_1 = A_2 V_2 \;\; \rightarrow \;\; Q = \sum VA = 0 \tag{5.32}$$

이는 검사체적을 크게 설정했을 때 해당하는 내용이므로 이 장에서는 [그림 6-3(b)]와 같이 n개의 미소 검사체적으로 세분화한 경우를 고려해보자. 이를 고려하기 위해 직각좌표계일 때의 [그림 6-3(a)]와 같이 2차원적인 미소 검사체적에서 검사표면을 통해 플럭스가 유입되고 나간다고 가정해야 한다.

플럭스는 임의 체적의 질량을 가진 연속적인 물질(ρ)이 임의 속도(u)로 유입되기 때문에 식 (6.3)의 테일러 급수를 이용해 정리한다. 식 (6.3)의 ϕ를 질량보존법칙에 해당되는 ρ와 u로 치환해 1차식만 정리해보면 식 (6.5), 식 (6.6)과 같이 변화되는데 이는 [그림 6-7(a)]에서 x축으로 유출되는 검사표면에 해당되는 수식이다.

직각좌표계의 2차원으로 설정했기 때문에 x축으로 유출입되는 검사표면은 2개가 되고, 이는 식 (6.5) ~ 식 (6.8)에 해당한다. 이를 이해하기 위해 [그림 6-9]와 같이 정리했다. 이제 y축 관련 2개의 검사표면인 식 (6.9) ~ 식 (6.12)를 포함한 총 8개의 수식을 정리해보자.[10]

$$\phi)_{x+dx/2} = \phi + \left(\frac{\partial \phi}{\partial x}\right)\frac{dx}{2} + \left(\frac{\partial^2 \phi}{\partial x^2}\right)\frac{1}{2!}\left(\frac{dx}{2}\right)^2 \tag{6.3}$$

$$\rho)_{x+dx/2} = \rho + \left(\frac{\partial \rho}{\partial x}\right)\frac{dx}{2} \tag{6.5}$$

$$u)_{x+dx/2} = u + \left(\frac{\partial u}{\partial x}\right)\frac{dx}{2} \tag{6.6}$$

$$\rho)_{x-dx/2} = \rho - \left(\frac{\partial \rho}{\partial x}\right)\frac{dx}{2} \tag{6.7}$$

$$u)_{x-dx/2} = u - \left(\frac{\partial u}{\partial x}\right)\frac{dx}{2} \tag{6.8}$$

10 만약 3차원으로 정리한다면 검사표면은 z축까지 고려해야 하고 정리해야 할 식은 12개가 된다.

$$\rho)_{x-dx/2} = \rho - \left(\frac{\partial \rho}{\partial x}\right)\frac{dx}{2}$$

$$u)_{x-dx/2} = u - \left(\frac{\partial u}{\partial x}\right)\frac{dx}{2}$$

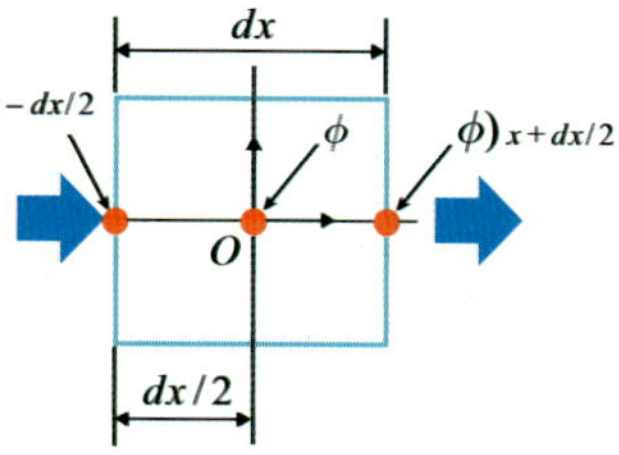

$$\rho)_{x+dx/2} = \rho + \left(\frac{\partial \rho}{\partial x}\right)\frac{dx}{2}$$

$$u)_{x+dx/2} = u + \left(\frac{\partial u}{\partial x}\right)\frac{dx}{2}$$

그림 6-9 미소 검사체적에서 x 방향으로 유출입되는 ρ와 u

$$\rho)_{y+dy/2} = \rho + \left(\frac{\partial \rho}{\partial y}\right)\frac{dy}{2} \qquad (6.9)$$

$$v)_{y+dy/2} = v + \left(\frac{\partial v}{\partial y}\right)\frac{dy}{2} \qquad (6.10)$$

$$\rho)_{y-dy/2} = \rho - \left(\frac{\partial \rho}{\partial y}\right)\frac{dy}{2} \qquad (6.11)$$

$$v)_{y-dy/2} = v - \left(\frac{\partial v}{\partial y}\right)\frac{dy}{2} \qquad (6.12)$$

위 식에서 2개의 변수(ρ와 u 또는 ρu)로 인한 복잡한 계산을 편리하게 하기 위해 [표 6-2]와 같이 정리했다. [표 6-2]는 3차원 방향의 플럭스 변화까지 계산한 것이다. 이때 속도는 x방향일 때 u, y방향일 때 v, z방향일 때 w가 된다. 밀도와 속도의 왼쪽, 아래쪽, 뒤쪽에서 플럭스(ρu)가 유입된다고 가정했으므로 면적벡터를 이용해 음(−)의 값으로 정리했다.

표 6-2 직각좌표계일 때 미소 검사체적의 검사표면을 통과하는 플럭스

방향	플럭스
왼쪽 $(-x)$	$-\left[\rho-\left(\frac{\partial \rho}{\partial x}\right)\frac{dx}{2}\right]\left[u-\left(\frac{\partial u}{\partial x}\right)\frac{dx}{2}\right]dydz = -\rho udydz+\frac{1}{2}\left[u\left(\frac{\partial \rho}{\partial x}\right)+\rho\left(\frac{\partial u}{\partial x}\right)\right]dxdydz$
오른쪽 $(+x)$	$\left[\rho+\left(\frac{\partial \rho}{\partial x}\right)\frac{dx}{2}\right]\left[u+\left(\frac{\partial u}{\partial x}\right)\frac{dx}{2}\right]dydz = \rho udydz+\frac{1}{2}\left[u\left(\frac{\partial \rho}{\partial x}\right)+\rho\left(\frac{\partial u}{\partial x}\right)\right]dxdydz$
아래쪽 $(-y)$	$-\left[\rho-\left(\frac{\partial \rho}{\partial y}\right)\frac{dy}{2}\right]\left[v-\left(\frac{\partial v}{\partial y}\right)\frac{dy}{2}\right]dxdz = -\rho vdxdz+\frac{1}{2}\left[v\left(\frac{\partial \rho}{\partial y}\right)+\rho\left(\frac{\partial v}{\partial y}\right)\right]dxdydz$
위쪽 $(+y)$	$\left[\rho+\left(\frac{\partial \rho}{\partial y}\right)\frac{dy}{2}\right]\left[v+\left(\frac{\partial v}{\partial y}\right)\frac{dy}{2}\right]dxdz = \rho vdxdz+\frac{1}{2}\left[v\left(\frac{\partial \rho}{\partial y}\right)+\rho\left(\frac{\partial v}{\partial y}\right)\right]dxdydz$
뒤쪽 $(-z)$	$-\left[\rho-\left(\frac{\partial \rho}{\partial z}\right)\frac{dz}{2}\right]\left[w-\left(\frac{\partial w}{\partial z}\right)\frac{dz}{2}\right]dxdy = -\rho wdxdy+\frac{1}{2}\left[w\left(\frac{\partial \rho}{\partial z}\right)+\rho\left(\frac{\partial w}{\partial z}\right)\right]dxdydz$
앞쪽 $(+z)$	$\left[\rho+\left(\frac{\partial \rho}{\partial z}\right)\frac{dz}{2}\right]\left[w+\left(\frac{\partial w}{\partial z}\right)\frac{dz}{2}\right]dxdy = \rho wdxdy+\frac{1}{2}\left[w\left(\frac{\partial \rho}{\partial z}\right)+\rho\left(\frac{\partial w}{\partial z}\right)\right]dxdydz$

Think_06

테일러 급수에서 좀 더 정확한 2차식으로 정리하지 않은 이유를 생각해보자.

[표 6-2] 내의 6개 검사표면의 유출입을 더하면 $\rho u\, dydz$, $\rho v\, dxdz$, $\rho w\, dxdy$항은 서로 상쇄되며 6개 수식은 식 (6.13)과 같이 정리되고, 그 값은 0이 되어야 한다. 더 나아가 사슬법칙에 의거, 식 (6.13)은 식 (6.14)와 같이 정리된다.

$$\left\{\left[u\left(\frac{\partial \rho}{\partial x}\right)+\rho\left(\frac{\partial u}{\partial x}\right)\right]+\left[v\left(\frac{\partial \rho}{\partial y}\right)+\rho\left(\frac{\partial v}{\partial y}\right)\right]+\left[w\left(\frac{\partial \rho}{\partial z}\right)+\rho\left(\frac{\partial w}{\partial z}\right)\right]\right\}dxdydz=0 \quad (6.13)$$

$$\left[\frac{\partial \rho u}{\partial x}+\frac{\partial \rho v}{\partial y}+\frac{\partial \rho w}{\partial z}\right]dxdydz=0 \quad (6.14)$$

식 (6.14)의 유도 과정을 보면 6개의 검사표면을 더해준 것이 되기 때문에 정상유동, 즉 시간 변화에 대해 물리량의 변화가 없는 경우는 적분형 방정식인 식 (5.29)와 같고, 식 (6.15)와 같이 정리할 수 있다. 식 (6.15)의 대괄호 안에 있는 변수를 ∇ (Del, 델) 연산자로 표현하면 식 (6.16)과 같이 간단하게 유도된다.

$$\int_{CS}\overrightarrow{V}\cdot d\overrightarrow{A}=0 \quad (5.29)$$

$$\int_{CS}\overrightarrow{V}\cdot d\overrightarrow{A}=\left[\frac{\partial \rho u}{\partial x}+\frac{\partial \rho v}{\partial y}+\frac{\partial \rho w}{\partial z}\right]dxdydz=0 \quad (6.15)$$

$$\frac{\partial \rho u}{\partial x}+\frac{\partial \rho v}{\partial y}+\frac{\partial \rho w}{\partial z}=\nabla\cdot\rho\overrightarrow{V}=0 \quad (6.16)$$

결론적으로 유동장이 **정상상태라고 한다면 [그림 6-10]에 해당하는 미소 검사체적 내 맞는 미분형 연속방정식(식 (6.16))은 식 (5.29)와 같다는 논리**이다. 즉 미분적 접근에서 미소하게 검사체적을 n개로 나누었기 때문에 식 (6.16)의 수식을 연립방정식으로 풀어주면 적분형 연속방정식과 개념적으로 같아진다.

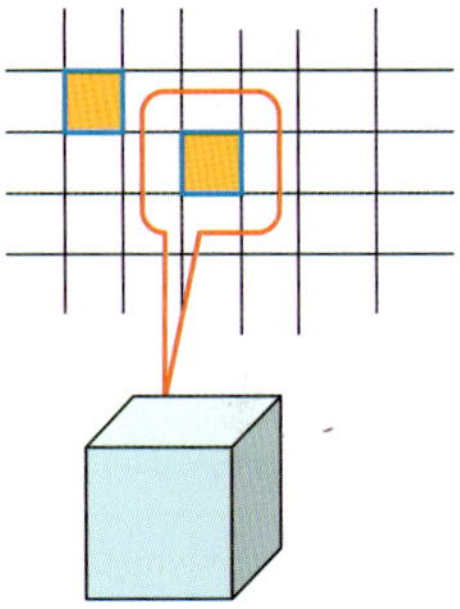

그림 6-10 검사체적 설정 (5단계)

Think_07

식 (6.16)은 스칼라 형태로 표현한 것이고, ∇은 벡터 연산자이다. 유체역학에서는 스칼라와 벡터 모두 수학적인 표현이므로 각자 편한 방법을 이용하면 되고, 중요한 것은 ∇의 물리적 의미를 정확히 이해하는 것이다. 그렇다면 ∇의 물리적 의미는 무엇일지 생각해보자.

■ 비정상유동인 경우

앞 장에서 배운 바와 같이 대부분의 실제 유동장은 비정상유동이다. 비정상상태의 적분형 연속방정식은 식 (5.25)와 같다.

$$\underbrace{\frac{\partial}{\partial t}\int_{CV} \rho d\forall}_{①} + \underbrace{\int_{CS} \rho \vec{V} \cdot d\vec{A}}_{②} = 0 \tag{5.25}$$

식 (5.25)의 ②항은 식 (6.16)과 같고, 식 (5.25)의 ①항을 직각좌표계의 미소 검사체적에 적용하면 식 (6.17)과 같아짐을 직관적으로 알 수 있다.

$$\frac{\partial}{\partial t}\int_{CV} \rho d\forall = \frac{\partial \rho}{\partial t} dxdydz \tag{6.17}$$

식 (6.16)과 식 (6.17)을 합하면 **미분적 해석에 따른 연속방정식**인 식 (6.18)로 정리할 수 있다. 식 (6.19)는 ∇ 연산자를 이용해 식 (6.18)을 간단히 나타낸 것이다.[11]

$$\frac{\partial \rho}{\partial t} + \frac{\partial \rho u}{\partial x} + \frac{\partial \rho v}{\partial y} + \frac{\partial \rho w}{\partial z} = 0 \tag{6.18}$$

$$\frac{\partial \rho}{\partial t} + \nabla \cdot \rho \vec{V} = 0 \tag{6.19}$$

Think_08

식 (5.25)의 적분형 연속방정식과 식 (6.19)의 미분형 연속방정식의 차이는 무엇인지 생각해보자.

■ 비압축성유체이면서 2차원, 정상유동인 경우

주어진 유동장이 2차원, 정상유동인 경우 식 (6.19)는 식 (6.20)으로, 비압축성유체인 경우 식 (6.20)은 식 (6.21)로 간략하게 정리된다.

$$\frac{\partial \rho}{\partial t} + \frac{\partial \rho u}{\partial x} + \frac{\partial \rho v}{\partial y} = 0 \tag{6.20}$$

$$\rho \frac{\partial u}{\partial x} + \rho \frac{\partial v}{\partial y} = 0 \tag{6.21}$$

식 (6.20)의 첫 항은 시간에 따른 밀도 변화를 나타낸다. 이 항에 따르면 시간에 따라 밀도가 변화한다고 할 수 있을까? 엄밀히 말하면 비압축성유체라 하더라도 시간에 따라 밀도가 변화할 수 있지만, 대부분의 비압축성유동장의 경우 짧은 시간에 따른 변화가 없다고 가정한다. 그렇다면 식 (6.21)은 식 (6.22)와 같이 정의해야 한다. 만약 유동장이 압축성유체이거나 시간에 따른 변화가 있다면 식 (6.20)의 첫 항을 생략하지 못한다.

11 이는 간단하면서 많이 사용되는 매우 중요한 수식이니 반드시 기억하자.

$$\frac{\partial u}{\partial x} + \frac{\partial v}{\partial y} = 0 \tag{6.22}$$

예제 6-1 **2차원 미분형 연속방정식**

직각좌표계의 2차원 유동에 대한 x방향 속도가 $u = Ax$로 주어졌을 경우, 비압축성 정상유동에 대한 y방향 속도를 구하라.

분석

- 2차원 비압축성, 정상유동에 대한 문제이므로 식 (6.22)를 이용하면 된다.
- y방향 속도를 구할 때 부정적분을 하고, 적분상수 C가 발생하므로 많은 속도를 구할 수 있다.

풀이

- 2차원 비압축성, 정상유동일 때 연속방정식을 유도하지 않고 식 (6.22)를 이용한다.
- v를 구하기 위해 이항해 정리하면 식 (6.23)과 같고, 이를 변수분리해 부정적분하면 식 (6.24)와 같다.

$$\frac{\partial v}{\partial y} = -\frac{\partial u}{\partial x} = -\frac{\partial (Ax)}{\partial x} = -A \tag{6.23}$$

$$v = \int -A dy = -Ay + f(x, t) \tag{6.24}$$

- 식 (6.23)에서 적분상수로 C를 사용하면 안 된다. y에 대해 상수인 변수는 $f(x)$, $f(t)$, 그리고 $f(x, t)$의 함수가 될 수 있기 때문이다. 즉 어떠한 세 가지 형태의 함수가 식 (6.24)로 주어져도 연속방정식은 만족하기 때문에 $f(x, t)$를 사용해야 한다.
- 문제에서 구하고자 하는 y방향 속도 v는 식 (6.24)와 같다. 만약 가장 간단한 경우인 $f(x, t)$를 0으로 가정해 2차원 유동장을 정리하면 식 (6.25)와 같다.

$$\vec{V} = -Ay\vec{j} \tag{6.25}$$

고찰

- 식 (6.23)에서 ∂이 d로 변화한 이유를 생각해보자.
- 1차 미분방정식의 해를 구할 때 왜 식 (6.23), 식 (6.24)와 같이 변수분리해 문제를 풀었는지 생각해보자.
- 적분상수가 왜 $f(x, t)$가 됐는지 생각해보자.
- 미소 검사체적이 n개일 때 n개의 연속방정식을 연립해 문제를 풀어야 한다. 이를 위해 고급공업수학, 선형대수학, 전산유체역학을 먼저 공부해야 한다.

예제 6-2 **2차원 비압축성 연속방정식**

다음과 같은 2차원 비압축성유동장이 주어질 때 연속방정식이 만족하는지 검토하라.

(a) $u(x, y, t) = 2x^2 + y^2 - x^2y$, $v(x, y, t) = x^3 + x(y^2 - 4y)$

(b) $u(x, y, t) = 2xy - x^2y$, $v(x, y, t) = 2xy - y^2 + x^2$

(c) $u(x, y, t) = (2x + 4y)xt$, $v(x, y, t) = -t(3x + 3y) - 3ty$

분석

- 2차원 비압축성, 정상유동에 대한 문제이므로 식 (6.22)를 이용하면 된다.
- u, v를 미분하고 더한 값이 0이면 연속방정식을 만족하는 것이고, 0이 아니면 연속방정식을 만족하지 않는 것이다.

풀이

- 2차원 비압축성, 정상유동일 때 연속방정식을 유도하지 않고 식 (6.22)를 이용한다.

$$\frac{\partial u}{\partial x} + \frac{\partial v}{\partial y} = 0 \tag{6.22}$$

(a) $\dfrac{\partial u}{\partial x} = \dfrac{\partial(2x^2 + y^2 - x^2y)}{\partial x} = 4x - 2xy$, $\quad \dfrac{\partial v}{\partial y} = \dfrac{\partial(x^3 + x(y^2 - 4y))}{\partial y} = 2xy - 4x$

$\dfrac{\partial u}{\partial x} + \dfrac{\partial v}{\partial y} = 4x - 2xy + 2xy - 4x = 0 \quad \rightarrow \quad$ 연속방정식을 만족한다.

(b) $\dfrac{\partial u}{\partial x} = \dfrac{\partial(2x^2y - xy^2)}{\partial x} = 4xy - y^2$, $\quad \dfrac{\partial v}{\partial y} = \dfrac{\partial(2xy - y^2 + x^2)}{\partial y} = 2x - 2y$

$\dfrac{\partial u}{\partial x} + \dfrac{\partial v}{\partial y} = 4xy - y^2 + 2x - 2y \neq 0 \quad \rightarrow \quad$ 연속방정식을 만족하지 않는다.

(c) $\dfrac{\partial u}{\partial x} = \dfrac{\partial(2x + 4y)xt}{\partial x} = 2xt - 4yt$, $\quad \dfrac{\partial v}{\partial y} = \dfrac{\partial(-t(3x + 3y) - 3ty)}{\partial y} = -3t - 3t = -6t$

$\dfrac{\partial u}{\partial x} + \dfrac{\partial v}{\partial y} = 2xt - 4yt - 6t \neq 0 \quad \rightarrow \quad$ 연속방정식을 만족하지 않는다.

고찰

- 미분 시 독립변수와 상관없는 종속변수는 모두 상수이다.
- 유동장 (b), (c)는 연속방정식을 만족하지 않는데 그것이 물리적으로 타당한지, 그리고 무엇을 의미하는지 생각해보자.
- 연속방정식을 반드시 만족해야 하는데 연속방정식이 0이 아니라는 것은 유동장이 비압축성유체라는 가정이 틀렸다는 것을 의미한다. 만약 연속방정식이 0이 아니라면 소스나 싱크 현상일 수 있다.
- 수학적으로 u와 v가 벡터(수식)로 주어졌는데, 학습 초기엔 이 수식에 따른 유동장을 정확히 인지하기 어려울 수 있다. 엑셀 프로그램에서 x값과 y값을 대입해 벡터 방향을 그려보고, 유선방정식을 그려보며 이해하자.

6.2.2 원통좌표계에서의 연속방정식

관유동 해석에 있어 미분적으로 접근할 때 20세기 중반까지는 직각좌표계보다 원통좌표계를 많이 사용했다. 원통좌표계를 이용하면 변수의 표현방법을 변경해 쉽게 방정식의 해를 구할 수 있기 때문이다. [그림 6-11]은 [그림 6-8(b)]의 원통좌표계를 좀 더 자세히 나타낸 것이다. [표 6-3]에는 직각좌표계와 원통좌표계의 변수와 속도의 표현 차이를 명확히 나타냈다. 또한 [그림 6-11]과 같은 원통좌표계와 직각좌표계에 유출입되는 플럭스의 차이점을 [표 6-4]에 정리했다.

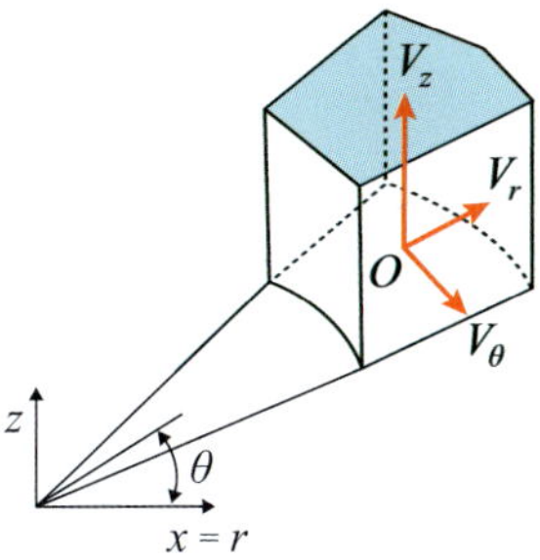

(a) 3차원 표현

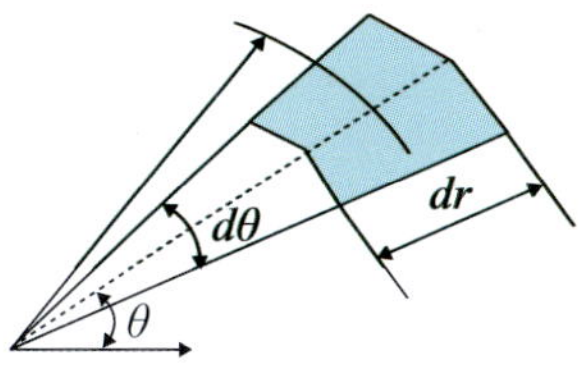

(b) $r\,\theta$ 평면에 투영

그림 6-11 원통좌표계에서 표현된 미소 검사체적

표 6-3 직각좌표계와 원통좌표계의 변수와 속도

	직각좌표계	원통좌표계
독립변수	$p(x, y, z)$	$p(r, \theta, z)$
속도	$\overrightarrow{V} = u, v, w$	$\overrightarrow{V} = V_r, V_\theta, V_z$

표 6-4 직각좌표계와 원통좌표계의 검사표면을 통과하는 플럭스의 비교

직각좌표계		원통좌표계	
왼쪽 $(-x)$	$-\left[\rho-\left(\frac{\partial\rho}{\partial x}\right)\frac{dx}{2}\right]\left[u-\left(\frac{\partial u}{\partial x}\right)\frac{dx}{2}\right]dydz$	내부 $(-r)$	$-\left[\rho-\left(\frac{\partial\rho}{\partial r}\right)\frac{dr}{2}\right]\left[V_r-\left(\frac{\partial V_r}{\partial r}\right)\frac{dr}{2}\right]\left(r-\frac{dr}{2}\right)d\theta\, dz$
오른쪽 $(+x)$	$\left[\rho+\left(\frac{\partial\rho}{\partial x}\right)\frac{dx}{2}\right]\left[u+\left(\frac{\partial u}{\partial x}\right)\frac{dx}{2}\right]dydz$	바깥 $(+r)$	$\left[\rho+\left(\frac{\partial\rho}{\partial r}\right)\frac{dr}{2}\right]\left[V_r+\left(\frac{\partial V_r}{\partial r}\right)\frac{dr}{2}\right]\left(r+\frac{dr}{2}\right)d\theta\, dz$
아래쪽 $(-y)$	$-\left[\rho-\left(\frac{\partial\rho}{\partial y}\right)\frac{dy}{2}\right]\left[v-\left(\frac{\partial v}{\partial y}\right)\frac{dy}{2}\right]dxdz$	전 $(-\theta)$	$-\left[\rho-\left(\frac{\partial\rho}{\partial\theta}\right)\frac{d\theta}{2}\right]\left[V_\theta-\left(\frac{\partial V_\theta}{\partial\theta}\right)\frac{d\theta}{2}\right]drdz$
위쪽 $(+y)$	$\left[\rho+\left(\frac{\partial\rho}{\partial y}\right)\frac{dy}{2}\right]\left[v+\left(\frac{\partial v}{\partial y}\right)\frac{dy}{2}\right]dxdz$	후 $(+\theta)$	$\left[\rho+\left(\frac{\partial\rho}{\partial\theta}\right)\frac{d\theta}{2}\right]\left[V_\theta+\left(\frac{\partial V_\theta}{\partial\theta}\right)\frac{d\theta}{2}\right]drdz$
뒤쪽 $(-z)$	$-\left[\rho-\left(\frac{\partial\rho}{\partial z}\right)\frac{dz}{2}\right]\left[w-\left(\frac{\partial w}{\partial z}\right)\frac{dz}{2}\right]dxdy$	바닥 $(-z)$	$-\left[\rho-\left(\frac{\partial\rho}{\partial z}\right)\frac{dz}{2}\right]\left[V_z-\left(\frac{\partial V_z}{\partial z}\right)\frac{dz}{2}\right]rd\theta\, dr$
앞쪽 $(+z)$	$\left[\rho+\left(\frac{\partial\rho}{\partial z}\right)\frac{dz}{2}\right]\left[w+\left(\frac{\partial w}{\partial z}\right)\frac{dz}{2}\right]dxdy$	꼭대기 $(+z)$	$\left[\rho+\left(\frac{\partial\rho}{\partial z}\right)\frac{dz}{2}\right]\left[V_z+\left(\frac{\partial V_z}{\partial z}\right)\frac{dz}{2}\right]rd\theta\, dr$

[표 6-4]의 우측에 정리한 6개 표면의 플럭스를 계산하고 더하면 식 (6.26)과 같이 정리된다.

$$\left\{\rho V_r + r\left[V_r\left(\frac{\partial \rho}{\partial r}\right) + \rho\left(\frac{\partial V_r}{\partial r}\right)\right] + \left[V_\theta\left(\frac{\partial \rho}{\partial \theta}\right) + \rho\left(\frac{\partial V_\theta}{\partial \theta}\right)\right] + r\left[V_z\left(\frac{\partial \rho}{\partial z}\right) + \rho\left(\frac{\partial V_z}{\partial z}\right)\right]\right\}drd\theta dz$$

$$\left\{\rho V_r + r\frac{\partial \rho V_r}{\partial r} + \frac{\partial \rho V_\theta}{\partial \theta} + r\frac{\partial \rho V_z}{\partial z}\right\}drd\theta dz \tag{6.26}$$

비정상상태를 고려한 연속방정식을 정리하면 원통좌표계의 연속방정식은 식 (6.27)과 같고 양변을 r로 나누면 식 (6.28)과 같다.[12]

$$r\frac{\partial \rho}{\partial t} + \frac{\partial (r\rho V_r)}{\partial r} + \frac{\partial \rho V_\theta}{\partial \theta} + r\frac{\partial \rho V_z}{\partial z} = 0 \tag{6.27}$$

$$\frac{\partial \rho}{\partial t} + \frac{1}{r}\frac{\partial (r\rho V_r)}{\partial r} + \frac{1}{r}\frac{\partial \rho V_\theta}{\partial \theta} + \frac{\partial \rho V_z}{\partial z} = 0 \tag{6.28}$$

12 20세기 말부터 컴퓨터의 성능이 비약적으로 발전함에 따라 최근에는 학부 과정 또는 대학원 과정에서도 원통좌표계를 잘 다루고 있지 않고, 간단한 배관 문제와 특이한 경우를 제외하고는 해석할 이유가 없어졌다. 그러나 연속방정식 정도는 한번 유도해볼 필요가 있다. 강의진도상 생략해도 무방하다.

SECTION 6.3

유체입자의 운동

✔ 움직이는 입자의 가속도에 대해 학습한다.
✔ 다양한 입자 운동에 대해 학습한다.
✔ 유동장을 가시화한 유선에 대해 알아본다.

6.3.1 입자의 가속도

[그림 6-12]에서 입자는 유적선 또는 유선을 따라 움직인다. 이런 유체 운동은 항상 식 (6.29)와 같이 일정한 속도로 움직이지 않고 속도가 변화하면서 움직인다. 식 (6.29)의 표현은 오일러 기술법에 따른 표현으로 속도를 표현하는 데 있어 공간과 시간에 대한 정보를 이용하는 방법이다. 라그랑주 기술법으로 속도를 정리하면 식 (6.30)과 같이 시간 정보만 표기된다.[13] 식 (6.29)와 식 (6.30)의 첨자 p는 입자Particle를 의미한다.

[그림 6-12]와 같이 아주 짧은 시간(dt)에 변화한다면 그때의 입자속도는 오일러 기술법에 따라 식 (6.31)과 같이 나타낼 수 있고, 그 변화량 $d\overrightarrow{V}_p$는 식 (6.32)와 같이 정리할 수 있다. 만약 속도가 일정하게 움직이지 않고 변화한다면 가속도Acceleration가 발생한다. 가속도는 식 (6.32)인 속도 변화를 dt로 나눠준 식 (6.33)과 같이 표현할 수 있다. x, y, z 방향의 속도는 각각 u, v, w이므로 식 (6.33)을 식 (6.34)와 같이 간단히 표현할 수 있다. 식 (6.34)는 **입자의 가속도**라 한다.

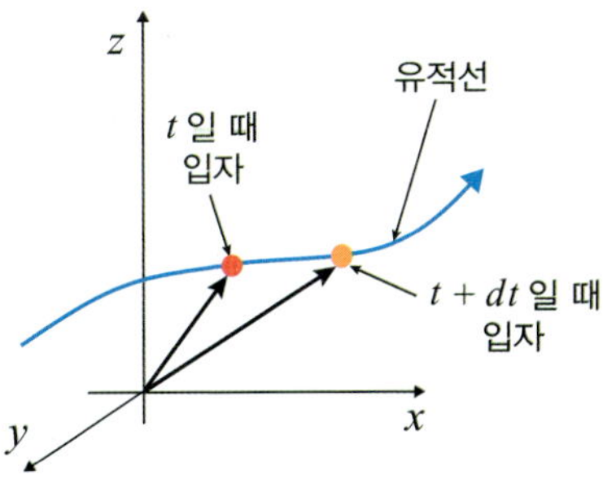

그림 6-12 입자의 운동을 표시한 궤적

13 고등학교 때까지는 라그랑주 기술법을 배우기 때문에 식 (6.29)보다 식 (6.30)의 표현이 익숙할 것이다. 그러나 이제부터는 시각을 바꾸어 오일러 기술법으로 학습하는 습관을 가져야 한다.

$$\vec{V}_p|_t = \vec{V}(x, y, z, t) \tag{6.29}$$

$$\vec{V}_p|_t = \vec{V}(t) \tag{6.30}$$

$$\vec{V}_p|_{t+dt} = \vec{V}(x+dx, y+dy, z+dz, t+dt) \tag{6.31}$$

$$d\vec{V}_p = \frac{\partial \vec{V}}{\partial x}dx_p + \frac{\partial \vec{V}}{\partial y}dy_p + \frac{\partial \vec{V}}{\partial z}dz_p + \frac{\partial \vec{V}}{\partial t}dt \tag{6.32}$$

$$\vec{a}_p = \frac{\partial \vec{V}_p}{\partial t} = \frac{\partial \vec{V}}{\partial x}\frac{\partial x_p}{\partial t} + \frac{\partial \vec{V}}{\partial y}\frac{\partial y_p}{\partial t} + \frac{\partial \vec{V}}{\partial z}\frac{\partial z_p}{\partial t} + \frac{\partial \vec{V}}{\partial t} \tag{6.33}$$

$$\vec{a}_p = \frac{\partial \vec{V}_p}{\partial t} = u\frac{\partial \vec{V}}{\partial x} + v\frac{\partial \vec{V}}{\partial y} + w\frac{\partial \vec{V}}{\partial z} + \frac{\partial \vec{V}}{\partial t} \text{ : 입자의 가속도} \tag{6.34}$$

식 (6.34)를 좀 더 간단히 표기하는 방법은 식 (6.36)과 같이 물질미분Substantial Derivative, Material Derivative, Particle Derivative이라는 벡터(▽) 연산자를 도입하는 것이다. 식 (6.35)에서 표현된 입자 가속도는 대류 가속도Convective Acceleration인 ①항과 국소 가속도Local Acceleration인 ②항으로 구성되어 있다. 물질의 전달 방식에는 전도, 대류, 복사가 있는데 ①항은 유체의 흐름, 즉 대류에 의한 가속도를 의미하고, ②항은 수식 그 자체로 시간에 따른 속도 변화를 의미한다. 대류 가속도를 벡터 연산자로 표현하면 식 (6.36)과 같이 나타낼 수 있다.

$$\frac{D\vec{V}_p}{Dt} = \vec{a}_p = \underbrace{u\frac{\partial \vec{V}}{\partial x} + v\frac{\partial \vec{V}}{\partial y} + w\frac{\partial \vec{V}}{\partial z}}_{①} + \underbrace{\frac{\partial \vec{V}}{\partial t}}_{②} \tag{6.35}$$

$$\frac{D\vec{V}_p}{Dt} = \vec{a}_p = (\vec{V}\cdot\vec{\nabla})\vec{V} + \frac{\partial \vec{V}}{\partial t} \tag{6.36}$$

식 (5.3)의 뉴턴의 제2법칙에서 식 (6.37)과 같이 가속도를 $\vec{a}_p$로 변화시킬 수 있고, 미소 검사체적에서 식 (6.36)을 식 (6.37)에 대입한다면 **미분적인 운동량방정식인 나비에-스토크스 방정식의 기초 식을 유도**할 수 있다.

$$\vec{F} = m\vec{a} = m\vec{a}_p \tag{6.37}$$

$$d\vec{F} = \left((\vec{V}\cdot\vec{\nabla})\vec{V} + \frac{\partial \vec{V}}{\partial t}\right)dm \tag{6.38}$$

Think_09

유체역학에서는 물질 미분의 연산자 D를 어떻게 받아들이는지가 매우 중요하다. 물질 미분의 물리적인 의미와 물질 미분을 사용하는 이유가 무엇인지 생각해보자.

예제 6-3 입자의 가속도에 대한 오일러 기술법 및 라그랑주 기술법

[그림 6-13]과 같이 노즐을 통과하는 2차원 정상, 비압축성유동일 때 수평 중심선(x축)상의 속도는 $\vec{V} = V_1[1 + (x/L)]\vec{i}$이다. 중심선을 따라 운동하는 한 입자에 대한 가속도를 (a) 오일러 기술법을 사용해 표현하고, 입자가 노즐의 시작 및 끝에 있을 때 가속도를 구하라. 마찬가지로 (b) 라그랑주 기술법을 사용해 표현하고, 입자가 노즐의 시작 및 끝에 있을 때 가속도를 구하라. 그 후 (c) 2개의 가속도가 같은지 검증하라.

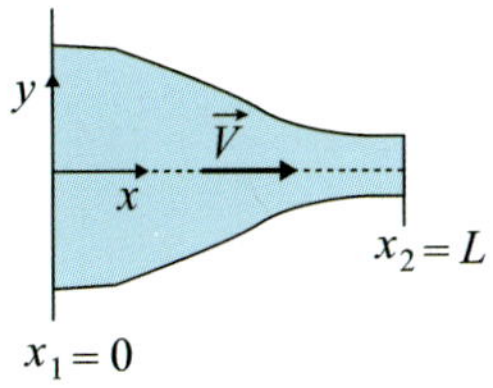

그림 6-13 입자의 가속도를 표현하기 위한 노즐유동

분석

- 오일러 기술법은 공간과 시간 정보를 같이 나타내는 것이며, 라그랑주 기술법은 입자와 같이 움직이면서 표현되기 때문에 시간 정보만 표현하면 된다.
- 오일러 기술법은 식 (6.35)를, 라그랑주 기술법은 $u_p = dx_p/dt$를 이용하면 된다.

풀이

(a) 오일러 기술법으로 유체입자의 운동을 구하기 위해 식 (6.35)를 이용한다. 식 (6.35)의 유체입자 가속도에서 정상상태와 x성분인 u만 고려하면 식 (6.39)가 도출되고 $v = w = 0$이므로 식 (6.39)는 식 (6.40)과 같이 정리된다.

$$\frac{D\vec{V}_p}{Dt} = \vec{a}_p = u\frac{\partial \vec{V}}{\partial x} + v\frac{\partial \vec{V}}{\partial y} + w\frac{\partial \vec{V}}{\partial z} + \frac{\partial \vec{V}}{\partial t} \tag{6.35}$$

$$\frac{Du}{Dt} = u\frac{\partial u}{\partial x} + v\frac{\partial u}{\partial y} + w\frac{\partial u}{\partial z} + \frac{\partial u}{\partial t} \tag{6.39}$$

$$\frac{Du}{Dt} = u\frac{\partial u}{\partial x} \tag{6.40}$$

식 (6.40)의 u는 수식으로 주어졌기 때문에 이를 식 (6.40)에 대입하면 식 (6.41)과 같이 정리할 수 있다. 식 (6.41) 안에 있는 미분항을 계산하면 V_1/L으로 정리되고, 식 (6.42)와 같은 대수방정식으로 변경된다. 이를 정리하면 식 (6.43)과 같다.

$$\frac{Du}{Dt} = V_1[1+(x/L)]\frac{\partial(V_1[1+(x/L)])}{\partial x} \tag{6.41}$$

$$\frac{Du}{Dt} = V_1[1+(x/L)]\frac{V_1}{L} \tag{6.42}$$

$$a_p(x) = \frac{V_1^2}{L}[1+(x/L)] \tag{6.43}$$

(b) 라그랑주 기술법으로 유체입자의 운동을 구하기 위해 위치 벡터의 $x_p(t)$가 필요하고, 식 (6.44)와 같이 입자속도로부터 가속도를 구할 수 있다. 주어진 속도를 알기 때문에 식 (6.44)의 우변과 같이 위치 벡터를 정리하면 된다.

$$u_p = \frac{dx_p}{dt} = V_1\left[1 + \frac{x_p}{L}\right] \tag{6.44}$$

식 (6.44)의 $x_p(t)$값을 구하기 위해 변수분리해 식 (6.45)와 같이 정적분하면 식 (6.46), 식 (6.47)과 같이 x_p의 값을 구할 수 있다. 정적분의 구간이 주어지지 않았으니 통념상 $t=0(x_p=0)$에서 $t=t(x_p=x_p)$와 같이 정의하면 된다.

$$\int_o^{x_p} \frac{dx_p}{(1+x_p/L)} = \int_0^t V_1 dt \tag{6.45}$$

$$L\ln\left(1+\frac{x_p}{L}\right) = V_1 t \tag{6.46}$$

$$x_p(t) = L\left(e^{V_1 t/L} - 1\right) \tag{6.47}$$

식 (6.47)로부터 미분을 한 번 하면 속도(식 (6.48)), 두 번 하면 가속도(식 (6.49))를 구할 수 있다.

$$u_p(t) = \frac{dx_p}{dt} = V_1 e^{V_1 t/L} \tag{6.48}$$

$$a_p(t) = \frac{du_p}{dt} = \frac{V_1^2}{L} e^{V_1 t/L} \tag{6.49}$$

(c) 식 (6.43)과 식 (6.49)는 언뜻 보면 다른 식으로 보이지만 같은 식이다. 식 (6.43)에는 공간 정보만 나와 있으며, 식 (6.49)의 라그랑주 기술법으로 표현한 가속도에는 시간 정보가 있다.
오일러 기술법에서 입자가 시작점($x=0$)과 끝점($x=L$)에 있을 때 식 (6.43)을 이용해 가속도를 계산해보면 식 (6.50), 식 (6.51)과 같이 계산된다.

$$a_p(x) = \frac{V_1^2}{L}[1 + (x/L)] \tag{6.43}$$

$$a_p(x=0) = \frac{V_1^2}{L} \tag{6.50}$$

$$a_p(x=L) = 2\frac{V_1^2}{L} \tag{6.51}$$

라그랑주 기술법으로 구한 식 (6.49)에는 시간 정보가 있으므로, 입자가 $x=0$과 $x=L$에 있을 때 시간을 먼저 구해야 한다. 이는 식 (6.46)으로부터 구할 수 있고, 식 (6.46)에 x의 정보를 대입하면 식 (6.52), 식 (6.53)과 같이 시간을 구할 수 있다.

$$L\ln\left(1 + \frac{x_p}{L}\right) = V_1 t \tag{6.46}$$

$$L\ln\left(1 + \frac{0}{L}\right) = V_1 t \quad \rightarrow \quad t = 0 \tag{6.52}$$

$$L\ln\left(1 + \frac{L}{L}\right) = V_1 t \quad \rightarrow \quad t = \frac{L}{V_1}\ln(2) \tag{6.53}$$

입자가 $x=0$과 $x=L$일 때 구해진 시간을 식 (6.49)에 대입하면 식 (6.54), 식 (6.55)와 같이 계산할 수 있다.

$$a_p(t) = \frac{du_p}{dt} = \frac{V_1^2}{L} e^{V_1 t/L} \tag{6.49}$$

$$a_p(0) = \frac{V_1^2}{L} \tag{6.54}$$

$$a_p\left(\frac{L}{V_1}\ln(2)\right) = \frac{V_1}{L} e^{\ln(2)} = 2\frac{V_1^2}{L} \tag{6.55}$$

고찰

- 식 (6.54), 식 (6.55)와 식 (6.50), 식 (6.51)이 같음을 확인할 수 있다. 이는 2개의 기술법에 따른 가속도는 같다는 것을 의미한다.
- 라그랑주 기술법은 입자와 같이 움직이기 때문에 시간 정보로 표현된다. 따라서 식 (6.48), 식 (6.49)와 같이 공간상의 좌표를 대입하면 시간을 구할 수 있다. 로켓의 움직임을 보는 경우, 로켓과 같이 움직이면서 기술하는 방법이다.
- 반면에 오일러 기술법은 공간상의 정보와 시간 정보를 같이 나타내는 것이다. 로켓의 움직임을 보는 경우, 로켓이 어느 시간에 어느 곳에 있는지 파악할 수 있는 방법이다.
- 미분적 유체 운동을 표현하는 데 적절한 방법은 오일러 기술법으로, 무수한(n개) 미소 검사체적을 설정하고 이에 대한 정보를 파악하는 것이다.

6.3.2 입자의 운동

입자의 운동은 [그림 6-14]와 같이 주어진 조건에 의해 자유롭게 움직인다. 자유롭게 움직인다는 것은 **유체를 연속체로 가정했기 때문**이고, 주어진 압력과 속도장 그리고 **공간적 제약에 따라 유체가 병진 운동, 선형 변형, 각변형, 회전 등을 하며 움직인다는 뜻**이다.

[그림 6-14(a)]를 보면 입자가 수평으로 움직이다 중간에 있는 막대기의 움직임에 따라 다른 방향으로 움직이고, 속도가 빠르게 변화한 것을 알 수 있다. 이를 선형 변형이라 한다. [그림 6-14(b)]를 보면 입자가 회전함에 따라 네모 형태의 검정색 염료의 외부 전단응력이 내부보다 커지게 되고, 이 때문에 네모가 점점 더 찌그러지는 것을 알 수 있다. 이를 각변형이라 한다. [그림 6-14(c), (d)]는 용오름이나 토네이도처럼 평판에서 발생한 회전 현상으로, 이를 보텍스라 한다.

(a) 입자의 직선 운동과 선형 변형

(b) 입자의 각변형

(c) 흡수정 내에 발생한 수중 보텍스

(d) 평지에서 발생하는 토네이도 현상

그림 6-14 여러 가지 입자 운동

이런 입자 유동은 적분적 방법으로는 결코 풀 수 없고, 미소 검사체적으로 설정해 해석하는 미분적 접근 방법을 이용해야 한다.

■ 병진 운동

병진Translation **운동**은 식 (6.56), [그림 6-15]와 같이 유동의 모든 입자가 변형 없이 운동하는 것이다. 즉 x방향으로 u의 속도 변화가 없는 유동을 의미한다. 식 (6.56)의 물리적 의미를 잘 파악해보자.

$$\frac{\partial u}{\partial x} = 0, \quad \frac{\partial v}{\partial y} = 0, \quad \frac{\partial w}{\partial z} = 0 \tag{6.56}$$

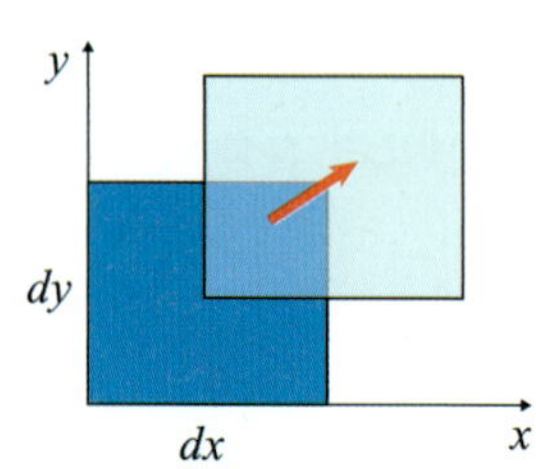

그림 6-15 병진 운동 도식도

■ 선형 변형

선형 변형 Linear Deformation은 [그림 6-16]과 같이 유동하는 유체가 축 방향으로만 변형하는 것이다. 단순히 병진 운동을 한 것이 아니라 단위체적당, 단위시간당 늘어나거나 감소된 체적을 의미한다. [그림 6-16]은 단순히 x방향으로만 증가했다고 가정했고 이때 변화된 체적은 식 (6.57)과 같이 나타낼 수 있다. 이를 단위체적당, 단위시간당 변화한 체적으로 환산하면 식 (6.58)과 같다.

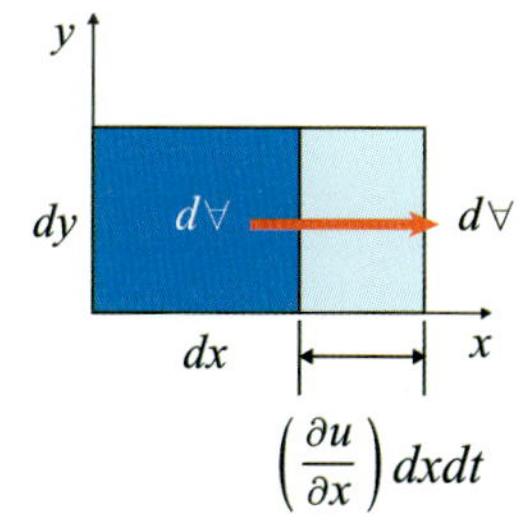

그림 6-16 선형 변형 도식도

$$\triangle \forall = \left(dx + \frac{\partial u}{\partial x} dx\, dt\right) dy - dx\, dy = \frac{\partial u}{\partial x} dx dy dt \qquad (6.57)$$

$$\frac{1}{d\forall}\frac{1}{dt}\triangle \forall = \frac{\frac{\partial u}{\partial x} dx dy dt}{d\forall dt} = \frac{\partial u}{\partial x} \qquad (6.58)$$

식 (6.58)은 x방향으로 미소 변화한 것만 고려한 것이고, $z = 1$로 가정했기 때문에 $d\forall$은 $dxdy$이다. 같은 개념으로 3차원으로 확대해 정리하면 식 (6.59), 식 (6.60)과 같다. 식 (6.59)는 다이버전스 Divergence라는 벡터 연산자를 이용해 간단히 정리할 수 있다.

$$\frac{1}{\delta\forall}\frac{1}{\delta t}\triangle \forall = \frac{\partial u}{\partial x} + \frac{\partial v}{\partial y} + \frac{\partial w}{\partial z} \qquad (6.59)$$

$$\frac{\partial u}{\partial x} + \frac{\partial v}{\partial y} + \frac{\partial w}{\partial z} = \nabla \cdot \overrightarrow{V} = div\, \overrightarrow{V} \qquad (6.60)$$

식 (6.60)의 좌변은 식 (6.16)과 같이 비압축성유체의 정상상태 연속방정식을 나타내고 있다. 다만 그 합이 0인지 아닌지 정의하지 않았을 뿐이다. 즉 식 (6.60)의 물리적 의미는 **체적팽창률, 즉 입자의 변화율을 의미**한다. 만약 이 값이 0이라면 비압축성유동의 변화율이 없다는 것을 의미한다.

Think_10

식 (6.60)의 div와 식 (6.16)의 ∇ 연산자를 잘 살펴보자. 2개의 연산자는 같은 개념이다. 여기서 다이버전스의 물리적 개념을 정확히 알아야 하는데 **수학적으로 ∇ 연산자에 속도벡터를 내적한 것**을 의미한다. 이에 대한 차이를 생각해보자.

■ 각변형

각변형 Angular Deformation은 [그림 6-14(b)]와 같이 회전을 할 때 찌그러지는 현상으로, 이를 수학적으로 설명하기 위해 [그림 6-17]과 같은 모형을 제시했다. [그림 6-17]의 x방향을 보면 v(y방향의 속도)의 변화만 생겼고, x방향의 속도 변화는 없음을 알 수 있다. 같은 방식으로 y방향을 보면 u(x방향의 속도)의 변화만 생겼으며 y방향의 속도 변화는 없다. 이로 인해 직사각형의 미소 검사

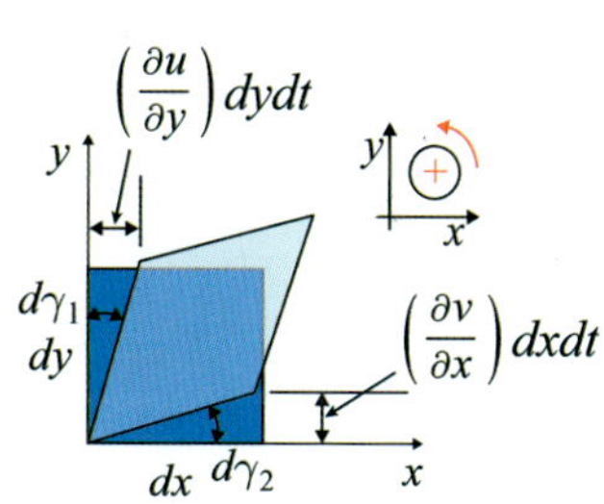

그림 6-17 각변형 도식도 ($z = 1$)

체적은 마름모 형태로 변화된다. 이때 x방향으로 발생한 변형을 $d\gamma_1$, y방향으로 발생한 변형을 $d\gamma_2$라 정의한다. 2개의 각 변위차를 식 (6.61)과 같이 정리하며 이를 각변형이라 한다.

$$d\gamma = d\gamma_1 - d\gamma_2 \tag{6.61}$$

식 (6.61)의 $d\gamma_1$, $d\gamma_2$가 적다면, 식 (6.62), 식 (6.63)과 같이 탄젠트 함수로 변경해 속도 변화를 표현할 수 있다. 두 식을 식 (6.61)에 대입하면 식 (6.64)와 같이 정리할 수 있다.

$$d\gamma_1 \cong \tan d\gamma_1 = \frac{\frac{\partial v}{\partial x}dxdt}{dx} = \frac{\partial v}{\partial x}dt \tag{6.62}$$

$$d\gamma_2 \cong \tan d\gamma_2 = \frac{-\frac{\partial u}{\partial y}dydt}{dy} = -\frac{\partial v}{\partial y}dt \tag{6.63}$$

$$d\gamma = d\gamma_1 - d\gamma_2 = \left(\frac{\partial v}{\partial x} + \frac{\partial u}{\partial y}\right)dt \tag{6.64}$$

매우 짧은 시간에 변화한 각변형, 즉 각변형률 $\dot{\gamma}$은 식 (6.65)와 같이 정의할 수 있다.

$$\dot{\gamma} = \dot{\gamma}_{xy} = \dot{\gamma}_{yx} = \lim_{\partial t \to 0}\frac{\partial \gamma}{\partial t} = \frac{\partial v}{\partial x} + \frac{\partial u}{\partial y} \tag{6.65}$$

Think_11

식 (6.63)은 왜 각변형률이 음(–)의 값으로 표현됐는지 생각해보자.

식 (6.65)는 식 (2.24)의 뉴턴의 점성법칙에서 전단율과 같은 개념이다. 식 (6.65)는 2차원 xy단면에 작용하는 각변형률을 의미하기 때문에 $\dot{\gamma}_{xy}$ 또는 $\dot{\gamma}_{yx}$로 나타낸 것이며, 식 (2.24)는 1차원만 고려한 것이다.

$$\tau = \mu\frac{du}{\partial y} \tag{2.24}$$

[그림 6-10]과 같은 3차원 미소 검사체적의 표면은 6개이므로, $yz(zy)$단면이나 $zx(xz)$에서의 각변형률은 식 (6.66), 식 (6.67)과 같이 나타낼 수 있다.

$$\dot{\gamma}_{yz} = \dot{\gamma}_{zy} = \frac{\partial w}{\partial y} + \frac{\partial v}{\partial z} \tag{6.66}$$

$$\dot{\gamma}_{zx} = \dot{\gamma}_{xz} = \frac{\partial u}{\partial z} + \frac{\partial w}{\partial x} \tag{6.67}$$

이때 작용하는 전단응력 τ_{xy}는 식 (6.68)과 같이 나타낼 수 있다.

$$\tau_{xy} = \mu \dot{\gamma}_{xy} = \mu\left(\frac{\partial v}{\partial x} + \frac{\partial u}{\partial y}\right) \tag{6.68}$$

식 (6.66) ~ 식(6.68)의 물리적인 의미는 **임의의 xy 단면에 유체 및 재료의 압축·팽창 여부 그리고 변형률의 평균값**이다.[14] 이는 [그림 2-23]에서 나타낸 9개의 응력과 같으며, 이를 [그림 6-18]에 식 (6.68)을 적용하면 식 (6.69)와 같이 행렬로 표현할 수 있다. 식 (6.65) ~ 식 (6.67)을 Second Invariant라 한다. 여기서 Invariant(불변량)는 텐서에서 나오는 개념으로, 0차(스칼라), 1차(벡터), 2차(행렬), 그리고 고차 텐서로 구분된다. **텐서는 좌표를 변환해도 변하지 않는 물리량의 총칭이다.** 예를 들어 화살표를 이용해 직각좌표계에 벡터를 그리고 나면 좌표계가 달라져도 벡터는 항상 그 자리에 같은 방향과 같은 크기로 있다. 좌표계의 기저에 따라 표현방법이 달라진 것뿐, 물리량은 변화하지 않는다. 이렇듯 텐서는 변하지 않는 물리량 그 자체를 말한다.

텐서를 이용해 [그림 2-23]과 식 (2.21)의 응력을 [그림 6-18], 식 (6.69)와 같이 변경해 나타냈다. 여기서 [그림 6-18], 식 (6.69)에서는 수직응력과 전단응력의 하첨자들을 직각좌표계의 독립변수인 x, y, z로 사용한 것이 아니라, 좌표계와 상관없는 1, 2, 3이란 인덱스$_{\text{Index}}$를 식 (6.69)의 맨 우측 행렬처럼 사용했다.[15] 1, 2, 3을 사용하면 좌표에 상관없이 사용할 수 있다는 장점이 있으며 식 (6.69), 식 (6.70)과 같이 수학적으로도 편리해진다. 식 (6.70)의 ①항은 벡터 형식 표기, ②항은 스칼라 형식 표기이고 ③항은 텐서 형식을 나타낸 것이다.

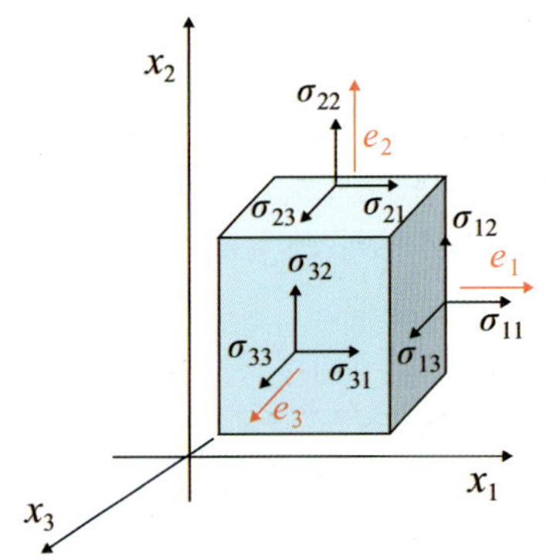

그림 6-18 텐서 개념 응력장

$$\sigma = \begin{bmatrix} \sigma_{xx} & \sigma_{xy} & \sigma_{xz} \\ \sigma_{yx} & \sigma_{yy} & \sigma_{yz} \\ \sigma_{zx} & \sigma_{zy} & \sigma_{zz} \end{bmatrix} = \begin{bmatrix} \sigma_{xx} & \tau_{xy} & \tau_{xz} \\ \tau_{yx} & \sigma_{yy} & \tau_{yz} \\ \tau_{zx} & \tau_{zy} & \sigma_{zz} \end{bmatrix} = \begin{bmatrix} -p_x & \tau_{xy} & \tau_{xz} \\ \tau_{yx} & -p_y & \tau_{yz} \\ \tau_{zx} & \tau_{zy} & -p_z \end{bmatrix} = \begin{bmatrix} \sigma_{11} & \sigma_{12} & \sigma_{13} \\ \sigma_{21} & \sigma_{22} & \sigma_{23} \\ \sigma_{31} & \sigma_{23} & \sigma_{33} \end{bmatrix} \tag{6.69}$$

$$\underbrace{\vec{V}}_{①} = \underbrace{u_1\vec{e_1} + u_2\vec{e_2} + u_3\vec{e_3}}_{②} = \underbrace{u_i e_i}_{③} \tag{6.70}$$

■ 회전

[그림 6-19]는 2021년 9월에 북상한 태풍 루핏$_{\text{LUPIT}}$의 한반도 기상 예보와 진행도이다. [그림 6-19(a)]를 보면 한반도 남측 지역에서 반시계 방향으로 회전$_{\text{Rotation}}$하는 큰 원이 시간이 지나면서 북동진하는 것을 알 수 있다.

14 이 각변형률은 이후에 학습할 나비에-스토크스 방정식을 유도할 때 사용되므로 반드시 알아야 한다.

15 아인슈타인이 처음 고안한 지수표현법(Index Notation) 또는 아이슈타인 합의 규약(Einstein's Summation Convention)이라 한다. 식 (6.70)을 보면 i가 두 번 나오기 때문에 i를 더미인덱스라 하고, 수학적으로 합을 의미한다.

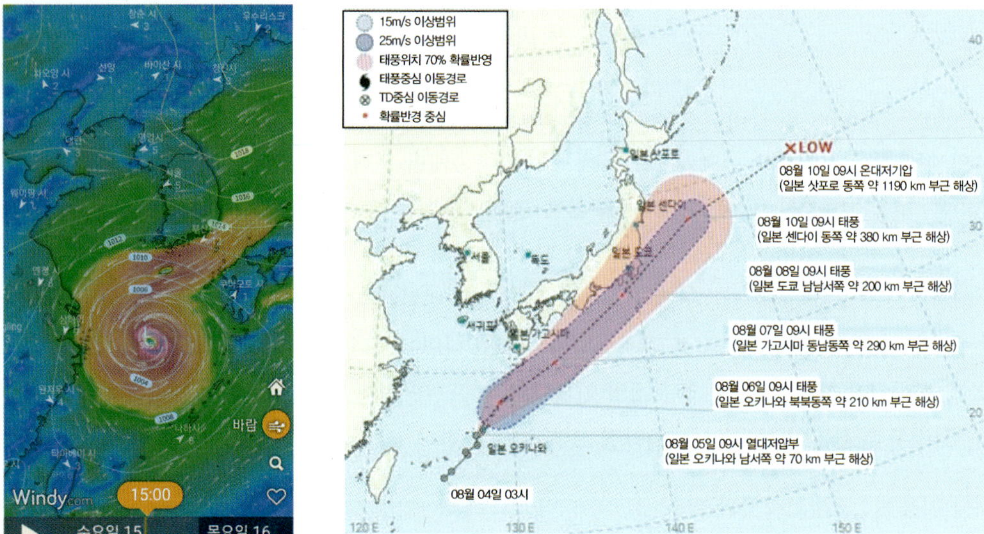

↑↑ 사진 기상청 제공

(a) 태풍의 기상예보 (b) 태풍의 진행도

그림 6-19 태풍 루핏의 북상

회전은 플레밍의 오른손 법칙과 같은 개념이다. 이는 xy평면의 유동장 회전 방향이 반시계 방향이면 태풍은 z축을 기준으로 회전한다는 것을 의미한다. 이러한 태풍의 진로는 지역의 압력과 온도, 수온 등의 영향을 받아 변경된다. 이런 회전유동의 메커니즘을 파악해보자.

[그림 6-19]의 태풍과 같은 현상은 [그림 6-20]과 같이 정의할 수 있다. 즉 유체회전은 그 점을 지나서 교차하는 선소(dx, dy)가 갖는 시간당 회전속도의 평균을 의미한다. 여기서 변형률 $d\dot{\gamma_1}$, $d\dot{\gamma_2}$는 식 (6.62), 식 (6.63)과 같은 논리로 식 (6.71), 식 (6.72)로 계산된다.

$$d\dot{\gamma_1} = \frac{\partial v}{\partial x} \tag{6.71}$$

$$d\dot{\gamma_2} = -\frac{\partial u}{\partial y} \tag{6.72}$$

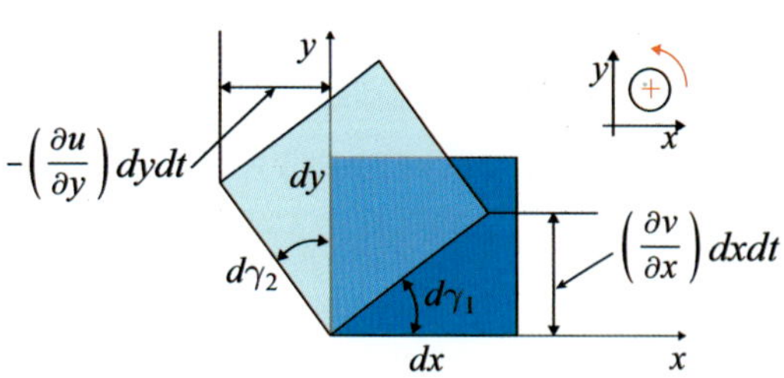

그림 6-20 회전 개념 도식도 ($z = 1$)

식 (6.71)과 식 (6.72)의 변형률을 더하고 평균을 취하면 식 (6.73)과 같다.

$$\omega_3 = \frac{1}{2}\left(d\dot{\gamma_1} + d\dot{\gamma_2}\right) = \frac{1}{2}\left(\frac{\partial v}{\partial x} - \frac{\partial u}{\partial y}\right) = \omega_z \tag{6.73}$$

식 (6.73)의 개념은 이해하기 매우 어렵기 때문에, 아래 내용을 읽으면서 머릿속으로 상상해보자.

x방향의 변화는 y방향 속도인 v로만 변화하고, y방향의 변화는 x방향 속도인 u로만 변화함을 나타내고, 더 나아가 2개의 변화 값을 가중(더함)하고 있다. 이를 표현하기 위해 그리스문자 ω를 사용하고, '오메가'라고 읽는다.

오메가의 값이 양(+)이면 z(3)축을 기준으로 반시계 방향으로, 음(−)이면 z(3)축을 기준으로 시계 방향으로 회전한다는 것을 의미한다. 만약 그 **값이 영(0)이라면 회전이 없다는 것을 의미하고, 이를 비회전유동**Irrotational Flow이라 한다.

여기서 좌표계와 상관없는 1, 2, 3이라는 인덱스를 사용했는데, 3은 z축을 의미하므로 xy평면의 속도에 따라 z축을 기준으로 회전하면서 유동이 상승한다는 것을 의미한다. 따라서 **ω는 xy 평면의 속도에 따라 z축을 기준으로 회전한다는 것을 의미**하므로 yz, zx단면도 같은 논리로 식 (6.74), 식 (6.75)와 같이 정리할 수 있으며, 식 (6.76)과 같이 벡터 형식으로 오메가를 정리할 수 있다.

$$\omega_1 = \frac{1}{2}\left(\frac{\partial w}{\partial y} - \frac{\partial v}{\partial z}\right) = \omega_x \tag{6.74}$$

$$\omega_2 = \frac{1}{2}\left(\frac{\partial u}{\partial z} - \frac{\partial w}{\partial x}\right) = \omega_y \tag{6.75}$$

$$\omega = \omega_x \vec{i} + \omega_y \vec{j} + \omega_z \vec{k} \tag{6.76}$$

식 (6.76)은 방향과 크기를 가지고 있으므로 벡터 형식으로 정리한 것이다. 이를 이해하기 쉬운 스칼라 형식으로 정리하면 식 (6.77)과 같다.

$$\omega = \frac{1}{2}\left(\frac{\partial w}{\partial y} - \frac{\partial v}{\partial z}\right)\vec{i} + \frac{1}{2}\left(\frac{\partial u}{\partial z} - \frac{\partial w}{\partial x}\right)\vec{j} + \frac{1}{2}\left(\frac{\partial v}{\partial x} \quad \frac{\partial u}{\partial y}\right)\vec{k} \tag{6.77}$$

식 (6.77)은 외적Cross Product으로 식 (6.78)과 같이 정리할 수 있다. 식 (6.79)와 같이 계산하기 때문에, 식 (6.76)은 식 (6.77), 식 (6.78)과 같이 나타낼 수 있다.

$$\omega = \frac{1}{2}\nabla \times \vec{V} \tag{6.78}$$

$$\nabla \times \vec{V} = \begin{vmatrix} \vec{i} & \vec{j} & \vec{k} \\ \frac{\partial}{\partial x} & \frac{\partial}{\partial y} & \frac{\partial}{\partial z} \\ u & v & w \end{vmatrix} = \begin{vmatrix} \vec{i} & \vec{j} & \vec{k} \\ \frac{\partial}{\partial x} & \frac{\partial}{\partial y} & \frac{\partial}{\partial z} \\ u & v & w \end{vmatrix} - \begin{vmatrix} \vec{i} & \vec{j} & \vec{k} \\ \frac{\partial}{\partial x} & \frac{\partial}{\partial y} & \frac{\partial}{\partial z} \\ u & v & w \end{vmatrix} + \begin{vmatrix} \vec{i} & \vec{j} & \vec{k} \\ \frac{\partial}{\partial x} & \frac{\partial}{\partial y} & \frac{\partial}{\partial z} \\ u & v & w \end{vmatrix} \tag{6.79}$$

식 (6.78)은 벡터 연산자인 컬Curl로 식 (6.80)처럼 표현할 수 있다. 컬은 다시 식 (6.81)과 같이 그리스문자 ζ를 사용하고, '제타'라고 읽는다. 이를 소용돌이Vorticity, 보텍스Vortex 또는 와渦라 부른다.

$$\omega = \frac{1}{2}\nabla \times \overrightarrow{V} = \frac{1}{2}\,curl \tag{6.80}$$

$$2\omega = \nabla \times \overrightarrow{V} = curl = \zeta \tag{6.81}$$

[그림 6-21]은 지금까지 설명한 회전의 적용 예이다. [그림 6-21]은 펌프장 흡입 측 섬프유동에 따라 펌프 내 공기 유입$_{\text{Aeration}}$이 발생하는 현상을 제시한 것이다. 이럴 때는 펌프에 심각한 문제가 발생하게 된다. [그림 6-21(a)]는 이에 대해 모형실험을 수행한 것이며, [그림 6-21(b)]는 유입 공기로 인해 임펠러 표면에 침식$_{\text{Erosion}}$이 발생한 것이다.

(a) 보텍스를 재생하기 위한 모형실험

(b) 침식 현상이 발생한 펌프 임펠러 표면

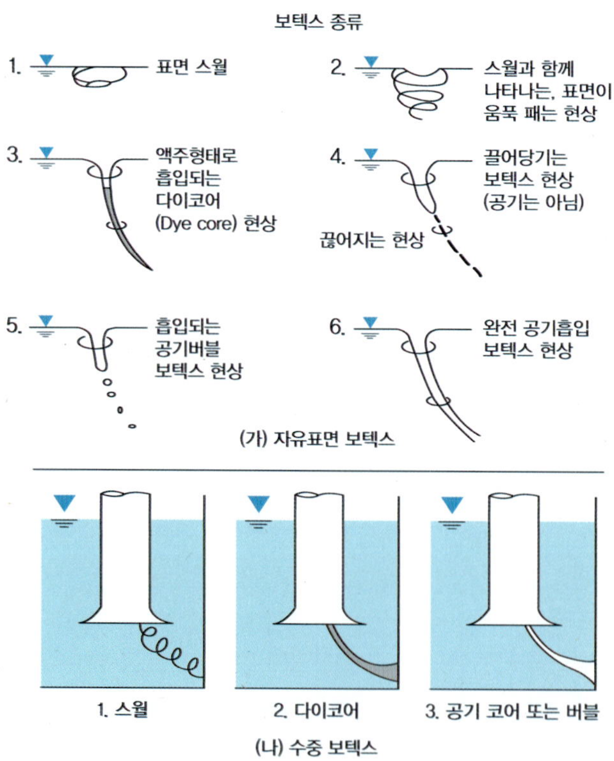

(c) ANSI/HI 9.8에서 정의된 자유표면 보텍스와 수중 보텍스의 종류

그림 6-21 섬프에서 발생하는 보텍스를 가시화하기 위한 모형실험과 그에 따른 피해, 보텍스의 종류

이는 캐비테이션Cavitation 현상으로 발생하는 침식과는 조금 다르다. 임펠러 표면에 침식이 계속 발생하면 천공Punching이 생겨 성능이 저하될 수 있으므로 반드시 제거해야 한다. 이에 [그림 6-21(c)]와 같이 ANSI/HI 9.8과 JSME/TSJ 등의 규격(코드)으로 자유표면 보텍스Surface Vortex와 수중 보텍스Submersible Vortex의 구분법을 정의했고, 흡수정을 설계하는 기준을 제시했다.

예제 6-4 체적팽창률, 각변형률, 회전유동

2차원 속도가 $\vec{V} = 4xy\,\vec{i} + 2(x^2 - y^2)\,\vec{j}$와 같이 주어졌을 때, 이 유동장의 (a) 체적팽창률, (b) 각변형률을 구하고 (c) 회전유동 여부를 파악하라.

분석

- 주어진 속도가 u와 v로 구성되어 있으므로 주어진 속도장은 xy단면 2차원 유동장이다.
- 체적팽창률은 식 (6.59), 각변형률은 식 (6.65), 회전유동은 식 (6.73)을 이용하면 된다. 이 수식들은 매우 유사하므로 혼동하지 않도록 주의하자.
- 주어진 수식에서 $u = 4xy$, $v = 2(x^2 - y^2)$ 을 추출할 수 있다.

풀이

(a) 2차원이므로 식 (6.59)에서 z방향 성분을 제거하고, 추출된 u, v를 대입해 계산했다.

$$\frac{\partial u}{\partial x} + \frac{\partial v}{\partial y} = \frac{\partial(4xy)}{\partial x} + \frac{\partial\left(2(x^2 - y^2)\right)}{\partial y} = 4y - 4y = 0$$

위 수식에서 결괏값이 0이므로 주어진 속도장에서 체적팽창률은 없다. 즉 2차원 정상상태 비압축성 유동장의 연속방정식을 만족한다.

(b) 각변형률을 계산하기 위해 식 (6.65)에 추출된 u, v를 대입해 다음과 같이 계산했다.

$$\dot{\gamma}_{xy} = \frac{\partial v}{\partial x} + \frac{\partial u}{\partial y} = \frac{\partial\left(2(x^2 - y^2)\right)}{\partial x} + \frac{\partial(4xy)}{\partial y} = 4x + 4x = 8x$$

위 계산에서 결괏값이 $8x$이므로, 이 유동장은 [그림 6-14(b)]와 같이 각변형률이 존재한다는 것을 의미한다. 즉 x방향에 따라 변형률이 점점 심해진다는 것을 의미한다.

(c) 회전유동 여부를 파악하기 위해 식 (6.73)에 추출된 u, v를 대입해 계산하면 xy평면의 회전속도는 0이 된다.
회전속도가 0이므로 주어진 유동장은 비회전유동이 된다.

$$\omega_z = \frac{1}{2}\left(\frac{\partial v}{\partial x} - \frac{\partial x}{\partial y}\right) = \frac{1}{2}\left(\frac{\partial\left(2(x^2 - y^2)\right)}{\partial x} - \frac{\partial(4xy)}{\partial y}\right) = \frac{1}{2}(4x - 4x) = 0$$

고찰

- 식 (6.59), 식 (6.65), 식 (6.73)으로 체적팽창률, 각변형률, 회전유동 여부를 파악하는 것은 그리 어렵지 않다.

- 체적팽창률을 통해 주어진 유동장에서 연속방정식의 만족 여부를, 각변형률을 통해 유동장 내 변화 유무를 파악하는 것이 중요하다. 또한 주어진 벡터장을 통해서는 유동장의 회전 여부를 파악하는 것이 중요하다.
- 이 예제는 [그림 6-14(b)]와 같은 각변형률이 있으나 [그림 6-14(c)]와 같은 회전은 없는 유동에 대한 문제이다. [예제 6-5]에서 이에 대해 좀 더 자세히 알아보자.

예제 6-5 콘 & 플레이트 점도계 유동내 회전

[그림 6-22]는 콘 & 플레이트 점도계와 그 원리를 나타낸 것이다. 이런 타입의 점도계는 플레이트 위에 미량의 유체를 놓고, T 또는 ω를 부가하면 유체에 전단력이 작용하고, 전단율과 점성계수를 구하는 구조로 되어 있다. 콘과 플레이트의 틈새 간격을 $h = 4\,[\text{mm}]$라고 가정하자. 전단력이 주어졌을 때 좁은 틈새에 발생하는 속도장은 $\vec{V} = U(y/h)\,\vec{i}$와 $U = 4\,[\text{mm/s}]$로 가정하자. $t = 0\,[\text{s}]$일 때 ac와 bd 염료선이 [그림 6-22(d)]와 같이 주어졌다. 염료는 속도에 의해 변화된다. $t = 2\,[\text{s}]$일 때 (a) 변화된 염료선을 도시하고, (b) 유체입자의 각변형률과 (c) 회전 여부를 계산하라.

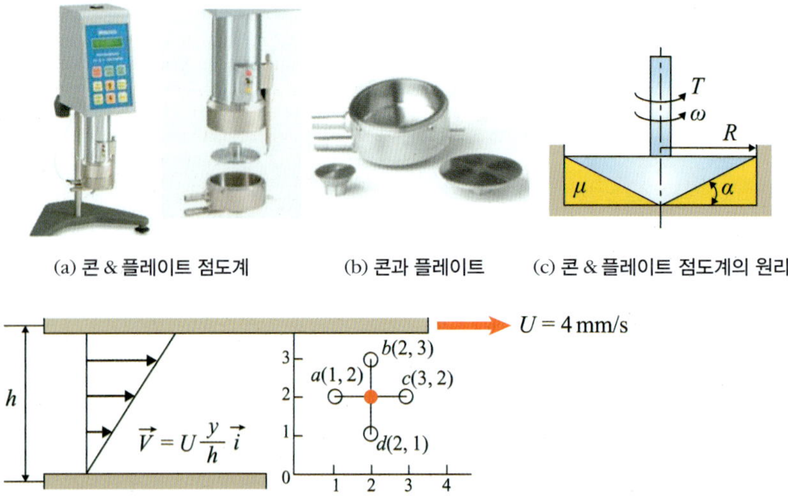

(a) 콘 & 플레이트 점도계 (b) 콘과 플레이트 (c) 콘 & 플레이트 점도계의 원리

(d) ac와 bd 초기 염료선

그림 6-22 콘 & 플레이트 점도계와 원리

분석

- 주어진 속도 $v = 0$이므로, xy단면 2차원 유동장 초기에는 수평 방향의 운동만 존재한다.
- 주어진 속도 때문에 십자 형태로 이루어진 4개 점(a, b, c, d)이 2초 뒤에 변형하기 때문에 a', b', c', d'의 위치를 구하면 된다.
- 각 점의 속도는 일정하므로 a', b', c', d'에 대해 $dx = udt$를 대입해 구하면 된다.
- 염료선 변화를 보고자 하는 이유가 무엇인지 파악해야 하며, 그 결과는 각변형률과 회전에 대한 내용이다.

풀이

(a) 각 점의 변위를 아래와 같이 구할 수 있다.

$$dx_a = 2\,[\mathrm{mm/s}] \times 2\,[\mathrm{s}] = 4\,[\mathrm{mm}], \quad dx_b = 3\,[\mathrm{mm/s}] \times 2\,[\mathrm{s}] = 6\,[\mathrm{mm}]$$
$$dx_c = 2\,[\mathrm{mm/s}] \times 2\,[\mathrm{s}] = 4\,[\mathrm{mm}], \quad dx_d = 1\,[\mathrm{mm/s}] \times 2\,[\mathrm{s}] = 2\,[\mathrm{mm}]$$

각각의 변위를 아래와 같이 원점의 위치에 더하면 2초 뒤에 변화된 점을 구할 수 있다.

$$x_{a'} = 1 + 4 = 5\,[\mathrm{mm}], \quad x_{b'} = 2 + 6 = 8\,[\mathrm{mm}]$$
$$x_{c'} = 3 + 4 = 7\,[\mathrm{mm}], \quad x_{d'} = 2 + 2 = 4\,[\mathrm{mm}]$$

이 값의 이해를 돕기 위해 [그림 6-23]과 같이 도식화했다.

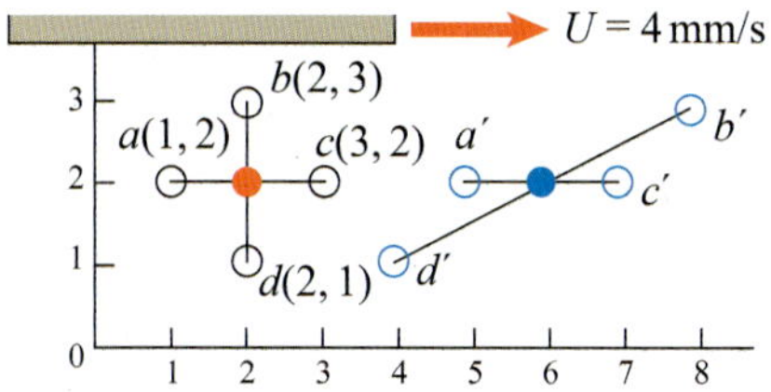

그림 6-23 2초 뒤에 변화된 염료선

(b) 각변형률을 식 (6.65)에 대입하면 아래와 같이 구할 수 있다.

$$\dot{\gamma}_{xy} = \frac{\partial v}{\partial x} + \frac{\partial u}{\partial y} = 0 + U\frac{1}{h} = 4/4 = 1\,[\mathrm{s}^{-1}]$$

(c) 회전유동 여부를 파악하기 위해 식 (6.73)에 제안된 속도 u를 대입하면 식 (6.82)와 같이 계산할 수 있다. 회전속도가 -0.5이므로 주어진 유동장은 시계 방향으로 회전하는 유동이 된다.

$$\omega_z = \frac{1}{2}\left(\frac{\partial v}{\partial x} - \frac{\partial x}{\partial y}\right) = \frac{1}{2}\left(0 - \frac{U}{h}\right) = -\frac{1}{2} \times \frac{4}{4} = -0.5\,[\mathrm{s}^{-1}] \tag{6.82}$$

고찰

- 콘 & 플레이트 점도계는 초기에 토크 T가 부가되면 유동장에서는 꾸트 유동의 속도분포, 즉 수평 방향만 존재하는 속도가 주어졌는데, 왜 2초 후에는 [그림 6-23]과 같이 변화된 염료선의 결과에서 수평 변화에 따른 각변형률만이 아닌 회전유동이 발생됐는지 파악해보자.
- 점도가 큰 유체를 측정할 때는 [그림 6-22(c)]와 같이 콘의 형태가 바뀌는데, 각도가 큰 것이 점도가 큰 것인지 또는 그 반대인지 생각해보자.
- [그림 6-23]의 개념을 정확히 파악해야 한다. 숫자로만 생각하지 말고 물리적으로 생각해봐야 한다.

6.3.3 유선

우리는 2장에서 유동장을 다양한 방법으로 가시화해서 나타낼 수 있다고 배웠다. 이중 유선에 대해 좀 더 자세히 알아보자. 유선은 [그림 6-24]에서 보이듯이 유동장 내 모든 점에서 주어진 어떠한 순간에 유동 방향에 접선되도록 그려진 선이다. 이는 운동량방정식을 오일러 기술법과 미분적 접근으로 표현하고 해석하는 데 매우 중요한 개념이다.

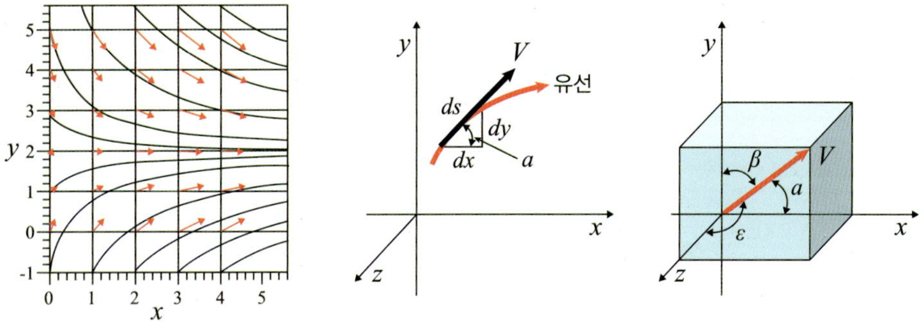

(a) 유선의 예 (b) 미소 검사체적에서 유선의 정의 (c) 3차원 속도 V의 개념

그림 6-24 유선의 정의

[그림 6-24(b)]에서 보면 xy평면에 있어, x방향 미소길이 dx와 y방향 미소길이 dy가 변할 때 유선의 미소 변화 ds를 표현했다. 유선 흐름의 방향에 따라 유선이 자유자재로 변화하므로 이때 xy평면의 변화 각도를 α로 정했다. [그림 6-24(b)]는 설명을 위해 xy평면만 나타낸 것이므로, 다른 단면을 확장해 본다면 yz단면, zx단면에서 각도를 각각 β와 ε로 정의할 수 있다. [그림 6-24(b)]의 정의를 수식으로 정리하면 식 (6.83)과 같이 나타낼 수 있다. 또한 [그림 6-24(c)]의 3차원 속도 크기인 $|\vec{V}|$의 개념은 식 (6.84)와 같이 표현했다.

유선 s에 대해 정의한 식 (6.83)을 식 (6.84)와 같은 속도 V와 비교해보자. 2개의 수식을 비교하고 정리하면 식 (6.85)와 같이 정리할 수 있다.

$$\cos\alpha = \frac{dx}{ds},\ \cos\beta = \frac{dy}{ds},\ \cos\varepsilon = \frac{dz}{ds} \tag{6.83}$$

$$\cos\alpha = \frac{dx}{|V|},\ \cos\beta = \frac{dy}{|V|},\ \cos\varepsilon = \frac{dz}{|V|} \tag{6.84}$$

$$\frac{dx}{u} = \frac{dy}{v} = \frac{dz}{w} \quad \text{: 유선방정식} \tag{6.85}$$

예제 6-6 2차원 유동에서 유선과 유적선의 비교

$\vec{V} = 0.2x\vec{i} - 0.2y\vec{j}$ [m/s]라는 2차원 속도장이 주어졌다. 상수 0.2의 단위는 [s^{-1}]이다. 이때 (a) xy 평면의 유선방정식을 구하고, (b) 점 $(x_o, y_o) = (2, 8)$을 지나는 속도와 유선을 구해보자. 만약 입자가 시간 $t = 0$에서 점 $(x_o, y_o) = (2, 8)$을 지난다면 시간 $t = 6$ [s]만큼 지났을 때의 (c) 입자의 위치와 (d) 속도를 구하면서 더 나아가 입자의 경로(유적선)방정식이 유선방정식과 같음을 보여라.

분석

- 유선방정식은 기본적으로 2차원 평면에서만 계산되므로 식 (6.85)에서 xy평면만 고려하면 된다.
- 주어진 속도장에서 u와 v를 먼저 추출하고, 유선방정식에 대입하여 1차 미분방정식을 풀면 된다.

풀이

(a) xy평면의 유선방정식을 구하기 위해 식 (6.85)에서 xy평면만 고려하면 되고, 식 (6.86)과 같이 정리할 수 있다.

$$\frac{dx}{u} = \frac{dy}{v} \tag{6.86}$$

추출된 속도를 식 (6.86)에 대입하고 변수분리법으로 계산하면 식 (6.87)과 같은 xy평면의 유선방정식을 구할 수 있다.

$$\frac{dx}{0.2x} = \frac{dy}{-0.2y} \quad \rightarrow \quad \frac{dy}{y} = -\frac{dx}{x} \quad \rightarrow \quad \int \frac{dy}{y} = -\int \frac{dx}{x} \quad \rightarrow \quad \ln y = -\ln x + C$$

$$xy = C \tag{6.87}$$

(b) 점 $(x_o, y_o) = (2, 8)$을 지날 때의 속도는 식 (6.88)과 같이 좌표값을 대입해 구할 수 있다.

$$\vec{V} = 0.2x\vec{i} - 0.2y\vec{j} = 0.2 \times 2\vec{i} - 0.2 \times 8\vec{j} = 0.4\vec{i} - 1.6\vec{j}\ [\text{m/s}] \tag{6.88}$$

식 (6.87)과 같은 유선방정식에 초기점을 대입을 하면 적분 상숫값이 식 (6.89)와 같이 결정된다. 식 (6.89)의 C값을 만족하는 유선은 [그림 6-25]와 같이 무한히 그릴 수 있다.

$$C = 2 \times 8 = 16 \tag{6.89}$$

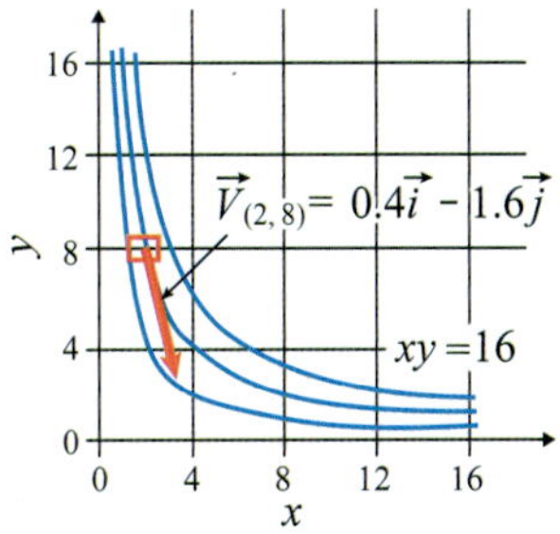

그림 6-25 점 (2, 8)을 지나는 속도와 유선들

(c) 점 (2, 8)을 지나 시간이 $t=6[s]$만큼 지났을 때 입자의 위치를 구하기 위해서는 라그랑주 기술법으로 계산해야 한다. 식 (6.44)를 이용해 식 (6.90), 식 (6.91)과 같이 x, y방향의 속도를 구할 수 있다.

$$u_p = \frac{dx_p}{dt} = 0.2x \tag{6.90}$$

$$v_p = \frac{dy_p}{dt} = -0.2y \tag{6.91}$$

이를 변수분리해 각각 식 (6.92), 식 (6.93)과 같이 정적분한다.

$$\frac{dx}{x} = 0.2dt \quad \rightarrow \quad \int_{x_o}^{x} \frac{dx}{x} = \int_0^6 0.2dt \quad \rightarrow \quad x = x_o e^{0.2t} \tag{6.92}$$

$$\frac{dy}{y} = -0.2dt \quad \rightarrow \quad \int_{y_o}^{y} \frac{dy}{y} = \int_0^6 -0.2dt \quad \rightarrow \quad y = y_o e^{-0.2t} \tag{6.93}$$

여기에 초기 위치인 $(x_o, y_o) = (2, 8)$을 대입하면 식 (6.94), 식 (6.95)와 같이 위치를 구할 수 있다.

$$x = x_o e^{0.2t} = 2e^{0.2\times 6} = 6.64\,[\mathrm{m}] \tag{6.94}$$

$$y = y_o e^{-0.2t} = 8e^{-0.2\times 6} = 2.41\,[\mathrm{m}] \tag{6.95}$$

즉 주어진 속도장은 $(x_o, y_o) = (2, 8)$을 지나 6초 후에는 (6.64, 2.41)을 지난다.

(d) 점 (2, 8)을 지나 시간이 $t = 6\,[\mathrm{s}]$만큼 지났을 때 입자의 속도를 구하기 위해서는 아래와 같이 좌표값을 식 (6.88)에 대입해주면 된다.

$$\vec{V} = 0.2x\,\vec{i} - 0.2y\,\vec{j} = 0.2 \times 6.64\,\vec{i} - 0.2 \times 2.41\,\vec{j} = 1.328\vec{i} - 0.482\vec{j}\,[\mathrm{m/s}]$$

고찰

- 오일러 기술법과 라그랑주 기술법의 차이를 명확히 구분하기 위해 유선과 유적선방정식을 따로 해석한 것이다. 이에 해석 방법에만 차이가 있고 그 결괏값이 같음을 알아야 한다.
- C값을 만족하는 유선이 무한히 많다고 하는 이유가 무엇인지 생각해보자.
- 주어진 속도를 통해 [그림 6-19(a)]와 같이 태풍 회전을 유선으로 그릴 수 있을까? 또는 주어진 속도가 있다면 [그림 6-19]에서 발생한 보텍스를 예측할 수 있을지 생각해보자. 수식으로만 풀지 말고, 물리적 현상을 어떻게 해석할지 생각해보자.

6.3.4 유동함수

유선과 유사한 개념으로 유체가 흘러가는 모양을 수학적으로 서술한 유동함수Stream Function에 대해 알아보자.[16] 유동함수는 기본적으로 유선과 같이 2차원 단면을 기준으로 정의되며 그리스문자 ψ로 나타내고, '프사이'라고 읽는다.

이를 정의하기 위하여 2차원 속도인 u와 v를 식 (6.96)과 같이 정의해야 한다. 그렇다면 유동함수는 유동장 내에서 유선들의 형상과 대표적인 점들에서 속도의 크기를 묘사할 수 있다.

$$u \equiv \frac{\partial \psi}{\partial y}, \quad v \equiv -\frac{\partial \psi}{\partial x} \tag{6.96}$$

유동함수는 식 (6.97)과 같이 2차원 연속방정식에 식 (6.96)을 대입했을 경우 0이 되도록 u와 v를 인위적으로 가정한 함수이다.

$$\left(\frac{\partial u}{\partial x} + \frac{\partial v}{\partial y}\right) = \left(\frac{\partial^2 \psi}{\partial x \partial y} - \frac{\partial^2 \psi}{\partial y \partial x}\right) = 0 \tag{6.97}$$

유선방정식인 식 (6.85)를 식 (6.98)과 같이 변형하고, 여기에 식 (6.96)의 유동함수 정의를 이용해 대입하면 식 (6.99)를 얻을 수 있다.

$$udy = vdx \tag{6.98}$$

$$\frac{\partial \psi}{\partial y}dx + \frac{\partial \psi}{\partial y}dy = 0 \tag{6.99}$$

식 (6.99)에 수학적 사슬 법칙을 적용한다면 식 (6.100)과 같이 정리할 수 있다.

$$\partial \psi = \frac{\partial \psi}{\partial y}dx + \frac{\partial \psi}{\partial y}dy \tag{6.100}$$

식 (6.100)을 식 (6.99)와 비교해보면 순간적인 유선을 따라 $d\psi = 0$이 되는데, 유동함수 변화가 0이라는 것은 ψ가 유선을 따라 일정하다는 것을 의미한다. 따라서 [그림 6-26]에서 보듯이 유선을 $\psi = 0,\ 1,\ 2\ \cdots$와 같이 유동함수의 값들로 구분할 수 있다. 여기서 ψ는 두 유선 사이의 체적유량을 구하는 데 사용할 수 있다는 점에 물리적 의미를 둘 수 있다.

AB를 지나는 단위깊이당 유량은 식 (6.101)과 같이 구할 수 있다. AB를 따라 x의 값이 일정하므로 $\partial \psi / \partial y\, dy = d\psi$가 된다. 즉 ψ 변화 자체로 식 (6.102)와 같이 유량을 구할 수 있다.

$$Q = \int_{y_1}^{y_2} udy = \int_{y_1}^{y_2} \frac{\partial \psi}{\partial y}dy \tag{6.101}$$

$$Q = \int_{y_1}^{y_2} \frac{\partial \psi}{\partial y}dy = \int_{\psi_1}^{\psi_2} d\psi = \psi_2 - \psi_1 \tag{6.102}$$

16 컴퓨터의 발전으로 인해 2차원인 유동함수는 점점 그 사용이 줄어들고 있지만 이론적 개념은 알아두는 것이 좋다.

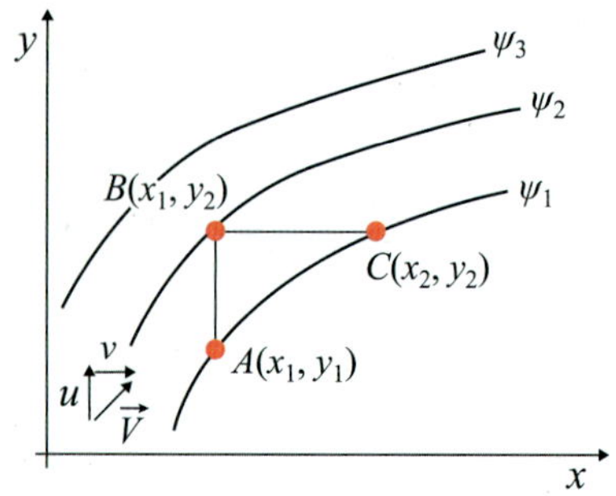

그림 6-26 유동함수를 설명하기 위한 도식도

BC를 지나는 단위깊이당 유량은 식 (6.103)과 같이 구할 수 있다. BC를 따라 y의 값이 일정하므로 $(\partial\psi/\partial x)dx = d\psi$가 된다. ψ의 변화로 식 (6.104)와 같이 유량을 구할 수 있다.

$$Q = \int_{x_1}^{x_2} v dx = -\int_{x_1}^{x_2} \frac{\partial\psi}{\partial x} dx \tag{6.103}$$

$$Q = \int_{y_1}^{y_2} \frac{\partial\psi}{\partial y} dy = -\int_{\psi_1}^{\psi_2} d\psi = \psi_2 - \psi_1 \tag{6.104}$$

결론적으로 AB, BC 중 어느 것을 사용하더라도 임의의 2개 유선 사이의 단위깊이당 체적유량은 그 두 유선을 정의하는 두 유동함수의 상숫값들의 차이로 나타낼 수 있다. 또한 유선 사이의 체적유량은 일정하기 때문에 유선이 서로 가까운 곳에서는 상대적으로 속도가 빠르고, 유선이 서로 멀리 떨어진 곳에서는 상대적으로 속도가 느리다.

SECTION 6.4

나비에-스토크스 방정식

✔ 미분형 운동방정식인 나비에-스토크스 방정식의 유도 과정을 학습한다.
✔ 유도된 나비에-스토크스 방정식의 각 항의 물리적 개념을 학습한다.

6.4.1 운동량방정식

운동량방정식은 식 (6.37)의 뉴턴의 제2법칙으로부터 시작된다. 이를 미분적으로 해석하기 위해 [그림 6-10]과 같은 3차원 미소 검사체적(미소입자)에 적용된 운동량방정식인 식 (6.37)은 식 (6.105)와 같이 변화되어야 한다.

$$\vec{F} = m\vec{a} = m\vec{a}_p \tag{6.37}$$

$$d\vec{F} = m\vec{a}_p = dm\frac{D\vec{V}}{Dt} \tag{6.105}$$

이 절에서는 가속도보다는 미소체적에 작용하는 힘 $d\vec{F}$에 대해 논하고자 한다. 2장에서 학습한 바와 같이 힘은 [그림 6-13]과 같이 유체입자(검사체적) 표면에 응력이 작용한다. 이때 작용하는 힘은 식 (6.106)과 같이 체적력(중력)과 표면력(압력, 전단력)이 있다. [그림 6-27]은 설명을 위해 6개 단면에서 x방향과 관련된 힘만 나타낸 것이다. 또한 [그림 6-7(a)]와 같이 좌표를 미소 검사체적 중앙으로 설정해 유도된 경우이다.[17] 식 (6.106)에 [그림 6-27]에 표기된 6개 힘을 더해준다면 식 (6.107)과 같이 정리될 수 있다. 같은 방법으로 y, z방향에 관련된 힘을 정리하면 식 (6.108), 식 (6.109)와 같이 정리할 수 있다. 식 (6.107) ~ 식 (6.109)에서 체적력은 한 방향만 고려하면 된다.

$$d\vec{F} = d\vec{F}_B + d\vec{F}_S \tag{6.106}$$

$$d\vec{F}_{B_x} + d\vec{F}_{S_x} = \left(\rho g_x + \frac{\partial \sigma_{xx}}{\partial x} + \frac{\partial \tau_{yx}}{\partial y} + \frac{\partial \tau_{zx}}{\partial z}\right)dxdydz \tag{6.107}$$

$$d\vec{F}_{B_y} + d\vec{F}_{S_y} = \left(\rho g_y + \frac{\partial \tau_{xy}}{\partial x} + \frac{\partial \sigma_{yy}}{\partial y} + \frac{\partial \tau_{zy}}{\partial z}\right)dxdydz \tag{6.108}$$

$$d\vec{F}_{B_z} + d\vec{F}_{S_z} = \left(\rho g_z + \frac{\partial \tau_{xz}}{\partial x} + \frac{\partial \tau_{yz}}{\partial y} + \frac{\partial \sigma_{zz}}{\partial z}\right)dxdydz \tag{6.109}$$

17 τ_{xy}의 개념은 x방향 단면에서 y방향으로 작용하는 전단응력이며, 이는 텐서 방식의 표현이다.

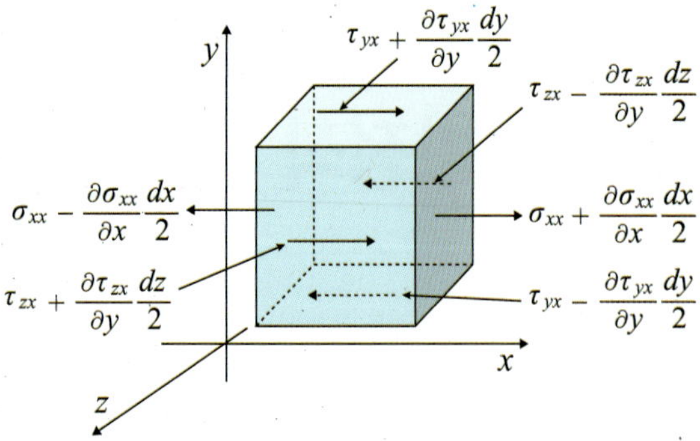

그림 6-27 식 (6.107)에서 x 방향에 작용하는 힘만 나타낸 응력장

식 (6.107) ~ 식 (6.109)는 식 (6.106)의 좌변의 힘 $d\vec{F}$를 스칼라 형태로 표현한 것이다. 그렇다면 식 (6.35)의 운동량방정식을 스칼라로 나타내고, 식 (6.37)의 가속도항에 식 (6.35)의 가속도를 대입 후 스칼라 형태로 정리하면, 식 (6.110) ~ 식 (6.112)와 같이 유도할 수 있다. 식 (6.107) ~ 식 (6.109)의 $dxdydz$항은 $dm = \rho d\forall$으로 가정했기 때문에 상쇄됐다. 식 (6.110) ~ 식 (6.112)는 고체역학에서 코시 방정식이고, 이는 나비에-스토크스 방정식의 바로 전 단계 방정식이다.

$$\rho g_x + \frac{\partial \sigma_{xx}}{\partial x} + \frac{\partial \tau_{yx}}{\partial y} + \frac{\partial \tau_{zx}}{\partial z} = \rho\left(u\frac{\partial u}{\partial x} + v\frac{\partial u}{\partial y} + w\frac{\partial u}{\partial z}\right) \tag{6.110}$$

$$\rho g_y + \frac{\partial \tau_{xy}}{\partial x} + \frac{\partial \sigma_{yy}}{\partial y} + \frac{\partial \tau_{zy}}{\partial z} = \rho\left(u\frac{\partial v}{\partial x} + v\frac{\partial v}{\partial y} + w\frac{\partial v}{\partial z}\right) \tag{6.111}$$

$$\rho g_z + \frac{\partial \tau_{xz}}{\partial x} + \frac{\partial \tau_{yz}}{\partial y} + \frac{\partial \sigma_{zz}}{\partial z} = \rho\left(u\frac{\partial w}{\partial x} + v\frac{\partial w}{\partial y} + w\frac{\partial w}{\partial z}\right) \tag{6.112}$$

6.4.2 나비에-스토크스 방정식

식 (6.110) ~ 식 (6.112)의 방정식을 유체유동에 적용하기 위해 1장에서 설명한 프랑스 물리학자 클로드 루이 나비에와 영국 수학자 조지 가브리엘 스토크스는 여러 가지 가정을 통해 식 (6.113) ~ 식 (6.115)와 같이 방정식을 유도했다. 바로 이 방정식이 유체역학에서 가장 기본이 되는 지배방정식 Governing Equation인 나비에-스토크스 방정식(이후 'N-S 방정식'으로 표기)이다.

$$\rho\left(u\frac{\partial u}{\partial x} + v\frac{\partial u}{\partial y} + w\frac{\partial u}{\partial z}\right) = \rho g_x - \frac{\partial p}{\partial x} + \mu\left(\frac{\partial^2 u}{\partial x^2} + \frac{\partial^2 u}{\partial y^2} + \frac{\partial^2 u}{\partial z^2}\right) \tag{6.113}$$

$$\rho\left(u\frac{\partial v}{\partial x} + v\frac{\partial v}{\partial y} + w\frac{\partial v}{\partial z}\right) = \rho g_y - \frac{\partial p}{\partial y} + \mu\left(\frac{\partial^2 v}{\partial x^2} + \frac{\partial^2 v}{\partial y^2} + \frac{\partial^2 v}{\partial z^2}\right) \tag{6.114}$$

$$\rho\left(u\frac{\partial w}{\partial x} + v\frac{\partial w}{\partial y} + w\frac{\partial w}{\partial z}\right) = \rho g_z - \frac{\partial p}{\partial z} + \mu\left(\frac{\partial^2 w}{\partial x^2} + \frac{\partial^2 w}{\partial y^2} + \frac{\partial^2 w}{\partial z^2}\right) \tag{6.115}$$

N-S **방정식**은 뉴턴의 제2법칙인 $F = ma$를 유체역학에서 사용하기 편리하게 나비에와 스토크스가 그 형태를 유도한 것이다. 유체는 고체와 달리 정해진 형태 없이 연속적으로 변화하기 때문에 해석하

기 어렵다. 따라서 유체에 뉴턴역학을 적용하기 위해서는 다른 방식이 필요하고, 이 방식에 따라 운동량보존법칙을 재정리한 것이 이 방정식이다. N-S 방정식은 물과 공기를 비롯해 점성을 가진 대부분의 기체와 액체의 운동을 나타내는 운동량 보존법칙이라고 불리기도 한다.[18]

이 방정식은 20세기 밀레니엄 과제 중 아직도 해결하지 못한 방정식 중 하나이다. 이 방정식을 풀기 어려운 이유는, 방정식 좌변의 두 번째 항이 비선형항이기 때문이다. 게다가 우변의 전단응력을 변형률과 같이 나타내다 보면 방정식을 완전하게 유도하는 데 있어 제약이 발생한다.[19]

기초 유체역학 수준에서는 식 (6.110) ~ 식 (6.112)에서 나타나는 τ에 대한 항에 식 (6.68)에서 정의한 2차 불변항을 대입하고 몇 가지 과정을 통해 유도된 식 (6.113) ~ 식 (6.115)를 사용하면 된다.[20]

식 (6.113) ~ 식 (6.115)는 정상상태의 3차원 비압축성유동일 때 성립되는 방정식이며 많은 연구자가 정리한 방식대로 좌변은 가속도에 관한 항이고, 우변은 힘에 의한 변형률(점성계수)을 정리한 것이다. 만약 비정상상태의 3차원 압축성유동이라면 상기 식들은 식 (6.116) ~ 식 (6.118)로 유도되며, 이 식을 **완전한 3차원 N-S 방정식**이라 한다.[21]

$$\frac{\partial \rho u}{\partial t} + u\frac{\partial \rho u}{\partial x} + v\frac{\partial \rho u}{\partial y} + w\frac{\partial \rho u}{\partial z} = \rho g_x - \frac{\partial p}{\partial x} + \mu\left(\frac{\partial^2 u}{\partial x^2} + \frac{\partial^2 u}{\partial y^2} + \frac{\partial^2 u}{\partial z^2}\right) \tag{6.116}$$

$$\frac{\partial \rho v}{\partial x} + u\frac{\partial \rho v}{\partial x} + v\frac{\partial \rho v}{\partial y} + w\frac{\partial \rho v}{\partial z} = \rho g_y - \frac{\partial p}{\partial y} + \mu\left(\frac{\partial^2 v}{\partial x^2} + \frac{\partial^2 v}{\partial y^2} + \frac{\partial^2 v}{\partial z^2}\right) \tag{6.117}$$

$$\frac{\partial \rho w}{\partial t} + u\frac{\partial \rho w}{\partial x} + v\frac{\partial \rho w}{\partial y} + w\frac{\partial \rho w}{\partial z} = \rho g_z - \frac{\partial p}{\partial z} + \mu\left(\frac{\partial^2 w}{\partial x^2} + \frac{\partial^2 w}{\partial y^2} + \frac{\partial^2 w}{\partial z^2}\right) \tag{6.118}$$

식 (6.116) ~ 식 (6.118)은 스칼라 형식으로 나타낸 것이다. 스칼라 형식으로 N-S 방정식을 정리하는 것은 매우 번거로워, 이에 기존의 연구자들은 식 (6.119)와 같은 벡터 연산자를 이용해 1개의 N-S 방정식을 사용한다.

$$\underbrace{\underbrace{\frac{\partial(\rho \vec{V})}{\partial t}}_{①} + \underbrace{\vec{V}\cdot(\nabla \rho \vec{V})}_{②}}_{ma} = \underbrace{\underbrace{\rho \vec{g}}_{③} - \underbrace{\nabla p}_{④} + \underbrace{\mu \nabla^2 \vec{V}}_{⑤}}_{F} \tag{6.119}$$

18 이 방정식은 기계공학, 항공우주공학 전공 대학생이라면 2~3학년 때 처음 접하게 된다. 물론 토목공학, 화학공학 등의 유체를 다루게 되는 학과에서도 배울 수 있다. 물리학에서는 주로 플라스마 물리 전공자들이 다루는 매우 중요한 방정식이다. 비행기가 공중에 뜰 수 있는 것도, 기상청에서 며칠 후의 날씨를 예측할 수 있는 것도 이 방정식과 관련이 있다. 만약 이 방정식의 일반해를 구하는 방법이 증명된다면 기상 예측 정확도가 매우 높아질 것이다.

19 Hermann Shrichting(1979). Boundary-Layer Theory. McGraw-Hill, Inc. 3장에 자세한 유도 과정이 나온다.

20 N-S 방정식 유도에 대한 학습은 학부 및 기초 과정에서는 필요하지 않다는 것이 필자의 의견이다. 그러나 유체역학을 전공하는 학생들이라면 반드시 한번쯤은 유도해볼 필요가 있다.

21 원래 식 (6.116) ~ 식 (6.118)로 먼저 유도되고, 정상상태 3차원 비압축성유동이라는 가정하에 식 (6.113) ~ 식 (6.115)로 정리되어야 한다.

식 (6.119)의 수식은 5개의 항으로 구성되어 있다. ①항은 시간에 대한 변화, ②항은 대류에 의한 변화, ③, ④, ⑤항은 각각 체적력, 수직력, 점성에 의한 변화를 의미한다. 결국 N-S 방정식의 물리적 의미는 시간항과 대류항을 합친 가속도항은 힘들의 합과 같다는 것이다. 즉 뉴턴의 운동량 법칙을 미분적으로 풀어놓은 것이다.

N-S 방정식은 비선형항(②항) 때문에 2계 비선형방정식으로 분류할 수 있다. 이 비선형방정식은 해석적으로 풀기 어렵지만, 비선형방정식의 일반해 존재성이 보장되느냐와는 별개로 유체의 움직임을 예측하기 위해서는 컴퓨터를 동원해 수치적으로 구하는 수밖에 없다. 이 전산유체역학은 공간적인 격자Mesh와 함께 반복적으로 해석하는 방법이고, 이에 대한 결과는 컴퓨터의 능력에 의존할 수밖에 없는 특성을 갖는다. 따라서 **기초 과정에서는 N-S 방정식을 유도하는 과정보다 물리적 개념을 정확히 이해할 필요**가 있다.

Think_ 12

이 절에서는 유체역학적인 내용보다 수학적 내용을 더 많이 다루고 있다. 식 (6.119)의 벡터 방식을 이용할지 3개의 스칼라 형식의 방정식 중 어떤 것을 사용할지는 개인의 선택에 달렸다. 식 (6.119)의 텐서 개념 표현은 어떻게 될지 생각해보자.

나비에와 스토크스는 18세기와 19세기 연구자이다. 그때는 컴퓨터가 없어 3차원으로 문제를 풀 때 수기로만 풀어야 했을 것이다. 물론 컴퓨터 기술이 비약적으로 발전하기 전인 20세기 중반까지도 3차원 문제를 풀기에는 많은 어려움이 있었던 것이 사실이다. 그렇다면 이 연구자들은 어떻게 미분적 접근 방법으로 3차원 유체유동 관련 연구를 했을지 생각해보자.

예제 6-7 완전히 발달된 정상상태에서 2차원 비압축성유동

정상상태 2차원 비압축성유동에서 완전히 발달된 유동이 경사진 상태에서 [그림 6-28]과 같이 두께 h와 폭 W를 유지한다. 이 (a) 연속방정식과 N-S 방정식을 단순화하고, 이때의 (b) 순시속도분포, (c) 체적유량 및 평균속도, (d) 전단응력분포에 대한 식을 각각 구하라. 단, $y = 0$일 때 $u = 0$이고, $y = h$일 때 $du/dy = 0$이다.

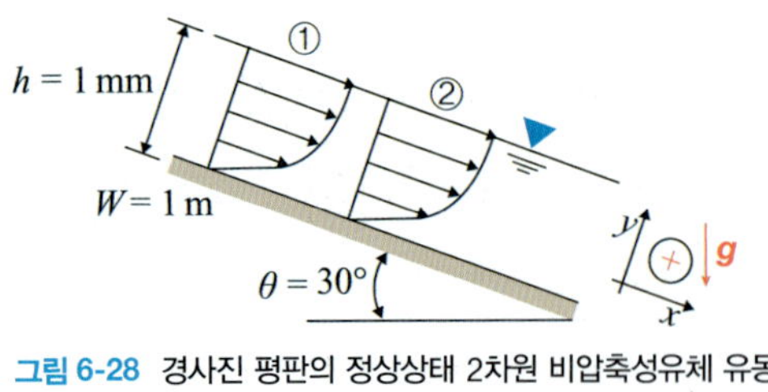

그림 6-28 경사진 평판의 정상상태 2차원 비압축성유체 유동장

분석

- 주어진 유동장은 완전히 발달된 유동Fully Developed Flow이다. 완전히 발달된 유동장은 [그림 6-28]에서 지점 ①과 지점 ②의 속도분포가 같다는 것을 의미한다. 즉 길이 방향 x에 따라 속도 변화가 없다는

뜻이다. 반면에 발달중인 유동장Developing Flow은 용어 그대로 지점 ①과 지점 ②의 속도분포가 다르다는 것을 의미한다. 즉 점차 안정화된다는 것을 뜻한다.

• 아래와 같이 문제에서 주어진 조건에 따라 수식을 간단히 해야 한다.

㉮ 정상유동 ($\partial/\partial t = 0$), ㉯ 비압축성유동 ($\rho = c$)

㉰ 2차원 유동 ($\partial/\partial z = 0,\ w = 0$), ㉱ 완전히 발달된 유동 ($\partial/\partial x = 0$)

• 이를 위해 연속방정식은 식 (6.22), 운동량방정식은 식 (6.113) ~ 식 (6.115)를 이용해 단순화하면 된다.

풀이

(a) 식 (6.18)과 같은 연속방정식을 주어진 조건에 따라 단순화하면 식 (6.120)과 같아지고, 이 수식은 **새로운 가정조건인 경계조건** ㉲가 된다. 식 (6.120)은 비압축성유체이므로 식 (6.18)에서 밀도(ρ)를 밖으로 뺀 후 소거한 것이다.

$$\frac{\partial \rho}{\partial t} + \frac{\partial \rho u}{\partial x} + \frac{\partial \rho v}{\partial y} + \frac{\partial \rho w}{\partial z} = 0 \tag{6.18}$$

$$\frac{\partial v}{\partial y} = 0 \tag{6.120}$$

식 (6.120)과 경계조건 ㉰ $\partial v/\partial z = 0$, 경계조건 ㉱ $\partial v/\partial x = 0$에 의해 식 (6.121)과 같이 v는 모든 곳에서 영(0)이 되어야 한다. 이것이 추가적인 경계조건 ㉳가 된다.

$$v = 0 \tag{6.121}$$

식 (6.121)은 N−S 방정식을 더욱 간단히 해주는 **추가 경계조건** ㉳인데, 경계조건 5개와 같이 정리하면 정상상태 비압축성유동의 운동량방정식인 식 (6.113) ~ 식 (6.115)는 식 (6.122), 식 (6.123)과 같이 정리될 수 있다. (경계조건 ㉮, ㉯는 이미 적용됨)

$$\rho\left(u\frac{\partial u}{\partial x} + v\frac{\partial u}{\partial y} + w\frac{\partial u}{\partial z}\right) = \rho g_x - \frac{\partial p}{\partial x} + \mu\left(\frac{\partial^2 u}{\partial x^2} + \frac{\partial^2 u}{\partial y^2} + \frac{\partial^2 u}{\partial z^2}\right) \tag{6.113}$$

$$\rho\left(u\frac{\partial v}{\partial x} + v\frac{\partial v}{\partial y} + w\frac{\partial v}{\partial z}\right) = \rho g_y - \frac{\partial p}{\partial y} + \mu\left(\frac{\partial^2 v}{\partial x^2} + \frac{\partial^2 v}{\partial y^2} + \frac{\partial^2 v}{\partial z^2}\right) \tag{6.114}$$

$$\rho\left(u\frac{\partial w}{\partial x} + v\frac{\partial w}{\partial y} + w\frac{\partial w}{\partial z}\right) = \rho g_z - \frac{\partial p}{\partial z} + \mu\left(\frac{\partial^2 w}{\partial x^2} + \frac{\partial^2 w}{\partial y^2} + \frac{\partial^2 w}{\partial z^2}\right) \tag{6.115}$$

빨간색 점선은 2차원이기 때문에 생략할 수 있다.
파란색 점선은 경계조건 ㉱인 완전히 발달된 유동이라는 조건으로, x방향으로는 모두 0이 된다.
검정색 점선은 경계조건 ㉲와 ㉳의 조건으로, v는 모두 0이 되기 때문에 생략할 수 있다.

$$0 = \rho g_x + \mu\frac{\partial^2 u}{\partial y^2} \tag{6.122}$$

$$0 = \rho g_y - \frac{\partial p}{\partial y} \tag{6.123}$$

(b) 여기서 관심 있는 수식은 (6.122)이고, 식 (6.122)에서 작용하는 x방향 체적력은 θ만큼 경사졌기 때문에 식 (6.124)와 같이 $g\sin\theta$으로 정리해야 한다.

$$\frac{\partial^2 u}{\partial y^2} = -\frac{\rho g_x}{\mu} = -\rho\frac{g\sin\theta}{\mu} \tag{6.124}$$

속도를 구하기 위해 식 (6.124)를 두 번 부정적분하면 식 (6.125), 식 (6.126)과 같아진다.

$$\frac{\partial u}{\partial y} = -\rho\frac{g\sin\theta}{\mu}y + C_1 \tag{6.125}$$

$$u = -\rho\frac{g\sin\theta}{\mu}\frac{y^2}{2} + C_1 y + C_2 \tag{6.126}$$

$y = h \rightarrow du/dy = 0$인 경계조건을 식 (6.125)에 대입하여 계산하면 C_1은 식 (6.127)과 같다.

$$C_1 = \rho\frac{g\sin\theta}{\mu}h \tag{6.127}$$

$y = 0$일 때 $u = 0$인 경계조건을 식 (6.126)에 대입하면 C_2는 식 (6.128)과 같이 0이 된다.

$$C_2 = 0 \tag{6.128}$$

구해진 C_1과 C_2를 식 (6.126)에 대입하면 원하는 속도분포 함수를 식 (6.129)와 같이 얻을 수 있다. 상수를 앞으로 빼서 정리하면 식 (6.130)과 같다.

$$u = -\rho\frac{g\sin\theta}{\mu}\frac{y^2}{2} + \rho\frac{g\sin\theta}{\mu}hy \tag{6.129}$$

$$u = \frac{\rho g\sin\theta}{\mu}\left(hy - \frac{y^2}{2}\right) \tag{6.130}$$

이때 속도는 높이별로 다르므로 u로 표기하는데, 이를 순시속도라 한다.

(c) 경사진 평판에 흘러가는 유량을 계산해야 하므로, dh와 폭 W에 따른 미세속도 u를 적분해 유량 Q를 식 (6.131)과 같이 계산하면 된다.

$$\begin{aligned} Q &= \int_o^h u\,W dy = \int_o^h \frac{\rho g\sin\theta}{\mu}\left(hy - \frac{y^2}{2}\right)W dy = \frac{\rho g\,W\sin\theta}{\mu}\left(\frac{hy^2}{2} - \frac{y^3}{6}\right)\Bigg|_0^h \\ &= \frac{\rho g\,W\sin\theta}{\mu}\frac{h^3}{3} \end{aligned} \tag{6.131}$$

식 (6.131)의 체적유량을 알면 평균속도를 구할 수 있다. 평균속도는 식 (6.132)와 같이 구할 수 있다. 여기서 속도는 평균속도로 식 (6.130)의 순시속도와 다르다.

$$Q = A\overline{V} \rightarrow \overline{V} = \frac{Q}{A} = \frac{\rho g\,W\sin\theta}{\mu}\frac{h^3}{3}\frac{1}{Wh} = \frac{\rho g\sin\theta}{\mu}\frac{h^2}{3} \tag{6.132}$$

식 (6.131)과 식 (6.132)에 각각 문제에서 주어진 상숫값을 대입한 후, 체적유량과 평균속도에 면적을 나누어 주면 각각 다음과 같이 구할 수 있다.

$$Q = \frac{1{,}000 \times 9.8 \times 1 \times \sin 30°}{0.001} \frac{0.001^3}{3} = 0.001633\,[\mathrm{m^3/s}] \tag{6.133}$$

$$\overline{V} = \frac{1{,}000 \times 9.8 \times \sin 30°}{0.001} \frac{0.001^2}{3} = 1.633\,[\mathrm{m/s}] \tag{6.134}$$

(d) 2차원이기 때문에 식 (6.68)을 이용해 전단응력분포를 구해야 하나, 경계조건 ㉱를 적용하면 식 (6.68)은 1차원 뉴턴의 점성법칙식이 되고, 여기에 식 (6.125)의 $\partial u/\partial y$를 식 (6.68)에 대입하면 식 (6.135)와 같이 전단응력을 구할 수 있다.

$$\tau_{xy} = \mu \dot{\gamma}_{xy} = \mu\left(\cancel{\frac{\partial v}{\partial x}} + \frac{\partial u}{\partial y}\right) \tag{6.68}$$

$$\tau_{xy} = \mu\frac{\partial u}{\partial y} = -\mu\left(\frac{\rho g \sin\theta}{\mu}y - \frac{\rho g \sin\theta}{\mu}h\right) = \rho g \sin\theta(h - y) \tag{6.135}$$

고찰

- 식 (6.130)의 함수식은 [그림 6-28]의 지점 ①과 지점 ②의 속도분포식이다. y값을 0에서 1 [mm]까지 변화시켜 그림을 그려보면 쉽게 이해가 될 것이다.
- 식 (6.130)에서 구한 순시속도분포와 식 (6.132)의 평균속도 개념을 정확히 이해해야 한다.
- 식 (6.135)에서 구한 전단응력을 보고 y의 높이에 따라 값의 변화가 어떤지 파악해야 한다. 즉 $y = 0$인 바닥에서 보면 $\tau = \rho g \sin\theta$, $y = h$인 수면에서 보면 $\tau = 0$이 된다. 바닥에서 전단응력이 제일 크고, 속도가 큰(빠른) 높이에서 전단응력은 0이 된다. 이렇듯 속도분포와 전단응력분포는 반대가 된다는 것을 알아야 한다. 이는 속도의 관성력과 마찰 및 점성력의 관계를 의미한다.
- 3차원 N-S 방정식을 푸는 데 있어 6개의 가정을 통해 방정식을 간략화했다. 여기서 설정된 가정이 무엇을 의미하는지 생각해보고, 이런 가정이 없다면 어떻게 이 문제를 풀 수 있을지 생각해보자.
- 여기서 가정이라는 것은 **유동장을 간략히 하는 것을 의미하며, 타당한 가정을 세워서 문제를 풀어야 해에 지장이 없다는 것을 의미**한다. 좌표변환도 이에 포함된다.
- 가정이 적절했다면 **3차원 비선형 편미분방정식**Partial Differential Equation, PDE**인 N-S 방정식이 예제에서와 같이 2차원 또는 1차원 상미분방정식**Ordinary Differential Equation, ODE**으로 바뀌게 된다는 것을 의미**한다.
- 해석적으로 풀기 위한 이런 가정을 통해 컴퓨터가 없었던 20세기 초에도 비행기, 자동차, 잠수함 등을 설계할 수 있었다.
- 이 예제는 3차원 N-S 방정식의 엄밀해를 구할 수 없다는 것을 알게끔 하는 문제이다. 유동장을 단순화하여 가정함으로써 방정식을 풀 수밖에 없다는 것을 인지해야 한다. 즉 어떻게 유동장을 단순화할지 생각해야 한다. 컴퓨터를 이용해 3차원 유동장을 풀 수 있지만, 타당한 가정을 한다면 짧은 시간에 쉽게 결과를 얻을 수 있다.

SECTION
6.5

오일러방정식

✔ 유선좌표계에서의 오일러방정식을 학습한다.
✔ 오일러방정식과 베르누이방정식 그리고 N-S 방정식의 관계를 이해한다.

6.5.1 유선좌표계에서 오일러방정식

오일러는 한쪽 눈을 실명한 어려움 속에서도 [그림 6-29]와 같은 유선좌표계에서 입자가 운동하는 것을 정의하고, 이에 대한 운동량방정식을 유도하고 발표했다. 오일러는 입자가 유선 방향으로 변화할 때 발생하는 가속도를 $\vec{a}_s$라고 가정했고, 유선의 수직 방향Normal Direction으로 작용하는 가속도를 $\vec{a}_n$으로 정의했다. 이때 유선의 접선 방향과 수평면 사이의 각도를 β라고 가정했으며, 유선의 곡률반경을 R이라고 가정했다. 오일러는 [그림 6-29(b)]에서 보듯이 표면에 작용하는 전단력은 무시했고, 수직력과 체적력만 고려했다. 즉 마찰이 없다고 가정한 것이다.

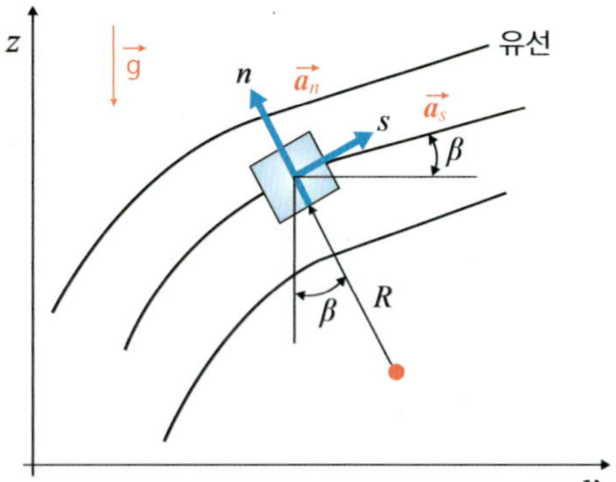

(a) 유선좌표계 위의 입자 설명

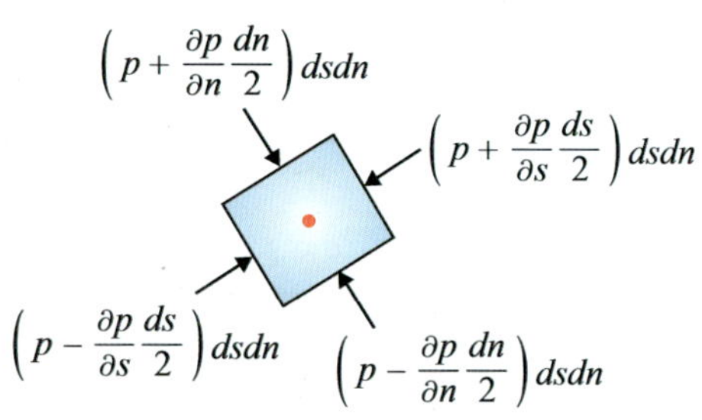

(b) 미소체적 면적에 작용하는 압력

그림 6-29 오일러가 제시한 유선좌표계에서의 입자 운동

■ 유선 방향의 가속도

먼저 유선 방향의 가속도를 구하기 위해 [그림 6-29(b)]와 같은 미소면적에서 힘의 관계를 식 (6.136)으로 정리해야 한다. 여기서 유선좌표계($s-n$)를 적용했으므로 2차원만 고려한다. 식 (6.137)의 체적력은 β만큼 기울어져 작용한다. 식 (6.136)을 유선 방향으로 정리하면 식 (6.137), 식 (6.138)과 같다.

$$\left(p - \frac{\partial p}{\partial s}\frac{ds}{2}\right)dndx - \left(p + \frac{\partial p}{\partial s}\frac{ds}{2}\right)dndx - \rho g \sin\beta\, ds\, dn\, dx = \rho a_s dsdndx \qquad (6.136)$$

$$-\frac{\partial p}{\partial s} - \rho g \sin\beta = \rho a_s \qquad (6.137)$$

$$-\frac{1}{\rho}\frac{\partial p}{\partial s} - g\frac{\partial z}{\partial s} = a_s \qquad (6.138)$$

식 (6.138)과 같이 구해진 가속도는 원심가속도로 정의할 수 있으며, 곡률 반경 R에 의해 회전하는 힘을 구할 때 사용할 수 있다. 이때 입자의 속도를 시간과 공간의 함수로 표현하면 식 (6.138)은 식 (6.139)와 같이 정리되고, 오일러는 가속도항에 식 (6.34)를 대입하면서 운동량방정식을 유도했다. 이때 입자가 유선을 따라 유동하기 때문에 속도 $V(s, t)$는 좌표 s와 시간만 고려했다.

$$-\frac{1}{\rho}\frac{\partial p}{\partial s} - g\frac{\partial z}{\partial s} = \frac{\partial V}{\partial t} + V\frac{\partial V}{\partial s} \quad \text{: 오일러방정식} \qquad (6.139)$$

식 (6.139)가 바로 오일러방정식이다. 이 방정식을 유선방정식에서 우리에게 익숙한 직각좌표계로 변형하기 위해 $V(s, t)$의 속도를 $V(x, y, z, t)$로 변경해주면 식 (6.140) ~ 식 (6.142)와 같이 유도할 수 있다.

$$\rho\left(\frac{\partial u}{\partial t} + u\frac{\partial u}{\partial x} + v\frac{\partial u}{\partial y} + w\frac{\partial u}{\partial z}\right) = \rho g_x - \frac{\partial p}{\partial x} \qquad (6.140)$$

$$\rho\left(\frac{\partial v}{\partial t} + u\frac{\partial v}{\partial x} + v\frac{\partial v}{\partial y} + w\frac{\partial v}{\partial z}\right) = \rho g_y - \frac{\partial p}{\partial y} \qquad (6.141)$$

$$\rho\left(\frac{\partial w}{\partial t} + u\frac{\partial w}{\partial x} + v\frac{\partial w}{\partial y} + w\frac{\partial w}{\partial z}\right) = \rho g_z - \frac{\partial p}{\partial z} \qquad (6.142)$$

이 유도된 3개의 방정식은 N-S 방정식(식 (6.113) ~ 식 (6.115))과 매우 유사하다. 즉 **N-S 방정식에서 점성력이 제거된 방정식**임을 알 수 있다. 이를 통해 오일러는 방정식 유도 시 점성을 무시했다는 것을 알 수 있고 이는 마찰이 없다는 가정, 즉 이상유체 가정을 통해서 얻은 것임을 알 수 있다.[22]

오일러방정식과 N-S 방정식의 발표 순서를 떠나, 지금 학자들에게는 오일러방정식이 N-S 방정식으로 넘어가기 위한 과정이라고 생각하는 것이 편리하다. 오일러의 운동량방정식을 풀 때 수치해석을 이용하면 국소 유속 및 압력을 얻을 수 있지만, 최근에는 컴퓨터의 성능이 뛰어나 오일러방정식을 적용하는 것보다 점성유체의 일반 운동량방정식인 N-S 방정식을 푸는 경우가 많기 때문이다.

22 1752년 달랑베르는 실제로 존재하는 유체는 점성이 있기 때문에 마찰이 없다는 가정은 일상적인 경험과 모순되는 결과를 도출한다고 주장했다. 이를 달랑베르의 역설(Paradox)이라고 한다. 그렇지만 21세기에 들어서도 이상유체로 가정한 식을 계속 사용하는 이유는 이 방정식의 해가 실제 해와 매우 잘 일치하기 때문이다.

정상유동일 때 체적력을 무시한다면 식 (6.139)의 오일러방정식은 식 (6.143)과 같이 유도된다. 즉 속도의 감소는 압력의 증가를 수반한다는 것을 나타낸다. 이는 3장에서 배운 **베르누이방정식의 개념과 같다.**

$$-\frac{1}{\rho}\frac{\partial p}{\partial s} = V\frac{\partial V}{\partial s} \tag{6.143}$$

■ 법선(수직) 방향의 가속도

유선 방향의 가속도를 구할 때와 같은 논리로 법선(수직) 방향의 가속도 $\vec{a}_n$을 유도해보자. 식 (6.144)를 간단히 정리하면 식 (6.145), 식 (6.146)과 같다. 수직 방향으로 작용하는 구심가속도인 식 (6.147)을 식 (6.146)에 대입하고 정리하면 식 (6.148)과 같이 정리할 수 있다. 식 (6.148)에서 체적력이 무시된다면 식 (6.149)와 같다. 식 (6.149)는 곡관과 같은 유동장에서 보았을 때 유선의 곡률 중심으로부터 바깥 방향으로 압력이 증가한다는 것을 나타내고 있다.

$$\left(p - \frac{\partial p}{\partial n}\frac{dn}{2}\right)dsdx - \left(p + \frac{\partial p}{\partial n}\frac{dn}{2}\right)dsdx - \rho g\cos\beta\, ds\, dn\, dx = \rho a_n dsdndx \tag{6.144}$$

$$-\frac{\partial p}{\partial n} - \rho g\cos\beta = \rho a_n \tag{6.145}$$

$$-\frac{1}{\rho}\frac{\partial p}{\partial n} - g\frac{\partial z}{\partial n} = a_n \tag{6.146}$$

$$a_n = -\frac{V^2}{R} \tag{6.147}$$

$$\frac{1}{\rho}\frac{\partial p}{\partial n} + g\frac{\partial z}{\partial n} = \frac{V^2}{R} \tag{6.148}$$

$$\frac{1}{\rho}\frac{\partial p}{\partial n} = \frac{V^2}{R} \tag{6.149}$$

■ 베르누이방정식

오일러가 정의한 방정식 중 유선 방향을 따르는 방정식인 식 (6.139)를 정상상태 유동장에 적용하면 식 (6.150)과 같이 정리된다. 이때 유체입자가 유선을 따라 일정 거리 ds만큼 이동했다면 식 (6.150)은 식 (6.151)과 같이 유도할 수 있고, 이를 정리하면 식 (6.152)와 같다.

$$-\frac{1}{\rho}\frac{\partial p}{\partial s} - g\frac{\partial z}{\partial s} = V\frac{\partial V}{\partial s} \tag{6.150}$$

$$-\frac{1}{\rho}\frac{\partial p}{\partial s}ds - g\frac{\partial z}{\partial s}ds = V\frac{\partial V}{\partial s}ds \tag{6.151}$$

$$\frac{\partial p}{\rho} + VdV + gdz = 0 \tag{6.152}$$

일정 거리 ds 만큼 변했으므로 식 (6.152)를 식 (6.513)과 같이 정적분하면 식 (6.154)와 같은 방정식을 얻게 되고, 이것이 5장에서 배운 베르누이방정식이다.[23]

$$\int \frac{\partial p}{\rho} + \int VdV + \int gdz = 0 \tag{6.153}$$

$$\frac{p}{\rho} + \frac{V^2}{2} + gz = C \tag{6.154}$$

6.5.2 방정식 사이의 관계

[그림 6-30]은 뉴턴의 운동량방정식, 오일러의 운동량방정식, N-S 방정식, 베르누이방정식의 관계를 설명하고 있다. 뉴턴$_{1643\sim1727}$의 운동량방정식부터 오일러$_{1707\sim1783}$, 나비에$_{1785\sim1836}$, 스토크$_{1819\sim1903}$, 베르누이$_{1700\sim1782}$는 약 200년 동안 각각 연구한 논문들을 발표했는데, 20세기에 들어 이를 정리해보니 모든 방정식이 같은 개념에서 유도됐음을 알 수 있었다. 방정식의 발표 순서와 무관하게 연구자들이 유체 운동량을 해석하기 위해 얼마나 고뇌했는지를 알 수 있는 부분이다.

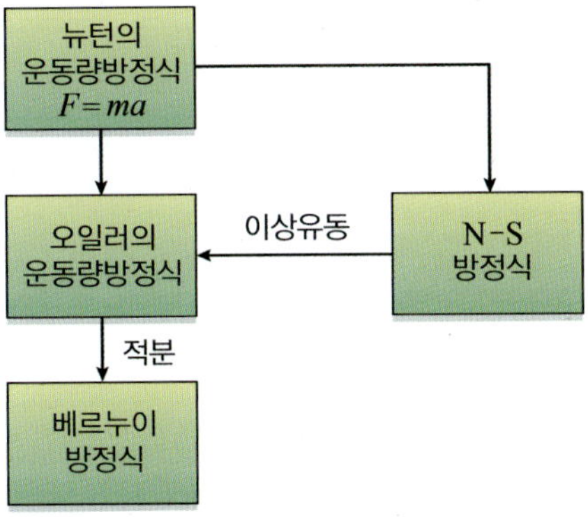

그림 6-30 20세기에 정리된 여러 방정식의 관계

Think_ 13

오일러의 운동량방정식과 뉴턴의 운동량방정식, N-S 방정식이 시공간의 한계를 벗어나 어떻게 같을 수 있는지 생각해보자.

---

23 베르누이방정식에 대한 자세한 내용은 5.6절에서 다뤘다.

예제 6-8 사이펀 현상을 이용한 수차

[그림 6-31(a), (b)]와 같은 사이펀Siphon 수차는 보의 구조물을 훼손하지 않고 운휴에너지를 이용해 발전하는 시스템이다. [그림 6-31(c)]는 겨울철 난방기에 수동으로 석유를 공급하는 휴대용 자바라 튜브이다. 이 두 가지 형태는 가장 높은 점까지 유체를 끌어와 수면 ①과 수면 ②를 연결해주는 역할을 하는 사이펀 현상을 이용하는 장치이다. [그림 6-31(d)]와 같이 수면 ①에서 지점 ⓐ까지의 높이와 지점 ⓐ에서 수면 ②까지의 높이가 각각 0.5 [m]와 2.0 [m]라 할 때, (a) 수면 ②의 체적유량 및 속도를 구하고, (b) 지점 ⓐ점의 압력을 구하라. 단, 이때 사용된 배관의 지름은 600 [mm]이다. (c) 유량을 구한 후 이론 발전량을 예측하라.

(a) 수면 ①에서 본 사이펀 수차 (b) 수면 ②에서 본 사이펀 수차 (c) 자바라 튜브

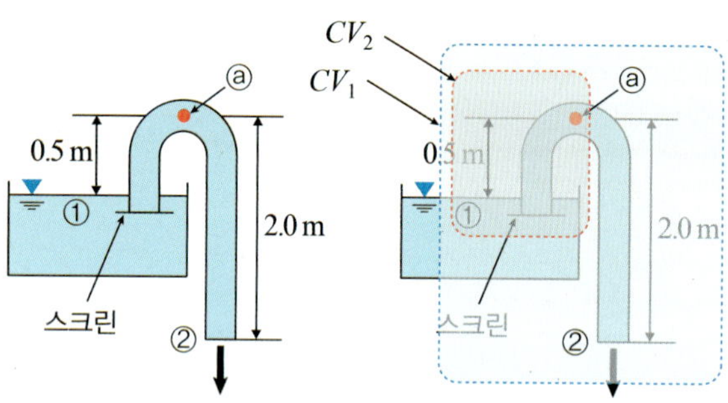

(d) 사이펀 수차의 유동장 정의 (e) [예제 6-8]의 검사체적 설정

그림 6-31 사이펀 현상을 이용한 장치의 유동 문제

분석

- 식 (6.154)의 베르누이방정식을 적용한다. 단, 사이펀 수차와 같은 실제 문제에 베르누이방정식 유도 가정(정상유동, 비압축성유동, 무마찰유동, 유선을 따른 유동 등)이 타당한지 검토해야 한다.
- 이 문제는 2개의 검사체적으로 해석해야 한다. 우선 CV_1의 전체 유동장에서 출구 속도 V_2를 구해야 하고, 그 후 출구의 속도와 지점 ⓐ의 속도가 같다는 전제로 작은 CV_2를 설정해 지점 ⓐ의 압력을 구해야 한다.
- 문제에서는 미지의 변수가 많으므로 현장에서 얻을 수 있는 물리량으로부터 구할 수 있는 변수를 얻는 것이 최우선이며, 그 변수는 V_2이다.
- V_2를 구한 후 이 시스템 내 배관에서 속도가 변하지 않음을 알아야 한다. 즉 마찰이 없는 정상상태라는 조건으로 유량, 압력, 발전량(식 (5.132))을 구할 수 있다.

풀이

(a) CV_1을 보면 수면 ①과 수면 ②가 대기로 노출되어 있으므로 모두 0이다. 수면 ①의 속도는 물이 계속 유입되는 조건, 즉 만수조건으로 0이 된다. 이에 베르누이방정식은 식 (6.155)와 같이 간략히 정리된다.

$$p_1 = p_2 = p_{atm} = 0,\ V_1 = 0$$

$$\cancel{\frac{p_1}{\rho}} + \cancel{\frac{V_1^2}{2}} + gz_1 = \cancel{\frac{p_2}{\rho}} + \frac{V_2^2}{2} + gz_2$$

$$gz_1 = \frac{V_2^2}{2} + gz_2 \tag{6.155}$$

CV_1에서 출구 속도를 구하기 위해 식 (6.155)를 이항, 제곱근하고 위치차 1.5 [m]를 대입하면 식 (6.156)과 같이 V_2로 구할 수 있다. 여기서 위치차는 2 [m]가 아니고 1.5 [m]이다.

$$V_2 = \sqrt{2g(z_2 - z_1)} = \sqrt{2 \times 9.8 \times 1.5} = 5.42\ [\mathrm{m/s}] \tag{6.156}$$

주어진 배관의 지름이 600 [mm]이므로 유량은 적분형 연속방정식을 이용해 식 (6.157)과 같이 쉽게 구할 수 있다.

$$Q = AV_2 = \frac{3.14 \times 0.6^2}{4} \times 5.42 = 1.53\ [\mathrm{m^3/s}] \tag{6.157}$$

(b) 지점 ⓐ의 압력은 CV_2를 이용해 식 (6.154)를 식 (6.158)과 같이 정리하고 풀어야 한다. 식 (6.158)을 보면 우변의 하첨자가 1에서 a로 바뀌었음을 알 수 있다. 이때 V_a의 속도는 V_2와 같고 p_1과 V_1은 여전히 대기압과 만수조건이므로 0으로 처리 가능하다. 이에 식 (6.159)와 같이 정리된다.

$$\frac{p_1}{\rho} + \frac{V_1^2}{2} + gz_1 = \frac{p_a}{\rho} + \frac{V_a^2}{2} + gz_a \tag{6.158}$$

$$gz_1 = \frac{p_a}{\rho} + \frac{V_2^2}{2} + gz_a \tag{6.159}$$

식 (6.159)를 이항 정리하고 주어진 값을 대입하면 식 (6.160)과 같이 구할 수 있다.

$$p_a = \rho\left(g(z_1 - z_a) - \frac{V_2^2}{2}\right) = 1{,}000\left(9.8(-0.5) - \frac{5.42^2}{2}\right) = -34{,}276.4\ [\mathrm{Pa}] \tag{6.160}$$

지점 ⓐ의 압력은 계기압으로 음(−)의 값이 나왔으므로, 진공압이 걸린다는 것을 의미한다. 즉 식 (6.161)과 같이 101.3 [kPa]을 식 (6.160)에 더해주면 절대압력값으로 계산할 수 있다.

$$p_{a_{abs}} = 101{,}300 - 34276.4 = 66.72\ [\mathrm{kPa}] \tag{6.161}$$

(c) 유량과 낙차를 알고 있으므로 식 (5.132)를 이용해 이론적인 발전량을 식 (6.162)와 같이 구할 수 있다.

$$\dot{W}_{turbine} \equiv 9.8QH\ [\mathrm{kW}] \tag{5.132}$$

$$\dot{W}_{turbine} \equiv 9.8 \times 1.53 \times 1.5 = 22.49\ [\mathrm{kW}] \tag{6.162}$$

고찰

- 수면 ①과 수면 ②의 높이를 계산할 때 왜 2.0 [m]로 하지 않고 1.5 [m]로 했는지 고민해보자. [그림 6-31(a)]에서 사이펀 높이로 인해 수위가 지점 ⓐ까지 높아진 것으로 보여 쉽게 실수를 범할 수 있는데 이는 실제로 계산해보면 식 (6.160)과 같이 지점 ⓐ의 압력은 음(−)의 값이 되기 때문이다.
- 그럼 현재 0.5 [m]인 높이를 얼마까지 높일 수 있을지 생각해보자. 즉 음(−)의 값이 나오지 않는 높이가 얼마가 될지 생각해보자.
- [그림 6-31(c)]와 같은 자바라 튜브에는 빨간 범퍼가 있고 그 위에 마개가 있다. 자바라 튜브를 사용할 때는 마개를 열고 진공압을 주어 어느 정도 진공압이 유지되면 마개를 닫아준다. 따라서 [그림 6-31(a)]와 같은 사이펀 수차에도 지점 ⓐ에 진공펌프를 설치해 진공압을 생성시켜야 한다.
- 지름 600 [mm]인 관에서 초당 1.53 [m^3]의 물이 흘러 만수가 되려면, 초기에 엄청난 힘이 필요할 것이다. 따라서 사이펀 수차에 반드시 진공펌프를 설치해야 한다. 진공펌프는 초기에만 사용하기 때문에 전력비는 고민하지 않아도 된다.
- 식 (6.162)에서 구한 출력량 22.49 [kW]는 이론적인 값이므로, 수차 효율과 모터 효율을 고려해서 실제 출력량을 제시해야 한다.

Think_14

미분적 접근의 운동량방정식을 배우는 이 장에서 [예제 6-8]과 같이 적분적으로 푸는 이유는 무엇일지 생각해보자.

예제 6-9 날아가는 야구공과 베르누이방정식

[그림 6-32(a)]와 같이 야구공이 시계 방향으로 회전하며 속도 V로 우측을 향해 날아가고 있다. [그림 6-32(a)]처럼 날아가는 공을 정면에서 보면 야구공이 어떻게 보일까? 야구공의 변화를 예측했다면 이를 물리적으로 설명하라. 단, 야구공이 물렁하다고 가정하자.

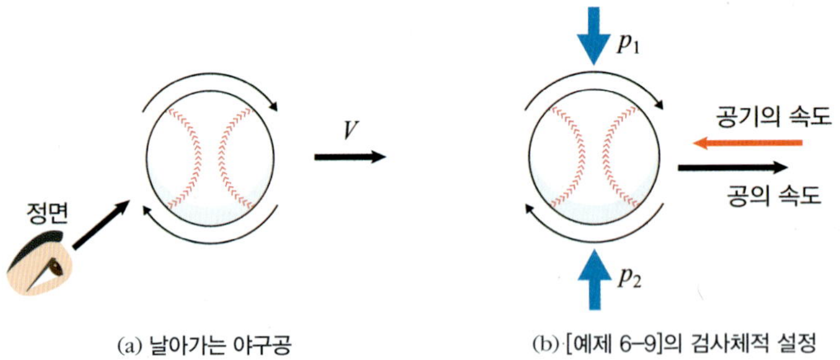

그림 6-32 날아가는 공의 변화와 베르누이방정식

분석

- 공의 변화를 설명하기 위해 식 (6.154)의 베르누이방정식을 적용한다. 단, 베르누이방정식 유도가정(정상유동, 비압축성유동, 무마찰유동, 유선을 따른 유동 등)이 타당한지 검토해야 한다.
- 속도와 압력의 관계를 물어보는 것이므로 [그림 6-32(b)]와 같이 유동장을 정의하고 야구공의 상부를 지점 ①, 하부를 지점 ②로 생각해 각각의 에너지 관계를 따져보면 된다.

풀이

- 지점 ①, 지점 ②는 모두 대기로 노출되어 대기압이지만 두 지점의 미세한 압력차를 따지는 것이므로 압력항은 상쇄되지 않는다. 더 나아가 식 (6.154)는 수평 방향이라고 가정했기 때문에 식 (6.163)과 같이 정리된다.

$$\frac{p_1}{\rho} + \frac{V_1^2}{2} = \frac{p_2}{\rho} + \frac{V_2^2}{2} \tag{6.163}$$

- 지점 ①에서는 속도와 공기의 저항 때문에 서로 상쇄되어 기류 속도가 감소할 것이다. 지점 ②에서는 공기의 속도가 공의 속도와 중첩되어 기류 속도가 증가하고 이로 인해 압력이 감소하는 현상을 관찰할 수 있다.
- 지점 ①의 에너지와 지점 ②의 에너지의 합이 같으므로 식 (6.163)으로부터 지점 ①의 압력은 속도에너지의 차이만큼 지점 ②의 압력보다 크게 된다.
- 그렇다면 공의 변화는 [그림 6-33]과 같아질 것이다.

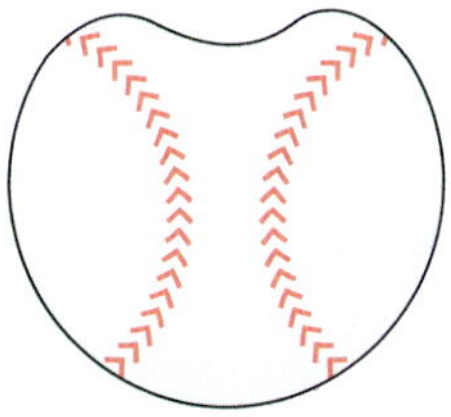

그림 6-33 힘의 차이로 나타나는 날아가는 공의 모양 변화

고찰

- 이 예제는 스포츠 관련 유동장에 있어 적용되는 베르누이방정식의 이해를 돕기 위한 문제로, 한쪽에서 임의의 에너지가 증가하면 다른 에너지가 감소한다는 것을 알 수 있다. 물론 실제 공은 딱딱하기 때문에 [그림 6-33]과 같이 변하지는 않을 것이다.
- 이렇게 베르누이방정식을 이용한다면 실내 환기 문제, 자동차 유동 문제, 소방 화재 등 많은 문제들을 쉽고 간단히 해결할 수 있다.
- 예를 들어 여름철, 겨울철 지하철 계단을 상상해보자. 실외가 더울 때와 추울 때 계단에 부는 바람의 방향이 다르다. 이는 계단 밑 실내와 공기의 온도 및 압력차가 나기 때문이다. 실내에서 실외로 바람이 불 때는 여름인지 겨울인지 생각해보자. 이런 현상을 트렌치 효과Trench Effect라 하며, 이를 통해 지하철 내 혹은 터널에 화재 시 불길이 어느 쪽으로 번지는지 파악할 수 있어 대피 경로 및 대피 방법을 결정하는 데 도움이 된다.

예제 6-10 베르누이방정식을 이용한 피톳 시스템

[그림 6-34]는 피톳 시스템Pitot-Static System으로, 비행기 왼쪽 날개 밑에 설치된 속도-고도 측정 시스템이다. 이 시스템은 베르누이방정식을 이용해 현재 비행 속도 그리고 현재 압력으로부터 고도를 예측하는 아주 중요한 장치 중 하나이다.[24] (a) 피톳 시스템과 베르누이방정식을 이용해 비행기의 속도와 고도를 측정하라. (b) [그림 6-34(e)]처럼 두 점 사이에 30 [mmHg]의 압력차가 발생했다면 그때의 속도를 구하라.

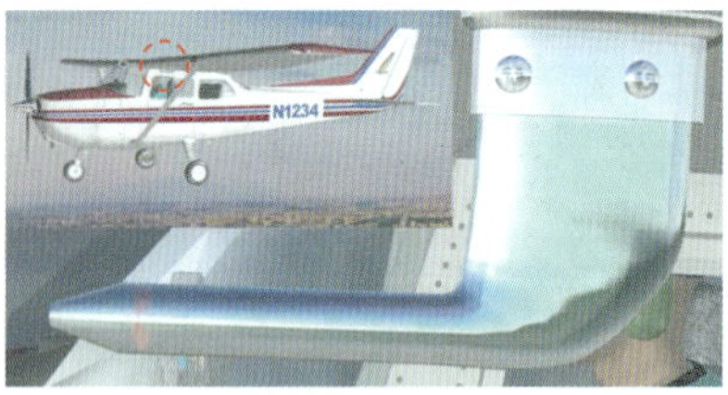

(a) 비행기에 설치된 피톳 시스템

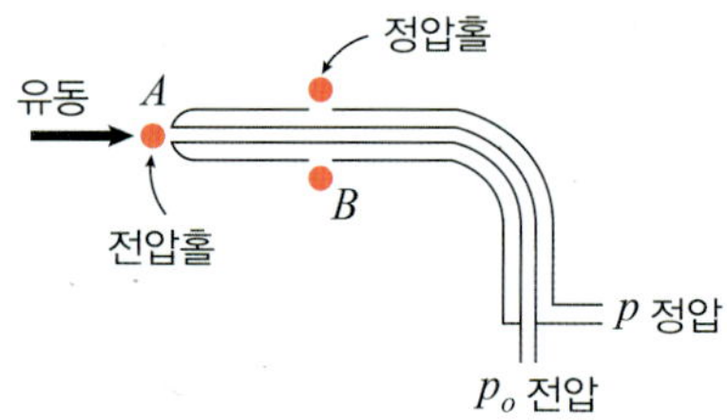

(b) 피톳 튜브의 구조 및 원리

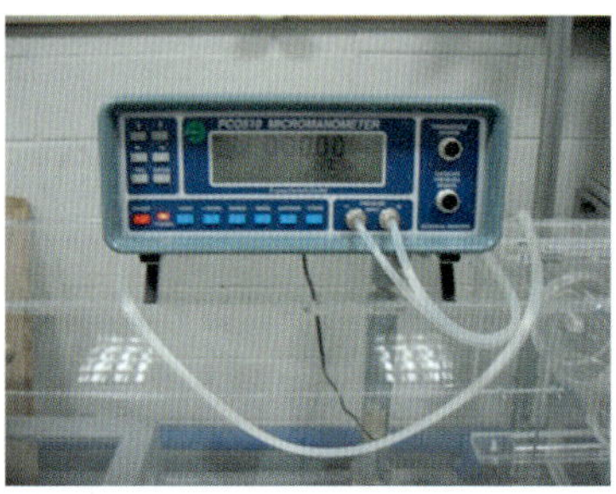

(c) 미세 압력차를 측정하기 위한 마이크로 마노미터

(d) 피톳 튜브

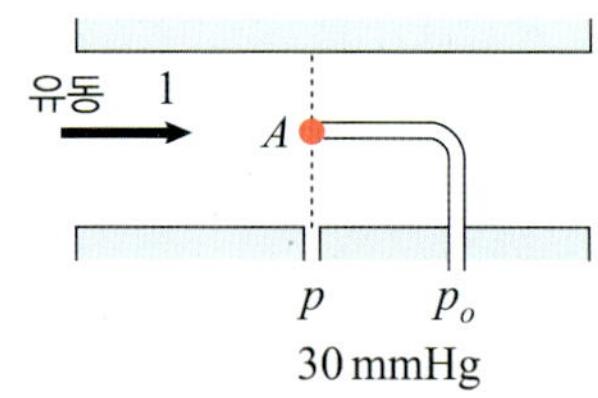

(e) 관내 유속을 측정하기 위해 설치한 피톳 튜브

그림 6-34 비행기에 설치된 피톳 시스템과 공학적 해석

분석

- 식 (6.154)의 베르누이방정식을 적용해 문제를 풀어야 한다.
- 정압과 전압의 압력차는 매우 작아서 [그림 6-24(d)]와 같이 마이크로 마노미터(특수 장비)로 측정해야 한다.[25]

24 이 시스템은 작은 비행기일 경우 날개에 설치하지만, 대형 비행기의 경우 비행기 헤드 근처에 설치한다. 이에 대한 자세한 내용은 10장에서 다룬다.

25 만약 마이크로 마노미터가 없는 경우 3장에서 다룬 수은 미압 마노미터를 사용하면 된다. 계측기의 종류보다는 압력측정 원리가 중요하다.

풀이

(a) 전단에서 유입되는 공기는 지점 A에 부딪혀 멈추게 되고, 지점 A의 속도는 0이 될 것이다. 이를 정체Stagnation 됐다고 표현한다.[26] 따라서 지점 A의 압력을 정체압Stagnation Pressure이라고 하고 이때의 속도를 정체속도($V_A = 0$)라 한다.

식 (6.154)를 문제에 적용하기 위해 식 (6.164)와 같이 정리하고, 정체압을 계산해보자.

$$\frac{p_A}{\rho} + \frac{V_A^2}{2} = \frac{p_o}{\rho} + \frac{V_o^2}{2} \tag{6.164}$$

식 (6.164)의 지점 A는 피톳 튜브 앞이지만, 하첨자 o는 어느 지점을 지칭하는 것일까? 일단 그곳은 유동이 없는 지점이라고 생각하자.

지점 A에서 속도 V_A는 정체점이기 때문에 0이 되고, 지점 o의 속도 V_o도 유동이 없는 지점이므로 0이 된다. 그렇다면 식 (6.164)는 식 (6.165)와 같이 변형된다.

$$p_A = p_o \tag{6.165}$$

식 (6.165)에서 보듯이 p_A는 정체압인 p_o압력과 같다. 여기서 유동이 없는 지점의 압력을 보통 전체압력 또는 전압Total Pressure이라고 한다. 즉 유동이 없을 때의 p_A 압력을 정체압 또는 전압이라 한다.

[그림 6-34(e)]처럼 지점 o에서 속도가 있고 속도 V_A가 0이기 때문에, 식 (6.164)는 식 (6.166)과 같이 변화할 것이다.

$$\frac{p_1}{\rho} + \frac{V_1^2}{2} = \frac{p_A}{\rho} \tag{6.166}$$

식 (6.166)에서 속도는 두 점의 압력차로 구할 수 있으므로 식 (6.167)과 같다.

$$V_1 = \sqrt{\frac{2(p_A - p_1)}{\rho}} \tag{6.167}$$

(b) [그림 6-34(e)]에서 두 점의 압력차가 30 [mmHg]라고 했으므로, 이를 식 (6.167)에 대입하면 식 (6.168)과 같이 정리할 수 있다. 단, 비행기에 적용된 유체는 공기이고 압력계가 수은 압력계라면 식 (6.168) 내 분모의 밀도는 수은으로 적용해야 한다.

$$V_1 = \sqrt{\frac{2\rho_{Hg}gh}{\rho_{air}}} = \sqrt{\frac{2 \times 13.6 \times 1000 \times 9.8 \times 0.03}{1.23}} = 80.6\,[\mathrm{m/s}] \tag{6.168}$$

26 당구를 칠 때 하얀 공으로 빨간 공을 정확히 맞추면 하얀 공은 멈추고 그 에너지가 전부 빨간 공으로 이동해 빨간 공만 움직인다. 이런 현상도 정체 현상의 예이다.

고찰

- 이 예제는 항공 산업에 적용된 베르누이방정식의 사례로, 방정식의 중요성을 설명하기 위한 문제이다.
- 식 (6.166)에서 식 (6.167)로 넘어가기 전 식을 검토하면 식 (6.169), 식 (6.170)과 같다. 식 (6.169), 식 (6.170)에서 우변은 압력 형태로, 좌변은 속도 형태로 주어졌다.

$$\frac{\rho V_1^2}{2} = p_2 - p_1 = p_o - p_1 \tag{6.169}$$

$$\frac{\rho V^2}{2} = \Delta p \tag{6.170}$$

- 두 식의 좌변에 속도 형태로 주어진 항을 동압Dynamic Pressure이라 부르며, 전압(p_o)에서 정압(p_1)을 빼준 것과 같다. 여기서 현재 고도에서 측정하는 압력을 정압Static Pressure이라 한다.
- 따라서 이런 피톳 시스템은 전압과 정압을 측정해 속도를 측정하고, 이를 다시 기준 대기압과 비교해 고도를 계산하게 된다.
- 식 (6.168)에서 공기 밀도는 표준 대기압과 상온을 기준으로 계산했는데, 실제로는 온도 및 고도에 따른 밀도 변화를 고려해 계산해야 한다.

SECTION 6.6

CFD

- ✔ CFD의 개념을 이해한다.
- ✔ CFD의 결과가 가지는 한계에 대해 알아본다.

유체의 움직임을 미분적으로 표현한 방정식이 N-S 방정식이다. 이 방정식으로 수학적 엄밀해를 구할 수 있는지는 아직 알려지지 않았다. 이에 사용자가 관심 있는 영역에 한정해 여러 공학적인 가정을 덧붙여 수치적으로 근사해를 구하는 것이 전산유체역학이다.

컴퓨터로 문제를 풀기 위해서는 먼저 비선형 미분방정식을 [그림 6-35]와 같이 공간 도메인Spatial Domain을 매우 작게 나눈 공간 격자Volume Mesh 또는 Grid와 함께 대수방정식의 형태로 변경해야 한다. 이러한 과정을 이산화Decartelization 과정이라 하며, 방법에 따라 유한차분법Finite Difference Method, 유한요소법Finite Element Method, 유한체적법Finite Volume Method 등으로 나눈다.

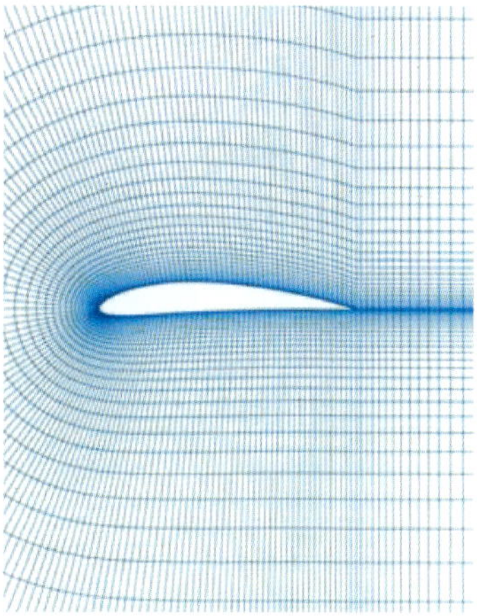

그림 6-35 비행기 익형을 풀기 위한 2차원 격자

CFD를 통해 정확한 결과를 얻으려면 수치해석 모델뿐만 아니라 계산을 위한 격자도 잘 고려해야 한다. 예를 들어 [그림 6-35]와 같이 큰 공간을 작게 자르고, 이러한 작은 공간의 연속적인 흐름을 만들어주어야 한다. 격자를 많이 넣어 아주 작게 쪼갠다면 더 정확한 결과를 기대할 수 있으나, 그만큼 많은 연산량이 요구된다.

1990년까지는 이산화방정식을 직접 프로그래밍해 사용Self Code 또는 Inhouse Code했으나, 21세기에 들어서는 [그림 6-35]와 같이 복잡하고 어려운 문제들을 풀기 위해 계산이 발산Divergence하지[27] 않으면서도 정확하게 풀 수 있는 상용프로그램Commercial Code을 이용하는 추세이다.

[그림 6-36]은 CFD를 통한 해석 예를 나타낸 것으로, [그림 6-36(a)]는 펌프 입구에서 스트레이너 설치 유무에 따른 스월 성분의 발생 여부를 판단한 해석 결과이다. [그림 6-36(b)]는 상수도 설비에서 주입된 오존 가스가 용해주관 단면에서 혼합이 잘 되는지 파악하기 위해 체적비 등고선을 비교한 것이다.

27 여기서 다이버전스는 식 (6.60)에서 의미하는 *div*와는 다른 개념이다. 여기서 사용된 발산은 반복적 계산 시 해가 수렴되지 않고 값이 점점 커지는 것으로 잘못된 경우를 의미한다.

CFD의 결과는 N–S 방정식으로 직접 구한 엄밀해가 아니고 주어진 경계조건, 가정과 반복 과정을 통해 구한 해이므로, [그림 6–36]에서 주어진 결과들은 신뢰성을 보장할 수 없다. 따라서 반드시 실험 결과와 함께 신뢰성을 검증해야 한다.

이와 같은 이유로 CFD 단독 해석의 경우 그 정확도를 섣불리 장담할 수 없다. 후처리된 결과 파일만 보면 다채로운 색상으로 인해 전문적으로 보이기 때문에 때때로 CFD 전공자들도 CFD를 'Colorful Fluid Dynamics'라고 부르는 경우가 있으므로 주의해야 한다.

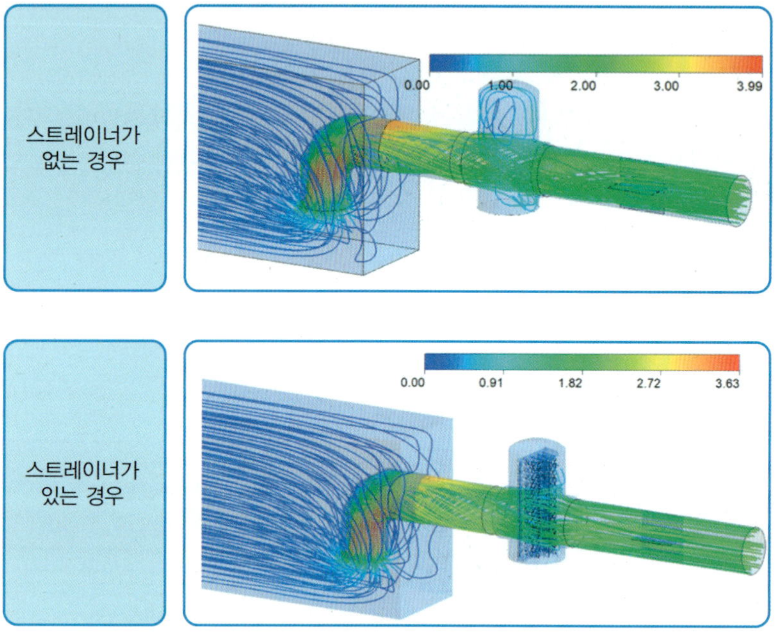

(a) 스트레이너 유무에 따른 유선분포

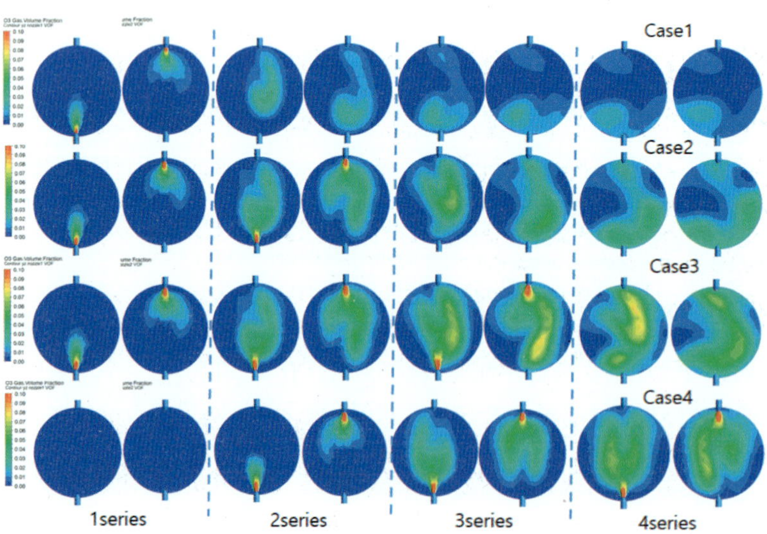

(b) 용해주관 단면에서의 오존 가스 체적비 등고선 비교

그림 6-36 CFD 해석 예

■ 연속방정식 등 기본 개념

6.1 다음 중 3차원 비압축성유동 정리로 옳은 것은?

㉮ $u = 5x^2 + 5xyz$, $v = -4xy + 10x^3y^3z^3$, $w = x^2y^5 + z^3$
㉯ $u = x^2y^2z^2t^2$, $v = -3xyzt^2$, $w = 5z^3xt^4 - 5z^3yt^4$
㉰ $u = 6x^2 + 10xy$, $v = -xz^2 + 2xyz + x^3y^3z^3$, $w = x^2z^3 + 10xyz + 8z^3$
㉱ $u = x^2 + 2y + z^2$, $v = x - 2y + z$, $w = -2xz + y^2 + 2z$

6.2 다음의 속도장 중에서 2차원 비압축성유체 방정식을 만족하는 것은? 단, u는 x방향의 속도 성분, v는 y방향의 속도 성분이다.

㉮ $u = 4xy + y^2$, $v = 6xy + 3x$
㉯ $u = 2x^2 - y^2$, $v = -4xy$
㉰ $u = 2x^2 - y^2$, $v = -4xy$
㉱ $u = 4xy - y^2$, $v = -4xy$

6.3 속도 성분이 $u = z(3x^2 - z^2)$, $v = 0$, $w = x(x^2 - 3z^2)$인 유동을 고려할 때 (a) 유동의 차원수를 구한 후, (b) 압축성 여부를 판단하라.

6.4 [그림 6-37]에 나타낸 음영 부분의 면적은 속도장이 $\vec{V} = ax\vec{i} + by\vec{j}$ $(a = b = 1s^{-1})$로 주어지는 유동장 내에 있으며, 좌표 단위는 [m]이다. 음영 부분의 면적$\left(z = 3 - \dfrac{3}{4}x\right)$을 통과하는 체적유량과 운동량 플럭스를 구하라. 단, $\rho = 1\,[\text{kg/m}^3]$로 가정한다.

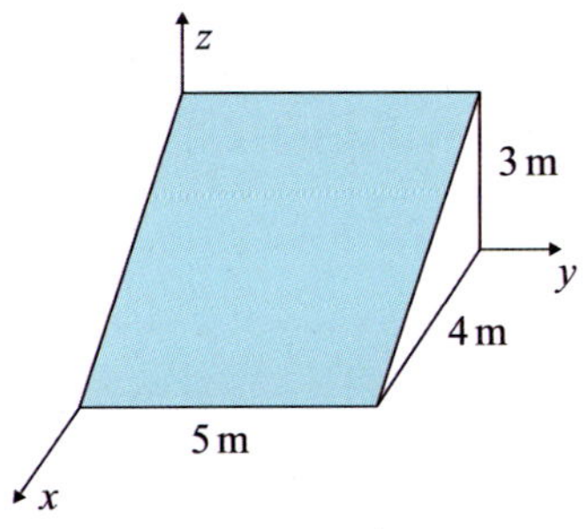

그림 6-37

■ 유체입자의 운동

6.5 속도장이 $u = 3y^2$, $v = 5x$, $w = 0$으로 정의된다. 점 $(2, 4, 0)$에서의 (a) 속도, (b) 국소 가속도, (c) 대류 가속도를 구하라.

6.6 $\overrightarrow{V} = xy^3\vec{i} - \frac{1}{4}y^4\vec{j} + xy\vec{k}$로 주어진 유동장에서 (a) 유동의 차원 수를 구한 후 (b) 비압축성유동 여부를 판단하라. 또한 (c) 점 $(x, y, z) = (2, 3, 4)$에서 유체입자의 가속도를 구하라.

6.7 점성계수를 무시할 수 있는 어떤 비압축성 액체가 지름이 일정한 수평 파이프를 통해 정상유동하고 있다. 길이 $L = 0.3\,[\mathrm{m}]$이고 배관내 축 방향 속도는 균일하게 $u(x) = U(1 - x/2L)$이며, 이때 $U = 5\,[\mathrm{m/s}]$이다. 다공성 구간 중심선을 따라 이동하는 유체입자의 가속도에 대한 식을 유도하라.

6.8 2차원 속도장이 $u = x$, $v = -y$와 같이 주어졌을 때 유선방정식을 구하라. 단, 직각좌표계에서 u, v는 x, y방향의 속도 성분을 나타내며 C는 임의의 상수이다.

6.9 2차원 유동장에서 속도벡터가 $\overrightarrow{V} = 6y\vec{i} + 2x\vec{j}$일 때, 점 (3, 5)를 지나는 유선의 기울기를 구하라.

6.10 유동이 속도장 $\overrightarrow{V} = ay^2\vec{i} + b\vec{j}$로 주어졌다. 여기서 $a = 2$, $b = 3$이고, 좌표의 단위는 [m]이다. 이때 (a) 점 (8, 8)을 지나는 유선의 식을 구하라. 또한 (b) $t = 0s$에 점 (1, 6)을 지난 입자가 $t = 2s$가 됐을 때의 좌표를 구하고, (c) $t = 2s$에서 $(-4, 0)$을 지난 입자의 $t = 4s$일 때 좌표를 구하라.

6.11 속도장이 다음과 같을 때, 이 유동의 압축성 여부와 회전 여부를 판단하라.

$$V = (x^9 - 35x^7y^4 + 45x^2y^8 - 9xy^6)\vec{i} + (9x^8y - 40x^5y^4 + 35x^3y^7 - y^9)\vec{i}$$

6.12 직각좌표계 (x, y, z)상에서 $u = 3xy + z^2$, $v = 2x^2 + 5yz$, $w = 4y^2 + 3zx$의 속도 성분을 갖는 3차원 유동장이 있다. 이때 소용돌이의 x성분을 구하라.

6.13 정상, 2차원, 비압축성유동장의 속도 성분이 $u = 2y$, $v = 4x$일 때 가장 간단한 유동함수(Ψ)의 형태를 구하라.

6.14 유동함수가 $\psi = -A/2\pi(x^2 + y^2)$인 유동장이 있고, A는 일정하다. 이 유동의 압축성 여부와 회전 여부를 구하라.

■ 나비에-스토크스 방정식

6.15 [그림 6-38]과 같이 높이가 $2h$인 무한 평판 사이에 비압축성유체가 완전히 발달된 유동으로 흐르고 있다. 상판의 속도는 V_0이고, $-dp/dx$의 역압력구배가 흐른다. 즉 x방향에 따라 압력이 감소된다. 이때 (a) 평판 사이의 속도분포를 구하고, (b) 유량이 0일 때 압력구배를 구하라.

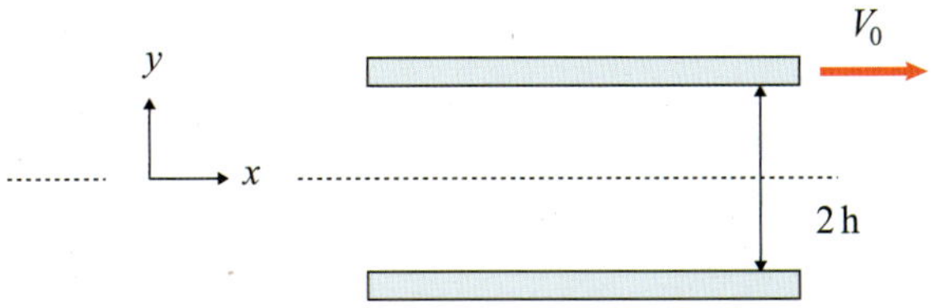

그림 6-38

6.16 [그림 6-39]와 같이 수직 무한 평판 사이로 비압축성유체가 완전히 발달된 유동으로 흐르고 있다. 상판의 속도는 V_0이고, $-dp/dx$의 역압력구배가 흐른다. 여기서 속도는 오로지 y방향의 함수 $(u = 0)$이고 압력구배는 y방향에 따라 일정함을 증명하라.

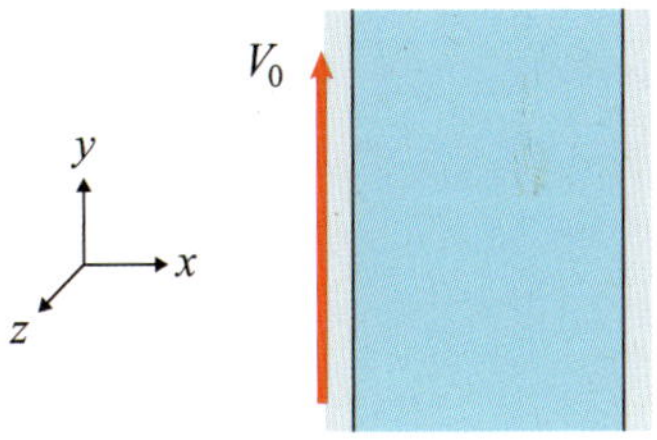

그림 6-39

■ 오일러방정식과 베르누이방정식

6.17 다음 중 오일러방정식의 유체유동에 대한 관계로 옳은 것은?

㉮ 유동장의 한 점에 있어 어떤 순간에 한 점을 통과하는 유체 분자의 가속도와 그것에 미치는 힘과의 관계를 표시한다.
㉯ 유체가 가지는 에너지와 유체의 일과의 관계를 표시한다.
㉰ 유선에 따른 유체의 질량이 어떻게 변화하는지를 표시한다.
㉱ 유체 분자의 운동 경로와 힘의 관계를 나타낸다.

6.18 [그림 6−40]과 같이 직각으로 된 유리관을 흐르는 물에 놓았을 때 수면으로부터 올라온 높이가 10 [cm]이다. 이곳에 흐르는 물의 속도를 구하라.

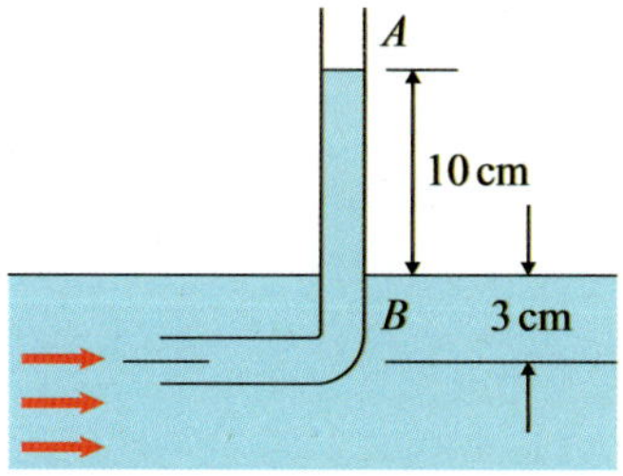

그림 6-40

6.19 [그림 6−41]과 같은 사이펀에 물이 흐르고 있다. 사이펀의 안지름은 5 [cm]이고, 물탱크의 수면은 항상 일정하게 유지된다고 가정한다. 수면으로부터 출구 사이의 총 손실헤드가 1.5 [m]이면, 사이펀을 통해 나오는 유량은 얼마인가?

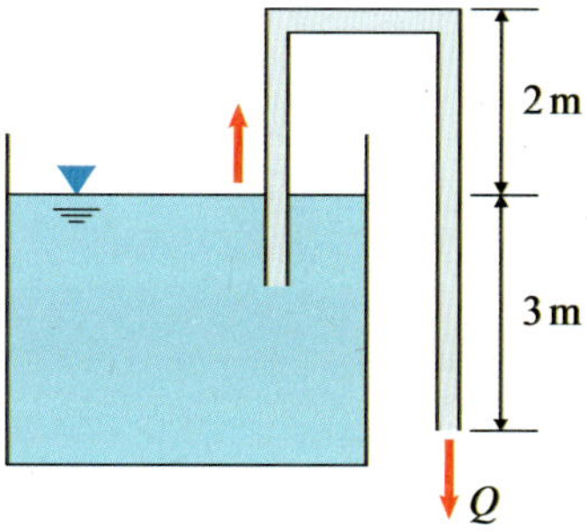

그림 6-41

6.20 [그림 6−42]와 같이 사이펀에 의해 용기 속의 물이 매분 4.8 [m^3/min]씩 방출된다고 할 때, 사이펀의 내의 손실헤드를 구하라.

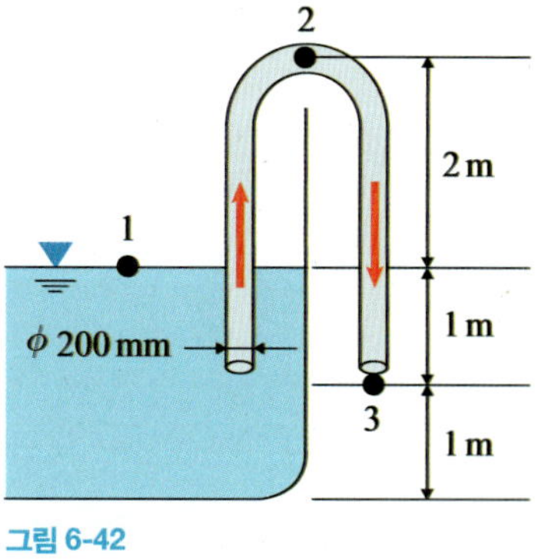

그림 6-42

PART 4

차원해석과 모형해석

Chapter 07_차원해석과 무차원수

Chapter 08_모형해석과 상사성

5장과 6장에서 다룬 내용은 단순한 형상과 간단한 경계조건에서 해석되는 이론적 연구로, 전체 유체역학(유체유동) 문제의 약 1/3을 차지한다. 나머지 2/3에 해당하는 유체유동 문제는 그 복잡함으로 인해 해석적으로 풀 수 없으므로 반드시 실험을 통해 해석해야 한다. 실험을 통해 얻은 데이터를 간결하면서 경제적인 형태의 무차원 형태 함수와 그래프로 표현할 수 있는데, 이것으로 실험 결과의 추세와 변화율을 관찰 및 해석할 수 있다.

PART 4에서는 차원해석과 상사성에 대해서 다룬다. 7장에서는 실험에 대한 계획, 실행 및 해석 등을 다룬다. 차원해석은 일종의 기법을 이용해 주어진 물리적 현상에 영향을 미치는 실험변수의 양과 복잡성을 줄이는 방법으로, 유체역학뿐만 아니라 공학, 물리학, 생물학 및 사회과학에서도 많이 사용된다.

8장에서는 제작 이전 단계의 성능을 예측하는 방법을 다룬다. 스케일과 비용 부담이 커 실험을 직접 수행할 수 없는 경우, 상사 모델 개념으로 실험실에서 연구를 수행한다. 이러한 모델 연구를 통해 자동차, 항공기, 선박 등은 유동현상을 쉽게 예측할 수 있다.

PART 1~4의 이론과 PART 5의 실험 방법까지가 유체역학의 전반기 과정(유체역학 Ⅰ)이다.

이 사진은 파고가 있는 유동 위에 종이배가 떠 있는 모습이다. 파도에 의해 배가 전복되지 않기 위한 안전성 문제는 무차원수인 프라우드수(Fr수)에 따라 달라진다. 7장에서는 실험적 해석 방법인 차원해석과 다양한 무차원수를 다룬다.

CHAPTER 07

차원해석과 무차원수

Dimensional Analysis and Non-Dimension Variable

차원해석 7.1

차원해석 방법 7.2

무차원수 7.3

연습문제

학습목표

- 차원해석의 개념을 학습한다.
- 차원해석 방법인 Power Product Method와 버킹엄이 파이 정리를 학습한다.
- 유체역학에서 많이 사용되는 무차원수에 대해 학습한다.

SECTION 7.1

차원해석

✔ 실험적 해석 방법인 차원해석의 이론을 학습한다.
✔ 차원해석 시 알아야 할 단위와 차원의 개념을 복습한다.

7.1.1 차원해석이란?

유체역학 문제를 해석하는 방법으로는 2장에서 설명했듯이 **해석적 방법**AFD, **컴퓨터를 이용한 해석 방법**CFD, **실험적 방법**EFD이 있다. 해석적 방법과 컴퓨터를 이용한 해석 방법은 5, 6장에서 다루었고, 7장에서는 실험적 방법에 관한 내용을 다룰 예정이다.

물리적으로 복잡한 유체 문제들은 반드시 실험을 통해 해석해야 한다. 이러한 실험은 계획부터 제대로 진행되어야 하며, 주어진 조건에서 최소의 실험으로부터 최대의 정보를 얻을 수 있게 계획해야만 한다. 이러한 방법을 **차원해석**Dimensional Analysis이라 한다.

예를 들어 [그림 7-1]과 같이 공기 중을 날아가는 구(공)에 작용하는 항력을 구하는 실험을 해보자. 구에 작용하는 항력은 식 (7.1)과 같이 4개의 변수, 즉 구의 지름(D), 속도(V), 유체의 밀도(ρ), 유체의 점성계수(μ)에 좌우된다.[1]

$$F = f(D,\ V,\ \rho,\ \mu) \tag{7.1}$$

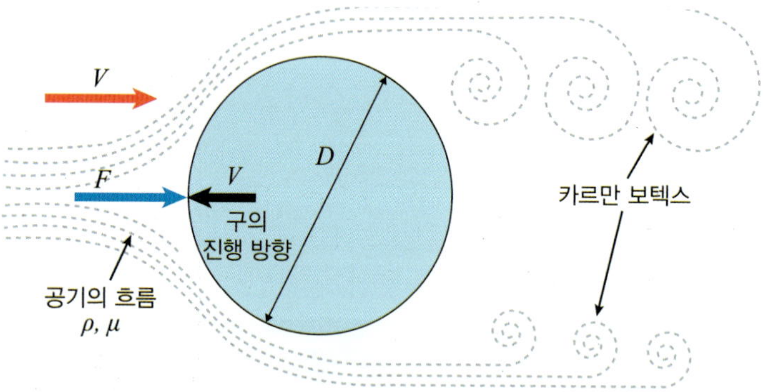

그림 7-1 공기 중을 날아가는 구에 작용하는 항력

1 구의 항력을 좌우하는 변수는 더 많을 수 있지만, 설명을 위해 4개로 한정한다. 또한 1장에서 학습한 물리량의 개념, 단위와 차원을 상기해보자.

[그림 7-2(a)]와 같이 변수 4개 중 3개(D, ρ, μ)가 일정하다고 가정한다면, 속도 V에 따라 구의 항력(F)은 증가하는 경향을 나타낸다. 그러나 4개 변수의 관계를 어떻게 가정하는가에 따라 나머지 그림에서 보듯이 항력(F)은 증가하기도 하고 감소하기도 하기 때문에 이를 간단히 해석할 수 없다.

즉 [그림 7-2]와 같이 각각의 변수는 서로 영향을 주고받기 때문에 1개 변수를 고립화Isolated 한 다른 변수들에 의한 항력을 해석하기 위해 실험을 실시해야 한다. 이 실험의 수행횟수는 약 10^4번이고 평균적으로 2.5년의 실험기간이 걸린다.

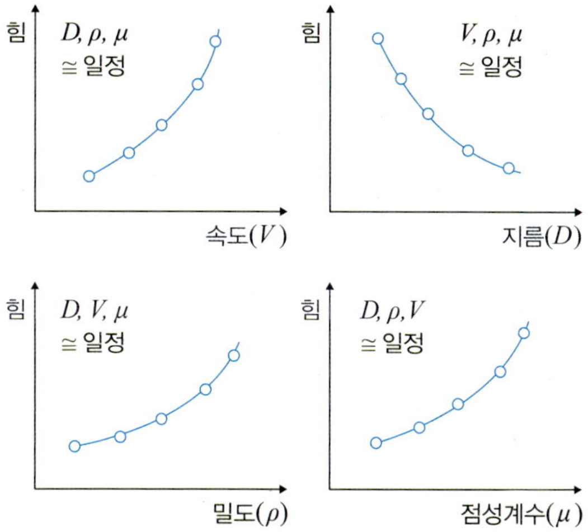

그림 7-2 주어진 변수에 따라 변화하는 구의 항력 (다른 변수는 고정함)

이때 차원해석이라는 방법을 이용하면 긴 기간의 수많은 실험을 거치지 않고 간단히 해석할 수 있다. 즉 식 (7.1)을 독립변수(Re 수)인 무차원 변수Dimensionless Variable의 관계, 식 (7.2)와 같이 표현할 수 있다.

$$\frac{F}{\rho V^2 D^2} = f\left(\frac{\rho VD}{\mu}\right) = f(Re) \tag{7.2}$$

이로부터 연구자들은 [그림 7-3]과 같이 4개 함수에 따른 경향을 1개의 그래프로 정리했고, 그 결과 구에 작용하는 항력이 Re 수에 따라 감소하고 있음을 밝혔으며 이전과 같이 총 10^4번의 실험을 모두 수행할 필요 없이 Re 수에 따라 간단히 진행될 수 있음을 제시했다. 여기서 식 (7.2)를 레이놀즈수(Re 수)라 하며, 모든 유동장에서 대표적으로 사용되는 무차원수이다.

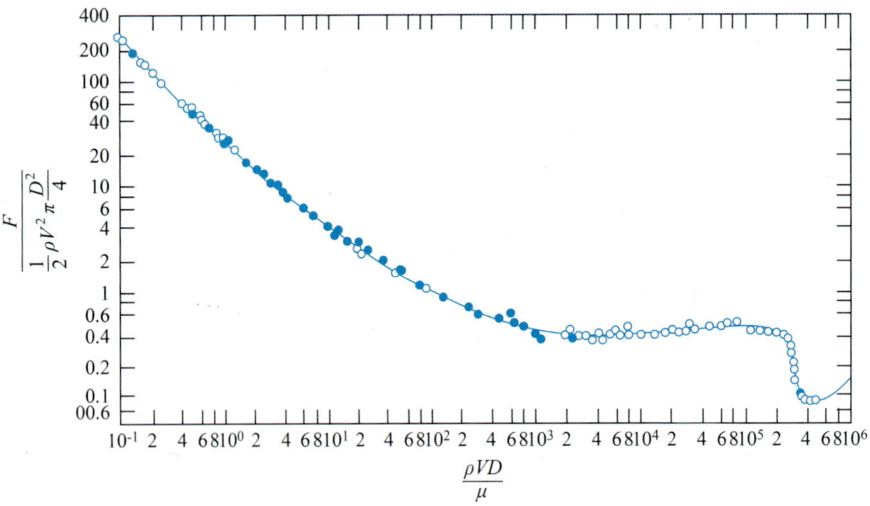

그림 7-3 Re 수 변화에 따라 구에 작용하는 항력

결론적으로 차원해석은 주어진 물리적 현상에 영향을 미치는 실험변수의 양과 복잡성을 줄이는 방법이다. 따라서 문제를 실험적으로 해결해야 할 때, 실험체계를 세우기 위해 먼저 수행해야 할 수단이기도 하다.[2]

Think_01

[그림 7-1]은 공기 중에 공(구)이 날아갈 때 힘을 받는 것을 도식화한 것이다. 그림에서 볼 수 있듯이 구에 작용하는 항력은 속도에 관한 함수이다. 그렇다면 여기서 속도가 공기의 속도인지, 공의 속도인지 생각해보자. 또한 실험에서 해당 공이 움직일 때 실험을 할 수 있는지 생각해보자.

2 차원해석은 유체역학뿐만 아니라 모든 공학 및 물리학, 생물학, 사회과학에서도 많이 사용된다.

7.1.2 단위와 차원

차원해석을 하기 위해서는 우선 단위와 차원을 정확히 이해해야 한다. **단위는 물리량을 양적으로 표현**한 것이고, **차원은 물리 현상의 특징을 규정하는 기본적 표현**을 의미하는 것으로, 단위를 일반화한 것이다.

[표 7-1]은 유체역학에서 많이 사용하는 단위와 차원을 나타낸 것으로, [표 1-3]과 [표 1-4]를 차원해석을 위해 한 번 더 정리한 것이다. 단위에는 기본 단위인 길이, 시간, 질량이 있으며, 기본 단위로부터 유도할 수 있는 유도 단위가 있고, 이에 따른 차원을 정리했다.

표 7-1 유체역학에서 많이 사용하는 단위와 차원

변수	심볼	SI 단위	차원 MLT [3]
길이	L	m	L
면적	A	m^2	L^2
체적	$\forall$	m^3	L^3
속도	V	m/s	LT^{-1}
가속도	a	m/s^2	LT^{-2}
각도	θ	deg	–
각속도	ω	s^{-1}	T^{-1}
체적유량	Q	m^3/s	L^3T^{-1}
질량유량	$\dot{m}$	kg/s	MT^{-1}
밀도	ρ	kg/m^3	ML^{-3}
절대점성계수	μ	Pa·s	$ML^{-1}T^{-1}$
힘, 무게	F	$1N(kg_f) = 1 kg \cdot m/s^2$	MLT^{-2}
압력	p	$1 Pa = 1 N/m^2$	$ML^{-1}T^{-2}$
일, 에너지	W, E	1J = 1N·m	ML^2T^{-2}
동력	P	1W = 1J/s	ML^2T^{-3}

수식에 나타나는 물리량들은 [표 7-1]과 같이 각기 차원(단위)을 가지고 있으며, 이들의 조합으로 이루어진 항들 역시 특정한 차원을 갖는다. 수식에는 등호를 중심으로 좌변과 우변이 있고, 각 변은 하나 또는 여러 개의 항으로 이루어진다. 여기서 중요한 것은 수식을 이루는 각 항은 모두 같은 차원과 같은 단위를 가져야 한다는 점이다. 이를 차원의 동차성Dimensional Homogeneity이라 한다. 간단한 정리이긴 하지만 차원해석에 있어서 가장 중요한 이론이므로 잘 기억하자.

3 M은 질량이고 L은 길이를 나타낸다. T는 시간을 나타내는데 온도와 혼동하면 안 된다.

SECTION 7.2

차원해석 방법

✔ 차원해석을 수행하는 두 가지 방법을 학습한다.
✔ 두 가지 방법을 비교해보고, 그 사이의 관계를 이해한다.

7.2.1 Power Product Method[4]

Power Product Method는 차원해석을 가장 간단히 진행할 수 있는 방법으로, 차원의 동차성 적용과 지수 법칙을 이용해 산출하는 방법이며 다음과 같이 크게 세 단계로 진행된다.

[1단계] 관련 함수 나열하기
[2단계] 급수로 물리량 표현하기
[3단계] 실험으로부터 비례상수식 정리하기

이 단계를 바탕으로 [그림 7-4]와 같은 비압축성 점성유체의 원관 내 압력 강하 관계식을 유도해보자.

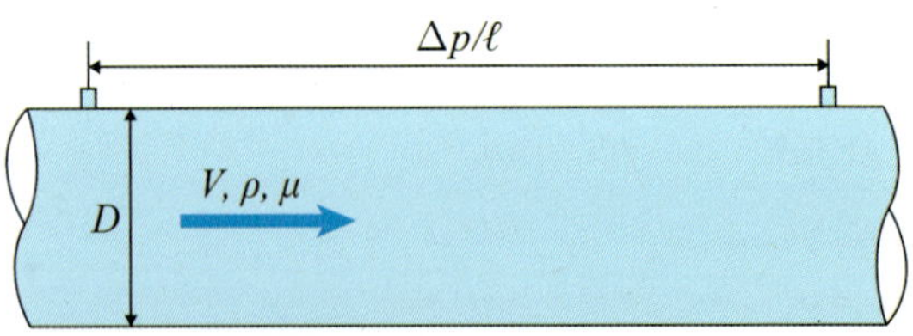

그림 7-4 비압축성 점성유체의 원관 내 압력 강하

[1단계] 관련 함수 나열하기

우선 원관 내 압력 강하 수식을 식 (7.3)과 같이 정리해야 한다. 이를 위해 관심 있는 **종속변수를 좌변에 두고**, 관련된 **독립변수들의 물리량을 우변에 정리한다.** 식 (7.3)에서 열거된 물리량들의 차원은 [표 7-1]을 이용해 다음과 같이 정리해야 한다.

4 Power Product Method를 '멱접법'이라 번역해 사용하는데, 한글 용어로 번역 시 그 뜻이 명확하지 않기 때문에 이 책에서는 영문 그대로 사용한다.

$$\frac{\Delta p}{\ell} = f(D,\ V,\ \rho,\ \mu) \tag{7.3}$$

$$\frac{\Delta p}{\ell} = \left[\frac{ML^{-1}T^{-1}}{L}\right] = [ML^{-2}T^{-1}]$$
$$D = [L]$$
$$V = [LT^{-1}]$$
$$\rho = [ML^{-3}]$$
$$\mu = [ML^{-1}T^{-1}]$$

[2단계] 급수로 물리량 표현하기

중요변수들의 차원이 서로 상이해 차원의 동차성 원리에 의해 어떤 물리량을 더하거나 뺄 수가 없으므로, 식 (7.3)에서 언급된 물리량을 식 (7.4)와 같이 급수로 표현해야 한다. 이후 식 (7.5)와 같이 급수로 정리해야 하고 기본 단위인 질량(M), 길이(L), 시간(T)으로 좌변과 우변을 비교해 정리하면 된다.

$$\left(\frac{\Delta p}{\ell}\text{의 차원}\right) = (D\text{의 차원})^a\,(V\text{의 차원})^b\,(\rho\text{의 차원})^c\,(\mu\text{의 차원})^d \tag{7.4}$$

$$(ML^{-2}T^{-1}) = (L)^a(LT^{-1})^b(ML^{-3})^c(ML^{-1}T^{-1})^d \tag{7.5}$$
$$M:\ \ 1 = c + d$$
$$L:-2 = a + b - 3c - d$$
$$T:-2 = -b - d$$

위의 정리된 3개의 방정식으로 4개의 변수($a,\ b,\ c,\ d$)를 구하기 어려우니 변수 d로 $a,\ b,\ c$를 다음과 같이 정리하고, 이를 식 (7.5)에 대입하면 식 (7.6)이 구해진다.

$$a = -1 - d$$
$$b = 2 - d$$
$$c = 1 - d$$
$$\frac{\Delta p}{\ell} = KD^{-1-d}V^{2-d}\rho^{1-d}\mu^d \tag{7.6}$$

식 (7.6)에는 비례상수 K를 사용했는데, 이는 종속변수와 독립변수의 값이 동일하지 않고 비례 관계를 갖는다는 것을 의미한다. 여기서 비례상수는 모든 차원해석에서 항상 생성된다.

[3단계] 실험으로부터 비례상수식 정리하기

마지막으로 **식 (7.6)의 지수들을 식 (7.7)과 같이 정리**한다. 식 (7.7)을 정리할 때 지수의 형태는 상수와 미지수 d로 구분된다.

$$\frac{\Delta p}{\ell} = K\frac{\rho V^2}{D}\left(\frac{\mu}{\rho VD}\right)^d = K\frac{\rho V^2}{D}\left(\frac{1}{Re}\right)^d \tag{7.7}$$

식 (7.7)에서 나타낸 미지수 K와 d는 실험으로 구하면 된다. K와 d는 상수이므로 압력 강하에 비례해 영향을 주기 때문에 이를 무시한다면 원관 내 길이당 압력 강하는 밀도와 속도의 제곱에 비례하고 관 지름에 반비례함을 알 수 있다. 또한 Re수에 d승만큼 반비례함을 알 수 있다.

7.2.2 버킹엄의 파이 정리

차원해석을 진행하는 방법 중 가장 많이 사용되는 것은 1915년 버킹엄Buckingham이 정리한 파이(Π) 정리이다. **주어진 물리현상에 관여하는 무차원수를 찾아내는 방법**으로, Power Product Method와 약간 차이가 있으나 결론적으로는 동일한 개념이다.

버킹엄의 파이 정리는 [표 7-2]와 같이 8단계로 진행한다. Power Product Method와 비교하기 위해 원관 내 길이당 압력 강하 수식을 구하는 방법을 예시로 들었다.

표 7-2 버킹엄의 파이 정리 8단계

단계	관련 내용	원관 내 압력 강하 수식
1단계	관련 함수 n개를 음함수Implicit Function 형태로 일반화해 나열한다.	$\frac{\Delta p}{\ell} = f(D, \rho, V, \mu) \rightarrow f(V, \rho, \Delta p, \ell, d, \mu) = 0$ $\therefore n = 6$
2단계	각 물리량을 MLT 또는 FLT에 맞는 기본 차원으로 정리한다.	식 (7.3) 참조
3단계	반복변수(m)를 선택한다. m은 중요한 물리량인 기본 차원(L, V, M)을 선택한다.	반복변수(V, ρ, D)를 선택하면 $m = 3$이다.
4단계	$n-m$을 계산해 Π개수를 정의한다.	Π수 : $n - m = 6 - 3 = 3$
5단계	Π의 MLT의 지수가 0이 되도록 해 Π_1, Π_2, …을 결정하고, a, b, c를 계산한다.	$\Pi_1 = V^a\rho^b D^c \ell \rightarrow \Pi_1 = V^0\rho^0 D^{-1}\ell$ $\Pi_2 = V^a\rho^b D^c \Delta p \rightarrow \Pi_2 = V^{-2}\rho^{-1}d^0 \Delta p$
6단계	남아 있는 독립변수에 대해 5단계를 반복한다.	$\Pi_3 = V^a\rho^b D^c \mu \rightarrow \Pi_3 = V^{-1}\rho^{-1}D^{-1}\mu$
7단계	구해진 Π항이 무차원(차원이 없는지)인지 체크한다.	$\Pi_1 = \frac{\ell}{D}$, $\Pi_2 = \frac{\Delta p}{\rho V^2}$, $\Pi_3 = \frac{\mu}{\rho VD}$
8단계	Π항끼리 관계로부터 상호 곱을 통해 최종식을 구하고, 그것이 서로 어떤 관계식을 갖는지 생각한다.	$f(\Pi_1 \cdot \Pi_2 \cdot \Pi_3) = f\left(\frac{\ell}{d} \times \frac{\Delta p}{\rho V^2} \times \frac{\rho VD}{\mu}\right)$ $\frac{\Delta p}{\ell} = f(Re)\frac{\rho V^2}{d}$

보통 반복변수 m은 다음과 같은 기준을 이용해 선택한다. 이때 가능한 한 아래의 변수에서 각각 하나씩을 선택한다.

① 크기를 대표하는 물리량 예 d, L, A
② 운동학적 조건을 대표하는 물리량 예 V, Q
③ 질량이나 힘에 관련된 물리량 예 ρ, M, F, g

[표 7-2]의 3단계에서 반복변수는 ① **크기를 대표하는 물리량**으로는 d, ② **운동학적 조건을 대표하는 물리량**으로는 V, ③ **질량이나 힘에 관련된 물리량**으로는 ρ를 선택했고 따라서 $m=3$이 된다.[5]

따라서 5단계와 6단계에서와 같이 이를 식 (7.8), 식 (7.10), 식 (7.12)와 같이 반복변수에 따라 정리하고, 해당 지수를 정리한다면 식 (7.9), 식 (7.11), 식 (7.13)과 같이 3개의 무차원수를 얻을 수 있다. 이렇게 구해진 무차원수의 관계는 식 (7.14)와 같고 8단계에서 의미 있는 수식으로 식 (7.15)와 같이 정리하면, 최종적으로 식 (7.16)과 같이 원관 내 길이당 압력 강하 수식을 얻을 수 있다.

$$\begin{aligned}\Pi_1 &= V^a\rho^b D^c \ell = M^0L^0T^0 \\ &= L^{-a-3b+c+1}M^bT^{-a} = M^0L^0T^0\end{aligned} \tag{7.8}$$

$$a-3b+c+1=0,\ b=0,\ a=0 \ \rightarrow\ c=-1$$

▶ 첫 번째 무차원수 $$\Pi_1 = V^0\rho^0D^{-1}\ell \ \rightarrow\ \Pi_1=\frac{\ell}{D} \tag{7.9}$$

$$\begin{aligned}\Pi_2 &= V^a\rho^b D^c \Delta p = M^0L^0T^0 \\ &= L^{a-3b+c-1}M^{b+1}T^{-a-2} = M^0L^0T^0\end{aligned} \tag{7.10}$$

$$a-3b+c-1=0,\ b=-1,\ a=-2 \ \rightarrow\ c=0$$

▶ 두 번째 무차원수 $$\Pi_2 = V^{-2}\rho^{-1}d^0\Delta p \ \rightarrow\ \Pi_2=\frac{\Delta p}{\rho V^2} \tag{7.11}$$

$$\begin{aligned}\Pi_3 &= V^a\rho^b D^c \mu = M^0L^0T^0 \\ &= L^{a-3b+c-1}M^{b+1}T^{-a-1} = M^0L^0T^0\end{aligned} \tag{7.12}$$

$$a-3b+c-1=0,\ b=-1,\ a=-1 \ \rightarrow\ c=-1$$

▶ 세 번째 무차원수 $$\Pi_3 = V^{-1}\rho^{-1}D^{-1}\mu \ \rightarrow\ \Pi_3=\frac{\mu}{\rho VD} \tag{7.13}$$

$$f(\Pi_1,\ \Pi_2,\ \Pi_3) = f\left(\frac{\ell}{d},\ \frac{\Delta p}{\rho V^2},\ \frac{\rho VD}{\mu}\right) \tag{7.14}$$

$$\Pi_2 = \Pi_1 \times \Pi_3 \tag{7.15}$$

$$\frac{\Delta p}{\rho V^2} = f\left(\frac{\ell}{d}\,\frac{\rho VD}{\mu}\right) \ \rightarrow\ \frac{\Delta p}{\ell} = f(Re)\,\frac{\rho V^2}{d} \tag{7.16}$$

식 (7.9), 식 (7.11), 식 (7.13)의 결과 식은 무차원수이기는 하지만, 식 (7.16)과 같이 좀 더 의미 있는 무차원수를 얻기 위하여 식 (7.15)와 같이 무차원수끼리 상호 곱하거나 나누어도 된다. 이에 대한 자세한 내용은 예제에서 알아보자.

5 일반적으로 반복변수는 3개이지만, 1개나 2개가 될 수도 있다.

버킹엄의 파이 정리로 구한 최종식인 식 (7.16)과 Power Product Method로 구한 식 (7.7)을 비교해 보자. 식 (7.7)의 d와 K가 주어진다면 식 (7.7)과 식 (7.16)은 동일함을 알 수 있다. **유체역학에서는 버킹엄의 파이 정리가 정설로 받아들여지지만, 과정이 복잡한 편이므로 좀 더 쉬운 방법을 선택해 차원해석을 진행해도 문제없다.**

하겐-프와쇠이Hagen-Poiseuille는 실험적으로 원관 내 지배방정식을 식 (7.17)과 같이 제시했고, 이를 식 (7.7)과 비교하면 d는 -1, K는 상수로 $\pi/128$가 된다.[6]

$$Q = \frac{\pi}{128}\frac{\Delta p}{\ell}\frac{D^4}{\mu} \quad \text{: 하겐-프와쇠이의 원관 내 지배방정식} \tag{7.17}$$

예제 7-1 버킹엄의 파이 정리

[그림 7-5(a)]와 같이 얇은 직사각형($w \times h$) 평판이 유속에 수직으로 설치되어 있다. 평판에 유체가 작용하는 항력 D는 평판의 폭 w, 평판의 높이 h, 유체의 밀도 ρ, 점성계수 μ, 그리고 평판에 접근하는 속도 V에 좌우된다. 실험을 수행하기 위해 적절한 무차원수(Π수)를 구하라. 유동이 [그림 7-5(a)]와 같이 접근하면 평판 뒤 유동장에 [그림 7-5(b)]와 같이 카르만 보텍스가 발생한다.

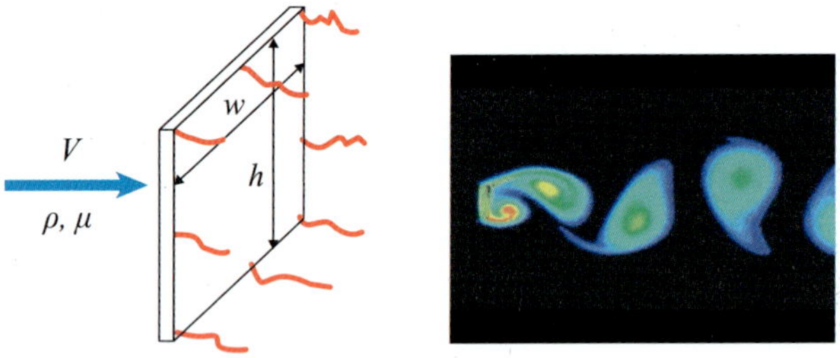

(a) 문제 정의 (b) 카르만 보텍스 ([그림 2-11(c)])

그림 7-5 평판에 접근하는 유속과 항력 및 평판 뒤에 발생하는 보텍스

분석

- [그림 7-5]와 같은 유동장에서 평판에 작용하는 항력을 실험으로 구하기 전에 버킹엄의 파이 정리를 이용하자.
- [표 7-2]와 같이 8단계를 순서를 거치면서 차원해석을 진행해보자.
- 차원해석 시에는 무엇보다 단위 및 차원을 정확히 표기하는 것이 중요하다.
- 반복변수와 독립변수의 개념을 확실히 이해하는 것이 중요하다.
- 구해진 무차원수끼리 상호 곱하고 나누어도 결괏값에 영향을 미치지 않는지 확인해보고, 해석된 무차원수를 의미 있는 수식으로 변경하는 방법을 익히는 것이 이 예제의 목적이다.

풀이

- [표 7-2]의 순서대로 문제를 해석해보자.

6 이에 대한 자세한 내용은 9장에서 다룬다.

[1단계] 관련 함수를 식 (7.18)과 같이 음함수의 형태로 정리하자. $n = 6$임을 알 수 있다.

$$f(D, w, h, \mu, \rho, V) = 0 \tag{7.18}$$

[2단계] 해당 변수의 차원을 다음과 같이 정리하자. D는 힘의 단위이다. ([표 7-1] 참조)

$$D = MLT^{-2} \qquad w = L \qquad h = L$$
$$\mu = ML^{-1}T^{-1} \qquad \rho = ML^{-3} \qquad V = LT^{-1}$$

[3단계] 반복변수를 ρ, w, V로 선정하자. 크기를 대표하는 물리량 w, 운동학적 조건을 대표하는 물리량 V, 질량이나 힘에 관련된 물리량 ρ를 선택하면, m은 3이 된다.

[4단계] $n - m = 3$이므로 Π의 개수는 3개가 된다.

[5단계] 무차원수 Π_1, Π_2, Π_3로 식 (7.19), 식 (7.20)과 같이 정리할 수 있다.

$$\Pi_1 = w^a V^b \rho^c D = M^0 L^0 T^0 \tag{7.19}$$

M, L, T에 따라 지수를 정리하면 다음과 같다.

$$\Pi_1 = (L)^a (LT^{-1})^b (ML^{-3})^c (MLT^{-2}) = M^0 L^0 T^0$$
$$= M^{c+1} L^{a+b-3c+1} T^{-b-2} = M^0 L^0 T^0$$

$$c + 1 = 0, \; a + b - 3c + 1 = 0, \; -b - 2 = 0$$
$$\rightarrow a = -2, \; b = -2, \; c = -1$$

위와 같이 계산된 계수들을 식 (7.19)에 대입하면 식 (7.20)과 같이 무차원수 Π_1을 구할 수 있다.

$$\Pi_1 = w^{-2} V^{-2} \rho^{-1} D \;\; \rightarrow \;\; \Pi_1 = \frac{D}{w^2 V^2 \rho} \tag{7.20}$$

[6단계] Π_1과 같이 무차원수 Π_2, Π_3도 정리하자.

$$\Pi_2 = w^a V^b \rho^c h = M^0 L^0 T^0 \tag{7.21}$$

M, L, T에 따라 지수를 정리하면 다음과 같다.

$$\Pi_2 = (L)^a (LT^{-1})^b (ML^{-3})^c (L) = M^0 L^0 T^0$$
$$= M^c L^{a+b-3c+1} T^{-b} = M^0 L^0 T^0$$

$$c = 0, \; a + b - 3c + 1 = 0, \; -b = 0$$
$$\rightarrow a = -1, \; b = 0, \; c = 0$$

위와 같이 계산된 계수들을 식 (7.21)에 대입하면 식 (7.22)와 같이 무차원수 Π_2를 구할 수 있다.

$$\Pi_2 = w^{-1}V^{-0}\rho^{-0}h \quad \rightarrow \quad \Pi_2 = \frac{h}{w} \tag{7.22}$$

같은 방법으로 Π_3를 정리하자.

$$\Pi_3 = w^a V^b \rho^c \mu = M^0 L^0 T^0 \tag{7.23}$$

$M,\ L,\ T$에 따라 지수를 정리하면 다음과 같다.

$$\begin{aligned}\Pi_3 &= (L)^a (LT^{-1})^b (ML^{-3})^c (ML^{-1}T^{-1}) = M^0 L^0 T^0 \\ &= M^{c+1} L^{a+b-3c-1} T^{-b-1} = M^0 L^0 T^0\end{aligned}$$

$$\begin{aligned}&c = -1,\ a+b-3c-1 = 0,\ b = -1 \\ &\rightarrow\ a = -1,\ b = -1,\ c = -1\end{aligned}$$

위와 같이 계산된 계수들을 식 (7.23)에 대입하면 식 (7.24)와 같이 무차원 변수 Π_3를 구할 수 있다.

$$\Pi_3 = w^{-1}V^{-1}\rho^{-1}\mu \quad \rightarrow \quad \Pi_3 = \frac{\mu}{wV\rho} \tag{7.24}$$

[7단계] Π_1, Π_2, Π_3가 무차원인지를 점검한다.

$$\Pi_1 = \frac{D}{w^2V^2\rho} = \frac{MLT^{-2}}{L^2(LT^{-1})^2(ML^{-3})} = M^0L^0T^0$$

$$\Pi_2 = \frac{h}{w} = \frac{L}{L} = M^0L^0T^0$$

$$\Pi_3 = \frac{\mu}{wV\rho} = \frac{ML^{-1}T^{-1}}{L(LT^{-1})(ML^{-3})} = M^0L^0T^0$$

[8단계] 3개의 무차원수를 식 (7.25)와 같이 1개로 표현해야 의미 있는 관계식이 구해진다.

$$f(\Pi_1 \cdot \Pi_2 \cdot \Pi_3) = f\left(\frac{D}{w^2V^2\rho} \times \frac{h}{w} \times \frac{\mu}{wV\rho}\right) \tag{7.25}$$

평판에 작용하는 항력을 구하는 문제이므로 Π_1을 좌변에 두고, 무차원수 2개는 식 (7.26)과 같이 우변에 정리하면 비례식이 된다.

$$\frac{D}{\rho w^2 V^2} = f\left(\frac{h}{w} \times \frac{\mu}{wV\rho}\right)^{-1} = f\left(\frac{w}{h} \times \frac{\rho Vw}{\mu}\right) = f\left(\frac{w}{h} \times Re\right) \tag{7.26}$$

식 (7.26)과 같이 정리된 비례식의 무차원 변수끼리 상호 곱하고 나누었더니 평판에 작용하는 항력은 Re수와 평판의 종횡비Aspect Ratio(w/h)에 따라 좌우됨을 알 수 있다.

고찰

- 차원해석을 할 때 단위 및 차원을 정확히 표기해주는 것이 중요하다. 차원해석을 매일 하는 것은 아니므로 단위가 혼동될 수 있다. 이럴 때는 [표 7-1]을 참조하거나 인터넷으로 찾아보는 것을 권장한다.

- 보통 무차원군을 선정할 때 반복변수와 같은 독립변수가 있다면(예를 들어 반복변수 w와 독립변수 h의 차원이 동일한 경우) 굳이 5단계와 같이 계산할 필요가 없다. 다음 예제에서 단위가 동일할 때는 생략하겠다.
- 차원해석 과정은 지루한 작업이 될 수도 있지만, 제대로 무차원수를 구했는지 확인하는 과정이 꼭 필요하다. 보통 알고 있는 것과 다른 무차원수가 유도됐다면, 그것은 차원이 있다는 것을 의미하므로 반드시 확인 과정(7단계)을 거쳐 무엇이 잘못됐는지 점검할 필요가 있다.
- 식 (7.26)과 같이 구해진 무차원 변수끼리 상호 곱하고 나누어도 결괏값에 영향을 미치지 않는지 확인해보고 이해해야 한다. 이것이 **버킹엄 파이 정리의 핵심이고 가장 어려운 부분**이다.
- 식 (7.26)의 $f()$ 내 2개 항을 곱한 것이 같다는 뜻이 아니라 비례한다는 것을 의미하고, 실험을 통해 비례상수를 구해야 한다.
- 이 예제는 평판에 작용하는 항력을 구하는 문제였는데, 평판이 아닌 원(구)의 형태라면 어떻게 변경될지 생각해보자. 문제에서 w를 특성길이Characteristics Length라 표현하고, 식 (7.27)과 같이 원일 경우는 h와 w를 d로 변경해 표현하므로 최종적으로 항력은 Re수의 함수가 되고, [그림 7-3]의 실험 그림과 같아진다.

$$\frac{D}{\rho d^2 V^2} = f\left(\frac{d}{d} \times Re\right) = f(Re) \qquad (7.27)$$

- 중요한 것은 식 (7.26)과 식 (7.27)이 가지는 물리적 의미이다. 두 식의 좌변인 항력 단위를 무차원화했으며, 이 무차원화된 항력은 Re수와 종횡비에 따라 좌우된다는 것을 이해해야 한다.[7]
- 식 (7.18)에서 $n = 6$이지만 차원해석을 수행하는 연구자가 이 변수를 증가시킨다면 다양한 무차원수가 나오게 된다. 다만 모든 무차원수가 유동장을 지배하는 물리량은 아닐 수 있으므로 적절한 독립변수를 선정하는 것이 바람직하다. 이는 [예제 7-2]를 통해 알아보자.

예제 7-2 많은 물리량을 적용한 버킹엄의 파이 정리

[그림 7-4]와 같이 원관 내 압력 강하를 Power Product Method와 버킹엄의 파이 정리로 구했다. 이 유동장에 고려할 인자들을 6개($f(V, \rho, \Delta p, \ell, d, \mu) = 0$), 즉 관의 지름, 길이, 유체의 밀도, 점성계수, 길이 그리고 유속이 관내 압력 강하를 지배한다고 가정했다. 6개의 물리량에 중력(g), 표면장력(σ), 체적탄성계수(K), 표면조도(e)의 4개 변수를 추가한 차원해석을 수행하여 무차원 관계식을 구하라.

분석

- 이 예제는 변수 개수만 증가한 것이므로, [예제 7-1]과 마찬가지로 [표 7-2]의 8단계에 맞춰 차원해석을 진행해보자.
- 이 예제의 목적은 [예제 7-1]과 같으며, 많은 물리량 중 이 유동장에 지배적인 물리량을 아는 것 또한 이 예제의 목적이다.
- 반복변수와 독립변수의 차원이 같을 때 5, 6단계를 진행할 필요가 없음을 확인하는 과정이다. ([예제 7-1] 참조)

7 무차원수에 대한 물리적 의미는 7.3절에서 자세히 다룬다.

풀이

- [표 7−2]의 절차대로 문제를 해석해보자.

[1단계] 관련 함수를 식 (7.28)과 같이 음함수의 형태로 정리하자. $n=10$임을 알 수 있다.

$$f(V,\ \rho,\ \triangle p,\ g,\ \mu,\ \sigma,\ K,\ d,\ \ell,\ e)=0 \tag{7.28}$$

[2단계] 해당 변수의 차원으로 다음과 같이 정리하자. ([표 7−1] 참조)

$$V=LT^{-1} \qquad K=ML^{-1}T^{-2} \qquad \rho=ML^{-3} \qquad \triangle p=ML^{-1}T^{-2}$$
$$g=L^{-1}T^{-2} \qquad \mu=ML^{-1}T^{-1} \qquad \sigma=MT^{-2}$$
$$d=L \qquad \ell=L \qquad e=L$$

[3단계] [표 7−2]와 같이 정리하기 위해 반복변수를 $V,\ \rho,\ D$로 선정하면, m은 3이 된다.

[4단계] $n-m=10-3=7$이므로 Π의 개수는 7개가 된다.

[5단계] 무차원수 $\Pi_1,\ \Pi_2,\ \cdots$ 로 구하자.

독립변수와 반복변수의 차원이 같은 무차원수는 굳이 5단계를 거치지 않아도 된다.

$l,\ e$는 d와 같고, K는 $\triangle p$와 동일차원이므로 식 (7.29)와 같이 쉽게 정리할 수 있다.

$$\Pi_1=\frac{\ell}{d},\quad \Pi_2=\frac{e}{d},\quad \Pi_3=\frac{K}{\triangle p} \tag{7.29}$$

Π_4는 식 (7.30)과 같이 구할 수 있다.

$$\Pi_4=V^a\rho^b d^c\triangle p=M^0L^0T^0$$

$M,\ L,\ T$에 따라 지수를 정리하면 다음과 같다.

$$\begin{aligned}\Pi_4&=(LT^{-1})^a(ML^{-3})^b(L)^c(ML^{-1}T^{-2})=M^0L^0T^0\\&=M^{b+1}L^{a-3b+c-1}T^{-a-2}=M^0L^0T^0\end{aligned}$$

$$\begin{aligned}&b+1=0,\ a-3b+c-1=0,\ -a-2=0\\&\rightarrow\ a=-2,\ \ b=-1,\ c=0\end{aligned}$$

$$\Pi_4=V^{-2}\rho^{-1}D^0\triangle p\ \ \rightarrow\ \ \Pi_4=\frac{\triangle p}{\rho V^2} \tag{7.30}$$

[6단계] Π_4와 같이 무차원수 $\Pi_5,\ \Pi_6,\ \Pi_7$도 정리하자. [예제 7−1]과 같은 방법으로 진행하면 3개의 무차원수는 다음과 같이 정리할 수 있다. (풀이 과정 생략)

$$\begin{aligned}\Pi_5&=V^a\rho^b d^c g=(LT^{-1})^a(ML^{-3})^b(L)^c(LT^{-2})\\&=M^bL^{a-3b+c+1}T^{-a-2}=M^0L^0T^0\end{aligned}$$

$$\begin{aligned}\Pi_6&=V^a\rho^b d^c\mu=(LT^{-1})^a(ML^{-3})^b(L)^c(ML^{-1}T^{-1})\\&=M^{b+1}L^{a-3b+c-1}T^{-a-1}=M^0L^0T^0\end{aligned}$$

$$\Pi_7 = V^a\rho^b d^c\sigma = (LT^{-1})^a(ML^{-3})^b(L)^c(MT^{-2})$$
$$= M^{b+1}L^{a-3b+c}T^{-a-2} = M^0L^0T^0$$

앞의 수식 지수들을 정리하면 3개의 무차원수는 식 (7.31) ~ 식 (7.33)과 같다.

$$\Pi_5 = V^{-2}\rho^0 d^1 g \quad \rightarrow \quad \Pi_5 = \frac{dg}{V^2} \tag{7.31}$$

$$\Pi_6 = V^{-1}\rho^{-1}d^{-1}\mu \quad \rightarrow \quad \Pi_6 = \frac{\mu}{\rho Vd} \tag{7.32}$$

$$\Pi_7 = V^{-2}\rho^{-1}d^{-1}\sigma \quad \rightarrow \quad \Pi_7 = \frac{\sigma}{\rho V^2 d} \tag{7.33}$$

[7단계] 각 물리량이 무차원이 되는지 확인해보자. (풀이 과정 생략)

[8단계] 유체역학에서 일반적으로 사용하는 무차원수로 변형해야 한다.

먼저 Π_3과 Π_4를 곱하면 새로운 무차원수 Π_8이 생성되고 이는 유체가 압축성유체인 공기일 때 사용되는 마크수(M수)로 정의할 수 있다.

$$\Pi_3 \times \Pi_4 = \frac{K}{\Delta p}\frac{\Delta p}{\rho V^2} = \frac{K}{\rho V^2} = \frac{V}{\sqrt{K/\rho}} = \Pi_8 = M \tag{7.34}$$

Π_5의 무차원수는 식 (7.35)와 같이 변경하면 자유표면이 포함된 유동에서 프라우드수(Fr수)로 정의할 수 있다.

$$\Pi_5 = \frac{dg}{V^2} = \frac{V}{\sqrt{gd}} = Fr \tag{7.35}$$

식 (7.32)인 Π_6의 무차원수도 역수를 취하면 Re수가 된다.

$$\Pi_6 = \frac{\rho Vd}{\mu} = Re \tag{7.36}$$

식 (7.33)인 Π_7의 무차원수도 역수를 취하면 웨버수(W수)[8]가 된다.

$$\Pi_7 = \frac{\rho V^2 d}{\sigma} = W \tag{7.37}$$

무차원수 8개 중 Π_3는 Π_8으로 표현됐기 때문에 7개의 무차원수를 식 (7.38), 식 (7.39)와 같이 나타낼 수 있다.

$$f(\Pi_1 \cdot \Pi_2 \cdot \Pi_4 \cdot \Pi_5 \cdot \Pi_6 \cdot \Pi_7 \cdot \Pi_8) = 0 \tag{7.38}$$

$$f\left(\frac{\ell}{d} \cdot \frac{e}{d} \cdot \frac{\Delta p}{\rho V^2} \cdot Fr \cdot Re \cdot W \cdot M\right) = 0 \tag{7.39}$$

식 (7.39)를 원관 내 압력 강하 수식인 식 (7.40)과 같이 정리할 수 있다.

8 여기서 웨버수는 표면장력을 고려한 무차원수이다.

$$\Delta p = f\left(Fr \cdot Re \cdot W \cdot M \cdot \frac{e}{d}\right)\frac{\ell}{d}\rho V^2 \tag{7.40}$$

보통 원관유동에서 물이 꽉 찬 만관으로 가정하고, 비압축성유체인 물이 흘러갈 때 표면장력을 무시할 수 있으므로 식 (7.40)에 있는 $Fr = W = M = 0$이 되므로 식 (7.41)과 같이 정리할 수 있다.

$$\Delta p = f\left(Re \cdot \frac{e}{d}\right)\frac{\ell}{d}\rho V^2 \tag{7.41}$$

고찰

- 식 (7.39)에서 식 (7.40)으로 정리될 때 어떤 방법으로 상호 곱하고 나누었는지 확인해보자. 식 (7.41)로부터 실험을 이용하여 최종적으로 구해진 식 (7.42)를 달시–바이스바흐Darcy-Weisbach 식이라 한다.[9]

$$\Delta p = f\frac{\ell}{d}\frac{\rho V^2}{2} \tag{7.42}$$

- 식 (7.42)의 f는 함수가 아닌 마찰계수라는 물리량이다. 마찰계수는 관의 유속과 조도에 따라 변화한다는 의미이고, 이는 9장에서 다룰 무디 선도Moody Diagram 또는 식 (7.43)으로 구해야 한다.

$$\frac{1}{f^{0.5}} = -2.0\log\left(\frac{\epsilon/D}{3.7} + \frac{2.51}{Re\,f^{0.5}}\right) \tag{7.43}$$

- 식 (7.42)에서 분자의 2는 원관 내 발생하는 압력 강하가 속도에 비례하지 않고 속도의 제곱에 비례한다는 뜻이다.
- 식 (7.35)는 자유표면을 갖는 유동장에서 사용되는 무차원수인 프라우드수이다. 원관에서 자유표면이 있다는 것은 관의 유동이 만수가 되어 흐르지 않는 경우를 의미한다. 만관이라면 식 (7.40)에서 자유표면을 고려한 항은 무시할 수 있다.
- 식 (7.35)의 d를 특성길이 L로 변경한다면 식 (7.44)와 같이 수면에 잠긴 선박이나 잠수함 같은 문제를 해석할 때 사용될 수 있다.

$$Fr = \frac{V}{\sqrt{gd}} = \frac{V}{\sqrt{gL}} \tag{7.44}$$

- 이 예제에서 $n = 10$으로 모든 변수를 고려했기 때문에 다소 복잡한 식 (7.40)이 구해졌다. 문제의 조건에 따라 지배하는 물리량이 변경되고, 정의한 물리량에 따라 식 (7.16) 또는 식 (7.41)로 유도됨을 알 수 있다.

9 자세한 내용은 9장에서 다룬다.

SECTION 7.3

무차원수

- 무차원수의 개념을 알아본다.
- 다양한 무차원수의 종류 및 적용 분야를 알아본다.

7.3.1 무차원수란?

자연현상에 존재하는 대부분의 유동은 유체에 작용하는 힘의 차이에 의해 나타나므로, 해당 유동장에 **작용하는 힘의 비**$_{\text{Ratio}}$**가 같으면 무차원수가 같아지고, 그 유동현상은 유속이 다르거나 유동의 성질이 달라도 동일하게 해석**할 수 있다. **무차원수는 작용하는 힘의 비**이기 때문에 힘의 크기를 무시할 수 있고, 유체의 성질에 따라 유체입자에 작용하는 양자의 효과를 감소시킬 수 있기 때문이다. 또한 무차원수를 사용하면 **현상에 관여하는 변수의 개수를 감소**시킬 수 있어 해석이 편리해진다. [예제 7-2]에서 유도된 무차원수의 그룹을 **무차원군**$_{\text{Dimensionless Group}}$이라고 한다.

Think_02

유동장을 해석한 연구 결과를 보면 무차원수가 항상 먼저 제시되어 있다. 왜 연구자들은 무차원수를 먼저 제시하는지 생각해보자.

7.3.2 무차원수의 종류

다양한 유동장이 있는 만큼 알아야 할 무차원수도 다양하다. [표 7-3]에 **유체역학에서 가장 많이 사용하는 무차원수 여섯 가지**를 정리했고, [표 7-4]에 기타 무차원수 세 가지를 정리했다. 단, [표 7-4]의 무차원수들은 계수형태로 정의되는 무차원수이다.

표 7-3 유체역학에서 많이 사용하는 무차원수

단계	관련 내용	적용 유동장
레이놀즈수	$Re = \frac{ma}{F_s} = \frac{관성력}{점성력} = \frac{\rho V^2 L^2}{\mu VL} = \frac{\rho VL}{\mu}$	모든 유동장
마크수	$M = \left(\frac{관성력}{압축력}\right)^{0.5} = \frac{V}{\sqrt{K/\rho}} = \frac{V}{c}$	압축성유동장
프라우드수	$Fr = \frac{관성력}{중력} = \frac{\rho V^2 l^2}{\rho g l^3} = \frac{V^2}{gl}$ 또는 $\frac{V}{\sqrt{gl}}$	자유표면, 개수로, 선박 문제
웨버수	$W = \frac{관성력}{표면장력} = \frac{\rho V^2 l^2}{\sigma l} = \frac{\rho l V^2}{\sigma}$	유체의 계면이 있는 문제
오일러수	$Eu = \frac{압력}{관성력} = \frac{\Delta p}{0.5\rho V^2}$	캐비테이션이 발생하는 문제
스트로할수	$St = \frac{진동}{평균속도} = \frac{\omega L}{V}$	맥동유동 및 진동이 있는 문제

표 7-4 기타 무차원수

변수	물리적 의미	정의	적용 유동장
압력계수	$\frac{\text{Static pressure(정압)}}{\text{Dynamic pressure(동압)}}$	$C_p = \frac{\Delta p}{\frac{1}{2}\rho V^2}$	모든 유동장
항력계수	$\frac{\text{Drag Force(항력)}}{\text{Dynamic Force}}$	$C_D = \frac{D}{\frac{1}{2}\rho V^2 L^2}$	외부유동장
양력계수	$\frac{\text{Lift Force(양력)}}{\text{Dynamic Force}}$	$C_L = \frac{L}{\frac{1}{2}\rho V^2 L^2}$	외부유동장

■ 레이놀즈수(Re 수)

오스본 레이놀즈에 의해 정의된 **레이놀즈수**(이하 'Re수'로 표기)는 유체역학에서 가장 많이 사용되는 무차원수이다. Re수는 유동장을 층류와 난류로 구분한다.[10] 대부분의 유동장은 특성길이(L), 속도(V), 유체의 성질을 나타내는 밀도(ρ)와 점성계수(μ)라는 4개의 독립변수로 설명할 수 있다. Re수도 식 (7.45)와 같이 4개의 변수로 정의할 수 있다.

$$Re = \frac{ma}{F_s} = \frac{관성력}{점성력} = \frac{\rho V^2 L^2}{\mu VL} = \frac{\rho VL}{\mu} \quad : \text{레이놀즈수} \tag{7.45}$$

식 (7.45)에서 특성길이는 외부유동에서 자동차나 골프공과 같이 주위를 지나가는 유동장에서 길이를 특정하기 어려울 때 사용하는 변수이다. 만약 실험 시 길이를 특정하기 어려울 때는 반드시 사용한 특성길이를 언급해주어야 한다.

10 층류와 난류의 정확한 개념은 9장에서 다룬다.

원관과 같은 내부유동의 경우에는 식 (7.46)과 같이 특성길이를 지름으로 변경해야 한다.[11]

$$Re = \frac{\rho V D}{\mu} \tag{7.46}$$

Re수의 물리적 의미는 식 (7.45)와 식 (7.46)에서 보듯이 **유체입자에 작용하는 관성력과 점성력의 비**이다. 주어진 유동장에서 관성력과 점성력이 지배적일 때, Re수는 유동에 중요한 역할을 한다. Re수의 중요성은 [그림 7-6], [그림 2-28], [그림 2-29]에서 볼 수 있다. [그림 7-6]은 9장에서 배울 외부유동에서 2개의 다른 Re수에 따라 원통을 지나는 유동 결과를 나타내고 있으며 유동형태를 구분할 수 있다.

만약 **Re 수가 매우 작다면**($Re \ll 1$), 이 유동장은 **점성력이 지배적**이라는 것을 의미하고, 관성력을 무시할 수 있다. 이런 경우 유체의 밀도는 더 이상 중요한 독립변수가 되지 않는다. 매우 작은 Re수의 유동을 크리핑 유동Creeping Flows[12]이라고 한다. 반대로 **Re 수가 매우 크다면**, 점성력이 관성력보다 매우 적다는 의미이므로 점성이 없는 유체Non-Viscous 또는 Inviscid Fluid와 같이 **점성력을 무시**할 수 있다. [그림 7-6(a)]에서 보듯이 $Re = 0.2$와 같이 Re수가 작을 때는 관성력을 무시할 수 있으므로 원통 주위에 유선이 일정함을 알 수 있다. 그러나 [그림 7-6(b)]에서 $Re = 20,000$와 같이 Re수가 매우 클 때는 원통 후면에서 보텍스가 발생하게 되어 추력을 제어할 수 있게 된다.

[그림 2-28]과 [그림 2-29]는 내부유동장인 원관에서 다양한 가시화 방법을 통해 층류와 난류에 따른 유동장 현상을 나타낸 것이다. [그림 2-28(a)], [그림 2-29(a)]와 같이 층류의 경우 **점성력이 지배적으로 작용하므로 운동량에너지 증가를 억제**할 수 있어 포물선 유동과 층상적인 유동이 재현됨을 알 수 있다. 관성력이 적어 작용하는 마찰이 무시될 수 있는 이상유체에서도 Re수가 적은 유동과 같은 유동 현상을 얻을 수 있다.

반면에 Re수가 큰 난류의 경우는 [그림 2-28(b)], [그림 2-29(b)]와 같이 관성력이 지배적으로 작용하므로 운동량에너지와 이를 감소시키려는 소산에너지Dissipation Energy가 상호 증가 및 교차 작용하게 되어 매우 복잡한 유동장이 재현됨을 확인할 수 있다.

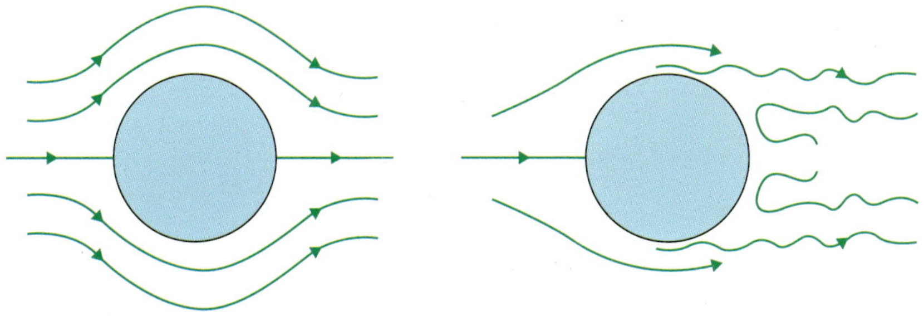

(a) $Re = 0.2$ (박리가 없음) (b) $Re = 20,000$ (난류유동)

그림 7-6 외부유동에서 Re수에 따른 원통 주위의 유동 결과

11 9장의 내부유동에서는 식 (7.46)을 사용하고, 10, 11장의 외부유동에서는 식 (7.45)를 사용한다.

12 이에 대한 자세한 내용은 9장에서 다룬다.

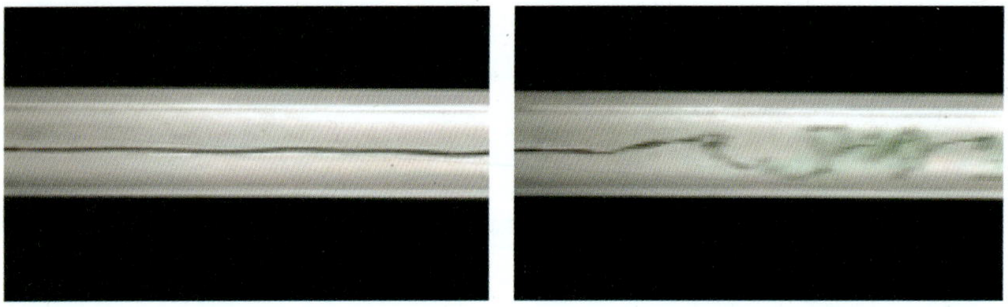

(a) $Re = 2,000$ 인 층류　　(b) $Re = 5,000$ 인 난류

그림 2-28 레이놀즈수에 따른 관내 유동분포 (염료 분사 방법)

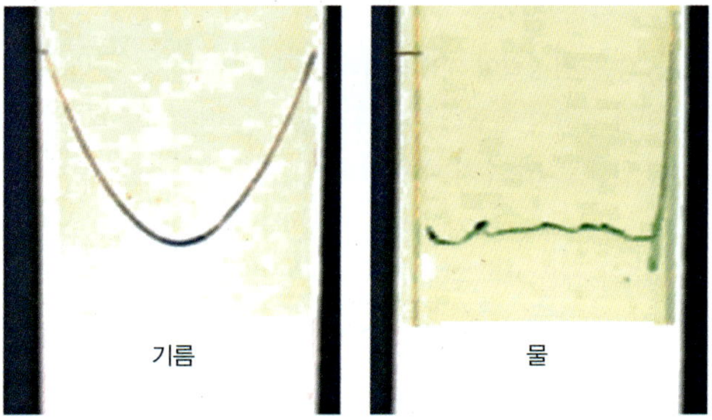

(a) $Re = 1$ 인 층류유동 (기름)　　(b) $Re = 10,000$ 인 난류유동 (물)

그림 2-29 레이놀즈수에 따른 반지름 방향 속도분포 (수소기포 가시화장치 방법)

Think_03

딤플이 있는 골프공이 날아갈 때의 유동장이 층류라면 딤플의 의미가 있을지 생각해보자.

■ 마크수(M수)

[예제 7-2]에서 식 (7.34)와 같이 유도된 마크수 Mach Number[13](이하 'M수'로 표기)는 오스트리아 과학자 에른스트 마크 Ernst Mach에 의해 제시된 무차원수로 식 (7.47)과 같다. M수는 **빠른 속도로 지나가는 항공기나 고속기차 해석, 가스터빈, 총탄의 비행 등 압축성유동에 사용**된다. 식 (7.47)에서 음속 c는 유체의 매질속도로, 이 값은 매질의 밀도와 온도에 따라 변하게 된다. 매질이 공기라면 상온에서의 속도는 340 [m/s]가 된다.

$$M = \left(\frac{\text{관성력}}{\text{압축력}}\right)^{0.5} = \frac{V}{\sqrt{K/\rho}} = \frac{V}{c} \quad : \text{마크수} \tag{7.47}$$

13 이전에는 '마하수'로 사용됐지만, 최근에는 발음대로 표기하는 '마크수'를 사용하기도 한다. 이 책에서는 '마크수'로 표현한다.

M수의 물리적 의미는 관성력과 압축력의 비로, 유체의 압축성유동에서 매우 중요하다. 압축이 잘되지 않는 물과 같은 비압축성유체와 달리, 공기와 같이 속도가 빠른 압축성유체인 경우(관성력 V가 큰 경우) 압축이 잘되기 때문에 매우 중요한 물리량이 된다.

M수가 작은 경우($M \le 0.3$), [그림 7-7(a)]에서 보듯이 유체 운동에 의한 관성력이 유체 밀도를 3% 이하로 변화시키기 때문에 지배적인 압축성이 별로 중요치 않다. 즉 압축성 효과가 없다. 일반적인 팬, 송풍기와 에어컨 관련 문제, 실내 환기 문제를 해석할 때는 비록 매질이 공기라도 유체의 압축성을 무시할 수 있으므로, 공기를 비압축성 유체로 취급해야 하고 이를 아음속유동이라 한다.

M수가 1.0보다 작지만 0.3보다 큰 경우($0.3 < M < 1.0$), [그림 7-7(b)]에서 보듯이 도플러 효과Doppler Effect로 인해 물체의 앞에서 공기의 압력과 밀도가 급격히 변화하는 지점이 발생하고, 이 지점에서 국부적으로 충격파가 발생하는 천음속유동이 된다. 이러한 영역은 아음속과 초음속의 특성이 혼재되어 있는 영역이다.

$1 < M < 5$인 초음속유동에서는 [그림 7-7(c)]와 [그림 2-15(g)]에서 보듯이 활모양 충격파Bow Shock Wave와 경사 충격파Oblique Shock Wave가 발생하고 유체 점성에 의해 공력 가열 현상으로 화학반응이 일어나게 된다. 이러한 현상은 물체표면의 경계층과 간섭을 일으키게 된다. 발생된 간섭은 충격파 전후로 공기의 성질이 급격히 변화하고 항공기의 속도를 감소시키는 저항으로 작용하게 된다. 이렇듯 M수는 가스역학이나 항공역학의 유동장에서 높은 추력을 가지는 엔진과 저항을 감쇠시킬 수 있는 형상을 설계하는 데 매우 중요한 무차원수이다.

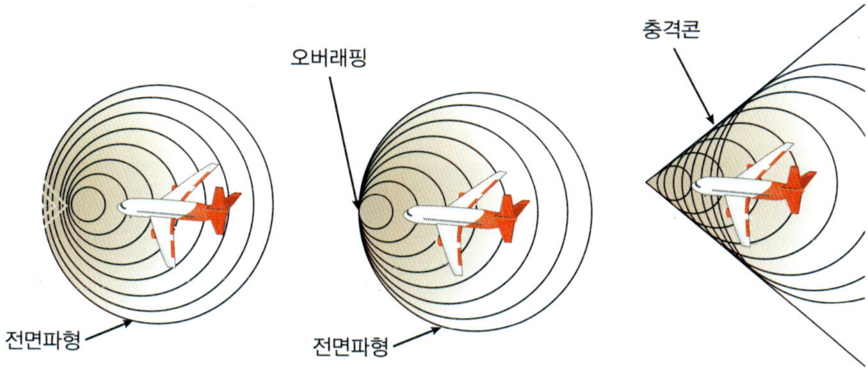

(a) 아음속유동 (b) $M = 1$일 때 유동 (c) 초음속유동

그림 7-7 충격파 형성 과정

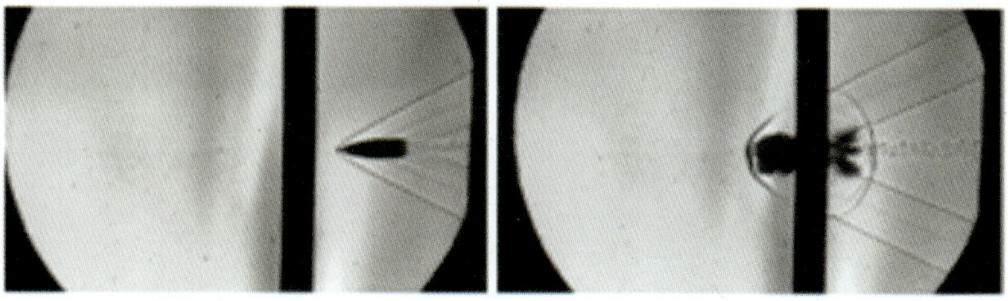

(g) 쉴리렌을 이용한 유동가시화

그림 2-15 다양한 유동가시화 기법

Think_04

비도 내리지 않는 맑은 날에 갑자기 천둥이 치는 것 같은 굉음이 들릴 때가 있다. 이 굉음은 무엇이며, 어떻게 발생하는 것인지 생각해보자.

■ 프라우드수(Fr수)

프라우드수Froude Number(이하 'Fr수'로 표기)는 영국의 토목공학자이자 수학자인 윌리엄 프라우드William Froude에 의해 제시된 무차원수로 식 (7.48)과 같다. Fr수는 **유체무게(중력가속도)인 g가 지배적인 유동장에 사용**되며, 이런 유동장에 적용되는 Fr수의 물리적 의미는 **유체입자에 작용하는 관성력과 중력의 비**다. Fr수는 중력이 유동장에 영향을 미치는 선박 주위 유동(파도 작용 문제), 펌프 흡수정 내 보텍스 문제, 그리고 개방 채널이나 댐 또는 개수로 문제와 같이 자유표면이 포함된 모든 유동장을 해석할 때 중요한 역할을 한다.

$$Fr = \frac{관성력}{중력} = \frac{\rho V^2 l^2}{\rho g l^3} = \frac{V^2}{gl} \text{ 또는 } \frac{V}{\sqrt{gl}} \text{ : 프라우드수} \tag{7.48}$$

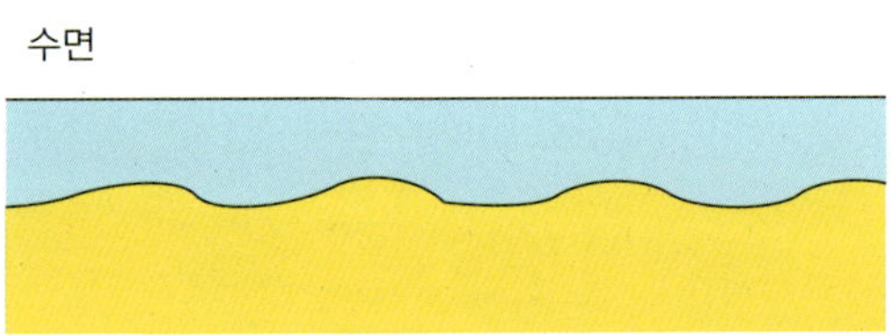

(a) $Fr < 1$ 유동

(b) $Fr > 1$유동

그림 7-8 Fr 수에 따른 자유표면의 영향

(a) $Fr = 3$인 유동

(b) $Fr = 2$인 유동

(c) $Fr = 0.15$인 유동

(d) $Fr = 0.15$인 유동

그림 7-9 다양한 Fr 수에 따른 선박 관련 유동

Fr수가 작을 경우 관성력보다 중력이 유동에 지배적인 영향을 미치게 되어 [그림 7-8(a)]와 같이 표면의 유동이 성층화(고요함)될 가능성이 크다. 즉 선박의 경우 [그림 7-9(c)]에서 보듯이 파도의 길이보다 선박 길이가 긴 경우, [그림 7-9(d)]처럼 유속이 느린 보트와 같은 유동이 해당된다. 이런 경우는 자유표면의 영향이 줄어든다는 것을 의미한다.

[그림 7-9(c)]는 배의 길이(특성길이)가 파도 길이보다 매우 길어서 Fr수가 작아진 경우이고, [그림 7-9(d)]는 보트의 길이는 짧지만, 속도가 느리므로 [그림 7-9(c)]의 Fr수와 동일한 경우이다.

그러나 관성력과 중력의 비가 1보다 큰 경우($Fr > 1$)에는 [그림 7-8(b)]와 같이 빠른 흐름을 나타내면서 자유표면의 형태가 중요해진다. 이 경우 펌프의 흡수정 형태나 개수로의 형상에 따른 자유표면의 형성이 유동장을 변화시킨다는 것을 의미한다. [그림 7-9(a), (b)]는 보트의 속도가 빨라 Fr수가 커진 경우로, 배에 미치는 파력의 영향과 선박의 저항을 계산할 때 Fr수를 반드시 고려해주어야 한다. 만약 관성력이 중력보다 훨씬 커진다면 Fr수에서 중력을 완전히 무시할 수 있고, 이는 **공기 속에 잠긴 야구공이나 탄환이 날아가는 유동장과 같이 관성력이 지배적이기 때문에 Re 수만 고려**해야 한다.

자유표면이 있는 유동장이나 모형 선박으로 실험할 경우 Fr수와 Re수 두 가지 모두를 만족시킬 수 없고, **Fr수를 중심으로 실험**해야 한다.[14]

■ 웨버수(W수)

[예제 7-2]에서 식 (7.40)과 같이 유도된 웨버수$_{\text{Weber Number}}$(이하 'W수'로 표기)는 독일의 과학자인 모리츠 웨버$_{\text{Moritz Weber}}$에 의해 제시된 무차원수로 식 (7.49)와 같다. W수는 **두 유체의 계면에 작용하는 표면장력의 차이에 의한 2상 유동$_{\text{Two Phase}}$해석에서 사용**된다. W수는 **유체의 입자에 작용하는 표면장력과 관성력의 비**로, 액체의 얇은 막$_{\text{Films}}$, 액적$_{\text{Droplets}}$이나 버블$_{\text{Bubbles}}$의 형성에 대한 미시적 연구에 많이 사용된다.

$$W = \frac{\text{관성력}}{\text{표면장력}} = \frac{\rho V^2 l^2}{\sigma l} = \frac{\rho l V^2}{\sigma} \quad : \text{웨버수} \tag{7.49}$$

계면이 있는 유동장에서는 표면장력을 반드시 해석해야 하고, 이는 Re수나 Fr수가 지배적인 유동에서는 굳이 표면장력을 고려할 필요가 없다는 뜻이다. [예제 7-2]에서 언급된 관내 유동에서는 표면장력을 고려해 식 (7.37)과 같이 W수를 유도했지만, 표면장력이 중요하지 않은 보통의 문제에서는 무시한다.

14 이에 대한 자세한 내용은 8.2절에서 다룬다.

■ 오일러수(Eu수)

식 (7.31)에서 유도된 오일러수(이하 'Eu수'로 표기)는 스위스의 수학자인 레온하르트 오일러에 의해 제시된 무차원수로 식 (7.50)과 같다. Eu수는 **임의의 두 점의 압력차와 관성력의 비**로 정의되고, 식 (7.50)과 같이 캐비테이션이 있는 유동장을 해석하는 데 사용된다. 만약 식 (7.50)의 압력차(Δp)가 증기압 p_v와의 차이라면 식 (2.39)와 같은 캐비테이션 지수가 된다.

$$Eu = \frac{\text{압력}}{\text{관성력}} = \frac{\Delta p}{\frac{1}{2}\rho V^2} \quad : \text{오일러수} \tag{7.50}$$

■ 스트로할수(St수)

빈센트 스트로할Vincenz Strouhal은 식 (7.51)과 같은 스트로할수Strouhal Number(이하 'St수'로 표기)를 정의했다. St수는 [그림 7-10]과 같이 연주하는 줄과 관련된 연구에서 줄이나 케이블을 지나는 **비정상유동(주기적인 유동, $\omega = 2\pi f$)에서 발생된 후단의 카르만 보텍스(진동)를 주파수로 연결**해 정리한 것으로, 맥동유동 및 진동이 있는 문제에서 사용된다.[15]

$$St = \frac{\text{진동}}{\text{평균속도}} = \frac{\omega L}{V} \quad : \text{스트로할수} \tag{7.51}$$

[그림 7-10]과 같은 유동장에서 St수의 물리적 의미는 비정상(시간 변화), 즉 **국소 가속도로 생기는 관성력과 대류 가속도에 의한 관성력의 비**다.[16] 결론적으로 St수는 식 (7.51)에서 보듯이 평균속도 대비 얼마만큼 진동하는가를 나타낸다.

그림 7-10 원형의 물체 후방에서 발생하는 카르만 보텍스

15 St수는 1940년 발생된 타코마 브릿지(Tacoma Narrow Bridges) 붕괴 사건의 원인을 파악하는 데 사용됐다. 다리가 지닌 고유 주파수(Natural Frequency)와 발생한 보텍스가 가진 주파수가 일치해 붕괴됐다는 가설이 현재까지 가장 타당성 있게 받아들여지고 있다.

16 가속도에 대해서는 6장에서 다루었으며 식 (6.35)와 같이 국소 가속도와 대류 가속도의 합으로 표현된다.

CHAPTER 07 | 연습문제

■ 차원해석의 정의와 방법

7.1 다음 중 차원해석 시 반복변수의 선정 방법으로 적합한 것은?

㉮ 중요하지 않은 변수도 포함해야 한다.
㉯ 기본 차원을 모두 포함하여 서로 종속이 아닌 변수로 택해야 한다.
㉰ 가능하면 같은 차원을 갖는 2개의 변수를 포함해야 한다.
㉱ 각 변수로부터 1개의 차원을 제거해야 한다.

7.2 얇은 액체층의 1차원 유동에서 정상파의 자유표면 기울기는 다음 방정식으로 기술된다.

$$\frac{\partial u}{\partial t} + u\frac{\partial u}{\partial x} = -g\frac{\partial h}{\partial x}$$

길이 L과 속도 V_o를 사용해 이 식을 무차원 형태로 표현하고, 이 유동의 특징을 나타내는 무차원군을 구하라.

7.3 압력구배가 없는 비압축성유동에서 매끄러운 평판 위의 경계층두께 δ는 자유유동 속도 U, 유체밀도 ρ, 유체의 점성 μ, 평판 앞전으로부터의 거리 x에 따라 결정된다. 이 변수들을 무차원 형태로 표현하라.

7.4 어떤 휴대용 자동차 완충기의 토크 T는 회전속도 ω, 가해진 수직력 F, 자동차 표면 거칠기 e, 연마제 점성 μ, 표면장력 σ의 함수이다. 이 문제의 특성을 나타내는 무차원 변수를 구하라.

7.5 작은 액체 방울은 분무기에서 액체 제트가 뿜어져 나올 때와 연료의 분사 과정에서 생성된다. 생성된 액체 방울의 지름 d는 액체 밀도 ρ, 점성계수 μ, 표면장력 σ, 그리고 분사속도 V와 지름 D에 따를 것이라고 생각된다. 이 과정의 특성을 나타내려면 몇 개의 무차원 비가 필요한가?

7.6 에어포일 후류의 길이 w는 유동의 속도 V, 코드 길이 L, 두께 t, 유체의 밀도 ρ, 점성계수 μ의 함수이다. 이 현상의 특성을 나타내는 무차원 변수를 구하라.

이 사진은 자동차의 유동특성을 파악하기 위해 풍동내 유맥선(유적선)을 가시화한 것이다. 이 유맥선으로부터 모형 자동차의 항력계수를 감소시킬 수 있다. 8장에서는 모형해석과 상사실험에 대한 내용을 다룬다.

CHAPTER
08

모형해석과 상사성

Model Analysis and Similitude

모형해석과 유동상사성 8.1

불완전한 상사성 8.2

연습문제

학습목표

- 모형해석과 유동상사성의 개념을 이해한다.
- 모형해석의 다양한 유동상사성을 학습한다.
- 불완전한 상사성을 학습하고 이를 극복하는 방법을 알아본다.

SECTION 8.1 모형해석과 유동상사성

- ✔ 모형해석과 유동상사성의 필요성을 이해한다.
- ✔ 모형해석에서 중요한 유동상사성의 종류를 알아본다.

8.1.1 모형해석과 유동상사성의 필요성

20세기의 유체역학 관련 연구들은 해석적으로 풀기 어려운 문제의 해를 실험으로 구하지 않고, 차원해석으로 실험 관련 변수를 조정 및 최적화하고 CFD 방법을 통해 근사적인 해를 구한 후 **좀 더 신뢰성 있는 최적화된 실험횟수만큼 실험을 실시해 연구 결과를 도출했다.**

그러나 실험 연구 수행에 있어 [그림 8-1]과 같이 실험대상이 자동차나 댐, 수문처럼 크기가 크거나, 미사일이나 비행기처럼 속도가 빠를 때는 실제 크기, 실제 속도로 실험을 수행하는 데 있어서 많은 어려움에 직면하게 됐다. 차원해석이나 CFD 방법으로 실험의 횟수 및 방법을 간소화해도 이런 실험적 연구는 장소와 비용 및 기간에 제약을 받을 수밖에 없을 뿐더러, 실제 크기의 모형으로 실험을 수행했을 경우 원하지 않는 결과가 도출됐을 때는 많은 시간과 비용의 손해를 볼 수밖에 없다. 20세기에 들어

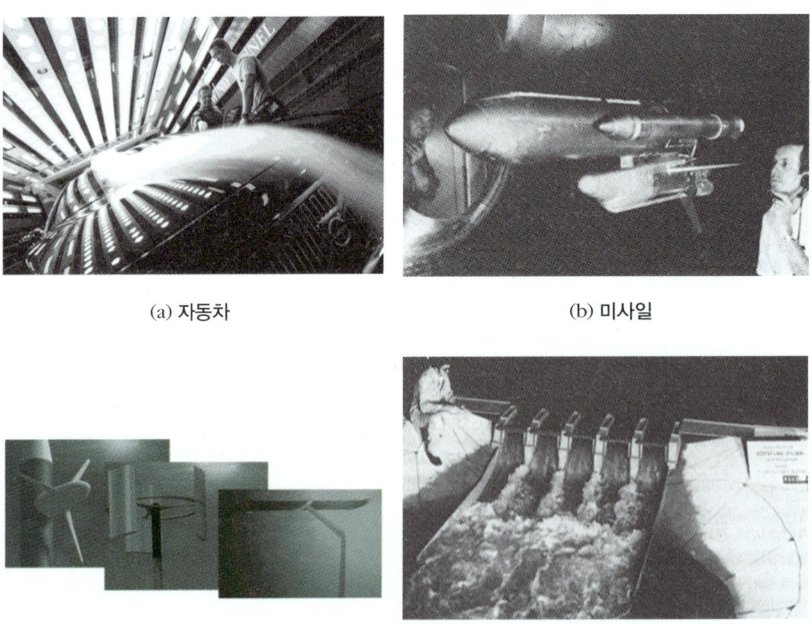

(a) 자동차 (b) 미사일 (c) 수차 (d) 댐과 수문

그림 8-1 모형실험의 예

서는 이런 경우 모형해석을 통해 먼저 실험을 수행하는데, 이를 위해서는 모형과 원형의 상사성을 만족시키는 연구를 진행해야 한다.

8.1.2 기하학적 상사

모형해석의 모델링에서 가장 중요하면서도 **가장 먼저 수행해야 할 상사는 기하하적 상사**Geometric Similarity이다. 기하학적 상사는 **원형**Prototype**과 모형**Model**이 동일한 형상을 가져야 하고 대응하는 길이의 비**Scale Factor**가 식 (8.1)과 같이 일정**해야 한다. 가로의 비가 β라면 세로와 폭의 비도 β가 되어야 한다는 뜻이다.

$$\beta = \frac{L_{prototype}}{L_{model}} \quad : \text{축척계수, 축척비} \tag{8.1}$$

[그림 8-2]에서는 구와 같은 원형의 모델에서 축소모형의 축척비가 일정해 기하학적 상사를 만족시키지만, [그림 8-3]과 같이 타원형 원형의 기하하적 형태의 비가 다르면 기하학적 상사를 만족시킬 수 없다.

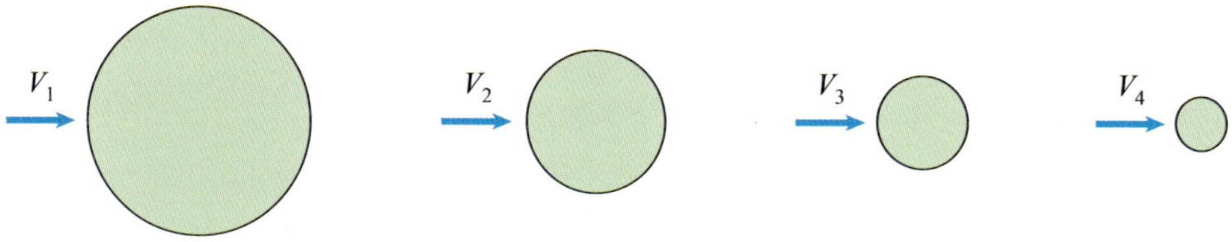

(a) 구 형태의 원형 (b) 1 : 2 (c) 1 : 3 (d) 1 : 4

그림 8-2 올바른 기하학적 상사의 예

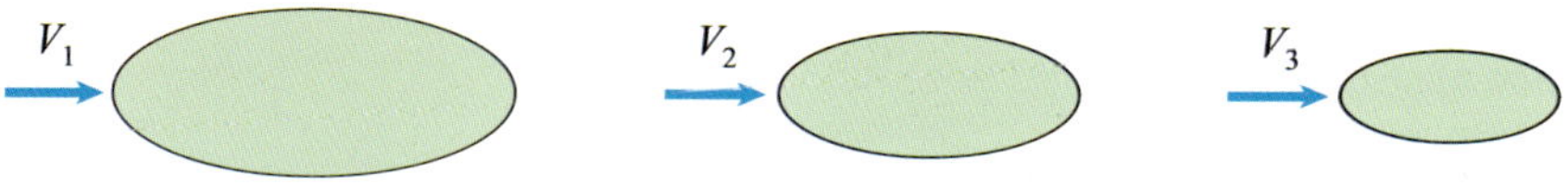

(a) 타원형 원형 (가로 : 세로 = 4 : 1) (b) 모형 1 (가로 : 세로 = 3.5 : 1) (c) 모형 2 (가로 : 세로 = 3 : 1)

그림 8-3 잘못된 기하학적 상사의 예

[그림 8-4]와 같이 $\beta = 1/10$로 축척된 원형 모델이 있다. 여기서 특성길이를 어느 것으로 설정하든 모델의 가로, 세로, 폭의 비는 모두 1/10로 축소되어야 한다. 다만 원형의 유입속도 V_p가 변화할 때, 영각Angle of Attack α는 변화되지 않았다. 여기서 유입속도비는 동역학적 상사를 의미하고 이는 기하학적 상사인 축척비에 따라 감소된다.

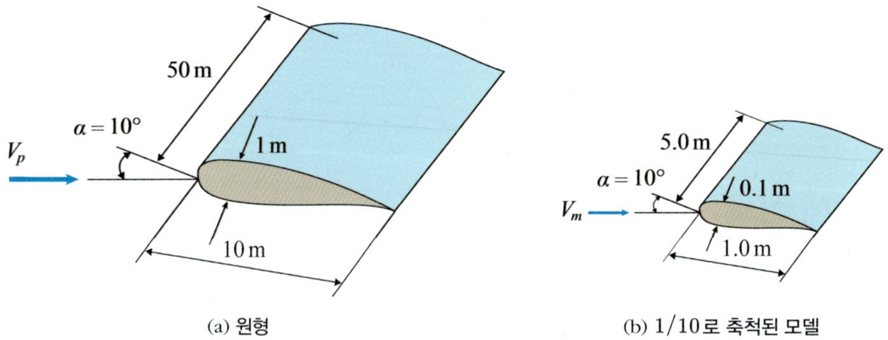

그림 8-4 올바르게 1/10로 축척된 기하학적 상사

Think_01

기하학적 상사비를 맞추기 위해 축척비 또는 확대비가 얼마까지 가능할지 생각해보자.

8.1.3 운동학적 상사

운동학적 상사Kinematic Similarity는 **접근하는 속도의 방향이 모형에도 동일하게 맞춰져야 하는데,** 이는 원형과 모형의 유동이 동일하게 구현되어야 한다는 뜻이다.[1]

이를 설명하기 위해 [그림 8-5]와 같이 공기 속의 구 또는 원형 주위의 유동과 [그림 8-6]과 같이 자유표면의 역할이 중요한 선박 관련 문제를 예로 들었다. 원형에서 유동이 왼쪽에서 오른쪽으로 유입되듯이 모형에서도 같은 방향이 되도록 설정했다. 자유표면의 움직임인 파도도 왼쪽에서 오른쪽으로 움직이도록 모델을 설정해야 한다는 것을 의미한다.

구에 접근하는 속도 V_p나 파도의 속도 C_p의 값을 결정할 때, 단순히 기하학적 상사비 β에 따라 속도의 비를 일정하게 해주는 것이 아니라 역학적 상사를 고려해서 결정해야 한다. 중요한 것은 운동학적 상사는 역학적 상사와 항상 함께 고려해야 한다는 것이다.

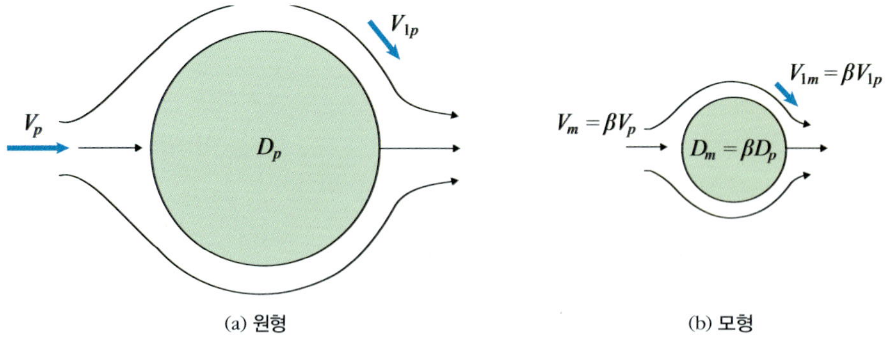

그림 8-5 *Re* 수 상사를 기준으로 유동상사성을 일치시킨 경우

1 이는 충분조건이 아니라 필요조건이 된다. 어떻게 보면 당연한 논리이지만 매우 중요하다.

(a) 원형 (b) 모형

그림 8-6 *Fr* 수 상사를 기준으로 유동상사성을 일치시킨 경우

8.1.4 역학적 상사

역학적 상사Dynamic Similarity는 크기가 일정하다는 기하학적 상사와 모든 대응점에서 힘들의 방향이 같다는 운동학적 상사를 일치시킨 후 **독립된 무차원군들, 즉 역학적 상사에 해당하는 독립변수를 상사시키는 과정**이다. 따라서 역학적 상사를 다른 말로 동역학적 상사라고도 한다.

[그림 8-4]와 [그림 8-5]의 익형이나 깃의 경우 역학적 상사로부터 모형속도 V_m을 구하기 위해 식 (8.2)와 같이 Re수가 동일하다고 가정하자. 식 (8.2)를 Re수인 식 (7.46)을 이용해 나타내면 식 (8.3)이 된다. 단 식 (8.3)에서 특성길이는 구의 지름 D이다.[2]

$$Re = \frac{\rho VD}{\mu} \tag{7.46}$$

$$Re_{prototype} = Re_{model} \tag{8.2}$$

$$\left(\frac{\rho VD}{\mu}\right)_{prototype} = \left(\frac{\rho VD}{\mu}\right)_{model} \tag{8.3}$$

만약 실험할 때 사용할 유체의 성질(밀도와 점성계수)이 원형과 동일하다면 식 (8.3)은 식 (8.4)와 같이 간략해지고, 식 (8.5)와 같이 기하학적 상사의 축척비 β로부터 모델의 속도 V_m을 구할 수 있게 된다. 만약 원형실험에서 공기를 사용했는데 모형실험에서는 불가피하게 물을 사용해 유체가 달라진다면 반드시 유체의 성질을 고려해야 한다. 이는 [예제 8-2]를 통해 확인해보자.

$$V_pD_p = V_mD_m \tag{8.4}$$

$$V_m = V_pD_p/D_m = \beta V_p \tag{8.5}$$

다음으로 Fr수가 동일하다고 가정한 [그림 8-6]을 고려해보자. [그림 8-6]은 Fr수가 지배적인 유동장이기 때문에, 이에 대한 역학적 상사는 식 (8.6)과 같이 정리된다. 식 (8.6)은 Fr수인 식 (7.48)을 이용해 표현할 수 있으며 여기서 특성길이 ℓ을 파도의 폭 λ로 설정하면 식 (8.7)과 같다.

$$Fr = \frac{\text{관성력}}{\text{중력}} = \frac{\rho V^2 l^2}{\rho g l^3} = \frac{V^2}{gl} \text{ 또는 } \frac{V}{\sqrt{gl}} \ : Fr\text{수} \tag{7.48}$$

$$Fr_{prototype} = Fr_{model} \tag{8.6}$$

2 만약 [그림 8-4]와 같이 익형의 경우 특성길이는 L이 된다.

$$\left(\frac{V}{\sqrt{g\lambda}}\right)_p = \left(\frac{V}{\sqrt{g\lambda}}\right)_m \quad (8.7)$$

동일한 해발 고도에서 실험 시 식 (8.7)의 원형실험과 모형실험에서 중력가속도인 g가 같아지고 식 (8.7)은 파도의 폭(파폭)의 λ비인 기하학적 상사, 즉 β비가 된다. 이를 정리하면 식 (8.8)과 같다.

$$V_m = V_p\sqrt{\lambda_m/\lambda_p} = V_p\sqrt{\beta} \quad (8.8)$$

이제 역학적 상사를 고려한 모형의 속도를 계산한 식 (8.5)와 식 (8.8)을 살펴보자. ***Re* 수가 지배적인 유동장에서는 기하학적 상사에 반비례하는 특징**을 가지고 있다. 이는 Re수의 특징 때문이다. 즉 모델의 축척비가 너무 크거나 작다면 모형의 속도도 이에 비례해 증감되므로 실험이 불가능해진다. 이는 8.3절의 불완전한 상사성과 [예제 8-5]에서 좀 더 알아보자. 반면에 ***Fr* 수가 지배적인 유동장에서는 식 (8.8)을 보면 원형과의 축척비에 제곱근의 비로, 원형속도가 모형속도로 변경**됨을 인지하자.

예제 8-1 *Re*수가 지배적인 밸브 유동장

[그림 8-7]과 같은 체크 밸브의 유동을 고려해보자. [그림 8-7]과 같이 지름이 0.6 [m]이고 유량이 0.85 [m^3/s]인 체크 밸브에서 모델의 지름을 7.5 [cm]로 축소했을 경우 모델 유량 Q_m을 구하라. 단, 상온일 때 물의 밀도와 점성계수는 각각 $\rho_p = 1{,}000$ [kg/m^3], $\mu_p = 0.001$ [Pa·s]이고, 모형실험에서 작동 유체도 동일하다.

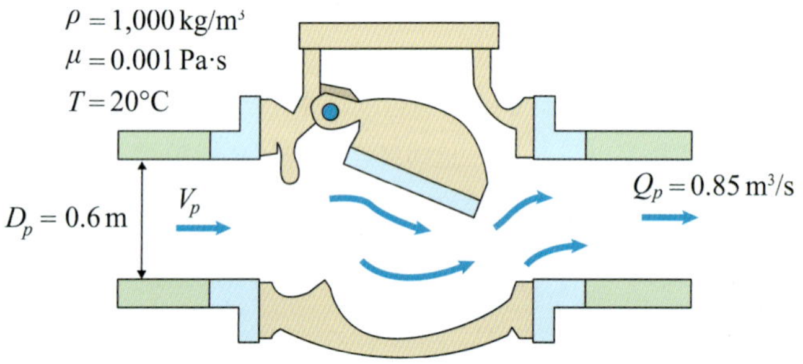

그림 8-7 체크 밸브 유동장

분석

- 이 예제는 배관내 체크 밸브의 유동장을 생각하는 문제로, 세 가지를 점검해야 한다.
- 첫 번째로 점검해야 할 사항은 유동장에서 어떤 무차원수가 지배적인지 생각하는 것이다. 이 예제에서는 관성력과 점성력이 지배적인 유동장이기 때문에 Re수가 지배적이다.
- 두 번째로 점검해야 할 사항은 유동장, 즉 체크 밸브의 기하학적 상사비를 계산하는 것이다. 원형이 0.6 [m]에서 7.5 [cm]로 감소했으므로 단위를 환산하여 축척비를 계산해야 한다.
- 세 번째로 점검해야 할 사항은 원형실험과 모형실험에서 작동 유체의 물성값을 확인하는 것이다. 다만 이 예제에서는 원형실험과 모형실험에서 같은 온도에서 같은 물리량의 유체를 사용하기 때문에 이를 무시할 수 있음을 알아야 한다.

풀이

- 먼저 기하학적 상사비는 식 (8.1)을 이용해 구하면 축척비는 식 (8.9)와 같이 0.8이 된다.

$$\beta = \frac{L_{prototype}}{L_{model}} \tag{8.1}$$

$$\beta = \frac{0.06}{0.075} = 0.8 \tag{8.9}$$

- 그 다음으로 역학적 상사를 일치시켜야 하므로 식 (8.2)인 Re수를 이용한다. 원형과 모형의 작동 유체가 같으므로 식 (8.2)인 Re수 비는 식 (8.5)와 같이 축척비로 변경된다.

$$Re_m = Re_p \tag{8.2}$$

$$V_m = \beta V_p \tag{8.5}$$

- 문제에서 속도로 주어지지 않고 유량으로 주어졌기 때문에 속도로 환산해주어야 한다. 즉 원형속도 V_p를 연속방정식으로부터 식 (8.10)과 같이 계산하면 3.01 [m/s]가 된다.

$$V_p = Q/A = Q/\frac{\pi 0.6^2}{4} = \frac{0.85 \times 4}{\pi \times 0.6^2} = 3.01\,[\mathrm{m/s}] \tag{8.10}$$

- 원형속도를 식 (8.5)에 대입하면 모형에서 속도 V_m은 24.0 [m/s]가 되고 유량은 식 (8.11)과 같이 구할 수 있다.

$$Q_m = A V_m = \frac{\pi 0.075^2}{4} \times 24.0 = 0.106\,[\mathrm{m^3/s}] \tag{8.11}$$

고찰

- 이 예제에서는 기하학적 상사비를 이용해 유량을 쉽게 구할 수 있다. 여기서 중요한 것은 같은 유체를 사용하는 모형실험 시 유동상사성을 이해하는 것이다.
- 모형에서의 속도를 보면 24.0 [m/s]로 원형의 속도보다 8배 정도 빠름을 알 수 있고, 이로 인해 실험이 어려워질 수 있음을 인지해야 한다. 만약 지름이 더 감소한다면 이 속도는 더 빨라진다.
- 이런 경우는 점성이 높은 글리세린 유체를 사용하여 관성력을 줄여주는 방법을 선택해야 한다. 특히 공기의 경우에는 풍동Wind Tunnel을 이용해 실험하는데 불완전한 상사성 때문에 속도가 커지면 수동Water Tunnel을 이용하여 유체를 변경하는 차선의 방법을 선택하여 문제를 해결해야 한다.

예제 8-2 원형 주위에 미치는 항력

[그림 8-8]과 같이 상온의 해수에서 원형의 물체($D_p = 0.3$ [m])에 작용하는 항력을 구하고자 한다. 모형실험은 상온의 공기에서 0.15 [m]의 구로 진행했고, 구해진 항력은 $F_m = 30.0$ [N]이다. 이때 (a) 모델의 접근속도 V_m을 구하고, (b) 원형에서 구의 항력을 구하라. 단, 상온에서 해수의 밀도와 점성계수는 각각 $\rho_p = 1{,}020$ [kg/m³], $\mu_p = 1.6014 \times 10^{-3}$ [Pa·s]이고, 상온에서 공기의 밀도와 점성계수는 각각 $\rho_m = 1.23$ [kg/m³], $\nu_m = 1.752 \times 10^{-5}$ [Pa·s]이다.

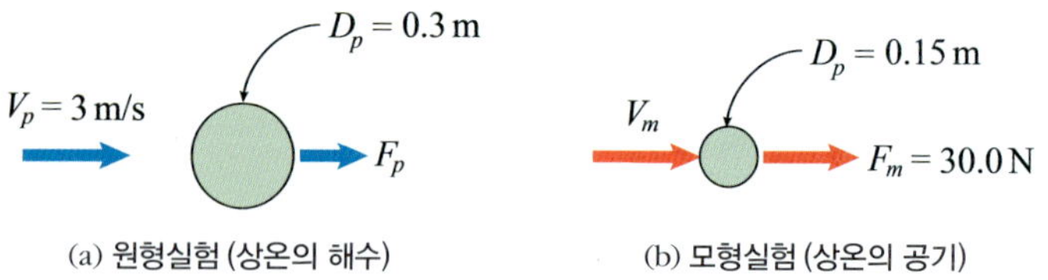

그림 8-8 원형 물체에 작용하는 항력을 구하는 문제

분석

- 유체를 다르게 실험한 경우를 알아보는 것이 이 예제의 목적이다.
- 대부분의 문제에서 유체의 물성값들은 주어지지 않으므로, 이 값은 부록.1과 부록.3에서 찾아서 대입해주어야 한다.
- 기하학적 상사비를 먼저 구하고, 어떤 무차원수가 유동장을 지배하는지 알아야 한다.
- [예제 5-3]과 같이 관성력과 점성력이 지배적인 유동장이며 Re수가 지배적이므로 역학적 상사인 Re수를 맞추어주면 된다.

풀이

(a) 기하학적 상사비, 즉 축척비는 식 (8.12)와 같이 2.0이다.

$$\beta = \frac{0.3}{0.15} = 2.0 \tag{8.12}$$

역학적 상사인 Re수를 식 (8.2)와 같이 일치시키면 모형실험에서의 접근속도를 식 (8.13)과 같이 구할 수 있다.

$$Re_m = Re_p \tag{8.2}$$

$$V_m = \frac{\rho_p V_p D_p}{\mu_p} \times \frac{\mu_m}{\rho_m D_m} = \frac{1{,}020 \times 3.0 \times 0.3}{1.6014 \times 10^{-3}} \times \frac{1.752 \times 10^{-5}}{1.23 \times 0.15} = 54.44 \text{ [m/s]} \tag{8.13}$$

식 (8.13)에서 구한 속도가 압축성 효과가 있는지 확인해야 한다. 만약 압축성 효과가 있다면 M수도 검토해야 한다. 음속의 속도인 340 [m/s]보다 훨씬 느린 속도이므로 이 유동장은 아음속유동이고 압축성 효과는 무시할 수 있다.

(b) 원형에서 구의 항력은 식 (7.2)를 이용하면 된다.[3]

3 항력계수에 대한 자세한 내용은 9장에서 다룬다.

$$\frac{F_p}{\rho V_p^2 D_p^2} = \frac{F_m}{\rho V_m^2 D_m^2} \tag{8.14}$$

문제에서 구하고자 하는 원형에 미치는 항력으로 식 (8.14)를 정리하고 물성값들을 대입하면 식 (8.15)와 같아진다.

$$F_p = F_m \frac{\rho_p V_p^2 D_p^2}{\rho_m V_m^2 D_m^2} = 30.0 \frac{1{,}020 \times 3.0^2 \times 0.3^2}{1.23 \times 54.43^2 \times 0.15^2} = 302.3\,[\mathrm{N}] \tag{8.15}$$

고찰

- 축척비가 2로 크지 않음을 알 수 있다. 만약 축척비가 더 커진다면 기하학적 비에 따른 역학적 상사가 달라지기 때문에 실험하기가 어려워질 수도 있다. 또한 모형실험을 물로 진행했을 경우 불완전한 상사 문제가 발생할 수밖에 없다.
- 따라서 이 예제를 통해 모형실험을 공기로 선택하면 모형실험 시 불완전한 상사문제를 해결해줄 수 있다는 것을 이해하자.

예제 8-3 모형실험 시 압축성 효과

[그림 8-9]는 표준공기에서 380 [km/h]의 속도로 비행하는 항공기이다. 이를 1 : 10으로 축소하고 풍동을 이용해 같은 공기에서 모형실험을 하려고 한다. 이때 (a) 모형의 속도를 구하라. 계산된 속도에서는 압축성 효과Compressibility Effect가 나타날 것이다. 그렇다면 이 효과를 감소시키기 위해 (b) 풍동에서의 속도를 원형의 속도와 같게 하려고 할 때 풍동 내 압력을 구하라.

그림 8-9 표준공기에서 비행하는 항공기 모형실험

분석

- 모형실험 시 압축성 효과가 나타날 때 해결 방법을 찾는 것이 이 예제의 목적이다.
- 이 예제에서 지배적인 무차원수는 Re수로, 원형과 모형의 Re수인 역학적 상사를 맞추다 보면 속도가 빨라져 압축성 효과가 발생하게 된다. 모형에서 압축성 효과가 나타나면 실험 결과를 사용할 수 없다. 단순히 M수를 일치시키는 것으로는 해결할 수 없을 때, 무엇을 변경해야 하는지 파악해야 한다.

풀이

(a) 원형과 모형실험에서 유체가 동일하기 때문에 Re수의 상사는 식 (8.5)를 이용하면 된다. 모델의 속도는 기하학적 상사비를 이용하여 비교적 쉽게 식 (8.16)과 같이 구할 수 있다. 계산을 위해 속도를 [m/s]로 환산했다.

$$V_m = \beta V_p \tag{8.5}$$

$$V_m = 10 \times 380\,[\mathrm{km/h}]\frac{1{,}000\,[\mathrm{m}]}{1\,[\mathrm{km}]}\frac{1\,[\mathrm{h}]}{3{,}600\,[\mathrm{s}]} = 10 \times 105.56 = 1055.6\,[\mathrm{m/s}] \tag{8.16}$$

식 (8.16)과 같이 계산된 접근속도는 음속의 3.1배로 $M = 3.1$이고, 문제에서 지적한 바와 같이 압축성 효과가 나타난다.

(b) 단순히 기하학적 상사와 역학적 상사를 맞추기만 한다면 압축성 효과가 발생해 올바른 실험을 할 수 없다. 이에 공기의 밀도를 변화시켜 역학적 상사를 맞춰 속도를 감소시켜야 한다. 공기 내 밀도 변화를 위해 모형실험 내 압력(밀도와 상관)을 바꿔야 하므로 Re수의 상사를 이용한다. 풍동 내 압력은 밀도의 함수이므로 먼저 식 (8.3)을 이용해 식 (8.17)과 같이 구해야 한다.

$$\frac{\rho_m V_m D_m}{\mu_m} = \frac{\rho_p V_p D_p}{\mu_p} \tag{8.3}$$

$$\frac{\rho_m}{\rho_p} = \frac{\mu_m V_p D_p}{\mu_p V_m D_m} \tag{8.17}$$

문제에서 기하학적 상사비가 주어졌고 속도를 동일하다고 가정했으므로, 풍동 내 밀도비는 식 (8.18)과 같이 점성계수의 10배가 된다.

$$\frac{\rho_m}{\rho_p} = \frac{\mu_m}{\mu_p} \times 1 \times 10 = 10\frac{\mu_m}{\mu_p} \tag{8.18}$$

보통 공기에서 밀도의 변화폭이 크므로 기체상태방정식($p = \rho RT$)으로부터 구할 수 있지만, 점성계수의 변화폭이 밀도의 변화폭보다 훨씬 작으므로 여기서는 무시할 수 있다. 따라서 식 (8.18)은 식 (8.19)와 같이 10배의 상숫값이 계산되고, 모형실험은 식 (8.20)과 같이 가압된 풍동을 구현시키면 된다.

$$\frac{p_m}{p_p} = \frac{\rho_m}{\rho_p} = 10 \tag{8.19}$$

$$p_m = 10 p_p = 10 \times 101{,}300\,[\mathrm{Pa}] = 1{,}013\,[\mathrm{kPa}] \tag{8.20}$$

고찰

- 이 예제에서는 모형실험 시 **실험실 크기에 맞추어** 단순히 **기하학적 상사만 고려했을 때 발생할 수 있는 경우**를 다뤘다. 모형실험 유체의 성질이나 실험 조건을 변경하는 방법도 있지만, 이런 경우에는 기하학적 상사부터 다시 고려해야 한다.
- 식 (8.18)에서는 점성계수의 비를 무시했는데 이를 고려한다면 그 영향이 얼마나 될지 검토해보자. 이는 공기의 점성계수가 매우 적기 때문임을 알아야 한다.

예제 8-4 기하학적 형상의 확대

[그림 8-10]은 바다에서 서식하는, 대표 길이가 약 1 [mm]인 갑각류 생물의 모습이다. 기하학적 상사비를 100배로 확대하고, 모형실험 유체인 글리세린에서 $V_m = 0.25$ [m/s]로 움직인다고 가정해 모형실험을 실시했다. 측정된 모형의 항력이 1.5 [N]일 때, (a) 바다에서 실제로 움직이는 생물들의 항력을 구하라. 단, 물의 온도가 상온일 때의 밀도와 점성계수는 각각 $\rho_p = 1{,}000$ [kg/m³], $\mu_p = 0.001$ [Pa·s]이며, 글리세린의 밀도와 점성계수는 각각 $\rho_m = 1{,}260$ [kg/m³], $\mu_m = 2.0$ [Pa·s]라 가정한다.

그림 8-10 바다에 서식하는 갑각류 생물

분석

- 기하학적 상사도 확대할 수 있음을 알려주는 것이 이 예제의 목적이다. 지금까지는 크기를 축소시키는 문제만 다루었는데, 미시적 연구에서는 기하학적 상사를 확대할 수도 있다.
- 기하학적 상사비가 확대됐지만 이 예제도 관성력과 점성력이 지배적인 유동장이므로 Re수인 역학적 상사를 맞추면 된다.

풀이

- 문제에서 모형실험 자료가 주어졌으므로 Re수를 식 (8.21), 식 (8.22)와 같이 구할 수 있다. 여기서 식 (8.22)는 식 (7.2)를 이용해 구했고, 이 비를 C_D라고 한다.[4]

$$Re_m = \frac{\rho_m V_m L_m}{\mu_m} = \frac{1{,}260 \times 0.25 \times 0.1}{2.0} = 15.75 \tag{8.21}$$

$$C_{D_m} = \frac{F_m}{\rho_m V_m^2 L_m^2} = \frac{1.5}{1{,}260 \times 0.25^2 \times 0.1^2} = 1.90 \tag{8.22}$$

- 식 (8.21), 식 (8.22)와 같이 구해진 모형의 Re수와 항력계수 C_D로부터 역학적 상사가 동일하다는 조건으로 다음과 같이 원형의 속도와 항력을 구할 수 있다.

$$Re_p = Re_m = 15.75 = \frac{\rho_p V_p L_p}{\mu_p} = \frac{1{,}000 \times V_p \times 0.001}{0.001}$$

$$V_p = 0.01575\ [\text{m/s}]$$

4 이에 대한 자세한 내용은 10장에서 다룬다.

$$C_{D_p} = C_{D_m} = 1.90 = \frac{F_p}{\rho_p V_p^2 L_p^2} = \frac{F_p}{1{,}000 \times 0.01575^2 \times 0.001^2}$$

$$F_p = 4.71 \times 10^{-7}\,[\mathrm{N}]$$

고찰

- 이 예제는 기하학적 상사를 확대하는 문제이다. 지금까지는 크기를 축소하는 문제만 다루었는데 미시적 연구에서는 확대할 수도 있다는 사실을 알아야 한다.
- 기하학적 크기가 크기 때문에 동일한 유체를 사용하지 않고 글리세린을 이용한다는 점을 알아야 한다.
- Re 수를 구할 때 갑각류의 특성길이를 정하는 것이 중요하다. 특정하게 정의할 내용이 없으므로 이 예제에서는 가로길이로 특성길이를 정했다.

예제 8-5 방수로 유동 문제 (Fr 수 상사)

[그림 8-11]은 폭이 20 [m]인 방수로Spillway[5]이다. 1개의 원형 방수로에서 유량이 125 [$\mathrm{m^3/s}$]일 때 기하학적 상사를 1 : 15로 하여 방수로의 특성을 연구하고자 한다. 이때 (a) 방수로 모형의 유량을 구하라. 또한 (b) 원형에서 24시간 동안 운전을 한다면 모델에서의 운전시간은 얼마인지 구하라. 이때 표면장력과 점성의 영향은 무시하자.

그림 8-11 방수로

분석

- 이 방수로 관련 문제는 자유표면이 있으므로 Fr수에 지배받는다.
- [그림 8-11]과 같이 방수로는 여러 개로 구성되어 있는데, 보통 1개의 방수로만 해석해 문제를 풀고 확대해주면 된다.
- 앞서 다양한 예제로 상사성 문제를 풀었기 때문에 Fr수를 이용해 모델의 유량을 구하는 문제는 그리 어렵지 않다. 다만 간헐적으로 운영되는 방수로의 특성을 고려해 모델실험에서도 간헐적 운영에 대한 관점을 검토해봐야 한다.

5 방수로는 댐과 같은 거대한 구조물로, 상류에서 하류로 흐르는 유체를 제어할 때 사용하는 구조물이다.

풀이

(a) 이때 축척비는 $\beta=15$이므로 모델의 폭은 식 (8.23)과 같이 쉽게 구할 수 있다. 식 (8.23)의 특성길이로 방수로 길이를 선택했다.

$$\lambda_m = \frac{\lambda_p}{\beta} = \frac{20}{15} = 1.33\,[\mathrm{m}] \tag{8.23}$$

Fr수가 지배적인 유동의 경우 운동학적 상사는 식 (8.7)과 같이 Fr수를 일치시키면 되고, 모형과 원형의 중력가속도는 동일하기 때문에 식 (8.24)와 같이 유도된다.

$$\left(\frac{V}{\sqrt{g\lambda}}\right)_p = \left(\frac{V}{\sqrt{g\lambda}}\right)_m \tag{8.7}$$

$$\frac{V_m}{V_p} = \sqrt{\frac{\lambda_m}{\lambda_p}} \tag{8.24}$$

방수로 모델의 유량은 연속방정식 $Q=AV$로 구할 수 있는데 여기서 단면적 A 또한 축척비의 제곱으로 정의할 수 있다. 다만, 문제에서 방수로의 방류 높이가 주어져야 하는데 주어지지 않았으므로 이를 쉽게 계산하기 위해 축척비를 이용했다.
연속방정식과 식 (8.24)를 연합해 나타내면 식 (8.25)와 같이 축척비의 식인 β로 정리할 수 있다.

$$\frac{Q_m}{Q_p} = \frac{A_m V_m}{A_m V_p} = \left(\frac{\lambda_m}{\lambda_p}\right)^2 \sqrt{\frac{\lambda_m}{\lambda_p}} = \left(\frac{1}{\beta}\right)^{5/2} \tag{8.25}$$

모형실험의 유량은 식 (8.26)과 같이 계산할 수 있다.

$$Q_m = Q_p\left(\frac{1}{15}\right)^{5/2} = 125\left(\frac{1}{15}\right)^{5/2} = 0.143\,[\mathrm{m^3/s}] \tag{8.26}$$

(b) 모형의 운전시간을 구하기 위해 식 (8.28)과 같이 시간의 비를 이용하면 된다. 식 (8.27)은 식 (8.28)과 같이 정리할 수 있다.

$$\frac{V_p}{V_m} = 1.0 \tag{8.27}$$

$$\frac{V_p}{V_m} = \frac{\lambda_p}{t_p}\frac{t_m}{\lambda_m} = 1.0 \tag{8.28}$$

모형의 운전시간은 식 (8.28)을 이용해 식 (8.29)와 같이 정리할 수 있다. 식 (8.28)의 속도비는 Fr수의 비와 같기 때문에 식 (8.24)를 이용하여 정리할 수 있다. 결론적으로 모형의 운전시간은 원형이 24 [hr]이므로 식 (8.30)과 같이 6.20 [hr]가 된다.

$$t_m = t_p\frac{V_p}{V_m}\frac{\lambda_p}{\lambda_m} = t_p\sqrt{\frac{\lambda_p}{\lambda_m}} = t_p\sqrt{\frac{1}{\beta}} \tag{8.29}$$

$$t_m = 24.0\sqrt{\frac{1}{15}} = 6.20\,[\mathrm{hr}] \tag{8.30}$$

고찰

- 문제에서는 방수로의 방류 높이가 주어지지 않아 Fr수를 계산하지 못했지만 $h_p = 0.5$ [m]일 때, 다음과 같이 계산된 Fr수를 [그림 7-8], [그림 7-9]와 비교해 검토해보자. 방류 높이는 수문개도에 따라 달라지므로 수문 높이가 높아진다면 Fr수는 감소하게 됨을 알 수 있다.

$$Fr_p = V_p / \sqrt{gL} = (Q_p/\lambda_p h_p) / \sqrt{gL} = (200/(20 \times 0.5)) / \sqrt{9.8 \times 20} = 1.429$$

- 식 (8.23)에서 보듯이 1개 모형의 특성길이가 1.33 [m]이므로 6개의 방수로를 고려해도 약 8 [m]의 매우 큰 실험장치가 필요하다. 역학적 상사에서 문제가 없다면 기하학적 상사비를 더 줄일 수 있는 방안을 검토해야 한다.
- 구조물의 안정성 판단에 있어서 가장 중요한 것이 고유 주파수Natural Frequency와 가진 주파수Excited Frequency로 인한 공진Resonance이다. 이 두 주파수가 일치하게 되면 구조물이 파괴될 수 있으므로 수리모형실험에서 반드시 이를 고려해야 한다. 이 예제에서는 진동에 대한 것을 고려하지 않았다.

예제 8-6 카르만 보텍스와 보텍스 셰딩 (St수 상사)

[그림 8-12]는 D와 H의 타원 형태인 구조물에서 속도 V의 영향으로 후류에 카르만 보텍스가 발생하는 모습이다.[6] 여기서 만약 상온의 공기가 $D = 0.1$ [m], $H = 0.3$ [m]의 타원형 구조물에 풍속 $V_p = 50$ [km/hr]로 접근할 때 셰딩 주파수Shedding Frequency를 구하라. 단, 모형은 $D_m = 20$ [mm]로 축소하고 수동을 이용해 상온 20 [℃]에서 실험할 계획이다. 모형실험에서 가진 주파수를 $\omega_m = 49.9$ [Hz]로 가정한다.

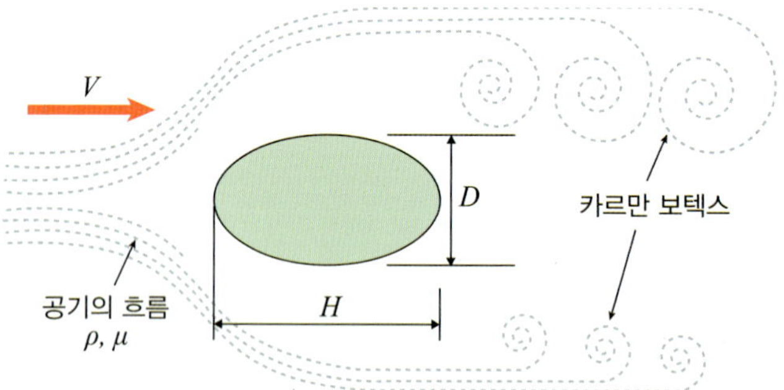

그림 8-12 타원 형태의 구조물에 발생한 카르만 보텍스

6 여기서 발생한 보텍스 셰딩은 몸체의 크기와 모양에 따라, 공기나 물과 같은 유체가 일정한 속도로 원통형 몸체를 지나갈 때 발생하는 진동 현상이다. 이 흐름에서는 소용돌이가 몸 뒤쪽에서 만들어지며 몸의 어느 한쪽에서 주기적으로 분리된다. 구조물이 견고하게 설치되지 않고 와류 방출의 빈도가 구조의 공진 주파수와 일치하면 구조가 공진을 시작하여 흐름의 에너지에 의해 구동되는 고조파 진동이 일어난다. 이 진동은 바람에 의한 전력선(Wire) '노래(Sing)'의 원인이 된다.

분석

- 이 유동장에서 지배적인 무차원수는 Re수이며, 진동과 관련된 문제를 풀어야 하므로 식 (7.51)의 St수를 고려해야 한다.
- 타원형이기 때문에 원형과 모형의 기하학적 상사를 맞춰주기 위해 특성길이 외에 H도 축척비에 맞춰 축소시켜야 한다.
- 유체의 물성값은 주어지지 않았지만 문제 풀이를 위해 상온의 물과 공기의 밀도와 점성계수는 알고 있는 것이 좋다.

$$\text{공기(원형)}: \rho_p = 1.23\,[\mathrm{kg/m^3}],\ \mu_p = 1.79\times 10^5\,[\mathrm{Pa\cdot s}]$$

$$\text{물(모형)}: \rho_m = 998\,[\mathrm{kg/m^3}],\ \mu_p = 0.001\,[\mathrm{Pa\cdot s}]$$

풀이

- 기본적으로 차원해석을 통해 무차원수를 구해야 하지만 우리는 이에 대한 차원해석을 학습했으므로 Re수와 St수를 일치시키면서 역학적 상사로부터 원하는 값을 구할 수 있다.
- 특성길이를 D로 설정했고, $D_p = 0.1\,[\mathrm{m}]$를 $D_m = 0.02\,[\mathrm{m}]$로 축소했으니 β는 5가 된다. 따라서 H_m은 $0.06\,[\mathrm{m}]$가 된다.
- Re수의 일치에 따라 모형의 접근속도를 식 (8.31)과 같이 구할 수 있다.

$$V_m = \frac{\mu_m \rho_p D_p}{\mu_p \rho_m D_m} V_p = \frac{0.001\times 1.23\times 0.1}{1.79\times 10^{-5}\times 998\times 0.02}\frac{50\times 10^3}{3{,}600} = 4.78\,[\mathrm{m/s}] \tag{8.31}$$

- 식 (8.31)의 접근속도로부터 보텍스 세딩 주파수를 식 (7.51)인 St수를 이용해 구할 수 있다.

$$St = \frac{\text{진동}}{\text{평균속도}} = \frac{\omega L}{V} \tag{7.51}$$

$$\omega_p = \frac{\omega_m D_m}{V_m}\frac{V_p}{D_p} = \frac{49.9\times 0.02}{4.78}\frac{13.9}{0.1} = 29.02\,[\mathrm{Hz}] \tag{8.32}$$

고찰

- 구해진 모형속도에 압축성 효과가 있는지 살펴보고 압축성 효과의 영향을 배제해야 한다. 식 (8.31)에서 계산한 모형의 접근속도는 수동을 이용한 모형실험이기 때문에 압축성 효과를 피할 수 있다.
- 구해진 **원형의 주파수는 가진 주파수**이다. 이 주파수가 왜 가진 주파수인지를 알아야 한다. 구조물이 가지고 있는 **고유 주파수**는 구조물의 **질량과 강성에 좌우**된다.
- 문제에서 진동에 대한 명확한 자료가 제시되지 않았기 때문에 구할 수 없으나, 보통 고유 주파수는 자유물체도를 작성해 쉽게 구할 수 있고, 만약 복잡한 형상이라면 진동해석을 통하여 구하면 될 것이다. 고유 주파수는 주파수의 최소와 최대 범위에서 $\pm 30\,[\%]$ 내에 들지 않아야 한다. 예를 들어 가진 주파수가 $100\,[\mathrm{Hz}]$라고 한다면 고유 주파수는 $70 \sim 130\,[\mathrm{Hz}]$ 범위 안에 들지 않아야 한다는 뜻이다. 이 예제에서 고유 주파수가 $29.0\,[\mathrm{Hz}]$ 근처라면 공진이 발생하게 된다.[7]
- 이 예제에서는 항력을 구하지 않았지만 항력은 앞의 예제를 통해 쉽게 구할 수 있다.

7 공진이 발생하면 [예제 8-5]의 고찰에서 언급했듯이 구조물이 파괴된다. 이에 대한 개념은 진동학을 참조하기 바란다.

SECTION 8.2

불완전한 상사성

✔ Re 수의 불완전한 상사에 대해 학습한다.
✔ Fr 수의 불완전한 상사에 대해 학습한다.

8.2.1 Re 수의 불완전한 상사

8.1절에서 모형해석과 유동상사성을 학습했다. 모형실험을 수행할 때 기본적으로 기하학적 상사를 맞춘 후 모형과 원형 사이의 운동학적 상사와 역학적 상사를 맞춰야 한다. 그러나 지금까지 푼 예제를 보면 완전한 역학적 상사를 얻지 못함을 알 수 있었다. 이를 불완전한 상사라고 하며 앞선 예제들은 다음과 같이 대부분 Re 수 상사와 관련이 있다.

[예제 8-2] 원형 주위에 미치는 항력을 구하는 문제 : 작동 유체를 변경
[예제 8-3] 항공기 모형실험 문제 : 압축성 효과로 인해 모형 풍동실험 내 압력을 변경
[예제 8-4] 기하학적 형상을 확대하는 문제 : 작동 유체를 변경
[예제 8-6] 카르만 보텍스 관련 진동 문제 : 작동 유체를 변경

앞선 네 가지 예제에서 대부분의 모형실험 조건을 변경한 이유는 Re 수의 특성상 **기하학적 상사, 즉 축척비에 따라 모형의 속도가 반비례해 변하기 때문**이다. 즉 모델의 축척비가 작아질수록 모델속도는 빨라진다는 뜻이다. 트럭이나 버스, 건축물 등과 같은 모형실험에서도 관성력이 지배적으로 작용하는 Re 수를 이용하기 때문에 실험 조건을 변경할 수밖에 없다.

그림 8-13 삼성전자 DM 연구소인 R4 건물의 풍동실험

[그림 8-13]과 같이 고층 건축물(높이 $H = 185.2\,[\mathrm{m}]$, 대표 폭 $B = 82.2\,[\mathrm{m}]$, 대표 깊이 $D = 44.4\,[\mathrm{m}]$)을 해석하는 데 있어, Re수를 일치시켜 100년 주기의 태풍 풍속인 80 [m/s]를 기준으로 실험한다면 압축성 효과를 무시할 수 없게 된다.

또한 100 [km/h]의 속도로 운행되는 버스나 트럭의 경우 축척비를 $\beta = 7$로만 해도 모형속도는 700 [km/h], 즉 $V_m = 194\,[\mathrm{m/s}]$가 되고 $M = 0.57$이 되어 원치 않는 결과를 초래하게 된다.

이 경우 앞선 예제들처럼 **모형실험의 조건을 변경해도 되지만 모형실험의 조건을 변경하지 않고도 실험할 수 있는 방법**이 있다. 바로 [그림 7-3]의 Re수에 따른 항력 그래프를 참조하여 실험하는 것이다. [그림 7-3]을 보면 Re수가 $10^4 \sim 10^5$에서 일정한 항력값을 갖는다. 즉 상사성은 완전하지 않지만 항력이 일정하므로 이때의 속도를 기준으로 실험을 하면 된다. 이 방법은 **불완전한 *Re*수 상사를 극복하는 방법**이므로 매우 유용하다.

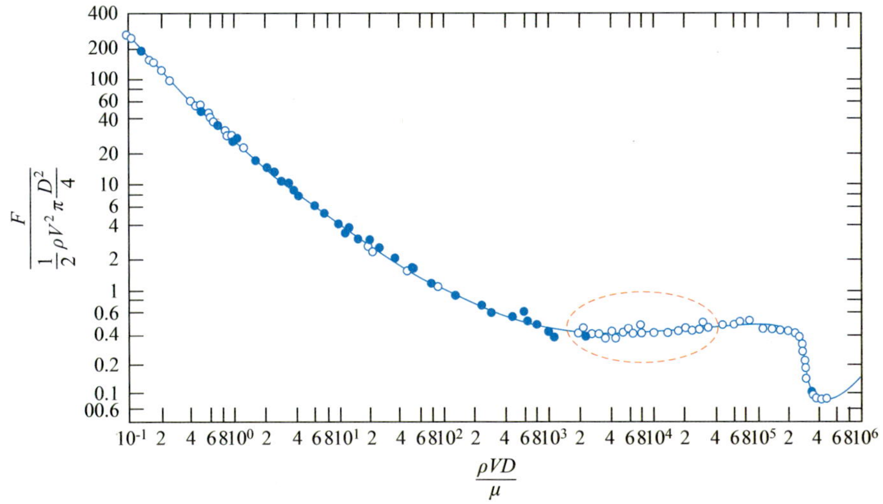

그림 7-3 Re 수 변화에 따라 구에 작용하는 항력

예제 8-7 불완전한 Re수 상사 극복

[그림 8-14]와 같은 버스를 풍동에서 모형실험($\beta = 16$)을 수행해 속도별 항력을 [그림 8-14(b)]와 같이 구했다. 속도별 항력 데이터로부터 어느 속도 이상에서 항력계수 C_d값이 일정한지 계산하고 이때의 최저속도를 구하라. 또한 실험 데이터를 이용해 100 [km/h] 속도의 실물 차량에 대한 공기역학적 항력과 필요 동력을 구하라. 단, 상온에서 공기의 밀도와 점성계수는 각각 $\rho_{air} = 1.23\,[\mathrm{kg/m^3}]$, $\mu_{air} = 1.79 \times 10^5\,[\mathrm{Pa \cdot s}]$이다.

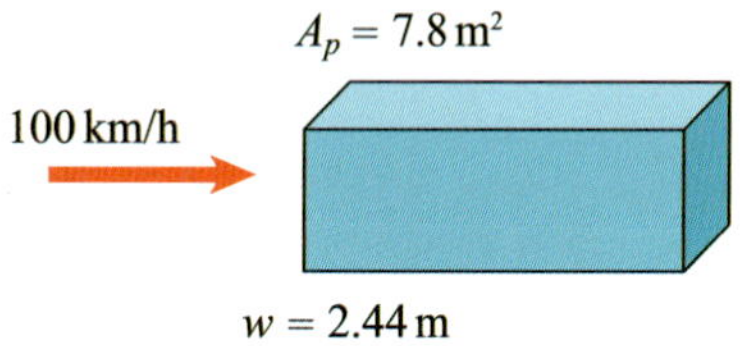

(a) 버스의 풍동실험 모형

공기속도 [m/s]	18	21.8	26.0	30.1	35.0	38.5	40.9	44.1	46.7
항력 [N]	3.1	4.41	6.09	7.97	10.7	12.9	14.7	16.9	18.7

(b) 실험 데이터

그림 8-14 버스의 풍동실험 모형과 실험 데이터

분석

- 특성길이 w를 버스의 폭으로 설정했으므로 모형의 특성길이를 먼저 구해야 한다.
- 주어진 실험 데이터로부터 항력을 구해야 한다.
- Re수 상사를 일치시켜 역학적 상사를 맞춰야 하나 앞에서 검토한 바와 같이 모형의 속도가 빨라지는 압축성 효과로 상사를 완전히 일치시킬 수 없다. 따라서 Re수가 어느 정도 이상이 되면 항력계수가 일정하게 되고 이럴 때 풍동실험 결과를 이용할 수 있는지 검토해야 한다.

풀이

- 먼저 모형의 특성길이(w_m)와 투영면적(A_{p_m})을 식 (8.33), 식 (8.34)와 같이 구해보자.

$$w_m = \frac{1}{16} w_p = \frac{1}{16} 2.44 = 0.153\,[\mathrm{m}] \tag{8.33}$$

$$A_{p_m} = \left(\frac{1}{16}\right)^2 A_{p_m} = \left(\frac{1}{16}\right)^2 7.8 = 0.0305\,[\mathrm{m^2}] \tag{8.34}$$

- 구해진 실험 데이터를 이용해 [그림 7-3]과 같이 Re_m수와 C_{D_m}의 관계를 나타내기 위해 Re_m수와 C_{D_m}을 식 (8.35), 식 (8.36)과 같이 정리하자.

$$Re_m = \frac{\rho V w}{\mu} = \frac{1.23 \times 0.152\,V}{1.79 \times 10^{-5}} = 10.444\,V \tag{8.35}$$

$$C_{D_m} = \frac{F_{D_m}}{0.5\,\rho\,V_m^2 A_{p_m}} = \frac{F_{D_m}}{0.5 \times 1.23\,V_m^2 \times 0.0305} = \frac{53.3 F_{D_m}}{V_m^2} \tag{8.36}$$

• 식 (8.35)와 식 (8.36)을 이용해 아래 표와 같이 Re_m수와 C_{D_m}을 계산할 수 있고 이를 [그림 8-15]와 같이 Re_m에 따른 C_{D_m}의 변화로 나타낼 수 있다.

공기속도 [m/s]	18	21.8	26.0	30.1	35.0	38.5	40.9	44.1	46.7
항력 [N]	3.1	4.41	6.09	7.97	10.7	12.9	14.7	16.9	18.7
Re_m	1.87E+05	2.27E+05	2.70E+05	3.13E+05	3.64E+05	4.00E+05	4.25E+05	4.59E+05	4.86E+05
C_{D_m}	0.50997	0.49460	0.48017	0.46887	0.46556	0.46387	0.46838	0.46317	0.45702

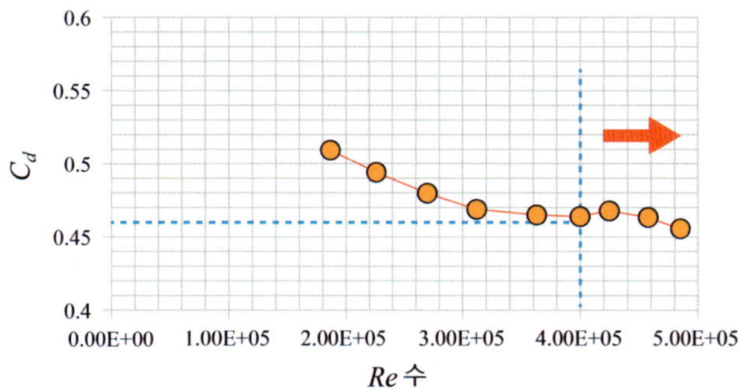

그림 8-15 실험을 바탕으로 한 *Re* 수 변화에 따라 버스에 작용하는 항력계수

• [그림 8-15]에서 보듯이 *Re*수가 4×10^5 이상일 때 C_{D_m}이 0.46으로 일정함을 알 수 있다. 즉 $Re = 4 \times 10^5$ 이상일 때 일정한 값이 되므로 의미 있는 실험 데이터가 된다.

• 이때 모형에 접근하는 최저속도는 40 [m/s]가 된다.

• 이 값을 이용해 식 (8.37), 식 (8.38)과 같이 원형의 항력과 필요한 동력을 구할 수 있다.

$$F_{D_p} = C_D \frac{1}{2} \rho_p V_p^2 A_{p_p} = \frac{0.46}{2} 1.23 \left(100 \times \frac{1{,}000}{3{,}600}\right)^2 \times 7.8 = 1{,}702.6\ [\mathrm{N}] \tag{8.37}$$

$$P_p = F_{D_p} V_p = 1{,}702.6 \times 100 \frac{1{,}000}{3{,}600} = 47.3\ [\mathrm{kW}] \tag{8.38}$$

고찰

• 면적을 이용해 항력을 구할 때는 투영면적Projected Area을 이용한다. 따라서 [그림 8-14]에서 보듯이 면적을 A_p라고 표현했는데 여기서 첨자는 원형Prototype이 아니라 투영면적이라는 뜻이다.[8]

• 이러한 예제에서 중요한 것은 실험 결과를 해석하는 데 있다. 즉 실험 데이터와 차원해석을 통한 무차원수로부터 [그림 8-15]와 같은 그림을 그릴 수 있어야 유의미한 최저속도를 구할 수 있다.

• 완벽한 상사를 이룰 수 없는 *Re*수 상사에 있어 매우 유용한 방법이므로 반드시 기억하자.

8 이에 대한 자세한 내용은 10장에서 다룬다.

8.2.2 *Fr* 수의 불완전한 상사

Fr 수의 상사는 *Re* 수와 같이 속도가 비례적으로 증가하지 않지만, 점성력에 의한 *Re* 수의 영향을 무시할 수 없다. *Fr* 수를 일치시키면 *Re* 수를 일치시킬 수 없기 때문이다. 즉 두 가지 또는 세 가지 무차원수를 동시에 일치시킬 수 없다.

[그림 8-16]과 같이 미국 해군사관학교 수력학 실험실에서 1/80의 축척비를 가지고 *Fr* 수를 일치시킨 후 모형실험한 결과를 보면 조파저항은 원형의 실험 결과와 잘 일치하고 있지만, 점성저항은 [그림 8-14(b)]의 이론적으로 구한 결과와 상이함을 알 수 있다. 이로 인해 결과는 과대평가되어 **선박이 미치는 총 저항이 모형에서 크게 산정됐다.** 자유표면이 있으므로 *Fr* 수를 이용하여 모형실험을 하지만 불완전한 모형실험의 문제는 이론적인 계산을 통해 반드시 보완해줘야 한다.

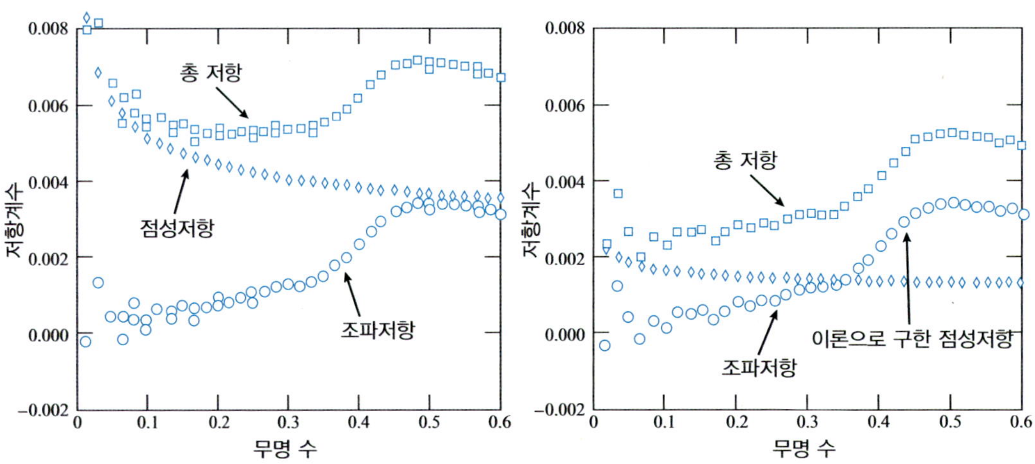

(a) 모형실험 결과 (b) 원형실험 결과

그림 8-16 미국 해군사관학교 수력학 실험실에서 실시한 모형실험과 원형실험의 결과

[그림 6-21]과 같은 보텍스의 발생을 관찰하기 위해 펌프 흡입구를 모델링할 때, 흡입구 근처에서 유동장을 재생하는 것이 중요하기 때문에 ANSI/HI 규격에서는 다음의 세 가지 역학적 상사를 일치시키도록 요구하고 있다.

① *Fr* 수 : 중력이 미치는 영향
② *Re* 수 : 점성 효과가 미치는 영향
③ *W* 수 : 표면장력이 미치는 영향

세 가지의 무차원수를 동시에 만족시킬 수는 없기에 가장 먼저 *Fr* 수 상사 기준으로 산출된 속도를 기준으로 모형에서 *Re* 수와 *W* 수의 값이 각각 6×10^4, 240보다 크면 보텍스에서 점성력 및 표면장력의 영향은 무시할 수 있다고 제시되어 있다. (ANSI/HI 규격 참조)

해당 규격에서는 시험 모형에서 보텍스에 관한 효과가 없을지라도, 식 (8.39)와 같이 Fr수 유동의 1.5 배에서 자유표면 흡입 보텍스에 대한 시험을 몇 번 수행하도록 권장하고 있다. 이 절차에 의해 강한 보텍스의 예측이 가능해지기 때문이다. 이러한 상사를 중간유속상사라고 한다. 다만 JSME 규격에서는 식 (8.40)과 같이 실제와 모형펌프가 동일한 유속 조건에서 실험하도록 제안한다. 이로 인해 불안정한 상사성을 보완할 수 있으며, 이를 유속일치상사라 한다.

$$Q_m = Q_p \times \left(\frac{L_m}{L_p}\right)^{2.5} = \left(\frac{1}{\beta}\right)^{2.5} \times Q_p \text{ : 중간유속상사} \tag{8.39}$$

$$V_m = V_p \text{ : 유속일치상사} \tag{8.40}$$

CHAPTER 08 | 연습문제

■ *Fr* 수

8.1 실제 댐 크기의 1/25로 기하학적 상사한 모형 댐이 있다. 모형 댐의 꼭대기(상봉)에서 유속이 1 [m/s]일 때, 원형의 대응점에서의 유속은 얼마인가?

8.2 길이가 100 [m]인 배가 10 [m/s]의 속도로 항해한다. 길이가 2 [m]인 모형 배를 만들어 조파저항을 측정한 후 원형 배의 조파저항을 구하기 위해 동일한 조건의 해수에서 실험을 하려 한다. 이때 설정해야 하는 모형 배의 속도는 얼마인가?

8.3 길이가 100 [m]인 배에 대해 길이가 5 [m]인 모형으로 실험할 때, 실제 배가 40 [km/h]로 움직이는 경우와 역학적 상사를 만족시키기 위한 모형의 속도는 얼마인가? 단, 점성마찰은 무시한다.

8.4 길이가 150 [m]인 배에 대해 길이가 10 [m]인 모형으로 조파저항에 관한 실험을 하고자 한다. 실제 배가 70 [km/h]로 움직였다면, 원형과 모형 사이의 역학적 상사를 만족하기 위한 모형의 속도는 얼마인가?

8.5 길이가 100 [m], 속도가 18 [m/s]인 선박에 대한 모형실험을 길이가 5 [m]인 모형 배로 *Fr* 상사가 성립되게 실시하려면 설정해야 하는 모형 배의 속도는 얼마인가?

8.6 수상 항공기가 130 [km/h]로 비행한다. 관성력과 중력의 상사가 보증되기 위해서는 1/60 모형은 얼마의 속도로 예인되어야 하는가?

8.7 물 위를 3 [m/s]의 속도로 항진하는, 길이가 2 [m]인 모형 배에 작용하는 조파저항이 54 [N]이다. 길이가 50 [m]인 실제 배를 이것과 상사한 조파상태인 해상에서 항진시킬 때, 얼마의 조파저항이 발생하는가? 단, 해수의 비중량은 $\gamma_P = 10{,}075$ [N/m^3]이다.

8.8 보트의 1 : 10 축척 모형에 대한 실험을 한다. 마찰과 조파저항 현상을 올바르게 모델링하려면 모형 유체의 동점성계수는 얼마가 되어야 하는가? 단, 원형 크기의 보트는 평균 수온 10 [℃]의 담수 호수에서 사용되며 10 [℃]의 담수의 동점성계수는 $\nu = 1.3 \times 10^6$ [m^2/s]이다.

■ *Re* 수

8.9 동점성계수가 8.39×10^{-6} [m^2/s]인 원유가 안지름이 1,000 [mm]인 관 속을 평균 유속 2.8 [m/s]로 흐른다. 이것을 기하학적 상사인 안지름이 100 [mm]인 관으로 물을 사용해 모형실험을 할 때 적절한 물의 속도는 약 얼마인가? 단, 물의 동점성계수는 $\nu = 1.141 \times 10^{-6}$ [m^2/s]이다.

8.10 잠수함이 1.5 [km/h]의 속도로 잠항하는 상태를 관찰하기 위해 실물의 1/10 길이의 모형을 만들어 같은 바닷물을 넣은 탱크 안에서 실험하려고 한다. 이때 모형의 속도는 얼마인가?

8.11 지름이 50 [cm]인 원관에 물이 2 [m/s]의 속도로 흐른다. 역학적 상사를 위해 관성력과 점성력만을 고려해 1/5로 축소된 모형에서 같은 물로 실험할 경우 모형에서의 유량은 얼마인가? 단, 물의 동점성계수는 $\nu = 1 \times 10^{-6}$ [m²/s]이다.

8.12 자동차를 개발해 풍동에서 모형실험을 하고자 한다. 원형 자동차가 50 [km/h]로 설계됐다면, 모형의 길이를 1/6로 축소한 경우 풍동의 유속은 얼마로 유지해야 하는가?

8.13 지름이 150 [mm]인 관 속으로 15 [℃]의 물이 3 [m/s]로 흐르고 있다. 또한 지름이 75 [mm]인 관 속으로는 30 [℃]의 기름이 흐르고 있다. 이 두 흐름이 역학적 상사가 되려면 기름의 속도는 얼마가 되어야 하는가? 단, 물의 동점성계수는 $\nu_w = 1.13 \times 10^{-6}$ [m²/s]이고, 기름의 동점성계수는 $\nu_o = 2.96 \times 10^{-6}$ [m²/s]이다.

8.14 $\ell_m : \ell_P = 1:25$의 모형 잠수함을 해수에서 실험하고자 한다. 실제 잠수함을 5 [m/s]로 운전하고자 할 때, 이때 설정해야 하는 모형 잠수함의 속도는 얼마인가?

8.15 지름이 150 [mm]인 관 속으로 20 [℃]의 물이 평균 유속 4 [m/s]로 흐르고 있다. 지름이 75 [mm]인 모형 관 속으로 40 [℃]의 암모니아가 흐를 때, 두 경우가 역학적 상사를 이루려면 암모니아의 평균 유속은 얼마가 되어야 하는가? 단, 물의 동점성계수는 $\nu_w = 1.006 \times 10^{-6}$ [m²/s]이며, 암모니아의 동점성계수는 $\nu_a = 0.34 \times 10^{-6}$ [m²/s]이다.

8.16 동점성계수가 $\nu = 1.0 \times 10^{-6}$ [m²/s]인 물이 지름이 10 [cm]인 관 속을 유속 4 [m/s]로 흐른다. 동점성계수가 $\nu = 2.0 \times 10^{-6}$ [m²/s]인 어떤 유체가 지름이 5 [cm]인 관 속을 흐를 때, 두 경우가 완전히 상사되기 위한 유체의 유속은 얼마인가?

8.17 길이가 5 [mm]이고 발사속도가 400 [m/s]인 탄환의 항력을 10배 큰 모형을 사용해 물속에서 측정하려고 한다. 원형과 모형 사이에 역학적 상사가 성립했을 때, 실험실에서 측정한 모형의 항력이 10 [N]이라면 실제 탄환에 작용하는 항력은 얼마인가? 단, 공기의 동점성계수는 $\nu_a = 2 \times 10^5$ [kg/(m·s)], 밀도는 $\rho = 1.2$ [kg/m³], 물의 동점성계수는 $\nu_w = 0.001$ [kg/(m·s)]이다.

8.18 어떤 비행선이 표준상태 공기 중에서 40 [m/s]로 운항하기로 되어 있다. 모형은 1/10의 축척비로 제작되고, 항력을 구하기 위해 동일한 공기 온도에서 풍동실험을 수행하고자 한다. (a) 모형의 속도가 80 [m/s]라면, 풍동에서 사용되는 압력은 얼마로 설정해야 하는가? 또한 (b) 모형의 항력이 300 [N]이라면, 원형의 항력은 얼마가 되는가?

8.19 깨끗한 물이 차 있는 예인 수조에서 어떤 모형 자동차의 항력을 측정하려고 한다. 모형 길이의 축척비는 원형의 1/5이다. (a) 역학적 상사를 만족하기 위한 물에서의 모형실험 속도와 공기 중에서의 원형 속도의 비를 구하라. 여러 가지 속도에 대한 측정 결과들은 무차원 힘의 비가 $V_m = 4$ [m/s] 이상의 모형실험 속도에서 일정하다는 것을 보여주고 있다. 이 속도에서 실험 중 측정된 항력은 $F_m = 182$ [N]이다. (b) 공기 중에서 90 [km/h]로 운행하는 원형 차량에서 예상되는 항력을 구하라. 단, 공기와 물의 동점성계수는 각각 $\nu_a = 1.51 \times 10^{-5}$ [m²/s], $\nu_w = 1 \times 10^{-6}$ [m²/s]이고, 밀도는 각각 $\rho_a = 1.2$ [kg/m²], $\rho_w = 1{,}000$ [kg/m²]이다.

8.20 트랙터-트레일러 장비에 대한 축척비 1/8의 모형을 이용하여 가압 풍동 내에서 실험하려고 한다. 장비의 폭, 높이, 길이는 각각 $W = 0.305$ [m], $H = 0.476$ [m], $L = 2.48$ [m]이다. 풍속 $V =$ 75 [m/s]에서 모형 항력은 $F_m = 128$ [N]이다. (a) 이 모형에 대한 공기역학적 항력계수를 구하라. 또한 (b) 모형실험에 대한 Re수와 원형 차량에 대한 Re수를 비교해 16 [km/h]의 맞바람을 받으면서 88 [km/h]로 달리는 원형 차량에 대한 공기역학적 항력을 구하라. 단, 원형의 공기 밀도와 풍동 내 밀도는 각각 $\rho_a = 1.23$ [kg/m²], $\rho = 3.23$ [kg/m³]이다.

8.21 회전수가 1,000 [rpm]인 원심펌프로 동점성계수가 $\nu_p = 7 \times 10^{-4}$ [m²/s]인 기름이 압송되고 있다. 이 펌프의 모형을 만들어서 동점성계수가 $\nu_m = 1.56 \times 10^{-4}$ [m²/s]인 공기를 이용해 모형실험을 하려고 한다. 모형 펌프의 지름을 원형 펌프의 3배로 했을 때 모형 펌프의 회전수는 몇 [rpm]인가?

8.22 양정 15 [m]에서 0.75 [m³/s]의 물을 송출하기 위해 축류 펌프가 필요하다. 이 축류 펌프의 로터 지름은 0.25 [m]이고, 500 [rpm]으로 구동된다. 이를 2.25 [kW]와 1,000 [rpm]의 동력공급원을 가진 작은 실험장치로 모델링하려고 한다. 원형과 모형이 비슷한 성능이라고 할 때, (a) 모델의 축척비를 계산하고 (b) 모형의 양정과 (c) 체적유량을 구하라.

8.23 점성력과 중력이 지배적인 영향을 미치는 유동현상에 대한 모형실험을 Re수와 Fr수를 모두 만족시키며 수행하고자 한다. 모형비 $\left(\dfrac{L_m}{L_P}\right)$이 $\dfrac{1}{3}$일 경우, 모형에서 사용하는 유체의 동점성계수는 얼마인가? 단, 원형에서 사용되는 유체의 동점성계수는 $\nu_p = 6 \times 10^{-6}$ [m²/s]이다.

PART 5

점성유동

Chapter 09_내부유동

Chapter 10_외부유동

지금까지 유체역학을 해석하는 데 필요한 기본 개념(PART 1, 2)과 질량, 운동량과 에너지 법칙에 관한 방정식인 연속방정식, N-S 방정식, 오일러방정식, 베르누이방정식 등을 학습했고(PART 3), 이를 실험적으로 연구하는 차원해석과 상사법칙에 대해 학습했다(PART 4).

PART 5에서는 본격적으로 내부유동(9장)과 외부유동(10장)에 대해 다루며, 지금까지 배운 유체역학의 이론적 내용과 방정식을 이용해 점성이 고려된 실제 유체에 대해 알아본다.

9장에서는 주로 관내 유동을 다룬다. 내부유동은 밀폐된 도관내 유체의 전달을 의미한다. 일반적으로 원형 형태인 경우 관이라 하고 원형이 아닌 경우 덕트라 한다. 원유를 수송하는 매우 길고 큰 배관유동을 비롯해, 폐에 공기를 공급하거나 인체 장기에 혈액을 공급하는 복잡한 혈관 시스템, 수돗물을 공급하는 배관 시스템까지 다양하고 복잡한 배관 형태가 이에 속한다. 내부유동에서 적용된 배관의 종류는 다를 수 있지만, 물체와 유체에 적용되는 지배방정식은 동일하다. 또한 점성유동의 가장 중요한 마찰 및 손실을 에너지 관점에서 학습한다. 이런 연구를 통해 모든 유동에서 발생하는 손실을 정확히 이해하고, 이를 극복하는 방법을 찾을 수 있다. 즉 모든 유동에서 발생한 손실을 극복할 수 있는 기계를 설계하거나 손실 때문에 발생한 에너지를 보상하도록 설계할 수 있다.

10장에서는 공기나 물속에서 비행기, 자동차 등의 물체와 유체 사이의 상대 운동을 학습한다. 내부유동과 같이 벽면의 영향을 고려하는 유동이 아닌 대기를 통해 날아가는 비행기, 자동차와 잠수함 등에 작용하는 유체의 힘인 항력과 양력을 학습한다. 이런 연구를 통해 유체 속에 잠겨 있는 물체의 형상을 설계 및 개선하고 이에 따라 추진력 및 연료 소비를 감소시킬 수 있다.

이 사진은 배관을 오래 사용했을 때 발생하는 스케일의 모습이다. 스케일은 벽면 내부의 상대조도를 증가시키고 이는 곧 손실을 증가시키게 된다. 9장에서는 관내 내부유동과 손실에 대해 다룬다.

CHAPTER 09

내부유동

Internal Flow

내부유동의 특징 9.1

평판내 유동 9.2

관내 유동 9.3

비원형 관내 유동 9.4

관내 유동내 에너지 변화 9.5

마찰손실 9.6

부손실 9.7

단일 배관내 유동 문제 9.8

차압식 유량계 9.9

연습문제

학습목표

- 내부유동의 특징을 알아보고, 층류유동과 난류유동의 차이를 학습한다.
- 평판내 유동, 관내 유동, 비원형 관내 유동을 학습한다.
- 관내 유동내 에너지 변화를 학습하고 주손실과 부손실에 대해 학습한다.
- 배관내 설치된 차압식 유량계에 대해 알아본다.

SECTION

9.1

내부유동의 특징

✔ 밀폐된 공간 내에 흐르는 내부유동을 학습한다.
✔ 층류와 난류의 개념을 알아보고 차이를 이해한다.
✔ 발달중인 유동과 완전히 발달된 유동에 대해 학습한다.

9.1.1 내부유동이란?

[그림 9-1]에서 보듯이 내부유동은 **밀폐된 도관**Conduit**내 유체의 흐름**을 의미하고, 영어로는 Internal Flow 또는 Confined Flow라 한다. 영문에서 보듯이 내부유동은 관이나 도관에 갇혀 있는 제한된 유동을 의미하고, 그 제한된 영역을 벽Wall이라 한다. 이제부터 그 내부를 통과하는 유동과 벽면에 의해 또는 벽면에 작용하는 표면력(압력 또는 전단응력)을 알아보자.

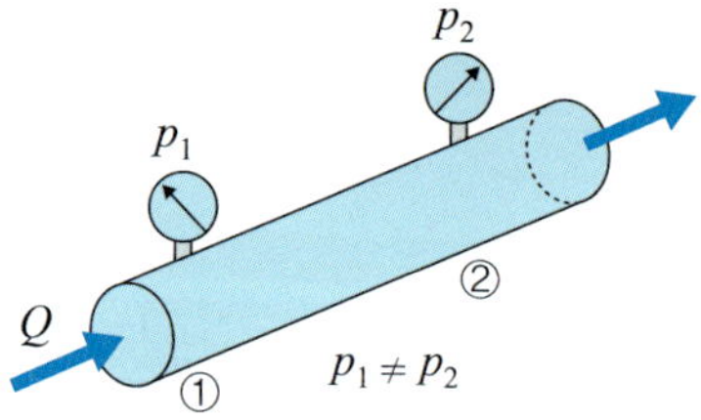

그림 9-1 대표적인 내부유동인 관내 유동장

Think_01

[그림 9-1]은 대표적인 관내 유동으로 이 관에 물이 꽉 찬 상태, 즉 만관이 되어 유동된다고 가정하고 해석한다. 그렇다면 [그림 9-2]와 같이 만관이 되지 않은 유동장을 내부유동이라 할 수 있는지 생각해보자.

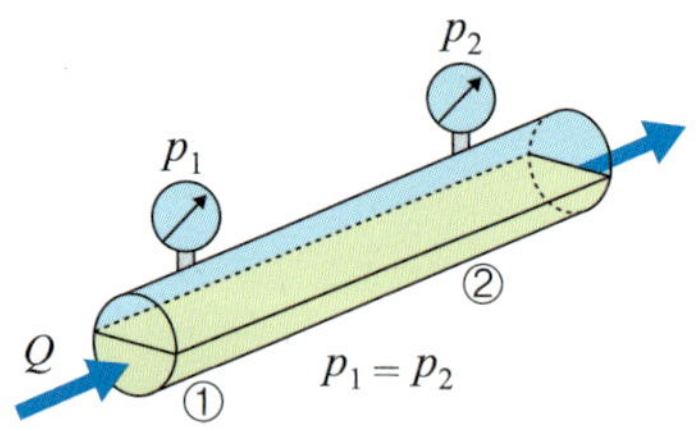

그림 9-2 만관이 되지 않은 경우의 관내 유동

9.1.2 내부유동장

[그림 9-1]과 같은 관내 유동은 유입된 속도 또는 압력에 따라 유동장이 달라진다. 이러한 유동장에 대한 물리적 현상은 레이놀즈에 의해 정의됐다. 레이놀즈는 지름 D를 통해 흘러가는 물속 염료Dye의 유적선Path Line을 가시화하여 유동현상을 실험으로 증명했고, Re수에 따라 유동현상이 달라진다고 했다. (식 (7.45) 참고) [그림 9-3]에서 보듯이 Re수가 2,000보다 작으면 층류유동현상을 나타내고, Re수가 4,000보다 크면 난류유동현상을 나타낸다. Re수가 2,000과 4,000 사이일 때 유동현상을 천이유동Transitional Flow이라 하는데, 중간 단계의 유동을 의미한다. Re수 2,000을 하임계 레이놀즈수라 하고, Re수 4,000을 상임계 레이놀즈수라 한다. 그러나 원관유동에서는 Re수 2,300이 층류와 난류를 구분하는 일반적인 값으로 알려져 있다.

Re수는 관성력과 점성력의 비로, Re수가 크다는 것은 속도 V에 의한 관성력이 관유동을 지배한다는 것을 의미하고, Re수가 작다는 것은 μ에 의한 점성력, 즉 마찰의 영향이 크다는 것을 의미한다.

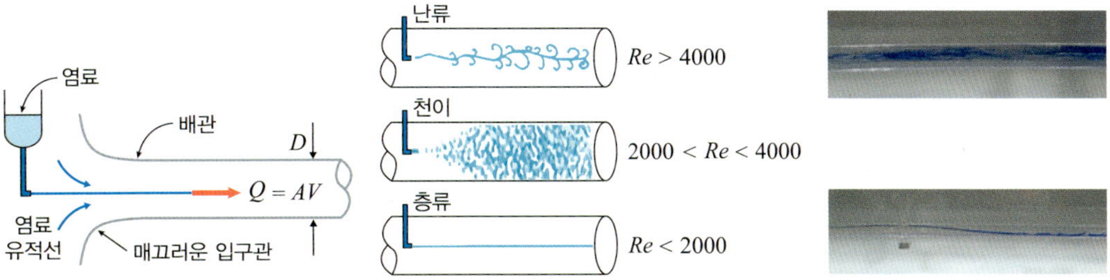

(a) 실험장치 설명 (b) 유동 설명 (c) 층류와 난류유동현상

그림 9-3 층류와 난류를 실험하기 위한 모식도와 유동현상

층류는 어원적으로 봤을 때 **층과 층**$_{層,\ Layer}$ **사이의 흐름**을 의미한다. [그림 9-4]와 같은 육상 경기와 수영 경기를 보면 선수들이 정해진 트랙, 즉 정해진 층을 벗어나지 않고 움직인다는 것을 알 수 있다.

(a) 육상 경기 (b) 수영 경기

그림 9-4 층류유동과 개념이 유사한 육상 경기와 수영 경기

관내 임의의 지점 A에서 시간의 함수로 진행 방향 속도를 [그림 9-5]와 같이 표현했는데, 층류의 경우 속도가 안정되게$_{\text{Steady}}$ 진행 방향으로 흘러가기 때문에 식 (9.1)과 같이 진행 방향의 속도로만 나타낼 수 있다. 반면에 비규칙적이고$_{\text{Irregular}}$ 불규칙하게$_{\text{Random}}$ 변하는 난류유동은 관을 통과하는 염료가 분산되거나$_{\text{Dispersed}}$ 퍼지는$_{\text{Blurred}}$ 현상을 나타낸다. 난류유동은 **관성력으로 인한 운동에너지의 증가와 이를 방해하려는 소산에너지의 상호 작용** 때문에 발생한다. 난류의 지배적인 속도 성분 또한 유동 방향의 성분이긴 하지만, 매우 불규칙하게 변화하기 때문에 정확하게 표현하면 3차원 유동 성분을 갖는 식 (9.2)와 같다. 이렇듯 **난류는 비규칙적이고 불규칙하게 변화하는 성질을 갖기 때문에 우리 눈에는 퍼지는 현상으로 보인다.**

$$V_A = u_A = V(x) \tag{9.1}$$

$$V_A = V(x,\ y,\ z,\ t) \tag{9.2}$$

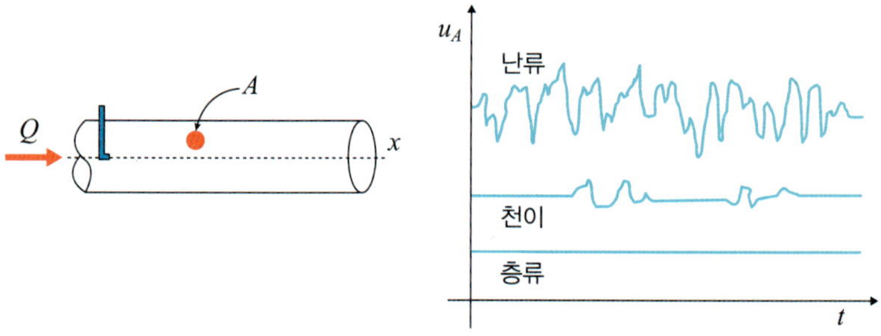

(a) 관내 임의의 지점 A (b) 지점 A에서 유동에 따라 변화하는 속도

그림 9-5 관내 임의의 지점 A에서의 시간에 따른 유체의 속도

Think_02

[그림 9-4(a)]와 같은 육상 경기 중 트랙 경기(1,000 [m] 이하)에서는 짧은 코스인 인코스로 선수들이 몰리는 것을 볼 수 있다. 인코스로 선수들이 몰리면 빠르게 가기 위해(운동량 증가) 서로 부딪치다가 넘어지는 일(소산에너지 증가)도 발생한다. 이런 현상을 완전히 이해한다면 난류라는 개념을 좀 더 쉽게 이해할 수 있다. 그렇다면 육상 경기나 수영 경기에서 기록이 우수한 선수가 4, 3, 5번 트랙에 배정받는 이유는 무엇인지 생각해보자.

그러나 관유동을 해석할 때 층류는 1차원 유동으로, 난류는 3차원 유동으로 나눠 해석하지 않는다. 보통 **3차원 해석은 기하적인 영향으로 인한 u, v, w 성분이 있는 유동을 의미**하기 때문이다. 따라서 관유동을 해석(미시적인 해석)할 때는 [그림 9-5(a)]처럼 한 방향(1차원)으로 구성된 관이라도 3차원으로 해석해야 한다.

예제 9-1 층류유동 또는 난류유동

[그림 9-6]과 같이 배관을 통해 수돗물이 공급될 때 각각의 경우에 해당하는 시간을 구하라. 유동을 층류($Re = 2{,}000$)로 가정했을 때 (a) 200 [ml], 컵에 10 [℃]인 수돗물을 받는 시간을 구하고, (b) 200 [ml] 컵에 60 [℃]인 수돗물을 받는 시간을 구하라. 또한 유동을 난류($Re = 4{,}000$)로 가정했을 때 (c) 200 [ml] 컵에 10 [℃]인 수돗물을 받는 시간을 구하고, (d) 200 [ml] 컵에 60 [℃]인 수돗물을 받는 시간을 구하라.

그림 9-6 수돗물이 나오는 수도배관

- 물의 온도가 10 [℃]인 경우
  - 밀도 : $\rho = 1{,}000\ [\mathrm{kg/m^3}]$
  - 점성계수 : $\mu = 1.307 \times 10^{-3}\ [\mathrm{Pa \cdot s}]$
- 물의 온도가 60 [℃]인 경우
  - 밀도 : $\rho = 983.2\ [\mathrm{kg/m^3}]$
  - 점성계수 : $\mu = 4.665 \times 10^{-3}\ [\mathrm{Pa \cdot s}]$

분석

- 내부유동, 즉 관내 유동에서 층류와 난류의 개념을 파악하는 것이 이 예제의 목적이다.
- 같은 유체가 동일한 관을 빠져나온다면 속도가 달라짐에 따라 유동현상이 달라짐을 알아야 한다.
- Re수가 주어지지 않으면 문제를 풀 수 없다. 예제에서 지름과 유체의 성질이 주어졌으므로 Re수는 속도의 함수가 된다.
- Re수가 동일할 때 어떤 점이 같고, 어떤 점이 달라지는지 파악하는 것이 이 예제의 목적이다.

풀이

- 이 예제에서는 Re수에 대한 정확한 개념을 알고 계산하는 것이 중요하다. 아래의 표와 같이 총 4개의 Re수에 대하여 계산했고, 이에 따른 속도는 식 (7.45)의 Re수를 이용해 식 (9.3)과 같이 구할 수 있다.

$$Re = \frac{\rho VD}{\mu} \tag{7.45}$$

$$V = \frac{\mu Re}{\rho D} \tag{9.3}$$

구분	층류		난류	
	(a) 10[℃]	(b) 60[℃]	(c) 10[℃]	(d) 60[℃]
	$Re_{2000_{10℃}}$	$Re_{2000_{60℃}}$	$Re_{4000_{10℃}}$	$Re_{4000_{60℃}}$
식 (9.3)	$\frac{1.307 \times 10^{-3} \times 2,000}{1,000 \times 0.02}$	$\frac{4.666 \times 10^{-3} \times 2,000}{983.2 \times 0.02}$	$\frac{1.307 \times 10^{-3} \times 4,000}{1,000 \times 0.02}$	$\frac{4.666 \times 10^{-3} \times 4,000}{983.2 \times 0.02}$
V[m/s]	0.13	0.48	0.26	0.95
관 면적 [m^2]	0.000314	0.000314	0.000314	0.000314
컵 체적 [m^3]	0.0002	0.0002	0.0002	0.0002
토출유량 [m^3/s]	4.10E−05	1.4758E−04	8.20E−05	2.98E−04
시간 [s]	4.873	1.342	2.437	0.671

- 물이 토출되는 속도를 보면 층류에서 (b) 온도가 60[℃]일 때 속도는 (a) 10[℃]일 때보다 3.63배 빠르다. 또한 난류일 때도 층류의 경우와 같이 (d) 온도가 60[℃]일 때 속도는 (c) 10[℃]일 때보다 3.63배 빠르다.
- 온도가 10[℃]일 때 난류인 경우는 층류인 경우보다 속도가 2배 정도 빠르다. 이는 60[℃]인 경우에도 마찬가지다. 이는 Re수가 2,000에서 4,000으로 2배 증가했기 때문이다.

고찰

- 이 예제를 통해 Re수에 따라 물의 토출시간이 변경될 수 있음을 알아야 한다. 또한 Re수를 비교할 때는 유체 성질이 같아야 한다.
- Re수가 동일하다면 실제로 정수기에서 온수를 받을 때 온도가 10[℃]인 물보다 받는 속도가 3.63배 빨라지는지 확인해보자.
- 200[ml] 컵을 꽉 채우는 데 최적인 시간은 얼마일지 생각해보자. 너무 오랜 시간이 걸리게 된다면 이용자가 불편할 수 있다. 이렇게 구한 최적 시간은 정수기 등을 설계할 때 적용할 수 있다.

9.1.3 난류유동의 특징

[그림 9-5]의 변동Fluctuation 때문에 대부분의 공학자들은 난류유동 해석 시 3차원적으로 해석하지 않고 [그림 9-7]과 같이 시간에 대한 평균속도Time-Average Velocity 개념을 적용해 해석한다.

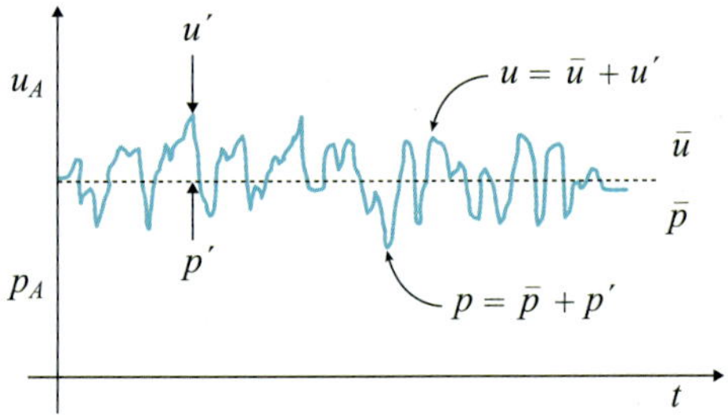

그림 9-7 임의의 지점 A에서의 평균속도와 변동속도의 정의

식 (9.2)의 난류속도는 식 (9.4)와 같이 앙상블 평균Ensemble Average의 통계적 방법으로 시간평균속도로 정의할 수 있다. 식 (9.4)와 [그림 9-7]의 개념은 기본적으로 관성력이 커서 발생하는 난류변동 성분을 식 (9.5)와 같이 u'으로 표현한 것이다. 이 변동 성분이 평균주기 T 동안 변화한다고 가정해 식 (9.6)과 같이 적분한다면 식 (9.4)와 같이 평균속도 $\overline{u}$로 난류유동을 평가할 수 있게 된다. 보통 난류에서 평균주기 T는 5 [s] 정도가 된다.

$$\overline{u}_A = \frac{1}{T}\int_o^T u dt \tag{9.4}$$

$$u' = u - \overline{u} \tag{9.5}$$

$$\overline{u'} = \frac{1}{T}\int_o^T (u - \overline{u})dt = \overline{u} - \overline{u} = 0 \tag{9.6}$$

변동 성분은 식 (9.5)와 같이 주어진 속도와 평균속도의 차로 정의할 수 있고, 변동 성분을 정리하면 평균값은 식 (9.6)과 같이 0이 된다.

식 (9.7)과 같은 평균 정보를 식 (6.24)의 미분 형태 연속방정식과 식 (6.118)인 x 방향 N-S 방정식에 대입하면 식 (9.8), 식 (9.9)와 같은 난류유동장을 지배하는 연속방정식과 운동량방정식을 구할 수 있다.

$$u = \overline{u} + u', \quad v = \overline{v} + v', \quad w = \overline{w} + w', \quad p = \overline{p} + p' \tag{9.7}$$

식 (9.8)은 비압축성유동일 때 난류 연속방정식이다. 이때 평균 변동 성분은 식 (9.6)에서 0이므로 변동 성분에 관련된 항은 모두 제거된다. 즉 **연속방정식은 식 (6.24)의 식과 생김새만 다를 뿐 층류의 연속방정식**과 같다.

$$\frac{\partial \overline{u}}{\partial x} + \frac{\partial \overline{v}}{\partial y} + \frac{\partial \overline{w}}{\partial z} = 0 \tag{9.8}$$

그러나 x방향 난류 운동량방정식은 식 (9.9)와 같이 유도되는데, 식 (6.118)과 비교했을 때 $-\rho\overline{u'^2}$, $-\rho\overline{u'v'}$, $-\rho\overline{u'w'}$라는 3개의 난류응력항이 추가됐다. 이 항들은 식 (9.7)에 **대입 및 연산했을 때 파생된 항**들로, **레이놀즈 응력**이라고 한다. 이 난류응력값은 앙상블 평균을 하더라도 0이 되지 않는다. 여기서는 유도 과정을 나타내지 않았지만, 식 (9.9)처럼 y, z방향의 방정식을 유도할 필요가 있다.[1]

$$\rho\frac{\partial\overline{u}}{\partial t}+\overline{u}\frac{\partial\overline{u}}{\partial x}+\overline{v}\frac{\partial\overline{v}}{\partial x}+\overline{u}\frac{\partial\overline{v}}{\partial x}$$
$$=\rho g_x-\frac{\partial\overline{p}}{\partial x}+\mu\left(\frac{\partial^2\overline{u}}{\partial x^2}+\frac{\partial^2\overline{u}}{\partial y^2}+\frac{\partial^2\overline{u}}{\partial z^2}\right)-\frac{\partial\rho\overline{u'^2}}{\partial x}-\frac{\partial\rho\overline{u'v'}}{\partial x}-\frac{\partial\rho\overline{u'w'}}{\partial x} \quad (9.9)$$

이 난류응력항은 **기하학적 형상이나 유동조건에 의해 실험적으로 구해야 할 선험적**Priori **값**이다. 다행히 관내 유동장이나 경계층유동의 경우, 난류응력 $-\rho\overline{u'v'}$은 벽의 수직 성분에 좌우되고, 식 (9.9)의 운동량방정식은 식 (9.10)과 같이 변경할 수 있다. 여기서 식 (9.10)에 나타낸 전단응력 τ는 난류전단응력으로, 뉴턴의 점성법칙으로 정의되고 식 (9.11)과 같이 정리된다.[2]

$$\rho\frac{\partial\overline{u}}{\partial t}+\overline{u}\frac{\partial\overline{u}}{\partial x}\approx\rho g_x-\frac{\partial\overline{p}}{\partial x}+\frac{\partial\tau}{\partial y} \quad (9.10)$$

$$\tau=\mu\frac{\partial\overline{u}}{\partial y}-\rho\overline{u'v'}=\tau_{lam}+\tau_{turb} \quad (9.11)$$

식 (9.11) 우변을 보면 난류전단응력값은 층류전단Laminar Shear τ_{lam}과 난류전단Turbulent Shear τ_{turb}의 합으로 정리된다.

[그림 9-8]에서 보듯이 난류유동장에는 세 가지 영역, 즉 층Layer이 존재한다. 다만 식 (9.11)의 값은 [그림 9-8(b)]와 같이 벽 근처에서 지배적인 난류전단응력분포이며, 이 층에서는 점성전단이 주요하게 작용한다. 난류유동장과의 비교를 위해 [그림 9-8(a)]와 같이 층류의 속도분포와 전단응력분포를 나타냈다. 층류의 경우, 관내 속도분포가 완전히 발달되면 포물선 형태로 나타나고, 전단응력분포는 벽면에서 가장 크고 중심에서 0인 직선분포를 갖는다. 이러한 **속도분포는 *Re* 수에 따라 달라진다는 것을 인지해야 한다.**

- 벽 근처 층Wall Layer : 점성전단Viscous Shear이 중요하게 작용
- 외부 층Outer Layer : 난류전단이 중요하게 작용
- 완충 층Buffer Layer, Overlap Layer : 두 가지 전단응력이 동시에 작용하는 천이 층

이러한 세 가지 층에서 난류유동현상은 속도분포를 설명하는 데 있어 매우 중요하며 효과적이다.

---

1 Reynolds Averaged N-S 방정식(RANS)을 이용하는 CFD 해석 시에는 이 난류응력값을 해석하기 위해 k-ϵ 2방정식 모델과 같은 난류모델(Turbulent Model)을 이용한다.

2 다만 식 (9.10)을 유도할 때 식 (9.9) 내 다른 방향 속도는 완전히 발달된 유동(Fully Developed Flow)이기 때문에 삭제되는데, [예제 6-7]에서 확인해보자.

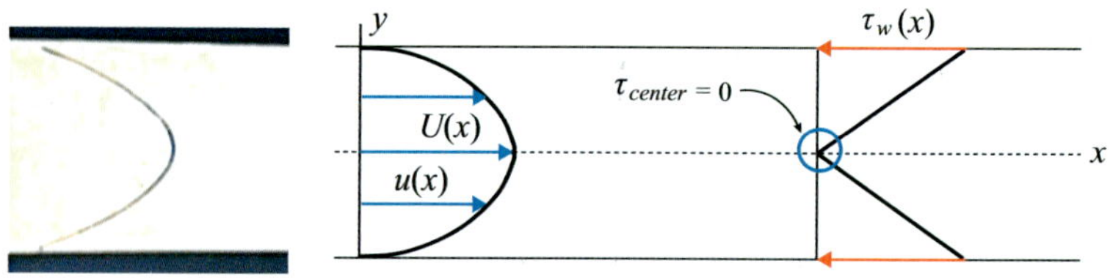

(a) 층류유동장

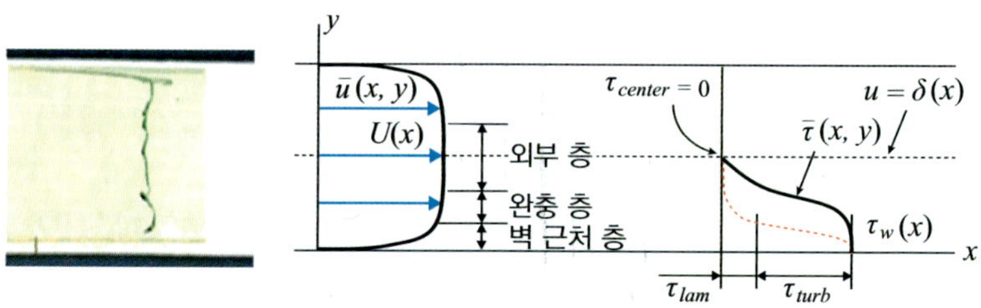

(b) 난류유동장

그림 9-8 층류유동과 난류유동에서 벽 근처의 속도분포와 전단응력분포

9.1.4 발달중인 유동과 완전히 발달된 유동

9.1.3절에서 식 (9.10)을 유도할 때 가장 먼저 설정된 가정은 **완전히 발달된 유동**이다. 이 개념은 2장부터 8장까지 물리량과 유동장을 설명할 때 간략히 언급됐으며, 특히 [예제 6-7]에서 N-S 방정식을 해석하기 위해 사용된 가정이다. 이런 가정은 유동에 관련된 변수들을 제거할 수 있고, 이론식을 쉽게 해석할 수 있는 방법이며, 또 하나의 경계조건이 된다.

[그림 9-9]와 같은 관내 유동은 [그림 9-3(a)]와 같이 입구손실을 제거하기 위해 매우 매끄러운 곡관을 설치했다. 그렇게 되면 [그림 2-14]와 같이 입구에서는 균일유동Uniform Flow을 형성하게 되는데 이 균일유동이 길이 방향으로 진행되다 보면 점성 및 벽면의 마찰 때문에 벽면의 속도가 감소하고, 감소한 속도분포는 중심영역의 속도를 증가시키게 된다.

[그림 9-9]에서 보듯이 길이 방향으로 유동이 흐른다면 유동은 더 이상 벽면의 마찰 영향을 받지 않는 속도분포를 가지게 되는데, 층류의 경우 포물선Parabolic Profile 형태로, 난류의 경우 중심 부분에서 평탄한Blunt Profile 속도분포를 갖는다. 이러한 속도분포를 갖는 영역을 **완전히 발달된 유동**Fully Developed Flow 영역이라 하고, 그 전까지는 **발달중인 유동**Developing Flow 영역이라고 한다.[3]

식 (9.12)와 식 (9.13)은 균일유동에서 완전히 발달된 유동까지의 거리를 나타낸 것이며, 이를 입구길이Entrance Length라고 한다. 식 (9.12)는 층류유동, 식 (9.13)은 난류유동의 입구길이이다. 이 식을 통해 층류와 난류의 입구길이는 관 지름과 Re수의 함수임을 알 수 있다. 즉 관 지름이 커진다면 입구길이도 길어진다.

3 영문 용어를 보면 좀 더 쉽게 이해할 수 있다. 'ed'와 'ing'의 차이를 이해하자.

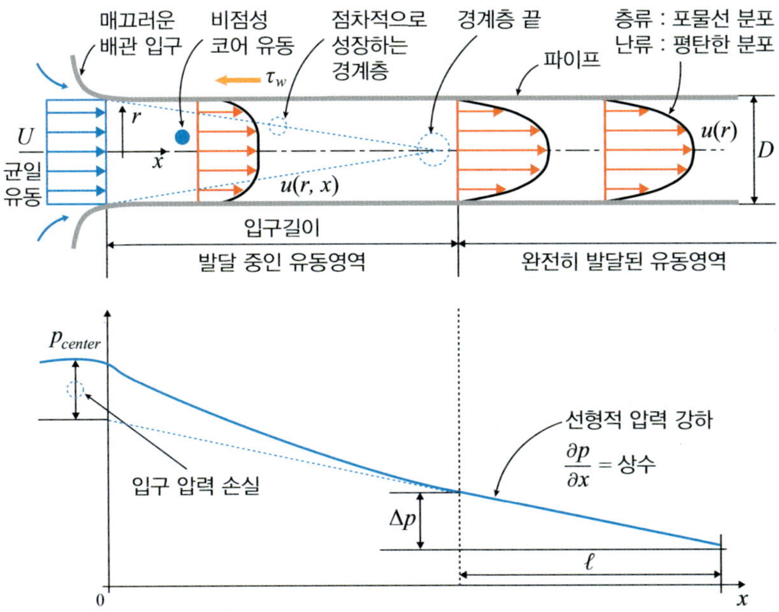

그림 9-9 관내 발달중인 속도분포와 완전히 발달된 속도분포, 이에 따른 중심선에서의 압력분포

$$L_{e_{lam}} = 0.06Re\,D \tag{9.12}$$

$$L_{e_{turb}} = 4.4Re^{1/6}D = 25 \sim 40D \tag{9.13}$$

난류의 경우 유체 간의 심한 혼합, 경계층이 급속히 진행되므로 입구길이는 층류보다 짧아진다. 난류의 입구길이를 구할 때에는 수식을 이용하지 않고 관 지름의 25 ~ 40배를 적용하면 된다. 층류의 경우 Re수를 2,000으로 가정하고 식 (9.12)에 대입해 계산하면, 입구길이는 관 지름의 120배가 되지만 난류의 경우 보통 25 ~ 40배가 되므로 입구길이가 짧아진다. 이 값 또한 균일유동이 안정화될 때까지의 길이이므로 실제로는 더 짧다.

[그림 9-9]의 압력분포를 보면 이러한 발달중인 유동영역에서 입구 압력 손실이 발생하게 된다. 입구길이에서 발생하는 손실 개념은 배관에 압력계나 유량계를 설치할 때 정확한 값을 측정할 수 없다는 것을 의미한다.

또한 [그림 9-9]처럼 모든 배관이 입구처럼 라운딩$_{\text{Rounding}}$되어 있지 않아 모든 입구에서 균일유동으로 유입되지 않고 발달중인 속도분포로 유입된다. 배관내 유동장은 대부분 난류유동장이기 때문에 유량계나 압력계를 설치할 때 **경험적으로 지름의 5배, 즉 5D 정도를 띄워야 완전히 발달된 유동을 보장**해주므로 압력 손실을 배제시킬 수 있다. 완전히 발달된 유동영역에서 압력 강하는 일정하게 감소한다. 이는 [예제 7-2]에서 공부한 차원해석 또한 완전히 발달된 유동영역을 전제로 가정된 것이다.

예제 9-2 난류의 입구길이

길이와 지름이 각각 20 [m], 2.0 [cm]인 수도관에 20 [℃]의 물이 0.1 [m^3/min]로 흐른다. 이 유동장이 층류인지 난류인지 확인하고 이때의 입구길이를 구하라. 단, 20 [℃]에서 물의 밀도와 점성계수는 각각 $\rho = 998\,[\text{kg/m}^3]$, $\mu = 1.0 \times 10^{-3}\,[\text{Pa}\cdot\text{s}]$이다.

분석

- 실제 배관내 유동이 층류인지 난류인지 확인하고, 이에 맞는 입구길이를 구하는 것이 이 예제의 목적이다.
- 이 문제를 풀기 위해 반드시 Re수를 먼저 계산해야 한다.
- 입구길이는 유동장 여부에 따라 식 (9.12)와 식 (9.13)으로 구할 수 있다.

풀이

- 먼저 Re수를 구하기 위해 주어진 유량을 단면적으로 나눠 속도를 구해야 한다.

$$V = \frac{Q}{A} = \frac{0.1/60}{\pi(0.02)^2/4} = 5.31\,[\text{m/s}] \tag{9.14}$$

- 구해진 속도로부터 식 (7.45)를 이용해 Re수를 구하면 식 (9.15)와 같이 1.06×10^5이므로, 주어진 유동장은 난류이다.

$$Re = \frac{\rho VD}{\mu} \tag{7.45}$$

$$Re = \frac{998 \times 5.31 \times 0.02}{0.001} = 105{,}998 = 1.06 \times 10^5 \tag{9.15}$$

- 난류유동장이므로 식 (9.13)을 이용해 입구길이를 구하면 0.6 [m]이고 이를 지름으로 나누면 식 (9.17)과 같이 지름의 30.2배가 된다.

$$L_{e_{turb}} = 4.4Re^{1/6}D = 4.4 \times \left(1.06 \times 10^5\right)^{1/6} \times 0.02 = 0.6\,[\text{m}] \tag{9.16}$$

$$L_{e_{turb}} = 4.4Re^{1/6}D = 4.4 \times \left(1.06 \times 10^5\right)^{1/6} D = 30.2\,D \tag{9.17}$$

고찰

- 이 예제는 Re수에 따라 입구길이를 구하는 문제로, 구해진 난류유동의 입구길이를 보면 예제에서 주어진 길이인 20 [m]보다 짧음을 알 수 있다.
- 식 (9.13)에서 난류유동장인 경우 입구길이는 수식을 이용하지 않고 지름의 25 ~ 40배를 적용하면 된다고 설명했는데, 식 (9.17)을 보면 입구길이가 30.2배가 됨을 알 수 있다. 이 점은 시사하는 바가 매우 크다. 모든 수식을 암기하거나, 계산기 없이 현장에서 난류유동장의 입구길이를 계산하는 것은 매우 어렵다. 이 예제를 통해 현장에서 계산이 불가능한 경우에도 일반적인 난류유동의 입구길이는 관 지름의 25 ~ 40배를 적용하면 된다는 것을 알 수 있다.

예제 9-3 층류의 입구길이

[그림 9-10]과 같이 심장은 인체 곳곳으로 혈액을 보낸다. 일반적인 혈액유동은 대부분 층류유동장이라고 알려져 있다.[4] 이때 토출되는 혈액의 속도분포가 안정적이기 위한 심장으로부터의 입구길이를 구하라. 단, $Re = 2{,}000$이고, 혈관 지름은 2.5 [cm]로 일정하고 혈액의 밀도와 점성계수는 각각 $\rho = 1{,}050\ [\mathrm{kg/m^3}]$, $\mu = 3.45 \times 10^{-3}\ [\mathrm{Pa \cdot s}]$라 가정한다.

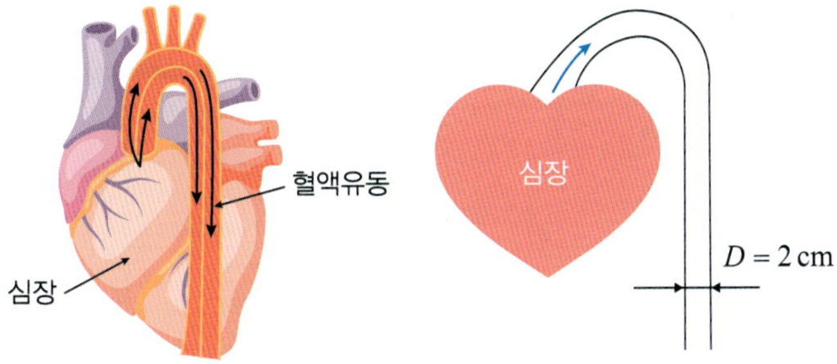

(a) 심장과 혈관 (b) 해석을 위해 가정된 혈관 모델

그림 9-10 층류유동과 난류유동에서 벽 근처의 속도분포와 전단응력분포

분석

- 혈액유동에서 입구길이를 구하는 것이 이 예제의 목적이다.
- 혈액유동은 일반적으로 층류유동장으로 분류되는데, 관성력보다는 혈액의 점도 때문이다. 또한 혈액은 비뉴턴유체이지만, 점성계수를 $\mu = 3.45 \times 10^{-3}\ [\mathrm{Pa \cdot s}]$로 가정한 뉴턴유체로 해석해야 한다.
- Re수가 주어졌기 때문에 혈액의 물성값이 없어도 식 (9.12)를 이용해 입구길이를 구할 수 있다.
- 혈관은 복부대동맥이나 모세혈관으로 갈수록 지름이 감소하지만 여기서는 일정하다고 가정했다.

풀이

- 층류유동장이므로 식 (9.12)를 이용해 입구길이를 구하면 식 (9.18)과 같이 3.0 [m]가 된다. 즉 식 (9.19)와 같이 혈관 지름의 120배가 된다.

$$L_{e_{lam}} = 0.06 Re D = 0.06 \times 2{,}000 \times 0.025 = 3.00\ [\mathrm{m}] \tag{9.18}$$

$$L_{e_{lam}} = 0.06 Re D = 0.06 \times 2{,}000 D = 120 D \tag{9.19}$$

고찰

- 이 예제는 층류유동장일 때 입구길이를 구하는 문제로, [예제 9-2]에서 살펴본 난류유동의 입구길이에 비해 상당히 긴 것을 알 수 있다.
- 실제 혈관의 경우 대동맥에서 말초혈관까지 길이는 3.0 [m]가 되지 않는다. 즉 유동이 안정화되기 위해 계산된 입구길이인 3.0 [m]는 실제와는 동떨어진 결괏값이다. 이는 풀이를 위해 여러 가지 가정을 했기 때문이다.
- 중요한 것은 층류의 입구길이가 난류의 입구길이보다 매우 길다는 사실을 이해하는 것이다.

4 혈관의 지름은 심장에 있는 동맥이 가장 크고 대동맥에서 복부대동맥 그리고 하지동맥으로 갈수록 혈관의 지름이 점점 감소된다.

SECTION
9.2

평판내 유동

- ✔ 두 평판이 고정된 경우의 유동장에 대해 학습한다.
- ✔ 일정한 속도로 상판이 움직이는 경우의 유동장에 대해 학습한다.
- ✔ 수직 벽 위의 막유동에 대해 학습한다.

9.2.1 고정된 두 평판 사이의 유동

■ 가정사항

내부유동 내 유동현상을 정확히 이해하고 해석하기 위해 가장 먼저 [그림 9-11]과 같이 '두 평판 사이에 유체가 흐른다'는 간단한 가정을 했다. 이 해석을 하기 위해 반드시 아래와 같은 가정사항을 인지하고 넘어가야 한다.

[가정 1] 평판이 무한($z = \infty$)하다.
[가정 2] 완전히 발달된 유동을 다룬다.
[가정 3] 유도된 방정식은 층류에 해당된다.

위의 가정사항을 순서대로 살펴보자.

[가정 1] [그림 9-11(a)]의 좌표가 x, y이므로 두 평판의 폭은 무한($z = \infty$)하다고 가정해야 한다.

[가정 2] 두 평판의 사이에 흐르는 유동은 완전히 발달된 유동이라고 가정한다. 9.1.4절에서 학습한 발달중인 유동은 입구 유동현상이 균일유동으로 유입될 때 발생되는 유동현상이므로, 이 절에서 다루고 **유도되는 모든 결과 식은 완전히 발달된 유동**이라 생각해야 한다.

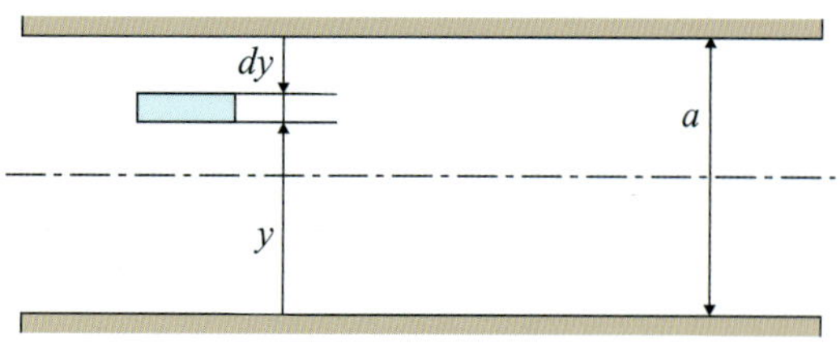

(a) 검사체적과 모델링

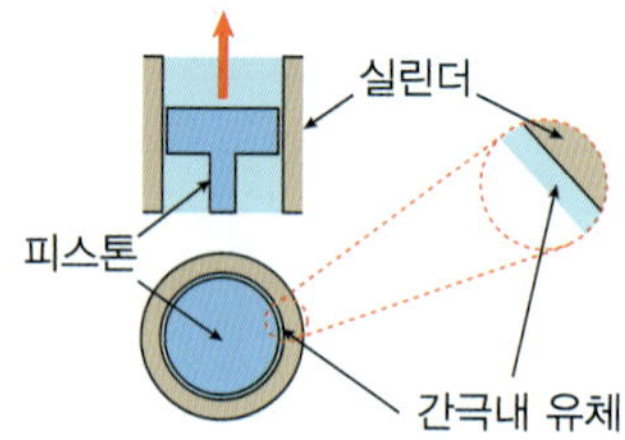

(b) 공학적 예

그림 9-11 두 평판이 고정된 경우를 해석하기 위한 검사체적과 공학적 예

[가정 3] 방정식에서 유도되는 속도분포 및 전단응력분포는 층류유동장이라는 뜻이다. 고정된 두 평판 사이의 유동의 공학적 예로 [그림 9-11(b)]에서 보듯이 엔진 실린더Cylinder에서 피스톤Piston과 실린더 사이의 작은 틈새(0.005 [mm]) 유동을 들 수 있다. 이러한 유동장에서 속도장을 구한 후 틈새를 지나는 유량 등을 구하는 데 사용된다.

검사체적에 작용하는 힘의 적분방정식(유한 검사체적)인 식 (5.43)을 이용해 지배방정식을 구해보자. 정상유동이고 완전히 발달된 유동이며 체적력을 무시할 때 식 (5.43)은 식 (5.47)과 같아진다. 이때 좌변과 우변의 힘이 같다면 $R_x = 0$이 된다. 자세한 속도분포를 볼 때는 적분적 관점의 해석 방법이 필요치 않다.

$$\overrightarrow{F_S} + \overrightarrow{F_B} + \overrightarrow{R} = \frac{\partial}{\partial t}\int_{CV} \overrightarrow{V} \rho d\forall + \int_{CS} \overrightarrow{V} \rho \overrightarrow{V} \cdot d\overrightarrow{A} \tag{5.43}$$

$$F_{S_x} + R_x = \int_{CS} u\rho \overrightarrow{V} \cdot d\overrightarrow{A} \tag{5.47}$$

Think_03

식 (5.47)에서 가속도는 왜 고려하지 않았으며, 어떤 경우에 가속도가 0이 되는지 생각해보자.

■ 미분적 해석

미분적 관점으로 해석하기 위해 [그림 9-12(a), (b)]와 같이 미소 검사체적을 가정하자.[5]

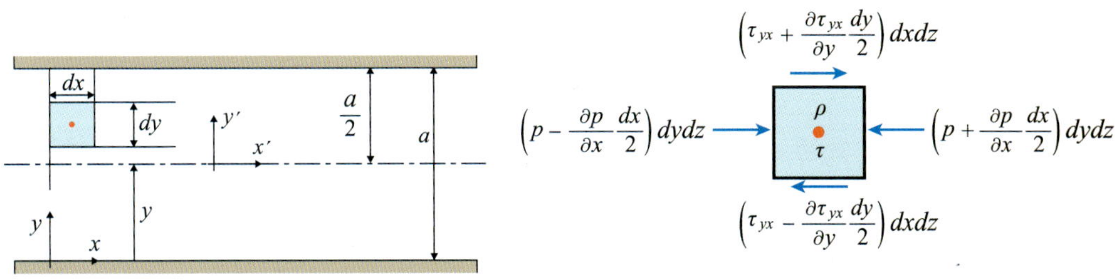

그림 9-12 고정된 두 평판 사이의 유동을 해석하기 위한 미분적 검사체적

[그림 9-12(b)]와 같이 검사체적 표면에 작용하는 힘은 식 (9.20) ~ 식 (9.22)와 같이 정리할 수 있다. 여기서 검사체적은 미소 검사체적의 중심을 기준으로 유도했다.

$$\left(p - \frac{\partial p}{\partial x}\frac{dx}{2}\right)dydz - \left(p + \frac{\partial p}{\partial x}\frac{dx}{2}\right)dydz$$
$$- \left(\tau_{yx} - \frac{\partial \tau_{yx}}{\partial y}\frac{dy}{2}\right)dxdz + \left(\tau_{yx} + \frac{\partial \tau_{yx}}{\partial y}\frac{dy}{2}\right)dxdz = 0 \tag{9.20}$$

5 이는 [그림 6-27]에서 검토한 바 있다.

$$\left(-\frac{\partial p}{\partial x}\right)dxdydz + \left(\frac{\partial \tau_{yx}}{\partial y}\right)dxdydz = 0 \tag{9.21}$$

$$-\frac{\partial p}{\partial x} + \frac{\partial \tau_{yx}}{\partial y} = 0 \tag{9.22}$$

[그림 9-12(a)]와 같이 완전히 발달된 유동이라 가정했기 때문에 속도분포는 $u = u(y)$이며, τ는 y만의 함수이고 p는 x와 y의 함수이다. 식 (9.22)를 다시 정리하면 식 (9.23)과 같다.

$$\frac{d\tau_{yx}}{dy} = \frac{\partial p}{\partial x} \tag{9.23}$$

식 (9.23)의 전단응력을 구하기 위해 dy를 이항하고 y에 따라 적분하면 식 (9.24)와 같이 정리할 수 있다. 식 (9.24)를 살펴보면 τ_{yx}는 y에 따라 선형적으로 변화됨을 알 수 있다.

$$\tau_{yx} = \frac{\partial p}{\partial x}y + C_1 \tag{9.24}$$

뉴턴의 점성법칙인 식 (2.24)를 식 (9.24)에 대입하면 식 (9.25)와 같이 정리할 수 있다. 여기서 식 (2.24)는 1차원인 표현이고, 2차원적인 표현인 τ_{yx}는 식 (6.68)과 같다.

$$\tau = \mu\frac{du}{dy} \tag{2.24}$$

$$\mu\frac{du}{dy} = \left(\frac{\partial p}{\partial x}\right)y + C_1 \tag{9.25}$$

식 (9.25)로부터 속도 u를 구하기 위해 다시 dy를 이항하고 y에 따라 적분하면 식 (9.26), 식 (9.27)과 같이 정리된다.

$$\mu u = \frac{1}{2}\left(\frac{\partial p}{\partial x}\right)y^2 + C_1 y + C_2 \tag{9.26}$$

$$u = \frac{1}{2\mu}\left(\frac{\partial p}{\partial x}\right)y^2 + \frac{C_1}{\mu}y + \frac{C_2}{\mu} \tag{9.27}$$

식 (9.27)의 상수 C_1, C_2를 구하기 위해 먼저 [그림 9-13]으로부터 2개의 경계조건을 식 (9.28)과 같이 산정해야 한다. 경계조건을 식 (9.27)에 대입하면 상수 C_1, C_2는 식 (9.29)와 같이 구할 수 있다.

$$y = 0\text{에서 } u = 0,\ y = a\text{에서 } u = 0 \tag{9.28}$$

$$C_2 = 0,\ C_1 = -\frac{a}{2}\left(\frac{\partial p}{\partial x}\right) \tag{9.29}$$

이제 고정된 두 평판 사이의 유동의 속도분포, 전단응력, 체적유량, 압력 강하, 평균속도, 최대속도 위치를 구해보자.

■ 속도분포 u

식 (9.29)의 상수 C_1, C_2를 식 (9.27)에 대입하면 식 (9.30)과 같이 고정된 두 평판 사이에 해당하는 완전히 발달된 속도분포를 구할 수 있다.

$$\begin{aligned} u &= \frac{1}{2\mu}\left(\frac{\partial p}{\partial x}\right)y^2 - \frac{1}{2\mu}\left(\frac{\partial p}{\partial x}\right)ay \\ &= \frac{1}{2\mu}\left(\frac{\partial p}{\partial x}\right)(y^2 - ay) = \frac{a^2}{2\mu}\left(\frac{\partial p}{\partial x}\right)\left[\left(\frac{y}{a}\right)^2 - \left(\frac{y}{a}\right)\right] \end{aligned} \tag{9.30}$$

[그림 9-13(b)]에서 작용하는 전단응력은 식 (9.24)에 적분상수 C_1을 대입하면 식 (9.31)과 같이 구할 수 있다.

$$\tau_{yx} = \left(\frac{\partial p}{\partial x}\right)y - \frac{1}{2}\left(\frac{\partial p}{\partial x}\right)a = a\left(\frac{\partial p}{\partial x}\right)\left[\frac{y}{a} - \frac{1}{2}\right] \tag{9.31}$$

■ 전단응력 τ_{yx}

속도분포와 전단응력분포를 식 (9.31)과 같이 식으로만 이해하지 말고 [그림 9-13]과 같이 그래프를 그려보자. [그림 9-13]을 그리기 위해 평판의 높이, 점성계수, 길이당 압력 강하를 각각 $a = 0.005$ [m], $\mu = 0.001$ [Pa·s], $\partial p/\partial x = -1$ [Pa/m]로 가정했다. [그림 9-13]과 같이 직접 그린 속도분포와 전단응력분포가 [그림 9-8]과 동일한지 살펴보자. [그림 9-8]에는 층류와 난류 관련 분포가 제시되어 있고, 그중 [그림 9-8(a)]에서 보듯이 층류유동장의 경우와 같다.

따라서 **평판내 속도분포와 전단응력분포는 층류유동장에서만 해당**되는데 이는 난류변동으로 야기되는 레이놀즈 응력 등을 고려하지 않았기 때문이다. 실제 문제에서 유동장을 적용하려면 먼저 Re 수를 구해 1,400이 넘는지 확인해야 한다.[6]

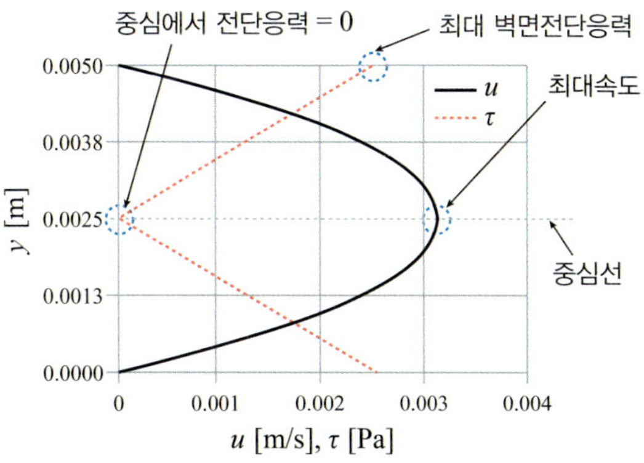

그림 9-13 평판 사이의 층류 속도분포와 전단응력분포

Think_04

[그림 9-13]을 도시할 때 압력 강하($\partial p/\partial x = -1$ [Pa/m])를 왜 음(−)의 값으로 주었는지 생각해보자.

6 보통 관유동에서 층류와 난류를 구분하는 Re 수는 2,300이지만 평판에서는 1,400이다. 이는 절대적인 것이 아닌 평균적인 개념임을 유념하자.

■ 체적유량 Q

체적유량은 식 (9.30)으로부터 y에 따른 속도를 평판 높이에 따라 적분하면 식 (9.32)와 같이 계산할 수 있다.[7] 식 (9.32)에서 투영면적은 y와 z의 곱을 반영하면 된다. 단, 평판 폭을 무한하다고 가정했기 때문에 식 (9.32)에 z방향의 길이인 ℓ로 사용할 수 있다. 그러면 식 (9.32)는 식 (9.33)과 같이 정리할 수 있다. 즉 ℓ은 임의의 값이다.

$$Q = \int \vec{v} \cdot d\vec{A} = \int_0^a u\ell dy \tag{9.32}$$

$$Q = \int_0^a \left[\frac{1}{2\mu}\left(\frac{\partial p}{\partial x}\right)(y^2 - ay)\right]\ell dy = -\frac{a^3}{12\mu}\left(\frac{\partial p}{\partial x}\right)\ell \tag{9.33}$$

단위길이 ℓ당 체적유량을 q라 하면 식 (9.33)은 식 (9.34)와 같이 계산된다.

$$q = \frac{Q}{\ell} = -\frac{1}{12\mu}\left(\frac{\partial p}{\partial x}\right)a^3 \tag{9.34}$$

■ 압력 강하 $\Delta p/L$

길이당 압력 강하는 식 (9.35)와 같이 구할 수 있다. 식 (9.35)를 보면 압력 강하는 주어진 길이와 압력차에 의한 상수이며, 이 압력 변화는 x에 대해 선형적임을 알 수 있다. 이 압력 강하는 식 (9.33)이나 식 (9.34)의 체적유량으로부터 식 (9.36)과 같이 계산할 수 있다. 식 (9.36)은 차원해석에서 배운 길이당 압력 강하의 식과 같음을 인지해야 한다.

$$\frac{\partial p}{\partial x} = \frac{p_2 - p_1}{L} = -\frac{\Delta p}{L} \tag{9.35}$$

$$\frac{\Delta p}{L} = \frac{12\mu}{a^3}\frac{Q}{\ell} \tag{9.36}$$

■ 평균속도 $\overline{V}$

평균속도는 식 (9.32)의 체적유량을 면적으로 나눠주면 식 (9.37)과 같이 구할 수 있다. [그림 9-13]과 같이 제시된 물성값을 대입해 평균속도를 식 (9.38)과 같이 구해보자. 식 (9.38)에서 구한 평균속도는 0.002083 [m/s]로 [그림 9-13]의 중심에서 최대속도인 0.003125 [m/s]보다 1.5배 빨라짐을 알 수 있다.

$$\overline{V} = \frac{Q}{A} = -\frac{a^3}{12\mu}\left(\frac{\partial p}{\partial x}\right)\frac{\ell}{a\ell} = -\frac{1}{12\mu}\left(\frac{\partial p}{\partial x}\right)a^2 \tag{9.37}$$

$$\overline{V} = -\frac{1}{12 \times 0.001}(-1)(0.005)^2 = 0.002083\,[\mathrm{m/s}] \tag{9.38}$$

$$\frac{u_{\max}}{\overline{V}} = \frac{0.003125}{0.002083} = 1.5 \tag{9.39}$$

---

7 이는 [예제 6-7]에서 풀이한 바 있다.

■ 최대속도 $u_{\max}$

[그림 9-13]을 보면 중심에서 속도가 가장 빠르고 전단응력이 0임을 알 수 있다. 중심에서 **전단응력이 0이라는 것은 뉴턴의 점성변수에서 전단율, 즉 속도 변화율이 0이라는 의미**이며, 더 나아가 전단율이 0이라는 것은 y방향으로 속도 u의 변화가 0이라는 것을 의미한다. 즉 전단율의 변화가 없다는 것은 해당 속도가 이미 최대속도라는 것을 의미한다.

이를 증명하기 위해 이 조건을 식 (9.30)을 y로 미분한 수식에 대입하면 식 (9.40)과 같이 정리할 수 있고, y는 식 (9.41)과 같이 고정된 두 평판 사이의 중심($y = a/2$)에서 최대속도의 지점이 됨을 알 수 있다.

$$du/dy = 0 \text{에서 } u = u_{\max}$$

$$\frac{du}{dy} = \frac{a^2}{2\mu}\left(\frac{\partial p}{\partial x}\right)\left[\frac{2y}{a^2} - \frac{1}{a}\right] = 0 \tag{9.40}$$

$$du/dy = 0 \text{에서 } y = \frac{a}{2} \tag{9.41}$$

최대속도는 식 (9.30)에 식 (9.41)을 대입해 구할 수 있으며, 식 (9.42)와 같이 계산할 수 있다. 이를 평균속도인 식 (9.37)과 비교하면 식 (9.43)과 같이 간단한 값으로 계산된다. **식 (9.43)을 통해 고정된 두 평판 사이의 평균속도는 중심의 최대속도의 2/3 배가 됨**을 알 수 있다. 이 값은 직접 값을 대입해서 구한 식 (9.39)와 동일하게 유도된다.

$$u_{\max} = -\frac{1}{8\mu}\left(\frac{\partial p}{\partial x}\right)a^2 \tag{9.42}$$

$$\overline{V} = \frac{2}{3}u_{\max} = \frac{2}{3}u_{center} \tag{9.43}$$

[그림 9-12]와 같이 검사체적을 통해 구하는 방법은 [예제 6-7]에서 다룬 바 있으므로 6장에서 정리한 N-S 방정식인 식 (6.119)를 통해 정리해보자.

앞에서 가정된 정상유동, 완전히 발달된 유동, 체적력을 무시하면 식 (9.44)와 같다. 식 (6.119)와 식 (9.44)는 벡터 표현방법이므로 스칼라 형태로 변경하면 식 (9.45)와 같고 이는 식 (9.23)과 같다.

$$\frac{\partial \rho \overrightarrow{V}}{\partial t} + \overrightarrow{V} \cdot \nabla \rho \overrightarrow{V} = \rho \vec{g} - \nabla p + \mu \Delta^2 \overrightarrow{V} \tag{6.119}$$

$$0 = -\nabla p + \mu \nabla^2 \overrightarrow{V} \tag{9.44}$$

$$0 = -\frac{\partial p}{\partial x} + \mu \frac{\partial^2 u}{\partial y^2}, \quad \frac{\partial p}{\partial x} = \mu \frac{\partial^2 u}{\partial y^2} \tag{9.45}$$

■ 별해 - 좌표 변화

[그림 9-12]의 경우 좌표를 하판 기준으로 설정했는데 [그림 9-14]와 같이 중심을 기준으로 하면 식 (9.46)과 같이 y가 y'으로 변경된다. 식 (9.46)을 보면 a가 0이면 y'이 중심이 되고, a가 y면 벽면이 됨을 알 수 있다. 이를 식 (9.30)에 대입하면 좌표 변화된 평판 사이의 속도분포를 식 (9.47), 식 (9.48)과 같이 구할 수 있다.

$$y = y' + \frac{a}{2} \tag{9.46}$$

$$u = \frac{a^2}{2\mu}\left(\frac{\partial p}{\partial x}\right)\left[\left(\frac{y' + a/2}{a}\right)^2 - \left(\frac{y' + a/2}{a}\right)\right] \tag{9.47}$$

$$u = \frac{a^2}{2\mu}\left(\frac{\partial p}{\partial x}\right)\left[\left(\left(\frac{y'}{a}\right)^2 + \frac{y'}{a} + \frac{1}{4}\right) - \left(\frac{y'}{a} + \frac{1}{2}\right)\right] = \frac{a^2}{2\mu}\left(\frac{\partial p}{\partial x}\right)\left[\left(\frac{y'}{a}\right)^2 - \frac{1}{4}\right] \tag{9.48}$$

전단응력분포도 식 (9.31)에 대입 후 경계조건을 대입하면 식 (9.49)와 같아진다.

$$\tau_{yx} = a\left(\frac{\partial p}{\partial x}\right)\left[\frac{y'}{a}\right] \tag{9.49}$$

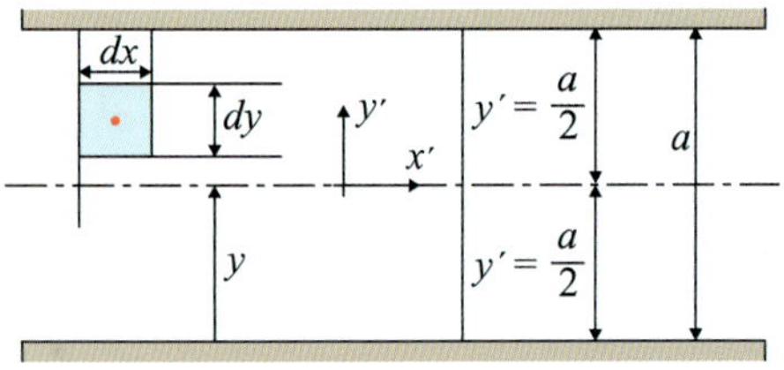

그림 9-14 좌표 변화를 한 경우

■ 무차원 속도분포

속도분포 또한 앞서 배운 무차원 개념을 적용할 수 있으며 [그림 9-15]와 같이 무차원으로 표시하면 이해가 수월해진다.[8] [그림 9-15(a)]는 [그림 9-12]와 같이 좌표를 하판 기준으로 나타낸 것이고 [그림 9-15(b)]는 [그림 9-14]와 같이 중심을 기준으로 유도된 속도분포이다. 어느 좌표를 설정하더라도 2개의 속도분포가 같아야 한다.

[그림 9-15]의 y축을 보면 좌표에 따라 축의 값이 다름을 알 수 있고, x축을 보면 이러한 유동장은 압력 패턴에 따라 변화함을 알 수 있다. 앞에서 압력장이 음(−)의 값이라고 가정했고, 유동이 상류에서 하류로 진행함에 따라 포물선 속도분포를 나타내고 있다. 두 평판이 고정됐기 때문에 압력분포의 차이는 전진과 후진에 대한 차이뿐이다. 이러한 압력분포에 따른 속도분포 변화는 다음 절에서 자세히 알아보자.

8 무차원으로 물리량을 나타내면 다른 유동장에서도 동일한 경향이 나타나는지 알아볼 수 있다. 또한 여러 가지 실험과 해석을 통해 무차원으로 물리량을 나타내면 새로운 경향을 찾아볼 수 있다.

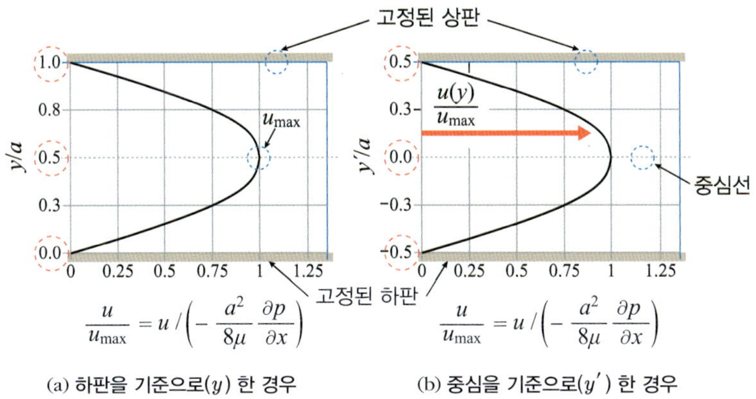

그림 9-15 무차원으로 나타낸 고정된 두 평판 사이의 속도분포

예제 9-4 실린더와 피스톤 간극내 유량 구하기

[그림 9-16]과 같이 지름이 25 [mm]인 피스톤이 있다. 이 피스톤은 평균반지름과 틈새 0.005 [mm]의 실린더로 구성된 유압장치이며, 20.0 [MPa] 압력하에서 아래에서 위로 작동된다. 피스톤 저압면에서 압력이 1.0 [MPa]일 때 틈새를 지나는 유량을 구하라. 단, 유압유는 SAE 10W를 사용하고, 피스톤의 길이는 15 [mm]이며 SAE 10W의 밀도와 점성계수는 각각 $\rho = 920\,[\mathrm{kg/m^3}]$, $\mu = 0.018\,[\mathrm{Pa \cdot s}]$이다.

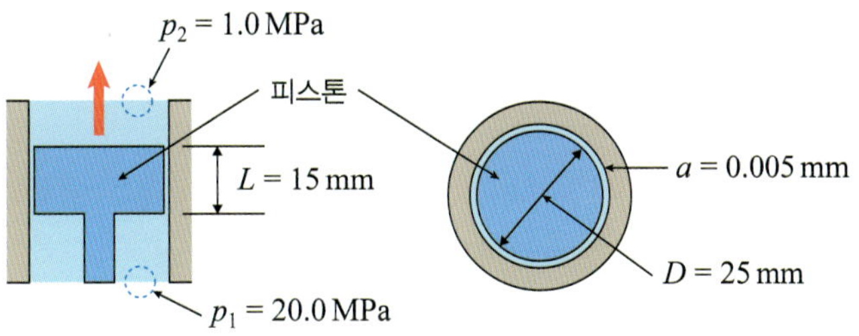

그림 9-16 고압으로 작용하는 유압실린더

분석

- 이 유압실린더는 실린더와 피스톤의 간격이 매우 좁기 때문에 무한한 평행 평판이라고 볼 수 있다. [그림 9-16]에서 보듯이 실린더와 피스톤의 형태가 원형임에도 평판으로 문제를 푸는 이유는 원형에서의 간극이 매우 좁기 때문이다.
- 유압 시스템에서 사용하는 유체는 윤활유로 SAE 10W와 같은 명칭의 오일을 사용한다.[9] 이에 대한 물성값은 사용하는 제품의 제조업체를 통해 확인해야 하지만 층류인지 난류인지 파악하기 위해 밀도와 점성계수는 각각 문제에 제시됐다.
- 정상상태, 완전히 발달된 비압축성 층류유동이라는 가정을 반드시 상기해야 한다.

풀이

- 식 (9.36)으로 유량을 구하기 위해 식 (9.50)과 같이 Q의 함수로 변경해야 한다.
- 식 (9.50)에서 주어지지 않은 폭은 원주율($\ell = \pi D$)로 정리하면 식 (9.51)과 같이 변경된다.

---

9 오일의 점성계수 단위는 [그림 2-31]을 참조하라.

$$\frac{\Delta p}{L} = \frac{12\mu}{a^3}\frac{Q}{\ell} \tag{9.36}$$

$$Q = \frac{\Delta p a^3 \ell}{12\mu L} \tag{9.50}$$

$$Q = \frac{\pi D \Delta p a^3}{12\mu L} \tag{9.51}$$

- 식 (9.51)에 해당 물성값들을 적용해 유량을 계산하면 식 (9.52)와 같다.

$$Q = \frac{\pi}{12}\frac{0.025 \times (0.000005)^3}{0.018}\frac{(20-1)\times 10^6}{0.015} = 5.75 \times 10^{-8}\,[\mathrm{m^3/s}] = 57.44\,[\mathrm{mm^3/s}] \tag{9.52}$$

- 계산된 유량으로부터 식 (9.53)과 같이 속도를 계산해 식 (9.54)처럼 Re수를 구해서 층류유동인지 확인해야 한다. 여기서 구한 유량 및 속도에 의한 Re수가 1,400을 넘어가면 식 (9.51) 자체가 무의미해지기 때문이다.

$$V = \frac{Q}{A} = \frac{Q}{\pi D a} = \frac{5.75 \times 10^{-8}}{3.14 \times 0.025 \times 0.000005} = 0.147\,[\mathrm{m/s}] \tag{9.53}$$

$$Re = \frac{\rho V D}{\mu} = \frac{960 \times 0.147 \times 0.000005}{0.018} = 0.0392 \tag{9.54}$$

고찰

- 정상상태, 완전히 발달된 비압축성 층류유동이라고 가정했으므로 유량과 속도를 구하고 이에 대한 Re수를 구하여 층류유동장임을 확인해야 한다. 만약 층류가 아니라면 식 (9.36)의 수식은 타당하지 않기 때문이다.
- 식 (9.51)에서 폭 ℓ을 πD로 대치시킨 이유는 실린더와 피스톤의 간극이 매우 좁아서 원형의 관이 아닌 무한 평판이라고 볼 수 있기 때문이다. 또한 식 (9.36)을 무한한 평판이라고 이미 가정했기 때문이다. 여기서는 폭이 πD만큼 유한하지만 간극보다는 무한하다고 생각할 수 있다.

예제 9-5 고정된 무한한 평판내 유동

위, 아래 평판의 간격이 10 [cm]로 수평으로 고정된 경우 그 사이에 밀도와 점성계수가 각각 $\rho = 900\,[\mathrm{kg/m^3}]$, $\mu = 4.5\,[\mathrm{Poise}]$인 기름이 채워져 있다. 평판 길이는 8 [m], 압력 강하가 500 [Pa]일 때 평판 표면에서의 전단응력과 평판 사이를 흐르는 단위폭당 유량을 구하라.

분석

- 두 평판이 모두 고정된 경우이므로 전단응력과 단위폭당 유량은 식 (9.31)과 식 (9.36)을 이용해 구할 수 있다.
- 단, 물성값이 SI 단위로 주어지지 않았으므로 이에 대한 정확한 단위환산 개념을 알아야 한다.
- 고정된 무한한 평판내 유동의 기본적인 개념을 파악하는 것이 이 예제의 목적이다.

풀이

- 식 (9.31)과 식 (9.36)에 물리량을 대입해 전단응력과 단위폭당 유량을 구할 수 있다.

$$\tau = a\left(\frac{\partial p}{\partial x}\right)\left[\frac{y}{a} - \frac{1}{2}\right] = 0.01\left(\frac{500}{8}\right)\left[\frac{0.01}{0.01} - \frac{1}{2}\right] = 0.3125\,[\mathrm{Pa}]$$

$$\frac{\Delta p}{L} = \frac{12\mu}{a^3}\frac{Q}{\ell} \quad \rightarrow \quad \frac{Q}{\ell} = \frac{a^3 \Delta p}{12\mu L} = \frac{0.01^3 \times 500}{12 \times 0.45 \times 8} = 0.00001157\,[\mathrm{m^2/s}] = 11.57\,[\mathrm{cm^2/s}]$$

고찰

- 1 [Poise]는 점성계수의 CGS 단위이다. 1 [cP]는 0.001 [Pa·s]이므로 주어진 $\mu = 4.5$ [Poise]는 0.45 [Pa·s]이다.[10]

9.2.2 일정한 속도로 상판이 움직이는 경우

이번에는 [그림 9-17]과 같이 하판은 고정되어 있고 상판이 일정한 속도로 움직이는 경우를 고려해보자. 이러한 유동은 베어링$_{\text{Bearing}}$과 같이 외부 실린더는 정지, 내부 베어링은 회전(ω)하는 경우이며, 꾸트 유동에 해당된다. 베어링은 ω의 속도로 회전하지만 간극이 좁을 때 평판처럼 가정한다면 평판의 속도는 원주속도 $U = \omega / a$로 계산된다.

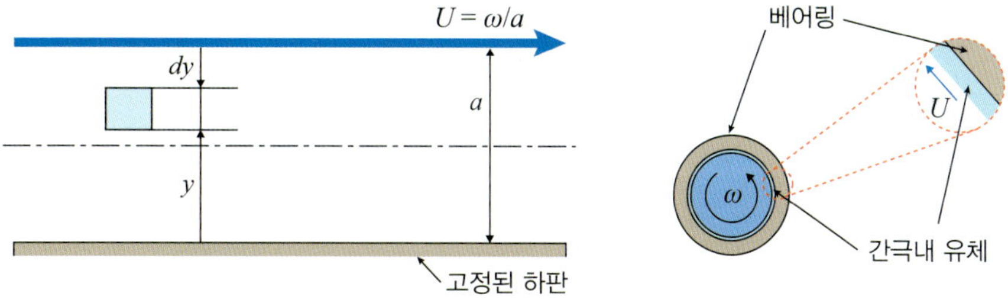

그림 9-17 상판이 일정한 속도로 움직이고 하판이 고정된 경우를 해석하기 위한 검사체적과 공학적 예

■ 속도분포 u

이 경우 두 평판의 문제를 해석하기 위해 9.2.1절과 같이 처음부터 정리할 필요는 없다. 두 평판이 고정된 경우와 상판이 일정하게 움직이는 경우는 식 (9.27)의 지배방정식에서 식 (9.28)의 경계조건을 식 (9.55)와 같이 변경해서 대입하면 된다. 그러면 식 (9.27)의 상수 C_1, C_2는 식 (9.56)과 같이 구할 수 있다.

10 자세한 내용은 2.2.5절에서 다뤘다.

$$u = \frac{1}{2\mu}\left(\frac{\partial p}{\partial x}\right)y^2 + \frac{C_1}{\mu}y + C_2 \tag{9.27}$$

▸ 두 평판이 고정된 경우의 경계조건

$$y = 0\text{에서 } u = 0, \quad y = a\text{에서 } u = 0 \tag{9.28}$$

▸ 상판이 일정한 속도로 움직이고 하판이 고정된 경우의 경계조건

$$y = 0\text{에서 } u = 0, \quad y = a\text{에서 } u = U \tag{9.55}$$

$$C_2 = 0, \quad C_1 = \frac{U\mu}{a} - \frac{1}{2}\left(\frac{\partial p}{\partial x}\right)a \tag{9.56}$$

식 (9.56)의 상수 C_1, C_2를 식 (9.27)에 대입하면 하판은 고정되고 상판은 일정 속도로 움직이는 경우의 지배방정식을 식 (9.57)과 같이 구할 수 있다.

$$u = \frac{1}{2\mu}\left(\frac{\partial p}{\partial x}\right)y^2 + \frac{Uy}{a} - \frac{1}{2\mu}\left(\frac{\partial p}{\partial x}\right)ay = \frac{Uy}{a} + \frac{1}{2\mu}\left(\frac{\partial p}{\partial x}\right)(y^2 - ay)$$

$$= \frac{Uy}{a} + \frac{a^2}{2\mu}\left(\frac{\partial p}{\partial x}\right)\left[\left(\frac{y}{a}\right)^2 - \left(\frac{y}{a}\right)\right] \tag{9.57}$$

만약 식 (9.57)에서 $U = 0$, 즉 상판이 움직이지 않는 상태라면 지배방정식은 식 (9.30)과 같고 이는 고정된 두 평판의 속도분포와 같아진다. 상판이 움직일 때 전단응력, 체적유량, 평균속도, 최대속도 위치를 아래와 같이 구할 수 있다.

■ 전단응력 τ_{yx}

전단응력을 구하기 위해 식 (2.24)에 식 (9.57)을 대입하면 된다. 여기서 속도 u을 구하기 위해 y에 따라 적분하면 식 (9.58)과 같이 전단응력을 구할 수 있다.

$$\tau = \mu\frac{du}{dy} \tag{2.24}$$

$$\tau = \mu\left[\frac{U}{a} + \frac{a^2}{2\mu}\left(\frac{\partial p}{\partial x}\right)\left(\frac{2y}{a^2} - \frac{1}{a}\right)\right] = \mu\frac{U}{a} + a\left(\frac{\partial p}{\partial x}\right)\left[\frac{y}{a} - \frac{1}{2}\right] \tag{9.58}$$

■ 체적유량 Q

체적유량은 식 (9.32)를 이용해 식 (9.59)와 같이 구할 수 있다.

$$Q = \int \vec{v} \cdot d\vec{A} = \int_0^a u\ell dy \tag{9.32}$$

$$\frac{Q}{\ell} = \int_0^a \left[\frac{Uy}{a} + \frac{1}{2\mu}\left(\frac{\partial p}{\partial x}\right)(y^2 - ay)\right]dy = \frac{Ua}{2} - \frac{1}{12\mu}\left(\frac{\partial p}{\partial x}\right)a^3 \tag{9.59}$$

■ 평균속도 $\overline{V}$

평균속도는 식 (9.60)과 같이 구할 수 있다.

$$\overline{V} = \frac{Q}{A} = \ell\left[\frac{Ua}{2} - \frac{1}{12\mu}\left(\frac{\partial p}{\partial x}\right)a^3\right]/\ell a = \frac{U}{2} - \frac{1}{12\mu}\left(\frac{\partial p}{\partial x}\right)a^2 \tag{9.60}$$

■ 최대속도 $u_{\max}$

최대속도는 식 (9.61)에 경계조건을 대입하면 식 (9.62)와 같이 구할 수 있다.

$$du/dy = 0 \text{에서 } u = u_{\max}$$

$$\frac{du}{dy} = \frac{U}{a} + \frac{a^2}{2\mu}\left(\frac{\partial p}{\partial x}\right)\left[\frac{2y}{a^2} - \frac{1}{a}\right] = \frac{U}{a} + \frac{a}{2\mu}\left(\frac{\partial p}{\partial x}\right)\left[2\left(\frac{y}{a}\right) - 1\right] \tag{9.61}$$

$$\frac{du}{dy} = 0 \text{에서 } y = \frac{a}{2} - \frac{U/a}{(1/\mu)(\partial p/\partial x)} \tag{9.62}$$

■ 압력구배에 따른 속도분포 변화

상판이 일정 속도로 움직이는 경우 압력구배에 따른 속도분포의 변화를 살펴보기 위해 아래와 같이 압력분포에 따라 세 가지 속도분포를 가정했다.

[가정 1] 압력구배가 없는 경우 ($p_1 = p_2$)

$$\frac{\partial p}{\partial x} = 0$$

[가정 2] 순압력구배Favorable Pressure Gradient인 경우 ($p_1 > p_2$)

$$\frac{\partial p}{\partial x} < 0 \text{ : 상류 압력이 하류 압력보다 높은 경우}$$

[가정 3] 역압력구배Adverse Pressure Gradient인 경우 ($p_1 < p_2$)

$$\frac{\partial p}{\partial x} > 0 \text{ : 상류 압력이 하류 압력보다 낮은 경우}$$

[가정 1] 압력구배가 없는 경우 ($p_1 = p_2$)

압력구배가 0이라면 식 (9.57)은 식 (9.63)과 같아진다. 이를 그림으로 나타내면 [그림 9-18(a)]와 같다. [그림 9-18(a)]를 그리기 위해 식 (9.63)을 이용했고, 이때 속도는 2 [m/s]로 가정했다.

$$u = \frac{Uy}{a} + \frac{a^2}{2\mu}\left(\frac{\partial p}{\partial x}\right)\left[\left(\frac{y}{a}\right)^2 - \left(\frac{y}{a}\right)\right] \tag{9.57}$$

$$u = \frac{Uy}{a} \tag{9.63}$$

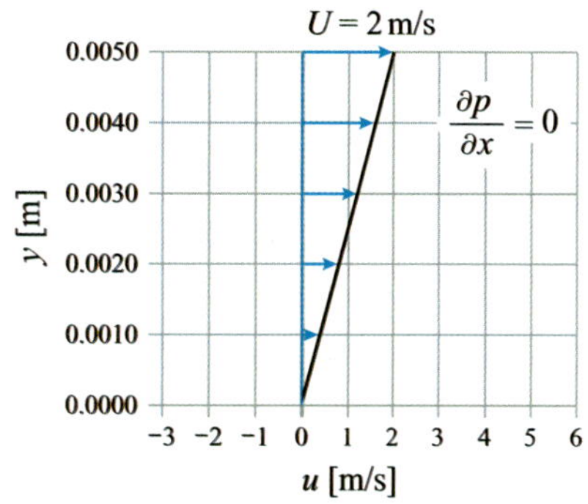

(a) 압력구배가 0인 경우

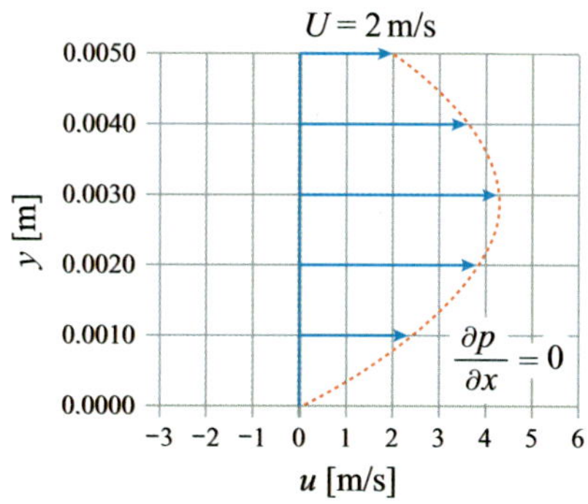

(b) 순압력구배인 경우

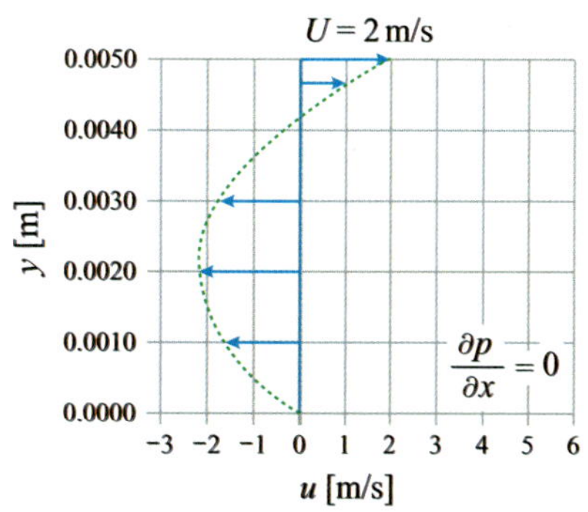

(c) 역압력구배인 경우

그림 9-18 상판이 일정속도로 움직이고 하판은 고정됐을 때의 압력구배에 따른 속도분포

[그림 9-13]과 비교하기 위해 나머지 변숫값은 $a = 0.005$ [m], $\mu = 0.001$ [Pa · s]와 같이 동일하게 설정했다. [그림 9-18(a)]를 보면 압력구배가 없기 때문에 식 (9.63)과 같이 평판 높이에 따라 비례적으로 변하는 것을 알 수 있으며 [그림 2-25(a)]와 같은 꾸트 유동이 된다.

[가정 2] 순압력구배인 경우 ($p_1 > p_2$)

순압력구배일 때 속도분포는 [그림 9-18(b)]와 같다. [그림 9-18(b)]의 속도분포는 압력구배값을 $\partial p/\partial x = -1{,}000$ [Pa/m]로 가정했다. 상판의 속도 방향과 압력구배 모두 오른쪽으로 작용하므로, 유동은 상판 측으로 쏠린 영문자 D 형태처럼 우측으로 진행하고 있음을 알 수 있다. 만약 압력구배가 0이거나 그보다 작을 때에도 식 (9.57)은 식 (9.63)과 같아진다. 이러한 유동은 개수로유동에서 주로 볼 수 있다.

[가정 3] 역압력구배인 경우 ($p_1 < p_2$)

역압력구배는 상류 압력이 하류 압력보다 낮은 경우로 속도분포는 [그림 9-18(c)]와 같이 흥미로운 형태를 갖는다. 이때 압력구배의 값은 $\partial p/\partial x = 1{,}000\,[\mathrm{Pa/m}]$로 가정했다. 상판은 U의 속도로 움직이지만, 내부의 압력은 음(−)의 값을 가진다. 즉 유동이 하류에서 상류로 흐르므로 속도가 0인 부분이 평판 사이의 중심 윗부분에 발생하게 된다. 역압력구배에서도 압력구배가 작다면 식 (9.57)은 식 (9.63)과 같아진다. 이러한 유동장은 개수로유동 중, 상부 층과 하부 층의 유동이 반대 방향일 때 발생한다. 세 가지 압력분포에 따른 속도분포를 상호 비교하기 위해 [그림 9-19]와 같이 나타냈다.

[그림 9-19]를 통해 유동은 압력구배가 없을 시 Re수가 1,500을 넘으면 난류가 되므로 속도분포가 달라진다.[11]

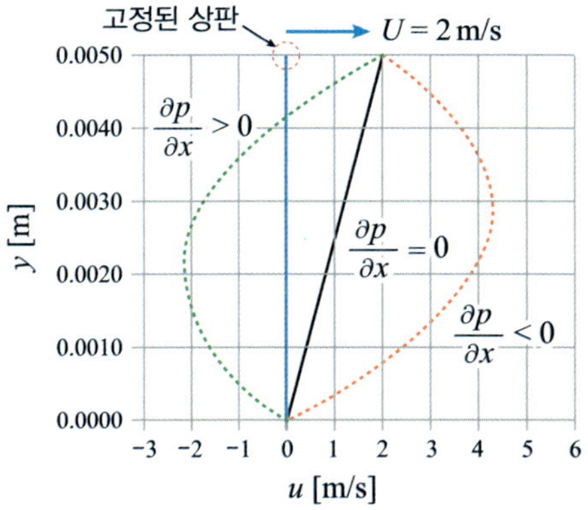

그림 9-19 세 가지 압력구배에 따른 평판 사이의 속도분포 변화

Think_05

순압력구배나 역압력구배의 부호는 보통의 경우와 반대로 사용된다. 역압력구배가 양(+)의 값을 갖고 순압력구배가 음(−)의 값을 갖는 이유를 생각해보자.

■ 압력구배에 따른 무차원 속도분포 변화

이제 세 가지 속도분포를 무차원 속도분포로 표현해보자. 대표속도인 상부의 유동속도 U로 식 (9.57)을 나눠주면 식 (9.64)와 같아진다. 이를 다시 압력구배 변화에 따라 나타내면 압력구배가 0인 경우는 식 (9.65)와 같아진다. 어떠한 압력구배가 주어져도 식 (9.66)과 같이 정리할 수 있다.

$$\frac{u}{U} = \frac{y}{a} + \frac{a^2}{2\mu U}\left(\frac{\partial p}{\partial x}\right)\left[\left(\frac{y}{a}\right)^2 - \left(\frac{y}{a}\right)\right] \tag{9.64}$$

11 [그림 9-19]의 분포를 나타내려면 Re수가 1,500을 넘지 않아야 한다.

$$[\text{가정 1}]\ \frac{\partial p}{\partial x}=0 \ \rightarrow\ \frac{u}{U}=\frac{y}{a} \tag{9.65}$$

$$[\text{가정 2}],\ [\text{가정 3}]\ \frac{u}{U}=\frac{y}{a}\pm K\left[\left(\frac{y}{a}\right)^2-\left(\frac{y}{a}\right)\right] \tag{9.66}$$

여기서 $K=\dfrac{a^2}{2\mu U}\left(\dfrac{\partial p}{\partial x}\right)$이므로 상숫값이다.

Think_06

[그림 9-19]의 그래프를 무차원으로 나타내보고 어떤 변화가 있는지 확인해보고 [그림 9-13]과 같이 전단응력분포도 그려보자.

예제 9-6 일정 속도로 움직이는 상판과 고정된 하판 사이의 유동

[그림 9-17]과 같이 하판이 상판과 수평으로 고정된 상태에서 상판이 $U=5\,[\text{m/s}]$ 속도로 수평으로 운동한다. 평판 사이의 간격이 $a=10\,[\text{cm}]$, 평판 사이의 유체 밀도와 점성계수는 각각 $\rho=900\,[\text{kg/m}^3]$, $\mu=4.5\,[\text{Poise}]$이다. 평판 길이는 8 [m]이고 압력 강하가 500 [Pa]일 때 (a) 평판 표면에서의 전단응력을 구하고, (b) 압력 강하가 없을 때 상판 표면에서의 전단응력을 구하라.

분석

- 상판이 일정한 속도로 움직이고 하판이 고정된 경우이므로 전단응력은 식 (9.57)을 이용하면 된다.
- 식 (9.58)에서 표현된 압력 강하가 없을 때 전단응력의 변화를 파악하는 것이 이 예제의 목적이다.
- [예제 9-5]와 마찬가지로 정확한 단위환산 개념을 알아야 한다.

풀이

식 (9.58)에 물리량을 대입하면 전단응력을 (a)와 같이 구할 수 있고, 압력 강하를 0으로 가정하면 (b)와 같이 구할 수 있다.

(a) $\tau=\mu\dfrac{U}{a}+a\left(\dfrac{\partial p}{\partial x}\right)\left[\dfrac{y}{a}-\dfrac{1}{2}\right]=0.45\dfrac{5}{0.1}+0.1\left(\dfrac{500}{8}\right)\left[\dfrac{0.1}{0.1}-\dfrac{1}{2}\right]=25.625\,[\text{Pa}]$

(b) $\tau=\mu\dfrac{U}{a}=0.45\dfrac{5}{0.1}=22.5\,[\text{Pa}]$

고찰

- (a)와 (b)의 전단응력분포는 수식대로 적용해 풀면 되는데 2개의 전단응력 결괏값이 각각 순압력구배인 경우, 압력구배가 0인 경우와 유사하게 계산됐다. 어떤 이유로 2개의 값이 유사하게 계산됐는지 생각해보자. 그 이유는 압력구배가 상판의 속도에 비해 상대적으로 느리기 때문이다. 이는 길이가 8 [m]인 경우 500 [Pa]에 해당하는 압력 강하를 계산해봐도 알 수 있다.

9.2.3 수직 벽 위의 막유동

[그림 9-20]과 같이 수직 벽을 따라 일정한 액막(두께 δ)을 가진 유체가 흘러내린다. 폭우가 내릴 때 창문을 따라 빗물이 흘러내리는 현상이나 자동차 전면 유리에 물이나 워셔액이 흐르는 모습을 떠올려 보자. 수직 벽을 따라 유동하는 유체는 점성, 비압축성, 정상상태의 층류유동이라 가정하고 이때 액막에서의 속도분포를 구해보자.

이 유동은 [예제 6-7]에서 이미 다룬 바 있다. [예제 6-7]에서는 경사가 30°로 기울어진 경우였지만 여기서는 수직인 경우를 다룬다. [예제 6-7]에서 언급됐듯이, 이 유동은 완전히 발달된 유동이기 때문에 $y=0$일 때 유체의 속도는 0이고, $y=\delta$일 때는 $\partial u/\partial y = 0$이 된다. 또한 길이 방향인 x방향의 압력구배는 0이다. 이에 대한 가정은 [그림 9-20]에 자세히 나타냈다.

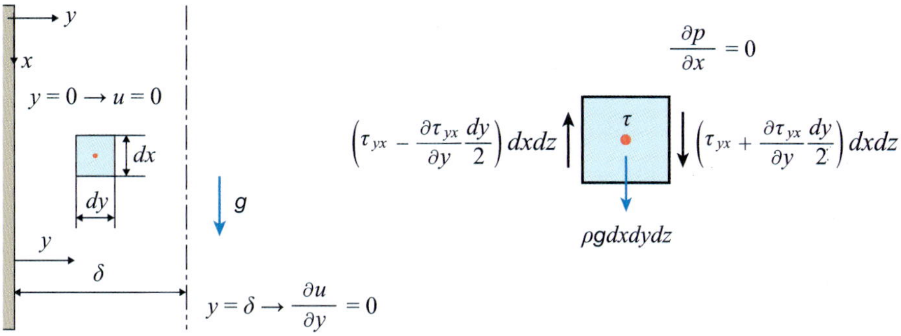

(a) 유동장과 검사체적 설정 (b) 미소 검사체적에 작용하는 힘

그림 9-20 수직 벽 위의 액막 유동

수직 벽에 흘러내리는 액막의 지배방정식은 [그림 9-20(b)]의 자유물체도에서 y방향의 힘의 합으로 구하면 식 (9.67)과 같다. 식 (9.67)은 고정된 무한 평판의 지배방정식을 구할 때 사용된 식 (9.20)과 같다. 단, 액막 높이에서 완전히 발달된 유동이므로 압력구배는 0이 되고, 수직이기 때문에 체적력, 즉 중력을 고려해야 한다.

$$-\left(\tau_{yx} - \frac{\partial \tau_{yx}}{\partial y}\frac{dy}{2}\right)dxdz + \left(\tau_{yx} + \frac{\partial \tau_{yx}}{\partial y}\frac{dy}{2}\right)dxdz + \rho\, g\, dxdydz = 0 \tag{9.67}$$

식 (9.67)을 정리하면 수직 벽에 작용하는 전단응력의 변화는 체적력에 반비례한다는 식 (9.68)과 같이 정리된다. [그림 9-20]과 식 (9.67)에서는 편미분을 사용했는데 식 (9.68)과 같이 상미분방정식으로 변경됨을 인지하자.

$$\frac{d\tau_{yx}}{dy} = -\rho g \tag{9.68}$$

뉴턴의 점성법칙인 식 (2.24)를 식 (9.68)에 대입하면 식 (9.69)와 같이 된다. 이때 식 (9.69)를 y에 대해 적분하면 식 (9.70)과 같은 속도구배를 구할 수 있고, 이를 한 번 더 적분하면 액막 높이에 따른 속도분포를 식 (9.71)과 같이 구할 수 있다.

$$\mu \frac{d^2 u}{\partial y^2} = -\rho g \tag{9.69}$$

$$\frac{du}{\partial y} = -\frac{\rho g}{\mu} y + C_1 \tag{9.70}$$

$$u = -\frac{\rho g}{\mu} \frac{y^2}{2} + C_1 y + C_2 \tag{9.71}$$

여기에 [그림 9-20]에서 제시된 경계조건을 대입해 식 (9.71)의 C_1, C_2를 구할 수 있고, 이를 식 (9.71)에 대입하면 식 (9.72)와 같이 구할 수 있다.

$$u = -\frac{\rho g}{\mu} \frac{y^2}{2} + \frac{\rho g}{\mu} \delta y = \frac{\rho g}{\mu} \delta^2 \left[\left(\frac{y}{\delta} \right)^2 - \frac{1}{2} \left(\frac{y}{\delta} \right)^2 \right] \tag{9.72}$$

식 (9.72)의 속도분포로부터 체적유량, 최대속도, 평균속도를 식 (9.73) ~ 식 (9.75)와 같이 구할 수 있다.

$$\frac{Q}{\ell} = \frac{\rho g}{3\mu} \delta^3 \tag{9.73}$$

$$u_{\max} = \frac{\rho g}{2\mu} \delta^2 \tag{9.74}$$

$$\overline{V} = \frac{\rho g}{3\mu} \delta^2 \tag{9.75}$$

Think_07

9장의 모든 예제에서는 유동을 완전히 발달된 유동으로 가정했다. 그렇다면 직각좌표계일 때 y방향 속도인 $v = 0$이 맞는지 생각해보자.

SECTION
9.3

관내 유동

- ✔ 관내 완전히 발달된 층류유동장에 대해 학습한다.
- ✔ 층류와 난류에서의 전단응력분포에 대해 학습한다.
- ✔ 난류유동의 반지름 방향 속도분포에 대해 학습한다.

9.3.1 관내 완전히 발달된 층류유동

지금까지는 내부유동에서 가장 간단한 해석에 속하는 평판내 유동에 대한 지배방정식과 해에 대해 알아보았고, 이를 해석하기 위해 평판내 유동을 정상상태에서 비압축성 점성유체가 완전히 발달된 층류유동을 한다고 가정했다. 즉 **이러한 유동에서 유체는 점성유체이기 때문에 길이 방향으로 압력차가 발생하게 되어 속도분포가 달라짐을 알아야 한다.**

이제부터 [그림 9-21]과 같은 원관내 층류유동장을 살펴보자. 이를 위해 관을 원의 형태로 직교좌표계를 사용하는 것보다 [그림 9-21]과 같이 원주좌표계를 사용하는 것이 편리하다.[12] 원주좌표계를 이용하면 완전히 발달된 유동일 때 길이 방향에 따른 1차원 유동으로 정리할 수 있다는 장점이 있다. 관내 완전히 발달된 층류의 유동도 평판내 유동에서와 같이 [그림 9-21]에서 미소 검사체적의 길이 방향에 대한 힘의 평형($\sum F_z = 0$)으로부터 구할 수 있으며 이는 식 (9.76)과 같다.

$$-\frac{\partial p}{\partial x}2\pi r\,dr\,dx + \tau_{rx}2\pi dr\,dx + \frac{d\tau_{rx}}{dr}2\pi r\,dr\,dx = 0 \tag{9.76}$$

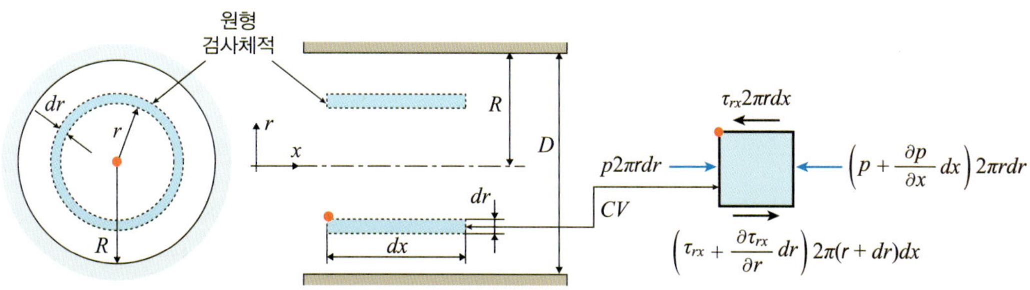

(a) 원형 단면　　(b) 미소 검사체적 설정　　(c) 미소 검사체적에 작용하는 힘

그림 9-21 원형 관내 유동을 해석하기 위해 설정한 미소 검사체적

양변을 $2\pi rdrdx$로 나누면 식 (9.77), 식 (9.78)과 같이 간단히 정리된다.

---

12 평판유동은 폭 방향으로 무한하여 직교좌표계를 사용했다.

$$\frac{\partial p}{\partial x} = \frac{\tau_{rx}}{r} + \frac{d\tau_{rx}}{dr} \tag{9.77}$$

$$\frac{\partial p}{\partial x} = \frac{1}{r}\frac{d(r\tau_{rx})}{dr} \tag{9.78}$$

식 (9.78)에서 정리된 전단응력 τ_{rx}는 완전히 발달된 유동이기 때문에 r만의 함수이고 중력을 무시할 때 압력은 각 단면에서 균일한 x만의 함수이므로 식 (9.78)의 압력구배는 상수가 된다. 결국 식 (9.78)의 일정한 압력값이 관내 유동을 지배한다는 것을 알 수 있다. 이러한 **압력구배는 점성, 즉 마찰의 영향에 의해 유동 방향으로 압력 강하가 발생한다**는 것을 이해해야 한다.

원관내 전단응력을 구하기 위해 식 (9.78)을 반지름 r로 적분하면 식 (9.79)와 같이 구할 수 있고 이를 정리하면 식 (9.80)과 같다. 뉴턴의 점성법칙을 식 (9.80)에 대입하면 식 (9.80)의 전단응력분포는 식 (9.81)과 같은 속도의 미분 형태의 전단율로 정리된다. 이를 다시 반지름 r로 적분하면 식 (9.82)와 같이 적분상수 2개가 포함된 관내 속도분포를 구할 수 있다.

$$r\tau_{rx} = \frac{r^2}{2}\left(\frac{\partial p}{\partial x}\right) + C_1 \tag{9.79}$$

$$\tau_{rx} = \frac{r}{2}\left(\frac{\partial p}{\partial x}\right) + \frac{C_1}{r} \tag{9.80}$$

$$\mu\frac{du}{dr} = \frac{r}{2}\left(\frac{\partial p}{\partial x}\right) + \frac{C_1}{r} \tag{9.81}$$

$$u = \frac{r^2}{4\mu}\left(\frac{\partial p}{\partial x}\right) + \frac{C_1}{\mu}\ln r + C_2 \tag{9.82}$$

적분상수를 구하기 위해서는 [그림 9-21]의 원관에서 주어진 경계조건 2개가 있어야 한다. 첫 번째 조건인 식 (9.83)은 벽면에서 속도가 0이라는 비활 조건$_{\text{Non-Slip Condition}}$이다. 두 번째 조건인 식 (9.84)는 관 중심에서 임의의 속도값이 존재한다는 것이다. 이는 식 (9.83)과 식 (9.84)와 같은 2개의 경계조건을 보면, 고정된 평판 사이의 유동에서도 최대속도가 중심에서 존재하기 때문이다.

- 벽면($r = R$)에서 속도는 $u = 0$ (9.83)
- 중심($r = 0$)에서 속도는 $u = u_{\max}$(유한한 값) (9.84)

지금은 경계조건을 대입할 수식이 식 (9.82)밖에 없으므로 2개의 경계조건으로 적분상수를 구하지 못한다. 다만 경험적으로 봤을 때 중심에서 유한한 속도값을 가지기 위해서는 C_1이 0이 되어야 한다. 만약 중심속도가 0이 되지 않으면 중심에서 전단응력값이 존재한다는 의미이기 때문이다. 따라서 식 (9.83)의 경계조건을 식 (9.82)에 먼저 대입하면 식 (9.85)와 같이 C_2를 구할 수 있다.

$$0 = \frac{R^2}{4\mu}\left(\frac{\partial p}{\partial x}\right) + C_2$$

$$\therefore C_2 = -\frac{R^2}{4\mu}\left(\frac{\partial p}{\partial x}\right) \tag{9.85}$$

C_1과 C_2를 식 (9.82)에 대입하면 식 (9.86)과 같은 원관내 속도분포를 최종식으로 구할 수 있다.

$$u = \frac{r^2}{4\mu}\left(\frac{\partial p}{\partial x}\right) - \frac{R^2}{4\mu}\left(\frac{\partial p}{\partial x}\right) = \frac{1}{4\mu}\left(\frac{\partial p}{\partial x}\right)(r^2 - R^2)$$
$$= -\frac{R^2}{4\mu}\left(\frac{\partial p}{\partial x}\right)\left[1 - \left(\frac{r}{R}\right)^2\right] \qquad (9.86)$$

■ 전단응력 τ_{rx}

전단응력분포는 식 (9.80)에 $C_1 = 0$을 대입하면 식 (9.87)과 같이 구할 수 있다.

$$\tau_{rx} = \frac{r}{2}\left(\frac{\partial p}{\partial x}\right) \qquad (9.87)$$

■ 체적유량 Q

체적유량은 반지름에 따라 식 (9.86)을 정적분해 정리하면 식 (9.88)과 같이 쉽게 구할 수 있다.

$$Q = \int_0^R u\ 2\pi r dr = \int_0^R \frac{1}{4\mu}\left(\frac{\partial p}{\partial x}\right)(r^2 - R^2)\ 2\pi r dr = -\frac{\pi R^4}{8\mu}\left(\frac{\partial p}{\partial x}\right) \qquad (9.88)$$

■ 압력 강하와 유량의 관계 (하겐-프와쇠이 방정식)

식 (9.88)에서 압력 강하는 평판유동에서 다뤘던 바와 같이 식 (9.89)처럼 정리할 수 있다. 또한 식 (9.78)에서 언급한 바와 같이 압력값은 일정하다. 식 (9.88)의 유량값이 음(−)의 값이기 때문에, 식 (9.89)와 같이 압력 강하를 음(−)으로 처리해 식 (9.88)을 양(+)의 값으로 설정하는 것이 편리하다.

$$\frac{\partial p}{\partial x} = \frac{p_1 - p_2}{L} = -\frac{\Delta P}{L} \qquad (9.89)$$

식 (9.89)를 식 (9.88)에 대입하면 식 (9.90)과 같이 **하겐-프와쇠이 방정식**을 얻을 수 있다. 이 수식은 **비압축성유동과 압축성유동 모두에 적용할 수 있는 수식으로 유량은 지름의 4승과 압력 강하에 따라 비례해 변화**한다. 이 수식은 길이에 따라 유량이 감소함을 나타내는 아주 중요한 배관 관련 방정식으로 차원해석을 통해 학습한 식 (7.17)과 같은 원관내 압력 강하 수식이다. 즉 차원해석을 통해 구하던 이론적인 방법과 동일한 방법으로 구할 수밖에 없다.

$$Q = \frac{\pi R^4}{8\mu}\frac{\Delta p}{L} = \frac{\pi \Delta p D^4}{128\mu L} \qquad (9.90)$$

Think_08

$D = 1$ [m]인 배관을 통해 펌프가 물을 송출하고 있고 그 압력은 10 [kg_f/cm^2]이다. 만약 사고가 나서 배관의 지름을 0.9 [m]로 줄여서 교체해야 하고 보내야 할 유량은 기존과 같다면 펌프의 압력은 얼마나 증가할지 생각해보자.

■ 평균속도 $\overline{V}$

평균속도는 식 (9.90)을 단면적으로 나누면 식 (9.91)과 같이 구할 수 있다.

$$\overline{V} = \frac{Q}{A} = \frac{Q}{\pi R^2} = -\frac{R^2}{8\mu}\left(\frac{\partial p}{\partial x}\right) \tag{9.91}$$

■ 최대속도 $u_{\max}$

최대속도의 발생 위치는 전단율이 0인 지점이므로 식 (9.81)에서 간단히 구할 수 있다. 즉 중심에서 전단율이 0이 되므로 중심에서 최대속도 위치가 된다.

중심에서 최대속도를 구하기 위해 식 (9.86)에 $r = 0$과 $u = u_{\max}$를 대입하면 식 (9.92)와 같이 구할 수 있고, 최대속도를 식 (9.86)에 대입하면 속도분포는 식 (9.93)과 같이 간단히 정리된다. 이를 무차원 형태로 표현하면 식 (9.94)와 같다.

$$u = -\frac{R^2}{4\mu}\left(\frac{\partial p}{\partial x}\right)\left[1 - \left(\frac{r}{R}\right)^2\right] \tag{9.86}$$

$$u_{\max} = -\frac{R^2}{4\mu}\left(\frac{\partial p}{\partial x}\right) \tag{9.92}$$

$$u = u_{\max}\left[1 - \left(\frac{r}{R}\right)^2\right] \tag{9.93}$$

$$\frac{u}{u_{\max}} = 1 - \left(\frac{r}{R}\right)^2 \tag{9.94}$$

원관유동에서 식 (9.93)과 식 (9.94)는 반드시 기억해야 한다. 완전히 발달된 층류유동을 다룬 9.1.4절에서 [그림 9-8]과 [그림 9-9]의 반지름 방향의 속도분포를 그릴 때 포물선 형태로 나타낸 근거도 여기에 있다. 식 (9.94)의 방정식 자체가 포물선을 나타내기 때문이다. 이는 식 (9.86)의 속도분포를 구하기 위해서는 반드시 압력 강하의 값을 알아야 하지만, 반지름과 평균유속을 알면 완전히 발달된 층류의 속도분포를 구할 수 있다는 뜻이기도 하다. 즉 식 자체에 이미 압력 강하 및 마찰에 대한 손실이 반영됐다는 것을 의미한다. 손실에 대한 개념은 추후 다시 다루겠지만, **직관에서는 마찰에 의한 손실**Loss**이 지배적**이다. 즉 배관이 심하게 녹슬었다면 조도Roughness에 의한 마찰이 증가하게 될 것이다.

또한 식 (9.94)와 같이 속도분포 u를 $u_{\max}$로 나눠주면 중요한 무차원수가 된다. 이는 **층류인 원관유동은 어떤 지름이든, 어떤 유체든, 어떤 속도를 가지든 [그림 9-22(b)]와 같이 동일한 포물선 형태의 완전히 발달된 속도분포를 가진다**는 의미이다.

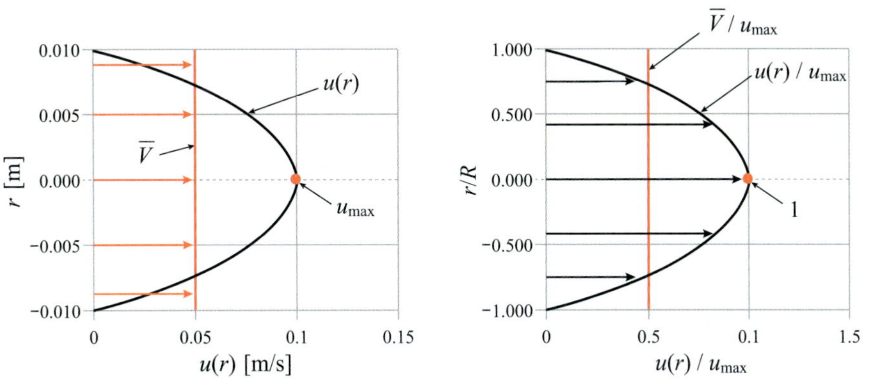

(a) 차원으로 나타낸 속도분포 u와 평균속도 $\overline{V}$ (b) 무차원으로 나타낸 속도분포 u와 평균속도 $\overline{V}$

그림 9-22 차원과 무차원으로 나타낸 관내 발달된 속도분포와 평균속도

[그림 9-22]에서 속도분포와 평균속도를 동시에 나타냈는데 평균속도는 최대속도의 0.5배가 된다. 이는 식 (9.91)을 식 (9.92)로 나누어주면 식 (9.95)와 같이 정량적으로 구할 수 있다.

$$\frac{\overline{V}}{u_{\max}} = \frac{-\dfrac{R^2}{8\mu}\left(\dfrac{\partial p}{\partial x}\right)}{-\dfrac{R^2}{4\mu}\left(\dfrac{\partial p}{\partial x}\right)} = \frac{1}{2} = 0.5 \tag{9.95}$$

두 경우의 차이를 쉽게 비교하기 위해 [표 9-1]에 두 평판이 고정된 경우와 원관유동인 경우의 해를 정리했다. 직각좌표계와 원주좌표계에서 구해진 검사체적의 차이는 있지만 2개의 유동 결과는 동일함을 알 수 있다. 즉 평판유동의 속도분포도 [그림 9-13]에서 보이는 바와 같이 포물선의 속도분포를 나타내고, 중심에서 가장 작고 벽면에서 가장 크게 작용하는 전단응력의 경향이 원관유동에서도 동일하게 작용한다는 것이다. 다만 평판유동에서의 평균속도는 최대속도의 1.5배이고, 원관유동은 최대속도의 0.5배가 됨을 알 수 있다.

이는 직관적으로 생각해봐도 형상 차이로 인해 발생된 것이다. 이는 평판인 경우보다 원관인 경우에 좀 더 빠르기 때문이다.

[표 9-1]과 같이 유도된 **속도분포와 전단응력분포는 기본적으로 층류유동장에서만 해당**된다. 이는 앞에서 다룬 바 있는 난류변동으로 야기되는 레이놀즈 응력 등을 고려하지 않았기 때문이다. 이런 유동장 문제에 적용하려면 먼저 Re수를 구해 2,300이 넘는지 확인해야 한다.[13]

난류유동장의 경우, 식 (9.94)는 식 (9.96)과 같이 지수의 형태로 달라진다. 즉 이 지수 n은 Re수에

13 Re수는 층류와 난류를 구분하는 기준이 된다. 이 기준값들도 책이나 연구자마다 약간씩 다르게 정리하지만, 이 값들의 위치는 천이영역에 있으므로 정확히 나누는 것은 큰 의미가 없다. 만약 기준값과 정의된 Re수가 가깝다면 완전한 층류 또는 난류라고 정의하긴 어렵다는 것만 기억하자.

따라 변화한다. 즉 n값에 따라 속도분포는 포물선의 형태가 아니라 중심영역에서 평탄한 속도분포[14]를 나타내고 벽 근처에서는 점성 저층과 완충 층의 존재로 인하여 급격한 속도분포를 나타낸다. 자세한 내용은 9.3.3절에서 다룬다.

$$\frac{\bar{u}}{u_{\max}} = \left(1 - \frac{r}{R}\right)^{1/n} \tag{9.96}$$

표 9-1 두 평판이 고정된 경우와 원관유동인 경우의 해

단계	두 평판이 고정된 경우	원관유동인 경우
속도분포	$u = \frac{1}{2\mu}\left(\frac{\partial p}{\partial x}\right)y^2 + \frac{C_1}{\mu}y + C_2$	$u = \frac{r^2}{4\mu}\left(\frac{\partial p}{\partial x}\right) + \frac{C_1}{\mu}\ln r + C_2$
경계조건	$y=0$에서 $u=0$, $y=a$에서 $u=0$	$r=0$에서 $u=u_{\max}$, $y=R$에서 $u=0$
속도분포의 해	$u = \frac{a^2}{2\mu}\left(\frac{\partial p}{\partial x}\right)\left[\left(\frac{y}{a}\right)^2 - \left(\frac{y}{a}\right)\right]$	$u = -\frac{R^2}{4\mu}\left(\frac{\partial p}{\partial x}\right)\left[1 - \left(\frac{r}{R}\right)^2\right]$
전단응력	$\tau = a\left(\frac{\partial p}{\partial x}\right)\left[\frac{y}{a} - \frac{1}{2}\right]$	$\tau_{rx} = \frac{r}{2}\left(\frac{\partial p}{\partial x}\right)$
체적유량	$\frac{Q}{\ell} = -\frac{a^3}{12\mu}\left(\frac{\partial p}{\partial x}\right)$	$Q = -\frac{\pi R^4}{8\mu}\left(\frac{\partial p}{\partial x}\right)$
평균속도	$\overline{V} = -\frac{1}{12\mu}\left(\frac{\partial p}{\partial x}\right)a^2$	$\overline{V} = -\frac{R^2}{8\mu}\left(\frac{\partial p}{\partial x}\right)$
최대속도 위치	$y = \frac{a}{2}$	$r = 0$
최대속도	$u_{\max} = -\frac{1}{8\mu}\left(\frac{\partial p}{\partial x}\right)a^2$	$u_{\max} = -\frac{R^2}{4\mu}\left(\frac{\partial p}{\partial x}\right)$
평균속도와 최대속도의 비	$\overline{V} = \frac{2}{3}u_{\max} = \frac{2}{3}u_{\text{center}}$	$\overline{V} = 0.5u_{\max}$

예제 9-7 모세관을 이용한 점성계수 측정 장치

[그림 9-23]은 모세관($d = 2$ [mm], $L = 1.1$ [m])을 이용해 간단하면서도 정확하게 비뉴턴유체(혈액)의 점성을 측정할 수 있도록 해주는 장치이다. [그림 9-23]의 모세관이 상부에 작용하는 압력은 0.2 [MPa]이다. 이 장치는 압력차를 주어 모세관 내 흐르는 유량을 측정하고 하겐-프와쇠이 방정식을 이용해서 점성을 측정한다. [그림 9-28]에서 유량은 로드 셀Load Cell을 이용해 시간에 따른 중량법으로 측정하는데, 이 예제에서는 단순히 유량을 900 [mm^3/s]라고 가정하자. 이 장치와 실험을 통해 계산된 유체의 점성계수를 구하라.

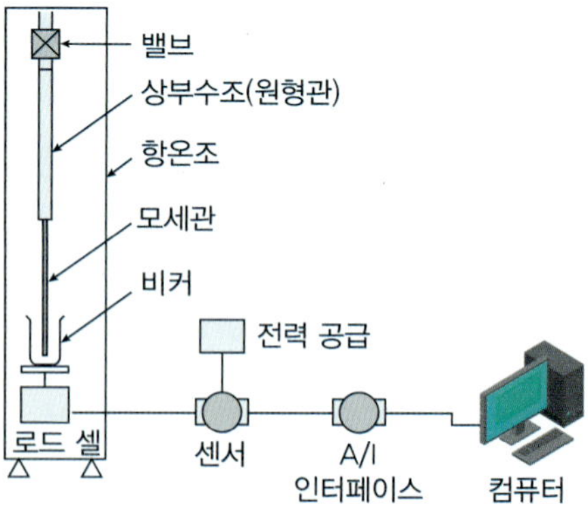

그림 9-23 모세관을 이용한 점성계수 측정 장치

14 [그림 9-8(b)]와 9.1.4절을 참조하라.

분석

- 모세관을 통한 압력차와 유량을 이용하여 유체의 점성계수를 측정하는 문제로, 식 (9.90)을 이용하면 된다.
- 하겐-프와쇠이 방정식은 층류, 정상유동, 비압축성유동이며, 완전히 발달된 유동이라고 가정해 유도된 식임을 알아야 한다.

풀이

- 원하는 유체의 점성계수를 구하기 위해 식 (9.90)을 점성계수의 수식으로 변경하고 물리량을 대입하면 아래와 같이 구할 수 있다.

$$Q = \frac{\pi \Delta p D^4}{128\mu L} \tag{9.90}$$

$$\mu = \frac{\pi \Delta p D^4}{128 LQ} = \frac{\pi \times (2.0 \times 10^5) \times (0.002)^4}{128 \times 1.1 \times 900/1{,}000^3} = 0.0793\ [\mathrm{Pa \cdot s}]$$

고찰

- 이 장치는 모세관에 작용하는 압력과 유량을 통하여 유체의 점성계수를 측정한다. 즉 유체역학에서 배운 수식을 이용하여 실생활에 적용한 예이고, 간단한 아이디어를 통하여 혈액 관련 의료기기를 제작한 경우를 소개한 것이다.
- 하겐-프와쇠이 방정식의 유도 전 가정사항이 정상상태 유동이다. 그러나 이 장치는 비정상상태 유동을 이용한 것이다. 즉 하부에 있는 로드 셀을 이용하여 혈액의 중량을 시간에 따라 측정하고, 전단율에 따라 중량의 변화를 통해 비뉴턴유체의 점성계수를 구하게 된다.
- 상부에 압력을 주지 않으면 대기압이 작용하는데 모세관에서 관유동을 생성시키기에는 관 지름이 너무 작다. 따라서 실험 시 대기압보다 좀 더 큰 압력으로 조정해가면서 측정하게 된다.

9.3.2 전단응력분포

관내 벽면에 작용하는 전단응력분포를 층류와 난류로 나누어 생각해보자. 식 (9.87)로 구해진 전단응력분포식은 층류영역에 해당한다. 난류영역은 그 복잡성에 의해 층류영역처럼 유도된 식이 없어 선배 연구자들의 결과와 경험식으로 유추해 설명할 수밖에 없다. 이에 난류영역은 층류영역에서 구해진 식을 바탕으로 해석한다.

■ 층류

식 (9.87)과 같은 층류의 전단응력은 주어진 압력 강하의 값에 따라 달라진다. 만약 압력구배가 0이라면 전단응력은 작용하지 않는다. [그림 9-24]의 검정색 선과 같이 압력구배나 전단응력이 0이라는 것은 유동이 흐르지 않는다는 것을 의미하고 이는 곧 압력차가 없다는 뜻이다.

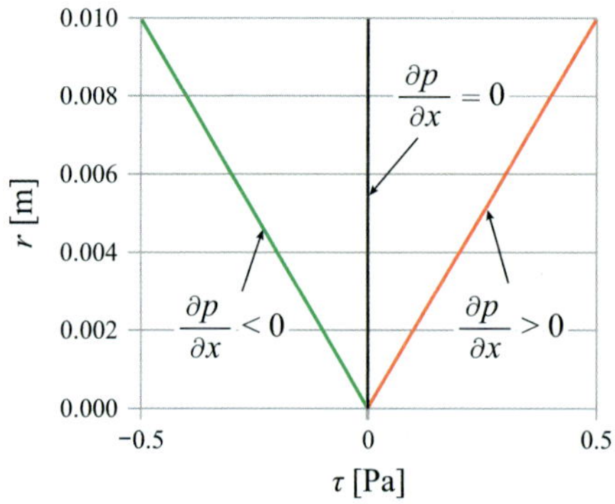

그림 9-24 압력분포에 따른 관내 층류유동장의 전단응력분포 변화 ($R = 0.01$ [m], $dp/dx = 100$ [Pa]로 가정)

만약 순압력구배(빨간색)나 역압력구배(초록색)의 형태라 한다면 식 (9.87)의 값은 양(+)이든 음(−)이든 상수의 값을 가지게 될 것이다. 이 값($dp/dx = 100$ [Pa]로 가정)은 중심에서 0을 가지며 반지름에 따라 벽면까지 선형적으로 증가하다가 벽면에서 최댓값을 갖는다는 것을 의미한다. 이러한 경우 고정된 두 평판의 경우와 동일한 결과로 순압력구배를 생각해보자. 만약 유동이 상류에서 하류로 흘러간다면 식 (9.97)과 같이 **전단응력은 유동을 저항하려는 성분**으로 인식하게 된다.

$$\tau_{rx} = \frac{r}{2}\left(\frac{\partial p}{\partial x}\right) \tag{9.87}$$

$$\tau_{wall} = -\frac{R}{2}\left(\frac{\partial p}{\partial x}\right) \tag{9.97}$$

예제 9-8 관내 층류유동에서 전단응력

수평관의 길이와 지름이 각각 10[m], 60[cm]이다. 이때 배관내 유동이 층류이고 길이당 압력 강하가 700[Pa] 발생한다. 이때 (a) 관의 중심, (b) 관의 중심에서 10[cm] 떨어진 지점, (c) 관의 중심에서 20[cm] 떨어진 지점, (d) 벽면에서의 전단응력을 구하라.

분석

- 관내 층류유동에서 전단응력은 식 (9.87)을 이용해 구할 수 있다.
- [예제 9-7]은 관 지름이 무척 작은 경우이지만 이 예제는 지름이 매우 큰 경우이다.
- 네 지점에서 전단응력과 그 변화율이 일정한지 확인하는 것이 이 예제의 목적이다.

풀이

- 원하는 지점에서 전단응력은 아래와 같이 식 (9.87)에 원하는 지점을 대입하고 이때 압력 강하의 값을 대입해 구할 수 있다.

$$\tau_{rx} = \frac{r}{2}\left(\frac{\partial p}{\partial x}\right) \tag{9.87}$$

(a) 관의 중심 $\tau_{rx} = \frac{0}{2}\left(\frac{700}{10}\right) = 0\,[\text{Pa}]$

(b) 관의 중심에서 10 [cm] 떨어진 지점 $\tau_{rx} = \frac{0.1}{2}\left(\frac{700}{10}\right) = 3.5\,[\text{Pa}]$

(c) 관의 중심에서 20 [cm] 떨어진 지점 $\tau_{rx} = \frac{0.2}{2}\left(\frac{700}{10}\right) = 7.0\,[\text{Pa}]$

(d) 벽면 $\tau_{w} = \frac{0.3}{2}\left(\frac{700}{10}\right) = 10.5\,[\text{Pa}]$

고찰

- 관내 층류유동에서의 전단응력은 관의 중심에서 0이고 벽면에서 가장 크다고 배웠다. 과연 위에서 구한 네 가지 값이 선형적인 분포를 나타내는지 확인해보자.
- 10[m]에 압력 강하가 700 [Pa]밖에 되지 않기 때문에 전단응력값도 작다.

■ 난류

난류의 경우는 층류에서와 같이 이론식으로부터 전단응력분포를 구하기 어렵기 때문에 식 (9.11)에서 설명된 수식을 이용하여 설명해야 한다.[15]

식 (9.11)의 $-\rho\overline{u'v'}$은 **겉보기 전단응력**Apparent Shear Stress 또는 레이놀즈 전단응력, 난류전단응력이라 한다. 즉 속도변동에 의해 발생하고, 유체의 인접 층 사이에서 운동량이 교환되면서 생기는 추가적인 전단응력이 된다. 이 $\overline{u'v'}$값을 해석하기 위해서는 해석적인 식이 필요한데 이는 실험으로 구하거나 CFD에서 겉보기 전단응력과 평균속도장 사이의 관계식인 난류모델Turbulent Model을 이용하면 된다.

$$\tau = \mu\frac{\partial\overline{u}}{\partial y} - \rho\overline{u'v'} = \tau_{lam} + \tau_{turb} \tag{9.11}$$

$$\left(\tau_{lam} = \mu\frac{d\overline{u}}{dy},\ \tau_{turb} = -\rho\overline{u'v'}\right)$$

프란틀은 이 세 가지 영역에서의 속도형상을 구하기 위해 차원해석으로 식 (9.98)과 같은 이론식을 구했다. 난류 평균속도[16] $\overline{u}$, 유체의 성질(ρ, μ), 전단응력 τ_w, 외부 층 끝에서의 속도(관에서는 중심) U, 벽으로부터 외부 층 끝까지의 두께를 δ라고 가정하고, 벽 근처의 속도분포를 구할 때 전단층두께Shear-layer thickness인 $y = \delta$를 무시했다.

$$\overline{u} = f(\mu,\ \tau_w,\ \rho,\ y) \tag{9.98}$$

15 난류의 경우 여러 연구자들의 실험으로 인해 세 가지 영역, 즉 층이 존재한다고 증명됐다. ([그림 9-8(b)] 참조)

16 9.1.4절에서 학습한 바와 같이 난류유동속도는 평균적인 개념으로 설명해야 한다. 층류의 속도분포는 u, 난류의 속도분포는 $\overline{u}$임을 인지하자. 수식에서 보이는 작은 차이에도 관심을 가져야 한다. 즉 이런 변화자체가 큰 의미가 있음을 간과해서는 안 된다.

차원해석 절차로 식 (9.99)와 같이 벽면 근처의 속도분포 u^*를 구할 수 있다. 이때 식 (9.99)의 u^+를 벽면 근처의 난류속도분포라 정의할 수 있다. 식 (9.11)의 양변을 ρ로 나누면 식 (9.100)이 되고 이 값의 제곱근은 식 (9.101)의 u^*가 된다. 여기서 식 (9.101)을 벽법칙Law of Wall이라 한다. 식 (9.101)에서 나타난 u^*는 물리적으로 유속은 아니지만, 차원을 검토해보면 속도 차원($[LT^{-1}]$)을 갖기 때문에 이를 마찰속도Friction Velocity라 한다. 이 마찰속도는 주어진 유동에서는 일정하다.

$$u_{wall\ layer} = u^+ = \frac{\overline{u}}{u^*} = f\left(\frac{yu^*}{\nu}\right) = y^+ \tag{9.99}$$

$$\frac{\tau}{\rho} = \nu\frac{\partial\overline{u}}{\partial y} - \overline{u'v'} \tag{9.100}$$

$$u^* = \left(\frac{\tau_w}{\rho}\right)^{1/2} \tag{9.101}$$

식 (9.99)의 y^+는 벽으로부터의 거리이고, $\overline{u}$는 시간 평균속도이다. 보통 y^+의 값은 점성 저층 높이가 되고 5보다 작을 때 유효하다. 식 (9.99)와 [그림 9-25]에서 벽면 근처, 즉 점성전단이 지배적인 $y^+ < 5$일 때 평균속도분포는 점성계수에 선형적으로 변화함을 알 수 있다. 이 y^+ 영역을 점성 저층Viscous Layer라 한다.

외부 층Outer Layer에서의 무차원 평균속도는 점성계수를 무시한 식 (9.102)와 같이 차원해석을 하여 식 (9.103)과 같이 계산했다.

$$\overline{u}_{outer\ layer} = f(\delta,\ \tau_w,\ \rho,\ y) \tag{9.102}$$

$$\frac{\overline{u}}{u^*} = f\left(\frac{y}{\delta}\right) = \frac{1}{k}\ln\frac{yu^*}{\nu} + B \tag{9.103}$$

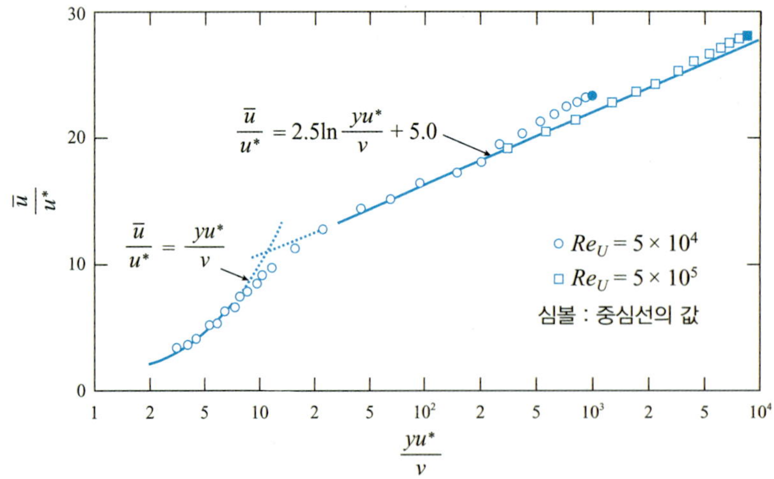

그림 9-25 난류유동에서 무차원 속도분포

[그림 9-25]를 보면 식 (9.103)의 결괏값은 난류나 경계층유동에서 매우 잘 일치하는 것을 알 수 있다. 식 (9.103)의 상수는 지금까지 여러 연구자의 많은 실험을 통해 구해졌다. 이 책에서는 1937년에 밀리컨C.B. Millikan이 제안한 상수($k = 0.41$와 $B = 5.0$)를 식 (9.104)와 같이 사용했다. 이해를 돕고 한눈에 파악할 수 있도록 [표 9-2]에 난류유동장 내 영역에 따른 속도 및 무차원 속도분포 그리고 y^+를 정리했다.

표 9-2 난류유동장 내 층 구분에 따른 속도분포 형상, 무차원 속도분포와 y^+ 값

층 구분	속도분포 형상	무차원 속도분포	y^+	비고
점성 저층	점성전단이 지배적인 벽에 가까운 영역에서 선형	$\frac{\bar{u}}{u^*} = \frac{yu^*}{\nu}$	$0 \le y^+ \le 5$ $(y = R - r)$	점성 저층
완충 층	μ와 $-\rho\overline{u'v'}$의 영향이 중요	–	$5 \le y^+ \le 30$	천이 영역, 중복 층
외부 층	속도형상 영역 (로그Log 형태)	$\frac{\bar{u}}{u^*} = 2.5\ln\frac{yu^*}{\nu} + 5.0$	$y^+ > 30$ (거의 관의 중심부까지)	–
관의 중심	$-\rho\overline{u'v'}$의 영향은 거의 없음. $\rho\overline{u'v'} = 0$	$\frac{U - \bar{u}}{u^*} = 2.5\ln\frac{R}{y}$	–	속도 결손 법칙

$$\frac{\bar{u}}{u^*} = 2.5\ln\frac{yu^*}{\nu} + 5.0 \tag{9.104}$$

식 (9.104)에서 중심($y = R$에서 $u = U$)에서의 경계조건을 대입한 점성 저층의 높이에서 속도분포 ($y^+ = 5$)를 빼면 식 (9.105)가 구해진다.

$$\frac{U - \bar{u}}{u^*} = 2.5\ln\frac{R}{y} \tag{9.105}$$

식 (9.105)를 속도 결손 법칙Velocity-Defect Low의 수식이라 한다. **속도 결손은 중심선 주변에서의 일반적인 속도분포는 오직 거리 비의 함수이고, 유체의 점성계수와 무관하다는 뜻**이다. [그림 9-25]를 보면 이러한 속도는 y^+의 값이 30보다 큰 경우를 의미한다. [그림 9-25]에서 보듯이 y^+의 값이 5보다 크고 30보다 작은 영역에서는 2개의 값이 교차되는 것으로 보아 점성전단응력과 난류전단이 작용하므로 교차되어 작용됨을 알 수 있다.

예제 9-9 난류유동의 마찰속도, 평균속도, 속도분포, 전단응력

[그림 9-26]과 같은 원관내에 공기가 유동한다. 공기의 밀도와 동점성계수는 각각 $\rho = 1.25\,[\mathrm{kg/m^3}]$, $\nu = 1.51 \times 10^{-5}\,[\mathrm{m^2/s}]$이다. (a) 이때 벽면의 마찰속도 u^*를 구하고, 이 유동이 난류인지 검토하라. 또한 (b) 이때 벽면의 난류전단응력을 구하라.

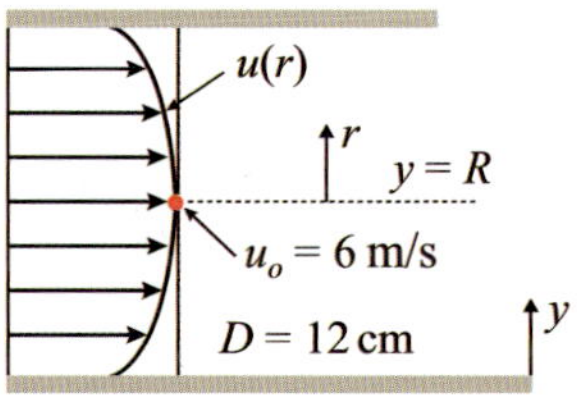

그림 9-26 매끄러운 원관내에 완전히 발달된 난류유동

분석

- 이 예제를 풀기 위해서는 밀리컨의 난류속도분포 실험식인 식 (9.104)를 이용한다. 벽면의 마찰속도를 구한 후 각각의 유속을 적분해 평균속도를 구하고, 이를 통해 최종적으로 Re수와 난류전단응력을 구하고 이해하는 것이 이 예제의 목적이다.
- 주어진 정보는 중심에서의 최대속도이므로 반지름 방향에 따른 속도를 구하는 방법을 익혀야 한다.
- 식 (9.104)에서 마찰속도를 구하기 위해 수식 특성상 고정 반복법Fixed Point Iteration을 이용해야만 하고, 평균유속을 구하기 위해 식 (9.104)를 적분해야 하는데 함수 내 자연로그 ln이 있어 적분하기 쉽지 않다.

풀이

(a) 우선 원관내 공기유동의 형태가 층류인지 난류인지 검토하자. Re수를 구하기 위해 유동의 평균속도는 식 (9.106)과 같이 구한다. 여기서 식 (9.104)와 같이 $\bar{u}$를 식 (9.106)에 대입해 정적분해야 하지만 마찰속도의 정보가 없으므로 이를 먼저 구해야 한다.

$$\overline{V} = \frac{Q}{A} = \frac{1}{\pi R^2}\int_0^R \bar{u}\, 2\pi r\, dr \tag{9.106}$$

$$\bar{u} = u^*\left(2.5\ln\frac{yu^*}{\nu} + 5.0\right) \tag{9.104}$$

식 (9.104)를 정리한 식 (9.107)로 마찰속도 u^*를 구할 수 있다. $y=R$인 중심에서 속도는 $u_o = 6\,[\mathrm{m/s}]$이므로 식 (9.104)와 식 (9.107)은 같아진다. 그러나 식 (9.107)을 보면 u^*가 좌변과 우변에 모두 있기 때문에, 이 방정식은 직접 풀 수 없고, 좌변과 우변의 값을 서로 비교하면서 푸는 수치해석 기법인 고정 반복법으로 계산해야 한다.

$$\frac{u_o}{u^*} = 2.5\ln\frac{Ru^*}{\nu} + 5.0 \tag{9.107}$$

[표 9-3]에 고정 반복법을 이용한 마찰속도의 계산 과정을 정리했다. [표 9-3]을 보면 마찰속도가 0.2675와 0.2676 사이에서 오차값이 양(+)의 값에서 음(−)의 값으로 변하고 있으므로 마찰속도를 식 (9.108)과 같이 0.26755로 가정할 수 있다.

표 9-3 고정 반복법을 통해 구한 마찰속도의 계산 과정

u^*	좌변 값	우변 값	오차
0.2674	22.4383	22.4210	0.0173
0.2675	22.4299	22.4219	0.0080
0.2676	22.4215	22.4229	−0.0013
0.2677	22.4131	22.4238	−0.0106

$$u^* = 0.26755\ [\mathrm{m/s}] \tag{9.108}$$

구해진 마찰속도를 각각 식 (9.104)와 식 (9.106)에 대입한다. 이후 평균속도를 구하기 위해 식 (9.106)을 정적분해야 하는데 이 또한 계산하기 쉽지 않다. 따라서 여기서는 실제적인 적분보다는

적분의 원리인 [표 9-4]와 같이 반지름별로 속도를 구해 평균내는 방법을 선택했고, 이를 식 (9.109)와 같이 나타냈다. 식 (9.109)는 [표 9-4]의 오른쪽 열인 $u(r)$을 산술평균한 것이다.

$$\overline{V} = 4.74\,[\mathrm{m/s}] \tag{9.109}$$

표 9-4 반지름 변화에 따라 계산된 속도

반지름 변화	y	수식	$u(r)$
중심 $R = 0.06$	0.06	$u_o = u^*\left(2.5\ln\dfrac{0.06 \times u^*}{\nu} + 5.0\right)$	6.00
중심 − 0.01	0.05	$\overline{u} = 0.26755 \times (2.5\ln(0.05 \times 17718.5) + 5.0)$	5.88
중심 − 0.02	0.04	$\overline{u} = 0.26755 \times (2.5\ln(0.04 \times 17718.5) + 5.0)$	5.73
중심 − 0.03	0.03	$\overline{u} = 0.26755 \times (2.5\ln(0.03 \times 17718.5) + 5.0)$	5.54
중심 − 0.04	0.02	$\overline{u} = 0.26755 \times (2.5\ln(0.02 \times 17718.5) + 5.0)$	5.26
중심 − 0.05	0.01	$\overline{u} = 0.26755 \times (2.5\ln(0.01 \times 17718.5) + 5.0)$	4.80
벽면 $R = 0.00$	0.00	0	0.00

평균속도를 구했으므로 Re수는 식 (9.110)과 같이 구할 수 있다. Re수가 4,000보다 훨씬 크므로 이 유동은 난류유동장이 된다.

$$Re = \frac{\rho \overline{V} D}{\mu} = \frac{\overline{V} D}{\nu} = \frac{4.74 \times 0.12}{1.51 \times 10^{-5}} = 37{,}669 \fallingdotseq 38{,}000 \tag{9.110}$$

(b) 마찰속도를 구했으므로 벽면의 전단응력은 식 (9.101)을 이용해 식 (9.111)과 같이 구할 수 있다.

$$u^* = \left(\frac{\tau_w}{\rho}\right)^{1/2} \tag{9.101}$$

$$\tau_w = \rho (u^*)^2 = 1.25 \times 0.26755^2 = 0.0895\,[\mathrm{Pa}] \tag{9.111}$$

고찰

- 난류유동장의 속도분포를 이론적으로 구할 때 밀리컨의 실험식을 이용하는데, 이때 눈으로 이해하는 것보다는 [표 9-4]와 같이 직접 계산하고 속도분포를 반지름 변화에 따라 도시하면서 이해하는 것이 매우 중요하다.
- 난류유동 여부를 확인해야 하므로 만약 [표 9-4]와 같은 과정이 복잡하고 어렵다면 Re수를 구할 때 속도를 최대속도로 가정하고 계산해도 된다.
- 계산된 평균속도와 최대속도의 비($\overline{V}/U$)는 0.79임을 알 수 있다. 이는 원관내 층류에서의 속도비인 0.5보다 크다. 이는 [그림 9-28]과 같이 난류속도분포는 층류보다 전체적으로 반지름 방향에서 크고 평탄한 속도분포를 갖는다는 것을 의미한다. 이는 다음 절에서 더 자세히 다룬다.
- 이 예제에서는 이론적으로 수식을 구할 수 없기에 압력 강하식에 대한 언급을 하지 않았다. 다만 식 (9.88)의 압력 강하와 유량 관계식(층류)을 봤을 때 유량과 압력 강하는 비례하므로, 난류의 유량이 층류보다 크다면 압력 강하 또한 난류가 층류보다 클 것이다. 변동 성분이 많은 유동장인 난류에서 일정한 유량을 보내기 위해 더 많은 압력차가 필요할지 생각해보자.

9.3.3 난류유동의 반지름 방향 속도분포

관내 난류 속도분포는 경험적으로 알려진 지수형태의 식 (9.96)으로 주어진다. 이는 n승의 지수법칙이라고도 한다.

$$\frac{\bar{u}}{u_{\max}} = \left(1 - \frac{r}{R}\right)^{1/n} \tag{9.96}$$

라우퍼Laufer가 제안한 [그림 9-27]을 보면 $y/R > 0.04$인 영역에서의 속도분포 경향이 n에 따라 직선적으로(로그 그래프) 일치함을 알 수 있다. 이에 따라 라우퍼가 제안한 외부 층의 속도분포를 식 (9.112)와 같이 나타낼 수 있다. 결론적으로 식 (9.96)과 식 (9.112)는 실험적 결과를 근거로 결과가 같아진다. 이때 계산된 지수 n의 범위는 6 ~ 10이다. 라우퍼는 $Re = 5 \times 10^4$과 $Re = 5 \times 10^5$을 [그림 9-27]과 같이 로그 그래프로 나타냈는데, 주어진 바깥 영역에서 직선, 즉 n에 따라 일치하고 있다고 주장했다. 그러나 $y/R < 0.04$인 영역에서는 n에 따라 일치하지 않는다. 이와 달리 식 (9.112)와 같은 지수분포는 많은 계산에서 타당한 결과를 얻어내어 매우 유용하게 쓰이고 있다. 따라서 $y/R < 0.04$인 영역은 난류 모델을 통해 이론적으로 구하고 $y/R > 0.04$인 영역에서는 일반적으로 식 (9.112)의 수식을 이용하면 된다.[17]

$$\frac{\bar{u}}{U} = \frac{\bar{u}}{u_{\max}} = \left(1 - \frac{r}{R}\right)^{1/n} = \left(\frac{y}{R}\right)^{1/n} \tag{9.112}$$

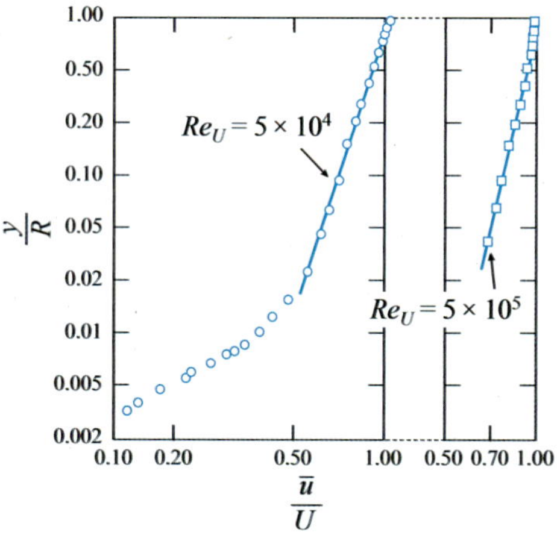

그림 9-27 매끄러운 관내의 완전히 발달된 난류유동에 대한 지수법칙 속도분포

보통 지수 n은 Re수에 따라 증가하며 힌츠Hinz에 의해 제안된 식 (9.113)을 많이 사용한다. 식 (9.113)에서 사용된 Re수는 중심선상에서 최대속도를 기준으로 계산됐다는 것과 상용로그인 것을 간과해서는 안 된다.

---

17 [그림 9-28]을 보면 $y/R > 0.04$인 경우는 30 [%] 정도 차지하고 있는 것으로 보이나, 실제적으로 4 [%]밖에 되지 않는 아주 작은 영역이다. [그림 9-28]이 로그-로그 그래프이기 때문에 크게 보일 뿐이다.

$$n = -1.7 + 1.8\log Re_U \tag{9.113}$$

식 (9.113)으로부터 대표적인 Re_U수에 따라 n을 계산한 것을 [표 9-5]에 나타냈다. n값은 정수가 아닌 양의 실수의 값을 갖고 [표 9-5]에는 소수점 아래 둘째 자리까지 나타냈다. [표 9-5]에서 보듯이 난류일 경우 n값은 6 ~ 10을 갖는데, 이를 [그림 9-28]에 나타냈다. [그림 9-28]에는 층류인 포물선 속도분포도 같이 나타냈다. [그림 9-28]에서 보듯이 속도분포는 Re수가 증가함에 따라 중심에서 평탄해지는 분포($n = 6$일 때 $\overline{V}/U = 0.79$, $n = 10$일 때 $\overline{V}/U = 0.87$)를 나타나게 되고 벽 근처에서 구배가 급해지는 것을 알 수 있다. 이는 벽 근처에서 변동 속도 성분 u'과 v'의 운동량 교환이 속도구배를 감소시키려는 경향이 Re수가 증가함에 따라 증가되기 때문이다. 보통 관유동에서는 대표적인 Re수($Re = 70{,}000$)에서 n은 7이 된다. 따라서 완전히 발달된 난류유동일 때 속도분포는 1/7승의 지수법칙을 따른다고 한다.

표 9-5 대표적인 Re_U수에 따른 지수 n값

Re_U	5,000	10,000	20,000	100,000	250,000	400,000
	5.0E+03	1.0E+04	2.0E+04	1.0E+05	2.5E+05	4.0E+05
n	4.96	5.50	6.04	7.30	8.02	8.38

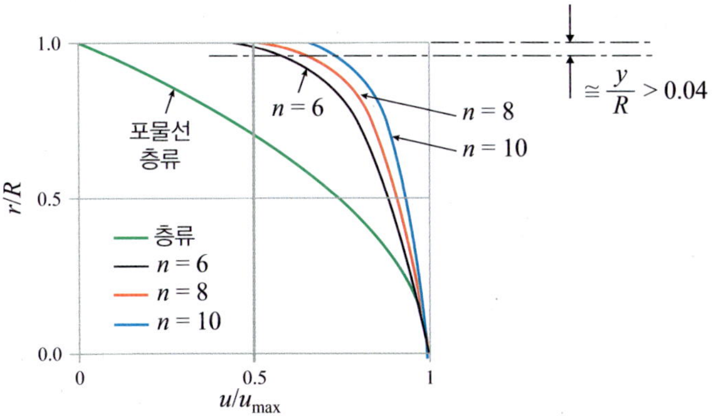

그림 9-28 관내의 완전히 발달된 난류유동에서 n에 따른 반지름 방향 속도분포

난류일 때의 체적유량은 식 (9.114)와 같이 구할 수 있다. 이를 최대속도로 나누게 되면 평균속도와 최대속도의 비가 간단한 n의 함수로 식 (9.115)와 같이 구할 수 있다.

$$Q = \int_0^R \overline{u}\, 2\pi r dr = \int U\left(\frac{y}{R}\right)^{1/n} 2\pi r dr = 2\pi U \int_0^R \left(1 - \frac{r}{R}\right)^{1/n} r dr \tag{9.114}$$

$$\frac{\overline{V}}{U} = \frac{2n^2}{(n+1)(2n+1)} \tag{9.115}$$

예제 9-10 난류유동의 속도분포

지름이 0.1 [m]인 원관내에 $Q = 0.04$ [m^3/s]로 물이 흐른다. 밀도와 점성계수는 각각 $\rho = 999$ [kg/m^3], $\mu = 0.001$ [Pa·s]이다. 단위길이당 압력 강하는 2.59 [kPa/m]이다. 이때 (a) 점성 저층의 높이를 구하고, (b) 중심선상의 속도를 구하라.

분석

- 점성 저층은 실제 무차원수인 $y^+ = 5$ 미만의 영역인데 실제 높이는 얼마인지 구해보자. 난류유동의 속도분포를 확실히 이해한 후, 점성 저층의 높이를 구하는 것이 이 예제의 목적이다.
- 식 (9.115)의 최대속도와 평균속도의 비로부터 n의 지수를 구해보자.
- Re수와 n의 관계에 대한 자료는 수식이 아니라 [그림 9-28]과 같이 그림으로 제시되어 있어 값이 부정확하게 계산될 수밖에 없다. 이 경우의 처리방법에 대해 고민해보자.

풀이

(a) 점성 저층의 무차원 높이는 식 (9.99)의 y^+이고 이 값이 5보다 작을 때 가장 유효하다. 이에 식 (9.99)를 정리하면 실측 높이는 식 (9.116)과 같이 계산할 수 있다.

$$u_{wall\ layer} = u^+ = \frac{\bar{u}}{u^*} = f\left(\frac{yu^*}{\nu}\right) = y^+ \tag{9.99}$$

$$y\frac{u^*}{\nu} = y^+ \rightarrow y = y^+\frac{\nu}{u^*} = 5\frac{\nu}{u^*} \tag{9.116}$$

식 (9.116)을 구하기 위해 식 (9.101)을 이용해 마찰속도 u^*를 먼저 구한다.

$$u^* = \left(\frac{\tau_w}{\rho}\right)^{1/2} \tag{9.101}$$

식 (9.101)의 벽면전단응력은 식 (9.87)로부터 구할 수 있고, 주어진 길이당 압력 강하와 관 지름을 대입하면 식 (9.117)과 같이 전단응력을 구할 수 있다.

$$\tau_{rx} = \frac{r}{2}\left(\frac{\partial p}{\partial x}\right) \tag{9.87}$$

$$\tau_w = \frac{0.05}{2}(2.59 \times 1{,}000) = 64.75\ [\text{Pa}] \tag{9.117}$$

식 (9.117)을 식 (9.101)에 대입하면 마찰속도를 구할 수 있고, 이를 다시 식 (9.116)에 대입하면 식 (9.119)와 같이 무차원이 아닌 점성 저층의 실제 높이를 구할 수 있다.

$$u^* = \left(\frac{\tau_w}{\rho}\right)^{1/2} = \left(\frac{64.75}{998}\right)^{1/2} = 0.255\ [\text{m/s}] \tag{9.118}$$

$$y = y^+\frac{\nu}{u^*} = 5\frac{\nu}{u^*} = 5\frac{\mu/\rho}{u^*} = 5\frac{0.001/998}{0.255} = 1.96 \times 10^{-5}\ [\text{m}] = 0.0196\ [\text{mm}] \tag{9.119}$$

(b) 먼저 식 (9.121)과 같이 Re수를 구하기 위해 관내 평균속도를 식 (9.120)과 같이 구해보자.

$$\overline{V} = \frac{Q}{A} = \frac{0.04 \times 4}{\pi \times 0.1^2} = 5.09\,[\text{m/s}] \tag{9.120}$$

$$Re = \frac{\rho \overline{V} D}{\mu} = \frac{998 \times 5.09 \times 0.1}{0.001} = 5.08 \times 10^5 \tag{9.121}$$

난류유동장의 중심선상 속도분포는 식 (9.112)로 구할 수 있다. 식 (9.112)의 변수는 평균속도, 최대속도, 지수 n인데, 지수 n은 [그림 9-28]을 보고 판독해야 한다. 다만 식 (9.113)의 경우는 최대(중심) 속도를 알 때 n을 구하는 수식이므로 이 예제에서는 적당하지 않다. 따라서 [그림 9-29(a)]와 같이 힌츠의 실험 결과를 이용해 평균속도에 따른 지수값을 구하자.

[그림 9-29]의 힌츠 데이터도 그림을 보고 추정하는 방식이며, [그림 9-29(a)]는 로그-대수 그래프이므로 [그림 9-29(b)]와 같이 대수-대수 좌표로 변환해 엑셀의 추세선 기능을 이용한다면 식 (9.113)과 같이 수식을 구해 쉽게 n을 구할 수 있다. 이 추세선 수식에서 구한 Re수에 따른 n값은 8.25($n = 2.3589Re^{0.095} = 8.25$)이다. 여기서 정확하게는 8.15이지만 일단 오차는 무시하자.

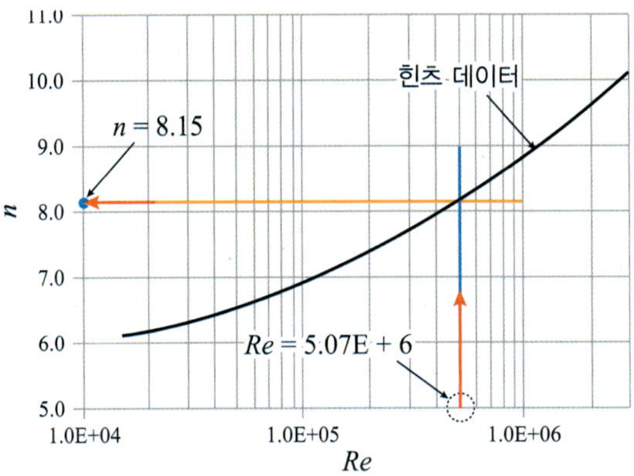

(a) Re 수로부터 구한 n 값

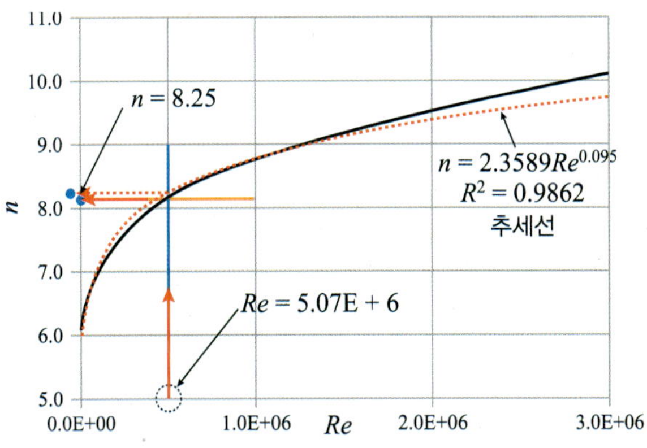

(b) 대수좌표에서 추세선으로 구한 n 값

그림 9-29 Re 수와 n 값의 관계

$n = 8.25$를 식 (9.115)에 대입한 후 중심속도로 정리하면 식 (9.122)와 같다.

$$\frac{\overline{V}}{U} = \frac{2n^2}{(n+1)(2n+1)} \tag{9.115}$$

$$U = \frac{(n+1)(2n+1)}{2n^2}\overline{V} = 1.189 \times 5.09 = 6.05\ [\mathrm{m/s}] \tag{9.122}$$

고찰

- 점성 저층의 실제 높이인 0.0196 [mm]는 관 지름인 0.1 [m]를 고려했을 때 매우 작은 값이다.
- [예제 9-9]에서는 반지름 방향의 속도를 구하기 위해 매우 복잡한 절차를 거쳤지만, 이 예제에서는 속도분포가 지수로 주어졌기 때문에 난류유동장의 최대속도, 평균속도 그리고 반지름 방향의 속도분포를 쉽게 구할 수 있다.
- 점성유체에서는 이론식보다 실험식과 결과 그래프를 통해 데이터를 획득하기 때문에 구해진 값들이 조금씩 차이가 남을 알아야 한다. 즉 그래프를 통해 값을 계산한 경우 신중하게 평가해야 하고, 이때 발생되는 오차는 무시한다.

SECTION
9.4

비원형 관내 유동

- ✔ 비원형 형태의 배관인 덕트에 대해 알아본다.
- ✔ 덕트내 유동을 해석하기 위한 수력지름을 학습한다.
- ✔ 다양한 비원형 · 원형 형태의 관내 유동 정보를 비교한다.

9.4.1 덕트

원형의 배관은 압력이 높거나 변형이나 진동이 적어야 하는 경우, 그리고 물과 기름 등을 이송할 때 주로 사용된다. [그림 9-30]과 같이 공기나 가스 등을 이송할 때 비원형 형태의 배관을 사용하는데 이런 배관을 덕트$_{\text{Duct}}$라고 한다. 기계설비법에서 덕트 설비란 건축물 등에 설치된 기계 · 기구 · 배관 및 그 밖에 성능을 유지하기 위한 설비의 풍량 등을 조절하고, 급배기 및 환기 등을 위해 설치되는 설비라고 정의한다.[18]

덕트의 형태로는 [표 9-6]에서 보듯이 정사각형, 직사각형, 삼각형 등을 사용한다. 그중 가장 보편적으로 사용되는 형태는 [그림 9-30]과 같은 직사각형이다. 직사각형 형태의 덕트는 천장 높이에 맞춰 크기를 조절해 제작하기 쉽고, 시공 비용도 저렴하기 때문이다.

(a) 실내 공조용 덕트

(b) 가스용 덕트 배관

그림 9-30 비원형 형태의 덕트 사용 사례

18 출처 : 기계설비신문(http://www.kmecnews.co.kr)

표 9-6 비원형 형태와 원형 형태 관의 수력지름과 단면적 비교

	정사각형	직사각형	삼각형	원형
형태	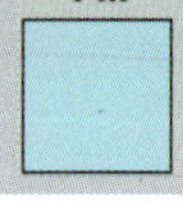	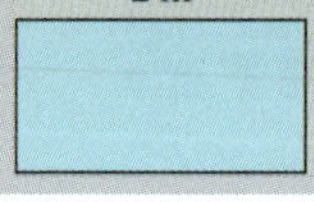	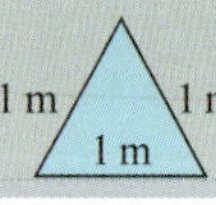	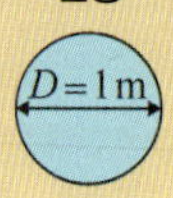
수력지름 D_h	$\frac{4\times 1}{4} = 1\,[\mathrm{m}]$	$\frac{4\times 2}{6} = \frac{4}{3} = 1.333\,[\mathrm{m}]$	$\frac{4\times 0.866}{3} = 1.155\,[\mathrm{m}]$	$\frac{4\times \pi D^2/4}{\pi D} = 1\,[\mathrm{m}]$
단면적 A	$1\,[\mathrm{m}^2]$	$2\,[\mathrm{m}^2]$	$0.866\,[\mathrm{m}^2]$	$0.785\,[\mathrm{m}^2]$

9.4.2 수력지름

덕트내 유동을 해석하기 위해 식 (9.123)과 같은 수력지름Hydraulic Diameter을 도입해 원관의 해석 결과를 이용해야 한다. 수력지름은 D_h로 나타내므로 원관의 지름 D와 구분해야 한다. 식 (9.123)의 P는 접선길이Perimeter 또는 접수길이Wetted Perimeter라 하며, 유체가 접촉한 벽의 총 길이를 의미한다.[19] 이를 이해하기 위해 비원형 형태 배관의 수력지름을 [표 9-7]과 같이 계산했다. 정사각형의 단면적은 원형의 면적보다 크지만, 수력지름은 1 [m]로 원형의 지름과 같다. 또한 한 면이 같은 직사각형의 수력지름은 정사각형의 수력지름보다 크다.

$$D_h = \frac{4A}{P} \tag{9.123}$$

[표 9-7]에는 마찰계수의 실험식이 제시되어 있다. 손실에 대한 개념은 다음 장에서 다룰 예정이므로 넘어간다. 여기서 중요한 것은 원형과 비원형 형태를 비교해 압력 강하나 전단응력이 얼마나 차이가 나는지 확인하는 것이다.

비원형 형태 내 마찰계수를 실험적으로 해석하기 위해 먼저 수력지름 D_h를 이용해 식 (9.124)와 같이 Re수를 정의했다. Re수가 동일하다면 관성력과 점성력의 비도 같아져 유동 패턴이 동일해지고 원관 유동처럼 해석할 수 있기 때문이다. 또한 비원형 배관의 유동장에 대한 정보(Re수, 압력 강하, 마찰계수, 전단응력 등)를 고찰하기 위해 [표 9-7]과 같이 $D = 1\,[\mathrm{m}]$인 정사각형, 직사각형 그리고 원형일 때를 비교했다.

$$\text{원관내 층류의 마찰계수 : } f = 64/Re \tag{9.124}$$

$$\text{덕트내 층류의 마찰계수 : } f = 56.9/Re \tag{9.125}$$

$$\text{패닝마찰계수 : } f_F Re = 16,\ f_F = \tau_w/\left(\frac{1}{2}\rho V^2\right)\left(\frac{\rho VD}{\mu}\right) = 16 \tag{9.126}$$

19 이 접선길이는 개수로 유동에서 많이 사용되는 용어이다.

표 9-7 비원형 형태와 원형 형태의 관내 유동 정보 비교

	정사각형	직사각형(1:2)	원형
수력지름 D_h	$\frac{4\times a^2}{4a}=1a=a\,[\mathrm{m}]$	$\frac{4\times 2a^2}{6a}=\frac{4}{3}a=1.333a\,[\mathrm{m}]$	$\frac{4\times \pi a^2/4}{\pi a}=a[\mathrm{m}]$
평균속도 $\overline{V}$	$\overline{V}=\frac{Q}{A}=\frac{Q}{D_h^2}=\frac{Q}{a^2}$	$\overline{V}=\frac{Q}{A}=\frac{Q}{2a^2}$	$\overline{V}=\frac{Q}{A}=\frac{Q}{\pi D^2/4}=\frac{4}{\pi}\frac{Q}{a^2}$
Re수	$Re=\frac{\rho VD_h}{\mu}=\frac{\rho}{\mu}\left(\frac{Q}{a^2}\right)a$ $=\frac{\rho}{\mu}\frac{Q}{a}$	$Re=\frac{\rho VD_h}{\mu}=\frac{\rho}{\mu}\left(\frac{Q}{2a^2}\right)\frac{4a}{3}$ $=\frac{\rho}{\mu}\frac{Q}{6a}$	$Re=\frac{\rho VD}{\mu}=\frac{\rho}{\mu}\frac{4}{\pi}\frac{Q}{a^2}a$ $=1.273\frac{\rho}{\mu}\frac{Q}{a}$
층류 마찰계수 f	$f=\frac{56.9}{Re}=\frac{56.9\mu}{\rho VD_h}=\frac{56.9\mu}{\rho Va}$	$f=\frac{56.9}{Re}=\frac{56.9\mu}{\rho V1.333a}=\frac{42.69\mu}{\rho Va}$	$f=\frac{64}{Re}=\frac{64\mu}{\rho Va}$
압력 강하 Δp	$\Delta p=\left(\frac{56.9\mu}{\rho VD_h}\right)\frac{\ell}{D_h}\frac{1}{2}\rho V^2$ $=\frac{28.45\mu}{D_h^2}\ell V=\frac{28.45\mu}{D_h^2}\ell\left(\frac{Q}{D_h^2}\right)$ $=28.45\frac{\ell}{a^4}\mu Q$	$\Delta p=\left(\frac{64\mu}{\rho VD_h}\right)\frac{\ell}{D_h}\frac{1}{2}\rho V^2$ $=\frac{28.45\mu}{1.333^2a^2}\ell V=\frac{21.34\mu}{a^2}\ell\left(\frac{Q}{a^2}\right)$ $=21.34\frac{\ell}{a^4}\mu Q$	$\Delta p=\left(\frac{64\mu}{\rho VD}\right)\frac{\ell}{D}\frac{1}{2}\rho V^2$ $=\frac{32\mu}{D^2}\ell V=\frac{32\mu}{D^2}\ell\left(\frac{4}{\pi}\frac{Q}{D^2}\right)$ $=40.7\frac{\ell}{a^4}\mu Q$
층류 벽면 전단 응력 $\tau_{w_{lam}}$	$4f_F Re=56.9$ $f_F Re=\frac{\tau_w}{\frac{1}{2}\rho V^2}\frac{\rho VD_h}{\mu}=14.225$ $\tau_w=14.225\frac{\mu}{\rho VD_h}\frac{1}{2}\rho V^2$ $=7.113\mu\frac{V}{a}=7.113\mu\frac{1}{a}\left(\frac{Q}{a^2}\right)$ $=7.113\mu\frac{Q}{a^3}$	$4f_F Re=56.9$ $f_F Re=\frac{\tau_w}{\frac{1}{2}\rho V^2}\frac{\rho VD_h}{\mu}=14.225$ $\tau_w=14.225\frac{\mu}{\rho VD_h}\frac{1}{2}\rho V^2$ $=7.113\mu\frac{V}{1.333a}$ $=7.113\mu\frac{1}{1.333a}\left(\frac{Q}{1.333a^2}\right)$ $=4\mu\frac{Q}{a^3}$	$4f_F Re=64$ $f_F Re=\frac{\tau_w}{\frac{1}{2}\rho V^2}\frac{\rho Va}{\mu}=16$ $\tau_w=16\frac{\mu}{\rho Va}\frac{1}{2}\rho V^2=8\mu\frac{V}{a}$ $=8\mu\frac{1}{a}\left(\frac{4Q}{\pi a^2}\right)=\frac{32\mu}{\pi}\frac{Q}{a^3}$ $=10.186\mu\frac{Q}{a^3}$

[표 9-7]과 같이 수력지름이 동일한 원형과 정사각형 덕트내 압력 강하는 동일한 유량, 길이, 유체를 사용할 때 정사각형의 경우가 약 30.0[%] 적음을 알 수 있고, 직사각형의 경우 원형보다 47.5 [%]의 압력이 더 감소됨을 알 수 있다. 이와 같은 논리로 벽면전단응력은 원형보다 각각 30.0 [%], 47.5 [%] 작아진다.

Think_09

동일한 유량을 보내는 펌프가 있고 그 배관이 사각형 덕트인 경우와 원형 관인 경우가 있다고 가정하자. 둘 중 어느 배관이 더 많은 유량을 보낼 수 있을지 생각해보자.

SECTION 9.5

관내 유동내 에너지 변화

✔ 점성으로 발생하는 손실을 에너지 관점에서 유도한다.
✔ 마찰이 있을 때 관내 유동의 운동에너지 계수를 유도한다.

9.5.1 에너지 관점에서의 손실

지금까지 내부유동의 속도분포와 압력 강하, 전단응력분포를 미분적 접근방법으로 살펴봤다. 앞에서 학습한 내용에 따르면 [그림 9-31(a)]와 같이 원관내 유체가 만관으로 흐를 때 지점 ①과 지점 ②에서의 압력은 다르다. **점성유체가 완전히 발달된 유동일 때 압력 강하가 선형적으로 감소**한다고 학습한 바 있다. 여기서 중요한 것은 관내에 흐르는 유량이 유출되거나 유입되는 곳이 없는 관에서 지점 ①과 지점 ②의 유량은 동일하다는 것이다. 즉 지점 ①과 지점 ②의 속도는 동일하다는 뜻이며, 이는 완전히 발달된 유동이라고 가정했기 때문이다. 지점 ①과 지점 ②의 압력이 다르게 나타난다면, 이는 **마찰 손실 때문이라는 것을 인지**해야 한다.

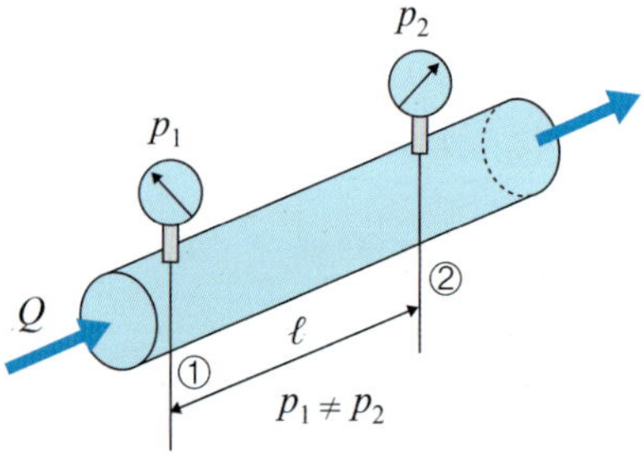

(a) [그림 9-1]

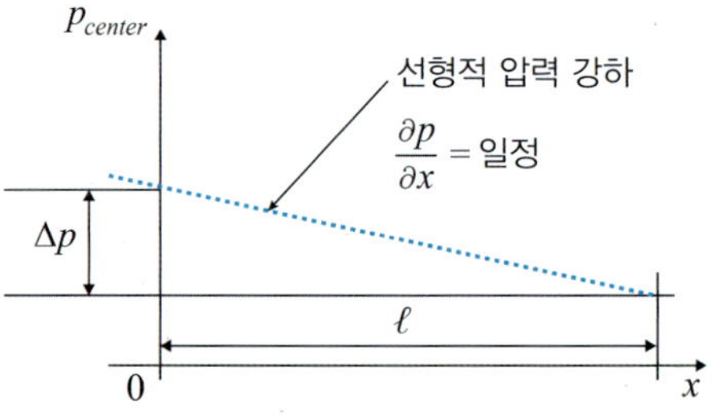

(b) [그림 9-9]의 아래쪽 그림

그림 9-31 관유동일 때 지점 ①과 지점 ② 사이의 에너지 관계

에너지 관점에서 설명하기 위해 에너지방정식인 베르누이방정식, 즉 식 (5.133)을 이용하자. 식 (5.133)을 보면 수평관이기 때문에 위치에너지는 삭제되고, 지점 ①에서 압력에너지와 속도에너지의 합은 지점 ②에서 압력에너지와 속도에너지의 합과 같아진다. 식 (9.127)을 보면 관내 길이당 유량 및 속도는 같아지기 때문에 식 (9.127)은 식 (9.128)이 되는데 이 식은 5.8절 베르누이방정식에서 다루었던 것과 같이 지점 ①과 지점 ②의 압력값과 같을 수 없다. 즉 식 (9.128)은 잘못된 식이 아니며 달랑베르의 역설을 의미한다.

$$\left(\frac{p}{\rho} + \frac{V^2}{2} + gz\right)_2 = \left(\frac{p}{\rho} + \frac{V^2}{2} + gz\right)_1 = const. \tag{5.133}$$

$$\left(\frac{p}{\rho} + \frac{V^2}{2}\right)_2 = \left(\frac{p}{\rho} + \frac{V^2}{2}\right)_1 = const. \tag{9.127}$$

$$\left.\frac{p}{\rho}\right)_2 = \left.\frac{p}{\rho}\right)_1 = const. \ \text{: 달랑베르의 역설} \tag{9.128}$$

$$\left.\frac{p}{\rho}\right)_2 \neq \left.\frac{p}{\rho}\right)_1 \tag{9.129}$$

그럼 무엇이 잘못된 것일까? 바로 '**베르누이방정식은 마찰이 없다**'고 가정한 것이다. 식 (9.128)과 같이 마찰이 없는 경우는 지점 ①과 지점 ②의 압력값이 같을 수밖에 없다. 내부 점성 유동에서는 층류든 난류든 식 (9.90)과 같이 점성의 영향으로 압력 강하 형태로 손실이 발생하게 된다. 즉 식 (5.133)은 이러한 손실 때문에 식 (9.130)과 같이 정리되어야 한다.

식 (9.130)과 같이 지점 ①과 지점 ②의 에너지 차이는 손실 h_ℓ로 귀결된다. 여기서 gh_ℓ은 총 손실헤드, 단위질량당 전체 에너지손실이다. 식 (9.130)의 양변을 g로 나누면 식 (9.131)과 같이 길이 단위인 [m]로 간편하게 생각할 수 있다.[20]

$$\left(\frac{p_1}{\rho} + \frac{\overline{V_1^2}}{2} + gz_1\right) - \left(\frac{p_2}{\rho} + \frac{\overline{V_2^2}}{2} + gz_2\right) = gh_\ell \tag{9.130}$$

$$\left(\frac{p_1}{\rho g} + \frac{\overline{V_1^2}}{2g} + z_1\right) - \left(\frac{p_2}{\rho g} + \frac{\overline{V_1^2}}{2g} + z_2\right) = h_\ell \tag{9.131}$$

여기서 [그림 9-31(a)]와 같이 직관인 경우 손실은 마찰에 영향을 받는다. 즉 90° 곡관이나 지름이 변경되는 일이 없는 경우에는 마찰에 의한 영향을 받는다는 것을 의미한다.

만약 [그림 9-32]와 같이 경사진 직관에는 어떤 변화가 나타나는지 살펴보자. [그림 9-32]와 같이 경사진 직관의 에너지손실을 구하기 위해 식 (9.131)을 이용했다. 지점 ①과 지점 ②의 유량은 같으므로 식 (9.131)은 식 (9.132)와 같이 변화된다. 지점 ①과 지점 ②의 위치에너지 차이를 구하기 위해 우선

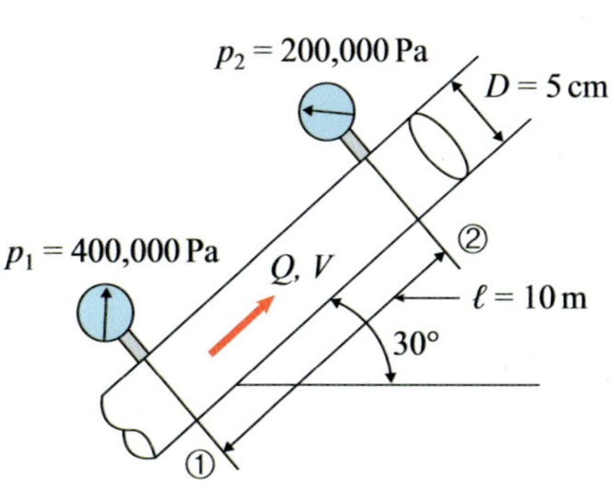

그림 9-32 경사진 직관

20 식 (9.130)보다는 식 (9.131)이 좀 더 많이 사용된다.

높이차를 구한다. $\ell \sin 30° = 10 \times 0.5 = 5\,[\mathrm{m}]$가 되므로 이것과 각각의 압력값을 식 (9.131)에 대입해 정리하면 식 (9.133)과 같이 손실 h_ℓ을 구할 수 있다.

$$\left(\frac{p_1}{\rho g} + z_1\right) - \left(\frac{p_2}{\rho g} + z_2\right) = h_\ell \tag{9.132}$$

$$h_{\ell_{30°}} = \left(\frac{400,000}{9.8 \times 1,000} + 0\right) - \left(\frac{200,000}{9.8 \times 1,000} + 5\right) = 15.41\,[\mathrm{m}] \tag{9.133}$$

만약 [그림 9-32]에서 경사 각도가 없는 경우 위치에너지의 차이가 없으므로 식 (9.134)와 같이 계산된다.

$$h_{\ell_{0°}} = \left(\frac{400,000}{9.8 \times 1,000} + 0\right) - \left(\frac{200,000}{9.8 \times 1,000} + 0\right) = 20.41\,[\mathrm{m}] \tag{9.134}$$

Think_10

두 가지 경우의 손실을 보면 동일한 압력차, 동일한 유량과 유체일 때 경사관보다 수평관에서의 손실이 커야 한다. 그 이유는 무엇인지 생각해보자.

9.5.2 운동에너지 계수

에너지방정식인 식 (5.120)을 이용해 관내 손실개념을 설명해야 한다. 식 (5.120)의 에너지방정식은 아래와 같은 가정을 적용한다면 식 (9.135)와 같이 정리할 수 있다.

$$-\dot{W}_{shaft} = \frac{\partial}{\partial t}\int_{CV} \rho(e)\, d\forall + \int_{CS} \rho\left(u + \frac{p}{\rho} + \frac{\vec{V}^2}{2} + gz\right)\vec{V}\cdot d\vec{A} - \frac{dQ}{dm}\dot{m} \tag{5.120}$$

[가정 1] 축일이나 기타의 일이 없다.
[가정 2] 전단력에 의한 일이 없다.
[가정 3] 정상유동이다.
[가정 4] 비압축성유동이다.
[가정 5] 단면에서의 내부에너지와 압력은 모두 균일하다.

$$\begin{aligned}\dot{Q} &= \dot{m}\,(u_2 - u_1) + \dot{m}\left(\frac{p_2}{\rho} - \frac{p_2}{\rho}\right) + \dot{m}\,g(z_2 - z_1) \\ &\quad + \int_{A_2} \frac{V_2^2}{2}\rho V_2 dA_2 - \int_{A_1} \frac{V_1^2}{2}\rho V_1 dA_1\end{aligned} \tag{9.135}$$

점성으로 인한 마찰 때문에 관내 유동에서의 속도가 반지름 방향으로 균일하지 않으므로 식 (9.135)의 속도를 평균속도로 적용한다. 또한 적분기호를 제거하기 위해 식 (9.136), 식 (9.137)과 같이 운동에너지 계수 α를 도입했다.

$$\int_A \frac{V^2}{2}\rho V dA = \alpha \int \frac{\overline{V^2}}{2}\rho V dA = \alpha \dot{m}\frac{\overline{V^2}}{2} \tag{9.136}$$

$$\alpha = \frac{\int_A \rho V^3 dA}{\dot{m}\,\overline{V^2}} \tag{9.137}$$

식 (9.136)과 식 (9.137)을 식 (9.135)에 대입하면 식 (9.138)과 같이 적분기호가 제거되고 평균속도로 표현할 수 있다.

$$\dot{Q} = \dot{m}\,(u_2 - u_1) + \dot{m}\left(\frac{p_2}{\rho} - \frac{p_2}{\rho}\right) + \dot{m}\,g(z_2 - z_1) + \dot{m}\left(\alpha_2\frac{\overline{V_2^2}}{2} - \alpha_1\frac{\overline{V_1^2}}{2}\right) \tag{9.138}$$

양변을 질량유량 $\dot{m}$ 으로 나누고 간단히 정리하면 식 (9.139), 식 (9.140)과 같다.

$$\frac{\delta Q}{dt}\frac{dm}{dm} \text{ 이므로}$$

$$\frac{\delta Q}{dm} = u_2 - u_1 + \frac{p_2}{\rho} - \frac{p_1}{\rho} + gz_2 - gz_1 + \alpha_2\frac{\overline{V_2^2}}{2} - \alpha_1\frac{\overline{V_1^2}}{2} \tag{9.139}$$

$$\left(\frac{p_1}{\rho} + \alpha_1\frac{\overline{V_1^2}}{2} + gz_1\right) = \left(\frac{p_2}{\rho} + \alpha\frac{\overline{V_1^2}}{2} + gz_2\right) + (u_2 - u_1) - \frac{\delta Q}{dm} \tag{9.140}$$

식 (9.140)은 단위질량당 기계적 에너지의 차와 열에너지의 차로 이루어지는데 열에너지에 대한 일이 없는 유동에서는 열에너지를 제거할 수 있으므로 식 (9.141)과 같이 정리할 수 있다.

$$\left(\frac{p}{\rho} + \alpha\frac{\overline{V^2}}{2} + gz\right) \text{ : 단위질량당 기계적 에너지}$$

$$(u_2 - u_1) - \frac{dQ}{dm} \text{ : 열에너지}$$

$$\left(\frac{p_1}{\rho} + \alpha_1\frac{\overline{V_1^2}}{2} + gz_1\right) - \left(\frac{p_2}{\rho} + \alpha_2\frac{\overline{V_2^2}}{2} + gz_2\right) = gh_\ell \tag{9.141}$$

식 (9.141)의 양변을 g로 나누면 식 (9.142)와 같이 길이 단위 [m]로 간편하게 생각할 수 있다.

$$\left(\frac{p_1}{\rho g} + \alpha_1\frac{\overline{V_1^2}}{2g} + z_1\right) - \left(\frac{p_2}{\rho g} + \alpha_2\frac{\overline{V_2^2}}{2g} + z_2\right) = h_\ell \tag{9.142}$$

식 (9.142)는 마찰이 없는 유동에서는 베르누이방정식이 되어야 하므로 이를 위해 식 (9.143)과 같은 가정이 필요하다. 그렇다면 식 (9.142)는 식 (9.144)와 같이 변경된다. 여기서 식 (9.144)와 식 (5.134)의 차이를 논하면 점성 때문에 속도가 다르므로 평균속도를 사용한 것이 차이인 것처럼 보이지만, 마찰이 없다면 $\overline{V} = V$가 되고 같은 수식이 된다.

$$\alpha_1 = \alpha_2 = 1.0, \quad h_\ell = 0 \tag{9.143}$$

$$\frac{p}{\rho} + \frac{\overline{V^2}}{2} + gz = const. \tag{9.144}$$

$$\frac{p}{\rho} + \frac{V^2}{2} + gz = const. \tag{5.134}$$

나아가 식 (9.142)와 식 (9.144)는 어떤 차이가 있는지 살펴보자. 직관과 같은 유동에서는 α가 1이므로 포괄적으로 같은 개념이 되지만 만약 단면적이 달라진다면 α값을 고려해야 한다. 층류와 난류에 따른 운동에너지 계수를 [표 9-8]에 정리했다. 일반적으로 층류와 난류일 때 각각 $\alpha = 2$, $\alpha = 1$을 대입해 계산하면 된다.

표 9-8 층류 또는 난류일 때 운동에너지 계수

항목	층류	난류
무차원 속도분포	$\frac{u}{U} = 1 - \left(\frac{r}{R}\right)^2$	$\frac{u}{U} = \left(\frac{y}{R}\right)^{1/n} = \left(1 - \frac{r}{R}\right)^{1/n}$
최대속도와 평균속도의 비	$U = 2\overline{V}$	$\frac{\overline{V}}{U} = \frac{2n^2}{(n+1)(2n+1)}$
운동에너지 계수	$\alpha = \frac{\rho\int_0^R u^3 2\pi r dr}{\dot{m}\overline{V^2}} = 2.0$	$\alpha = \left[\frac{U}{\overline{V}}\right]^3 \frac{2n^2}{(3+n)(3+2n)}$ $n = 6$이면 $\alpha = 1.08$ $n = 10$이면 $\alpha = 1.03$ 관내 유동 계산 시 $\alpha \cong 1.0$

예제 9-11 운동에너지 계수

[그림 9-33]과 같이 모세관을 통해 상부 탱크에서 하부 탱크로 기름이 이동할 때 (a) 모세관을 통과하는 유량이 $Q = 5$ [lph]일 때 손실헤드를 구하고 (b) 시스템에서 사용되는 기름의 밀도가 $\rho = 960$ [kg/m³]일 때 점성계수를 구하라.

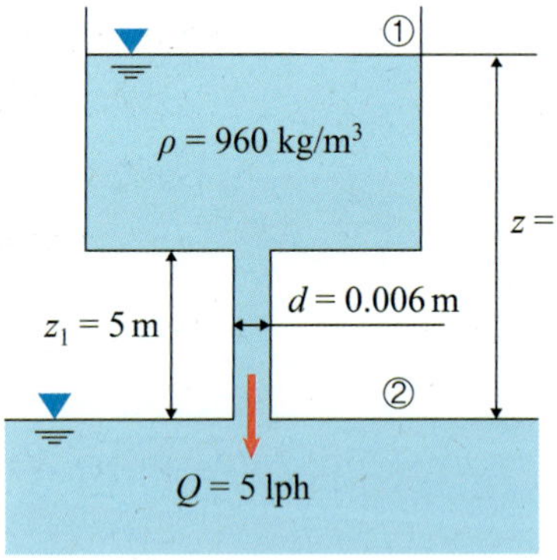

그림 9-33 상부에서 하부로 이동하는 모세관 시스템

분석

- 식 (9.135)를 이용하여 운동에너지 계수를 적용하고, 이를 이해하는 것이 이 예제의 목적이다.
- 계산된 손실헤드가 모세관에 작용하는 압력차가 됨을 이해해야 한다.

풀이

(a) 먼저 식 (9.141)로 시스템의 손실헤드를 구해보자. 식 (9.141)에서 지점 ①과 지점 ②의 압력은 대기압이므로 0이 되어 상호 삭제되고, $V_1 = 0$으로 가정한다면 식 (9.141)은 식 (9.145)와 같이 간단히 정리할 수 있다.

$$\left(\frac{p_1}{\rho g} + \alpha_1 \frac{\overline{V_1^2}}{2g} + z_1\right) - \left(\frac{p_2}{\rho g} + \alpha_2 \frac{\overline{V_2^2}}{2g} + z_2\right) = h_\ell \tag{9.141}$$

$$h_\ell = z_1 - z_2 - \alpha_2 \frac{\overline{V_2^2}}{2g} = 7 - 2\frac{\overline{V_2^2}}{2g} \tag{9.145}$$

다행히 유량이 주어졌으므로 모세관을 통과하는 기름의 속도를 식 (9.146)과 같이 구할 수 있다.

$$V = \frac{Q}{A} = \frac{15}{1{,}000 \times 3{,}600} \Big/ \frac{3.14 \times 0.006^2}{4} = 0.147\,[\mathrm{m/s}] \tag{9.146}$$

식 (9.146)을 식 (9.145)에 대입하면 손실헤드를 식 (9.147)과 같이 구할 수 있다.

$$h_\ell = 7 - 2\frac{0.147^2}{2 \times 9.8} = 7\,[\mathrm{m}] \tag{9.147}$$

(b) 유체의 점성계수는 식 (9.90)을 이용해 구할 수 있다. 단, 손실헤드를 압력값으로 환산하기 위해 식 (9.148)과 같이 변경해야 한다. 그리고 문제에서 구해야 할 점성계수로 환산하고 각각의 물성값을 대입하면 식 (9.149)와 같이 점성계수를 구할 수 있다.

$$\Delta p = \frac{128\mu LQ}{\pi D^4} = \frac{128\mu L\overline{V}(\pi D^2/4)}{\pi D^4} = 32\frac{L}{D}\frac{\mu\overline{V}}{D} = \rho g h_\ell \tag{9.148}$$

$$\mu = \frac{\rho g h_\ell}{32L}\frac{D^2}{\overline{V}} = \frac{960 \times 9.8 \times 7}{32 \times 7}\frac{0.006^2}{0.147} = 0.0719\,[\mathrm{Pa \cdot s}] \tag{9.149}$$

속도와 점성계수를 구했으므로 Re수를 구할 수 있다. 이로부터 해당 유동장이 층류인지 확인하자. 식 (9.150)과 같이 Re수가 2,300보다 작기 때문에 층류임을 알 수 있다.

$$Re = \frac{\rho\overline{V}D}{\mu} = \frac{980 \times 0.147 \times 0.006}{0.0719} = 12.02 \tag{9.150}$$

고찰

- 식 (9.141)의 운동에너지 계수를 적용하지 않고 계산하면 어떤 차이가 있는지 검토해보자. 속도가 느린 층류유동이기 때문에 $\alpha = 1$로 적용해도 손실헤드 차이는 없다.
- 베르누이방정식을 사용할 때 운동에너지 계수를 잘 사용하지 않는데, 이는 **손실을 무시하고 해석하기 때문**이다.

SECTION 9.6

마찰손실

✔ 일정한 길이를 갖는 직관에서 발생하는 주손실에 대해 알아본다.
✔ 층류에서 주손실을 구하는 방법을 학습한다.
✔ 난류에서 주손실을 구하는 방법을 학습한다.

9.6.1 주손실이란?

9.5절에서 관내 유동에서는 손실이 발생한다고 학습한 바 있다. 9.5절에서 다룬 대부분의 유동장은 일정한 길이를 갖는 직관이다. 이러한 관은 길이 ℓ 방향으로 관의 형상 변화 없이 일정한 지름을 가지며, 이런 관에서 발생하는 손실은 식 (9.141)과 같이 마찰에 의한 것이다.

$$h_\ell = \left(\frac{p_1}{\rho g} + \alpha_1 \frac{\overline{V_1^2}}{2g} + z_1\right) - \left(\frac{p_2}{\rho g} + \alpha_2 \frac{\overline{V_2^2}}{2g} + z_2\right) \tag{9.141}$$

식 (9.141)에서의 손실을 마찰손실이라 하고, 이를 주손실$_{\text{Major Loss}}$이라 한다. 주손실에서 '주'는 '주요한', '대부분'이라는 뜻이며 영어로는 'Major'라는 용어를 사용한다. 'Major'의 반대말은 'Minor'이며, 이러한 손실을 부손실 또는 부차적 손실$_{\text{Minor Loss}}$이라 한다.[21]

[그림 9-31], [그림 9-32]와 같은 관들은 관 지름의 변화가 없고 밸브와 같은 배관 피팅$_{\text{Fitting}}$ 등이 사용되지 않았기 때문에 마찰손실, 즉 주손실만 발생한다. 바꿔 말하면 관 지름의 변화나 밸브와 같은 배관 피팅류에 의해서 변하는 압력, 속도 변화로 인해 발생하는 모든 손실을 부손실이라 한다.

9.6.2 층류에서의 주손실

길이 ℓ 방향으로 지름의 변화 없이 일정한 수평관이라면 어떠한 형태의 관이든 임의의 두 점의 단면적이 같아지므로 속도는 식 (9.151)과 같아지고, 위치에너지도 식 (9.152)와 같이 동일해진다. 이 두 식은 매우 간단하지만 굉장히 중요한 개념이다.

$$V_1 = V_2 \tag{9.151}$$

$$z_1 = z_2 \tag{9.152}$$

21 미국 프로야구연맹의 최상위 리그를 '메이저리그'라 하고, 나머지 리그를 '마이너리그'라 한다. 이와 같은 개념으로, 마찰로 인한 손실이 가장 크기 때문에 '주손실'이라 하고, 나머지 모든 손실을 '부손실'이라 한다. 부손실에 대한 자세한 내용은 9.7절에서 다룬다.

식 (9.151)과 식 (9.152)를 식 (9.141)에 대입하면 식 (9.153)과 같이 정리할 수 있다. 식 (9.153)에서 h_ℓ은 손실이라는 개념으로 사용됐으나 여기서는 주손실을 다루므로 h_ℓ을 h_L로 사용하기로 하자. 식 (9.153)을 보면 좌변은 압력 손실Pressure Loss, 압력 변화Pressure Change 또는 압력 강하Pressure Drop임을 알 수 있다. 이 세 가지 용어는 모두 같은 개념으로 **마찰로 인한 주손실은 에너지손실을 발생시킨다는 것을 의미한다.** 용도에 맞게 선택하면 되지만, 용어에 따라 수식도 그에 맞게 사용해야 한다.

$$\frac{p_1 - p_2}{\rho g} = h_\ell = h_L \ [\mathrm{m}] \tag{9.153}$$

- 압력 손실 : $\Delta p_L = \rho g H_L$
- 압력 변화 : $\Delta p = p_2 - p_1$ → 에너지손실
- 압력 강하 : $\Delta p_d = p_1 - p_2$

식 (9.153)의 주손실이 전단응력에 어떤 영향을 미치는지 계산해보자. 이를 위해 식 (9.87)을 도입하고, 식 (9.154) ~ 식 (9.156)의 계산 과정으로부터 원관내 전단응력과 주손실의 관계를 구할 수 있다. 식 (9.154) ~ 식 (9.156)에서 dx는 길이를 의미한다.

$$\tau_{rx} = \frac{r}{2}\left(\frac{\partial p}{\partial x}\right) \tag{9.87}$$

$$p_1 - p_2 = \frac{2}{r}dx\tau = \frac{4}{D}dx\tau = \rho g h_L \tag{9.154}$$

$$g h_L = \frac{\tau}{\rho}\left(\frac{4}{D}\right)dx \tag{9.155}$$

$$h_L = \frac{\tau}{\rho g}\left(\frac{4}{D}\right)dx = \frac{\tau}{\gamma}\left(\frac{4}{D}\right)dx \tag{9.156}$$

비원형 관을 사용하기 위해 접수길이 P의 개념을 적용하면 주손실과 전단응력의 관계는 식 (9.157)과 같이 정리할 수 있다.

$$h_L = \frac{\tau}{\rho g}\left(\frac{4}{D}\right)dx = \frac{\tau}{\gamma}\left(\frac{P}{A}\right)dx \quad \left(\therefore \ \frac{P}{A} = \frac{\pi D}{\pi D^2/4}\right) \tag{9.157}$$

식 (9.90)을 압력 변화 수식으로 변화시킨 식 (9.158)을 이용해 정리하면 식 (9.159)와 같다. 여기서 식 (9.124)의 $64/Re$를 마찰계수 f로 변경하면 식 (9.159)와 같이 달시-바이스바흐 식이 된다.

$$Q = \frac{\pi \Delta p D^4}{128\mu L} \tag{9.90}$$

$$\Delta p = \frac{128\mu L Q}{\pi D^4} = \frac{128\mu L \overline{V}(\pi D^2/4)}{\pi D^4} = 32\frac{L}{D}\frac{\mu \overline{V}}{D} = \rho g h_L \tag{9.158}$$

$$h_L = 32\frac{L}{D}\frac{\mu}{\rho \overline{V} D}\frac{2\overline{V^2}}{2g} = \frac{64}{Re}\frac{L}{D}\frac{\overline{V^2}}{2g} h_L = f\frac{L}{D}\frac{\overline{V^2}}{2g} \tag{9.159}$$

식 (9.159)에서 f는 원관내 층류유동에서 Re수의 함수로서 일정하다.[22] 이 값은 무디Moody가 [그림 9-34]에서 제시한 바와 같이 일정하다. 다만 덕트내 층류의 마찰계수는 64가 아니라 56.9가 된다. 이 값은 타 연구자에 의해 덕트내 실험에서 제시된 값이다.

$$f = \frac{64}{Re} \tag{9.124}$$

$$f = \frac{56.9}{Re} \tag{9.125}$$

[그림 9-34]에서 제시된 무디 선도는 로그-로그(log-log) 그래프로 x축은 Re수이며, 좌변 y는 마찰계수 f, 우변 y는 상대조도, 즉 배관의 거칠기를 ε/D로 나타낸 것이다. 무디는 '층류에서의 마찰계수는 배관의 거칠기에 상관없고, 오로지 Re수에 따라 감소함을 나타내고 있다'고 했다. 식 (9.124)는 매우 간단한 식이므로 층류일 때는 굳이 무디 선도를 이용할 필요가 없다.

9.6.3 난류에서의 주손실

난류에서의 주손실(gh_L)과 압력 강하(Δp)의 상관관계를 구하기 위해 식 (9.160)과 같은 차원해석을 실험적으로 구해야 한다. 버킹엄의 파이 정리에 따라 난류유동에서는 관내 거칠기도 고려했으며 차원해석을 통해 구한 무차원수는 식 (9.161)과 같다. 마찰손실의 무차원수는 식 (9.162), 식 (9.163)과 같고 이를 손실계수Loss Coefficient라 한다. 이는 [그림 9-34]와 같이 실험으로 결정해야 한다.

$$gh_L = f(L,\ D,\ \overline{V},\ \rho,\ \mu,\ \varepsilon) \tag{9.160}$$

$$\frac{gh_L}{\frac{1}{2}\overline{V^2}} = \phi\left(\frac{L}{D},\ \frac{\rho\overline{V}D}{\mu},\ \frac{\varepsilon}{D}\right) = K \tag{9.161}$$

$$gh_L = K\frac{1}{2}\overline{V^2} \tag{9.162}$$

$$K = \frac{gh_L}{\frac{1}{2}\overline{V^2}} \tag{9.163}$$

층류의 주손실처럼 식 (9.163)의 h_L을 정리하면 식 (9.164)와 같다. 또한 관내 에너지손실은 식 (9.161)에서 Π_1인 L/D에 비례하므로 식 (9.165)와 같이 정리된다. 만약 식 (9.161)의 Π_2와 Π_3의 곱을 식 (9.166)과 같이 달시 마찰계수Darcy Friction Factor 또는 무디 마찰계수Moody Friction Factor f로 정리하면 식 (9.167)과 같아진다.

$$h_L = K\frac{\overline{V^2}}{2g},\quad \Delta p_L = K\frac{\rho\overline{V^2}}{2} \tag{9.164}$$

22 [표 9-8]을 참조하라.

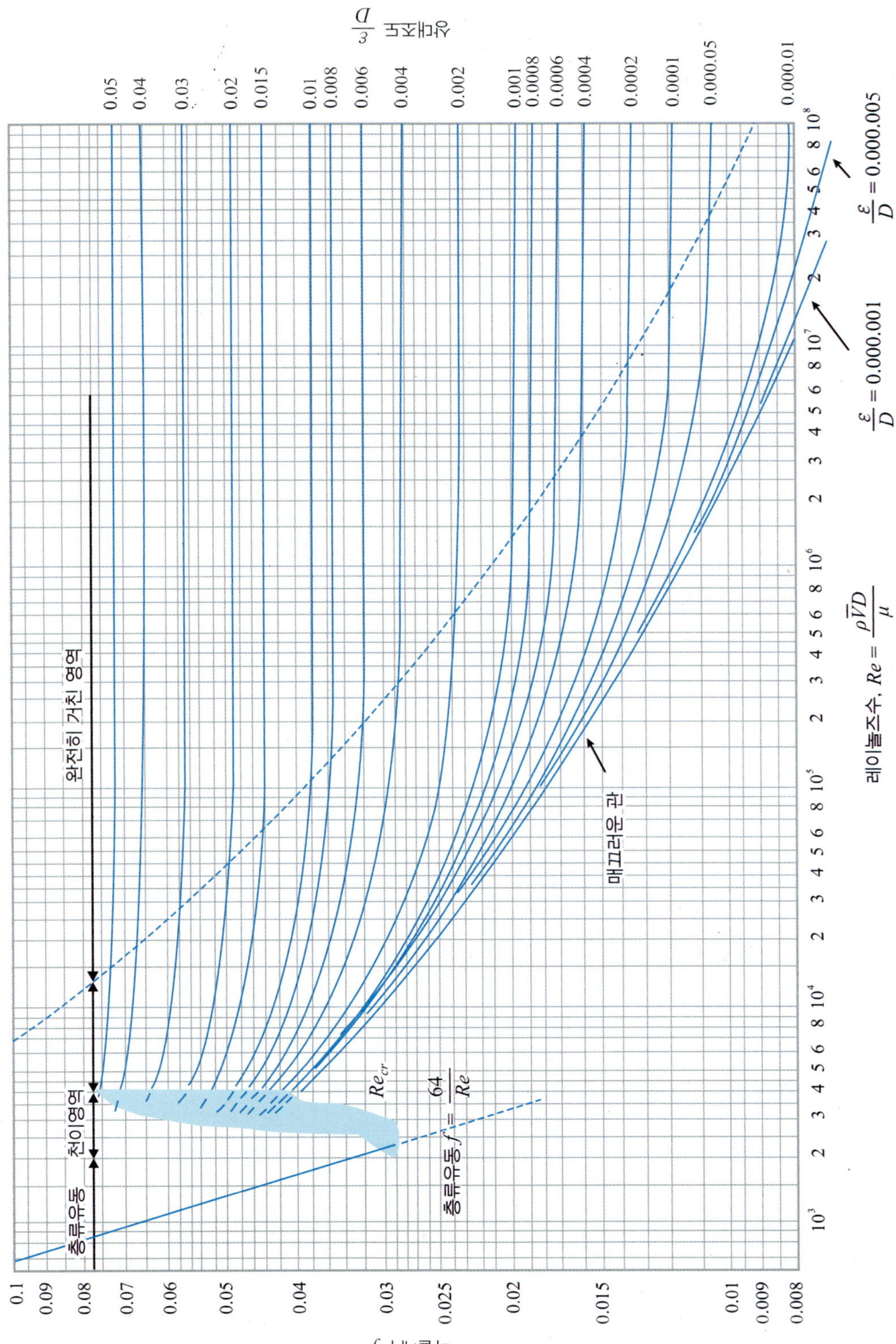
마찰계수 f
레이놀즈수, $Re = \frac{\rho \bar{V} D}{\mu}$
상대조도 $\frac{\varepsilon}{D}$
층류유동
천이영역
완전히 거친 영역
매끄러운 관
층류유동 $f = \frac{64}{Re}$
Re_{cr}
$\frac{\varepsilon}{D} = 0.000.001$
$\frac{\varepsilon}{D} = 0.000.005$

그림 9-34 무디 선도

$$K = \phi\left(\frac{L}{D},\ Re,\ \frac{\varepsilon}{D}\right) = \frac{L}{D}\phi\left(Re,\ \frac{\varepsilon}{D}\right) \tag{9.165}$$

$$\phi\left(Re,\ \frac{\varepsilon}{D}\right) = f \tag{9.166}$$

$$K = f\frac{L}{D} \tag{9.167}$$

식 (9.167)을 식 (9.164)에 대입하면 식 (9.168)과 같이 정리된다. 이 식은 층류의 주손실이다. 이를 압력 강하식으로 표현하면 식 (9.169)와 같고, 전단응력으로 표현하면 식 (9.170)과 같다. 이를 식 (9.171)과 같이 f_F로 정리할 수도 있다. 여기서 f_F는 표면마찰계수Skin Friction Coefficient 또는 패닝마찰계수Fanning Friction Coefficient라 한다.

$$h_L = f\frac{L}{D}\frac{\overline{V^2}}{2g} \tag{9.168}$$

$$\Delta p_L = f\frac{L}{D}\frac{\rho\overline{V^2}}{2} \tag{9.169}$$

$$h_L = f\frac{L}{D}\frac{\overline{V^2}}{2g} = 4\frac{\tau}{\rho g}\left(\frac{L}{D}\right) \tag{9.170}$$

$$\frac{\tau_w}{\frac{1}{2}\rho\overline{V^2}} = \frac{f}{4} = f_F \tag{9.171}$$

식 (9.168)은 관내 층류와 난류에서 모두 동일하게 사용하는 수식이다. 길이와 지름 그리고 속도는 주어진 조건에 따라 대입해야 하지만, 마찰계수인 f는 층류일 때와 난류일 때 각각 다르게 적용해야 한다. 즉 층류의 경우는 식 (9.124)를 이용해 계산할 수 있고, 난류의 경우 f는 무디 선도로부터 [그림 9-35]와 같이 구할 수 있다. [그림 9-35(a)]의 경우는 매끄러운 관일 때의 마찰계수를 구하는 방법이며, [그림 9-35(b)]의 경우는 상대조도가 있는 관에서 마찰계수를 구하는 방법을 설명한 것이다.

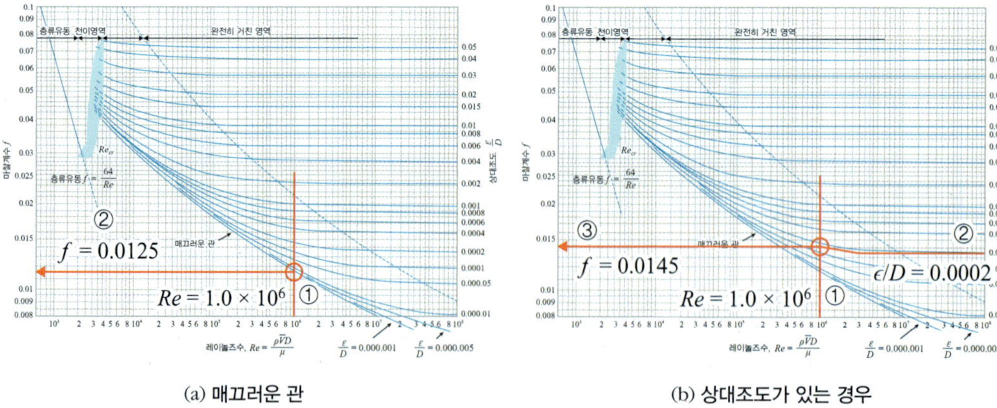

(a) 매끄러운 관 (b) 상대조도가 있는 경우

그림 9-35 무디 선도로 난류의 마찰계수를 구하는 방법

무디 선도는 난류에서 관의 거칠기에 따라 마찰계수가 달라진다. [그림 9-34]의 우변 y값이 커질수록 상대조도가 커지는데, 이는 [그림 9-36(b)]와 같이 오래된 관이나 열 교환기, 보일러 배관에서 많이 볼 수 있는 현상이다.

[그림 9-34]의 난류영역 중 가장 아래에 있는 선은 [그림 9-36(a)]와 같이 매끄러운 신$_{\text{新, new}}$ 관에 해당된다. [표 9-9]에 다양한 배관의 조도를 정리했다.

표 9-9 다양한 배관의 조도

관의 종류	형태	조도 ε [mm]
리벳 강관 (Riveted Steel Pipe)	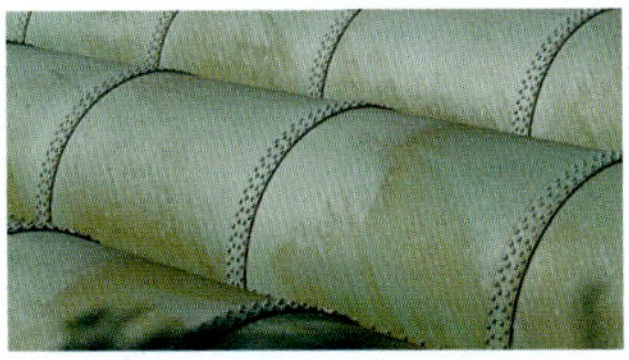	0.9 ~ 9.0
콘크리트 관 (Concrete Pipe)	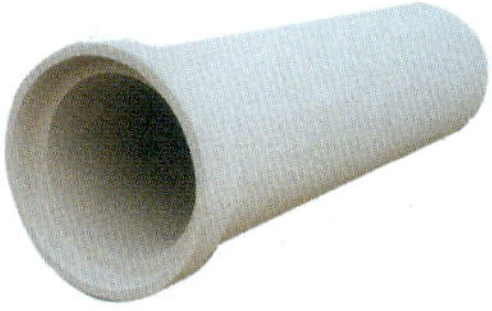	0.3 ~ 3.0
나무관 (Wood Stave Pipe)		0.18 ~ 0.9
주철관 (Cast Iron Pipe)		0.15
아연 도금 강관 (Galvanized Steel Pipe)		0.045
인발관 (Drawn Tubing Pipe)		0.0015
플라스틱관, 유리관 (Plastic Pipe, Glass Pipe)		0

(a) 매끄러운 신관 (b) 상대조도가 있는 녹슨 배관

그림 9-36 매끄러운 신관과 상대조도가 있는 녹슨 배관

[그림 9-35]에서 마찰계수를 구할 때 가장 먼저 할 일은 해당 관내 유동 정보에 따라 Re 수를 구하는 것이다. 예를 들어 $Re = 1.0 \times 10^6$이라고 한다면 x축에서 해당하는 값을 찾아 해당 마찰계수 선과 만나는 점을 찾아야 한다. [그림 9-35(a)]의 경우 가장 아래에 있는 선과 만나는 점에서 좌측의 마찰계수값을 계산하면 $f = 0.0125$가 된다. 반면에 [그림 9-35(b)]와 같이 상대조도가 0.0002이고 내부표면이 거친 경우는 이에 해당하는 마찰선과 Re 수 선이 만나는 점을 찾아 좌측의 마찰계수를 확인하면 마찰계수는 $f = 0.0145$가 된다.

2개의 관 중 상대조도가 있는 경우가 매끄러운 경우보다 마찰계수가 높은 것을 알 수 있다. 2개의 마찰계수를 주손실인 식 (9.168)에 대입하면 상대조도가 있는 경우가 매끄러운 경우보다 약 116 [%]의 손실이 더 발생한다는 것을 알 수 있다.

Think_ 11

[그림 9-36(b)]와 같은 배관의 상대조도는 얼마가 될지 생각해보자.

그러나 [그림 9-34]와 같은 무디 선도를 항상 휴대할 수 없을 뿐더러, 사람의 눈으로 복잡한 그래프를 봐야 하므로 정확한 값을 찾기 어렵다. 이에 여러 연구자들이 마찰계수를 쉽게 구하는 방법을 실험을 통해 유도해냈다. 그 결과 매끄러운 관일 때는 식 (9.172)와 같은 브라시우스$_{\text{Blasius}}$ 식을, 상대조도를 고려한 거친 관일 때는 식 (9.173)과 같은 콜레브룩$_{\text{Colebrook}}$ 식을 주로 사용하게 됐다.

브라시우스 식은 매우 단순해서 층류의 식과 같이 간단하게 사용할 수 있다는 장점이 있지만, 간단한 수식 때문에 오히려 상대조도를 고려하지 못한다는 단점이 있다. 반면에 콜레브룩 식은 무디 선도의 마찰계수를 가장 잘 반영한 것이 장점이지만, 수식의 복잡성 때문에 직접 풀 수가 없다는 단점이 있다.[23] 이를 쉽게 풀기 위해 식 (9.174)와 같이 양함수의 형태로 나타냈고, 이를 콜레브룩-화이트 Colebrook-White 식이라 한다.

23 좌변과 우변 모두 마찰계수값이 존재하기 때문에 [예제 9-9]에서 음함수일 때 고정 반복법으로 구한 것을 참조하여 해결해야 한다.

$$f = \frac{0.3164}{Re^{0.25}} \ (Re < 50{,}000) : \text{브라시우스 식} \tag{9.172}$$

$$\frac{1}{f^{0.5}} = -2.0\log\left(\frac{\frac{\varepsilon}{D}}{3.7} + \frac{2.51}{Re f^{0.5}}\right) : \text{콜레브룩 식} \tag{9.173}$$

$$f = \frac{0.5^2}{\left[\log\left(\left(\frac{\varepsilon}{D}\right)/3.7 + \frac{5.74}{Re^{0.9}}\right)\right]^2} : \text{콜레브룩-화이트 식} \tag{9.174}$$

지금까지는 주손실을 구하기 위해 f를 구했다. 무디가 1944년 무디 선도를 발표하기 전까지는 달스-바이스바흐 방정식에서 마찰계수 f를 추정하기가 굉장히 어려웠다. 이에 1906년 하젠Hazen과 윌리엄스Williams가 사용하기 쉬운 경험적 공식을 식 (9.175)와 같이 제시했다. 식 (9.175)는 관내 물의 평균 속도와 파이프의 기하학적 특성, 경년계수 및 에너지 라인의 기울기를 연관시킨 경험적인 수식이다.

$$V = kCR^{0.63}S^{0.54}\,[\mathrm{m/s}] \tag{9.175}$$

V : 유체의 속도

k : 변환 계수(SI 단위의 경우 0.849)

C : 경년계수(설치년도에 따른 거칠기 계수)

R : 배관의 반지름

S : 에너지 라인의 경사(파이프 길이 또는 H/L당 손실헤드)

하젠-윌리엄스 방정식은 **경년계수인 C로 인해 비교적 큰 배관작업, 예를 들어 토목공사를 할 때 많이 사용되는 수식**이다. 경년계수인 C는 Re수와 같이 유체의 밀도와 점성계수를 고려하지 않았기 때문에 상온인 물에만 해당한다는 단점이 있으나, 배관수명에 따라 거칠기를 고려할 수 있다는 장점이 있어 토목공학에서 매우 유용하게 사용된다. [표 9-10]에서 보듯이 설치 후 시간이 경과함에 따라 C값은 작아지는 경향을 나타낸다.

표 9-10 시간 경과에 따른 경년계수 C값

관의 종류 \ 경년계수	신관	10년	20년
주철관	130	107 ~ 113	89 ~ 100
플라스틱 관	140 ~ 150	–	135
콘크리트 관	140	–	80
아연 도금 강관	120	–	90

예제 9-12 층류와 난류의 마찰계수

지름이 4 [mm]이고 길이가 0.1 [m]인 인발관 내에 $V = 50$ [m/s]인 공기가 흐른다. 이때 (a) Re수를 구하고 층류인지 난류인지를 판단하라. 단, 공기의 밀도와 점성계수는 각각 $\rho = 1.23$ [kg/m^3], $\mu = 1.79 \times 10^{-5}$ [Pa·s]이다. (b) 만약 관내 속도가 5 [m/s]로 감소했다면 층류인지 난류인지 판단하고, (c) 이때의 마찰계수를 다시 구하라. 단, 인발관은 신관이며 표면이 매우 매끄러운 상태일 때 조도는 [표 9-9]와 같이 0.0015 [mm]라고 하라.

분석

- 유동장에 따라 마찰계수를 구하는 것이 이 예제의 목적이다.
- 주어진 관이 인발관이므로 상대조도는 [표 9-9]를 참조하라.
- 계산된 마찰계수로부터 주손실, 압력 강하, 벽면전단응력을 식 (9.158), 식 (9.159), 식 (9.160)을 통해 구하면 된다.

풀이

(a) Re수는 식 (9.176)과 같이 구할 수 있고, 계산된 Re수는 13,743이므로 난류가 된다.

$$Re = \frac{\rho VD}{\mu} = \frac{1.23 \times 50 \times 0.004}{1.79 \times 10^{-5}} = 13{,}743 \tag{9.176}$$

마찰계수는 무디 선도와 식 (9.174)를 통해 구해야 한다. 주어진 관은 인발관이므로 조도는 0.0015 [mm]이고 상대조도는 $\varepsilon/D = 0.000375$이므로, 무디 선도보다는 콜레브룩-화이트 식으로부터 식 (9.177)과 같이 마찰계수를 구하는 것이 좀 더 편리하다.

$$f = \frac{0.5^2}{\left[\log\left(\left(\frac{0.0015}{4}\right)/3.7 + \frac{5.74}{13{,}743^{0.9}}\right)\right]^2} = 0.02919 \tag{9.177}$$

식 (9.159), 식 (9.169), 식 (9.170)으로부터 주손실, 압력 강하, 벽면전단응력을 식 (9.178), 식 (9.179), 식 (9.180)과 같이 구할 수 있다.

$$h_L = f\frac{L}{D}\frac{\overline{V^2}}{2g} = 0.02919\frac{0.1}{0.004}\frac{40^2}{19.6} = 59.6\ [\text{m}] \tag{9.178}$$

$$\Delta p_L = f\frac{L}{D}\frac{\rho\overline{V^2}}{2} = 0.029\frac{0.1}{0.004}\frac{1.23 \times 50^2}{2} = 1{,}141.9\ [\text{Pa}] \tag{9.179}$$

$$\tau_w = \frac{f}{4}\frac{1}{2}\rho\overline{V^2} = \frac{0.029}{4}\frac{1}{2}1.23 \times 50^2 = 11.15\ [\text{Pa}] \tag{9.180}$$

마찰계수를 구할 때 인발관이라는 관의 정보를 주지 않았다면, 이때는 신관으로 가정하고 식 (9.172)의 브라시우스 식을 이용하여 식 (9.181)과 같이 구하면 된다.

$$f = \frac{0.3164}{Re^{0.25}} = \frac{0.3164}{13{,}743^{0.25}} = 0.02922 \tag{9.181}$$

(b) 속도가 5 [m/s]로 감소된다면 Re수를 식 (9.182)와 같이 다시 계산해야 한다. 계산된 Re수는 1,374이므로 이 유동장은 층류가 된다.

$$Re = \frac{\rho VD}{\mu} = \frac{1.23 \times 5 \times 0.004}{1.79 \times 10^{-5}} = 1{,}374 \tag{9.182}$$

(c) 층류이므로 마찰계수는 식 (9.124)를 이용해 식 (9.183)과 같이 비교적 쉽게 구할 수 있다.

$$f = \frac{64}{Re} = \frac{64}{1{,}374} = 0.046569 \tag{9.183}$$

식 (9.168), 식 (9.169), 식 (9.170)으로부터 주손실, 압력 강하, 벽면전단응력을 식 (9.184), 식 (9.185), 식 (9.186)과 같이 구할 수 있다.

$$h_L = f\frac{L}{D}\frac{\overline{V^2}}{2g} = 0.046569\frac{0.1}{0.004}\frac{5^2}{19.6} = 1.48\,[\mathrm{m}] \tag{9.184}$$

$$\triangle p_L = f\frac{L}{D}\frac{\rho\overline{V^2}}{2} = 0.046569\frac{0.1}{0.004}\frac{1.23 \times 5^2}{2} = 17.89\,[\mathrm{Pa}] \tag{9.185}$$

$$\tau_w = \frac{f}{4}\frac{1}{2}\rho\overline{V^2} = \frac{0.046569}{4}\frac{1}{2}1.23 \times 5^2 = 0.179\,[\mathrm{Pa}] \tag{9.186}$$

고찰

- 인발관의 유동은 난류이므로 마찰계수는 식 (9.181)을 이용해 쉽게 구했다. 무디 선도를 이용해서 구해본 후에 식 (9.181)과 같은 값인지 확인해보자.
- 또한 상대조도를 무시한 식 (9.181)의 브라시우스 식으로 구한 마찰계수와 콜레브룩–화이트 식으로 구한 값을 비교하면 소수점 아래 넷째 자리부터 다르고 거의 동일함을 알 수 있다. 이는 비교적 신관인 경우 브라시우스 식으로 구해도 된다는 것을 의미한다.
- 마찰계수가 크더라도 층류의 주손실 및 압력 강하 등이 적음을 알 수 있다.
- 마찰계수는 층류와 난류에 따라 다르게 계산하지만 주손실 및 압력 강하를 구하는 수식은 동일함을 알아야 한다.

SECTION 9.7

부손실

✔ 마찰손실 외에 발생되는 부손실에 대해 알아본다.
✔ 다양한 형태의 관에서 발생하는 부손실에 대해 학습한다.
✔ 다양한 밸브의 손실계수값을 알아보고 배관 설계에 반영한다.

9.7.1 부손실이란?

주손실이란 일정 길이의 직관에 발생하는 마찰손실이다. 그러므로 [그림 9-37]과 같이 다양한 형태의 배관으로 구성된 시스템의 손실은 마찰손실만으로 산정할 수 없다. [그림 9-38]과 같이 배관이 구성된 시스템에서는 밸브류, 곡관, 입구와 출구, 단면 변화 등에 의해 손실이 발생하게 되므로 이를 에너지 측면에서 펌프가 감당할 수 있도록 설계해야 한다.

그림 9-37 다양한 형태의 배관으로 구성된 모형 펌프장

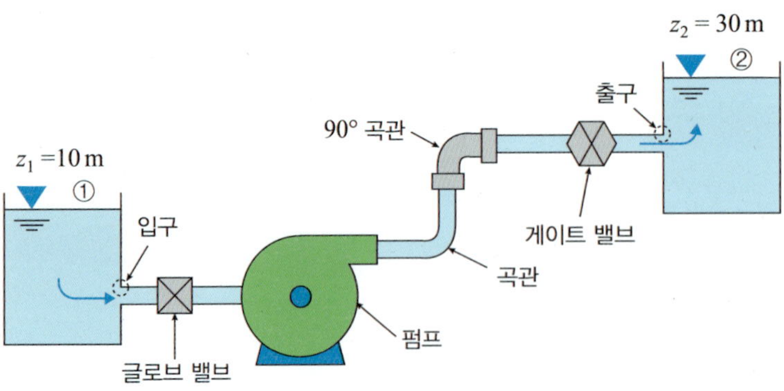

그림 9-38 부손실을 설명하기 위한 이상적인 펌프 시스템

[그림 9-38]은 부손실을 설명하기 위한 이상적인 펌프 시스템이다. [그림 9-38]의 지점 ①과 지점 ②의 위치에너지 차이는 20 [m]라 가정하자. 펌프는 20 [m]의 높이차를 극복하고 지점 ②로 송수할 수 있는 에너지를 공급받아야 한다. 이때 단순히 20 [m]의 에너지만으로 산정한다면 원하는 높이로 물을 송출할 수 없다. 배관의 길이에서 발생되는 마찰손실 외에 밸브류, 곡관, 입구와 출구손실 등에 의해 더 많은 에너지가 필요하기 때문이다. 즉 20 [m]보다 큰 에너지가 펌프에 의해 시스템에 공급되어야 한다. 배관 시스템 설계 시에는 이러한 부손실을 정확히 산정하는 것이 매우 중요하다.[24]

부손실(h_{ℓ_m})을 계산하기 위해 이론적으로 유도된 수식이 없어 일반적으로 주손실의 식 (9.168)과 같은 형태의 수식인 식 (9.187)을 사용한다. 이때 식 (9.187)에서 K를 부손실계수라고 하고 이 값은 밸브, 급확대, 곡관 등에 따라 그 값이 다르다.

$$h_{\ell_m} = K\frac{\overline{V^2}}{2g} \tag{9.187}$$

배관 피팅에서 발생하는 부손실(h_{ℓ_m})이 마찰에 의해서 발생된 주손실(h_L)과 같다고 한다면 식 (9.188)과 같이 정의할 수 있다. 즉 속도헤드인 $\overline{V^2}/2g$가 동일할 때 발생하는 손실이 같다는 개념에서 시작해야 한다.

$$h_{\ell_m} = K\frac{\overline{V^2}}{2g} = f\frac{L}{D}\frac{\overline{V^2}}{2g} = h_L \tag{9.188}$$

식 (9.188)에서 속도헤드인 $\overline{V^2}/2g$ 항이 삭제되므로 식 (9.189)와 같이 정리할 수 있고, 이를 다시 L로 정리하면 식 (9.190)이 된다. 식 (9.190)에서 보듯이 부손실에 의해 발생된 손실은 마찰로 인한 손실로 환산된 길이로 유도할 수 있는데 이때 이 길이 L을 등가(상당)길이Equivalent Length L_e라 한다.

$$K = f\frac{L}{D} \tag{9.189}$$

$$L = D\frac{K}{f} = L_e \tag{9.190}$$

여기서 손실계수 K에 대한 정확한 이해가 필요하다.

- 속도, 즉 관성력의 변화에 따라 손실이 증가하기 때문에 항상 일정하다.
- Re수 함수가 아니라 기하학적 형상 변화에 따른 함수이다.
- 적용된 배관 피팅에 따라 다른 값들을 적용해야 한다.
- 연구자마다 제안한 값들이 약간씩 다르므로 정확한 값은 실험으로 구해 적용해야 한다.
- 등가(상당) 길이로 환산한 길이만큼 직관을 확보해야 한다.

---

24 손실을 정확히 산정하는 배관 시스템은 관로저항곡선으로 표현되며, 이에 대한 자세한 내용은 13장에서 다룬다.

9.7.2 입구와 출구

입구와 출구의 이상적인 유동현상을 [그림 9-39], [그림 9-40]과 같이 나타냈다. [그림 9-39], [그림 9-40]과 같은 경우는 [그림 9-38]에서 보듯이 탱크에 연결된 관유동을 의미한다.

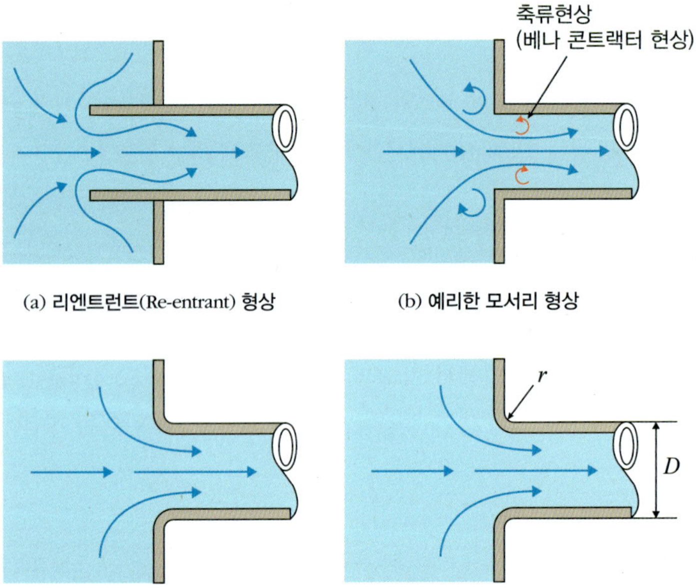

(a) 리엔트런트(Re-entrant) 형상 (b) 예리한 모서리 형상

(c) 약간 둥근 모서리 형상 (d) 매우 둥근 모서리 형상

그림 9-39 입구 부분 형상에 따른 부손실

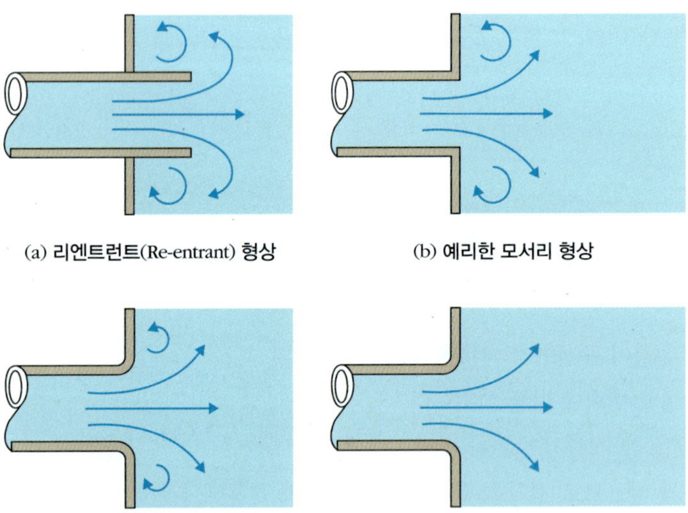

(a) 리엔트런트(Re-entrant) 형상 (b) 예리한 모서리 형상

(c) 약간 둥근 모서리 형상 (d) 매우 둥근 모서리 형상

그림 9-40 출구 부분 형상에 따른 부손실

입구의 경우 좁은 관으로 일정 유량이 유입되므로 연속방정식에 의해 속도가 증가하고, 이로 인해 좁은 관내에서 [그림 9-39(b)]에 빨간색 화살표로 표시한 축류현상 및 유동 교란이 발생하게 된다. 이러한 현상은 유체역학을 모르는 사람이 보더라도, 직관적으로 [그림 9-39(d)]가 [그림 9-39(b)]보다 손실이 적음을 알 수 있다. [표 9-11]에 모서리가 둥근 경우의 관 지름과 라운드 곡률 반지름의 비인 r/D에 따른 손실계수를 나타냈다. [표 9-11]에서 보듯이 약간 둥근 경우는 손실계수가 0.28인데, 점차 둥글어질수록 이 값은 감소한다. 즉 $r/D \geq 0.15$가 된다면 0.04로 손실이 거의 줄어든다. 이러한 현상은 출구에서도 동일하게 나타난다. [표 9-11]에서 보듯이 출구의 넓은 공간으로 유출되기 때문에 어떠한 형상이든 손실계수의 값은 1.0이 됨을 알 수 있다.

표 9-11 입구와 출구에서 손실계수

입구와 출구의 형상	리엔트런트	예리한 모서리	약간 둥근 모서리		매우 둥근 모서리	
입구	0.8	0.5	0.28		0.04	
			r/D	0.02	0.06	≥ 0.15
			K	0.28	0.15	0.04
출구	1.0					

Think_12

입구손실을 줄여주기 위해 $r/D = 0.15$인 매우 둥근 모서리로 설계했을 때, 실제로 이 설계에 맞게 제작할 수 있을지 생각해보자.

■ 베나 콘트랙터 현상

[그림 9-39(b)]의 축류현상은 토리첼리에 의해 정리된 이론으로, 유선을 기준으로 봤을 때 단면적이 최소가 되는 지점, 즉 최소 면적 지점까지 줄어드는 현상을 베나 콘트랙터 현상(축류현상)이라 한다. 이 현상은 [그림 9-41]과 [그림 9-42]에서 보듯이 축소된 관내에서 면적이 가장 작고 유체 속도가 최대인 유체 흐름 지점을 가리킨다. [그림 9-41(a)]는 댐에서 방류되는 유동현상이며 [그림 9-41(b)]는 관내에 나타난 축류현상을 PIV 방법으로 나타낸 것이다.

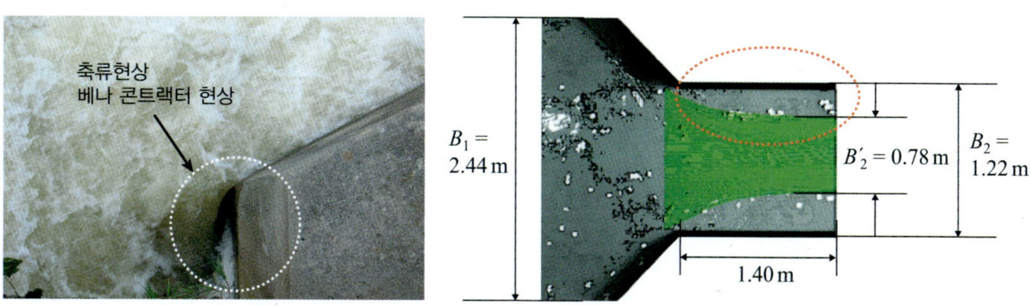

(a) 댐 방류 영역 (b) 관내 축류현상

그림 9-41 실제 유동이 발생된 베나 콘트랙터 현상

■ 압력 회복계수

기본적으로 이런 축류현상은 배관내 압력 강하를 발생시킨다. 이 압력 강하가 유체의 증기압보다 밑으로 떨어지면 캐비테이션 현상이 발생한다. 배관내로 유입되는 유속 V_1이 좁은 관으로 유입되므로, V_2는 V_1보다 커진다. 일정 길이(x_3)를 지나면 V_2는 V_3로 증가되면서 관 지름이 변하지 않는다면 일정하게 된다.

베르누이방정식에 따라 [그림 9-42]의 지점 ②의 압력 p_2는 지점 ①의 압력 p_1보다 작고, 속도에너지는 [그림 9-42]의 아래에서 보듯이 $\rho V^2/2$만큼 강하하게 된다. 그 뒤 x_3인 지점 ③의 압력은 점차적으로 회복된다. 이때 $p_2 - p_1$을 압력 회복Pressure Recovery이라 하고, 압력 회복계수는 식 (9.191)과 같다. 그러나 실제적으로는 입구손실로 인해 회복이 덜 된다.

$$c_p = \frac{p_2 - p_1}{\frac{1}{2}\rho \overline{V_1^2}} \qquad (9.191)$$

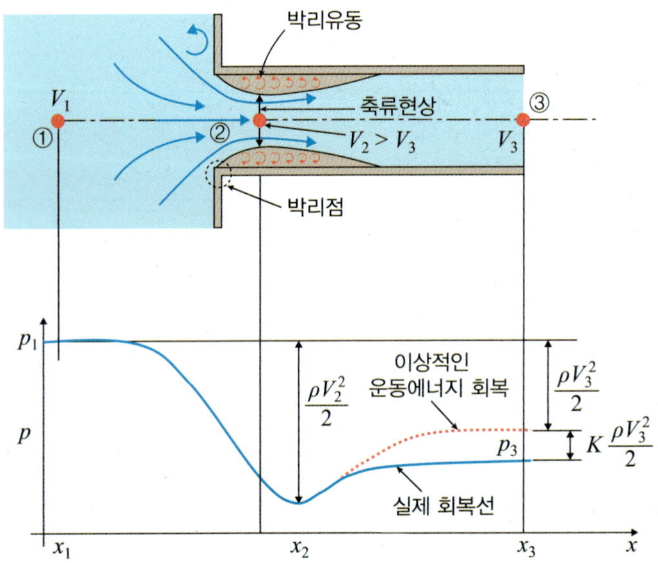

그림 9-42 베나 콘트랙터 현상에 따른 압력 강하와 압력 회복현상

9.7.3 급확대관과 급축소관

탱크의 입구와 출구는 지름이 작은 관으로 구성되어 [그림 9-39]와 같이 넓은 공간에서 좁은 공간으로 유동이 유입되거나, [그림 9-40]과 같이 좁은 공간에서 넓은 공간으로 유동이 나가지만, 급확대Sudden Expansion관과 급축소Sudden Contraction관의 경우는 [그림 9-43]과 같이 배관내 단면 변화를 나타낸다는 점이 다르다. 급확대관과 급축소관의 손실은 면적비에 따라 [그림 9-44]와 같이 변화하게 된다. 이에 대한 급축소 손실계수 K_C와 급확대 손실계수 K_E를 식 (9.192), 식 (9.193)과 같이 나타냈다.

$$K_C = 0.42\left(1 - \frac{d^2}{D^2}\right) \tag{9.192}$$

$$K_E = \left(1 - \frac{d^2}{D^2}\right)^2 \tag{9.193}$$

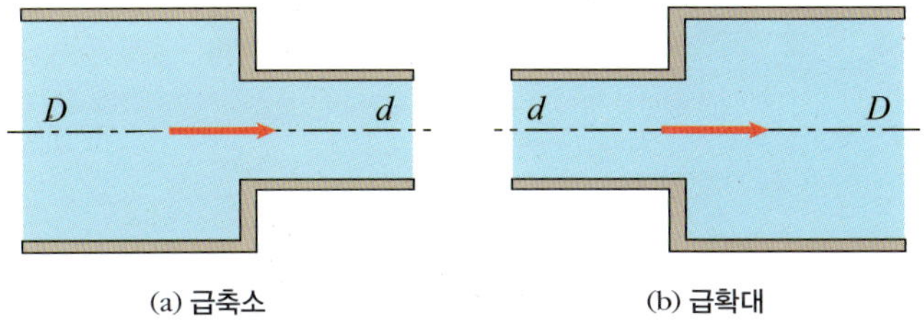

그림 9-43 급축소관과 급확대관의 손실 정의

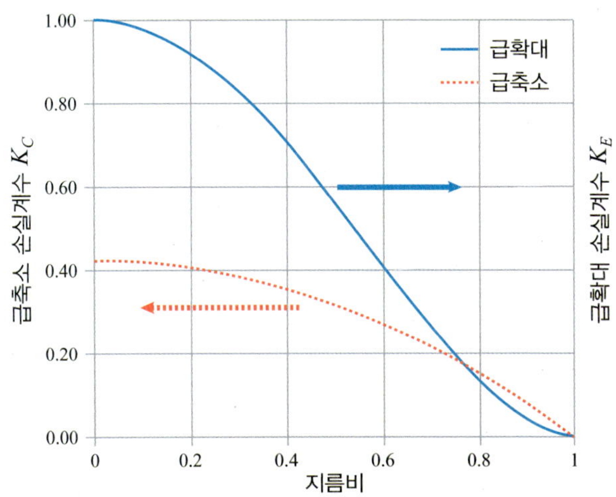

그림 9-44 면적비에 따른 급축소관과 급확대관의 손실계수

현장에서는 급확대관과 급축소관을 이형관, 이형, 리듀서Reducer의 형태로 사용한다. 지름이 작은 관이면 [그림 9-45(a)]와 같이 기성품인 소켓Socket을 이용하면 되고, 급축소와 급확대는 소켓을 반대로 사용하면 된다. [그림 9-45(b)]와 같은 헤더 배관을 많이 사용하는데 이 또한 급확대관이 된다. [그림 9-45(c)]와 같이 관 지름이 큰 경우는 관을 제관하여 사용한다.

(a) 시중에서 판매하는 급확대용 이형관

(b) 급확대용 헤더 배관

(c) 철판을 말아서 대형관을 제관하는 모습

그림 9-45 급확대용관과 대형관 제관 장면

9.7.4 점진 축소와 점진 확대

단면이 축소되거나 확대될 때는 압력 손실을 감소시키기 위해 급축소관과 급확대관보다는 [그림 9-46]과 같이 점진적인 축소와 확대를 생성하는 배관재를 사용해야 한다. 점진 축소나 점진 확대 이형관 소켓 또한 면적비에 대한 함수로 사용된다.

(a) 점진 축소

(b) 점진 확대

그림 9-46 점진 축소 및 점진 확대 리듀셔 소켓

점진 축소에 대한 해석을 위해 [그림 9-47]과 같이 개념도를 설정했다. 이 개념도는 [그림 9-48]의 코크렐Cocrell과 브래들리Bradley의 실험 결과와 비교하기 위함이다.

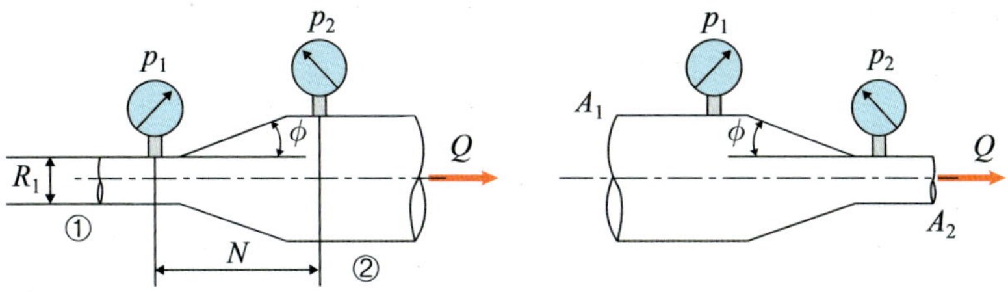

그림 9-47 점진 축소 및 점진 확대 리듀셔 소켓을 해석하기 위한 개념

수평관에서 단면 ①과 단면 ② 사이의 에너지 식은 식 (9.194)와 같다. 식 (9.194)를 1개의 속도, 즉 입구 속도로 정리하고 연속방정식을 대입하면 식 (9.195)와 같이 정리할 수 있다. 식 (9.195)에서 압력항은 압력 회복계수로 치환된다. 여기서 면적비는 확대관이므로 $AR > 1$이어야 한다.

$$\left(\frac{p_1}{\rho g}+\frac{\overline{V_1^2}}{2g}\right)-\left(\frac{p_2}{\rho g}+\frac{\overline{V_2^2}}{2g}\right)=h_{\ell_m} \tag{9.194}$$

$$\begin{aligned} h_{\ell_m} &= \frac{\overline{V_1^2}}{2g}\left[\left(1-\frac{\overline{V_2^2}}{\overline{V_1^2}}\right)-\left(\frac{p_2-p_1}{\rho\overline{V_1^2}/2g}\right)\right] \\ &= \frac{\overline{V_1^2}}{2g}\left[\left(1-\frac{(Q/A_2)^2}{(Q/A_1)^2}\right)-C_p\right] \\ &= \frac{\overline{V_1^2}}{2g}\left[\left(1-\left(\frac{A_1}{A_2}\right)^2\right)-C_p\right]=\frac{\overline{V_1^2}}{2g}\left[\left(1-\frac{1}{AR^2}\right)-C_p\right] \end{aligned} \tag{9.195}$$

식 (9.195)에서 면적비에 대한 변수를 식 (9.196)과 같이 정의한다면, 점진 확대관의 부손실은 식 (9.197)과 같이 정리할 수 있다. 따라서 점진 확대관의 손실계수인 K_{GE}는 식 (9.198)과 같이 정리된다. 여기서 식 (9.197)의 속도헤드는 $\overline{V_1^2}/2g$, 즉 유입속도를 기준으로 한 것이므로 이를 혼동하면 안 된다. 이 값은 [그림 9-48]의 코크렐과 브레들리의 실험 결과를 참조하면 된다. 여기서 C_{p_i}는 면적비로 구하면 된다.

$$C_{p_i}=1-\frac{1}{(AR)^2} \tag{9.196}$$

$$h_{\ell_m}=\frac{\overline{V_1^2}}{2g}\left[C_{p_i}-C_p\right] \tag{9.197}$$

$$K_{GEQ}=C_{p_i}-C_p \tag{9.198}$$

[그림 9-47(b)]와 같은 점진 축소 이형관에 대한 손실계수 K_{GC}는 [표 9-12]와 같이 미국공조냉동공학회ASHRAE의 데이터를 이용해 구할 수 있다. 이때 속도헤드는 $\overline{V_2^2}/2g$인 출구 속도를 기준으로 계산된 것이다.

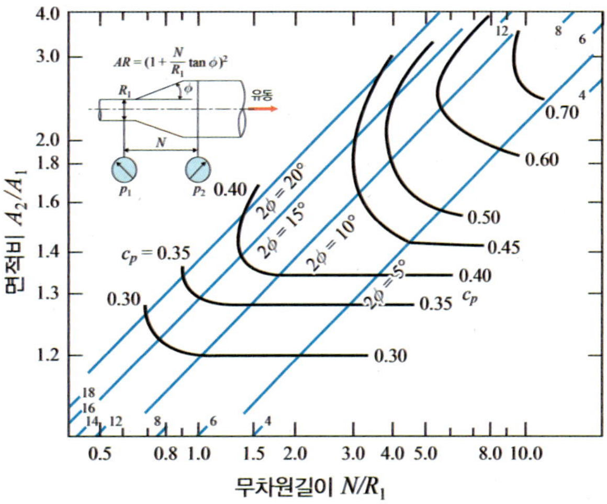

그림 9-48 코크렐과 브레들리의 점진 확대 이형관의 Cp 실험 결과

표 9-12 점진 축소 이형관의 각도에 따른 손실계수값

A_2/A_1 \ ϕ	10	15 ~ 40	50 ~ 60	90	120	150	180
0.50	0.05	0.05	0.06	0.12	0.18	0.24	0.26
0.25	0.05	0.04	0.07	0.17	0.27	0.35	0.41
0.10	0.05	0.05	0.08	0.19	0.29	0.37	0.43

9.7.5 곡관

곡관은 배관작업에서 가장 많이 사용되는 부재로 엘보$_{\text{Elbow}}$ 또는 밴드$_{\text{Bends}}$라 한다. 배관 조건에 따라 [그림 9-49(a)]와 같이 곡률이 긴 밴드를 사용하기도 하고, [그림 9-49(b)]와 같이 용접해 사용하는 짧은 곡관도 있다. 이 2개의 곡관은 대부분 지름이 큰 관에서 고압의 유체를 송수할 때 용접하거나 플랜지를 이용해 연결한다. 단, 관의 지름이 너무 크거나 기존 규격 치수가 아닐 때는 각도에 따라 여러 개로 나누어 [그림 9-49(c)]와 같이 용접해 제작하거나 플랜지로 연결한다.

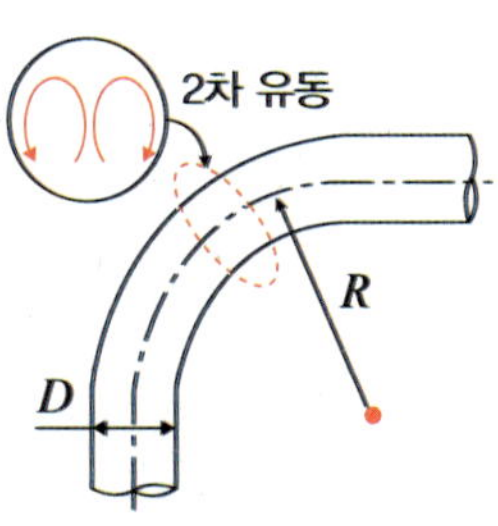

(a) 긴 곡관 (롱 엘보)

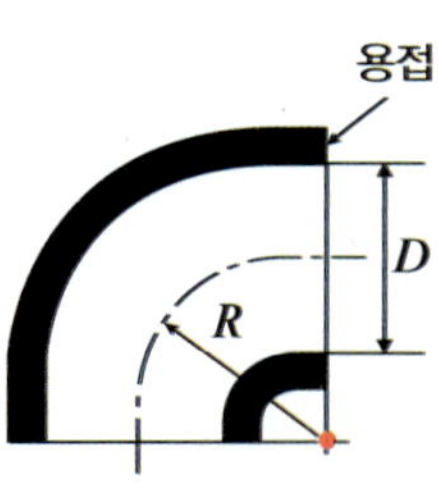

(b) 짧은 곡관 (숏 엘보)

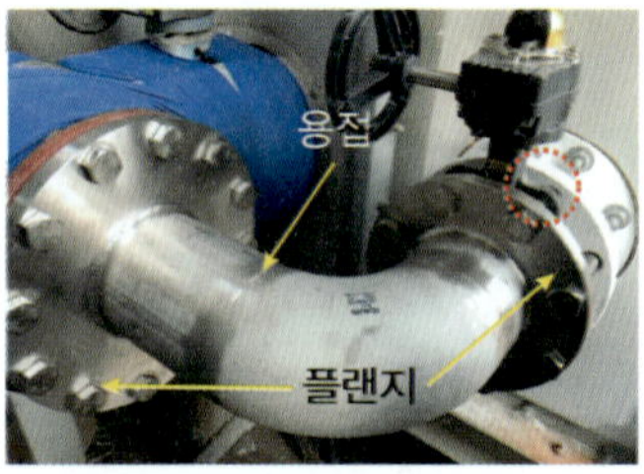

(c) 실제 현장에서 사용되는 곡관

그림 9-49 긴 곡관과 짧은 곡관

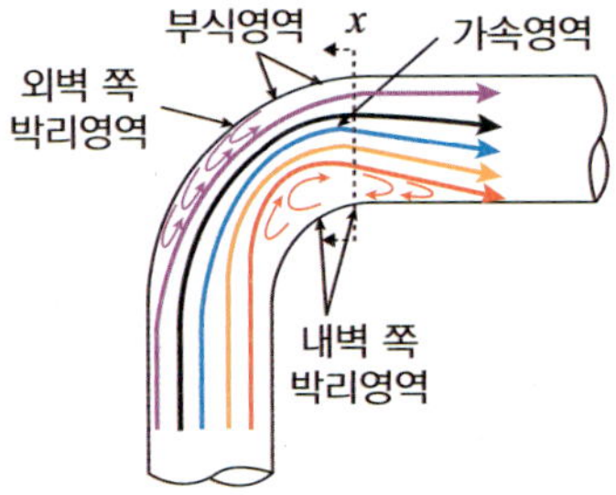

(a) 곡관에서 발생한 2차 유동

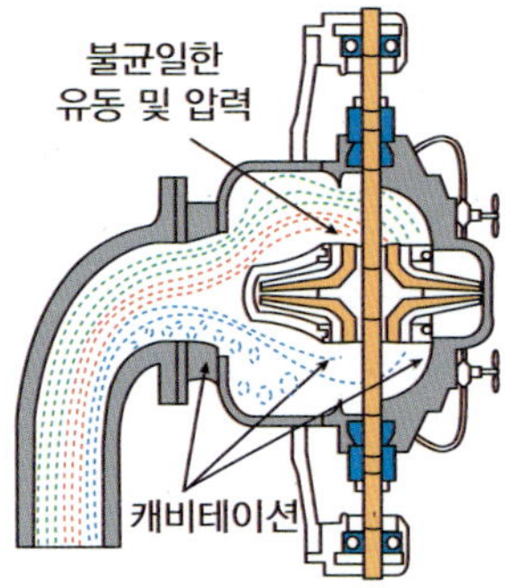

(b) 2차 유동으로 발생한 펌프의 캐비테이션

(c) 스트레이너의 예

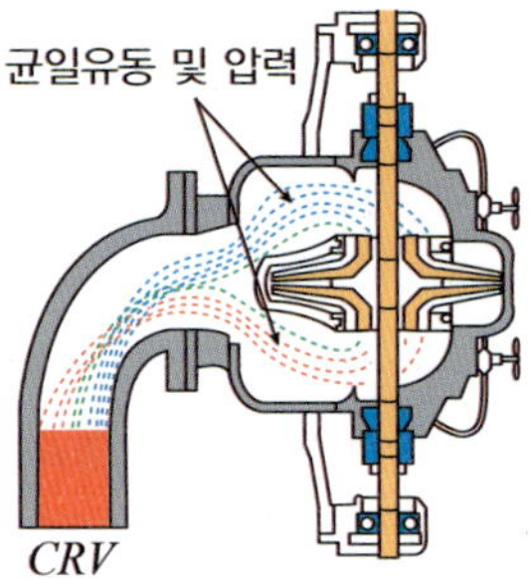

(d) 스트레이너로 안정화된 펌프내 유동

그림 9-50 곡관에서 발생된 2차 유동과 이를 제어하기 위한 스트레이너

이러한 곡관유동으로는 곡관을 지나면서 회전하는 헬리컬유동Helical Flow, 2차 유동Secondary Flow, 스월유동Swirl Flow이 있다. 따라서 [그림 9-50]과 같이 곡관 뒤에 유량계와 같은 계측기나 펌프가 있다면 반드시 스트레이너Strainer와 같은 장치들을 설치해 곡관에 의해 발생한 헬리컬유동을 안정화해야 변동이 없는 계측값이나 안정된 펌프의 운전을 확보할 수 있다. 만약 배관의 설치공간에 여유가 있다면 주손실에서 공부한 식 (9.179)의 등가 길이만큼 확보한 후 설치하면 된다. 이러한 스트레이너와 같은 장치는 유동을 안정화한다는 장점이 있지만 압력 손실을 증가시킨다는 단점이 있어, 최대한 최적의 형상을 제안해야 하며 설치 전에 반드시 실험이나 CFD를 통해 타당성을 검토해야 한다.

이러한 곡관의 손실계수는 [그림 9-51]과 같다. [그림 9-51]에는 상대조도에 따라 손실계수값을 나타냈는데, 매끄러운 관(신관)의 경우 보통 $K_E = 0.15$의 값을 갖는다. 보통 [그림 9-49(b)]와 같이 R/D의 값이 작은 숏 엘보의 경우 손실계수가 커짐을 알 수 있다. 따라서 가능한 설치공간을 고려해 R/D이 $4 \sim 6$이 되도록 배관작업을 해주는 것이 바람직하다.

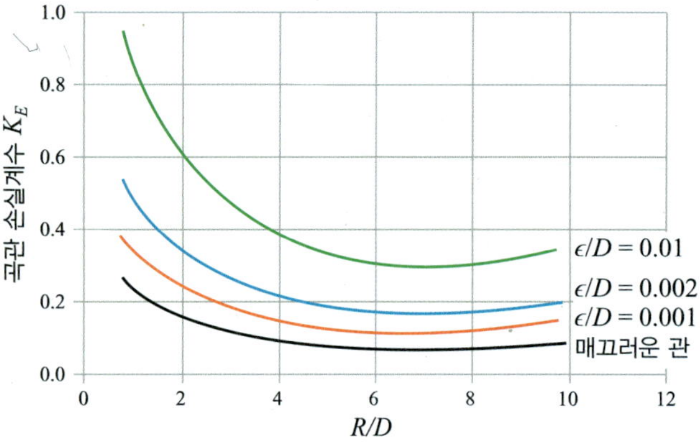

그림 9-51 R/D에 따른 곡관에서의 손실계수

곡관 중에 [그림 9-52]와 같이 소켓으로 연결하는 곡관이 있다. 이러한 곡관은 현장에서 가스 배관, 황동, PVC 배관, 소형관 등에서 많이 사용된다. 이런 곡관류는 시중에서 지름별로 쉽게 구매할 수 있으므로 간단한 배관작업에서 많이 사용되며 손실계수는 다음과 같다.

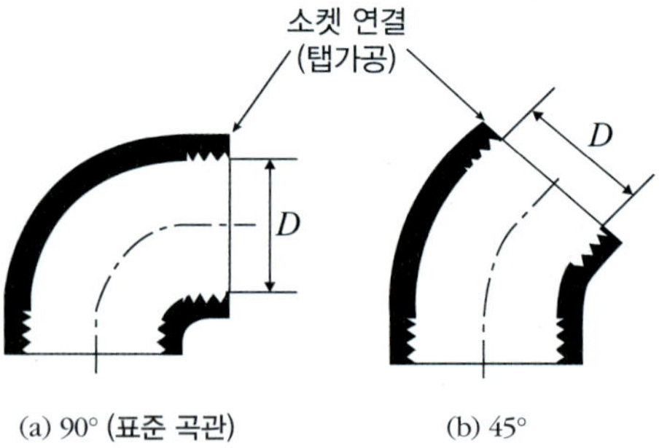

- 90° 표준 곡관 : $K_E = 1.5$
- 90° 긴 곡관 : $K_E = 0.7$
- 45° 표준 곡관 : $K_E = 0.4$

그림 9-52 소켓으로 연결하는 곡관

■ 마이터 밴드

마이터 밴드Miter Bend는 [그림 9-53]과 같이 조각으로 엘보를 제작한 부재를 의미한다. [그림 9-53(a)]는 45°로 결합할 두 조각을 경사지게 해 모서리를 만드는 개념도를 나타낸 것이고, [그림 9-53(b)]는 현장에서 작업된 곡관이다. 마이터 밴드의 종류는 배관 연결방법에 따라 [표 9-13]과 같이 다양하다. [표 9-13]에는 다양한 관에 대한 실험데이터를 제시했다. 이 실험 결괏값은 Hydraulic Institute(HI)의 Engineering Data Book을 참조했으며, 매끄러운 관과 상대조도가 $\varepsilon/D = 0.0022$일 때의 값을 제시했다. 여기서는 간략히 나타냈으며, 좀 더 복잡한 경우는 HI 규격을 참조하면 된다.

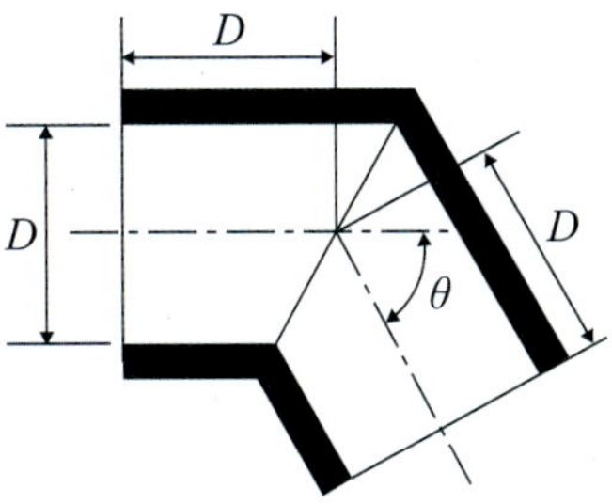

(a) 개념도

(b) 현장에서 작업된 곡관

그림 9-53 마이터 밴드의 개념도와 예시

표 9-13 다양한 마이터 밴드의 손실계수값($Re = 2.25 \times 10^5$)[25]

형상	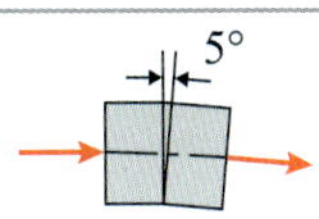	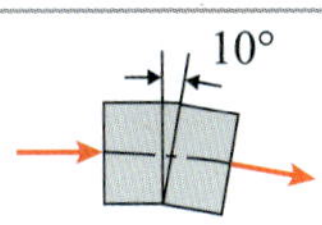	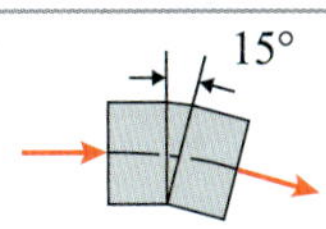	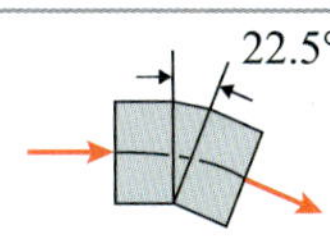
매끄러운 관	0.016	0.034	0.042	0.066
$\varepsilon/D = 0.0022$	0.024	0.044	0.062	0.154
형상	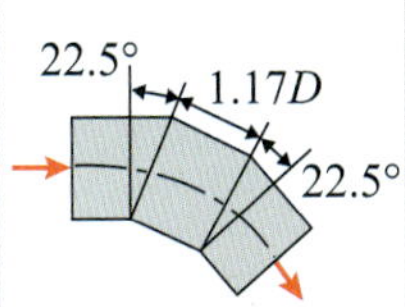	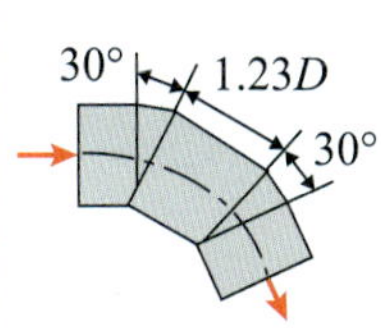	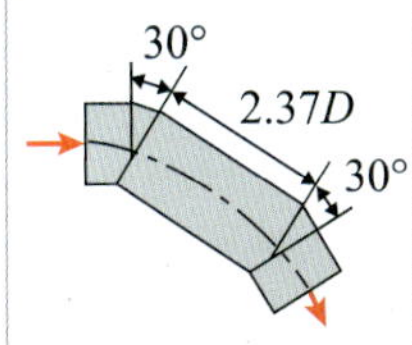	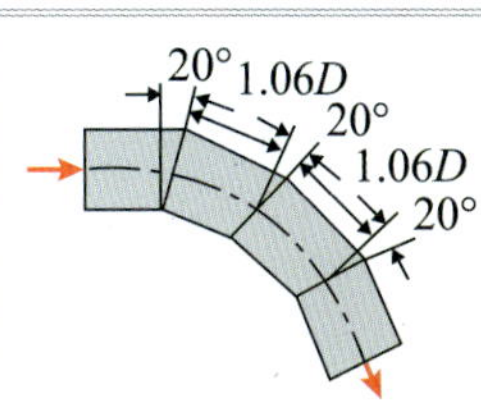
매끄러운 관	0.112	0.150	0.143	0.108
$\varepsilon/D = 0.0022$	0.284	0.268	0.227	0.236

25 Hydraulic Institute., Engineering Data Book(2nd ed.), Table 33, 1990.

9.7.6 밸브

밸브는 배관 시스템에서 유량을 제어하는 데 사용하는 부품으로 [표 9-14]에 산업 현장에서 가장 많이 사용되는 대표적인 5개 밸브의 형상과 손실계수를 제시했다. 여기에는 부손실에 따른 등가 길이도 제시했으므로 압력 회복길이를 계산하여 배관 설계에 반영하면 된다.

표 9-14 다양한 밸브의 손실계수값

밸브 명칭	단면 형상	전체 형상	손실계수	등가 길이 L_e/D
게이트 밸브 (Gate Valve)	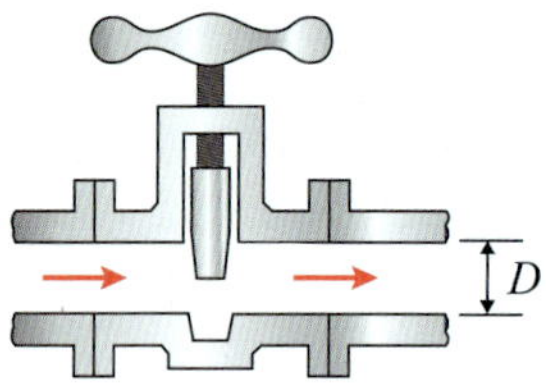		• 완전 개방 : 0.15 • 1/4 폐쇄 : 0.26 • 1/2 폐쇄 : 2.10 • 3/4 폐쇄 : 17.0	8
글로브 밸브 (Globe Valve)	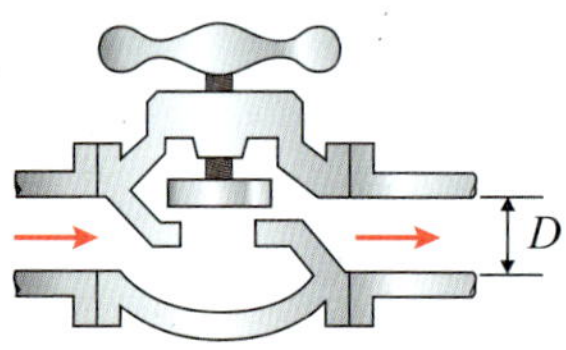		• 완전 개방 : 10.0	340
앵글 밸브 (Angle Valve)	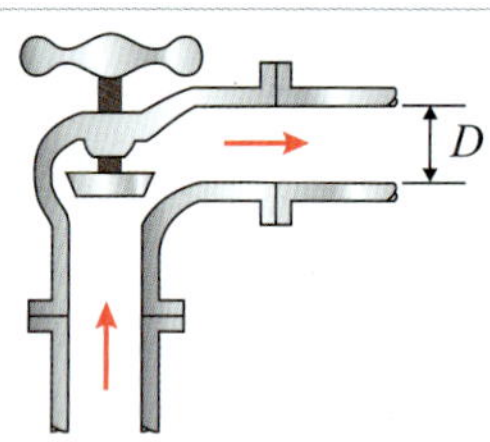		• 완전 개방 : 2.0	150
스윙-체크 밸브 (Swing-Check Valve)	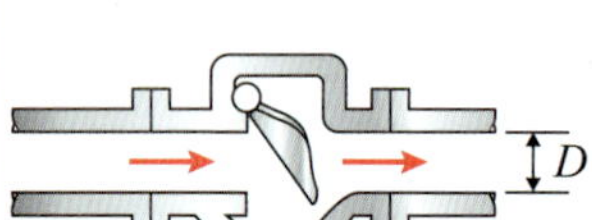		• 순방향 : 2.0 • 역방향 : ∞	• angle lift : 55 • globe lift : 600
볼 밸브 (Ball Valve)	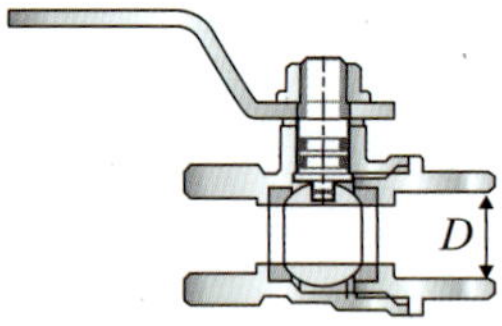		• 완전 개방 : 0.05 • 1/2 폐쇄 : 0.55 • 2/3 폐쇄 : 210	3

예제 9-13 펌프 시스템에서 손실계수

[그림 9-38]과 같은 펌프 시스템은 하부 탱크에서 상부 탱크까지 $Q = 0.01$ [m^3/s]의 물을 토출한다. 두 탱크의 수위차는 20 [m]인데, 이 높이차로 물을 송수하기 위해 손실을 고려한 펌프의 동력을 구하라. 펌프 시스템의 흡입관과 토출관의 지름은 상대조도가 $\varepsilon/D = 0.001$인 50 [mm]이고, 두 관의 길이는 총 20 [m]이며 사용된 배관 부재는 [그림 9-38]을 참조하라. 단, 물의 온도는 상온이며, 밀도와 절대점성계수는 각각 $\rho = 998$ [kg/m^3], $\mu = 0.001$ [Pa·s]이다.

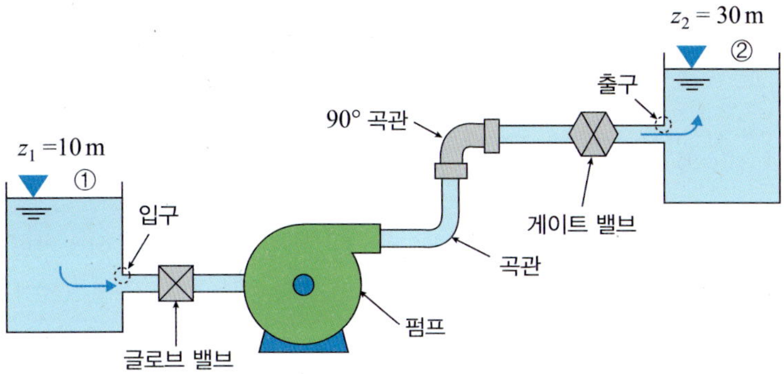

그림 9-38 부손실을 설명하기 위한 이상적인 펌프 시스템

분석

- 이 예제의 목적은 두 가지이다. 첫 번째는 펌프 시스템에서 주손실과 부손실을 구하는 것이고, 두 번째는 에너지 법칙인 식 (5.122)로부터 펌프 동력을 구하는 것이다.
- 손실을 구하기 위해 사용된 배관 및 배관 부재들을 정리해 부손실계수의 합을 먼저 구해야 한다. 즉 더해진 총 손실계수와 속도헤드를 곱한 것이 전체 시스템의 부손실이 된다.
- [예제 5-12]와 [예제 5-13]에서 이미 다룬 바 있지만, 5장에서는 손실을 고려하지 않았다. 여기서는 부손실의 개념을 이해하기 위함이다.

풀이

- 시스템에 사용된 배관의 부손실계수는 아래와 같이 합을 구해 식 (9.187)에 대입하면 식 (9.199)와 같이 구할 수 있다.

손실 명칭	부손실계수
예리한 모서리를 가진 입구	0.5
글로브 밸브	10.0
$R/D = 300/50 = 6$인 90° 곡관	0.15
90° 표준 곡관(소켓 결합)	1.5
1/2 개방된 게이트 밸브	2.7
예리한 모서리를 가진 출구	1.0
합(ΣK)	15.85

$$h_{\ell_m} = K\frac{\overline{V^2}}{2g} \tag{9.187}$$

$$h_{\ell_m} = \Sigma K\frac{\overline{V^2}}{2g} = 15.85\frac{\overline{V^2}}{2g} \tag{9.199}$$

• 부손실을 구하기 위해 주어진 유량으로부터 유속을 식 (9.200)과 같이 구해야 한다.

$$V = \frac{Q}{A} = \frac{0.01 \times 4}{\pi \times 0.05^2} = 5.094\,[\mathrm{m/s}] \tag{9.200}$$

• 식 (9.200)의 속도를 식 (9.199)에 대입하면 부손실은 식 (9.201)에서 보듯이 20.98 [m]로 구할 수 있고 이 값은 두 탱크의 높이차보다 훨씬 큰 것을 알 수 있다.

$$h_{\ell_m} = 15.85\frac{\overline{V^2}}{2g} = 15.85\frac{5.094^2}{19.6} = 20.98\,[\mathrm{m}] \tag{9.201}$$

• 주손실을 구하려면 먼저 Re수를 식 (9.202)와 같이 구해 난류인지 확인하고, 콜레브룩-화이트 식인 식 (9.174)에 Re수와 상대조도값을 대입해 마찰계수 f를 식 (9.203)과 같이 구한 후, 식 (9.168)에 주어진 값과 계산된 값을 대입해야 한다.

$$Re = \frac{\rho VD}{\mu} = \frac{998 \times 5.094 \times 0.05}{0.001} = 254,191 = 2.54 \times 10^5 \tag{9.202}$$

$$f = \frac{0.5^2}{\left[\log\left(\left(\frac{0.001}{4}\right)/3.7 + \frac{5.74}{254,191^{0.9}}\right)\right]^2} = 0.01699 \tag{9.203}$$

$$h_L = f\frac{L}{D}\frac{\overline{V^2}}{2g} = 0.01699 \times \frac{20}{0.05} \times \frac{5.094^2}{19.6} = 8.997 \fallingdotseq 9.0\,[\mathrm{m}] \tag{9.204}$$

• 유체기계의 동력은 식 (5.122)와 같이 구해야 한다. 이를 위해 우선 지점 ①에서 지점 ②로 식 (9.204)와 식 (9.201)인 주손실과 부손실, 즉 손실의 합을 극복하는 수식인 식 (9.205)와 같이 변경시켜야 한다.

$$-\dot{W}_{shaft} = \left[\left(\frac{p}{\rho g} + \frac{V^2}{2g} + z\right)_2 - \left(\frac{p}{\rho g} + \frac{V^2}{2g} + z\right)_1\right] g\dot{m} \tag{5.122}$$

$$-\dot{W}_{shaft} = \left[\left(\frac{p}{\rho g} + \frac{V^2}{2g} + z\right)_2 - \left(\frac{p}{\rho g} + \frac{V^2}{2g} + z\right)_1 + h_L + h_{\ell_m}\right] g\dot{m} \tag{9.205}$$

• 주어진 문제에서 지점 ①, 지점 ②의 압력은 대기압이므로 0이 되고, 흡입관과 토출관의 지름이 같으니 연속방정식에 따라 V_1과 V_2의 속도는 같아진다. 펌프의 일은 검사체적에 주어지는 일이기 때문에 음(−)의 값을 제거시키므로, 식 (9.205)는 식 (9.206)과 같이 간단히 유도된다.

$$\dot{W}_{shaft} = \left[(z_2 - z_1) + h_L + h_{\ell_m}\right]\rho g Q \tag{9.206}$$

• 식 (9.206)의 우변에서 대괄호는 식 (9.207)과 같이 펌프가 올려야 할 높이, 즉 전양정Total Head이 된다. 만약 식 (9.206)에서 양정의 손실이 없다면 식 (9.208)과 같이 실양정Actual Head이라 한다. 즉 실양정은 두 탱크의 수위차가 되어야 한다.

$$H_t = (z_2 - z_1) + h_L + h_{\ell_m} \tag{9.207}$$

$$H_a = z_2 - z_1 \tag{9.208}$$

- 식 (9.201)과 식 (9.205)에서 계산된 값을 대입하면 식 (9.209)와 같이 전양정을 계산할 수 있다.

$$H_t = 20 + 9.0 + 20.98 = 40.98 \fallingdotseq 50.0\,[\mathrm{m}] \tag{9.209}$$

- 펌프 동력은 계산된 전양정과 토출량을 식 (9.206)에 대입해 식 (9.210)과 같이 구하면 된다.

$$L_{w_{ideal}} = \rho g H_t Q = 998 \times 9.8 \times 50.0 \times 0.01 = 4.89\,[\mathrm{kW}] \tag{9.210}$$

- 문제에서 주어지지는 않았지만 펌프 효율 $\eta = 80.0\,[\%]$를 고려한다면 실제 펌프의 소요동력값은 식 (9.211)과 같이 계산할 수 있다.

$$L_W = \frac{L_{w_{ideal}}}{0.80} = 6.11\,[\mathrm{kW}] \tag{9.211}$$

고찰

- 실질적으로 흡입관과 토출관은 동일하지 않다. 흡입관이 토출관보다 1.2배가량 크다.
- 펌프의 배관 선정은 유속 $3 \sim 5\,[\mathrm{m/s}]$를 기준으로 설계한다. 계산된 속도가 $5.094\,[\mathrm{m/s}]$로 조금 빠르기는 하지만 잘못된 설계는 아니다.
- 콜레브룩-화이트 식으로 구한 마찰계수값을 무디 선도에서 직접 구해보고 식 (9.203)과 비교해보자.
- 식 (9.205)를 정확히 이해해야 한다. 지점 ①의 에너지와 지점 ②의 에너지가 같다면 지점 ②의 물이 지점 ①로 자연스럽게 흘러내릴 것이다. 따라서 지점 ②로 물을 송출하려면 위치차와 손실헤드를 이길 수 있는 에너지를 공급해야 하고, 이것이 바로 펌프 동력이다.
- 계산된 전양정을 봤을 때 50 [m]로 실양정인 20 [m]보다 훨씬 크다. 즉 주손실과 부손실의 합의 값이 크게 나온 것은 배관의 지름이 작고 유속이 빠르기 때문이다. 이 단계에서 설계자는 큰 손실양정을 이길 수 있는 크고 비싼 펌프를 구매할 것이지, 아니면 배관 사이즈를 얼마 정도 증가시켜 부손실을 감소시킬 것인지를 결정해야 한다.

Think_ 13

제시된 손실계수는 주어진 유동장 및 제품에 따라 달라진다. 그렇다면 무엇을 기준으로 계산해야 하는지 생각해보자. 또한 배관 절단 흔적이나 용접 흔적이 있을 때는 손실계수값이 어떻게 변화할지 생각해보자.

SECTION 9.8

단일 배관내 유동 문제

✔ 단일 관내 유동 문제에서 접할 수 있는 세 가지 유형을 학습한다.
✔ 미지수가 있는 경우 마찰계수를 가정하고 여러 번 반복하며 해를 구하는 과정을 학습한다.

지금까지 내부유동에 관한 문제를 해결하기 위한 지배방정식을 학습했다. 이런 문제를 풀다 보면 원하는 변숫값이 제시되어 있지 않는 경우가 종종 있다. 보통 유동 정보나 압력 정보, 배관 정보가 미지수가 될 수 있으므로 이들 정보를 모르면 해석할 수 없다. 따라서 이런 경우에 활용할 수 있는 세 가지 유형별 풀이 방법을 [표 9-15]에 제시했다.

표 9-15 미지수가 있을 때 관내 유동 문제를 푸는 세 가지 방법

변수		유형 1	유형 2	유형 3	풀이 방법
유체 정보	밀도	주어짐	주어짐	주어짐	유체성질이 주어지지 않으면 문제를 풀 수 없다. 이는 반드시 실측값이 주어져야 한다.
	점성계수	주어짐	주어짐	주어짐	
배관 정보	지름	주어짐	주어짐	미지수	유량 정보를 통하여 구할 수 있다.
	길이	주어짐	주어짐	주어짐	길이당 압력 강하가 주어졌다면 계산할 수 있다. 이 값은 반드시 주어져야 하고 없다면 실측해야 한다.
	거칠기	주어짐	주어짐	주어짐	무디 선도나 콜레브룩 식을 이용하면 되나, 만약 주어지지 않으면 매끄러운 관으로 가정하거나 실측해야 한다.
유량 정보	유량 또는 평균속도	주어짐	미지수	주어짐	주어진 조건으로 하겐-프와쇠이 방정식을 통해 구하면 된다.
압력 정보	압력 강하 또는 손실헤드	미지수	주어짐	주어짐	

[표 9-15]의 세 가지 유형을 아래와 같이 정리했다.

▶ 유형 1 : 손실헤드 또는 압력 강하 구하기 ([예제 9-14], [예제 9-15])

① 유량으로부터 V를 구한다.

② Re 수를 V의 방정식으로 정리한다.

③ 마찰계수를 구하여 f를 구한다.

④ 손실헤드를 구하고 압력 강하를 구한다.

▶ 유형 2 : 유량 구하기 ([예제 9-16], [예제 9-17])

① 에너지방정식을 f와 V의 방정식으로 정리한다.

② Re수를 V의 방정식으로 정리한다.

③ 가정한 f_{ass1}을 에너지방정식에 대입해 V_{ass1}을 추정한다.

④ 추정한 V_{ass1}으로부터 Re_{ass1}을 유추한다.

⑤ 유추한 Re_{ass1}으로부터 수식을 통하여 f_{ass2}를 유추한다.

⑥ 유추한 f_{ass2}로 Re_{ass2}를 재계산한다.

⑦ Re_{ass2}로부터 속도 V_{ass2}를 구한다.

⑧ V_{ass2}와 V_{ass1}을 비교해 동일하지 않으면 ⑤번부터 반복한다.

▶ 유형 3 : 배관 사이즈 구하기 ([예제 9-18])

① 에너지방정식을 f와 V의 방정식으로 정리한다.

② 연속방정식을 통하여 V를 D로 정리한다.

③ 가정한 f_{ass1}을 에너지방정식에 대입해 D_{ass1}을 추정한다.

④ 추정한 D_{ass1}으로부터 V_{ass1}을 유추한다.

⑤ 유추한 V_{ass1}으로부터 Re_{ass1}을 유추한다.

⑥ 유추한 Re_{ass1}으로부터 f_{ass2}를 재계산한다.

⑦ f_{ass2}를 에너지방정식에 대입해 D_{ass2}를 추정한다.

⑧ D_{ass2}와 D_{ass1}을 비교해 동일하지 않으면 ③번부터 반복한다.

[표 9-15]과 같이 미지수가 있을 때 $f = f(Re, \epsilon/D)$의 함수, 즉 Re수는 지름이나 유동의 함수이므로 마찰계수를 가정해 유동 정보나 배관 정보를 구한 후 확인하는 과정을 거치면 쉽게 구할 수 있다. 즉 가정된 값이 정확한지 확인하기 위해 여러 번의 피드백 과정을 거쳐야 한다.

이러한 방법은 실제 배관 설계 시 활용해야 하므로 익숙해지도록 5개의 예제를 제시했다.

예제 9-14 유형 1 : 압력 강하를 구해 펌프 동력 구하기

[그림 9-54]는 관 지름이 1.2 [m], 길이가 1,300 [km]인 강관으로 원유($Q = 3.3$ [m^3/s])를 보내는 펌프 시스템이다. 이때 펌프 동력을 구하라. 단, 배관은 신관으로 가정하며 지점 ①과 지점 ②의 표고는 같고, 펌프 흡입관과 토출관의 크기는 동일하다. 원유의 밀도와 점성계수는 각각 $\rho = 850$ [kg/m^3], $\mu = 0.0038$ [$Pa \cdot s$]라고 가정한다.

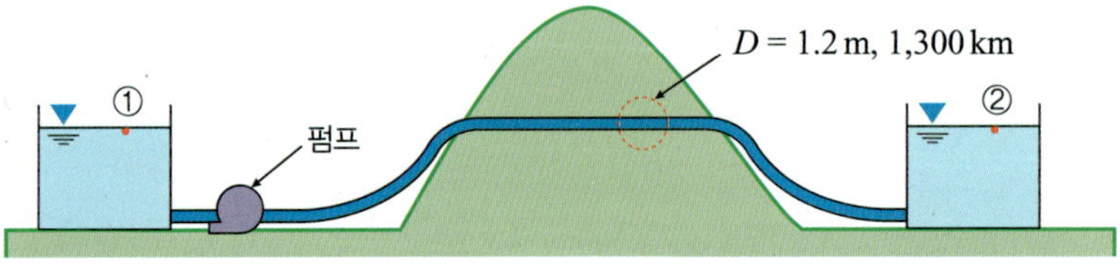

그림 9-54 원유를 송유하는 펌프 시스템

분석

- 문제에서 ① 유체 정보인 밀도와 점성계수가 주어졌고, ② 배관 정보인 지름과 길이가 주어졌다. 관의 거칠기는 신관이라고 주어졌지만, 실제로 계속 사용하면서 조도는 증가됐다고 가정해야 한다. ③ 유량의 정보는 주어졌지만 ④ 압력 정보가 주어지지 않았기 때문이다.
- 펌프 동력을 산정하기 위해 식 (9.205)와 같이 손실을 고려한 베르누이방정식을 적용하면 된다.

풀이

- 시스템에서 지점 ①과 지점 ②의 압력은 [그림 9-54]와 같이 대기압이고, 지점 ①과 지점 ②의 표고는 같으며, 펌프 흡입관과 토출관의 크기가 동일하기 때문에 식 (9.205)의 $p_1 = p_2 = 0$, $V_1 = V_2$, $z_1 = z_2$가 되고, 간단하게 식 (9.212)로 정리된다. 즉 펌프 동력은 주손실과 부손실의 손실 합만을 극복할 수 있으면 된다.

$$-\dot{W}_{shaft} = \left[\left(\frac{p}{\rho g} + \frac{V^2}{2g} + z\right)_2 - \left(\frac{p}{\rho g} + \frac{V^2}{2g} + z\right)_1 + h_L + h_{\ell_m}\right] g\dot{m} \tag{9.205}$$

$$\dot{W}_{pump} = \left[h_L + h_{\ell_m}\right] g\dot{m} \tag{9.212}$$

- 식 (9.212)에서 부손실은 배관 피팅류의 정보가 있어야 구할 수 있는데 이에 대한 정보는 주어지지 않았으므로 부손실은 무시하고 주손실만 고려하자.
- 주손실을 구하기 위해 먼저 식 (9.214), 식 (9.215)와 같이 유속과 Re수를 구한 후 마찰계수 f를 계산해야 한다. 단, 신관이기 때문에 식 (9.172)와 같은 브라시우스 식을 사용하여 식 (9.216)과 같이 마찰계수를 계산하자.

$$\dot{W}_{pump} = h_L g(\rho Q) \tag{9.213}$$

$$V = \frac{Q}{A} = \frac{3.3 \times 4}{3.14 \times 1.2^2} = 2.92 \text{ [m/s]} \tag{9.214}$$

$$Re = \frac{\rho VD}{\mu} = \frac{850 \times 2.92 \times 1.2}{0.0038} = 783{,}789 = 7.84 \times 10^5 \tag{9.215}$$

$$f = \frac{0.3164}{Re^{0.25}} = 0.0106 = 0.011 \quad (9.216)$$

$$h_L = f\frac{L}{D}\frac{\overline{V^2}}{2g} = 0.011 \times \frac{1{,}300 \times 1{,}000}{1.2} \times \frac{2.92^2}{19.6} = 5{,}183.99 = 5{,}184\,[\mathrm{m}] \quad (9.217)$$

- 계산된 주손실을 식 (9.213)에 대입하면 식 (9.218)과 같이 동력을 계산할 수 있다.

$$L_3 = 5{,}184 \times 9.8 \times (850 \times 3.3) = 142{,}502{,}976 = 142.5\,[\mathrm{MW}] \quad (9.218)$$

고찰

- 식 (9.212)를 보면 산의 높이는 고려하지 않았다. 왜 그런 것인지 생각해보자. 5.7.2절에서 배운 수력구배선을 참조하면 된다.
- 주손실의 길이가 매우 길어 부손실의 값을 무시할 수 있을 만큼 크기 때문에 식 (9.212)에서 부손실을 무시했다. 관 길이가 1,300 [km]이므로 주손실이 5,184 [m]로 매우 크게 계산됐으며, 주손실이 지배적인 값이 되기 때문이다.
- 이 양정(5,184 [m])을 만족시키는 펌프가 없기 때문에 고압의 다단펌프나 가압장을 여러 개 구성해야 한다.

예제 9-15 **유형 1 : 압력 손실 구하기**

[그림 9-55]는 지름이 0.02 [m]인 동관(인발관)으로 상온의 물($Q = 50$ [lpm])을 보내는 시스템이다. 이 때 배관에 걸리는 압력 손실을 구하라. 단, 상온일 때 유체의 밀도와 점성계수는 각각 $\rho = 998\,[\mathrm{kg/m^3}]$, $\mu = 0.001\,[\mathrm{Pa \cdot s}]$이며, 인발관의 조도는 [표 9-9]를 참조하자.

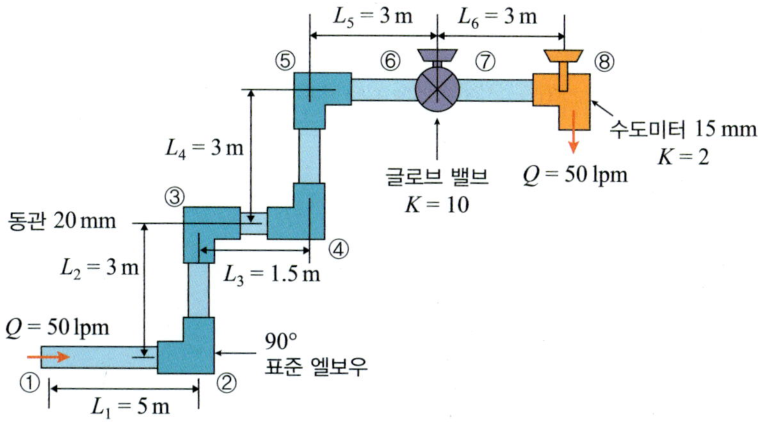

그림 9-55 다양한 밸브 피팅으로 이뤄진 배관 시스템

분석

- ① 유체 정보인 밀도와 점성계수가 주어졌고, ② 배관 정보인 지름과 길이가 주어졌다. ③ 유량 정보는 주어졌지만 ④ 압력 정보가 주어지지 않았다.
- [예제 9-14]는 직관 길이가 길어서 부손실을 무시할 수 있었지만, 이 문제는 직관이 짧아서 배관 부재를 모두 고려해야 한다.
- 펌프 동력을 구하는 문제가 아니므로 식 (9.205)에서 손실을 고려한 전양정만 생각하면 된다.

풀이

- 시스템에서 지점 ②의 압력은 [그림 9-55]와 같이 대기압으로 토출되므로 $p_2 = 0$이 되고 지점 ①과 지점 ⑧의 표고 차이는 식 (9.219)와 같다. 펌프 흡입관과 토출관의 크기가 다르기 때문에 출구에서 수도 밸브에 의한 속도 증가를 고려해야 하므로 식 (9.220), 식 (9.221)과 같이 계산해야 한다.

$$z_8 - z_1 = 6\,[\mathrm{m}] \tag{9.219}$$

$$V_1 = \frac{Q}{A_1} = \frac{50}{60} \times \frac{1}{1{,}000} \times \frac{4}{3.14 \times 0.02^2} = 2.65\,[\mathrm{m/s}] \tag{9.220}$$

$$V_2 = \frac{Q}{A_1} = \frac{50}{60} \times \frac{1}{1{,}000} \times \frac{4}{3.14 \times 0.015^2} = 4.72\,[\mathrm{m/s}] \tag{9.221}$$

- 손실이 고려된 베르누이방정식인 (9.205)는 펌프 동력을 구할 때 사용되고, 여기서는 동력이 공급되지 않았으므로 $W = 0$을 치환하고 위의 가정대로 정리하면 식 (9.222)와 같다. 식 (9.222)에서 대괄호 안의 값이 손실을 고려한 양정, 즉 압력 강하 값이므로 이를 따로 정리하면 식 (9.223)과 같다.

$$-\dot{W}_{shaft} = \left[\left(\frac{p}{\rho g} + \frac{V^2}{2g} + z\right)_2 - \left(\frac{p}{\rho g} + \frac{V^2}{2g} + z\right)_1 + h_L + h_{\ell_m}\right] g\dot{m} \tag{9.205}$$

$$\begin{aligned} 0 &= \left[\left(\frac{p}{\rho g} + \frac{V^2}{2g} + z\right)_8 - \left(\frac{p}{\rho g} + \frac{V^2}{2g} + z\right)_1 + h_L + h_{\ell_m}\right] g\dot{m} \\ &= \left[\left(\frac{p}{\rho g}\right)_8 - \left(\frac{p}{\rho g}\right)_1 + \left(\frac{V^2}{2g}\right)_8 - \left(\frac{V^2}{2g}\right)_1 + z_8 - z_1 + h_L + h_{\ell_m}\right] g\dot{m} \\ &= \left[-\left(\frac{p}{\rho g}\right)_1 + \left(\frac{V^2}{2g}\right)_8 - \left(\frac{V^2}{2g}\right)_1 + z_8 - z_1 + h_L + h_{\ell_m}\right] g\rho Q \end{aligned} \tag{9.222}$$

$$H = -\left(\frac{p}{\rho g}\right)_1 + \left(\frac{V^2}{2g}\right)_8 - \left(\frac{V^2}{2g}\right)_1 + z_8 - z_1 + h_L + h_{\ell_m} = 0 \tag{9.223}$$

$$\left(\frac{p}{\rho g}\right)_1 = \left(\frac{V^2}{2g}\right)_8 - \left(\frac{V^2}{2g}\right)_1 + z_8 - z_1 + h_L + h_{\ell_m} = 0 \tag{9.224}$$

- 식 (9.223)에서 주손실과 부손실의 값을 구하면 미지수를 모두 알 수 있다.
- 주손실을 구하기 위해 먼저 Re수를 식 (9.225)와 같이 구한 후 마찰계수 f를 구해서 계산해야 한다. 식 (9.225)와 같이 계산된 Re수를 보면 난류임을 알 수 있다.

$$Re = \frac{\rho VD}{\mu} = \frac{998 \times 2.65 \times 0.02}{0.001} = 52{,}894 = 5.29 \times 10^4 \tag{9.225}$$

- 이번에는 마찰계수를 무디 선도에서 구해보자. 문제에서 주어진 관이 인발관이므로 조도는 [표 9-9]에서 0.0015 [mm]이므로, 상대조도는 0.0015/0.02/1000 = 0.000075이고 이 값과 Re수에 해당되는 마찰계수는 $f = 0.021$이다. [그림 9-34]의 무디 선도에서 이 값을 정확하게 찾기 어렵기 때문에 [그림 9-35(b)]의 방법으로 구하면 되고, 이 예제에서는 유효자리를 소수점 아래 셋째 자리까지만 계산했다.
- 주어진 시스템의 관로길이는 전체 길이로 합산한다. $5 + 3 + 1.5 + 3 + 3 + 3 = 18.5$ [m]로 구해 식 (9.226)과 같이 계산할 수 있다.

$$h_L = f\frac{L}{D}\frac{\overline{V^2}}{2g} = 0.02 \times \frac{18.5}{0.02} \times \frac{2.65^2}{19.6} = 6.63\ [\mathrm{m}] \tag{9.226}$$

- 부손실을 구하기 위해 주어진 배관에서 부재들이 어떻게 사용됐는지 계산해야 한다. 90° 표준 곡관이 4개 사용됐으므로 이를 곱하고, 글로브 밸브와 수도 밸브는 각각 1개만 사용됐으므로 총 부손실계수는 식 (9.227)과 같이 18로 계산할 수 있다.

손실 명칭	부손실계수	개수	합
90° 표준 곡관(소켓 결합)	1.5	4	6.0
글로브 밸브	10.0	1	10.0
수도 밸브	0.15	2.0	2.0
합(ΣK)			18

$$h_{\ell_m} = \Sigma K\frac{\overline{V^2}}{2g} = (4 \times 1.5 + 10 + 2.0) \times \frac{2.65^2}{19.6} = 6.45\ [\mathrm{m}] \tag{9.227}$$

- 식 (9.224)에 계산된 값을 대입하고 정리하면 식 (9.228), 식 (9.229)와 같다.
- 식 (9.229)는 길이 단위로 계산됐으므로 이를 압력 단위로 환산하기 위해 ρg를 곱해주면 식 (9.230)과 같이 구할 수 있다.

$$\left(\frac{p}{\rho g}\right)_1 = \left(\frac{V^2}{2g}\right)_8 - \left(\frac{V^2}{2g}\right)_1 + z_8 - z_1 + h_L + h_{\ell_m} = 0 \tag{9.228}$$

$$\left(\frac{p}{\rho g}\right)_1 = \left(\frac{4.72^{\,2}}{19.6}\right)_8 - \left(\frac{2.65^2}{19.6}\right)_1 + 6 + 6.55 + 6.47 = 20.26\ [\mathrm{m}] \tag{9.229}$$

$$p_1 = \rho g \times 16.53 = 158{,}735.89 \cong 158{,}736\ [\mathrm{Pa}] \tag{9.230}$$

고찰

- 식 (9.230)의 압력값은 주어진 [그림 9-55]와 같은 시스템에서 유량을 보내기 위한 압력값과 같다.
- 이 예제에서는 부손실을 구할 때 입구손실과 출구손실을 고려하지 않았다. 이 값을 고려해 계산했을 때 차이가 있는지 확인해보자.
- 수도 밸브의 배관손실을 구할 때 V_2를 이용하지 않고 V_1을 이용한 이유가 무엇인지 생각해보자. V_2는 단순히 출구에서만 적용되기 때문이다.

예제 9-16 유형 2 : 유량 구하기

대기압에서 38 [℃]인 공기가 지름이 0.1 [m]인 관을 통해 건조기에 공급된다. 급기관의 길이는 6 [m]이고 4개의 표준 90° 엘보가 설치되어 있다. 두 지점의 위치 헤드는 같다고 가정하자. 이때 건조기에 공급되는 유량을 구하라. 단, 공기의 밀도와 동점성계수는 각각 $\rho = 1.127$ [kg/m^3], $\nu = 1.66 \times 10^{-5}$ [m^2/s]이며, 입구에서 압력값은 실험을 통해 49 [Pa]로 측정됐다. 여기서 관의 조도는 0.00015이다.

분석

- ① 유체 정보가 주어졌고, ② 배관 정보인 지름, 길이, 관의 거칠기가 주어졌다. ③ 유량 정보가 주어지지 않아 여러 단계를 반복해 계산해야 한다. ④ 압력 정보가 주어진 유형 2의 문제이다.
- 마찰계수를 먼저 추정한 후 이 마찰계수로부터 Re수와 V를 구하고 이에 대한 값의 차이를 비교한 후 차이가 있다면 반복 계산해야 한다.

풀이

- 수평관이고 관 지름이 같다면 두 지점의 속도 성분은 $V_1 = V_2$처럼 같아진다. 또한 대기 중으로 토출되어 $p_2 = 0$이 되므로, 식 (9.223)은 식 (9.231)과 같이 유도된다.

$$H = \left(\frac{p}{\rho g}\right)_2 - \left(\frac{p}{\rho g}\right)_1 + \left(\frac{V^2}{2g}\right)_2 - \left(\frac{V^2}{2g}\right)_1 + z_2 - z_1 + h_L + h_{\ell_m} = 0 \tag{9.223}$$

$$H = -\left(\frac{p}{\rho g}\right)_1 + h_L + h_{\ell_m} = 0 \tag{9.231}$$

- 식 (9.231)을 구하고자 하는 압력으로 정리하면 식 (9.232)와 같이 나타낼 수 있다. 그러나 식 (9.232)는 유량 정보가 주어지지 않았기 때문에 풀 수 없다. 따라서 식 (9.233)과 같이 미지수인 속도로 먼저 정리해야 한다. 식 (9.233)에 물리량을 대입하고 정리하면 식 (9.234)와 같이 유도할 수 있다.

$$\left(\frac{p}{\rho g}\right)_1 = f\frac{L}{D}\frac{V^2}{2g} + K\frac{V^2}{2g} \tag{9.232}$$

$$\left(\frac{p}{\rho g}\right)_1 = \left(f\frac{L}{D} + \Sigma K\right)\frac{V^2}{2g} \tag{9.233}$$

$$\left(\frac{49}{1.127 \times 9.8}\right)_1 = \left(f\frac{6}{0.1} + 4 \times 1.5\right)\frac{V^2}{19.6} = 4.44 \times 19.6 = 87.02 = (60f + 6.0)\,V^2 \tag{9.234}$$

- Re수 또한 식 (9.235)와 같이 속도의 함수로 정리할 수밖에 없다.

$$Re = \frac{\rho VD}{\mu} = \frac{0.1}{1.66 \times 10^{-5}}V = 6{,}024\,V \tag{9.235}$$

- 유형 2의 예제에서 첫 번째로 가정해야 하는 것은 마찰계수이다. 이 마찰계수는 추정된 값이기 때문에 반드시 다시 계산해 정확히 산정해야 한다.

• 무디 선도에서 마찰계수 f는 Re수와 상대조도의 함수이다. 주어진 문제에서 상대조도는 식 (9.236)과 같이 구할 수 있으므로 그 상대조도 범위에 해당하는 첫 번째 마찰계수를 가정하자.

$$\varepsilon/D = 0.00015/0.1 = 0.0015 \tag{9.236}$$

• 무디 선도로부터 $f_{ass1} = 0.022$로 가정하면 식 (9.234)로부터 식 (9.237)과 같이 속도 V_{ass1}을 유추할 수 있다. 첫 번째 가정이기 때문에 마찰계수와 속도의 하첨자에 $ass1$을 사용했다.

$$V_{ass1} = \sqrt{\frac{87.02}{60 \times 0.022 + 6.0}} = 3.45\,[\text{m/s}] \tag{9.237}$$

• 식 (9.237)에서 계산된 추정 V_{ass1}로부터 식 (9.238)과 같이 Re_{ass1}을 구할 수 있다.

$$Re_{ass1} = 6{,}024\,V = 6{,}024 \times 3.45 = 20{,}783 \tag{9.238}$$

• 여기서 계산된 Re_{ass1}과 상대조도로부터 콜레브룩-화이트 식을 이용해 정확하게 마찰계수 f_{ass2}를 구하면 식 (9.239)와 같다.

$$f_{ass2} = \frac{0.5^2}{\left[\log\left(\left(\frac{0.0015}{0.1}\right)/3.7 + \frac{5.74}{20{,}783^{0.9}}\right)\right]^2} = 0.02895 \tag{9.239}$$

• 이로부터 식 (9.240), 식 (9.241)과 같이 속도 V_{ass2}와 Re_{ass2}를 다시 계산해 V_{ass1}, Re_{ass1}과 비교해 보자.

$$V_{ass2} = \sqrt{\frac{87.02}{60 \times 0.02895 + 6.0}} = 3.35\,[\text{m/s}] \tag{9.240}$$

$$Re_{ass2} = 6{,}024\,V = 6{,}024 \times 3.35 = 20{,}180 \tag{9.241}$$

• 첫 번째 가정으로 구한 값과 두 번째 가정으로 구한 값에 차이가 있음을 알 수 있다. 이를 다시 같은 방법으로 반복 수행해 식 (9.242), 식 (9.243)과 같이 새롭게 추정해야 한다.

$$f_{ass3} = \frac{0.5^2}{\left[\log\left(\left(\frac{0.0015}{0.1}\right)/3.7 + \frac{5.74}{20{,}180^{0.9}}\right)\right]^2} = 0.0291 \tag{9.242}$$

$$V_{ass3} = \sqrt{\frac{86.83}{60 \times 0.0291 + 6.0}} = 3.35\,[\text{m/s}] \tag{9.243}$$

• 여기서 구한 속도 V_{ass3}가 V_{ass2}와 동일한지 확인해보자. 마찰계수의 값은 f_{ass2}와 f_{ass3}가 다르지만 속도의 값은 식 (9.240), 식 (9.243)과 동일함을 확인할 수 있으므로 더 이상 반복할 필요가 없고 식 (9.243)에서 구한 값을 최종 속도로 확정할 수 있다.
• 최종적으로 문제에서 원하는 유량은 식 (9.243)을 이용해 식 (9.244)와 같이 구할 수 있다.

$$Q = A\,V_{ass3} = \frac{3.14 \times 0.1^2}{4} \times 3.35 = 0.0263\,[\text{m}^3/\text{s}] \tag{9.244}$$

고찰

- 유형 1의 예제보다 유형 2의 예제가 비교적 복잡함을 알 수 있다.
- 가장 중요한 것은 첫 번째 f_{ass1}값을 유사하게 추정하는 일이다. 이를 위해서 임의로 f값을 선택해야 하는데, 임의의 f값이 틀리면 속도의 Re수를 반복적으로 구하면 된다. 여기서 우리가 알아야 할 중요한 개념은 마찰계수가 Re수의 함수이기 때문에 유동 정보 없이도 문제를 풀 수 있다는 것이다.
- 만약 상대조도가 주어지지 않았을 때는 신관으로 가정해 브라시우스 식이나 무디 선도를 이용해 마찰계수를 추정하면 되는데, 무디 선도를 이용할 때는 소수점 아래 셋째 자리 이상 추정하는 것이 불가능하다는 것을 유념해야 한다.

예제 9-17 유형 2 : 방류량과 동력 구하기

[그림 9-56]과 같은 터빈 시스템의 상부 탱크에서 물이 길이가 200 [m]이고 지름이 0.3 [m]인 관을 통해 내려온다. 주어진 마찰계수는 $f = 0.013$이며 부손실은 무시한다. (a) 이때의 방류량을 구하라. 단, 물의 밀도와 점성계수는 각각 $\rho = 998\,[\mathrm{kg/m^3}]$, $\mu = 1.0 \times 10^{-3}\,[\mathrm{Pa \cdot s}]$이다. 그리고 (b) 수차의 낙차와 이론 동력을 구하라.

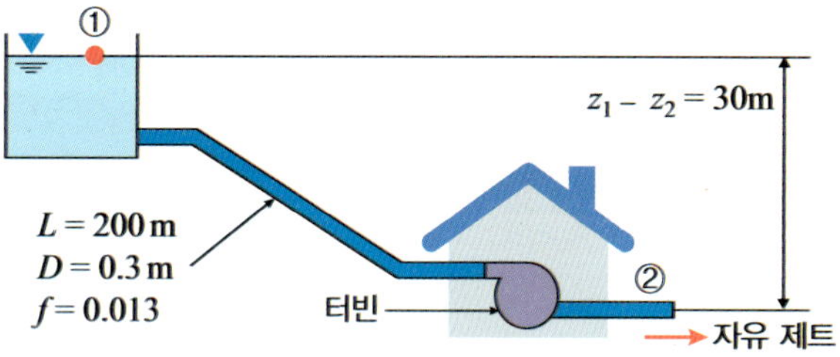

그림 9-56 터빈 시스템

분석

- ① 유체 정보가 주어졌고, ② 배관 정보인 지름, 길이, 관의 마찰계수가 주어졌다.
- 속도 및 유량 정보가 주어지지 않아 여러 단계를 반복해 계산해야 하나, 정확한 마찰계수값이 주어졌으므로 반복 계산을 하지 않아도 된다.
- 압력 정보는 주어지지 않았지만 문제에서 지점 ①과 지점 ②는 대기압이기 때문에, 두 지점의 압력항은 삭제되고 위치차가 낙차가 된다.
- 낙차가 주어진 환경에서 배관만 결정되면 수차의 방류량과 출력값을 대략적으로 구할 수 있다.
- 수차에서는 유량을 방류량이라 한다.

풀이

(a) 이 문제는 수차 문제이기 때문에 손실을 고려한 식 (9.205)는 식 (9.245)와 같이 정리할 수 있다. 이때 지점 ①과 지점 ②의 압력은 [그림 9-56]에서 보듯이 대기압이 작용하고, 수차의 유입관과 방류관의 크기가 동일하기 때문에 식 (9.205)에서 $p_1 = p_2 = 0$, $V_1 = V_2$이고, 주어진 문제에서 부손실을 무시하면 식 (9.245)와 같아진다. 이때 수차는 외부로 일을 해주기 때문에 음(−)의 값을 그대로 사용한다.

$$-\dot{W}_{shaft} = \left[\left(\frac{p}{\rho g} + \frac{V^2}{2g} + z\right)_2 - \left(\frac{p}{\rho g} + \frac{V^2}{2g} + z\right)_1 + h_L + h_{\ell_m}\right] g\dot{m} \quad (9.205)$$

$$-\dot{W}_{shaft} = [z_2 - z_1 + h_L] g\dot{m} \quad (9.245)$$

식 (9.245)의 음(−)의 값을 이항하고 우변의 대괄호를 낙차 H로 치환하면 식 (9.246)과 같이 정리할 수 있고, 이를 대입해 계산하면 식 (9.247)과 같아진다. 식 (9.247)의 낙차가 계산되면 아래와 같이 동력을 구하면 된다.

$$H = z_1 - z_2 - h_L = z_1 - z_2 - f\frac{L}{D}\frac{V^2}{2g} \quad (9.246)$$

$$H = 30 - 0.013\frac{200}{0.3}\frac{V^2}{19.6} = 30 - 0.442\,V^2 \quad (9.247)$$

$$P_T = \rho g H Q = 9{,}682 HQ$$

문제에서 f의 값이 주어졌기 때문에 반복 작업은 하지 않아도 되고, $f = 0.02$를 이용해 브라시우스 식으로부터 식 (9.248)과 같이 Re수를 계산할 수 있다.

$$Re = \left(\frac{0.3164}{f}\right)^4 = \left(\frac{0.3164}{0.013}\right)^4 = 350{,}891 \quad (9.248)$$

Re수를 구했기 때문에 속도를 식 (9.249)와 같이 구할 수 있다.

$$V = \frac{Re\,\mu}{\rho D} = \frac{350{,}891 \times 0.001}{998 \times 0.3} = 1.172 \quad (9.249)$$

속도에 면적을 곱하면 식 (9.250)과 같이 문제에서 원하는 방류량을 구할 수 있다.

$$Q = AV = \frac{3.14 \times D^2}{4} V = 0.0707 \times 1.172 = 0.083\,[\mathrm{m^3/s}] \quad (9.250)$$

(b) (a)에서 구한 방류량을 식 (9.246)과 식 (9.247)에 대입하면 식 (9.251), 식 (9.252)와 같이 수차의 낙차와 이론 동력을 구할 수 있다.

$$H = 30 - 0.442\,V^2 = 29.39\,[\mathrm{m}] \quad (9.251)$$

$$P_T = \rho g H Q = 9{,}682 \times 29.39 \times 0.083 = 23{,}619 \cong 24\,[\mathrm{kW}] \quad (9.252)$$

고찰

- [예제 9-14]에서와 같이 주손실의 길이가 매우 길어 부손실의 값을 무시할 수 있을 만큼 크기 때문에 부손실은 무시한다.
- 예제에서 다행히 마찰계수가 주어졌으므로 반복 작업을 거치지 않았다.
- 최근 수차 문제에 많은 관심이 쏠리고 있으나 설계인자가 부족해 선정이 어려운 경우가 많다. 이렇게 주어진 정보가 부족할 때 마찰계수와 Re 수의 관계로 배관의 지름과 마찰계수를 가정한다면 속도를 구하여 수차의 이론 동력을 구할 수 있다.
- 우리가 알아야 할 중요한 내용은 수차를 설계할 때 가능한 한 주손실과 부손실을 감소시키는 배관 설계를 해야 한다는 것이다.

예제 9-18 유형 3 : 배관 지름 구하기

[그림 9-57]과 같이 상부 탱크에서 하부 탱크로 물이 $Q = 1\,[\text{m}^3/\text{s}]$로 흘러간다. 이때 상부 탱크와 하부 탱크의 높이차가 $13\,[\text{m}]$일 때 이 시스템의 배관 지름을 구하라. 단, 물의 밀도와 점성계수는 각각 $\rho = 998\,[\text{kg/m}^3]$, $\mu = 1.0 \times 10^{-3}\,[\text{Pa}\cdot\text{s}]$이고, 배관의 총 길이는 $520\,[\text{m}]$로 가정하자.

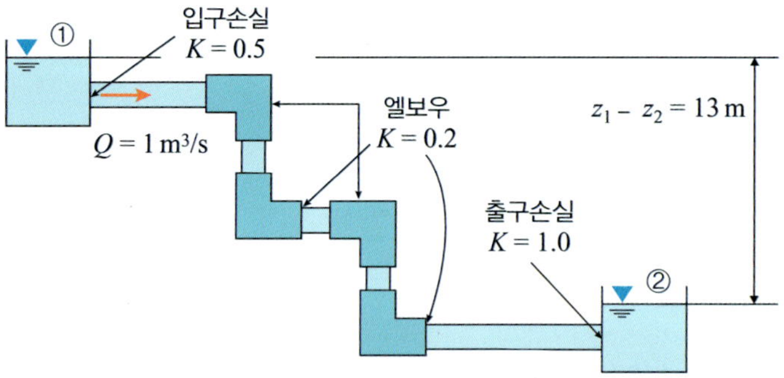

그림 9-57 높이차가 있는 상부 탱크와 하부 탱크

분석

- 배관 정보가 주어지지 않은 이 문제도 유형 2의 예제와 마찬가지로 마찰계수로부터 Re 수를 구하고, 그 값으로부터 지름을 구한 후 반복해 확인하면 된다.

풀이

- [그림 9-57]에서 보듯이 지점 ①과 지점 ②의 압력은 대기압이고, 배관 사이즈가 동일하기 때문에 식 (9.205)의 $p_1 = p_2 = 0$, $V_1 = V_2$, $z_1 - z_2 = 13\,[\text{m}]$가 된다. 펌프나 수차가 없으므로 $\dot{W} = 0$을 적용하면 식 (9.253)과 같이 정리된다. 식 (9.253)의 대괄호는 식 (9.254)와 같이 정리되고, 이를 속도 헤드로 정리하면 식 (9.255)와 같다.

$$-\dot{W}_{shaft} = \left[\left(\frac{p}{\rho g} + \frac{V^2}{2g} + z\right)_2 - \left(\frac{p}{\rho g} + \frac{V^2}{2g} + z\right)_1 + h_L + h_{\ell_m}\right] g\dot{m} \quad (9.205)$$

$$0 = \left[-13 + h_L + h_{\ell_m}\right] g\dot{m} \quad (9.253)$$

$$13 = h_L + h_{\ell_m} \quad (9.254)$$

$$13 = \left(f\frac{L}{D} + \Sigma K\right)\frac{V^2}{19.6} \quad (9.255)$$

• 식 (9.255)를 주어진 물리량을 이용해 정리하면 식 (9.256)과 같은데, 주어진 정보가 부족해 f, D, V와 관련된 함수로 정리될 수밖에 없다.

$$13 = \left(f\frac{520}{D} + (4 \times 0.2 + 0.5 + 1.0)\right)\frac{V^2}{19.6} \quad (9.256)$$

• 유량이 주어졌지만 배관 지름을 알 수 없으므로 식 (9.257)과 같이 관 지름으로 정리할 수밖에 없다.

$$V = \frac{Q}{A} = \frac{1.0 \times 4}{3.14 \times D^2} = \frac{1.274}{D^2} \quad (9.257)$$

• 식 (9.257)을 식 (9.246)에 대입하고 다음의 연산 과정을 거치면 식 (9.258)과 같이 마찰계수와 관 지름의 함수로 정리할 수 있다.

$$13 = \left(f\frac{520}{D} + (4 \times 0.2 + 0.5 + 1.0)\right)\frac{(1.274/D^2)^2}{19.6}$$
$$= \frac{13 \times 19.6}{1.274^2} D^4 = f\frac{520}{D} + 2.3 = 156.98\, D^4 = f\frac{520}{D} + 2.3$$
$$= 156.98\, D^5 - 2.3D = 520f = 0.30\, D^5 - 0.0044D = f \quad (9.258)$$

• 식 (9.258)도 미지수가 2개이므로 풀 수 없다. 이에 먼저 f를 가정한 후 풀어야 하고, 이것이 유형 3 문제 풀이의 시작이다. 가장 먼저 마찰계수를 가정해 식 (9.258)에 대입하면 첫 번째의 지름이 추정된다.

• 지름을 추정하기 위해 $f_{ass1} = 0.02$로 가정해 식 (9.258)에 대입하면 식 (9.259)와 같이 정리할 수 있지만 이 또한 5차 방정식이고 계수가 실수로 되어 있어서 수기로 풀기 어렵다. 따라서 [그림 9-58]과 같이 엑셀을 이용해 그래프를 그려 식 (9.260)과 같이 해를 구했다.

$$0.30\, D^5 - 0.0044D - 0.02 = 0 \quad (9.259)$$

$$D_{ass1} = 0.598\,[\text{m}] \quad (9.260)$$

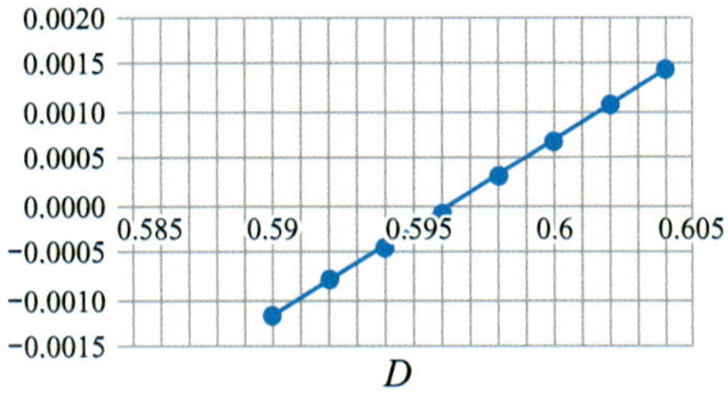

그림 9-58 5차 방정식의 해를 구하기 위한 그래프 (1차)

- 식 (9.260)의 추정값을 식 (9.257)에 대입하면 속도값을 식 (9.261)과 같이 추정할 수 있다.

$$V_{ass1} = \frac{1.274}{D^2} = \frac{1.274}{0.598^2} = 3.563\,[\mathrm{m/s}] \tag{9.261}$$

- 식 (9.261)의 첫 번째 속도 추정값으로 식 (9.262)와 같이 Re_{ass1}수를 구하고 이로부터 f_{ass2}를 구한 후 다시 배관 지름을 구해야 한다.

$$Re_{ass1} = \frac{\rho D_{ass1} V_{ass1}}{\mu} = \frac{998 \times 0.598 \times 3.563}{0.001} = 2{,}125.413 \tag{9.262}$$

- 마찰계수를 계산하기 위해 매끄러운 관을 가정하고 브라시우스 식으로 식 (9.263)과 같이 f_{ass2}를 추정할 수 있다.

$$f_{ass2} = \frac{0.3164}{Re_{ass1}^{0.25}} = \frac{0.3164}{2{,}125{,}413^{0.25}} = 0.008 \tag{9.263}$$

- 다시 이 순서로 $f_{ass2} \rightarrow D_{ass2} \rightarrow V_{ass2} \rightarrow Re_{ass2} \rightarrow f_{ass3}$를 구해보자. 그 과정은 식 (9.264) ~ 식 (9.268)과 같이 정리했다.

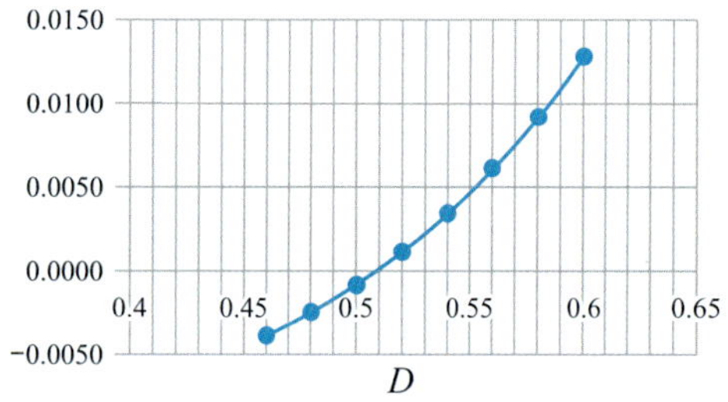

그림 9-59 5차 방정식의 해를 구하기 위한 그래프 (2차)

$$0.30\,D^5 - 0.0044D - 0.008 = 0 \tag{9.264}$$

$$D_{ass2} = 0.51\,[\mathrm{m}] \tag{9.265}$$

$$V_{ass2} = \frac{1.274}{D^2} = \frac{1.274}{0.51^2} = 4.898\,[\mathrm{m/s}] \tag{9.266}$$

$$Re_{ass1} = \frac{\rho D_{ass2} V_{ass2}}{\mu} = \frac{998 \times 0.51 \times 4.898}{0.001} = 2{,}492{,}984 \tag{9.267}$$

$$f_{ass3} = \frac{0.3164}{Re_{ass1}^{0.25}} = \frac{0.3164}{2{,}492{,}984^{0.25}} = 0.008 \tag{9.268}$$

- 세 번째 추정으로 구한 식 (9.268)의 마찰계수값이 두 번째로 구한 식 (9.263)과 같으므로 식 (9.265)의 배관 지름으로 설계할 수 있다.

고찰

- 유형 3의 예제는 미지수, D의 함수로 식 (9.259)와 같이 정리한 후 풀면 된다.
- [예제 9-16]과 같이 반복 작업을 통해 아래와 같이 계산하면 된다.

	1차	2차	3차
f	0.02	① → 0.008	② → 0.008
D	0.598	0.51	
V	3.563	4.898	
Re	2,126,413	2,492,984	

SECTION 9.9

차압식 유량계

✔ 유량을 총합적으로 측정하는 방법에 대해 알아본다.
✔ 차압식 유량계의 개념과 종류에 대해 알아본다.

9.9.1 총합적 측정 방법

관내의 유동 정보를 획득하기 위해 속도, 압력, 온도, 밀도, 점도 및 난류 강도 등과 같은 국부적인 성질들을 측정해야 할 필요가 있다. 이런 물리량은 보통 작은 영역 또는 점 등에서 여러 가지 아이디어로 개발된 장치를 이용해 측정하게 된다. [그림 9-60(a)]와 같이 피토 튜브나 [그림 9-60(b)]와 같이 LDA Laser-Doppler Anemometer 기법을 이용해 국부적인 속도를 측정하는 방법이 주로 사용된다.[26]

작은 영역이나 점들의 속도를 측정하는 것도 중요하지만 원관이나 배관에서 토출되는 체적유량이나 유입되는 질량유량과 같은 총합적인 성질을 정확히 측정하는 것이 매우 중요하다. 총량적으로 유량을 측정하는 방법은 크게 중량법과 체적법이 있다.

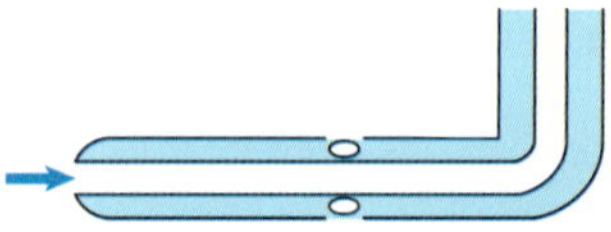

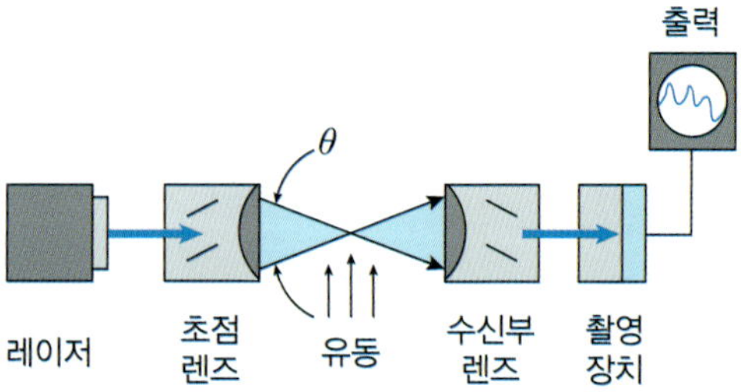

그림 9-60 국부적인 속도를 측정하는 방법

■ 중량법

중량법은 유량을 측정하는 가장 간단한 방법이다. 임의의 양을 측정할 수 있는 용기에 원하는 시간 동안 배관에서 토출되는 양을 받고, 받은 유체와 함께 용기의 무게를 측정하면 질량유량([kg/s])을 측정할 수 있다.

이때 용기의 무게는 기본적으로 영점 조정해 배제해야 한다. 중량법으로 적은 유량을 측정하는 경우에는 오차가 많이 발생하므로 유량이 어느 정도 큰 경우에 적용하는 것을 권한다. 단, 모든 측정은 반복 측정하여 오차를 줄이고 이에 대한 불확실성 해석을 수행해야 한다.

26 이에 대한 자세한 이론은 유속 계측 관련 전문서적을 참조하기 바란다.

■ 체적법

체적법 또한 중량법처럼 유량을 측정하는 간단한 방법이다. 정확한 눈금이 있는 비커와 같은 용기에 원하는 시간 동안 흐르는 유체를 받고 이때의 체적유량($[\mathrm{m^3/s}]$)을 측정한다. 이 체적법은 중량법보다 비교적 적은 유량을 측정할 때 권한다.

9.9.2 차압식 유량계

배관에 [그림 9-61]과 같이 장애물(오리피스, 노즐, 벤투리 등), 즉 압력을 변화시키는 장치가 설치되어 있다고 가정하자. 이런 차압식 유량계에 적용된 지배방정식은 식 (5.32)와 식 (9.131)의 연속방정식과 베르누이방정식을 적용할 수 있으므로 쉽게 유량 측정 원리를 이해할 수 있다. 그러나 보통 에너지방정식을 적용할 때 이런 시스템에서는 점성에 의한 손실을 고려하지 않고 식 (9.269)와 같이 수평관 내 이상적인 에너지방정식을 이용한다.

$$Q = A_1 V_1 = A_2 V_2 \tag{5.32}$$

$$\left(\frac{p_1}{\rho g} + \frac{\overline{V_1^2}}{2g} + z_1\right) - \left(\frac{p_2}{\rho g} + \frac{\overline{V_2^2}}{2g} + z_2\right) = h_\ell \tag{9.131}$$

$$\left(\frac{p_1}{\gamma} + \frac{\overline{V_1^2}}{2g}\right) - \left(\frac{p_2}{\gamma} + \frac{\overline{V_2^2}}{2g}\right) = h_\ell \tag{9.269}$$

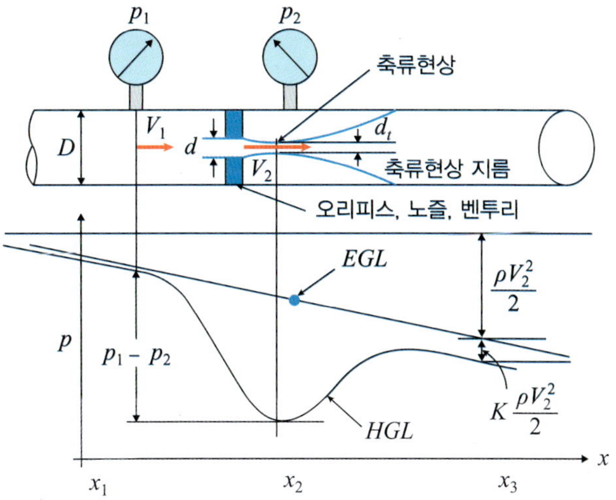

그림 9-61 차압식 유량계를 설명하는 도식

Think_14

차압식 유량계와 같은 시스템에서 왜 손실은 계산하지 않는지 생각해보자.

먼저 연속방정식에서 식 (9.270)과 같이 V_2를 V_1으로 정리하자. 식 (9.270)에서 장애물에 의해 줄어든 지름 d와 유입지름의 비를 β로 정의하여 식 (9.271)과 같이 정리하자. β는 이러한 장치의 지름비로 차압식 유량계의 매우 주요한 인자이다.

$$V_1 = \frac{A_2}{A_1} V_2 = \left(\frac{d}{D}\right)^2 V_2 = \beta^2 V_2 \tag{9.270}$$

$$\beta = \frac{d}{D} \tag{9.271}$$

식 (9.270)의 방정식을 속도로 정리하면 식 (9.272)와 같고, 이 식에 식 (9.271)을 대입하면 V_2로 정리된 식 (9.273)과 같이 나타낼 수 있다.

$$V_2^2 - V_1^2 = 2g\left(\frac{p_1 - p_2}{\rho g}\right) \tag{9.272}$$

$$V_2^2 - \beta^4 V_2^2 = V_2^2(1-\beta^4) = 2\left(\frac{p_1 - p_2}{\rho}\right)$$

$$V_2 = \sqrt{\frac{2(p_1 - p_2)}{\rho(1-\beta^4)}} \tag{9.273}$$

장애물로 인한 압력차를 이용해 식 (9.273)과 같이 속도를 측정할 수 있다. 여기에 감소된 면적을 곱하면 식 (9.274)와 같이 유량을 구할 수 있다. 그러나 식 (9.274)의 유량은 유도할 때 무시한 마찰로 인해 부정확해진다. 따라서 식 (9.275)와 같이 베나 콘트랙터의 최소 지름으로 면적비를 보정하고, 식 (9.276)과 같이 변경시켜야 한다. 그러나 현장에서 베나 콘트랙터의 최소 지름을 정확히 알 수 없으므로 유량계수 C_d를 활용해 식 (9.277)과 같이 사용한다.

$$Q = A_2 V_2 = A_2\sqrt{\frac{2(p_1 - p_2)}{\rho(1-\beta^4)}} \tag{9.274}$$

$$\beta_t \approx \frac{d_t}{D} \tag{9.275}$$

$$Q = A_t V_t = A_t\sqrt{\frac{2(p_1 - p_2)}{\rho(1-\beta^4)}} \tag{9.276}$$

$$Q = C_d A_2\sqrt{\frac{2(p_1 - p_2)}{\rho(1-\beta^4)}} \tag{9.277}$$

식 (9.277)의 C_d값은 식 (9.278)과 같이 Re수와 면적비 β의 함수이다.

$$C_d = f(Re,\ \beta) \tag{9.278}$$

식 (9.278) 내에 있는 기하학적 인자인 지름비 β를 유량계수 C_d의 식 (9.279)와 같이 무차원수로 정리할 수 있고 이를 이용해 식 (9.280)과 같이 유량에 관한 식으로 나타낼 수 있다.

$$\alpha = \frac{C_d}{\left(1-\beta^4\right)^{1/2}} \tag{9.279}$$

$$Q = \alpha A_2 \sqrt{\frac{2(p_1 - p_2)}{\rho}} \tag{9.280}$$

이렇게 **관내 장애물을 설치해 유량을 측정하는 장치를 차압식 유량계**라고 한다. 장애물로는 일반적으로 [그림 9-62]와 같이 오리피스, 노즐, 벤투리를 주로 사용한다.

이런 장치에 대한 기학학적 형상의 정보와 이에 따른 [그림 9-63]과 같은 유량계수 C_d값은 ISO나 KS 규격 등을 참조하기 바란다.

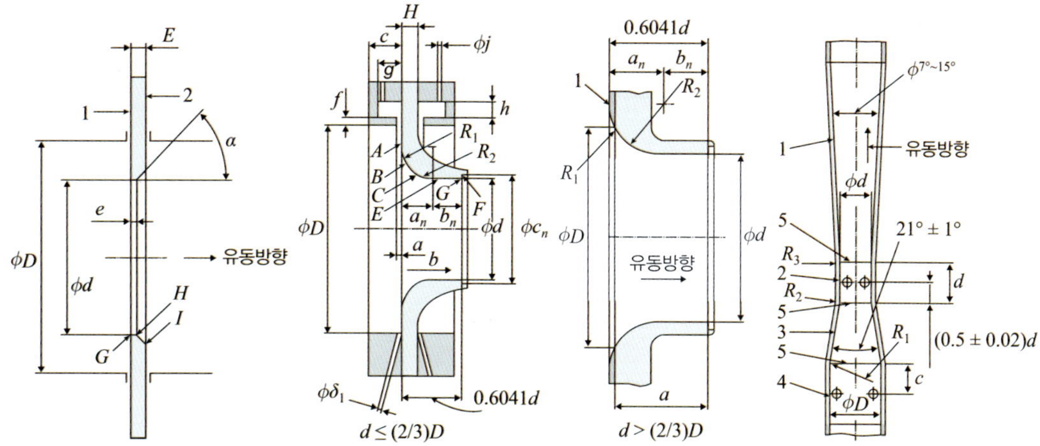

(a) 오리피스 (b) 노즐 (c) 벤투리

그림 9-62 차압식 유량계에서 주로 사용하는 장치

[그림 9-63]에서 유량계수값을 그래프 선도에서 Re수나 β에 따라 결정하기에는 정확하지 않고 불편한 점이 많다. 이에 리더-해리스Reader-Harris가 오리피스 유량계를 사용한 식 (9.281)을 제안했다. 이 수식은 오리피스 유량계의 C_d를 ISO 5167-2:2003의 규정에 따라 제시한 실험식이다.[27] 이 수식은 네 줄로 되어 있는데 기본적으로는 첫 번째 수식을 이용하고 오리피스의 형태가 복잡해지면 기본적인 수식에 이후의 식을 추가하면 된다.

$$\begin{aligned} C_{d_{orifice}} &= 0.5961 + 0.0261\beta^2 - 0.216\beta^8 \\ &\quad + 0.000521\left(\frac{10^6\beta}{Re_D}\right)^{0.7} + (0.0188 + 0.0063A)\beta^{3.5}\left(\frac{10^6\beta}{Re_D}\right)^{0.7} \quad \text{; 기울기 관련} \\ &\quad + \left(0.043 + 0.080e^{-10L_1} - 0.123e^{-7L_1}\right)(1-0.11A)\frac{\beta^4}{1-\beta^4} \quad \text{; 상류 탭 관련} \\ &\quad - 0.031\left(M'_2 - 0.8M'^{1.1}_2\right)\beta^{1.3} \quad \text{; 하류 탭 관련} \end{aligned} \tag{9.281}$$

27 Michael Reader-Harris, Claire Forsyth, Tariq Boussouara, The calculation of the uncertainty of the orifice-plate discharge coefficient, Flow Measurement and Instrumentation Volume 82, 102043, 2021.

또한 노즐과 벤투리의 경우 식 (9.282)와 엑셀로 구한 3차 추세식인 식 (9.283)과 같은 실험식을 이용해 C_d값을 계산하면 간단하다.

$$C_{d_{nozzle}} = 0.9965 - 0.00653\,\beta^{0.5}\left(\frac{1 \times 10^6}{Re}\right)^{0.5} \tag{9.282}$$

$$C_{d_{venturi}} = -0.4576\,\beta^3 + 0.3953\beta^2 - 0.1261\beta + 0.9984 \tag{9.283}$$

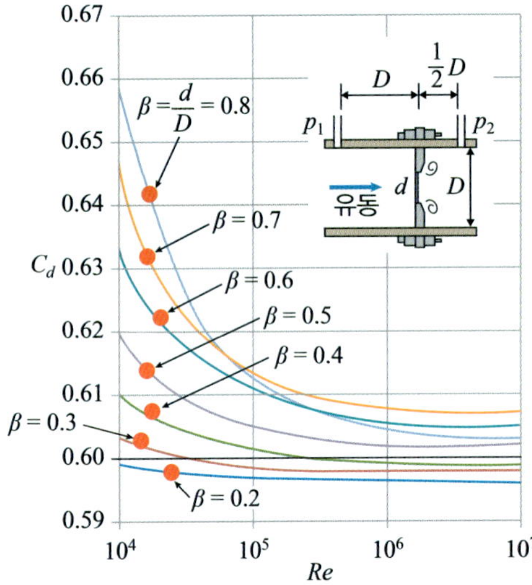

(a) 오리피스

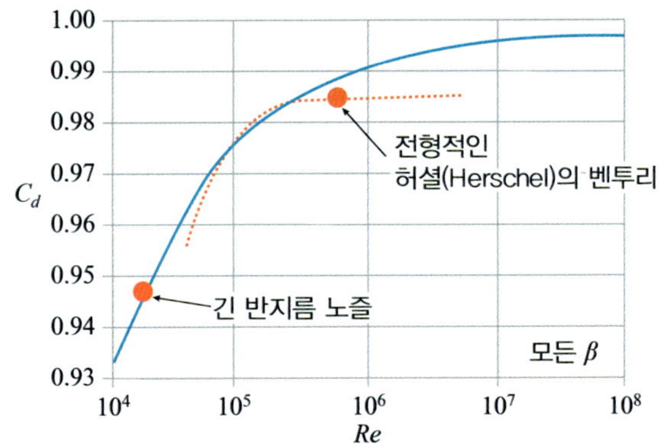

(b) 노즐

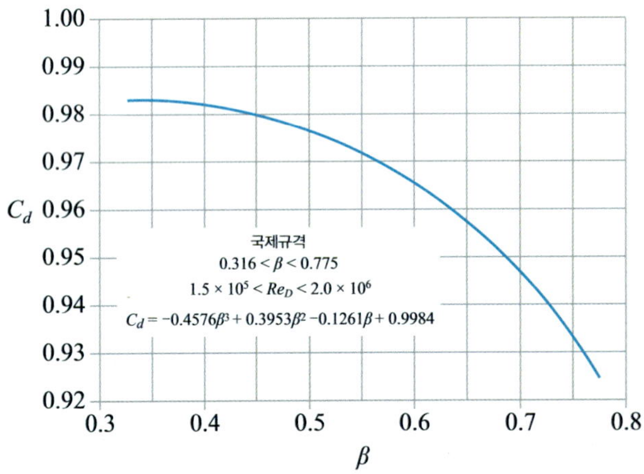

(c) 벤투리

그림 9-63 차압식 유량계의 유량계수

예제 9-19 차압식 유량계

지름이 200 [mm]인 원관에 밀도와 절대점성계수가 각각 $\rho = 998\,[\text{kg/m}^3]$, $\mu = 1.0 \times 10^{-3}\,[\text{Pa}\cdot\text{s}]$인 물이 흐를 때 차압식 유량계를 설치해 유량을 측정하고자 한다. $\beta = 0.5$의 값으로 설치했을 때 (a) 오리피스, (b) 노즐, (c) 벤투리의 유량 계수를 구하라. 단, 차압식 유량계의 차압은 150,000 [Pa]로 측정됐다고 가정한다.

분석

- 세 가지 종류의 차압식 유량계에서 측정된 압력이 각각 주어졌을 때 유량을 구하는 문제이다.
- 유량은 식 (9.280)으로 결정해야 하지만, 유량은 α의 함수이므로 α를 먼저 구해야 한다. 그러나 문제에서 $\beta = 0.5$만 주어졌기 때문에, 우선 오리피스의 경우는 식 (9.281), 노즐의 경우는 식 (9.282), 벤투리의 경우는 식 (9.283)을 이용해 유량계수 C_d를 계산해야 한다. C_d를 계산한 후 α와 속도를 구해 유량을 계산하면 된다. 노즐의 경우는 Re수를 알아야 하므로 관로 문제의 유량을 미지수로 둔 [예제 9-16]과 같이 반복 계산을 해야 한다.
- 측정된 압력차가 동일하더라도 유량계마다 유량계수가 달라지므로 유량이 달라짐을 알 수 있다. 어떤 유량계가 손실이 적은지 확인해보자.

풀이

(a) 오리피스의 유량계수를 구하기 위해 먼저 식 (9.281)로부터 Re수와 상관없이 $\beta = 0.5$에서 식 (9.284)와 같이 구했다.

$$C_{d_{orifice}} = 0.5961 + 0.0261\beta^2 - 0.216\beta^8 = 0.6018 \tag{9.284}$$

이 값을 식 (9.279)에 대입하면 식 (9.285)와 같이 α를 구할 수 있다. 이를 식 (9.280)에 대입하면 속도와 유량을 구할 수 있다.

$$\alpha = \frac{C_d}{(1-\beta^4)^{1/2}} = \frac{0.6018}{(1-0.5^4)^{1/2}} = 0.622 \tag{9.285}$$

$$V_2 = \alpha\sqrt{\frac{2(p_1 - p_2)}{\rho}} = 0.622\sqrt{\frac{2 \times 150{,}000}{998}} = 10.78\,[\text{m/s}]$$

$$Q = A_2 V_2 = \frac{3.14 \times 0.1^2}{4} \times 10.78 = 0.0846\,[\text{m}^3/\text{s}]$$

속도값을 계산했으므로 Re수를 구한 후 [그림 9-72(a)]에서 유량계수값을 구해, 식 (9.284)에서 구한 C_d값과 유사한지 확인해야 한다. 식 (9.284)에서 유량계수를 구할 때 Re수를 고려하지 않았기 때문에 확인이 필요하다.

(b) 노즐의 유량계수는 식 (9.282)로부터 구해야 하나, Re수가 변수이므로 $Re = 1 \times 10^6$으로 가정해 식 (9.286)과 같이 유량계수값을 예측하자. 예측된 유량계수로부터 식 (9.287)과 같이 α_{iter1}, 식 (9.288)과 같이 속도를 추정해야 한다.

$$C_{d_{nozzle}} = 0.9965 - 0.00653\,(0.5)^{0.5}\left(\frac{1 \times 10^6}{1{,}000{,}000}\right)^{0.5} = 0.992 \tag{9.286}$$

$$\alpha_{iter1} = \frac{C_d}{(1-\beta^4)^{1/2}} = \frac{0.992}{(1-0.5^4)^{1/2}} = 1.024 \tag{9.287}$$

$$V_{2_{iter1}} = \alpha_{iter1}\sqrt{\frac{2(p_1 - p_2)}{\rho}} = 1.024\sqrt{\frac{2 \times 150{,}000}{998}} = 17.75\,[\mathrm{m/s}] \tag{9.288}$$

이때 구한 속도로부터 다시 Re수를 구해 식 (9.289), 식 (9.290)까지 두 번째 피드백 계산을 해 보자.

$$Re_{iter2} = \frac{998 \times 0.01 \times 17.75}{0.001} = 3{,}542{,}900 \tag{9.289}$$

$$C_{d_{iter2}} = 0.9965 - 0.00653\,(0.5)^{0.5}\left(\frac{1 \times 10^6}{3{,}542{,}900}\right)^{0.5} = 0.994 \tag{9.290}$$

$$\alpha_{iter2} = \frac{C_d}{(1-\beta^4)^{1/2}} = \frac{0.994}{(1-0.5^4)^{1/2}} = 1.027 \tag{9.291}$$

$$V_{2_{iter2}} = \alpha_{iter2}\sqrt{\frac{2(p_1 - p_2)}{\rho}} = 1.027\sqrt{\frac{2 \times 150{,}000}{998}} = 17.81\,[\mathrm{m/s}] \tag{9.292}$$

두 번째로 구한 속도인 식 (9.292)로부터 식 (9.293)과 같이 구한 Re_{iter3}수를 식 (9.289)의 Re_{iter2}수와 비교하면 거의 비슷함을 알 수 있다.[28] 따라서 식 (9.292)의 속도를 이용해 유량을 식 (9.294)와 같이 구하면 된다.

$$Re_{iter3} = \frac{998 \times 0.2 \times 17.81}{0.001} = 3{,}554{,}876 \tag{9.293}$$

$$Q_{nozzle} = A_2 V_2 = \frac{3.14 \times 0.1^2}{4} \times 17.81 = 0.1398\,[\mathrm{m^3/s}] \tag{9.294}$$

(c) 벤투리 유량계는 식 (9.286)과 같이 β로 Re수와 상관없이 유량계수를 구할 수 있으므로 먼저 식 (9.295)와 같이 구하고, 이로부터 순차적으로 식 (9.296) ~ 식 (9.298)과 같이 계산할 수 있다. 이는 반복 계산을 하지 않아도 된다.

$$C_{d_{venturi}} = -0.4576 \times 0.5^3 + 0.3953 \times 0.5^2 - 0.1261 \times 0.5 + 0.9984 = 0.977 \tag{9.295}$$

$$\alpha = \frac{C_d}{(1-\beta^4)^{1/2}} = \frac{0.977}{(1-0.5^4)^{1/2}} = 1.009 \tag{9.296}$$

$$V_2 = \alpha\sqrt{\frac{2(p_1 - p_2)}{\rho}} = 1.009\sqrt{\frac{2 \times 150{,}000}{998}} = 17.49\,[\mathrm{m/s}] \tag{9.297}$$

$$Re = \frac{998 \times 0.2 \times 17.49}{0.001} = 3{,}491{,}004 \tag{9.298}$$

---

28 정확한 계산을 위해 반복 계산을 좀 더 하는 것이 좋지만 이 정도 계산만 거쳐도 큰 문제는 없다.

이 유속으로부터 식 (9.299)와 같이 벤투리 유량계로 유량을 구할 수 있다.

$$Q_{venturi} = A_2 V_2 = \frac{3.14 \times 0.1^2}{4} \times 17.49 = 0.1373\,[\mathrm{m^3/s}] \tag{9.299}$$

고찰

- 이 예제에서는 압력차가 주어졌지만 현장에서 실제로 차압식 유량계를 제작하고 설치할 때 부족한 정보가 있다면 배관 문제를 푸는 방식과 같이 반복 작업을 통해 결정하면 된다.
- 계산된 유량값을 비교했을 때 동일한 압력에서 노즐과 벤투리는 손실이 적기 때문에 오리피스로 측정된 유량값보다 훨씬 큼을 알 수 있다. 즉 노즐과 벤투리를 사용하면 보다 정확하게 유량을 측정할 수 있다. 그러나 현장에서는 유량계수가 적은 오리피스 유량계가 많이 사용된다. Re수가 얼마 이상이 되면 β값이 적을 경우 유량계수값은 Re수에 상관없이 변화폭이 적기 때문이다. ([그림 9-63(a)] 참조) 이보다 더 중요한 이유는 쉽게 이해 및 제작할 수 있고 제작 비용이 저렴하다는 것이다.

CHAPTER 09 | 연습문제

■ 내부유동

9.1 100[℃]의 공기가 지름이 125[mm]인 덕트내를 유동하고 있다. (a) 난류유동일 때의 체적유량을 구하고 (b) 이 유량에서 완전히 발달된 유동이 되기까지 입구길이를 계산하라. 단, 100[℃]의 공기의 동점성계수는 $\nu = 2.29 \times 10^{-5}$ [m²/s]이다.

9.2 컴퓨터 하드디스크의 기록 헤드는 회전 디스크 위 아주 얇은 공기 막(두께 0.35[μm]) 위에 떠 있다. 헤드의 위치는 디스크 중심선에서 30[mm], 디스크의 회전수는 8500[rpm], 기록 헤드의 면적은 7[mm²]이다. 헤드와 디스크 사이의 틈새에 표준 공기가 있을 때 (a) 유동의 Re수, (b) 점성전단응력, (c) 점성전단력을 극복하기 위해 필요한 동력을 구하라. 단, 공기의 밀도, 절대점성계수와 동점성계수는 $\rho = 1.23$ [kg/m³], $\mu = 1.79 \times 10^{-5}$ [m²/s], $\nu = 1.45 \times 10^{-5}$ [m²/s]이다.

■ 평판내 유동

9.3 평행 평판 사이에 점성이 있는 기름이 흐르고 있으며, 완전히 발달된 층류유동이다. 압력구배는 1.5[kPa/m]이고, 높이는 평판 사이의 절반 간격인 2.0[mm]이다. (a) 상부 평판 표면에서의 벽면 전단응력의 크기를 계산하고, (b) 채널을 통한 유량을 구하라. 단, 기름의 절대점성계수는 $\mu = 0.7$ [Pa·s]이고, 단위 폭은 $b = 1.0$ [m]이다.

9.4 물이 수평 채널 속에서 완전히 발달된 상태로 흐를 때, 유동 방향으로 9[m] 떨어진 두 탭 사이의 압력 강하는 6.9[kPa]이다. 채널의 단면은 $a = 25$ [mm] $\times$ $b = 240$ [mm]의 직사각형이다. 평균 벽면전단응력을 계산하라.

■ 관내 유동

9.5 [그림 9-64]와 같이 안지름이 $d = 0.127$ [mm]이고 길이는 $L = 25$ [mm]인 피하주사 바늘을 이용해 물보다 5배의 점성계수($\mu_{생리수} = 5 \times 10^{-3}$ [Pa·s])를 가진 생리 식염수를 주사한다. 단, 플런저 지름은 $D = 10$ [mm]이다. 플런저를 엄지손가락으로 누르는 최대 힘은 $F = 33.4$ [N]이다. 생리 식염수의 체적유량을 계산하라.

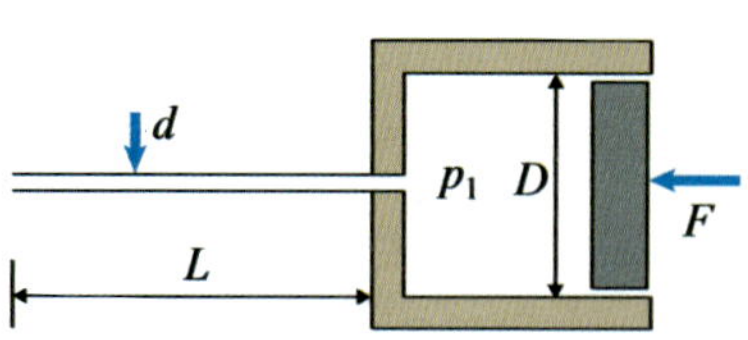

그림 9-64

9.6 같은 길이를 가지는 두 원관의 지름비가 1 : 5이다. 두 원관내에 흐르는 유체가 같고, 그 유동이 층류이며, 손실헤드가 같을 때 유량의 비를 구하라.

9.7 면적이 일정한 수평 파이프에 물이 흐른다. 배관 지름은 75 [mm]이고 평균 유속은 5 [m/s]이다. 배관 입구의 계기압은 275 [kPa]이고 출구의 압력은 대기압이다. (a) 이때 배관의 손실헤드를 구하라. 만약 (b) 배관 출구가 입구보다 15 [m] 높게 설치된다면 동일 유량을 유지하기 위한 입구 압력은 얼마가 되어야 하는가? (c) 또한 배관 출구가 15 [m] 낮게 설치된다면 동일 유량을 유지하기 위한 입구 압력은 얼마가 되어야 하는가? (d) 마지막으로 배관의 입출구가 모두 대기압일 때(즉 중력에 의해서만 물이 흐름), (a)와 동일한 유량을 유지하기 위해 출구는 입구보다 얼마나 낮아야 하는가?

9.8 [그림 9-65]와 같이 물이 매우 짧은 배관을 통해 흐른다. 유동은 정상상태로 가정했을 때 그림과 같은 순간에서의 유량을 계산하라. 단, 지름이 작은 관을 통과할 때의 부손실계수는 $K = 0.78$로 가정하자.

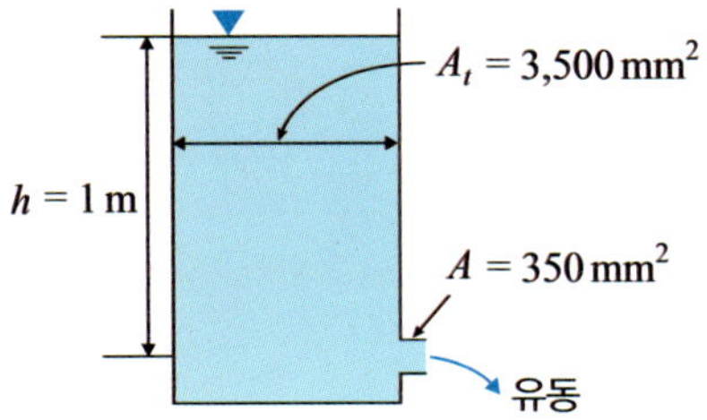

그림 9-65

■ 비원형 관내 유동

9.9 유로 단면이 20 [cm] × 60 [cm]인 폐회로에 액체가 가득 차서 흐른다. 폐회로의 수력지름은 얼마인가?

9.10 유동 단면의 폭이 2 [m]이고, 깊이가 1 [m]인 개수로에서 수력반지름 R_h의 길이는 얼마인가?

9.11 [그림 9-66]과 같이 단면이 정삼각형으로 되어 있는 관에 유체가 흐르고 있다. 원관에 관한 손실계수를 이용해 관 마찰손실을 계산할 때 수력반지름을 구하라.

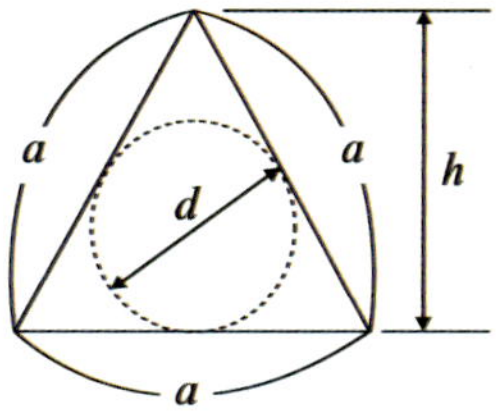

그림 9-66

9.12 내부 치수가 $2 \times 3\,[\text{cm}^2]$인 사각형 단면의 매끄러운 수평관 속을 20[℃]의 물이 평균 유속 1.2 [m/s]로 흐르고 있다. 관의 길이 1 [m]당 손실헤드는 얼마인가? 단, 관 마찰계수는 $f = 0.024$이다.

■ 관내 유동내 에너지 변화 및 마찰손실(주손실)과 부손실

9.13 알래스카 송유관의 지름이 일정한 구간의 입구에서 압력은 9.5 [MPa], 입구와 출구의 높이는 각각 50 [m]와 120 [m]이다. 이 구간에서의 송유관 손실헤드는 7.2 [m]이다. 이때 출구압력을 구하라. 단, 기름의 비중은 0.9라 가정한다.

9.14 안지름이 35 [cm]인 원관으로 2,000 [m] 떨어진 곳(수평 거리)에 물을 수송하려고 한다. 24시간에 15,000 $[\text{m}^3]$을 보내는 데 필요한 압력은 얼마인가? 단, 관 마찰계수는 $f = 0.032$이다.

9.15 안지름이 5 [cm]인 원관내 기름이 속도 1.5 [m/s]의 층류로 흐른다. 원관의 길이가 10 [m]라면 압력손실은 얼마인가? 단, 기름의 밀도는 $\rho = 1{,}264\,[\text{kg/m}^3]$, 동점성계수는 $\nu = 0.00118\,[\text{m}^2/\text{s}]$이다.

9.16 지름이 10 [cm]인 파이프에 밀도가 $\rho = 1{,}000\,[\text{kg/m}^3]$인 물이 평균속도 5 [m/s]로 흐를 때, 마찰계수가 0.02라고 한다. 이 파이프가 [그림 9-67]과 같이 30° 경사지게 놓여 있고 물이 위로 흐르면 파이프 1 [m]당 압력 변화는 얼마인가?

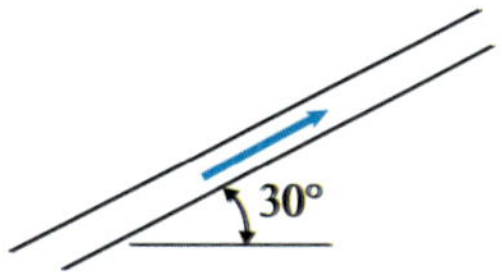

그림 9-67

9.17 안지름이 10 [cm]인 수평관로로 물을 유속 2 [m/s]로 100 [m] 거리까지 송수할 때, 관 마찰손실에 의한 압력 강하는 얼마인가? 단, 마찰계수는 $f = 0.03$이고 물의 밀도는 $\rho = 1{,}000$ [kg/m^3]이다.

9.18 지름이 5 [cm], 길이가 20 [m], 관 마찰계수가 $f = 0.02$인 원관 속을 난류의 물이 흐른다. 관 출구와 입구의 압력차가 20 [kPa]이면 유량은 얼마인가?

9.19 층류유동하는 원관에서 Re수가 1,000인 경우 마찰계수 f의 값은 얼마인가?

9.20 지름이 10 [cm]인 원관내에 비중이 0.85, 동점성계수가 $\nu = 1.27 \times 10^{-4}$ [m^2/s]인 기름이 0.01 [m^3/s]로 흐르고 있다. 이때 관 마찰계수 f는 얼마인가?

9.21 지름이 $D = 1.5$ [cm]인 거친 관에 물이 평균속도 0.125 [m/s]로 흐른다. 원관의 조도 ε는 0.01 [mm]이고 물의 동점성계수는 $\nu = 1.5 \times 10^{-6}$ [m^2/s]이다. 이때 관 마찰계수 f는 얼마인가?

9.22 동점성계수가 0.1×10^{-5} [m^2/s]인 유체가 안지름이 10 [cm]인 원 관내에 1 [m/s]로 흐르고 있다. 관 마찰계수는 $f = 0.022$이며 길이가 200 [m]일 때의 손실헤드는 몇 [m]인가? 단, 밀도는 $\rho = 1{,}000$ [kg/m^3]이다.

9.23 안지름이 0.1 [m]인 관로에서 관 벽의 마찰손실헤드가 속도헤드와 같다면, 그 관로의 길이는 얼마인가? 단, 관 마찰계수는 $f = 0.03$이다.

9.24 주철관을 통해 유량 0.2 [m^3/s]로 기름을 운반하려 한다. 마찰계수는 $f = 0.019$로 가정할 때, 관의 길이 1,000 [m]에서 손실헤드가 8 [m]가 되는 관의 지름은 약 얼마인가?

9.25 지름이 10 [cm]인 수평 원관으로 물을 평균속도 2 [m/s]로 10 [km] 거리까지 이송하기 위해 공급해야 하는 최소 동력은 얼마인가? 단, 관 마찰계수는 $f = 0.03$이며, 관 입구와 출구에서의 손실은 무시한다.

9.26 [그림 9-68]과 같이 단면적이 급격히 넓어지는 급확대 흐름에서 지점 ①에서의 압력은 대기압 ($p_1 = 0$)이고 속도는 $V_1 = 2\,[\mathrm{m/s}]$이다. $A_1/A_2 = 0.3$일 때 유동 손실헤드는 몇 [m]인가?

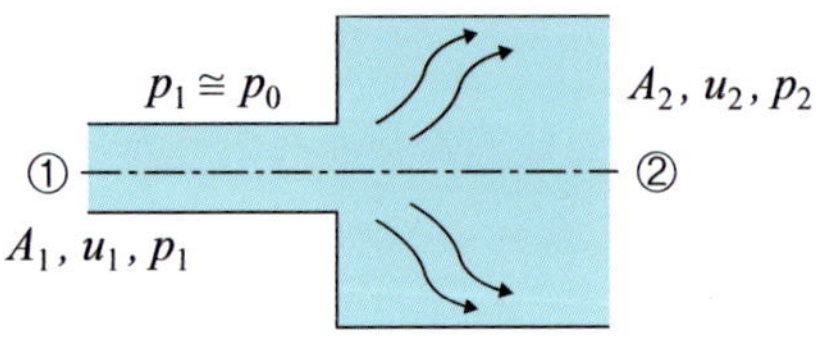

그림 9-68

9.27 부손실계수값이 $K = 5$인 밸브를 관 마찰계수가 0.025이고 지름이 2[cm]인 관으로 환산한다면 관의 등가 길이는 얼마인가?

9.28 [그림 9-69]와 같이 지름이 6[cm]인 원관내에 밀도가 $\rho = 1{,}260\,[\mathrm{kg/m^3}]$, 절대점성계수는 $\mu = 1.5\,[\mathrm{Pa \cdot s}]$인 글리세린이 $50\,[\mathrm{m^3/h}]$로 통과한다. 이때 발생하는 손실헤드는 얼마인가? 단, 부손실은 무시하고 지점 ①과 지점 ②의 높이차는 12[m]라 가정한다.

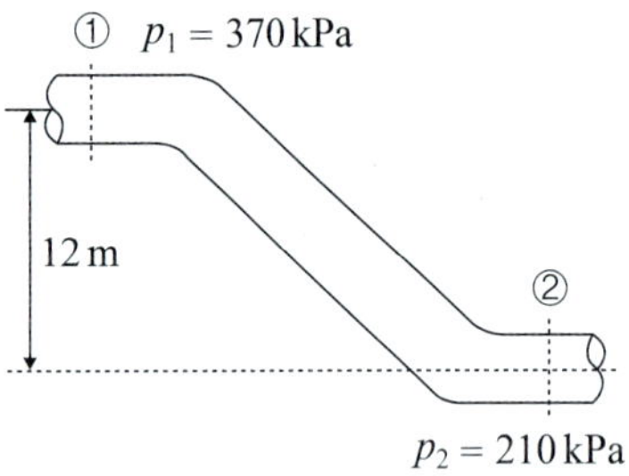

그림 9-69

9.29 [그림 9-70]과 같이 날카로운 사각 모서리 입출구를 갖는 관로에서 전양정 H는 얼마인가? 단, 관의 길이는 ℓ, 지름은 d, 관 마찰계수는 f, 속도헤드는 $V^2/2g$이다. 입구손실계수와 출구손실계수는 각각 $K = 0.5$, $K = 1$이라 가정한다. ([표 9-11] 참조)

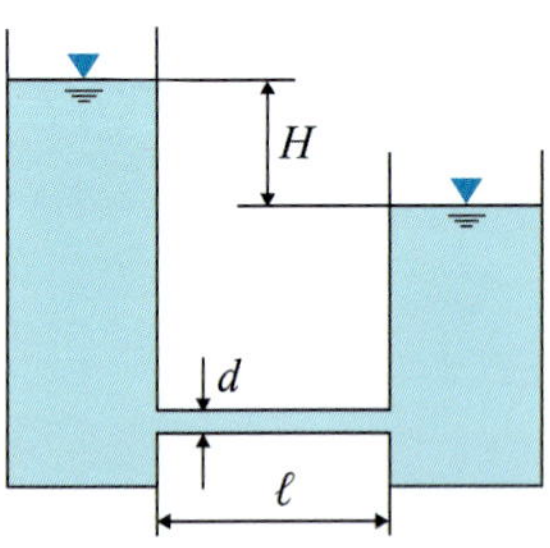

그림 9-70

9.30 [그림 9-71]과 같이 노즐이 달린 수평관에서 압력은 0.49 [MPa]이다. 이 관의 안지름이 6 [cm]이고, 관의 끝에 달린 노즐의 지름이 2 [cm]라면 노즐 출구에서 물의 분출 속도는 얼마인가? 단, 노즐에서의 손실은 무시하고, 관 마찰계수는 $f = 0.025$이다.

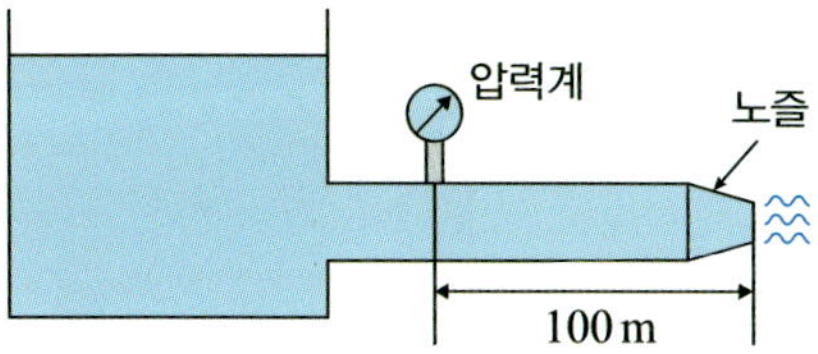

그림 9-71

9.31 유량이 0.5 [m^3/min]일 때 손실헤드가 5 [m]인 관로를 통해 20 [m] 높이 위에 있는 저수조로 물을 이송하고자 한다. 펌프의 효율이 90 [%]라고 할 때, 펌프에 공급해야 하는 전력은 얼마인가?

9.32 비중이 0.9인 원유를 1.0 [m^3/min]으로 지름이 150 [mm]인 원형관을 통해 수송하고자 한다. 100 [km] 거리까지 수송하기 위해 필요한 동력은 얼마인가? 단, 관 마찰계수는 $f = 0.02$이다.

9.33 수면의 높이가 40 [m]인 저수조에서 수면의 높이가 15 [m]인 저수조로, 지름이 45 [cm]이고 길이가 600 [m]인 주철관을 통해 물이 흐르고 있다. 유량은 0.25 [m^3/s]이며, 관로 중의 터빈에서 29.4 [kW]의 이론적인 동력을 얻는다면 관로의 손실헤드는 얼마인가?

9.34 [그림 9-72]와 같은 펌프의 흡입압력은 얼마인가? 단, 관내 유속은 3 [m/s], 관의 안지름은 100 [mm], 관 마찰계수는 0.03, 밸브의 손실계수는 $K_{valve} = 1.5$이다. 또한 입구손실계수는 $K_{inlet} = 0.5$이다.

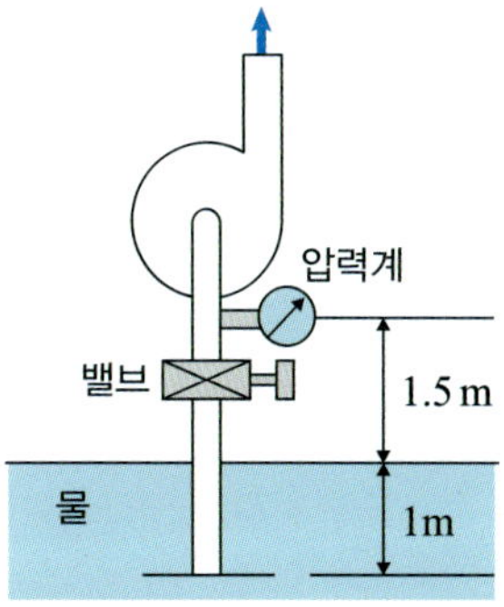

그림 9-72

9.35 물이 펌프 송출구로부터 지름이 0.230 [m]인 상용배관을 통해 6,400 [m] 거리에 있는 대기압에 노출된 수조로 토출된다. 탱크 수조의 수위는 펌프 송출구보다 15 [m] 높고, 배관내 물의 평균속도는 3 [m/s]이다. 이때 펌프 토출구에서의 압력을 계산하라. 출구손실은 $K_{exit} = 1.0$이고 마찰계수는 매끄러운 관이라 가정하고 브라시우스 식($f = 0.3164/Re^{0.25}$)을 이용해 계산하라. 물의 밀도와 절대점성계수는 각각 $\rho = 1{,}000$ [kg/m³], $\mu = 0.001$ [Pa·s]이다.

■ 단일 배관내 유동 문제

9.36 [그림 9-73]과 같이 동일한 지름의 수직 배관 2개가 곧은 튜브로 연결되어 있다. 물은 중력에 의하여 한쪽 수직 배관에서 다른 쪽 수직 배관으로 흐른다. [그림 9-73]과 같은 순간에 왼쪽 수직 배관의 수위 변화율($H = 2.5$ [m])에 의한 속도를 계산하라. 단, [표 9-11]에서 입구손실계수와 출구손실계수는 각각 $K = 0.5$, $K = 1$이다.

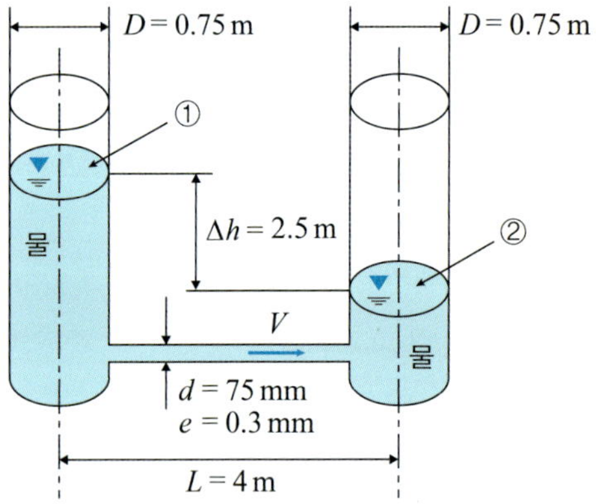

그림 9-73

9.37 지름이 20 [mm], 길이가 5 [m]인 직렬 배관이 지름이 40 [mm]인 배관으로 확대되는 배관이 있다. 이 배관에 동일한 유량이 흐를 때 손실이 동일해지는 등가(상등)길이는 얼마인가? 단, 두 관의 관마찰계수는 같다고 가정한다.

■ 차압식 유량계

9.38 [그림 9−74]와 같이 유리관의 지점 A와 지점 B의 지름은 각각 30 [cm], 10 [cm]이다. 이 관에 물을 흐르게 했더니 왼쪽 관(A관)의 헤드높이가 30 [cm]이다. 지점 A와 지점 B에서의 물의 속도와 유량은 얼마인가?

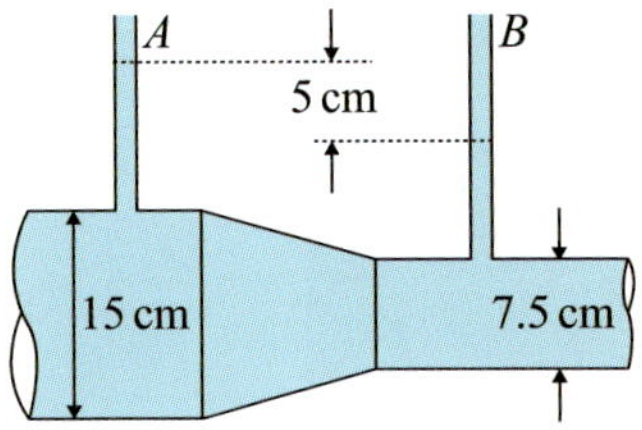

그림 9-74

9.39 [그림 9−75]와 같은 벤투리관에 물이 흐르고 있다. 단면 ①과 단면 ②의 단면적 비가 2($A_1 = 2A_2$)고 손실헤드를 무시할 때 단면 ①에서의 속도는 얼마인가? 단, Δh는 압력헤드차이다.

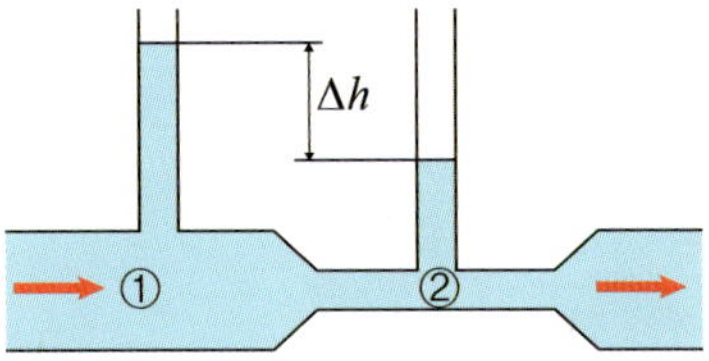

그림 9-75

이 사진은 블랙이글스의 비행 모습이다. 사진에서 보듯이 공기 속을 빠르게 뚫고 나가는데, 이때 제트기는 항력과 양력을 받는다. 10장에서는 이런 외부유동에서 발생된 힘들의 상관관계를 다룬다.

CHAPTER

10

외부유동

External Flow

외부유동의 특징 10.1

평판 경계층유동 10.2

경계층유동 지배방정식 10.3

영압력구배의 평판유동 10.4

경계층유동 내의 압력구배 10.5

잠겨 있는 물체 주위의 유체유동 10.6

연습문제

학습목표

- 외부유동의 특징을 알아본다.
- 평판 경계층유동과 다양한 두께에 대해 학습한다.
- 경계층내 유동특성과 관련된 지배방정식을 학습한다.
- 압력구배에 따른 평판내 경계층유동을 학습한다.
- 잠겨 있는 여러 가지 물체에 미치는 양력과 항력에 대해 학습한다.

SECTION

10.1

외부유동의 특징

- 잠겨 있는 물체 주위의 점성, 비압축성유동인 외부유동에 대해 학습한다.
- 물체 형상에 따른 외부유동의 차이를 알아본다.

10.1.1 대표적인 외부유동

외부유동은 [그림 10-1]과 같이 잠겨 있는 유체(어떤 경계에 닫혀 있지 않는 공간) 속을 물체Bodies(비행기, 자동차, 공 등)가 진행하거나, 물체(건물, 종이 등)에 유속이 접근하는 유동을 말한다. [표 10-1]을 보면 외부유동은 어떠한 유동장이더라도 물체에 작용하는 항력과 양력에 관심이 있음을 알 수 있다.

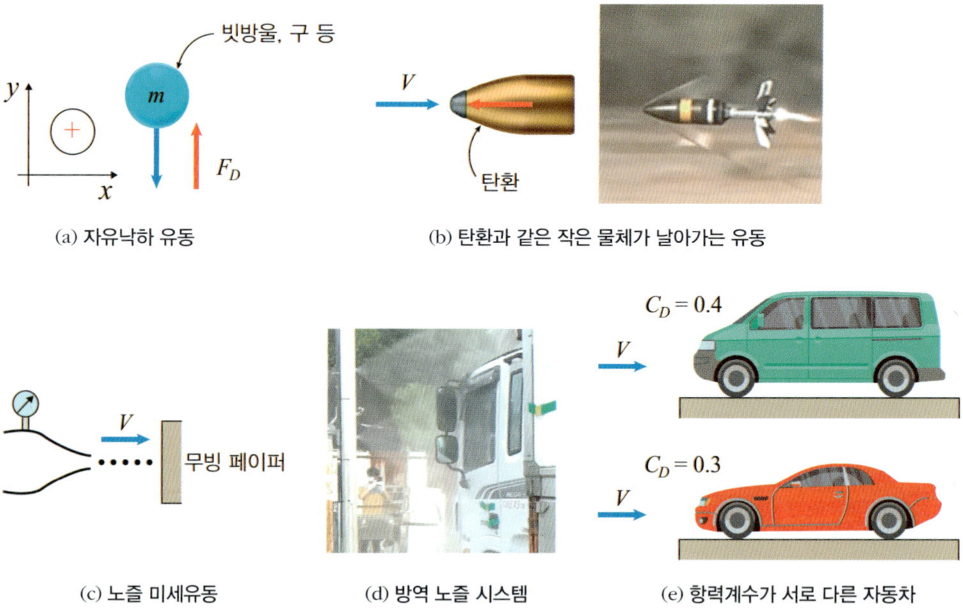

(a) 자유낙하 유동

(b) 탄환과 같은 작은 물체가 날아가는 유동

(c) 노즐 미세유동

(d) 방역 노즐 시스템

(e) 항력계수가 서로 다른 자동차

그림 10-1 대표적인 외부유동 유동장

표 10-1 대표적인 외부유동의 해당 유동장과 이에 관심 있는 물리량

구분		해당 유동장	관심 물리량
자유낙하 유동		공이나 낙하산과 같은 자유낙하 유동 ([그림 10-1(a)])	자유낙하나 강제낙하를 할 때 물체에 작용하는 힘과 항력
물체가 유체 속을 진행하는 경우	물체가 작은 경우	탄환이나 축구공 같은 작은 물체가 임의의 속도로 날아가는 유동 ([그림 10-1(b)])	물체에 작용하는 속도가 빨라 중력을 무시한 항력
	물체가 큰 경우	항공기 및 자동차와 같은 운송기구 ([그림 10-1(e)])	• 항공기 : 항력을 줄여주고 양력을 최대로 설계함 • 자동차 : 양력을 억제하면서 항력을 최대한 감소시킴
정지한 물체에 유체가 접근하는 경우	미세유동	• 잉크 제트 프린터 ([그림 10-1(c)]) • 방역 노즐 ([그림 10-1(d)])	미세유동을 파악하는 유체의 도포 능력 및 거리
	외장재 설계	• 건축물 ([그림 10-43]) • 굴뚝 ([그림 10-42])	건축물의 하중 및 외장재 설계

10.1.2 물체 형상에 따른 구분

[표 10-1]과 [그림 10-1]의 유동장은 유체의 접근 여부에 따라 구분한 것인데, 좀 더 심층적으로 유동 특성을 파악하기 위해서는 잠겨 있는 물체의 형태를 기준으로 파악해야 한다. 이에 [그림 10-2]와 같이 가장 간단한 형태를 갖는 평판, [그림 10-3]과 같이 대칭성이 있는 구나 원주 형태, 그리고 [그림 10-4]와 같이 비대칭 구조를 갖는 익형$_{\text{Airfoil}}$으로 구분했다. [그림 10-2] ~ [그림 10-4]와 같은 유동에서 나타낸 유선은 건물이나 자동차, 잠수함 등과 같이 물이나 공기 속에 잠겨 있는 물체 주위의 유동을 설명할 수 있다.

■ 평판 주위 유동

[그림 10-2]와 같은 평판 주위 유동에서는 형상이 얇으므로 평판을 중심으로 상하 대칭적인 유동을 나타내고, 평판유동에서 마찰에 의한 포물선 속도분포를 가지면 x 방향으로 직선 진행하는 가장 간단한 유동이 된다.

평판 주위 유동은 Re 수에 상관없이 [그림 10-2]와 같이 **마찰의 영향을 받는 영역과 영향을 받지 않는 영역으로 구분**되며, 이를 구분하는 선 또는 영역을 경계층이라고 한다. 다만 유입속도(Re 수)가 증가함에 따라 경계층두께가 감소하는 특징이 있다.

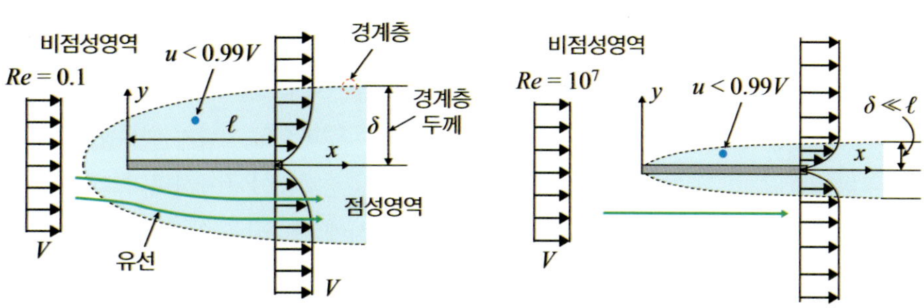

(a) $Re = 0.1$ (b) $Re = 10^7$

그림 10-2 평판 주위 유동

■ 구 주위 유동

[그림 10-3]과 같은 구 주위 유동은 평판유동처럼 상하 대칭의 구조를 갖고 있는 것이 특징이지만 평판보다는 구의 형상(두께)이 두껍기 때문에 평판유동과 달리 구의 뒤쪽에서 복잡한 유동을 나타낸다.

[그림 10-3(a)]는 점성이 없는 이상유체의 경우를 나타냈고, [그림 10-3(b)]는 9장에서 주로 다루었던 마찰에 의한 점성 유동장을 의미한다.

여기서 점성이 없다는 표현의 물리적 의미는 구 주위에 마찰이 없으므로 전단응력이 작용하지 않아 구의 전단Forward인 점 A와 후단Backward인 점 C의 유동이 같다는 것을 의미한다. 즉 점 A와 점 C에서 유동이 동일한 대칭 구조를 나타낸다는 뜻이다. 이때 점 A와 점 C를 정체점Stagnation Point이라 한다. 그러나 점성이 있는 유동은 속도가 증가할수록 점 A를 기준으로 180°가 되는 지점에 있던 점 C가 점 D(100°~120° 사이)로 당겨지고, 점 D 근처에서 박리점Separation Point이 발생한 뒤, 그 뒤 각도에서는 후류Wake를 발생시킨다.

이러한 경향은 골프공에 딤플을 생성시켜 난류 및 박리점을 변경시키는 효과로 추력Trust Force을 증가시키는 현상을 나타낸다. 박리점은 벽면에서 압력구배점이 0($\partial p/\partial x = 0$)인 지점을 의미하고, 박리점 이후로 후류 영역에서는 벽면에서의 압력구배가 역압력구배($\partial p/\partial x > 0$)임을 나타낸다.

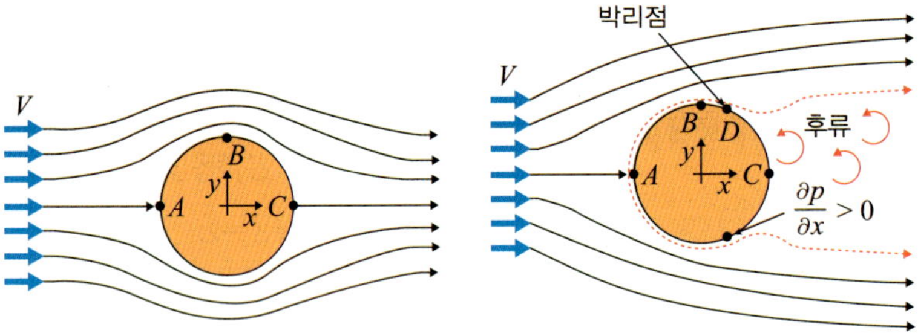

(a) 비점성유동(Inviscid Flow)　　(b) 점성유동(Viscous Flow)

그림 10-3 구 주위 유동

■ 익형 주위 유동

[그림 10-4]와 같은 항공기 날개, 즉 익형 주위 유동은 평판이나 구와 같이 형상이 이상적[1]이지 않기 때문에 익형 주위 유동은 대칭적이지 않다.

[그림 10-4]와 같이 익형 앞에 있는 속도가 0이 되는 정체점을 기준으로 [그림 10-5(a)]와 같은 압력장과 [그림 10-5(b)]와 같은 전단응력분포를 나타내는데, 윗면과 아랫면으로 지나가는 유동, 즉 유선은 다르다. 익형 주위 유동은 이 두 가지 응력분포로 인해 익형에서 경계층이 존재하며, [그림 10-4]에서 보듯이 평판유동에서 나타낸 층류경계층과 난류경계층이 동시에 나타남을 알 수 있다.

1 3차원 형태이고 α만큼 기울어져 있기 때문에 비대칭임을 의미한다.

만약 익형이 상류 유입속도를 기준으로 좀 더 기울어진다면, 즉 **영각**Atack Angle **α가 커지면 저항인 항력보다 양력이 증가하는데 이것이 비행 원리**가 된다. 다만 양력은 영각에 비례해 커지지는 않는다.

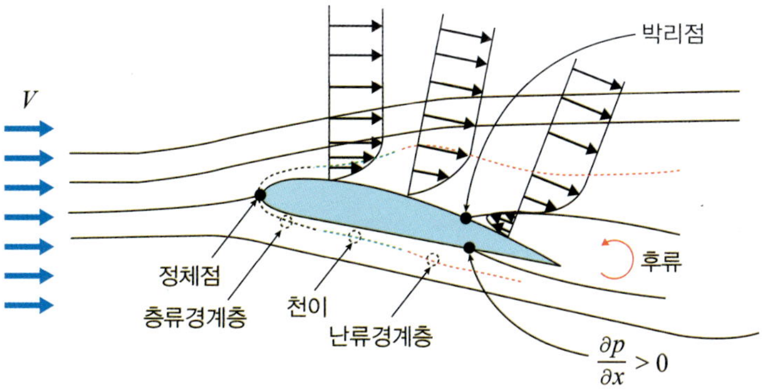

그림 10-4 익형 주위 유동

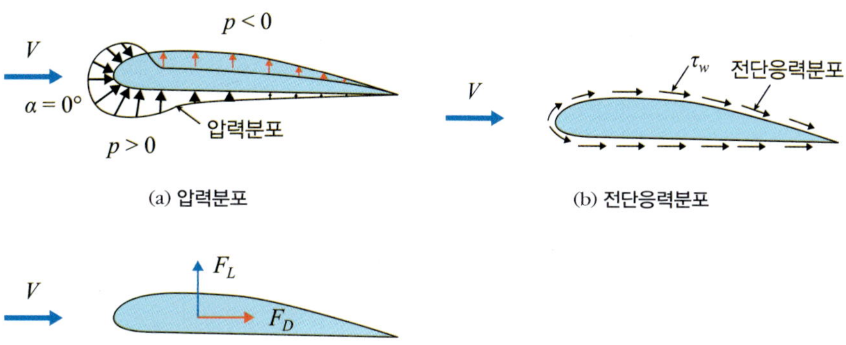

(a) 압력분포

(b) 전단응력분포

(c) 결과 힘인 항력과 양력

그림 10-5 영각이 0°일 때 물체 주위에 작용하는 압력, 점성력, 결과 힘

Think_01

[그림 10-5]와 같이 비대칭 유동장을 갖는 익형에서는 항력과 양력에 관심이 있다. 그렇다면 [그림 10-2]의 평판 주위 유동과 [그림 10-3]의 구 주위 유동은 항력과 양력 두 가지 힘에 모두 관심이 있을지 생각해보자.

SECTION 10.2

평판 경계층유동

✔ 프란틀이 제시한 경계층 가설에 대해 학습한다.
✔ 경계층두께와 그 하위 개념인 운동량두께, 배제두께에 대해 알아본다.

10.2.1 경계층이란?

평판 경계층유동은 [그림 10-2]에서 보듯이 가장 간단한 외부유동의 형태로 평판 위의 저항에 의한 영향을 쉽게 설명할 수 있다. 따라서 프란틀은 **벽면의 마찰 및 점성의 영향을 받는 영역과 영향을 받지 않는 영역으로 구분되는 현상을 경계층 가설**Boundary Layer Hypothesis이라 하여 아래와 같이 제안했다.[2]

- 경계층 내부 : 물체 표면에 근접한 아주 얇은 층으로서, 점성의 영향이 지배적으로 작용하여 마찰 응력과 속도구배가 크게 작용하는 영역
- 경계층 외부 : 유체의 점성의 효과가 작아 이상유동(포텐셜 유동이론Potential flow theory)으로 취급하는 비점성영역Inviscid Region

이런 경계층영역은 비활조건($u_{wall} = 0$)인 물체 벽면에서 식 (10.1)과 식 (10.2)와 같이 자유유동속도가 상류유입속도 V의 99 [%]가 되는 영역을 의미한다. 이를 [그림 10-6]에서 보듯이 경계층두께 δ라 정의한다.

$$\delta \equiv y|_{u/U_\infty = 0.99} \tag{10.1}$$

$$u \cong V_\infty = 0.99\,V_\infty \tag{10.2}$$

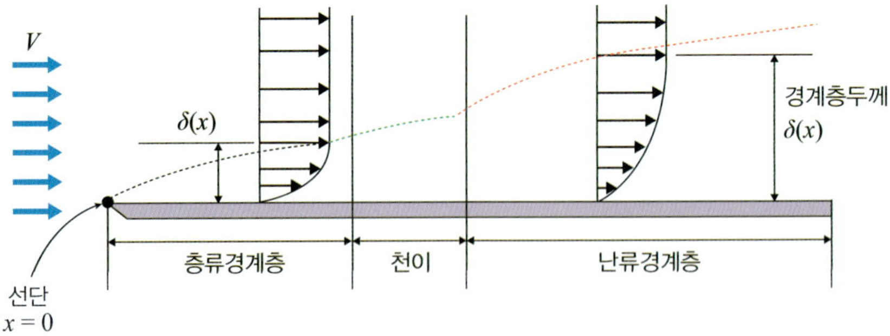

그림 10-6 경계층의 개념

2 프란틀과 그 제자들의 업적인 경계층 발견은 항공기의 급속한 발전을 이루었다. 이 발견으로부터 제트기가 출현했으며, 제2차 세계대전에서 독일이 초반에 승기를 잡을 기회가 주어졌다고 해도 과언이 아니다.

[그림 10-6]에서 보듯이 경계층두께 $\delta(x)$는 유동이 x방향으로 진행함에 따라 계속 증가한다. 즉 평판의 선단Leading Edge에서 시작하여, 얇은 층류경계층과 불안정한 상태인 천이영역을 걸쳐 난류경계층으로 증가된다. 이런 현상은 분리되어 나타나는 것이 아니라 1개의 평판 위에서 길이 방향(x방향)으로 진행되면서 나타난다. 이처럼 **경계층두께는 길이 방향 x의 함수**이다.

보통 $Re = \rho Vx/\mu = 500{,}000$일 때 $x \approx 0.24\,[\mathrm{m}]$에서 층류경계층이 끝나고 천이영역이 시작된다고 알려져 있다. 천이영역 시작점은 유입속도(Re수)에 따라 달라지고, Re수를 구하기 위해서는 특성 길이인 x를 선택해야 한다.

10.2.2 경계층두께

[그림 10-6]에서 보듯이 δ는 길이 방향인 x방향이 증가함에 따라 y방향으로도 변화하는데, 이는 벽면마찰의 영향 때문이다. 이 현상에 의한 두께를 경계층두께Boundary Thickness라 하고 교란두께라고도 부른다.

경계층두께를 식 (10.1)과 같이 속도분포의 함수로 정의할 수 있지만 δ는 길이 방향(x)과 유입속도(Re수)에 따라 변화하기 때문에, 이를 정량화하여 해석하기 위해 식 (10.3), 식 (10.4)와 같이 무차원으로 정의해야 한다.[3]

$$\left.\frac{\delta}{x}\right|_{lam} \cong \frac{5.0}{\sqrt{Re_x}} \tag{10.3}$$

$$\left.\frac{\delta}{x}\right|_{turb} \cong \frac{0.16}{Re_x^{1/7}} \tag{10.4}$$

식 (10.3)과 식 (10.4)에서 Re수는 Vx/ν로 정의되고, 이를 평판유동에 있어 국부적인 레이놀즈수라 하며 Re_x수라고 표현한다. 여기서 x는 **층류일 때는 천이가 시작되는 점, 난류일 때는 선단에서부터 완전히 난류유동장을 형성할 때까지의 길이**를 의미한다.

[표 10-2]에 Re_x수 변화에 따른 무차원 경계층두께를 정리했다. [표 10-2]를 보면 경계층두께는 Re_x수가 증가할수록 감소하고 $Re_x = 1 \times 10^7$이 되면 [그림 10-2]에서 제시된 평판길이인 ℓ보다 훨씬 적어짐을 알 수 있다. 보통 Re_x가 10^6보다 클 때를 난류경계층이라 한다.

표 10-2 층류와 난류일 때의 무차원 경계층두께 변화

Re_x	10^4	10^5	10^6	10^7	10^8
$(\delta/x)_{lam}$	0.050	0.016	0.005	–	–
$(\delta/x)_{turb}$	–	–	0.022	0.016	0.011

3 이에 대한 자세한 내용은 10.4절에서 다룬다.

위에서 정의된 경계층두께에 따라 다음과 같이 다섯 가지 물리적·수학적 의미를 갖는다.

① $y = \delta \;\rightarrow\; u = V$

② $y = \delta \;\rightarrow\; \dfrac{\partial u}{\partial y} = 0$

③ $y < \delta \;\rightarrow\; u < V$

④ $y < \delta \;\rightarrow\;$ δ는 매우 얇다.

⑤ $y < \delta \;\rightarrow\; \dfrac{\partial p}{\partial y} = 0$, 자유유동의 압력분포가 경계층에 영향을 준다.

Think_02

내부유동장에서는 경계층유동과 같이 비점성영역 구간 또는 경계층이 있는지 생각해보자.

예제 10-1 경계층두께와 선단에서부터의 거리 x

[그림 10-6]과 같이 20 [℃]인 물속에 평판이 잠겨 있고 $V = 6$ [m/s]로 무한한 평판에 접근하고 있다. 이때 선단 모서리로부터의 길이 x를 구하라. 단, 물의 동점성계수는 $\nu = 1.0 \times 10^{-6}$ [m^2/s]이고, 경계층두께는 2.5 [cm]라 가정한다.

분석

- 경계층두께 δ와 x의 개념을 이해하는 문제로, 식 (10.3)과 식 (10.4)를 이용해서 풀 수 있다.

풀이

- 식 (10.3)은 층류에 대한 무차원 경계층에 대한 식인데, 이를 계산하기 위해 분모의 제곱근 내 함수 중 x를 밖으로 뽑아서 계산하면 식 (10.5)와 같이 x를 계산할 수 있다.

$$\frac{\delta^2}{x^2} = \frac{5.0^2}{Vx/\nu} \;\rightarrow\; x = \frac{\delta^2 V}{25\nu} \tag{10.5}$$

- 식 (10.5)에 주어진 경계층두께와 자유유입속도, 유체의 동점성계수를 대입해 계산하면 식 (10.6)과 같다.

$$x = \frac{\delta^2 V}{25\nu} = \frac{(2.5/100)^2 \times 6}{25 \times 0.000001} = 150.0\,[\text{m}] \tag{10.6}$$

- 식 (10.6)에서 구한 선단에서부터의 거리는 150 [m]인데 이 결괏값이 타당한지 검토하기 위해 식 (10.7)과 같이 Re_x수를 구했다. 그러나 식 (10.7)에서 계산된 Re_x수가 $Re_x = 1 \times 10^7$보다 크므로 층류가 아닌 난류이기 때문에 이 값은 타당하지 않다. 층류경계층은 [표 10-2]에서 보듯이 10^6보다 적어야 하기 때문이다.

$$Re_x = \frac{Vx}{\nu} = \frac{6 \times 150}{0.000001} = 9.0 \times 10^8 \quad (10.7)$$

• 난류이므로 x는 식 (10.4)를 이용해 식 (10.8)과 같이 다시 구해야 한다.

$$\left.\frac{\delta}{x}\right|_{turb} \cong \frac{0.16}{Re_x^{1/7}} \quad (10.4)$$

$$x = \frac{(V/\nu)^{1/6}}{(0.16/\delta)^{7/6}} = \frac{(6/0.000001)^{1/6}}{[0.16/(2.5/100)]^{7/6}} = 1.545 \cong 1.55\,[\mathrm{m}] \quad (10.8)$$

• $x = 1.55\,[\mathrm{m}]$로부터 식 (10.9)와 같이 Re_x수를 구해 이에 대한 타당성을 검토해야 한다. 식 (10.9)와 같이 Re_x수가 10^6보다 크기 때문에 구해진 x값은 타당하다.

$$Re_x = \frac{Vx}{\nu} = \frac{6 \times 1.55}{0.000001} = 9.3 \times 10^6 \quad (10.9)$$

고찰

• 문제에서 경계층두께는 2.5 [cm]라고 주어졌지만, 층류나 난류조건이 완전히 주어졌을때의 경계층두께가 길이 x에 대한 두께라는 정확한 개념을 예제를 통해 이해해야 한다.
• 식 (10.8)과 같이 구해진 x는 선단에서부터 완전한 난류유동을 형성할 때까지의 길이임을 의미한다.
• [그림 10-2]에 평판길이 ℓ이 있는데, 여기서 Re_x수를 계산할 때 특성길이로 평판길이를 사용하지 않고 x를 사용하는 이유를 이해해야 한다.
• 여기서 무한한 평판의 경우 완전히 난류유동이 되기 위한 평판길이는 $x = 1.55\,[\mathrm{m}]$가 됨을 알 수 있다. 이는 매우 긴 길이이다.
• 이 예제는 물속에서 완전한 난류유동장을 형성시키는 길이와 두께를 설명하고 있는데, 만약 공기 속을 운항중인 항공기 날개라면 과연 길이와 두께가 어떻게 달라지는지 계산해보자.

10.2.3 배제두께와 운동량두께

■ 배제두께 δ^*

경계층두께에서 주로 사용되는 **배제두께**Displacement Thickness δ^*는 [그림 10-7]의 아래쪽 그림에서 보듯이 **유입유량의 개념에서 경계층유동(포물선 분포)이 됐을 때 전체 균일유동인 영역 ①에서 영역 ② 만큼 빼준 후 남은 영역 ③을 직사각형으로 표현했을 때의 높이, 즉 그 두께**를 가리킨다.

배제두께의 물리적 의미는 **줄어든 질량유량의 양**이다. 이 두께는 경계층이 벽면의 마찰 때문에 유체의 진행을 지연시켜 경계층이 없는 경우(직사각형)에 비해 적어지는 양만큼의 높이, 즉 **경계층으로 발생되는 결손**Defect**에 해당하는 동일한 면적을 고려할 때 y방향 높이를 의미**한다. 이는 평판 위를 움직여서 유동이 진행될 때 질량유동의 손실(균일유동영역의 손실)이 경계층에 의한 손실과 같아질 때의 높이를 의미한다. [그림 10-7]의 아래쪽 그림은 배제두께 개념을 이상적으로 나타낸 도형으로 식 (10.10)과 같이 정리할 수 있다.

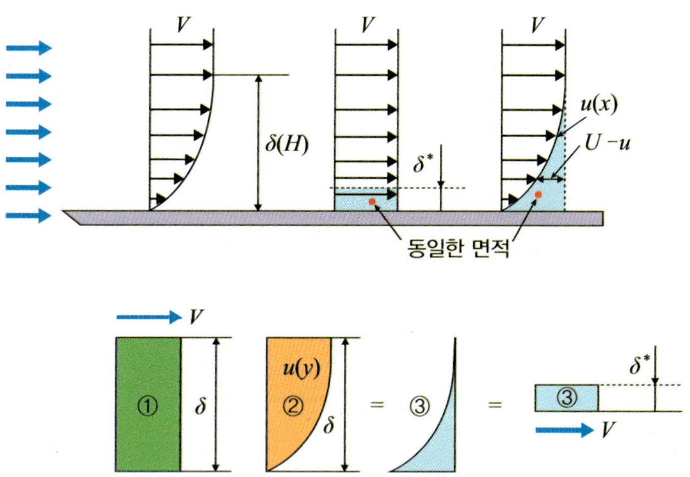

그림 10-7 배제두께의 개념

식 (10.10)의 양변을 자유유동속도로 나누고 경계층두께인 δ를 적분 안으로 넣어주면 식 (10.11)과 같이 정리할 수 있다. 여기서 평판의 두께는 모든 항에서 일정하다.

$$\underbrace{V\delta}_{①} - \underbrace{\int_0^\delta u\,dy}_{②} = \underbrace{V\delta^*}_{③} \tag{10.10}$$

$$\delta^* = \int_0^\delta \left(1 - \frac{u}{V}\right)dy \quad : \text{배제두께} \tag{10.11}$$

■ 운동량두께 δ_m

운동량두께는 평판 위를 이동해서 발생할 것으로 생각되는 운동량 손실이 경계층에 의해 일어나는 실제 손실과 상응하는 두께를 의미한다. 즉 **유동의 감속으로 인해 배제되는 운동량과 상응하는 두께**를 [그림 10-8]과 같이 **운동량두께**Momentum Thickness δ_m 또는 θ라고 하는데, 이는 **운동량의 결손을 나타내는 두께**이다.

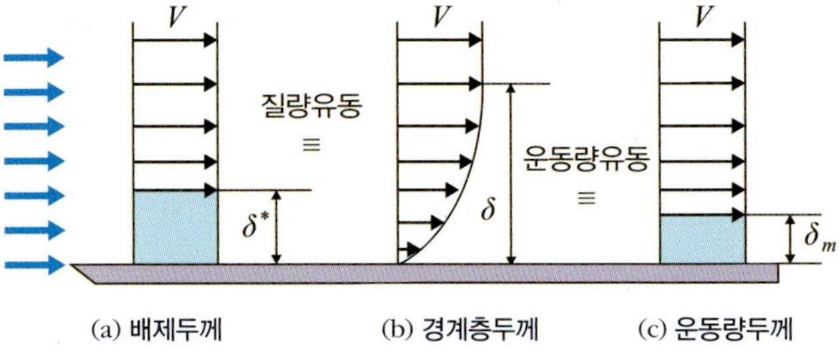

그림 10-8 경계층두께, 배제두께, 운동량두께의 관계

경계층이 없는 영역 내 운동량은 식 (10.12)와 같이 질량유량인 $\int_0^\delta \rho u dw y$에 속도 V를 곱해서 표현할 수 있고, 실제 경계층에서 발생하는 운동량은 식 (10.13)과 같이 나타낼 수 있다. 이 2개의 수식은 식 (5.59)와 같이 운동량의 개념이다.

$$\int_0^\delta \rho u dw y \times V \text{ : 경계층이 없는 경우의 운동량} \tag{10.12}$$

$$\int_0^\delta \rho u^2 w dy \text{ : 경계층이 발생한 경우의 운동량} \tag{10.13}$$

$$F = \rho V^2 A = \rho Q V \tag{5.59}$$

실제 경계층으로 인한 운동량 손실은 식 (10.14)로 정의되며, 식 (10.14)는 **[그림 10-8(c)]의 사각형 높이(δ_m)와 동일**하기 때문에 식 (10.15)로 정의할 수 있다. 최종적으로 식 (10.16)와 같이 δ_m으로 정의할 수 있고, 이를 **운동량두께**라 한다.[4] 즉 운동량두께는 운동량 손실로 인해 발생된다는 것을 의미한다.

$$\int_0^\infty \rho u V w dy - \int_0^\delta \rho u^2 w dy = \int_0^\delta \rho u (V - u) w dy \tag{10.14}$$

$$\rho V^2 w \delta_m = \int_0^\delta \rho u (V - u) w dy \tag{10.15}$$

$$\delta_m = \frac{1}{\rho V^2} \int_0^\delta \rho u (V - u) dy = \int_0^\delta \frac{u}{V}\left(1 - \frac{u}{V}\right) dy \text{ : 운동량두께} \tag{10.16}$$

4 배제두께와 운동량두께를 혼동하면 안 된다. 배제두께는 질량유량의 개념에서의 손실이지만, 운동량두께는 운동량 개념에서의 손실을 의미한다. 또한 식 (10.11)과 식 (10.16)의 배제두께와 운동량두께의 수식을 보면 경계층을 가로지르는 적분이 있어서 보통 적분 두께(Integral Thickness)라 한다.

예제 10-2 경계층두께와 배제두께

[그림 10-9]와 같이 연구실 풍동의 사각형 테스트 섹션Test section의 한 변의 길이가 300 [mm]라 한다. 경계층 속도분포는 [그림 10-9(b)]와 같이 단면 ①, ②에서 측정되고, 배제두께는 측정된 속도분포로부터 계산된다.[5] 단면 ①에서 자유유동속도와 배제두께는 각각 $V = 26$ [m/s], $\delta_1^* = 1.5$ [mm]이다.

단면 ①로부터 하류에 위치한 단면 ②에서는 배제두께가 $\delta_2^* = 2.1$ [mm]이다. 이때 (a) 단면 ①과 단면 ② 사이의 정압 변화를 구한 후 (b) 이 결과를 단면 ①에서의 자유유동의 동압에 대한 비로 나타내라.

(a) 숭실대학교 연구실의 소형 풍동

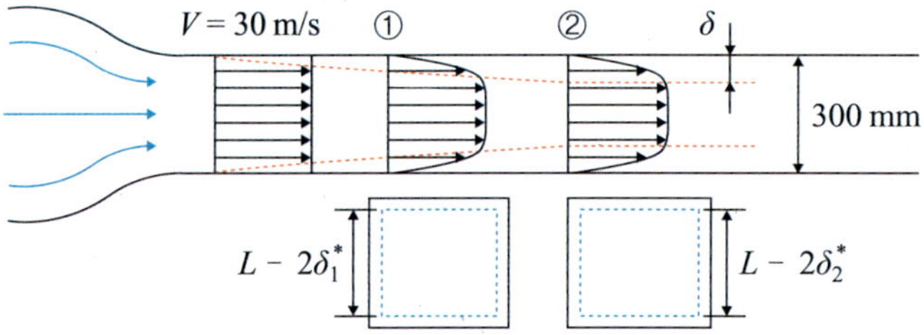

(b) 테스트 섹션 부분에서 경계층두께와 배제두께

그림 10-9 풍동의 단면 ①, ②에서의 경계층두께와 배제두께

분석

- 경계층두께 δ와 배제두께 δ^*의 개념을 이해하는 것이 이 예제의 목적이다.
- 하류로 갈수록 경계층두께는 점점 커지면서 결손된 유량이 많아지므로 단면 ②의 배제두께가 단면 ①보다 두껍다는 것을 이해해야 한다.
- 단면 ①과 단면 ② 사이의 압력 변화를 설명하기 위해 이상유동의 베르누이방정식을 이용하자. 베르누이방정식을 적용하기 위해 정상유동, 비압축성유동, 균일유동, 무마찰의 위치 변화는 없다고 가정해야 한다.

풀이

(a) 단면 ①과 단면 ② 사이의 압력 변화는 식 (5.136)의 수평인 경우의 베르누이방정식을 이용해 식 (10.17), 식 (10.18)과 같이 정리할 수 있다.

---

5 [그림 10-9(b)]에서 빨간색으로 표시된 부분은 경계층두께를 나타낸 것이고 단면 ①과 단면 ②에서 파란색은 배제두께를 나타낸 것이다. 이 그림에서는 경계층두께와 배제두께를 설명하기 위해 극단적으로 크게 나타냈다.

$$\frac{p_1}{\gamma}+\frac{V_1^2}{2g}=\frac{p_2}{\gamma}+\frac{V_2^2}{2g} \tag{5.136}$$

$$p_1-p_2=\frac{1}{2}\rho\left(V_2^2-V_1^2\right)=\frac{1}{2}\rho V_1^2\left[\left(\frac{V_2}{V_1}\right)^2-1\right] \tag{10.17}$$

$$\frac{p_1-p_2}{0.5\rho V_1^2}=\left(\frac{V_2}{V_1}\right)^2-1 \tag{10.18}$$

(b) 아래와 같이 연속방정식을 적용하면 식 (10.18)로부터 자유유동의 동압비를 정리할 수 있다.

$$V_1A_1=V_2A_2 \quad\rightarrow\quad V_2/V_1=A_1/A_2$$

$$\frac{p_1-p_2}{0.5\rho V_1^2}=\left(\frac{A_1}{A_2}\right)^2-1=\left[\frac{\left(L-2\delta_1^*\right)^2}{\left(L-2\delta_2^*\right)^2}\right]^2-1$$

$$=\left[\frac{(300-2\times1.5)^2}{(300-2\times2.1)^2}\right]^2-1=0.0163=1.61\,[\%]$$

고찰

- 배제두께를 이해하기 위한 예제로, 경계층두께가 안정될 때까지 배제두께가 증가함을 이해해야 한다.
- 식 (5.136)의 베르누이방정식은 마찰이 없는 경우이지만 벽면에 의한 마찰로 인해 발생하는 경계층두께를 언급하는 데 있어 약간의 문제가 있음을 파악해야 한다.
- 경계층두께 변화로 인한 유동면적의 축소는 비점성유동영역에서의 압력 강하를 초래한다.
- 2개의 이론을 사용해 압력 강하의 변화를 중첩해 구하는 것을 이해해야 한다.

Think_03

[그림 10-10]의 경계층두께가 동일한 두 유동 중 어느 쪽이 배제두께가 큰 유동일까? 배제두께가 크다는 것과 마찰이 크다는 것은 각각 무엇을 의미하는지 생각해보자. 또한 경계층두께만 사용하지 않고 배제두께 및 운동량두께 개념까지 사용하는 이유가 무엇인지 생각해보자.

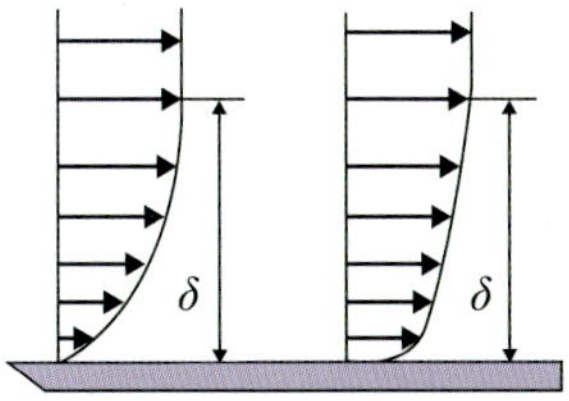

그림 10-10 경계층두께는 동일하지만 유동이 다른 경우

SECTION 10.3

경계층유동 지배방정식

✔ 경계층유동의 지배방정식인 연속방정식과 운동량방정식을 학습한다.
✔ 경계층두께, 배제두께, 운동량두께의 벽면전단응력 이론식을 구해본다.

10.3.1 연속방정식

경계층내 유동특성을 좀 더 자세히 살펴보기 위해 [그림 10-11]을 이용하자. [예제 10-1]에서 검토한 바와 같이 균일유동으로 유입되는 속도는 선단을 지나 평판 하류로 흘러가고 벽면전단응력($\tau(x)$)으로 인해, 경계층($\delta(x)$)은 길이 방향(x 방향)으로 변화된다.

경계층내에 작용하는 운동량방정식을 검토하기 위해 [그림 10-11] 내 미소 검사체적에 연속방정식인 식 (5.26)을 적용하자.

$$0 = \frac{\partial}{\partial t}\int_{CV} \rho d\forall + \int_{CS} \rho \vec{V} \cdot d\vec{A} \tag{5.26}$$

$$0 = \int_{CS} \rho \vec{V} \cdot d\vec{A} = \dot{m}_{ab} + \dot{m}_{bc} + \dot{m}_{cd} \tag{10.19}$$

$$\dot{m}_{ab} = -\left(\int_0^\delta \rho u dy\right) w \tag{10.20}$$

$$\dot{m}_{cd} = \left[\int_0^\delta \rho u dy + \frac{\partial}{\partial x}\left(\int_0^\delta \rho u dy\right) dx\right] w \tag{10.21}$$

$$\dot{m}_{bc} = -\dot{m}_{ab} - \dot{m}_{cd} = -\frac{\partial}{\partial x}\left[\left(\int_0^\delta \rho u dy\right) dx\right] w \tag{10.22}$$

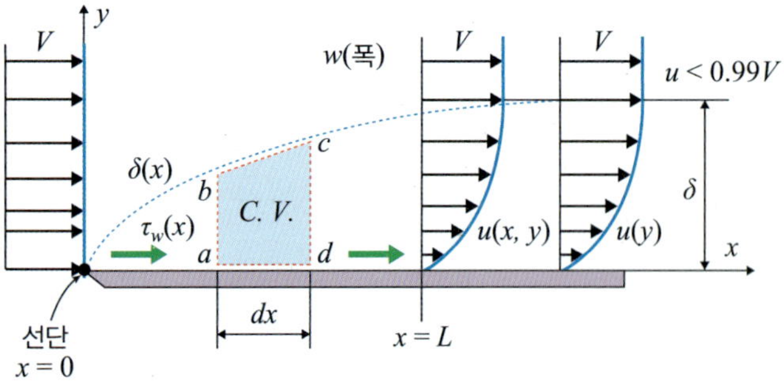

그림 10-11 평판의 경계층을 해석하기 위한 검사체적

평판유동이 비압축성유동, 정상유동이라면 연속방정식내 질량유량은 검사표면 ab, bc, cd에만 유입 및 유출되므로 식 (5.26)은 식 (10.19)와 같이 변화된다.

식 (10.19)의 세 가지 검사표면의 질량유량은 식 (10.20) ~ 식 (10.22)와 같이 정리할 수 있다. 식 (10.20) ~ 식 (10.22)의 경계층내 속도분포 $u(x, y)$는 높이에 따라 변화하기 때문에 각 검사표면에서 변화하는 속도를 적분해서 질량유량을 구한 것이다.

식 (10.21)는 dx만큼 경계층이 성장했기 때문에 미소 질량유량의 변화만큼 더해야 한다. 또한 검사표면 bc의 질량유량은 검사표면 cd에서 검사표면 ab의 질량유량을 빼면 된다. 식 (10.22)의 검사표면 bc는 플럭스의 유입으로 음(−)의 값을 갖는다.

10.3.2 운동량방정식

평판유동이 비압축성유동, 정상유동, 체적력(중력)이 없다고 가정했을 때, 식 (5.43)에 검사표면 ab, bc, cd에 작용하는 운동량방정식을 적용하면 식 (10.23)과 같다. 세 가지 검사표면에 작용하는 운동량은 식 (10.24) ~ 식 (10.26)과 같이 정리된다. 식 (10.25)의 검사표면 cd의 운동량 변화는 dx만큼 경계층이 성장했기 때문에 변화량을 더해야 한다. 검사표면 bc의 운동량 변화는 검사표면 cd에서 검사표면 ab의 운동량을 빼주고, 검사표면 bc의 유동속도 V를 곱해야 한다. 식 (10.26)의 검사표면 bc에서 운동량 유동의 값이 유입되므로 음(−)의 값을 갖는다.

$$\overrightarrow{F_S} + \overrightarrow{F_B} = \frac{\partial}{\partial t}\int_{CV} \overrightarrow{V} \rho d\forall + \int_{CS} \overrightarrow{V} \rho \overrightarrow{V} \cdot d\overrightarrow{A} \tag{5.43}$$

$$F_{S_x} = f_{ab} + f_{bc} + f_{cd} \tag{10.23}$$

$$f_{ab} = -\left(\int_0^\delta u\rho u dy\right) w \tag{10.24}$$

$$f_{cd} = \left[\int_0^\delta u\rho u dy + \frac{\partial}{\partial x}\left(\int_0^\delta u\rho u dy\right) dx\right] w \tag{10.25}$$

$$f_{bc} = V\,\dot{m}_{bc} = -V\left[\frac{\partial}{\partial x}\left(\int_0^\delta \rho u dy\right) dx\right] w \tag{10.26}$$

식 (10.24) ~ 식 (10.26)을 식 (10.23)에 각각 대입하면 식 (10.27)과 같다.

$$\begin{aligned} F_{S_x} &= -\left(\int_0^\delta u\rho u dy\right) w + \left[\int_0^\delta u\rho u dy + \frac{\partial}{\partial x}\left(\int_0^\delta u\rho u dy\right) dx\right] w - V\left[\frac{\partial}{\partial x}\left(\int_0^\delta \rho u dy\right) dx\right] w \\ &= \left\{\frac{\partial}{\partial x}\left(\int_0^\delta u\rho u dy\right) dx - V\left[\frac{\partial}{\partial x}\left(\int_0^\delta \rho u dy\right) dx\right]\right\} w \end{aligned} \tag{10.27}$$

이때 평판에 작용하는 표면력 F_{S_x}는 수직력과 벽면전단응력으로 식 (10.28)과 같다. 식 (10.28)의 좌표는 [그림 10-11]의 검사체적 왼쪽 하단에 있는 점 a를 기준으로 설정했고, 이때 4개 검사표면 내 압력 변화는 식 (10.28)과 같고, 이를 정리하면 식 (10.29)와 같다. 식 (10.29)에서 $dxd\delta$의 양이 매우 적으므로 무시하면 식 (10.30)과 같이 간단히 정리할 수 있다.

$$F_{S_x} = \left[p\delta - \left(p + \frac{dp}{dx}dx\right)(\delta + d\delta) + \left(p + \frac{1}{2}\frac{dp}{dx}dx\right)d\delta - \left(\tau_w + \frac{1}{2}d\tau_w\right)dx\right]w \tag{10.28}$$

$$F_{S_x} = \left(-\frac{dp}{dx}\delta dx - \frac{1}{2}\frac{dp}{dx}dxd\delta - \tau_w dx + \frac{1}{2}d\tau_w dx\right)w \tag{10.29}$$

$$F_{S_x} = \left(-\frac{dp}{dx}\delta dx - \tau_w dx\right)w \tag{10.30}$$

결론적으로 식 (10.30)의 표면력을 식 (10.27)에 대입해 정리하면 식 (10.31)과 같다. 식 (10.31)의 w와 dx가 양변에 동일하게 있으므로 w와 dx로 나누면 식 (10.32)와 같이 최종적인 x방향의 경계층 내 운동량방정식이 유도된다.

$$\left(-\frac{dp}{dx}\delta dx - \tau_w dx\right)w = \left\{\frac{\partial}{\partial x}\left(\int_0^\delta u\rho u dy\right)dx - V\left[\frac{\partial}{\partial x}\left(\int_0^\delta \rho u dy\right)dx\right]\right\}w \tag{10.31}$$

$$-\frac{dp}{dx}\delta - \tau_w = \frac{\partial}{\partial x}\int_0^\delta u\rho u dy - V\frac{\partial}{\partial x}\int_0^\delta \rho u dy \tag{10.32}$$

여기서 식 (10.32)의 가장 왼쪽에 있는 압력구배항은 경계층 밖의 비점성유동에 대한 베르누이방정식을 적용해 식 (10.33)과 같이 구할 수 있다. 경계층두께는 성장하기 때문에 식 (10.34)와 같이 정리하고, 이를 식 (10.32)에 대입하면 식 (10.35)와 같이 평판 벽면에 작용하는 전단응력을 나타낼 수 있다.

$$\frac{dp}{dx} = -\rho V\frac{dV}{dx} \tag{10.33}$$

$$\delta = \int_0^\delta dy \tag{10.34}$$

$$\tau_w = \frac{\partial}{\partial x}\int_0^\delta u\rho u dy - V\frac{\partial}{\partial x}\int_0^\delta \rho u dy + \frac{\partial V}{\partial x}\int_o^\delta \rho V dy \tag{10.35}$$

식 (10.35)의 우변의 두 번째 항은 식 (10.36)과 같이 정리할 수 있으므로, 식 (10.37)과 같이 정리된다.

$$V\frac{\partial}{\partial x}\int_0^\delta \rho u dy = \frac{d}{dx}\int_o^\delta \rho u V dy - \frac{dV}{dx}\int_o^\delta \rho u dy \tag{10.36}$$

$$\begin{aligned}\tau_w &= \frac{\partial}{\partial x}\int_0^\delta u\rho u dy - \frac{d}{dx}\int_o^\delta \rho u V dy - \frac{dV}{dx}\int_o^\delta \rho u dy + \frac{dV}{dx}\int_o^\delta \rho V dy \\ &= \frac{\partial}{\partial x}\int_0^\delta \rho u(V-u)dy + \frac{dV}{dx}\int_o^\delta \rho(V-u)dy\end{aligned} \tag{10.37}$$

다시 식 (10.37)을 자유유동속도로 정리하고, 괄호 안을 속도의 무차원으로 나타내면 식 (10.38)과 같다.

$$\tau_w = \frac{\partial}{\partial x} V^2 \int_0^\delta \rho \frac{u}{V}\left(1 - \frac{u}{V}\right)dy + V\frac{dV}{dx}\int_o^\delta \rho\left(1 - \frac{u}{V}\right)dy \tag{10.38}$$

식을 유도하기 전에 평판 위의 유동을 비압축성유동이라 가정했으므로, 식 (10.38)에서 밀도를 적분항에서 적출 및 이항하여 나누고, 식 (10.11)과 식 (10.16)의 배제두께와 운동량두께를 식 (10.38)에 대치시키면 식 (10.39)와 같이 간단히 경계층내 운동량방정식을 정리할 수 있다.

$$\delta^* = \int_0^\delta \left(1 - \frac{u}{V_\infty}\right)dy \tag{10.11}$$

$$\delta_m = \int_0^\delta \frac{u}{V_\infty}\left(1 - \frac{u}{V_\infty}\right)dy \tag{10.16}$$

$$\begin{aligned}\frac{\tau_w}{\rho} &= \frac{\partial}{\partial x} V^2 \int_0^\delta \frac{u}{V}\left(1 - \frac{u}{V}\right)dy + V\frac{dV}{dx}\int_o^\delta \left(1 - \frac{u}{V}\right)dy \\ &= \frac{d}{dx} V^2 \delta_m + V\frac{dV}{dx}\delta^* \ \text{: 경계층내 운동량 적분방정식}\end{aligned} \tag{10.39}$$

식 (10.39)를 경계층내 운동량 적분방정식이라 정의하며, 이 방정식은 경계층두께 δ를 x의 함수로 표현한 상미분방정식이다. 식 (10.39)의 경계층두께를 구하면 운동량두께, 배제두께 그리고 벽면전단응력도 쉽게 구할 수 있다.

SECTION 10.4

영압력구배의 평판유동

- ✔ 평판의 경계층내 압력분포가 0이 되는 무차원 속도분포에 대해 학습한다.
- ✔ 층류유동과 난류유동의 경계층유동을 학습한다.

10.4.1 무차원 속도분포

평판 위 자유유동장 영역에서 속도 V와 압력 p는 모두 일정하다. 따라서 식 (10.40)과 같이 x방향에 따른 자유속도의 변화는 0이 되고, 압력 변화 또한 식 (10.41)과 같이 0이 된다. 이를 **영압력구배 유동**이라고 한다. 즉 [그림 10-2]의 평판유동과 달리 형상 변화가 있다면 벽면에서 물체 표면에 발생하는 압력구배는 0이 될 수 없다. 식 (10.40)을 식 (10.39)에 대입한 식 (10.42)를 정리하면 운동량 적분 방정식은 식 (10.43)과 같이 간단히 정리할 수 있다.

$$\frac{dV}{dx} = 0 \tag{10.40}$$

$$\frac{dp}{dx} = 0 \tag{10.41}$$

$$\frac{\tau_w}{\rho} = \frac{\partial}{\partial x} V^2 \int_0^{\delta} \frac{u}{V}\left(1 - \frac{u}{V}\right) dy \tag{10.42}$$

$$\tau_w = \rho V^2 \frac{\partial}{\partial x} \int_0^{\delta} \frac{u}{V}\left(1 - \frac{u}{V}\right) dy = \rho V^2 \frac{\partial \delta_m}{\partial x} \tag{10.43}$$

식 (10.43)의 u/V는 무차원으로 표현됐지만, 정적분 변수인 δ도 y를 이용해 식 (10.44)와 같이 무차원으로 표현하는 것이 해석에 있어 더 편리하다.[6] 그렇다면 식 (10.44)는 식 (10.45)와 같은 함수가 된다. 나아가 식 (10.44)를 식 (10.46)과 같이 미소 변화량으로 변경하여 식 (10.43)에 무차원 정적분 변수 δ를 1로 변환하면 식 (10.42)는 식 (10.47)과 같이 정리할 수 있다.

$$\eta = \frac{y}{\delta} \tag{10.44}$$

$$\frac{u}{V} = f\left(\frac{y}{\delta}\right) \tag{10.45}$$

$$\delta = \frac{dy}{d\eta} \tag{10.46}$$

6 속도분포를 정확히 파악할 수 없어 실험적으로 구해야 하고, 이로 인해 해석이 어려워지므로 무차원으로 표현한다.

$$\tau_w = \rho V^2 \frac{d\delta}{dx} \int_0^1 \frac{u}{V}\left(1 - \frac{u}{V}\right) d\eta \tag{10.47}$$

식 (10.47)의 해를 구하기 위해 아래와 같이 경계조건을 적용하자.

$$y = 0,\ u = 0$$
$$y = \delta,\ u = U$$
$$y = \delta,\ \frac{\partial u}{\partial y} = 0$$

일단 경계층내 속도분포[7]가 가정되면 운동량두께인 식 (10.16)을 식 (10.48)과 같이 β로 정리할 수 있다. 결론적으로 벽면전단응력값은 식 (10.49)와 같이 간단히 정리할 수 있다. 여기서 β는 운동량두께와 경계층두께의 비이다.

$$\delta_m = \int_0^\delta \frac{u}{V}\left(1 - \frac{u}{V}\right) dy \tag{10.16}$$

$$\int_0^1 \frac{u}{V}\left(1 - \frac{u}{V}\right) d\eta = \frac{\delta_m}{\delta} = \beta = const. \tag{10.48}$$

$$\tau_w = \rho V^2 \frac{d\delta}{dx} \beta \tag{10.49}$$

10.4.2 층류유동

[그림 10-6]과 같이 경계층내의 유동이 층류유동일 때의 해당 물리량을 구해보자. [그림 10-6]에서 제시된 경계층 속도분포, 즉 식 (10.6)에 있는 무차원 속도분포인 u/V를 정의해야만 식 (10.16)인 운동량두께와 식 (10.49)와 같은 벽면전단응력 등을 구할 수 있다. 이는 실험으로 측정되어야 하는 물리량이고, 이 속도분포를 알지 못하면 이론해를 구할 수 없으므로, 이를 식 (10.50)과 같은 가장 일반적인 2차 다항식으로 먼저 가정하자.

$$u = a + by + cy^2 \tag{10.50}$$

식 (10.50)을 식 (10.45)와 같은 무차원 속도분포로 나타내면 식 (10.51)과 같다.

$$\frac{u}{V} = a + b\left(\frac{y}{\delta}\right) + c\left(\frac{y}{\delta}\right)^2 \tag{10.51}$$

이를 해석하기 위해 다음과 같이 물리적인 경계조건을 식 (10.51)에 대입하면 계수 연립방정식으로 정리되고, 이를 풀면 계수값은 식 (10.52)와 같이 구할 수 있다.

---

7 경계층내 무차원 속도분포가 주어지지 않았기 때문에 무차원 속도분포를 [표 10-5]와 같이 여러 개로 가정해야 하며, 이에 따라 경계층두께 및 벽면전단응력과 같은 해석해가 달라진다.

$$y = 0,\ u = 0 \ \rightarrow \ 0 = a + 0 + 0$$
$$y = \delta,\ u = V \ \rightarrow \ 1 = b + c$$
$$y = \delta,\ \frac{\partial u}{\partial y} = 0 \ \rightarrow \ 0 = b + 2c$$
$$\therefore a = 0,\ b = 2,\ c = -1 \tag{10.52}$$

여기서 구해진 계수 a, b, c를 식 (10.51)에 대입하면 평판유동의 무차원 속도분포를 식 (10.53)과 같이 구할 수 있다. 이를 다시 무차원 계수 η로 정리하면 식 (10.54)와 같다.

$$\frac{u}{V} = 2\left(\frac{y}{\delta}\right) - \left(\frac{y}{\delta}\right)^2 \tag{10.53}$$

$$\frac{u}{V} = 2\eta - \eta^2 \tag{10.54}$$

경계층내의 벽면에 작용하는 전단응력을 구하기 위해 뉴턴의 점성법칙을 이용하자. 식 (2.24)는 식 (10.56)과 같이 무차원으로 간단히 정리될 수 있다. 식 (10.56)은 식 (10.54)의 무차원 속도분포를 대입한 결과이며, **층류유동 내 평면상에 작용하는 벽면전단응력 τ_w는 경계층두께인 $\delta(x)$의 함수이며, x가 증가함에 따라 감소**함을 알 수 있다.

$$\tau = \mu \frac{du}{dy} \tag{2.24}$$

$$\tau_w = \mu \frac{du}{dy}\bigg|_{y=0} = \mu \frac{V}{\delta} \frac{d(u/V)}{d(y/\delta)}\bigg|_{y/\delta = 0} \tag{10.55}$$

$$\tau_w = \frac{\mu V}{\delta} \frac{d(u/V)}{d\eta}\bigg|_{\eta=0} = \frac{\mu V}{\delta} \frac{d}{d\eta}(2\eta - \eta^2)\bigg|_{\eta=0} = 2\frac{\mu V}{\delta} \tag{10.56}$$

식 (10.56)은 식 (10.47)의 이론적 운동량 적분방정식과 같아야 한다. 먼저 식 (10.47)을 식 (10.57)과 같이 무차원수인 η로 정리한 후, 식 (10.56)과 식 (10.57)을 비교하면 식 (10.58)과 같이 정리된다. 식 (10.58)을 변수분리하면 식 (10.59)와 같이 변경된다. 식 (10.59)를 다시 부정적분하면 식 (10.60)과 같다.

$$\tau_w = \rho V^2 \frac{d\delta}{dx} \int_0^1 \frac{u}{V}\left(1 - \frac{u}{V}\right) d\eta \tag{10.47}$$

$$\tau_x = \rho V^2 \frac{d\delta}{dx} \int_0^1 (2\eta - \eta^2)(1 - 2\eta + \eta^2)\, d\eta = \frac{2}{15} \rho V^2 \frac{d\delta}{dx} \tag{10.57}$$

$$2\frac{\mu V}{\delta} = \frac{2}{15} \rho V^2 \frac{d\delta}{dx} \tag{10.58}$$

$$\delta d\delta = \frac{15\mu}{\rho V} dx \tag{10.59}$$

$$\frac{\delta^2}{2} = \frac{15\mu}{\rho V} x + C \tag{10.60}$$

식 (10.60)의 적분상수를 구하기 위해 식 (10.61)과 같이 $x = 0$일 때 $\delta = 0$인 경계조건을 대입하면 식 (10.62)와 같이 C는 0이 되고, 이를 식 (10.60)에 대입하면 식 (10.63)과 같이 층류경계층두께를 구할 수 있다.

$$x = 0,\ \delta = 0 \tag{10.61}$$

$$C = 0 \tag{10.62}$$

$$\delta = \sqrt{\frac{30\mu}{\rho V}x} \ \rightarrow \ \frac{\delta}{x} = \sqrt{\frac{30\mu}{\rho V x}} \fallingdotseq \frac{5.48}{\sqrt{Re_x}} \tag{10.63}$$

식 (10.63)과 같은 층류경계층두께는 Re_x수의 제곱근에 반비례함을 알 수 있으며, 이론적인 식 (10.3)과 비교했을 때 약 10 [%]의 오차가 있음을 알 수 있다. 이때 식 (10.3)은 브라시우스가 이론적으로 구한 엄밀해Exact Solution이다.

$$\left.\frac{\delta}{x}\right|_{lam} \cong \frac{5.0}{\sqrt{Re_x}} \tag{10.3}$$

Think_04

식 (10.3)인 브라시우스 엄밀해와 식 (10.63)의 경계층두께를 비교했을 때 왜 10 [%]의 오차가 발생하는지 생각해보자.

■ 표면마찰계수

경계층내 층류유동장의 물리량인 표면마찰계수를 구하기 위해 식 (9.171)과 같은 패닝의 표면마찰계수에 평판의 전단응력인 식 (10.56)을 대입하면 식 (10.64)와 같이 정리할 수 있다.[8]

$$f_F = \frac{\tau_w}{\frac{1}{2}\rho V^2} \tag{9.171}$$

$$\tau_w = 2\frac{\mu V}{\delta} \tag{10.56}$$

$$f_F = \frac{2\mu(V/\delta)}{\frac{1}{2}\rho V^2} = \frac{4\mu}{\rho V \delta} = \frac{4\mu}{\rho V x}\frac{x}{\delta} \tag{10.64}$$

식 (10.64)에 경계층두께인 식 (10.63)을 대입하면 식 (10.65)와 같이 경계층내 층류유동장의 물리량인 표면마찰계수를 구할 수 있다.

$$\frac{\delta}{x} = \frac{5.48}{\sqrt{Re_x}} \tag{10.63}$$

8 이 책에서는 패닝계수를 f_F라는 기호로 사용했는데 다른 책에서는 C_f로 표기한다. 혼동하지 않기 바란다.

$$f_F = \frac{4}{Re_x}\frac{\sqrt{Re_x}}{5.48} = \frac{0.73}{\sqrt{Re_x}} \tag{10.65}$$

■ 배제두께

배제두께인 식 (10.11)에 무차원 적분변수인 식 (10.54)를 대입하면 식 (10.66)과 같아지고, 여기에 식 (10.63)을 대입하면 영압력구배일 때 평판 위 무차원 배제두께를 식 (10.67)과 같이 구할 수 있다.

$$\delta^* = \int_0^\delta \left(1 - \frac{u}{V_\infty}\right) dy \tag{10.11}$$

$$\delta^* = \delta \int_0^1 \left(1 - \frac{u}{V}\right) d\left(\frac{y}{\delta}\right) \cong \delta \int_0^1 (1 - 2\eta + \eta^2) d\eta \tag{10.66}$$

$$\frac{\delta^*}{x} = \frac{1.83}{\sqrt{Re_x}} \tag{10.67}$$

■ 운동량두께

식 (10.16)의 운동량두께에 무차원 적분변수인 식 (10.54)를 대입하면 식 (10.68)과 같이 정리되고, 여기에 식 (10.63)을 대입 및 적분하면 무차원 운동량두께를 식 (10.69)와 같이 구할 수 있다.

$$\delta_m = \int_0^\delta \frac{u}{V_\infty}\left(1 - \frac{u}{V_\infty}\right) dy \tag{10.16}$$

$$\delta_m = \delta \int_0^1 \frac{u}{V}\left(1 - \frac{u}{V}\right) d\left(\frac{y}{\delta}\right) \cong \delta \int_0^1 (2\eta - \eta^2)(1 - 2\eta + \eta^2) d\eta \tag{10.68}$$

$$\frac{\delta_m}{x} \cong \frac{0.73}{\sqrt{Re_x}} \tag{10.69}$$

■ 항력과 항력계수

평판의 한 면에 작용하는 총 마찰력은 식 (10.70)과 같이 벽면에 작용하는 전단응력을 더하면 구할 수 있다. 식 (10.70)에 식 (10.49)의 벽면전단응력을 대입하면 식 (10.71)과 같이 벽면에 작용하는 항력을 구할 수 있다. 식 (10.71)의 δ_L^1은 식 (10.72)와 같이 간단히 정리할 수 있다.

$$F = \int_A \tau_w dA \tag{10.70}$$

$$F = \int_0^L \tau_w w dx = \int_0^L \rho V^2 \frac{d\delta}{dx} \beta w dx = \rho V^2 w \int_0^L \beta d\delta = \rho V^2 w \delta_L^1 \tag{10.71}$$

$$\delta_L^1 = \int_0^L \frac{u}{V}\left(1 - \frac{u}{V}\right) dy = \delta_L \int_0^1 \frac{u}{V}\left(1 - \frac{u}{V}\right) d\eta = \delta_L \beta \tag{10.72}$$

식 (10.72)의 β는 식 (10.57)에서 수치적분으로 구해진 $0.1333(= 2/15)$이고, δ_L은 경계층두께인 식 (10.63)과 같으니 식 (10.72)는 식 (10.73)과 같이 평면에 작용하는 총 마찰력으로 간단히 구할 수 있다. 이때 마찰항력계수는 식 (10.74)와 같이 정의할 수 있다.

$$F = \rho V^2 w \delta_L \beta = \rho V^2 w \frac{5.48}{\sqrt{Re_L}} L \times 0.1333 = 0.73 \frac{\rho V^2 w L}{\sqrt{Re_L}} \tag{10.73}$$

$$C_D = \frac{\int \tau_w dA}{\frac{1}{2}\rho V^2 A} = \frac{0.73\rho V^2 w L Re_L^{-0.5}}{\frac{1}{2}\rho V^2 w L} = \frac{1.46}{\sqrt{Re_L}} \tag{10.74}$$

이해를 돕기 위해 [표 10-3]과 같이 영압력구배일 때 평판에서 층류경계층유동의 해와 엄밀해를 비교했다.

표 10-3 영압력구배일 때 평판에서 층류경계층유동의 해와 엄밀해의 비교

변수	경계층두께	배제두께	운동량두께	비고
층류유동장	$\frac{\delta}{x} = \frac{5.48}{\sqrt{Re_x}}$ 식 (10.63)	$\frac{\delta^*}{x} = \frac{1.83}{\sqrt{Re_x}}$ 식 (10.67)	$\frac{\delta_m}{x} = \frac{0.73}{\sqrt{Re_x}}$ 식 (10.69)	무차원 속도분포를 2차 다항식으로 가정하여 정리
브라시우스 엄밀해	$\frac{\delta}{x} = \frac{5.0}{\sqrt{Re_x}}$ 식 (10.3)	$\frac{\delta^*}{x} = \frac{1.721}{\sqrt{Re_x}}$ 식 (10.86)	$\frac{\delta_m}{x} = \frac{0.664}{\sqrt{Re_x}}$ 식 (10.88)	10.4.3절에서 정리

10.4.3 층류경계층 내 브라시우스 엄밀해[9]

10.4.2절에서 경계층두께에 대한 물리해를 이론적으로 구했으며, 해석해를 구하기 위해 속도분포를 2차 다항식으로 가정했다. 그러나 브라시우스 이론해인 식 (10.3)과 식 (10.63)을 비교해보면 [표 10-3]에서 보이듯이 10 [%]의 오차를 가짐을 알 수 있다. 이에 브라시우스의 제자인 괴팅겐Goettingen이 N-S 방정식을 통해 식 (10.3)을 이론적으로 구했는데 이는 2차원 정상, 비압축성유동에서의 식 (6.22), 식 (6.113), 식 (6.114)를 이용한 것이다.

$$\frac{\partial u}{\partial x} + \frac{\partial v}{\partial y} = 0 \tag{6.22}$$

$$\rho\left(u\frac{\partial u}{\partial x} + v\frac{\partial u}{\partial y}\right) = -\frac{\partial p}{\partial x} + \mu\left(\frac{\partial^2 u}{\partial x^2} + \frac{\partial^2 u}{\partial y^2}\right) \tag{6.113}$$

$$\rho\left(u\frac{\partial v}{\partial x} + v\frac{\partial v}{\partial y}\right) = -\frac{\partial p}{\partial y} + \mu\left(\frac{\partial^2 v}{\partial x^2} + \frac{\partial^2 v}{\partial y^2}\right) \tag{6.114}$$

Re 수가 크고 매우 얇은 평판에서 전단층이 매우 얇다고 가정했으며 다음과 같은 경계조건을 적용했다.

9 해당 절은 강의진도상 생략해도 무방하다.

[경계조건 1] 속도 $v \ll u$

[경계조건 2] 변화율 $\dfrac{\partial u}{\partial x} \ll \dfrac{\partial u}{\partial y},\ \dfrac{\partial v}{\partial x} \ll \dfrac{\partial v}{\partial y}$

[경계조건 3] 압력구배 $\dfrac{\partial p}{\partial y} = 0$ 또는 $p = p(x)$

[경계조건 4] $L \gg \delta \ \rightarrow\ \dfrac{\partial^2 u}{\partial x^2} \ll \dfrac{\partial^2 u}{\partial y^2}$

위의 네 가지 경계조건을 적용하면 식 (6.114)의 y방향 운동량방정식은 0이 되고, 압력 변화와 관련된 식은 식 (10.75)와 같이 변경된다.

$$\frac{\partial p}{\partial x} = \frac{dp}{dx} = -\rho V \frac{dV}{dx} \tag{10.75}$$

구해진 식 (10.75)를 운동량방정식인 식 (6.113)에 뉴턴점성법칙인 식 (9.11)을 적용하면 식 (10.76)으로 정리된다. 여기서 전단응력 τ는 식 (10.77)과 같이 층류와 난류로 다르게 정리된다.

$$u\frac{\partial u}{\partial x} + v\frac{\partial u}{\partial y} = -V\frac{dV}{dx} + \frac{1}{\rho}\frac{\partial \tau}{\partial y} \tag{10.76}$$

$$\tau = \begin{cases} \mu\dfrac{\partial u}{\partial y} & \text{층류} \\ \mu\dfrac{\partial u}{\partial y} - \rho\overline{u'v'} & \text{난류} \end{cases} \tag{10.77}$$

경계층내 벽면에서는 식 (10.78)과 같이 비활 조건을 적용하고 경계층두께에서 자유유동속도를 가지고 y방향으로 99 [%]의 속도를 가지므로 식 (10.79)와 같은 경계조건을 적용하면 경계층두께에 대한 이론적인 식 (10.80)과 같은 최종 방정식을 얻을 수 있다.

$$y = 0 \ \rightarrow\ u = 0,\ v = 0 \quad (\text{비활 조건}) \tag{10.78}$$

$$y = \delta \ \rightarrow\ u = V,\ \frac{du}{dy} = 0 \quad (V = 0.99u) \tag{10.79}$$

$$u\frac{\partial u}{\partial x} = \nu\left(\frac{\partial^2 u}{\partial y^2}\right) \tag{10.80}$$

식 (10.80)의 미분방정식 해를 식 (10.81)과 같이 정의하고 식 (10.82)와 같이 구했다.[10] 여기서 경계층두께는 Re수에 따라 감소하기 때문에 새로운 무차원 좌표인 식 (10.44)와 같이 η를 적용하여 식 (10.83)과 같은 해를 구했다.

$$\frac{u}{V} = f'(\eta) \tag{10.81}$$

$$\eta = y\sqrt{\frac{V_\infty}{vx}} \tag{10.82}$$

10 브라시우스 엄밀해의 유도 과정은 기초 유체역학의 수준을 넘기 때문에, 자세한 내용은 헤르만 슐리히팅(H.Schlichting)의 경계층 이론을 참조하기 바란다.

$$\eta \simeq \frac{y}{\delta} \tag{10.44}$$

$$\delta \simeq \sqrt{\nu t},\ t = \frac{x}{V} \ \rightarrow \ \delta \simeq \sqrt{\frac{\nu x}{V}} \tag{10.83}$$

브라시우스는 식 (10.83)을 식 (6.22)의 연속방정식에 대입 및 정리한 식에 여러 가지 가정을 적용하여 식 (10.84)와 같이 3차 비선형 상미분방정식을 제안했으며, 이를 브라시우스 식이라 한다.

$$f''' + \frac{1}{2} f f'' = 0 \ : \text{브라시우스 식} \tag{10.84}$$

식 (10.84)를 풀기 위해 아래와 같은 경계조건을 적용했다.

$$y = 0 \ \rightarrow \ f(0) = f'(0) = 0$$
$$y = \delta \ \rightarrow \ f(\delta) = 1.0$$

식 (10.84)의 해는 수치적 적분 방법을 통해 [표 10-4]와 같이 $f'(\eta) = u/V$를 구했다.

표 10-4 브라시우스 속도 관련 무차원 속도분포

$y[V/(\nu x)]^{1/2}$	u/V	$y[V/(\nu x)]^{1/2}$	u/V
0.0	0.0	3.0	0.84605
0.2	0.06641	3.2	0.87609
0.6	0.19894	3.4	0.90177
1.0	0.32979	3.8	0.94112
1.2	0.39378	4.0	0.95552
1.6	0.51676	4.2	0.96696
2.0	0.62977	4.8	0.98779
2.2	0.68132	5.0	0.99155
2.6	0.77246	∝	1.00000

[표 10-4]에서 보듯이 u/V의 값이 0.99일 때 y가 5.0이 되므로 식 (10.85)와 같이 구할 수 있고, 이를 식 (10.3)과 같이 정리했다. 이 식을 브라시우스 엄밀해라 한다.

$$\delta_{99\%}\left(\frac{V}{\nu x}\right)^{0.5} \simeq 5.0 \tag{10.85}$$

$$\frac{\delta}{x} \simeq \frac{5.0}{\sqrt{Re_x}} \ : \text{브라시우스 엄밀해} \tag{10.3}$$

브라시우스는 그의 논문에서 배제두께, 운동량두께, 전단응력분포, 항력계수와 항력을 각각 식 (10.86) ~ 식 (10.91)과 같이 제시했다.

$$\frac{\delta^*}{x} = \frac{1.721}{\sqrt{Re_x}} \tag{10.86}$$

$$\frac{\delta_m}{x} = \frac{0.664}{\sqrt{Re_x}} \tag{10.87}$$

$$f_F = \frac{\tau_w}{\dfrac{1}{2}\rho V_\infty^2} = \frac{0.664}{\sqrt{Re_x}} \tag{10.88}$$

$$\tau_w(x) = \frac{0.332\,\rho^{0.5}\mu^{0.5}V^{1.5}}{x^{0.5}} \tag{10.89}$$

$$C_D = \frac{1.328}{\sqrt{Re_L}} \tag{10.90}$$

$$F_D = \frac{0.664\rho V_\infty^2 wL}{\sqrt{Re_L}} = C_D \frac{1}{2}\rho V_\infty^2 wL \tag{10.91}$$

10.4.2절에서 이론식을 구할 때, 식 (10.50)과 같이 다항식으로 속도 u의 분포를 가정한 경우를 상기하고 [표 10–5]를 살펴보자. [표 10–5]는 여러 가지 속도분포 근사에 따라 이론적으로 해를 구한 것이다.

표 10-5 속도분포 근사에 따른 평판 위의 층류경계층의 유동정보

속도분포	$\beta = \delta_m / \delta$ (식 10.48)	δ^* / δ	형상인자 $H = \delta^* / \delta_m$	경계층두께 $\frac{\delta}{x} = \frac{a}{\sqrt{Re_x}}$	마찰계수 $f_F = \frac{b}{\sqrt{Re_x}}$	항력계수 $C_D = \frac{c}{\sqrt{Re_x}}$	해당 절
선형 $f(\eta) = \eta$	1/6	1/2	3.00	$a = 3.46$	$b = 0.577$	$c = 1.156$	–
2차식 $f(\eta) = 2\eta - \eta^2$	2/15	1/3	2.60	$a = 5.48$	$b = 0.730$	$c = 1.460$	10.4.2절
3차식 $f(\eta) = \frac{3}{2}\eta - \frac{1}{2}\eta^2$	39/280	3/8	2.69	$a = 4.64$	$b = 0.647$	$c = 1.292$	–
사인파 $f(\eta) = \sin\left(\frac{\pi}{2}\eta\right)$	$\frac{4-\pi}{2\pi}$	$\frac{\pi-2}{\pi}$	2.66	$a = 4.80$	$b = 0.654$	$c = 1.310$	–
브라시우스 엄밀해	0.133	0.344	2.59	$a = 5.00$	$b = 0.654$	$c = 1.328$	10.4.3절

[그림 10–12]는 평판에서 층류의 무차원 속도분포를 나타낸 것이다. 층류의 경우, 식 (10.54)로 구한 속도분포는 [표 10–4] 내 브라시우스의 엄밀해와 약간의 차이가 있지만 거의 유사함을 알 수 있다. 이는 식 (10.54)를 2차 함수로 가정했기 때문이다. [표 10–5]와 같이 여러 가지 함수로 속도분포를 가정한 것도 선형을 제외하고는 브라시우스 엄밀해와 약간의 차이만 있을 뿐 동일함을 알 수 있다.

다만 난류유동은 이론적 해가 존재하지 않기 때문에 관내 유동에서 검토한 난류 속도분포식을 이용해 난류유동의 경계층두께를 계산해야 한다. 즉 평판의 난류경계층은 내부유동의 관내 경계층과 유사하다는 의미이다. [그림 10–12]에서 보듯이 층류경계층보다 난류경계층이 더 빠르게 발달하며 그 이유

는 벽면전단응력이 층류경계층보다 난류경계층에서 훨씬 크기 때문이다. 이에 관한 내용은 10.4.4절 난류유동에서 자세히 알아보자.

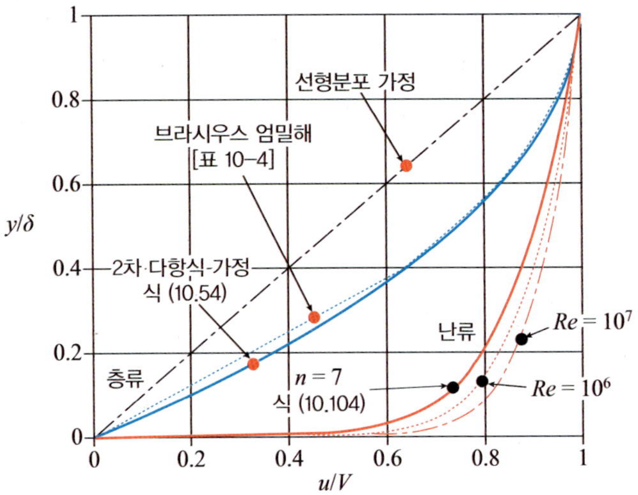

그림 10-12 평판에서 층류와 난류의 무차원 속도분포 비교

예제 10-3 층류유동 내 경계층두께

공기가 자유유동속도 $V=30\,[\mathrm{m/s}]$, $Re_x = 5\times10^5 (x=0.24\,[\mathrm{m}])$으로 접근하는 평판이 있다. (a) 이때 경계층두께를 구하고, (b) 이를 브라시우스 엄밀해와 비교하라.

분석

- 운동량 적분방정식으로 구한 값과 브라시우스 엄밀해를 비교해 차이를 알아보는 것이 이 예제의 목적이다. 더 나아가 [표 10–5]를 이용한다면 전단응력과 항력도 구할 수 있음을 알 수 있다.
- 평판내 층류유동의 경계층높이를 구하는 간단한 문제로, 식 (10.63)을 이용하면 된다.
- 경계층높이를 계산하기 위해 Re_x가 주어졌지만, x의 개념도 이해할 필요가 있다. x값이 바뀌면 Re_x 값이 변화하기 때문이다.

풀이

(a) 식 (10.63)을 이용하면 이 유동장의 무차원 경계층두께는 0.00775가 되고 실제 경계층두께는 1.86 [mm]로 완전히 발달된 길이 x에 비해 1 [%] 미만의 크기를 가지고 있다.

$$\delta/x = \frac{5.48}{\sqrt{Re_x}} = \frac{5.48}{\sqrt{5\times10^5}} = 0.00775$$

$$\delta = 0.00775 \times 0.24 = 0.00186\,[\mathrm{m}] = 1.86\,[\mathrm{mm}]$$

(b) 식 (10.3)의 브라시우스 엄밀해와 비교할 경우 경계층두께는 1.70 [mm]로 감소한다.

$$\delta/x = \frac{5.00}{\sqrt{Re_x}} = \frac{5.00}{\sqrt{5\times10^5}} = 0.007071$$

$$\delta = 0.007071 \times 0.24 = 0.001697\,[\mathrm{m}] = 1.70\,[\mathrm{mm}]$$

고찰

- 경계층의 높이가 매우 작다는 것은 평판내 점성의 영향이 적다는 것을 의미한다.
- Think 04에서 언급한 바와 같이 엄밀해와 비교하는 경우 경계층두께는 10 [%] 감소함을 알 수 있다.
- $Re_x = 5 \times 10^5$의 범위가 층류임을 이해해야 한다. 외부유동에서는 10^6 이상이 되어야 난류유동이라고 할 수 있다. 내부유동에서 천이영역을 포함하더라도 4,000 정도 되면 난류유동이 되지만, 외부유동에서는 그렇지 않다.
- Re_x 수가 주어졌으므로 평판내 유동장이 결정된 것이고, [표 10-5]에서 전단응력과 항력계수를 구해보자.

예제 10-4 층류유동 내 운동량두께

[표 10-5]에서 층류유동 내 경계층 속도분포를 선형으로 가정할 경우의 운동량두께와 전단응력을 구하라.

분석

- 층류유동에서 운동량두께를 구하는 것이 이 예제의 핵심이다. 식 (10.68)에서는 속도분포를 2차 다항식으로 가정했기 때문에 비교적 어려웠지만, 선형으로 가정하면 적분하기가 매우 쉬워진다.

풀이

- 층류유동에서 운동량두께와 전단응력은 식 (10.16)과 식 (10.43)을 이용하면 된다.

$$\delta_m = \int_0^\delta \frac{u}{V_\infty}\left(1 - \frac{u}{V_\infty}\right)dy \tag{10.16}$$

$$\tau_w = \rho V^2 \frac{\partial}{\partial x}\int_0^\delta \frac{u}{V}\left(1 - \frac{u}{V}\right)dy = \rho V^2 \frac{\partial \delta_m}{\partial x} \tag{10.43}$$

- 먼저 운동량두께는 식 (10.16)에서 무차원 속도분포를 **선형**으로 가정했기 때문에 다음과 같이 경계층 두께의 1/6이 된다. 식 (10.43)에 식 (10.92)를 대입하면 식 (10.93)과 같다.

$$\delta_m = \int_0^\delta \frac{y}{\delta}\left(1 - \frac{y}{\delta}\right)dy = \frac{\delta}{6} \tag{10.92}$$

$$\tau = \frac{\rho V^2}{6}\frac{d\delta}{dx} \tag{10.93}$$

- 속도분포를 선형으로 가정했기 때문에 벽면전단응력은 식 (10.94)와 같이 변한다. 식 (10.93)과 식 (10.94)로 정리하면 식 (10.95)와 식 (10.96)은 같아진다.

$$\tau = \mu\frac{du}{dy} = \mu\frac{V}{\delta} \tag{10.94}$$

$$\mu\frac{V}{\delta} = \frac{\rho V^2}{6}\frac{d\delta}{dx} \tag{10.95}$$

$$\frac{\delta}{2} = \frac{6\mu}{\rho V}x \quad \text{또는} \quad \delta = \frac{3.46}{\sqrt{Re_x}} \tag{10.96}$$

고찰

- 속도분포를 선형적으로 가정했을 때 경계층두께를 구하는 문제이므로 식 (10.96)을 식 (10.63)의 2차 방정식으로 구한 해와 비교해보자.
- 경계층 속도분포를 선형으로 가정했다는 것은 꾸트 유동으로 가정했다는 것을 의미한다.
- 전단응력을 구하여 [표 10-5]의 값과 같은지 확인하자.
- [표 10-5]의 다른 속도분포도 풀어보고 결괏값을 비교해보자.

10.4.4 난류유동

난류 평판유동에서는 어떠한 이론적인 해도 존재하지 않는다. 따라서 연구자들은 컴퓨터 시뮬레이션을 통해 해를 구했지만, 식 (10.54)와 같은 층류의 속도분포를 이용하여 해석하는 것이 가장 타당한 방법으로 알려져 있다. 따라서 난류유동 해석은 영압력구배의 유동에 적용된 전단응력인 식 (10.43)에서부터 시작해야 한다. 이에 식 (10.43)과 식 (9.171)을 조합하면 식 (10.97)이 된다.

$$\tau_w = \rho V^2 \frac{\partial \delta_m}{\partial x} \tag{10.43}$$

$$f_F = \frac{\tau_w}{\frac{1}{2}\rho V^2} \tag{9.171}$$

$$f_F = 2\frac{\partial \delta_m}{\partial x} \tag{10.97}$$

평판상의 경계층내 난류유동의 속도분포를 구하기 위해 9장에서 배운 관내 유동의 벽면 근처를 나타내는 식 (9.101)과 식 (9.104)의 마찰속도를 이용하자.

$$u^* = \left(\frac{\tau_w}{\rho}\right)^{1/2} \tag{9.101}$$

$$\frac{\bar{u}}{u^*} = 2.5 \ln \frac{y u^*}{\nu} + 5.0 \tag{9.104}$$

경계층유동 내 $y = \delta$가 되고 $u = V$가 되므로, 식 (9.104)는 식 (10.98)과 같이 변경된다.

$$\frac{V}{u^*} = 2.5 \ln \frac{\delta u^*}{\nu} + 5.0 \tag{10.98}$$

식 (9.101)에 식 (10.43)을 대입 및 정리하면 식 (10.99)와 같고, 식 (10.97)을 또 대입하면 식 (10.100)과 같이 정리할 수 있다. 또한 식 (10.98)의 로그함수를 보면 특성길이 δ인 Re_δ수로 표현될 수 있고, 식 (10.98)의 무차원 속도분포를 적용하면 식 (10.101)과 같이 표현할 수 있다.

$$u^* = \left(\frac{\tau_w}{\rho}\right)^{1/2} = \left(\frac{\rho V^2 \dfrac{\partial \delta_m}{\partial x}}{\rho}\right)^{1/2} = V\left(\frac{\partial \delta_m}{\partial x}\right)^{1/2} \tag{10.99}$$

$$\frac{u^*}{V} = \left(\frac{\partial \delta_m}{\partial x}\right)^{1/2} \quad \rightarrow \quad \frac{V}{u^*} = \left(\frac{\partial x}{\partial \delta_m}\right)^{1/2} = \left(\frac{2}{f_F}\right)^{1/2} \tag{10.100}$$

$$\frac{\delta u^*}{\nu} = Re_\delta \left(\frac{f_F}{2}\right)^{0.5} \tag{10.101}$$

최종적으로 식 (10.100)과 식 (10.101)을 식 (10.98)에 대입하면 식 (10.102)와 같이 변경된다.

$$\left(\frac{2}{f_F}\right)^{0.5} = 2.5 \ln\left[Re_\delta \left(\frac{f_F}{2}\right)^{0.5}\right] + 5.0 \tag{10.102}$$

식 (10.102)의 복잡한 수식은 수기로 풀기 어렵기 때문에 프란틀은 식 (10.102)를 보다 간략화한 식 (10.103)과 같은 수식을 제시했다.

$$f_F = 0.02\, Re_\delta^{-1/6} \tag{10.103}$$

관내 유동의 식 (9.112)의 난류 무차원 속도분포(1/7제곱의 지수법칙)를 이용해 식 (10.104)와 같이 경계층내 무차원 속도분포를 정리할 수 있다.

$$\frac{\bar{u}}{V} = \left(\frac{y}{R}\right)^{1/7} \tag{9.112}$$

$$\frac{u}{V} = \left(\frac{y}{\delta}\right)^{1/7} \tag{10.104}$$

운동량두께인 식 (10.16)에 식 (10.104)를 대입하면 식 (10.105)와 같이 적분을 풀 수 있다. 다시 식 (10.105)를 식 (10.97)에 대입하면 식 (10.106)과 같고, 이를 다시 식 (10.103)에 대입하면 식 (10.107)이 된다.

$$\delta_m = \int_0^\delta \frac{u}{V}\left(1 - \frac{u}{V}\right) dy \tag{10.16}$$

$$\delta_m = \int_0^\delta \left(\frac{u}{V}\right)^{1/7}\left(1 - \left(\frac{u}{V}\right)^{1/7}\right) dy = \frac{7}{72}\delta \tag{10.105}$$

$$f_F = 2\frac{\partial}{\partial x}\left(\frac{7}{72}\delta\right) \tag{10.106}$$

$$f_F = 0.02\, Re_\delta^{-1/6} = 2\frac{\partial}{\partial x}\left(\frac{7}{72}\delta\right) \tag{10.107}$$

식 (10.107)을 변수분리 및 적분하고 정리하면 식 (10.108), 식 (10.109)와 같이 정리되고 이를 무차원으로 정리하면 식 (10.110)과 같이 **난류유동의 경계층두께**를 이론적으로 구할 수 있다.

$$Re_\delta^{-1/6} = \frac{2}{0.02}\frac{\partial}{\partial x}\left(\frac{7}{72}\delta\right) = \frac{2}{0.02} \times \frac{7}{72}\frac{\partial \delta}{\partial x} = 9.72\frac{\partial \delta}{\partial x} = 9.72\frac{\partial(Re_\delta)}{\partial(Re_x)} \tag{10.108}$$

$$\frac{\partial(Re_\delta)}{Re_\delta^{-1/6}} = \frac{1}{9.72}\partial(Re_x)$$

$$\frac{6}{7}Re_\delta^{7/6} = \frac{1}{9.72}Re_x$$

$$Re_\delta^{7/6} = \frac{1}{9.72}\frac{7}{6}Re_x = 0.12Re_x$$

$$Re_\delta = 0.162Re_x^{6/7} \tag{10.109}$$

$$\frac{\delta}{x} = \frac{0.162}{Re_x^{1/7}} \tag{10.110}$$

결국, 식 (10.110)을 식 (10.103)에 대입해 정리하면 식 (10.111)과 같다.

$$f_{F_{turb}} = \frac{0.027}{Re_x^{1/7}} \tag{10.111}$$

식 (10.111)로부터 난류유동의 벽면전단응력을 구하면 식 (10.112)와 같다. 또한 항력계수는 층류유동에서 구할 때와 같이 계산하면 식 (10.113)과 같다. 이 값은 층류의 엄밀해인 식 (10.90)보다 16 [%]만큼 적어짐을 알 수 있다.

$$\tau_{w,turb} = \frac{0.0135\mu^{1/7}\rho^{6/7}V^{13/7}}{x^{1/7}} \tag{10.112}$$

$$C_{D,turb} = \frac{0.031}{Re_L^{1/7}} \tag{10.113}$$

$$C_{D,\,Lam} = \frac{1.328}{\sqrt{Re_L}} \tag{10.90}$$

또한 난류유동의 경계층 배제두께는 식 (10.11)로부터 식 (10.114)와 같이 계산할 수 있다. 이는 식 (10.11)의 무차원 속도분포에 난류유동 무차원 속도분포인 식 (10.104)를 대입한 결과이다.

$$\delta^* = \int_0^\delta \left(1 - \frac{u}{V_\infty}\right)dy \tag{10.11}$$

$$\delta^*_{turb} = \int_0^\delta \left(1 - \left(\frac{y}{\delta}\right)^{1/7}\right)dy = \frac{1}{8}\delta \tag{10.114}$$

식 (10.114)의 난류 관련 운동량두께와 배제두께인 식 (10.105)의 비를 난류 평판 관련 형상인자라 하고 식 (10.115)와 같이 정의할 수 있다.

$$H = \frac{\delta^*}{\delta_m} = \frac{1/8}{7/72} = 1.3 \tag{10.115}$$

■ 브라시우스 난류 마찰계수를 이용한 난류경계층두께

앞에서 구한 난류경계층두께는 관내 난류 마찰속도를 이용한 것이다. 이번에는 식 (9.172)와 같이 브라시우스 난류 마찰계수를 통해 구해보자.

$$f = 0.3164Re^{-1/4} \quad (Re < 10^5) \tag{9.172}$$

먼저 벽면전단응력은 식 (2.24)의 벽면전단응력에 식 (10.104)의 난류유동 무차원 속도분포와 식 (10.45)의 무차원 좌표를 대입하면 식 (10.116)과 같이 구할 수 있다. 식 (10.104)를 식 (10.45)에 대입하고, 벽면전단율을 대입하기 위해 미분하고 정리하면 식 (10.116)과 같다.

$$\tau_w = \mu \frac{du}{dy} \tag{2.24}$$

$$u = V\left(\frac{y}{\delta}\right) \tag{10.45}$$

$$\frac{u}{V} = \left(\frac{y}{\delta}\right)^{1/7} = \eta^{1/7} \tag{10.104}$$

$$\frac{\partial u}{\partial y} = \frac{V}{\delta^{1/7}}\left(\frac{1}{7}y^{-6/7}\right)$$

$$\tau_w = \mu \frac{V}{\delta^{1/7}} \frac{1}{7} \frac{6}{y^{6/7}} \tag{10.116}$$

관내 유동의 벽면전단응력은 식 (10.117)과 같다. 식 (10.117)의 속도분포는 평균속도 $\overline{V}$ 임을 알아야 한다. 식 (10.117)은 검사체적을 통해 아래와 같이 구할 수 있다.

$$\tau_w = \frac{f}{8}\rho \overline{V}^2 \tag{10.117}$$

$$\tau_w = -\frac{R}{2}\frac{\partial p}{\partial x} = \frac{R}{2}\frac{\Delta p}{L}\left(\frac{\Delta p}{\rho} = h_L = f\frac{L}{D}\frac{\overline{V}^2}{2}\right)$$

$$= \frac{R}{2}\frac{\rho}{L}h_L = \frac{f}{8}\rho \overline{V}^2$$

식 (10.117)을 식 (9.172)의 브라시우스 난류 마찰계수에 대입하여 정리하면 식 (10.118)과 같다.

$$\tau_w = \frac{f}{8}\rho \overline{V}^2 = \frac{0.3164}{8}\rho \overline{V}^2 \times Re^{-1/4} = \frac{0.3164}{8}\rho \overline{V}^2 \times \left(\frac{\nu}{R\overline{V}}\right) \times 0.5^{0.25}$$

$$= 0.03325\rho \overline{V}^2\left(\frac{\nu}{R\overline{V}}\right)^{0.25} \tag{10.118}$$

식 (10.104)와 같은 1/7제곱의 지수법칙을 이용하면 식 (10.118)에 표현된 평균속도를 식 (10.119), 식 (10.120)과 같은 속도인 경계층 자유유동속도로 변경할 수 있다. 식 (10.120)을 식 (10.118)에 대입하면 식 (10.121)과 같다.

$$\frac{\overline{V}}{V} = \frac{2 \times 7^2}{(7+1)(14+1)} \fallingdotseq 0.817 \tag{10.119}$$

$$\overline{V} = 0.817\,V \tag{10.120}$$

$$\tau_w = 0.03325\rho(0.817\,V)^2\left(\frac{\nu}{\delta \times 0.817\,V}\right)^{1/4} = 0.023349\rho V^2\left(\frac{\nu}{V\delta}\right)^{1/4} \tag{10.121}$$

여기에 식 (10.47)의 운동량 적분방정식을 대입하면 벽면전단응력은 식 (10.122)와 같이 유도된다. 이를 식 (10.123) ~ 식 (10.125)와 같이 이항 및 적분해 정리하면 식 (10.126)과 같이 나타낼 수 있다.

$$\tau_w = \rho V^2 \frac{d\delta}{dx}\int_0^1 \frac{u}{V}\left(1 - \frac{u}{V}\right)d\eta \tag{10.47}$$

$$\tau_w = \rho V^2 \frac{d\delta}{dx}\int_0^1 \frac{u}{V}\left(1 - \frac{u}{V}\right)d\eta = 0.0233\rho V^2\left(\frac{\nu}{V\delta}\right)^{1/4} \tag{10.122}$$

$$\frac{d\delta}{dx}\int_0^1 \eta^{1/7}(1 - \eta^{1/7})d\eta = 0.0233\left(\frac{\nu}{V\delta}\right)^{1/4} \tag{10.123}$$

$$\frac{7}{72}\frac{d\delta}{dx} = 0.0233\left(\frac{\nu}{V\delta}\right)^{1/4} \tag{10.124}$$

$$\delta^{1/4}d\delta = 0.240\left(\frac{\nu}{V}\right)^{1/4}dx \tag{10.125}$$

$$\frac{4}{5}\delta^{5/4} = 0.240\left(\frac{\nu}{V}\right)^{1/4}x + C \tag{10.126}$$

식 (10.126)의 적분상수 C를 계산하기 위해 $x = 0$일 때 $\delta = 0$을 대입하면 적분상수 $C = 0$이 된다. 적분상수를 대입하고 식 (10.126)을 정리하면 식 (10.127), 식 (10.128)과 같다.

$$\delta = 0.382\left(\frac{\nu}{V}\right)^{1/4}x^{4/5} \tag{10.127}$$

$$\frac{\delta}{x} = 0.382\left(\frac{\nu}{Vx}\right)^{1/5} = \frac{0.382}{Re_x^{1/5}} \tag{10.128}$$

평판 위 경계층두께를 식 (10.128)과 같이 구했으므로 식 (10.122)를 이용하여 난류유동에서 표면마찰계수와 전단응력을 식 (10.129), 식 (10.130)과 같이 구할 수 있고, 항력계수와 항력은 식 (10.131) ~ 식 (10.132)와 같이 구할 수 있다.

$$f_F = \frac{\tau_\omega}{\frac{1}{2}\rho V^2} = 0.0466\left(\frac{\nu}{V\delta}\right)^{1/4} = \frac{0.0594}{Re_x^{1/5}} \tag{10.129}$$

$$\tau_w = \frac{0.0594}{Re_x^{1/5}} \times \frac{1}{2}\rho V^2 \tag{10.130}$$

$$C_D = \frac{1}{A}\int 0.0594 Re_x^{-0.2}dA = \frac{0.0594}{L}\left(\frac{\nu}{V}\right)^{0.2}\left[\frac{x^{0.8}}{0.8}\right]_0^L = 0.074\left(\frac{\nu}{VL}\right)^{0.2} \tag{10.131}$$

$$F_D = \frac{1}{2}\rho V^2 A C_D = 0.0375\, V^2 wL/{}^5 Re_L^{1/5} \tag{10.132}$$

[표 10-6]에 영압력구배일 경우 평판에서 층류경계층두께, 난류경계층두께, 벽면전단응력을 비교해 나타냈다. 층류유동과 난류유동에서는 각각 2개의 경계층두께와 벽면전단응력을 구했다. [표 10-6]에서 보듯이 차이가 나는 것은 층류유동과 난류유동 때문이기도 하지만, 속도분포를 적용한 가정이 다르기 때문이다. 여기서 중요한 것은 층류경계층보다 난류경계층이 더 빠르게 발달한다는 것이고 벽면전단응력은 층류경계층보다 난류경계층이 훨씬 크다는 것도 알아야 한다.

표 10-6 영압력구배일 경우 평판에서 층류경계층두께, 난류경계층두께, 벽면전단응력의 비교

	층류 평판 경계층		난류 평판 경계층	
	운동량 적분방정식	브라시우스 엄밀해	브라시우스 마찰계수 이용	난류 마찰 속도 이용
$\frac{\delta}{x}$	$\frac{5.48}{\sqrt{Re_x}}$ 식 (10.63)	$\frac{5.0}{\sqrt{Re_x}}$ 식 (10.3)	$\frac{0.382}{Re_x^{1/5}}$ 식 (10.128)	$\frac{0.162}{Re_x^{1/7}}$ 식 (10.110)
τ_w	$\frac{0.73}{\sqrt{Re_x}}\frac{1}{2}\rho V^2$ 식 (10.65)	$\frac{0.332\rho^{0.5}\mu^{0.5}V^{1.5}}{x^{0.5}}$ 식 (10.89)	$\frac{0.0594}{Re_x^{1/5}}\frac{1}{2}\rho V^2$ 식 (10.130)	$\frac{0.0135\mu^{1/7}\rho^{6/7}V^{13/7}}{x^{1/7}}$ 식 (10.112)

예제 10-5 난류유동 내 경계층두께

물이 $V = 1$ [m/s]의 자유유동속도로 평판($L = 1$ [m])에 접근한다. 이때 (a) 경계층두께, 배제두께, 벽면전단응력을 구하고, (b) 이를 층류와 비교하라. 단, 물의 온도는 상온이라 가정한다.

분석

- 경계층두께는 식 (10.128), 배제두께는 식 (10.11), 벽면전단응력은 식 (10.130)을 이용해 구할 수 있다.
- 먼저 Re_x수를 구해야 하고 상온에서 물의 동점성계수는 $\nu = 1 \times 10^{-6}$ [m^2/s]를 적용하면 된다.
- 외부유동은 공기 속에만 있는 것이 아니라, 물속에도 존재한다.

풀이

(a) 유동장의 Re_L은 식 (10.133)과 같이 계산할 수 있다. 계산된 Re_L은 천이영역 내에 있지만 난류로 가정하고 문제를 풀어보자.

$$Re_L = \frac{UL}{\nu} = \frac{1 \times 1}{1 \times 10^{-6}} = 1 \times 10^6 \tag{10.133}$$

난류경계층두께는 식 (10.128)에 식 (10.133)에서 구한 Re_L을 대입해 구하면 식 (10.134)와 같다.

$$\delta = \frac{0.382}{Re_x^{1/5}}x = \frac{0.382}{(10^6)^{1/5}} \times 1 = 0.0241\,[\mathrm{m}] = 24.1\,[\mathrm{mm}] \tag{10.134}$$

배제두께는 식 (10.11)을 이용해서 구하면 되는데 식 (10.11)에 있는 무차원 속도분포를 식 (10.104)와 같이 난류 무차원 속도분포(1/7제곱의 지수법칙)를 이용해 경계층내 무차원 속도분포

로 정리해야 한다. 그렇다면 식 (10.11)은 식 (10.135)와 같이 유도할 수 있다.

$$\delta^* = \int_0^\delta \left(1 - \frac{u}{V_\infty}\right) dy = \delta_L \int_0^\delta \left(1 - \frac{u}{V}\right) d\left(\frac{y}{\delta}\right) = \delta_L \int_0^\delta (1 - \eta^{1/7}) d(\eta)$$

$$= \delta_L \left[\eta - \frac{7}{8}\eta^{8/7}\right]_0^1 = \frac{\delta_L}{8} = \frac{24.1}{8} = 3.01\,[\text{mm}] \tag{10.135}$$

난류 벽면전단응력은 식 (10.130)으로 구할 수 있으며, 주어진 물성값을 대입하고 계산하면 식 (10.136)이 된다.

$$\tau_w = \frac{0.0594}{(10^6)^{1/5}} \times \frac{1}{2} \times 998 \times 1^2 = 1.87\,[\text{Pa}] \tag{10.136}$$

이를 브라시우스의 층류 엄밀해와 비교하기 위해 식 (10.137) ~ 식 (10.139)와 같이 층류유동의 유동 정보를 구했다. 이때 경계층두께는 식 (10.93)의 엄밀해를, 배제두께의 비는 [표 10-5]에서 경계층두께와 배제두께의 비 β인 0.344를, 벽면전단응력은 식 (10.88)을 이용해 계산하면 된다.

$$\delta = \frac{5.0}{\sqrt{Re_x}} = \frac{5.0}{\sqrt{10^6}} \times 1 = 0.005\,[\text{m}] = 5.0\,[\text{mm}] \tag{10.137}$$

$$\delta^* = 0.344\delta = 0.344 \times 5.0 = 1.72\,[\text{mm}] \tag{10.138}$$

$$\tau_{w_{lam}} = \frac{0.664}{\sqrt{Re_x}} \times \frac{1}{2}\rho V_\infty^2 = \frac{0.664}{\sqrt{10^6}} \times \frac{1}{2} \times 998 \times 1^2 = 0.332\,[\text{Pa}] \tag{10.139}$$

(b) $x = L$일 때 층류와 난류의 값들을 비교하면 식 (10.140) ~ 식 (10.142)와 같다.

- 경계층두께 : $\dfrac{\delta_{turb}}{\delta_{lam}} = \dfrac{24.1}{5.00} = 4.82$ (10.140)
- 배제두께 : $\dfrac{\delta^*_{turb}}{\delta^*_{lam}} = \dfrac{3.01}{1.72} = 1.75$ (10.141)
- 벽면전단응력 : $\dfrac{\tau_{turb}}{\tau_{lam}} = \dfrac{1.87}{0.332} = 5.63$ (10.142)

고찰

- 난류의 경계층의 값과 층류의 경계층의 값을 비교해보면 경계층두께와 벽면전단응력이 크게 작용함을 알 수 있다. 이는 층류경계층보다 난류경계층이 더 빠르게 발달한다는 것이고 벽면전단응력은 층류경계층보다 난류경계층에서 훨씬 크다는 의미임을 알아야 한다.
- 문제에서 구한 $Re_L = 1 \times 10^6$은 천이영역에 있으므로 층류와 난류 경계에 있는 값이다. ([표 10-2] 참조)

Think_05

이 절에서는 영압력구배의 평판유동에 대해 자세히 학습했다. 유동에서 영압력구배가 적용된다는 것이 어떤 의미인지 생각해보자. 즉 유동에서 발생하는 영압력구배와 영압력구배가 아닐 때 각각 어떤 차이를 가져오는지 생각해보자.

SECTION 10.5

경계층유동 내의 압력구배

✔ 경계층유동 내의 역압력구배와 유동 박리에 대해 학습한다.
✔ 역압력구배를 발생시키는 형상인자에 대해 알아본다.

10.5.1 역압력구배와 유동 박리

10.4절에서는 가장 이상적인 경우인 압력구배를 0으로 가정하고 해석했다. 그러나 [그림 10-13]에서 보듯이 **경계층 밖의 영역에서** 상류에서 하류로 유체가 흐른다면 상류 측의 압력 p_1이 하류 측의 압력 p_2보다 크기 때문에 **평판유동에서 순압력구배($dp/dx < 0$)가 발생**하지만, 평판 표면에서 압력은 평판을 따라 변하지 않는 **영압력구배($dp/dx = 0$)**가 발생한다. 영압력구배는 **경계층내 평판을 따라 압력구배가 동일한 이상적인 유동을 의미**하며, 이는 경계층내에서 평판에 따른 압력구배를 가리킨다. 만약 물체가 [그림 10-14]와 같은 곡선 형태라면, 지점 ①에서 측정한 압력과 속도는 지점 ②에서 측정한 것과는 달라지게 된다.

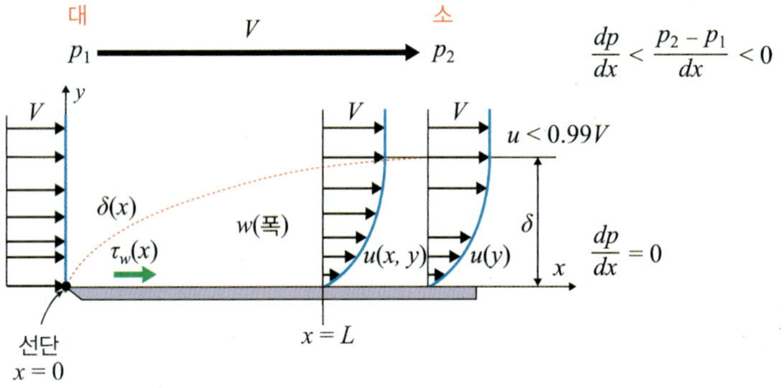

그림 10-13 평판유동에서 영압력구배의 개념

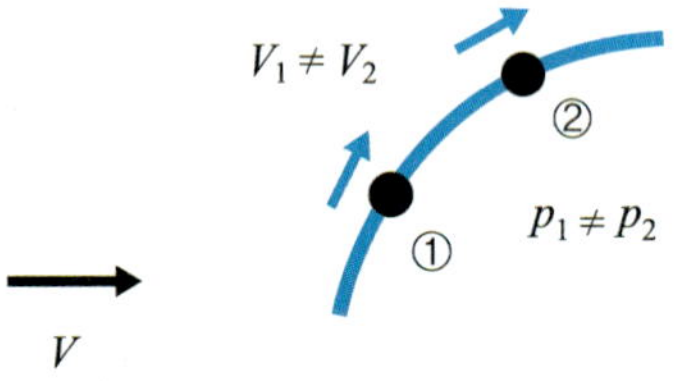

그림 10-14 곡선 형태의 압력구배의 개념

점성이 없는 비점성유동의 경우, 구 주위에 유동이 흐른다고 가정한다면 상류속도와 압력은 대칭이 되는 현상이 나타나고, 압력구배가 대칭이기 때문에 구에 작용하는 항력은 0이 된다. 그러나 실제 층류와 난류유동에서는 점성 영향에 따라 [그림 10-14]에서 보듯이 벽면에서의 속도분포가 달라지고, 압력구배는 형상의 변화에 따라 지배적으로 변화되기 때문에 항력이 발생하게 된다.

[그림 10-15]와 같은 원기둥 후면을 본다면 유동이 난류로 진행될수록 유동 박리점이 대칭인 점 C에서 점 D나 점 E로 당겨진다. 즉 식 (10.143)과 같은 순압력구배에서 식 (10.145)와 같은 역압력구배로 바뀌게 된다. 점 D인 유동 박리점에서 벽면압력구배는 0이고 그 바로 뒤인 점 E에서는 압력구배가 양(+)의 값을 갖게 되는데, $p_2 - p_1$의 값이 양(+)의 값이라는 것은 후류의 압력이 크다는 것을 의미한다. 반면에 박리점 앞의 점인 점 B에서 압력구배는 음(−)의 값을 갖는다.

역압력구배 구간에서는 [그림 10-15(a)]에서 보듯이 후류가 발생하게 되고 [그림 10-15(b)]의 빨간색 선처럼 박리 및 역류가 발생하게 되면 식 (10.145)는 역류가 발생하는 조건이 되는 것이다.

$$\left.\frac{dp}{dx}\right|_B < 0 \ : \text{순압력구배} \tag{10.143}$$

$$\left.\frac{dp}{dx}\right|_D = 0 \ : \text{박리점} \tag{10.144}$$

$$\left.\frac{dp}{dx}\right|_E > 0 \ : \text{역압력구배} \tag{10.145}$$

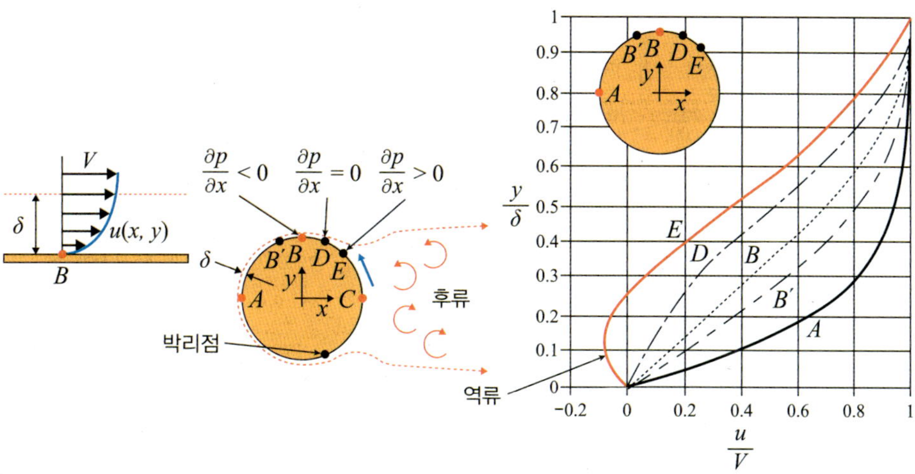

(a) 압력구배의 변화와 유동 박리점

(b) 지점에 따른 속도분포

그림 10-15 각 점에서 압력구배의 변화와 이에 따른 속도분포

Think_06

왜 $dp/dx = 0$일 때 평판 위의 균일유동에 대한 유동 박리나 후류가 생기는지 생각해보자. 즉 $dp/dx > 0$일 때 유동 박리가 발생하는데 그 이유를 생각해보자.

[그림 10-16]과 같이 ① 노즐Nozzle, ② 목Throat, ③ 디퓨저Diffuser가 같이 존재하는 유동을 살펴보자.[11] ① 노즐유동인 전면에서는 순압력구배가 지배적이고 속도가 증가하면서 압력구배가 점차 감소하며, ② 짧은 길이의 목 영역에서는 속도가 일정하면서 압력구배는 0이 된다. ③ 면적이 커지는 디퓨저 영역에서는 면적이 커짐에 따라 속도가 감소하고 압력이 회복되는 현상이 나타나고, 벽면에서는 역압력구배가 나타난다.

이러한 **역압력구배 현상은 디퓨저의 각도가 커짐에 따라 더욱 커지게 되고, 경계층은 양쪽 벽면에서 역류와 함께 손실이 발생하고 불완전한 압력 회복을 나타내며 박리가 발생**하게 된다. 이러한 조건을 디퓨저 스톨실속, Stall이라 하고 이러한 개념은 영각이 커지면서 양력을 잃어버리는 익형의 실속과 같은 개념이다. 따라서 경계층 개념이란 큰 각도의 디퓨저에서 큰 유동 손실로 설명된다. [그림 10-16]의 역류가 나타나는 형태를 S형태의 속도분포라 하면 이 2차 미분항의 변곡점 지점을 PIPoint of Inflection점이라 한다.

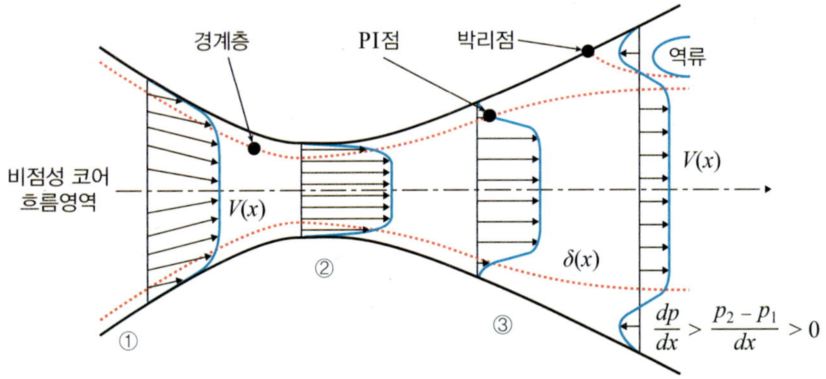

① 노즐	② 목	③ 디퓨저
압력과 면적이 감소	압력과 면적의 일정	압력과 면적이 증가
속도 증가	속도 일정	속도 감소
순압력구배 영역	영압력구배	역압력구배 영역

그림 10-16 노즐과 같은 디퓨저에서의 경계층 성장과 유동 박리의 개념

11 내부유동에서도 경계층유동의 개념은 동일하다.

10.5.2 형상인자

역압력구배는 속도분포에 큰 변화를 일으킨다. 압력구배가 0이 아닌 유동의 운동량 적분방정식 근사해는 식 (10.39)로부터 식 (10.148)과 같이 구할 수 있다.

영압력구배인 경우 압력구배와 속도구배가 모두 0이기 때문에 식 (10.42)와 같이 식 (10.39) 우변의 두 번째 항을 삭제하고 계산할 수 있지만, 역압력구배가 발생하는 경우는 식 (10.39) 우변의 두 번째 항을 삭제할 수 없기 때문에 압력 변화에 따라 속도 변화율을 고려하여 식 (10.146), 식 (10.147)와 같이 정리했다. 여기에 형상인자인 식 (10.115)를 대입하고 유도했다.

$$\frac{\tau_w}{\rho} = \frac{d}{dx}\left(V^2\delta_m\right) + V\frac{dV}{dx}\delta^* \tag{10.39}$$

$$\frac{\tau_w}{\rho} = \frac{\partial}{\partial x}V^2\int_0^\delta \frac{u}{V}\left(1-\frac{u}{V}\right)dy \tag{10.42}$$

$$\frac{\tau_w}{\rho} = V^2\frac{d\delta_m}{dx} + 2\delta_m V\frac{dV}{dx} + \delta^* V\frac{dV}{dx} \tag{10.146}$$

$$\frac{\tau_w}{\rho V^2} = \frac{d\delta_m}{dx} + \left(2\delta_m + \delta^*\right)\frac{1}{V}\frac{dV}{dx} \tag{10.147}$$

$$\frac{\tau_w}{\rho V^2} = \frac{d\delta_m}{dx} + (2+H)\frac{\delta_m}{V}\frac{dV}{dx} \tag{10.148}$$

식 (10.148)에서 속도분포 $V(x)$는 식 (10.75)와 같이 압력구배와 연관 지어 해석할 수 있다. 속도분포가 주어졌다면 이미 압력구배가 정해져 있다는 것을 의미하기 때문이다. 만약 dV/dx가 음(−)의 값을 갖는다면 식 (10.75)에서 보듯이 dp/dx는 양(+)의 값을 가진다는 뜻이고, 이는 역압력구배가 발생한 유동장이라는 것을 의미한다.

$$\frac{dp}{dx} = -\rho V\frac{dV}{dx} \tag{10.75}$$

식 (10.148)을 이용하면 일반적인 층류경계층유동과 난류경계층유동에서 다양한 압력구배를 갖는 속도분포의 해석이 가능해진다. 여기서 형상인자 H는 역압력구배 발생의 지표가 된다. 난류유동장의 경우 H는 영압력구배에서 식 (10.115)에서와 같이 박리가 발생하게 되면 2.5까지 증가된다. 즉 H가 커지면 강한 역압력구배를 나타내고, 박리가 발생하게 된다는 뜻이다. 역압력구배가 발생하게 되는 형상인자인 H값은 연구자마다 다르지만, 일반적으로 식 (10.149)와 같다.

$$H = \begin{cases} 3.5 & \text{층류} \\ 2.4 & \text{난류} \end{cases} \tag{10.149}$$

Think_07

식 (10.115)의 형상인자 H는 배제두께와 운동량두께의 비로 정의됐다. 식 (10.149)와 같이 값이 커진다면 역압력구배가 발생될 확률이 높은데 이를 식 (10.115)의 배제두께와 운동량두께의 비로 생각해보자.

10.5.3 유동 박리

결론적으로 유동 박리Flow Separation 현상은 유동이 매우 빠른 속도에서 유체 흐름이 물체의 표면으로부터 이탈되는 현상이다. 이러한 현상은 [그림 10-17]과 같이 내부유동이나 외부유동 모두에서 발생한다. 여기서 재부착점Reattchment Point도 중요한 인자가 된다.

박리되는 지점의 위치는 Re수, 표면조도, 그리고 자유흐름의 변동 등 몇 가지 요인들과 관계되는데, 날카로운 모서리나 고체 표면의 급격한 변화를 제외하고는 이러한 박리점을 정확히 예측하기란 어려운 경우가 많다.

[그림 10-17]에서 보듯이 박리영역Separated Region은 유체가 물체로부터 박리될 때 물체와 유동 사이에 나타나는 영역을 의미한다. 재순환Recirculation 현상과 역류Reverse Flow가 발생하는 물체 후방의 낮은 압력영역도 박리영역이라 한다.

이러한 박리영역이 커질수록 압력항력도 커지게 된다. 유동 박리는 물체에서 멀리 떨어진 하류까지 영향을 미치며, 그 영향을 받은 영역의 속도는 상류속도에 비하여 감소하게 된다. 또한 물체의 영향이 속도를 변화시켜 물체 후방의 유동영역에서 후류Wake가 발생한다. 이처럼 **경계층, 박리영역, 그리고 후류 등의 현상은 점성, 즉 마찰로 인해 발생**한다.

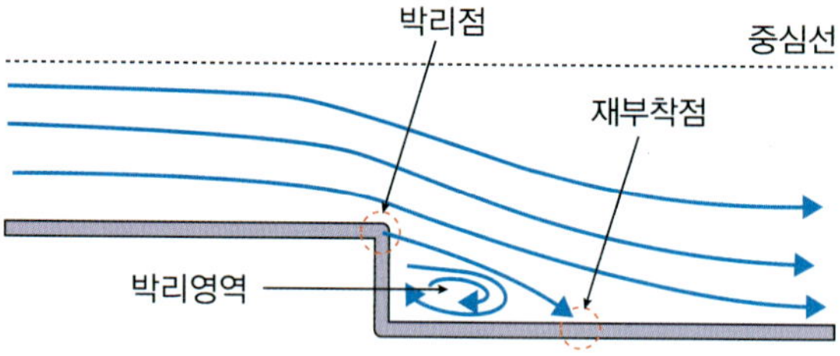

그림 10-17 유동 박리를 설명하기 위한 후향 계단

SECTION
10.6 잠겨 있는 물체 주위의 유체유동

- ✔ 항력과 양력의 개념 및 차이점을 학습한다.
- ✔ 다양한 유동에 작용하는 항력에 대해 학습한다.
- ✔ 항공기와 양력의 관계에 대해 학습한다.
- ✔ 물체에 적용되는 회전효과에 대해 학습한다.

10.6.1 항력과 양력

앞 절에서 배운 경계층이론으로부터 자유유동이 있는 곳에 물체의 형상이 정해지면, 물체 주위의 압력 분포를 계산하고 이러한 힘들을 이용하여 표면전단응력을 구할 수 있다. 즉 경계층이론은 **외부유동의 거동을 정성적으로 파악하고 설명하는 데 있어 매우 흥미로운 방법**임에는 분명하다. 그러나 실제로 경계층이론으로는 평판유동과 같이 간단한 형상의 물체를 제외하고는 공이나 익형과 같은 **형상 변화에 의한 유동 박리 발생으로 인해 정량적으로 완벽히 유동장을 파악하기란 쉽지 않다.**

형상 변화로 인해 물체 전면에서는 큰 항력이 작용하지만, 후면에서 발생한 후류와 박리 현상은 저압 영역을 발생시키고, 비점성유동영역과 다른 압력분포를 나타내기 때문이다. **임의의 Re 수일 때 유동에 있는 물체의 힘을 구하는 이론은 없다.** 이런 외부유동을 해석하는 유일한 방법으로는 20세기 중반까지 실험적인 방법이 대세였으나, 20세기 후반에서 21세기에 들어오면서 CFD가 그 대안으로 언급되고 있다.

외부유동에서 유체가 물체에 접근하면 일반적으로 [그림 10-18]과 같이 세 가지 축에 외력과 모멘트를 발생시킨다. 이때 자유유동과 평행한 축으로 발생하는 힘을 항력이라고 하고, 이 힘은 롤링모멘트Rolling Moment를 발생시킨다. 첫 번째로 중요한 힘인 항력은 10.6.2절에서 다룰 유동손실을 의미하며, 유동 방향에 대해 움직이려면 반드시 극복해야 할 힘이다. 두 번째로 중요한 힘은 10.6.3절과 10.6.4절에서 다룰 항력에 수직한 양력이다. 이 양력으로 발생하는 축에 대한 모멘트를 요잉모멘트Yawing Moment라고 한다. 세 번째로 중요한 힘은 측면 힘Side Force으로 그 축에 해당하는 모멘트는 피칭모멘트Pitching Moment라 한다. 자동차나 배 및 항공기와 같은 외부유동에서 관심이 있는 힘은 주요 축, 즉 운동 방향을 기준으로 평행한 성분인 항력과 운동에 직각 방향의 성분인 양력이기 때문에 이 절에서는 이 두 가지 힘만 다룰 예정이다.

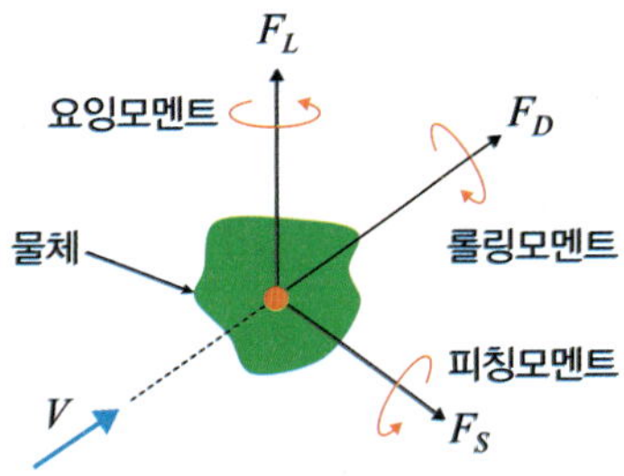

그림 10-18 자유유동속도가 접근할 때 물체가 받는 힘과 모멘트의 종류

항력이란 유동하는 유체가 유동 방향으로 물체에 가하는 힘을 말한다. 이는 일반적으로 마찰과 같이 **바람직하지 않은 효과이므로 이를 최소화**해야만 한다. 항력은 유동장에 위치한 물체에 용수철을 달고 유동 방향으로 움직인 거리를 측정하여 알 수 있다.

양력이란 압력과 전단력의 성분 중 유동 방향에 수직인 성분이며 물체를 수직 방향으로 움직이게 하는 힘을 의미한다. 양력은 항공기의 무게를 지탱하는 힘이기도 하다.

이러한 힘들은 이론적으로 [그림 10-5(a), (b)]와 같이 점성효과에 의하여 발생하는 벽면전단응력 τ_w와 압력 p에 의하여 작용하는 수직응력의 결과로 발생하게 된다. 항공기 날개는 [그림 10-5(a)]에서와 같이 대기압보다 큰 압력과 작은 압력이 각각 양과 음의 부호로 나타나기 때문에 항력을 최소화하면서 비행 중에 충분한 양력을 발생시키도록 형상을 설계하게 된다.

[그림 10-5(c)]에서 보듯이 상류속도에 의한 힘인 저항항력과 상류속도에 수직 방향인 양력으로 구분된다. 이 2개의 미소 힘은 [그림 10-19]와 같이 미소 면적에 작용하는 힘을 x방향과 y방향으로 구분하여 정의할 수 있다.

$$dF_x = (pdA)\cos\theta + (\tau_w dA)\sin\theta \tag{10.150}$$

$$dF_y = -(pdA)\sin\theta + (\tau_w dA)\cos\theta \tag{10.151}$$

[그림 10-19]에서 설정된 θ는 [그림 10-4]와 같은 비행기 날개의 익형 형태와 영각(속도 V와 익형이 만나는 각도)에 따라 달라진다.[12]

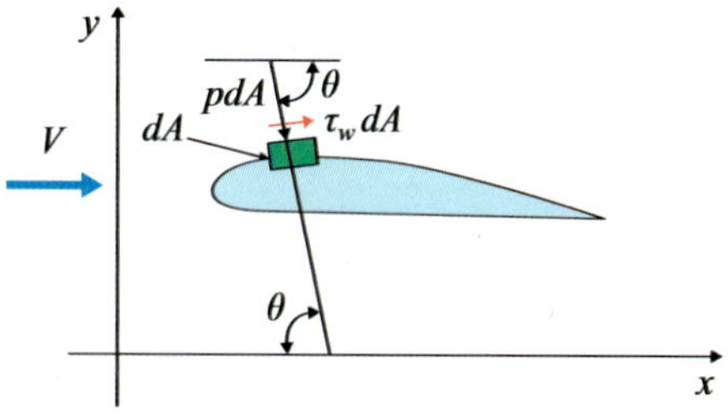

그림 10-19 물체 주위의 미소 면적에 작용하는 압력과 전단분포를 표시한 검사체적

식 (10.150)과 식 (10.151)의 미소 작용하는 힘에서 전체 표면에 작용하는 힘을 계산하기 위해 식 (10.152), 식 (10.153)과 같이 적분해야 한다. 여기서 식 (10.152)의 x방향으로 작용하는 힘의 총합을 저항의 개념인 항력 F_D로 정의할 수 있고, 식 (10.153)과 같이 y방향으로 작용하는 힘의 총합을 양력 F_L로 정의할 수 있다.

$$F_D = \int dF_x = \int p\cos\theta dA + \int \tau_w \sin\theta dA \quad \text{: 항력} \tag{10.152}$$

$$F_L = \int dF_y = -\int p\sin\theta dA + \int \tau_w \cos\theta dA \quad \text{: 양력} \tag{10.153}$$

12 θ에 대한 개념은 [예제 10-6]에서 자세히 다룬다.

식 (10.152)와 식 (10.153)을 이용하면 외부유동장의 모든 물체에 적용해 항력과 양력을 계산할 수 있지만, 현실적으로 이 식을 사용해 구하기는 매우 어렵다. 보통 압력은 [그림 10-20]과 같이 실험적으로 표면에 정압탭Static Pressure Tap을 설치해 구할 수 있지만 전단응력분포를 구할 센서 등이 없기 때문이다. 최근에는 CFD를 통해 이 값들을 계산하지만 부족한 부분이 많이 있다.

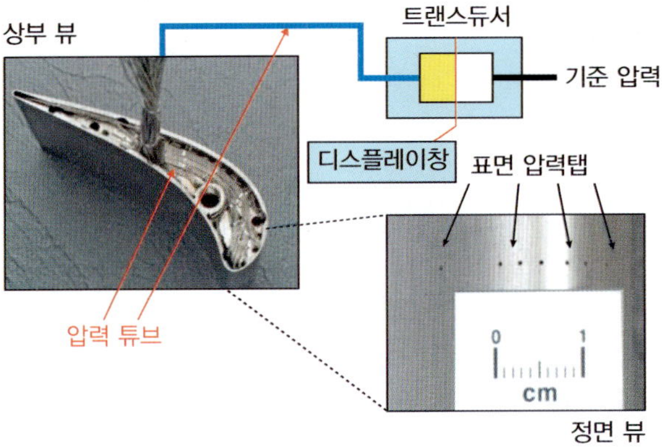

그림 10-20 물체 주위의 정압을 측정하기 위해 사용된 압력 탭

7장의 차원해석을 통해 배운 식 (10.154)의 항력계수Drag Coefficient와 식 (10.155)의 양력계수Lift Coefficient로부터 항력과 양력을 가장 간단히 구할 수 있다. 이 무차원 수들을 항력계수 C_D와 양력계수 C_L이라 한다.[13]

$$C_D = \frac{F_D}{\frac{1}{2}\rho V^2 A} \tag{10.154}$$

$$C_L = \frac{F_L}{\frac{1}{2}\rho V^2 A} \tag{10.155}$$

[그림 10-19]에서 보이는 바와 같이 두 수식에서 V는 접근속도, 자유유동속도 또는 상류속도Upstream Velocity이고, A는 유동에 수직한 면적Frontal Area에 투영된 면적Projected Area을 의미한다. 이 면적은 특성면적으로 양력과 항력을 정의할 때 반드시 명확히 언급해야 한다.

수식에서 보듯이 **항력과 양력은 유체의 밀도, 상류속도, 물체의 크기, 형상 및 방향과 관련**이 있는데, 이들 변수 조건에 대한 양력과 항력의 크기를 단순히 열거하는 것보다는 적절한 무차원수로 다루는 것이 더 편리하기 때문이다. 즉 승용차(2×1.5 [m])가 공기 속에서 100 [km/h](27.7 [m/s])로 운전할 때 항력계수가 $C_D = 0.2$([그림 10-1(e)])이며 저항 힘인 항력은 아래와 같이 쉽게 구할 수 있다.

$$F_D = 0.2 \times 1.2 \times 27.7^2 \times (2 \times 1.5)/2 = 276.2\,[\mathrm{N}]$$

13 20세기 초부터 여러 연구자에 의해 제시된 내용을 정리한 [표 10-7] ~ [표 10-9]를 참조하라.

Think_08

식 (10.154)와 식 (10.155)에 포함된 면적을 생각해보자. 면적은 보통 투영면적을 적용한다. [그림 10-21(a)]와 같이 사각형인 경우 투영면적이 사각형으로 보이는데 [그림 10-21(b), (c)]의 경우에는 어떤 모양으로 보일지 생각해보자. 더 나아가 트럭이나 형상이 일정하지 않았을 때 정면에서 본다면 어떻게 보일지 생각해보자.

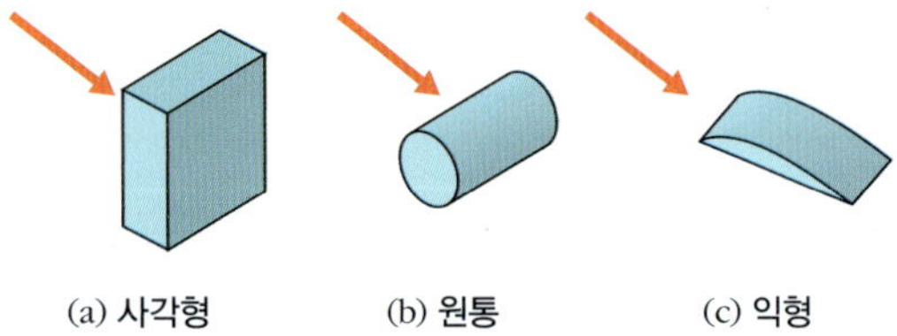

그림 10-21 투영면적에 대한 개념

예제 10-6 평판에 작용하는 압력, 전단응력분포, 항력, 양력

[그림 10-22]와 같이 수평과 수직인 평판에 $V = 8\,[\mathrm{m/s}]$로 공기가 유입된다. 이때 (a) 수평 평판에 작용하는 압력과 전단응력분포를 구하고 이 분포로 얻어지는 항력과 양력을 구하라. 또한 (b) 수직 평판인 경우에 대해서도 구하라.

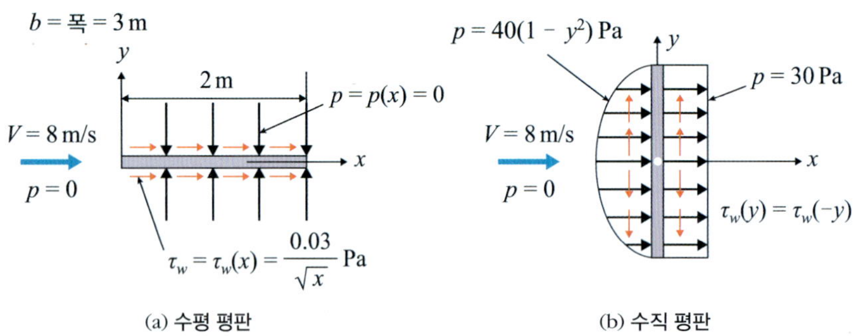

그림 10-22 수평 평판과 수직 평판에 접근하는 유동

분석

- 두 평판의 항력과 양력은 식 (10.152)와 식 (10.153)을 이용해 이론적으로 구할 수 있다.
- 먼저 두 평판의 각도를 이해하는 것이 중요하다. 수평 평판이나 수직 평판의 경우는 물체의 형상이 간단하므로 각도는 쉽게 계산할 수 있다. 다만 수평 평판은 상판과 하판, 수직 평판은 전면과 후면의 각각 두 가지를 계산해야 한다.
- 이 예제를 통해 양력과 항력의 개념을 파악하고, 각각 평판에서 각도에 따라 어떤 힘이 어떻게 작용하는지 생각할 수 있다.

풀이

(a) 수평 평판의 항력은 수평이기 때문에 유입각도, 즉 영각은 0°이지만 [그림 10-22]에서 정의한 것처럼 전단응력은 x방향에 대한 함수이고, [그림 10-19]에서 $\theta = 90°$로 가정했기 때문에 식 (10.152)

는 식 (10.156)과 같이 구해진다.

$$F_D = \int \tau_w dA \tag{10.156}$$

수평 평판에 작용하는 힘은 상판과 하판에 각각 작용하기 때문에 식 (10.157)과 같이 두 힘을 더해야 한다. 상판이 $\theta = 90°$이고 하판은 $\theta = 270°$가 되어 반대의 값을 가져야 하지만, 유동에 대해 같은 방향으로 작용하고 대칭이기 때문에 전단응력분포는 동일하게 간주해야 한다.

[그림 10-22(a)]에서 전단응력분포는 $\tau_w = 0.03/\sqrt{x}$로 주어졌고, 투영면적은 폭 3 [m]와 dx로 계산하면 식 (10.157)은 식 (10.158)과 같다.

$$F_D = \int_{top} \tau_w dA + \int_{bot} \tau_w dA = 2\int \tau_w dA \tag{10.157}$$

$$F_D = 2\int_0^2 \left(\frac{0.03}{\sqrt{x}}\right) \times 3\,dx = 2 \times 0.03 \times 3 \times 2\sqrt{x} = 0.509\,[\mathrm{N}] \tag{10.158}$$

수평 평판의 항력과 같은 개념으로 양력은 식 (10.153)으로부터 식 (10.159)와 같이 정리되고, 상판과 하판의 경우를 더해주면 식 (10.160)과 같다.

$$F_L = -\int p\,dA \tag{10.159}$$

$$F_L = -\int_{top} p\,dA + \int_{bot} p\,dA = 0 \tag{10.160}$$

여기서 압력 p는 대기압의 작용으로 0이 되므로 식 (10.160)도 0이 되어 양력은 작용하지 않는다.

(b) 수직 평판의 항력은 전면과 후면이 달리 작용한다. 전면은 $\theta = 0°$이고 뒷면은 $\theta = 180°$이므로 수평 평판의 항력은 전단응력분포이지만 식 (10.161)과 같이 압력분포로 수식이 정리된다. 이는 각도가 달라지기 때문이다.

$$F_D = \int_{front} p dA - \int_{back} p dA = 0 \tag{10.161}$$

[그림 10-22]에서 수직 평판에 작용하는 압력은 대기압이 아니라 전면과 후면의 압력분포가 각각 다르게 주어졌기 때문에 수평 평판처럼 0이 되지 않는다. 주어진 압력을 식 (10.161)에 대입하고 적분하면 식 (10.162)와 같이 정리할 수 있다.

$$F_D = \int_{-1}^{1} \left[40(1-y^2) - (-30)\right] 3dy = 2.5\,[\mathrm{N}] \tag{10.162}$$

수직 평판의 양력은 식 (10.163)과 같이 정리되고, 전면과 후면의 전단응력이 각각 달리 작용하지만 축을 기준으로 수직 방향으로 대칭이기 때문에 0이 된다.

$$F_L = \int_{front} \tau_w dA - \int_{back} \tau_w dA = 0 \tag{10.163}$$

고찰

• 결과를 보면 수평 평판이나 수직 평판일 때 양력이 작용하지 않아 떠오르지 않는다. 그러나 아래 그림

과 같이 평판이 기울어져 있다면 압력이 대기압이라 하더라도 상부와 하부의 압력분포가 달라지기 때문에 양력이 작용한다. 즉 **기울어진 평판에는 양력이 작용해 떠오른다는 이론**을 이해해야 한다.

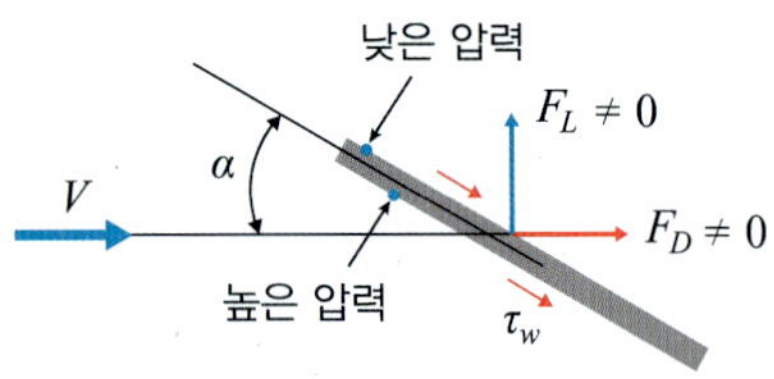

• 이러한 문제는 항공기 및 자동차에서 매우 중요하다. 비행기는 양력과 항력의 비가 조화되어야 하지만 자동차의 경우 양력과 항력을 전부 감소시켜야 한다. 자동차의 양력이 커지면 앞으로 나가지 않고 공중으로 떠오르기 때문이다.

10.6.2 다양한 유동의 항력

항력은 운동 방향에 평행한 힘의 성분이다. 이러한 힘은 식 (10.152)와 같이 이론적으로 구해야 하지만, 평판이 아닌 형상일 경우에는 이론적으로 구할 수 없으므로 차원해석($F_D = f_1(d,\ V,\ \mu,\ \rho)$) 등을 통해 식 (10.154), 식 (10.164)와 같은 항력계수로부터 구해야 한다. 만약 압축성이나 자유표면 효과를 고려하면 식 (10.165)와 같은 함수 형태가 된다.

$$F_D = \int dF_x = \int p\cos\theta dA + \int \tau_w \sin\theta dA \tag{10.152}$$

$$\frac{F_D}{\rho V^2 d^2} = f\left(\frac{\rho Vd}{\mu}\right) \tag{7.27}$$

$$C_D = F_D / \frac{1}{2}\rho V^2 A \tag{10.154}$$

$$C_D = f(Re) \tag{10.164}$$

$$C_D = f(Re,\ Fr,\ M) \tag{10.165}$$

식 (10.154)의 항력계수에서 A는 면적으로, 적용되는 물체 및 힘의 종류에 따라 세 가지 개념으로 분류된다.

① 전면면적Frontal Area

- 유동 방향에서 물체를 봤을 때 보이는 면적
- 구, 실린더, 자동차, 발사체 등과 같은 물체에 적용
- 항력에서 사용되는 면적

② 평면면적Planform Area

- 위에서 봤을 때 면적이 날개나 익형과 같이 넓고 평탄한 물체

• 양력에서 사용되는 면적 ([예제 10-7])

③ 접수면적Wetted Area

• 평판 및 배나 바지선과 같이 일부가 잠겨 있는 물체 ([예제 10-8])

일반적으로 항력은 식 (10.166)과 같이 마찰항력Skin Friction Drag과 압력항력Pressure Drag의 합으로 정의된다. 평판유동과 자동차와 같이 지표면의 영향을 받을 때는 마찰항력이 지배적으로 작용한다. 이 마찰항력은 벽면전단력의 유동 방향 성분이며, 따라서 벽면전단응력의 크기뿐만 아니라 물체의 방향과도 관련이 있다.

$$C_D = C_{D_{press}} + C_{D_{friction}} \tag{10.166}$$

반면에 항공기와 같이 지표면이나 물체의 영향을 받지 않을 때는 마찰항력보다는 압력항력을 다루게 된다. 압력항력은 물체의 모양에 크게 의존하므로 형상항력Profile Drag이라고도 한다. ([그림 10-58] 참조)

■ 유동에 평행한 평판 주위의 흐름 : 마찰항력

유동에 평행한 평판 주위의 흐름에서 항력은 10.3절의 경계층유동과 10.4절의 영압력구배에서 다룬 식 (10.74), 식 (10.90)과 같다. 식 (10.90)은 브라시우스 엄밀해이다. 식 (10.74)와 식 (10.90)을 구할 때 사용된 면적은 유체와 접촉하는 총 표면적(접수면적)이다.

$$C_{D,\,Lam} = \frac{\int \tau_w dA}{\frac{1}{2}\rho V^2 A} = \frac{0.73\rho V^2 wLRe_L^{-0.5}}{\frac{1}{2}\rho V^2 wL} = \frac{1.46}{\sqrt{Re_L}} \tag{10.74}$$

$$C_{D,\,Lam,\,Blasius} = \frac{1.328}{\sqrt{Re_L}} \tag{10.90}$$

식 (10.74)와 식 (10.90)은 층류유동에 해당되며, 난류유동의 경우는 식 (10.113), 식 (10.131)과 같다. 식 (10.131)의 경우는 브라시우스 엄밀해를 기준으로 유도된 것으로 $5 \times 10^5 < Re_L < 10^7$에서 타당하다. $Re_L < 10^9$에서 슐리흐팅Schlichting에 의해 제시된 경험식인 식 (10.167)이 타당하다고 알려져 있다. 이 책에서는 세 가지 마찰항력에 대한 실험식을 제안했다.[14]

$$C_{D,turb} = \frac{0.031}{Re_L^{1/7}} \tag{10.113}$$

$$C_{D,\,turb,\,Blasius} = 0.074\left(\frac{\nu}{VL}\right)^{0.2} = \frac{0.0742}{Re^{1/5}} \tag{10.131}$$

$$C_{D,\,turb,\,Schlichting} = \frac{0.455}{(\log Re_L)^{2.58}} \tag{10.167}$$

14 수식이 다른 이유는 실험으로 추세선을 구했기 때문인데 이 중 어느 것을 사용해도 무관하다.

지상에 있는 물체에 유동이 접근할 때 초기에는 층류현상이 발생한다. 물체의 길이 방향으로 유동이 진행할 때 임의의 위치에서 천이로 진행되는데 이때 경계층 관련 난류 항력계수는 초기 앞부분에서 층류까지 고려해야 한다. 따라서 항력계수의 조정은 완전한 난류유동에 대한 C_D로부터 식 (10.168) 또는 식 (10.169)와 같이 보정해야 한다. 식 (10.168)은 식 (10.131)로부터 조정된 식이며, 식 (10.167)로부터 조정된 천이영역의 항력계수는 식 (10.169)와 같다.

$$C_{D,\,transition} = \frac{0.0742}{Re_L^{1/5}} - \frac{1740}{Re_L} \quad \left(5 \times 10^5 < Re_L < 10^7\right) \tag{10.168}$$

$$C_{D,\,transition} = \frac{0.455}{(\log Re_L)^{2.58}} - \frac{1610}{Re_L} \quad \left(5 \times 10^5 < Re_L < 10^9\right) \tag{10.169}$$

[그림 10-23]에서 보듯이 마찰항력계수는 Re_L수가 증가함에 따라 감소함을 알 수 있다. [그림 10-23]에서 보듯이 $Re_x = 5 \times 10^5$일 때 천이가 발생한다고 가정한다면 식 (10.90)과 식 (10.167)의 식을 연결하는 점선(식 (10.169))을 볼 수 있다. 실제 천이가 발생하는 Re_L수는 식 (10.170)과 같이 표면조도와 자유유동의 교란상태 같은 인자들의 복합적인 영향에 따라 결정되며, $Re_x = 5 \times 10^5$보다 좀 더 일찍 발생된다.

$$C_{D,\,rough\,wall} = \left(1.89 + 1.62\log\frac{L}{\epsilon}\right)^{-2.5} \tag{10.170}$$

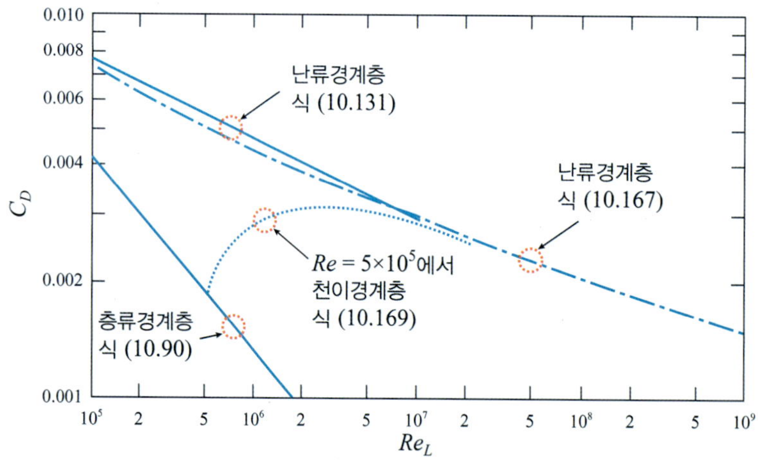

그림 10-23 유동에 평행한 매끄러운 평판에서 *Re* 수에 따른 항력계수의 변화

예제 10-7 평판내 난류유동장에서의 마찰항력

물의 자유유동속도 V가 12 [m/s]로 접근하는 평판($L = 0.5$ [m], $w = 2.0$ [m])이 있다. 이때 (a) 평판 끝에서의 Re_L수를 구하고 이에 따른 경계층두께를 구하라. 또한 (b) 해당 유동의 항력계수와 마찰항력, (c) 천이유동일 때 항력계수와 마찰항력, (d) 표면조도 $\varepsilon = 0.0002$ [m]인 평판의 경우 항력계수와 마찰항력을 구하라. 단, 물의 온도는 상온이라 가정한다.

분석

- 주어진 유동장에 따른 Re_L수를 구하고 이에 따라 경계층두께를 구하면 된다.
- Re_L수를 구하면 항력계수를 구할 수 있다. 또한 천이가 $Re_x = 5 \times 10^5$에서 시작되므로 이때 천이 구간을 조정한 항력계수를 구해보는 것이 이 예제의 목적이다.
- 평판 표면의 마찰계수가 증가하면 항력계수의 값이 어떻게 변화하는지 알아보자. 항력계수의 값은 표면조도와 자유유동의 교란상태에 대하여 변화한다는 것을 이해해야 한다.

풀이

(a) 경계층두께를 구하기 위해 먼저 평판유동의 Re_L수를 식 (10.171)과 같이 구해야 한다. 식 (10.171)에서와 같이 Re_L수는 난류이므로 식 (10.128)로부터 경계층두께를 구하면 식 (10.172)와 같다.

$$Re_L = \frac{\rho VL}{\mu} = \frac{998 \times 12 \times 0.5}{0.001} = 5.99 \times 10^6 \tag{10.171}$$

$$\delta = \frac{0.382}{(5.99 \times 10^6)^{1/5}} \times 0.5 = 0.0084251\,[\mathrm{m}] = 8.42\,[\mathrm{mm}] \tag{10.172}$$

(b) 난류유동장에서 항력계수는 식 (10.131)로 구하면 식 (10.173)과 같고, 식 (10.167)로 다시 계산하면 식 (10.174)와 같다. 두 값이 유사하기 때문에 항력계수 식 (10.174)를 선택하자. 마찰항력은 식 (10.154)를 이용해 동압력 성분으로 나누고 표면적(접수면적)을 나누면 식 (10.175)와 같아진다.

$$C_{D,turb,Blasius} = \frac{0.0742}{(5.99 \times 10^6)^{1/5}} = 0.00327 \tag{10.173}$$

$$C_{D,turb,Blasius} = \frac{0.455}{(\log 5.99 \times 10^6)^{2.58}} = 0.00326 \tag{10.174}$$

$$F_D = C_D\left(\frac{1}{2}\rho V^2\right)wL = 0.00326\frac{998 \times 12^2}{2}(2.0 \times 0.5) = 234.6\,[\mathrm{N}] \tag{10.175}$$

(c) 평판 선단에서 천이가 $Re_x = 5 \times 10^5$에서 시작되므로 식 (10.171)로부터 천이영역일 때 항력계수를 구하면 식 (10.176)과 같다. 이때 항력은 식 (10.177)과 같이 구할 수 있다.

$$C_{D,transition} = \frac{0.455}{(\log Re_L)^{2.58}} - \frac{1610}{Re_L} = 0.0326 - 0.000269 = 0.00299 \tag{10.176}$$

$$F_{D,transition} = 0.00299\frac{998 \times 12^2}{2}(2.0 \times 0.5) = 214.9\,[\mathrm{N}] \tag{10.177}$$

(d) 평판의 거칠기를 고려했을 때 난류항력계수는 식 (10.170)으로부터 식 (10.179)와 같이 구할 수 있다. 식 (10.179)에 존재하는 조도에 대한 값은 식 (10.178)과 같이 구해야 한다.

$$\frac{L}{\varepsilon} = \frac{0.5}{0.0002} = 2{,}500 \tag{10.178}$$

$$C_{D,rough\,wall} = \left(1.89 + 1.62\log\frac{L}{\varepsilon}\right)^{-2.5} = 0.006725 \tag{10.179}$$

$$F_{D,rough\,wall} = 0.006725\frac{998 \times 12^2}{2}(2.0 \times 0.5) = 483.2\,[\mathrm{N}] \tag{10.180}$$

고찰

- 마찰에 의한 항력인 식 (10.180)을 매끄러운 경우의 식 (10.177)과 비교하여 차이를 알아보자.
- 초기 앞부분의 층류경계층이므로 순수 난류경계층인 경우보다 감소되는 항력은 0.91 [%] 정도임을 알 수 있다.
- 반면에 천이영역에서의 항력과 거칠기가 있는 난류유동장일 때의 항력은 2.24배로 증가함을 알 수 있다. 이러한 현상은 익형의 항력계수가 뒤편에 발생하는 유동 박리로 인하여 커질 수 있다는 것을 의미한다.

예제 10-8 선박의 마찰항력

[그림 10-24]와 같이 길이가 360 [m]이고, 선폭과 흘수는 각각 70 [m], 25 [m]인 초대형 선박이 있다. 온도가 10 [℃]인 바다에서 7.0 [m/s]로 순항하는 선박의 표면 마찰항력을 극복하는 데 필요한 힘과 동력을 구하라. 단, 10 [℃]인 바닷물의 점성계수는 $\mu = 0.00139$ [Pa·s]이고, 해수의 밀도는 물보다 비중이 무거우므로 $\rho = 1{,}020$ [kg/m^3]이다.

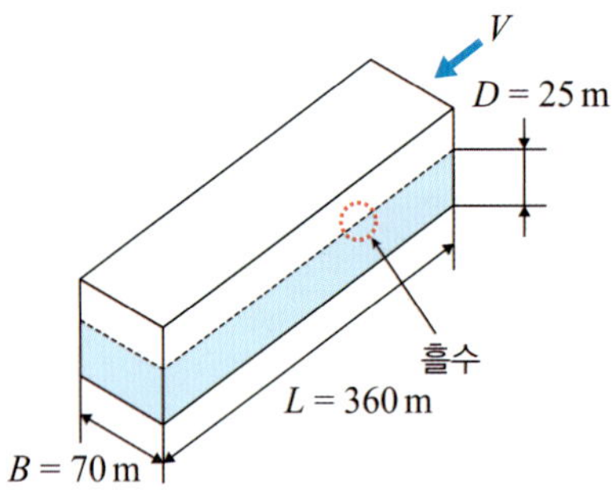

그림 10-24 선박에 작용하는 항력을 구하는 문제

분석

- 이 예제는 공기 또는 물에 완전히 잠겨 있지 않고 물에 흘수만큼 잠겨 있는 경우로, 조파저항보다는 점성저항에 의한 항력계수를 구하는 문제이다. 여기서 점성저항은 마찰항력을 의미한다.
- 접수면적, 즉 물에 접촉한 면적은 바닥면 $L \times B$와 배의 옆면 $L \times D$ 2개로 총 3개다.

풀이

- 먼저 선박의 점성저항을 구하기 위해 Re_L수를 식 (10.181)과 같이 구해야 한다. 식 (10.181)과 같이 계산된 Re_L수는 1.849×10^9이고, 이때 구한 식 (10.167)과 식 (10.169)에서 항력계수를 구하면 식 (10.182)와 식 (10.183)의 값이 동일함을 알 수 있다. 즉 식 (10.169)의 보정항은 Re_L수가 크기 때문에 적어진다.

$$Re_L = \frac{\rho VL}{\mu} = \frac{1{,}020 \times 7.0 \times 360}{0.00139} = 1.849 \times 10^9 \quad (10.181)$$

$$C_{D,turb,Schlichting} = \frac{0.455}{(\log Re_L)^{2.58}} = 0.00146 \quad (10.182)$$

$$C_{D,transition} = \frac{0.455}{(\log Re_L)^{2.58}} - \frac{1610}{Re_L} = 0.00146 \quad (10.183)$$

- 항력을 구하기 위해 접수면적을 식 (10.184)와 같이 구해야 한다.

$$A = (L \times B + L \times D \times 2) = (360 \times 70 + 360 \times 25 \times 2) = 43{,}200\,[\text{m}^2] \quad (10.184)$$

- 식 (10.182)와 식 (10.183)을 이용해 점성저항, 즉 마찰항력을 식 (10.154)로 구하면 식 (10.185)와 같아진다.

$$F_D = 0.00146\frac{1{,}020 \times 7.0^2}{2} \times 43{,}200 = 1{,}571{,}169\,[\text{N}] \quad (10.185)$$

- 선박의 표면 마찰항력을 극복하는 데 필요한 동력은 식 (10.185)에 속도를 곱해 식 (10.186)과 같이 계산할 수 있다.

$$P = 1{,}576{,}169 \times 7.0 = 11{,}033{,}185\,[\text{W}] = 11.3\,[\text{MW}] \quad (10.186)$$

고찰

- 이 예제는 [그림 8-16]의 점성저항에 대한 개념을 이론적으로 구해본 것이다.
- 접수면적을 바닥면 $L \times B$와 배의 옆면 $L \times D$ 2개, 총 3개로 한정해서 구했다. 전면과 후면 면적은 고려하지 않았음을 알아야 한다.
- 항력계수는 작지만 항력이 큰 이유는 접수면적이 크기 때문이다.

■ 유동에 수직인 평판 위의 유동 : 압력항력

[그림 10-25]와 같이 유동 방향에 수직인 평판 위의 유동에서 벽면전단응력은 유동 방향에 수직이고 따라서 항력에 기여하지 않는다. 이 항력은 식 (10.152)에서 평판이 세워졌으므로 [예제 10-6]에 있는 식 (10.161)과 같이 계산해야 한다. 이때 작용하는 항력을 압력항력이라 한다. 단, 이때 평판은 지표면에 가까이 있으면 안 되고 공기나 물속에 잠겨 있다고 가정한다.

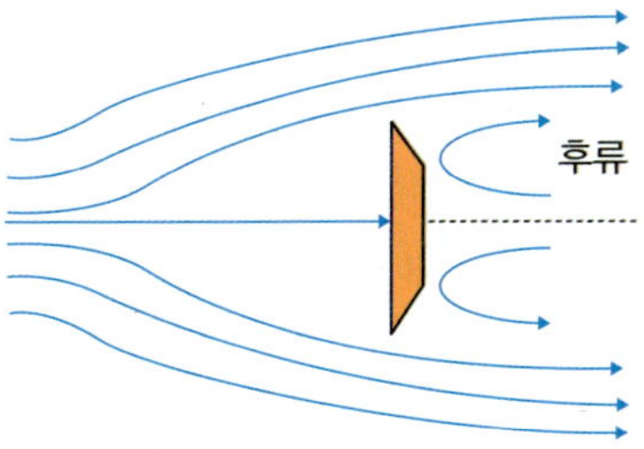

그림 10-25 유동에 수직인 평판 위의 유동

$$F_D = \int dF_x = \int p\cos\theta dA + \int \tau_w \sin\theta dA \quad (10.152)$$

$$F_D = \int_{front} pdA - \int_{back} pdA = 0 \quad (10.161)$$

이와 같은 형상에서 유동은 [그림 10-25]에서 보듯이 평판의 끝에서 박리되고, 평판 뒤의 에너지가 작은 후류 내에서 역류된다. 평판 뒤 표면의 압력은 일정하더라도 그 크기는 해석적으로 계산될 수 없고 실험적으로 계산해야 한다. 잠긴 물체 위의 유동에 대한 항력계수는 일반적으로 물체의 투영면적(전면면적)을 기준으로 한다.

유한한 크기의 평판에 대한 항력계수는 [그림 10-26], 식 (10.187)과 같이 평판의 폭과 높이의 비, 즉 종횡비Aspect Ratio b/h와 Re수에 따라 변화된다. [그림 10-26]은 $Re > 1{,}000$일 때의 항력계수를 나타낸 것인데, $b/h = 1.0$일 때 $C_D = 1.18$이 되고, 종횡비가 증가함에 따라 항력계수는 증가되며 최대 1.5보다 작다.

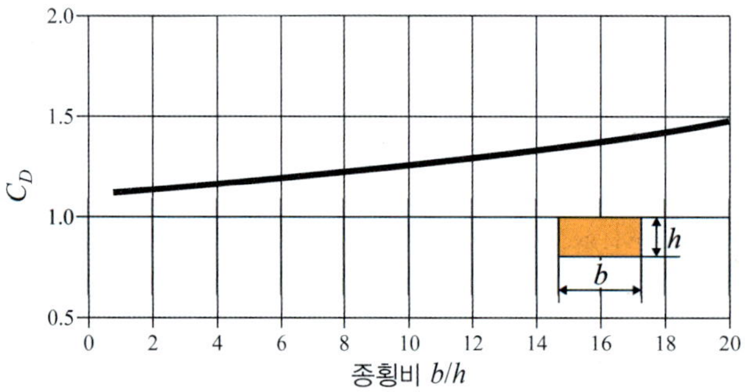

그림 10-26 유동에 수직인 평판 위의 종횡비에 따른 항력계수의 변화

종횡비가 커진다는 것은 수평 평판을 의미하지만, 두께가 있는 수평 평판이기 때문에 완전히 수평인 평판은 아니다. 또한 유동에 수직인 평판 위의 유동에 대한 항력계수는 실험적으로 봤을 때 $Re > 1{,}000$인 경우에는 Re수와 무관하다고 알려져 있다. 따라서 식 (10.187)은 식 (10.188)과 같이 오로지 종횡비의 함수로 변경된다.

$$C_D = f(Re,\ b/h) \quad (10.187)$$

$$C_D = f(b/h) \quad (10.188)$$

■ 구와 원통 주위의 유동 : 마찰항력과 압력항력

[그림 10-27]과 같은 실린더나 구 주위 유동은 실생활에서 자주 볼 수 있다. 원통 주위에서는 관 내부를 흐르는 내부유동과 관 외부를 흐르는 외부유동을 동시에 볼 수 있다. 이런 구 주위 유동은 축구, 테니스, 그리고 골프 등과 같이 많은 스포츠에서 볼 수 있다.

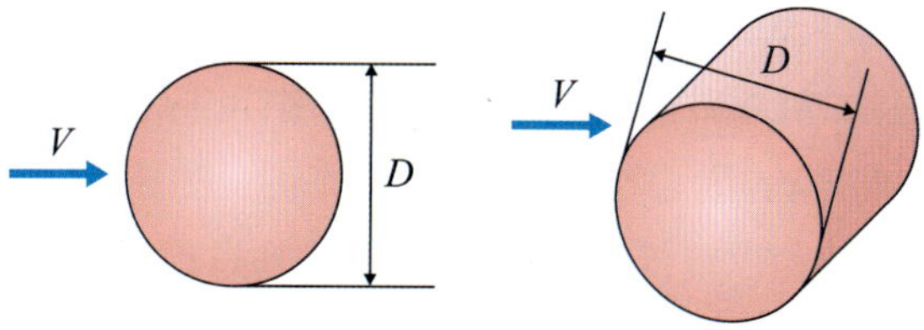

(a) 매끄러운 구　　(b) 매끄러운 실린더

그림 10-27 구와 실린더 주위의 유동

이 두 가지 형태의 유동에서 원형 실린더나 구의 특성길이를 지름 D라 할 때, 항력을 받는 단면을 2차원으로 보면 같은 원형 실린더나 구의 형상도 사각형으로 간주하여 해석한다. 이를 투영면적 또는 전면면적이라 한다. [그림 10-28]을 보면 Re수의 증가에 따라 항력계수가 감소하면서 10^5의 영역에서 일정하게 나타나는 것을 볼 수 있는데 이는 **두 가지 형태의 유동이 상호 유사하다는 것을 의미**한다.

이런 구나 실린더 주위의 유동은 상류속도가 매우 낮을 때, 즉 $Re \ll 1$로 매우 작은 크리핑 유동인 경우 [그림 10-28] 내에 있는 점 A에서 보듯이 유체가 실린더 주위를 완전히 감싸게 된다. 또한 구에서 유동 박리 및 후류가 생기지 않고, 이때 작용하는 항력은 마찰항력보다는 압력항력이다. 이러한 유동을 스톡스 유동Stokes Flow 또는 크리핑 유동Creeping Flow이라 하는데 식 (10.189)와 같이 구에 작용하는 항력계수가 일정하다는 특징이 있다. 이때 작용하는 항력은 식 (10.190)과 같이 구할 수 있다. 식 (10.190)을 **스톡스 법칙**이라 하고, 관성력보다는 점성이 지배적인 유동에서 공기 중의 먼지 입자나 물에 떠 있는 입자Particle 추적 시 사용한다. [그림 10-28]에서 보듯이 Re수가 1,000인 영역, 즉 층류유동일 경우는 식 (10.189)의 수식과 같이 지속적으로 감소하는 양상을 나타낸다.

$$C_D = \frac{24}{Re} \tag{10.189}$$

$$F_D = C_D A \frac{\rho V^2}{2} = \frac{24}{Re}\frac{\pi D^2}{4}\frac{\rho V^2}{2} = \frac{24\mu}{\rho VD}\frac{\pi D^2}{4}\frac{\rho V^2}{2} = 3\pi\mu VD \tag{10.190}$$

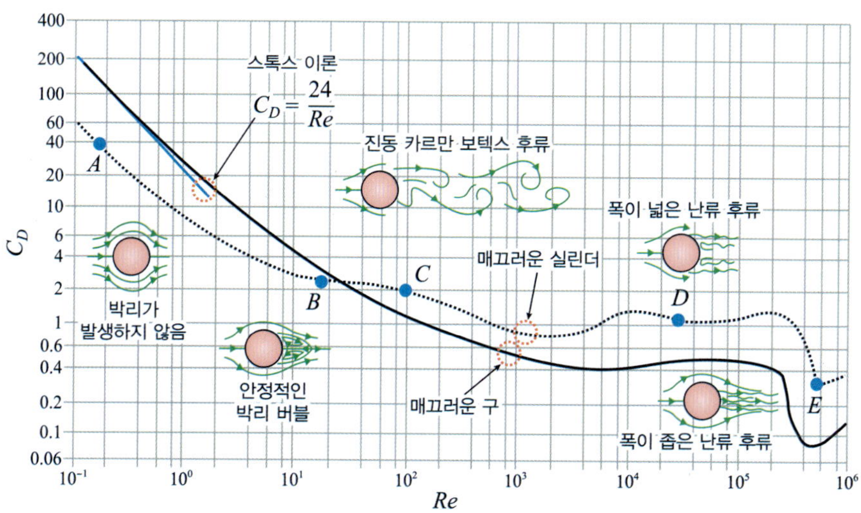

그림 10-28 Re수 증가에 따른 구와 실린더의 항력계수 변화

[그림 10-3(b)]와 [그림 10-28] 내에 있는 점 C에서 보듯이 후류 영역에서는 주기적인 후류가 형성되고 정체점에서의 압력보다 훨씬 낮은 압력이 나타나며 항력계수값이 변하기 때문이다. 후류 영역에서는 상대적으로 압력이 낮아서 압력항력이 커지게 되고, Re수가 1,000인 영역에서는 총 항력의 약 95 [%]가 압력항력에 의한 것이다.

[그림 10-28]에서 보듯이 Re수가 1,000을 지나 약 3×10^5까지는 일정한 값을 나타내고 있다. 이 영역에서는 [그림 10-28] 내에 있는 점 D와 점 E는 [그림 10-29]에서와 같이 구의 뒤쪽 전체가 낮은 압력의 후류가 되고 항력의 대부분은 앞뒤의 압력 불균형으로 발생하게 된다.

Re 수가 3×10^5 보다 커지면 천이가 발생하고 구 앞부분의 경계층은 난류가 되면서 항력계수가 갑자기 감소함을 알 수 있다. 이 점이 구의 앞부분의 층류경계층이 난류경계층으로 변경되는 영역, 즉 천이현상영역이다. 이때의 박리점은 중앙부로부터 하류로 이동하고 [그림 10-28] 내에 있는 점 E에서 보듯이 후류의 폭이 감소한다.

[그림 10-29]에서 보면 경계층이 층류일 경우 유동 박리는 $\theta = 80°$[15] 근처에서, 경계층이 난류일 경우 유동 박리는 $\theta = 140°$ 근처에서 나타난다. 결과적으로 난류경계층은 박리점을 늦출 수 있고 이는 압력항력을 감소시키게 된다. 즉 이런 난류유동에서의 박리 지연 현상은 유체의 빠른 횡방향 변동에 따른 것이며, 이에 따라 박리 시작 전까지 난류경계층이 표면을 따라 보다 멀리 이동할 수 있게 한다. 그 결과 보다 좁은 후류, 보다 적은 압력항력을 초래하고 난류경계층은 층류경계층보다 운동량이 더 많으므로 역압력구배에 더 잘 견딜 수 있게 된다.

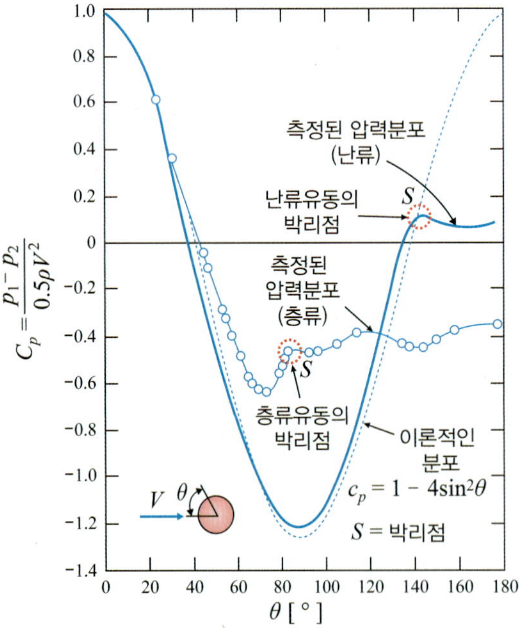

그림 10-29 비점성유동과 비교한 층류 및 난류경계층유동에 대한 매끈한 구 주위의 압력분포

15 [그림 10-29]의 각도는 실린더의 정체점에서 시작한다.

예를 들어 골프공은 [그림 10-30]과 같이 경계층에서 난류 시작 시 발생하는 항력계수의 급격한 감소를 이용하기 위해, 일부러 표면(딤플)을 거칠게 만들어 낮은 Re 수에서 난류를 유도한다. 이러한 이유는 일반적으로 골프공의 속도 범위는 15 ~ 150 [m/s]이므로 Re 수는 4×10^5 보다 작기 때문이다. 난류유동에 딤플을 형성시키므로, 항력계수를 약 1/5 정도 감소시켜 골프공을 보다 멀리 날아가게 해준다. 야구공은 봉합선을 만들어 이에 대한 원리를 실현시켰지만, 탁구공의 경우 속도가 느리고 크기도 작아 유동장이 난류영역에 도달하지 못한다. 이런 이유로 인해 탁구공의 표면은 매끈하게 만들 수 밖에 없다.

골프공의 딤플 제작은 표면조도 증가로 생각할 수 있다. 그러나 [예제 10-7]에서 보았듯이 평판의 난류유동은 항력계수를 증가시키지만, 원형 실린더나 구와 같은 뭉툭한 물체의 경우 표면조도를 증가시킴으로써 [그림 10-30]에서 보듯이 실제 항력계수를 줄일 수 있다.

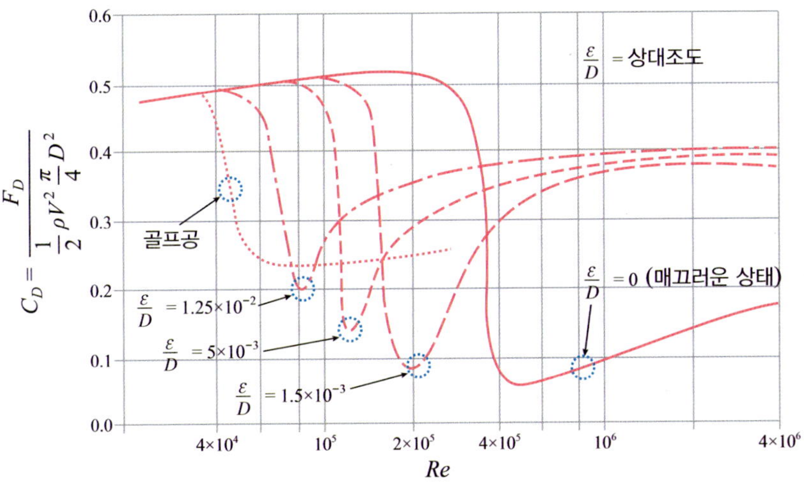

그림 10-30 표면조도가 구의 항력계수에 미치는 영향

■ 물체의 형상

항력은 물체의 형상에 따라 달라진다. 구의 형태가 타원과 같이 종횡비 L/D을 갖는 물체의 항력계수를 알아보기 위해 [그림 10-31]을 제시했다. [그림 10-31]에는 전면면적($A = Db$)과 평면면적($A = Lb$)에 따라 항력계수를 나타냈다. 여기서 L은 물체의 길이이며, D는 물체의 두께가 되고, b는 폭을 나타낸다. 만약 $L/D = 1$이라면 원형 형태가 되고, $L/D = 0$이라면 $C_D = 1.9$를 갖는 유동에 수직인 평판을 의미한다. $L/D \to \infty$로 증가한다면 유동에 수평인 평판과 동일함을 의미한다.

보통 극단적으로 두께가 얇은 물체($L/D \to \infty$, 평판 또는 익형 등)들은 전면면적보다는 평면면적을 사용해 항력을 계산한다. [그림 10-31]에서 보면 평면면적 Lb를 기준으로 구한 항력계수와 전면면적 Db를 기준으로 구한 항력계수는 $L/D = 1$을 기준으로 교차되면서 감소함을 알 수 있다. 전면면적으로 계산된 항력계수가 $L/D > 1$인 영역에서 단면면적으로 계산된 항력계수보다 큼을 알 수 있다.

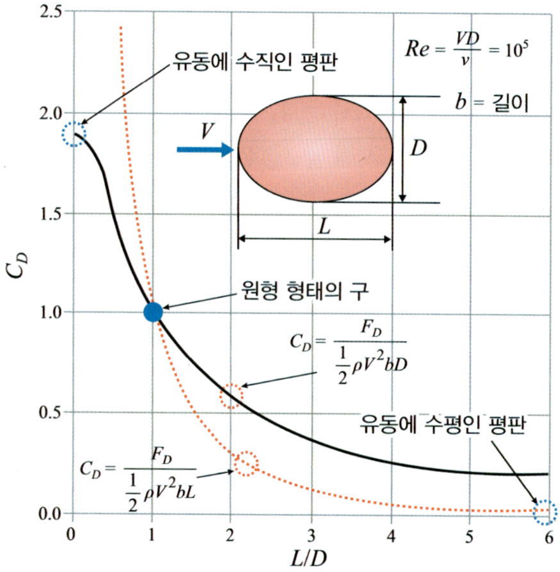

그림 10-31 전면면적(Db)과 평면면적(Lb)에 따른 타원형 물체의 항력계수

항력계수는 형태의 함수이기도 하지만 Re수에 따라 변하기 때문에 [그림 10-32]에는 일정한 종횡비를 갖는 다양한 형상에서 Re수 변화에 따른 항력계수를 나타냈다. [그림 10-32]에서 보듯이 유동과 수평인 평판이 항력이 제일 작고 유동에 수직인 평판의 항력이 가장 큼을 알 수 있다. 이러한 평판을 제외하면 원 형태의 물체가 가장 크고, 점점 유선화되면서 항력이 감소함을 알 수 있다.

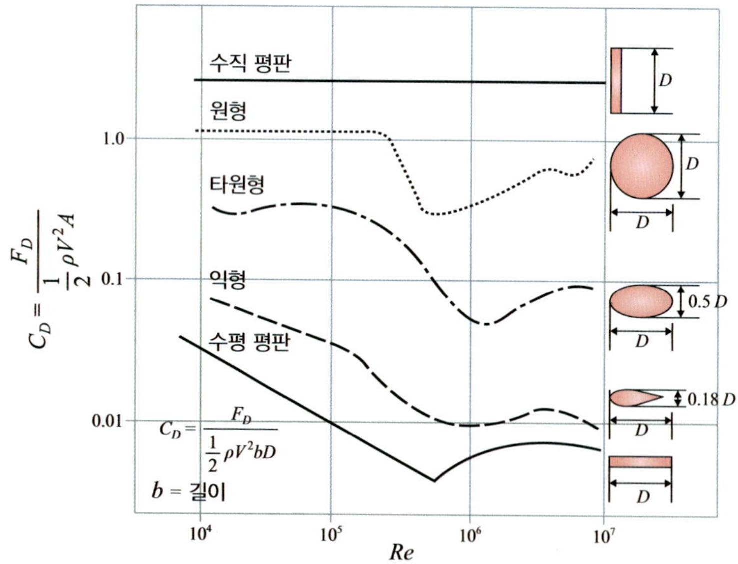

그림 10-32 일정한 종횡비를 갖는 다양한 형상에서 Re수 변화에 따른 항력계수

또한 [표 10-7] ~ [표 10-9]에는 원형이 아닌 형태의 여러 물체와 관련된 항력계수를 제시했다. [표 10-7]의 항력계수는 $Re \geq 10^3$일 때의 호너Hoerner 자료를 주로 제시했으며, 부족한 자료는 여러 연구자의 자료들을 참조하여 나타냈다. [표 10-7]에는 낮은 Re수 유동인 크리핑 유동에서 동일한 형상

의 항력계수도 같이 나타냈다.

[표 10-7]과 [표 10-8]에서 나타낸 항력계수값은 같은 형태이지만 연구자마다 약간의 차이를 보인다. 따라서 특이한 형상의 물체 관련 항력계수는 실험을 통해 평가하는 것이 가장 정확하다.

표 10-7 다양한 물체의 항력계수 1[16]

<table>
<tr><th>물체</th><th colspan="2">형상</th><th colspan="3">C_D ($Re \geq 10^3$)</th></tr>
<tr><td rowspan="2">사각 프리즘</td><td rowspan="2">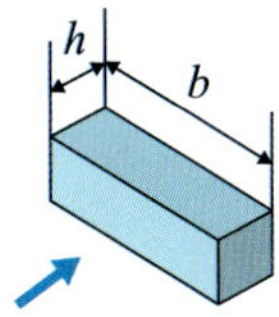</td><td>$b/h = \infty$</td><td colspan="3">2.05</td></tr>
<tr><td>$b/h=1$
(정사각형)</td><td colspan="3">1.05</td></tr>
<tr><td rowspan="2">원형 디스크</td><td colspan="2">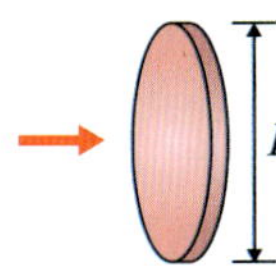</td><td>1.17
또는
1.1</td><td rowspan="3">$Re \ll 1$
(Creep Flow)</td><td>$C_D = \frac{20.4}{Re}$</td></tr>
<tr><td colspan="2">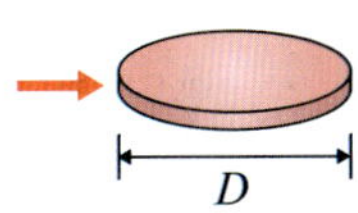</td><td></td><td>$C_D = \frac{13.6}{Re}$</td></tr>
<tr><td>반구
(상류 쪽으로 열림)</td><td colspan="2">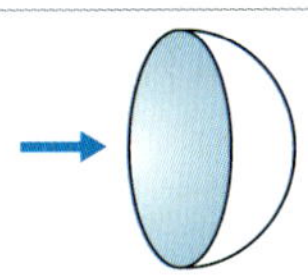</td><td>1.42
또는
1.2</td><td>$C_D = \frac{22.2}{Re}$</td></tr>
<tr><td>반구
(하류 쪽으로 열림)</td><td colspan="2">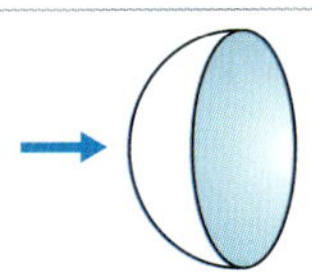</td><td colspan="3">0.38 또는 0.4</td></tr>
<tr><td>링</td><td colspan="2">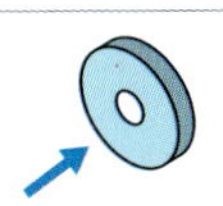</td><td colspan="3">1.20</td></tr>
<tr><td>C형 단면
(상류 쪽으로 열림)</td><td colspan="2">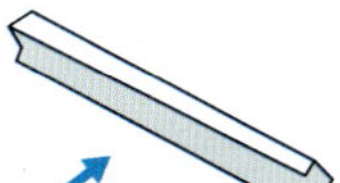</td><td colspan="3">2.30</td></tr>
<tr><td>C형 단면
(하류 쪽으로 열림)</td><td colspan="2">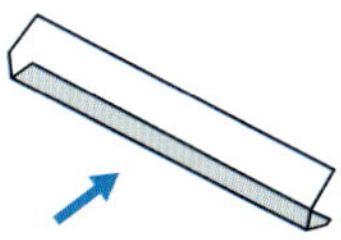</td><td colspan="3">1.20</td></tr>
<tr><td>낙하산</td><td colspan="2">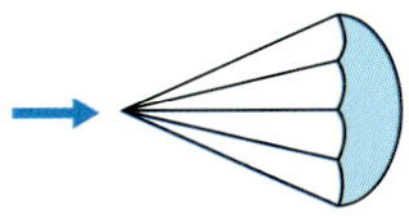</td><td colspan="3">1.20</td></tr>
</table>

16 Hoerner, S. F., Fluid-Dynamic Drag, 2nd ed., Midland Park, NJ., 1965.

실제 자연현상에서 항력을 받는 물체들의 형태는 [표 10-7], [표 10-8]과 같이 단순하지 않은 경우가 많다. 이런 물체들은 2개 이상의 단순 물체의 조합으로 간주해 항력을 쉽게 계산할 수 있다. 예를 들어 [표 10-8]의 파라볼라 안테나는 반구와 원통의 조합으로 생각하고 중첩$_{\text{Superposition}}$을 이용해 항력계수를 근사적으로 계산할 수 있다. 이러한 간단한 접근 방법은 각 구성품이 서로에게 미치는 영향을 고려하지 않으므로 얻어진 결과에 어느 정도의 오차가 있을 수 있다.

표 10-8 다양한 물체의 항력계수 2[17]

형상 / C_D ($Re \geq 10^4$)

라운드 형태의 전면

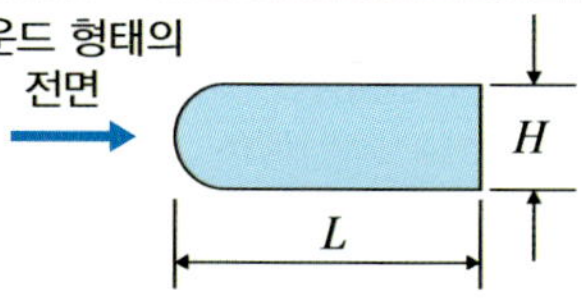

L/H	0.5	1.0	2.0	4.0	6.0
C_D	1.16	0.90	0.70	0.68	0.64

평탄한 전면

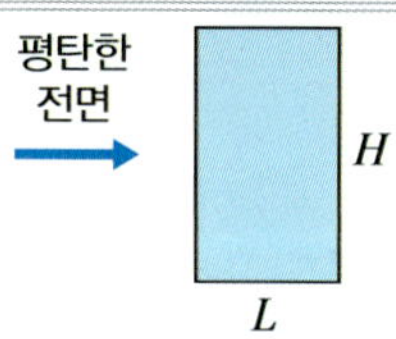

2차원 사각단면

L/H	0.1	0.4	0.7	1.2	2.0	2.5	3.0	6.0
C_D	1.9	2.3	2.7	2.1	1.8	1.4	1.3	0.9

짧은 실린더 (층류)

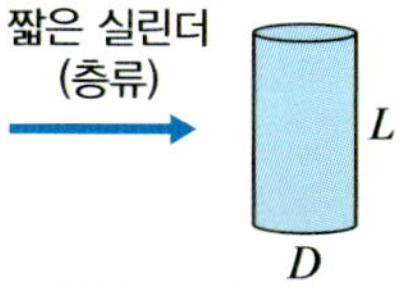

3차원 짧은 실린더

L/D	1.0	2.0	3.0	5.0	10.0	20.0	40.0	∞
C_D	0.64	0.68	0.72	0.74	0.82	0.91	0.98	1.20

콘

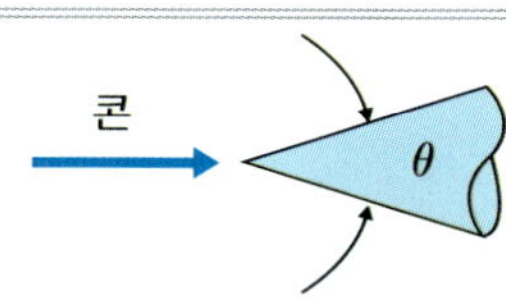

θ	10	20	30	40	60	75	90
C_D	0.30	0.40	0.55	0.65	0.80	1.05	1.15

소나무

V[m/s]	10.0	20.0	30.0	40.0
C_D	1.2 ± 0.2	1.0 ± 0.2	0.7 ± 0.2	0.5 ± 0.2

파라볼라 안테나

다공성	0.0	0.1	0.2	0.3	0.4	0.5
$\leftarrow C_D$	1.42	1.33	1.20	1.05	0.95	0.82
$\rightarrow C_D$	0.95	0.92	0.90	0.86	0.83	0.80

사람

서 있는 경우	앉아 있는 경우
$C_D A = 0.84\,[\text{m}^2]$	$C_D A = 0.56\,[\text{m}^2]$

17 White. F M., Fluid Mechanics(4th ed), McGraw-Hill., 2001.

■ 차량의 항력계수

차량의 항력계수는 [표 10-9]와 같이 대형 트레일러의 경우 0.96, 미니 밴의 경우 0.4, 승용차의 경우 0.3, 경주용 차의 경우 0.2이며, 이론적인 하한값은 약 0.1이다. 일반적으로 차량이 뭉툭할수록 항력계수는 크게 나타난다. 트레일러 전반부 상단에 유선형의 덮개$_{\text{Fairing}}$를 설치함으로써 트레일러의 정면 표면을 보다 유선형화하고, 이로써 항력계수를 약 20 [%] 줄일 수 있다. 일반적으로 고속운전일 때 항력감소에 의한 연료 절약 비율은 항력감소 비율의 50 [%] 정도이다.

표 10-9 자동차와 자전거의 항력계수[18]

물체	C_D $(Re \geq 10^4)$			
자전거	몸을 세웠을 경우	달릴 경우	드래프팅	유선형 형태로 몸을 굽힌 경우

	$A = 0.51\,[\text{m}^2]$	$A = 0.36\,[\text{m}^2]$	$A = 0.36\,[\text{m}^2]$	$A = 0.46\,[\text{m}^2]$
	$C_D = 1.1$	$C_D = 0.9$	$C_D = 0.5$	$C_D = 0.12$
자동차	미니 밴	승용차	트레일러	

	$C_D = 0.4$	$C_D = 0.3$	유선형 덮개가 없는 경우 $C_D = 0.96$ 유선형 덮개가 있는 경우 $C_D = 0.76$	

공기역학적으로 설계된 최신형 자동차 주위의 유선은 [그림 10-33(a)]와 같이 모든 자동차에서 후방 영역을 제외하고는 마찰이 무시되는 이상적인 포텐셜 유동에서 나타나는 유선들과 비슷하며, 이에 따라 낮은 항력계수를 갖는다. [그림 10-33(a)]와 같이 풍동실험을 통해 공기역학적으로 자동차 주위의 유선을 검토하여 전방 영역에서 후류나 유동 박리가 발생하지 않도록 유선형으로 설계하고 후방 영역의 후류를 제어하여 낮은 항력계수를 갖도록 설계해야 한다. [그림 10-33(b)]를 보면 지난 100년간 항력계수를 줄이기 위해 자동차의 형태가 어떻게 변화됐는지 알 수 있다. 2022년에 출시된 현대자동차의 EV model IONIQ 6는 항력계수 $C_d = 0.21$을 갖도록 [그림 10-34]와 같이 형상을 설계했다.

18 한밭대학교 차동진 교수 강의자료

(a) 유동가시화 실험

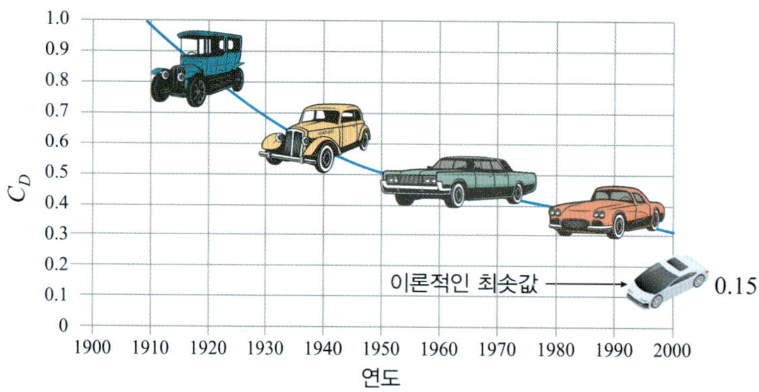

(b) 차량의 항력계수 감소를 나타내는 차량 형상 변화

그림 10-33 풍동실험을 통해 구해진 차량의 항력계수와 연도별 항력계수의 변화

그림 10-34 현대자동차의 EV model IONIQ 6

Think_09

자동차 주행 시 고속일 때보다는 저속일 때 항력을 무시할 수 있다. 그러나 약 50 [km/h] 이상의 속도에서는 반드시 항력을 고려해야 한다. 고속도로 주행 시 더운 날 창문을 연 상태로 운전하는 것과 창문은 닫고 에어컨을 켜고 운전하는 것 중 어느 것이 연비 면에서 효과적일지 생각해보자.

■ 생물학적 시스템

항력의 개념은 생물학적 시스템에서도 중요한 의미가 있다. 형체가 큰 새와 같은 비행기도 항력과 연료 소모를 줄이기 위해 이륙한 후 바퀴를 동체 안으로 집어넣는다. 식물은 유연한 구조로 인해 강한 바람이 불 때 형체를 변화시킴으로써 항력을 줄인다. 예를 들어 크고 평평한 잎들은 강한 바람에는 잎을 말아 원추 형태가 되고, 나뭇가지들은 서로 밀집되면서 낮은 항력을 받는다. 식물의 줄기는 바람으로 휘어져 항력이 줄어들며, 전면면적이 작아지므로 굽힘 모멘트도 작아진다. [표 10-9]와 같이 승마 기수나 경륜 주자들도 그들의 몸을 가능한 한 앞으로 기울여 정면 단면적과 항력계수의 감소를 통해 항력을 줄인다.

또한 움직이는 물체 뒤를 가까이 따라가는 물체의 항력계수는 드래프팅$_{\text{Drafting}}$에 의해 상당히 감소될 수 있다. 드래프팅이 일어나면 전방의 물체에 의해 형성된 낮은 압력영역으로 들어가기 때문이다. [그림 10-35(a)]는 선단의 새에서 발생하는 상향풍$_{\text{Updraft}}$을 이용하여 무리를 지어 이동하는 새들을 나타낸 것으로, V자로 무리를 지어 이동하는 새들은 1/3 정도의 에너지를 덜 쓰며 비행할 수 있다. [그림 10-35(b)]는 같은 이유로 V자 형태로 비행하는 군용 제트기이다.

(a) 무리를 지어 이동하는 새　　(b) V자 형태로 비행하는 군용 제트기

그림 10-35 상향풍을 이용해 항력이 감소된 유동

■ 물체의 유선형화

돌고래 등과 같은 물고기들은 항력을 줄이기 위해 자연적으로 유선형 형태를 가지고 있다. 이는 장거리를 빠르게 움직이는 경우 항력을 줄이기 위해 고도로 유선형화된 것이다.[19]

이러한 유선형 형태로 인해 물체의 두께가 최대가 되는 곳의 뒤쪽에서 발생하는 역압력구배를 감소시키고 유동박리영역의 범위를 축소시킨다. 즉 [그림 10-29]와 같이 경계층 박리를 지연시키면 압력항력도 감소된다. 또한 이런 유선형 형태는 [그림 10-36]과 같이 물체가 받는 항력을 줄이기 위해 물체의 후방이 가늘어지는 형태를 보이게 된다. 만약 그렇게 되지 않는다면 물체 표면적이 증가해 표면 마찰항력이 증가할 수 있으므로, 전항력이 최소화될 수 있는 최적의 형태를 고려해야 한다.

---

19 돌고래의 항력계수는 접수 피부 면적을 기준으로 할 때 0.0035이며, 이는 난류유동에서 평판의 항력계수와 거의 같다.

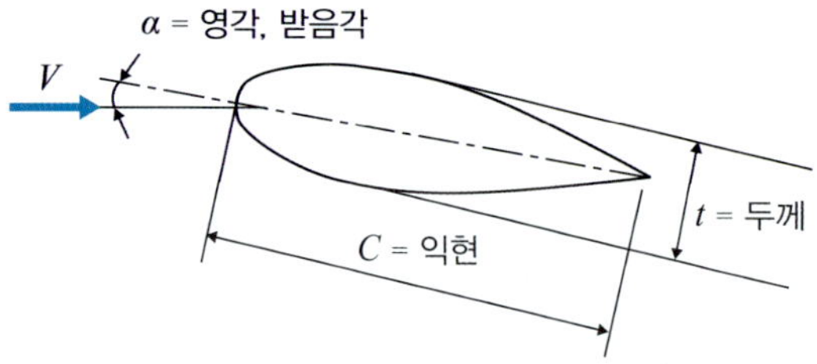

그림 10-36 유선형 형태의 물체

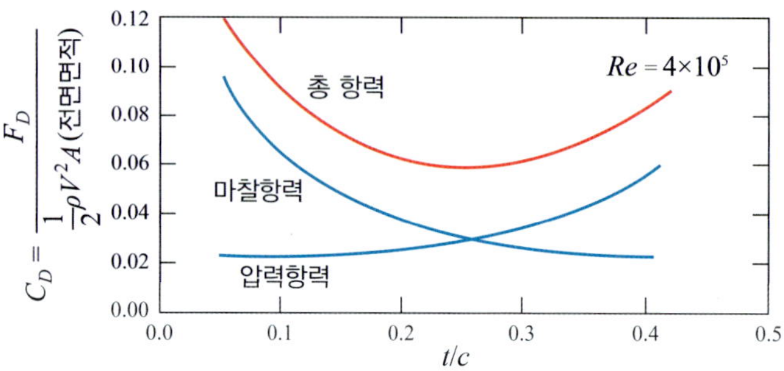

그림 10-37 두께비에 대한 유선형 물체의 항력계수

대부분의 항공기 날개 단면은 [그림 10-36]과 같은 유선형 형태를 보이는데, 이는 유동에 따라 최적 형상이 달라지므로 [그림 10-37]과 같이 유선형 물체의 두께비 변화에 따른 항력계수를 검토해야 한다. 그림에서 보듯이 두께비가 증가함에 따라 마찰항력은 감소하지만 압력항력은 증가하는 경향을 보인다. 총 항력은 두 분포의 합이며, 특정두께에서 최소가 되는 U자 형태 분포를 나타내고 있다. $t/c = 0.25$에서 최소의 항력계수($C_d = 0.06$)를 갖는데 이는 원통 실린더의 항력계수보다 20 [%] 정도 적음을 알 수 있다.[20] 그것이 대부분의 항공기 날개의 단면, 즉 익형의 단면이 [그림 10-36]과 같은 유선형 형태를 갖는 이유이다.

대부분 익형은 미국의 NASA_{National Aeronautics and Space Administration}에서 제시한 NACA_{National Agricultural Chemicals Association, 미국 국가항공자문위원회} 계열의 것을 많이 사용한다. [그림 10-38]에는 NACA 0015와 NACA $66_2 - 015$ 익형에 대한 압력계수를 무차원 길이 변화에 따라서 나타냈다. 익형을 이해하기 위해 [그림 10-38]을 정확히 파악해야 하며, 용어는 아래와 같이 간단히 정리했다.

- 익현Chord : 익형 전연과 후연 사이의 평균 두께선을 연결하는 직선
- 받음각 또는 영각Angle of Attack α : 익현과 자유유동속도 벡터 사이의 각
- 캠버Camber : 날개 단면의 평균선(곡선)

[그림 10-38]에서 제시된 NACA 0015의 익형 모델은 일반적으로 가장 많이 사용되는 형태이다. 이 익형은 천이가 $x/c = 0.13$일 때 발생하고 압력구배가 역으로 바뀌게 되며, 익형 표면의 대부분에 난류경계층이 형성된다. 이때의 항력계수는 $C_D = 0.0061$이다. 반면에 NACA $66_2 - 015$ 익형의 경우는 최대 두께점이 뒤쪽으로 옮겨지도록 설계됐고, 경계층은 $x/c = 0.63$까지 순압력구배로 유지되어

20 익형 길이는 두께의 4배이다.

층류로 유지되는 익형이다. 따라서 이 익형 내 유동장은 층류에 해당되고, 이 단면에서 평면면적을 기준으로 근거한 $C_D = 0.0035$로 NACA 0015보다 항력계수가 적음을 알 수 있다.

항공기 산업이 발전한 만큼 NACA 익형의 종류도 매우 많기에 해당 항공기나 회전기기에 사용되는 익형의 최적값은 정해져 있지 않다. 따라서 특수한 풍동을 이용하거나 아음속 풍동을 이용해 Re수를 3×10^7으로 유지하며 실험을 통해 최적의 항력계수를 갖는 날개를 설계해야 한다. [그림 10-38]의 익형은 영각이 0°일 때를 기준으로 설명한 것으로, 만약 익형이 기울어져 있다면 양력이 발생한다는 것을 인지해야 한다.

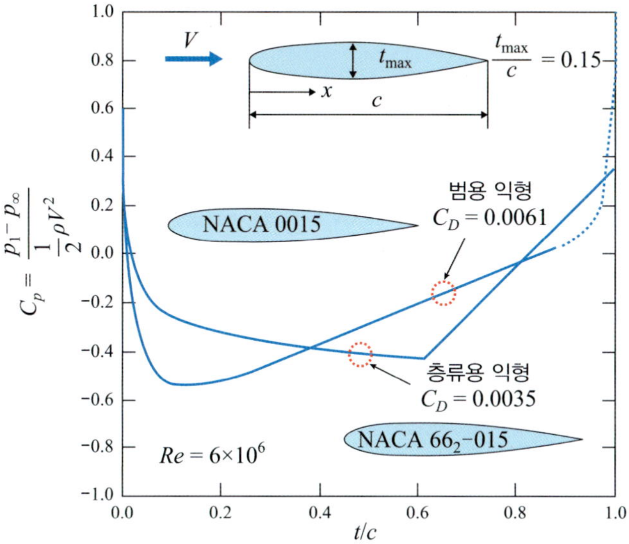

그림 10-38 영각 0°, 두께비가 15 [%]이며 대칭인 두 가지 익형 단면의 이론적인 압력분포

예제 10-9 자동차 연비와 항력계수의 관계

폭과 높이가 각각 $W = 1.85$ [m], $H = 1.70$ [m]인 자동차의 항력계수는 $C_d = 0.3$이다. 자동차 폭을 일정하게 두고 높이를 $H = 1.55$ [m]로 감소시킬 때 연간 절약할 수 있는 연료량과 비용을 구하라. 자동차는 1년 동안 95 [km/h]의 속도로 18,000 [km]를 주행했고, 휘발유의 비중과 가격은 각각 $S_{oil} = 0.74$, 1ℓ당 2,000원이라고 가정하자. 자동차의 구동 효율은 30 [%], 연료의 열량은 $C = 44{,}000$ [kJ/kg]이다. 단, 공기의 밀도는 $\rho_{air} = 1.2$ [kg/m^3]이다.

분석

- 항력계수와 전면면적의 관계를 알아보고 이 2개 변수가 항력을 감소시키는 인자임을 알기 위한 예제로, 전면면적이 감소된 만큼 연료에 대한 감소비를 확인하는 것이 이 예제의 목적이다.
- 항력을 계산하는 것보다는 자동차가 한 일을 계산하는 것이 핵심이다.
- 사용된 연료량은 계산된 에너지에 연료의 열량과 밀도를 나눠 계산하면 되고, 여기에 단가를 곱하면 1년 동안 사용된 비용이 계산된다.

풀이

- 자동차가 받는 항력은 식 (10.154)를 통해 식 (10.191)과 같이 계산할 수 있다.

$$F_D = C_D \frac{1}{2} \rho V^2 A = 0.3 \times \frac{1}{2} \times 1.2 \left(\frac{95{,}000}{3{,}600} \right)^2 \times (1.85 \times 1.7) = 394.2\,[\text{N}] \tag{10.191}$$

- 자동차가 한 일은 받는 힘을 통해 진행한 거리를 곱하면 된다. 문제에서 주어진 것은 연간 이동거리 18,000 [km]이므로 식 (10.192)와 같이 연간 자동차가 한 일, 즉 에너지를 구할 수 있다.

$$W_{drag} = F_D L_{year} = 394.2 \times 18{,}000 = 7{,}095{,}600\,[\text{kN} \cdot \text{m}] = 7.1\,[\text{GJ/year}] \tag{10.192}$$

- 자동차의 구동 효율을 고려한다면 실제로 사용된 에너지는 식 (10.193)과 같이 좀 더 커지게 된다.

$$W_{in} = \frac{W_{drag}}{\eta_{car}} = \frac{7.1}{0.3} = 23.7\,[\text{GJ/year}] \tag{10.193}$$

- 자동차가 연간 95 [km/h]의 속도로 18,000 [km]를 움직였을 때 사용된 연료는 에너지의 열량비와 식 (10.193)을 이용해 식 (10.194)와 같이 구할 수 있다. 연료의 열량은 $C = 44{,}000$ [kJ/kg]으로 주어졌기 때문에 단위환산을 위해 1,000으로 나누어주었다.

$$Amount_{Fuel} = \frac{E_{in}/C}{\rho_{fuel}} = \frac{23.7 \times 10^9 / (44{,}000 \times 1000)}{0.74} = 727.9\,[\ell/\text{year}] \tag{10.194}$$

- 주어진 문제의 자동차는 연간 727.9 [ℓ]를 사용했다. 이를 돈으로 환산하기 위해 연료 단가를 고려한다면 식 (10.195)와 같이 구할 수 있다.

$$Cost = 727.9\,[\ell/\text{year}] \times 2{,}000\,[₩/\ell] = 1{,}455{,}800\,[₩/\text{year}] \tag{10.195}$$

- 전면면적이 $A_1 = 1.85 \times 1.70 = 3.145\,[\text{m}^2]$에서 $A_2 = 1.85 \times 1.55 = 2.868\,[\text{m}^2]$로 감소됐을 때 항력과 연간 에너지의 양, 효율을 고려한 에너지, 연료량 그리고 비용을 식 (10.196) ~ 식 (10.200)과 같이 구했다.

$$F_{D,2} = 0.3 \times \frac{1}{2} \times 1.2 \left(\frac{95{,}000}{3{,}600} \right)^2 \times (1.85 \times 1.55) = 359.4\,[\text{N}] \tag{10.196}$$

$$W_{drag,2} = 359.4 \times 18{,}000 = 6{,}469{,}200\,[\text{kN} \cdot \text{m}] = 6.47\,[\text{GJ/year}] \tag{10.197}$$

$$W_{in,2} = \frac{6.47}{0.3} = 21.6\,[\text{GJ/year}] \tag{10.198}$$

$$Amount_{Fuel,2} = \frac{21.6 \times 10^9 / (44{,}000 \times 1{,}000)}{0.74} = 663.4\,[\ell/\text{year}] \tag{10.199}$$

$$Cost_2 = 663.4\,[\ell/\text{year}] \times 2{,}000\,[₩/\ell] = 1{,}326{,}800\,[₩/\text{year}] \tag{10.200}$$

고찰

- 이 예제를 통해 항력이 감소한다면 최종적으로 동일한 조건으로 연비를 감소시킬 수 있고, 이는 금액으로 환산 가능하다는 것을 알 수 있다.
- 유체역학적인 내용은 전면면적과 항력에 대한 함수뿐이고, 나머지는 일반적인 물리에 대한 내용이다.

따라서 전면면적과 항력의 계산, 즉 유체역학의 계산은 공학 설계의 기초가 됨을 알 수 있다.

• 연료의 단가를 2,000 [₩/ℓ]로 가정한 것은 이 책을 집필할 때의 가격으로, 단가는 매번 변화한다.

예제 10-10 하천 내부에 설치된 파이프의 항력

[그림 10-39]와 같이 하천 내부에 32 [m] 길이의 파이프가 설치되어 있다. 평균유속이 $V = 5$ [m/s]일 때 파이프에 작용하는 항력을 구하라. 단, 하천의 온도는 15 [℃]이고, 이때 밀도와 절대점성계수는 각각 $\rho = 999.1$ [kg/m^3], $\mu = 1.138 \times 10^{-3}$ [Pa·s]이다. 또한 파이프에 작용하는 항력계수는 실험적으로 구해야 하고 $C_D = 1.1$로 가정한다.

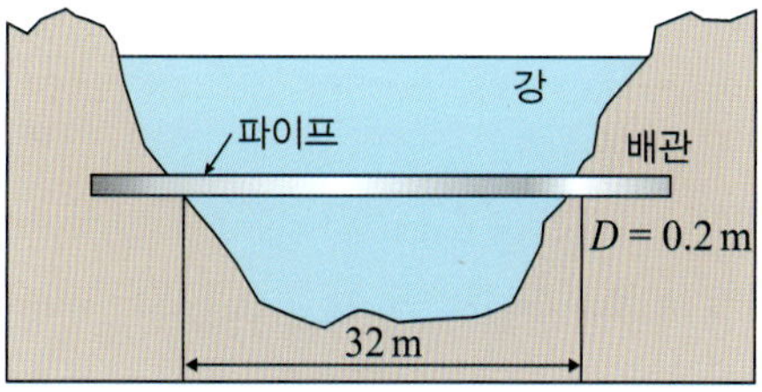

그림 10-39 하천 내부에 설치된 파이프

분석

• 조류발전 시스템 등을 설치할 때 구조물의 안정성을 판단하기 위한 예제로, 먼저 파이프의 항력을 구해야 한다.

• 항력계수를 구하기 위해 Re수를 먼저 구해야 하는데 항력계수는 예제에서 주어졌다. 이런 문제에서는 항력계수를 쉽게 평가하기 어렵다. 보통 항력계수는 실험으로 구해야 하지만 간단한 원형 실린더라고 가정하면 [그림 10-31]에서는 1의 값을, [그림 10-32]에서는 1.1의 값을 나타냄을 알 수 있다.

풀이

• 파이프가 받는 유동에 대한 Re수는 식 (10.201)과 같이 구할 수 있다. 식 (10.201)에서 구한 Re수를 [그림 10-32]에 대입하면 $C_d = 1.1$임을 알 수 있지만 정확한 값은 실험으로 구해야 한다.

$$Re = \frac{\rho VL}{\mu} = \frac{998.1 \times 5.0 \times 0.2}{0.001138} = 8.78 \times 10^5 \tag{10.201}$$

• 물속의 파이프가 받는 항력은 식 (10.154)로부터 식 (10.202)와 같이 구할 수 있다.

$$F_D = C_D \frac{1}{2} \rho V^2 A = 1.1 \times \frac{1}{2} \times 999.1 \times 5^2 \times (32 \times 0.2) = 87.92 \text{ [kN]} \tag{10.202}$$

고찰

• 이 예제는 하천 안에 설치되는 구조물의 안정성을 파악하기 위한 기초적인 문제이다. 강의 유속이 빨라지게 되면 난류로 변하게 되고 항력은 좀 더 증가하게 된다.

• 수월하게 풀기 위해 항력계수가 미리 주어졌지만, 이는 실험적으로 정확히 파악해야 한다.

• 외부유동으로는 반드시 공기에 잠겨 있는 유동만 있는 것은 아님을 상기해야 한다.

예제 10-11 유체 속으로 낙하하는 구의 항력계수

[그림 10-40]과 같이 지름이 $D = 0.1$ [mm]이고 비중이 $S_{sphere} = 2.3$인 구가 낙하될 때 구의 떨어지는 종말 속도Terminal Velocity를 구하라. 단, 적용된 유체의 절대점성계수와 밀도를 각각 $\mu = 0.001$ [Pa·s], $\rho = 1{,}000$ [kg/m^3]이라 가정한다.

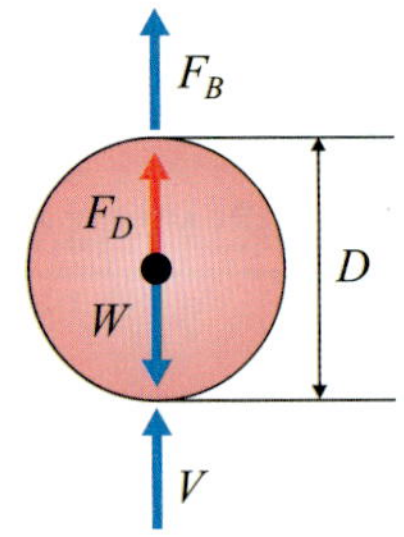

그림 10-40 유체 속으로 낙하하는 구

분석

- 이 예제는 식 (10.190)에서 구해진 구의 항력계수를 적용한 항력이 타당한지를 검토하는 문제이다.
- 임의의 비중을 가지고 있는 구가 유체 속으로 낙하할 때의 속도를 구함으로써 유체의 점성 계수를 구할 수 있다. 이러한 원리를 이용한 장치가 낙구식 점도계이다.

풀이

- 낙하하는 구에 관한 힘의 상관관계는 식 (10.203)과 같이 나타낼 수 있다. 각각의 힘은 식 (10.204) ~ 식 (10.206)으로 정의될 수 있다. 식 (10.206)은 식 (10.190)과 같이 구의 항력을 인용할 수 있다. 식 (10.190)은 크리핑 유동($Re \ll 1$)일 때 항력계수를 $C_D = 24/Re$로 가정하여 유도된 것이다.

$$W = F_D + F_B \tag{10.203}$$

$$W = SG\gamma_W \forall = SG \times \gamma_W \frac{\pi}{6} D^3 \tag{10.204}$$

$$F_B = \gamma_W \forall = \gamma_W \frac{\pi}{6} D^3 \tag{10.205}$$

$$F_D = 3\pi\mu VD \tag{10.206}$$

- 식 (10.204) ~ 식 (10.206)을 식 (10.203)에 대입하면 식 (10.207)과 같이 정리할 수 있다.

$$SG \times \gamma_W \frac{\pi}{6} D^3 = 3\pi\mu VD + \gamma_W \frac{\pi}{6} D^3 \tag{10.207}$$

- 식 (10.207)을 정리하면 식 (10.208)과 같이 V항으로 정리할 수 있다.

$$V = \frac{(SG-1)\gamma_W D^2}{18 \times \mu} = \frac{(2.2-1) \times 9{,}800 \times (0.1/1{,}000)^2}{18 \times 0.001} = 6.53 \times 10^{-3} \text{ [m/s]} \tag{10.208}$$

- 식 (10.208)에서 계산된 속도로부터 구의 Re수를 구하면 식 (10.209)와 같이 0.653이 된다. $Re \ll 1$보다 적은 크리핑 유동임을 확인했으므로 이때 적용된 $C_D = 24/Re$은 타당함을 알 수 있다.

$$Re = \frac{\rho VL}{\mu} = \frac{1{,}000 \times 0.00653 \times 0.1/1{,}000}{0.001} = 0.653 \tag{10.209}$$

고찰

- 문제에서 주어진 구의 지름을 바꿔서 계산해보자. 속도는 식 (10.208)에서 $V = f(D^2)$이므로 2차 포물선의 형태로 증가하게 될 것이다. 지름이 매우 작은 구의 경우, 매우 적게 가라앉게 될 것이다.
- 구의 비중을 물과 같은 것으로 대입하게 되면 식 (10.207)에서 $V = 0$이 될 것이다. 즉 물에 뜨지도, 가라앉지도 않는다. 따라서 이런 유동장은 2장에서 배운 점성계수를 구할 수 있는 낙구식 점도계의 원리에 따른다. 즉 식 (10.206)에서 보듯이 식에 유체의 점성계수값이 있기 때문에 적용하는 구의 비중만 알고 있다면 쉽게 구할 수 있다.

예제 10-12 우박과 같은 입자가 떨어지는 속도

[그림 10-41]과 같이 폭풍이 발생할 때 싸라기눈Hail은 상승기류에 의해 상승과 낙하를 반복한다. 만약 이 싸라기눈의 입자가 점점 커진다면 더 이상 상승하지 않고 지표면으로 떨어지게 되고, 지표면 온도가 어는점보다 낮다면 우박으로 떨어지게 된다. 우박을 1개의 구로 가정했을 때 낙하 속도를 구하라. 단, 우박의 비중과 지름을 각각 $S_{hail} = 0.948$, $D = 4\,[\text{cm}]$, 공기의 동점성계수를 $\nu = 1.46 \times 10^{-5}\,[\text{m}^2/\text{s}]$라 가정한다.

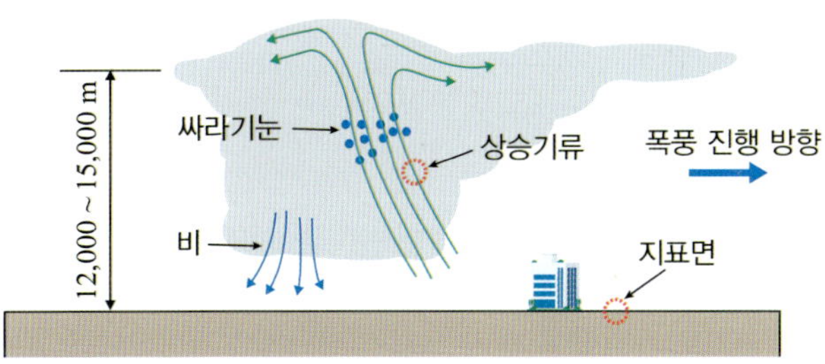

그림 10-41 지표면으로 떨어지는 우박(구)

분석

- 이 문제는 복잡하게 생각하면 풀 수 없다. 따라서 우박을 하나의 입자라고 생각하고 풀면 된다.
- 우박의 형태를 구로 가정하자. 만약 우박의 형상이 완전한 구가 아니라면 항력계수는 증가하고, 이에 따라 속도와 힘이 변경될 것이다.

풀이

- 낙하하는 우박에 관한 힘의 상관관계는 식 (10.203)을 이용해 알 수 있다. 각각의 힘들은 식 (10.210) ~ 식 (10.212)와 같이 정의할 수 있다.

$$W = \gamma_{ice} \forall = \gamma_{ice} \frac{\pi}{6} D^3 \tag{10.210}$$

$$F_B = \gamma_{air} \forall \tag{10.211}$$

$$F_D = \frac{1}{2} \rho_{air} V^2 A C_D \tag{10.212}$$

- 이때 식 (10.212)와 같은 우박의 부력은 얼음의 무게보다 작기 때문에 무시할 수 있으므로, 식 (10.203)은 식 (10.213)과 같이 변경된다. 이에 식 (10.210)과 식(10.211)을 대입하면 식 (10.215)와 같이 C_D의 함수로 낙하 속도를 간단히 정리할 수 있다.

$$W = F_D \tag{10.213}$$

$$\gamma_{ice}\frac{\pi}{6}D^3 = \frac{1}{2}\rho_{air}V^2AC_D \tag{10.214}$$

$$V = \sqrt{\frac{\gamma_{ice}\frac{\pi}{6}D^3}{\frac{1}{2}\rho_{air}AC_D}} = \sqrt{\frac{\gamma_{ice}\frac{\pi}{6}D^3}{\frac{1}{2}\rho_{air}\frac{\pi}{4}D^2C_D}} = \sqrt{\frac{4\rho_{ice}9.8D}{3\rho_{air}C_D}}$$
$$= \sqrt{\frac{4\times 948\times 9.8\times 0.04}{3\times 1.2\times C_D}} = \frac{20.3}{\sqrt{C_D}} \tag{10.215}$$

- 식 (10.215)에서 우박이 떨어지는 속도를 구하려면 구의 항력계수를 가정해야 한다. 이 예제에서 구의 항력계수를 $C_D = 1.1$로 가정한다면 우박의 속도는 식 (10.216)과 같이 계산된다.

$$V = \frac{20.3}{\sqrt{C_D}} = \frac{20.3}{\sqrt{1.1}} = 19.35\,[\mathrm{m/s}] \tag{10.216}$$

고찰

- 우박의 강하속도는 생각보다 크므로 물체에 부딪칠 때 힘을 구하면 식 (10.217)과 같다. 이런 힘이 곡물, 식물 또는 비닐하우스 등을 파괴할 정도의 힘인지 검토해보자.

$$F_D = \frac{1}{2}\rho_{air}V^2AC_D = \frac{1}{2}\times 1.2\times 19.35^2\times\frac{\pi\times 0.04^2}{4}\times 1.1 = 0.31\,[\mathrm{N}] \tag{10.217}$$

- 여기서 우박 크기를 $D = 4\,[\mathrm{cm}]$인 골프공 크기로 가정했다. 만약 크기가 커지거나 작아진다면 힘이 얼마로 증감되는지 계산해보자.

예제 10-13 굴뚝에 작용하는 힘과 굽힘 모멘트

[그림 10-42]와 같이 표준 대기상태에서 지름이 $D=1$ [m]이고 높이가 $H=25$ [m]인 원주형 굴뚝에 $V=50$ [km/h]의 균일 속도로 바람이 분다. 끝 효과와 돌풍은 무시하고, 풍력에 의해 굴뚝 바닥에 작용하는 굽힘 모멘트를 구하라. 단, 공기의 밀도와 절대점성계수를 각각 $\rho=1.2$ [kg/m³], $\mu=1.79\times10^{-5}$ [Pa·s]로 가정한다.

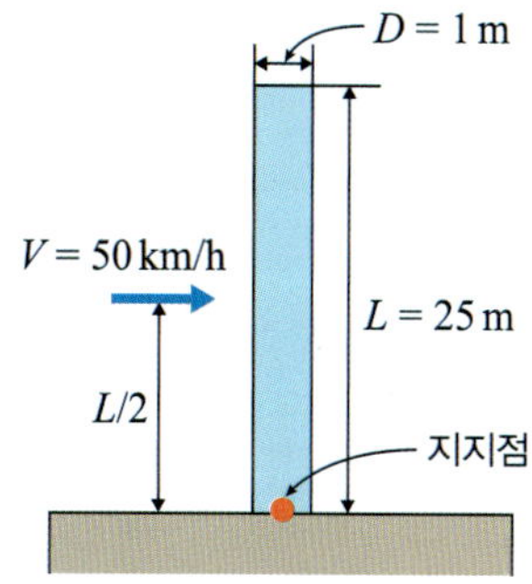

그림 10-42 굴뚝에 작용하는 힘과 굽힘 모멘트

분석

- 항력은 식 (10.154)로부터 구하고, 바닥으로부터 발생하는 굴뚝의 모멘트는 중심까지의 거리를 곱해주면 된다.
- 항력계수는 Re수를 구한 후 [그림 10-28]에서 계산하면 된다. Re수를 구할 때 특성길이를 굴뚝의 지름으로 설정했고, 전면면적이 사각형($L\times D$)이 됨을 이해해야 한다.

풀이

- 항력은 식 (10.154)로부터 구하고, 바닥으로부터 발생하는 굴뚝의 모멘트는 중심까지의 거리를 곱해주면 식 (10.218)과 같이 계산할 수 있다. 속도는 식 (10.219)와 같이 환산해주고 식 (10.220)과 같이 Re수를 계산할 수 있다.

$$M_o = F_D\times\frac{L}{2} = C_D\frac{1}{2}\rho V^2 A\times\frac{L}{2} = C_D\frac{\rho V^2 AL}{4} = C_D\frac{\rho V^2(L\times D)L}{4} \tag{10.218}$$

$$V = 50\,[\text{km/hr}] = 50\times\frac{1{,}000}{3{,}600} = 13.9\,[\text{m/s}] \tag{10.219}$$

$$Re = \frac{\rho VD}{\mu} = \frac{1.23\times13.9\times1}{0.0000179} = 9.55\times10^5 \tag{10.220}$$

- 항력계수는 식 (10.220)과 같이 Re수로 [그림 10-28]에 대입하면 $C_D=0.4$로 계산이 된다. 그림에서 값을 유추하는 것이기 때문에 정확하지 않음을 감안하고 풀어야 한다. 식 (10.219)의 속도와 항력계수를 각각 대입하면 식 (10.221)과 같이 모멘트 M_o를 구할 수 있다.

$$M_o = C_D\frac{\rho V^2(D\times L)L}{4} = 0.4\frac{1.23\times13.9^2\times(1\times25)\times25}{4} = 14{,}854\,[\text{N·m}] \tag{10.221}$$

고찰

- 구조물에 작용하는 힘과 모멘트를 구하기 위해 어떻게 항력계수를 이용하는지를 이해하는 것이 이 예제의 목적이다.
- 굴뚝의 항력계수를 구하기 위해 [그림 10-28]을 이용했는데, 이는 굴뚝 단면이 원이기 때문이다.
- 실제로 굴뚝과 같은 빌딩에 작용하는 속도분포는 균일유동이 아니라 지표면의 마찰 때문에 [그림 10-43], 식 (10.222)와 같은 난류유동의 경계층 속도분포인 n의 지수법칙 속도분포로 유입된다. 식 (10.222)의 y_∞를 노풍도Exposure 높이라고 한다.

$$V(y) = V_\infty \left(\frac{y}{y_\infty} \right)^{1/n} \tag{10.222}$$

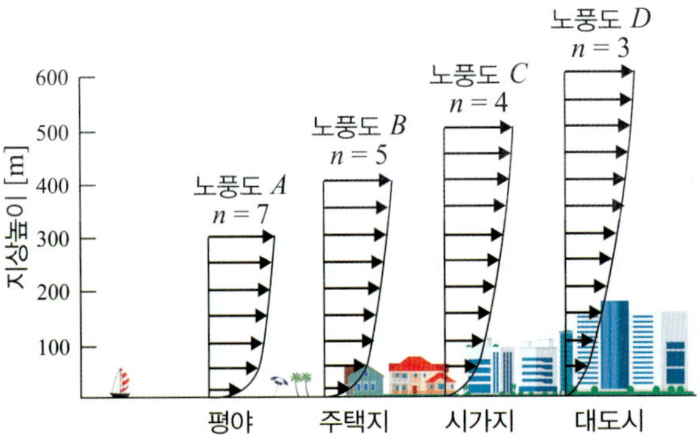

그림 10-43 노풍도 상태(지상 상태의 마찰)에 따른 속도분포

예제 10-14 표면 거칠기에 따른 항력의 변화

지름이 $D = 4.3\,[\text{cm}]$인 골프공이 $V = 60\,[\text{m/s}]$로 티오프[21]됐고, 지름이 $D = 3.8\,[\text{cm}]$인 탁구공이 $V = 20\,[\text{m/s}]$로 탁구채에 의해 타격되어 날아간다. (a) 두 공의 표면은 매끄럽다고 가정하고 공의 항력계수와 항력을 구하라. (b) 또한 [그림 10-30]에서 딤플이 있을 때의 해당 항력을 구해 비교하라. 단, 공기의 밀도와 절대점성계수는 각각 $\rho = 1.2\,[\text{kg/m}^3]$, $\mu = 1.79 \times 10^{-5}\,[\text{Pa}\cdot\text{s}]$로 가정한다.

분석

- 공의 표면에 마찰이 있는 경우 항력계수가 어떻게 변화하는지 알아보는 예제이다.
- 평판일 때 마찰이 있으면 마찰항력이 증가하지만, 골프공과 같이 마찰이 있는 경우에는 항력이 감소된다는 것을 파악해야 한다.
- 실제로 프로골퍼가 발생시키는 속도는 약 $85\,[\text{m/s}]$인데 이때는 얼마의 항력이 감소되는지 검토해보자.

풀이

- 골프공(Re_G)과 탁구공(Re_T)의 Re수는 식 (10.223), 식 (10.224)와 같이 구할 수 있다.

$$Re_G = \frac{\rho VD}{\mu} = \frac{1.23 \times 60 \times 4.3/100}{0.0000179} = 1.77 \times 10^5 \tag{10.223}$$

$$Re_T = \frac{\rho VD}{\mu} = \frac{1.23 \times 20 \times 3.8/100}{0.0000179} = 5.22 \times 10^4 \tag{10.224}$$

- 골프공과 탁구공의 항력계수는 [그림 10-30]에서 구하면 되는데 매끄러운 골프공과 탁구공의 항력계수는 각각 $C_{D,G} = 0.51$, $C_{D,T} = 0.50$이지만, 같은 Re수일 때 딤플이 있는 골프공의 항력계수는 $C_{D,G} = 0.25$로 감소됨을 알 수 있다.

- 골프공과 탁구공의 항력은 식 (10.154)로부터 구할 수 있는데 세 가지 공의 항력은 식 (10.225) ~ 식 (10.227)로 구할 수 있다.

$$F_{D,G} = C_D \frac{1}{2}\rho V^2 A = 0.51 \frac{1.23 \times 60^2 \frac{\pi(4.3/100)^2}{4}}{2} = 1.640\,[\text{N}] \tag{10.225}$$

$$F_{D,T} = C_D \frac{1}{2}\rho V^2 A = 0.50 \frac{1.23 \times 20^2 \frac{\pi(3.8/100)^2}{4}}{2} = 0.139\,[\text{N}] \tag{10.226}$$

$$F_{D,G1} = C_{D1} \frac{1}{2}\rho V^2 A = 0.25 \frac{1.23 \times 60^2 \frac{\pi(4.3/100)^2}{4}}{2} = 0.804\,[\text{N}] \tag{10.227}$$

고찰

- 골프공은 [그림 10-30]에서 보듯이 딤플을 만들어줌에 따라 항력계수가 절반으로 감소됨을 알 수 있다. 반면 탁구공의 경우 골프공보다 속도가 느리고 크기도 작아 유동장이 난류영역에 도달하지 못하기 때문에 표면이 거친 탁구공이 없음을 알아야 한다.
- 표면이 매끄러운 골프공은 $Re = 4 \times 10^5$이 될 때까지 속도를 증가시켜야만 항력계수를 $C_D = 0.1$ 이하로 감소시킬 수 있다. 속도가 60 [m/s] 일 때는 $Re = 1.77 \times 10^5$이므로 약 2.55배의 속도인 152.5 [m/s]의 티오프 속도를 내야만 항력을 줄일 수 있는데, 이것은 절대 불가함을 알 수 있다.

10.6.3 항공기와 양력

양력은 압력과 전단력의 성분 중 유동 방향에 수직인 성분이며, 물체를 수직 방향으로 움직이려 하는 힘을 의미한다. 항공기 날개의 형상과 위치는 항력을 최소화하면서 비행 중에 식 (10.153), 식 (10.155)와 같이 충분한 양력을 발생시키도록 설계된다.

$$F_L = \int dF_y = -\int p \sin\theta dA + \int \tau_w \cos\theta dA \tag{10.153}$$

$$C_L = \frac{F_L}{\frac{1}{2}\rho V^2 A} \tag{10.155}$$

Think_10

양력은 왜 항공기를 중심으로 다루는지 생각해보자.

21 골프에서 라운드를 시작하는 것을 의미한다.

이를 좀 더 자세히 이해하기 위해 [그림 10−44]와 같이 항공기의 익형 단면을 나타냈다.[22]

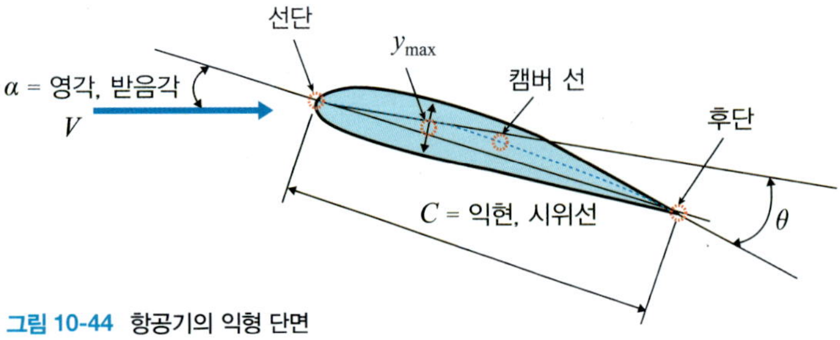

그림 10-44 항공기의 익형 단면

■ 날개와 익형

항공기의 날개를 설계할 때 NACA(미국), RAF(영국), Göttingen(독일)의 익형을 사용한다. 이 중 [그림 10−45]와 같이 항공기에 가장 많이 사용되는 익형은 미국의 NACA이다. 익형의 표기법은 국가마다 다르나 일반적인 NACA 익형 표기법을 아래와 같이 정리했다.[23]

- 4자 계열 : 일반적인 익형

예 NACA 2412

2 − 최대 캠버의 크기를 익현의 백분율로 표시한 값 (2 [%])

4 − 최대 캠버의 위치를 전단으로부터 익현의 십분율로 표시한 값
(선단으로부터 익현에서 40 [%] 라는 의미)

12 − 최대 두께를 익현의 백분율로 표시한 값
(최대 두께의 크기가 익현의 12 [%] 라는 의미)

- 5자 계열 : 전통적 또는 대표적 익형

예 NACA 23015

2 − 설계 양력계수 ($3/2 \times 0.2 = 0.3$)

30 − 최대 캠버의 위치

15 − 단면의 두께 (15 [%] 익현, $1/2 \times 30 = 15$ [%])

- 6자 계열 : 층류형 익형 (아음속 항공기의 설계에 많이 이용)

예 NACA $66_2 - 215$

6 − 계열 명칭 (층류)

6 − 최소 압력의 위치 ($x/c = 0.6$)

$_2$ − 순압력구배에 대한 최대 양력계수 ($C_D = 0.2$)

2 − 설계 양력계수 (0.2)

15 − 단면의 두께 (15 [%] 익현, $1/2 \times 30 = 15$ [%])

---

22 [그림 10−36]은 단순히 유선형 형태 익형을 나타낸 것이고, [그림 10−44]는 NACA 계열 익형을 나타낸 것이다.
23 NACA 익형을 정확히 적용하려면 NACA 홈페이지의 각 익형의 기하학적 정보를 참조하면 된다.

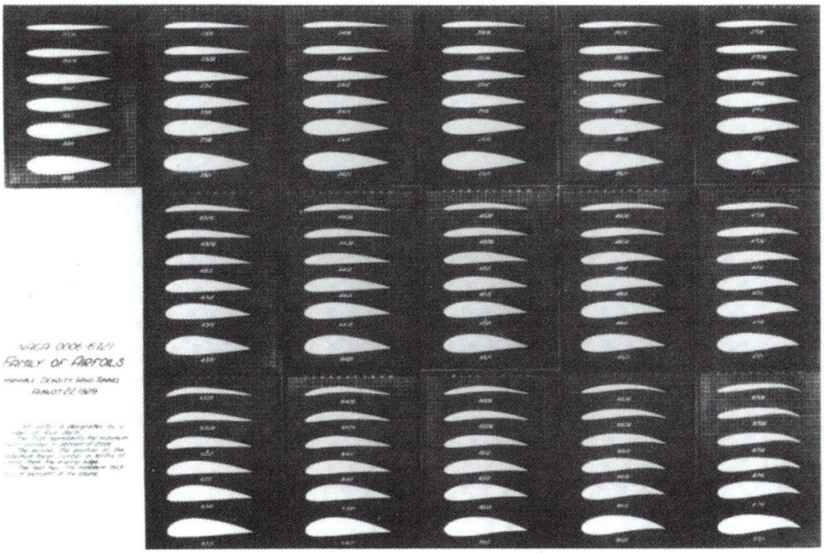

그림 10-45 NACA 익형

표 10-10 Göttingen 익형에 따른 모형과 해당 양력

<table>
<tr><th colspan="4">Göttingen 익형 형상</th></tr>
<tr><td>428</td><td>682</td><td>364</td><td>480</td></tr>
<tr><td></td><td>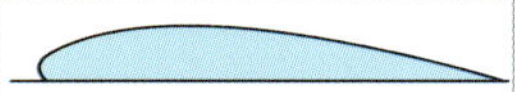</td><td>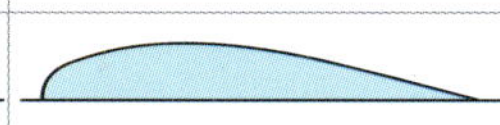</td><td>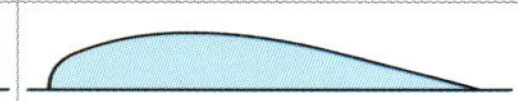</td></tr>
<tr><td colspan="4">$C_L = 4.8\frac{y_{max}}{c} + 0.092\alpha$</td></tr>
<tr><td>408</td><td>490</td><td>436</td><td>387</td></tr>
<tr><td>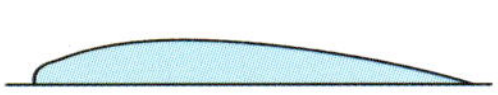</td><td></td><td>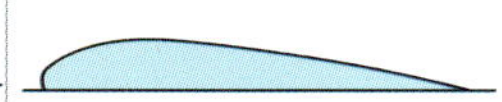</td><td>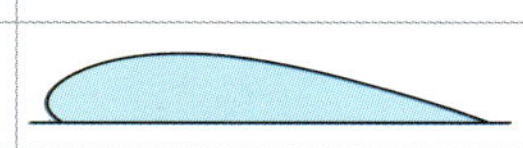</td></tr>
<tr><td colspan="4">$C_L = 4.4\frac{y_{max}}{c} + 0.092\alpha$</td></tr>
<tr><td>622</td><td>623</td><td>624</td><td>384</td></tr>
<tr><td></td><td></td><td>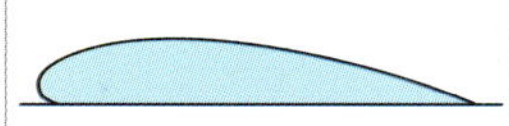</td><td>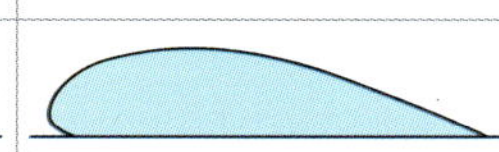</td></tr>
<tr><td colspan="4">$C_L = 4.0\frac{y_{max}}{c} + 0.092\alpha$</td></tr>
<tr><td rowspan="2">궁형</td><td>608</td><td>609</td><td>610</td></tr>
<tr><td>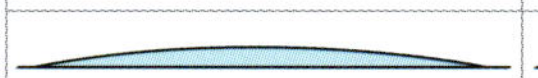</td><td></td><td></td></tr>
<tr><td></td><td colspan="3">$C_L = 5.0\frac{y_{max}}{c} + 0.092\alpha$</td></tr>
<tr><td>NACA 23012</td><td></td><td>Munk 6</td><td></td></tr>
<tr><td>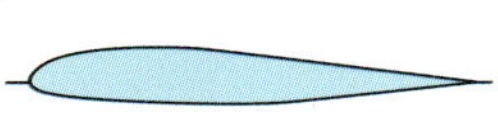</td><td>$C_L = 1.08\frac{y_{max}}{c} + 0.106\alpha$</td><td></td><td>$C_L = 1.3\frac{y_{max}}{c} + 0.106\alpha$</td></tr>
</table>

국내에서 축류펌프와 같은 유체기계에서 많이 사용되는 익형은 미국의 NACA 익형보다는 [표 10-10]의 Göttingen 형상을 많이 사용한다. Göttingen 형상은 주어진 영각에 따라 식 (10.228)과 같은 미끄럼비가 적은 원들로 표시되고, 대부분의 익형 밑선을 보면 직선상으로 그리고 평행으로 되어 있다는 것이 특징이다. 또한 식 (10.228)과 같이 항력계수와 양력계수의 비인 양향비(양력/항력비)는 비행 궤도의 경사비를 나타내는데 Göttingen 형상이 미끄럼비 값이 커 좀 더 강하게 설계되므로 물을 사용하는 유체기계에 많이 사용된다.

$$\varepsilon = \frac{C_L}{C_D} \tag{10.228}$$

[표 10-10]에는 익형에 따른 양력계수를 제시했으며, NACA 23012와 Munk 6 익형을 비교해 나타냈다. 예전부터 현재까지 익형을 표준 없이 개발자에 따라 여러 형태로 사용해왔으며, 여러 형상과 실험 결과를 사용하고 있다. 그렇지만 항상 최대한 비례적이고 체계적인 익형 설계 및 실험을 수행해야 한다는 것을 유념해야 한다.

■ 양력 발생 원리

익형은 영각이 0°일 때 양력을 발생하도록 설계되지만 실질적으로는 [그림 10-46]과 같이 영각의 증가에 따른 압력차로 위쪽 부분은 흡입면(−), 아래쪽 부분은 압력면(+)이 되어 상부로 항공기를 띄우게 된다. 양력은 영각 α에 따른 평면면적 A_p에 따라 변화하게 되므로 양력은 식 (10.229)와 같이 계산되어야 한다. 따라서 양력과 항력은 식 (10.230), 식 (10.231)과 같이 Re수와 α의 함수가 된다.

$$C_L = \frac{F_L}{\frac{1}{2}\rho V^2 A_p} \tag{10.229}$$

$$C_L = f(\alpha,\ Re) \tag{10.230}$$

$$C_D = f(\alpha,\ Re) \tag{10.231}$$

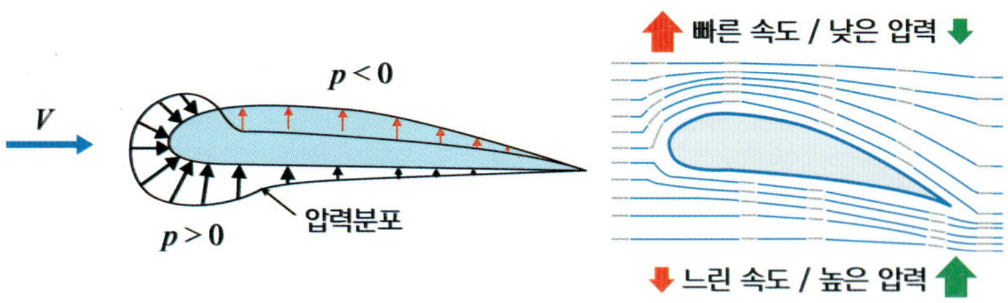

(a) 영각이 0°인 경우 (b) 영각이 증가된 경우

그림 10-46 양력 발생 원리

[그림 10-47]을 보면 NACA 23015와 NACA 66_2-215 익형에서 영각이 증가하면서 양력계수가 증가함을 알 수 있다. 영각이 약 16°에서 $C_{L,\max}=1.72$와 $C_{L,\max}=1.50$을 나타냈으나 그 이상이 되면 익형 뒤쪽 부분에서 [그림 10-48]과 같이 유동 박리가 많이 발생함을 알 수 있다. **정체점이 아래쪽 표면으로 이동하므로 양력은 갑자기 떨어지고,** [그림 10-47(b)]에서 보듯이 **항력은 계속적으로 증가**

하는데 이러한 현상을 실속Stall이라 한다. 실속의 상황에서는 비행기는 어떠한 추력도 낼 수 없어 추락할 수밖에 없다. 즉 더 이상 유속에 의한 힘을 받지 못하고 속도를 잃어버린다는 개념으로 실속이라는 용어를 사용한다. 익형의 실속은 익형 위쪽 표면 대부분의 영역에서 유동 박리가 발생할 때 일어난다.

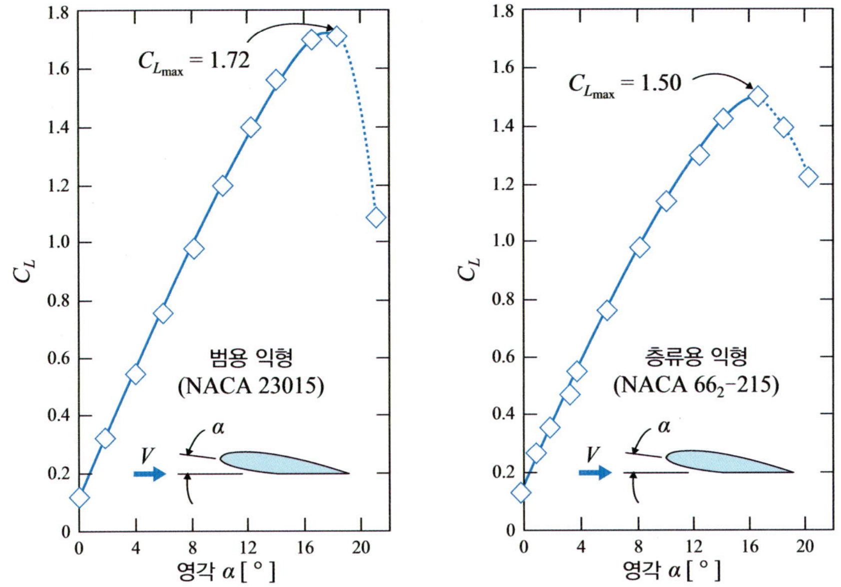

(a) 영각에 따른 양력의 변화

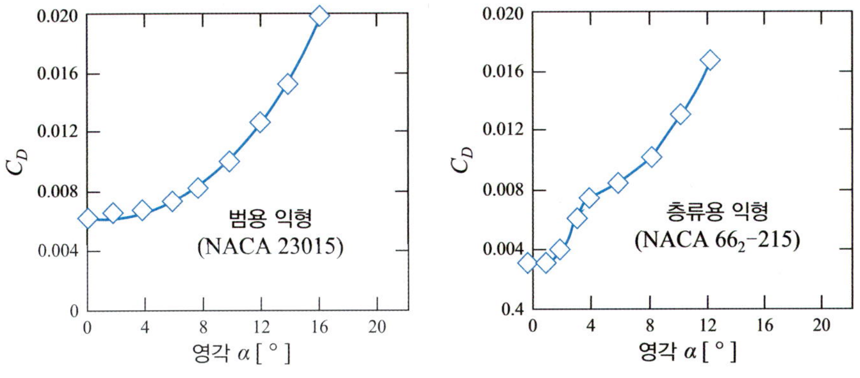

(b) 영각에 따라 증가하는 항력

그림 10-47 NACA 23015와 NACA66_2–215 익형에서 영각에 따른 양력과 항력의 변화

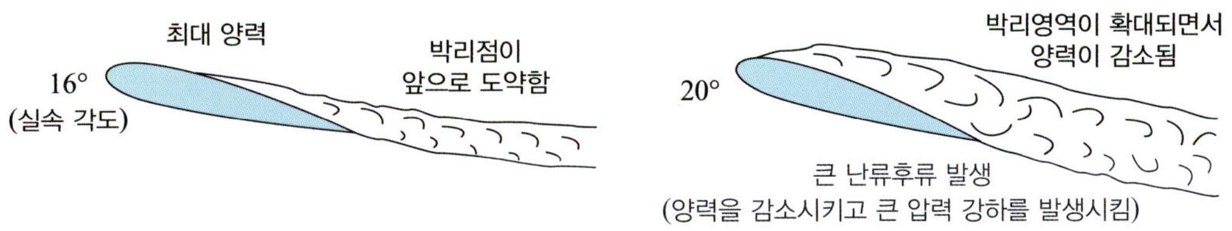

그림 10-48 영각이 증가하면서 상류에서 나타나는 후류 현상

[그림 10-49(a)]에서 보듯이 정체점은 영각이 증가함에 따라 익형의 아래쪽 표면을 따라서 단면에 대해 뒤로 이동한다. 이론상 위쪽 표면 압력분포에 대한 영각의 효과는 [그림 10-49(b)]와 같다. 영각이 증가함에 따라 최소 압력은 더욱 낮아지고, 그 위치는 위쪽 표면의 앞쪽으로 이동함을 알 수 있다.

이러한 영향은 큰 역압력구배가 최소 압력점 이후의 표면을 따라 발생하는데, 결국 역압력구배는 위쪽 면으로부터 유동을 완전히 박리시키고 실속된다. C_L에 대한 C_D의 극선도Lift-Drag Polars는 익형의 데이터를 간단히 표현하는 데 사용된다. 두께비가 15 [%] 인 두 익형에 양향비인 식 (10.228)을 [그림 10-50]과 같이 나타냈다.

양력계수는 날개의 항력을 계산하여 수송할 수 있는 하중을 결정하지만 **항력계수는 필요한 양력을 위해 항공기 엔진이 감당해야 할 추력**을 의미한다. 따라서 이 양향비가 높다는 것은 항공기의 수송량이 일정한 추력에 비해 커져야 한다는 것을 의미하므로 양향비가 큰 것이 추력을 증가시키기 때문에 좋다. [그림 10-50]을 보면 C_D가 작은 영역에서는 층류 익형이 확실히 좋지만 C_D가 큰 영역에서는 층류 익형의 양향비가 낮음을 알 수 있다.

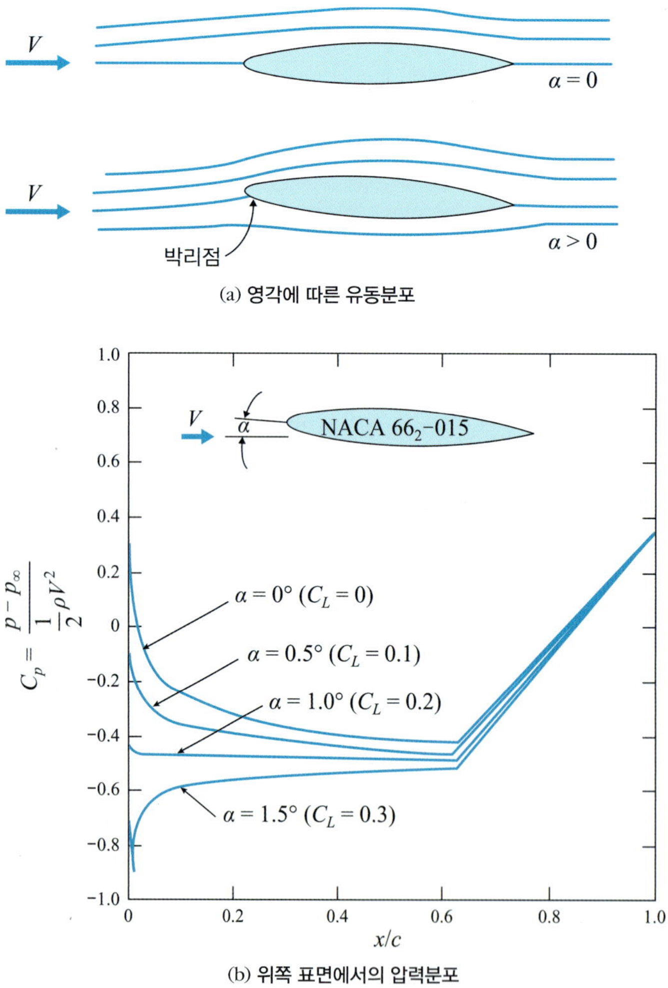

그림 10-49 두께비가 15 [%] 대칭인 층류형 익형에 대한 유동 패턴과 압력분포에 대한 영각의 영향

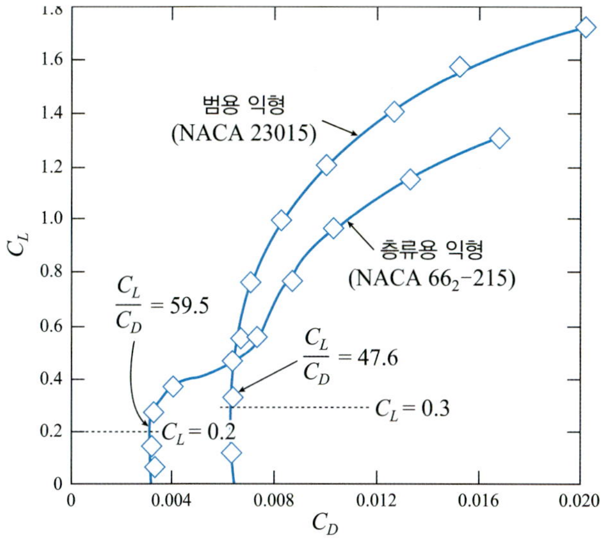

그림 10-50 두께비가 15 [%]인 두 익형에 대한 양력–항력 극선도

예제 10-15 영각을 가진 사각형 평판유동

1.2 × 0.9 [m]인 사각형 평판이 수평면과 12°의 각도로, 15 [m/s]의 속도로 정지한 공기 속을 비행한다. 평판의 항력계수는 $C_D = 0.17$이고 양력계수는 $C_L = 0.72$이며 공기비중량은 11.8 [N/m^3]이라고 할 때 (a) 평판에 작용하는 힘, (b) 평판의 마찰력, (c) 평판의 속도를 유지하기 위한 동력을 구하라.

분석

- 평판이 12° 기울어져 있으므로 항력과 양력이 동시에 작용한다. 항력은 식 (10.154)로, 양력은 식 (10.155)로 구한 후 힘의 합력을 구하면 된다. 문제에서 항력계수와 양력계수가 주어졌으므로 이를 대입하면 된다.
- 동력은 항력을 극복하는 힘, 즉 항력에 속도를 곱해서 구하면 된다.

풀이

- 사각형 평판의 항력과 양력은 식 (10.232), 식 (10.233)과 같이 구할 수 있다. 이 두 가지 힘에 대한 합력이 평판에 작용하는 힘이므로 식 (10.234)와 같이 구하면 된다.

$$F_D = C_D \frac{1}{2} \rho V^2 A = \frac{0.17}{2} \times \frac{11.8}{9.8} \times 15^2 \times (1.2 \times 0.9) = 24.87 \text{ [N]} \tag{10.232}$$

$$F_L = C_L \frac{1}{2} \rho V^2 A = \frac{0.72}{2} \times \frac{11.8}{9.8} \times 15^2 \times (1.2 \times 0.9) = 105.33 \text{ [N]} \tag{10.233}$$

$$\vec{F} = \sqrt{F_D^2 + F_L^2} = \sqrt{24.87^2 + 105.33^2} = 108.23 \text{ [N]} \tag{10.234}$$

- 사각형의 평판에 작용하는 마찰력을 구하려면 식 (10.152)와 식 (10.153)으로부터 전단응력을 구하고, 전단응력을 전체면적에 대해 적분하면 된다. 평판이 12° 기울어져 있으니 [그림 10–19]를 기준으로 본다면 각도는 102°가 된다.
- 두 연립방정식을 풀면서 압력항을 정리하면 식 (10.235)와 같이 전단응력의 항이 된다.

$$104.97 = -\int p\sin 102 dA + \int \tau_w \cos 102 dA = -0.978\int pdA - 0.207\int \tau_w dA$$

$$24.78 = \int p\cos 102 dA + \int \tau_w \sin 102 dA = -0.207\int pdA + 0.97\int \tau_w dA$$

$$21.81 = -0.20176\int pdA - 0.0433\int \tau_w dA$$

$$24.037 = -0.20176\int pdA + 0.9409\int \tau_w dA$$

$$F_{friction} = \int \tau_w dA = 2.263\,[\mathrm{N}] \tag{10.235}$$

- 동력은 항력을 극복할 때 필요한 힘인 식 (10.235)에 속도를 곱한 식 (10.236)과 같이 구할 수 있다.

$$P = F_D V = 24.87 \times 15 = 373.05\,[\mathrm{W}] \tag{10.236}$$

고찰

- 항력과 양력이 같이 존재할 때 힘을 구하는 문제로, 힘은 벡터이므로 힘을 합성해 구하면 된다.
- 마찰력은 벽면의 전단응력의 합임을 알면 쉽게 풀 수 있다.
- 동력은 계산된 힘에 속도를 곱하면 된다.

예제 10-16 NACA 23015 익형의 항력과 수송할 수 있는 하중

짐을 싣지 않은 비행기의 무게는 67 [kN]이고 날개 면적은 62 [m^2]이다. 이 비행기가 영각 8°, 속도 250 [km/h]로 밀도가 $\rho = 1.2$ [kg/m^3]인 공기 속에서 이륙한다. 날개가 NACA 23015라면 이 비행기가 실을 수 있는 짐은 비행기 무게의 몇 배가 되는지 구하라.

분석

- 일반형 단면(NACA 23015)의 익형이 8° 기울어져 있을 때 [그림 10-47]을 통해 항력계수와 양력계수를 구한 후 힘을 구하면 된다. 결론적으로 날개에 의해 계산되는 힘이 적재할 수 있는 용량이 되는 것이다.

풀이

- [그림 10-47]을 통해 NACA 23015 익형의 항력계수와 양력계수를 구하면 $C_L = 0.98$, $C_D = 0.009$이다.
- NACA 23015의 항력과 양력은 식 (10.237), 식 (10.238)과 같이 구할 수 있다. 이 두 가지 힘에 대한 합력이 평판에 작용하는 힘이므로 식 (10.239)와 같이 구하면 된다.

$$F_D = \frac{0.009}{2} \times 1.2 \times \left(\frac{250 \times 1{,}000}{3{,}600}\right)^2 \times 62 = 1{,}614\,[\mathrm{N}] \tag{10.237}$$

$$F_L = \frac{0.98}{2} \times 1.2 \times \left(\frac{250 \times 1{,}000}{3{,}600}\right)^2 \times 62 = 175{,}810\,[\mathrm{N}] \tag{10.238}$$

$$\vec{F} = \sqrt{F_D^2 + F_L^2} = \sqrt{1{,}614^2 + 175{,}810^2} = 175{,}817\,[\mathrm{N}] \tag{10.239}$$

• 짐을 싣지 않은 무게가 67 [kN]이므로, 비행기에 추력으로 주어지는 힘은 식 (10.239)인 양력이다. 따라서 식 (10.240)과 같이 나누면 비행기에 실을 수 있는 짐이 비행기 무게의 몇 배인지 알 수 있다.

$$\frac{175{,}817}{67{,}000} = 2.62\text{배} \tag{10.240}$$

고찰

• [예제 10-15]와 같이 항력과 양력이 함께 존재할 때의 힘을 구하는 문제로, 힘을 합성해서 구하면 된다.
• 비행기는 구해진 추력만큼 짐을 선적할 수 있다.
• 양력계수에 따라 하중이 달라지고, 양력계수를 줄이면 더 많이 선적할 수 있으므로 양력계수를 줄이는 것이 핵심이다.

예제 10-17 소형 활공 비행기

[그림 10-51]의 항공기의 활공기 속도는 $V = 4.6\,[\mathrm{m/s}]$, 날개 폭은 $b = 29\,[\mathrm{m}]$, 익현은 $c = 2.3\,[\mathrm{m}]$, 조종사 무게를 포함한 비행기 중량은 $W = 934\,[\mathrm{N}]$이다. 항력계수는 $C_D = 0.046$이고 동력전달 효율은 $\eta = 0.8$일 때 양력과 동력을 구하라. 단, 고도가 높지 않으므로 상온의 공기 밀도로 가정한다.

그림 10-51 고새머 콘도르의 인간동력항공기

분석

• 정상상태의 비행에서 양력은 무게와 같다.
• 동력은 구해진 항력에 속도와 동력효율을 적용하면 구할 수 있다.

풀이

• [예제 10-16]과 동일 선상에서 풀 수 있다. 정상상태 비행에서 양력은 비행기 무게와 같기 때문에 식 (10.241)과 같이 구할 수 있다. 식 (10.241)을 양력계수 C_L로 정리하고 물성값을 대입하면 식 (10.242)와 같아진다.

$$W = F_L = C_L \frac{\rho V^2 A}{2} \tag{10.241}$$

$$C_L = \frac{2W}{\rho V^2 A} = \frac{2 \times 934}{1.23 \times 4.6^2 \times (29 \times 2.3)} = 1.08 \tag{10.242}$$

- [예제 10-15]와 같은 개념으로 항력에 속도를 곱하고 주어진 효율로 나누면 식 (10.243)과 같아진다.

$$W = \frac{F_D V}{\eta} = \frac{0.046 \times 1.23 \times 4.6^2 \times (29 \times 2.3)}{2} \frac{4.6}{0.8} = 229.58\,[\mathrm{N}] \tag{10.243}$$

고찰

- 항력을 극복하는 힘이 마찰항력이므로 항력에 속도와 동력효율을 적용하는 것을 이해하면 된다.
- 식 (10.243)을 보면 동력은 유입 속도의 V^3에 비례한다. 속도가 9 [m/s]로 2배 증가한다면 동력은 8배 증가한다는 것을 이해하자.

■ 유도항력

앞에서 제시된 익형은 폭이 유한(일정)하기 때문에 실제 비행 시 양력은 작고 항력이 크게 나타난다. 이는 이착륙 시 영향을 받기 때문에 제어가 필요하다.

[그림 10-52]에서와 같이 아랫면(고압 영역)과 윗면(저압 영역) 사이의 압력차로 인해 유체는 날개 끝에서 유동을 따라 끝단 효과End Effects인 나선형 선회운동을 나타내는데 이를 날개 팁 보텍스Tip Vortrex라고 한다. 이런 팁 보텍스는 날개의 상대 운동 때문에 후류로 흐르게 된다. 즉 [그림 10-52]에서 보듯이 날개 끝 사이의 익형을 따라서도 보텍스가 형성된다. 날개 영역의 날개 후류에서는 내림 흐름Downwash의 속도가 발생하고 날개 영역 밖에서는 올림 흐름Upwash이 발생하면서 전단의 속박 보텍스Bound Vortex와 함께 날개 끝 보텍스와 결합하면서 두 줄기의 강력한 꼬리 보텍스Trailing Vortex 또는 말굽 보텍스Horse Vortex를 형성하게 된다.

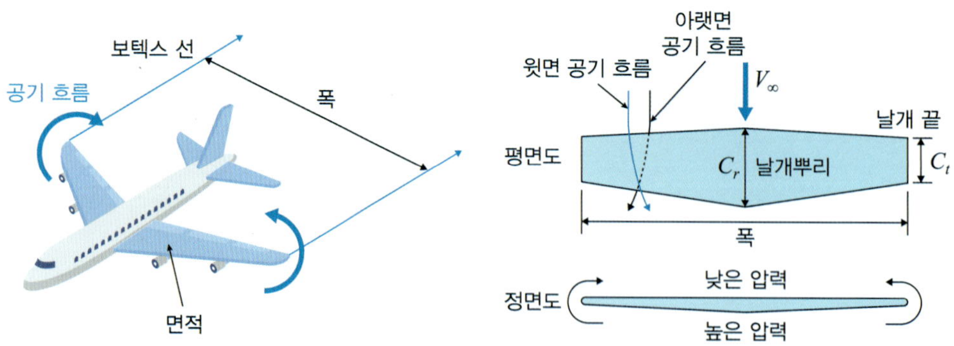

그림 10-52 날개 팁 보텍스

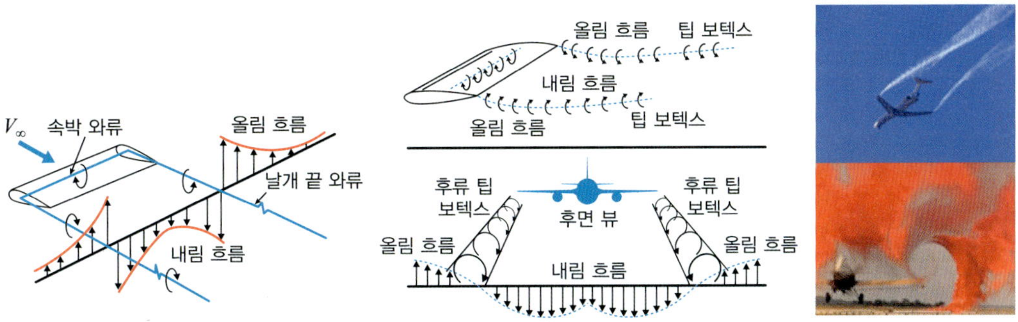

그림 10-53 속박 보텍스와 말굽 보텍스

이렇게 발생된 꼬리 보텍스는 압력차를 줄어들게 해 양력을 감소시킨다. 이러한 **양력 감소와 항력 증가를 [그림 10-54]에서와 같이 유도항력**Induced Drag이라 한다. 보텍스로 야기되는 내림 흐름의 속도 w_i는 이론적인 영각이 감소됨을 의미하고 실제 영각이 감소되므로 양력 C_{Di}가 감소된다. 즉 이 내림 흐름은 양력을 뒤로 조금 기울어지게 하고, 그 결과 양력의 일부가 항력을 나타내게 된다.

유도항력은 식 (10.244)로 나타낼 수 있는데, 꼬리 보텍스에 의해 발생되는 수직 방향 속도 성분에 의해 발생하는 항력이다. 식 (10.244) 내 AR과 C_L은 각각 종횡비와 양력계수이다.

$$C_{Di} = \frac{C_L^2}{\pi AR} \tag{10.244}$$

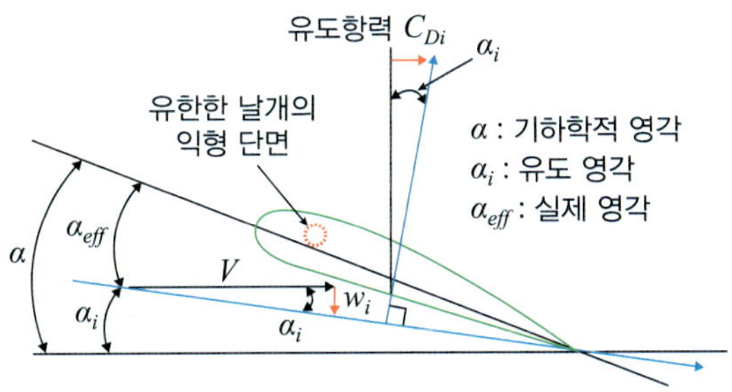

그림 10-54 유도항력의 정의

익폭의 유한성에 의해 양력이 감소되고 항력이 증가되는 현상은 날개 끝부분에 집중된다. 따라서 매우 긴 날개보다 짧고 뭉툭한 날개인 경우 이런 현상이 더욱 심하게 일어난다. 이는 식 (10.244)의 분모에 있는 종횡비의 영향으로 검토할 수 있다. 종횡비는 식 (10.245)와 같이 정의할 수 있다.

$$AR = \frac{b^2}{A_p} = \frac{b^2}{bc} = \frac{b}{c} \tag{10.245}$$

종횡비는 익형 평균 폭의 제곱을 평면면적으로 나눈 비이고, 평면면적은 익현길이 c와 익폭 b인 직사각형 형태의 평면을 갖기 때문에 종횡비는 익형이 유동 방향에 대해서 얼마나 좁은지를 나타내는 척도이다. 일반적으로 [그림 10-55]에서 보듯이 종횡비가 증가함에 따라 날개의 양력계수는 증가하고 항력계수는 감소한다. 큰 종횡비를 갖는 물체는 보다 효과적으로 날 수 있으나 큰 관성모멘트(중심으로부터 멀리 떨어진 거리로 인해 발생함) 때문에 조종이 쉽지 않을 수 있다.

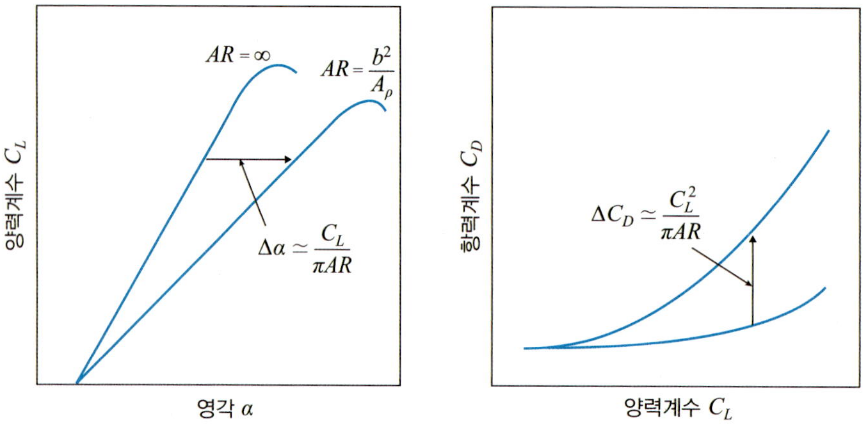

그림 10-55 날개의 양력계수와 항력계수에 대한 유한 종횡비의 영향

$AR = 40$인 고성능 활공기(글라인더)의 양향비는 $\varepsilon = 40$이고, $AR = 12$인 경비행기의 양향비는 $\varepsilon = 20$이다. 상부 대기권을 진입하는 항공 겸용 우주선과 종횡비가 낮은 수중익선인 수중 스키의 경우는 $\varepsilon = 1$이다.[24]

또한 종횡비를 증가시키고 보텍스를 제어함으로써 유도항력을 감소시키기 위해 [그림 10-56]과 같이 날개 팁Wingtip Device을 설치하게 된다. [그림 10-56(a)]의 기존 날개에서는 날개 끝에서 큰 보텍스가 발생하므로 유도항력이 증가되지만, [그림 10-56(b)]처럼 날개 끝에 혼합된 작은 날개Blended Winglet를 설치한 결과 보텍스를 제어함으로써 유도항력을 감소시킬 수 있다. 이에 [그림 10-57]과 같이 유도항력을 감소시키기 위해 설치된 여러 항공기의 날개들을 볼 수 있다.

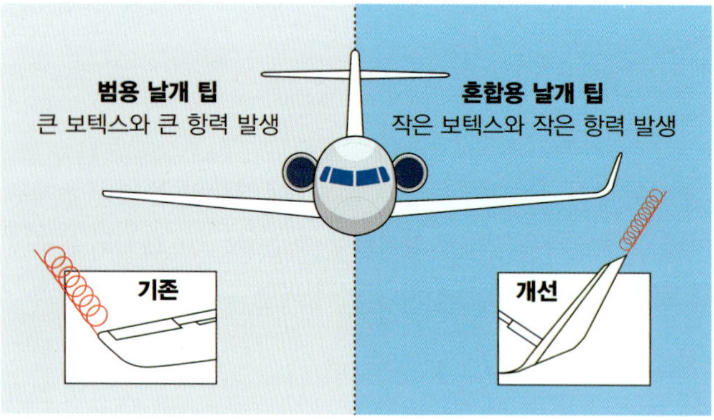

그림 10-56 유도항력을 줄이기 위해 설치된 날개 팁 형상

24 종횡비의 변화는 자연에서도 볼 수 있다. 활공하는 콘도르나 독수리 같은 새들은 폭이 넓고 면적이 좁은 날개를 가지고 있다. 반면에 올빼미와 같이 먹이를 잡기 위해 빠르게 기동하는 새는 비교적 폭이 좁고 면적이 넓은 날개를 갖고 있다. 이런 날개는 날개 하중(평면 투영면적에 대한 무게비)이 낮아 고도의 기동성을 발휘한다.

그림 10-57 유도항력을 감소시키기 위한 항공기의 날개들

결론적으로 유한한 익형에 작용하는 항력은 유도항력으로 인해 기존 항력에 더해진 값으로 식 (10.246)과 같이 나타내야 한다. 임의의 양력계수에서의 항력은 양력이 0일 때의 항력($C_{D,0}$)을 기준으로 식 (10.246)은 식 (10.247)과 같이 정리할 수 있고 이를 정리하면 [그림 10-58]과 같다.

[그림 10-58]에서 보듯이 항공기와 같이 뜨는 물체의 형상항력에서 표면마찰항력은 식 (10.166)에서 다루었듯이 0이 되고 압력항력만 존재하게 된다.

$$C_D = C_{D,\infty} + C_{Di} = C_{D,\infty} + \frac{C_L^2}{\pi AR} \tag{10.246}$$

$$C_D = C_{D,0} + C_{Di} = C_{D,0} + \frac{C_L^2}{\pi AR} \tag{10.247}$$

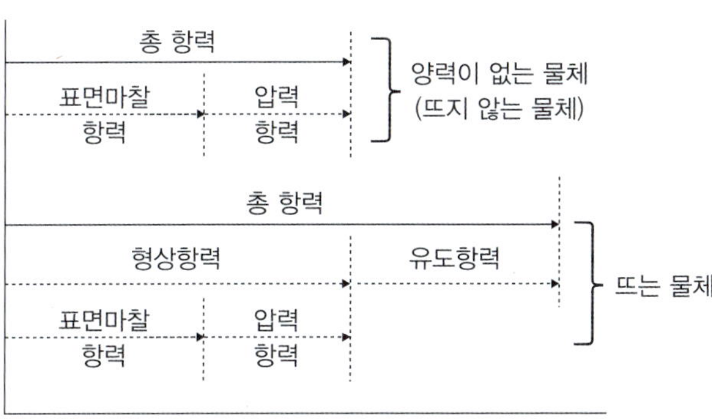

그림 10-58 양력이 있는 물체와 없는 물체의 항력 구분

■ 플랩의 영향

익형의 양력과 항력 특성을 변화시킬 수 있는 확실한 방법은 바로 영각을 변화시키는 것이다. 비행기의 경우 양력을 증가시키기 위해 비행기 전체가 상향으로 기우는데 이는 날개가 동체Fuselage에 대해 고정되어 있기 때문이다. 또 다른 방법은 [그림 10-59]와 같이 가변 앞전과 뒷전 플랩Leading Edge & Trailing Edge Flaps을 사용해 익형의 형상을 바꾸는 것이다.

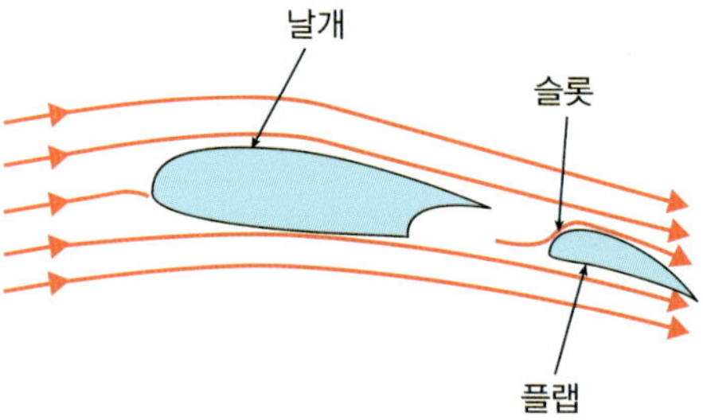

그림 10-59 플랩의 개념

(a) 플랩을 접은 경우 (운항 시)

(b) 플랩을 펼친 경우 (착륙 시)

그림 10-60 운항할 때와 착륙할 때 플랩의 형상

플랩을 이용해 날개 형상을 바꾸면 [그림 10-60(b)]과 같이 비행기가 저속에서 이륙이나 착륙 시 양력이 최대화되도록 할 수 있다. 일단 순항고도에 도달하면, 플랩은 접히고 날개는 다시 원래의 형태로 돌아가 연료 소모를 줄이기 위한 최소 항력계수와 적절한 양력계수를 갖게 된다.

플랩을 이용하기 위한 비행 조건의 최저속도를 구하기 위해 항공기의 전체 무게 W를 양력과 같게 식 (10.248)로 정의할 수 있다. 이때 최저 비행속도는 $C_L = C_{L,\max}$ 일 때 구해지며, 식 (10.249)와 같이 나타낼 수 있다.

$$W = F_L = \frac{1}{2} C_{L,\max} \rho V_{\min}^2 A \tag{10.248}$$

$$V_{\min} = \sqrt{\frac{2W}{\rho C_{L,\max} A}} \tag{10.249}$$

식 (10.249)에 의하면 양력계수 또는 날개면적을 증가시킨다면 항공기의 착륙이나 이륙 속도를 최소화할 수 있고, [그림 10-61]과 같이 더블 슬롯 등과 같은 플랩을 이용하면 양력계수가 증가됨을 알 수 있다.

또 다른 방법은 플랩 사이에 만들어진 슬롯틈, Slot을 이용하는 경계층의 제어이다. 슬롯은 날개와 플랩 윗면에서 경계층의 박리를 방지하는 데 사용된다. 즉 날개 아랫면의 고압 영역에서 윗면의 저압 영역으로 공기가 이동되도록 해 경계층 박리를 방지한다. 슬롯이 있는 플랩 익형은 윗면에서의 경계층 박리를 방지하고, 이에 따라 양력계수를 증가시킨다.

작은 양력계수라 하더라도 실제 비행 중에 나타나는 양력은 상당히 큰데, 이는 일반적인 비행기의 순항속도가 크고 양력이 식 (10.248)에서와 같이 유동속도의 제곱에 비례하기 때문이다. 가변 플랩의 사용으로 전체 익형의 형상이 달라지고, 이에 따라 이륙과 착륙 시 익형의 양력과 항력의 특성이 변화함을 인지해야 한다.

[그림 10-61]에서 보듯이 최대 양력계수는 플랩이 없는 경우 약 1.5에서 더블 슬롯 플랩의 경우 3.5까지 증가하고 있다. 최대 항력계수 또한 플랩이 없는 경우 약 0.06에서 더블 슬롯 플랩의 경우 약 0.3까지 증가한다. 양력계수를 최대화하기 위해서 플랩의 영각을 증가시킬 수도 있다.

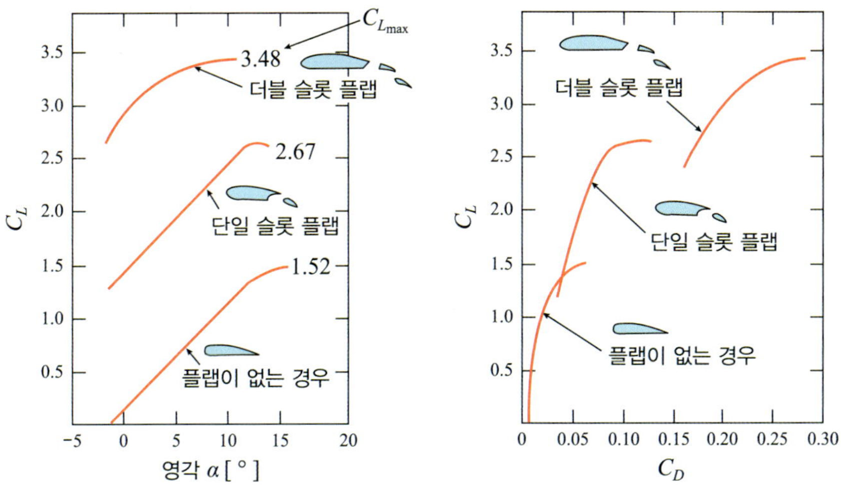

(a) 영각과 양력계수의 관계 (b) 항력계수와 양력계수의 관계

그림 10-61 NACA 23012 익형 단면의 공기역학적 특성에 대한 플랩의 영향

예제 10-18 플랩을 장착한 민간항공기의 이착륙

무게가 70,000 [kg]이고 날개의 면적이 150 [m^2]이면서 더블 플랩을 가지고 있는 민간 항공기가 있다. 이 민간 항공기는 고도 12,000 [m]를 $V = 558$ [km/h]로 운항한다. 고도 12,000 [m]에서 공기의 밀도는 $\rho = 0.312$ [kg/m^3]이다. 민간 항공기는 이착륙 시 더블 플랩 기능을 사용하지만, 운항 중에는 사용하지 않는다. 날개의 항력 특성을 NACA 23012로 가정하다면 (a) 이착륙 시 플랩의 유무에 따른 최소 안전속도를 구하라(단, 안전계수는 1.3을 적용한다). 또한 (b) 순항고도에서 안정되게 운전할 수 있는 영각을 구하고, (c) 날개의 항력을 충분히 극복할 수 있는 동력을 구하라.

분석

- 플랩 사용에 따른 최저속도는 식 (10.249)를 이용해 구하고, 최소 안전속도를 구해야 하므로 안전계수는 1.3을 반영해야 한다.
- 최대 양력계수가 주어지지 않았기 때문에 [그림 10-61]을 통해 플랩 유무에 따라 최대 양력계수를 3.48과 1.52로 대입하자.
- 순항고도인 경우에는 플랩을 사용하지 않으므로 영각은 식 (10.248)을 이용해 양력계수를 구하면 되고, 순항력을 극복할 수 있는 동력은 항력에 순항속도를 곱하면 된다. 단, 항력계수가 주어지지 않았으므로 [그림 10-61(b)]를 이용해야 한다.

풀이

(a) 먼저 항공기의 주어진 질량을 식 (10.250)과 같이 중량으로 변경하고 속도를 [m/s]로 식 (10.251)과 같이 변경해야 한다.

$$W = mg = 70{,}000 \times 9.8 = 696{,}000 \text{ [N]} \tag{10.250}$$

$$V = 558 \times \frac{1{,}000}{3{,}600} = 155 \text{ [m/s]} \tag{10.251}$$

플랩 유무에 따라 최대 양력계수를 [그림 10-61]에서 찾아보면 3.48과 1.52이므로 각각의 최저속도를 식 (10.252), 식 (10.253)과 같이 구할 수 있다. 이때 공기의 밀도는 이착륙 시 플랩을 사용하므로 $\rho = 1.23$ [kg/m^3]를 대입해야 한다.

$$V_{\text{min}, without\ Flap} = \sqrt{\frac{2W}{\rho \times 1.52 \times A}} = \sqrt{\frac{2 \times 686{,}000}{1.23 \times 1.52 \times 150}} = 69.95 \text{ [m/s]} \tag{10.252}$$

$$V_{\text{min}, with\ Flap} = \sqrt{\frac{2W}{\rho \times 3.48 \times A}} = \sqrt{\frac{2 \times 686{,}000}{1.23 \times 3.48 \times 150}} = 46.23 \text{ [m/s]} \tag{10.253}$$

최소 안전속도는 식 (10.252), 식 (10.253)과 같이 대입해서 구하고, 여기에 안전계수를 고려하면 식 (10.254), 식 (10.255)와 같이 구할 수 있다.

$$V_{\text{min}, without\ Flap, safe} = 1.3 \times 69.95 = 90.94 \text{ [m/s]} = 327.38 \text{ [km/h]} \tag{10.254}$$

$$V_{\text{min}, with\ Flap, safe} = 1.3 \times 46.23 = 60.10 \text{ [m/s]} = 216.36 \text{ [km/h]} \tag{10.255}$$

(b) 항공기를 안정되게 운전하기 위해서는 항공기의 하중이 양력과 같아져야 한다. 따라서 양력계수는 (10.256)과 같이 구할 수 있다. 이때 공기의 밀도는 순항 중인 고도의 높이의 밀도를 사용해야 한다. 구해진 양력계수로부터 [그림 10-61(a)]에 대입하면 약 10°의 영각으로 운전되어야 한다.

$$C_L = \frac{2W}{\rho V^2 A} = \frac{2 \times 686{,}000}{0.312 \times 155.0^2 \times 150} = 1.22 \tag{10.256}$$

(c) 항력을 극복할 수 있는 동력은 식 (10.257)과 같이 계산한다. [그림 10-61(b)]를 이용해 항력계수를 $C_D = 0.03$으로 가정한다.

$$P = F_D V = \frac{0.03 \times 0.312 \times 155.0^2 \times 150}{2} 155.0 = 2.61\,[\text{MW}] \tag{10.257}$$

고찰

- 플랩 사용으로 인해 이착륙 시의 최저속도가 1.51배 감소하므로 그만큼 활주로의 거리가 짧아진다는 것을 의미한다. 주로 활주로의 길이가 짧은 항공모함의 이착륙 시 이 기술이 적용된다.
- 순항에 필요한 추력은 2.61 [MW]이다. 보통 추진효율을 30 [%]로 고려한다면 실제로 필요한 동력은 8.711 [MW]라는 것을 의미한다.

예제 10-19 유도항력을 고려한 이륙거리

무게가 350,000 [N]이고 날개의 면적이 230 [m^2]인 항공기가 추력 $P = 53{,}400$ [N]으로 운항 중이다. 종횡비가 7이고, $C_{D,\infty} = 0.02$이라고 할 때 해발에서 이륙할 때의 거리를 구하라. 단, 속도의 안전계수는 1.2, 최저속도를 구할 때의 최대 양력계수는 $C_{L,\max} = 2.0$으로 가정한다. 또한 해발에서 운항되므로 공기의 밀도는 $\rho_{air} = 1.23$ [kg/m^3]로 가정한다.

분석

- 이 예제는 종횡비 변화에 따른 최저속도와 유도항력을 고려해 이륙할 때의 거리를 구하는 문제이다.
- 자유물체도를 이용해 힘의 평형에서 항공기의 이륙거리를 구하고 속도 미분항에서 거리항을 뺀 후 적분해야 한다.

풀이

- 최저속도는 식 (10.258)과 같이 구할 수 있고, 여기에 안전계수를 곱한 이륙 속도는 식 (10.259)와 같다.

$$V_{\min} = \sqrt{\frac{2W}{\rho \times C_{L,\max} \times A}} = \sqrt{\frac{2 \times 350{,}000}{1.23 \times 2.0 \times 230}} = 35.17\,[\text{m/s}] \tag{10.258}$$

$$V_{\min,sf} = 1.2\,V_{\min} = 42.20\,[\text{m/s}] \tag{10.259}$$

- 플랩 여부에 상관없이 종횡비의 변화가 7이므로 식 (10.246)을 이용해 이에 따른 유도항력을 고려해 항력계수를 식 (10.260)과 같이 보정해야 한다.

$$C_D = C_{D,\infty} + \frac{C_L^2}{\pi AR} \tag{10.246}$$

$$C_D = 0.02 + \frac{C_L^2}{7\pi} = 0.02 + 0.0455\,C_L^2 \tag{10.260}$$

- 이륙할 때 항공기의 힘의 평형은 식 (10.261)과 같이 정의할 수 있다. 식을 간단히 하기 위해 항력항에서 상숫값들은 k로 정리했다.

$$F_s = m\frac{dV}{dt} = Trust - Drag = T - \frac{1}{2}C_D\rho V^2 = T - kV^2 \tag{10.261}$$

- 이륙할 때의 거리를 구해야 하므로, 식 (10.261)을 $\frac{dV}{dt} = \frac{dV}{ds}\frac{ds}{dt}$로 변경해 이를 변수분리하고 적분하면 식 (10.262)와 같이 정리되고, 적분을 풀면 식 (10.263)과 같아진다.

$$\int_0^{S_o} dS = m\int_0^{V_o} \frac{V}{T - kV^2}dV \tag{10.262}$$

$$S = \frac{m}{2k}\ln\frac{T}{T - kV_o^2} = \frac{m}{2k}\ln\frac{T}{T - D_o} \tag{10.263}$$

- 식 (10.263)에서 D_o는 이륙 시 필요한 항력이 된다.
- 식 (10.260) 내에 있는 C_L을 먼저 구하면 식 (10.264)와 같고, 이를 식 (10.260)에 대입하면 식 (10.265)와 같이 유도항력을 고려한 항력계수 C_D를 구할 수 있다.

$$C_L = \frac{W}{\frac{1}{2}\rho V^2 A_p} = \frac{35{,}000}{\frac{1}{2} \times 1.23 \times 42.20^2 \times 230.0} = 1.39 \tag{10.264}$$

$$C_D = 0.02 + 0.0455\,C_L^2 = 0.02 + 0.0455 \times 1.39^2 = 0.108 \tag{10.265}$$

- 식 (10.261)에서 k로 가정한 것과 이착륙 시 필요한 항력을 구하면 각각 식 (10.266), 식 (10.267)과 같다.

$$k = \frac{1}{2}C_D\rho A_p = \frac{1}{2} \times 0.108 \times 1.23 \times 230 = 15.277\ [\mathrm{kg/m}] \tag{10.266}$$

$$D_o = kV_o^2 = 15.277 \times 42.20^2 = 27{,}205\ [\mathrm{N}] \tag{10.267}$$

- 이 두 값을 식 (10.263)에 대입하면 이륙거리를 식 (10.268)과 같이 예측할 수 있다.

$$S = \frac{m}{2k}\ln\frac{T}{T - D_o} = \frac{350{,}000/9.8}{2 \times 15.277}\ln\frac{53{,}400}{53{,}400 - 27205.18} = 832.56\ [\mathrm{m}] \tag{10.268}$$

고찰

- 문제에서 운항 중일때 항력계수는 $C_{D,0} = 0.02$로 주어졌는데 이륙 시 유도항력을 고려한 항력계수는 0.108로 증가했음을 알 수 있다. 이착륙 시 항력계수가 증가된다는 것을 이해하자.
- 식 (10.268)을 통해 최소 840 [m]의 이륙거리가 필요함을 알 수 있다. 항공기가 조금 더 무겁다면 이륙거리가 얼마나 더 필요한지 계산해보자.
- 이 경우에는 플랩과 같은 장치를 이용하여 종횡비를 증가시켰는데, 만약 종횡비가 변화하지 않았을 때, 즉 플랩을 사용하지 않았을 때는 이륙거리가 얼마나 증가할지 생각해보자.

10.6.4 자동차와 양력

주행용 차량은 차 형상에 따라 양력이 발생되므로 공기역학적 양력은 경주용 자동차인 F1과 같은 고속 주행 차량의 설계에 있어 중요한 고려 사항이다. [그림 10-62]는 자동차에 대한 풍동실험에서 측정된 중심선상에서의 압력분포이다. 양압계수와 부압계수의 영역은 각각 양(+)과 음(−)으로 표시되며, 자동차 표면에 압력 정도를 나타낸다.

자동차 앞부분에서는 유선곡률로 인한 유동으로 인해 압력이 낮아지다가 다시 유선곡률로 인해 앞 유리창 아랫부분에서 압력이 최대가 된다. 또한 낮은 압력영역은 자동차의 앞 유리창 윗부분과 지붕에서 형성된다. 지붕 위의 공기 속도는 자유유동속도보다 30 [%] 정도 더 빠르고, 이와 똑같은 효과가 앞면 유리창 모서리 주위에서도 일어난다. 항력은 전조등 라이트, 백미러 등과 같은 부착물이 추가됨에 따라 증가하고 부착물이 없는 상태에서 유동실험을 했을 때 항력보다 $(1.3)^2 = 1.7$배 정도 더 커진다. 따라서 부착물로 인한 유해 항력은 자유유동 상태에서 계산된 항력으로부터 예측한 값보다 훨씬 더 높을 수 있다.

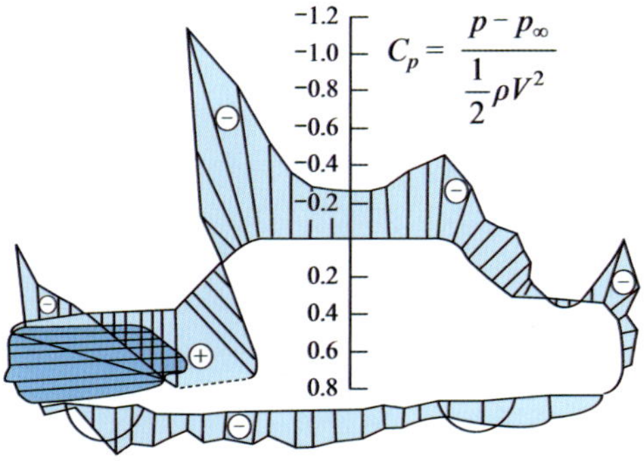

그림 10-62 자동차 중심선상에서의 압력분포

고속 주행에서 공기역학적 양력은 타이어에 걸리는 하중을 줄일 수 있으나 조양장치의 조절 능력과 안정성을 크게 저하시킨다. 초기 경주용 자동차는 항력이 상당히 증가하지만 스포일러를 부착해 양력을 다소 감소시켰다. 채퍼렐 스포츠카를 발명한 짐 홀Jim Hall은 1965년 자신의 첫 채퍼렐 스포츠카에 반전된 에어포일의 스포일러를 부착해 공기역학적 하향력을 발생시켰고 공기역학적으로 제동력을 향상할 수 있도록 했다. 이후에도 스포일러는 공기역학적 장치라는 의미에서 최근까지 계속 발전하고 있다.

공기역학적 설계는 [그림 10-63]과 같이 현재 모든 경주용 자동차에서 양력을 줄이기 위해 사용되고 있다. 리벡$_{\text{Liebeck}}$의 에어포일은 고속 주행 자동차에 자주 사용된다. 이 에어포일의 높은 양력계수와 상대적으로 낮은 항력은 경주에서 자동차 무게보다 크거나 같은 크기의 하향력이 발생하도록 해준다. 지면효과를 이용하는 경주용 자동차에는 차 밑에 벤투리형 덕트를 사용하고, 옆면에 유동 노출을 막는 사이드 스커트를 부착한다. 이 공기역학적 효과에 의해 하향력(이로 인해 속도도 증가)은 차량 무게를 많이 증가시키지 않으면서도 탁월한 마찰력을 발휘시킨다는 것을 알 수 있다.

그림 10-63 공기역학적 설계의 특성을 보여주는 최신 경주형 자동차

10.6.5 회전 효과

우리는 앞서 딤플이 있는 골프공이 매끄러운 공보다 비거리가 더 많이 나간다는 사실을 여러 번 살펴봤다. 한편 [그림 10-64]와 같이 공에 스핀, 즉 일반적으로 9,000 [rpm]의 회전을 주면 회전 없이 딤플만 있는 경우보다 더 멀리 날아가게 된다. 이는 **회전하는 물체가 날아가면서 운동 방향과 회전축에 대해 수직 방향 힘에 영향을 받기 때문이고, 이런 효과를 매그너스$_{\text{Magnus}}$ 효과**라 한다. 즉 [그림 10-65]와 같이 공이 회전하지 않을 때에는 상하부의 대칭으로 인해 양력이 발생하지 않는다. 그러나 실린더가 중심축으로 회전할 때에는 실린더가 주위의 유체를 점착 조건으로 끌게 되므로 유동장은 [그림 10-65(b)]와 같이 회전유동과 비회전유동(병진 운동)이 중첩으로 나타난다.

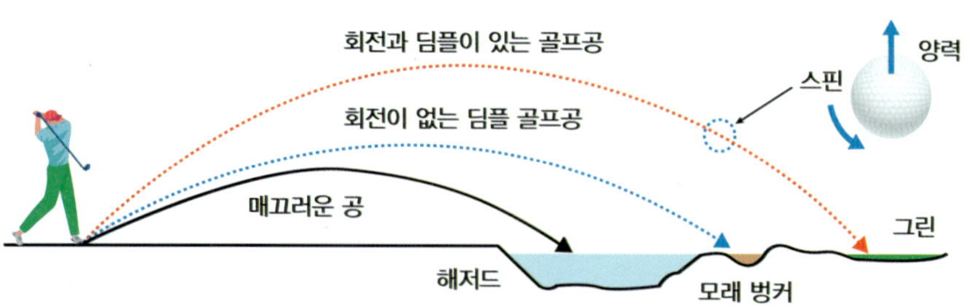

그림 10-64 스핀 여부에 따라 상승하는 골프공의 비거리

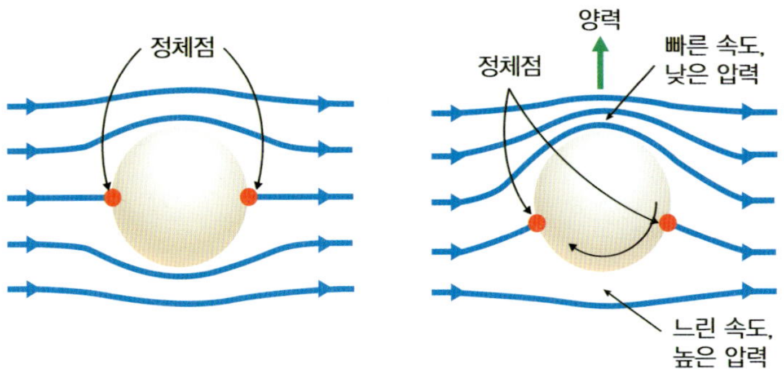

(a) 고정된 실린더 주위의 포텐셜 유동 (b) 회전하는 실린더 주위의 포텐셜 유동

그림 10-65 매그너스 효과의 원리

[그림 10-66]에서 매끄러운 구가 회전하면서 날아갈 때 공의 양력계수과 항력계수를 제시했다. [그림 10-66]의 x축은 자유유동속도와 회전의 비인데 세 가지 Re수 변화에 따른 실험을 했을 때 양력계수과 항력계수의 차이가 없다. 회전비가 낮으면 양력은 그림에서 보는 바와 같이 음(−)의 값을 갖는다. 회전비가 0.5 이상에서만 양력이 양(+)의 값을 갖고, 양력계수(C_L)는 회전수가 증가함에 따라 증가하다가 약 0.351 정도에서 일정하게 됨을 알 수 있다. 반면에 항력계수에는 큰 영향을 미치지 않고 [그림 10-66]에서 보듯이 대략 0.5 ~ 0.6의 범위를 갖는다.

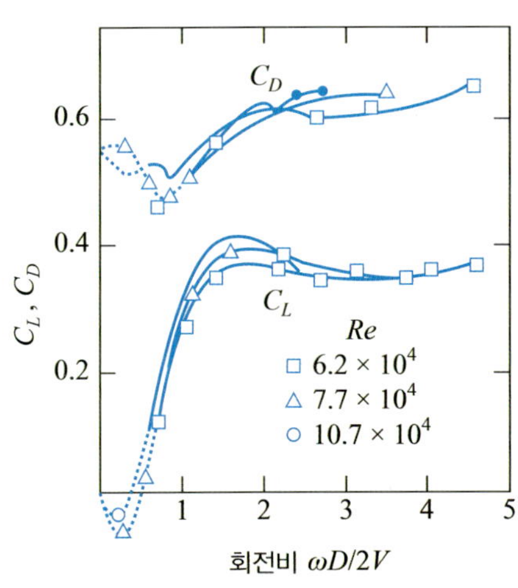

그림 10-66 무차원화된 회전율에 의한 매끄러운 구의 항력계수와 양력계수의 변화

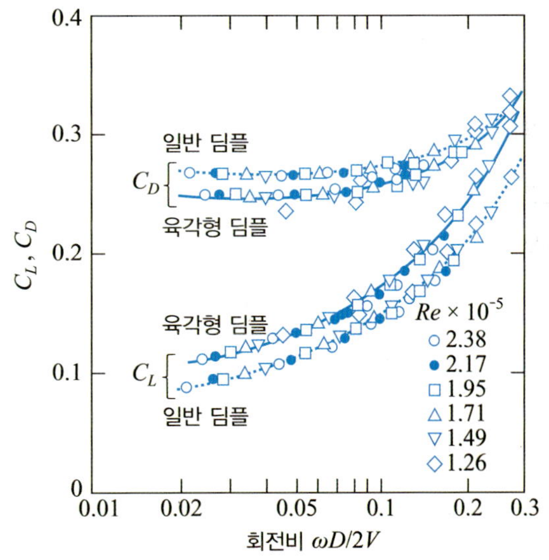

그림 10-67 육각형 딤플이 있는 골프공과 원형 딤플이 있는 골프공의 항력계수와 양력계수

[그림 10-67]은 육각형 딤플과 원형 딤플이 있는 골프공의 회전 시 양력계수와 항력계수를 나타냈다. 이 결과는 Re수가 126,000 ~ 238,000일 때의 실험 결과이며 x축을 회전비로 나타내었다. [그림 10-67]에서 보듯이 육각형 딤플이 있는 골프공과 원형 딤플이 있는 골프공 둘 다 양력계수가 회전비에 따라 지속적으로 증가한다는 것을 알 수 있다. 육각형 딤플 골프공의 양력계수는 원형 딤플공보다

약 15 [%] 정도 더 크다. 육각형 딤플 골프공의 장점은 측정된 최고 회전비에 이를 때까지 계속해서 증가한다는 것이다. 육각형 딤플 골프공의 항력계수는 회전비가 작을 때 원형 딤플공에 비해 5 ~ 7 [%] 정도 작지만, 회전비가 증가하면 그 차이가 뚜렷하지 않다.

예제 10-20 톱스핀이 걸린 테니스공의 궤적

질량이 57 [g], 직경이 64 [mm]이며 표면이 매끄러운 테니스공을 7,500 [rpm]의 톱스핀을 걸어 25 [m/s]의 속도로 쳤다. 이때 (a) 공에 작용하는 공기역학적 양력을 구하고, (b) 수직 평면에서 최고 높이에 있을 때 공 궤적의 곡률 반경을 구하라. (c) 회전이 없는 공의 곡률 반경과 비교하라. 단, 공기의 밀도와 절대점성계수를 각각 $\rho = 1.2\,[\text{kg/m}^3]$, $\mu = 1.79 \times 10^{-5}\,[\text{Pa}\cdot\text{s}]$이라고 가정한다.

분석

- 공의 표면은 매끄럽다고 가정한다.
- 공의 회전을 고려한 양력과 항력은 [그림 10-66]의 실험데이터에서 찾아서 적용해야 한다.
- 공에 톱스핀을 주었기 때문에 그 힘은 하향으로 작용하고 궤적의 곡률을 구하기 위해 자유물체도부터 계산해야 한다.

풀이

(a) 회전수와 관련된 변수와 Re수를 식 (10.269), 식 (10.270)과 같이 구해야 한다.

$$\frac{\omega D}{2V} = \frac{7{,}500 \times 2\pi}{60} \times \frac{0.064}{2.0 \times 25} = 1.00 \tag{10.269}$$

$$Re_D = \frac{\rho VD}{\mu} = \frac{1.2 \times 25 \times 0.064}{1.79 \times 10^{-5}} = 1.07 \times 10^5 \tag{10.270}$$

[그림 10-66]에서 회전수 비에 따른 양력계수를 구하면 $C_L = 0.3$이므로 테니스공의 항력은 식 (10.271)과 같이 구할 수 있다.

$$F_L = C_L \frac{\rho V^2 A}{2} = 0.3 \frac{1.2 \times 25^2 \times \left(\frac{3.14 \times 0.064^2}{4}\right)}{2} = 0.362\,[\text{N}] \tag{10.271}$$

(b) 공에 톱스핀을 주었기 때문에 그 힘은 하향으로 작용한다. 궤적의 곡률을 구하기 위해 뉴턴의 제2법칙을 사용하고, 수직 평면을 고려하면 식 (10.272) 또는 식 (10.273)과 같이 정리할 수 있다.

$$\sum F_z = -F_L - mg = ma_z = -m\frac{V^2}{R} \tag{10.272}$$

$$R = \frac{V^2}{g + (F_L/m)} \tag{10.273}$$

식 (10.273)에 주어진 물성값을 대입하면 식 (10.274)와 같이 회전반경을 구할 수 있다.

$$R = \frac{25^2}{9.8 + 0.362/0.057} = 38.7\,[\text{m}] \qquad (10.274)$$

식 (10.274)의 경우는 식 (10.273)의 스핀을 고려했을 때의 회전반경이다.

(c) 만약 스핀이 없다면 식 (10.273)의 분모에 있는 항력 항이 0이 되어 식 (10.275)와 같이 회전반경이 증가됨을 알 수 있다.

$$R = \frac{25^2}{9.8} = 63.8\,[\text{m}] \qquad (10.275)$$

고찰

- 스핀이 공의 궤적에 얼마나 영향을 미치는지 생각해보자. 회전수 비는 식 (10.269)와 같이 속도, 회전수 그리고 지름의 함수이다. 만약 스포츠 종목이 정해졌다면 사용하는 공의 지름이 상수가 되므로 스핀에 의한 궤적을 쉽게 예측할 수 있다.
- 만약 회전수와 공의 속도를 조절한다면 공이 그리는 궤적이 달라질 것이다.
- 축구의 무회전공이나 야구의 너클 볼의 궤적을 상상해보자. 야구 중계 시 투수가 던지는 공의 회전수를 알려주기 때문에 쉽게 상상해볼 수 있다.

예제 10-21 스핀이 걸린 탁구공

질량이 2.5 [g], 직경이 38 [mm]이고 표면이 매끄러운 탁구공을 백스핀이 걸리도록 쳤을 때 탁구공이 12 [m/s] 속도로 움직이는 경우의 스핀을 구하라. 단, 밀도와 절대점성계수를 각각 $\rho = 1.2\,[\text{kg/m}^3]$, $\mu = 1.79 \times 10^{-5}\,[\text{Pa·s}]$로 가정한다.

분석

- 공의 표면이 매끄럽다고 가정한다.
- 공의 회전을 고려한 양력과 항력은 [그림 10-66]의 실험데이터에서 찾아서 적용해야 한다.

풀이

- 먼저 주어진 물리량으로부터 탁구공에 걸리는 양력계수를 식 (10.276)과 같이 구해야 한다.

$$C_L = \frac{2F_L}{\rho V^2 A} = \frac{2 \times (0.0025 \times 9.8)}{1.2 \times 12^2 \times \left(\dfrac{3.14 \times 0.038^2}{4}\right)} = 0.25 \qquad (10.276)$$

- 구해진 양력계수로부터 [그림 10-66]에서 회전수 비를 구하면 0.9이다. 이 회전수 비는 식 (10.277)과 같이 정의되고 물성값을 대입하면 식 (10.278)과 같다.

$$\frac{\omega D}{2V} = 0.9 \tag{10.277}$$

$$\frac{\omega D}{2V} = \frac{0.9 \times 2.0 \times 12}{0.038} = 568.42\,[\mathrm{rad/s}] = 568.42\frac{60}{2\pi} = 5{,}430\,[\mathrm{rpm}] \tag{10.278}$$

고찰

- 스핀이 공의 속도에 얼마나 큰 영향을 미치는지 생각해보자.

■ 외부유동

10.1 [그림 10–68]과 같이 비점성 비압축성유체의 균일한 유동에 반경이 R이고 정지된 원형 실린더가 놓여 있다고 할 때, 원주 주변 유동의 유동 함수는 $\psi = Ur\left(1 - \dfrac{R^2}{r^2}\right)\sin\theta$로 주어진다. 이때 r은 원통의 중심에서의 거리이고 θ는 각도이다. $\theta = 90°$이고 반경이 R인 곳에서의 유체 속도는 얼마인가?

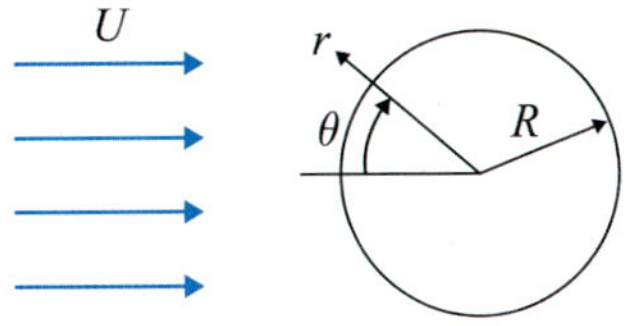

그림 10-68

10.2 [그림 10–69]와 같이 원통 주위에 포텐셜 유동 $V_0 = V\left(1 + \dfrac{r_0^2}{r^2}\right)\sin\theta = 2V\sin\theta$이 있다. 원통 표면상에서 상류 유속과 동일한 유속이 나타나는 위치 θ를 구하라.

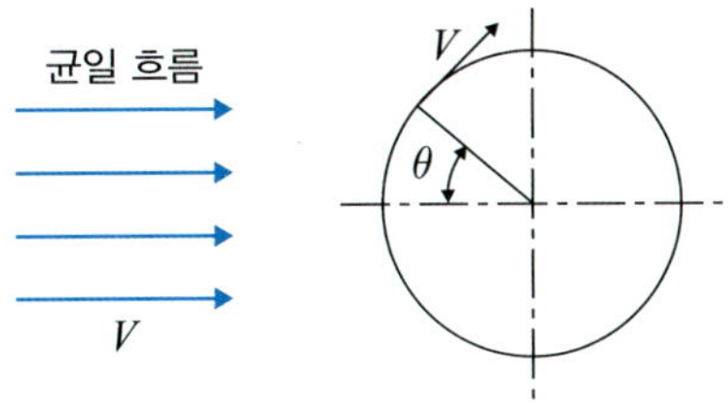

그림 10-69

10.3 지름이 5 [cm]인 구가 공기 속을 20 [m/s]의 속도로 날고 있다. 이때 항력은 얼마인가? 단, 공기의 비중량은 12 [N/m^3]이고 항력계수는 0.4이다.

10.4 어떤 비행기의 무게가 90 [kN]이고 날개의 전체 평면적은 35 [m^2], 양력계수는 1.5이다. 이 비행기가 이륙하기 위한 최저속도는 얼마인가?

10.5 [그림 10-70]과 같이 직사각형 판의 한 변과 나란한 방향으로 흘러온 유체가 판을 지나갈 때, 판에서 전단응력분포는 $\tau = 0.005/\sqrt{x}$ [Pa], x는 선단으로부터의 한 변을 따른 길이([m])로 주어진다. 변의 길이가 4 [m]일 때, 전단응력으로 인해 판이 받는 항력은 얼마인가? 단, 판의 상하에 모두 전단응력이 작용하는 것으로 가정한다.

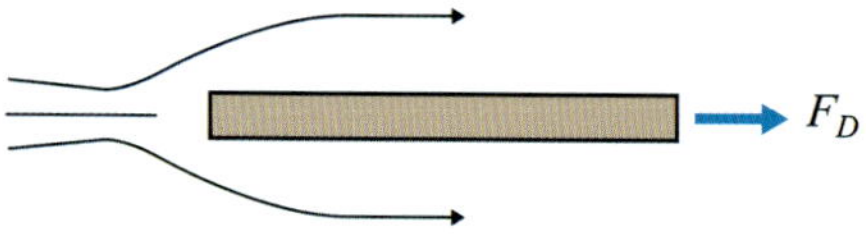

그림 10-70

■ 평판내 경계층유동

10.6 보잉 757 항공기의 이륙속도는 260 [km/h]이다. (a) 날개의 경계층이 난류가 되는 대략적인 거리는 얼마인가? (b) 10,000 [m] 높이에서 850 [km/h] 속도로 순항한다면, 날개의 경계층이 난류가 되는 거리는 얼마인가? 단, 상온에서 공기의 밀도와 동점성계수는 각각 $\rho = 1.23$ [kg/m^3], $\nu = 1.5 \times 10^{-5}$ [m^2/s]이고, 10,000 [m] 높이에서 공기 온도는 223.3 [K], 밀도는 $\rho = 0.3376\rho_{SL}$이다.

10.7 동점성계수가 $\nu = 13.68 \times 10^{-6}$ [m^2/s]인 공기가 매끄러운 평판 위를 흐르고 있을 때, 선단으로부터 $x = 20$ [cm]가 되는 곳에서의 Re수는 얼마인가? 단, 자유흐름속도는 $V = 1.4$ [m/s]이다.

10.8 동점성계수가 $\nu = 16 \times 10^{-6}$ [m^2/s]인 공기가 평판 위를 4 [m/s]로 흐르고 있다. 선단으로부터 $x = 40$ [cm]가 되는 곳에서의 경계층두께는 얼마인가? 단, 평판의 임계 Re수는 5×10^5이다.

10.9 표준 대기압에서 온도가 20 [℃]인 공기가 평판 위를 20 [m/s]의 속도로 흐르고 있다. 선단으로부터 5 [cm] 떨어진 곳에서의 경계층두께는 얼마인가? 단, 공기의 동점성계수는 $\nu = 15.68 \times 10^{-6}$ [m^2/s]이다.

10.10 동점성계수가 $\nu = 15.68 \times 10^{-6}$ [m^2/s]인 공기가 평판 위를 길이 방향으로 $V = 0.5$ [m/s]의 속도로 흐르고 있다. 선단으로부터 10 [cm]가 되는 곳의 경계층두께를 δ라고 할 때 경계층두께가 2배가 되는 선단의 길이를 구하라.

■ 경계층유동 지배방정식, 영압력구배 평판유동, 경계층유동 내 압력구배

10.11 냉각용 공기가 [그림 10-71]과 같이 넓고 평평한 채널로 공급된다. 출구 유동의 교란과 소음이 최소가 되기 위해서는 층류경계층이 채널 벽에서 유지되어야 한다. 이때 (a) 출구 유동이 층류로 유지되기 위한 최대 입구속도를 구하라. 또한 (b) 층류경계층에서 포물선 속도분포를 가진다고 가정했을 때 압력 강하 $p_1 - p_2$를 구하라. 단, 평판의 임계 Re수는 5×10^5이고 상온에서 공기의 밀도와 동점성계수는 각각 $\rho = 1.23\,[\mathrm{kg/m^3}]$, $\nu = 1.5 \times 10^{-5}\,[\mathrm{m^2/s}]$이다.

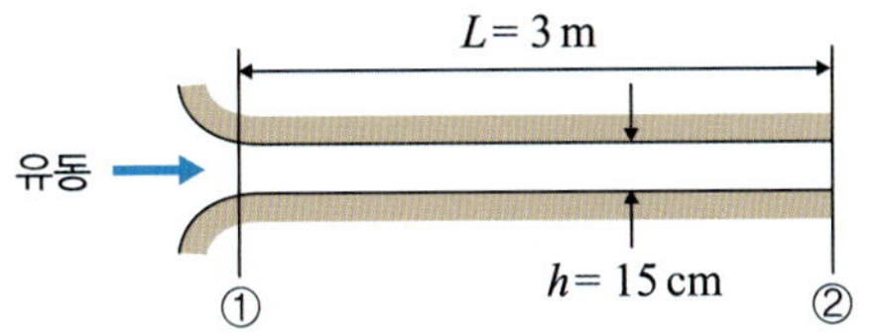

그림 10-71

10.12 [그림 10-72]와 같은 정사각형 덕트의 입구 영역으로 공기가 흐른다. 속도는 $V = 30\,[\mathrm{m/s}]$로 균일하고, 덕트 한 변의 길이는 76 [mm]이다. 입구에서 길이 방향으로 0.3 [m]인 곳에서, 배제두께 δ^*는 각 벽면에서 0.9 [mm]로 측정됐을 때, 단면 ①과 단면 ② 사이의 압력 변화를 구하라. 단, 상온에서 공기의 밀도와 동점성계수는 각각 $\rho = 1.23\,[\mathrm{kg/m^3}]$, $\nu = 1.5 \times 10^{-5}\,[\mathrm{m^2/s}]$이다.

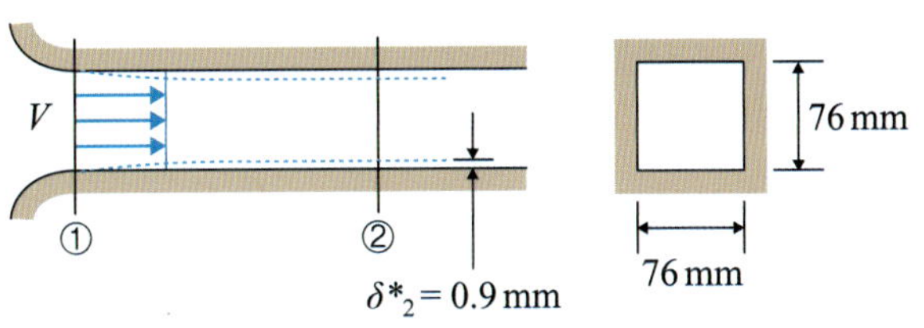

그림 10-72

10.13 표준 공기가 평판 위로 흘러가고, 자유유동속도는 $V = 10\,[\mathrm{m/s}]$이다. (a) 완전 층류유동(포물선형 속도분포)일 때와 (b) 완전 난류유동(1/7제곱의 속도분포)일 때로 가정해 선단으로부터 $x = 1\,[\mathrm{m}]$인 곳에서의 δ와 τ_w를 구하라. 단, 상온에서 공기의 밀도와 동점성계수는 각각 $\rho = 1.23\,[\mathrm{kg/m^3}]$, $\nu = 1.5 \times 10^{-5}\,[\mathrm{m^2/s}]$이다.

10.14 [그림 10-9]와 같은 소형 풍동 실험에서 실험 구간은 한 변의 길이가 305 [mm]인 정사각형이라고 하자. 풍동 벽면 위의 경계층은 완전한 난류이며 1/7제곱의 속도분포로 측정됐다. 단면 ①에서 자유유동속도는 $V = 26.1$ [m/s]이고, 실험데이터에 의한 각각의 경계층두께는 $\delta_1 = 12.2$ [mm], $\delta_2 = 16.6$ [mm]라고 할 때, (a) 두 지점의 경계층 배제두께를 구하고, (b) 단면 ①과 단면 ② 사이에서의 정압 변화를 구하라. 이후 (c) 두 단면 사이의 거리를 구하라. 단, 상온에서 공기의 밀도와 동점성계수는 각각 $\rho = 1.23$ [kg/m^3], $\nu = 1.5 \times 10^{-5}$ [m^2/s]이다.

10.15 층류경계층유동인 경우에 평판이 [그림 10-73]과 같이 $V = 5$ [m/s]의 공기 유동에 평행하게 있을 때 평판에 작용하는 항력을 구하라. 이때 공기는 20 [℃]이고 101.3 [kPa]이다. 단, 상온에서 공기의 밀도와 동점성계수는 각각 $\rho = 1.23$ [kg/m^3], $\nu = 1.5 \times 10^{-5}$ [m^2/s]이다.

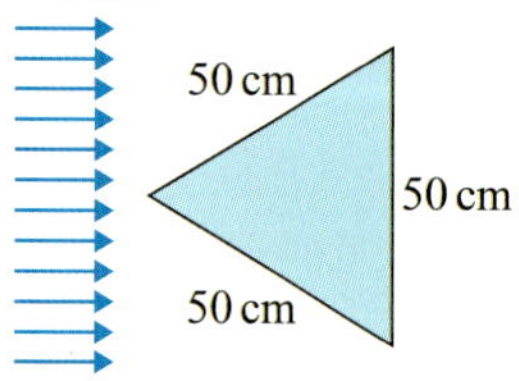

그림 10-73

■ 잠겨 있는 물체 주위의 유체유동

10.16 유동 방향에 수직으로 놓인 가로 5 [m], 세로 4 [m]의 직사각형 평판이 정지된 공기 중을 10 [m/s]로 운동할 때 필요한 동력은 얼마인가? 단, 공기의 밀도와 항력계수는 각각 $\rho = 1.23$ [kg/m^3], $C_d = 1.1$이다.

10.17 어느 물체의 유동에 대한 투영면적은 $A = 0.5$ [m^2], 항력계수는 $C_D = 0.5$이다. 이 물체가 밀도가 $\rho = 0.12$ [kg/m^3]인 공기 중을 $V = 20$ [m/s]로 운동하기 위해 필요한 동력을 구하라.

10.18 무게가 20 [kN]이고 주 날개의 평면면적이 21.6 [m^2]인 경비행기의 이륙속도는 얼마 이상이어야 하는가? 단, 공기의 밀도는 $\rho = 1.2$ [kg/m^3], 주 날개의 양력계수는 $C_L = 1.2$이고, 항력은 무시한다.

10.19 길이가 10 [m]이고 단면이 직경 15 [cm]인 원기둥이 2 [m/s]의 바람에 의해 힘을 받고 있다. 바람에 의해 기둥의 밑에 작용되는 최대 굽힘 모멘트([N·m])를 구하라.

10.20 [그림 10-74]와 같이 원통형으로 모델링할 수 있는 관제탑의 높이는 25 [m]이고 지름은 5 [m]이다. 풍속이 36 [km/h]이고 높이에 대해 등속인 바람이 불어올 때, 이 관제탑에 작용되는 힘의 크기를 구하라. 단, 공기의 밀도와 항력계수는 각각 $\rho = 1.23\,[\mathrm{kg/m^3}]$, $C_d = 0.35$이다.

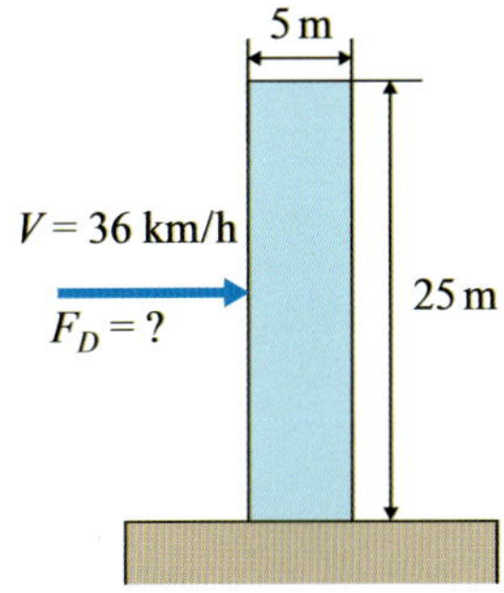

그림 10-74

10.21 몸무게가 750 [N]인 조종사가 지름이 5.5 [m]인 낙하산을 타고 비행기에서 탈출하고 있다. 낙하산의 무게를 무시한다면 조종사의 종말속도는 얼마인가? 단, 공기의 밀도와 항력계수는 각각 $\rho = 1.2\,[\mathrm{kg/m^3}]$, $C_d = 1.0$이다.

10.22 어떤 자동차의 항력계수는 $C_D = 0.4$이다. 이 자동차가 90 [km/h]로 달릴 때, 항력을 극복하기 위해 필요한 동력을 구하라. 단, 자동차의 투영면적은 $A_p = 6\,[\mathrm{m^2}]$, 공기의 밀도는 $\rho = 1.23\,[\mathrm{kg/m^3}]$이다.

10.23 익폭이 10 [m]이고 익현이 1.8 [m]인 익형을 갖는 비행기가 112 [m/s]의 속도로 날고 있다. 양력계수가 $C_d = 0.326$이면 비행기가 받는 양력은 얼마인가? 단, 본체의 영향은 무시하며 공기의 비중량은 $\gamma = 11.76\,[\mathrm{N/m^3}]$이다.

10.24 익폭이 10 [m]이고 익현이 1.8 [m]인 익형을 갖는 비행기가 $V = 112\,[\mathrm{m/s}]$의 속도로 날고 있다. 익현의 영각은 1°, 양력계수는 $C_d = 0.326$, 항력계수는 $C_L = 0.0761$일 때 비행에 필요한 동력은 얼마인가? 단, 공기의 밀도는 $\rho = 1.2173\,[\mathrm{kg/m^3}]$이다.

10.25 지름이 20 [cm]인 구의 주위에 밀도가 $\rho = 1{,}000\,[\mathrm{kg/m^3}]$, 절대점성계수는 $\mu = 1.8 \times 10^{-3}\,[\mathrm{Pa\cdot s}]$인 물이 $V = 2\,[\mathrm{m/s}]$의 속도로 흐르고 있다. 항력계수가 $C_d = 0.2$인 경우 구에 작용하는 항력은 얼마인가?

10.26 지름이 0.015 [m]인 구가 공기 속을 28 [m/s]의 속도로 날아가는 경우 구에 작용하는 항력은 얼마인가? 단, 공기의 밀도와 항력계수는 각각 $\rho = 1.23$ [kg/m^3], $C_d = 0.5$이다.

10.27 어느 물체의 유동에 대한 투영면적은 $A = 0.25$ [m^2], 항력계수는 $C_D = 0.2$이다. 이 물체가 속도 $V = 20$ [m/s]로 물속을 움직일 때, 물체가 받는 힘을 구하라.

10.28 지름이 10 [cm]인 공이 $V = 20$ [m/s]의 속도로 공기 속을 날 때, 공이 받는 항력은 얼마인가? 단, 공기의 밀도와 항력계수는 각각 $\rho = 1.2$ [kg/m^3], $C_d = 0.2$이다.

10.29 한 사이클 선수는 바람이 없는 날에 30 [km/h]의 최고속도를 낼 수 있다. 탑승자와 자전거의 총 질량은 65 [kg]이다. 타이어의 구름 저항은 $F_R = 7.5$ [N], 항력계수와 전면면적은 각각 $C_D = 1.2$, $A = 0.25$ [m^2]이다. 이 선수는 (a) 10 [km/h]의 맞바람이 부는 날에는 24 [km/h]의 속도를 유지할 수 있고, (b) 순풍이 부는 날에는 40 [km/h]의 최고속도를 낼 수 있다. 두 경우 중 동력이 더 적게 들어가는 날은 언제인가? 단, 공기의 밀도는 $\rho = 1.23$ [kg/m^3]이다.

10.30 지름이 0.375 [m]인 구형 음파탐지기가 바다에서 16 [m/s]의 속도로 견인되고 있다. 음파탐지기는 완전히 잠겨 있다고 가정하자. 이때 공동현상을 피하기 위해 탐지기 표면에서의 최소 절대압력은 300 [kPa$_{abs}$]보다 커야 한다. 이때 (a) 필요한 견인 속도에서 음파탐지기에 작용하는 수력학적 항력을 계산하고, (b) 공동현상을 방지하기 위해 음파탐지기가 물속에 잠겨야 하는 최소 깊이를 구하라. 단, 바다의 밀도와 동점성계수는 각각 $\rho = 1{,}020$ [kg/m^3], $\nu = 1.0 \times 10^{-6}$ [m^2/s]이고, 항력계수는 $C_D = 0.18$로 가정한다.

10.31 질량이 900 [kg]인 비행기가 표준 공기 중을 225 [km/h]의 속도로 수평 비행한다. 이 속도에서 양력계수는 $C_L = 0.45$이고, 항력계수는 $C_D = 0.065$이다. 이 비행기의 동력을 계산하라. 단, 공기의 밀도는 $\rho = 1.23$ [kg/m^3]이다.

PART 6

실제 유동

Chapter 11_압축성유동

Chapter 12_개수로유동

Chapter 13_유체기계

PART 6에서는 압축성유동(11장), 개수로유동(12장), 유체기계(13장)와 관련된 실제 유동을 다룬다. 압축성유동은 외부유동에서, 개수로유동은 내부유동과 정역학 및 차원해석 및 상사성에서, 유체기계는 운동량방정식과 에너지방정식을 이론적으로 다룰 때 조금씩 소개했지만, PART 6에서는 이론적인 배경보다 실제 유동에 적용할 때 발생하는 내용을 주로 다루게 된다. 다만 해당 장의 주제는 그 특성상 한 학기 이상 강의할 정도로 내용이 방대하므로, 이 책에서는 꼭 필요한 부분들만 선별적으로 다뤘다.

압축성유동은 유동장 내에서 밀도가 현저하게 변화하는 경우 고속유동이나 큰 온도 변화가 존재할 때, 유동장에서 급격한 교란이 발생했을 때 밀도 변화를 고려해야 한다는 것을 의미한다. 압력에 의한 유체의 밀도 변화가 클 경우, 압축성유동을 해석하기 위한 지배방정식은 달라져야 하는데 11장에서는 이에 대해 학습한다.

개수로유동은 유체 경계면 중의 일부가 대기압 상태에 노출된 자유표면상태를 가지는 흐름을 말한다. 이런 유동은 강, 운하, 하수관 등 실생활에서 많이 볼 수 있다. 개수로 유동은 상류上流에서 하류下流로 유동하는 것으로 공기와 접하고 있는 자유표면의 영향 때문에, 내부유동과 외부유동에서 주요 관심 대상인 관성력과 점성력보다는 중력을 좀 더 중요하게 고려하는데 12장에서는 이에 대해 학습한다.

13장에서는 모터로부터 에너지를 받아 에너지를 발생시키는 펌프, 송풍기 및 유압 기계의 원리를 터보식 기계를 중심으로 설명한다. 연합운전과 관로저항곡선 등의 개념을 다루고, 유체의 에너지로부터 발생하는 에너지를 변환시키는 기계인 수차와 풍차를 주로 다룬다.

이 사진은 제트기가 음속을 돌파할 때 발생하는 수증기의 모습이다. 물체의 속도가 매질의 속도보다 빠르면 발생하는 현상이다. 11장에서는 초음속유동 시 압축성유동에서 발생하는 현상을 다룬다.

CHAPTER 11

압축성유동

Compressible Flow

기초 열역학 11.1

음속의 역할 11.2

압축성유동의 지배방정식 11.3

수직 충격파 11.4

연습문제

학습목표

- ✔ M수에 따른 아음속유동, 초음속유동, 극초음속유동에 대해 알아본다.
- ✔ 압축성유동에서 음속의 역할을 알아본다.
- ✔ 압축성유동을 등엔트로피 정체조건과 등엔트로피 임계조건을 기준으로 해석한다.
- ✔ 면적 변화, 마찰, 열교환 및 수직 충격파에 영향을 받는 압축성 유체의 지배방정식들을 학습한다.

SECTION 11.1

기초 열역학

- ✔ 압축성유동과 비압축성유동의 차이를 알아본다.
- ✔ 압축성유동을 학습하기 위해 기초 열역학을 복습한다.

11.1.1 비압축성유동과 압축성유동

10장에서 다룬 외부유동은 비압축성유동을 기준으로 설명했다. 이때 비압축성유동은 밀도가 변하지 않는다는 것을 의미하고, 만약 밀도가 변화하는 유동이라 해도 밀도 변화를 공학적으로 고려하지 않아도 될 만큼 크지 않다는 의미이다.

비압축성유동을 해석하기 위해 사용했던 지배방정식은 5장과 10장에서 다룬 연속방정식, 운동량방정식, 에너지방정식 등이 있으며, 이럴 경우 종속변수는 속도와 압력만 고려하면 된다.

11장에서 다룰 압축성 유체는 밀도 변화가 3 [%] 이상인 큰 물질이라는 것을 의미하며, **압축성의 결과가 단순히 밀도 변화에만 국한되지 않고 유체의 열역학적 상태가 변화했다는 것을 의미**한다. 압축성유동은 유동장 내에서 밀도가 현저하게 변화하는 경우, 고속 유동이나 큰 온도 변화가 존재할 경우, 유동장의 급격한 교란이 발생했을 경우 밀도 변화를 고려해주어야 한다는 것을 의미한다. 만약 압력에 의한 유체의 밀도 변화가 클 경우, 압축성유동을 해석하기 위한 지배방정식은 달라진다. 즉 압축성유동을 고려해야 할 식으로 기체상태방정식이 추가되어야 하고 중요하게 다루어질 종속변수는 속도, 압력, 온도, 밀도이다.

11.1.2 열역학 복습하기

압축성유동은 유체의 열역학적 상태가 변화하므로 열역학적 상태량을 나타내는 관계식에 대해 정확히 알고 있어야 한다. 따라서 이를 학습하기에 앞서 유체역학의 선수과목인 열역학에 대해 간단히 정리해 보자.

■ 이상기체상태방정식

식 (11.1)은 열역학에서 학습했던 이상기체상태방정식이다. 이 식은 이상기체의 압력, 밀도, 온도의 관계를 나타낸다. 공학에서 주로 다루는 대부분의 기체는 적당한 압력과 온도에서 식 (11.1)로 표현된다.

$$p = \rho R T = \rho \frac{R_u}{M_m} T \quad (11.1)$$

(R_u : 일반기체상수, $R_u = 8{,}314\,[\mathrm{N \cdot m/kg\,mole \cdot K}]$, M_m : 기체의 분자 질량)

앞으로 압축성유동에 대해 학습할 때 기체는 항상 이상기체로 간주해 식 (11.1)을 적용해야 한다. 기체를 이상기체로 간주해 해석하면 기체상수나 비열 등 각 물리량을 따로 고려하는 번거로움을 덜 수 있고, 결괏값도 일치해서 매우 유용하다. 만약 이상기체로 가정하지 않을 때는 기체상수나 비열 등 각 물리량을 따로 고려해 계산을 해야 하는 번거로움이 있다.

■ 내부에너지

기체의 내부에너지Internal Energy는 비체적(ν)과 온도(T)의 함수이다. 따라서 내부에너지의 변화는 식 (11.2)로 정의된다.

$$du = \left(\frac{\partial u}{\partial T}\right)_\nu dT + \left(\frac{\partial u}{\partial \nu}\right)_T d\nu \quad (11.2)$$

식 (11.2)의 정적비열Specific Heat at Constant Volume c_ν는 $c_\nu \equiv (\partial u/\partial T)_\nu$로 정의되므로 식 (11.2)를 식 (11.3)과 같이 나타낼 수 있고, 이상기체의 내부에너지는 온도만의 함수이므로 식 (11.4)와 같이 정리할 수 있다.

$$du = c_\nu dT + \left(\frac{\partial u}{\partial \nu}\right)_T d\nu \quad (11.3)$$

$$du = c_\nu dT \quad (11.4)$$

■ 엔탈피

압축성 유체를 다루기 위해 알아야 할 상태량인 엔탈피Enthalpy h는 $h \equiv u + p/\rho$로 정의된다. 식 (11.5)와 같이 이상기체상태방정식에 의해 엔탈피는 비체적과 온도의 함수이므로 압력과 온도의 함수로 표현된다.

$$dh = \left(\frac{\partial h}{\partial T}\right)_p dT + \left(\frac{\partial h}{\partial p}\right)_T dp \quad (11.5)$$

식 (11.5)에서의 정압비열Specific Heat at Constant Pressure c_p는 $c_p \equiv (\partial h/\partial T)_p$로 정의되므로 식 (11.5)를 식 (11.6)과 같이 정리할 수 있다. 또한 이상기체에 대해서 h는 온도만의 함수이므로 식 (11.7)과 같이 정리할 수 있다.

$$dh = c_p dT + \left(\frac{\partial h}{\partial p}\right)_T dp \quad (11.6)$$

$$dh = c_p dT \quad (11.7)$$

■ 비열비

이상기체에서 비열들은 온도의 함수이고 그 비열들의 차는 식 (11.8)과 같이 기체상수가 된다.

$$c_p - c_\nu = R \tag{11.8}$$

비열비Ratio of Specific Heats는 식 (11.9)와 같다. 식 (11.9)와 같은 비열비와 기체상수를 이용해 식 (11.10), 식 (11.11)과 같이 표현할 수 있다.

$$k \equiv \frac{c_p}{c_\nu} \tag{11.9}$$

$$c_p = \frac{kR}{k-1} \tag{11.10}$$

$$c_\nu = \frac{R}{k-1} \tag{11.11}$$

내부에너지와 엔탈피의 변화는 이상기체의 비열을 이용하여 식 (11.12), 식 (11.13)과 같이 나타낼 수 있다.

$$u_2 - u_1 = \int_{u_1}^{u_2} du = \int_{T_1}^{T_2} c_\nu dT = c_\nu(T_2 - T_1) \tag{11.12}$$

$$h_2 - h_1 = \int_{h_1}^{h_2} dh = \int_{T_1}^{T_2} c_p dT = c_p(T_2 - T_1) \tag{11.13}$$

■ 엔트로피

또 다른 열역학적 상태량인 엔트로피Entropy s는 압축성유동을 해석하는 데 있어 매우 유용한 변수이다. 특히 온도–엔트로피 선도Diagram, 즉 Ts 선도를 통해 현상을 이해하는 데 매우 중요한 변수이므로, 엔트로피에 관계되는 식 (11.14)에 대해 고찰해보자. 열역학 제2법칙으로부터 추론되는 클라우지우스Clausius 부등식에 따르면 식 (11.14)의 엔트로피 변화는 식 (11.15)와 같다. 따라서 열역학 제2법칙에 의해 식 (11.14)는 식 (11.16)이 된다.

$$\triangle S \equiv \int_{rev} \frac{\delta Q}{T} \quad \text{또는} \quad dS = \left(\frac{\delta Q}{T}\right)_{rev} \tag{11.14}$$

$$\oint \frac{\delta Q}{T} \leq 0 \tag{11.15}$$

$$dS \geq \frac{\delta Q}{T} \quad \text{또는} \quad TdS \geq \delta Q \tag{11.16}$$

만약 유동장이 가역 과정Reversible Process이라면 식 (11.16)은 식 (11.17)과 같은 등식 관계가 성립하게 되지만 대부분의 유동장이 비가역 과정이므로 식 (11.18)과 같은 부등식 관계가 성립한다.

$$Tds = \frac{\delta Q}{m} \tag{11.17}$$

$$Tds > \frac{\delta Q}{m} \tag{11.18}$$

터보 엔진의 벽면과 같이 단열 과정Adiabatic Process일 때 $\delta Q/m = 0$이므로, 가역 단열 과정에서 엔트로피 변화는 식 (11.19)와 같아진다. 즉 **가역이고 단열인 과정을 등엔트로피적**이라 한다. 지금까지 고찰해본 열역학적 상태량(p, ν, T, s, u)을 이용하는 유용한 관계식은 식 (11.20)과 같은 깁스Gibbs방정식 또는 Tds방정식으로 정리할 수 있다.

$$ds = 0 \tag{11.19}$$

$$Tds = du + pd\nu \tag{11.20}$$

식 (11.20) 내 내부에너지를 식 (11.21)과 같이 엔탈피 변화로 정리하고, 이를 대입하면 체적 변화가 없으므로 식 (11.21)은 식 (11.22)와 같이 나타낼 수 있다.

$$du = d(h - p\nu) = dh - pd\nu - \nu dp \tag{11.21}$$

$$Tds = dh - \nu dp \tag{11.22}$$

이상기체에 대한 엔트로피 변화를 식 (11.20)과 식 (11.22)로부터 온도를 이항해 나눈 후 정리하면 식 (11.23), 식 (11.24)와 같이 표현할 수 있다.

$$ds = \frac{du}{T} + \frac{p}{T}d\nu = c_\nu \frac{dT}{T} + R\frac{d\nu}{\nu} \tag{11.23}$$

$$ds = \frac{dh}{T} - \frac{\nu}{T}dp = c_p \frac{dT}{T} - R\frac{dp}{p} \tag{11.24}$$

일정한 비열에 대해 식 (11.23)과 식 (11.24)를 적분하면 엔트로피의 변화는 식 (11.25), 식 (11.26)과 같고 두 식이 같으므로 이를 정리하면 식 (11.27)과 같다.

$$s_2 - s_1 = c_\nu \ln\frac{T_2}{T_1} + R\ln\frac{\nu_2}{\nu_1} \tag{11.25}$$

$$s_2 - s_1 = c_p \ln\frac{T_2}{T_1} - R\ln\frac{p_2}{p_1} \tag{11.26}$$

$$s_2 - s_1 = c_\nu \ln\frac{p_2}{p_1} + c_p \ln\frac{\nu_2}{\nu_1} \tag{11.27}$$

■ 등엔트로피 과정

일정한 비열을 갖는 이상기체에 대한 등엔트로피 과정에서 사용할 수 있는 관계식은 식 (11.28) ~ 식 (11.30)과 같다.

$$T\nu^{k-1} = \frac{T}{\rho^{k-1}} = const. \tag{11.28}$$

$$Tp^{(1-k)/k} = const. \tag{11.29}$$

$$p\nu^k = \frac{p}{\rho^k} = const. \tag{11.30}$$

예제 11-1 열역학 복습 1 : 내부에너지와 엔탈피

15 [kg]인 공기가 95 [kPa(abs)]의 압력을 받아 온도가 20 [℃]에서 30 [℃]로 상승했다. 온도 상승에 따른 내부에너지 변화량과 엔탈피 변화량을 구하라. 단, 공기의 비열비와 공기의 일반기체상수는 각각 $k = 1.4$, $R = 287\,[\mathrm{N \cdot m/(kg \cdot K)}]$이다.

분석

- 내부에너지와 엔탈피 변화량은 식 (11.4)와 식 (11.7)을 이용하면 된다. 단, 정적비열과 정압비열이 주어지지 않았기 때문에, 식 (11.10)과 식 (11.11)을 이용해도 된다.

풀이

- 내부에너지 변화량은 식 (11.4)를 이용해 계산하면 식 (11.31)과 같고, 엔탈피 변화량은 식 (11.7)을 이용해 계산하면 식 (11.32)와 같다.

$$du = c_v dT = m\frac{R}{k-1}dT = 15\frac{287}{1.4-1}(30-20) = 107.63\,[\mathrm{kJ}] \tag{11.31}$$

$$dh = c_p dT = m\frac{kR}{k-1}dT = 15\frac{1.4 \times 287}{1.4-1}(30-20) = 150.68\,[\mathrm{kJ}] \tag{11.32}$$

고찰

- 이 예제는 내부에너지와 엔탈피는 온도에 따라 변화함을 알기 위함이다.

예제 11-2 열역학 복습 2 : 엔탈피와 엔트로피

3 [kg]인 일산화탄소가 $p_1 = 16.0\,[\mathrm{kPa}]$, $T_1 = 5.0\,[℃]$에서 $p_2 = 30.0\,[\mathrm{kPa}]$, $T_2 = 170.0\,[℃]$로 변화했다. 이때 엔탈피와 엔트로피 변화량을 구하라. 단, 정압비열과 정적비열은 각각 $c_p = 1.041\,[\mathrm{kJ/kg \cdot K}]$, $c_v = 0.745\,[\mathrm{kJ/kg \cdot K}]$이다.

분석

- 엔탈피와 엔트로피의 변화량은 식 (11.7)과 식 (11.26)을 이용하면 된다. 주어진 기체는 일산화탄소이고 이에 대한 기체상수가 주어지지 않았으므로, 일산화탄소의 기체상수는 식 (11.8)로 구해야 한다.
- 보통 비열은 단위질량을 기준으로 적용하므로 식 (11.7)에 질량을 곱해서 계산해야 한다.

풀이

- 엔탈피의 변화량은 식 (11.7)을 이용해 계산하면 식 (11.33)과 같다.

$$dh = c_p dT = 3 \times 1.041 \times (170.0 - 5.0) = 515.295\,[\mathrm{kJ}] \tag{11.33}$$

- 엔트로피의 변화량은 식 (11.26)을 이용해 계산하면 식 (11.34)와 같다.

$$ds = s_2 - s_1 = 3\left(1.041\ln\frac{(273+170.0)}{(273+5.0)} - (1.041-0.745)\ln\frac{30.0}{16.0}\right) = 0.897\,[\mathrm{kJ/K}] \tag{11.34}$$

고찰

- 엔탈피와 엔트로피의 변화는 과정에 의한 함수인 종속적 성질의 함수가 아니라 강성적 성질의 함수임을 알아야 한다. 이는 예제에서 시작과 종료 시점의 상태 변화만 주어졌지, 과정 변화에 따른 값은 주지 않았기 때문이다.

예제 11-3 열역학 복습 3 : 덕트내 열역학적 성질의 변화

공기가 면적이 일정한 긴 덕트를 0.15 [kg/s]로 유동한다. 냉각을 위해 덕트의 짧은 임의의 구간을 액체 질소로 둘러싸고 있다고 가정하자. 이 부분에서 공기로부터 발생하는 열손실은 15.0 [kJ/s]이며, 냉각되는 덕트 부분으로 들어가는 유동의 절대압력, 온도와 속도는 각각 188 [kPa], 440 [K], 210 [m/s]이다. 덕트 출구에서 유동의 절대압력과 온도는 각각 213 [kPa], 351 [K]이다. 이 흐름에 대한 덕트의 단면적, 엔탈피, 내부에너지 그리고 엔트로피의 변화들을 구하라. 단, 정압비열과 정적비열은 각각 $c_p = 1.0$ [kJ/kg·K], $c_v = 0.717$ [kJ/kg·K]이다.

분석

- 덕트내 유입량이 주어졌기 때문에 연속방정식($\dot{m} = \rho A V$)을 이용해 면적을 구하면 된다.

풀이

- 먼저 식 (11.1)의 이상기체상태방정식을 통해 입구에서 식 (11.35)와 같이 기체의 밀도를 구해야 한다.

$$\rho_1 = \frac{p_1}{RT_1} = \frac{188{,}000}{287 \times 440} = 1.49\,[\mathrm{kg/m^3}] \tag{11.35}$$

- 덕트의 면적을 연속방정식($\dot{m} = \rho A V$)을 통해 구하면 식 (11.36)과 같다.

$$A = \frac{\dot{m}}{\rho_1 V_1} = \frac{0.15}{1.49 \times 210} = 4.79 \times 10^{-4}\,[\mathrm{m^2}] \tag{11.36}$$

- 내부에너지와 엔탈비 변화는 각각 식 (11.4), 식 (11.7)을 이용해 계산하면 식 (11.37), 식 (11.38)과 같다.

$$du = c_v dT = 0.717 \times (351 - 440) = -63.8\,[\mathrm{kJ/kg}] \tag{11.37}$$

$$dh = c_p dT = 1.0(351.0 - 440.0) = -89.0\,[\mathrm{kJ/kg}] \tag{11.38}$$

고찰

- 엔탈피와 엔트로피의 변화는 과정에 의한 함수인 종속적 성질의 함수가 아니라 강성적 성질의 함수임을 알아야 한다.

SECTION 11.2

음속의 역할

✔ 음속의 전달 개념을 학습하고, 음속과 M수의 관계를 이해한다.
✔ 도플러 효과에 대해 학습한다.
✔ 압축성유동 해석을 위한 기준 상태 개념을 학습한다.

11.2.1 음속(음파)

매우 빠른 속도로 공기(매질) 속을 이동하는 항공기를 가정해보자. 이때 항공기가 운행하면서 발생하는 소리는 항공기 속도보다 빨리 진행되고, 항공기의 이동속도를 감지하기 위해 레이더를 이용하게 되는데 이때 음속이 이용된다.

소리는 매질인 공기 입자들을 이용해 전파되는데, 이를 음속음파, Sound이라 한다. 만약 음속보다 빠르게 움직이는 비행체의 경우에는 아음속유동과는 달리 공기 입자나 기타 입자들과 부딪힐 수밖에 없으므로 이들의 상관관계, 즉 유동의 변화를 엄밀히 정의해줘야 한다.

이를 위해 가장 먼저 할 일은 식 (11.39)와 같은 **M수를 이용해 음속과 유동의 속도 관계를 구분하는 것**이다. 여기서 공기를 매질로 하는 음속은 상온에서 약 340 [m/s] 정도인데 이는 온도에 따라 변화한다.

$$M = \frac{V}{c} \tag{11.39}$$

(V = 유체의 속도, c = 음속)

압축성유동은 **음속에 대한 유체의 속도비인 M수를 나타내는** 식 (11.39)를 통해 아래와 같이 구분한다.[1]

① $M < 1$: 아음속 압축성유동
② $M > 1$: 초음속 압축성유동
③ $M = 1$: 음속 압축성유동
④ $1.2 > M > 0.9$: 천음속 압축성유동
⑤ $M > 5$: 극초음속 압축성유동

압축성유동을 구분하는 데 있어 중요한 음속을 좀 더 알아보기 위해 [그림 11-1]과 같이 가정해보자. [그림 11-1(a)]는 교란이 없고 정지한 상황에서 순간적으로 갑자기 제트기가 빠르게 진행을 하여 교

1 7장에서 학습한 내용이고, 10장에서 배운 외부유동은 $M < 1$인 아음속유동 영역의 유동이다.

란이 발생해 음파가 정지한 기체로 전달되는 상황을 나타낸 것이다. 교란이 발생하면 유체의 상태량은 변하게 된다. 여기서 음파의 전파속도인 c를 교란 전후의 유체상태량과 연관 지을 수 있다. [그림 11-1(b)]와 같이 교란이 발생한 영역에 대해 해석하기 위해 미소 검사체적을 설정했다. 검사체적에 대해 해석 시 정상유동으로 해석 가능하므로, 이때의 검사체적은 음속으로 이동하는 관성 검사체적으로 고려한다.

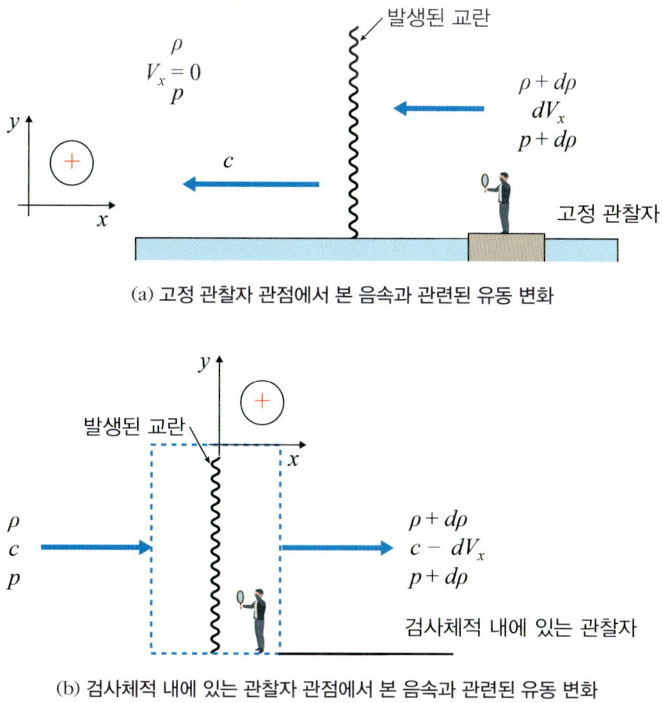

그림 11-1 해석에 사용된 검사체적에서 전파하는 음파

■ 연속방정식

[그림 11-1]의 검사체직에 레이놀즈 전달 정리로 정리된 연속방정식인 식 (5.26)을 적용해보자. 만약 [그림 11-1]의 유동이 정상유동이고 각 단면에서 균일유동이라면, 식 (5.26)은 식 (11.40)과 같이 정리할 수 있고 이를 간략하게 정리하면 식 (11.41)과 같다.

$$\frac{\partial}{\partial t}\int_{CV}\rho d\forall + \int_{CS}\rho \overrightarrow{V}\cdot d\overrightarrow{A} = 0 \tag{5.26}$$

$$(-\rho cA) + \left[(\rho + d\rho)(c - dV_x)A\right] = 0 \tag{11.40}$$

$$dV_x = \frac{c}{\rho}d\rho \tag{11.41}$$

■ 운동량방정식

[그림 11-1]의 검사체적에 레이놀즈 전달 정리로 정리된 운동량방정식인 식 (5.42)를 적용해보자.

$$\vec{F}_{S_x} + \vec{F}_{B_x} = \frac{\partial}{\partial t}\int_{CV} \vec{V}_x \rho d\forall + \int_{CS} \vec{V}_x \rho \vec{V} \cdot d\vec{A} \tag{5.42}$$

식 (5.42)에서 음파를 1차원으로 가정하고 체적력을 무시한다면 식 (11.42)와 같이 음속의 변화에 의한 힘을 구할 수 있다. 여기서 표면력은 압력만 고려하고 연속방정식에서 사용했던 가정을 사용한다. 우변에 식 (11.43)을 대입하고 좌변에 식 (11.44)를 대입해 정리하면 식 (11.45), 식 (11.46)과 같아진다.

$$\vec{F}_{S_x} = \frac{\partial}{\partial t}\int_{CV} \vec{V}_x \rho d\forall + \int_{CS} \vec{V}_x \rho \vec{V} \cdot d\vec{A} \tag{11.42}$$

$$F_{S_x} = pA - (p + dp)A = -Adp \tag{11.43}$$

$$\frac{\partial}{\partial t}\int_{CV} \vec{V}_x \rho d\forall + \int_{CS} \vec{V}_x \rho \vec{V} \cdot d\vec{A} = c(-\rho c A) + (c - dV_x)\left[(\rho + d\rho)(c - dV_x)A\right] \tag{11.44}$$

$$-Adp = -\rho c A dV_x \tag{11.45}$$

$$dV_x = \frac{dp}{\rho c} \tag{11.46}$$

식 (11.46)의 dV_x와 연속방정식에서 구한 dV_x, 식 (11.41)을 식 (11.47)과 동일하다고 가정하고 정리하면 식 (11.48)을 구할 수 있다.

$$dV_x = \frac{1}{\rho c}dp = \frac{c}{\rho}d\rho \tag{11.47}$$

$$c^2 = \frac{dp}{d\rho} \tag{11.48}$$

식 (11.48)과 같이 음속을 결정하기 위해서는 유동장에서 압력이 밀도에 따라 변화하는 과정을 정의해야 한다. 이는 매질[2]의 종류에 따라 달라지므로 식 (11.49)와 같이 체적탄성계수Bulk Modulus E_v를 통해 정의하면 식 (11.50)과 같아진다.

$$E_v = \rho\frac{dp}{d\rho} \tag{11.49}$$

$$c^2 = \frac{E_v}{\rho} \tag{11.50}$$

■ 등엔트로피 유동에서 압력과 밀도의 변화

식 (11.48)에서 매질이 기체일 때 **등엔트로피적으로 전파된다고 가정**했으므로 이 등엔트로피 유동을 가역, 단열 과정으로 가정하면 식 (11.51), 식 (11.52)와 같이 정리할 수 있다. 등엔트로피 유동에 대한 압력과 밀도 변화는 식 (11.48)을 대입하고 정리하면 식 (11.53)과 식 (11.54)와 같다.

2 밀도 변화가 어려운 고체나 액체의 경우 매질의 속도는 매우 큰 값을 갖는다. 철로에 귀를 대고 기차가 오는 속도를 가늠하는 인디언을 상상하면 된다. 쇠는 약 5,950 [m/s]이므로 공기보다 17.5배 정도 빠르고, 물은 약 1,493 [m/s]이므로 음속보다 4.4배 정도 빠르다.

$$p = p(\rho,\ s) \tag{11.51}$$

$$dp = \left(\frac{\partial p}{\partial \rho}\right)_s d\rho + \left(\frac{\partial p}{\partial s}\right)_\rho ds = \left(\frac{\partial p}{\partial \rho}\right)_s d\rho \tag{11.52}$$

$$c^2 = \frac{dp}{d\rho} = \left(\frac{\partial p}{\partial \rho}\right)_s \tag{11.53}$$

$$c = \sqrt{\left(\frac{\partial p}{\partial \rho}\right)_s} \tag{11.54}$$

여기서 이상기체에 대한 등엔트로피 유동의 압력과 밀도 관계식인 식 (11.30)을 이용하면 식 (11.52)의 압력과 밀도의 관계는 식 (11.55), 식 (11.56)과 같이 정리할 수 있다. 또한 식 (11.1)의 이상기체 상태방정식을 이용하면 음속은 식 (11.55) ~ 식 (11.57)과 같이 간단히 정리할 수 있다.

$$p\nu^k = \frac{p}{\rho^k} = const. \tag{11.30}$$

$$\frac{dp}{p} - k\frac{d\rho}{\rho} = 0 \tag{11.55}$$

$$\frac{\partial p}{\partial \rho} = k\frac{p}{\rho} \tag{11.56}$$

$$c = \sqrt{kRT} \tag{11.57}$$

예제 11-4 운행 중인 비행체의 M수와 음속

시속 3,000 [km/h]로 −12[℃]의 공기 중을 비행하는 항공기의 M수를 구하라.

분석

- 항공기의 M수와 음속 c의 관계를 이해하는 문제이다. 매질이 상온의 공기가 아니고 −12[℃]의 공기이므로 식 (11.57)로부터 음속을 구하고, 이후 식 (11.39)를 통해 M수를 구해야 한다.

풀이

- 매질이 공기일 때 음속은 식 (11.57)로부터 구하며, 식 (11.58)과 같다.

$$c = \sqrt{kRT} = \sqrt{1.4 \times 287 \times (273.0 - 12.0)} = 323.84\ [\mathrm{m/s}] \tag{11.58}$$

- 이때 항공기의 M수는 식 (11.39)를 통해 구하며, 식 (11.59)과 같다.

$$M = \frac{V}{c} = \frac{3{,}000 \times 1{,}000/3{,}600}{323.84} = 2.57 \tag{11.59}$$

고찰

- 매질이 상온의 공기일 때 음속은 보통 340 [m/s]이다. 식 (11.57)을 통해 온도가 낮아지면 음속은 떨어진다는 것을 알 수 있다.

11.2.2 도플러 효과

항공기의 속도가 음속보다 빠르지 않을 때는 아음속 형태의 해석을 하면 된다. 다만 [예제 11-4]에서 검토한 것처럼 항공기가 음속보다 빨리 진행된다면 [그림 7-7]에서 보듯이 아음속의 유동장과는 다른 도플러Doppler 효과가 발생할 것이다. **도플러 효과란 음을 발송하는 점의 상대적 위치에 따라 음의 진동수가 다르게 들리는 것을 의미**한다.

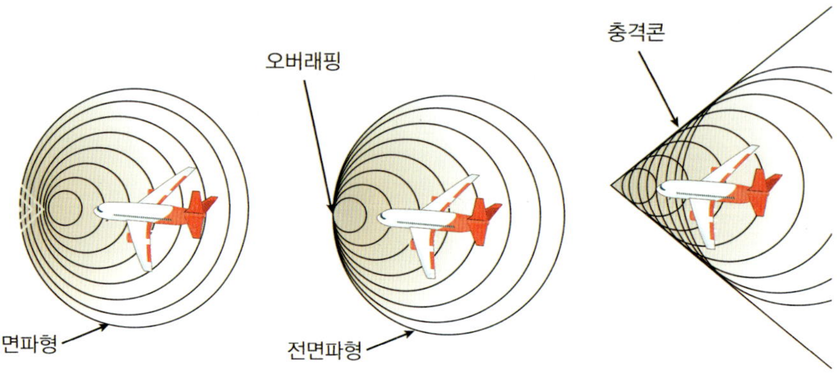

(a) 아음속 유동 (b) $M = 1$일 때 유동 (c) 초음속유동

그림 7-7 충격파 형성 과정

먼저 [그림 11-2(a)]와 같이 음원과 유체가 정지상태($V = 0$)일 때 소리는 모든 방향으로 Δt 변화에 따라 균일하게 전파되면서 동심구들의 집합을 이루게 된다.

[그림 11-2(b)]와 같이 음원이 정지된 유체 속을 아음속유동($0 < V < c\,(V/c < 1)$)으로 움직일 때는 음원이 동심이 아닌 상태로 한쪽으로 치우쳐서 방출되게 된다. 즉 음원의 전방에 있는(음원에 접근하고 있는) 어떤 관찰자는 도플러 효과로 인해 음원 후방에 있는 관찰자보다 더 높은 주파수 비율로 그 펄스를 듣게 된다. 또한 음원 전방에 있는 관찰자는 음원이 그 관찰자에 도달하기 이전에 음을 듣게 된다.

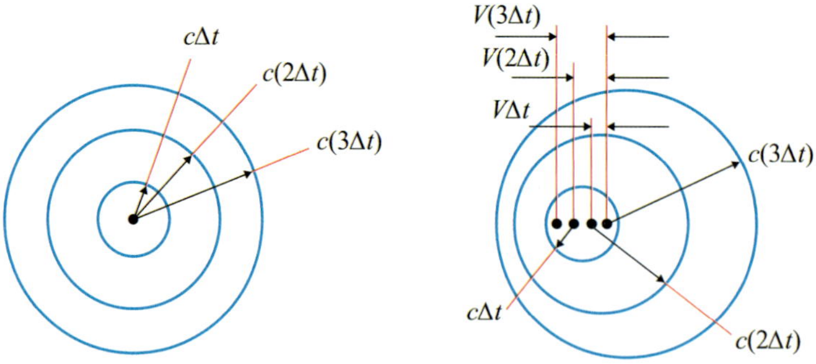

(a) 움직이지 않는 경우 ($V = 0$) (b) 아음속유동의 경우 ($0 < V < c\,(V/c < 1)$)

그림 11-2 M수에 따라 다르게 작용하는 도플러 현상 (계속)

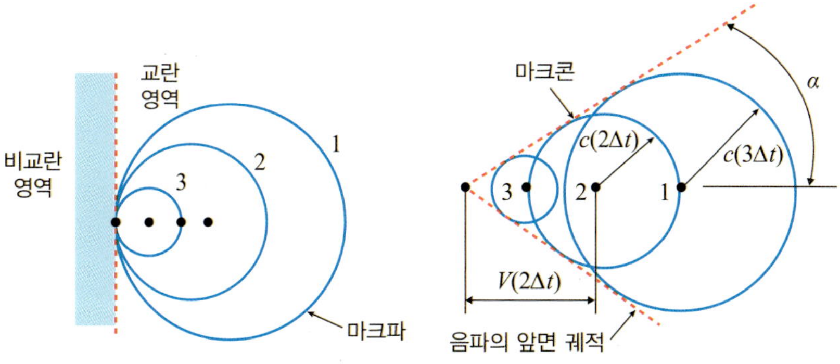

(c) $M = 1$인 경우 ($V = c$)　　(d) 초음속유동의 경우 ($V > c$ ($V/c > 1$))

그림 11-2 M수에 따라 다르게 작용하는 도플러 현상

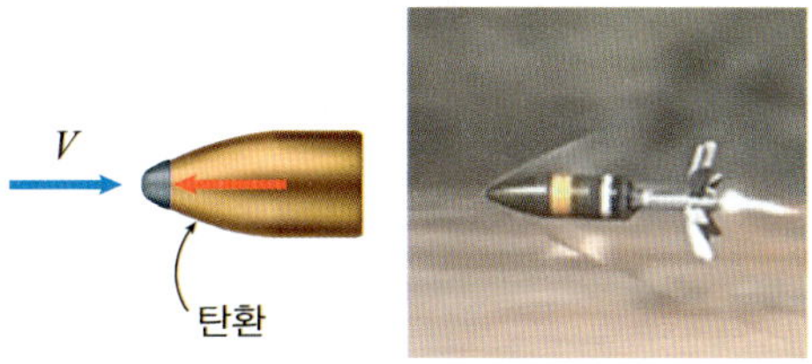

그림 10-1(b) 탄환과 같은 임의의 작은 물체가 날아가는 유동

속도가 더 증가한 초음속유동($V > c$ ($V/c > 1$))이 되면 [그림 11-2(d)]와 같이 음원이 초음속의 속도로 왼쪽으로 이동하면서 펄스들이 계속 팽창하는 구형들의 집합을 나타낸다. 물체가 생성한 각 구의 앞에서 움직이므로 이 점을 연결하게 되면 활모양 충격파와 경사 충격파의 복합적인 현상인 콘 형태의 유동장을 형성하게 된다. 이때 [그림 7-7(c)], [그림 10-1(b)]와 같이 일정한 각도 α로 벌어진 영역으로 나누어지는데 이를 '마크콘 현상'이라 한다. 마크콘 현상을 관찰해보면 원추의 내부영역인 교란영역Zone of Action이 원추의 외부영역인 비교란영역Zone of Silence보다 먼저 나가게 되는 현상을 볼 수 있다. 따라서 원추 앞에 서 있는 관측자는 음원이 다가오는 것을 듣지 못하게 된다. 이런 초음속영역에서는 유체의 점성에 의해 공력 가열현상이 일어나고, 이로 인해 화학반응이 일어나게 된다. 이러한 현상은 물체 표면의 경계층과 간섭을 발생시킨다. 이때 발생한 마크콘의 각도는 식 (11.60)과 같이 표현할 수 있다.

$$\alpha = \sin^{-1}\left(\frac{1}{M}\right) \tag{11.60}$$

발생된 간섭은 충격파 전후로 공기의 성질이 급격히 변화하고 비행체의 속도를 감소시키는 저항으로 작용하게 된다. 이때 기준이 되는 것이 $M = 1$인 음속과 이동속도가 동일할 때($V = c$($V/c = 1$))인데 [그림 11-2(c)]에서 보는 것과 같이 정숙(비교란)영역과 작용(교란)영역이 한 점에서 만나고 있음을 알 수 있다.

예제 11-5 탄환의 마크콘 각도

상온에서 탄환이 550 [m/s]로 발사됐다. 이때 발생된 마크콘의 각도를 구하라. 단, 상온의 음속은 $c = 340$ [m/s]라 가정한다.

분석

- 단순히 초음속으로 움직이는 탄환에서 발생되는 충격파의 각도를 계산하는 문제로, 식 (11.60)을 이용하면 된다.

풀이

- 식 (11.60)을 이용해 마크콘의 각도를 식 (11.61)과 같이 구할 수 있다.

$$\alpha = \sin^{-1}\left(\frac{1}{M}\right) = \sin^{-1}\left(\frac{1}{V_1/c}\right) = \sin^{-1}\left(\frac{1}{550/340}\right) = \sin^{-1}\left(\frac{1}{1.62}\right) = 38.1° \qquad (11.61)$$

고찰

- M수를 구할 수 있으면 발생된 각도를 쉽게 구할 수 있다. 즉 탄환에서 발생하는 충격파의 각도는 오로지 M수만의 함수라는 것을 이해해야 한다. 만약 M수가 증가한다면 식 (11.61)에서 M수가 분모에 있으므로 각도는 작아질 것이다.
- 비행체가 초음속으로 가속할 때 [그림 11-3]과 같이 수증기가 발생하는데, 이는 충격파가 비행기에 밀려오면서 압력이 급격하게 증가해 발생하는 현상이다. 마크콘은 비행체의 기수 부분에서 발생하고 수증기는 날개를 통해 지나가게 된다.

그림 11-3 비행체에서 발생하는 충격파와 수증기 발생 현상

11.2.3 압축성유동의 해석 방법

■ 등엔트로피 정체상태로 가정

압축성유동에서는 [그림 11-4]와 같이 속도, 압력뿐만 아니라 밀도, 온도, 엔탈피, 엔트로피 등 모든 상태량이 변화한다. 이처럼 상태량에 대한 관계식을 모두 고려하면 계산이 어려워지므로, 압축성유동을 **등엔트로피 유동**으로 가정한 기본 법칙을 연립해 **직접 푸는 대신에 기준 조건을 정해 유동상태를 비교해가면서 계산하는 것**이 효율적이다.

압축성유동을 해석하고 기준 상태를 정의하기 위해 먼저 생각할 수 있는 상황은 속도가 0이 될 때이다. 이런 상황에서 유체가 정지될 때를 정체조건Stagnation Condition인 기준 상태로 정의하고, 이 상태의 상태량들을 정체상태량Stagnation Properties이라 한다. 여기서 유체를 정지시키는 것은 쉽지 않으나 등엔트로피 유동이라고 가정한다면 **등엔트로피적으로 정체된다고 가정**할 수 있다. 그렇다면 엔트로피는 $s_{o1} = s_1$, $s_{o2} = s_2$와 같이 동일해진다. 이 과정은 **매우 중요한 압축성유동의 해석 방법**이다.

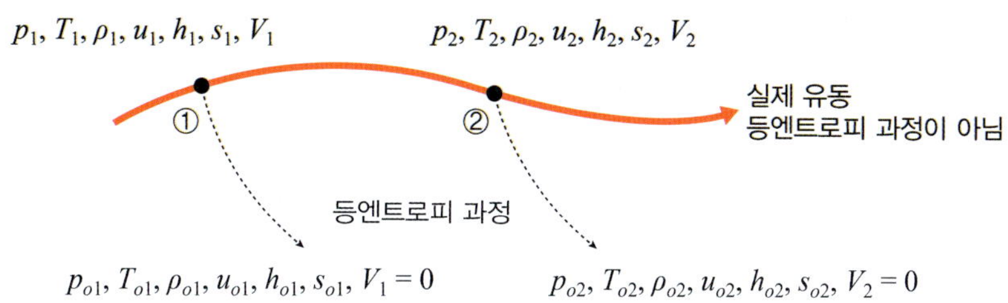

그림 11-4 국소 등엔트로피의 정체상태량

■ 연속방정식과 운동량방정식

압축성유동의 지배방정식을 구하기 위해 [그림 11-5]와 같은 검사체적을 설정했다. 이 검사체적은 지점 ①에서 유체가 미소한 유관을 따라 압축성유동을 하는 상황을 나타낸 것이다. 이때 유체가 지점 o에서 등엔트로피적으로 정지한다고 가정하자. [그림 11-5]와 같은 **검사체적에 적용한 압축성유동에 대한 질량보존방정식과 운동량방정식을 적분하면 등엔트로피 정체 관계식을 유도**할 수 있다.

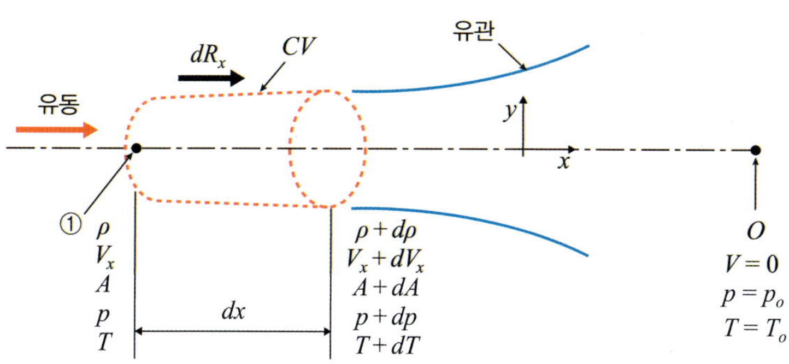

그림 11-5 미소한 유관 속의 압축성유동

정상유동, 각 단면에서 균일유동이라면 연속방정식은 식 (11.62)와 같이 정리할 수 있다.

$$(-\rho V_x A) + [(\rho + d\rho)(V_x + dV_x)(A + dA)] = 0 \tag{11.62}$$

운동량방정식에서 체적력을 무시하고 마찰이 없는 유동이라면 미소 검사체적에 작용하는 표면력들은 식 (11.63)과 같이 정리할 수 있다.

$$F_{S_x} = dR_x + pA - (p + dp)(A + dA) \tag{11.63}$$

식 (11.63)의 dR_x는 [그림 11-5]에 도시한 바와 같이 유관 경계를 따라 적용되므로 평균압력인 $p + dp/2$가 되고, 이를 식 (11.63)에 대입하면 식 (11.64)와 같고 이를 정리하면 식 (11.65)와 같다.

$$F_{S_x} = \left(p + \frac{dp}{2}\right)dA + pA - (p + dp)(A + dA) \tag{11.64}$$

$$F_{S_x} = -dpA \tag{11.65}$$

식 (11.65)를 식 (11.62)인 연속방정식의 결과에 대입하면 운동량방정식은 식 (11.66), 식 (11.67)과 같이 정리할 수 있다.

$$-dpA = V_x(-\rho V_x A) + (V_x + dV_x)[(\rho + d\rho)(V_x + dV_x)(A + dA)] \tag{11.66}$$

$$-dpA = (-V_x + V_x + dV_x)(\rho V_x A) \tag{11.67}$$

식 (11.67)은 최종적으로 식 (11.68) 또는 식 (11.69)로 정리할 수 있다.

$$dp = -\rho V_x dV_x = -\rho d\left(\frac{V_x^2}{2}\right) \tag{11.68}$$

$$\frac{dp}{\rho} + d\left(\frac{V_x^2}{2}\right) = 0 \tag{11.69}$$

■ 단열 과정

식 (11.68)과 식 (11.69)는 [그림 11-5]에서 유체가 지점 ①에서 지점 O로 감속하는 과정에서 상태량들의 변화에 대한 관계식이다. 적분에 앞서 감속 과정의 경로에서 압력과 밀도에 대한 관계를 규정해야 한다. 등엔트로피 변화이기 때문에 이상기체에 대한 압력과 밀도의 관계는 단열 과정으로 가정하면 식 (11.30)을 이용해 정리할 수 있다.

$$p\nu^k = \frac{p}{\rho^k} = const. \tag{11.30}$$

식 (11.30)을 이용해 식 (11.70) ~ 식 (11.72)와 같은 적분 과정을 거치면 식 (11.72)와 같이 속도에 따른 변화를 구할 수 있다.

$$-d\left(\frac{V^2}{2}\right) = \frac{dp}{\rho} p^{-1/k} C^{1/k} dp \tag{11.70}$$

$$-\int_V^0 d\left(\frac{V^2}{2}\right) = C^{1/k}\int_p^{p_0} p^{-1/k}dp \tag{11.71}$$

$$\frac{V^2}{2} = C^{1/k}\frac{k}{k-1}p^{(k-1)/k}\left[\left(\frac{p_o}{p}\right)^{(k-1)/k} - 1\right] \tag{11.72}$$

이때 $C^{1/k} = p^{1/k}/\rho$이므로 식 (11.72)는 식 (11.73)과 같이 유도된다.

$$\frac{V^2}{2} = \frac{k}{k-1}\frac{p}{\rho}\left[\left(\frac{p_o}{p}\right)^{(k-1)/k} - 1\right] \tag{11.73}$$

식 (11.73)에서 정체점 압력(p_o)을 구하기 위해 식을 재정리하면 식 (11.74), 식 (11.75)와 같고, 이상기체상태방정식에 의해 식 (11.76)과 같이 정체점 압력을 구할 수 있다.

$$\left(\frac{p_o}{p}\right)^{(k-1)/k} = 1 + \frac{k-1}{k}\frac{\rho}{p}\frac{V^2}{2} \tag{11.74}$$

$$\frac{p_o}{p} = \left[1 + \frac{k-1}{k}\frac{\rho V^2}{2p}\right]^{k/(k-1)} \tag{11.75}$$

$$\frac{p_o}{p} = \left[1 + \frac{k-1}{2}\frac{V^2}{kRT}\right]^{k/(k-1)} \tag{11.76}$$

또한 이상기체에 대한 음속은 $c = \sqrt{kRT}$이므로 이를 대입하면 식 (11.77), 식 (11.78)과 같이 정리할 수 있다.

$$\frac{p_o}{p} = \left[1 + \frac{k-1}{2}\frac{V^2}{c^2}\right]^{k/(k-1)} \tag{11.77}$$

$$\frac{p_o}{p} = \left[1 + \frac{k-1}{2}M^2\right]^{k/(k-1)} \tag{11.78}$$

식 (11.78)을 이용하면 이상기체 유동장 안의 어떤 점에서 정압과 M수가 주어졌을 때 국소 등엔트로피 정체압력을 계산할 수 있다. 유사한 과정을 통해 정체온도와 정체밀도를 식 (11.79), 식 (11.80)과 같이 구할 수 있다.

$$\frac{T_o}{T} = 1 + \frac{k-1}{2}M^2 \tag{11.79}$$

$$\frac{\rho_o}{\rho} = \left[1 + \frac{k-1}{2}M^2\right]^{1/(k-1)} \tag{11.80}$$

식 (11.78) ~ 식 (11.80)으로부터 이상기체에 대한 유동장의 어떤 점에서 국소 M수가 알려진다면, 상응하는 정적상태량에 대한 국소 등엔트로피 정체상태량의 비를 구할 수 있다.

■ 임계조건

앞에서 가정한 정체조건들은 열역학적 상태량에 대한 기준 조건들로 매우 유용하지만 정체점에서 속도가 0이므로 속도에 대해서는 정확하지 않다. 따라서 속도에 대한 유용한 기준 조건은 임계속도가 되어야 한다. **임계속도는 M수가 1.0이 될 때 얻어지는 속도**로, 다양한 상황에서 기준 조건으로 유용하게 사용한다.

M수가 1.0인 조건들을 나타내기 위해 상첨자인 *를 사용하면, 식 (11.81)과 같이 나타낼 수 있다.

$$V^* \equiv c^* \tag{11.81}$$

M수 임계조건에서 식 (11.78) ~ 식 (11.80)은 등엔트로피 정체상태량에 대해 식 (11.82) ~ 식 (11.84)와 같이 변화된다.

$$\frac{p_o}{p^*} = \left[\frac{k+1}{2}\right]^{k/(k-1)} \tag{11.82}$$

$$\frac{T_o}{T^*} = \frac{k+1}{2} \tag{11.83}$$

$$\frac{\rho_o}{\rho^*} = \left[\frac{k+1}{2}\right]^{k/(k-1)} \tag{11.84}$$

지금까지 정의한 정체조건과 임계조건은 앞으로 학습할 압축성유동을 해석하는 데 있어 기준 조건이 되므로 반드시 기억해야 한다.

예제 11-6 압축성유동 해석을 위한 국소 등엔트로피 과정

[그림 11-6]에 나타낸 덕트 입구에서 압력 350 [kPa(abs)], 온도 60 [℃], 속도 183 [m/s]인 유동이 덕트 출구에서는 $M = 1.3$이 되고 출구에서 국소 정체조건들은 385 [kPa(abs)], 350 [K]이다. (a) 지점 ①에서 국소 등엔트로피 정체압력과 온도를 구하고, (b) 지점 ②에서 정압과 온도를 구하라. 그 후 (c) 엔트로피 변화를 구하라.

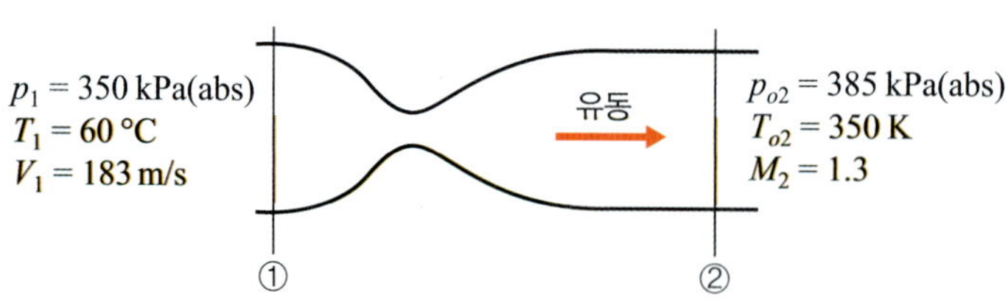

그림 11-6 압축성유동을 나타내는 덕트

분석

- 지점 ①, 지점 ②에서 다른 상태 점을 갖는 유동장을 계산하는 방법을 이해하는 것이 이 예제의 목적이다. 즉 이를 위해 국소 등엔트로피 정체상태량인 식 (11.78)과 식 (11.79)를 이용해 연결하는 방법을 익혀야

한다. [그림 11-6]에서 보듯이 노즐 목에 의해 유동장이 압축성유동으로 변경됐는데 노즐에 대한 변화된 유동 정보는 없고 입구와 출구의 결과만 가지고 있기 때문이다.

- 정압비열은 $c_p = 1.0$이라 가정한다.

풀이

(a) 온도에 따른 입구의 음속은 식 (11.57)을 이용해 식 (11.85)와 같이 계산해야 한다. 식 (11.86)과 같이 M수를 계산하면 [그림 11-6]의 유동장이 아음속 상태임을 알 수 있다.

$$c_1 = \sqrt{kRT_1} = \sqrt{1.4 \times 287 \times (273+60)} = 366\,[\mathrm{m/s}] \tag{11.85}$$

$$M = V_1/c = 183/366 = 0.5 \tag{11.86}$$

이때 국소 등엔트로피 정체상태량은 식 (11.78)과 식 (11.79)를 통해 식 (11.87), 식 (11.88)과 같이 계산할 수 있다.

$$p_{o1} = p_1\left[1+\frac{k-1}{2}M^2\right]^{k/(k-1)} = 350\left[1+\frac{1.4-1}{2}0.5^2\right]^{1.4/(1.4-1)} = 415\,[\mathrm{kPa(abs)}] \tag{11.87}$$

$$T_{o1} = T_1\left(1+\frac{k-1}{2}M^2\right) = 333\left(1+\frac{1.4-1}{2}0.5^2\right) = 350\,[\mathrm{K}] \tag{11.88}$$

(b) 식 (11.87), 식 (11.88)과 같은 국소 등엔트로피 정체상태량으로부터 식 (11.89), 식 (11.90)과 같이 지점 ②의 온도와 압력을 구할 수 있다. 단, 지점 ②의 M수는 [그림 11-6]에서 주어졌기 때문에 이를 대입한 것이다.

$$p_2 = p_{o2}/\left[1+\frac{k-1}{2}M^2\right]^{k/(k-1)} = 385/\left[1+\frac{1.4-1}{2}1.3^2\right]^{1.4/(1.4-1)} = 139\,[\mathrm{kPa(abs)}] \tag{11.89}$$

$$T_2 = T_{o2}/\left(1+\frac{k-1}{2}M^2\right) = 350/\left(1+\frac{1.4-1}{2}1.3^2\right) = 262\,[\mathrm{K}] \tag{11.90}$$

(c) 식 (11.87) ~ 식 (11.90)과 같은 지점 ①, 지점 ②의 물리량을 Ts선도상에서 엔트로피 변화, 즉 $s_2 - s_1$인 식 (11.26)을 이용해 식 (11.91)과 같이 구할 수 있다.

$$s_2 - s_1 = c_p \ln\frac{T_2}{T_1} - R\ln\frac{p_2}{p_1} = 1.0\ln\frac{262}{333} - 0.287\ln\frac{139}{350} = 0.0252\,[\mathrm{kJ/(kg\cdot K)}] \tag{11.91}$$

고찰

- 식 (11.91)을 보면 엔트로피가 증가했음을 알 수 있다. 즉 등엔트로피 과정이 아니다. 이는 등엔트로피 과정과 T_{o1}, T_{o2}를 동일한 단열유동으로 가정했기 때문에 0이 되어야 한다. 그러나 0.0252 [kJ/(kgK)]의 엔트로피의 증가는 마찰 같은 비가역성 현상이 발생했거나 열이 가해졌거나 또는 두 가지 모두 작용했을 수도 있다.
- 이 유동장은 $T_2 < T_1$이고 $p_2 < p_1$인 유동장이므로 열역학에서 배운 Ts선도를 스케치해볼 필요가 있다.

SECTION 11.3

압축성유동의 지배방정식

- ✔ 1차원으로 가정한 압축성유동의 지배방정식에 대해 학습한다.
- ✔ 이상기체의 등엔트로피 유동에 대해 학습한다.
- ✔ 축소 노즐에서의 등엔트로피 유동에 대해 학습한다.
- ✔ 축소-확대 노즐에서의 등엔트로피 유동에 대해 학습한다.

11.3.1 면적 변화 시 압축성유동의 지배방정식

5장에서 학습한 일반적인 방정식을 [그림 11-7]과 같은 면적 변화 시 압축성유동에 대한 고정된 검사체적에 적용해보자. 여기서는 단면 ①과 단면 ②에서 유동상태량에 상응하는 하첨자를 붙여 표시했다. [그림 11-7]에서의 R_x는 유로면 위에서 마찰과 압력으로부터 발생하는 표면력의 x방향 성분인데, x방향만 고려했으므로 체적력은 0이 된다. 5.7.3절에서 다룬 일반적인 노즐 문제에서는 열전달 $\dot{Q}$을 무시했지만 여기서는 무시할 수 없는 매우 중요한 변수가 된다.

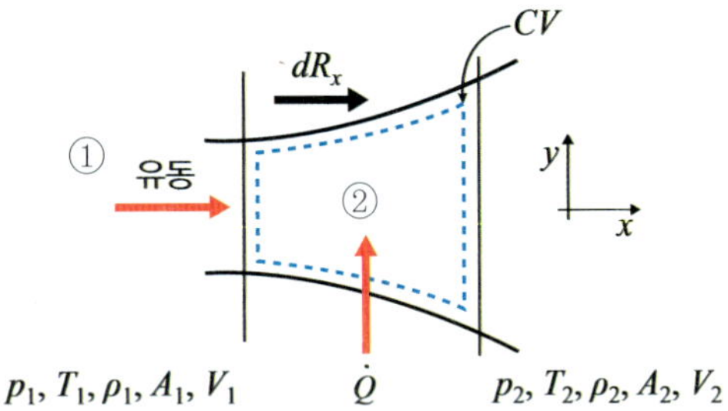

그림 11-7 일반적인 1차원 유동 해석을 위한 검사체적

■ 연속방정식

[그림 11-7]의 검사체적을 흐르는 유동이 1차원 정상유동이라면 식 (11.92), 식 (11.93)과 같이 나타낼 수 있다.

$$(-\rho_1 V_1 A_1) + (\rho_2 V_2 A_2) = 0 \tag{11.92}$$

$$\rho_1 V_1 A_1 = \rho_2 V_2 A_2 = \rho V A = \dot{m} = const. \tag{11.93}$$

■ 운동량방정식

이때 운동량방정식은 식 (11.94)와 같이 정리된다. 식 (11.94)에서는 체적력을 무시했고, 압력과 마찰력을 고려했다.

$$R_x + p_1 A_1 - p_2 A_2 = V_1(-\rho_1 V_1 A_1) + V_2(\rho V_2 A_2) \tag{11.94}$$

식 (11.94)의 우변에 식 (11.93)과 같은 연속방정식을 대입하면 식 (11.95)와 같아진다.

$$R_x + p_1 A_1 - p_2 A_2 = \dot{m} V_2 - \dot{m} V_1 \tag{11.95}$$

■ 열역학 제1법칙

압축성유동에서는 공기 상태에 따라 온도가 변화하므로 식 (5.113)과 같은 열역학 제1법칙을 고려해야 한다. 5장에서 식 (5.113)의 비에너지는 식 (5.8)과 같음을 학습한 바가 있다.

$$\dot{Q} - \dot{W}_{shear} - \dot{W}_{shaft} - \dot{W}_{pressure} = \frac{\partial}{\partial t}\int_{CV} \rho(e)\, d\forall + \int_{CS} \rho(e)\, \overrightarrow{V} \cdot d\overrightarrow{A} \tag{5.113}$$

$$e = u + \frac{\overrightarrow{V^2}}{2} + gz \tag{5.8}$$

여기서 [그림 11-7]과 같은 압축성유동을 해석하기 위해 아래와 같은 가정을 하면 식 (5.113)은 식 (11.96)과 같아지고[3], 엔탈피의 정의($h = u + p\nu$)와 연속방정식을 대입하면 식 (11.96)은 식 (11.97)과 같이 간단히 정의된다.

[가정 1] 정상유동

[가정 2] 1차원 유동

[가정 3] 체적력(중력)은 무시하고 압력힘만 고려

[가정 4] $\dot{W}_{shear} = 0$

[가정 5] $\dot{W}_{shaft} = 0$

$$\dot{Q} = \left(u_1 + p_1\nu_1 + \frac{V_1^2}{2}\right)(-\rho_1 V_1 A_1) + \left(u_2 + p_2\nu_2 + \frac{V_2^2}{2}\right)(\rho_2 V_2 A_2) \tag{11.96}$$

$$\dot{Q} = \dot{m}\left[\left(h_2 + \frac{V_2^2}{2}\right) - \left(h_1 + \frac{V_1^2}{2}\right)\right] \tag{11.97}$$

식 (11.97)의 열전달 항을 식 (5.119)와 같이 단위시간당보다 단위질량당으로 표현하는 것이, 식 (11.98)과 같이 열에 관한 변화량을 해석하는 데 편리하기 때문이다.

$$\dot{Q} = \frac{dQ}{dt} = \frac{dQ}{dm}\frac{dm}{dt} = \frac{dQ}{dm}\dot{m} \quad \text{또는} \quad \frac{\delta Q}{dm} = \frac{1}{\dot{m}}\dot{Q} \tag{5.119}$$

$$\frac{\delta Q}{dm} + h_1 + \frac{V_1^2}{2} = h_2 + \frac{V_2^2}{2} = h_o \tag{11.98}$$

---

3 이에 대한 유도는 식 (5.112) ~ 식 (5.121)을 참조하면 좀 더 이해하기 쉬울 것이다. 여기서는 압축성유동에 적합한 식을 유도해야 하므로 중복되는 내용은 가급적 생략했다.

식 (11.98)의 물리적 의미는 **압축성유동에서 발생하는 열전달이 유동하는 유체의 총 에너지를 변화**시킨다는 것이다. 그렇다면 식 (11.98)은 식 (11.99)와 같이 총 에너지의 변화로 나타낼 수 있으며, 이때 $h + V^2/2$의 항을 h_o로 정의할 수 있다. 이때 h_o는 압축성유동에서 자주 나타나며, 이를 정체 엔탈피라 한다. 즉 **열전달은 시스템의 정체 엔탈피를 변화시키고**, 따라서 **정체온도를 변화시킨다는 것**을 식 (11.99)로부터 알 수 있다.

$$\frac{\delta Q}{dm} = h_{o_2} - h_{o_1} \tag{11.99}$$

■ 열역학 제2법칙

압축성유동에서는 에너지 변화가 발생해 엔탈피도 변화하므로 식 (5.9)의 열역학 제2법칙을 적용해야 한다. 여기서 열역학 제1법칙에서 적용했던 가정을 대입하면 식 (5.9)는 식 (11.100)이 되고, 연속방정식을 적용하면 식 (11.101)과 같이 압축성유동에 적용할 수 있는 간단한 방정식으로 유도할 수 있다.

$$\frac{\partial}{\partial t}\int_{CV} s\rho d\forall + \int_{CS} s\rho \vec{V}\cdot d\vec{A} \ \ge \int_{CS}\frac{1}{T}\left(\frac{\dot{Q}}{A}\right)dA \tag{5.9}$$

$$s_1(-\rho_1 V_1 A_1) + s_2(\rho_2 V_2 A_2) \ \ge \int_{CS}\frac{1}{T}\left(\frac{\dot{Q}}{A}\right)dA \tag{11.100}$$

$$\dot{m}(s_2 - s_1) \ \ge \int_{CS}\frac{1}{T}\left(\frac{\dot{Q}}{A}\right)dA \tag{11.101}$$

■ 상태방정식

압축성유동은 일정 비열을 갖는 이상기체이므로 식 (11.1), 식 (11.13)과 식 (11.26)을 소급하자. 단, 식 (11.1), 식 (11.13)과 식 (11.26)의 적용은 비열이 일정한 이상기체에만 가능하다는 것을 주의하자.

$$p = \rho RT \tag{11.1}$$

$$\Delta h = h_2 - h_1 = c_p \Delta T = c_p(T_2 - T_1) \tag{11.13}$$

$$\Delta s = s_2 - s_1 = c_p \ln\frac{T_2}{T_1} - R\ln\frac{p_2}{p_1} \tag{11.26}$$

지금까지 모든 유동현상에 의해 영향을 받는 압축성유동을 해석하기 위한 1차원 기본방정식에 대해 고찰했다. 이제는 압축성유동에 영향을 미칠 수 있는 현상에 대해 위의 방정식들을 단순화해 학습해보자.

단순화하여 학습할 내용으로는 면적의 변화를 수반하는 유동(11.3.2절, 11.3.3절), 수직 충격파(11.4절), 마찰을 수반하는 일정 면적의 덕트 유동, 가열이나 냉각을 수반하는 유로에서의 유동이다.[4]

4 마찰이나 가열, 냉각을 수반하는 유동은 1차원으로 해석하기 어렵기 때문에 이 책에서는 자세히 다루지 않는다.

11.3.2 면적 변화 시 이상기체의 등엔트로피 유동

[그림 11.8]과 같이 면적 변화가 있는 압축성유동을 고려해보자. 여기서는 단순히 열전달, 마찰 그리고 수직 충격파도 없다고 가정한다. 이는 면적 변화에 따른 단순한 압축성유동을 파악하기 위함이다. 그렇다면 [그림 11.8]의 유동은 가역적(식 (11.102))이고 단열인 등엔트로피 유동(식 (11.103), 식 (11.104))이 된다.

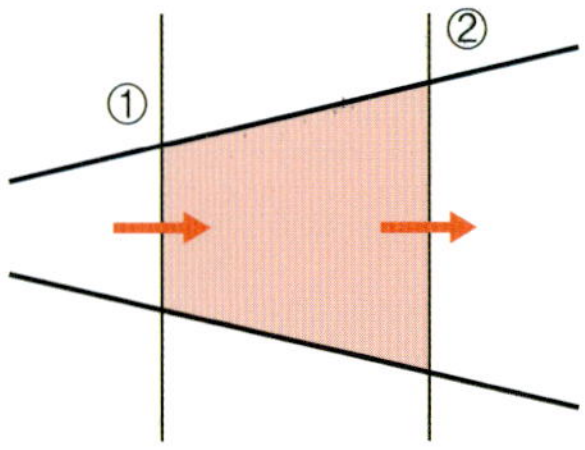

그림 11-8 일반적인 1차원 유동 해석을 위한 검사체적

따라서 식 (11.101), 식 (11.29)는 식 (11.102), 식 (11.103)과 같이 정의할 수 있다. 더 나아가 식 (11.30)은 식 (11.104)와 같이 정의할 수 있다.

$$\dot{m}(s_2 - s_1) \geq \int_{CS} \frac{1}{T}\left(\frac{\dot{Q}}{A}\right) dA \tag{11.101}$$

$$Tp^{(1-k)/k} = const. \tag{11.29}$$

$$\dot{m}(s_2 - s_1) = \int_{CS} \frac{1}{T}\left(\frac{\dot{Q}}{A}\right) dA = 0 \text{ 또는 } \Delta s = s_2 - s_1 = 0 \tag{11.102}$$

$$T_1 p_1^{(1-k)/k} = T_2 p_2^{(1-k)/k} = Tp^{(1-k)/k} = const. \tag{11.103}$$

$$p\nu^k = \frac{p}{\rho^k} = const. \tag{11.30}$$

$$\frac{p_1}{\rho_1^k} = \frac{p_2}{\rho_2^k} = \frac{p}{\rho^k} = const. \tag{11.104}$$

또한 이를 해석하기 위해 식 (11.93), 식 (11.95), 식 (11.98)의 연속방정식, 운동량방정식, 에너지방정식을 적용해야 한다.

$$\rho_1 V_1 A_1 = \rho_2 V_2 A_2 = \rho VA = \dot{m} = const. \tag{11.93}$$

$$R_x + p_1 A_1 - p_2 A_2 = \dot{m} V_2 - \dot{m} V_1 \tag{11.95}$$

$$\frac{\delta Q}{dm} + h_1 + \frac{V_1^2}{2} = h_2 + \frac{V_2^2}{2} = h_o \tag{11.98}$$

[그림 11-8]과 같이 **면적이 변화**하므로 이에 관한 운동량방정식을 고려해야 한다. 이를 위해 식 (11.68)의 압력을 동압의 항인 ρV^2으로 나누면 식 (11.105)와 같다.

$$dp = -\rho V_x dV_x = -\rho d\left(\frac{V_x^2}{2}\right) \tag{11.68}$$

$$\frac{dp}{\rho V^2} = -\frac{dV}{V} \tag{11.105}$$

여기서 면적의 변화량을 고려하면 식 (11.93)의 연속방정식은 식 (11.106)과 같이 변화된다. 식 (11.106)을 면적 변화량으로 정리하면 식 (11.107)과 같아진다.

$$\frac{d\rho}{\rho} + \frac{dV}{V} + \frac{dA}{A} = 0 \tag{11.106}$$

$$\frac{dA}{A} = -\frac{dV}{V} - \frac{d\rho}{\rho} \tag{11.107}$$

식 (11.107)의 우변의 첫 번째 항인 속도 변화량은 식 (11.105)이므로 이를 대입하면 식 (11.108), 식 (11.109)가 된다.

$$\frac{dA}{A} = \frac{dp}{\rho V^2} - \frac{d\rho}{\rho} \tag{11.108}$$

$$\frac{dA}{A} = \frac{dp}{\rho V^2}\left(1 - \frac{V^2}{dp/d\rho}\right) \tag{11.109}$$

식 (11.109)에서 $dp/d\rho = c^2$이므로 식 (11.110)과 같이 정리할 수 있고, 연산 과정을 통해 식 (11.111) ~ 식 (11.113)과 같이 면적 변화에 따른 속도 변화값을 계산하는 수식을 얻을 수 있다.

$$\frac{dA}{A} = \frac{dp}{\rho V^2}\left(1 - \frac{V^2}{c^2}\right) = \frac{dp}{\rho V^2}(1 - M^2) \tag{11.110}$$

$$\frac{dp}{\rho V^2} = \frac{dA}{A}\frac{1}{(1 - M^2)} \tag{11.111}$$

$$\frac{dV}{V} = -\frac{dA}{A}\frac{1}{(1 - M^2)} \tag{11.112}$$

$$\frac{dA}{A} = -\frac{dV}{V}(1 - M^2) \tag{11.113}$$

식 (11.111) ~ 식 (11.113)을 보면 속도 변화는 면적 변화와 M수와 관계가 있다는 것을 알 수 있다. 즉 **운동량 증가는 압력 증가와 속도 변화를 나타낸다는 것**을 의미한다. 비압축성유체의 베르누이방정식인 경우는 압력이 증가하면 속도는 반드시 감소해야 하지만 식 (11.111) ~ 식 (11.113)을 보면 **압력이 증가해도 M수가 커지는 초음속유동에서는 속도가 증가될 수 있다**는 것을 알 수 있다. 그럼 이제 M수가 결정된 경우 면적 변화에 따른 속도 변화와 압력 변화에 대해 알아보자.

■ 확대관 : 면적이 커지는 경우 또는 면적 변화가 양(+)의 값을 갖는 경우

디퓨저 형상의 면적 변화가 있을 때 M수를 아음속유동과 초음속유동으로 나누어 살펴볼 수 있다.

면적이 커진다는 것은 면적 변화가 양(+)의 값을 갖는다는 것을 의미한다. 즉 여기서 다루고 있는 것은 **면적의 변화량**을 의미하는 것이지 절대량의 변화가 아니므로 이를 혼동하면 안 된다.

아음속유동의 경우 M수의 값이 1보다 작으면 $1-M^2$의 값이 양(+)의 값을 가진다. 면적 변화가 양(+)의 값일 때 일정 비율이 아닐지라도, 속도 변화는 음(−)의 값을 나타낸다. 식 (11.112)를 보면 압력 변화는 양(+)의 값을 갖게 된다. 이러한 경향은 비압축성유동에서 얻은 결과와 같음을 알 수 있다.

그러나 초음속유동인 경우 M수 값이 1보다 커지므로 $1-M^2$의 값은 음(−)의 값을 갖기 때문에, 면적 변화가 양(+)의 값이더라도, 즉 **면적이 커지더라도 속도 변화는 양(+)의 값이고 압력 변화는 음(−)의 값을 갖게 된다.** 이를 좀 더 쉽게 설명하면 면적이 넓어질수록 속도 증가폭이 커진다는 의미이다. 이러한 상황을 각각 아음속 디퓨저($M<1$)와 초음속 노즐($M>1$)이라고 한다.

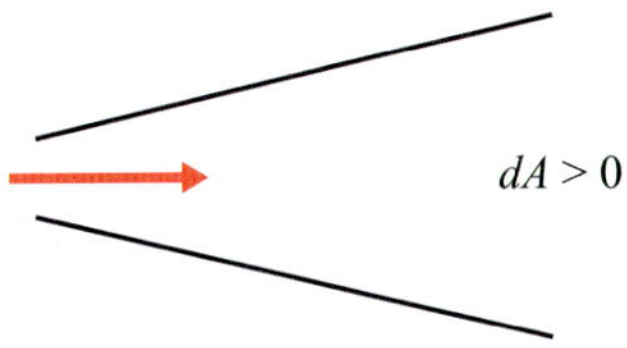

- 아음속 디퓨저의 경우
  $M<1$일 때 $dV<0,\ dp>0$
- 초음속 노즐의 경우
  $M>1$일 때 $dV>0,\ dp<0$

그림 11-9 면적이 커지는 확대관

■ 축소관 : 면적이 작아지는 경우 또는 면적 변화가 음(−)의 값을 갖는 경우

[그림 11-10]과 같이 면적이 좁아지는 노즐 형상이 있는 아음속유동의 경우 면적 변화가 음(−)의 값이므로 속도 변화는 양(+)의 값이고 압력 변화는 음(−)의 값을 갖는다. 축소관의 경우 아음속유동에서는 확대관 내 비압축성유동의 결과와 동일한 결과가 얻어진다.

반면 초음속유동의 경우 **면적 변화가 음(−)의 값이므로 속도 변화는 음(−)의 값, 압력 변화는 양(+)의 값이 된다.** 이처럼 초음속유동에서는 비압축성유동에서 학습했던 내용과 다르다는 것을 알 수 있다.

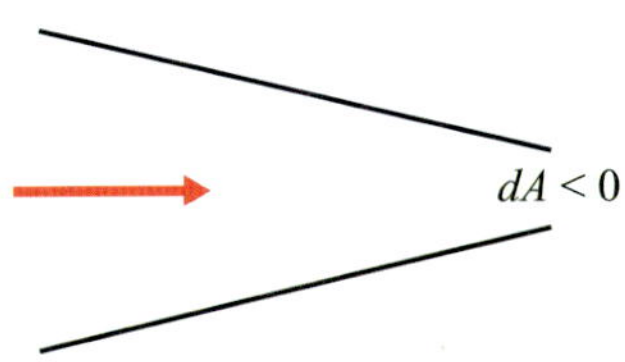

- 아음속 디퓨저의 경우
  $M<1$일 때 $dV>0,\ dp<0$
- 초음속 노즐의 경우
  $M>1$일 때 $dV<0,\ dp>0$

그림 11-10 면적이 작아지는 축소관

■ $M = 1$인 임계 음속유동

$M = 1$인 음속인 경우에는 어떻게 될까? 음속의 경우 수학적으로 정의되지 않으므로 면적 변화가 0이어야 한다. 면적 변화가 0이라는 것은 면적이 일정하다는 의미로 이를 정리하면 **등엔트로피 유동에 대한 임계 유속의 발생 조건은 면적이 일정한 곳이어야 한다는 것**을 알 수 있다. 반대로 설명하면 축소 및 확대관에서는 $M = 1$인 **음속이 발생하지 않는다는 것**을 의미한다. 좀 더 확장해서 설명하면 아음속유동은 아음속 노즐을 사용할 때, 초음속유동은 초음속 디퓨저를 사용할 때 음속에 도달할 수 있다는 것이다. 즉 공학적으로 **음속의 조건**들은 반드시 일정 면적의 위치가 아니라 [그림 11–11]과 같이 면적이 감소했다 커지는 경우에 발생하는데 이론적으로 **면적이 가장 작은 부분인 최소 면적에서 발생**하고 이를 **압축성유동에서는 목**Throat **이라고 정의**한다.

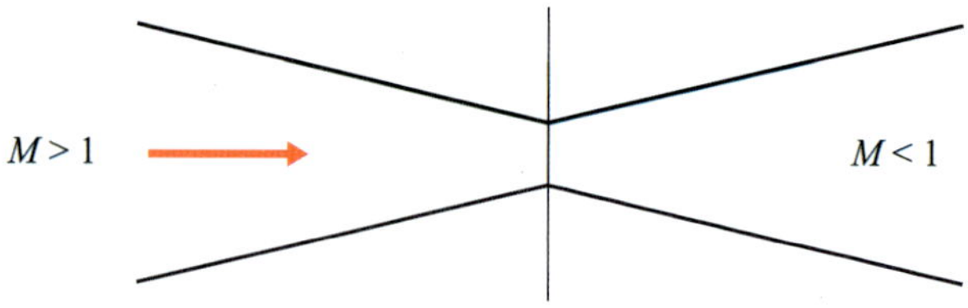

그림 11-11 축소–확대 노즐

그렇다면 정지상태에서 초음속유동을 만들기 위해서는 어떻게 해야 할까? 위 내용을 제대로 이해했다면 [그림 11–11]과 같이 축소–확대 노즐Converging-Diverging Nozzle을 만들면 되지 않을까 생각할 것이다. 이상적인 경우 가능하지만 현실에서는 불가능하다. 실제 유동에서는 [예제 11–6]에서 본 바와 같이 경계층의 박리나 충격파의 발생 등 등엔트로피적이지 못한 유동 과정이 발생할 수 있다. 따라서 **초음속유동은 목에서 정확하게 $M = 1$로 감속할 수 없다.** 이는 **목 근처에서 음속유동이 상승하는 역압력 구배로 인해 불안정해지기 때문**이다. 또한 축소–확대 노즐 내 유동은 목에서 발생하는 교란이 음속유동에 영향을 미치게 되고 충격파를 형성하게 된다. 순압력 구배인 경우, 등엔트로피 유동의 이상화는 일반적으로 실제 유동을 표현하는 현실적인 모델이 될 수 있지만, 감속 유동인 경우에서는 역압력 구배나 유동 박리의 가능성 때문에 엔탈피가 증가하므로 등엔트로피 유동과 실제 유동이 많이 다르게 된다.

■ 기준 정체조건과 임계조건에 따른 면적 A의 정규화

압축성유동을 등엔트로피 유동으로 가정했으므로, 면적 변화 시 유동상태량을 구하기 위해 앞서 학습했던 식 (11.78) ~ 식 (11.80)을 이용해 기준 정체조건과 기준 임계조건을 먼저 정의하자.

정체조건들은 등엔트로피 유동 전체에 걸쳐 일정하다는 것이고, 기준 정체조건에 대해 $M = 1$인 음속인 경우를 기준 임계상태라 한다. 임계조건들은 M수가 1이므로 식 (11.78), 식 (11.79), 식 (11.80)에 $M = 1$을 대입하고 임계상태량에 대해서는 상첨자 *를 붙여 정의하면 식 (11.114) ~ 식 (11.116)과 같이 변화된다. 또한 공기일 때 비열지수가 $k = 1.4$이므로 정체조건과 임계조건의 비를 계산할 수 있다.

$$\frac{p_o}{p} = \left[1 + \frac{k-1}{2}M^2\right]^{k/(k-1)} \tag{11.78}$$

$$\frac{T_o}{T} = 1 + \frac{k-1}{2}M^2 \tag{11.79}$$

$$\frac{\rho_o}{\rho} = \left[1 + \frac{k-1}{2}M^2\right]^{1/(k-1)} \tag{11.80}$$

$$\frac{p_o}{p^*} = \left[1 + \frac{k-1}{2}\right]^{k/(k-1)} = \left[\frac{k+1}{2}\right]^{k/(k-1)}, \ p_o/p^* = 1.893 \tag{11.114}$$

$$\frac{T_o}{T^*} = 1 + \frac{k-1}{2} = \frac{k+1}{2}, \ T_o/T^* = 1.20 \tag{11.115}$$

$$\frac{\rho_o}{\rho^*} = \left[1 + \frac{k-1}{2}\right]^{1/(k-1)} = \left[\frac{k+1}{2}\right]^{1/(k-1)}, \ \rho_o/\rho^* = 1.577 \tag{11.116}$$

식 (11.114) ~ (11.116)에서 정체상태량과 임계상태량의 관계에 대하여 정리하면 식 (11.117) ~ 식 (11.119)와 같아진다. 임계속도는 식 (11.57)에 식 (11.118)의 임계온도를 대입하면 식 (11.120)과 같이 구할 수 있다.

- 임계압력Critical Pressure p^*

$$p^* = p_o\left(\frac{2}{k+1}\right)^{k/(k-1)} = 0.5283p_o \tag{11.117}$$

- 임계온도Critical Temperature T^*

$$T^* = T_o\frac{2}{k+1} = 0.8333\,T_o \tag{11.118}$$

- 임계밀도Critical Density ρ^*

$$\rho^* = \left[\frac{2}{k+1}\right]^{1/(k-1)} \tag{11.119}$$

- 임계속도Critical Velocity V^*

$$V^* = c^* = \sqrt{\frac{2k}{k+1}RT_o} \tag{11.120}$$

[그림 11-12]의 예시와 같이 어떤 특정한 유동이 음속조건에 절대 도달하지 않더라도, 기준 조건으로 유용한 임계조건을 구할 수 있으므로 식 (11.117) ~ 식 (11.120)을 사용한다. 식 (11.114) ~ 식 (11.116)은 M수를 매개변수로 하여 국소상태량을 정체상태량으로 정리하고, 식 (11.117) ~ 식 (11.120)은 각각 임계상태량(*)을 정체상태량($_o$)으로 정리하게 된다.

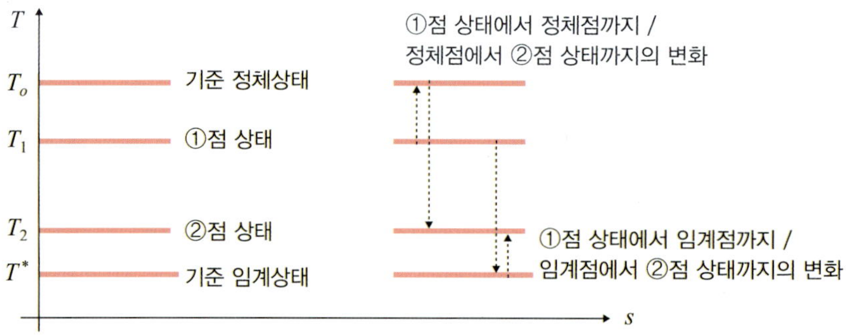

그림 11-12 *Ts* 선도에서 기준 정체상태와 기준 임계상태의 예시 면적이 감소했다 커지는 경우

면적비에 대해서도 임계면적(A^*)과의 관계에 대하여 정리해야 한다. 이를 정의하기 위해 식 (11.93)의 연속방정식을 이용하면 식 (11.121)과 같이 임계속도(V^*)를 나타낼 수 있다.

$$\rho_1 V_1 A_1 = \rho_2 V_2 A_2 = \rho VA = \dot{m} = const. \tag{11.93}$$

$$\rho A V = const. = \rho^* A^* V^* \tag{11.121}$$

식 (11.121)을 A/A^*와 같이 면적비로서 표현하고 이를 임계속도(V^*)의 정의를 이용해 표현하면 식 (11.122)와 같이 비례 관계식으로 정리할 수 있다. 식 (11.122)는 복잡해 보이지만 그렇지 않다. 즉 연산 과정에서 임계온도와 임계밀도에 각각 정체온도와 정체밀도를 나눠주고, 식 (11.79)와 식 (11.80) 그리고 식 (11.118)과 식 (11.119)를 각각 대입했을 뿐이다.

$$\begin{aligned}\frac{A}{A^*} &= \frac{\rho^*}{\rho}\frac{V^*}{V} = \frac{\rho^*}{\rho}\frac{c^*}{Mc} = \frac{1}{M}\frac{\rho^*}{\rho}\frac{\sqrt{kRT^*}}{\sqrt{kRT}} = \frac{1}{M}\frac{\rho^*}{\rho}\frac{\sqrt{T^*}}{\sqrt{T}} \\ &= \frac{1}{M}\frac{\rho^*}{\rho_o}\frac{\rho_o}{\rho}\sqrt{\frac{T^*}{T_o}\frac{T_o}{T}} = \frac{1}{M}\left[\frac{1+\dfrac{k-1}{2}M^2}{\dfrac{k+1}{2}}\right]^{\frac{k+1}{2(k-1)}}\end{aligned} \tag{11.122}$$

식 (11.122)를 보면 A/A^*는 M수만의 함수라는 것을 알 수 있다. 즉 A/A^*를 이용하면 임계면적 A^*로 면적 A를 정규화할 수 있다는 뜻이다. 식 (11.122)에 이상기체인 $k = 1.4$를 대입하면 [그림 11-13]과 같이 A/A^*의 변화 곡선을 얻을 수 있다. 즉 각 M수에 대해 유일한 면적비를 얻을 수 있고, [그림 11-13]에서 보듯이 2개의 가능한 M수, 즉 M수를 기준으로 아음속 M수와 초음속 M수를 얻을 수 있다.

면적 A를 정규화할 수 있다는 것은 무엇을 의미할까? 이는 아음속에서 초음속으로 가속하기 위한 면적 변화에 따른 축소-확대관의 면적을 단순히 구할 수 있다는 것이다. 목 부분에서 발생하는 역압력구배로 인해 실제 확대 부분의 각도는 좀 더 커져야 하지만 여기서는 이론적으로 구할 수 있다는 것을 의미한다.

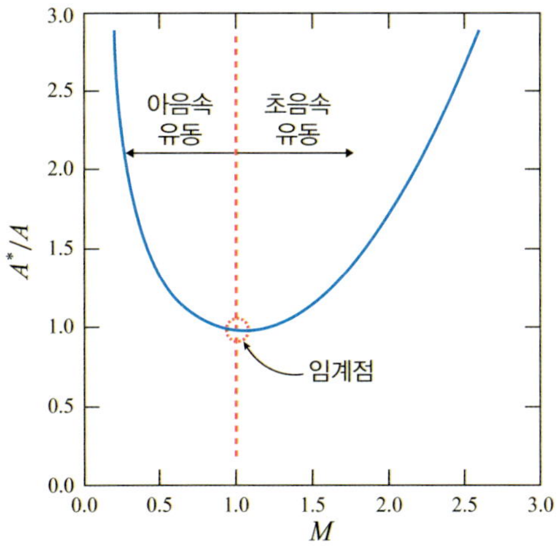

그림 11-13 $k = 1.4$인 이상기체의 등엔트로피 유동에 대한 M수에 따르는 A/A^*의 변화

11.3.3 축소 노즐(면적 변화)내에서 등엔트로피 유동

면적 변화에 의한 등엔트로피 유동을 해석하기 위해 [그림 11-14]와 같이 **정지상태에서 출발하는 축소 노즐**에 대해 먼저 살펴보자. [그림 11-14]의 축소 노즐 유동은 하류의 진공 펌프에 의해 발생되고 밸브에 의해 제어된다.

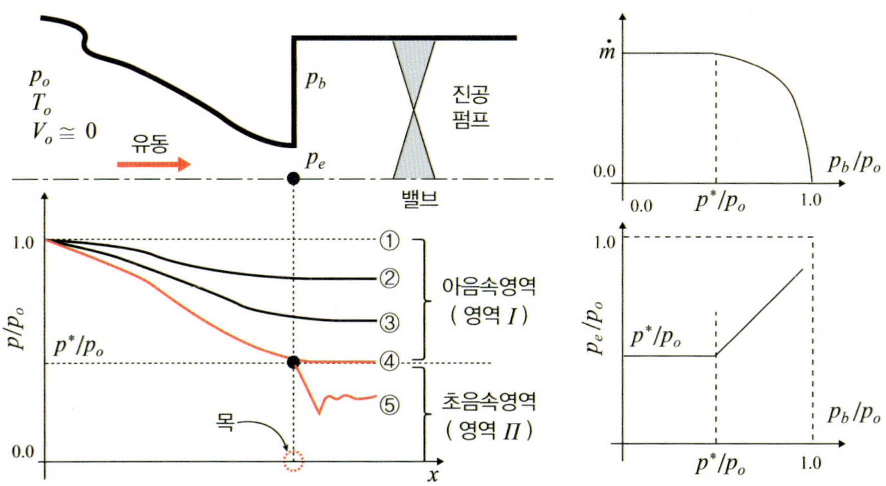

그림 11-14 일반적인 1차원 유동 해석을 위한 검사체적

[그림 11-14]에서 출구유동은 밸브로 제어되므로 배압 종류에 따라 축소 노즐 내의 유동현상을 단계별로 살펴볼 수 있다. 이때 노즐 출구면의 압력이 p_e이고 이 압력은 p_b인 배압과 가끔 동일할 수 있으나 항상 그렇지는 않다. 이를 다음의 다섯 단계로 검토해보자.

① 밸브가 폐쇄된 경우 ($p_o = p_b$)

- 상류의 정체압과 노즐 출구의 배압이 같아 유동이 없는 단계이다.

② 출구 배압이 상류의 정체압보다 작은 경우 ($p_o > p_b$)

- 노즐을 통한 유동이 발생되는 단계로 유동 방향으로 압력이 감소된다.

③ 배압이 계속 감소하는 경우 ($p_o > p_b$)

- 출구면이 감소되어 압력이 $p_e = p_b$와 동일해질 때까지는 출구면에서 아음속유동은 $M < 1$이 된다.
- 만약 M수가 0.3을 넘지 않으면 베르누이방정식을 적용할 수 있다.

④ 출구에서 $M = 1$이 될 때까지 배압이 계속 감소하는 경우

- 배압이 계속 감소하면 노즐을 통과하는 질량유량은 계속 증가할 것이다.
- 출구면의 압력인 p_e가 계속 감소할 것이다.
- 식 (11.112)에서 보듯이 출구의 M수는 상한값을 갖게 된다.

$$\frac{dV}{V} = -\frac{dA}{A}\frac{1}{(1 - M^2)} \tag{11.112}$$

⑤ 초크 유동인 경우 (출구에서 $M = 1$, $p^* > p_b$)

- 만약 $M = 1$이 되면 면적 변화가 식 (11.112)에 따라 0이 되므로 노즐 축소부에서는 음속조건이 발생할 수 없다. 따라서 이런 경우는 논리적으로 최대 출구 M수가 1이고, 이 상태를 초크 유동Choke Flow이라 정의한다.
- 만약 출구에서 $M < 1$이 됐다면 축소부 어딘가에서 $M = 1$이 됐고 이를 통과했다는 것을 의미한다. 이런 현상은 역압력구배로 인해 발생한다는 것을 앞절에서 다룬 바 있다.
- 출구에서 초크된 상태를 유지하며, 노즐의 상류에 배압이 영향을 미치지 못한다.
- 출구면에서 음속조건이라면 식 (11.123)과 같이 임계압력이 되고 이때 최대 유량이 발생하게 된다.

$$p_o = p_b = p^* \ \text{(임계압력)} \tag{11.123}$$

$$\frac{p_e}{p_o} = \frac{p^*}{p_o} = \left(\frac{2}{k+1}\right)^{k/(k-1)} = 0.528 \tag{11.117}$$

- 이상 공기($k = 1.4$)일 때 식 (11.117)을 보면 임계유동의 압력비는 0.528이 되므로 대기압 상태인 가압실에서 노즐 출구로부터 음속유동을 얻으려면 노즐 배압 p_b를 53.50 [kPa(abs)]로 유지해야 하며, 약 47.85 [kPa]의 진공압을 유지해야 한다.
- 진공 펌프로 진공압을 형성시켜야 하지만 실제로는 쉽지 않다.
- 초크된 상태에서 최대 유량 또는 초크 유량은 식 (11.78)과 식 (11.79)로 나타낸 정체에 대한 임계압력 및 임계온도의 비를 사용해 $M = 1$을 대입하고 A^*를 A_e(출구면적)로 적용한다. 이 연

산 과정을 거치면 식 (11.124)와 같이 정리된다.

$$\frac{p_o}{p} = \left[1 + \frac{k-1}{2}M^2\right]^{k/(k-1)} \tag{11.78}$$

$$\frac{T_o}{T} = 1 + \frac{k-1}{2}M^2 \tag{11.79}$$

$$\dot{m}_{choked} = \rho^* V^* A^* = A_e\, p_o \sqrt{\frac{k}{RT_o}}\left(\frac{2}{k+1}\right)^{(k+1)/2(k-1)} \tag{11.124}$$

– 임의의 비열비 k와 기체상수 R을 갖는 기체에 대하여 축소 노즐에서 최대 유량은 출구면적(A_e)의 크기와 노즐 안의 조건(p_o, T_o)에 따라 변화할 것이다. 즉 이상 공기와 같이 $k = 1.4$와 $R = 287\,[\mathrm{N \cdot m/(kg \cdot K)}]$를 알고 있다면 식 (11.124)를 식 (11.125)와 같이 간단히 정리할 수 있다.

$$\dot{m}_{choked} = 0.04\frac{A_e\, p_o}{\sqrt{T_o}} \tag{11.125}$$

11.3.4 축소–확대 노즐(면적 변화)내에서 등엔트로피 유동

[그림 11–15]와 같이 축소 노즐보다는 좀 더 복잡한 축소–확대 노즐에 대한 등엔트피 유동에 대해 살펴보자. [그림 11–15]의 후단의 압력조절은 [그림 11–14]와 같이 진공 펌프로 제어되므로 11.3.3절과 같이 배압의 조건에 따라 축소–확대 노즐의 유동을 살펴볼 수 있다. 마찬가지로 다음의 다섯 단계로 검토해보자.

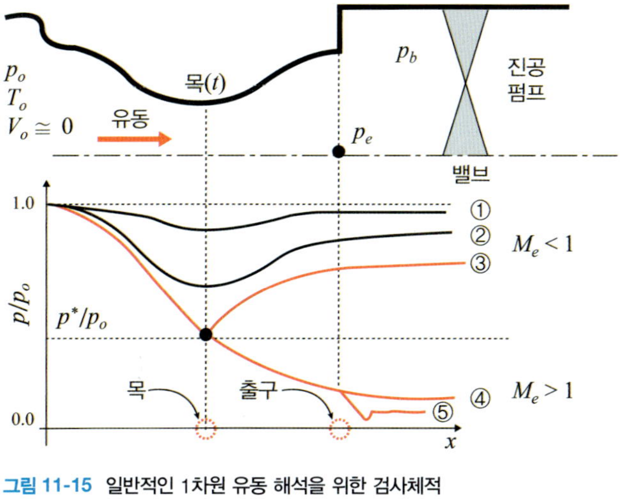

그림 11-15 일반적인 1차원 유동 해석을 위한 검사체적

① 밸브가 폐쇄된 경우 ($p_o = p_b$)

② 출구 배압이 상류의 정체압보다 작은 경우 ($p_o > p_b$)

- 아음속유동이어서 유동 방향으로 압력이 감소하므로 비압축성유동, 베르누이방정식으로 설명 가능하다.
- 배압은 계속 감소하고 노즐 목에서 압력은 최소가 된다. 압축성 효과가 발생하지만 여전히 아음속이고 확대부에서 유동은 감속될 것이다.

③ 출구에서 $M = 1$이 될 때까지 배압이 계속 감소하는 경우

- 유로의 최소 면적부에서 유동은 $M = 1$이 되고 노즐은 초크된다.
- 등엔트로피 유동, 유량은 노즐과 정체조건에 대해 최대가 되고, 노즐 목 단면적(A_t)과 공기실 내부의 상태량(p_o, T_o)에만 의존하게 되며, 식 (11.124)와 같이 초크 유동을 구할 수 있다. 이는 11.3.3절에서 검토한 유동과 같음을 인지해야 한다.

$$\dot{m}_{choked} = \rho^* V^* A^* = A_e\, p_o \sqrt{\frac{k}{RT_o}} \left(\frac{2}{k+1}\right)^{(k+1)/2(k-1)} \tag{11.124}$$

- 배압을 더욱 낮춰 유량을 증가시키려 해도 유량은 증가하지 않는다. 즉 유동이 초크되면 하류의 압력 변화는 상류로 전달되지 못하고 노즐 목에서 $M = 1$보다 커지지 못한다.
- 노즐 목에서 음속조건에 도달하는 경우 확대부를 보면 아음속유동은 감속할 것이며, 초음속유동은 가속할 것이다. 이는 하류의 압력조건에 따라 달라지기 때문이다.

④ 초크 유동이 확대부에서 가속하는 경우

- 노즐 출구에서 압력은 $p_④$([그림 11-15])가 되고, 유동은 등엔트로피적으로 가속된다.
- 이는 축소-확대 노즐에서 두 가지 가능한 등엔트로피 유동조건이 얻어진다는 결과와 일치한다.

⑤ 임계조건 이하로 배압을 낮추는 경우

- 노즐 내부의 유동 변화는 발생하지 않는다. 유동은 공기실 상태에서부터 노즐 출구까지 등엔트로피 과정이지만, 노즐 출구 하류에서는 비가역적 팽창이 발생한다.
- 이와 같은 조건에서 작동하는 노즐을 부족 팽창Under Expansion이라고 한다.

예제 11-7 축소-확대 노즐에서 등엔트로피 유동

[그림 11-16]과 같이 출구면적이 $A_e = 0.001\ [\mathrm{m}^2]$인 축소-확대 노즐을 통해 공기가 등엔트로피적으로 유동한다. 노즐은 가압실로부터 공기를 공급받는데, 정체상태의 온도는 $T_o = 350\ [\mathrm{K}]$이고 압력은 $p_o = 1.0\ [\mathrm{MPa(abs)}]$이다. 이때 출구압력은 $p_e = 954\ [\mathrm{kPa(abs)}]$이고, 목에서 $M_t = 0.68$이다. 이때 (a) 노즐 목에서 상태량(온도, 압력, 밀도, 속도), (b) 출구의 M_e수를 결정하고 (c) 노즐 목의 최적 면적 A_t를 구하라.

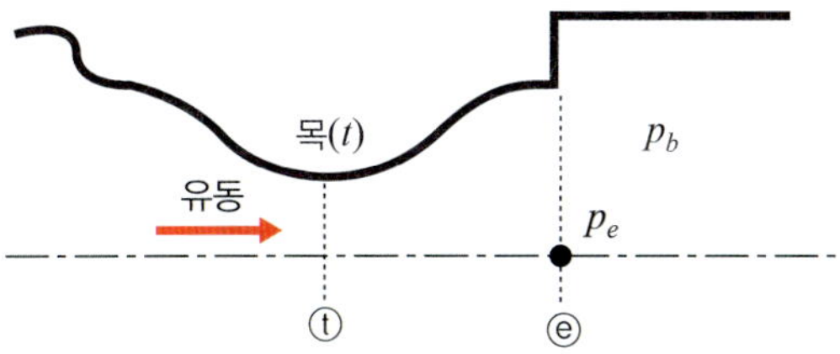

그림 11-16 축소–확대 노즐

분석

• 축소–확대 노즐내 등엔트로피 유동을 이해하는 것이 이 예제의 목적이다.

풀이

(a) 등엔트로피 유동에 대한 정체온도는 일정하므로 식 (11.79)를 통해 먼저 목 부분에서 온도를 식 (11.126)과 같이 예측해야 한다.

$$T_t = \frac{T_o}{1+\dfrac{k-1}{2}M^2} = \frac{350}{1+\dfrac{1.4-1}{2}0.68^2} = 320\,[\text{K}] \tag{11.126}$$

마찬가지로 목 부분의 압력도 식 (11.78)을 이용해 식 (11.127)과 같이 예측 가능하다.

$$p_t = p_o\left[\frac{1}{1+\dfrac{k-1}{2}M^2}\right]^{k/(k-1)} = 1\times 10^6 \times \left[\frac{1}{1+\dfrac{1.4-1}{2}0.68^2}\right]^{1.4/(1.4-1)}$$
$$= 734\,[\text{kPa (abs)}] \tag{11.127}$$

식 (11.126)과 식 (11.127)을 이용하여 기체상태방정식을 활용한다면 식 (11.128)과 같이 목 부분에서 밀도를 구할 수 있다.

$$\rho_t = \frac{p_t}{RT_t} = \frac{734\times 1{,}000}{287\times 320} = 7.99\,[\text{kg/m}^3] \tag{11.128}$$

목 부분의 속도는 식 (11.129)과 같이 구할 수 있다.

$$V_t = M_t c_t = M_t\sqrt{kRT} = 0.68\sqrt{1.4\times 287\times 320} = 244\,[\text{m/s}] \tag{11.129}$$

식 (11.122)로부터 식 (11.130)과 같이 목 부분에서 A_t/A^*를 구할 수 있다. 그러나 A^*는 미지수이기 때문에 아직 최적의 목 부분 면적을 구할 수 없다.

$$\frac{A_t}{A^*} = \frac{1}{0.68}\left[\frac{1+\dfrac{1.4-1}{2}0.68^2}{\dfrac{1.4+1}{2}}\right]^{\frac{1.4+1}{2(1.4-1)}} = 1.11 \tag{11.130}$$

(b) $M_t < 1$이므로 출구에서 유동은 아음속이어야 하고, $p_e = p_b$이며 정체상태량이 일정하므로 식 (11.78)은 식 (11.131)로 변경되고, 이로부터 출구 M_e수를 얻어 A^*를 구할 수 있다. 먼저 식 (11.131)에서 M_e수를 구하면 식 (11.132)와 같다.

$$\frac{p_o}{p_e} = \left[1 + \frac{k-1}{2} M_e^2\right]^{k/(k-1)} \tag{11.131}$$

$$M_e = \left(\left\{\left(\frac{p_o}{p_e}\right)^{(k-1)/k} - 1\right\}\frac{2}{k-1}\right)^{1/2} = \left(\left\{\left(\frac{1\times 10^6}{9.54\times 10^5}\right)^{0.4/1.4} - 1\right\}\frac{2}{0.4}\right)^{1/2} = 0.26 \tag{11.132}$$

이 유동에 대한 Ts 선도는 [그림 11-17]과 같다.

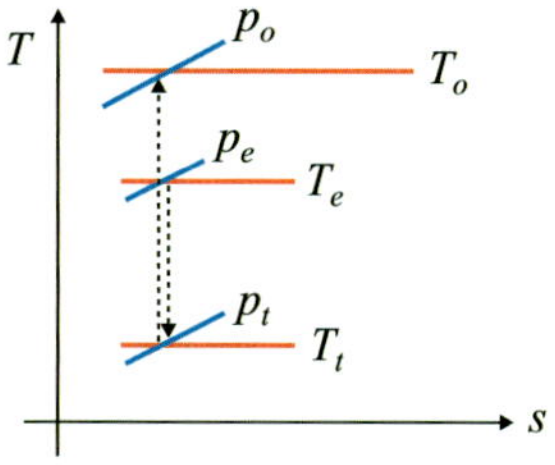

그림 11-17 ***Ts* 선도**

출구 영역의 A_e와 M_e를 구했기 때문에 식 (11.133)과 같이 면적비를 구할 수 있고, A^*를 식 (11.134)와 같이 구할 수 있다.

$$\frac{A_e}{A^*} = \frac{1}{0.26}\left[\frac{1 + \frac{1.4-1}{2}0.26^2}{\frac{1.4+1}{2}}\right]^{\frac{1.4+1}{2(1.4-1)}} = 2.317 \tag{11.133}$$

$$A^* = \frac{A_e}{2.317} = \frac{0.001}{2.317} = 4.32 \times 10^{-4}\,[\mathrm{m}^2] \tag{11.134}$$

(c) 따라서 식 (11.130)의 목 부분의 최적 면적 A_t은 식 (11.134)에서 A^*를 이용해 식 (11.135)와 같이 구할 수 있다.

$$A_t = 1.11A^* = 1.11 \times 4.32 \times 10^{-4} = 4.80 \times 10^{-4}\,[\mathrm{m}^2] \tag{11.135}$$

고찰

- 파라미터를 변경해 다른 유동장도 고려해보자.

SECTION 11.4

수직 충격파

- ✔ 압축성유동에서 발생된 수직 충격파의 개념을 이해한다.
- ✔ 수직 충격파의 기본방정식을 학습하고, 상태량의 변화를 알아본다.
- ✔ 수직 충격파의 해석 방법을 세 단계를 통해 학습한다.

11.4.1 수직 충격파란?

비행체의 속도가 음속보다 빠르게 되면 [그림 7-7], [그림 10-1(b)]와 같이 마크콘 형상이 나타나는데, 이는 비행 선두에서 발생하여 충격파가 퍼지는 현상이다. 여기서 나타나는 충격파는 **매우 짧은 시간과 거리 내에서 유체의 상태량이 크게 변화하는 현상을 의미**한다. 실제 유동의 수직 충격파는 불연속적이므로 물리적 설명이 불가능하지만, 일반적인 발생 원인은 **초음속으로 인한 노즐 확대부속의 낮은 압력과 출구 밖의 높은 압력 사이의 큰 압력차**라고 알려져 있다.

충격파의 두께는 일반적으로 약 0.2 [μm]이고 기체분자 평균 자유 경로의 약 4배 정도이다. 이런 짧은 거리를 빠르게 통과한다는 것은 압력, 온도, 그리고 다른 상태량의 큰 변화를 발생시킨다는 것을 의미한다. 충격파를 통한 유체입자들의 감속은 중력가속도의 수천만 배에 달한다. 이런 점을 고려한다면 **수직 충격파를 급격한 불연속성 현상으로 다루는 것이 당연하다.**

[그림 11-18]과 같은 형상통로에 발생한 수직 충격파를 둘러싼 짧은 검사체적을 고려해보자. 이 해석의 출발은 면적 변화가 있는 등엔트로피 유동이라는 가정하에 11.3절에서 정의한 면적 변화, 마찰, 열전달과 같은 1차원 유동방정식들로부터 시작해야 한다.

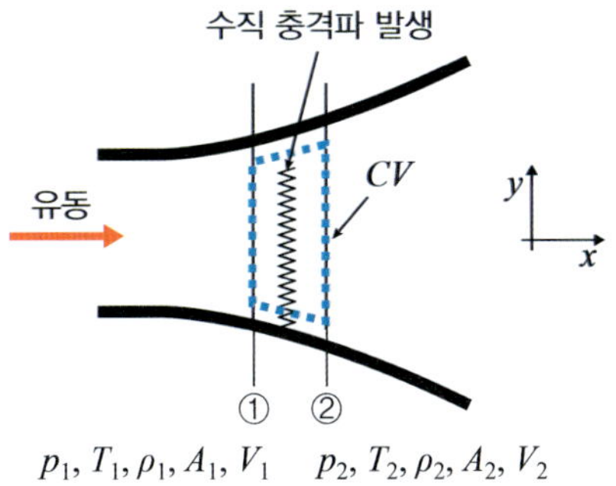

그림 11-18 수직 충격파의 해석을 위해 설정된 검사체적

수직 충격파를 해석하기 위해 필요한 방정식들을 다음과 같이 정리했다.

- 연속방정식 $\rho_1 V_1 A_1 = \rho_2 V_2 A_2 = \rho VA = \dot{m} = const.$ (11.93)
- 운동량방정식 $R_x + p_1 A_1 - p_2 A_2 = \dot{m} V_2 - \dot{m} V_1$ (11.95)
- 에너지방정식 $\frac{\delta Q}{dm} + h_1 + \frac{V_1^2}{2} = h_2 + \frac{V_2^2}{2} = h_o$ (11.98)
- 열역학 제2법칙 $\dot{m}(s_2 - s_1) \geq \int_{CS} \frac{1}{T}\left(\frac{\dot{Q}}{A}\right) dA$ (11.101)
- 이상기체의 상태량 관계식 $p = \rho RT$ (11.1)
- 엔탈피 변화 $\Delta h = h_2 - h_1 = c_p \Delta T = c_p (T_2 - T_1)$ (11.13)
- 엔트로피 변화 $\Delta s = s_2 - s_1 = c_p \ln \frac{T_2}{T_1} - R \ln \frac{p_2}{p_1}$ (11.26)

11.4.2 수직 충격파의 기본방정식

이제 수직 충격파를 통과하는, 비열이 일정한 이상기체의 유동에 대해 정리한 위의 식들을 아래 세 가지 가정을 통해 간략화해야 한다.

[가정 1] 충격파의 두께가 아주 미소하다. → $A_1 = A_2 = A$

[가정 2] 검사체적이 미소하기 때문에 벽면에 의한 힘은 없다. → $R_x = 0$

[가정 3] 검사체적이 미소하기 때문에 벽과의 열교환이 없다. → $\delta Q/dm = 0$

간략화된 수식에는 원래의 수식 번호에 a를 붙여 수식의 유사성을 나타냈다.

$$\rho_1 V_1 A_1 = \rho_2 V_2 A_2 = \rho VA = \dot{m} = const. \quad (11.93)$$

$$\rightarrow \rho_1 V_1 = \rho_2 V_2 = \frac{\dot{m}}{A} = const. \quad (11.93a)$$

$$R_x + p_1 A_1 - p_2 A_2 = \dot{m} V_2 - \dot{m} V_1 \quad (11.95)$$

$$\rightarrow p_1 + \rho_1 V_1^2 = p_2 + \rho_2 V_2^2 \quad (11.95a)$$

$$\frac{\delta Q}{dm} + h_1 + \frac{V_1^2}{2} = h_2 + \frac{V_2^2}{2} = h_o \quad (11.98)$$

$$\rightarrow h_{o_1} = h_1 + \frac{V_1^2}{2} = h_2 + \frac{V_2^2}{2} = h_{o_2} \quad (11.98a)$$

$$\dot{m}(s_2 - s_1) \geqq \int_{CS} \frac{1}{T}\left(\frac{\dot{Q}}{A}\right) dA \tag{11.101}$$

$$\rightarrow s_2 > s_1 \tag{11.101a}$$

$$p = \rho R T \tag{11.1}$$

$$\rightarrow \text{변화 없음} \tag{11.1a}$$

$$\Delta h = h_2 - h_1 = c_p \Delta T = c_p (T_2 - T_1) \tag{11.13}$$

$$\rightarrow \text{변화 없음} \tag{11.13a}$$

$$\Delta s = s_2 - s_1 = c_p \ln \frac{T_2}{T_1} - R \ln \frac{p_2}{p_1} \tag{11.26}$$

$$\rightarrow \text{변화 없음} \tag{11.26a}$$

즉 위의 기본방정식을 이용한다면 [그림 11-18]의 단면 ①에서 충격파 발생 전 상태(ϕ_1)에서 단면 ②에서 충격파 통과 후의 상태를 알아낼 수 있다는 뜻이다. 그러나 여기서 단면 ②에서 미지수(ϕ_2)는 6개(온도, 압력, 밀도, 엔트로피, 엔탈피, 속도)가 되고, 이상기체상태방정식을 포함하기 때문에, 7개의 방정식(비선형으로 연결된 대수방정식)을 주어진 상류와 하류조건으로 푸는 것은 매우 어렵다. 이에 이 책에서는 [그림 11-19]와 같이 해석 결과를 제시하였고 이를 이용하자.

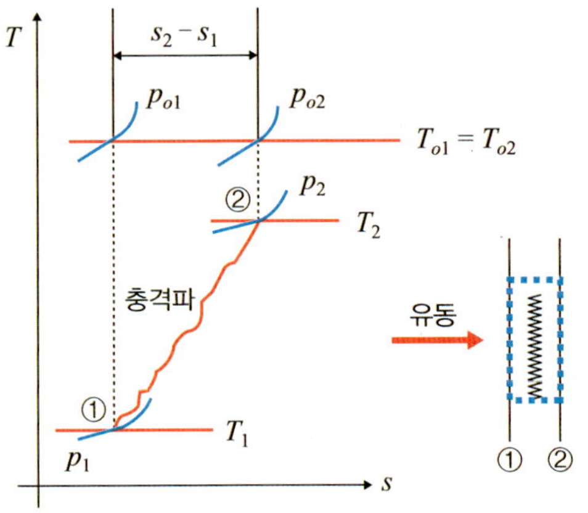

그림 11-19 Ts 선도에서 수직 충격파 유동 과정의 개요

수직 충격파는 들어오는 유동이 초음속일 때만 발생할 수 있다. 결과적으로 충격파를 통해 유체의 온도와 압력은 [그림 11-19]의 Ts 선도에서 보듯이 모두 상승하고, 이에 따라 밀도도 상승하게 된다. 또한 충격파는 단열적이지만 매우 비가역적이기 때문에 엔트로피도 증가하게 된다. 그러나 수직 충격파를 통과하면서 속도는 감소하고, 음속은 증가함에 따라 M수는 감소할 것이다. 이 결과를 [표 11-1]에 정리했다.

표 11-1 수직 충격파를 지나는 상태량의 변화

물리량	변화	예측 근거	해당 식
정체온도	일정	에너지방정식	(11.98a)
엔트로피	증가	열역학 제2법칙	(11.101a)
정체압력	감소	Ts선도	(11.13a), (11.25a)
온도	증가	Ts선도	(11.13a), (11.25a)
속도	감소	에너지방정식과 T에 미치는 영향	(11.98a)
밀도	증가	연속방정식과 V에 미치는 영향	(11.93a)
압력	증가	운동량방정식과 V에 미치는 영향	(11.95a)
M수	감소	$M=V/c$와 V 및 T에 미치는 영향	-

11.4.3 1차원 이상기체 유동에 관한 수직 충격파

수직 충격파인 경우 11.4.2절에서 다룬 기본방정식을 사용해 충격파의 발생보다는 충격파 발생 이후의 상태를 파악하는 것이 더욱 중요하다. 이를 위해 앞 절에서 학습했던 것과 같이 상류 M_1수를 기초한 방정식을 활용하여 해석해야 하고, 아래와 같이 세 단계를 통해 해석할 수 있다.

[1단계] 상태량의 비(T_2/T_1, p_2/p_1 등)를 통한 M_1수와 M_2수의 정의

[2단계] M_1수와 M_2수의 관계 정의

[3단계] M_1수의 형태로 모든 상태량비 정의

[1단계] 상태량비를 통한 M_1수와 M_2수의 정의

• **온도비**

온도비는 식 (11.136)과 같이 정의할 수 있다.

$$\frac{T_2}{T_1}=\frac{T_2}{T_{o2}}\frac{T_{o2}}{T_{o1}}\frac{T_{o1}}{T_1} \tag{11.136}$$

식 (11.136)에 표현된 정체온도는 충격파를 통과해도 일정하고($T_{o1}/T_{o2}=1$), 두 지점의 정체온도와 비인 식 (11.79)를 이용하면 식 (11.137)과 같이 정의할 수 있다.

$$\frac{T_2}{T_1}=\frac{1+\dfrac{k-1}{2}M_1^2}{1+\dfrac{k-1}{2}M_2^2} \tag{11.137}$$

• **속도비**

속도비는 식 (11.138)과 같이 정의할 수 있고, 식 (11.138)의 온도비는 식 (11.137)을 이용하면 식 (11.139)와 같이 나타낼 수 있다.

$$\frac{V_2}{V_1} = \frac{M_2 c_2}{M_1 c_1} = \frac{M_2\sqrt{kRT_2}}{M_1\sqrt{kRT_1}} = \frac{M_2\sqrt{T_2}}{M_1\sqrt{T_1}} \tag{11.138}$$

$$\frac{V_2}{V_1} = \frac{M_2}{M_1}\left[\frac{1+\dfrac{k-1}{2}M_1^2}{1+\dfrac{k-1}{2}M_2^2}\right]^{1/2} \tag{11.139}$$

- **밀도비**

연속방정식인 식 (11.93a)로부터 밀도비를 식 (11.140)과 같이 얻을 수 있다. 식 (11.140)은 식 (11.93a)에 식 (11.139)를 대입한 것이다.

$$\rho_1 V_1 = \rho_2 V_2 \tag{11.93a}$$

$$\frac{\rho_2}{\rho_1} = \frac{V_1}{V_2} = \frac{M_1}{M_2}\left[\frac{1+\dfrac{k-1}{2}M_2^2}{1+\dfrac{k-1}{2}M_1^2}\right]^{1/2} \tag{11.140}$$

- **압력비**

운동량방정식인 식 (11.95a)에 기체상태방정식인 식 (11.1)을 대입하고 압력으로 묶고 정리하면 식 (11.141)과 같이 정리할 수 있다.

$$p_1 + \rho_1 V_1^2 = p_2 + \rho_2 V_2^2 \tag{11.95a}$$

$$p = \rho RT \tag{11.1}$$

$$p_1\Bigg(1+\underbrace{\frac{V_1^2}{RT_1}}_{①}\Bigg) = p_2\Bigg(1+\underbrace{\frac{V_2^2}{RT_2}}_{②}\Bigg) \tag{11.141}$$

식 (11.141) 내에 있는 V^2/RT의 관계는 식 (11.39)와 식 (11.57)로 식 (11.142)와 같이 정의할 수 있다.

$$M = \frac{V}{c} \tag{11.39}$$

$$c = \sqrt{kRT} \tag{11.57}$$

$$M = \frac{V}{\sqrt{kRT}} \quad \rightarrow \quad \frac{V^2}{RT} = kM^2 \tag{11.142}$$

식 (11.142)를 식 (11.141) 내 ①항과 ②항의 물리량에 대입하면 식 (11.143)과 같은 비례식을 얻을 수 있고, 이를 압력비로 표현하면 식 (11.144)와 같다.

$$p_1\left(1+kM_1^2\right) = p_2\left(1+kM_2^2\right) \tag{11.143}$$

$$\frac{p_2}{p_1} = \frac{1 + kM_1^2}{1 + kM_2^2} \qquad (11.144)$$

온도비, 속도비, 밀도비, 압력비는 식 (11.137), 식 (11.139), 식 (11.140), 식 (11.144)와 같이 모두 충격파 전의 M_1과 충격파를 통과한 후의 M_2수의 비례식으로 정리했다.

[2단계] M_1 수와 M_2 수의 관계 정의

식 (11.137), 식 (11.139), 식 (11.140), 식 (11.144)는 모두 물리량의 비이지 M_1수와 M_2수의 관계는 아니다. 따라서 M_1수와 M_2수의 관계를 결정할 때 4개의 수식 중 어느 것을 이용해도 무방하다. 이를 위해 식 (11.138)의 온도비에 이상기체상태방정식을 정리하면 식 (11.145)와 같이 나타낼 수 있다.

$$\frac{T_2}{T_1} = \frac{p_2/\rho_2 R}{p_1/\rho_1 R} = \frac{p_2/\rho_1}{p_1/\rho_2} \qquad (11.145)$$

식 (11.145)에 압력비와 밀도비인 식 (11.141)과 식 (11.142)를 대입하면 식 (11.146)과 같이 정리할 수 있다. 이 식 (11.146)은 식 (11.137)과 같은 온도비이므로 두 식이 동일하게 되고 정리하면 식 (11.147)과 같다.

$$\frac{T_2}{T_1} = \left[\frac{1 + kM_1^2}{1 + kM_2^2}\right]\frac{M_2}{M_1}\left[\frac{1 + \frac{k-1}{2}M_1^2}{1 + \frac{k-1}{2}M_2^2}\right]^{1/2} \qquad (11.146)$$

$$\frac{1 + \frac{k-1}{2}M_1^2}{1 + \frac{k-1}{2}M_2^2} = \left[\frac{1 + kM_1^2}{1 + kM_2^2}\right]\frac{M_2}{M_1}\left[\frac{1 + \frac{k-1}{2}M_1^2}{1 + \frac{k-1}{2}M_2^2}\right]^{1/2} \qquad (11.147)$$

식 (11.147)을 정리하면 식 (11.148)과 같이 좀 더 간단해진다. 우변의 루트를 풀기 위해 제곱을 해주고 식 (11.149)와 같이 연산하면 식 (11.150)과 같아진다.

$$\left[\frac{1 + \frac{k-1}{2}M_1^2}{1 + \frac{k-1}{2}M_2^2}\right]^{1/2} = \left[\frac{1 + kM_1^2}{1 + kM_2^2}\right]\frac{M_2}{M_1} \qquad (11.148)$$

$$\frac{1 + \frac{k-1}{2}M_1^2}{1 + \frac{k-1}{2}M_2^2} = \frac{M_2^2}{M_1^2}\left[\frac{1 + kM_1^2}{1 + kM_2^2}\right]^2 = \frac{M_2^2}{M_1^2}\left[\frac{1 + 2kM_1^2 + k^2M_1^4}{1 + 2kM_2^2 + k^2M_2^4}\right] \qquad (11.149)$$

$$\frac{M_2^2}{1 + 2kM_2^2 + k^2M_2^4} = \frac{M_1^2}{1 + 2kM_1^2 + k^2M_1^4} \qquad (11.150)$$

식 (11.150)은 수기로 풀기 어려우므로, 기존 연구자가 구한 식 (11.151)을 이용하자.

$$M_2^2 = \frac{M_1^2 + \dfrac{2}{k-1}}{\dfrac{2k}{k-1}M_1^2 - 1} \tag{11.151}$$

식 (11.151)을 이용해 M_1수와 M_2수의 관계를 구했기 때문에 충격파를 지나는 상태량비에 대해 풀 수 있다. 즉 M_1수를 알면 M_2수를 구할 수 있고, 모든 상태량의 비는 식 (11.137), 식 (11.139), 식 (11.140), 식 (11.144)를 통해 구할 수 있게 된다.

[3단계] M_1 수의 형태로 모든 상태량비 정의

이제 각 상태량을 M_1수로 정리하는 일만 남았다.

- **압력비**

  압력비는 식 (11.144)에 식 (11.151)을 대입하고 정리하면 된다. 그러나 식 (11.152)의 중간 항처럼 대입한 수식은 매우 복잡해 풀기 어렵다. 이에 이 책에서는 해당 과정을 생략하고 최종적으로 식 (11.152)의 가장 우변의 식을 이용한다.

$$\frac{p_2}{p_1} = \frac{1+kM_1^2}{1+kM_2^2} = \frac{1+kM_1^2}{1+k\dfrac{M_1^2 + \dfrac{2}{k-1}}{\dfrac{2k}{k-1}M_1^2 - 1}} = \frac{2k}{1+k}M_1^2 - \frac{k-1}{k+1} \tag{11.152}$$

- **정체압력비**

  정체압력비는 식 (11.136)에서 온도비를 구할 때 사용한 방법대로 정리하면 식 (11.153)과 같다. 단, 충격파를 지나는 정체온도비는 1이다. 이는 식 (11.137)을 구할 때 정의한 바 있다.

$$\frac{p_{o2}}{p_{o1}} = \frac{p_{o2}}{p_2}\frac{p_2}{p_1}\frac{p_1}{p_{o1}} = \frac{p_2}{p_1}\left[\frac{1+\dfrac{k-1}{2}M_2^2}{1+\dfrac{k-1}{2}M_1^2}\right]^{k/(k-1)} \tag{11.153}$$

  여기에 식 (11.152)인 압력비와 식 (11.151)인 M_2^2을 대입하고 정리하면 식 (11.154)와 같아진다.

$$\frac{p_{o2}}{p_{o1}} \equiv \frac{\left[\dfrac{\dfrac{k+1}{2}M_1^2}{1+\dfrac{k-1}{2}M_1^2}\right]^{k/(k-1)}}{\left[\dfrac{2k}{k+1}M_1^2 - \dfrac{k-1}{k+1}\right]^{1/(k-1)}} \tag{11.154}$$

- **온도비와 밀도비**

  동일한 방법으로 온도비와 밀도비를 구하면 각각 식 (11.155), 식 (11.156)과 같이 정리할 수 있다.

$$\frac{T_2}{T_1} = \frac{\left(1 + \frac{k-1}{2}M_1^2\right)\left(kM_1^2 - \frac{k-1}{2}\right)}{\left(\frac{k+1}{2}\right)^2 M_1^2} \tag{11.155}$$

$$\frac{\rho_2}{\rho_1} = \frac{V_1}{V_2} = \frac{\frac{k+1}{2}M_1^2}{1 + \frac{k-1}{2}M_1^2} \tag{11.156}$$

이렇게 구한 수식들로부터 수직 충격파를 통과하는 유동을 해석하면 된다. 결과식을 정리해보면 수직 충격파를 통해 일어나는 모든 변화는 유입되는 M_1수와 유체특성인 비열비 k에 의존한다는 것을 알 수 있다. 즉 **충격파 해석을 위해 구해진 수식들은 대수적으로 매우 복잡하지만 자세히 보면 M_1 수와 비열비 k로 명쾌하게 정리**할 수 있다.

식 (11.156)을 보면 $p_2 > p_1$일 때 M_1수가 1 이상을 요구하고 있고 이러한 논리는 앞에서 설명한 것과 같다. 여기서 p_2/p_1을 충격파의 강도라고 한다. 즉 **유입되는 M_1 수가 커지면 커질수록 충격파는 더욱 강해질 것이다.**

11.4.4 축소-확대 노즐

초음속유동은 충격파가 발생하는 데 필요한 조건이므로 [그림 11-20]과 같이 축소-확대 노즐에서 좀 더 검토할 필요가 있다. **수직 충격파의 가장 기본적인 발생 조건은 초음속으로 유입이 되어야 한다**는 것이다. [그림 11-20]에는 x방향에 따라 축소-확대 노즐을 지나면서 8개의 압력비 변화를 나타내었고 이에 대한 검토가 필요하다.

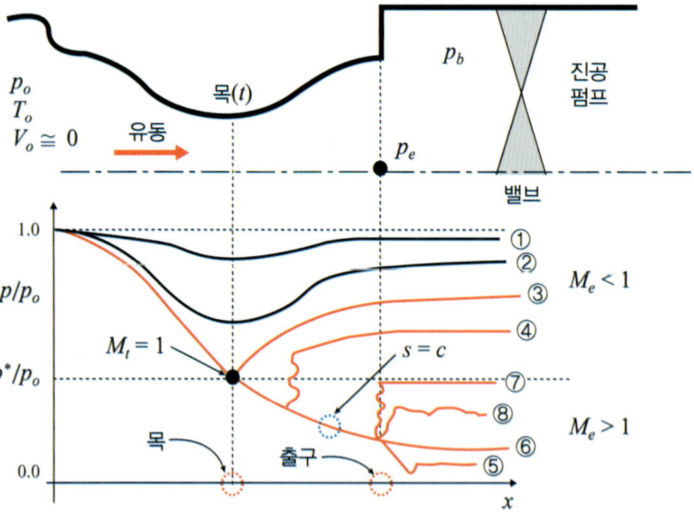

그림 11-20 수직 충격파를 검토하기 위한 축소-확대 노즐에서의 유동에 따른 압력 변화

• ①, ②의 유동 : 아음속유동

– [그림 11–20]에서 보듯이 아음속인 경우, 즉 $M_1 < 1$인 경우는 앞에서 검토한 바와 같이 배압 감소에 따라 유량이 증가된다.

– 배압이 감소해서 $M_t = 1$이 될 때까지 유동은 일반 베르누이방정식을 적용하면 된다.

– 입구에서 목까지는 압력 강하Nozzle를 나타내고 목부터 출구까지는 압력 상승Diffuser을 나타낸다.

– 출구에서 $M < 1$(아음속)이고, $p_o = p_b$가 된다.

• ③의 유동 : 목에서 $M = 1$이 된 유동

– 목에서 초크 상태가 되므로 목의 압력은 임계압력이 된다. ($p_t = p^*$)

– 목의 면적은 임계면적이다. ($A_t = A^*(M = 1)$)

– 이때도 확대부에서 $M < 1$(아음속)이고 압력은 $p_o = p_b$가 된다.

• ④의 유동

– 목에서 초크 상태가 되므로 목의 압력은 임계압력이 된다. ($p_t = p^*$)

– 목의 면적은 임계면적이다. ($A_t = A^*(M = 1)$)

– 확대부에서 $M > 1$(초음속)인 상황이 되면 충격파가 발생한다.

• ⑤, ⑥, ⑦, ⑧의 유동

– 노즐 내에서의 유동은 ④의 유동과 동일하다.

– 노즐 밖에서 비가역팽창이 발생하고 확대부 또는 노즐 밖에서 충격파가 발생하게 된다.

예제 11-8 덕트내 수직 충격파

수직 충격파가 [그림 11–21]과 같이 덕트 내에서 발생한다. 유체는 공기이고 이상기체로 간주된다. 충격파로부터 상류 상태량은 $T_1 = 5[℃]$, $p_1 = 65\,[\mathrm{kPa(abs)}]$, $V_1 = 668\,[\mathrm{m/s}]$이다. (a) 충격파 하류의 상태량과 (b) $s_2 - s_1$을 구하라. (c) 또한 이 과정을 Ts선도에 도시하라.

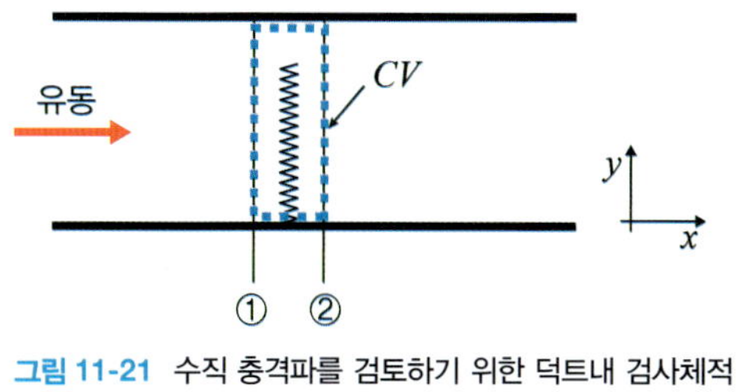

그림 11-21 수직 충격파를 검토하기 위한 덕트내 검사체적 설정

분석

• 덕트내 수직 충격파의 발생 여부를 판단하고, 수직 충격파 관련 기본방정식을 적용 및 이해하는 것이 이 예제의 목적이다.

• 단면 ①에서 주어지지 않은 상태량인 밀도와 음속을 먼저 구하고 유입 M_1수를 정의해야 한다.

• 단면 ②의 상태량을 구하기 위해 M_2수, 압력비, 정체압력비, 온도비, 속도비를 각각 식 (11.151), 식 (11.152), 식 (11.154), 식 (11.155), 식 (11.157)을 이용해 구해야 한다.

풀이

(a) 먼저 단면 ①에서 주어지지 않은 상태량인 밀도와 음속을 식 (11.157), 식 (11.158)과 같이 구해야 한다.

$$\rho_1 = \frac{p_1}{RT_1} = \frac{65{,}000}{287 \times (273+5)} = 0.815\,[\text{kg/m}^3] \tag{11.157}$$

$$c_1 = \sqrt{kRT_1} = \sqrt{1.4 \times 287 \times (273+5)} = 334\,[\text{m/s}] \tag{11.158}$$

식 (11.158)의 음속을 통해 단면 ①의 유입 M_1수를 구하면 식 (11.159)와 같다.

$$M_1 = \frac{V}{c} = \frac{668}{334} = 2.0 \tag{11.159}$$

식 (11.159)와 같이 M_1수를 구했기 때문에 등엔트로피 정체 관계식으로 T_{o1}과 p_{o1}을 먼저 구할 수 있다.

$$p_{o1} = p_1\left[1 + \frac{k-1}{2}M^2\right]^{k/(k-1)} = 65{,}000\left[1 + \frac{0.4}{2}2^2\right]^{3.5} = 509\,[\text{kPa(abs)}] \tag{11.160}$$

$$T_{o1} = T_1\left(1 + \frac{k-1}{2}M^2\right) = 278\left(1 + \frac{0.4}{2}2^2\right) = 500\,[\text{K}] \tag{11.161}$$

식 (11.159)와 같이 M_1수를 구했기 때문에 M_2수, 압력비, 정체압력비, 온도비, 속도비는 식 (11.151), 식 (11.152), 식 (11.154), 식 (11.155), 식 (11.157)을 이용해 식 (11.162) ~ 식 (11.166)과 같이 구할 수 있다.

$$M_2^2 = \frac{M_1^2 + \dfrac{2}{k-1}}{\dfrac{2k}{k-1}M_1^2 - 1} \quad \rightarrow \quad M_2 = \sqrt{\frac{2^2 + \dfrac{2}{0.4}}{\dfrac{2.8}{0.4}4 - 1}} = 0.577 \tag{11.162}$$

$$\frac{p_2}{p_1} = \frac{2k}{k+1}M_1^2 - \frac{k-1}{k+1} = \frac{2.8}{2.4} \times 4 - \frac{0.4}{2.4} = 4.500 \tag{11.163}$$

$$\frac{p_{o2}}{p_{o1}} \equiv \frac{\left[\dfrac{\dfrac{k+1}{2}M_1^2}{1 + \dfrac{k-1}{2}M_1^2}\right]^{k/(k-1)}}{\left[\dfrac{2k}{k+1}M_1^2 - \dfrac{k-1}{k+1}\right]^{1/(k-1)}} = \frac{\left[\dfrac{\dfrac{2.4}{2}4}{1 + \dfrac{0.4}{2}4}\right]^{3.5}}{\left[\dfrac{2.8}{2.4}4 - \dfrac{0.4}{2.4}\right]^{2.5}} = 0.721 \tag{11.164}$$

$$\frac{T_2}{T_1} = \frac{\left(1 + \dfrac{k-1}{2}M_1^2\right)\left(kM_1^2 - \dfrac{k-1}{2}\right)}{\left(\dfrac{k+1}{2}\right)^2 M_1^2} = \frac{\left(1 + \dfrac{0.4}{2}4\right)\left(1.4 \times 4 - \dfrac{0.4}{2}\right)}{\left(\dfrac{2.4}{2}\right)^2 4} = 1.687 \tag{11.165}$$

$$\frac{V_2}{V_1} = \frac{1+\frac{k-1}{2}M_1^2}{\frac{k+1}{2}M_1^2} = \frac{1+\frac{0.4}{2}4}{\frac{2.4}{2}4} = 0.375 \quad (11.166)$$

식 (11.162) ~ 식 (11.166)과 같이 구한 상태량비로부터 단면 ②의 T_2, p_2, V_2, ρ_2, T_{o2}, p_{o2}를 식 (11.167) ~ 식 (11.172)와 같이 구할 수 있다.

$$T_2 = 1.687 \times T_1 = 1.687 \times 278 = 469\,[\mathrm{K}] \quad (11.167)$$

$$p_2 = 4.500 \times p_1 = 4.5 \times 65{,}000 = 292.5\,[\mathrm{kPa(abs)}] \quad (11.168)$$

$$V_2 = 0.375 \times V_1 = 0.375 \times 668 = 250.5\,[\mathrm{m/s}] \quad (11.169)$$

$$\rho_2 = \frac{p_2}{RT_2} = \frac{292{,}000}{287 \times 469} = 2.169\,[\mathrm{kg/m^3}] \quad (11.170)$$

$$T_{o2} = T_{o1} = 500\,[\mathrm{K}] \quad (11.171)$$

$$p_{o2} = 0.721 \times 509{,}000 = 367\,[\mathrm{kPa(abs)}] \quad (11.172)$$

(b) 단면 ①과 단면 ②에서 등엔트로피 정체 과정으로 이상기체의 물리량과 상태량을 구했다. 이에 따라 엔트로피 변화를 식 (11.25)를 통해 구할 수 있다. 만약 정체점에서의 엔트로피의 변화도 같다면 엔트로피 변화는 식 (11.173)과 같이 구할 수 있다.

$$\begin{aligned}\Delta s = s_2 - s_1 = s_{o2} - s_{o1} &= c_p \ln\frac{T_{o2}}{T_{o1}} - R\ln\frac{p_{o2}}{p_{o1}} \\ &= -0.287\ln(0.721) = -0.0939\,[\mathrm{kJ/(kg\cdot K)}]\end{aligned} \quad (11.173)$$

(c) 지금까지 구한 물리량으로부터 Ts 선도를 도시하면 [그림 11-22]와 같다.

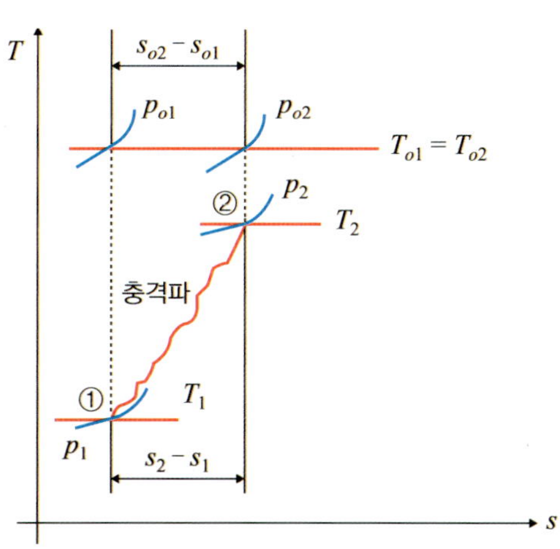

그림 11-22 수직 충격파의 과정을 설명하는 Ts 선도

고찰

- 파라미터를 변경해 다른 유동장도 고려해보자.

CHAPTER 11 | 연습문제

■ 기초 열역학

11.1 공기가 터빈을 통해 정상유동 과정으로 팽창된다. 초기 조건은 1,300 [℃], 2.0 [MPa(abs)]이고, 최종 조건은 500 [℃], 대기압이다. Ts 선도상에 이 과정을 나타내고, 이 과정에 대한 내부에너지, 엔탈피, 비엔트로피 변화를 구하라. 단, $c_v = 717.4$ [J/kg·K], $c_p = 1{,}004$ [J/kg·K]이고 기체상수는 $R = 287$ [N·m/kg·K]이다.

11.2 다음 중 음속 c를 구하는 식이 아닌 것은? (단, P : 절대압력, ρ : 밀도, T : 절대온도, R : 기체상수, E : 체적탄성계수, k : 비열비, g : 중력가속도, ν : 동점성계수)

㉮ $c = \sqrt{\dfrac{\partial P}{\partial \rho}}$　　㉯ $c = \sqrt{kRT}$　　㉰ $c = \sqrt{\dfrac{E}{\rho}}$　　㉱ $c = \sqrt{\dfrac{E}{\nu}}$

■ 음속의 역할

11.3 음속이 320 [m/s]이고 유속이 960 [m/s]일 때 M수는 얼마인가?

11.4 다음 중 이상기체에서 음속이 의존하는 것으로 옳은 것은?

㉮ 온도
㉯ 압력과 온도
㉰ 체적
㉱ 기체의 팽창계수

11.5 15 [℃]의 공기 속을 나는 물체의 마하각이 10°일 때 물체의 속도는 얼마인가? 단, 비열비는 $k = 1.4$, 기체상수는 $R = 287$ [N·m/kg·K]이다.

11.6 $T = 35$ [℃]인 어느 날, $F-4$ 항공기가 고도 200 [m]에서 $M = 1.4$로 고속비행 중이다. 이때 (a) 항공기 속도를 구하라. (b) 항공기가 지면 위의 어떤 지점을 직접 통과하고 얼마나 지난 후에 마크콘이 발생하는가? 단, 비열비는 $k = 1.4$, 기체상수는 $R = 287$ [N·m/kg·K]이다.

11.7 제트기가 시속 800 [km/h]로 비행할 때 M수는 얼마인가? 단, 공기의 기체상수는 $R =$ 287 [N·m/kg·K], 단열지수는 1.4, 온도는 25 [℃]이다.

11.8 제트 비행기가 온도가 −47 [℃]인 고도 30 [km]에서 880 [km/h]의 속도로 비행하고 있다. 비행기의 속도 V와 주어진 고도에서의 음속 c의 비(V/c)는?

11.9 절대온도가 T, 기체상수가 R, 비열비가 1.44인 기체에서 음속이 c_1이면, 절대온도가 $2T$, 기체상수가 $1.2R$, 비열비가 $k = 1.35$인 기체에서 음속은 몇 배가 되는가?

11.10 어떤 비행기가 1,500 [m] 고도에서 550 [km/h] 속도로 비행하다가, 15 [km] 고도까지 올라가서 1,200 [km/h] 속도로 비행했다. 이 두 경우에 대해 비행기 M수를 구하라. 단, 고도가 1,500 [m]일 때 온도는 $T = 278.4$ [K], 고도가 15 [km]일 때 온도는 $T = 216.7$ [K]이고, 비열비는 $k = 1.4$, 기체상수는 $R = 287$ [N·m/kg·K]이다.

■ 압축성유동의 지배방정식

11.11 대기 중을 500 [m/s]의 속도로 비행하고 있는 물체 표면의 이론적인 온도 증가는 얼마인가? 단, 비열비는 $k = 1.4$, 기체상수는 $R = 287$ [N·m/kg·K]이다.

11.12 이산화탄소는 파이프에서 10 [m/s] 속도로 유동하다가 50 [m/s] 속도로 노즐을 통과한다. 파이프와 노즐 사이의 기체 온도 변화는 얼마인가? 단, 완전기체의 단열 흐름이며, 정압비열은 $c_p = 858$ [J/kg·K]이라 가정한다.

11.13 [그림 11-23]과 같이 $Q_H = 75 \times 10^5$ [J/kg]인 수소가 지점 ①과 지점 ② 사이를 마찰 없이 완전기체로 흐를 때 V_2를 구하라. 단, 정압비열은 $c_p = 14,446$ [J/kg·K]이라 가정한다.

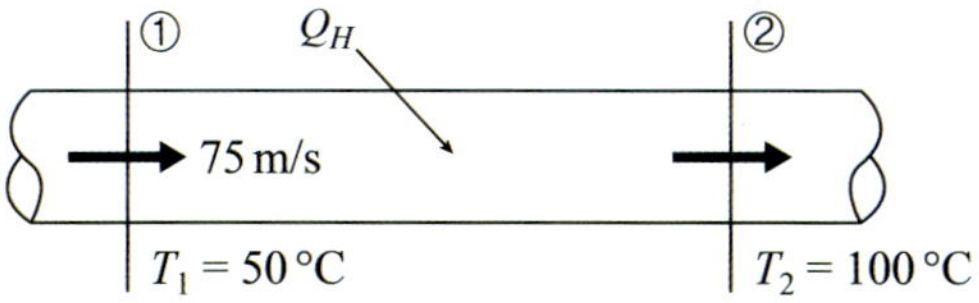

그림 11-23

11.14 M수가 1인 곳의 임계온도를 T^*라 하면 비열비가 $k = 1.4$인 기체에서 T^*의 값을 구하라. 단, T_o는 정체온도, T_c는 임계온도이다.

11.15 장난감 로켓을 추진하기 위해 사용되는 이산화탄소 카트리지 내의 기체는 $T_0 = 25$ [℃], $p_0 =$ 45 [MPa(gage)]이다. 이 정체조건에 해당하는 임계조건인 온도, 압력, 유속을 구하라. 단, 비열비는 $k = 1.29$, 기체상수는 $R = 189$ [N·m/kg·K]이다.

11.16 고압 탱크로부터 $k = 1.4$인 공기가 축소-확대 노즐로 유입되어 초음속유동으로 가속될 때, $M = 1.7$인 곳에서의 절대온도는 탱크 내부 절대온도의 몇 배인가?

CHAPTER 11 | 연습문제

11.17 항공기가 고도 10 [km]에서 $M = 0.65$으로 비행한다. 항공기 속도는 정체압과 정압의 차이를 측정해 추정된다. (a) 압축성유동일 때 공기의 속도와 (b) 비압축성유동일 때 공기의 속도를 구하라. 또한 (c) 이 두 속도의 차이를 구하라. 단, 비열비는 $k = 1.4$, 공기의 기체상수는 $R = 287$ [N·m/kg·K], 정압비열은 $c_p = 1{,}004$ [J/kg·K]이며, 10 [km]의 고도에서 대기의 온도는 $T = 223.3$ [K], 압력은 $p = 26.4$ [kPa], 밀도는 $\rho = 0.412$ [kg/m^3]이다.

11.18 [그림 11-9]와 같은 흐름 방향에 단면적이 커지는 통로 안을 압축성유체가 초음속($M > 1$)으로 흐르고 있다. 다음 중 압력 p, 속도 V가 흐름 방향에 따라 변화하는 양을 dp, dV로 나타낸 것으로 옳은 것은? 단, dp, dV는 흐름 방향에서 증대할 때 양(+)의 값이 된다.

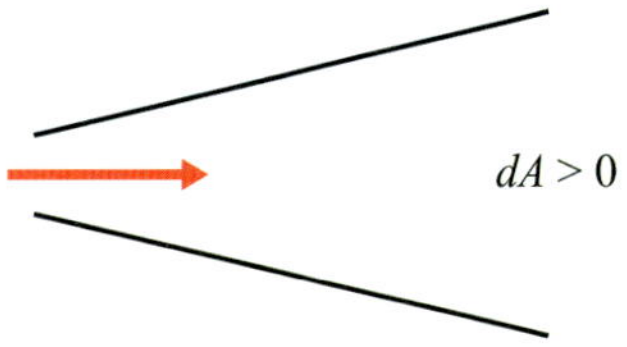

그림 11-9 면적이 커지는 확대관

㉮ $dp > 0$, $dV > 0$
㉯ $dp > 0$, $dV < 0$
㉰ $dp < 0$, $dV > 0$
㉱ $dp < 0$, $dV < 0$

11.19 다음 중 마찰이 없는 유동에 대한 설명으로 옳은 것은?

㉮ 확대관에서 속도는 항상 감소한다.
㉯ 축소-확대관의 목에서 속도는 항상 음속이다.
㉰ 초음속유동에서 속도의 증가를 얻기 위해서는 면적이 감소해야 한다.
㉱ 축소-확대관의 목에서 음속을 초과할 수 없다.

11.20 다음 중 축소-확대 노즐의 확대 부분에서 유속의 형태로 옳은 것은?

㉮ 초음속이 가능하다.　　㉯ 초음속이 불가능하다.
㉰ 언제나 음속을 유지한다.　　㉱ 언제나 아음속이다.

11.21 다음 중 축소-확대 노즐의 목에서 유속의 형태로 옳은 것은?

㉮ 초음속만을 얻을 수 있다.　　㉯ 아음속 또는 초음속이다.
㉰ 아음속만 얻을 수 있다.　　㉱ 음속 또는 아음속이다.

11.22 다음 중 아음속 흐름($M < 1$)인 축소관(노즐)에서 증가하는 것으로 옳은 것은?

㉮ 압력　　㉯ 온도　　㉰ 밀도　　㉱ 속도

11.23 이산화탄소는 탱크에서 목의 지름이 25 [mm]이고 출구 직경이 50 [mm]인 축소-확대 노즐을 통과한다. 탱크의 절대압력은 241.5 [kPa$_{abs}$], 온도는 37.8 [℃]이다. 이때 질량유량을 구하라. 단, 이산화탄소의 비열비는 $k = 1.28$, 기체상수는 $R = 187.8$ [J/kg·K]이다.

11.24 공기가 2 [MPa_{abs}], 313 [K]에서 축소-확대 노즐로 유입한다. 노즐 출구에서 압력은 200 [kPa(abs)]이고, 목의 면적은 20 [cm^2]이다. 노즐을 통해 마찰이 없는 등엔트로피 유동으로 가정할 때 (a) 노즐 출구에서 면적과 (b) 공기의 질량유량을 구하라. 단, 비열비는 $k = 1.4$, 기체상수는 $R = 287$ [J/kg·K]이다.

■ 수직 충격파

11.25 다음 중 1차원 흐름에서 수직 충격파가 발생했을 때의 변화로 옳은 것은?

㉮ 속도, 압력, 밀도가 증가한다.
㉯ 압력, 밀도, 온도가 증가한다.
㉰ 속도, 온도, 밀도가 증가한다.
㉱ 엔트로피는 일정하게 유지된다.

11.26 다음 중 1차원 초음속 흐름에서 발생할 수 있는 수직 충격파가 갖는 과정으로 옳은 것은?

㉮ 가역 과정이다.
㉯ 축소 노즐에서 발생한다.
㉰ 비가역 과정이다.
㉱ 등엔트로피 과정이다.

11.27 다음 중 1차원 흐름에서 수직 충격파가 발생하면 감소하는 것으로 옳은 것은?

㉮ 압력 ㉯ 엔트로피 ㉰ M수 ㉱ 온도

11.28 다음 중 수직 충격파에 대한 설명으로 옳은 것은?

㉮ 가역 과정이다.
㉯ 온도와 압력이 떨어지는 비가역 과정이다.
㉰ 온도와 압력이 올라가는 비가역 과정이다.
㉱ 압력은 올라가고 온도는 떨어지는 비가역 과정이다.

11.29 다음 중 수직 충격파와 유사한 것은?

㉮ 정지한 액체에 생기는 기본파
㉯ 수력 도약
㉰ $Fr < 1$인 개수로유동
㉱ 팽창 노즐에서 액체유동

11.30 초음속 흐름에서 수직 충격파가 발생했을 때, 다음 중 충격파 뒤의 흐름 속도의 변화로 옳은 것은?

㉮ 음속 ㉯ 초음속 ㉰ 극초음속 ㉱ 아음속

11.31 공기 유동에는 정상적인 충격파가 있다. 충격파 발생 전 상류에서 절대압력은 207 [kPa], 속도는 610 [m/s], 온도는 -17.8 [℃]이다. 충격파 바로 하류에서의 압력, 속도, 온도, 음속을 구하라.

이 사진은 댐에서 방수로를 통해 물이 방류되는 모습이다. 방류된 물은 돌출부에 의해 하류에서 수력도약이 발생한다. 12장에서는 자유표면을 갖는 개수로유동에서의 수력도약과 같은 현상을 다룬다.

CHAPTER 12

개수로유동

Open Channel Flow

개수로유동의 특징 12.1

개수로유동에 대한 에너지방정식 12.2

면적 변화의 영향 12.3

개수로 정상 균일유동 12.4

연습문제

학습목표

- 개수로유동의 특징에 대해 알아본다.
- 개수로유동의 비에너지와 임계수심에 대해 학습한다.
- 면적 변화에 의한 수력도약에 대해 학습한다.
- 개수로 정상 균일유동에 대해 학습한다.

SECTION 12.1

개수로유동의 특징

- 개수로유동의 개념과 정의를 알아본다.
- 개수로유동의 단순화 가정에 대해 학습한다.
- 개수로유동의 운동량방정식에 대해 학습한다.

12.1.1 개수로유동이란?

개수로유동은 [그림 12-1]과 같이 **유체 경계면 중의 일부가 대기압 상태에 노출된 자유표면상태를 가지는 흐름**을 말한다. 이런 유동은 강, 운하, 하수관 등 실생활에서 많이 볼 수 있다. 개수로유동은 큰 의미에서 보면 내부유동과 외부유동에서와 같이 **높은 곳인 상류에서 낮은 하류로 유동**하는 것으로 동일한 이론을 적용할 수 있지만, 공기와 접하고 있는 자유표면의 영향 때문에 내부유동과 외부유동의 주 관심대상인 관성력과 점성력보다는 **중력을 좀 더 중요하게 고려**한다.[1]

개수로유동의 **주요 원동력이 중력이라는 것은 위쪽과 아래쪽 유동의 압력차가 같더라도 약간의 경사만 있다면 움직일 수 있다는 의미**이고, 이때 중력은 고체경계에 마찰력과 반대 방향으로 작용한다.

(a) 운하 (b) 댐 방류 (c) 비만관 배관 (d) 개방수로

그림 12-1 개수로유동의 예

1 7장 차원해석에서 학습한 Fr 수를 상기하자.

- 강이나 하천과 같은 유동 : [그림 12-1(a), (b)]
- 상하수도 배관이나 큰 관, 개방수로를 흐르는 유동 : [그림 12-1(c), (d)]

12.1.2 개수로유동의 단순화 가정

강, 운하, 하수관에서 발생되는 개수로유동에 지배적인 영향을 주는 중력은 지형 구조물과 주위 환경에 따라 매우 복잡하게 작용한다. 따라서 이를 단순화하는 가정이 필요하다. 여기서 개수로유동을 **1차원, 정상유동, 정수력의 압력분포가 작용**한다고 가정한다.

[가정 1] 난류유동
Re 수가 500보다 크면 난류로 구분하므로, 대부분 난류이다.[2]

[가정 2] 정상유동
대부분의 경우 정상유동이다.[3]

[가정 3] 정수력의 압력분포
3장에서 학습한 바와 같이 정수력의 압력분포가 작용한다.

위 가정조건에 따라 개수로유동은 아래와 같이 분류된다.

① 등류유동[4] Uniform Flow과 비등류유동 Nonuniform Flow
- 등류 : 주어진 영역 내에서 모든 점의 속도가 공간 좌표와 관계없이 일정한 유동. 토목공학에서는 이 유동을 항상 일정하다고 하며 상류常流라고 한다.
- 비등류 : 주어진 영역 내에서 모든 점의 속도가 위치에 따라 변하는 유동으로 등류의 반대 개념이다.

② 정류 Tranquil Flow와 부정류 Rapid Flow
- 정류 : 아래쪽 유동에서 발생한 교란의 영향이 등류로 전파되어 유동에 영향을 미치는 유동.
- 부정류 : 하류에서 발생한 교란의 영향이 등류로 전파되지 못하는 유동. 토목공학에서는 속도가 빨라지는 유동인 사류斜流라고 한다.

---

2 보통 내부유동에서는 층류와 난류의 구분을 2,300으로 한다.

3 이에 대한 자세한 내용은 12.4절에서 다룬다.

4 토목공학에서 등류를 상류(常流)라고 표현한다. 여기서 사용하는 상류(上流)와 혼동되지 않도록 등류, 정류라는 용어를 사용했지만 같은 개념이다.

12.1.3 수로형상

개수로유동은 주로 강이나 수로 및 운하 등에서 나타난다. 이때 수로는 [그림 12-2]와 같이 다양한 단면형상으로 건설될 수 있다. 이 단면형상의 기하학적 성질을 나타내기 위한 변수는 다음과 같다.

$$R_h = \frac{\text{유동면적}}{\text{접수길이}} = \frac{A}{P} \text{ : 수력반지름} \tag{12.1}$$

$$D_h = \frac{\text{유동면적}}{\text{접수길이}} = \frac{4A}{P} \text{ : 수력지름} \tag{12.2}$$

$$y_h = \frac{\text{유동면적}}{\text{표면 폭}} = \frac{A}{b_s} \text{ : 수리수심} \tag{12.3}$$

식 (12.1)과 식 (12.2)의 수력반지름Hydraulic Radius[5]과 수력지름Hydraulic Diameter은 유동면적을 실제 유체가 접하는 길이인 접수길이로 나눈 값이다. 식 (12.3)의 수리수심은 **임의의 단면에서 수로의 평균 수심으로 임의의 단면을 직사각형 단면으로 환산한 수로의 수심**을 의미한다. [표 12-1]에는 대표적인 개수로형상의 기하학적 성질을 정리해 나타냈다.

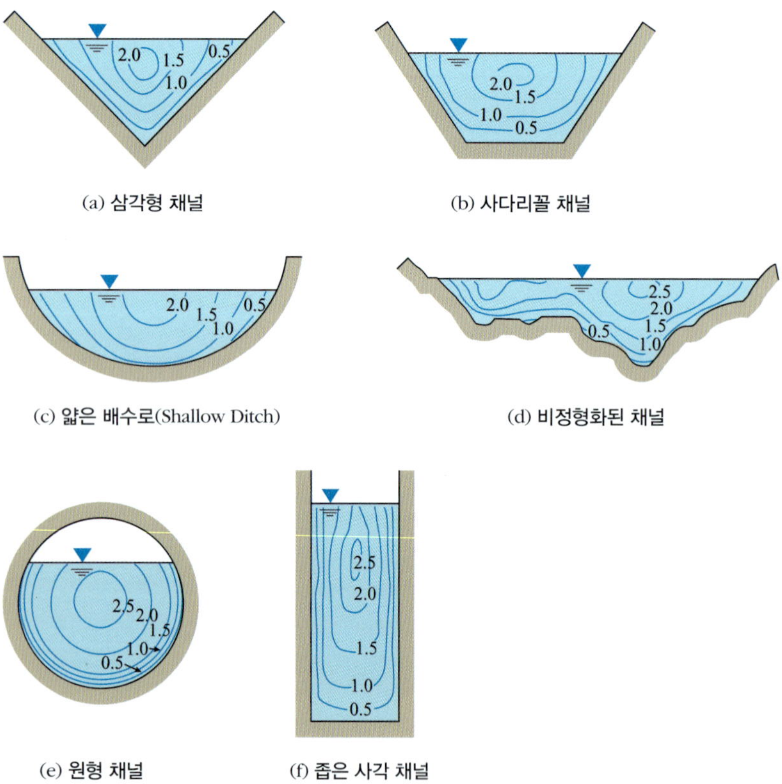

(a) 삼각형 채널 (b) 사다리꼴 채널

(c) 얇은 배수로(Shallow Ditch) (d) 비정형화된 채널

(e) 원형 채널 (f) 좁은 사각 채널

그림 12-2 대표적인 개수로 단면형상에서의 속도분포 등고선

5 토목공학에서는 수력반지름을 경심이라고 한다.

표 12-1 대표적인 개수로형상의 기하학적 성질

형상	단면형상	유동면적 A	접수길이 P	수력반지름 R_h
사다리꼴	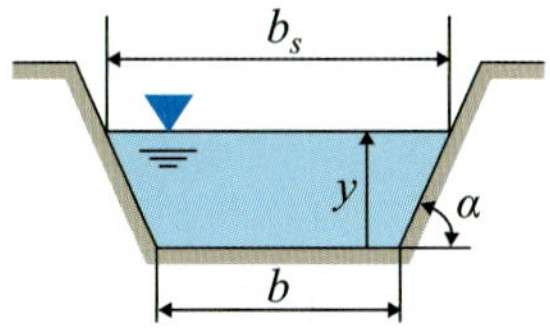	$y(b+y\cot\alpha)$	$b+\dfrac{2y}{\sin\alpha}$	$\dfrac{y(b+y\cot\alpha)}{b+\dfrac{2y}{\sin\alpha}}$
삼각형	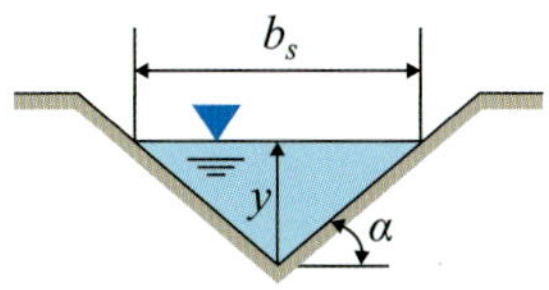	$y^2\cot\alpha$	$\dfrac{2y}{\sin\alpha}$	$\dfrac{y\cos\alpha}{2}$
직사각형	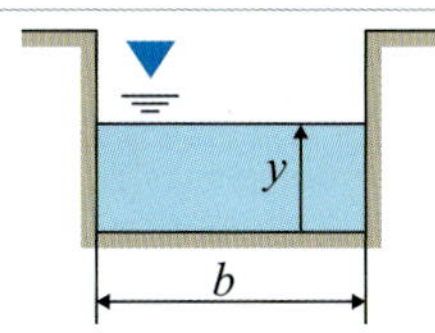	by	$b+2y$	$\dfrac{by}{b+2y}$
넓은 폭	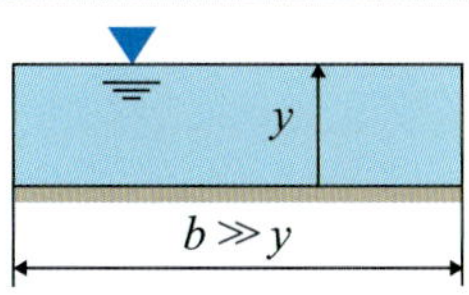	by	b	y
원형	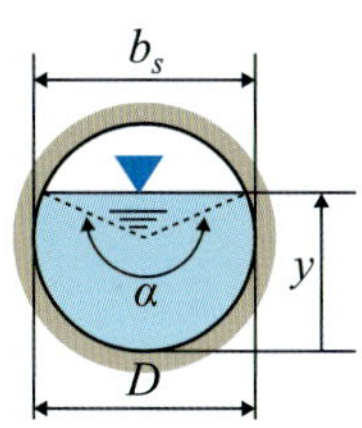	$(\alpha-\sin\alpha)\dfrac{D^2}{8}$	$\dfrac{\alpha D}{2}$	$\dfrac{D}{4}\left(1-\dfrac{\sin\alpha}{\alpha}\right)$

12.1.4 개수로유동의 운동량방정식

개수로유동의 특징인 표면파 c의 속도를 정의하기 위해 [그림 12-3]과 같은 개수로유동 내 검사체적을 가정하자. 이는 2.2.5절에서 학습한 내용인 하판이 고정된 상태에서 유체 상부에 전단력이 주어졌을 때 움직이는 유체 운동과 매우 유사하다.

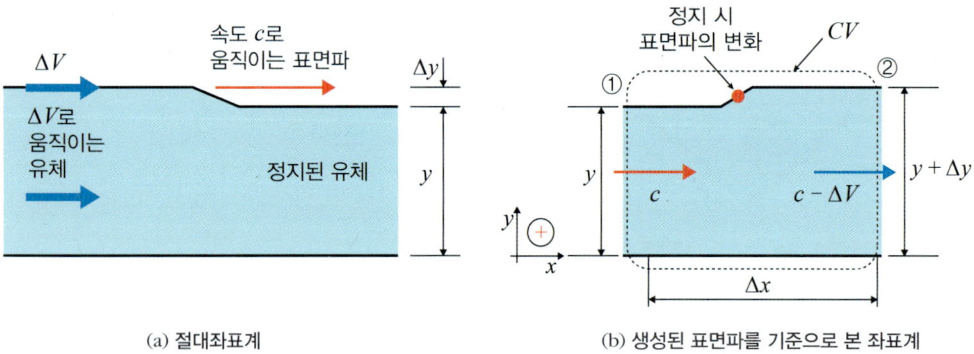

그림 12-3 개수로유동의 표면에서 생성되는 파를 설명하기 위한 검사체적 설정

[그림 12-3(a)]와 같이 유체가 채워진 수로 왼쪽에서 갑자기 ΔV의 속도로 움직이는 상황이라 가정하자. 파도가 치는 모습을 상상하면 쉽게 이해할 수 있다. 이때 벽면에 가까운 유체는 ΔV의 속도로 오른쪽으로 흐르게 되며, 표면파가 발생할 것이고 이 표면파는 속도 c로 정지된 유체에게 전파된다. 이를 해석하기 위해 고정된 검사체적을 적용할 수도 있지만 그렇게 되면 속도가 시간에 따라 변화하는 것을 고려해야 하므로 매우 복잡해진다.

[그림 12-3(b)]와 같이 표면파를 기준으로 봤을 때 상대적으로 정지된 유체에서 미소 검사체적을 설정하고 이에 대한 좌표계를 사용하는 것이 편하다. 즉 표면파 속도 c로 검사체적이 움직인다고 가정하자. 이렇게 되면 시간 변화에 따른 영향을 고려하지 않아도 된다. [그림 12-3(b)]의 경우는 영역 ①에서 영역 ②로 c의 속도로 밀려오면 표면 위의 파도가 Δy만큼 증가되고 파도의 속도는 $c - \Delta V$로 움직인다고 가정한 것이다.

이를 해석하기 위해 12.1.2절에서 가정한 조건(정상유동, 비압축성유동, 각 단면에서 균일속도분포 작용, 각 단면에서 정수력 압력분포 작용, 마찰이 없음)을 적용하고, 검사체적 내 연속방정식($\sum \vec{V} \cdot \vec{A} = 0$)을 계산하면 식 (12.4)와 같다. 이때 폭을 b라고 가정했다.

$$Q_1 - Q_2 = -cyb + (c - \Delta V)(y + \Delta y)b = 0 \tag{12.4}$$

식 (12.4)를 ΔV에 대해 풀면 식 (12.5)와 같이 정리할 수 있다. 이때 폭 b는 영역 ①과 영역 ②가 동일하므로 제거할 수 있다.

$$\Delta V = c\frac{\Delta y}{y + \Delta y} \tag{12.5}$$

식 (5.43)과 같은 운동량방정식에 정상상태, 균일유동에 대한 가정을 적용하면 정지 시 표면파의 변화에 대해 검사체적에 적용된 운동량방정식을 식 (12.6)과 같이 구할 수 있다. 여기서 체적력은 수평 방향 유동이므로 0이다.

$$\overrightarrow{F_S} + \overrightarrow{F_B} = \frac{\partial}{\partial t}\int_{CV} \overrightarrow{V}\rho d\forall + \int_{CS} \overrightarrow{V}\rho \overrightarrow{V} \cdot d\overrightarrow{A} \tag{5.43}$$

$$F_{S_x} = \sum u\rho \overrightarrow{V} \cdot \overrightarrow{A} \tag{12.6}$$

먼저 식 (12.6)의 우변은 검사표면을 통과하는 플럭스의 차이이므로 단면 ①의 플럭스와 단면 ②의 플럭스를 식 (12.7), 식 (12.8)과 같이 정리하면 이해하기 편할 것이다.

$$u\rho \overrightarrow{V} \cdot \overrightarrow{A}\Big|_{①} = c\rho\{cyb\} \tag{12.7}$$

$$u\rho \overrightarrow{V} \cdot \overrightarrow{A}\Big|_{②} = (c-\Delta V)\rho\{(c-\Delta V)(y+\Delta y)b\} \tag{12.8}$$

식 (12.7)의 단면 ①은 유입이기 때문에 면적벡터로 음(−)의 값을 갖고, 식 (12.8)과 같은 단면 ②의 플럭스는 유출이므로 양(+)의 값을 갖는데 이를 식 (12.6)에 대입하고 정리하면 식 (12.9)와 같다. 식 (12.9)의 ①은 식 (12.4)의 연속방정식과 동일해 $(c-\Delta V)(y+\Delta y) = cy$가 되므로 간단히 정리할 수 있다. 식 (12.9)의 최종식에서 반력이 반대로 작용한다고 가정한다면 음(−)의 값을 양(+)의 값으로 변경시킬 수 있다.

$$\begin{aligned} F_{S_x} &= \sum u\rho \overrightarrow{V} \cdot \overrightarrow{A} = (c-\Delta V)\rho\underbrace{\{(c-\Delta V)(y+\Delta y)b\}}_{①} - c\rho\{cyb\} \\ &= (c-\Delta V)cy - c^2y = c^2y - cy\Delta V - c^2y = -cy\Delta V \\ &= -cy\Delta V = cy\Delta V \end{aligned} \tag{12.9}$$

[그림 12-3(b)]와 같은 검사체적에 미치는 표면력은 양쪽 검사표면에 작용하는 정수력과 바닥면의 마찰력이다. 공기에 의한 자유표면 마찰은 매우 작아 무시할 수 있으며 양쪽 검사표면에 작용하는 정수력 F_h는 식 (4.14)를 이용해 식 (12.10)과 같이 계산할 수 있다.

$$F_h = pA = \gamma h A \tag{4.14}$$

$$\begin{aligned} F_{S_x} &= F_{h_{left}} - F_{h_{right}} = \gamma\frac{y+\Delta y}{2}(y+\Delta y)b - \gamma\frac{y}{2}yb \\ &= \frac{\gamma b}{2}(y+\Delta y)^2 - \frac{\gamma b}{2}y^2 = \frac{g}{2}(y+\Delta y)^2 - \frac{g}{2}y^2 \\ &= gy\Delta y + \frac{g(\Delta y)^2}{2} = g\left(y + \frac{\Delta y}{2}\right)\Delta y \end{aligned} \tag{12.10}$$

식 (12.6)의 좌변에 식 (12.10)을 대입하고 우변에 식 (12.9)를 대입하면 최종적으로 식 (12.11)과 같이 정리되는데 양변을 y로 나누어 표현할 수 있다.

$$g\left(y+\frac{\Delta y}{2}\right)\Delta y = cy\Delta V \text{ 또는 } g\left(+\frac{\Delta y}{2y}\right)\Delta y = c\Delta V \tag{12.11}$$

식 (12.5)의 속도 변화 ΔV를 식 (12.11)에 대입하면 식 (12.12)와 같이 정리할 수 있고, 이를 표면파의 전달속도인 c로 다시 정리하면 식 (12.13)과 같다.

$$g\left(1+\frac{\Delta y}{2y}\right)\Delta y = c^2\frac{\Delta y}{y+\Delta y} \tag{12.12}$$

$$c^2 = gy\left(1+\frac{\Delta y}{2y}\right)\left(1+\frac{\Delta y}{y}\right) \tag{12.13}$$

만약 식 (12.13)에서 Δy가 y보다 작다면, 즉 **파고가 작다면 식 (12.13)은 식 (12.14)와 같이 정리**된다.

$$c = \sqrt{gy} \tag{12.14}$$

Think_01

식 (12.12)의 Δy가 물리적으로 무엇을 의미하는지 생각해보자.

■ 표면파 속도

결과적으로 식 (12.14)의 **표면파 속도 c는 그 위치에서 유체 수심 Δy에 의존**한다. 이 결과를 통해 바닷가 인근 해변에서 파도가 부서지는 이유를 [그림 12-4(a)]와 같이 설명할 수 있다. 먼바다에서 발생한 파도가 해변 인근에 도달하면서 수심이 얕아지기 때문에 파정(파도 꼭대기)에서의 수심이 파저(파도 바닥)에서의 수심보다 커진다. 즉 [그림 12-4(b)]에서 보듯이 파도가 부서지면서 잔잔해지는 현상을 의미한다.

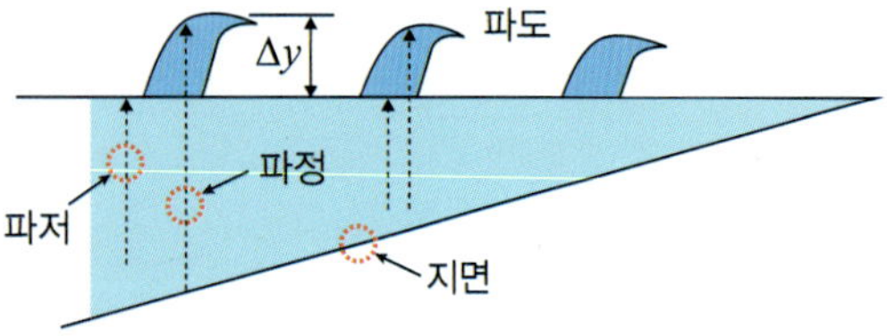

(a) 파도의 개념

(b) 파도

그림 12-4 유체 수심과 파도가 부서지는 이유

표면파의 전파속도는 식 (12.14)에서 보듯이 오로지 수심과 중력의 함수이다. 식 (12.14)의 유도 과정을 고려한다면 V가 매우 작다는 것을 알아야 한다. 이는 유체의 성질, 즉 비중과는 상관없다.

■ Fr수에 따른 변화

하류의 어떤 지점에서 **수로 바닥의 돌출부나 장벽에 의해 교란이 발생했다고 가정**해보자. 지금까지는 잔잔하면서 수평적인 개수로유동을 고려했다. 이때 발생된 교란은 [그림 12-5(a)]의 왼쪽 그림과 같이 속도 c로 유체속도와는 상대적으로 하류(아래쪽)에서 또는 상류(위쪽)로 전파될 것이다. [그림 12-5(a)]와 같이 식 (12.14)의 유속이 진행속도인 V보다 작은 경우($V < c$)라면 교란에 의한 표면파의 절대속도는 $c - V$로 위쪽 유동에 반영되어 이동하게 된다. 즉 상대속도만큼 유동에 영향을 주고 받는다는 것이다.

그러나 [그림 12-5(b)]와 같이 댐 방류처럼 경사나 돌출부가 있는 곳에서는 유동 속도 V가 빨라지기 때문에 상대속도는 $V > c$가 되므로 표면파에 의한 교란은 위쪽으로 이동하지 못하고 절대속도 $V - c$로 유동에 파묻히게 된다.

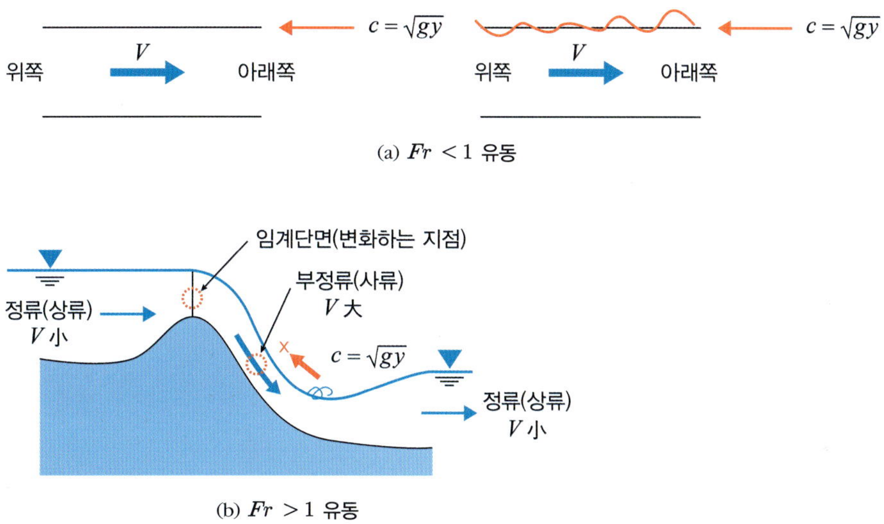

그림 12-5 Fr 수에 따른 등류와 부정류

하류의 교란이 위쪽 유동에 미치는 영향은 저속유동과 고속유동의 근본적인 차이가 생기는 원인이 된다. 따라서 개수로 해석에 있어 식 (12.14)보다는 자유표면, 개수로, 선박 문제에 주로 사용되는 식 (7.48)과 같은 Fr수를 기반으로 해석해야 한다.

$$Fr = \frac{\text{관성력}}{\text{중력}} = \frac{\rho V^2 l^2}{\rho g l^3} = \frac{V^2}{gl} \quad \text{또는} \quad \frac{V}{\sqrt{gl}} \tag{7.48}$$

개수로유동에서 '저속' 및 '고속'은 Fr수에 따라 아래와 같이 구분하고 이에 대한 현상은 [그림 12-5]와 같다.

- $Fr < 1$ **아임계유동**Subcritical Flow **또는 정류**

  [그림 12-5(a)]와 같이 아래쪽 교란 표면파 전단속도 c가 주어졌을 때 위쪽 유동이 영향을 주는 유동. 즉 위쪽 유동의 속도가 작고 일정한 유동이기 때문에 후류에 영향을 쉽게

받는다.

- $Fr = 1$ **임계유동**Critical Flow

  [그림 12-5(b)]와 같이 정류에서 부정류로 바뀔 때의 유동. 이때 단면을 임계단면이라 한다.

- $Fr > 1$ **초임계유동**Supercritical Flow **또는 부정류**

  [그림 12-5(b)]와 같이 경사면에서 빠른 속도로 인해 아래쪽 교란이 위쪽으로 전파되지 못하는 유동.

예제 12-1 표면파의 속도

연못의 수심을 측정하기 위해 연못 가운데에서 노를 이용해 표면파를 발생시켰고, 표면파가 연못 가장자리에 미치는 시간을 측정했다. 표면파가 가장자리까지 도달하는 시간이 1.5 [s]일 때 연못의 수심을 추정하라. 단, [표 12-1]의 직사각형과 같이 수심이 일정한 사각형 연못이고, 연못 가운데에서 가장자리까지의 거리는 6 [m]라고 가정한다.

분석

- 식 (12.14)에서 유도된 교란 표면파 속도를 이해하고, 파도의 속도는 수심의 함수임을 이해하는 것이 이 예제의 목적이다.

풀이

- 식 (12.14)의 교란 표면파의 속도, 즉 전파속도 c가 6 [m] 움직일 때 시간은 1.5 [s]이므로 이를 대입하면 식 (12.15)와 같이 수심을 구할 수 있다.

$$c = \sqrt{gy} \tag{12.14}$$

$$y = \frac{c^2}{g} = \frac{(6/1.5)^2}{9.81} = 1.63\,[\mathrm{m}] \tag{12.15}$$

고찰

- 개수로유동에서 발생되는 파동 속도는 오로지 수심의 함수이므로 수심은 쉽게 구해진다.
- Δy는 연못이나 개수로에서 발생되는 파도의 개념이고 c는 그 파도의 표면파 속도이다.
- 이 예제에서는 정지한 상태의 개수로를 다루었지만, 유동이 빠른 개수로의 경우에는 Fr수를 고려해 해석해야 한다.

SECTION 12.2

개수로유동에 대한 에너지방정식

- 개수로유동에 대한 에너지방정식을 학습한다.
- 개수로유동의 비에너지에 대해 학습한다.
- 개수로유동의 최소 비에너지인 임계수심에 대해 학습한다.

12.2.1 에너지방정식

개수로유동을 해석하기 위해 [그림 12-6]과 같이 검사체적을 설정했고, 이 검사체적에 5장에서 다루었던 레이놀즈 전달 이론으로 구한 연속방정식, 운동량 및 에너지방정식을 적용해보자.

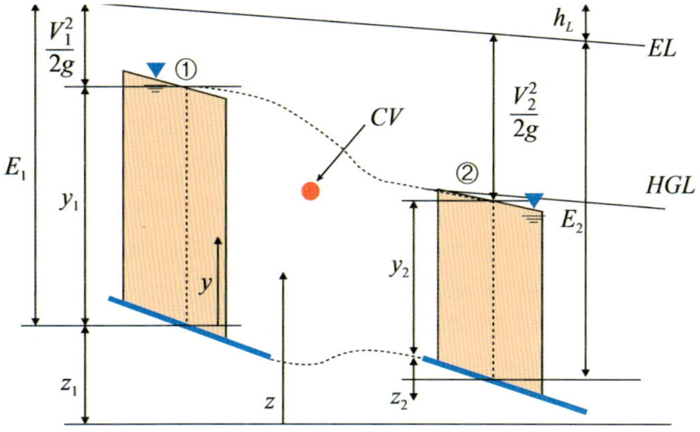

그림 12-6 개수로유동의 에너지 해석을 위한 검사체적 및 좌표계

[그림 12-6]과 같은 검사체적을 이용한 개수로유동의 해석은 다음의 여섯 가지를 가정한다.

[가정 1] 정상유동

[가정 2] 비압축성유동

[가정 3] 각 단면에서 균일한 유속분포

[가정 4] 완만한 수심 변화로 인한 정수압 압력분포

[가정 5] 작은 바닥면 기울기 $(z_1 - z_2)$

[가정 6] $\dot{W}_s = \dot{W}_{shear} = \dot{W}_{other} = 0$

검사체적에 대한 에너지방정식은 식 (5.122)에서 시작해야 한다. 식 (5.122) 내 대괄호 안의 수식은 개수로유동 내 임의의 지점에서 총 헤드 또는 에너지 헤드이므로 이를 정리하면 식 (12.16)과 같다.

$$-\dot{W}_{shaft} = \left[\left(\frac{p}{\rho} + \frac{V^2}{2} + gz \right)_2 - \left(\frac{p}{\rho} + \frac{V^2}{2} + gz \right)_1 \right] \dot{m} \tag{5.122}$$

$$gH = \left(\frac{p}{\rho} + \frac{V^2}{2} + gz \right)_1 - \left(\frac{p}{\rho} + \frac{V^2}{2} + gz \right)_2 \tag{12.16}$$

식 (12.16)에서 단면 ①의 위치에너지와 정수력과 관련된 항은 식 (12.17)과 같이 정리할 수 있다. 이것은 **일반적인 유동장에서 베르누이방정식을 유도할 때 사용된 것과 차이**가 있으므로 이를 정확히 이해해야 한다. 여기서 [그림 12-6]에서 보듯이 y와 z는 각각 국부적인 유동 수심 및 수로 바닥 높이이다.

$$\left(\frac{p}{\rho} + gz \right)_1 = g(y_1 - y) + g(z_1 + y) = g(y_1 + z_1) \tag{12.17}$$

식 (12.17)을 식 (12.16)의 단면 ①의 에너지에 대입하면 식 (12.18)과 같이 정리할 수 있다.

$$\left(\frac{p}{\rho} + \frac{V^2}{2} + gz \right)_1 = \frac{V_1^2}{2} + g(y_1 + z_1) = \frac{V_1^2}{2} + gy_1 + gz_1 \tag{12.18}$$

단면 ②의 에너지도 같은 방법으로 계산해 식 (12.16)을 정리하면 식 (12.19)와 같아지고, 이때 식 (12.19)를 **개수로유동에 대한 에너지방정식**이라 한다. 개수로유동 내의 임의의 지점에서 총 헤드 또는 에너지 헤드 H는 식 (12.20)으로 정의한다.

$$H = \left(\frac{V_1^2}{2g} + y_1 + z_1 \right) - \left(\frac{V_2^2}{2g} + y_2 + z_2 \right) \tag{12.19}$$

$$H = \frac{V^2}{2g} + y + z \tag{12.20}$$

식 (12.19)를 보면 전체 헤드는 마찰에 의한 손실헤드([그림 12-6]에서 h_L)에 의존함을 알 수 있다. 만약 마찰이 없다면 식 (12.19)는 0이 되기 때문이다.

Think_02

식 (12.19)는 개수로유동에 대한 에너지방정식이다. 이 방정식과 일반유동의 에너지방정식인 베르누이방정식을 비교한다면 어떤 차이가 있는지 생각해보자.

12.2.2 비에너지

개수로유동에서 기존 수평면인 수로 바닥 높이차($z_1 - z_2$) 때문에 발생된 유동의 기계적 에너지를 **비에너지**Specific Energy라고 정의한다. 보다 쉽게 설명하자면 [그림 12-6]의 수로 바닥면에서 에너지선(EL)까지의 높이를 가리킨다. 즉 식 (12.21)과 같이 **유동의 속도와 자유수면 높이(수심)에 의한 에너지를 의미**한다.[6] 식 (12.21)에서 y는 임의 지점의 수심이다. 식 (12.21)에서 α는 운동량 형상계수인

6 베르누이방정식에서 배운 수력구배선(HGL)과 같다. 이 비에너지의 개념은 기사시험에서 많이 출제된다.

데 보통 1의 값을 갖기 때문에 무시한다.

$$E = \frac{V^2}{2g} + y = \alpha\frac{V^2}{2g} + y \tag{12.21}$$

식 (12.21)인 비에너지를 사용해 임의 지점의 총 헤드인 식 (12.20)을 식 (12.22)와 같이 표현할 수 있다.

$$E_1 - E_2 = \Delta E = H - (z_1 - z_2) \tag{12.22}$$

식 (12.22)와 같이 비에너지의 변화(ΔE)는 마찰(H) 및 수로 높이($z_1 - z_2$) 변화에 의존하는 것을 알 수 있다. 비에너지인 식 (12.21)에 연속방정식($Q = AV$)을 이용하면 식 (12.23)과 같이 표현할 수 있다.

$$E = \frac{Q^2}{2gA^2} + y \tag{12.23}$$

식 (12.23)에서 수심과 비에너지의 변화를 주어진 유량에 대해 [그림 12-7]과 같이 나타냈다. 임의의 지점에서 비에너지 E는 수심 y에 따라 지수형태로 감소(파란색 선)하지만, 수심은 선형적으로 증가하기 때문에 조합식인 식 (12.23)은 변곡점을 갖는 포물선 경향(빨간색 선)을 나타낸다. 즉 [그림 12-7]에서 보듯이 주어진 유량에 대해 비에너지가 포물선의 형태로 변화하지만, 비에너지가 최소가 되는 수심은 1개라는 것도 알 수 있다.

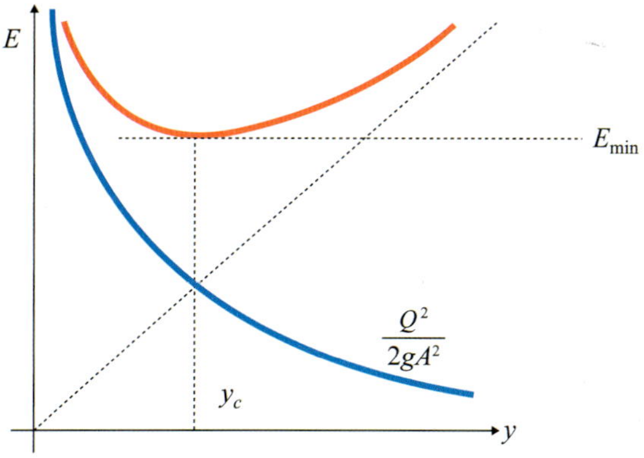

그림 12-7 주어진 유량에서 수심에 대한 비에너지의 변화

[그림 12-8(a)]는 [그림 12-7]의 x축과 y축을 변경한 것일 뿐, 동일한 그래프이다. [그림 12-8(a)]에서 파란선으로 나타낸 비에너지의 변곡점($dE/dy = 0$)이 최소($E_{\min}$)가 되는 점이 최소 수심이라는 의미이다.

[그림 12-7]과 [그림 12-8(a)]에서 나타낸 **비에너지 E의 물리적 개념은 개수로유동에 의해 운반되는 실제 에너지**이고, 에너지가 수심에 따라 변화한다는 것을 의미한다. [그림 12-8(a)]를 보면 주어진 유량 Q에서 비에너지 E가 동일($E_1 = E_2$)한 2개의 수심 y_1, y_2가 존재함을 알 수 있다. 이를 대응수

심 또는 교호수심Alternate Depths이라 한다. [그림 12-8(b)]에서 보듯이 개수로의 속도분포가 포물선의 형태를 나타내는데, 수심이 깊은(바닥기준) 경우인 y_1에서는 천천히 흐르지만, 얕은 수심의 y_2에서는 면적이 줄어들기 때문에 빠르게 흐르게 된다.

[그림 12-8(a)]에서 변곡점인 임계점을 기준으로 본다면 초임계유동은 $Fr > 1$인 아래쪽 영역, 아임계유동은 $Fr < 1$인 위쪽 영역이 해당된다. 아임계유동에서는 비에너지(식 (12.21)) 중 y_1이 $V_1^2/2g$보다 크게 작용하므로, 속도(V_1)가 느리다는 것을 의미한다. 반면에 초임계유동에서는 y_2보다 $V_2^2/2g$의 속도에너지가 크기 때문에 속도(V_2)가 빠르다는 것을 의미한다.

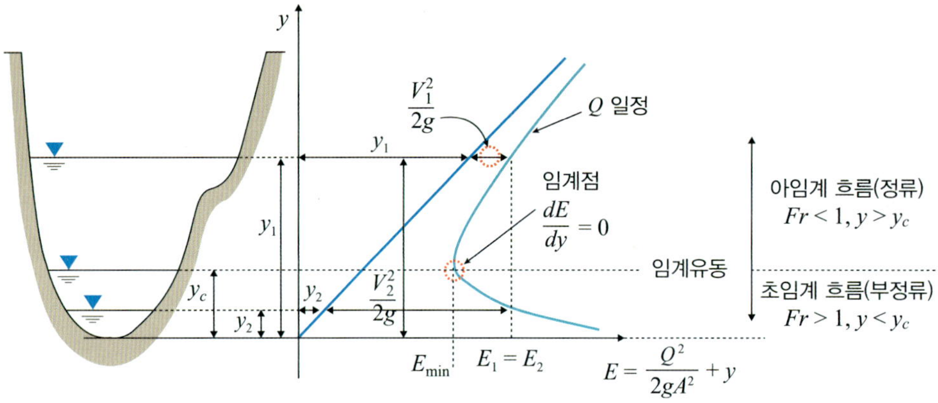

(a) 주어진 유량에 대한 수심과 비에너지의 관계

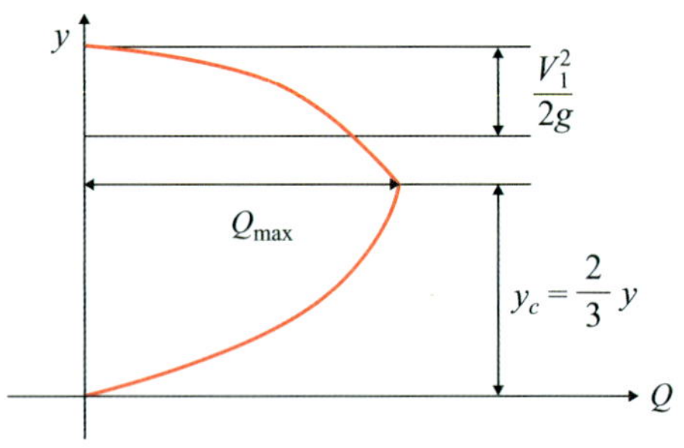

(b) 유량과 임계수심의 관계

그림 12-8 주어진 유량에 대한 수심과 비에너지의 관계 및 유량과 임계수심의 관계

12.2.3 임계수심 : 최소 비에너지

주어진 유량에 대한 비에너지 선도로부터 비에너지가 최소가 되는 유동이 있다. [그림 12-8(b)]와 같이 이때 순시유동은 최대가 된다. 비에너지가 최소, 즉 부정류에서 정류가 되는 깊이를 임계수심(한계수심) y_C이라고 한다. 비에너지가 최소인 수심과 임계수심의 관계에 대해 알아보기 위해 [그림 12-9]와 같이 일반적인 단면형상의 수로를 고려해 비에너지를 표현해보자. 주어진 유량 Q에 대해 최소 비에너지에 대한 깊이, 즉 임계수심을 구하기 위해 식 (12.24)와 같이 식 (12.23)을 미분한다.[7]

$$\frac{dE}{dy} = 0 = -\frac{Q^2}{gA^3}\frac{dA}{dy} + 1 \tag{12.24}$$

[그림 12-9]와 같은 개수로유동에서 유로 면적 $A(y)$를 자유표면의 폭 b_s로 정의하면 식 (12.25)와 같고, 이를 식 (12.24)에 대입하면 식 (12.26)과 같이 최소 비에너지를 정리할 수 있다.

$$dA = b_s dy \tag{12.25}$$

$$Q^2 = \frac{gA^3}{b_s} \tag{12.26}$$

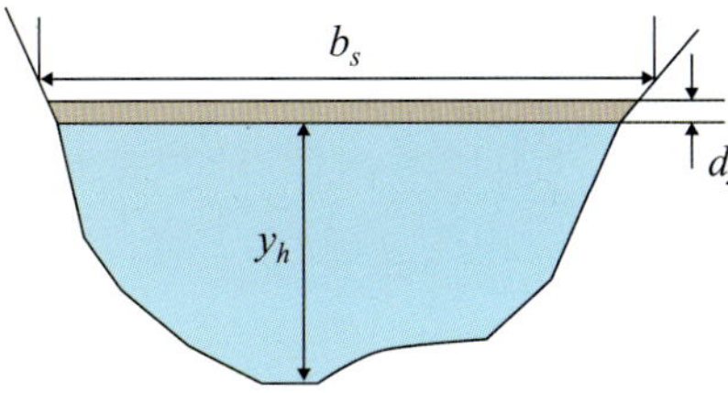

그림 12-9 수심 변화량 dy에 대한 유로면적 변화량 dA의 의존성

연속방정식으로부터 유로의 속도를 구하면 식 (12.27)과 같아진다. 비에너지가 최소인 지점에서 식 (12.3)과 같은 수리수심 y_h로 식 (12.27)을 정리하면 최소 비에너지 지점에서의 속도는 식 (12.28)과 같이 구할 수 있다.

$$V = \frac{Q}{A} = \sqrt{\frac{gA}{b_s}} \tag{12.27}$$

$$y_h = \frac{A}{b_s} \tag{12.3}$$

$$V = \sqrt{gy_h} \tag{12.28}$$

여기서 식 (12.28)과 앞서 정의한 식 (7.48)인 Fr수를 비교하면 비에너지가 최소가 될 때는 식 (12.29)와 같이 $Fr = 1$이 됨을 알 수 있다. 즉 **비에너지가 최소인 유동이 바로 임계유동**이라는 것을 알 수 있고, 비에너지가 최소일 때의 수심이 임계수심(한계수심)이며, 이때 [그림 12-8(b)]에서 보듯이 개수로 내 수심에 따른 속도가 최대가 된다.

$$Fr = \frac{V}{\sqrt{gy_h}} = \frac{\sqrt{gy_h}}{\sqrt{gy_h}} = 1 \tag{12.29}$$

어떤 개수로유동에서도 임계유동 조건에서 비에너지가 최소가 된다는 것을 알 수 있다. 즉 **아임계유동(등류)이 발생하는 경우는 식 (12.29)에서 보듯이 Fr수가 1보다 작아져야 하므로 임계수심이 커야한다.**

---

7 수학에서 미분값이 0이라는 것은 변곡점이 있고 그 점이 최소 및 최대가 된다는 뜻이다.

최소 비에너지 식인 식 (12.26)을 좀 더 이해하기 쉽게 직사각형 수로에 대입해보자. 직사각형 수로인 경우는 [표 12-1]에서 보듯이 b_s는 b가 되고, 면적 A는 by가 되므로 식 (12.26)은 식 (12.30)과 같아지고, 수리수심으로 정리하면 식 (12.31)과 같다. 식 (12.30)에서 y_c는 임계유동의 높이라는 개념으로 하첨자 c를 대입한 것이다. 결국 직사각형 수로에서 임계유동 높이인 y_c는 식 (12.31)과 같이 유도할 수 있다. 여기서 **임계수심 y_c는 비에너지가 최소가 되는 지점을 의미**한다.[8]

$$Q^2 = \frac{gA_c^3}{b_s} = \frac{gb^3y_c^3}{b} = gb^2y_c^3 \tag{12.30}$$

$$y_c = \left[\frac{Q^2}{gb^2}\right]^{1/3} \tag{12.31}$$

식 (12.31)을 식 (12.28)인 속도에 대입하면 식 (12.32)와 같이 최소 비에너지를 갖는 임계속도 V_c를 구할 수 있다.

$$V_c = \sqrt{gy_c} = \left[\frac{gQ}{b}\right]^{1/3} \tag{12.32}$$

직사각형 수로의 경우 위에서 구한 임계속도(식 (12.32))를 최소 비에너지인 식 (12.21)에 대입하면 식 (12.33)과 같이 직사각형 수로에서 최소 비에너지를 정리할 수 있다. [그림 12-8(b)]에서 나타낸 바와 같이 비에너지가 최소일 때 $1.5y_c$로 표시한 지점에서 순시속도(유량)는 최대가 된다.

$$E = E_{\min} = \frac{V_c^2}{2g} + y_c = \frac{gy_c}{2g} + y_c = \frac{3}{2}y_c \tag{12.33}$$

예제 12-2 직사각형 수로에 대한 비에너지 곡선

폭이 $b = 10$ [m]인 직사각형 수로에서 유량이 0, 2, 5, 10 [m^3/s]로 변화할 때의 비에너지 곡선을 각각 도시하고, 각 유량에 대한 최소 비에너지를 구하라.

분석

- 이 예제를 풀기 위해 식 (12.23)에서 정의한 비에너지를 이해해야 한다.
- 유량이 같을 때, 수심에 따라 속도가 달라지고 그에 따라 비에너지가 달라지며 수심의 어느 지점에서 가장 최소의 에너지를 갖는지 파악하고 쌍곡선의 형태를 물리적으로 이해하는 것이 이 예제의 목적이다.
- 엑셀을 이용해서 풀자.

풀이

- 식 (12.23)의 비에너지 수식을 직사각형 수로($A = by$)에 맞게 y의 함수로 표현하면 식 (12.34)와 같다.

8 수리수심과 혼동하면 안 된다. 수리수심에 대한 내용은 [예제 12-3]에서 확인하자.

$$E = \frac{Q^2}{2gA^2} + y = \frac{Q^2}{2g(by)^2} + y \tag{12.34}$$

- 식 (12.34)를 y와 Q에 따라 계산하면 [표 12-2]와 같다. 1개의 비에너지값은 수기로 쉽게 계산할 수 있으나 [표 12-2]와 같이 y와 Q에 따라 전체를 수기로 계산하기는 어려우므로 엑셀로 계산해야 한다.
- [그림 12-8(a)]와 같은 쌍곡선 형태의 비에너지와 수로 깊이의 관계를 나타내기 위해 [그림 12-10]과 같이 나타냈다. 또한 [표 12-2]에는 빨간색으로 최소 비에너지의 값을 유량에 따라 나타냈고, [그림 12-10]에서 유도된 관계식을 식 (12.35)와 같이 정리했다.

$$E_{\min} = 0.6494 y_c \tag{12.35}$$

표 12-2 직사각형 수로에서의 유량에 따른 비에너지

y [m]	$Q=0$	$Q=2$	$Q=5$	$Q=10$
0.050	0.050	0.866	5.152	20.458
0.100	0.100	0.304	1.376	5.202
0.125	0.125	0.256	0.941	3.390
0.150	0.150	0.241	0.717	2.418
0.175	0.175	0.242	0.591	1.841
0.200	0.200	0.251	0.519	1.476
0.225	0.225	0.265	0.477	1.233
0.250	0.250	0.283	0.454	1.066
0.275	0.275	0.302	0.444	0.950
0.300	0.300	0.323	0.442	0.867
0.350	0.350	0.367	0.454	0.766
0.400	0.400	0.413	0.480	0.719
0.450	0.450	0.460	0.513	0.702
0.50	0.500	0.508	0.551	0.704
1.00	1.000	1.002	1.013	1.051

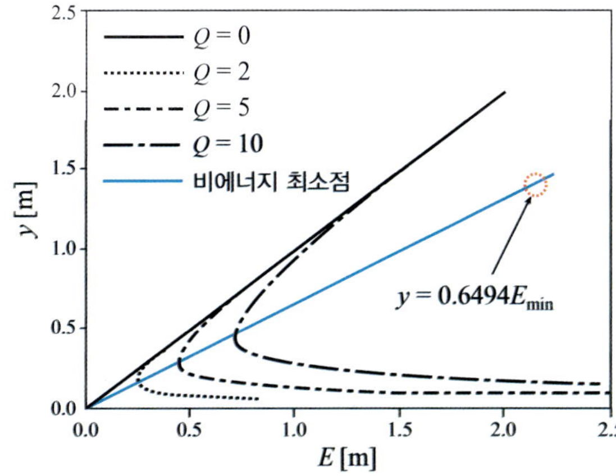

그림 12-10 직사각형 수로에서의 유량에 따른 비에너지와 수로 깊이의 관계

고찰

- 수심에 따라 식 (12.23)의 비에너지값이 쌍곡선의 값을 갖고, 비에너지의 값이 동일한 수심에 따라 2개씩 존재한다는 것을 알 수 있다. 또한 [그림 12-2]의 등고선, [그림 12-8]의 포물선 형태와 같이 쌍곡선의 값을 가짐을 이해해야 한다.
- 유량이 증가함에 따라 속도가 빠른 지점, 즉 임계수심 또한 커짐을 알 수 있다. 이러한 관계는 식 (12.35)와 같이 선형적으로 증가하는 것이다. 이 관계는 식 (12.33)에서 최소 비에너지의 수식을 구했듯이 1.5(3/2)배가 되어야 한다. 그러나 식 (12.35)를 보면 약 1.539(1/0.6494)배로 나타났는데 이는 [표 12-2]에서 정확하게 구하지 않아서 생긴 오차라 판단된다.

예제 12-3 삼각형 수로에 대한 임계수심

단면이 [그림 12-11]과 같은 삼각형 수로($\alpha = 60°$) 내에 $Q = 300\,[\mathrm{m^3/s}]$의 유량이 흐른다. 이 유량의 임계수심을 구하고, $Fr = 1$이 됨을 증명하라.

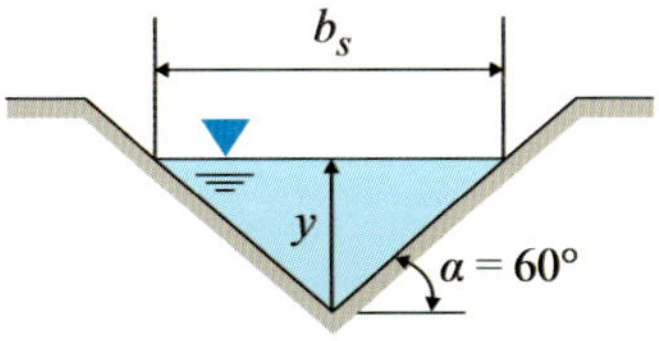

그림 12-11 삼각형 수로

분석

- 임계수심을 이해하기 위한 문제로, 식 (12.26)을 삼각형 수로 형태로 정리하여 임계수심일 때의 속도를 구하자.
- 여기서 구한 수심은 임계수심이 아닌 수리수심이다. 따라서 식 (12.3)을 이용해서 구한 수리수심과 임계수심을 식 (12.29)에 대입해 Fr수가 1이 되는지 확인하면 된다.
- 삼각형 수로의 유동면적은 [표 12-1]의 삼각형 수로 $A = y^2 \cot\alpha$를 이용하면 된다. 폭과 수심이 유한한 값으로 주어졌다면 일반적인 삼각형 면적을 이용하면 되지만 문제에서 각도만 주어졌기 때문에 위의 값을 이용해야 한다.

풀이

- [그림 12-11]에서 폭인 b_s의 값이 정의되지 않았기 때문에 y의 함수로 나타내면 식 (12.36)과 같다. 이를 식 (12.26)에 대입해 삼각형 수로에 맞는 수식으로 변경하면 유량은 식 (12.37)과 같다.
- 임계수심을 구해야 하므로 식 (12.36)과 식 (12.37)에서 y를 y_c로 표현했다. y_c로 식 (12.37)을 정리하면 식 (12.38)과 같이 주어진 유량과 각도의 식으로 정리할 수 있다. 여기에 유량과 각도를 대입하여 정리하면 식 (12.39)와 같이 임계수심을 구할 수 있다.

$$\tan\alpha = \frac{y}{b_s/2} \quad \rightarrow \quad b_s = \frac{2y}{\tan\alpha} = 2y\cot\alpha \tag{12.36}$$

$$Q^2 = \frac{gA^3}{b_s} = \frac{g(y_c^2 \cot\alpha)^3}{2y_c \cot\alpha} = \frac{g}{2} y_c^5 \cot^2\alpha \tag{12.37}$$

$$y_c = \left(\frac{2Q^2}{g} \tan^2\alpha \right)^{1/5} \tag{12.38}$$

$$y_c = \left(\frac{2 \times 300^2}{9.8} \tan^2 60 \right)^{1/5} = 8.876\,[\mathrm{m}] \tag{12.39}$$

- 임계수심일 때의 속도는 식 (12.27)을 이용하면 된다. 다만 면적과 유량이 주어졌기 때문에 연속방정식을 그대로 이용해 식 (12.40)과 같이 구한다.

$$V = \frac{Q}{A} = \frac{Q}{y^2 \cot\alpha} = \frac{Q\tan\alpha}{y^2} = \frac{300 \times 1.732}{8.876^2} = 6.595\,[\mathrm{m/s}] \tag{12.40}$$

- Fr수에 대입하기 위해 수리수심을 구해야 하는데 이는 식 (12.3)으로부터 식 (12.41)과 같이 구할 수 있다.

$$y_h = \frac{A}{b_s} = \frac{y_c^2 \cot\alpha}{2y_c \cot\alpha} = \frac{y}{2} = \frac{8.876}{2} = 4.438\,[\mathrm{m}] \tag{12.41}$$

- 식 (12.29)인 Fr수에 임계속도와 수리수심을 각각 대입하면 식 (12.42)와 같이 Fr수가 1이 됨을 확인할 수 있다.

$$Fr = \frac{V_c}{\sqrt{gy_h}} = \frac{6.595}{\sqrt{9.8 \times 4.438}} = 1.0 \tag{12.42}$$

고찰

- 이 예제에서는 수심과 폭이 정해지지 않았기 때문에 임계수심과 임계속도가 각각 8.876 [m], 6.575 [m/s]로 계산됐다. [그림 12-11]에서 폭과 높이가 작게 주어졌다면 수심은 비례적으로 감소할 것이다.
- 여기서는 임계수심이 수리수심보다 약 4.438 [m] 깊다는 것을 알 수 있다.
- Fr수가 1인 임계유동을 정확히 이해해야 한다. 즉 임의의 단면에서의 비에너지가 최소가 되는 유동이고 바닥면 변화에 영향을 받지 않는 유동이다. 이는 임계유동에 대한 것으로 다음 절에서 사세히 살펴보자.

SECTION
12.3

면적 변화의 영향

- ✔ 개수로유동에 대한 면적 변화에 대해 학습한다.
- ✔ 개수로유동에서 돌출부의 영향에 대해 학습한다.
- ✔ 수력도약의 개념과 발생 원인에 대해 학습한다.

12.3.1 돌출부를 지나는 유동

앞서 개수로유동은 지표면의 면적 변화, 즉 돌출부에 영향을 받는다고 학습한 바 있다. 유동이 면적 변화의 영향을 지배적으로 받게 하려면, 수평으로 흐르며 아주 짧은 거리에서 바닥면에서 마찰이 있는 개수로유동이어야 한다. 즉 [그림 12-12]와 같이 폭 b가 일정하고 바닥에 $z = h(x)$와 같이 돌출부가 있으며 수평으로 흐르는 직사각형 수로가 있다고 가정하자. 이때 $y(x)$는 수심이다. 만약 돌출부가 있다면 자유표면의 수심은 초기 높이보다 올라갈 수도 내려갈 수도 있다. 상류속도에 따라 수심이 달라질 것이라는 예상을 확인하기 위해 돌출부에 대한 자유수면의 변화를 알아보자. 식 (12.20)과 같은 에너지방정식을 먼저 손실과 돌출부가 없는($z(x) = 0$) 단면 ②에 적용하면 식 (12.43)과 같다.

$$\frac{V_1^2}{2g} + y_1 + z_1 = \frac{V_2^2}{2g} + y_2 + z_2 = \frac{V^2}{2g} + y + z = const. \tag{12.43}$$

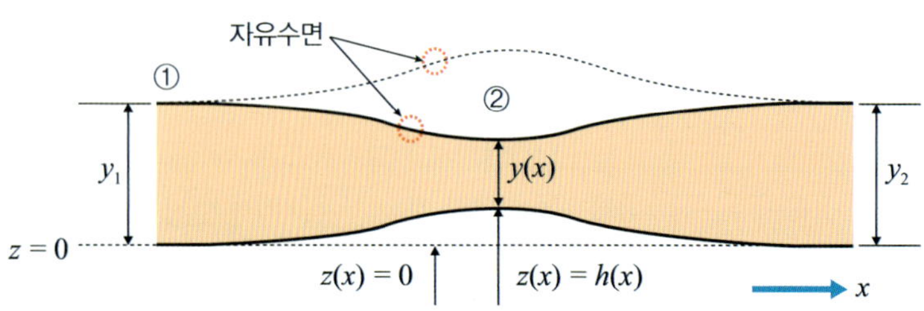

그림 12-12 수평 수로에서 돌출부 $h(x)$를 지나는 유동

[그림 12-12]에서 돌출부 $z = h(x)$가 있다면 에너지방정식은 식 (12.44)와 같이 변화된다.

$$\frac{V_1^2}{2g} + y_1 = E_1 = \frac{V_2^2}{2g} + y_2 + h = E + h(x) = const. \tag{12.44}$$

식 (12.45)와 같이 연속방정식으로부터 유량을 속도와 수심으로 표현 및 정리해 식 (12.34)와 식 (12.44)에 대입하면 식 (12.46)과 같다.

$$Q = b_1 V_1 y_1 = b_2 V_2 y_2 \tag{12.45}$$

$$\frac{Q^2}{2gb_1^2y_1^2} + y_1 = \frac{Q^2}{2gb_2^2y_2^2} + y_2 + h = const. \quad (12.46)$$

수로의 유동 방향인 x에 대한 변화를 알아보기 위해 식 (12.46)을 정리해 미분하면 식 (12.47)과 같이 자유표면의 수심 변화에 대한 표현을 얻을 수 있다. 즉 돌출부에 의한 수심 변화를 확인할 수 있다.

$$-\frac{Q^2}{gb^2y^3}\frac{dy}{dx} + \frac{dy}{dx} + \frac{dh}{dx} = 0 \quad (12.47)$$

이를 자유표면의 수심 변화로 정리하면 식 (12.48)과 같다. 식 (12.48)의 ①은 Fr수이므로, 이를 Fr수로 정리하면 식 (12.49)와 같이 돌출부의 영향을 확인할 수 있다.

$$\frac{dy}{dx} = \frac{dh/dx}{\left[\frac{Q^2}{gb^2y^3} - 1\right]} = \frac{dh/dx}{\left[\underbrace{\frac{V^2}{gy}}_{①} - 1\right]} \quad (12.48)$$

$$\frac{dy}{dx} = \frac{1}{Fr^2 - 1}\frac{dh}{dx} \quad (12.49)$$

식 (12.49)의 물리적 의미는 **돌출부에 대한 수심 변화, 즉 길이 방향에 대한 기울기 응답**을 의미하며 이에 대한 수면의 변화를 [표 12-3]과 같이 정리했다. 이 값은 국부적으로 Fr수에 따라 수심의 변화는 크게 좌우된다는 것을 알 수 있다. 즉 **관성력과 중력의 비에 따라서 돌출부의 수심 변화는 올라갈 수도 있고 내려갈 수도 있다는 것을 의미**한다. [표 12-3]에서 정리한 국부적인 Fr수에 따른 돌출부에 대한 응답을 이해하기 쉽게 [그림 12-13]으로 나타냈다.

표 12-3 돌출부가 있는 수평 개수로에서 Fr 수 변화에 따른 수면의 변화

구분	분류	수면의 변화	유동현상
$Fr < 1$	아임계유동, 정류	• Fr수가 1보다 작기 때문에 식 (12.49)는 음(−)의 값을 갖는다. • 자유표면의 기울기 dy/dx는 돌출부의 기울기인 dh/dx와 반대인 부호를 갖는다. • 즉 돌출부가 솟아오를 때 유동은 꺼지고, 돌출부가 내려가면 수심은 증가한다는 의미이다.	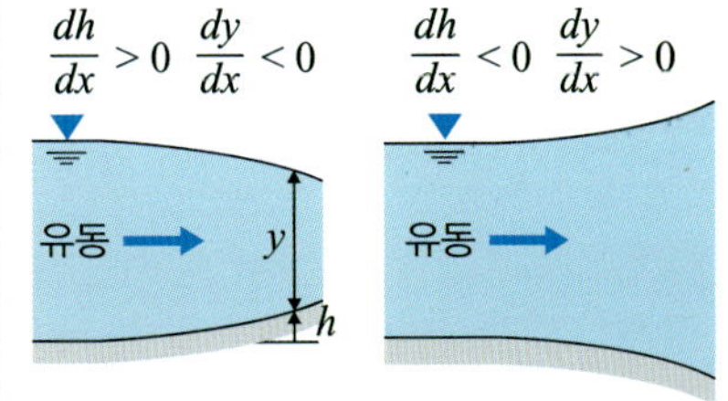
$Fr = 1$	임계유동	• Fr수가 0이므로 자유표면의 기울기 dy/dx는 0이 되어야만 한다. • 즉 돌출부의 정상 혹은 평평한 수로만 발생한다는 의미이다. • 만약 돌출부가 있다면 임계유동은 있을 수 없다는 의미이다.	
$Fr > 1$	초임계유동, 부정류	• Fr수가 1보다 크므로, 자유표면의 기울기 dy/dx는 돌출부의 기울기인 dh/dx와 동일한 부호를 갖는다. • 즉 돌출부가 솟아오를 때 유동은 솟아오르고, 돌출부가 내려가면 수심은 감소한다.	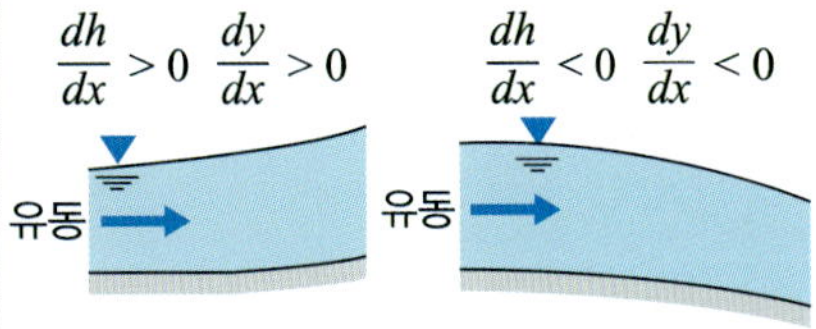

(a) 수력도약의 예　　　(b) 수력도약의 원리

그림 12-13 수력도약이 나타나는 개수로유동

12.3.2 수력도약

수평으로 움직이는 개수로유동의 경우 Fr수에 따라 아임계 또는 초임계가 될 수 있음을 [표 12-3]과 식 (12.49)로 정리했다. 위쪽 유동이 아임계유동($Fr < 1$)일 경우 바닥면 기울기의 변화나 단면적 변화로 발생하는 교란은 위쪽과 아래쪽으로 모두 전달되어 전체 유동이 부드럽게 안정화된다. 이는 Fr수가 작아서 관성력보다 중력의 영향이 더 크기 때문이다. 만약 위쪽 유동이 초임계유동($Fr > 1$)이면 발생된 교란은 위쪽 유동으로는 전파되지 못하고 하류에만 영향을 준다. 이는 **속도가 크기 때문에 관성력이 중력보다 크게 작용함**을 의미하고, **표면파의 속도보다 유속이 빠르기 때문**이다. 따라서 [그림 12-13(a)]와 같이 수로가 급격하게 수평으로 바뀔 때 급격한 변화를 일으키게 된다. 즉 [그림 12-13(b)]와 같이 초임계유동에서 아임계유동으로 수로 변화가 발생하면 수로의 끝자락에서 심한 에너지 변화가 나타난다. 이를 수력도약Hydraulic Jump이라 한다. 수력도약이란 임계점을 지나치는 완만한 변화가 아닌, **초임계유동에서 아임계유동으로 감속되면서 심한 난류와 더불어 수면이 급격히 상승하는 불연속 현상**을 가리킨다.[9]

[그림 12-13]에서와 같은 수력도약이 발생한 개수로유동의 비에너지 곡선의 개념을 설명하기 위해 [그림 12-14]와 같이 나타냈다. [그림 12-14]에서 개수로유동의 위쪽 수심은 y_1이고 아래쪽 수심은 y_2이다. 여기서 유심히 살펴봐야 할 부분은 수력도약 전의 비에너지 E_1이 수력도약 후 E_2로 변경됐다는 것이다. 즉 수력도약으로 인해 **비에너지가 ΔE만큼 감소**했으며, 이를 통해 **수력도약은 비에너지 강하를 발생시킨다는 것**을 알 수 있다.

9 우리는 이와 같은 현상을 일상에서 심심치 않게 볼 수 있다.

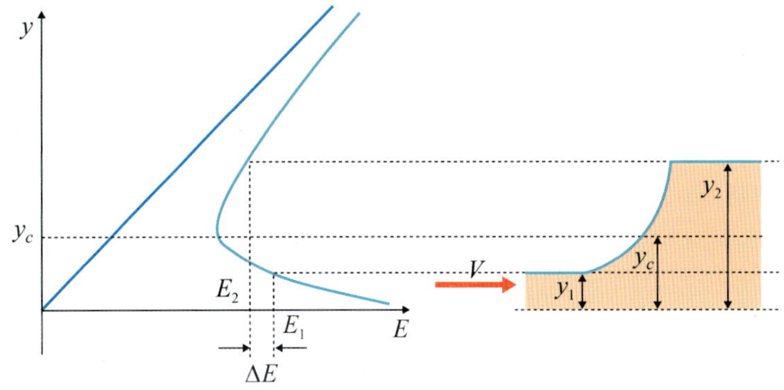

(a) 비에너지 곡선 (b) 수력도약

그림 12-14 수력도약이 발생한 개수로유동의 비에너지 곡선

Think_03

[그림 12-14]를 보면 비에너지가 동일한 수심 y_1과 y_2가 있다. 수심이 2개인데 왜 큰 수심인 y_2의 값을 선택했는지 생각해보자.

[그림 12-14(b)]와 같은 수력도약을 물리적으로 해석하기 위해 [그림 12-15]와 같이 수력도약이 발생한 개수로유동에서 아주 작은 검사체적을 고려해보자. 일반적인 수력도약을 고려하기 위해 다음과 같은 가정을 적용하자.

[가정 1] 정상유동
[가정 2] 비압축성유동
[가정 3] 각 단면에서 균일한 속도
[가정 4] 각 단면에서 정수압 압력분포
[가정 5] 매우 **짧은 거리**에서 수력도약이 발생하므로 운동량방정식에 대한 마찰은 무시(실제로는 마찰이 존재함)

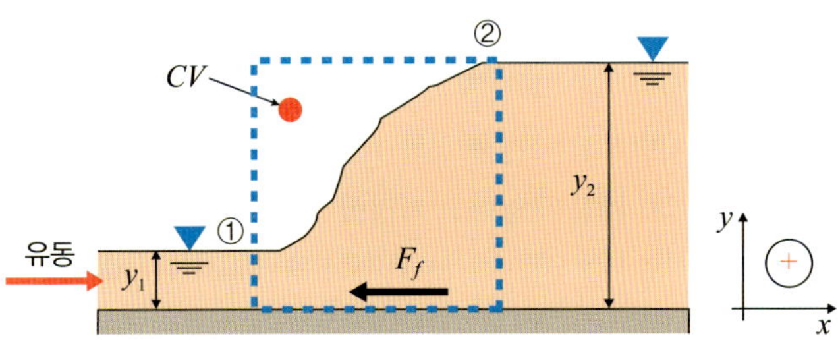

그림 12-15 수력도약이 발생한 개수로유동에 적용된 검사체적

[그림 12-15]와 같은 검사체적에 연속방정식을 적용하면 식 (12.50)과 같다.

$$- V_1 b y_1 + V_2 b y_2 = 0 \tag{12.50}$$

x방향의 운동량방정식도 가정에 의해 식 (12.51)과 같이 정리할 수 있다.

$$F_{S_x} = \sum_{CS} u\rho \vec{V} \cdot \vec{A} \tag{12.51}$$

검사표면에 작용하는 표면력은 압력과 마찰력이 고려되어야 하지만 [가정 5]에 의해 마찰은 무시되며 압력만 적용한다. 또한 [가정 4]에 의해 각 단면에서는 정수압 압력분포가 작용한다고 했으므로, 각 단면의 압력에 의한 힘은 정수력의 정의에 따라 식 (12.51)의 좌변을 식 (12.52)와 같이 정리해 나타낼 수 있다. 이때 식 (12.52)의 p_c는 검사표면 도심의 압력이다.[10] 또한 식 (12.51)의 우변은 [그림 12-15]의 검사표면 ①과 검사표면 ②를 통과하는 유동에 관한 힘이므로 식 (12.53)과 같이 정리할 수 있다.

$$\begin{aligned} F_{S_x} &= F_{R_1} - F_{R_2} = (p_c A)_1 - (p_c A)_2 \\ &= \left[\left(\rho g \frac{y_1}{2}\right) y_1 b\right] - \left[\left(\rho g \frac{y_2}{2}\right) y_2 b\right] = \frac{\rho g b}{2}\left(y_1^2 - y_2^2\right) \end{aligned} \tag{12.52}$$

$$\sum_{CS} u\,\rho\, \vec{V} \cdot \vec{A} = V_1 \rho(- V_1 y_1 b) + V_2 \rho(V_2 y_2 b) \tag{12.53}$$

식 (12.52)와 식 (12.53)을 식 (12.51)에 대입하면 식 (12.54)와 같이 마찰이 없는 개수로의 운동량방정식을 구할 수 있다.

$$\frac{\rho g b}{2}\left(y_1^2 - y_2^2\right) = V_1 \rho(- V_1 y_1 b) + V_2 \rho(V_2 y_2 b) \tag{12.54}$$

식 (12.54)를 정리한 후, 식 (12.55)와 비에너지(식 (12.21))로 다시 정리하면 식 (12.56)과 같아진다.

$$\frac{V_1^2 y_1}{g} + \frac{y_1^2}{2} = \frac{V_2^2 y_2}{g} + \frac{y_2^2}{2} \tag{12.55}$$

$$E_1 = \frac{V_1^2}{2g} + y_1 = \frac{V_2^2}{2g} + y_2 + H_l = E_2 + H_l \tag{12.56}$$

식 (12.56)을 **수력도약에 대한 운동량방정식**이라 한다. 에너지방정식인 식 (12.56)은 식 (12.19)와 같이 이미 유도한 바 있다. 그러나 수력도약의 에너지방정식은 난류 효과가 크기 때문에 운동량방정식과 달리 식 (12.57)과 같이 마찰(H_l)을 무시할 수 없다. **마찰이 없다고 가정했다면 [그림 12-15]의 검사표면 ①과 검사표면 ②의 비에너지가 같아지므로 식 (12.57)은 0이 되어 수력도약이 발생할 수 없기 때문이다.**

$$E_1 - E_2 = H_l \tag{12.57}$$

---

10 이해가 잘되지 않는다면 4.1절 정수력을 참조하라.

■ 수력도약에서의 손실헤드

[그림 12−15]에서 보았던 것처럼 수력도약 시 수심이 증가하는 이유에 대해 알아보자. 수력도약은 **위쪽 유동이 초임계유동일 때 아임계유동으로 감속하면서 급격히 수면이 상승하는 현상**이라고 했다. 즉 반드시 위쪽 유동의 조건이 초임계유동이어야만 수력도약이 발생한다는 뜻이다.

이를 이해하기에 앞서 수력도약에서의 수심 증가를 해석하기 위해 수심이 증가하는 하류 수심을 생각해보자. 앞서 학습했듯, 위쪽 유동조건이 초임계일 경우에 수력도약이 발생한다고 했으므로 위쪽 유동조건에 대한 식을 정리해보자.

지금까지 수력도약을 해석하기 위한 연속방정식(식 (12.50)), 운동량방정식(식 (12.55)), 에너지방정식(식 (12.56))을 유도했다. 식 (12.50)의 연속방정식을 식 (12.55)의 운동량방정식에 대입해 정리하면 식 (12.58)과 같다.

$$\frac{V_1^2 y_1}{g} + \frac{y_1^2}{2} = \frac{V_1^2 y_2}{g}\left(\frac{y_1}{y_2}\right) + \frac{y_2^2}{2} \tag{12.58}$$

이를 재배열하면 식 (12.59)와 같이 정리할 수 있고 양변을 $(y_2 - y_1)$으로 나누면 식 (12.60)과 같이 정리된다. 이 식에 y_2를 곱하면 식 (12.61)이 되고, 이를 y_1^2으로 나누면 식 (12.62)와 같이 Fr수로 정리할 수 있다.

$$y_2^2 - y_1^2 = \frac{2V_1^2 y_1}{g}\left(\frac{y_2 - y_1}{y_2}\right) \tag{12.59}$$

$$y_2 + y_1 = \frac{2V_1^2 y_1}{g y_2} \tag{12.60}$$

$$y_2^2 + y_1 y_2 = \frac{2V_1^2 y_1}{g y_2} \tag{12.61}$$

$$\left(\frac{y_2}{y_1}\right)^2 + \left(\frac{y_2}{y_1}\right) = \frac{2V_1^2}{g y_1} = 2Fr_1^2 \tag{12.62}$$

식 (12.62)는 y_2/y_1의 2차 방정식이므로 이를 근의 공식으로 풀면 2개의 해를 얻을 수 있다. 이때 물리적으로 의미 있는 양(+)의 값만 제시하면 식 (12.63)과 같다.

$$\frac{y_2}{y_1} = \frac{1}{2}\left[\sqrt{1 + 8Fr_1^2} - 1\right] \tag{12.63}$$

식 (12.63)을 보면 수력도약이 발생할 때 아래쪽과 위쪽의 수심비는 [그림 12-16]과 같이 오로지 **위쪽 유동의 상태인 Fr_1 수만의 함수**라는 것을 알 수 있다. 식 (12.63)이 양(+)의 값을 갖기 위해, 즉 $y_2 > y_1$이 되기 위해서는 위쪽 유동의 Fr_1수가 1보다 커야 한다. 그러나 이 결과가 위쪽 유동 Fr_1수가 반드시 1보다 커야 한다는 것을 입증한 것은 아니다. 이 식에서 위쪽 유동의 Fr수가 1보다 작아도 식 (12.63)이 양(+)의 값이 될 수 있기 때문이다.

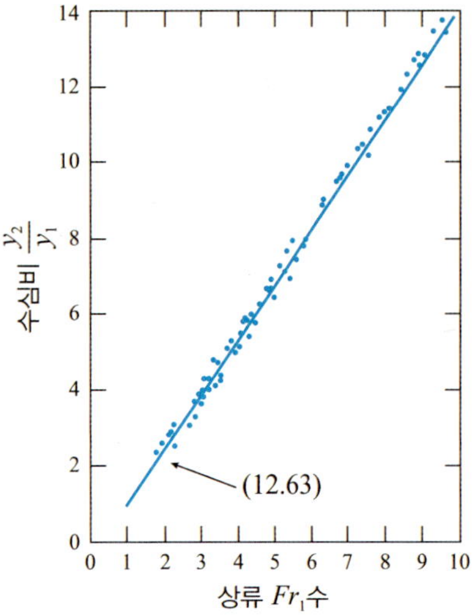

그림 12-16 수력도약에 대한 수심비

수력도약에 대한 에너지방정식인 식 (12.57)로부터 손실헤드에 대해 정리하면 식 (12.64)와 같다.

$$H_l = E_1 - E_2 = \frac{V_1^2}{2g} + y_1 - \left(\frac{V_2^2}{2g} + y_2\right) \tag{12.64}$$

연속방정식으로부터 $V_2 = V_1 y_1 / y_2$이므로 식 (12.64)인 손실헤드를 식 (12.65) 또는 식 (12.66)과 같이 Fr수와 수심비로 정리할 수 있다.

$$H_l = \frac{V_1^2}{2g}\left[1 - \left(\frac{y_1}{y_2}\right)^2\right] + (y_1 - y_2) \tag{12.65}$$

$$\frac{H_l}{y_1} = \frac{Fr_1^2}{2}\left[1 - \left(\frac{y_1}{y_2}\right)^2\right] + \left(1 - \frac{y_2}{y_1}\right) \tag{12.66}$$

식 (12.62)의 Fr_1을 y_2/y_1로 나타내고 이를 식 (12.66)에 대입한 후, 여러 가지 대수 조작을 통해 정리하면 식 (12.67)과 같이 손실헤드를 수심비로 나타낼 수 있다.[11]

11 이 유도 과정은 개수로 핵심 내용과는 관련이 없으므로 생략했으나 어렵지 않게 유도할 수 있을 것이다.

$$\frac{H_l}{y_1} = \frac{1}{4}\frac{\left[\dfrac{y_2}{y_1} - 1\right]^3}{\dfrac{y_2}{y_1}} \tag{12.67}$$

식 (12.67)에서 아래쪽 수심보다 위쪽 수심이 높다면, 즉 $y_2/y_1 > 1$이 되고 식 (12.67)의 우변 분자항에 있는 대괄호는 항상 양(+)이 되므로 위쪽 유동의 수심에 대한 손실의 양인 좌변은 항상 양(+)이 될 수밖에 없다. 즉 식 (12.62)와 식 (12.63)에서 정의한 바와 같이 물리적으로 의미가 있기 위해서는 위쪽 유동의 Fr_1수가 1보다 커야 한다.

더 나아가 식 (12.67)을 재조정하면 식 (12.68)과 같이 손실헤드의 양으로 표현 가능하다. 식 (12.56)을 이용해 위쪽 유동 지점의 비에너지 E_1도 식 (12.69)와 같이 표현할 수 있다.

$$H_l = \frac{[y_2 - y_1]^3}{4y_1y_2} \tag{12.68}$$

$$E_1 = \frac{V_1^2}{2g} + y_1 = y_1\frac{\left(Fr_1^2 + 2\right)}{2} \tag{12.69}$$

식 (12.68)을 식 (12.69)로 무차원화하면 식 (12.70)과 같이 정리되고 식 (12.70)에 있는 위쪽 유동의 Fr_1수를 식 (12.63)으로 나타내면 식 (12.71)과 같다.

$$\frac{H_l}{E_1} = \frac{1}{2}\frac{\left[\dfrac{y_2}{y_1} - 1\right]^3}{\dfrac{y_2}{y_1}\left[Fr_1^2 + 2\right]} \tag{12.70}$$

$$\frac{H_l}{E_1} = \frac{\left[\sqrt{1 + 8Fr_1^2} - 3\right]}{8\left[\sqrt{1 + 8Fr_1^2} - 1\right]\left[Fr_1^2 + 2\right]} \tag{12.71}$$

손실헤드와 수력도약 전의 비에너지의 비율인 식 (12.71)을 보면 위쪽 유동의 Fr_1수만의 함수라는 것을 알 수 있다. 식 (12.71)은 피터카Peterka의 실험 결과인 [그림 12-17]과 같이 검증됐다. 식 (12.71)과 [그림 12-17]의 물리적 의미는 **수력도약 발생 시 손실헤드의 발생비율**이다. 만약 위쪽 유동의 Fr_1이 9보다 큰 경우, 즉 관성력이 중력보다 매우 큰 유동에서는 수력도약 발생 시 유입되는 흐름의 기계적 에너지 중 70 [%] 이상이 손실에 의하여 발생된다는 것을 의미한다.

중요한 것은 실제 수력도약 유동에서는 손실헤드는 반드시 발생하므로, 즉 0보다 크게 되므로 **위쪽 유동장이 초임계유동이라면 수력도약이 발생한다는 사실**이다. 또한 [그림 12-17]의 무차원손실비가 위쪽 유동의 Fr_1이 2 이상이 되어야 하고 그 값이 가장 적은 2이더라도 10 [%] 이상 크다는 것을 볼 수 있는데, 이는 반드시 손실이 10 [%] 이상 수력도약에 기여한다는 것을 의미한다. 또한 수력도약이 발생된 하류의 유동장은 언제나 아임계 조건이 된다.

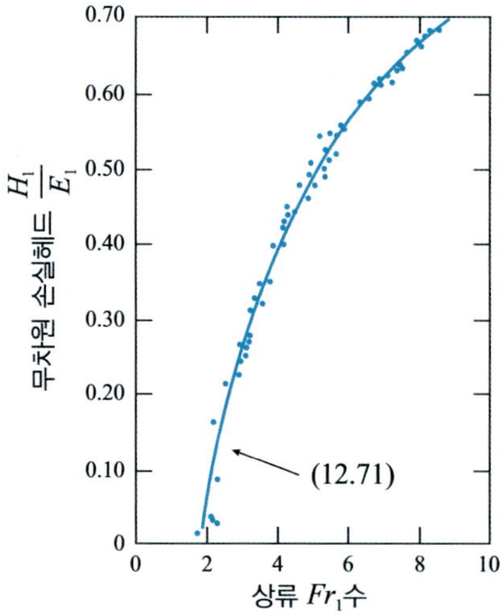

그림 12-17 수력도약에 대한 손실헤드

예제 12-4 직사각형 단면의 수로에 발생된 수력도약

폭이 3 [m]인 직사각형 수로에서 수력도약이 발생했다. [그림 12-15]와 같이 수력도약이 일어나기 이전의 수심이 $y_1 = 0.6$ [m]이고, 이후 수심은 $y_2 = 1.6$ [m]이다. 이때 위쪽 유동에서 Fr_1을 구해 초임계유동임을 확인하고, 수로에서의 유량, 임계수심, 발생 손실헤드를 구하라. 단, 폭은 $b = 3$ [m]라고 가정한다.

분석

- 수력도약을 물리적으로 이해하고, 수력도약이 발생했을 때 위쪽 유동이 어떤 상황인지 Fr을 통해 파악하는 것이 이 예제의 목적이다. 수식으로만 이해하는 것이 아니라 물리적으로 이해해야 한다.
- 발생된 손실이 수력도약에 미치는 영향을 파악하자.
- Fr수를 구하기 위해 식 (12.63), 유량을 구하기 위해 식 (12.50), 임계수심을 구하기 위해 식 (12.31), 손실헤드를 구하기 위해 식 (12.68)을 이용하면 된다.

풀이

- 식 (12.63)의 우변의 루트 안에 있는 Fr수는 식 (12.72)와 같이 정리할 수 있고, 이에 수심비를 적용하면 위쪽 유동의 Fr_1을 식 (12.73)과 같이 구할 수 있다.

$$Fr_1 = \sqrt{\frac{(2y_2/y_1 + 1)^2 - 1}{8}} \tag{12.72}$$

$$Fr_1 = \sqrt{\frac{(2(1.6/0.6) + 1)^2 - 1}{8}} = 2.21 \tag{12.73}$$

- 위쪽 유동의 Fr_1수인 식 (12.73)을 보면 2.21로 $Fr > 1$이므로 이는 초임계유동임을 알 수 있다.
- 초임계유동일 때 위쪽 유동의 유량을 구하기 위해 식 (12.74)와 같이 속도를 먼저 구한다. 식 (12.74)에서 특성길이는 $\ell = y_1$이 된다.

$$V = Fr\sqrt{g\ell} = Fr\sqrt{gy_1} = 2.21\sqrt{9.8 \times 0.6} = 5.35\,[\mathrm{m/s}] \tag{12.74}$$

- 식 (12.74)에서 구한 속도를 식 (12.50)에 대입하면 식 (12.75)와 같이 유량을 구할 수 있다.

$$Q = V_1 b y_1 = 5.35 \times 3.0 \times 0.6 = 9.65\,[\mathrm{m^3/s}] \tag{12.75}$$

- 임계수심은 식 (12.31)을 통해 식 (12.76)과 같이 구할 수 있다.

$$y_c = \left[\frac{Q^2}{gb^2}\right]^{1/3} = \left[\frac{9.65^2}{9.8 \times 3^2}\right]^{1/3} = 1.02\,[\mathrm{m}] \tag{12.76}$$

- 식 (12.76)의 임계수심은 [그림 12-14]에서 보듯이 $y_1(0.65\,[\mathrm{m}])$과 $y_2(1.6\,[\mathrm{m}])$ 안에 있으므로 올바르게 계산됐다.
- 손실헤드는 식 (12.68)로부터 구할 수 있고 물성값을 대입하면 식 (12.77)과 같다.

$$H_l = \frac{[y_2 - y_1]^3}{4y_1y_2} = \frac{[1.6 - 0.6]^3}{4 \times 1.6 \times 0.6} = 0.26\,[\mathrm{m}] \tag{12.77}$$

고찰

- 수력도약의 수심을 구하기 위해 위쪽과 아래쪽 유동의 수심이 주어졌지만, 만약 유량이 주어졌다면 수력도약의 수심도 예측할 수 있다.
- 여기서 임계수심은 비에너지가 최소가 되는 에너지인데 이 수심도 위쪽과 아래쪽 유동의 수심 사이에 있음을 이해하고 [그림 12-14]와 연관 지어 이해해야 한다.
- [그림 12-17]에서 계산된 $Fr = 2.21$에 해당하는 H_l/E_1은 약 10 [%]임을 알 수 있다. 계산된 0.26 [m]의 손실이 수력도약에 약 10 [%] 기여했음을 이해하자.
- 이 손실이 식 (12.64)의 에너지방정식에 맞게 계산됐는지 확인해보자. 식 (12.77)에서 구한 손실은 식 (12.64)를 통해 식 (12.78)과 같이 동일하게 구할 수 있다. 즉 **수력도약에서 발생된 손실은 난류에 의해 발생된 기계적 에너지**임을 알아야 한다.

$$H_l = E_1 - E_2 = \frac{V_1^2}{2g} + y_1 - \left(\frac{V_2^2}{2g} + y_2\right) \tag{12.64}$$

$$H_l = \frac{5.36^2}{2 \times 9.8} + 0.6 - \left(\frac{[9.65/(3 \times 1.6)]^2}{2 \times 9.8} + 1.6\right) = 0.258 \simeq 0.26\,[\mathrm{m}] \tag{12.78}$$

SECTION 12.4

개수로 정상 균일유동

- ✔ 개수로유동의 균일유동에 대해 학습한다.
- ✔ 위어를 사용한 유량 측정 방법에 대해 학습한다.
- ✔ 비만관용 유량 측정 방법을 알아본다.

12.4.1 균일유동

이번 절에서는 개수로 정상 균일유동에서 [그림 12-18]과 같이 단순히 θ의 각도를 갖는 유동장에 대해 검토해보자.[12] 일반적으로 균일유동의 개념은 유속이 한 단면 위에서 일정한 속도분포를 가지는 것을 의미하지만, 개수로유동에서 균일유동의 개념은 모든 단면에서 속도가 동일함을 의미한다. 따라서 [그림 12-16]에서 $A_1 = A_2 = A$, $Q_1 = Q_2 = Q$, $V_1 = V_2 = V$, $y_1 = y_2 = y_n$이 성립된다. 정상 균일유동을 해석하기 위해 12.2절에서 정의된 가정들을 다시 사용하자.

[가정 1] 정상유동

[가정 2] 비압축성유동

[가정 3] 각 단면에서 균일한 유속분포

[가정 4] 완만한 수심 변화로 인한 정수압 압력분포

[가정 5] 작은 바닥면 기울기 $(z_1 - z_2)$

[가정 6] $\dot{W}_s = \dot{W}_{shear} = \dot{W}_{other} = 0$

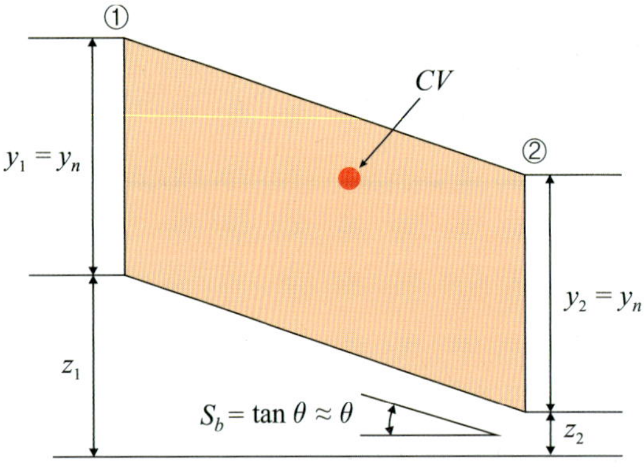

그림 12-18 정상 균일수로 유동에 대한 검사체적

12 개수로유동에서 돌출부에 의한 현상이나 수력도약에 대한 특수한 상황은 앞에서 다루었고 이번 절에서는 가장 단순한 개수로유동을 다룬다.

[그림 12-18]의 검사체적에 대해 식 (5.32)인 연속방정식과 식 (5.43)인 운동량방정식을 적용하자.

$$Q = A_1 V_1 = A_2 V_2 \rightarrow Q = \sum VA = 0 \tag{5.32}$$

$$\overrightarrow{F_S} + \overrightarrow{F_B} + \overrightarrow{R} = \frac{\partial}{\partial t}\int_{CV} \overrightarrow{V} \rho d\forall + \int_{CS} \overrightarrow{V} \rho \overrightarrow{V} \cdot d\overrightarrow{A} \tag{5.43}$$

단면 ①, 단면 ②의 유동은 정상유동이고, 균일유동이므로 식 (5.43)의 우변은 0이 되고, 좌변의 힘은 체적력인 F_B만 남는다. 따라서 식 (5.43)은 식 (12.79)와 같이 간단히 정리된다. 즉 이 유동은 경사면에 의한, 즉 중력에 의한 유동만 존재한다는 것을 의미하고, 경사에 의한 체적력은 마찰력인 F_f만 존재한다는 것을 의미한다. 또한 수심이 모두 같은 정규수심인 유동에서는 중력 성분이 수로 벽면에 작용하는 마찰력과 균형을 이룬다는 것을 의미하기도 한다.

$$-F_f + W\sin\theta = 0 \tag{12.79}$$

마찰력은 평균 벽면전단응력 τ_w와 응력이 작용하는 수로의 접수 표면적 PL의 곱이다. 여기서 P와 L은 각각 접수길이와 수로의 길이를 의미한다. 중력에 의한 성분은 $\sin\theta$가 매우 작다면 θ로 표현되고 이를 수로 바닥 기울기 S_b로 바꾸면 식 (12.80)과 같이 표현할 수 있다. 이때 보통 수로 바닥면 경사(기울기)를 이용하면 된다.

또한 중력은 검사체적 내 유체의 체적에 의한 힘을 의미한다. 식 (12.80)에서 벽면에 작용하는 전단응력으로 표현하면 식 (12.81)과 같이 정리할 수 있다. 식 (12.81)에서 R_h는 식 (12.1)의 수력반지름이다. 이렇게 정의하는 것은 식 (9.171)과 같은 표면마찰계수로 표현하기 위함이다.

$$\tau_w PL = W\sin\theta = \rho g A L S_b \tag{12.80}$$

$$\tau_w = \frac{\rho g A S_b}{P} = \rho g R_h S_b \tag{12.81}$$

$$f_F = C_F = \frac{\tau_w}{\frac{1}{2}\rho \overline{V^2}} = \frac{f}{4} \tag{9.171}$$

식 (9.171)과 식 (12.81)에 있는 τ_w를 상호대입하면 식 (12.82)와 같고 이로부터 개수로 내 속도를 구하면 식 (12.83)과 같다.

$$C_F \frac{1}{2}\rho \overline{V^2} = \rho g R_h S_b \tag{12.82}$$

$$V = \sqrt{\frac{2g}{C_F}}\sqrt{R_h S_b} \tag{12.83}$$

식 (12.83)의 유속은 [그림 12-18]과 같은 유동장에서 주어진 균일속도값을 의미한다. 식 (12.83)을 보면 속도는 수로형상에 관계되는 변수들로 정리할 수 있음을 알 수 있다.

■ 개수로유동에서 마찰계수

식 (12.83)에서 나타난 3개의 변수 중에서 수력반지름이나 수로의 바닥면 각도는 기하학적 특성에 따라 그리 어렵지 않게 구할 수 있으나, 표면마찰계수는 내부유동에서와 같이 정확하게 구하기가 쉽지 않다. 이에 개수로유동에서는 식 (12.84)와 같이 새로운 형태로 정의해야 한다. 식 (12.84)는 식 (12.83)의 우변의 첫 번째 항이다. 그렇다면 식 (12.83)은 식 (12.85)와 같이 정리할 수 있다.

$$C = \sqrt{\frac{2g}{C_F}} \tag{12.84}$$

$$V = C\sqrt{R_h S_b} \text{ : 체지방정식} \tag{12.85}$$

식 (12.85)를 체지Chezy방정식이라 하고 C를 체지계수라 한다. 매닝Manning은 실험을 통해 C값을 구하여 식 (12.86)과 같은 수식을 제안했고 [표 12-4]와 같이 다양한 개수로 표면상태에 따른 n값을 제시했다. 이 값은 내부유동관의 종류에 따라 조도의 값이 달라지는 [표 9-9]와 같은 개념이다.

$$C = \frac{1}{n} R_h^{1/6} \tag{12.86}$$

식 (12.86)을 식 (12.85)에 대입하면 식 (12.87)과 같이 정규수심을 갖는 유동의 유속에 대한 매닝방정식이 된다.

$$V = \frac{1}{n} R_h^{2/3} S_b^{1/2} \text{ : 매닝방정식} \tag{12.87}$$

표 12-4 대표적인 매닝의 조도계수

수로 유형	표면상태	매닝의 n값
비포장 인공수로	매끄러운 지면	0.016 ~ 0.020
	맨 땅	0.018 ~ 0.022
	자갈	0.022 ~ 0.030
	바위	0.025 ~ 0.035
포장된 인공수로	플라스틱	0.009 ~ 0.011
	아스팔트	0.013 ~ 0.016
	콘크리트	0.013 ~ 0.015
	벽돌	0.014 ~ 0.017
	나무	0.011 ~ 0.015
	돌	0.025 ~ 0.030
자연수로	주름진 구름관	0.022 ~ 0.024
	유속이 빠르고 깨끗한 냇물	0.025 ~ 0.035
	유속이 빠르고 깨끗한 강	0.030 ~ 0.040
	느리게 흐르는 강	0.040 ~ 0.080

■ 균일유동에 대한 에너지방정식

$V_1 = V_2 = V$이고 $y_1 = y_2 = y_n$인 수심을 갖는 [그림 12-18]과 같은 유동에 대한 에너지방정식을 고려하면 식 (12.88)과 같다. 식 (12.88)은 식 (12.57)과 동일한 수식이고, 이를 손실로 나타내면 식 (12.89)와 같이 마찰에 의한 손실헤드로 표현된다. 이는 바닥면의 높이 변화와 동일하다는 것을 의미한다. 여기서 L은 지점 ①와 지점 ② 사이의 거리이고, S_b는 바닥면의 기울기가 된다.

$$E_1 - E_2 = H_l \tag{12.57}$$

$$z_1 = z_2 + H_l \tag{12.88}$$

$$H_l = z_1 - z_2 = LS_b \tag{12.89}$$

식 (12.89)를 개수로의 균일유동에 대한 에너지방정식이라 한다. 이를 통해 정규수심을 갖는 유동에서는 마찰에 의한 손실헤드가 바닥면의 높이 변화와 같다는 것을 알 수 있다. 비에너지는 모든 단면에서 동일하다.

추가적으로 개수로유동에 5.7.2절에서 학습했던 에너지구배선(EL)과 수력구배선(HGL)을 적용해보자. 수력구배선은 에너지구배선인 식 (12.43)에서 속도에너지를 식 (12.90)과 같이 빼준 값을 의미한다. ([그림 12-6] 참조)

$$EGL = \frac{V^2}{2g} + z + y \tag{12.43}$$

$$HGL = z + y \tag{12.90}$$

식 (12.43)과 식 (12.90)을 통해 정규수심을 갖는 유동에 대해서는 에너지구배선과 수력구배선 그리고 수로 바닥면은 모두 평행하다는 것을 유추할 수 있다. 여기까지는 개수로유동이나 일반적인 내부유동의 에너지방정식과 같다.

■ 최적 수로단면

[그림 12-18]과 같이 경사면이며 정상 균일유동을 갖는 속도인 식 (12.87)을 수로의 단면을 통과하는 유량으로 표현하면 식 (12.91)과 같다.

$$\frac{Q}{A} = \frac{1}{n} R_h^{2/3} S_b^{1/2} \tag{12.91}$$

식 (12.91)을 보면 주어진 수로단면에 따라 속도가 달라짐을 알 수 있다. 즉 [그림 12-18]에서 지점 ②의 단면이 지점 ①의 단면보다 크거나 작아지는 경우 속도가 달라진다.

이에 조도와 기울기가 주어진 개수로에서 수로의 최적 단면을 알아보기 위해 식 (12.1)의 접수길이를 이용해 표현하면 식 (12.92)와 같이 면적으로 나타낼 수 있다. 식 (12.92)와 같이 주어진 상황에서 유량에 대해 수로가 가장 작아지는 단면이 최적 수로단면이 된다. 즉 **주어진 유량에서 접수길이가 최소가 되는 단면**을 의미하며, 이는 결국 Q/A가 최대가 될 때를 의미한다. 식 (12.92)의 우측은 보통

C로 표현할 수 있으며, 결국 식 (12.92)는 수로면적과 접수길이로 표현된다.

$$A = \left[\frac{nQ}{S_b^{1/2}} \right]^{3/5} P^{2/5} = CP^{2/5} \tag{12.92}$$

$$R_h = \frac{\text{유동면적}}{\text{접수길이}} = \frac{A}{P} \tag{12.1}$$

식 (12.91)에서 면적이 작아지면 속도가 최대가 되고, 식 (12.1)의 수력반지름을 접수길이 P로 표현하면 식 (12.92)에서 접수길이가 최소가 될 때 최적 면적은 최소가 된다. 따라서 개수로유동에서 단면형상에 따라 수로형상을 최적화할 수 있다. ([표 12-5] 참조)

표 12-5 개수로 단면형상의 성질

형상	단면형상	최적 형상	정규수심 y_n	단면적 A
사다리꼴	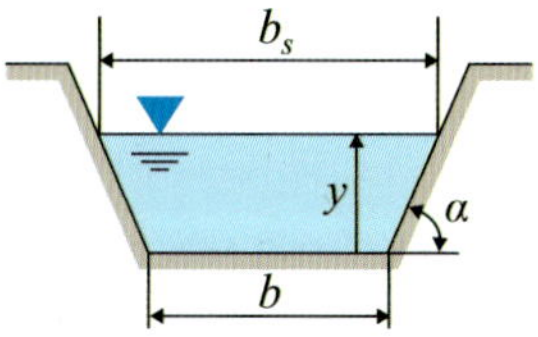	$\alpha = 60°$ $b = \frac{2}{\sqrt{3}} y_n$	$0.968\left(\frac{Qn}{S_b^{1/2}}\right)^{3/8}$	$1.622\left(\frac{Qn}{S_b^{1/2}}\right)^{3/4}$
삼각형	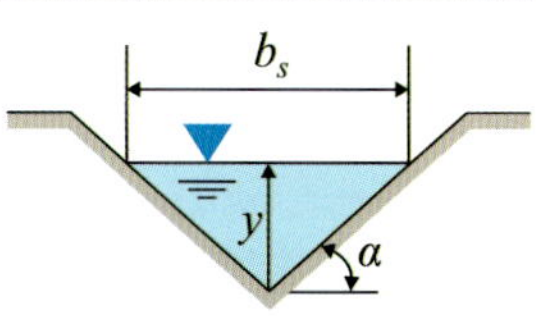	$\alpha = 45°$	$1.297\left(\frac{Qn}{S_b^{1/2}}\right)^{3/8}$	$1.682\left(\frac{Qn}{S_b^{1/2}}\right)^{3/4}$
직사각형	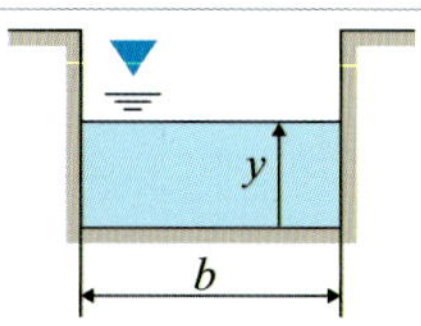	$b = 2y_n$	$0.917\left(\frac{Qn}{S_b^{1/2}}\right)^{3/8}$	$1.682\left(\frac{Qn}{S_b^{1/2}}\right)^{3/4}$
넓은 폭	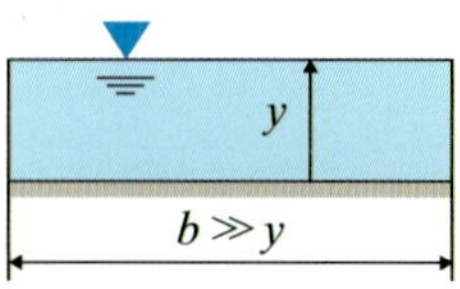	–	$1.00\left(\frac{(Q/b)n}{S_b^{1/2}}\right)^{3/8}$	–
원형	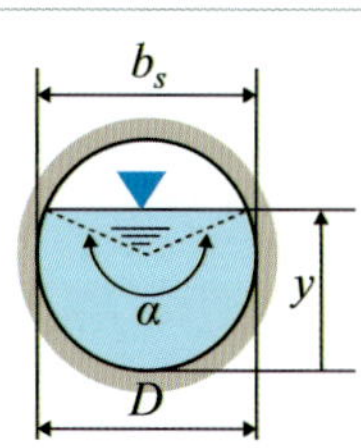	$D = 2y_n$	$1.0\left(\frac{Qn}{S_b^{1/2}}\right)^{3/8}$	$1.583\left(\frac{Qn}{S_b^{1/2}}\right)^{3/4}$

Think_04

접수길이가 최소가 된다는 것은 물리적으로 무엇을 의미하는지 생각해보자.

예제 12-5 정사각형과 반원형 수로에서의 유량

정사각형과 반원형 수로의 폭과 기울기가 각각 $b = 1.0\,[\text{m}]$, $S_b = 0.001\,[\text{m/m}]$일 때, (a) 수로를 지나는 각각의 유량을 구하라. (b) 정사각형과 반원형 수로의 면적이 $1\,[\text{m}^2]$로 동일할 때 유량 변화를 비교하라. 단, 수로의 조도계수인 매닝계수는 0.015이다.

분석

- 수로 단면형상과 마찰에 따라 식 (12.91)로 유량을 구하고 이해하는 것이 이 예제의 목적이다.
- 유량의 함수는 수력반지름, 매닝의 조도계수, 그리고 수로의 기울기임을 이해해야 한다. 또한 두 가지 형상 수로에서 유량을 최대로 보내기 위한 최대 면적을 이해해야 한다.

$$\frac{Q}{A} = \frac{1}{n} R_h^{2/3} S_b^{1/2} \tag{12.91}$$

풀이

(a) 먼저 정사각형과 반원형 수로의 단면에 대한 수력반지름은 식 (12.93), 식 (12.94)와 같이 구할 수 있다.

$$P_{\text{정사각형}} = 3b,\ \ A_{\text{정사각형}} = b^2,\ \ R_{h,\text{정사각형}} = \frac{A}{P} = \frac{b^2}{3b} = \frac{b}{3} \tag{12.93}$$

$$P_{\text{반원형}} = \pi D/2,\ \ A_{\text{반원형}} = \pi D^2/8,\ \ R_{h,\text{반원형}} = \frac{A}{P} = \frac{\pi D^2/8}{\pi D/2} = \frac{D}{4} \tag{12.94}$$

정사각형과 반원형 수로에서 유량은 식 (12.91)을 통해 식 (12.95), 식 (12.96)과 같이 구할 수 있다.

$$\begin{aligned} Q_{\text{정사각형}} &= \frac{1}{n} A R_h^{2/3} S_b^{1/2} = \frac{1}{n} b^2 \left(\frac{b}{3}\right)^{2/3} S_b^{1/2} \\ &= \frac{1}{0.015} 1^2 \left(\frac{1}{3}\right)^{2/3} 0.001^{1/2} = 1.014\,[\text{m}^3/\text{s}] \end{aligned} \tag{12.95}$$

$$\begin{aligned} Q_{\text{반원형}} &= \frac{1}{n} A R_h^{2/3} S_b^{1/2} = \frac{1}{n} \frac{\pi b^2}{8} \left(\frac{b}{4}\right)^{2/3} S_b^{1/2} \\ &= \frac{1}{0.015} \frac{\pi 1^2}{8} \left(\frac{1}{4}\right)^{2/3} 0.001^{1/2} = 0.328\,[\text{m}^3/\text{s}] \end{aligned} \tag{12.96}$$

(b) 반원형 수로의 면적이 $1\,[\text{m}^2]$일 때 지름을 구하려면 식 (12.97)과 같이 수로의 폭을 먼저 알아야 한다. 식 (12.97)의 수로의 폭으로 접수길이와 수력반지름을 식 (12.98)과 같이 구할 수 있다.

$$A_{\text{반원형}} = \pi D^2/8 = 1\,[\text{m}^2] \ \ \rightarrow \ \ D = b = \sqrt{8 \times 1/\pi} = 1.596\,[\text{m}] \tag{12.97}$$

$$P_{\text{반원형}} = 1.596\pi/2 = 2.506\,[\text{m}] \tag{12.98}$$

$$R_{h,\text{반원형}} = \frac{A}{P} = \frac{1}{2.506} = 0.399\,[\text{m}] \tag{12.99}$$

식 (12.99)를 식 (12.91)에 대입하면 반원형 수로의 면적이 1 [m^2]일 때의 유량을 식 (12.100)과 같이 구할 수 있다.

$$Q_{\text{반원형}} = \frac{1}{n} A R_h^{2/3} S_b^{1/2} = \frac{1}{0.015} 1 \times (0.399)^{2/3} \times (0.001)^{1/2} = 1.143\ [\text{m}^3/\text{s}] \quad (12.100)$$

고찰

- 이 예제에서 폭이 동일할 때 정사각형과 반원형 수로에서의 유량을 구했고, 폭이 같음에도 불구하고 정사각형 수로에 반원형 수로보다 67.7 [%] 정도 더 많은 유량이 흐름을 알 수 있다.
- 그러나 면적이 동일할 때는 식 (12.100)에서 보듯이 정사각형 수로의 유량인 1.014 [m^3/s]보다 반원형 수로가 0.129 [m^3/s]만큼(약 12.7 [%]) 유량을 더 보내는 것을 알 수 있다. 단, 면적이 1 [m^2]로 동일하려면 반원형 단면 폭이 1 [m]에서 1.596 [m]로 커져야 한다.
- 수로 건설 시, 유량을 많이 보내기 위해 폭을 기준으로 설계할 것인지 면적을 기준으로 설계할 것인지는 설계자의 선택에 달렸다. 수로 포장에 필요한 콘크리트의 양을 줄일 수 있는 부분이기 때문이다.

예제 12-6 직사각형 수로에서 정격수심

콘크리트 직사각형 수로의 폭, 기울기, 유량이 각각 $b = 2.0$ [m], $S_b = 0.001$ [m/m], $Q = 3.0$ [m^3/s]일 때 정격수심 y_n을 구하라. 단, 수로의 조도계수인 매닝계수는 0.015이다.

분석

- 유량이 주어졌을 때 수심을 구하는 문제로, 식 (12.91)의 유량식과 수력반지름 수식을 이용해서 풀 수 있다.
- 직사각형의 수력반지름은 [표 12-1]을 참조하라.

풀이

- 먼저 수력반지름은 [표 12-1]을 이용하면 식 (12.101)과 같이 정리할 수 있다.

$$R_{h,\text{직사각형}} = \frac{b y_n}{b + 2y_n} = \frac{2y_n}{2 + 2y_n} \quad (12.101)$$

- 식 (12.101)의 수력반지름과 주어진 물리량을 식 (12.91)에 대입하면 식 (12.102)와 같다. 식 (12.102)는 y_n의 함수인데 이를 정리하면 식 (12.103)과 같이 5차 방정식으로 정리된다.

$$Q = \frac{1}{0.015}(2y_n)\left(\frac{2y_n}{2 + 2y_n}\right)^{2/3} \times (0.001)^{1/2} = 3 \quad (12.102)$$

$$4y_n^5 - 1.44y_n^2 - 2.88y_n - 1.44 = 0 \quad (12.103)$$

- 식 (12.103)과 같은 5차 방정식은 수기로 계산하기 어려우므로 엑셀을 이용해서 구하면 된다. 엑셀로 구한 [그림 12-19]는 식 (12.103)을 y_n의 변화에 따라 나타낸 것으로, 이를 통해 약 1.1 [m]의 해를 얻을 수 있음을 알 수 있다.

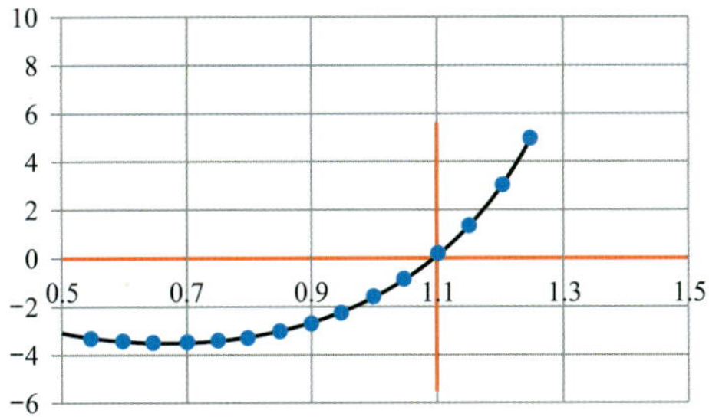

그림 12-19 그래프를 통해 구한 y_n 값

고찰

- 물리량이 주어진다면 수로의 수심을 보다 쉽게 구할 수 있다. 다만 수기로 풀 수 없으므로 엑셀을 이용해야 한다.
- y_n의 간격을 좀 더 작게 적용한다면 좀 더 정확한 정격수심을 구할 수 있다.

예제 12-7 수로의 크기

수력발전소까지 $Q = 2\,[\mathrm{m^3/s}]$의 물을 운반하기 위해 $y/b = 0.5$인 직사각형 단면 용수로를 목재로 건설하고자 한다. 목재 수로의 매닝계수는 $n = 0.013$이고, 호수와 발전소까지의 기울기는 $S_b = 0.002\,[\mathrm{m/m}]$이다. 이때 (a) 수로의 크기를 제안하고, (b) 이 개수로유동의 Fr 수를 구해 어떤 유동인지 판단하라.

분석

- 유량이 주어졌을 때 용수로의 크기를 구하는 문제이다. [예제 12-6]과 같이 수로형상의 인자인 접수길이와 수력반지름을 구하고 이를 식 (12.91)에 대입해 정격수심 y_n을 구한 후, 이에 대한 용수로 크기를 제안해야 한다.

풀이

(a) 주어진 용수로의 제한조건인 $y/b = 0.5$를 이용해 먼저 접수길이, 유동면적, 수력반지름을 구하면 식 (12.104) ~ 식 (12.106)과 같다.

$$P = 2y_n + b = 2y_n + 2y_n = 4y_n \tag{12.104}$$

$$A = by_n = 2y_ny_n = 2y_n^2 \tag{12.105}$$

$$R_h = \frac{A}{P} = \frac{2y_n^2}{4y_n} = \frac{y_n}{2} \tag{12.106}$$

식 (12.104) ~ 식 (12.106)을 식 (12.91)에 대입하면 식 (12.107)과 같아진다. 식 (12.107)을 y_n으로 정리하면 식 (12.108)과 같고 이에 대한 해를 구하면 식 (12.109)와 같다.

$$Q = \frac{1}{0.013}(2y_n^2)\left(\frac{y_n}{2}\right)^{2/3} \times (0.002)^{1/2} = 2\,[\mathrm{m^3/s}] \tag{12.107}$$

$$y_n^{8/3} = 0.46144 \tag{12.108}$$

$$y_n = 0.748\,[\mathrm{m}] \tag{12.109}$$

식 (12.109)를 통해 접수길이, 면적과 수력반지름, 폭과 같은 수로의 크기를 식 (12.110) ~ 식 (12.113)으로 구할 수 있다.

$$P = 4y_n = 4 \times 0.748 = 3.00\,[\mathrm{m}] \tag{12.110}$$

$$A = 2y_n^2 = 2 \times 0.748^2 = 1.12\,[\mathrm{m}^2] \tag{12.111}$$

$$R_h = \frac{0.748}{2} = 0.374\,[\mathrm{m}] \tag{12.112}$$

$$b = 2y_n = 2 \times 0.748 = 1.50\,[\mathrm{m}] \tag{12.113}$$

(b) 이때 주어진 유량인 $Q = 2\,[\mathrm{m}^3/\mathrm{s}]$를 식 (12.111)인 유동면적으로 나누면, 속도를 식 (12.114)와 같이 구할 수 있다.

$$V = Q/A = 2/1.12 = 1.79\,[\mathrm{m/s}] \tag{12.114}$$

이 속도를 수로의 Fr수에 대입하면 식 (12.115)와 같이 구할 수 있다.

$$Fr = \frac{V}{\sqrt{gy_h}} = \frac{1.79}{\sqrt{9.8 \times 0.748}} = 0.661 \tag{12.115}$$

따라서 해당 개수로유동은 아임계유동이다.

고찰

- 용수로를 설계하는 문제로, 유량에 따라 수로의 크기가 달라짐을 알아야 한다.
- 다만 식 (12.115)와 같이 Fr수를 구하면 1보다 작기 때문에 아임계유동임을 알 수 있다. 그렇다면 수로 설계를 할 때 Fr수가 1이 넘는 초임계유동이 가능한지를 생각해보자.

12.4.2 위어를 사용한 유량 측정

9.9절에서 학습한 바와 같이 유량을 측정하는 방법으로는 국부적인 유량 측정 방법, 총합적인 중량법과 체적법이 있고, 전자유량계 및 차압식 유량계 등을 사용한다. 다만 9.9절에 다룬 유량 측정 방법은 내부유동의 만관에서 사용되며, 유량 범위가 비교적 작은 경우에 사용된다. 따라서 유량이 많은 유체기계 분야 또는 개수로와 같은 하천의 경우 9.9절에서 다룬 유량계로는 측정이 불가능하다. 이런 상황에서는 [그림 12-20]의 위어Weir를 사용해 측정이 가능하다.[13]

'위어'는 유동 방향에 수직으로 설치하는 장치 또는 구조물로서 기준 높이를 넘어서는 높이를 측정해

13 유체기계의 유량에서 전자유량계 및 초음파유량계 등을 사용해 정확하게 측정할 수 있으나, 대구경의 유량계는 매우 고가이므로 산업 현장에 폭넓게 사용하기에는 어려운 점이 있다.

유량을 구하는 방법이다. 이는 비교적 저렴하면서도 정확한 측정 방법으로, KS규격[14]에도 언급되어 있어 매우 유용하다. 위어는 대표적으로 [그림 12-21]과 같이 뾰족 봉우리 위어와 넓은 봉우리 위어로 분류할 수 있다.

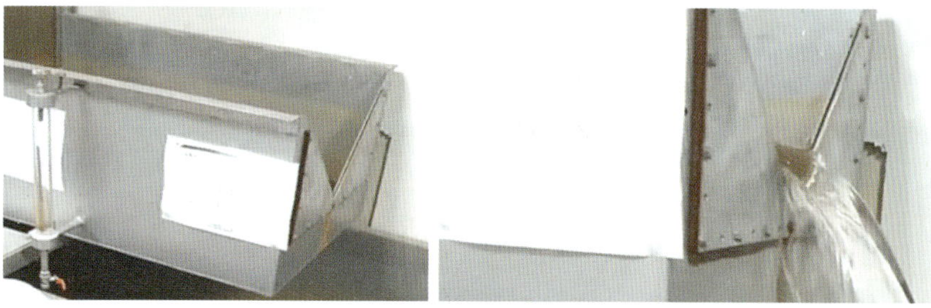

그림 12-20 유체기계에서 토출되는 유량을 측정하기 위한 삼각 위어

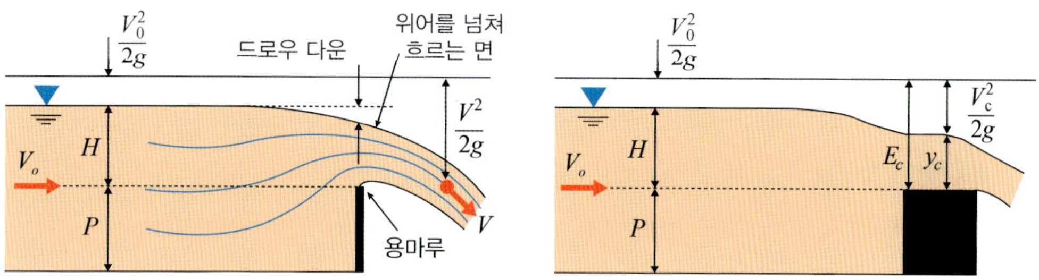

(a) 뾰족 봉우리 위어 (b) 넓은 봉우리 위어

그림 12-21 뾰족 봉우리 위어와 넓은 봉우리 위어의 개념도

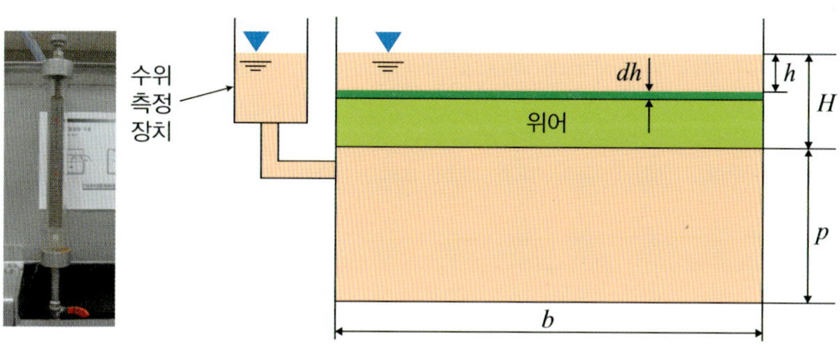

(a) 수위 측정 장치 (b) 검사체적 설정

그림 12-22 위어 높이를 측정하는 수위 측정 장치와 이에 대한 검사체적

■ 뾰족 봉우리 위어

위어로 유량을 측정할 수 있는 가장 간단한 형태인 [그림 12-21(a)]의 뾰족 봉우리 위어에서 폭 b가 수로의 폭과 같다고 가정하자. 즉 위어의 용마루$_{\text{Crest}}$를 넘어가는 수맥의 폭과 수로의 폭이 같다는 것이다. 이러한 위어를 현장에서는 전폭 위어 또는 전폭 사각 위어라고 한다. 위어의 수위는 [그림

14 위어와 플륨에 의한 개수로의 유량 측정에 대한 KS규격(KS B ISO8333)을 참조하라.

12−22(a)]와 같이 측면에 있는 수위 측정장치를 통해 위어의 용마루를 넘기 전의 수위를 0점으로 세팅한 후 넘어가는 수위를 자로 측정하면 된다. 이를 해석하기 위해 [그림 12−22(b)]와 같은 검사체적의 기준 높이에서 마루 꼭대기를 넘어가는 유체 높이인 h에 대해 단위요소 $dA = bdh$로 정의할 수 있고, 위어의 속도를 $V = \sqrt{2gh}$로 가정하자. 그러면 이 단위요소의 유량은 식 (12.116)과 같다.

$$dQ = bdh\sqrt{2gh} = b\sqrt{2g}\,h^{1/2}dh \tag{12.116}$$

식 (12.116)의 미소유량을 용마루 위, H까지 적분하면 식 (12.117)과 같이 위어의 유량을 구할 수 있다.

$$Q = \int_0^H dQ = \sqrt{2g}\,b\int_0^H h^{1/2}dh = \frac{2}{3}\sqrt{2g}\,bH^{3/2} \tag{12.117}$$

마찰 효과, 수위 저하 효과 및 위어 위를 흐르는 물의 축소 등으로 인한 영향을 고려하기 위해 유량계수 C_d를 사용해 식 (12.117)을 식 (12.118)과 같이 정의해야 한다.

$$Q = \frac{2}{3}C_d\sqrt{2g}\,bH^{3/2} \tag{12.118}$$

이때 식 (12.118)의 계수인 C_d값을 실험값인 0.62로 대입하면 $C_w = 1.5C_d\sqrt{2g} = 1.84$인 상수로 대치 가능하게 된다. 이 C_d는 위어의 형태에 따라 달라지므로 C_w인 위어계수를 이용해 식 (12.119)와 같이 간략히 정리해야 한다.[15]

$$Q = C_w bH^{3/2} \tag{12.119}$$

식 (12.119)를 보게 되면 결론적으로 수위 H와 전폭 b의 함수로 유량을 구할 수 있는데 전폭 b는 기하학적 정보이고, 이는 보통 위어의 형태가 주어지면, 정해지는 상수이므로 결국 H만 측정하면 유량을 구할 수 있게 된다.

■ 넓은 봉우리 위어

[그림 12−21(b)]와 같은 넓은 봉우리 위어의 경우 위어 높이가 매우 높으면 위어의 봉우리에서 개수로 특성과 같이 임계깊이 y_c가 발생한다는 점에서 임계깊이 위어라고도 한다.

사각수로에 대한 임계유동 조건에서 임계깊이(식 (12.31))와 최소 비에너지(식 (12.33))가 각각 $y_c = \left(Q^2/gb^2\right)^{1/3}$, $E = 3y_c/2$와 같이 정의되므로 이를 이용한다면 넓은 봉우리 위어를 지나는 유량은 식 (12.120)과 같이 비에너지의 개념으로 정의할 수 있다.

$$Q = b\sqrt{gy_c^3} = b\sqrt{g\left(\frac{2}{3}E\right)^3} = b\left(\frac{2}{3}\right)^{3/2}\sqrt{g}\,E^{3/2} \tag{12.120}$$

15 C_w는 위어의 형태에 따라 KS규격에서 제시되어 있으니 이를 참조하라.

비에너지($E = V_o^2/2g + y$)의 접근속도 V_o를 무시할 수 있다면 식 (12.120)은 식 (12.121)과 같이 정의할 수 있고, 식 (12.121)의 상숫값들을 C_w인 위어계수로 정리하면 식 (12.122)와 같다.

$$Q = b\left(\frac{2}{3}\right)^{3/2}\sqrt{g}\,H^{3/2} \tag{12.121}$$

$$Q = C_w b H^{3/2} \tag{12.122}$$

Think_05

넓은 봉우리 위어에서 유량을 구하는 식 (12.122)를 보면 뾰족 봉우리 위어에서 유량을 구하는 수식과 식 (12.119)의 수식이 동일함을 알 수 있다. 그렇다면 두 종류의 위어에서 같은 수식을 이용해도 될지 생각해보자.

■ 직각 삼각 위어

[그림 12-20]에서 사용된 위어는 뾰족 봉우리 위어 중 상대적으로 유량이 적은 경우 사용하는 직각 삼각 위어이다. 이를 해석하기 위해 [그림 12-23]과 같이 검사체적에서 dA를 지나는 유량은 식 (12.123)과 같다.

$$dQ = C_d\sqrt{2gh}\,dA \tag{12.123}$$

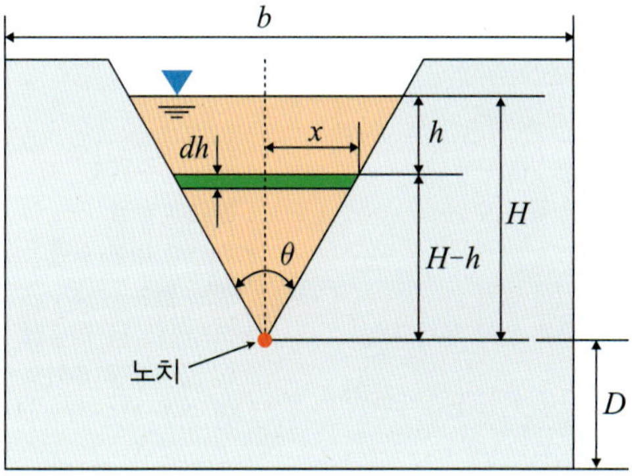

그림 12-23 직각 삼각 위어

식 (12.123)에서 미소면적을 정하기 위해 dA와 x를 각각 정의하면 $dA = 2xdh$, $x = (H-h)\tan(\theta/2)dh$이다. 이를 식 (12.123)에 대입하면 식 (12.124)와 같이 유도되고 식 (12.125), 식 (12.126)과 같이 정리할 수 있다.

$$dQ = C_d\sqrt{2gh}\left[2(H-h)\tan\left(\frac{\theta}{2}\right)dh\right] \tag{12.124}$$

$$Q = C_d 2\sqrt{2g}\tan\left(\frac{\theta}{2}\right)\int_0^H (H-h)h^{1/2}dh \tag{12.125}$$

$$Q = C_w H^{5/2} \tag{12.126}$$

직각 삼각 위어의 각도는 90°가 일반적이며 이에 해당하는 위어계수는 $C_w = 1.38$이다. 직각 삼각 위어의 C_w는 KS규격에서 식 (12.127)과 같이 정의하고 있다. 식 (12.127)의 b와 D는 각각 수로의 넓이와 수로 바닥에서 노치 바닥까지의 높이를 의미한다.

$$C_w = 81.2 + \frac{0.24}{H} + \left(8.4 + \frac{12}{\sqrt{D}}\right)\left(\frac{H}{b} - 0.09\right)^2 \tag{12.127}$$

12.4.3 비만관용 유량 측정

12.4.2절에서 다룬 위어를 통한 유량 측정은 위어를 포함하는 토목 공간을 따로 제작해야 한다는 단점이 있다. 최근에는 [그림 12-1(c)]에서 나타낸 만관되지 않는 유로에 [표 12-6]과 같은 방법대로 직접 설치하여 유량을 측정하는 방법이 사용되고 있으니 설계 시에는 유량계 제작업체와 상의하여 최적의 유량계를 선정할 필요가 있다.

표 12-6 비만관 유량계의 종류, 원리, 장단점

종류	형상	측정 원리	장점	단점
초음파 다회선 비만관 유량계		• 초음파 시간차를 이용해 실시간 유속을 측정 • 수위계를 이용해 단면적을 계산하여 유량 계산	• 설치 및 유지보수 가능 • 맞춤형으로 설치 가능 • 분리형(유속/수위) • 측면에 있어 이물질이 퇴적해도 측정 가능 • 3[cm] 이하 수위의 유량도 측정 가능 • 정 · 역만관도 측정 가능	• 맨홀 구조 및 크기 제한 • 기포 발생이 심한 곳은 부적합
초음파 침적식 유량계		• 침적식 유속계로 실시간 유속을 측정 • 수위계를 이용해 단면적을 계산하여 유량 계산	• 역류 측정 가능 • 분리 가능(유속/수위) • 선택 가능(1 ~ 3회선) • 영향을 적게 받음 • 기존 맨홀에 쉽게 설치 가능	• 초음파 수위계 불감대 발생 • 3[cm] 이상 수위 확보 필수 • 머리카락 등 이물질이 많은 곳은 주기적인 청소 필요
레이더식 유량계	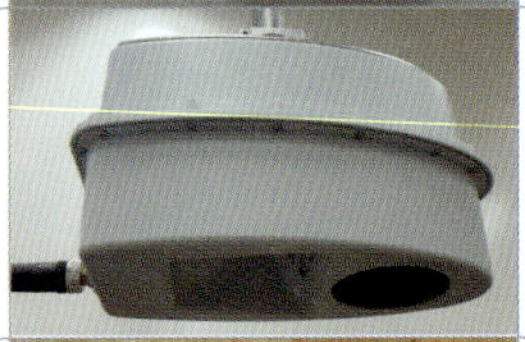	• 레이더를 통해 유체 표면유속을 측정 • 초음파를 이용해 수위를 측정하고 유량 산정	• 역류 측정 가능 • 대형관로(사각, 원형)에 적합 • 유체 비접촉(퇴적물의 영향 받지 않음) • 센서 일체형(유속/수위) • 이물질, 퇴적물이 많은 곳에 적합	• 표면유속만 측정해서 유량을 환산하므로 오차율이 클 수 있음 • 맨홀 침수 시 유량 측정 불가
멀티 매닝식 유량계		• 상부 비접촉식 수위계를 이용해 수위를 측정 • 기존 수위-유속 데이터를 활용해 수위별 유속 유량 계산	• 기존 유량 데이터 활용 • 비접촉으로 청소 불필요 • 유체 비접촉(퇴적물의 영향 받지 않음) • 간단한 설치 • 현장에 맞는 멀티매닝식 적용 • 저렴한 설치비와 유지관리비	• 기존 유량 데이터 필요 • 유체 정지 시 유량 측정 오차 발생 • 맨홀 침수 시 유량 측정 불가

■ 개수로유동의 특징

12.1 다음 중 개수로의 특징이 아닌 것은?

㉮ 유체의 자유표면의 압력은 대기압이다.
㉯ 에너지선은 자유표면에서 속도헤드 $V^2/2g$만큼 위에 있다.
㉰ 손실헤드를 무시할 수 있다.
㉱ 유체의 자유표면과 수력 구배선은 일치한다.

12.2 정류유동을 얻을 수 있는 경우를 Fr수에 따라 정의하라.

12.3 부정류유동을 얻을 수 있는 경우를 Fr수에 따라 정의하라.

12.4 호수 위를 지나가는 보트로 인해 속도가 16 [km/h]인 파도가 발생했다. 이때 호수의 수심을 구하라.

12.5 물의 깊이가 750 [mm]인 직사각형 수로에 물이 (a) 1 [m/s]일 때 Fr수와 (b) 4 [m/s]일 때 Fr수를 각각 구하라.

■ 비에너지, 임계수심

12.6 다음 중 개수로의 흐름에 있어서 임계수심을 설명한 것으로 옳은 것은?

㉮ 주어진 비에너지에 대해 유량이 1/2이다.
㉯ 비에너지가 주어진 유량에 대해 최대가 된다.
㉰ 상류 쪽의 저항이 하류 쪽의 조건에 따라 변한다.
㉱ 비에너지가 주어진 유량에 대해 최대가 된다.

12.7 다음 중 아임계 흐름이 일어나는 경우로 옳은 것은?

㉮ 표준깊이 이상일 때
㉯ 표준깊이 이하일 때
㉰ 임계수심 이상일 때
㉱ 임계수심 이하일 때

12.8 폭이 4 [m], 수심이 1 [m]인 사각형 수로에 물이 12 [m^3/s]로 흐를 때 비에너지를 구하라.

12.9 초임계 흐름에서 깊이를 y, 임계수심을 y_c라고 할 때 그 관계를 나타내라.

12.10 개수로유동에서 임계수심 y_c와 임계속도 V_c를 구하라. 단, Q는 단위폭당 유량이다.

12.11 [그림 12-24]와 같은 사다리꼴의 수로에 물이 24 [m^3/s]로 흐를 때, 비에너지를 구하라.

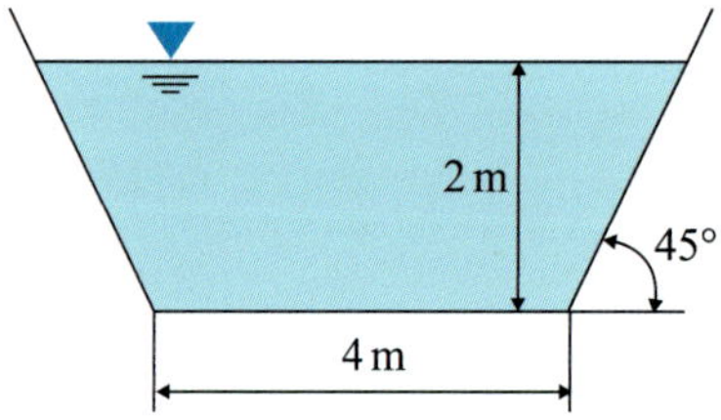

그림 12-24

12.12 유량이 일정할 때 최소 비에너지는 9 [$N \cdot m/m$]이다. 이때 임계수심을 구하라.

12.13 유량이 일정할 때 임계수심이 6 [m]이다. 이때 임계속도를 구하라.

12.14 [그림 12-25]와 같은 직사각형 수로에서 단위폭당 0.93 [m^3/s]의 유량을 흘려보내고 있다. (a) 이 유동에 대해 가능한 최소 비에너지를 구하고, (b) 이에 상응하는 유동 깊이와 (c) 속도를 구하라.

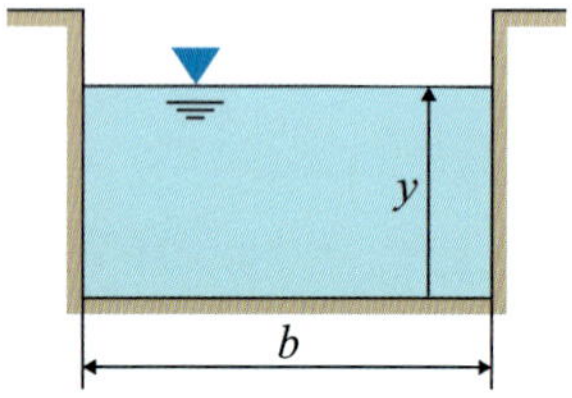

그림 12-25

■ 면적 변화의 영향

12.15 [그림 12-26]과 같은 벤투리 수로가 있다. 이 수로의 바닥은 수평이고 마찰이 없는 유동으로 고려한다. 상류 깊이는 $y_1 = 0.3\,[\text{m}]$, 하류 깊이는 $y_2 = 0.22\,[\text{m}]$, 상류 폭은 $b_1 = 0.6\,[\text{m}]$, 목의 폭은 $b_2 = 0.3\,[\text{m}]$이다. 이때 수로를 통과하는 유량을 구하라.

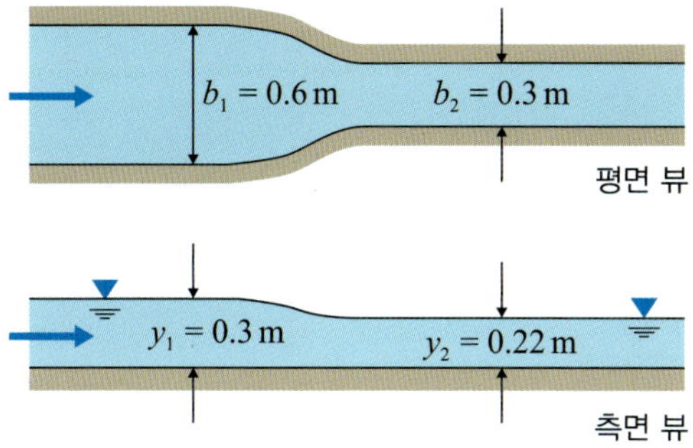

그림 12-26

12.16 [그림 12-27]과 같이 폭이 $b_1 = 3[\text{m}]$인 직사각형 수로가 깊이 $y_1 = 0.3\,[\text{m}]$인 수평 바닥 위로 $Q = 2.83\,[\text{m}^3/\text{s}]$의 유량을 흘려보내고 있다. 수로를 가로지르는 완만한 돌출부가 수로 바닥 위로 $h(x) = 10\,[\text{cm}]$만큼 올라가 있다. 이때 액체 자유표면의 가장 높은 부분(돌출부)의 수위를 구하라.

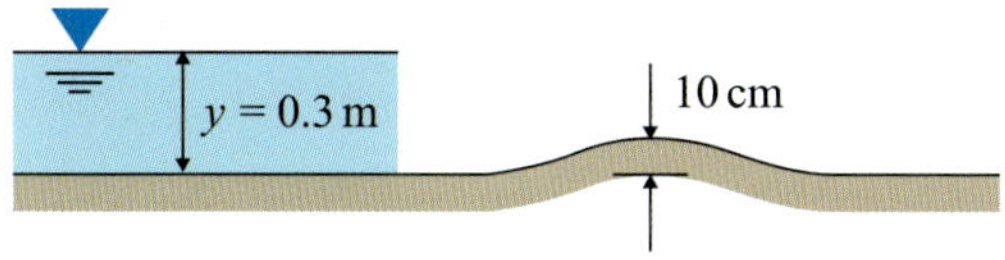

그림 12-27

12.17 [그림 12-28]과 같이 물이 $y_1 = 0.6\,[\text{m}]$ 깊이에서 $V_1 = 0.9\,[\text{m/s}]$의 속도로 넓은 수로의 완만한 상승부를 향하고 있다. $h = 0.15\,[\text{m}]$만큼 상승된 후의 수심을 구하라.

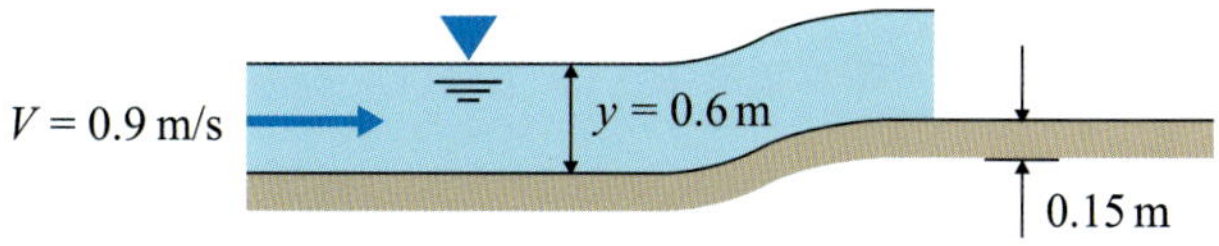

그림 12-28

12.18 다음 중 수력도약이 일어나면 발생하는 현상으로 옳은 것은?

㉮ 유속은 더욱 커진다.
㉯ 유속은 느려지고 물의 깊이가 갑자기 커진다.
㉰ 유속은 커지고 물의 깊이는 감소한다.
㉱ 유량이 감소한다.

12.19 [그림 12-29]와 같은 직사각형 수로에서 수력도약이 일어나고 있다. 유량은 $Q = 6.5\,[\mathrm{m^3/s}]$이고, 도약 전 깊이는 $y_1 = 0.4\,[\mathrm{m}]$이다. 수로의 폭이 $b = 1\,[\mathrm{m}]$일 때, 도약 후 깊이와 손실헤드를 구하라.

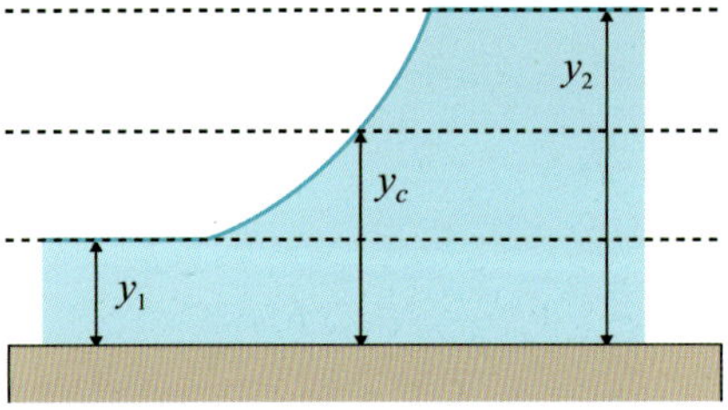

그림 12-29

12.20 수력도약 전 깊이가 $y_1 = 30\,[\mathrm{cm}]$, 속도는 $V_1 = 7\,[\mathrm{m/s}]$인 개수로에서 수력도약이 일어났다. 도약 후 깊이 y_2를 구하라.

12.21 수력도약이 일어나기 전후 수심이 각각 $3\,[\mathrm{m}]$, $5\,[\mathrm{m}]$일 때 수력도약에 의한 손실은 얼마인가?

■ 개수로 정상 균일유동

12.22 [그림 12-30]과 같이 밑변 폭이 $b = 2.5\,[\mathrm{m}]$이고 측면 기울기의 수직과 수평 비율이 1 : 2이며, 유량이 $Q = 3\,[\mathrm{m^3/s}]$인 사다리꼴 수로에서 균일유동 깊이를 구하라. 단, 기울기는 0.0004이고, 매닝의 조도계수는 0.015이다. 사다리꼴의 면적과 수력지름은 [표 12-1]을 참조하라.

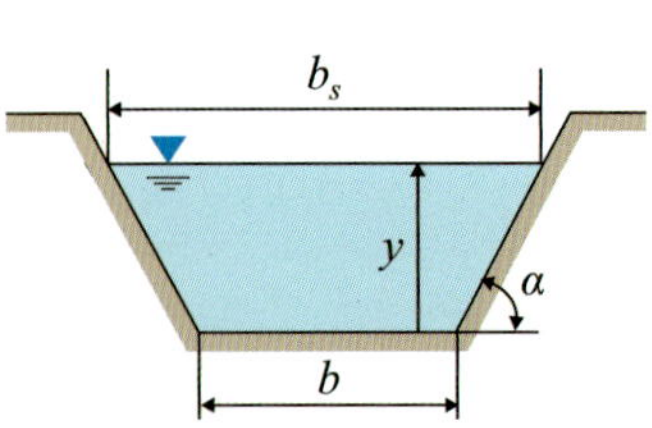

$$A = y(b + y\cot\alpha), \quad R = \frac{y(b + y\cot\alpha)}{b + \dfrac{2y}{\sin\alpha}}$$

그림 12-30

12.23 다음 중 최적 수로단면에 대한 설명으로 옳은 것은?

㉮ 비용이 가장 적게 드는 수로단면
㉯ 조도계수가 가장 작은 단면
㉰ 주어진 유동에 대해서 접수길이를 최소로 하는 단면
㉱ 주어진 유동에 대해서 면적이 최대인 단면

12.24 폭이 b, 깊이가 y인 사각형 단면에서 최적 수로단면의 관계를 설명하라.

12.25 [그림 12-31]과 같이 끝에 수축이 발생하는 직사각형 뾰족 봉우리 위어의 폭은 $b = 1.6$ [m]이다. $Q = 0.5$ [m^3/s]인 유량에 대해 2.5 [m]의 상류 깊이를 유지하기 위해 설치해야 하는 위어의 높이를 구하라. 단, 뾰족 봉우리 위어의 유량계수는 $C_d = 0.62$이다.

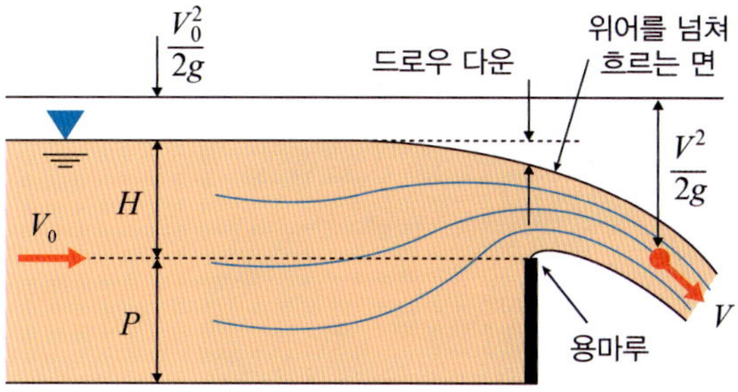

그림 12-31

이 사진은 1960~1980년대 우물가에서 흔히 볼 수 있던 수동 펌프이다. 이 펌프는 현재의 펌프보다는 원시적인 형태이지만 낮은 곳에서 높은 곳으로 물을 끌어올리는 원리가 적용된 기계이다. 13장에서는 유체의 에너지를 변화시키고 이로부터 에너지를 받는 유체기계에 대해 다룬다.

CHAPTER

13

유체기계

Fluid Machinery

유체기계의 특징 13.1

터보기계 해석 13.2

유체기계 성능특성 13.3

유효흡입헤드와 캐비테이션 13.4

관로저항곡선과 연합운전 13.5

연습문제

학습목표

- 유체기계의 특징과 종류를 알아본다.
- 터보기계 해석 방법을 학습한다.
- 유체기계의 성능특성을 원심펌프를 중심으로 학습한다.
- 펌프의 유효흡입헤드와 캐비테이션에 대해 학습한다.
- 펌프의 관로저항곡선과 연합운전에 대해 학습한다.

SECTION 13.1

유체기계의 특징

- ✔ 유체기계란 무엇인지 알아본다.
- ✔ 다양한 분류 기준에 따른 유체기계의 종류를 알아본다.

13.1.1 유체기계란?

인류 역사를 되돌아보면 고대부터 인간은 자연 중 물과 공기, 기온과 같은 자연현상을 통제하기 위해 노력해왔다. 초기 인류는 물을 운반할 때 양동이나 두레박을 사용했고, 2천 년 전 아르키메데스는 나사펌프라는 최초의 기계를 개발했으며, [그림 13-1]과 같이 고대에도 유체기계 시스템을 사용해 수천 년에 걸쳐 점차 진보하고 프로세스화 되어 완벽한 기계로 발전하고 있다.

유체기계를 정의하기 전에 먼저 기계에 대한 정의를 알아야 한다. **기계**란 **효율적인 상대 운동을 하는 물체**를 의미한다. 즉 유체기계Fluid Machinery는 아주 적은 힘이 주어졌을 때 움직이려고 하는 물체인 **유체에 의해서 발생하는 힘의 상관관계를 에너지로 변환시키는 기계**를 의미한다.

그림 13-1 고대에서 사용된 유체기계

Think_01

칼이나 수저, 길이를 재는 자와 같은 것들은 기계(Machine)라 하지 않고 (Tool)라는 용어를 사용한다. 도구와 기계의 차이점을 생각해보자.

13.1.2 유체기계의 종류

유체기계는 우주항공산업(터빈, 터보 펌프 등), 공기조화(펌프, 송풍기 등), 에너지 산업분야(연료전지, 조력 · 수력, 풍차 등)에서 여러 형태로 존재한다. 이런 유체기계는 유동 형태, 사용하는 유체, 에너지 변화상태 등에 따라 동일한 기계도 달리 부른다.

■ 유동 형태에 따른 분류

유체기계는 크게 [표 13-1]과 같이 한 번의 회전이나 왕복운동에 의해 일정한 양을 보내는 용적식 기계Positive Displacement Machinery 또는 동적으로 회전하면서 에너지를 생산하는 터보기계Turbo Machinery로 구분된다.

표 13-1 유동 형태에 따른 분류와 예시

구분	용적식 기계	터보기계
에너지 전달	유체가 제한된 경계로 이동함으로 인해 발생하는 체적 변화로 에너지가 전달됨	회전 부재에 부착된 날개의 동적 효과로 인해 에너지가 발생하고 후류로 흐르게 됨
사용처	유압식 펌프, 인체의 심장 등	펌프, 송풍기 등
사용 기계	피스톤 펌프, 기어펌프 등	원심펌프, 혼류펌프, 축류펌프, 터보팬, 축류팬 등
기계의 단면도	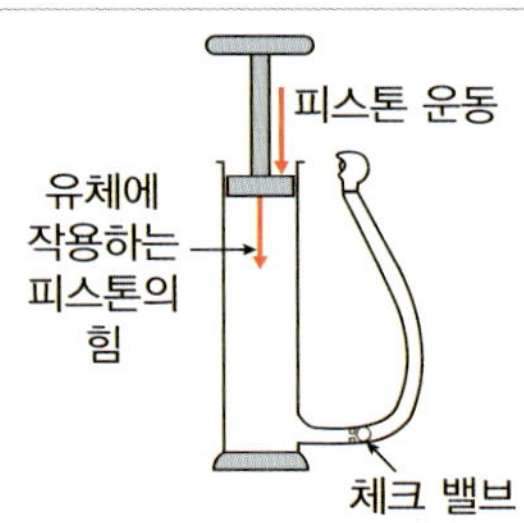 자전거 타이어 펌프 (피스톤 펌프)	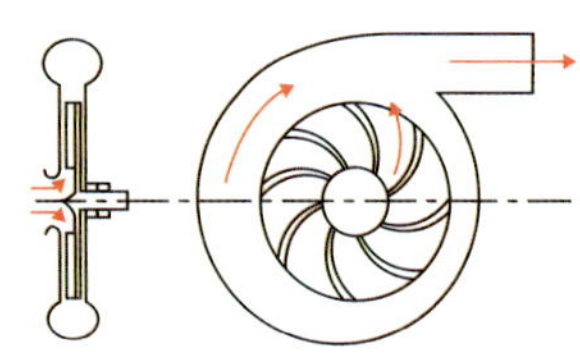 원심펌프
	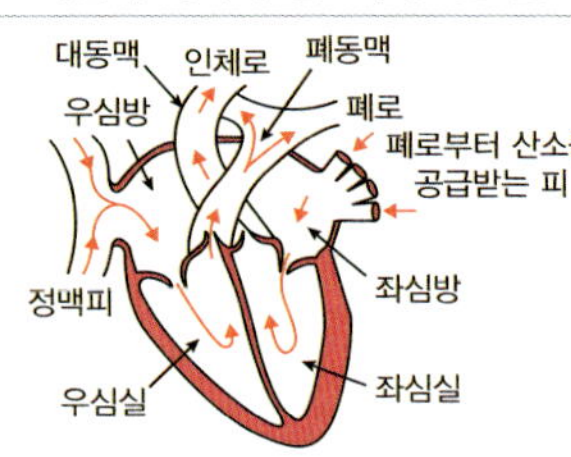 인체의 심장	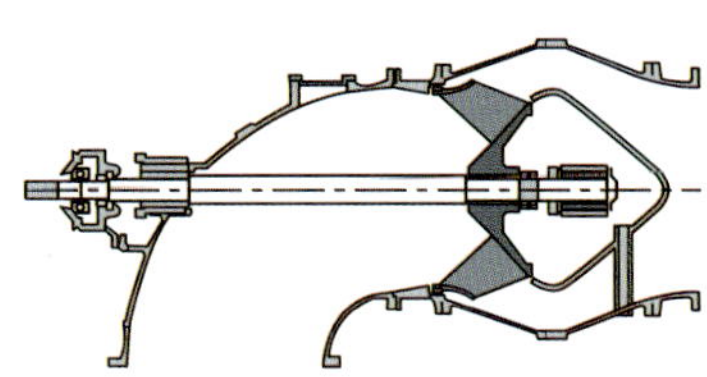 사류펌프
	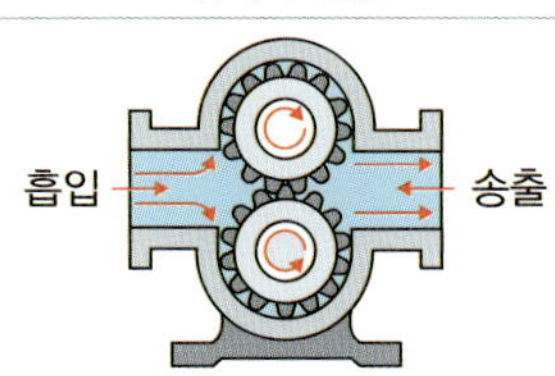 기어펌프	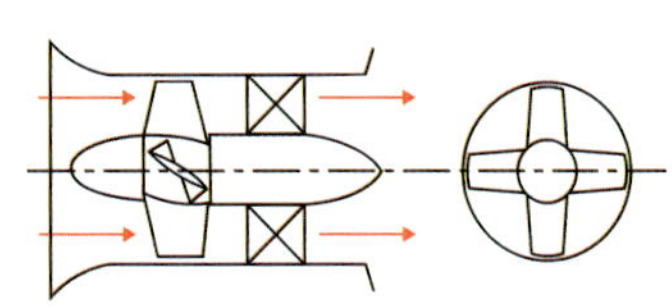 축류펌프

■ 유체에 따른 분류

유체기계는 흐르는 유체에 따라 [표 13-2]와 같이 구분하기도 한다. 기계 내에 흐르는 유체가 액체인 경우 펌프라고 한다. 공기나 가스, 증기를 사용하는 경우 각각 팬Fan, 송풍기Blower, 압축기Compressor라고 한다.

공기기계 중 팬[1]은 일반적으로 날개 전후단의 압력차가 약 0.1 $[kg_f/cm^2]$이지만 송풍기의 압력차는 1 ~ 2 $[kg_f/cm^2]$, 압축기의 압력차는 2 $[kg_f/cm^2]$ 이상으로 구분된다. 팬이나 송풍기는 공기를 사용하지만 베인 앞뒤에 압력차가 그리 크지 않아 비압축성유체로 가정해 설계한다. 그러나 보통의 압축기는 압력 상승이 매우 높아 압축성유체로 다루어야만 한다. [표 13-2]의 공기기계열에서 보이듯이 세 가지 공기기계의 구조형상은 압력차가 커짐에 따라 구조적으로 좀 더 정밀해짐을 알 수 있다.

표 13-2 유체에 따른 분류와 예시

구분	공기기계	액체기계
사용 유체	공기	물
사용 기계	팬, 송풍기, 압축기, 풍차	펌프, 수차
기계의 단면도	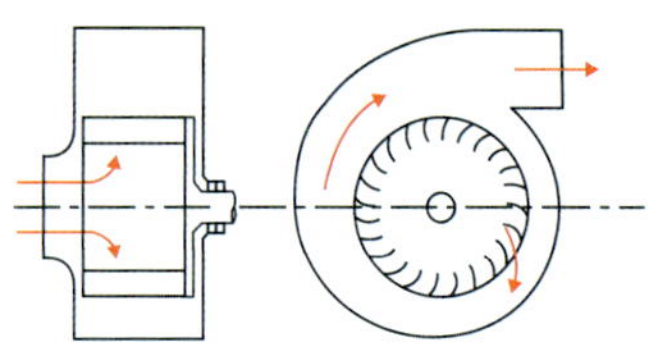 팬	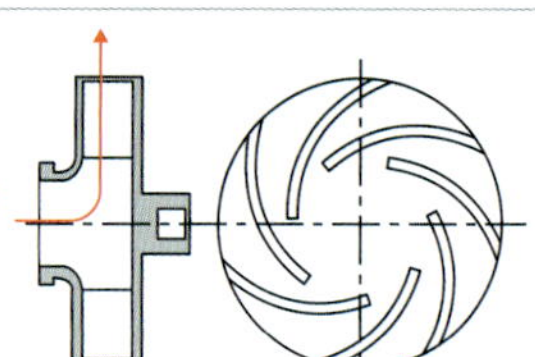 원심펌프
	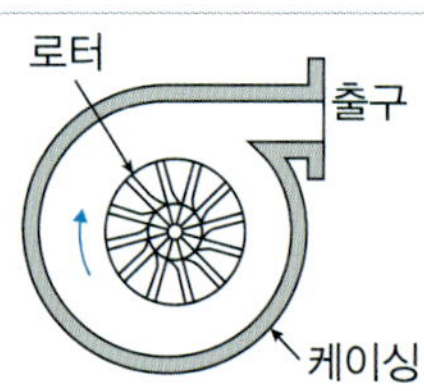 송풍기	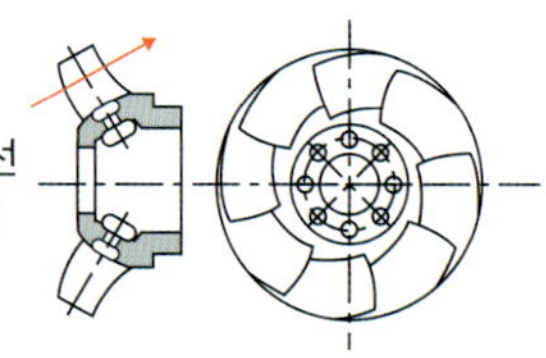 혼류펌프
	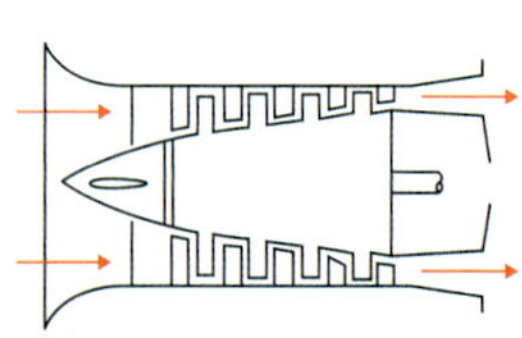 축류 압축기	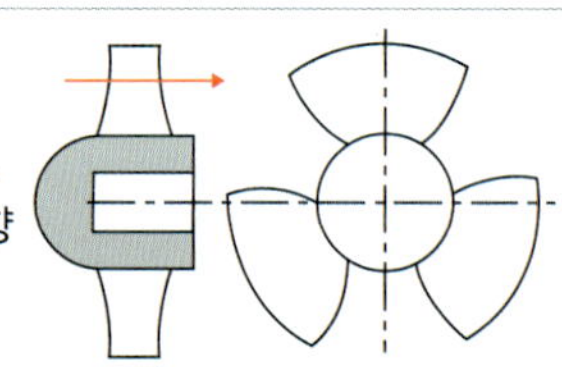 축류펌프

■ 에너지 변환에 따른 분류

유체기계는 에너지 변환에 따라 분류하기도 한다. 펌프나 수차는 [표 13-2]의 액체기계열에서 보듯이 케이싱 내 임펠러Impeller 또는 러너Runner가 회전하면서 에너지[2]를 전달한다. **에너지를 받는 기계를 펌프 또는 팬**이라 한다. 이와 반대로 **물을 이용해 에너지를 생산하는 기계를 수차**Hydraulic Turbine라고 하며, [그림 13-2(a) ~ (c)]와 같다. **공기를 이용하는 기계를 풍차**Wind Turbine라 하며, [그림 13-2(d), (e)]와 같다. 이런 에너지 변환 관계를 정리하면 다음과 같다.

1 오염된 공기를 빼주는 기계인 팬을 '후앙'이라고 부르는 것을 들어본 적이 있을 것이다. '후앙'은 '팬'의 일본식 발음이므로 '팬'이라고 하자.

2 유체역학에서 관심 있는 에너지는 5장에서 다루었는데, 이 장에서는 위치에너지, 운동에너지, 압력에너지만 다룬다.

유체에너지 ↔ 유체기계 ↔ 일(전기에너지)

레이놀즈 전달 이론식에서 유도된 식 (5.122)에서 좌변의 축일은 펌프의 경우 검사체적에 주어지는 일이기 때문에 음(−)의 값을 가지지만, 수차나 풍차의 경우는 검사체적으로부터 일을 받기 때문에 양(+)의 값을 갖는다.[3]

$$-\dot{W}_{shear} = \left[\left(\frac{p}{\rho} + \frac{V^2}{2} + gz\right)_2 - \left(\frac{p}{\rho} + \frac{V^2}{2} + gz\right)_1\right]\dot{m} \tag{5.122}$$

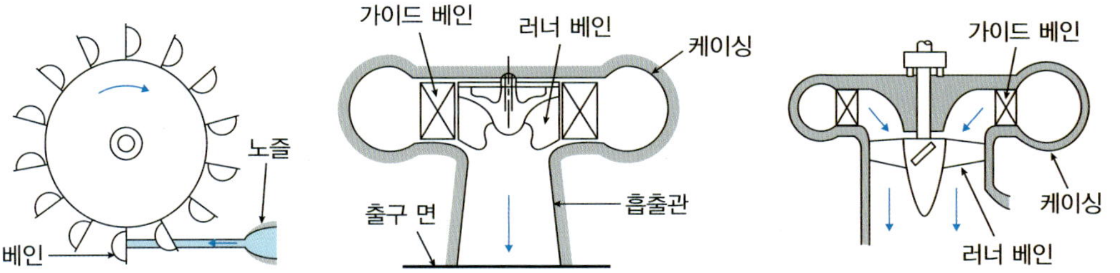

(a) 충격수차 (펠톤 수차)　(b) 반동수차 (프랜시스 수차)　(c) 반동수차 (축류형 카플란 수차)

(d) 다리오스 풍차　(e) 일반적인 수평축 풍차

그림 13-2 에너지 변환에 따른 유체기계의 종류

■ 특수 유체기계

에너지를 전달하고 변화시키는 유체기계 중 앞에서 언급하지 않은 모든 기계를 특수 유체기계로 분류한다.[4]

표 13-3 특수 유체기계의 종류와 예시

종류	예시
특수 펌프	재생, 제트, 기포, 수력펌프, 부스터 펌프 등
유체전동장치	유체커플링, 토크컨버터 등
열기관	내연기관, 가스터빈기관, 증기원동기 등

3 5장에서 다룬 면적벡터의 개념을 상기하자. 면적벡터가 유입되는 경우 음(−)의 값, 유출되는 경우 양(+)의 값을 갖는다.

4 이 책에서는 간략히 종류만 소개했으므로, 자세한 내용은 전문 서적을 참조하기 바란다.

SECTION 13.2

터보기계 해석

- ✔ 유체기계를 해석하기 위한 각운동량방정식을 복습한다.
- ✔ 깃수의 여부 및 개수에 따른 에너지 변화를 살펴본다.
- ✔ 에너지 변화에 대한 속도 변화를 속도삼각형으로 계산해본다.

13.2.1 터보기계 해석을 위한 각운동량방정식

유체기계 해석을 위해 회전에 따라 에너지를 전달하는 터보식 원심기계의 각운동량 원리(식 (5.102), 식 (5.109), 식 (5.110))를 이용한다.[5]

$$T_o = r_2(r\omega\rho Q)_2 - r_1(r\omega\rho Q)_1 = \rho\omega Q\left(r_2^2 - r_1^2\right) \quad (5.102)$$

$$P = T_o\omega = \rho\omega^2 Q(r_2^2 - r_1^2) = \gamma Q H_{th\infty} \quad (5.109)$$

$$H_{th\infty} = \frac{\rho\omega^2(r_2^2 - r_1^2)}{\gamma} = \frac{(V_{2u}^2 - V_{1u}^2)}{g} \quad (5.110)$$

13.2.2 깃수가 무한한 경우

유체 입자가 임펠러 내를 유동할 때, [그림 13-3]과 같이 유체 입자가 유입되는 속도를 절대속도 Absolute Velocity v_1, v_2라 하고, 임펠러와 상대적인 속도를 상대속도 Relative Velocity w_1, w_2라 한다. 회전하고 있는 임펠러의 회전에 의한 속도를 원주속도 Peripheral Velocity u_1, u_2라 한다.

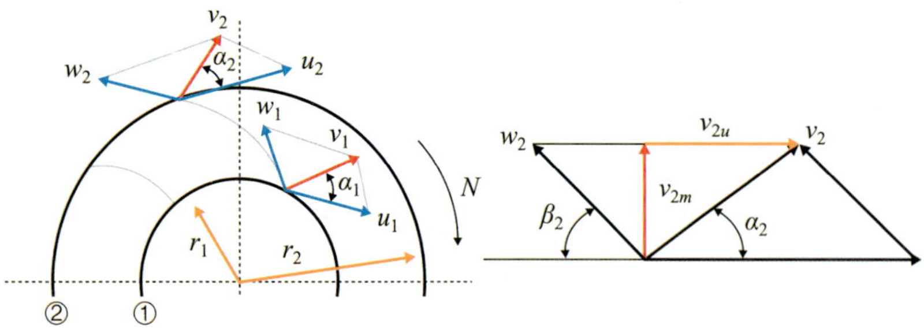

그림 13-3 깃수가 무한한 경우의 입구와 출구에서의 흐름과 속도삼각형

5 [예제 5-11]에서 다룬 내용으로, 유도 과정은 5장을 참조하라.

임펠러 속에서의 흐름상태를 [그림 13-3]과 같이 2차원으로 가정하고, 절대속도 v는 식 (13.1)과 같이 상대속도 w와 원주속도 u의 벡터 합과 같다. 이 벡터 다이어그램을 속도삼각형Triangle Velocity이라 한다.

$$v^2 = u^2 + w^2 \tag{13.1}$$

[그림 13-3]에서와 같이 일정한 속도 N으로 회전하고 있는 임펠러에 유량이 Q인 유체가 유입된다고 하자. 이때 깃 입구 ①, 깃 출구 ②에서의 원주속도를 각각 u_1, u_2라 하고, 절대속도를 각각 v_1, v_2, 원주 방향 분속도를 각각 v_{1u}, v_{2u}라고 하면, $v_{1u} = v_1 \cos\alpha_1$, $v_{2u} = v_2 \cos\alpha_2$가 된다. 여기서 α_1, α_2는 유입각 및 유출각이다.

임펠러가 물에 미치는 이론 양정은 식 (5.110)에서 식 (13.2)와 같이 바꾸어야 한다. 식 (13.2)와 같이 임펠러 내 베인에 의해 α_1, α_2의 영향으로 변했다는 것을 알아야 한다. [그림 13-3]의 벡터 그림과 같이 $V_{1u} = v_1 \cos\alpha_1$과 $V_{2u} = v_2 \cos\alpha_2$로 대치하면 식 (5.110)은 식 (13.2)와 같이 정리된다. 따라서 식 (13.2)인 $\boldsymbol{H_{th\infty}}$**를 깃수 무한인 흐름의 이론 전압헤드**Theoretical Head **또는 오일러의 이론헤드**라 하고, **오일러의 식**이라 한다.

$$H_{th\infty} = \frac{(V_{2u}^2 - V_{1u}^2)}{g} = \frac{1}{g}(u_2 v_2 \cos\alpha_2 - u_1 v_1 \cos\alpha_1) \tag{13.2}$$

만약 식 (13.2)의 우변에서 $u_1 v_1 \cos\alpha_1$이 0이 되면 전양정이 최대가 된다. $u_1 v_1 \cos\alpha_1$에서 u_1은 원주속도로 0이 될 수 없고, 만약 $\alpha_1 = 90°$가 된다면 식 (13.2)는 식 (13.3)과 같다. 즉 $\alpha_1 = 90°$라는 것은 깃 입구에서 절대속도가 원주 방향과 동일하다는 것을 의미하고 반지름 방향으로 유입된다는 것(v_{1m})을 의미한다. 그러나 절대속도가 원주 방향과 동일하다는 것은 깃이 무한히 많거나 깃이 없는 경우이기 때문에 실제로는 제작할 수 없는 이론적인 값이다.

$$H_{th\infty} = \left(\frac{1}{g}\right) u_2 v_2 \cos\alpha_2 \tag{13.3}$$

13.2.3 속도삼각형

[그림 13-4]와 같이 원심펌프 입구와 출구의 속도삼각형을 나타냈다. 식 (13.3)의 $v_2\cos\alpha_2$는 [그림 13-4(b)]의 기하학 벡터 그림에서 보면 v_{2u}를 의미하므로 식 (13.3)은 식 (13.4)와 같이 변경할 수 있다.

$$H_{th} = \left(\frac{1}{g}\right)u_2 v_{2u} \tag{13.4}$$

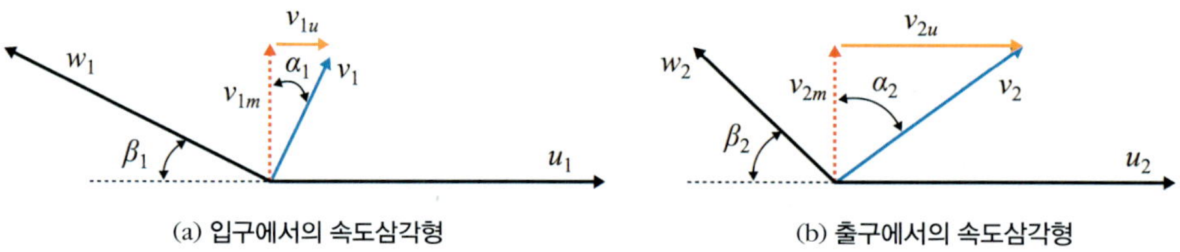

그림 13-4 원심펌프의 속도삼각형

[그림 13-4(b)]에서 절대속도의 수평방향 속도분포인 v_{2u}는 식 (13.5)와 같이 다르게 표현할 수도 있다.

$$v_{2u} = u_2 - w_2\cos\beta_2 = u_2 - \frac{v_{2m}}{\sin\beta_2}\cos\beta_2 = u_2 - v_{2m}\cot\beta_2 \tag{13.5}$$

식 (13.4)에 식 (13.5)를 대입하면 식 (13.6)과 같이 유출각이 고려된 전양정으로 정리할 수 있다. 따라서 출구각도만으로 이론적인 양정을 구할 수 있다.

$$H_{th} = \frac{u_2^2 - u_2 v_{2m}\cot\beta_2}{g} \tag{13.6}$$

이때 출구에서 토출되는 유량은 반지름 r_2와 임펠러 폭 b를 고려하면 식 (13.7)과 같이 정리된다.

$$Q = 2\pi r_2 b_2 \times v_{2m} \tag{13.7}$$

식 (13.7)과 같은 체적유량 관점에서 양정을 나타내면 식 (13.8)과 같다. 식 (13.8)을 보면 H와 Q를 제외하고 나머지는 주어진 기하학적 값인 상수이기 때문에 C_1과 C_2로 한 번에 묶어서 정의하면 식 (13.11)과 같이 간단히 정리할 수 있다.

$$H_{th} = \frac{u_2^2}{g} - \frac{u_2\cot\beta_2}{2\pi r_2 g}Q \tag{13.8}$$

$$C_1 = \frac{u_2^2}{g} \tag{13.9}$$

$$C_2 = \frac{u_2 \cot \beta_2}{2\pi r_2 g} \tag{13.10}$$

$$H_{th} = C_1 - C_2 Q \tag{13.11}$$

식 (13.8)은 **유량이 증가함에 따라 양정은 선형적으로 변화한다는 것**을 의미한다. 즉 β값에 따라 양정이 증가하기도 하고 감소하기도 한다는 뜻이다. β값에 따른 터보형 펌프는 다음과 같이 구분된다. 보통 펌프의 경우에는 뒷굽음 깃을 사용하고, 팬과 같은 공기기계의 경우에는 앞굽음 깃을 많이 사용한다.

- 앞굽음 깃Forward-Curved Vane

  $\beta_2 > 90°$일 때 : $\cot\beta_2 < 0$으로서 H_{th}는 유량이 증대함에 따라 증가

- 반지름 방향의 깃Radial Vane

  $\beta_2 = 90°$일 때 : $\cot\beta_2 = 0$으로서 H_{th}는 유량과 관계없이 일정

- 뒷굽음 깃Backward-Curved Van

  $\beta_2 < 90°$일 때 : $\cot\beta_2 > 0$으로서 H_{th}는 유량이 증대함에 따라 감소

13.2.4 깃수가 유한한 경우

실제 임펠러의 깃수는 4개 또는 5개이고 깃의 두께는 유한하므로, 흐름은 완전히 깃을 따라 흐르지 않는다. 10.5절에서 공부했듯이 형상이 변함에 따라 역압력구배점이 발생하고 깃열 내의 유체에 마찰이나 충돌 등에 의한 손실이 발생하기 때문이다.

이런 마찰이나 충돌이 없는 경우는 깃수가 무한하다는 것을 의미하며, 식 (13.3)과 같아진다. 그러나 깃수가 유한한 경우 이론전압헤드 H_{th}는 $H_{th\infty}$보다 적을 수밖에 없으며, 손실을 고려한 경우는 식 (13.12)와 같이 표현할 수 있다.

$$\eta_h = \frac{H}{H_{th}} \tag{13.12}$$

식 (13.12)의 η_h를 펌프에서는 수력효율Hydraulic Efficiency이라고 하며, 송풍기, 압축기에서는 유체효율Aerodynamic Efficiency이라 한다. 송풍기에서는 전압헤드 H, H_{th}, $H_{th\infty}$ 대신 전압 $p(\gamma H)$, $p_{th}(\gamma H_{th})$, $p_{th\infty}(\gamma H_{th\infty})$를 사용한다.

예제 13-1 원심펌프의 임펠러 내 동력

물 0.01 [m^3/s]를 송출하기 위하여 지름이 $r_1 = 20$ [mm]인 입구를 통해 임펠러에 축 방향으로 물이 유입된다. 이때 입구속도는 축 방향이고 균일하다고 가정하자. 임펠러 출구의 지름은 $r_2 = 50$ [mm]이다. 유동은 반지름 방향 깃에 대해 3 [m/s]로 임펠러에서 토출되고, 임펠러의 회전속도는 $N = 1{,}750$ [rpm]이다. 이때 임펠러 출구 폭 b_2, 입력 토크, 그리고 오일러 터보 방정식에 의해 예측되는 동력을 구하라. 단, 물의 밀도는 상온일 때 998 [kg/m^3]라 가정한다.

분석

- 입구속도가 축 방향으로 균일하다는 것은 $\alpha_1 = 90°$라는 것을 의미하고, [그림 13-3]의 우측 그림에서 $v_{2u} = 3$ [m/s]가 됨을 의미한다.
- 임펠러 출구 폭은 연속방정식으로 구할 수 있다. 즉 출구의 면적을 구할 때 b_2를 구하면 된다.
- 해당하는 펌프의 토크는 식 (5.102)로 구하면 되는데 반지름 방향의 유입각도가 0°이므로 출구의 값만 고려하면 된다.
- 이론 동력은 식 (5.108)과 같이 구해진 토크에 각속도를 곱하면 된다.

풀이

- 연속방정식은 입구와 출구의 유량이 같으므로 임펠러의 입구와 출구에서 유량은 식 (13.13)과 같이 정리할 수 있다.

$$Q_1 = Q_2 = VA = 3 \times 2\pi r_2 \times b_2 \tag{13.13}$$

- 입구의 유량은 $Q_1 = 0.01$ [m^3/s]로 주어졌기 때문에 식 (13.14)와 같이 출구폭 b_2를 구할 수 있다.

$$b_2 = \frac{0.01}{3 \times 2\pi \times 0.05} = 0.011\,[\text{m}] = 11\,[\text{mm}] \tag{13.14}$$

- 현장에서는 회전수의 단위인 [rpm]을 많이 사용하지만, 토크를 계산하기 위해서는 [rad/s]의 단위인 식 (13.15)와 같이 회전수를 먼저 변환해야 한다.

$$\omega = \frac{1{,}750}{60} \times \frac{2\pi\,[\text{rad}]}{1\,[\text{rev}]} = 183.17\,[\text{rad/s}] \tag{13.15}$$

- 토크는 식 (5.102)로부터 구해야 하는데 입구 측의 유입각도가 $\alpha_1 = 90°$이므로, 식 (5.102)는 식 (13.16)과 같이 변경되고 여기에 각각의 물성값을 대입하면 된다.

$$T_{shaft} = \rho\omega Q r_2^2 = 998 \times 183.17 \times 0.01 \times 0.05^2 = 4.57\,[\text{N}\cdot\text{m}] \tag{13.16}$$

- 동력은 식 (5.108)의 수식으로 식 (13.16)에 식 (13.15)의 각속도를 곱하면 식 (13.17)과 같다.

$$\dot{W} = T_{shaft}\omega = 4.57 \times 183.17 = 837.09\,[\text{N}\cdot\text{m/s}] \cong 0.837\,[\text{kW}] \tag{13.17}$$

고찰

- 이 예제는 펌프 내에 있는 임펠러에만 한정된 해석 문제이다. 식 (5.122)에서와 같이 펌프의 흡토출 배관까지 고려한다면 식 (13.17)에서 구한 동력보다 적어진다. 이는 흡토출 배관에서 발생하는 손실 때문이다.
- 현장에서는 회전수의 단위인 [rpm]을 많이 사용하지만, 토크를 계산하기 위해 [rad/s]의 단위를 사용한다.
- 식 (13.17)에서 구한 펌프의 동력은 수동력Water Power이라 하고, 여기서는 식 (5.122)의 $\dot{W}$라는 용어를 사용했지만 현장에서는 L_w라는 용어를 많이 사용한다.

예제 13-2 축류팬 설계

[그림 13-5(a)]와 같이 1,200 [rpm]으로 운전되는 축류팬이 있다. 팬의 날개끝과 허브의 지름은 각각 1.1 [m], 0.8 [m]이다. 이때 [그림 13-5(b)]에서 입구각도와 출구각도는 각각 30°, 60°임을 평면상에서 볼 수 있다.6 보통 팬의 날개 앞에 있는 가이드 베인은 날개가 30°로 설계되어 있다. 유체는 상온의 공기로 $\rho = 1.2$ [kg/m^3]라고 가정한다. 이때 (a) 입구와 출구의 속도삼각형을 도시하고, (b) 팬의 체적유량을 구하라. 또한 (c) 입구와 출구의 속도정보를 구해 팬의 날개 형태를 정의하고 (d) 토크와 동력을 구하라.

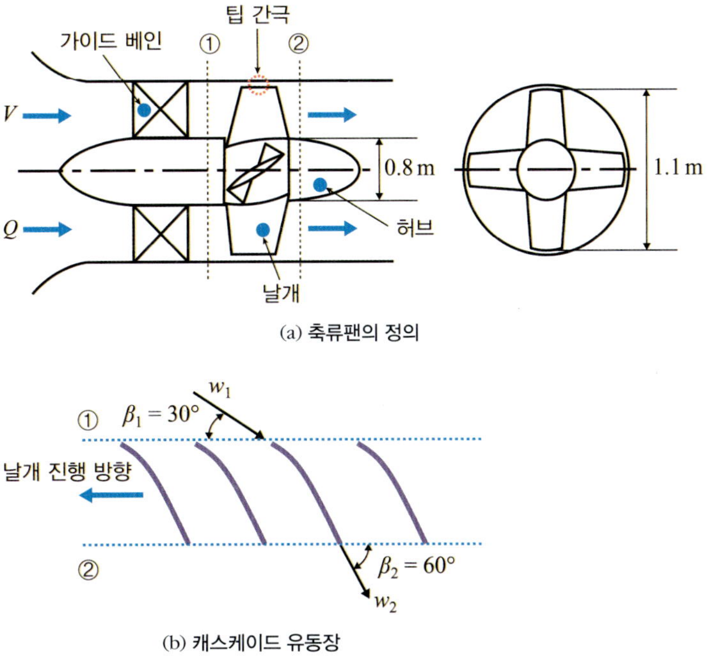

그림 13-5 축류팬, 날개, 날개 사이의 캐스케이드 유동의 정의

6 익형과 익형 사이의 유동을 설명하는 캐스케이드(Cascade) 유동장 또는 자오선면(Meridional Plane)을 의미한다.

분석

- 축류형 유체기계로 주어졌기 때문에 원주속도는 입구와 출구의 속도와 같고, 입구와 출구의 지름이 동일하기 때문에 속도삼각형을 쉽게 도시할 수 있다.
- 축류형 유체기계이기 때문에 깃에 수직으로 유입된다는 것을 인지하고 벡터 합성법으로 속도삼각형을 도시하면 된다.
- 속도삼각형의 작성은 팬의 성능을 좌우하는 동역학적 힘$_{\text{Hydraulic Force}}$을 계산하는 데 매우 중요한 개념이며 설계 시 가장 먼저 도시해야 할 절차이다.

풀이

(a) 입구와 출구의 속도삼각형은 [그림 13-6]과 같다.

축류팬이기 때문에 입구와 출구의 지름이 같고 속도는 빨간색으로 표시된 v_{1m}이 입구에서, v_{2m}이 출구에서 축 방향에 동일하게 수직 유출입된다. 원주속도도 축류 형태이기 때문에 동일하게 그려야 한다.

수직으로 유입된 속도(v_{1m})와 유출된 속도(v_{2m})는 깃이 각각 30°와 60°로 설계되어 있으므로 실제적으로 유동은 상대속도인 w_1과 w_2로 유동된다. 그러나 주어진 회전(원주속도)에 의해 실제 절대속도 v_1과 v_2는 파란색의 벡터로 유출입된다. 이는 벡터 합성법으로 구해도 된다.

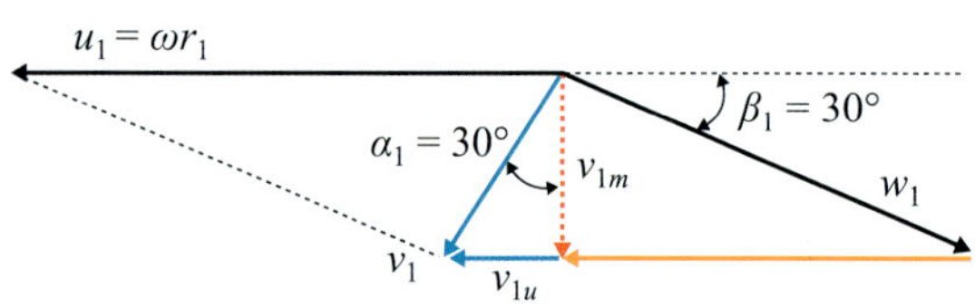

(a) 입구 측

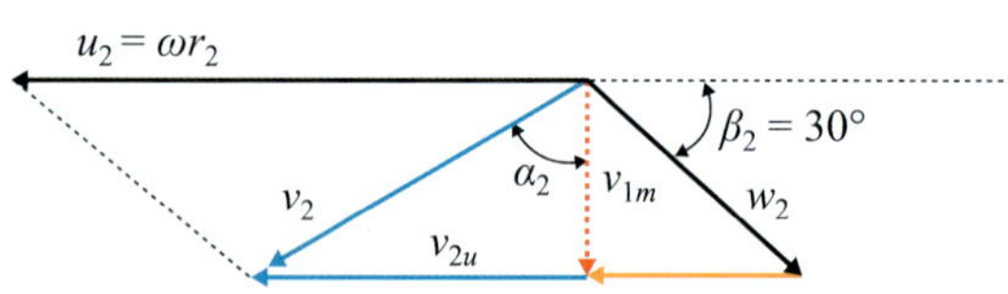

(b) 출구 측

그림 13-6 입구와 출구에서 얻어진 속도삼각형

(b) 입구와 출구의 유량은 식 (13.18)과 같이 계산할 수 있다. 속도삼각형에서 보듯이 입구와 출구의 면적과 속도는 같다.

$$Q_1 = V_{1u}A_1 = V_{2u}A_2 = Q_2 \qquad (13.18)$$

(c) 날개 형태를 정의하기 위해 먼저 [그림 13-7]에서 원주속도를 식 (13.19), 식 (13.20)과 같이 구해야 한다.

$$u_1 = u_2 = V = wr_m \qquad (13.19)$$

$$V = \frac{1{,}200}{60} \times \frac{2\pi}{[\text{rev}]} \times \frac{(1.1+0.8)/2}{2} = 125.6 \times 0.475 = 59.66\,[\text{m/s}] \qquad (13.20)$$

구해진 속도삼각형으로부터 v_{1m}을 식 (13.21)과 같이 구할 수 있다. 식 (13.21)은 [그림 13-7]에서 보듯이 입구각도 α_1에 의해 2개의 속도분포의 합(파란색 벡터 + 빨간색 벡터)으로 원주속도를 구할 수 있다.

$$V = v_{1m}(\tan\alpha_1 + \cot\beta_1) \tag{13.21}$$

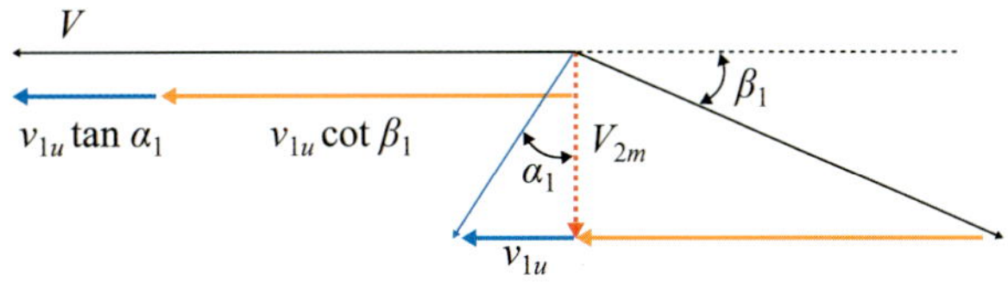

그림 13-7 식 (13.21)을 설명하는 원주속도

식 (13.21)에 주어진 원주속도와 입구각도를 각각 대입하면 식 (13.22)와 같다.

$$v_{1m} = \frac{V}{\tan\alpha_1 + \cot\beta_1} = \frac{59.66}{\tan 30° + \cot 30°} = \frac{59.66}{2.31} = 25.83\,[\text{m/s}] \tag{13.22}$$

속도삼각형에서 절대속도 v_1, 상대속도 w_1, 절대속도의 원주방향속도 v_{1u}는 식 (13.23) ~ 식 (13.25)와 같이 구할 수 있다.

$$v_1 = \frac{v_{1m}}{\tan\alpha_1} = \frac{25.83}{\tan 30°} = \frac{59.66}{0.866} = 29.83\,[\text{m/s}] \tag{13.23}$$

$$w_1 = \frac{v_{1m}}{\sin\beta_1} = \frac{25.83}{\sin 30°} = 51.66\,[\text{m/s}] \tag{13.24}$$

$$v_{1u} = v_1\sin\alpha_1 = 29.83 \times \sin 30° = 14.92\,[\text{m/s}] \tag{13.25}$$

구해진 속도(식 (13.22))에 허브를 고려한 중공면적을 곱하면 식 (13.26)과 같이 유입 유량을 구할 수 있다.

$$Q = v_{1m}A_{hollow} = \frac{\pi}{4}\left(D_t^2 - D_h^2\right)v_{1m} = \frac{\pi}{4}\left(1.1^2 - 0.8^2\right) \times 25.83 = 11.55\,[\text{m}^3/\text{s}] \tag{13.26}$$

출구의 속도정보는 입구의 속도정보를 구하는 방법과 같이 구하면 식 (13.27) ~ 식 (13.30)과 같다.

$$\tan\alpha_2 = \frac{v_{2u}}{v_{2m}} = \frac{V - v_{2m}\cot\beta_2}{v_{2m}} = \frac{V - v_{1m}\cot\beta_2}{v_{1m}} \tag{13.27}$$

$$\alpha_2 = \tan^{-1}\left(\frac{59.66 - 25.83\cot 60}{25.83}\right) = 60.03° \tag{13.28}$$

$$v_2 = \frac{v_{1m}}{\cos\alpha_2} = \frac{25.83}{\cos 60.03°} = 51.66\,[\text{m/s}] \tag{13.29}$$

$$v_{2u} = v_2\sin\alpha_2 = 51.66 \times \sin 60.03° = 44.74\,[\text{m/s}] \tag{13.30}$$

(d) 이때 축에서 발생하는 토크는 식 (5.101)과 같이 구할 수 있는데 입구와 출구의 지름은 날개의 바깥지름과 허브지름의 평균을 이용하면 식 (5.101)을 식 (13.31)과 같이 변경시켜 토크를 구할 수 있다.

$$\begin{aligned} T_{shaft} &= r_m(v_{2u} - v_{1u})\rho Q \\ &= \frac{(1.1 + 0.8)/2}{2}(44.74 - 14.92) \times 1.2 \times 11.55 = 196.32\,[\mathrm{N \cdot m}] \end{aligned} \tag{13.31}$$

동력은 (13.31)과 같이 구해진 토크에 각속도를 곱하면 식 (13.32)와 같이 구할 수 있다.

$$\dot{W} = T_{shaft}\omega = 196.32 \times 125.6 = 24{,}657.8\,[\mathrm{N \cdot m/s}] \cong 24.6\,[\mathrm{kW}] \tag{13.32}$$

고찰

- 축류형 유체기계에서 원주속도를 구할 때 입구지름과 출구지름을 평균내어 계산했다. [그림 13-5]에서 입구지름과 출구지름을 동일하게 나타냈지만 실제로는 다르다. 실제 상황에서는 각각의 지름을 반영해주면 된다.
- 유체기계에서는 케이싱과 베인의 날개 사이를 팁 간격Tip Clearance이라고 한다. 이 팁 간격이 작을수록 입구에서 출구로 유출되는 속도를 동압으로 전부 변경시킬 수 있다.
- 유량을 구하기 위해서는 구해진 속도삼각형으로부터 수직으로 유입되는 속도를 구한 후 면적을 구하면 된다. 그러나 토크를 구할 때 사용된 속도분포는 절대속도의 원주 방향 성분을 이용한 것이다.

SECTION 13.3

유체기계 성능특성

- ✔ 일반적인 원심펌프의 원리에 대해 알아본다.
- ✔ 펌프특성을 파악하기 위한 펌프성능곡선, 특성곡선에 대해 알아본다.
- ✔ 차원해석을 통해 비속도를 구하고, 비속도 개념을 정확히 이해한다.
- ✔ 유체기계 내의 손실을 제어하기 위한 임펠러 커팅, 회전수 제어에 대해 학습한다.

13.3.1 일반적인 펌프의 원리

유체기계의 일반적인 성능을 살펴보기 위해 원심펌프를 먼저 살펴보자. 원심펌프와 같은 유체기계는 **속도에너지를 제공함에 따라 고속으로 유체 입자들을 가속시켜 압력을 생산하는 장치**이다.

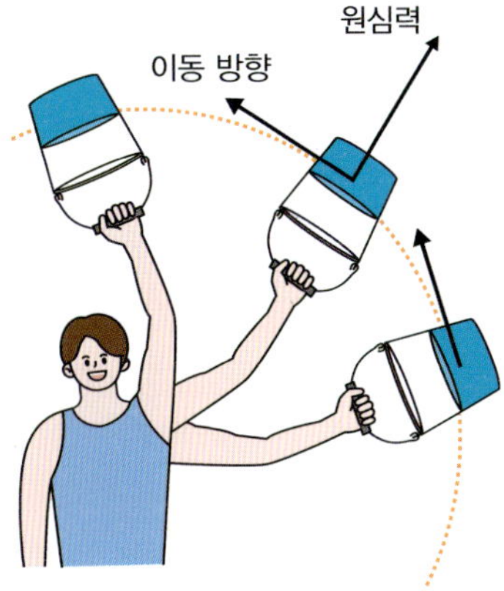

그림 13-8 원심력 실험

여기서 속도에너지란 물체속도가 다른 물체에 얼마나 영향을 미칠 수 있는지 표현하는 방법이다. 속도에너지(운동)의 수학적 의미는 움직이는 유체질량에 고속으로 움직이는 유체 입자의 속도를 곱한 것이다. 이와 같은 예로는 5.1.1절에서 배운 소방노즐과 같이 개방된 호스의 끝에서 방출되는 경우와 같다.

[그림 13-8]과 같이 원형 궤적에서 움직이는 물체를 고려해보자. 그림에서 보듯이 사람을 기준으로 원심력을 갖게 된다. 작은 구멍이 있는 플라스틱 컵이나 상자에 물을 채우고 끈을 묶어 돌려보자. 회전이 빠르면 빠를수록, 작은 구멍을 통해 많은 물이 빠져나갈 것이다. 즉 회전은 원심력으로부터 컵 속에 있는 물을 [그림 13-9]와 같이 펌프처럼 가압시킨다. 회전되고 있는 물체에 연관되는 힘인 원심력을 펌프에 적용해보면 회전되는 임펠러 날개에서 유체를 가압시키게 된다. 베인의 빠른 회전은 유체 입자를 반지름 방향으로 움직이게 해서 [그림 13-9]와 같이 토출시킨다.

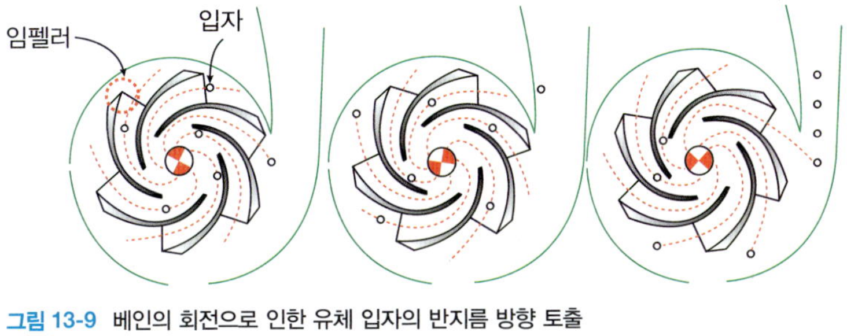

그림 13-9 베인의 회전으로 인한 유체 입자의 반지름 방향 토출

펌프 내 유체 입자는 [그림 13-9]와 같이 고속으로 임펠러의 끝에서 밀려 나가게 되고 토출 쪽으로 가까워진다. **에너지보존법칙에 따라 감소한 속도에너지는 압력에너지를 증가**시키게 된다. 언덕에서 자전거가 아래로 내려오면서 속도는 증가하고 위치에너지를 잃는 경우와 같다.

반면 압력은 [그림 13-8]과 같이 임펠러의 회전속도에 따라 발생된다. 회전속도가 일정하다면 펌프는 시스템의 특정 조건에 상응하는 압력을 토출시킬 것이다. 시스템 내 무엇인가가 변화해 유량이 감소했다면[7] 기계의 토출압은 증가될 것이다. 이는 펌프의 회전속도와는 상관이 없다. 펌프는 일정한 속도에 의해 움직이므로 속도에너지를 증가시키고, 증가된 속도에너지는 압력에너지, 즉 압력을 상승시키기 때문이다.

원심펌프는 [그림 13-10]에서 보는 바와 같이 유량-양정 특성곡선을 갖는다.[8] 이는 토출압력이 펌프를 통하여 유량에 따라 얼마나 변화할 수 있는지 보여준다. 예를 들어 유량이 130 [m^3/min]인 경우 펌프의 전양정은 15 [m]가 되고, 밸브교축으로 인한 유량 감소는 압력을 40 [m]까지 최대로 상승시킨다. [그림 13-10]의 관로저항곡선과 양정곡선이 교차하는 점이 운전점이다.[9]

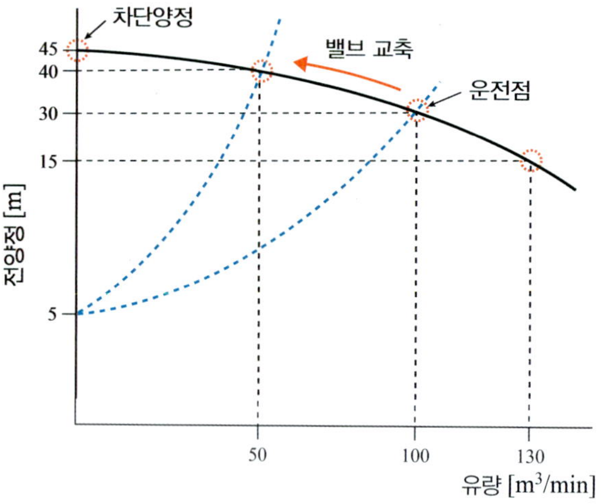

그림 13-10 일반적인 원심펌프 유량-양정 펌프성능곡선

13.3.2 펌프성능곡선과 특성곡선

펌프특성을 파악하려면 [그림 13-11], [그림 13-12]와 같은 펌프의 고유성능인 펌프성능곡선 또는 특성곡선을 보유해야 하고, 만약 이 곡선이 없다면 제조업체로부터 제공받아야 한다. [그림 13-11], [그림 13-12]와 같은 펌프특성곡선은 유량에 따른 양정, 동력 및 효율을 한 번에 나타낸 곡선인데 제조사에 따라 종류와 형식이 매우 다양하다. 이 곡선에서 축의 차원을 무차원으로 나타낼 수도 있다. 중요한 것은 펌프성능곡선의 세로축은 양정, 동력, 효율의 단위와 크기가 다름에도 불구하고 한 번에 나

7 예를 들어 일반적인 밸브 개도 조정의 경우가 있다.

8 비속도(Specific Number) *Ns*에 따라 다르다. [그림 13-11]은 일반적으로 *Ns*가 작은 원심펌프의 경우를 나타낸 것이다.

9 이에 대한 자세한 내용은 13.5절에서 다룬다.

타낼 수 있다는 것이다. 이와 같이 나타내야 유량의 변화에 따른 변수들의 경향Tendency을 살펴볼 수 있다. 또한 [그림 13-12]와 같이 임펠러 커팅Impeller Cutting과 회전수 변화에 따른 정보표현이 가능한 성능곡선도 있다.[10]

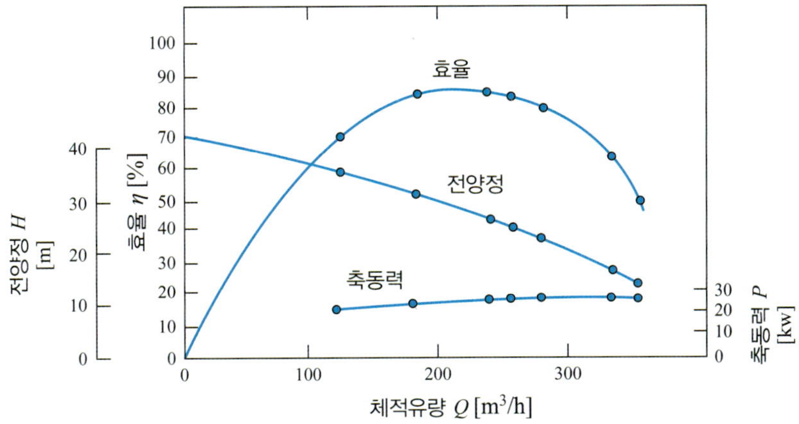

그림 13-11 일반적인 펌프성능곡선

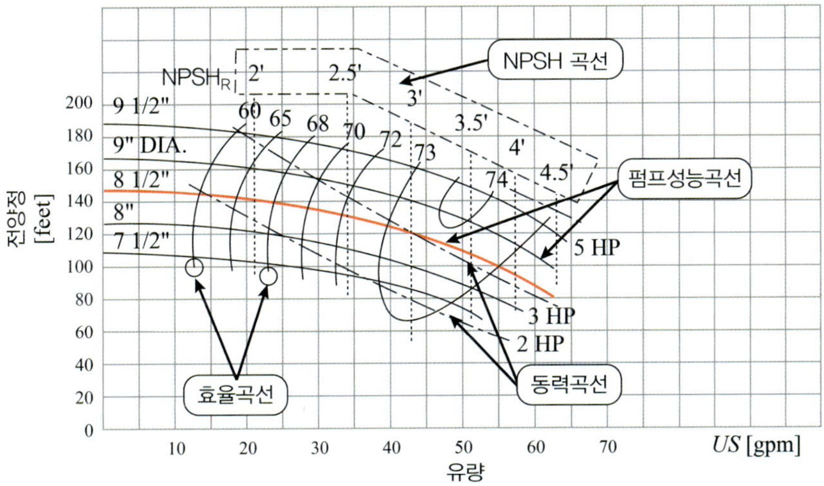

그림 13-12 임펠러 커팅과 회전수 변화에 따른 펌프성능곡선

즉 사용하는 특성곡선의 형식은 자유로우나 유량이 증가함에 따라 양정이 증가할 때 동력이 증가하는지 혹은 감소하는지, 더 나아가 어떤 상황에서 효율이 증감하는지 한눈에 볼 수 있도록 도시해야 한다. 이것은 펌프가 운전됐을 때 특성을 파악하는 기초적인 자료이다. 설계자나 펌프 선정자들은 가장 먼저 주어진 펌프에서 최고 효율점Best Efficient Point, BEP을 중심으로 특성곡선을 파악해야 한다. 펌프의 특성곡선에서 중요한 것은 유량과 양정에 대한 정보를 제공하는 것이다. 유량과 양정에 대해 파악할 때 중요한 세 가지 점Point이 있다.

10 US 단위를 사용하고 있는데 개념 설명에는 큰 지장이 없다.

① 차단점Shut-off Head

- 펌프가 수행할 수 있는 최대 양정 또는 유량이 0일 때의 양정이다.
- 원심펌프의 경우 최소 동력이 소비된다.[11]

② 최고 효율점

- 이 점에서 운전은 최고 효율을 나타낸다.
- 진동과 소음은 펌프의 정격운전을 의미한다.
- 명판에 기록된 운전점이다.

③ 최대 유량점

- 보통 최고 효율점인 시방점Specification Point의 120 [%] 유량점까지를 의미한다.
- 이 점을 넘어서 운전하면 안 된다.
- 이 점에서 운전되는 펌프는 캐비테이션 발생으로 심한 소음과 진동을 유발시킨다.
- 이 펌프는 이 점에서 최대 동력을 소비한다.

일반적으로 펌프특성곡선은 [그림 13-13]의 위쪽 그림에서 보이듯이 이 펌프의 비속도(베인 형태)에 따라 달라진다. 비속도가 적은 것은 양정이 크고 유량이 적기 때문에 베인 형태가 노즐식인 원심 형태이고, 비속도가 큰 경우는 양정이 적고 유량이 많으므로 프로펠러식의 축류 형태 펌프로 변화된다.

이는 설계 시 저유량-고양정, 대유량-저유량으로 적용될 분야에서 최고 효율을 얻기 위해 정확한 설계로 선택하면 된다. [그림 13-13]에서 보듯이 비속도는 펌프 설계에 큰 영향을 미친다. 비속도에 따른 효율을 예측[12]할 수 있으므로 일반적인 산업용 펌프를 제작하고 선정하는 데 있어 비속도에 따른 평균 효율을 적용한다. 비속도에 따라 양정곡선이 [그림 13-14]와 같이 정상Normal, 우상향Drooping, 평평한Flat 특성곡선을 가진다.

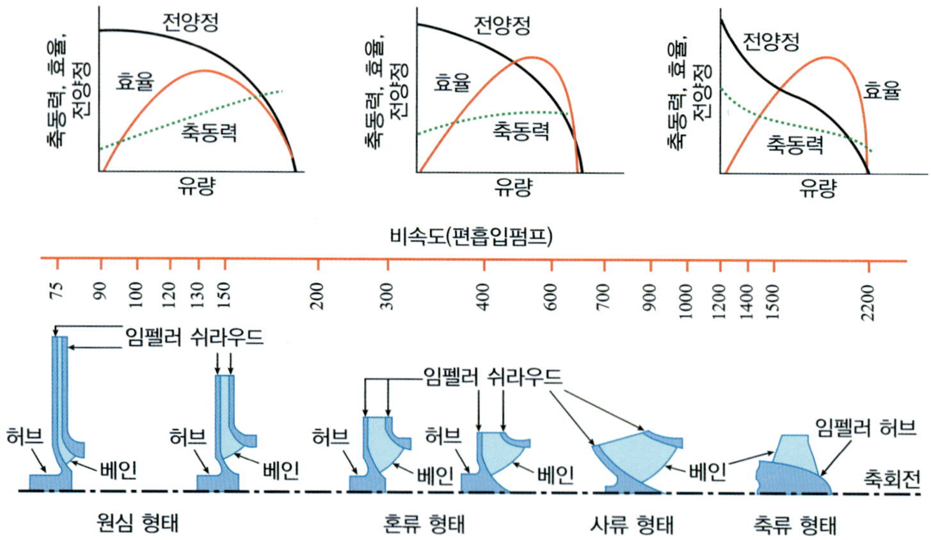

그림 13-13 펌프 베인 형태에 따른 성능곡선

11 축류(사류)펌프는 반대의 경향을 나타낸다.

12 비속도에 따른 효율은 전문서적과 13.3.6절을 참조하기 바란다.

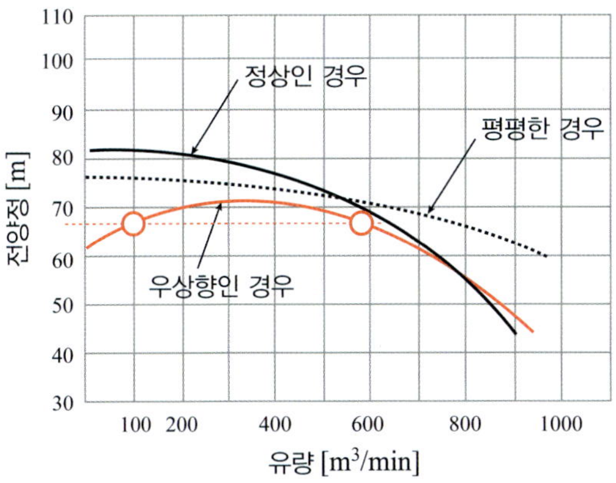

그림 13-14 펌프 베인 형태에 따른 성능곡선

- 정상적인 경향을 갖는 곡선
  - 경향 : 유량 증가 → 양정 감소
- 평평한 경향을 갖는 곡선 (유량 변화가 큰 경우)
  - 경향 : 유량 증가 → 양정 점차 감소
  - 펌프 운전 중에 유량이 크게 변화할 때에는 양정곡선의 경사가 완만한, 즉 유량 변동에 대해 양정 변화가 적은 원심펌프가 적합함
  - 가능한 한 양정의 변화를 적게 하면서 유량을 변화시키기 위해서는 유량-양정곡선의 기울기가 완만한 펌프형식이 유리함
- 급하강 경향을 갖는 곡선 (양정 변화가 큰 경우)
  - 차단점으로 갈 때 급하게 압력이 상승하는 경우 (저유량 영역 제외)
  - 펌프 운전 중에 양정의 변화가 크기 때문에 실양정 변화에 따라 유량 변화가 적은 혼류(사류) 또는 축류펌프가 적합함
  - 가능한 한 유량 변화를 적게 하면서 양정을 변화시키기 위해서는 유량-양정곡선의 기울기가 가파른 펌프형식이 유리함

이를 좀 더 정확히 살펴보기 위해 유량에 따른 양정, 축동력, 효율 변화를 무차원으로 [그림 13-15]와 같이 나타냈으며, 형식수[13]에 따라 펌프의 특징을 비교할 수 있다. [그림 13-15(a)]는 유량에 따른 전양정 변화를 나타냈는데, 형식수가 커지면서 BEP점보다 저유량 영역에서 전양정과 차단양정이 커짐을 알 수 있다.

[그림 13-15(b)]는 유량에 따른 축동력 변화인데 기동$_{Start}$할 때 축류식이 에너지가 많이 소모되고 원심식의 경우는 동력 소모가 적음을 알 수 있다. 펌프의 종류에 따라 다음과 같이 시작과 종료 방법이 반드시 선택되어야 한다. 원심펌프의 경우는 차단점에서 동력이 적게 소요되므로 차단점에서 운전하고 종료 시 밸브 개도를 다 잠그고 정지해야 하지만, 사류펌프나 축류펌프는 차단점에서 많은 동력이 소요되므로 밸브를 완전히 개방한 후 운전하는 것이 바람직하다.

13 형식수는 비속도와 유사한 개념이다.

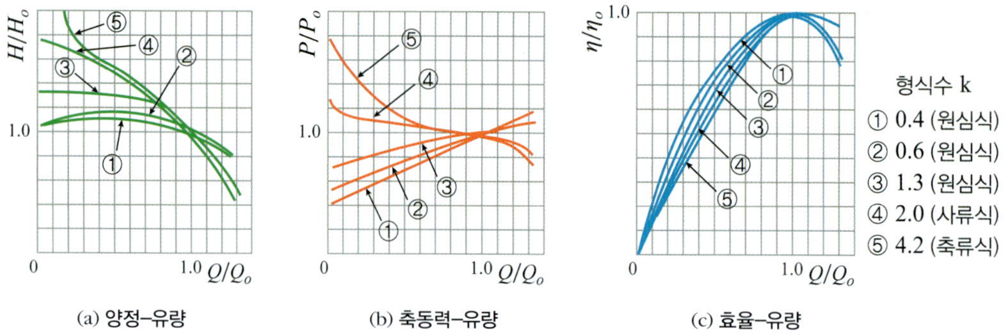

그림 13-15 비속도에 따른 성능곡선의 비교

[그림 13-15(c)]는 효율에 대해 비교한 것이다. 일반적으로 펌프는 정격 유량의 80 ~ 120 [%] 범위에서 운전되어야 하나, 이러한 범위는 펌프의 비속도에 따라 달라짐을 알 수 있다. 예를 들어 원심펌프의 경우에는 정격 유량점의 80 ~ 120 [%] 범위에서 최고 효율점의 변화는 거의 없으나, 축류펌프의 경우는 꼭짓점에서 효율이 급하게 변하는 양상을 가지는데 이는 운전범위가 매우 좁은 것을 의미한다.

13.3.3 차원해석

펌프 제조업체는 다양한 케이싱Casing과 임펠러를 보유하고 있으며, 다양한 펌프를 제작한다. 모든 치수의 제품을 확보하기는 어려우므로 모든 치수를 동일한 축척 비율로 늘리거나 줄이는 방식을 취해 공통 설계에서 다양한 크기의 펌프를 설계한다. 즉 원하는 제품의 특성곡선을 설계하기 위해 회전속도를 변경하거나 주어진 펌프 케이싱 내에서 임펠러 크기를 변경(임펠러 커팅)하는 방법을 채택하게 된다. 7장에서 다룬 차원해석을 통해 펌프 크기, 운전회전수 또는 임펠러 지름의 변화로 인한 성능 변화에 대한 무차원수를 예측할 수 있다.

유체기계의 종속변수 중 양정 H와 동력 P를 식 (13.33), 식 (13.34)와 같이 종속함수들로 정리하고, 버킹엄의 차원해석을 수행하면 식 (13.35), 식 (13.36)과 같은 무차원식을 얻게 된다.

$$H = gH = f(Q,\ \omega,\ D,\ \rho,\ \mu) \tag{13.33}$$

$$P = f(Q,\ \omega,\ D,\ \rho,\ \mu) \tag{13.34}$$

$$\frac{H}{\omega^2 D^2} = f_1\left(\frac{Q}{\omega D^3},\ \frac{\rho\omega D^2}{\mu}\right) \tag{13.35}$$

$$\frac{P}{\omega^3 D^5 \rho} = f_2\left(\frac{Q}{\omega D^3},\ \frac{\rho\omega D^2}{\mu}\right) \tag{13.36}$$

식 (13.35)와 식 (13.36)으로부터 식 (13.37)과 같이 효율Efficiency 관련 새로운 무차원수를 얻을 수 있다. 이때 펌프유동에서는 길이와 상대조도인 변수는 무시한다.

$$\eta = \frac{\rho g Q H}{P} = f_3\left(\frac{Q}{\omega D^3},\ \frac{\rho\omega D^2}{\mu},\ \frac{l}{D},\ \frac{\varepsilon}{D}\right) = f_3\left(\frac{Q}{\omega D^3},\ \frac{\rho\omega D^2}{\mu}\right) \tag{13.37}$$

$$C_H = \frac{H}{\omega^2 D^2} \quad : \text{헤드계수}_{\text{Head Coefficient}} \tag{13.38}$$

$$C_P = \frac{P}{\rho\omega^3 D^5} \quad : \text{동력계수}_{\text{Power Coefficient}} \tag{13.39}$$

$$C_Q = \frac{Q}{\omega D^3} \quad : \text{유동계수}_{\text{Flow Coefficient}} \tag{13.40}$$

식 (13.35) ~ 식 (13.37)의 세 가지 무차원수를 보면 모두 유동계수와 Re수의 함수임을 알 수 있다. 이 식들 안에 있는 무차원수를 식 (13.38) ~ 식 (13.40)과 같이 정리할 수 있고 각각 헤드계수, 동력계수, 유동계수라고 정의한다. 식 (13.38) ~ 식 (13.40)을 다시 유동계수로 표현하면 식 (13.41) ~ 식 (13.43)으로 정리할 수 있다.

$$\frac{gH}{\omega^2 D^2} = \phi_1\left(\frac{Q}{\omega D^3}\right) \tag{13.41}$$

$$\frac{P}{\rho\omega^3 D^5} = \phi_2\left(\frac{Q}{\omega D^3}\right) \tag{13.42}$$

$$\eta = \phi_3\left(\frac{Q}{\omega D^3}\right) \tag{13.43}$$

식 (13.35) ~ 식 (13.37)과 같은 **상사법칙이 만족된다면 상사한 펌프는 원형과 동일한 특성을 나타낸다.** 이를 원형Prototype과 모델Model의 특성을 비교하기 위해 식 (13.44) ~ 식 (13.47)로 나타낼 수 있으며 이를 **스케일 관계의 펌프 법칙 또는 팬 법칙**이라 한다.

$$\left(\frac{Q}{\omega D^3}\right)_m = \left(\frac{Q}{\omega D^3}\right)_p \tag{13.44}$$

$$\left(\frac{gH}{\omega^2 D^2}\right)_m = \left(\frac{gH}{\omega^2 D^2}\right)_p \tag{13.45}$$

$$\left(\frac{P}{\rho\omega^3 D^5}\right)_m = \left(\frac{P}{\rho\omega^3 D^5}\right)_p \tag{13.46}$$

$$\eta_m = \eta_p \tag{13.47}$$

13.3.4 단위유량과 단위양정의 에너지 변환

식 (13.40) ~ 식 (13.42)의 무차원수는 현장에서 주로 사용하지 않고, 세 가지 무차원수를 식 (13.48)과 같이 하나의 수식으로 정리해 사용하는데 이를 비속도 또는 비교회전도Specific Number N_s라고 한다. 식 (13.40) ~ 식 (13.42)에서는 회전수의 단위로 [rad/s]를 이용했지만, 비속도에서는 회전수의 단위로 [rpm]을 많이 사용한다.

$$N_s = \frac{N\sqrt{Q}}{H^{3/4}} \text{ : 비속도, 비교회전도} \tag{13.48}$$

(N : 회전속도 [rpm], Q : 토출량 [m^3/min][14], H : 전양정 [m][15])

유체기계에서 **비속도를 정확히 이해하기란 매우 어렵다.** 이를 반대로 말하면 비속도를 이해할 수 있다면 유체기계도 어느 정도 알 수 있다는 것이다. 예를 들어 설명해보자. 우리가 물건을 살 때, 모양과 크기를 보거나 정보를 들으면 물건의 특성을 짐작할 수 있다. 즉 자동차를 고를 때 '1500 cc 아반테'나 '1800 cc 소나타', '3800 cc 에쿠스'라고 한다면 우리는 어떤 특성을 가진 자동차인지 짐작할 수 있다. 자동차에서 말하는 1500 cc, 1800 cc, 3800 cc는 엔진의 배기량으로 곧 자동차의 크기를 나타낸다. 즉 cc라는 용어를 자동차 관련 상황에서 들으면 차의 성능이나 특징 등이 머리에 떠오르게 된다.

펌프에서는 어떨까? 자동차의 개념과 같지는 않지만, 펌프에서 대표적인 변수는 '토출량'과 '전양정'이라 할 수 있다. 토출량과 전양정은 어느 한쪽만으로는 부족하고 반드시 두 용어가 같이 사용되어야 하며 펌프에서도 자동차 브랜드와 같이 펌프특성을 한 단어로 표현할 수 있는데, 이것이 식 (13.48)과 같은 비속도이다. **비속도**는 펌프성능에 관해 상사법칙 및 차원해석에 따라 결정된 무차원수로서, **임펠러의 설계 및 펌프형식 분류의 기본**이 된다.

예를 들어 **1 [m^3/min]의 유량을 전양정 1 [m]**만큼 올리기 위해 여러 가지의 펌프를 적용할 수 있다. 즉 유량과 양정을 고정했을 경우, 회전수에 따라 적용할 수 있는 펌프는 [그림 13-16]과 같이 여러 가지가 될 수 있고, 회전수에 따라 펌프의 특성은 확연하게 달라질 수밖에 없다. 펌프에 있어 **회전수는 펌프의 특성을 나타내는 매우 중요한 인자이고 비속도를 변화시키는 변수**이다.

즉 **단위유량(1 [m^3/min])과 단위양정(1 [m])의 에너지 변환을 발생시킬 때 소요되는 분당 회전속도를 해당 펌프의 비속도**라고 할 수 있다. 결론적으로 펌프에서 비속도가 바뀌면 [그림 13-13]과 같이 임펠러의 형상이 달라지고, 펌프의 모양과 펌프형식도 원심펌프, 사류펌프 및 축류펌프 등으로 달라진다는 사실을 인지해야 한다. 비속도가 달라지면 아래와 같은 시방에 따라 어떠한 형태의 임펠러가 설계되는지 알아보자.

$$\text{토출량 : } Q = 1\,[\mathrm{m^3/min}]\text{ , 전양정 : } H = 1\,[\mathrm{m}]$$

[그림 13-16]은 위의 시방을 근거로 설계된 다섯 가지의 임펠러 형태를 나타낸 것이다. 즉 회전속도 100 [rpm]($N_s = 100$)에서 200 [rpm], 400 [rpm], 800 [rpm], 1,600 [rpm]($N_s = 1{,}600$)까지 다섯 종류의 임펠러로 설계할 수 있다. 이 다섯 종류 모두 각각의 회전속도에서 $Q = 1\,[\mathrm{m^3/min}]$의 물을 $H = 1$ [m]만큼 토출한다.

[그림 13-16]에서 보듯이, 동일한 시방을 만족하기 위해 N_s가 클수록 펌프는 고속회전해야 하고, 소형이어야 한다.

---

14 양흡입 펌프일 때 토출량의 1/2로 한다.

15 다단 펌프일 때 각 단의 H/n로 한다.

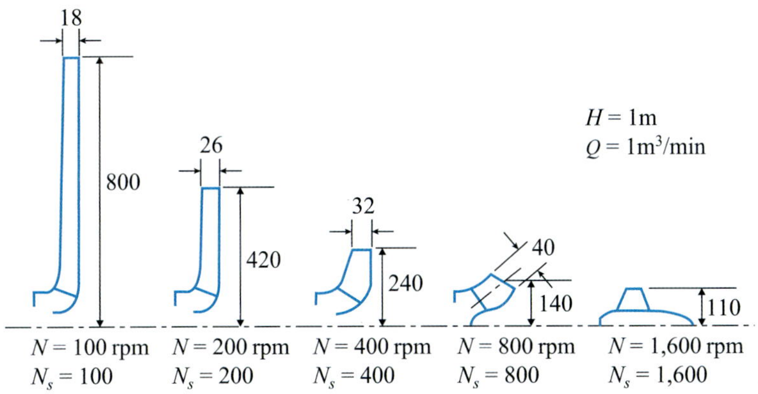

그림 13-16 단위유량(1 [m^3/min])과 단위양정(1 [m])을 근거로 설계된 다섯 가지의 임펠러

N_s에 따라 아래와 같이 분류되며, 특성은 [그림 13-13]과 같다. 또한 **N_s가 같으면 임펠러의 형상은 전부 비슷하며 펌프의 크기에 따라 임펠러의 크기도 달라진다.**

- $N_s = 100 \sim 400$ (원심 형태)
- $N_s = 800 \sim 1{,}200$ (혼류 형태 또는 사류 형태)
- $N_s = 1{,}600 \sim 3{,}400$ (축류 형태)

비속도는 통상 최고 효율점을 기준으로 언급되며, 비속도가 유사한 펌프에서는 크기나 회전속도와 상관없이 일정하다. 이로부터 펌프형상이 비슷한 것, 즉 **동일한 N_s의 펌프는 전양정이 높아지면 회전속도를 빠르게 해야 함을 의미한다. 그만큼 펌프의 크기는 작아져야 한다.**

Think_02

펌프 효율은 N_s에 따라 달라진다. N_s가 $250 \sim 400$ 범위에서 높은 펌프 효율을 보이는데, 해당 설계 시 계산된 N_s가 250 이하이거나 1,000 이상이면 효율은 떨어질 것이다. 설계 시 효율을 높게 설계해야 한다면 [그림 13-16]과 관련해 무엇을 어떻게 변경해야 할지 생각해보자.

일반적으로 펌프의 회전속도는 원동기(전동기나 엔진)와 직결되므로 이미 원동기에 따라 결정되고, 실제 현장에서는 모터의 극수를 바꾸거나 벨트 풀리로 회전수를 맞추며 조정한다. 보통 수차의 경우에는 식 (13.49)와 같은 비속도를 사용한다.

$$N_s = \frac{N\sqrt{P}}{H^{5/4}} \tag{13.49}$$

우리는 비속도 N_s를 무차원수라고 배워왔다. **실제적으로 살펴보면 무차원이 아니기 때문에** 동일한 임펠러에서도 [표 13-4]와 같이 사용단위에 따라 N_s값이 다르다. 보통 국내에서는 [m^3/min, m, rpm]을 주로 사용한다. 이때의 비속도의 단위를 다르게 사용할 때는 식 (13.50)과 같이 $n_s{}'$이라 하여 [표 13-4]와 같이 환산계수 ε를 곱해주면 된다.

$$n_s' = \varepsilon n_s [\mathrm{m^3/min,\ m,\ rpm}] \tag{13.50}$$

표 13-4 사용단위에 따라 변경되는 비속도 n_s'에 따른 환산계수

n_s'의 단위	ε
[m³/min], [m], [rpm]	0.129
[ℓ/s], [m], [rpm]	4.08
[ft³/min], [ft], [rpm]	2.44
[ft³/s], [ft], [rpm]	0.314
[US gal/min], [ft], [rpm]	6.67
[Imperial gal/min], [ft], [rpm]	6.09

Think_03

[표 13-4]를 보면 비속도는 무차원수가 아닌 것을 알 수 있다. 그렇다면 왜 무차원수라고 정의하는지 생각해보자.

13.3.5 손실과 효율

일정한 속도로 시험된 원심펌프에서 유량 변화에 따른 양정곡선은 [그림 13-11], [그림 13-12]와 같이 유량 증가에 따라 포물선의 형태로 감소하지만, 이상적인 상태에서는 선형적으로 감소(식 (13.3))한다. 이렇게 실제 펌프에서 양정이나 효율이 감소하는 경향이 이상적인 상태와 다른 이유는 [그림 13-17]과 같이 세 가지 손실이 발생하기 때문이다.

① 재순환Recirculation현상 : 매우 낮은 유량일 때 임펠러에서 발생함
② 마찰손실과 누설손실 : 유량에 따라 증가함
③ 충돌손실 : 상대속도의 방향과 입구의 임펠러 날개에 대한 접선 사이의 불일치로 인해 발생함

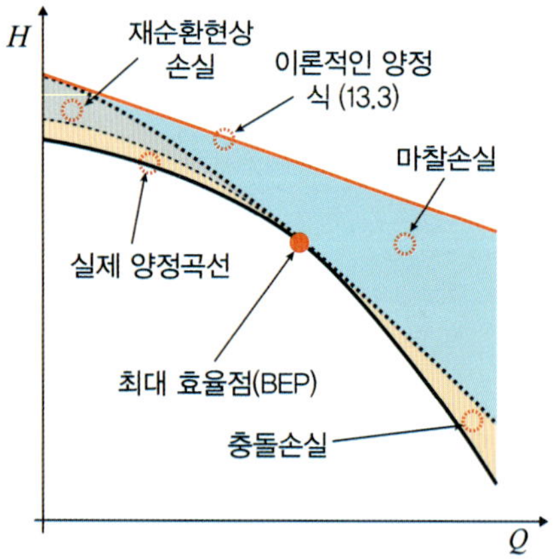

그림 13-17 펌프에서 발생되는 손실의 원인과 종류

최고 효율점을 기준으로 유량이 적을 때는 마찰손실보다는 [그림 13-18]과 같이 발생된 재순환현상에 영향을 많이 받아 압력 손실이 발생해 양정이 감소한다. 특히 유량이 적은 영역에서 발생하는 재순환현상은 비속도가 적은 펌프에서 많이 발생한다. 이러한 현상은 [그림 13-14(a)]의 양정-유량 관련 그래프에서 보면 N_s가 커지면서 저유량의 양정곡선이 커지고 우상향현상이 없어지게 된다. 유량이 커질 때는 대부분의 손실이 마찰손실 때문에 발생한다. 마찰손실은 이론적으로 임펠러 표면의 마찰에 의한 손실 증가를 의미한다. 이를 감소하기 위해 손실을 저감할 수 있는 익형으로 설계해야 하고, 이렇게 하면 충돌손실도 감소시킬 수 있다.

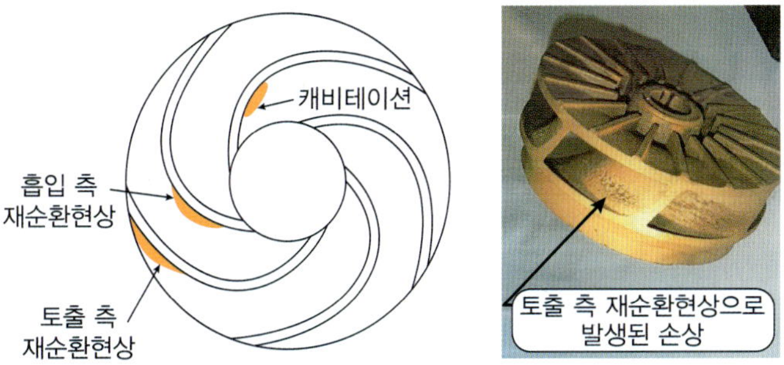

(a) 흡입 측 (b) 토출 측

그림 13-18 재순환현상으로 인한 펌프 임펠러 손상

또한 [그림 13-19]와 같이 표면조도를 감소시키는 가공 방법을 채택해 마찰손실을 저감할 수 있다. 이는 20년 전부터 도입된 방법으로 임펠러나 케이싱 내부를 코팅해 마찰을 줄여주고 있다. 모래Sand나 유사Sediment가 유입되는 등 마모가 심한 환경에서 사용되는 경우가 많아져 점점 사용처가 늘어나고 있는 추세이다.

이 방법은 마찰손실을 줄여줌으로써 양정이나 유량 및 효율을 개선시켜 임펠러를 오래 사용할 수 있다는 장점이 있지만, 감소된 마찰만큼 유량의 과대 증가로 인한 특성곡선이 우측으로 상승하면서 캐비테이션을 발생시킬 수 있고 코팅 제작경비가 추가되기 때문에 신중히 선택해야 한다.

(a) 코팅 전 (b) 코팅 후

그림 13-19 코팅에 대한 개념

13.3.6 손실해석

미국의 터보기계류 관련 에너지 시장은 연간 4,000억 달러이다. 원심펌프는 전체 에너지의 5 [%]를 차지하고 있고, 여기서 1 [%]만 절감해도 원가를 크게 줄일 수 있다. 이러한 손실을 효율의 관점에서 해석하는 것이 [그림 13-20]과 같은 손실해석$_{\text{Loss Analysis}}$이다.

[그림 13-20(a)]는 펌프, [그림 13-20(b)]는 수차에 대한 선진 연구자의 손실해석 관련 자료이다.

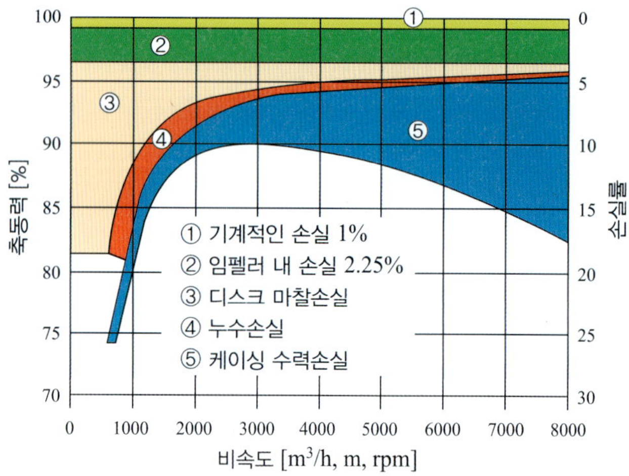

(a) 펌프

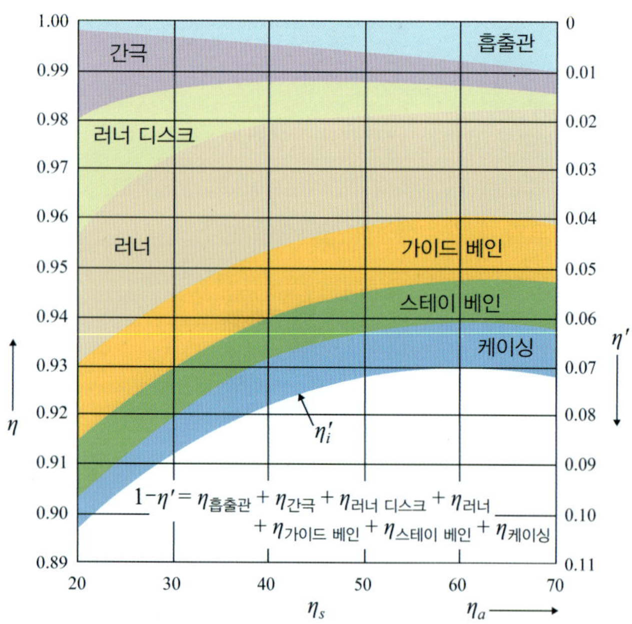

(b) 수차

그림 13-20 손실과 효율의 개념

기본적으로 전동기로 입력되는 에너지로부터 유체기계인 펌프에 의해 전부 유체에너지로 변환됐다면 [그림 13-20]에서 보듯이 100 [%]의 효율을 갖게 된다. 그러나 기계의 상대 운동으로부터 기계손실 Mechanical Efficiency η_m이 발생하므로 이에 대한 손실을 고려해야 한다. 즉 상대 운동의 원리를 변경시킨다면 기계적 손실을 줄여줄 수 있다.

또한 여기에는 [그림 13-17]에서 발생되는 임펠러 형상과 마찰에 의한 손실 η_e, 그리고 케이싱과 입구에 의한 손실 η_c가 발생하고, 여기에 누설손실 η_v를 고려한다면 식 (13.51)과 같이 펌프효율을 계산할 수 있게 된다. 식 (13.51)의 펌프에 입력되는 전력은 축동력Shaft Power L_s로 사용한다. 식 (13.51)에서 중요한 것은 [그림 13-20]에서 언급된 효율 등을 곱으로 표현했다는 것이다. 기본적으로 펌프효율은 100 [%]가 될 수 없으나, 임펠러에 대한 손실, 케이싱과 입구 관련 손실, 누설손실 등을 줄여준다면 유체기계의 효율을 증가시킬 수 있다는 것을 의미한다.

$$\eta_p = \frac{\rho g Q H}{P} = \frac{\gamma Q H}{L_s} = \eta_m \cdot \eta_e \cdot \eta_c \cdot \eta_v \tag{13.51}$$

이러한 손실 개념은 펌프뿐만 아니라 [그림 13-20(b)]와 같은 프란시스 수차에서도 볼 수 있는데 비속도에 따라 각 부품에서 해당하는 손실에 대한 양을 나타낸 것이다. 이들 부품, 즉 케이싱Spiral Casing, 스테이 베인Stay Vane, 가이드 베인Guide Vanes, 간극Gaps, 흡출관Draft Tube은 각각 약 1 [%]의 전후 손실량을 나타내고 있다. 반면에 러너Runner는 2 ~ 3 [%]의 손실량을 가지고 있다. 즉 [그림 13-20(b)]는 비속도에 따라 최고로 환산할 수 있는 효율의 90 [%] 전후를 나타내고 있다. 이는 또한 현재 사용하는 펌프효율이 비속도에 따라 제시된 [그림 13-21]의 효율보다 낮다면 효율을 상승시킬 수 있는 여지가 있다는 것을 의미한다. [그림 13-21]의 스테파노프Stepanoff 선도는 1990년도의 데이터이므로 2023년 현재 발전된 CFD 기술과 제작기술을 이용한다면 효율을 좀 더 증가시킬 수 있을 것이다.

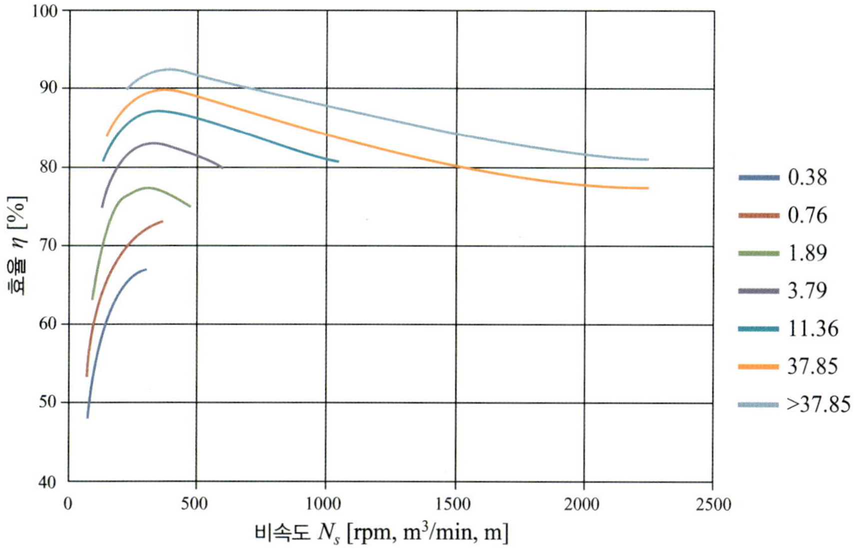

그림 13-21 비속도에 따른 각종 펌프의 효율

13.3.7 임펠러 커팅 또는 회전수 제어

펌프 회사나 설계 회사에서는 유지보수 관리Operating and Maintenance, O&M 비용을 줄이기 위해 여러 개의 다른 임펠러를 사용할 수 있도록 펌프의 케이싱을 제작한다. [그림 13-22]와 같이 다양한 운전조건에 따라 주어진 원심펌프 임펠러의 외경(D_2)을 변화시킴으로써 원하는 다른 설계시방을 충족시킨다. 이를 임펠러 커팅이라 한다. 임펠러 커팅을 하면 [그림 13-22]에서 보듯이 지름이 감소한 만큼 파란 화살표 방향으로 유량과 양정이 감소한다.

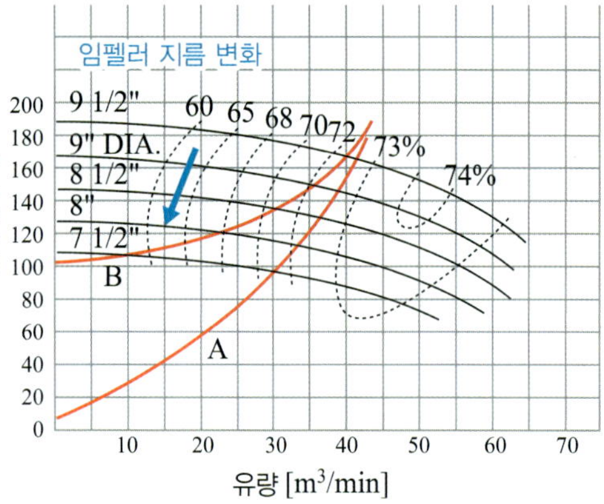

그림 13-22 유량에 따른 전양정의 변화, 임펠러 지름에 따른 성능곡선

임펠러 커팅 방법 외에도 인버터Invertor나 유체커플링Fluid Coupling을 이용한 회전수 제어를 통해 운전조건을 변경할 수 있다.[16] [그림 13-22]에서는 손실양정에 비해 높은 실양정을 갖는 시스템 B와, 실양정에 비해 큰 손실양정을 갖는 시스템 A를 보여주고 있다. 시스템 A는 모든 임펠러 지름의 변화에도 교차점들이 발생하고 있음을 알 수 있지만, 시스템 B는 모든 임펠러 지름의 변화 시 상사법칙을 만족시키지 못함을 알 수 있다. 예를 들어 임펠러 지름을 $9\frac{1}{2}''$에서 $7\frac{1}{2}''$로 감소시켰을 때 펌프는 펌핑할 수 없다. 여기서 **펌핑하지 못한다**는 것은 **관로저항곡선과 양정곡선의 교차점이 없거나 효율이 낮게 운전된다는 것**을 의미한다.[17]

따라서 펌프 임펠러 지름을 10 ~ 20 [%] 범위 안에서 변화시켜야 한다. 또한 그 범위를 넘겨 커팅을 하면 펌핑되지 않고, 임펠러 지름을 무턱대고 많이 잘라내면 압송할 수 없는 상황이 벌어지므로 주의해야 한다.

실제로 임펠러를 10 [%] 커팅 또는 회전수를 10 [%] 감소시켰을 때 양정이 10 [%]만큼 감소할 것이라 생각하지만 그렇지 않다. 정확한 감소량을 계산하기 위해서는 식 (13.52)를 이용해야 한다. 상사법칙은 오일러의 방정식을 고려해야 하고 임펠러 커팅 이전과 이후의 출구 속도삼각형이 동일하다는 전제조건을 만족해야 한다. 즉 임펠러 커팅 이전과 이후의 속도삼각형이 같다면 식 (13.52)와 같이 유

16 회전수 제어에 대한 자세한 내용은 전문 서적을 참조하기 바란다.

17 이렇게 상사법칙을 적용했지만 현장에서의 조건을 만족시키지 못하는 경우가 비일비재하게 발생한다.

량, 양정, 동력은 각각 회전수비 그리고 지름비의 3승, 2승, 5승에 비례하게 된다.

$$\frac{Q_1}{Q_2} = \frac{n_1}{n_2}\frac{D_1^3}{D_2^3},\quad \frac{H_1}{H_2} = \frac{n_1^2}{n_2^2}\frac{D_1^2}{D_2^2},\quad \frac{P_1}{P_2} = \frac{n_1^3}{n_2^3}\frac{D_1^5}{D_2^5} \tag{13.52}$$

식 (13.52)는 동일한 지름의 같은 펌프에서 회전속도가 다른 경우 또는 동일한 회전속도에서 임펠러의 지름이 다른 경우에도 적용할 수 있다. 이런 상사법칙은 펌프의 유량이나 전양정이 현재 시방보다 클 때 요구된 지름 변화를 예측하는 데에도 유용하다. 또한 다른 유량과 전양정을 만족시키는 회전속도의 변화를 예측할 수도 있다.

시스템의 실양정과 비교해, 낮은 손실양정을 갖는 시스템에서는 이러한 상사법칙이 잘 적용되지 않을 수 있으므로 주의하자. [그림 13-22]에는 곡선 A와 곡선 B가 있는데 이 곡선을 **관로저항곡선**이라 하며, **손실이 많으면 가파른 포물선을 나타낸다.** 이때 **관로저항곡선과 양정곡선의 교차점이 운전점**이 된다.

■ 동일한 회전수일 때 지름 변화에 따른 양정 변화

예를 들어 지름이 250 [mm]의 임펠러가 1,800 [rpm]으로 회전하는 펌프를 가정해보자. 만약 회전수가 1,800 [rpm]으로 동일할 때 임펠러의 지름이 250 [mm]에서 200 [mm]로 감소했다면, 양정은 식 (13.53)에서 보듯이 기존 펌프에서 0.64배만큼 감소하게 된다. 지름을 20 [%] 줄인 만큼 양정도 20 [%]가 줄어드는 것은 아님을 알 수 있다. 양정은 지름비의 제곱에 비례하기 때문이다. 만약 동일한 회전수에서 임펠러 지름이 300 [mm]로 120 [%] 증가했다면, 양정도 120 [%] 증가할까? 아니다. 식 (13.54)에서 보듯이 양정은 기존 펌프보다 144 [%] 증가함을 알 수 있다.

$$H_1 = \frac{n_1^2}{n_2^2}\frac{D_1^2}{D_2^2}H_2 = \frac{1,800^2}{1,800^2}\frac{200^2}{250^2}H_2 = \frac{4,000}{6,250}H_2 = 0.64H_2 \tag{13.53}$$

$$H_1 = \frac{n_1^2}{n_2^2}\frac{D_1^2}{D_2^2}H_2 = \frac{1,800^2}{1,800^2}\frac{30^2}{25^2}H_2 = \frac{9,000}{6,250}H_2 = 1.44H_2 \tag{13.54}$$

■ 회전수가 다를 때 지름 변화에 따른 양정 변화

만약 지름이 250 [mm]인 임펠러를 갖는 펌프가 1,800 [rpm]에서 3,600 [rpm]으로 증속됐다면 회전수 변화로 인해 식 (13.55)와 같이 기존 펌프양정에 4를 곱해야 한다.

$$H_1 = \frac{n_1^2}{n_2^2}\frac{D_1^2}{D_2^2}H_2 = \frac{3,600^2}{1,800^2}\frac{250^2}{250^2}H_2 = 4H_2 \tag{13.55}$$

하나 이상의 임펠러가 설치된 다단펌프 내의 총 임펠러 수에 의한 양정값은 1개 임펠러에 대해 양정을 단순히 곱하면 된다. 그렇다면 3단일 때 지름이 250 [mm]인 임펠러로 3,600 [rpm]의 회전에 대해 12(4×3)배의 양정을 쉽게 계산할 수 있다.

만약 회전수가 1,800 [rpm] 이하로 감소된다면 어떤 변화가 일어나는가? 이때에도 같은 규칙이 적용되어야 한다. 이에 따라 900 [rpm]으로 회전하는 지름이 동일한 임펠러는 회전수 1,800 [rpm]의 오직 1/4만큼의 양정을 토출하게 된다.

Think_04

상사법칙을 적용할 수 있는 범위는 어디까지인지 생각해보자. 즉 식 (13.52)에서와 같이 회전수와 바깥지름 모두 변경되는 경우에도 상사법칙을 적용할 수 있는지 생각해보자.

예제 13-3 실험자료로부터 펌프특성곡선 구하기

[그림 13-23]과 같이 1,750 [rpm]로 회전하는 원심펌프를 실험한 결과는 [표 13-5]와 같다. [그림 13-23]의 원심펌프 흡입관과 토출관 지름은 모두 150 [mm]이다. 이때 모터는 440 [V], 3상이며, 역률 Power Factor은 0.95, 모터 효율은 0.90 [%]이다. 이때 최고 효율점에서 비속도를 구하라.

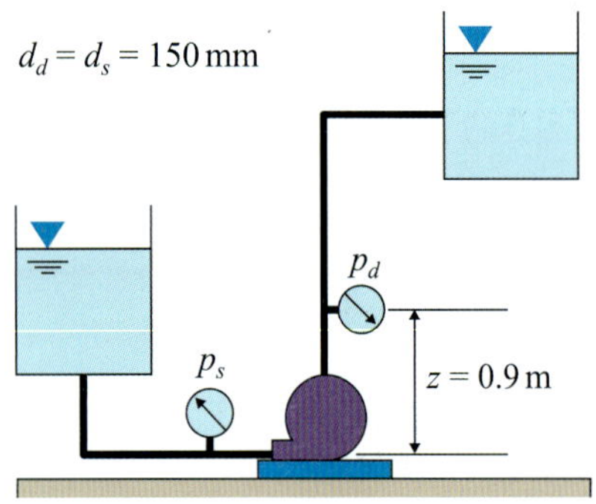

그림 13-23 압상 펌프 시스템

표 13-5 측정된 실험자료

유량 [m³/min]	흡입압력 [kPa]	토출압력 [kPa]	모터전류 [amp]
0.00	25	360	14.95
1.00	24	350	20.7
2.00	22	320	24.15
3.00	20	280	26.45
4.00	18	260	28.75
5.00	15	225	31.05
6.00	12	180	33.35

분석

- [그림 13-23]과 같이 압상되는(흡입탱크가 펌프의 기준보다 높은 곳에 있는) 펌프 시스템에서 구해진 실험 결과로부터 펌프성능을 평가하는 문제이다.
- 전양정은 식 (5.122)를 사용해서 구하고 손실은 고려하지 않는다. 이는 펌프 시스템의 개념을 파악하기 위함이다. 손실을 고려한다면 전양정은 실제 계산된 것보다 조금 더 커지는데 손실만큼 에너지가 더 필요하기 때문이다.
- 시스템의 전양정을 구할 때 흡입과 토출의 배관 사이즈를 동일하게 간주했기 때문에 속도에너지항이 삭제되고, 유량을 구하지 않아도 된다는 장점이 있다.

풀이

- 가장 먼저 구해야 할 변수는 전양정이다. 전양정은 식 (5.122)의 우변 괄호 내의 항인데 이 중 속도에너지를 무시했으므로 식 (13.56)과 같이 구하면 된다.

$$gH = \left(\frac{p}{\rho} + gz\right)_2 - \left(\frac{p}{\rho} + gz\right)_1 \tag{13.56}$$

• [그림 13-23]에서 압력계의 위치가 0.9 [m]로 주어졌기 때문에 이를 대입하고, 흡입과 토출압력은 [표 13-5]의 값을 식 (13.56)에 대입해 계산하면 된다. [표 13-5]에서 압력 단위가 [kPa]로 주어졌으므로 [m]로 환산해주면 된다. 유량이 5.0 [m³/min]일 때 전양정을 구하면 식 (13.57)과 같다.

$$H = \left(\frac{p}{\rho g} + z\right)_d - \left(\frac{p}{\rho g} + z\right)_s = \frac{(225 - 15) \times 1{,}000}{9{,}800} + 0.9 = 22.33\,[\mathrm{m}] \tag{13.57}$$

• 한정된 지면상 나머지 양정 계산은 [표 13-6]을 참조하자.

표 13-6 계산된 펌프특성

유량 [m³/min]	유량 [m³/s]	전양정 [m]	수동력 [kW]	축동력 [kW]	효율 [%]
0.00	0.000	35.08	0.00	9.74	0.0
1.00	0.017	34.17	5.58	13.49	41.4
2.00	0.033	31.31	10.23	15.74	65.0
3.00	0.050	27.43	13.44	17.23	78.0
4.00	0.067	25.59	16.72	18.73	89.3
5.00	0.083	22.33	18.24	20.23	90.1
6.00	0.100	18.04	17.68	21.73	81.4

• 수동력은 식 (5.122)를 이용해 구하면 된다. 유량이 5.0 [m³/min]일 때 동력을 식 (13.58), 식 (13.59)와 같이 구해보자. 유량을 구할 때는 초당 체적으로 계산해야 한다.

$$-\dot{W}_{shaft} = \left[\left(\frac{p}{\rho} + \frac{V^2}{2} + gz\right)_2 - \left(\frac{p}{\rho} + \frac{V^2}{2} + gz\right)_1\right]\dot{m} = L_w = \rho g H Q \tag{13.58}$$

$$L_w = 1{,}000 \times 9.8 \times 22.33 \times (5.0/60) = 18.24\,[\mathrm{kW}] \tag{13.59}$$

• 축동력은 전기로부터 모터가 행해진 동력이므로 유량이 5.0 [m³/min]일 때 식 (13.60)과 같이 구할 수 있고, 나머지 동력의 계산은 [표 13-6]을 참조하자.

$$L_s = \frac{\sqrt{3}\,VI \cdot p_f \cdot \eta_{motor}}{1{,}000} = \frac{\sqrt{3} \times 440 \times 31.05 \times 0.95 \times 0.90}{1{,}000} = 20.23\,[\mathrm{kW}] \tag{13.60}$$

• 식 (13.59)와 식 (13.60)을 이용해 효율을 식 (13.61)과 같이 구할 수 있다.

$$\eta_p = \frac{L_w}{L_s} = \frac{18.24}{20.23} = 90.1\,[\%] \tag{13.61}$$

• 나머지 유량에 대한 전양정, 수동력, 효율을 구하면 [표 13-6]과 같다. 이는 엑셀로 구해보자.
• 최고 효율인 90.1 [%]일 때 비속도를 식 (13.62)와 같이 구할 수 있다. 비속도를 구할 때 유량단위는 [m³/min]을 가장 많이 사용하기 때문에 식 (13.62)에서와 같이 유량을 5.0 [m³/min]으로 적용하는 것이 타당하다.

$$N_s = \frac{N\sqrt{Q}}{H^{3/4}} = \frac{1,750\sqrt{5.0}}{22.33^{3/4}} = 381 \tag{13.62}$$

• 이에 대한 펌프성능곡선은 [그림 13-24]와 같이 구할 수 있다.

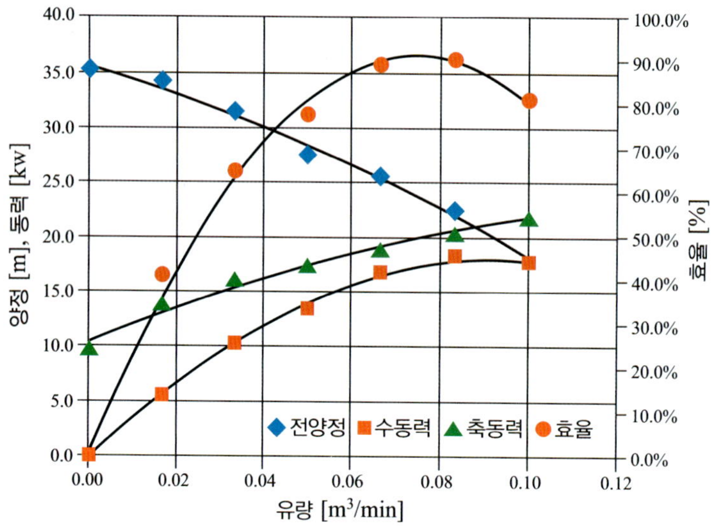

그림 13-24 주어진 펌프 시스템에서 구해진 펌프특성곡선

고찰

• 흡토출 배관내 지름이 동일하게 주어졌으므로 식 (5.122)의 속도에너지항 ($V^2/2$)은 동일하다. 따라서 유량 및 배관내 속도를 구할 필요가 없다. 만일 배관이 다르면 속도에너지를 고려해야 하고, 여기에 손실을 고려한다면 [표 13-6]에서 구한 전양정보다 증가하게 된다.

• 보통 펌프 시스템은 [그림 13-25]와 같이 흡상, 압상, 탱크 이용 시스템 이렇게 세 가지로 구분된다. [그림 13-25(a)]의 흡상 시스템은 하천에서 많이 볼 수 있는 시스템으로 이때 흡입압력계 p_s에서의 압력은 음(−)의 값을 갖는다. [그림 13-25(b)]의 압상 시스템에서의 p_s는 양(+)의 값을 가진다.

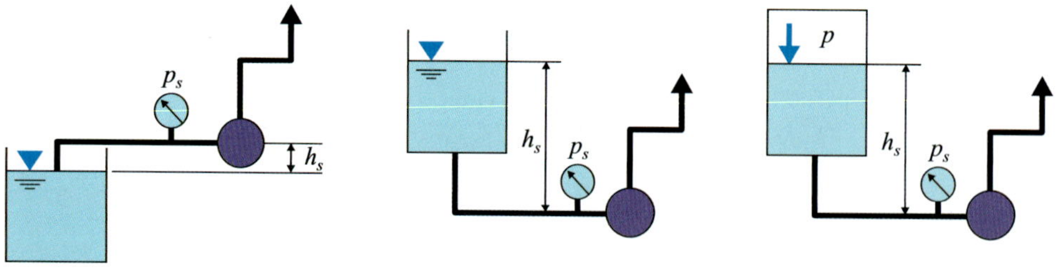

(a) 흡상 시스템 (b) 압상 시스템 (c) 탱크를 이용한 압상 시스템

그림 13-25 여러 가지 흡입 형태를 갖는 펌프 시스템

• 이 예제는 압상 시스템에 대한 문제이므로 결국 전양정을 구할 때 토출압력에서 흡입 높이를 빼야 한다. 또한 화학공정이나 프로세스공정에서 많이 볼 수 있는 [그림 13-25(c)]와 같은 탱크 시스템에서의 흡입압력은 탱크 내 압력을 더해야 함을 알아야 한다. 이는 매우 쉬운 것 같지만 많이 혼동되는 개념이므로 유의하자.

• 전양정을 구할 때 [그림 13-25]와 같이 압력을 측정했다면 펌프를 기준으로 압력계의 위치 차이를 고려하면 된다.

• 실양정Actual Head 개념을 생각해보자. 식 (13.57)에서 구한 것은 전양정으로, 여기서는 손실을 고려하지 않았다. 손실을 계산할 때는 주손실과 부손실을 고려해야 하고, 손실양정을 고려하면 전양정이 커진다. 그렇다면 실양정이란 무엇일까? 실양정이란 실제로 흡입탱크(저수조) 수위와 토출탱크(고수조) 수위의 차이다. 즉 유량이 0일 때, 펌프가 작동하지 않을 때의 양정을 의미한다. 그렇다면 [그림 13-23]에서의 실양정은 얼마일지 생각해보자. 여기서의 실양정은 고수조와 저수조의 높이차이다.

• [그림 13-24]와 같이 펌프성능곡선에서 3개의 특성을 한 번에 나타냈다. 이 세 가지 유형의 그래프를 보면 추세선을 이용해 그렸음을 알 수 있다. 이를 자세히 보기 위해 [그림 13-26]과 같이 유량에 따른 양정곡선만 나타냈다. 실험이란 것은 기본적으로 측정오차를 가지고 있다. 이는 계측오차(고정오차)와 임의오차를 포함한다는 뜻이다. 즉 측정값은 정확하지 않기 때문에 [그림 13-26]과 같이 추세선을 통해 해석해야 한다.

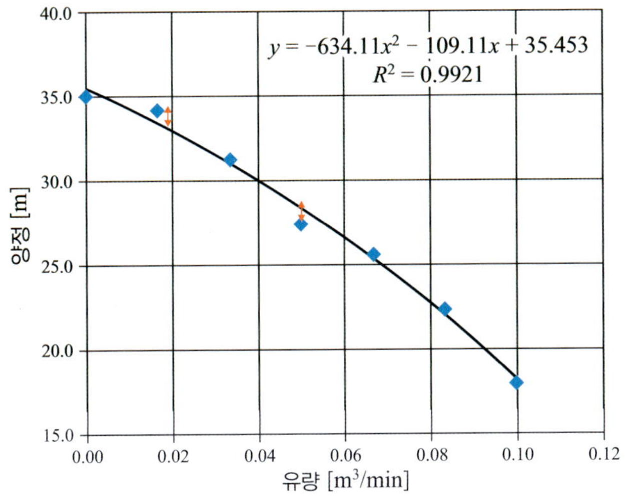

그림 13-26 추세선으로 구해진 유량-양정곡선

• 보통 양정곡선은 유량이 증가하면서 포물선 형태로 감소하는데 현장에서는 추세선의 2차 방정식보다는 식 (13.63)과 같은 2차 방정식을 많이 사용한다. 식 (13.63)에서의 H_o는 차단양정이라 한다. 차단양정은 유량이 0일 때 펌프가 가지고 있는 에너지의 총합을 의미한다. 또한 B는 펌프의 특성 상수가 된다.

$$H = H_o + BQ^2 \tag{13.63}$$

예제 13-4 펌프의 상사법칙

임펠러의 바깥지름이 $D = 200$ [mm]인 원심펌프가 있다. 1,750 [rpm](동력 $L_s = 15$ [kW])으로 운전될 때 차단운전과 최고 효율점($Q = 1.2$ [m^3/min])에서의 양정은 각각 $H_o = 75$ [m], $H = 65$ [m]이다. 어느 날 이 모터가 고장이 나서 새로운 모터로 대체하기로 했다. 만약 대체할 모터가 6극이라면, (a) 새로운 운전속도에 따른 펌프의 특성상수를 구하라. 또한 (b) $Q = 1.2$ [m^3/min]일 때 새로 운전될 펌프의 동력과 효율을 각각 예측하라.

분석

- 회전수 변화에 따른 상사법칙 개념을 이해하는 것이 이 예제의 목적이다.
- 기존 펌프의 회전수가 1,750 [rpm]이므로 이 모터는 4극 모터라는 의미이고, 이때 성능특성은 식 (13.44) ~ 식 (13.47)을 이용해서 풀 수 있다.
- 유량에서 차단양정과 최고 양정이 주어졌기 때문에 식 (13.63)의 추세선을 이용해서 평가하고, 새로운 회전수일 때 펌프특성을 평가해야 한다.

풀이

(a) 새로 적용할 모터가 6극이므로 식 (13.64)를 이용해 회전수를 예측해야 한다. 슬립에 관한 미끄러움을 2.5 [%] 고려해 회전수를 계산하면 식 (13.65)와 같다.

$$N = \frac{120f(1-\eta_s)}{p} \tag{13.64}$$

$$N_2 = \frac{120 \times 60(1-0.025)}{6} = 1{,}170\ [\mathrm{rpm}] \tag{13.65}$$

식 (13.63)을 이용해 펌프특성상수인 B_1을 구하면 식 (13.66)과 같다.

$$B_1 = \frac{H_o - H}{Q^2} = \frac{75-65}{1.2^2} = 6.944\ [\mathrm{m}/(\mathrm{m}^3/\mathrm{min})^2] \tag{13.66}$$

새로운 회전수에 대한 변화된 유량과 양정은 식 (13.44)와 식 (13.45)로부터 구할 수 있다. 이때 임펠러의 바깥지름이 변화되지 않으므로 단순히 회전수에 의한 변화만 고려하면 각각 식 (13.67), 식 (13.68)과 같이 계산할 수 있다. 펌프양정은 차단양정과 최고 효율일 때 2개가 주어졌기 때문에 식 (13.69)와 같이 차단양정일 때도 구해야 한다.

$$Q_2 = w_2\frac{Q_1}{w_1} = \frac{N_2}{N_1}Q_1 = \frac{1{,}170}{1{,}750} \times 1.2 = 0.802\ [\mathrm{m}^3/\mathrm{min}] \tag{13.67}$$

$$H_2 = \frac{H_1}{w_1^2}w_2^2 = \frac{w_2^2}{w_1^2}H_1 = \left(\frac{1{,}170}{1{,}750}\right)^2 \times 65 = 29.054\ [\mathrm{m}] \tag{13.68}$$

$$H_{2,0} = \frac{H_{1,0}}{w_1^2}w_2^2 = \frac{w_2^2}{w_1^2}H_{1,0} = \left(\frac{1{,}170}{1{,}750}\right)^2 \times 75 = 33.524\ [\mathrm{m}] \tag{13.69}$$

새로운 펌프에서의 식 (13.63)의 B_2를 다시 구하면 식 (13.70)과 같다. 이 값은 기존 펌프양정의 특성계수인 B_1와 같다. 즉 펌프의 특성곡선이 같아진다는 것을 의미한다.

$$B_2 = \frac{H_{2,o} - H_2}{Q_2^2} = \frac{33.524 - 29.054}{0.802^2} = 6.95\left[\text{m}/\left(\text{m}^3/\text{min}\right)^2\right] \quad (13.70)$$

새롭게 구해진 B_2로부터 펌프의 특성곡선을 구하면 [그림 13-27]과 같다.

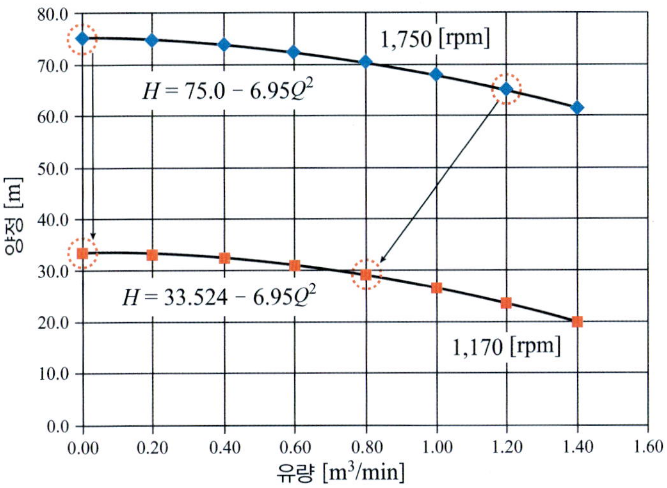

그림 13-27 회전속도 변화에 따른 유량-양정곡선 변화

새로운 회전수에 대한 동력은 식 (13.46)으로 계산하면 식 (13.71)과 같이 구할 수 있다.

$$P_2 = \frac{P_1}{w_1^3}w_2^3 = \frac{N_2^3}{N_1^3}L_{s_1} = \left(\frac{1,170}{1,750}\right)^3 15 = 4.48\,[\text{kW}] \quad (13.71)$$

최고 효율일 때 고장난 펌프와 대체한 펌프의 수동력을 각각 식 (13.72), 식 (13.73)과 같이 구할 수 있다. 회전수가 감소했기 때문에 동력이 12.74 [kW]에서 3.81 [kW]로 감소했음을 알 수 있다.

$$L_{w,1} = 9.8H_1Q_2 = 9.8 \times 65 \times 1.2/60 = 12.74\,[\text{kW}] \quad (13.72)$$

$$L_{w,2} = 9.8H_2Q_2 = 9.8 \times 29.054 \times 0.802/60 - 3.81\,[\text{kW}] \quad (13.73)$$

각 펌프 효율을 식 (13.74), 식 (13.75)와 같이 구할 수 있다.

$$\eta_1 = \frac{L_{w1}}{L_{s1}} = \frac{12.74}{15.0} = 85.00\,[\%] \quad (13.74)$$

$$\eta_2 = \frac{L_{w2}}{L_{s2}} = \frac{3.81}{4.48} = 85.00\,[\%] \quad (13.75)$$

고찰

- 식 (13.74)와 식 (13.75)를 통해 두 펌프의 효율이 동일하다는 것을 알 수 있다. 즉 펌프의 운전이 달라져도 차원해석으로 변경해주면 효율이 변화하지 않는다는 것을 알 수 있다.

SECTION 13.4

유효흡입헤드와 캐비테이션

✔ 펌프의 흡입성능을 판단하는 유효흡입헤드에 대해 학습한다.
✔ 펌프의 제현상 중 하나인 캐비테이션에 대해 알아본다.

13.4.1 유효흡입헤드란?

펌프의 성능을 좌우하는 변수 중 하나는 흡입능력이다. 만약 대기온도 상태에서 개방된 공급 탱크로부터 비휘발성의 액체(비중이 1.0에 가까운 유체)를 수송할 경우 흡입양정은 일반적으로 충분하다. 그러나 동일한 시스템에서 휘발성이거나 비중이 1.0이 아닌 다른 특정한 비중을 갖는 유체를 가압 형태로 양수할 수 있는지 판단해야 한다. 즉 이렇게 여러 가지 **흡입조건을 고려해봤을 때 순수하게 흡입할 수 있는 능력을 유효흡입헤드**Net Positive Suction Head, NPSH라고 한다.

보통 현장에서 흡입 관련 용어로 석션 리프트Suction Lift나 NPSH 또는 프라이밍Priming을 사용한다. 프라이밍은 펌프가 흡입구에서 진공으로 얼마나 잘 빨아올릴 수 있는지, 혹은 얼마나 흡입할 수 있는지를 정의한다.

펌프가 완전히 밀봉된 경우 펌프는 해발고도(0 [m])에서 이론적으로 10.33 [m]만큼 물을 양수할 수 있지만, 유체비중이 2.0이라면 펌프는 10.33 [m]의 절반인 약 5.1 [m] 만큼만 유체를 양수할 수 있다. 만약 유체의 온도에 따른 포화증기압이 $0.07\,[\mathrm{kg_f/cm^2}]$이라면 펌프는 5.1 [m]가 아니라 4.82 [m] 높이만큼 흡입하게 된다. 즉 포화증기압만큼 흡입양정이 감소하게 된다.

이렇게 유효흡입헤드는 동일한 펌프를 놓고 주어진 시스템 변화에 따라 **유체를 흡입할 수 있는 능력을 판단**한다.

Think_05

흡입을 잘하는 A와 잘하지 못하는 B가 같은 조건의 빨대를 이용해 물을 흡입한다. 또한 조건이 다른 두 가지 빨대로 한 사람이 물을 흡입한다고 가정해보자. 어느 경우가 가장 흡입을 잘할지 생각해보자.

■ NPSHav와 NPSHre

펌프 시스템을 설계하거나 펌프를 선택할 때 설계자는 NPSH를 전체적으로 평가해야 한다. Think 05에서 언급했듯이 펌프의 흡입(NPSH)도 두 가지의 관점에서 설명해야 한다. 즉 **가능유효흡입헤드**(NPSHav)와 **필요유효흡입헤드**(NPSHre)로 수행해야만 펌프 시스템 설계가 가능해진다. 아무리 **좋은 펌프라도 현장 조건이 좋지 않으면 펌핑을 할 수 없기 때문이다.** NPSH 뒤에 붙은 av는 가능함, re는 필요함을 의미한다.

NPSHav는 주어진 시스템에서 요구되는 흡입양정이며, [그림 13-25]와 같이 다양한 흡입 시스템에서 NPSHav는 식 (13.76), 식 (13.77)과 같이 계산된다.

- 흡상일 때 NPSHav $= H_a - H_s - h_\ell - H_v$ (13.76)
- 압상일 때 NPSHav $= H_a + H_s - h_\ell - H_v$ (13.77)

(H_a : 대기압 10.33 [m], H_s : 흡입실양정,
h_ℓ : 흡입배관손실, h_v : 포화증기(상온인 물일 때 0.24 [m]))

식 (13.76)과 식 (13.77)에서의 흡입관에서 흡입배관손실은 일반적으로 NPSHav에서 빼주기 때문에, NPSHav값은 [그림 13-28]에서 보듯이 유량이 증가함에 따라 감소한다. 탱크를 이용할 때는 H_a에 탱크압력을 적용하면 된다. 단, NPSHav는 펌프가 설치된 기초면$_{\text{Foundation}}$과 같이 기준 고도에서 계산돼야 한다. 식 (13.76)과 식 (13.77)에서 NPSHav의 단위는 보통 [m]인 양정으로 나타냈는데 압력으로 표시 가능하다.

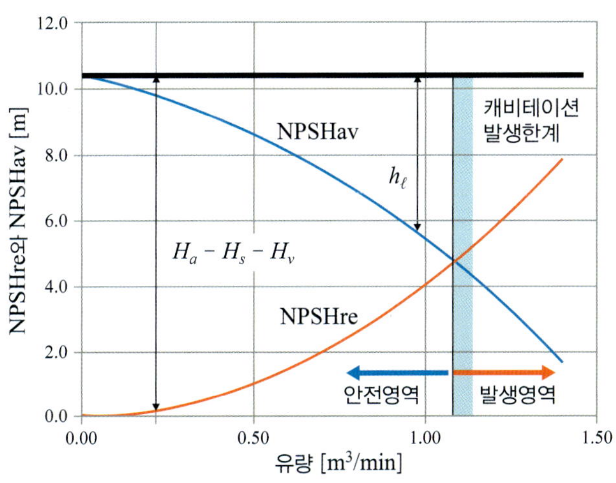

그림 13-28 NPSHav와 NPSHre의 곡선

NPSHre는 펌프가 가지고 있는 펌프의 고유흡입능력(필요)이다. 이는 펌프가 얼마나 잘 흡입하느냐를 평가하는 단계로, 제작자가 펌프의 임펠러 특성에 따라 결정하는 값이기 때문에 **사용자들은 이 값을 조정할 수 없다.** 즉 흡입능력이 좋은 펌프는 제작단계에서 결정된다는 의미이다.[18]

이 값은 펌프 중심선을 기준으로 계산해야 하고 펌프 흡입 플랜지로부터 펌프의 임펠러까지 수송되는 액체의 압력 강하를 측정하는 것이다. 이 손실은 주로 마찰과 난류에 의해 발생된다. NPSHre는 펌프의 캐비테이션(유체의 국부적인 끓김), 양정-유량 성능의 감소, 진동 또는 소음 없이 원활히 운전되는 데 필요한 전양정이기 때문에 일반적으로 식 (13.78)과 같이 항상 NPSHav는 NPSHre보다 1.3배 커야만 한다. 즉 [그림 13-28]에서 보듯이 **NPSHre가 NPSHav보다 작거나 같을 때** 캐비테이션이 발생하게 된다.

$$\text{NPSHav} \geq 1.3\,\text{NPSHre} \tag{13.78}$$

NPSH는 펌프에서 가장 어려운 개념 중 하나인데, 아래와 같이 간단히 생각하자.

펌프 설계 시 산정되는 필요유효흡입양정(NPSHre)은
정격유량에서 요구되는 가능유효흡입양정(NPSHav)보다 커야 한다.
즉, NPSHav는 주어진 시스템에서 결정되는 흡입양정이다.

펌프 제조자는 선정된 펌프에 따른 선정차트와 NPSHre를 같이 제공해야 한다. 주어진 펌프에 대한 NPSHre의 값은 유량에 따라 증가한다. 또한 NPSHre는 임펠러 아이$_{\text{Eye}}$의 지름이 증가함(흡입구가 큰 경우)에 따라 다소 감소하지만, 회전속도 [rpm]에 따라 증가하는 특징을 가지고 있다.

NPSHav의 여윳값은 펌프 설계와 다른 인자들에 따라 변화되고, 정확한 여윳값을 예측할 수 없다. 대부분의 적용 분야에서, NPSHav가 NPSHre보다 상당히 크다. 그러나 NPSHav값이 NPSHre값과 유사한 경우에 사용자들은 펌프 제조업자에게 자문을 구해야 하고, NPSHav의 적절한 여윳값을 보장받아야 한다. 즉 액체의 특성, 최대 그리고 정상 NPSHav의 값, 정격운전 유량들을 세심히 검토해야 한다.

■ 상온의 유체를 양수할 때

특정한 유량이면서 6 [m]의 흡입양정을 갖는 시스템에서 유체를 수송하고자 할 때, 적용된 해당 유량에서 펌프의 NPSHre가 3.6 [m]라 가정하자. 이때 펌프가 유체를 흡입할 수 있는 NPSHav는 식 (13.79)와 같이 구할 수 있다. 여기서 마찰손실을 무시했을 때 20 [℃]에서 물의 포화증기압을 0.24 [m]라고 적용해도 식 (13.79)와 같이 1.3배인 NPSHre보다 적게 계산된다. 즉 [그림 13-28]에서와 같이 이 시스템은 반드시 캐비테이션이 발생하는 등 흡입에 문제가 발생할 수밖에 없다. 나아가 마찰까지 고려한다면 이는 더욱 큰 문제가 된다.

---

18 NPSHre를 구하는 방법은 [연습문제 13-7]에서 자세히 다룬다.

$$\text{NPSHav} = 10.33 - 6.0 - 0.24 - 0 = 4.09\,[\text{m}] \tag{13.79}$$

$$4.09 < \text{NPSHre} = 1.3 \times 3.6 = 4.68\,[\text{m}] \tag{13.80}$$

이에 시스템을 수정하기 위해 식 (13.81)과 같이 최소 흡입양정을 계산하면 식 (13.82)와 같이 최대 5.41 [m] 이내가 되어야 한다. 즉 시스템에서 흡입양정을 감소시키거나 NPSHre가 4.68 [m] (3.6 [m]보다 큰)인 성능이 좋은 펌프를 설치해야 한다.[19]

$$1.3 \times 3.6 = 10.33 - H_s - 0.24 \tag{13.81}$$

$$H_s \equiv 10.33 - 0.24 - 1.3 \times 3.6 = 5.41\,[\text{m}] \tag{13.82}$$

■ 고비중의 유체를 양수할 때

만약 유체가 황산($s = 1.83$)으로 변경된다면 NPSHav는 식 (13.83)과 같이 2.36 [m]가 되므로, 주어진 NPSHre인 3.6 [m]를 만족시킬 수 없다.[20] 이때 펌프가 수송할 수 있는 H_s, 즉 정적 높이를 식 (13.84)와 같이 계산할 수 있다.

$$\text{NPSHav} = (10.33 - 6.0)/1.83 = 2.36\,[\text{m}] \tag{13.83}$$

$$H_s \equiv (10.33/1.83) - 1.3 \times 3.6 = 0.96\,[\text{m}] \tag{13.84}$$

따라서 물을 5.41 [m]만큼 흡입할 수 있는 펌프로는 유체가 고비중인 황산의 경우 0.96 [m]만큼만 양수할 수밖에 없다.

■ 마찰손실이 있을 때

앞선 두 검토에서는 마찰손실을 무시했는데, 마찰손실을 고려할 경우는 펌프에 의해 양수될 수 있는 유체의 흡입 정적높이가 더 감소해야 한다. 즉 마찰손실은 압력의 선형감소뿐만 아니라 펌프흡입에 영향을 끼칠 수 있다. 만약 원하는 시스템을 개선하지 못할 때는 [그림 13-25]의 흡상 시스템보다 압상 시스템 및 탱크 시스템을 사용하는 것도 하나의 대안이 된다.

---

19 그러나 성능이 뛰어난 펌프의 가격은 고가이고, 주문제작이 필요해 납기를 맞추지 못할 가능성이 크다.

20 여기서 330 [℃]의 황산은 포화증기압을 무시하고 계산했다. 정확한 유체의 물리량을 알면 대입해보자.

예제 13-5 압상 시스템에서의 펌프 시스템 NPSHav

[그림 13-29]와 같이 펌프 중심으로부터 1.0 [m] 높이에 탱크가 위치한 압상 시스템은 길이가 2 [m]인 직관부에 90°의 표준 엘보와 게이트 밸브를 갖는다. 단, 흡입배관의 지름은 150 [mm]이고 유체를 상온의 물이라고 가정한다. 이런 압상 시스템에서 유량이 5.0 [m^3/min]일 때 (a) 펌프의 NPSHav를 구하고, (b) 유량 변화에 따라 NPSHav의 경향을 구하라. 이 시스템이 (c) 흡상 시스템일 때는 어떻게 변하는지 검토하라. 단, 펌프의 NPSHre는 정격 유량에서 4.5 [m]이다.

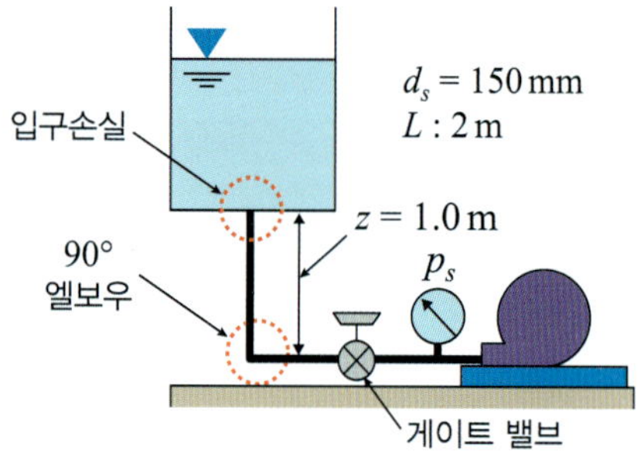

그림 13-29 흡입 측에서 NPSHav의 계산

분석

- NPSHav를 구하는 문제로, 압상 시스템이기 때문에 식 (13.77)로 구할 수 있다.
- NPSHav를 구할 때 사용될 4개 변수 중 모르는 것은 관로에서 발생되는 손실인 h_ℓ이다. 즉 흡상 시스템의 손실을 계산하여 NPSHav를 구하는 것이 이 문제의 핵심이다.

풀이

(a) NPSHav를 구하기 위해 주어진 물리량을 식 (13.77)에 대입하면 식 (13.85)와 같이 흡입손실이 미지수가 됨을 알 수 있다.

$$\text{NPSHav} = H_a + H_s - h_\ell - H_v = 10.33 + 1.0 - h_\ell - 0.24 \tag{13.85}$$

흡입배관의 손실은 주어진 배관에 대한 식 (13.86)과 같이 주손실과 부손실을 구한 후 합해야 한다.

$$h_\ell = h_L + h_{\ell m} = f\frac{L}{D}\frac{V^2}{2g} + \sum K\frac{V^2}{2g} = \left(f\frac{L}{D} + \sum K\right)\frac{V^2}{2g} \tag{13.86}$$

먼저 부손실을 구하기 위해 시스템 피팅 등의 손실계수의 합을 아래 표와 같이 구해야 한다.

손실 명칭	부손실계수
예리한 모서리를 갖는 입구	0.5
90° 표준 곡관	0.15
완전 게이트 밸브	0.15
합 $\sum K$	0.8

식 (13.86)의 주손실을 계산하기 위해 마찰계수를 먼저 구해야 한다.

마찰계수는 식 (9.172)인 브라시우스 식을 이용하여 구해야 하는데, 식 (13.87)과 같이 속도, 식 (13.88)과 같이 Re수가 변수가 된다. 단, 식 (13.87)과 식 (13.88)은 정격 유량이 5.0 [m^3/min]일 때 흡입 직관 2 [m]에 관한 식을 정리한 것이다.

$$f = \frac{0.3164}{Re^{0.25}} \tag{9.172}$$

$$V = \frac{Q}{A} = \frac{Q}{0.0177\,[\mathrm{m^2}]/60}\ [\mathrm{m/s}] \tag{13.87}$$

$$Re = \frac{\rho D V}{\mu} = \frac{998 \times 0.15 \times V}{0.001} \tag{13.88}$$

흡입손실은 속도의 함수이고, 펌프는 유량의 변화에 따라 성능이 바뀌기 때문에 단순히 정격 유량일 때뿐만이 아니라 유량 변화에 따라 계산해야 한다. 따라서 주어진 유량에 따른 마찰계수 f와 $\sum K = 0.8$을 식 (13.85)에 대입하면 압상 시스템일 때 NPSHav를 [표 13-7]의 9번째 열과 같이 계산할 수 있다.

표 13-7 계산된 펌프특성

유량 [m^3/min]	유량 [m^3/s]	V	Re수	마찰 f	주손실 h_L	부손실 $h_{\ell,m}$	흡입손실 h_ℓ	NPSHav 압상	NPSHav 흡입	NPSHre [m]
0.00	0.000	0.00	0.00	0.00	0.00	0.00	0.00	11.09	9.09	0
1.00	0.017	0.94	140,960	0.016	0.010	0.036	0.046	11.044	9.044	0.18
2.00	0.033	1.88	281,921	0.014	0.034	0.145	0.179	10.911	8.911	0.72
3.00	0.050	2.82	422,881	0.012	0.065	0.326	0.391	10.699	8.699	1.62
4.00	0.067	3.77	563,842	0.012	0.116	0.579	0.695	10.395	8.395	2.88
5.00	0.083	4.71	704,802	0.011	0.166	0.905	1.071	10.019	8.019	4.50
6.00	0.100	5.65	845,763	0.010	0.217	1.303	1.52	9.57	7.57	6.48

(b) [표 13-7]의 9번째 열을 보면 정격 유량에서 계산된 NPSHav(10.019 [m])가 주어진 NPSHre (4.50 [m])보다 훨씬 크므로, [그림 13-29]의 압상 시스템은 캐비테이션 발생에 있어 매우 안정적임을 알 수 있다. 이때 액체는 상온의 물을 사용했다고 가정했다.

(c) 흡상 시스템으로 변경할 때의 NPSHav는 [표 13-7]의 10번째 열과 같이 구할 수 있다. 정격 유량인 5.0 [m^3/min]에서 NPSHav는 10.019 [m]에서 8.019 [m]로 흡입 높이가 약 2.0 [m] 감소했음을 알 수 있다. 즉 주어진 압상 시스템을 흡상으로 변경하면 유효흡입양정이 감소한다. 유효흡입양정이 감소해도 주어진 NPSHre인 4.50 [m]보다 훨씬 크다.

고찰

- [표 13-7]의 마지막 열과 [그림 13-30]에서 주어진 초록색 선의 NPSHre는 펌프회사에서 제공하는 자료이므로 여기서는 따로 구하지 않아도 되지만 추후 유사한 문제를 풀 때는 펌프회사에서 제공하는 자료로 판단해야 한다.
- [그림 13-30]에서 계산된 2개의 NPSHav를 보면 이 펌프 시스템은 어떤 흡입 시스템을 갖더라도 흡입면에서는 안정적이라는 것을 알 수 있다. 즉 상온의 물을 송수하는 시스템일 때는 흡입능력면에서

안정적이라는 의미이다.

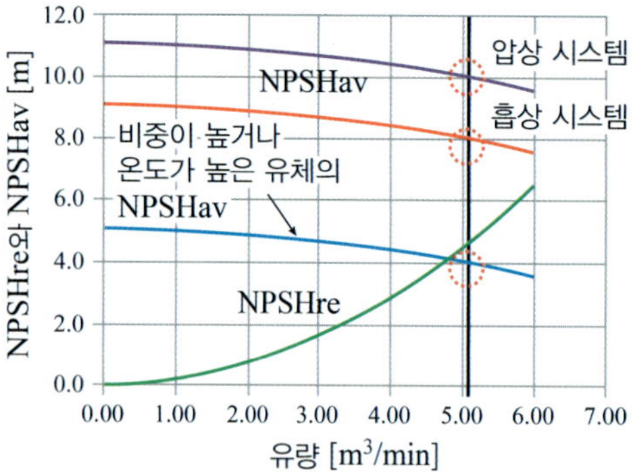

그림 13-30 흡상 시스템과 압상 시스템에서의 NPSHav의 계산과 NPSHre 비교

- 다만 온도가 높은 물, 즉 물의 증기압이 높거나, 비중이 높은 유체를 송수할 때는 반드시 흡입 성능을 재평가해야 한다. 만약 [그림 13-30]에서 추가로 나타낸 파란색 선의 NPSHav와 같이 계산됐을 경우 이 펌프는 사용해서는 안 된다.
- 이러한 이유로 온도가 높은 물, 즉 물의 증기압이 높거나, 비중이 높은 유체를 많이 이용하는 화학공장에서는 대부분 [그림 13-25(c)]와 같은 압상 시스템을 사용한다.

13.4.2 캐비테이션

NPSHav가 NPSHre보다 작으면 흡입 성능이 떨어지는 현상이 나타나고, 반드시 캐비테이션도 발생한다. 그러므로 이 2개의 값은 캐비테이션의 발생 여부를 판단하는 기준이 되기도 한다. 캐비테이션은 **액체 내 증기 방울의 생성과 붕괴 현상이 결합된 일련의 과정을 의미**하며, 캐비테이션이 발생하면 소음과 진동이 동반된다.

캐비테이션의 발생 과정은 다음과 같다. 액체가 펌프를 통과할 때 압력이 떨어지고, 압력이 포화증기압보다 낮아지면 액체가 기화되어 ① **작은 기포가 생성**된다. 이 기포는 [그림 13-31]과 같이 하류로 진행함에 따라 임펠러 베인에 의해 생성된 압력에 의해 ② **빠르게 압축**된다. 이런 압축은 캐비테이션의 ③ **특징적인 소음을 생성**한다. 그 이후 소음과 함께 베인 표면에 폭발하는 ④ **기포의 파열 및 붕괴가 발생**한다. [그림 13-32(a)]와 같이 선박의 프로펠러Ship Propellers와 다른 유압 시스템Hydraulic Systems의 바이패스 오리피스와 스로틀 밸브 등에서 속도 증가로 인한 ⑤ **압력 강하가 액체의 포화증기압보다 낮게 나타나는 경우**가 발생되면 점진적인 ⑥ **침식이 발생**하고 ⑦ **임펠러가 손상**된다. 이럴 때 [그림 13-32(b)]와 같이 양정, 동력 및 효율이 3 [%] 정도 급격히 감소한다.

이러한 캐비테이션은 **펌프에서 흔히 볼 수 있는 현상이자 반드시 제거해야 하는 현상이므로 제현상**除現狀이라고 한다.

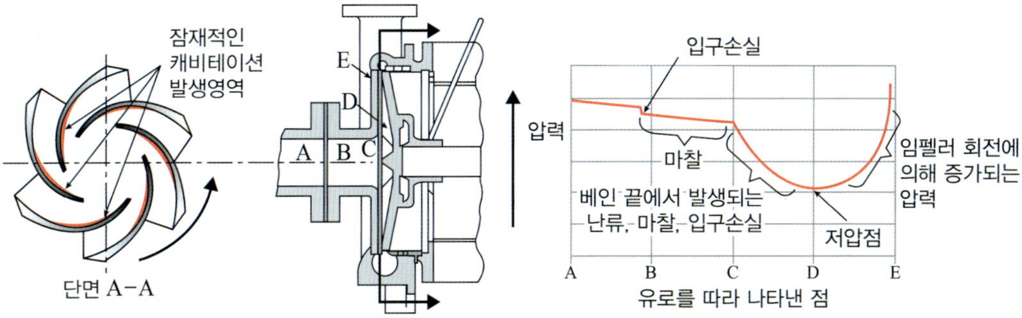

그림 13-31 원심펌프 내부에서 발생하는 압력의 변화

(a) 캐비테이션 발생 사례

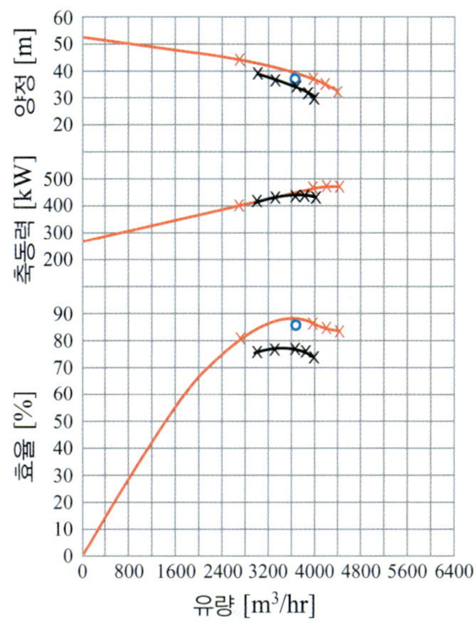

(b) 유량에 따른 성능곡선

그림 13-32 캐비테이션 발생 사례와 캐비테이션 유무에 따른 성능곡선의 비교

SECTION 13.5

관로저항곡선과 연합운전

- ✔ 펌프성능곡선과 관로저항곡선에 대해 학습한다.
- ✔ 펌프의 연합운전 개념을 학습한다.
- ✔ 직렬운전, 병렬운전 시 펌프성능곡선과 관로저항곡선에 대한 차이를 학습한다.

13.5.1 펌프성능곡선

[그림 13-33]과 [그림 13-34]의 펌프 시스템을 살펴보자. [그림 13-33]은 저수조와 고수조의 수위 차가 동일한, 즉 0 [m]인 경우이다. [그림 13-33]은 수위차가 없으므로 굳이 펌프를 사용하지 않아도 된다는 것을 알 수 있다. 펌프성능곡선과 관로시스템의 저항곡선을 설명하기 위해 [그림 13-34]와 같이 고수조를 상부로 올려 상승된 수위차를 h_s로 정의하고, 이를 실양정([그림 13-34]에서 9 [m])으로 정의하자. 이렇게 수위를 9 [m] 끌어 올리기 위한 펌프가 필요하도록 시스템을 만들었다. 여기서 실양정 9 [m]는 유량이 0인 차단양정을 의미하며, 이때 배관손실은 정의하지 않았다.

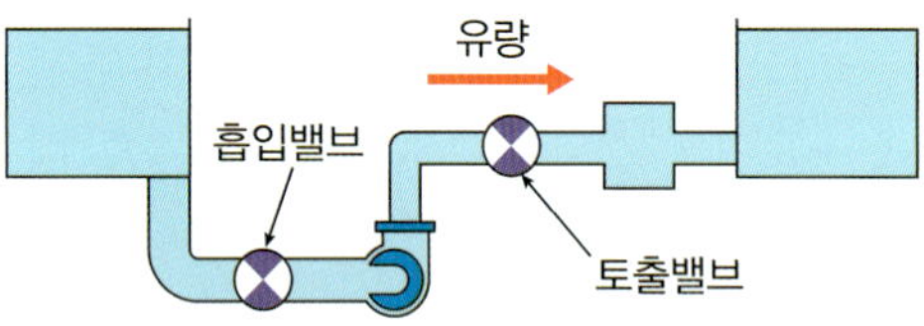

그림 13-33 실양정이 0인 펌프 시스템

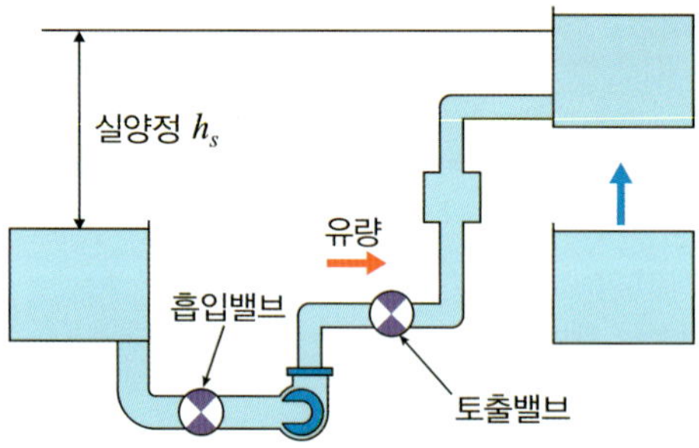

그림 13-34 실양정 변화가 있는 펌프 시스템

[그림 13-35]와 같은 회전수 변화에 대한 HQ곡선은 펌프 제조자에 의해 제공된 회전수 1,800 [rpm]에서의 양정곡선이다. [그림 13-35]에서 보듯이 HQ곡선은 유동이 증가할 때 전양정이 감소하는 형태를 나타내고 손실양정, 즉 관로저항곡선System Curve은 유량이 증가하면서 상승하는 포물선(점선)을 나타낸다. 펌프회전속도가 1,800 [rpm]에서 1,600 [rpm]까지 감소하면, 상사법칙에 의거해 양정과 유량이 좌측 아래로 감소하는 특성을 나타낸다. 만약 펌프의 회전속도가 1,200 [rpm]보다 훨씬 줄어들면, 펌프양정이 실양정(h_s)과 동일한 9 [m]에 접근하기 때문에 이 시스템에서 더 이상 펌핑을 할 수 없게 된다. 즉 이때 1,200 [rpm]의 운전은 의미가 없다는 뜻이다.

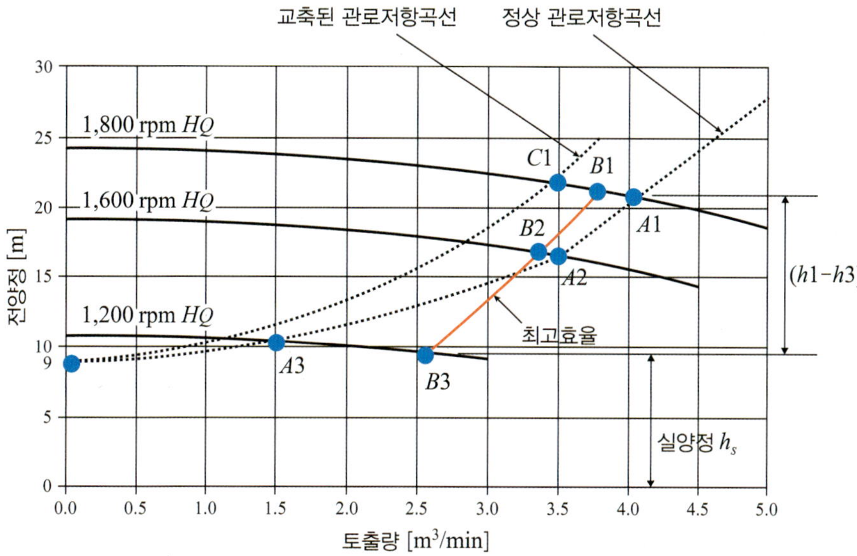

그림 13-35 펌프의 일반적인 성능곡선, 회전수에 따른 *HQ* 곡선, 관로저항곡선에 따른 운전점

13.5.2 관로저항곡선

[그림 13-35]를 보면 **유량이 증가하면서 손실이 포물선 형태의 제곱 형태로 증가하는 곡선**이 있는데 이를 **시스템 저항**System Curve **또는 관로저항곡선(점선)**이라 한다. 이 곡선은 시스템에서 존재하는 실양정부터 손실양정을 극복하기 위해 필요한 에너지를 표현하고 있다. 이 관로저항곡선은 **펌프가 실제로 운전되는 조건을 결정**하게 된다.

예를 들어 [그림 13-35]의 '정상' 관로저항곡선은 각각의 회전수인 *HQ* 곡선과 *A*1−*A*2 −*A*3의 교차점을 얻을 수 있다. 양정곡선, 관로저항곡선과 교차하는 점 *A*1이 1,800 [rpm]으로 운전 시 결정되는 유량과 양정을 의미하고 이 점이 시방점이 된다. 이처럼 관로저항곡선은 **배관 시스템에 따라 운전점을 제시해주므로 매우 중요하다.** 관로저항곡선을 정확하게 이해한다면 유체기계의 전문가가 될 수 있을 것이다.

축동력 대 수동력의 비가 최대인 지점을 펌프 최대 효율점인 BEP라 하고 **BEP점은 *HQ* 곡선과 관로저항곡선의 교차점에 발생**되도록 설계해야 한다. 즉 관로저항곡선을 미리 파악해 원하는 유량과 양정에서 최대 효율이 되도록 설정해야 하고, 시방점에서 가장 높은 효율점이 제공되어야 한다. 만약 배관설계 시 펌프나 송풍기에서 이러한 점을 고려하지 않으면 물이나 공기가 공급되지 않거나 비정상적으로 운전된다.

Think_06

[그림 13-35]에서 펌프에 대한 BEP는 1,800 [rpm]에서 점 *A*1이 아니고 점 *B*1인 3.78 [m^3/min]과 21 [m]이다. 점 *B*1 − *B*2 − *B*3(빨간선)는 실제 펌프에서 최고 효율점을 나타낸 것이다. 그러나, 왜 점 *A*1에서 운전점이 형성됐는지 생각해보자.

관로저항곡선은 배관, 즉 펌프 시스템에 의해 결정되는 포물선 곡선 형태를 나타내고 있으므로 관로손실이 적으면 낮은 기울기를 가지고, 관로손실이 많으면 유량의 제곱 형태로 변화하므로 설계자는 주의 깊게 계산해야 한다.

만약 **관로저항곡선이 잘못 계산됐다면 펌프는 계획된 지점에서 운전되지 않는다.** 따라서 BEP가 관로저항곡선의 근처에서 운전되도록 펌프를 선정해야 한다. [그림 13-35]와 같은 경우는 1,800 [rpm]보다 1,600 [rpm] 정도가 적절하다. 1,800 [rpm]으로 운전하는 경우 펌프의 BEP로부터 상당히 벗어난 지점(점 $A1$이 아닌 점 $B1$)에서 운전되는 경우이므로, 운전점보다 우측에 있다는 것이다. 이 경우는 대용량이기 때문에 큰 동력으로 펌프를 운전하는데, 이는 펌프의 손상, 과도한 마모와 높은 진동을 발생시킬 수 있다. 이러한 경우, 회전속도를 1,600 [rpm]으로 감소시키면 BEP점과 운전점이 유사하므로 손상에 대한 위험은 줄어들게 된다. BEP로부터 벗어나도 되는 범위 및 펌프의 BEP 위치를 펌프 제조업체에게 제공받아야 한다.

4극 모터인(1,800 [rpm]) 경우 운전점이 다르게 생성되었는데, 이때 회전수를 변경하지 않고 해결해보자. 이는 **시스템의 배관손실을 너무 낮게 계산했거나 펌프를 잘못 선택한 것**이다. 이 두 가지를 수정하기 전에 밸브를 교축해 운전점을 점 $A1$에서 점 $B1$으로 변경하는 간단한 방법이 있는데, 과연 이 방법이 타당한지 생각해보자.

불행히도 대부분 펌프는 정속 AC 유도모터에 의해 회전수 변화 없이 구동된다. 이 같은 경우 유량을 조절하는 유일한 방법은 **펌프의 토출밸브를 조절함으로써 인공적으로 펌프에 대하여 양정을 증가시키는 것**이다. 이를 **밸브교축 운전 방법**이라 한다.

[그림 13-35]에서 펌프의 운전점 $A1$으로부터 펌프의 토출 부분의 밸브를 부분적으로 닫음으로써 점 $C1$으로 강제적으로 이동시키는 것이 가능하다. 펌프는 토출밸브를 교축해 점 $C1$인 3.43 [m^3/min]에서 21.7 [m]의 양정을 생성하지만, 점 $C1$과 점 $A2$ 사이의 양정 차이는 부분적으로 닫힌 밸브에서의 손실이기 때문에 비효율적이다. 이것은 오직 점 $A2$에서 회전수 변화를 통한 운전이 최적 운전이라는 것을 의미한다.

이러한 밸브교축 운전 방법은 소형 펌프나 가정용 펌프에서는 큰 문제가 되지 않아 현장에서 자주 사용된다. 그러나 대형 펌프에서 안정적인 운전을 유지하기에는 부적합한 방법이다. **밸브교축 유량제어 방법**은 가정 난방시스템을 최대로 작동시키면서 온도를 올린 후 창문을 개방해 내부온도를 조절하는 것처럼 **비효율적인 방법**이기 때문이다. 또한 이러한 방법은 펌프 자체에도 손상을 줄 수 있기에 피해야 한다. 즉 **밸브교축 운전 방법은 피해야 하는 방법**이다.

13.5.3 연합운전

펌프의 운전조건을 관로저항곡선과 같이 고려했을 때, 주어진 펌프 서비스에 적합한 펌프 운전 조건들이 설계 유량점에서 설계양정을 충족시키지 못할 수 있다. 펌프 관로저항곡선은 식 (13.63)과 같이 실양정(①)과 손실양정 변화(②)의 합으로 구할 수 있다. ②는 설계 유량까지 유량의 증가로 인한 속도에너지의 증가, 즉 마찰손실이 증가함을 의미한다.

$$H = \underbrace{H_o}_{①} + \underbrace{BQ^2}_{②} \tag{13.63}$$

펌프를 이용해 설계 유량점에서 압력 조건을 충족시키기 위해서는 펌프 제조업체 자료에 제시된 최대 압력 범위 내에서 설계된 펌프의 유량 변화를 고려해야 한다. 그러나 **관로저항곡선의 설계 유량점에 부합시키기 위해서는 펌프를 2대 혹은 더 많은 펌프를 이용해 연합운전**을 해야 한다.

1단 원심펌프를 이용하더라도 설계 유량점에서 요구되는 양정을 충족시키지 못한다면 1개의 케이싱와 구동축상에 2개 혹은 그 이상의 임펠러를 이용하는 다단펌프를 이용해야 한다. 또한 이러한 경우에 많이 사용되는 펌프로는 2단 또는 다단 설계로 제작된 편흡입 다단펌프와 임펠러의 양옆으로 흡입되는 양흡입 펌프, 수직 터빈펌프 등이 있다.

■ 직렬운전

양정 조건(요구 압력 조건)을 충족시키기 위해 이러한 펌프들을 **2대 또는 그 이상의 펌프를 직렬로 연결해 운전**해야 한다.

2대의 원심펌프가 동일 펌프장 내에서 직렬로 운전될 경우 연합운전 곡선을 얻기 위해서는 [그림 13-36]과 같이 **동일 유량점에서 각 펌프에 의해 생성되는 양정(압력)을 합하면 된다.** 직렬로 운전되는 원심펌프에 대한 가장 일반적이면서 간단한 구성도는 동일한 용량의 펌프 2대를 결합하는 것이다. 따라서 첫 번째 펌프의 토출은 두 번째 펌프의 흡입 배관으로 유입되고, 그 후 시스템으로 토출된다.

동일한 펌프 용량을 사용하면 각 펌프에서는 동일한 압력을 생성한다. [그림 13-36]은 2대의 동일한 용량의 펌프를 직렬로 연결했을 때 생성된 관로저항곡선을 설명하고 있다. 물론 용량이 다른 펌프를 연결할 수도 있다.

[그림 13-36]에서 두 번째 펌프는 더 높은 흡입압력과 토출압력을 위해 설계되어야 한다. 더 높은 흡입압력으로 인해 이 펌프의 패킹에서도 압력이 더 높아져야 하기 때문이다. 2대의 펌프를 직렬로 연결할 때, 배관은 반드시 일직선으로 설치해야 하며, 펌프의 흡입배관의 지름보다 더 작으면 안 된다.

[그림 13-37]과 같이 2대의 펌프장이 떨어져 있을 경우의 직렬운전은 매우 복잡하다. 또한 두 번째 펌프장 위치에서 흡입압력은 반드시 조심스럽게 제어되어야 한다. 유체를 두 번째 펌프장으로 송수하기 위해서는 첫 번째 펌프장 설계유량점에서 반드시 적당한 압력을 제공해야 한다. 그 후 두 번째 펌프장은 반드시 설계 유량을 목적지까지 송수해야 한다. 첫 번째 펌프장의 전양정과 두 번째 펌프장의 전양정이 같아지도록 두 번째 펌프장을 위치시켜야 한다. 두 번째 펌프장이 첫 번째 펌프장으로부터 멀리

떨어진 곳에 있다면, 두 번째 펌프장의 흡입 지점에서 서지타워Surge Tower 또는 저수탑Stand Pipe을 설계해 이를 보완해야 한다.

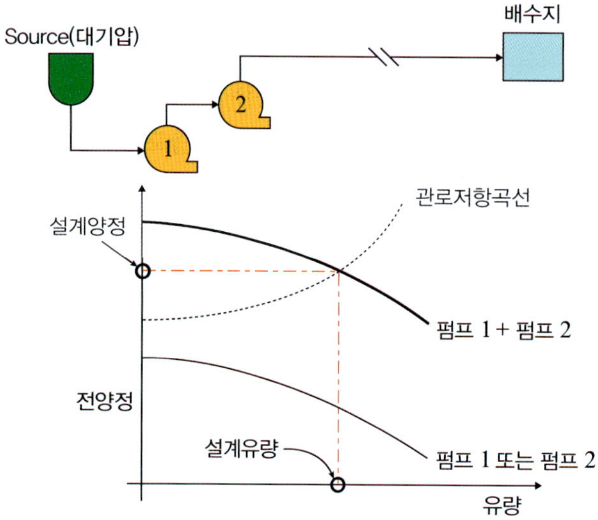

그림 13-36 원심펌프 직렬운전 시 연합운전 특성곡선

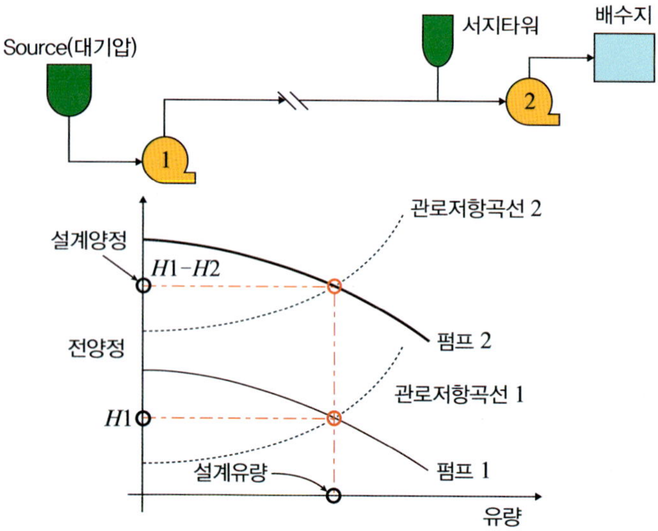

그림 13-37 멀리 떨어진 펌프의 직렬운전 시 연합운전 특성곡선

■ 병렬운전

원하는 유량을 충족하기 위해 2대의 펌프를 [그림 13-38]과 같이 운전하는 경우를 **병렬운전**이라 한다. [그림 13-38]은 2대의 동일한 펌프 시스템이라 가정하자. 만약 원심펌프를 사용했다면, 펌프의 유량-양정곡선상에서 펌프성능곡선은 [그림 13-39]와 같다. 병렬운전에서 양정은 동일한 양정에서 유량 증가를 더해주면 된다. 즉 2대의 동일 펌프가 병렬로 운전된다면, 같은 양정에서 펌프의 유량을 2배로 더해주면 된다. 그러나 관로저항곡선에 따른 운전점은 첫 번째 펌프와 두 번째 펌프를 더한 양정곡선에서 교차점인 지점 C에서 이루어진다.

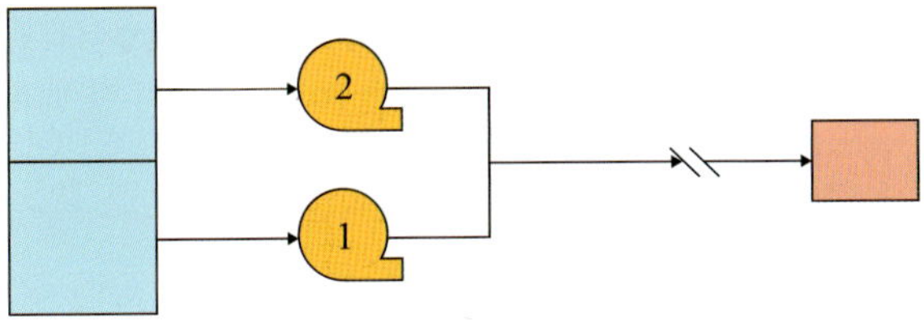

그림 13-38 병렬운전의 일반적인 개략도

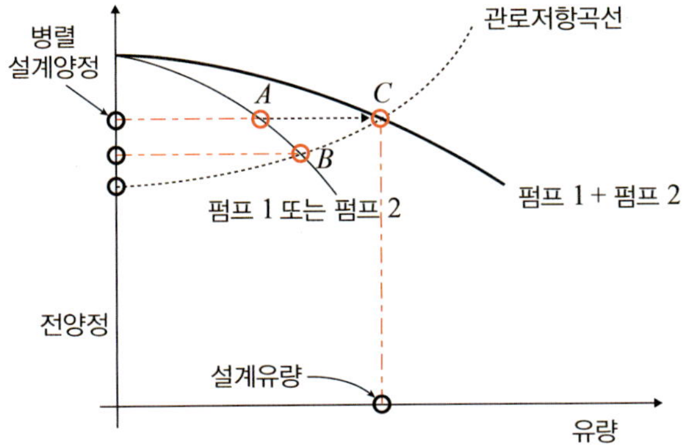

그림 13-39 펌프의 병렬운전 시 연합운전 특성곡선

2대 운전, 교차점인 양정은 1대만 운전할 때의 양정보다는 높다. 이는 관로저항에 의한 손실 때문이다. 단독 펌프의 운전점에서 펌핑되는 운전 유량점을 구하기 위해서는 [그림 13-39]에 표시된 지점 C로부터 각각의 펌프 유량을 체크하고, 첫 번째 펌프의 양정곡선에서 지점 A로 유추하면 된다. 첫 번째 펌프의 운전유량점은 [그림 13-39]에 표시된 지점 A일 것 같지만 실제로는 지점 B에서 운전된다.

병렬운전 시 크기가 다른 펌프가 사용되는 경우는 [그림 13-40]과 같다. 만약 펌프가 단독으로 운전될 경우, 각 펌프는 관로저항곡선과 양정의 교차점에서 유량을 토출하게 된다. 펌프의 병렬운전 시 같은 양정에서 유량을 더하면서 전체 유량의 관점에서 봤을 때 [그림 13-40]의 빨간색 실선으로 표시된 새로운 양정곡선을 얻을 수 있고, 관로저항곡선에서 새로운 교차점 C를 얻을 수 있다. 이런 경우를 **소유량과 대유량 펌프의 병렬운전**이라 한다. 이런 운전의 경우 때때로 소유량 펌프는 용수를 토출하지 못하는 경우가 발생하게 된다. 이는 관로저항이 소유량 펌프의 차단양정을 초과하기 때문이다.

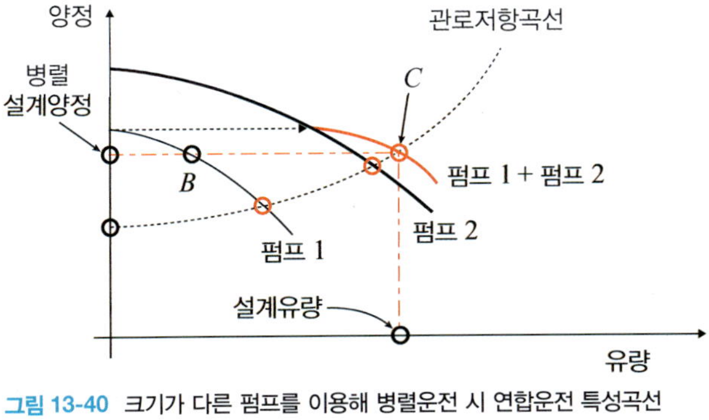

그림 13-40 크기가 다른 펌프를 이용해 병렬운전 시 연합운전 특성곡선

[그림 13-41]에 자양취수장에서 일산정수장까지 물을 송수할 때 병렬연합운전을 한 실제 운전결과를 나타냈다. [그림 13-41]을 보면 컬러로 이루어진 심볼(1대 운전, 2대 병렬운전, 3대 병렬운전 할 때의 운전점)이 병렬운전 HQ곡선과 교차되고 있음을 알 수 있다.

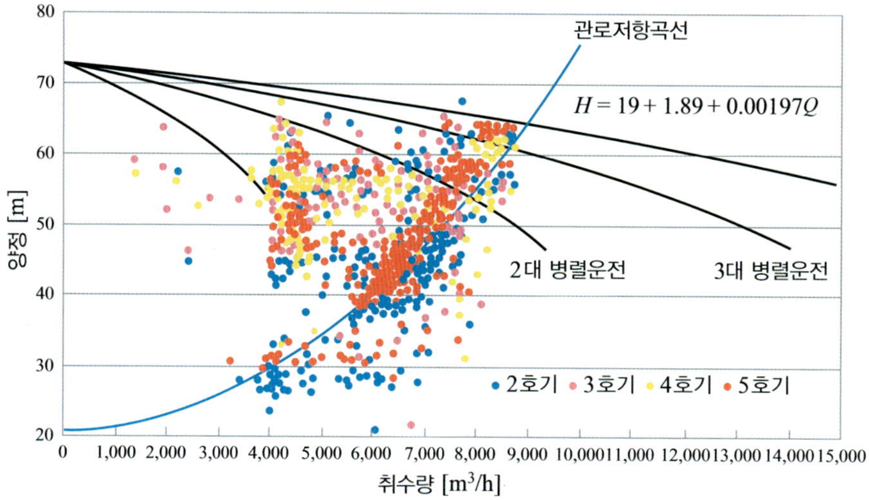

그림 13-41 연합운전 시 실제 운전 데이터를 이용한 운전점과 관로저항곡선

예제 13-6 손실양정의 계산

아래와 같은 펌프장이 있을 때 관로의 손실양정을 구하라.

- 1일 송수량 : 42,000 [m^3]($Q = 0.49$ [m^3/s])
- 주 송수관 압력계 : 8 [kg/cm^2]
- 압력계 위치 : EL 0 [m] (주 송수관에서 압력계의 높이 무시)
- 토출 측 위치 : EL 60 [m]
- 재질 : 강관
- 관지름 : 0.75 [m]
- 관로길이 :10.0 [km]

분석

- 손실양정을 계산하는 문제로 손실양정이 유량에 따라 변한다는 점을 이해하는 것이 이 예제의 목적이다.

풀이

- 실양정과 손실양정은 먼저 식 (13.89), 식 (13.90)과 같이 간단히 구할 수 있다. 여기서 실양정인 식 (13.89)에서 토출압이 8 [kg/cm^2]이므로 식 (13.90)과 같이 차압이 손실이 된다.

$$h_a = \text{토출 측 위치} - \text{흡입 측 위치} = 60 - 0 = 60\ [\text{m}] \tag{13.89}$$

$$h_L = \text{압력계의 압력값} - \text{실양정} = 80 - 60 = 20\ [\text{m}] \tag{13.90}$$

• 전양정은 실양정과 손실헤드를 더한 값으로, 이를 유량을 변수로 하는 공식으로 유도하기 위해 달시-바이스바흐 식을 사용하면 식 (13.91)과 같이 계산할 수 있다.

$$h_L = \left(f \cdot \frac{L}{D} + \sum K\right)\frac{8Q^2}{\pi^2 \cdot g \cdot D^4} \tag{13.91}$$

• 실험 결괏값으로 손실헤드는 식 (13.90)과 같으므로 유량을 변수로 하는 공식을 만들 때 Q를 제외한 나머지는 상수 k로 만들 수 있다. 이때의 초기 조건은 Q가 0 [m³/s]일 때는 h_L이 0 [m]이고 Q가 0.49 [m³/s]일 때는 h_L이 20 [m]이므로 상수 k는 식 (13.92)와 같이 유도할 수 있고 식 (13.93)과 같이 계산할 수 있다.

$$h_L = k \times Q^2 \tag{13.92}$$

$$k = \frac{h_L}{Q^2} = \frac{20}{0.49^2} = 83.3 \qquad \therefore h_L = 83.3 \times Q^2 \tag{13.93}$$

고찰

• 식 (13.92)와 같이 손실양정은 유량에 대해 2차 함수로 증가함을 알 수 있다.
• 이 수식은 실양정이 고려되지 않은 상태의 수식이다. 실제로 유량이 0일 때는 실양정의 값을 가지고 있기 때문에 수정되어야 한다. 이러한 문제는 [예제 13-7]에서 다뤄보자.

예제 13-7 관로저항곡선

[그림 13-42]와 같이 댐을 취수원으로 하여 1일 42,000 [m³] ($Q = 0.49$ [m³/s])를 정수장 착수정에 송수하는 취수 펌프장이 있을 때 관로저항곡선을 구하라. 단, 댐 수위의 높이는 EL 84 [m]이며 관로의 지름은 0.75 [m], 길이는 10.0 [km], 재질은 강관이라 가정한다.

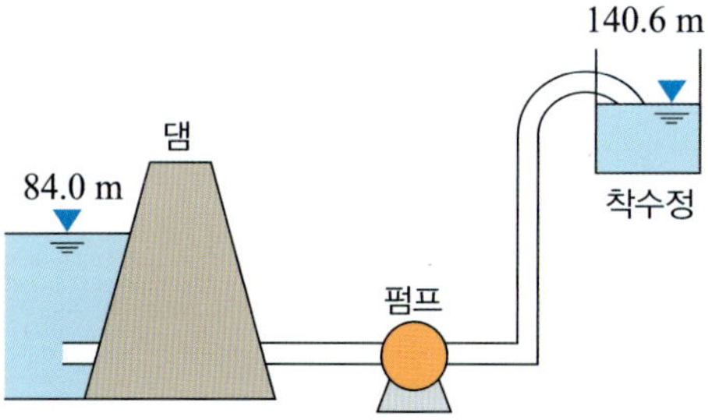

그림 13-42 관로저항곡선을 구하기 위한 펌프 시스템

분석

• 관로저항곡선을 직접 계산해보고 실제로 그려보는 것이 이 예제의 목적이다.
• 수식이 복잡하므로 엑셀을 사용해야 한다. 관로저항곡선을 구할 때는 일반적으로 식 (13.63)을 이용한다.

• 관로 손실을 구하기 위해 달시-바이스바흐 식을 이용할 수도 있지만, 두 방식에 어떤 차이가 있는지 검토해보기 위해 여기서는 하젠-윌리엄스 식을 이용했다.

풀이

• 먼저 실양정을 식 (13.94)와 같이 계산할 수 있다.

$$h_a = H_H - H_L = 140.6 - 84 = 56.6\,[\mathrm{m}] \tag{13.94}$$

(H_H : 착수정 고수위 (EL 140.6 [m]), H_L : 댐 기준 수위 (EL 84.0 [m]))

• 손실양정은 식 (9.175), 식 (13.95)와 같은 하젠-윌리엄스 식을 사용하고, 여기에 주어진 길이와 속도를 계산해 정리하면 식 (13.95)와 같다.

$$V = kCR^{0.63}S^{0.54}\,[\mathrm{m/s}] \tag{9.175}$$

$$h_L = L \times 10.666C^{-1.85} \times D^{-4.87} \times Q^{1.85} \times S \tag{13.95}$$

(C : 120 ($D = 0.75$ [m], 강관 6년으로 가정), S : 부차적 손실헤드 (10 [%]로 가정))

$$h_L = 10{,}000 \times 10.666 \times 120^{-1.85} \times 0.75^{-4.87} \times 0.49^{1.85} \times 1.1 = 18.1\,[\mathrm{m}] \tag{13.96}$$

• 전양정은 식 (13.97)과 같이 구할 수 있다.

$$H_T = H_a + H_L = 56.6 + 18.1 \fallingdotseq 75\,[\mathrm{m}] \tag{13.97}$$

• 유량을 변수로 하는 공식으로 만들기 위해 [표 13-8]을 이용하자. [표 13-8]은 실제 운전 데이터이다. [표 13-8]로부터 엑셀로 구한 추세선은 [그림 13-43]에서와 같이 식 (13.98)과 같은 2차식의 형태를 나타내고 있다.

표 13-8 관로특성곡선 압력 데이터

유량 [m³/sec]	관로양정 [m]	유량 [m³/sec]	관로양정 [m]	유량 [m³/sec]	관로양정 [m]
0	56.80	0.35	63.91	0.65	82.96
0.05	56.87	0.40	66.32	0.70	87.17
0.10	57.56	0.45	69.05	0.75	91.66
0.20	58.63	0.50	72.08	0.80	96.43
0.25	60.05	0.55	75.41		
0.30	61.82	0.60	79.04		

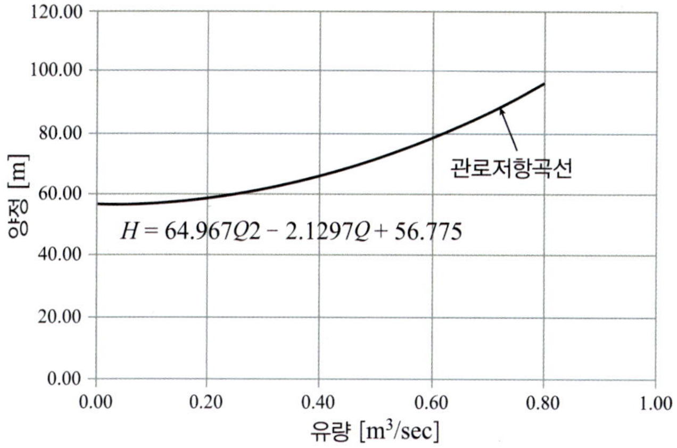

그림 13-43 시스템에서 구해진 관로저항곡선

- 식 (13.98)에서 56.775 [m]은 실양정이며, 식 (13.93)의 실양정인 56.6 [m]와 유사함을 알 수 있다.
- 그러나 식 (13.98)과 같이 엑셀로 구한 관로저항곡선은 식 (13.63)과 비교할 때 식의 형태가 다름을 알 수 있다. 즉 [그림 13-43]으로는 식 (13.63)의 B값을 구할 수는 없다. 이는 엑셀에서는 1차식을 제거한 추세선을 적용하기 어렵기 때문이다.

$$H_T = 56.775 - 2.1297 + 64.967Q^2 \tag{13.98}$$

$$H = H_o + BQ^2 \tag{13.63}$$

- [그림 13-42]와 같은 시스템에서 실제 관로저항곡선은 식 (13.99)이다. 식 (13.99)의 수식을 보면 Q의 지수가 1.85로 2차 방정식이 아니다. 여기서 중요한 것은 실양정 h_a와 손실계수를 찾는 것이다.

$$H_T = h_a + 67.82 \times Q^{1.85} \tag{13.99}$$

고찰

- 여기서 왜 식 (13.98)을 사용했는지 생각해보자. 식 (13.63)은 수치해석의 곡선집합으로 추세선을 계산해야 하므로 매우 복잡하다. 또한 엑셀을 이용해서 구한 식 (13.98)은 정형화된 수식 때문에 식 (13.63)과 같이 적용할 수 없다.
- 이 예제에서는 식 (13.98)과 같이 엑셀로 구했는데, 비록 수식 형태는 다르지만 관로저항곡선의 경향을 찾을 수 있기 때문이다.
- [예제 13-6]에서 구한 손실은 20 [m]였는데 하젠-윌리엄스 식으로 구한 손실은 식 (13.96)과 같이 18.1 [m]로 약간의 차이가 있다. 식 (13.95)와 달리 달시-바이스바흐 식으로 구하면 어떻게 변할지 생각해보자.
- 식 (13.98)에서 구한 실양정인 56.775 [m]와 식 (13.94)에서 구한 56.6 [m]가 실제로 어떤 차이가 있는지 검토해야 한다.

CHAPTER 13 | 연습문제

■ 유체기계

13.1 다음과 같은 임펠러 치수를 갖는 원심펌프가 있다. 물을 펌핑하는 동안 펌프는 $N = 750$ [rpm]에서 작동된다. 유량이 $Q = 0.75$ [m^3/s]일 때, 이론 양정(H_{th})과 동력(P)을 계산하라. 여기서 단면 ①, 단면 ②는 [그림 13-3]을 참조하라.

	단면 ①	단면 ②
반지름 r [mm]	175	500
깃폭 b [mm]	50	30
β [°]	65	70

13.2 다음과 같은 기하학적 형상과 유동조건을 갖는 원심펌프의 차단양정(H_o), 설계 유량에서 출구의 절대속도(v_2), 출구에서 상대속도(w_2), 전양정(H_{th}), 요구되는 이론 동력(P)을 구하라. 단, 이상적인 펌프는 100[%]의 효율을 갖는다고 가정한다. 여기서 단면 ①, 단면 ②는 [그림 13-3]을 참조하라.

	단면 ①	단면 ②
반지름 r [cm]	2.5	18
깃폭 b [cm]	–	1
뒷굽음 각 β [°]	–	75
회전수 N[rpm]	1,800	
설계유량 [m^3/min]	30	

13.3 깃과 허브의 지름이 각각 $d_{vane} = 1$ [m], $d_{hub} = 0.8$ [m]인 축류팬이 해면 고도의 공기에 대해 $N = 1{,}350$ [rpm]으로 운전된다. 입구에서 $\alpha_1 = 55°$, $\beta_1 = 30°$이고 출구에서 $\beta_2 = 60°$일 때, 체적유량(Q), 동력($\dot{W}$), 출구각 α_2를 구하라.

13.4 어떤 팬이 $Q = 6.3$ [m^3/s], $H = 0.15$ [m], $N = 1{,}440$ [rpm]으로 작동된다. 토출압이 동일하고 회전수가 $N = 1{,}800$ [rpm]이며 크기가 작은 다른 팬을 적용하려고 한다. 이때 상사법칙을 이용해 작은 팬에 대한 체적유량(Q_p)을 계산하라.

13.5 [그림 13−44]와 같은 배관 장치가 있다. 펌프는 웅덩이에서 물을 끌어서 지름이 100 [mm]이고 길이가 400 [m]인 새 강관을 통해 개방 탱크로 송수한다. 수직의 흡입관은 길이가 2 [m]이고, 힌지된 디스크를 갖는 풋밸브와 90° 표준 엘보, 앵글 리프트 체크 밸브와 완전히 개방된 게이트 밸브를 포함한다. 설계 유량은 $Q = 800$ [ℓ/min]이다. 이때 (a) 흡입관과 송출관에서 생기는 손실헤드를 구하라. 이후 (b) 전양정와 비속도를 구한 후 적절한 회전수를 선정하고 이에 적합한 펌프형식을 제안하고, (c) NPSHav를 계산하라. 단, 상온인 물일 때 포화 증기압은 0.24 [m]이고, 밀도와 점성계수는 각각 $\rho = 1{,}000$ [kg/m³], $\mu = 0.001$ [Pa·s]이다. 부손실계수는 풋밸브($K = 1.5$), 90° 표준 엘보 2개($K = 1.5$), 체크 밸브($K = 2.0$), 완전히 개방된 게이트 밸브($K = 0.15$), 출구손실($K = 1$)이다. 강관의 마찰계수 f는 새 강관이므로 브라시우스 식을 이용하라.

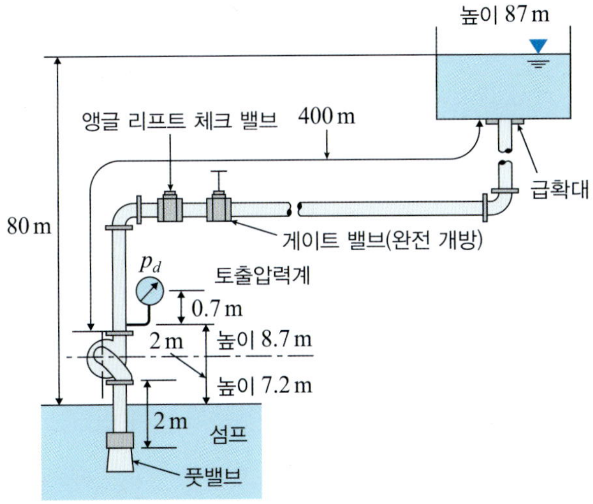

그림 13-44

13.6 지름이 $d = 75$ [mm], 길이가 $L = 90$ [m]인 소방 호스(조도 $\varepsilon = 0.3$ [mm])에 의해 물이 공급된다. 소화전으로부터 물은 $p_1 = 345$ [kPa]의 압력으로 펌프가 설치된 소방차의 부스터 펌프에 공급된다. 설계 작동조건에서 노즐 입구의 압력은 $p_{nozzle} = 690$ [kPa]이고, 호스를 지나가는 동안 압력 강하는 $\Delta p/L = 7.5$ [kPa/m]이다. 이때 (a) 설계 유량과 (b) 노즐에서의 최대 출구속도를 구하라. 또한 (c) 펌프를 구동하는 데 요구되는 동력을 구한 후 (d) 이 목적에 적합한 펌프를 제안하라. 단, 상온인 물의 밀도와 점성계수는 각각 $\rho = 1{,}000$ [kg/m³], $\mu = 0.001$ [Pa·s]이며, $\varepsilon = 0.3$ [mm]인 소방호스의 마찰계수는 $f = 0.028$이라 가정한다.

13.7 편흡입 1단 벌루트 펌프를 설치하려고 한다. 전양정이 $H = 20.6$ [m], 유량이 $Q = 1$ [m³/min], 회전수는 $N = 1{,}450$ [rpm], 흡입 실양정은 $h_s = 3$ [m], 유체에 대한 증기압은 $h_v = 0.752$ [mAq], 흡입관의 총 손실헤드는 1.587 [m]일 때 (a) 캐비테이션 발생 여부를 검토하고 (b) 펌프의 설치 높이가 적당한지 판단하라. 단, 액면에서 대기압이 작용하고 있고, 흡상 시스템이며, 풋밸브는 수면 밑 2 [m]에 있다.

13.8 나이아가라 폭포에서 사용되는 반동 터빈은 프란시스 타입이고, 러너의 외부 지름은 4.5 [m]이다. 각 터빈은 107 [rpm]으로 작동되면서 유효 낙차가 65 [m]인 곳에서 93.8 [%]의 효율을 가지고 54 [MW]의 동력을 발생시킨다. 이때 (a) 각 터빈에서 송출되는 체적유량을 계산하고 (b) 비속도를 계산하라. 또한 (c) 콘크리트 수압관의 길이가 400 [m]이고 유효 낙차는 총 낙차의 83 [%]일 때 수압관의 크기를 구하라. 단, 콘크리트의 조도는 $\varepsilon = 3$ [mm]이고, 이때 마찰계수는 콜레브룩-화이트 식을 이용하며, 물의 밀도와 점성계수는 각각 $\rho = 1{,}000$ [kg/m^3], $\mu = 0.001$ [Pa·s]이다.

$$f = \frac{0.5^2}{\left[\log\left(\left(\frac{\varepsilon}{D}\right)/3.7 + \frac{5.74}{Re^{0.9}}\right)\right]^2}$$

13.9 95 [rpm]의 속도로 15 [m]의 낙차에서 26,800 [kW]의 동력을 생산할 수 있는 수력 터빈이 설계됐다. 실험 시설에서는 5 [m]의 낙차에서 35 [kW]의 모형 터빈으로 실험을 할 수 있다. 이때 (a) 모형에서 적합한 속도와 축척비를 구하고, (b) 모형 효율을 86 [%]로 가정해 체적유량을 구하라.

부록

유체성질에 대한 자료

Data of the Fluid Property

부록 1_비중
부록 2_표면장력
부록 3_점성계수
부록 4_윤활유

- 부록 1에는 물과 공기 등 유체의 비중값을 나타냈다.
- 부록 2에는 여러 가지 유체의 표면장력값을 나타냈다.
- 부록 3에는 여러 가지 유체의 점성계수값을 나타냈다.
- 부록 4에는 윤활유에 대한 점성계수값을 나타냈다.

부록 1 비중

유체역학에서 많이 사용되는 액체와 고체에 대한 비중자료를 [그림 1], [표 1], [표 2]에 수록했다. 액체의 비중은 온도의 함수이다. 공기와 물에 대한 밀도자료는 [표 6], [표 7]과 같이 온도 함수로 주어져 있다.

대부분 액체에서 비중은 온도가 증가함에 따라 감소하는데 수은 비중은 온도에 따라 선형적으로 변화한다. 이때 변화식은 $SG = 13.60 - 0.00240\,T$이고, T는 섭씨이다.

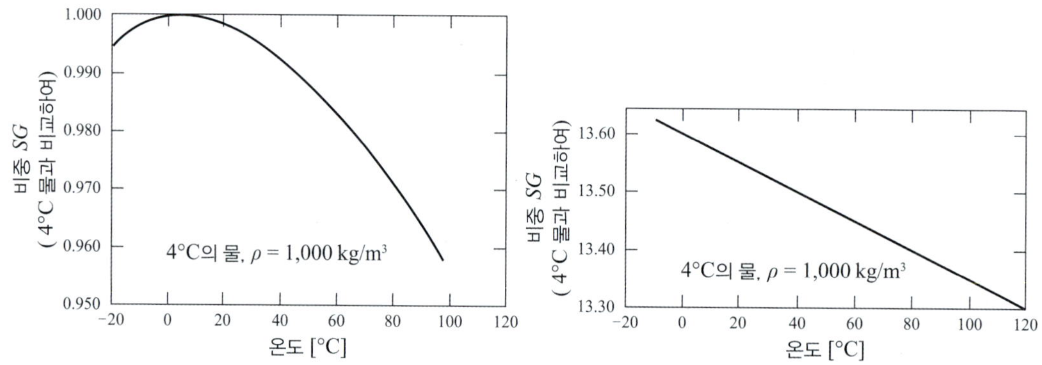

(a) 물 (b) 수은

그림 1 온도의 함수인 물과 수은의 비중

물은 4 [℃]에서 1,000 [kg/m]의 최대 밀도를 나타낸다. 물의 최대 밀도는 비중을 계산하는 기준치로 식 (1)과 같이 사용된다. 결과적으로 물의 최대 비중은 정확히 1이다.

$$SG \equiv \frac{\rho}{\rho H_2O(4\,[℃]\,에서)} \tag{1}$$

고체의 비중은 비교적 온도에 민감하지 않다. [표 1]에 주어진 값들은 20 [℃]에서 측정된 것이다. 해수의 비중은 온도와 염도에 따라 다르다. 바닷물에 대한 대표적인 값은 [표 2]에 주어진 것과 같이 $SG = 1.025$이다.

표 1 공업용 재료의 비중

(a) 20 [℃] 에서 상용 마노미터 액체의 비중 [참고문헌 No.1, 2, 3]

액체	비중
E.V.Hill 청색유	0.797
Meriam 적색유	0.827
벤젠	0.879
프탈산 디부틸	1.04
단일클로로나프탈렌	1.20
사염화탄소	1.595
브로모에틸벤젠	1.75
테트라브롬화에타	2.95
수은	13.55

(b) 상용 재료의 비중 [참고문헌 No.4]

물질	비중(-)
알루미늄	2.64
발사 재목	0.14
황동	8.55
주철	7.08
콘크리트(경화상태)	2.4*
콘크리트(액체상태)	2.5*
구리	8.91
얼음(0℃)	0.917
납	11.4
참나무	0.77
철	7.83
스티로폼(1pcf*)	0.0160
스티로폼(3pcf)	0.0481
우라늄	18.7
백송	0.43

* 혼합정도에 따라 다르며, 단위는 [lb/ft]이다.

표 2 20 [℃] 에서 상용 액체의 물리적 성질 [참고문헌 No.1, 5, 6]

액체	등엔트로피 체적탄성계수 [GN/m^2][1]	비중
벤젠	1.48	0.879
사염화탄소	1.36	1.595
피마자유	2.11	0.969
원유	–	0.82 ~ 0.92
에틸알코올	–	0.789
휘발유	–	0.72
글리세린	4.59	1.26
헵탄	0.886	0.684
석유	1.43	0.82
윤활유	1.44	0.88
메타놀	–	0.796
수은	28.5	13.55
옥탄	0.963	0.702
해수[2]	2.42	1.025
SAE 10W 오일	–	0.92
물	2.24	0.998

1 음속으로부터 계산 : $[GN/m^2] = 10^9 [N/m^2]$

2 20 [℃]인 해수의 절대점성계수 : $\mu = 1.08 \times 10^{-3} [N \cdot s/m^2]$ (해수의 동점성계수는 청수의 동점성계수보다 약 5 [%] 큼)

표 3 미국 표준대기의 성질 [참고문헌 No.7]

고도 [m]	온도 [K]	p/p_{SL}	ρ/ρ_{SL}
−500	291.4	1.061	1.049
0	288.2	1000[3]	1.000[4]
500	284.9	0.9421	0.9529
1000	281.7	0.8870	0.9075
1500	278.4	0.8345	0.8638
2000	275.2	0.7846	0.8217
2500	271.9	0.7372	0.7812
3000	268.7	0.6920	0.7423
3500	265.4	0.6492	0.7048
4000	262.2	0.6085	0.6689
4500	258.9	0.5700	0.6343
5000	255.7	0.5334	0.6012
6000	249.2	0.4660	0.5389
7000	242.7	0.4057	0.4817
8000	236.2	0.3519	0.4292
9000	229.7	0.3040	0.3813
10000	223.3	0.2615	0.3376
11000	216.8	0.2240	0.2978
12000	216.7	0.1915	0.2546
13000	216.7	0.1636	0.2176
14000	216.7	0.1399	0.1860
15000	216.7	0.1195	0.1590
16000	216.7	0.1022	0.1359
17000	216.7	0.08734	0.1162
18000	216.7	0.07466	0.09930
19000	216.7	0.06383	0.08489
20000	216.7	0.05457	0.07258
22000	218.6	0.03995	0.05266
24000	220.6	0.02933	0.03832
26000	222.5	0.02160	0.02791
28000	224.5	0.01595	0.02047
30000	226.5	0.01181	0.01503
40000	250.4	0.002834	0.003262
50000	270.7	0.0007874	0.0008383
60000	255.8	0.0002217	0.0002497
70000	219.7	0.00005448	0.00007146
80000	180.7	0.00001023	0.00001632
90000	180.7	0.000001622	0.000002588

3 $p_{SL} = 1.01325 \times 10^5$ [N/m^2(abs)]

4 $\rho_{SL} = 1.2250$ [kg/m^3]

부록 2

표면장력

대부분의 유기화합물$_{\text{Organic Compound}}$에 대한 표면장력 σ는 [표 4]와 같이 실내 온도에서 대개 유사한 값을 갖는다.

대표적인 범위는 25 ~ 40 [mN/m]이다. 20 [℃]일 때 물의 표면장력은 73 [mN/m]이므로 이 범위보다 더 큰 값이다. 반면에 액체 금속$_{\text{Liquid Metal}}$은 300 ~ 600 [mN/m] 범위의 값을 갖는다. 예를 들면 수은은 20 [℃]에서 약 480 [mN/m]이다. 표면장력은 절대온도가 증가하면 선형적으로 감소하며, 임계온도에서 표면장력은 0이다.

σ의 값은 보통 고려 대상이 되는 액체의 순수 증기나 공기와 접촉하는 면에 대하여 보고되어 있다. 낮은 압력에서는 두 경우의 값이 거의 동일하다.

표 4 20 [℃]에서 일반적인 액체의 표면장력 [참고문헌 No.1, 5, 8, 9] (계속)

액체	표면장력 σ [mN/m] 5	접촉각 θ [°]
(a) 공기와 접촉	–	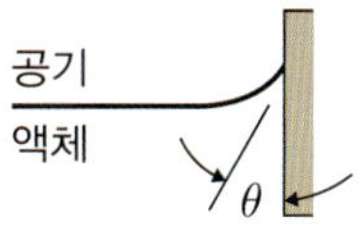
벤젠	28.9	–
사염화탄소	27.0	–
에틸알코올	22.3	–
글리세린	63.0	–
헥산	18.4	–
석유	26.8	–
윤활유	25 ~ 35	–
수은	484	140
메탄올	22.6	–
옥탄	21.8	–
물	72.8	~0

5 1 [mN/m] = 10 [N/m]

표 4 20[℃]에서 일반적인 액체의 표면장력 [참고문헌 No.1, 5, 8, 9]

액체	표면장력 σ[mN/m]	접촉각 θ[°]
(b) 물과 접촉	–	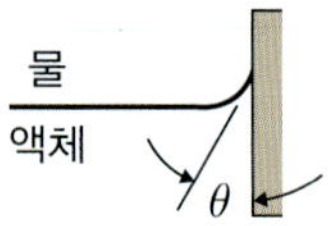
벤젠	35.0	–
사염화탄소	45.0	–
헥산	51.1	–
수은	375	140
메타놀	22.7	–
옥탄	50.8	–

부록 3 점성계수

점성계수는 내부 유체마찰의 척도, 즉 변형에 대한 저항의 척도이다. 뉴턴유체의 점성계수는 물질의 상태에 따라 고정된 값을 갖는다. 그래서 $\mu = \mu(T, p)$로 나타낼 수 있다. 점성계수에 있어 압력에 비해 온도가 더욱 중요한 변수이므로, 온도와의 관계부터 고려해야 한다. 온도의 함수로 표현된 점성계수에 대한 훌륭한 경험식들이 많이 발표되어 있다.

부록 3.1 점도에 대한 온도의 영향

■ 기체

모든 기체 분자들은 연속적인 불규칙 운동Random Motion을 하고 있다. 기체의 유동으로 인한 전체적인 운동Bulk Motion이 있을 때는, 이 전체적인 운동이 분자의 불규칙 운동에 중첩된다. 그리고 이 운동은 분자들의 충돌에 의해 유체 전체로 분포된다.

기체의 운동 이론Kinetic Theory 해석으로부터 점성계수를 찾을 수 있다. 운동 이론의 예측은 실험적 경향과 대부분 일치하지만, 비례상수와 1개 또는 그 이상의 보정인자Correction Factor들은 결정되어야 한다. 따라서 식 (2)와 같은 간단한 식은 실제적인 응용면에서는 제한을 받는다.

$$\mu \propto \sqrt{T} \tag{2}$$

만일 2개 또는 그 이상의 실험값들이 이용 가능하다면, 그 자료는 식 (3)과 같은 경험적인 서덜랜드Sutherland 상관 관계식으로 나타낼 수 있다.

$$\mu = \frac{bT^{1/2}}{1 + S/T} \tag{3}$$

이때 상수 b와 S는 식 (4), 식 (5)와 같이 표현할 수 있다.

$$\mu = \frac{bT^{3/2}}{S + T} \tag{4}$$

$$\frac{T^{3/2}}{\mu} = \left(\frac{1}{b}\right)T + \frac{S}{b} \tag{5}$$

식 (5)를 $y = mx + c$와 비교해보면 $T^{3/2}/\mu$ 대 T의 관계를 그림으로 그려서 기울기 $1/b$과 교점Intercept인 S/b를 얻을 수 있다. 여기서 공기에 대한 상숫값들은 식 (6), 식 (7)과 같다.

$$b = 1.458 \times 10^{-6}\left[\frac{\mathrm{kg}}{\mathrm{m \cdot s \cdot K}^{1/2}}\right] \tag{6}$$

$$S = 110.4\,[\mathrm{K}] \tag{7}$$

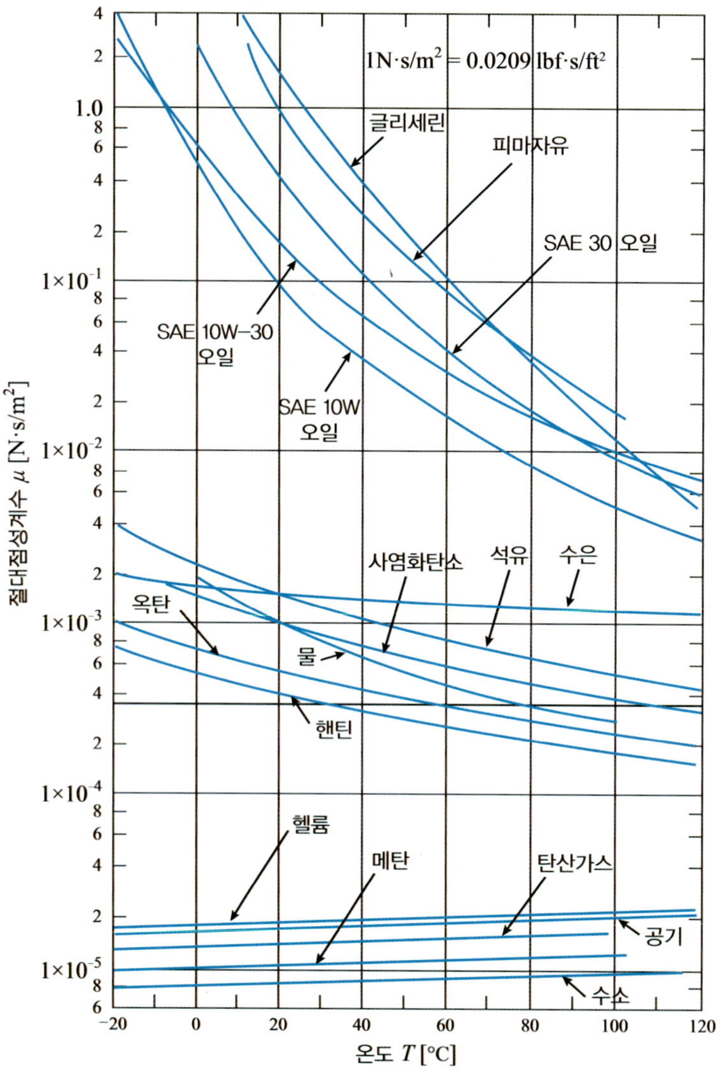

그림 2 대기압에서 일반적인 유체들의 온도에 따른 절대점성계수의 변화 [참고문헌 No.1, 6, 10]

이 상수들은 [참고문헌 No.7]에서 표준대기에 대한 점도를 계산할 때 식 (3)과 함께 사용되었고, 공기의 점성계수는 온도의 함수로 하여 [표 7]에 SI 단위로 제시되어 있다.

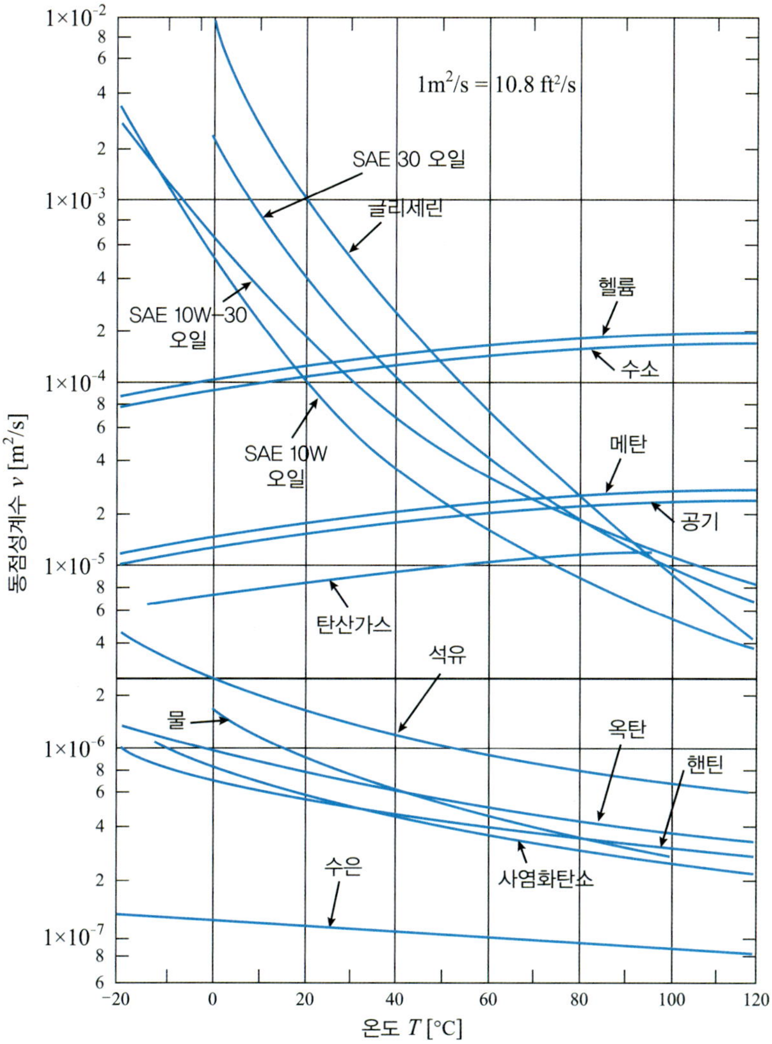

그림 3 대기압에서 일반적인 유체들의 온도에 따른 동점성계수의 변화 [참고문헌 No.1, 6, 10]

■ 액체

액체에 대한 점성계수는 이론적으로 정확하게 추정할 수 없다. 액체에서는 분자들의 충돌에 의한 운동량 전달현상이 조밀하게 채워진 액체 분자 간에 상호 작용하는 힘의 영향 때문에 그 정도가 미약하다. 액체의 점성계수는 온도에 매우 큰 영향을 받으므로 보통 절대온도 T와의 관계는 식 (8), 식 (9)와 같이 경험식으로 표현될 수 있다.

$$\mu = Ae^{B/(T-C)} \tag{8}$$

$$\mu = A10^{B/(T-C)} \tag{9}$$

식 (8)과 식 (9)에서 상수 A, B, C를 결정하기 위해서 적어도 세 점을 필요로 한다. 3개의 온도에서 점성을 측정함으로써 상수들을 결정할 수 있다. 실제로는 보다 많은 자료를 사용하고 주어진 자료에 대한 통계처리를 거쳐 상수를 결정한다.

그러나 곡선접합Curve-Fit 식이 개발되어 있으므로 항상 이용 가능한 자료와 곡선접합으로 얻은 직선 또는 곡선을 비교한다. 이때 최고의 방법은 곡선접합 그림과 자료를 면밀하게 검토하는 것이다. 일반적으로 곡선접합 결과는 이용 가능한 자료의 정확성과 경험관계식의 정확성이 아주 우수할 때만 만족스럽게 얻을 수 있다.

물의 동역학적 점성계수에 대한 자료는 상수 $A = 2.414 \times 10^{-5}$ [N·s/m²], $B = 247.8$ [K], $C = 140$ [K]를 사용할 때 주로 일치한다. [참고문헌 No.10]에 의하면 식 (8)에 이 상숫값을 이용하면 온도범위 0 [℃] ~ 370 [℃]에서 물의 점성계수를 ±2.5 [%] 이내로 예측할 수 있다. [표 7]에 제시된 여러 온도에서 물의 점성계수값을 계산하는 데 식 (8)이 사용되었고 적합한 환산인자를 사용하여 작성했다. 액체의 점성계수는 온도의 증가에 따라 감소함을 유의하라. 한편, 기체의 점성계수는 온도의 증가에 따라 감소한다.

부록 3.2 점도에 대한 압력의 영향

■ 기체

기체의 점도는 대기압의 수백분의 1과 대기압의 몇 배 사이에서는 근본적으로 압력에 무관하지만, 높은 압력에서는 압력(혹은 밀도)에 따라 증가한다.

■ 액체

대부분의 액체의 점성계수는 상당히 높은 압력까지는 압력의 영향을 받지 않지만, 대단히 높은 압력에서는 크게 증가한다. 예를 들면 10,000 [atm]에서 물의 점성계수는 1 [atm]일 때의 2배이다. 아주 복잡한 화합물은 동일한 압력범위에서 그 점도의 크기가 수배만큼 증가하는 경향을 보이고 있다. 더 상세한 정보는 [참고문헌 No.11]을 참조하기 바란다.

표 5 표준온도 및 압력(STD)[6]에서 일반적인 기체들의 열역학적 성질 [참고문헌 No.7, 12, 13]

기체	화학기호	분자 질량 $[M_m]$	$R\left[\frac{J}{kg\cdot K}\right]$[7]	$c_p\left[\frac{J}{kg\cdot K}\right]$	$c_v\left[\frac{J}{kg\cdot K}\right]$	$k=\frac{c_p}{c_v}$
공기	–	28.98	286.9	1004	717.4	1.40
탄산가스	CO_2	44.01	188.9	840.4	651.4	1.29
일산화탄소	CO	28.01	296.8	1039	742.1	1.40
헬륨	He	4.003	2077	5225	3147	1.66
수소	H_2	2.016	4124	14,180	10,060	1.41
메탄	CH_4	16.04	518.3	2190	1672	1.31
질소	N_2	28.01	296.8	1039	742.0	1.40
산소	O_2	32.00	259.8	909.4	649.6	1.40
증기[8]	H_2O	18.02	461.4	~2000	~1540	~1.30

표 6 대기압하에서 공기의 성질

온도 T[℃]	밀도 ρ[kg/m^3]	절대점성계수 μ[N·s/m^2]	동점성계수 ν[m^2/s]
0	1.29	1.72E–05	1.33E–05
5	1.27	1.74E–05	1.37E–05
10	1.25	1.77E–05	1.41E–05
15	1.23	1.79E–05	1.46E–05
20	1.21	1.81E–05	1.50E–05
25	1.19	1.84E–05	1.55E–05
30	1.17	1.86E–05	1.60E–05
35	1.15	1.88E–05	1.64E–05
40	1.13	1.91E–05	1.69E–05
45	1.11	1.93E–05	1.74E–05
50	1.09	1.95E–05	1.79E–05
55	1.08	1.98E–05	1.84E–05
60	1.06	2.00E–05	1.88E–05
65	1.04	2.02E–05	1.93E–05
70	1.03	2.04E–05	1.98E–05
75	1.01	2.07E–05	2.04E–05
80	1.00	2.09E–05	2.09E–05
85	0.987	2.11E–05	2.14E–05
90	0.973	2.13E–05	2.19E–05
95	0.960	2.15E–05	2.24E–05
100	0.947	2.17E–05	2.30E–05

6 STP = 표준온도 및 압력, $T=15$[℃], $p=101.325$[kPa(abs)]

7 $R\equiv R_u/M_m$; $R_u=8314.3$[J/(kgmol·K)]

8 수증기는 55[℃] 이상으로 가열되면 이상기체의 거동을 한다.

표 7 물의 성질

온도 T[℃]	밀도 ρ[kg/m^3]	절대점성계수 μ[N·s/m^2]	동점성계수 ν[m^2/s]	표면장력 σ[N/m]	증기압력 p_v [kPa]
0	1000	1.75E-03	1.75E-06	0.0757	0.661
5	1000	1.50E-03	1.50E-06	0.0749	0.872
10	1000	1.30E-03	1.30E-06	0.0742	1.23
15	999	1.14E-03	1.14E-06	0.0735	1.71
20	998	1.00E-03	1.00E-06	0.0727	2.34
25	997	8.90E-04	8.93E-07	0.0720	3.17
30	996	7.97E-04	8.01E-07	0.0712	4.25
35	994	7.18E-04	7.23E-07	0.0704	5.63
40	992	6.51E-04	6.57E-07	0.0696	7.38
45	990	5.94E-04	6.00E-07	0.0688	9.59
50	988	5.44E-04	5.51E-07	0.0679	12.4
55	986	5.01E-04	5.08E-07	0.0671	15.8
60	983	4.63E-04	4.71E-07	0.0662	19.9
65	980	4.30E-04	4.38E-07	0.0654	25.0
70	978	4.00E-04	4.10E-07	0.0645	31.2
75	975	3.74E-04	3.84E-07	0.0636	38.6
80	972	3.51E-04	3.61E-07	0.0627	47.4
85	969	3.30E-04	3.41E-07	0.0618	57.8
90	965	3.11E-04	3.23E-07	0.0608	70.1
95	962	2.94E-04	3.06E-07	0.0599	84.6
100	958	2.79E-04	2.91E-07	0.0589	101

부록 4 윤활유

엔진과 동력전달장치에 사용되는 윤활유는 미국 자동차기술자학회Society of Automotive Engineers, SAE에서 설정한 기준인 [참고문헌 No.12]에 따라 분류된다. 여러 가지 등급에 대한 점도의 허용범위는 [표 8]에 주어졌다.

W가 붙은 점도수Viscosity Number(예 20W)는 0[°F]에서의 점도이고, W가 붙지 않은 경우는 210[°F]에서의 점도로 분류된다. 온도에 따른 점성계수의 변화를 최소화하기 위하여 다등급유Multigrade Oil들이 제조되고 있다(예 10W−40). 다등급유를 혼합하는 과정에 '점성계수 지수Viscosity Index' 개선제로 고분자 폴리머High Polymer가 사용된다. 이러한 첨가물로 인해 비뉴턴유체의 특성이 강해진다. 한편, 첨가물들은 전단응력의 작용으로 인해 영구적인 점도손실을 일으킬 수도 있다. 석유 제품들의 점성계수를 온도의 함수로 얻기 위해 특별한 선도들이 사용된다. [그림 2]와 [그림 3]을 이용하면 대표적인 윤활유에 대한 점성계수 자료를 찾을 수 있다. 상세한 내용은 [참고문헌 No.17]을 참조하기 바란다.

표 8 윤활유에 대한 허용 점성계수 범위 [참고문헌 No.14, 15, 16]

구분	SAE 점성계수 등급	온도별 [℃] 최대 점성계수 [cP][9]	100℃의 점도 [cP][10] 최소	100℃의 점도 [cP][10] 최대
엔진오일	0W	3250 at −30[℃]	3.8	−
	5W	3500 at −25[℃]	3.8	−
	10W	3500 at −20[℃]	4.1	−
	15W	3500 at −15[℃]	5.6	−
	20W	4500 at −10[℃]	5.6	−
	25W	6000 at −5[℃]	9.3	−
	20	−	5.6	< 9.3
	30	−	9.3	< 12.5
	40	−	12.5	< 16.3
	50	−	16.3	< 21.9
축 및 수동 변속기 윤활유	**SAE 점성계수 등급**	**150,000[cP]의 점성계수에 대한 최대 온도[℃]**	**100[℃]의 점성계수 [cSt] 최소**	**100[℃]의 점성계수 [cSt] 최대**
	70W	−55	4.1	−
	75W	−40	4.1	−
	80W	−26	7.0	−
	85W	−12	11.0	−
	90	−	13.5	< 24.0
	150	−	24.0	< 41.0
	250	−	41.0	−
자동 변속기 (대표적 유체)	**최대 점성계수 [cP]**	**온도[℃]**	**100[℃]의 점성계수 [cSt] 최소**	**100[℃]의 점성계수 [cSt] 최대**
	50000	−40	6.5	8.5
	4000	−23.3	6.5	8.5
	1700	−18	6.5	8.5

9 1centipoise = 1[cP] = 1[mPa·s] = 10[Pa·s]

10 1centistoke = 10[m/s]

참고문헌

1. Cleveland, Handbook of Chemistry and Physics, 62nd ed., OH: Chemical Rubber Publishing Com, 1982.
2. Cleveland, Meriam Standard indication Fluids, Pamphlet No. 920 GEN: 430-1, The Meriam Instrument Co., 10920 Madison Avenue, OH 44102.
3. Corte Madera, E. Vernon Hill, Inc., P.O. Box7053, CA 94925.
4. Avallone, E. A., and T. Baumeister, Ⅲ, eds., Marks' Standard Handbook for Mechanical Engineers, 9th ed., New York: McGraw-Hill, 1987.
5. Cleveland, Handbook of Tables for Applied Engineering Science, OH: Chemical Rubber Publishing Co., 1970.
6. Vargaftik, N. B., Tables on the Thermophysical Properties of Liquids and Gases, 2nd ed., Washington, D.C.: Hemisphere Publishing Corp., 1975.
7. The U.S. Standard Atmosphere, Washington, D.C.: U.S. Government Printing Office, 1976.
8. Trefethen, L., Surface Tension in Fluid Mechanics, in Illustrated Experiments in Fluid Mechanics. Cambride, MA: The M.I.T. Press, 1972.
9. Strecter, V.L., ed., Handbook of Fluid Dynamics. New York: McGraw-Hill, 1961.
10. Touloukian, Y.S., S. C. Saxena, and P.Hestermans, Thermophysical Properties of Matter, the TPRC Data Series, Vol. 11-Viscosity. New York: Plenum Publishing Corp., 1975.
11. Reid, R. C., and T. K. Sherwood, The Properties of Gases and Liquids, 2nd ed., New York: McGraw-Hill, 1966.
12. NASA, Compressed Gas Handbook (Revised). Washington, D.C.: National Aeronautics and Space Administration, SP-3045, 1970.
13. ASME, Thermodynamic and Transport Properties of Steam. New York: American Society of Mechanical Engineers, 1967.
14. Engine Oil Viscosity Classification-SAE Standard J300 Jun86, SAE Handbook, 1987 ed., Warrendale, PA: Society of Automatic Engineers, 1987.
15. Axle and Manual Transmission Lubricant Visocsity Clssification-SAE Standard J1306 Mar85, SAE Handbook, 1987 ed., Warrendale, PA: Society of Automatic Engineers, 1987.
16. Fulid for Passenger Car Type Automatic Trasmission-SAE Information Report J311 Apr86, SAE Handbook, 1987 ed., Warrendale, PA: Society of Automatic Engineers, 1987.
17. Viscosity-Temperature Charts for Liquid Petroleum Products, ASTM Standard D 341-77, American Society for Testing and Materials, 1916 Race Street, Philadelphia, PA 19103, 1984.

참고문헌

Chapter 01

그림 1-1(a) https://m.health.chosun.com/svc/news_view.html?contid=2021062501439

그림 1-1(b) https://blog.naver.com/koshablog/221116096145

그림 1-1(c) https://www.joongang.co.kr/article/2829796#home

그림 1-1(d) https://www.youtube.com/watch?v=95NjO8IaZqo

그림 1-1(e) https://www.spendwithpennies.com/what-is-a-slurry/

그림 1-1(f) https://www.k-health.com/news/articleView.html?idxno=25936

그림 1-1(g) https://m.blog.naver.com/a2a212/221988091445

그림 1-1(h) https://www.mkhealth.co.kr/news/articleView.html?idxno=52570

그림 1-1(i) http://www.mdjournal.kr/news/articleView.html?idxno=28724

그림 1-2 https://www.crowdpic.net/photo/glass-유리-물-물컵-물잔-984066

그림 1-5(a) https://leftykim.tistory.com/54

그림 1-5(b) https://www.edaily.co.kr/news/read?newsId=01098806589755504&mediaCodeNo=258

그림 1-5(c) http://news.imaeil.com/page/view/2020121417574443163

그림 1-5(d) https://m.blog.naver.com/PostView.naver?isHttpsRedirect=true&blogId=vonin135&logNo=220355400197

그림 1-5(e) https://www.snubh.org/service/info/com/view.do?BNO=438&Board_ID=B004

그림 1-6(a) http://news.bookdb.co.kr/bdb/Column.do?_method=ColumnDetail&sc.webzNo=16263

그림 1-6(b) https://www.freeimages.com/kr/premium/19th-century-engraving-of-archimedes-screw-water-transport-365791

그림 1-7 https://flyturtlestudio.tistory.com/2080

그림 1-8 https://brunch.co.kr/@sciforus/37

그림 1-9 David Gerard-Varet, Nader Masmoudi, 2013-2014, Well-posedness issues for the Prandtl boundary layer equations, Séminaire Laurent-Schwartz-EDP et applications Centre de mathématiques Laurent Schwartz, Exposé no XV, 1-10

그림 1-10 https://hashmm.com/post/four-forces-acting-on-an-airplane/

그림 1-10 http://www.ace.or.kr/bbs/board.php?bo_table=sub8_6&wr_id=541

그림 1-11 http://sports.khan.co.kr/asiangames/2018/view.html?art_id=201204172132515&sec_id=980901

Chapter 02

그림 2-2 http://news.kmib.co.kr/article/view.asp?arcid=0015124855

그림 2-2 https://www.11st.co.kr/products/3356626555?gclid=Cj0KCQjwgYSTBhDKARIsAB8Ku kvXrZnEYj2FsbUHAQ4czBngW3dUu88KA_QPReu06nUlaztFA2-JhGMaAviZEALw_wcB&utm_term=&utm_campaign=%B1%B8%B1%DB%BC%EE%C7%CEPC+%C3%DF%B0%A1%C0%DB%BE%F7&utm_source=%B1%B8%B1%DB_PC_S_%BC%EE%C7%CE&utm_medium=%B0%CB%BB%F6

그림 2-3(a) https://www.joongang.co.kr/article/23545967#home

그림 2-3(b) http://www.cctvnews.co.kr/news/articleView.html?idxno=11447

그림 2-5(a),(b) 작가 노형운 사진

그림 2-8 https://blog.naver.com/PostView.naver?blogId=yyduk&logNo=221929424364&parentCategoryNo=&categoryNo=167&viewDate=&isShowPopularPosts=false&from=postView

그림 2-10 D. F. Young et al, Fluid Mechaincs, V4.3 Flow Types 동영상

그림 2-11 D. F. Young et al, Fluid Mechaincs, 동영상

그림 2-12, 그림 2-13 Fox et al, Fluid Mechaincs, 9th ed., Wiley, 2014.

그림 2-15(a), (b) Stephen J. Kline, Flow Visualization 동영상, The National Committee for Fluid Mechanics Films

그림 2-15(c) https://www.youtube.com/watch?v=yUvKjx1Wq_0

그림 2-15(d) https://commons.wikimedia.org/wiki/File:1915ca_abger_fluegel_(cropped_and_mirrored).jpg

그림 2-15(e) 노형운 외, 공학도를 위한 유체공학실험, 지오북스, 2021.

그림 2-15(f) https://www.researchgate.net/figure/Airfoil-section-with-tufts-mounted-in-wind-tunnel_fig1_265046871

그림 2-15(g) https://komiweb.co.kr/2015/product/product07.html

그림 2-15(h),(i) 모형실험을 통한 흡수정 형상결정 설계방향 수립, 2004, 한국수자원공사

그림 2-16 ~ 그림 2-21 Stephen J. Kline, Flow Visualization 동영상, The National Committee for Fluid Mechanics Films

그림 2-20 D. F. Young et al, Fluid Mechaincs, 동영상

그림 2-22 Fox et al, Fluid Mechaincs, 9th ed., Wiley, 2014.

그림 2-28, 그림 2-29 D. F. Young et al, Fluid Mechaincs, 동영상

그림 2-29 Fox et al, Fluid Mechaincs, 9th ed., Wiley, 2014.

그림 2-30 Fox et al, Fluid Mechaincs, 9th ed., Wiley, 2014.

그림 2-31(a) http://autotimes.hankyung.com/apps/news.sub_view?popup=0&nid=81&nkey=14164

그림 2-31(b) https://www.svb24.com/en/liqui-moly-sae30-engine-and-gear-oil-1-litre.html

그림 2-33 https://www.dybearing.co.kr/product/pum_view/71/3

그림 2-34 https://www.igvp.uni-stuttgart.de/en/research/plasma-technology/processes/surface-wettability

그림 2-36(a) 작가 노형운 사진

그림 2-36(b) https://www.lgsl.kr/sto/stories/83/MSVW2008100001

그림 2-39 작가 노형운 사진

그림 2-40 https://ko.wikipedia.org/wiki/%EA%B3%B5%EB%8F%99%ED%98%84%EC%83%81
https://kangmori.tistory.com/504

그림 2-41, 그림 2-42 BFS Valve 사 제공

Chapter 03

그림 3-2 https://www.wika.co.kr/products_pressure_gauges_ko_kr.WIKA

그림 3-7(a) https://www.lottehotelmagazine.com/ko/art_culture_detail?no=198

그림 3-7(b) http://item.gmarket.co.kr/Item?goodscode=702597691

그림 3-14 https://www.sciencetimes.co.kr/news/%EC%9A%B0%EC%A3%BC%EC%97%AC%ED%96%89%EC%8B%9C%EB%8C%80%EC%9D%98-%EC%84%9C%EB%A7%89%EC%9D%84-%EC%97%B4%EB%8B%A4/

그림 3-18(b) https://kimocorea.tistory.com/entry/%EA%B2%BD%EC%82%AC%ED%98%95%EC%95%A1%EC%A3%BC%ED%98%95-%EB%A7%88%EB%85%B8%EB%AF%B8%ED%84%B0-MG%EC%8B%9C%EB%A6%AC%EC%A6%88

Chapter 04

그림 4-1 https://web-japan.org/nipponia/nipponia42/ko/feature/feature06.html

그림 4-2 https://www.yna.co.kr/view/AKR20200808057400051

그림 4-7 https://uta.pressbooks.pub/appliedfluidmechanics/chapter/experiment-1/

그림 4-12(a),(b) https://www.hhi.co.kr/Division/biz01_1

그림 4-13(a) https://www.istockphoto.com/kr/search/2/image?phrase=%EB%82%9A%EC%8B%9C%EC%B0%8C%8C

그림 4-13(b) https://m.ibric.org/miniboard/read.php?Board=exp_qna&id=638123&FindText=%EB%B9%84%EC%A4%91&BackLink=L3NlYXJjaC9zZWFyY2gucGhwP2NhdGVnb3J5PUxBQklORk8ma3dkPeu5hOykkSZzdWJjYXRlZ29yeT1FWFBRTkEmcGFnZU51bT0xJnNvcnQ9JnNlYXJjaFJhbmdlMj0=

그림 4-13(c) http://www.cdikorea.com/PDF%20Kor/CDG.pdf

그림 4-13(d) http://wiki.hash.kr/index.php/%ED%8C%8C%EC%9D%BC:USS_%EB%A9%94%EC%9D%B4%EC%BD%98.png

그림 4-13(e) https://www.pinterest.co.kr/pin/587860557594724685/

그림 4-17 D. F. Young et al, Fluid Mechaincs 동영상

그림 4-21(a),(b) https://m.blog.naver.com/PostView.naver?isHttpsRedirect=true&blogId=ulsan-port&logNo=221045385170

Chapter 05

그림 5-1 https://www.joongang.co.kr/article/21671635#home

그림 5-2 https://www.standard.co.uk/shopping/esbest/home-garden/gardening/best-sprinklers-for-small-gardens-a3877961.html

그림 5-11(a) https://www.joongang.co.kr/article/23602212#home

그림 5-11(b) https://post.naver.com/viewer/postView.nhn?volumeNo=26817907&memberNo=1258881

그림 5-12 https://ikkujun.com/151

그림 5-18(a) https://catcom.tistory.com/178

그림 5-18(b) https://www.gfps.com/ko-kr/products-solutions/systems/cool-fit-2.html

그림 5-22 https://www.fnnews.com/news/202110211756247931

그림 5-25 서상호 외 13, 수차 이론과 실제, 동명사, 2014.

그림 5-33 https://www.gereports.kr/four-trends-transforming-energy-industry/

그림 5-35(a) 한국수자원공사 덕정정수장 DAF용 펌프, 작가 노형운 사진

그림 5-36(a) 한국수자원공사 시화조력 발전소 건설사진, 작가 노형운 사진

그림 5-37　Fox et al, Fluid Mechaincs, 9th ed., Wiley, 2014.
그림 5-38(a)　https://www.kwater.or.kr/cust/sub04/sub01/char/char09Page.do?s_mid=1545
그림 5-38(b), (c), (d)　(주)에스엠테크, www.waterhammer.co.kr 제공
그림 5-40　이병권, 혈액 유동학적 교란, Clinical Vascular Medicine.
그림 5-41　http://h21.hani.co.kr/arti/photo/oneshot/47761.html
그림 5-42　한국종합기계 이젝터 설계프로그램

Chapter 06

그림 6-2　https://news.kbs.co.kr/news/view.do?ncd=274012
그림 6-14(a)　Stephen J. Kline. Flow Visualization 동영상. The National Committee for Fluid Mechanics Films.
그림 6-14(b)　D. F. Young et al. Fluid Mechanics 동영상
그림 6-14(c)　모형실험을 통한 흡수정 형상결정 설계방향 수립, 2004.한국수자원공사
그림 6-14(d)　https://ko.wikipedia.org/wiki/%ED%86%A0%EB%84%A4%EC%9D%B4%EB%8F%84
그림 6-19(a)　windy 애플리케이션
그림 6-19(b)　http://m.kbsm.net/view.php?idx=319761&referer=
그림 6-21(a),(b)　모형실험을 통한 흡수정 형상결정 설계방향 수립, 2004, 한국수자원공사
그림 6-21(c)　ANSI/HI 9.8(1998). Pump Intake Design. Hydraulic.
그림 6-22(a)　http://daihanscience.koreasme.com/viewproduct_9604_k.html
그림 6-31　전남 신석보 사이펀 수차, 작가 노형운 사진
그림 6-35　Fox et al, Fluid Mechaincs, 9th ed., Wiley, 2014.
그림 6-36(a)　내포 신도시 집단에너지 시설 흡수정 수리모형시험 보고서
그림 6-36(b)　암사정수장 고도정수처리시설 오존 주입설비 전산유체해석 보고서

Chapter 07

그림 7-3　Fox et al, Fluid Mechaincs, 9th ed., Wiley, 2014.
그림 7-6　https://m.blog.naver.com/PostView.naver?isHttpsRedirect=true&blogId=karipr&logNo=220965375980
그림 7-7　https://slidetodoc.com/chapter-4-fluid-flow-and-sediment-transport-we/
그림 7-8　https://uh.edu/engines/epi2546.htm
그림 7-9　Fox et al, Fluid Mechaincs, 9th ed., Wiley, 2014.

Chapter 08

그림 8-1　Fox et al, Fluid Mechaincs, 9th ed., Wiley, 2014.
그림 8-10　https://en.wikipedia.org/wiki/Copepod
그림 8-11　https://www.goseeko.com/blog/what-is-spillway/
그림 8-13　삼성전자 DM 연구소 R4 건물의 풍동실험 보고서
그림 8-16　Fox et al, Fluid Mechaincs, 9th ed., Wiley, 2014.

Chapter 09

그림 9-4(a) https://elwlsek.tistory.com/961

그림 9-4(b) https://brunch.co.kr/@justwriter/419

그림 9-24 박홍준, 유상신, 서상호, 비정상유동장에서 모세관점도계의 점도측정, 대한기계학회, 춘계학술대회, 825-828, 2000.

그림 9-25 Fox et al, Fluid Mechaincs, 9th ed., Wiley, 2014.

그림 9-27 Fox et al, Fluid Mechaincs, 9th ed., Wiley, 2014.

그림 9-30(a) https://thewiki.kr/w/%EB%8D%95%ED%8A%B8

그림 9-30(b) http://seoulfrp.com/new/bbs/board.php?bo_table=menu3_3&wr_id=1

그림 9-34 Fox et al, Fluid Mechaincs, 9th ed., Wiley, 2014.

그림 9-36 http://www.shnews.net/news/articleView.html?idxno=26758

그림 9-37 내포신도시 집단에너지 시설 흡수정 수리모형실험 장치

그림 9-41(a) https://en.wikipedia.org/wiki/Vena_contracta#/media/File:Flow_separation_in_a_river.JPG

그림 9-41(b) https://www.mdpi.com/2073-4441/13/1/31

그림 9-45(a) https://www.hitechweld.kr/

그림 9-45(b) 세강철강(주) 홈페이지 참조

그림 9-45(c) 대호 스토퍼 주식회사 제공사진

그림 9-46 https://www.arcuseurope.com/en/blogs/reducers

그림 9-48 Fox et al, Fluid Mechaincs, 9th ed., Wiley, 2014.

그림 9-49(c) https://blog.naver.com/hitechweld/221720199342

그림 9-50 http://www.chengfluid.com/flow_conditioner/crv%C2%AE_flow_conditioner

그림 9-53(b) 장성소수력 배관 현장사진

그림 9-60 White. F M., Fluid Mechanics, 4th ed., McGraw-Hill, 2001.

그림 9-62 KS B ISO 5167-2 :2003 만관상태의 원형관로에 삽입된 차압장치를 사용한 유량측정 : 제2부 오리피스 판, 제3부 노즐, 제4부 벤투리 튜브

그림 9-63 White. F M., Fluid Mechanics, 4th ed., McGraw-Hill, 2001.

표 9-9(a) https://www.pikist.com/free-photo-isrii

표 9-9(b) http://ommall.net/index.php?mode=8&sel9=photo&no=21458&fol=photo&inc=photo_detail&PCV=y

표 9-9(c) https://www.pinterest.co.kr/pin/550002173215739112/

표 9-9(d) https://steeltube.co.in/cast-iron-pipes/

표 9-9(e) https://www.chinhdaisteel.com/en/galvanized-steel-pipes

표 9-9(f) https://catcom.tistory.com/337

표 9-9(g) https://m.blog.naver.com/lo8255ve/221689291017

표 9-14(a) 상진에스제이 제품

표 9-14(b) 주 와이엔브이 제품

표 9-14(c) 신라화이어 제품

표 9-14(d) 삼울금속 제품

표 9-14(e) 일신오토클레이브 제품

Chapter 10

그림 10-1(d) 경상국립대학교 (2022). 풍향 센서와 AI 차량인식을 이용한 절감형 차단방역기 CFD 해석 용역.

그림 10-1(e) 한밭대학교 차동진 교수 강의자료

그림 10-11(a) 숭실대학교 유체공학실 연구실 풍동

그림 10-20 https://www.grc.nasa.gov/www/k-12/airplane/tunpsm.html

그림 10-23 Fox et al, Fluid Mechaincs, 9th ed., Wiley, 2014.

그림 10-26 Hoerner. S. F., Fluid-Dynamic Drag, 2nd ed., Midland Park. NJ. 1965.

그림 10-28 Munson. Young. Okiishi. Hewbach, Fundamental of Fluid Mechaincs, 6th ed., Wiley.

그림 10-29 Fage. A., (1937), Experiments on a Sphere at Critical Reynolds Numbers., Great Britain. Aeroฺnautical Research Council. Reports and Memoranda. No. 1766.

그림 10-30 ~ 그림 10-32 Munson. Young. Okiishi. Hewbach, Fundamental of Fluid Mechaincs, 6th ed., Wiley.

그림 10-33 https://www.pakwheels.com/blog/history-drag-coefficients-cars/

그림 10-34 http://koreabizwire.com/ioniq-6-records-lowest-drag-coefficient-among-hyundai-cars/223048

그림 10-35(a) http://www.laborplus.co.kr/news/articleView.html?idxno=9079

그림 10-35(b) 작가 이종상 작품

그림 10-37, 그림 10-38 Fox et al, Fluid Mechaincs, 9th ed., Wiley, 2014.

그림 10-43 풍공학연구소 (1994). 빌딩풍의 지식. 도서출판 일광.

그림 10-45 Andrew Joseph Davies.(2022), Introduction to NACA Airfoil Aerodynamics in Python. Published in Towards Data Science.

그림 10-47 ~ 그림 10-50 Fox et al, Fluid Mechaincs, 9th ed., Wiley, 2014.

그림 10-52, 그림 10-53 https://gneir.com/entry/항공기에-작용하는-항력Drag의-정의와-종류-1-유도항력

그림 10-55 Fox et al, Fluid Mechaincs, 9th ed., Wiley, 2014.

그림 10-56, 그림 10-57 https://gneir.com/entry/항공기에-작용하는-항력Drag의-정의와-종류-1-유도항력

그림 10-60 https://gneir.com/entry/항공기에-작용하는-항력Drag의-정의와-종류-1-유도항력

그림 10-61, 그림 10-62 Fox et al, Fluid Mechaincs, 9th ed., Wiley, 2014.

그림 10-66, 그림 10-67 Fox et al, Fluid Mechaincs, 9th ed., Wiley, 2014.

표 10-10 이택식, 김동환, 유체기계, 동명사, 1963.

Chapter 11

그림 11-2 Fox et al, Fluid Mechaincs, 9th ed., Wiley, 2014.

Chapter 12

그림 12-1(a) https://www.hani.co.kr/arti/society/environment/981587.html

그림 12-1(b) https://m.cafe.daum.net/sunokjun/DS2m/786

그림 12-1(c) https://tkwater.modoo.at/?link=av315ez4

그림 12-1(d) http://www.gilwoo.co.kr/SOMMER/PRODUCT/PDF/2018_SQ_Sales_kr_20180416_gilwoo.pdf

그림 12-2 Fox et al, Fluid Mechaincs, 9th ed., Wiley, 2014.

그림 12-4(b) https://www.mindswitch.me/ko/content/41.html

그림 12-16, 그림 12-17 Fox et al, Fluid Mechaincs, 9th ed., Wiley, 2014.

그림 12-20 노형운, 홍지우, 김형호, 공학자를 위한 유체공학실험, 2판, GB출판사, 2022.

표 12-7 (주)수인테크 제공

Chapter 13

그림 13-1 https://www.facebook.com/104852211819967/posts/ancient-construction-techniques/153613016943886/.

그림 13-2(a) Fox et al, Fluid Mechaincs, 9th ed., Wiley, 2014.

그림 13-2(d) https://post.naver.com/viewer/postView.naver?volumeNo=18083294&memberNo=6411495

그림 13-2(e) https://photohistory.tistory.com/m/8476

그림 13-8 https://maily.so/thetoiletpapers/posts/5e7511

그림 13-12 ~ 그림 13-14 http://www.lightmypump.com

그림 13-15 하재현, 박상언, 서이수, 모양우, 유체기계, 보문당, 2003.

그림 13-19 http://dongbukcorp.com/home/homepage.php?homefile=02_04.html

그림 13-20(a) https://www.pumpindustry.com.au/understanding-pump-curves-7-are-your-pumps-running-too-slowly/

그림 13-20(b) https://themechanicalengineering.com/francis-turbine/

그림 13-21 Stepanoff, A. J. 1993, Centrifugal and Axial Flow Pumps, Keieger Publishing Company

그림 13-22 http://www.lightmypump.com

그림 13-30 http://www.lightmypump.com

그림 13-41 한국수자원공사 연구용역보고서, 수도사업장 펌프모터의 변속시스템 최적적용, 2003. 11.

찾아보기

기호 & 숫자

▽ 227
1차 면적모멘트 124
1차원 유동 55
2단 트림 76
2차 관성모멘트 125
2차 유동 405
2차원 비압축성 229
2차원 비압축성유동 256
3차원 날개 이론 33
3차원 유동 55

ㄱ

가능유효흡입헤드 679
가속도 178, 233
가시화 기법 29
가역 과정 548
가이드 베인 669
가진 주파수 302, 318
각변형 237, 239
각변형률 240
각운동량 153
각운동량방정식 187
간극 669
강성적 성질 154
강성적 성질의 함수 551
강체 운동 139
개수로 문제 300
개수로유동 596
개수로유동에 대한 에너지방정식 606
검사체적 44
검사표면 44
겉보기 전단응력 367
경계층 448
경계층 가설 448
경계층 내부 448
경계층내 운동량 적분방정식 459
경계층두께 449
경계층 외부 448
경계층유동 지배방정식 456
경년계수 393
경로(유적선)방정식 249
경사 액주계 103
경사 충격파 299
경심 135
고유 주파수 302, 318
고정 반복법 370
곡관 404
공간 도메인 271
공기 유입 244
관로저항곡선 671, 687
관로 종단선 202
관성 검사체적 553
관성력 297
교란두께 449
교란영역 557
구성방정식 65
구심가속도 142
구 주위 유동 446
국부적인 속도 426
국소 가속도 234, 302
국소 대기압 89
국제 단위계 36
굴뚝 511
굽힘 모멘트 511
균일유동분포 160
극(구면)좌표계 224
극선도 518
극초음속 압축성유동 552
기계적 에너지 191
기본 단위 36
기어펌프 645
꼬리 보텍스 522
꾸트유동 63
끝단 효과 522

ㄴ

나로호 177
나비에 32
나비에-스토크스 방정식 32, 234
나선형 선회운동 522
난류 32, 333
난류경계층 448
난류경계층두께 474
난류모델 367
난류 변동 성분 336
난류 속도분포식 468
난류유동 471
난류유동의 경계층두께 472
난류유동의 박리점 496
난류유동현상 332
난류전단 337
날개 514
날개 팁 524
내림 흐름 522
내부에너지 154, 547
넓은 봉우리 위어 634
노즐 427, 480
노즐 시스템 204
노즐유동 168
노풍도 511
누리호 177
누설손실 666, 669
뉴턴역학(고전역학) 29
뉴턴유체 64
뉴턴의 점성법칙 63
뉴턴의 제2법칙 38, 152

ㄷ

다니엘 베르누이 29
다양한 수차 178
다이버전스 239
단열 변화 99
단위 36
단위양정 663
단위와 차원 283
단위유량 663
단위질량당 기계적 에너지 383
단일 배관 412
단일 슬롯 플랩 527
달랑베르 31
달랑베르의 역설 381
달시 마찰계수 388
달시-바이스바흐 294
달시-바이스바흐 식 387
대류 가속도 234, 302
더블 슬롯 플랩 527
덕트 377
덮개 501
도심 134
도플러 효과 299, 556

돌출부 614
동력 189
동력계수 663
동력전달 효율 521
동맥경화증 204
동압 270
동역학적 힘 654
동점성계수 66
뒷굽음 깃 651
뒷전 플랩 526
드래프팅 503
등가(상당)길이 397
등류유동 597
등속 회전 운동 142
등엔트로피 과정 549
등온 변화 99
디스크 스택 75
디퓨저 480
딜라이언트유체 64
딤플 533

ㄹ

라그랑주 기술법 31, 47, 235, 250
러너 646
레오나르도 다빈치 28
레온하르트 오일러 31
레이놀즈 32
레이놀즈수(*Re*수) 32, 296
레이놀즈 응력 337
레이놀즈 전단응력 367
레이놀즈 전달 이론식 155
레이더식 유량계 636
로켓 183
롤링모멘트 483
리듀셔 401

ㅁ

마이크로 마노미터 268
마이터 밴드 407
마찰계수 294, 378, 389, 626
마찰속도 368
마찰손실 386, 396, 666
마찰항력 489, 494
마크수(*M*수) 293, 296, 298
마크콘 현상 557
말굽 보텍스 522
매그너스 효과 532
매닝 626
매닝방정식 626
매클로린 급수 221
맥동유동 및 진동 302
맥동현상 202
머구리 97
멀티 매닝식 유량계 636
멱급수 221
멱법칙 65
면적 변화 567
모세관 현상 73
모세혈관 204
모형 307
모형실험 244
모형해석 307
모형해석과 유동상사성 306
목 480
무디 388
무디 마찰계수 388
무디 선도 294
무마찰유동 200
무차원 경계층두께 449
무차원군 295
무차원 변수 281
무차원 속도분포 348, 460
무차원수 287, 295
무차원 평균속도 368
물대포 시스템 206
물질미분 234
미니스커스 현상 73
미분적인 운동량방정식 234
미분적 접근법 49
미분적 해석 218, 343
미분형 연속방정식 227
미소 검사체적 220, 222
미압계(마이크로 마노미터) 103, 108
밀도 50
밀리컨 369

ㅂ

박리영역 482
박리점 446, 479
반력 167
반복변수 286
반지름 방향의 깃 651
받음각 504
발달중인 유동 338
발산 271
방수로 유동 문제 316
배압 573
배제두께 452, 464
밴드 404
밸러스트 룸 138
밸브 408
밸브교축 유량제어 688
버스팅현상 33
버킹엄의 파이 정리 286
법선(수직) 방향의 가속도 262
베나 콘트랙터 압력 76
베나 콘트랙터 현상 398, 399
베르누이방정식 200, 262, 263, 383
베어링 70
벤투리 201, 427
벽 근처 층 337
벽법칙 368
변형율 63
병렬운전 690
병진 운동 237, 238
보텍스 243, 244
보텍스 셰딩 318
부력 122, 130
부르동 압력계 104
부손실 386, 396
부손실계수 397
부심 134
부정류 597, 604
부차적 손실 386
부착력 72
부체의 안정성 134, 135
분지관 204
불완전한 상사 320
불필요한 물리현상 74
불확실성 해석 426

브라시우스 392
브라시우스 난류 마찰계수 474
브라시우스 엄밀해 463
비교란영역 557
비교회전도 663
비뉴턴유체 64
비등류유동 597
비만관용 유량 측정 636
비속도 664
비압축성 31
비압축성유체 50, 228
비에너지 606
비열비 548
비원형 형태 378
비점성 31
비점성영역 448
비정상상태 유동 53
비정상유동 228
비중 51
비중량 51
비체적 51
비행 원리 447
비활조건 448
비회전유동 243
빙햄유체 64
뾰족 봉우리 위어 633

ㅅ

사류 597
사류펌프 645
사이펀 현상 264
상대 기준좌표축 178
상대성 이론 34
상대속도 648
상대조도 389
상류(常流) 597
상류속도 485
상사성 305
상용프로그램 271
상임계 레이놀즈수 332
상향풍 503
서지타워 690
서지탱크 202
선단 449
선형가속도 180
선형가속도 운동량방정식 177
선형 변형 237, 239
섬프 244
셰딩 주파수 318
소용돌이 243
소켓 401
소형 활공 비행기 521
속도 결손 법칙 369
속도구배 63
속도분포 351
속도삼각형 649, 650
속도장 237, 245
속박 보텍스 522
손실 380, 666
손실계수 388
손실률 196
손실해석 668
손실헤드 606, 619
손실헤드의 발생비율 621
송풍기 645
수격현상 202
수동력 189, 653
수력구배선 201
수력도약 616
수력반지름 598
수력지름 378, 598
수력학 29
수력효율 651
수로 바닥 기울기 625
수로형상 598
수리수심 598
수선 130
수압 91
수중 보텍스 238, 244
수직분력 122
수직응력 62
수직 충격파 579
수차 646
수평노즐 205
수평 등가속도 운동 139
수평분력 122
순시속도 161
순압력구배 353, 478
쉴리렌 58
소스 162
스월유동 405
스케일 관계의 펌프 법칙 663
스테이 베인 669
스테파노프 669
스토크스 32
스톡스 법칙 495
스트레이너 405
스트로할수(*St*수) 296
스포일러 532
스핀 532
슬러리 22
슬러지 22
슬롯 527
슬림 676
시간선 59
시간 평균속도 368
시방점 660
시스템(계) 45
시스템 저항 687
신재생에너지 154
실속 517
실양정 410, 675
실제 유동 543
실험 유체역학 34
싱크 162

ㅇ

아르키메데스 27
아음속 299
아음속 디퓨저 569
아음속 압축성유동 552
아이작 뉴턴 29
아인슈타인 34
아임계유동 603
압력 88
압력 강하 76, 339, 346, 387, 414
압력 강하 수식 286, 293
압력 강하와 유량 361
압력계 103
압력계수 296
압력구배 94, 353
압력 변화 387
압력변환기 104

압력비 585
압력 손실 387, 415
압력 중심 121, 124
압력항력 489, 493, 494
압력 회복 400
압력 회복계수 400
압상 시스템 674
압축기 645
압축성유동 546
압축성유체 50, 99, 161
압축성 효과 313
앙상블 평균 336
앞굽음 깃 651
액적 72
액주계 73, 103
액주계 계산법칙 109
양력 444, 483
양력계수 296, 485, 518
양력 발생 원리 516
양자역학 24
양정 189
양항비(양력/항력비) 516
에너지구배선 201
에너지 라인의 경사 393
에너지 보존법칙 154, 191
에너지손실 387
에너지의 종류 191
엔탈피 547
엔탈피 증가법칙 154
엔트로피 154, 548
엘보 404
역류 482
역압력구배 353, 478
연성계 90
연속 23
연속방정식 159, 225, 336, 456
연속체 23
연전현상 204
연합운전 689
열에너지 383
열역학적 방법 196
열역학적 압력 62
열역학 제 1, 2법칙 154
열적 에너지 191
영각 307, 447
영국 단위계 37
영압력구배 478
영압력구배의 평판유동 460
오리피스 427
오일러 기술법 47, 235, 250
오일러방정식 260
오일러수(Eu수) 296, 302
오일러의 운동량방정식 263
오일러의 이론헤드 649
오차 222
올림 흐름 522
와(渦) 243
완전 진공 92
완전한 3차원 N–S 방정식 255
완전히 발달된 유동 56, 338
완충 층 337
외부유동 444
외부 층 337, 368
요잉모멘트 483
용마루 633
용적식 기계 645
우박 509
우상향 660
운동량 152
운동량두께 452, 453, 464
운동량방정식 153, 165, 253, 263, 457
운동량방정식의 정립 31
운동량 보존법칙 152
운동량의 결손 453
운동에너지 154
운동에너지 계수 382
운동학적 상사 308
원심펌프 188, 645, 646
원주속도 648
원통(원주)좌표계 224
원통좌표계에서의 연속방정식 231
원형 307
웨버수(W수) 293, 296, 301
위어 632
위어계수 635
위치에너지 154
윌리엄스 393
유도 단위 36
유도항력 522
유동 495
유동가시화 48, 57
유동계수 663
유동 박리 478, 482
유동학 25
유동함수 251
유레카 27
유사 667
유선 60, 248
유선방정식 248
유선좌표계 260
유선형화 503
유속일치상사 325
유수율 162
유적선 48, 59
유지보수 관리 670
유체 22
유체기계 644
유체 정역학 88
유체커플링 670
유체효율 651
유한요소법 271
유한차분법 271
유한체적법 271
유효흡입헤드 678
음속(음파) 552
응력장 62
응집력 72
의가소성유체 64
이론 유체역학 34
이론 전압헤드 649
이륙거리 529
이산화 271
이상기체상태방정식 546
이상유동 448
이젝터 206
이형 401
이형관 401
익폭 523
익폭의 유한성 523
익현 504
익현길이 523
익형 445, 514
익형 주위 446
인덱스 241

인버터 670
임계단면 603
임계밀도 571
임계상태량 571
임계속도 571
임계수심 608
임계압력 571
임계온도 571
임계유동 604, 609
임계 음속유동 570
임계조건 562
임펠러 646
임펠러 커팅 659, 670
입구길이 338
입구 압력 손실 339

ㅈ

자동차와 양력 531
자유물체도 44
자유표면 73
자유표면의 영향 300
작용점 125
재부착점 482
재순환현상 482, 666, 667
저수탑 690
적분 두께 453
적분적 접근 218
적분적 접근법 49
전단농화유체 64
전단력 24, 62
전단박화유체 64
전단율 63, 240
전단응력 240, 345, 352, 361
전면면적 488
전산유체역학 34
전압 268, 269
전압력 120
전양정 410, 675
전자유량계 632
절대고정좌표계 178
절대속도 648
절대압 90
절대점성계수 63
점성 62
점성력 65, 297
점성 저층 368
점성저항 324
점성전단 337
점성지수 67
접선길이 378
접수길이 378
접수면적 489
정류 597
정상 660
정상상태 유동 53
정상유동 195, 225
정수력 120
정압 270
정압비열 547
정압탭 485
정적비열 547
정지유체의 기본방정식 93
정체상태량 559, 571
정체속도 168, 269
정체압 269
정체압력비 585
정체 엔탈피 566
정체온도 566
정체점 446
정체조건 559
제현상 684
조류발전 시스템 507
조파저항 324
종말 속도 508
종속적 성질 154, 551
종횡비 290, 494, 523
좌표계 224
좌표변환 56
주손실 386, 388
중간유속상사 325
중량법 426
증기압 74
지름비 428
직각 삼각 위어 635
직교좌표계 57
직렬운전 689
진공압 90
진공펌프 266
질량보존법칙 152
질량유량 161, 426

ㅊ

차단양정 675
차단점 660
차량의 항력계수 501
차압식 유량계 426, 632
차원 36, 38
차원의 동차성 283
차원해석 280, 662
천음속 압축성유동 552
천이유동 332
체적력 24, 62
체적법 427
체적 변화율 161
체적유량 161, 346, 352, 361, 426, 427
체적탄성계수 76, 554
체적팽창률 239
체지방정식 626
초음속 299
초음속 노즐 569
초음속 압축성유동 552
초음파 다회선 비만관 유량계 636
초음파 침적식 유량계 636
초임계유동 604
초크 유동 574
종합적 측정 426
최고 효율점 659
최대속도 347, 353, 362
최대 압력선 202
최대 유량점 660
최소 압력선 202
최저 비행속도 526
최적 수로단면 627
추력 446
축동력 195, 669
축류펌프 645, 646
축류현상 398
축소 노즐 573
축소-확대 노즐 570, 586
축척계수 307
축척비 307
충격파 299

충돌손실 666
층류 32, 333
층류경계층 448
층류유동 461
층류유동의 박리점 496
층류유동현상 332
층류전단 337
침식 현상 244

ㅋ

카르만 보텍스 288, 302
캐비테이션 74, 405, 660, 684
캐비테이션 지수 75
캐비테이션 현상 400
캠버 504
컨베이어 175
컬 243
케이싱 662, 669
코팅 667
콘&플레이트 점도계 246
콜레브룩 392
콜레브룩-화이트 식 392
크리핑 유동 297
클라인 33
클램프 173

ㅌ

타깃 171
탱크를 이용한 압상 시스템 674
터보기계 645
터보 펌프 645
터빈 645
터프(헝겊) 58
테일러 급수 221
텐서 62, 241
토네이도 현상 238
토출탱크 675
투영면적 323, 485
튜블러 수차 178
특성곡선 658
특수 유체기계 647
팁 간격 656
팁 보텍스 522

ㅍ

파스칼 원리 88
파저(파도 바닥) 602
파정(파도 꼭대기) 602
패닝마찰계수 378, 390
팬 645
팬 법칙 663
펌프 645
펌프 동력 414
펌프성능곡선 658, 686
펌프의 상사법칙 676
펌프 임펠러 244
펠톤 수차 178, 179
평균속도 160, 336, 346, 353, 362
평면면적 488
평판 주위 유동 445
평판 중심(도심) 121
평평한 특성곡선 660
평형수와 환경오염 138
포텐셜 유동이론 448
폴리트로픽 과정 99
표면(딤플) 497
표면 거칠기 512
표면력 24, 62
표면마찰계수 390, 463
표면장력 72
표면장력의 차이 301
표면파 속도 602
표면파의 전달속도 602
표준 대기압 89
풍차 646
프라우드수(Fr수) 294, 296, 300
프란틀 33
프랜시스 수차 178
프로펠러 수차 178
플랜지 173
플랩 526
피스톤 펌프 645
피에조미터 103
피토 튜브 426
피톳 시스템 268
필요유효흡입헤드 679

ㅎ

하겐-프와쇠이 288
하겐-프와쇠이 방정식 361
하임계 레이놀즈수 332
하젠 393
항공기 513
항력 444, 464, 483
항력계수 296, 464, 485, 500, 518
해석영역 44
핵에너지 192
헤더 배관 401
헤드계수 663
헬리컬유동 405
현대 유체역학의 시초 31
혈액 22
혈액유동 204
형상인자 481
형상항력 489, 525
혼류펌프 646
화학에너지 192
활공기(글라인더) 524
활모양 충격파 299
회전 237, 241
회전수 제어 670
회전 효과 532
효율 662, 666
후류 26, 446, 482, 495
후앙 646
흘수(吃水) 130
흡상 시스템 674
흡수정 58
흡입능력 98
흡입실양정 679
흡입조건 678
흡입탱크 675
흡출관 669

A

Absolute Viscosity 63
Actual Head 410
Adhesion 72
Airfoil 445
Angle of Attack 307

Angle Valve 408
Angular Momentum 153
ANSI/HI 9.8 244
Aspect Ratio 290, 494

B

Ball Valve 408
BEP(Best Efficient Point) 659
Blower 645
Body Force 24
Bow Shock Wave 299
Bulk Modulus 554
Bursting 33

C

C.B. Millikan 369
Camber 504
Casing 662
Cast Iron Pipe 391
CFD 271
Chord 504
Clamp 173
Cohesion 72
Compressor 645
Concrete Pipe 391
Continuous 23
Continuum 23
Converging–Diverging Nozzle 570
Couette 63
Curl 243

D

Darcy Friction Factor 388
Decartelization 271
Developing Flow 338
Dimensional Homogeneity 283
Dimensionless Variable 281
Divergence 271
Draft, Draught 130
Drafting 503
Drag Coefficient 485
Drawn Tubing Pipe 391
Drooping 660
Droplet 72

E

Efficiency 662
Ejector 206
Enthalpy 547
Entropy 548
Exposure 511

F

Fan 645
Fanning Friction Coefficient 390
Flange 173
Flow Coefficient 663
Flow Visualization 48
Friction Velocity 368

G

Galvanized Steel Pipe 391
Gate Valve 408
Glass Pipe 391
Globe Valve 408
Göttingen 514

H

Head Coefficient 663
Head 189
Helical Flow 405
Hydraulic Efficiency 651
Hydraulic Force 654
Hydraulics 29

I

Internal Energy 547
Irrotational Flow 243

K

Kinematic Viscosity 66

L

Lagrange 31
Laminar Flow 32
Laminar Shear 337
Law of Wall 368
LDA(Laser–Doppler Anemometer) 426
Lift–Drag Polars 518
Loss Coefficient 388

M

Maclaurin Series 221
Manning 626
Metacenter 135
Minor Loss 386
Model 307
Moody Friction Factor 388
Moody 388

N

NACA 504, 514
Natural Frequency 302
Newtonian Fluid 64
Normal 660
NPSH 98
NPSHav 679
NPSHre 679
N–S 방정식 263

O

Oblique Shock Wave 299
Outer Layer 368

P

Pathline 48
Perimeter 378
PIV 실험 58
Plastic Pipe 391
Power 189
Power Coefficient 663

Power–Law 65
Power Series 221
Projected Area 485
Prototype 307

R

RAF 514
Ratio of Specific Heats 548
Reacting Force 167
Recirculation 482
Reverse Flow 482
Reynolds Number 32
Riveted Steel Pipe 391
Rolling Moment 483

S

Secondary Flow 405
Shaft Power 195, 669
Shear Force 24
Shut–off Head 660
SI 단위계 36
Sound 552
Spatial Domain 271
Specific Number 663
Specification Point 660
SSU(Second Saybolt Universal) 67
Stagnation Condition 559
Stagnation Pressure 269
Stagnation Properties 559
Stagnation Velocity 168
Stall 517
Stand Pipe 690
Stepanoff 669
Streamline 60
Stress field 62
Subcritical Flow 603
Surface Force 24
Surge Tower 690
SUS(Saybolt Universal Seconds) 67
Swing–Check Valve 408
Swirl Flow 405
System Curve 687

T

Target 171
Tip Clearance 656
Total Head 410
Total Pressure 269
Triangle Velocity 649
Turbo Machinery 645
Turbulent Flow 32
Turbulent Shear 337

U

Upstream Velocity 485
U자관 액주계 104

V

Viscosity Index 67
Viscous Force 65
Viscous Layer 368
Visualization 29
Vortex 243
Vorticity 243

W

Wake 482
Water Hammer 202
Waterline 130
Water Power 189, 653
Wetted 72
Wetted Perimeter 378
Wood Stave Pipe 391

Z

Zone of Action 557
Zone of Silence 557